List of Symbols

Subject	Symbol	Meaning
Logic	$\sim p$	not p
	$p \wedge q$	p and q
	$p \vee q$	p or q
	$p \oplus q$ or p XOR q	p or q but not both p and q
	$P \equiv Q$	P is logically equivalent to Q
	$p \rightarrow q$	if p then q
	$p \leftrightarrow q$	p if and only if q
	$\therefore$	therefore
	$P(x)$	predicate in x
	$P(x) \Rightarrow Q(x)$	every element in the truth set for $P(x)$ is in the truth set for $Q(x)$
	$P(x) \Leftrightarrow Q(x)$	$P(x)$ and $Q(x)$ have identical truth sets
	$\forall$	for all
	$\exists$	there exists
Applications of Logic	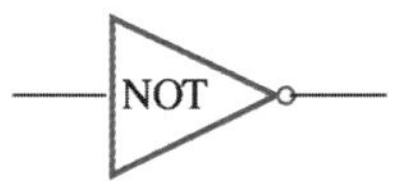	NOT-gate
	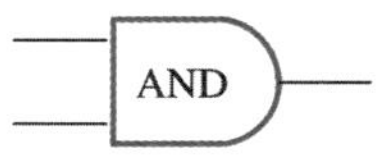	AND-gate
	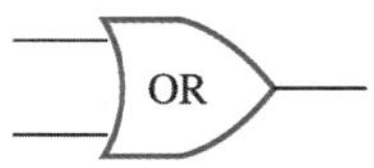	OR-gate
		NAND-gate
	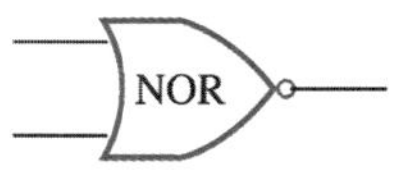	NOR-gate
	$\mid$	Sheffer stroke
	$\downarrow$	Peirce arrow
	n_2	number written in binary notation
	n_{10}	number written in decimal notation
	n_{16}	number written in hexadecimal notation
Number Theory and Applications	$d \mid n$	d divides n
	$d \nmid n$	d does not divide n
	n *div* d	the integer quotient of n divided by d
	n *mod* d	the remainder of n divided by d
	$\lfloor x \rfloor$	the floor of x
	$\lceil x \rceil$	the ceiling of x
	$\lvert x \rvert$	the absolute value of x
	$\gcd(a, b)$	the greatest common divisor of a and b
	$x := e$	x is assigned the value e

Subject	Symbol	Meaning
Sequences	$\ldots$	and so forth
	$\sum_{k=m}^{n} a_k$	the summation from k equals m to n of a_k
	$\prod_{k=m}^{n} a_k$	the product from k equals m to n of a_k
	$n!$	n factorial
Set Theory	$a \in A$	a is an element of A
	$a \notin A$	a is not an element of A
	$\{a_1, a_2, \ldots, a_n\}$	the set with elements $a_1, a_2, \ldots, a_n$
	$\{x \in D \mid P(x)\}$	the set of all x in D for which $P(x)$ is true
	$\mathbf{R}, \mathbf{R}^-, \mathbf{R}^+, \mathbf{R}^{nonneg}$	the sets of all real numbers, negative real numbers, positive real numbers, and nonnegative real numbers
	$\mathbf{Z}, \mathbf{Z}^-, \mathbf{Z}^+, \mathbf{Z}^{nonneg}$	the sets of all integers, negative integers, positive integers, and nonnegative integers
	$\mathbf{Q}, \mathbf{Q}^-, \mathbf{Q}^+, \mathbf{Q}^{nonneg}$	the sets of all rational numbers, negative rational numbers, positive rational numbers, and nonnegative rational numbers
	$\mathbf{N}$	the set of natural numbers
	$A \subseteq B$	A is a subset of B
	$A \not\subseteq B$	A is not a subset of B
	$A = B$	A equals B
	$A \cup B$	A union B
	$A \cap B$	A intersect B
	$B - A$	the difference of B minus A
	A^c	the complement of A
	(x, y)	ordered pair
	$(x_1, x_2, \ldots, x_n)$	ordered n-tuple
	$A \times B$	the Cartesian product of A and B
	$A_1 \times A_2 \times \cdots \times A_n$	the Cartesian product of $A_1, A_2, \ldots, A_n$
	$\emptyset$	the empty set
	$\mathscr{P}(A)$	the power set of A

List of Symbols

Subject	Symbol	Meaning
Counting and Probability	$N(A)$	the number of elements in a set A
	$P(A)$	the probability of a set A
	$P(n, r)$	the number of r-permutations of a set of n elements
	$\binom{n}{r}$	n choose r, the number of r-combinations of a set of n elements, the number of r-element subsets of a set of n elements
	$[x_{i_1}, x_{i_2}, \ldots, x_{i_r}]$	multiset of size r
	$P(A \mid B)$	the probability of A given B
Functions	$f: X \to Y$	f is a function from X to Y
	$f(x)$	the value of f at x
	$x \xrightarrow{f} y$	f sends x to y
	$f(A)$	the image of A
	$f^{-1}(C)$	the inverse image of C
	i_x	the identity function on X
	b^x	b raised to the power x
	$\exp_b(x)$	b raised to the power x
	$\log_b(x)$	logarithm with base b of x
	F^{-1}	the inverse function of F
	$f \circ g$	the composition of g and f
Algorithm Efficiency	$x \cong y$	x is approximately equal to y
	$O(f(x))$	big-O of f of x
	$\Omega(f(x))$	big-Omega of f of x
	$\Theta(f(x))$	big-Theta of f of x
Relations	$x\,R\,y$	x is related to y by R
	R^{-1}	the inverse relation of R
	$m \equiv n \pmod{d}$	m is congruent to n modulo d
	$[a]$	the equivalence class of a
	$x \preceq y$	x is related to y by a partial order relation $\preceq$

Continued on first page of back endpapers.

DISCRETE MATHEMATICS
WITH APPLICATIONS

FOURTH EDITION

SUSANNA S. EPP
DePaul University

CENGAGE Learning

Andover • Melbourne • Mexico City • Stamford, CT • Toronto • Hong Kong • New Delhi • Seoul • Singapore • Tokyo

CENGAGE Learning

Discrete Mathematics with Applications

4th Edition

Susanna S. Epp

Original edition © 2011 Brooks Cole, a part of Cengage Learning.
Discrete Mathematics with Applications, International Edition 4th Edition
by Susanna S. Epp
ISBN: 9780495826163

ISBN-13: 978-89-6421-145-8

Cengage Learning Korea Ltd.
14F, YTN Newsquare, 76 Sangamsan-ro,
Mapo-gu, Seoul, 03926, Korea
Tel: (82) 2 330 7000
Fax: (82) 2 330 7001

Cengage Learning is a leading provider of customized learning solutions with office locations around the globe, including Singapore, the United Kingdom, Australia, Mexico, Brazil, and Japan. Locate your local office at: **www.cengage.com/global**

Cengage Learning products are represented in Canada by Nelson Education, Ltd. For

product information, visit **www.cengageasia.com**

Printed in Korea
3 4 5 6 20 19 18 17

4th edition

Discrete Mathematics with Applications

이산수학 및 응용

Susanna S. Epp 지음

김환구 · 김병호 · 김복선 · 박준석
안동언 · 임은기 · 정태충 · 주영복 옮김

한티미디어

역자소개

김환구(호서대학교 정보보호학과) hkkim@hoseo.edu

김병호(경성대학교 컴퓨터공학부) bkim@ksu.ac.kr

김복선(국민대학교 수학과) pskim@kookmin.ac.kr

박준석(호서대학교 수학과) junspk@hoseo.edu

안동언(전북대학교 IT정보공학과) duan@jbnu.ac.kr

임은기(금오공과대학교 컴퓨터소프트웨어공학과) eklim@kumoh.ac.kr

정태충(경희대학교 컴퓨터공학과) tcchung@khu.ac.kr

주영복(한국기술교육대학교 컴퓨터공학부) ybjoo@kut.ac.kr

이산수학 및 응용 4판

발행일 2013년 3월 4일 1쇄
2015년 8월 14일 2쇄
2017년 1월 20일 3쇄
지은이 Susanna S. Epp
옮긴이 김환구 · 김병호 · 김복선 · 박준석 · 안동언 · 임은기 · 정태충 · 주영복
펴낸이 김준호
펴낸곳 한티미디어 | **주 소** 서울시 마포구 연남동 570-20
등 록 제15-571호 2006년 5월 15일
전 화 02)332-7993~4 | **팩 스** 02)332-7995
ISBN 978-89-6421-145-8 (93410)
정 가 35,000원

마케팅 박재인 최상욱 김원국 | **관 리** 김지영
편 집 이소영 박새롬 김현경

이 책에 대한 의견이나 잘못된 내용에 대한 수정정보는 한티미디어 홈페이지나 이메일로 알려주십시오.
독자님의 의견을 충분히 반영하도록 늘 노력하겠습니다.
홈페이지 www.hanteemedia.co.kr | **이메일** hantee@empal.com

PREFACE

저자 서문

이 교재를 집필한 목적은 컴퓨터 과학, 수학, 수학교육, 그리고 공학을 전공하는 학생들이 이산수학을 명쾌하게 다룰 수 있도록 하는 것이다. 컴퓨터 과학을 전공하는 학생에게는 자료구조, 알고리즘, 관계형 데이터베이스 이론, 오토마타와 형식언어, 컴파일러 설계, 암호이론 등을 위한 수학적 기반을 다질 수 있도록 하고, 수학을 전공하는 학생에게는 선형대수 및 추상대수, 조합이론, 확률론, 수학적 논리, 집합론, 정수론 등을 위한 기초지식을 제공하는 것을 목표로 한다. 이론과 실습을 병행함으로써, 수학이 그 자체로도 흥미롭고 아름다울 뿐 아니라 광범위한 영역에 걸쳐 다양하게 응용될 수 있음을 보이고자 하였다.

기초대수학에 대한 지식을 갖춘 학생이면 충분히 학습할 수 있기 때문에, 미적분학에 앞서 수강해도 별 문제가 없다. 이 교재의 이전 판들은 북남미, 유럽, 중동, 아시아, 오스트레일리아 등의 대학에서 사용하여 성공을 거둔 바 있다.

IEEE-CS(Institute for Electrical and Electronic Engineers Computer Society)와 ACM(Association for Computing Machinery)에서 발표한 최근의 교과과정 권고안에서는 이산수학을 컴퓨터 과학의 핵심 과목으로 지정하고, 대학의 저학년에서 최소한 한 학기, 여건이 허락하면 두 학기에 걸쳐 이수하도록 권고하고 있다. 이 교재는 상기 기관에서 추천하는 주제를 모두 포함하고 있으므로, 한 학기 또는 두 학기 강의용으로 사용할 수 있도록 구성하였다.

이산수학에서 다루는 대부분의 주제들이 한때는 3학년 이상에서 강의되던 것이어서, 저학년 학생들이 이 주제들을 쉽게 이해할 수 있도록 하는 것이 교재를 집필하는 과정에서 가장 어려운 문제였다. 여러 해에 걸쳐 강의를 하는 동안 학생들로부터 많은 것을 배우고, 학생들의 질문과 비평 및 제출한 보고서를 통하여 어떤 개념을 학생들이 어려워하는지, 어떤 문제에 흥미를 느끼는지를 파악하여 4판에 반영하였다.

이산수학의 강의 주제

이산수학은 연속적인 변화 과정을 기술하는 미적분학과는 달리, 일련의 개별적인 단계로 구성되는 과정을 다룬다. 미적분학이 산업혁명에 필요한 과학기술의 수학적 기반이라면, 이산수학은 컴퓨터 시대의 과학기술을 위한 아이디어를 제공한다. 이산수학의 기본 주제는 수학적 논리와 증명, 귀납법과 재귀, 조합이론과 이산 확률, 알고리즘 및 분석, 이산 구조, 응용과 모델링 등이다.

수학적 논리와 증명 이산수학의 가장 중요한 목표는 학생들로 하여금 추상적으로 사고할 수 있는 능력을 갖추도록 하는 것이다. 먼저, 유효한 논증 형태를 사용함으로써 저지르기 쉬운 논리적 오류를 방지할 수 있어야 하며, 정의로부터 추론하는 방법을 이해해야 한다. 또한 이미 참임을 알고 있는 것으로부터 새로운 결과를 직간접적으로 유도할 수 있어야 하고, 구체적인 대상을 기호로 표현하여 다룰 수 있어야 한다.

귀납법과 재귀 최근의 연구결과를 통하여 '재귀적 사고'가 문제해결을 위한 강력하고도 아름다운 기법이라는 사실을 새롭게 인식하게 되었다. 재귀적으로 사고한다는 것은, 동일한 유형의 작은 문제에 대한 풀이를 알고 있다고 가정하고 이 풀이들을 묶어 보다 큰 문제에 대한 풀이를 찾으려는 것이다. 이러한 사고방식은 알고리즘 분석에 특히 유용하다. 재귀적 사고의 결과인 재귀식으로부터 알고리즘 분석에 필요한 공식을 도출하고, 수학적 귀납법을 사용하여 유도한 공식을 증명한다.

이산 구조 이산적인 수학 대상을 기술하고, 분류하며, 그들 사이의 관계를 밝히기 위한 추상적 구조를 이산 구조라 한다. 이 교재에서 다루는 주제는 정수와 유리수 집합, 일반적인 집합, 부울 대수, 함수, 관계이론, 그래프와 트리, 형식언어와 정규표현식, 유한 오토마타 등이다.

조합이론과 이산 확률 조합이론은 주어진 대상을 정돈하고 계수하는 수학 이론이며, 확률론은 무작위 사건이 발생할 가능성을 계산하는 데 필요한 법칙을 연구하는 분야이다. 이산 확률은 이산적인 대상에 관한 사건의 발생 확률을 다룬다. 예를 들어 동전을 여러 번 던졌을 때, 앞면이 몇 번이나 나타날 것인지를 예상하는 것이다. 조합이론과 확률론에서 다루는 다양한 기법들은 수학을 응용하는 거의 모든 학문 분야에서 사용되고 있다. 대표적인 것으로는 경제학, 생물학, 컴퓨터 과학, 물리, 화학, 경영학을 들 수 있다.

알고리즘 및 분석 알고리즘이란 용어는 20세기 중반까지는 잘 알려지지 않았으나, 현재는 컴퓨터 과학을 공부하는 학생들이 처음으로 접하게 되는 용어가 되었다. 컴퓨터를 이용하여 문제를 해결하기 위해서는 컴퓨터가 단계적으로 수행해야 할 작업을 기술한 알고리즘을 설계하여야 한다. 알고리즘을 설계하기 위해서는 해결하려는 문제에 포함된 수학을 이해해야 하며, 설계한 알고리즘의 정확성을 검증하기 위해서는 수학적 귀납법을 복잡하게 활용할 필요가 있다. 또한 동일한 문제를 해결하는 알고리즘들을 비교하는 척도인 CPU 시간 및 메모리의 사용량을 계산하기 위해서는 조합이론, 재귀식, 함수, 근사 표기법 등에 대한 지식이 필요하다.

응용과 모델링 수학의 주제들은 다양한 상황에서 문제를 해결하는 데 사용할 때 가장 깊이 이해할 수 있다. 피상적으로는 완전히 달라 보이는 문제를 해결하는 데 같은 수학적 모델이 사용된다는 것이 수학이 주는 깊은 교훈이다. 이 교재의 목표 중 하나는 학생들로 하여금 추상적인 수학적 아이디어를 지극히 현실적인 문제를 해결하는 데 활용하도록 하는 것이다.

이 교재의 특징

수학적 추론 이 교재의 가장 큰 특징은 수학적 사고에 바탕이 되는 논리와 추론에 대하여 대학의 저학년 학생이 쉽게 접근할 수 있는 방법으로 가르칠 수 있도록 한 것이다. 수년간 수학과 컴퓨터 과학을 전공하는 학생을 가르쳐 온 경험에 비춰볼 때, 수학적 추론 능력을 배양하는 것은 쉽지 않다. 구체적인 예제와 연습문제를 통하여 추상적인 문제를 개념화하는 데 필요한 모델을 개발하는 훈련이 수반되어야 한다. 이 교재는 이러한 상황을 충분히 고려하여 수학적 논리와 증명을 다루었다.

수학적 개념에 대한 점진적 접근 이 교재는 수학적 개념을 단계적으로 다룸으로써 학생들이 추상화의 수준을 점진적으로 높일 수 있도록 하였다. 이러한 접근 방법은 수학적 개념에 대한 성숙도를 자연스럽게 발전시키는 데 매우 효과적이다.

학생을 위한 지원 대학에서 학생들은 자기 스스로 학습하는 것이 불가피하므로, 이 교재는 학생 스스로 학습할 수 있도록 아래와 같이 다양한 방법으로 지원한다.

- 500개 이상의 실용적인 예제
- 부차적인 자기 진단 문제
- 각 절의 끝에 수록된 다양한 연습문제
- 개념을 쉽게 이해할 수 있도록 하기 위한 많은 그림과 표
- 대학원 과정에서도 사용할 수 있을 정도로 다양한 참고자료

강사를 위한 지원 이 교재를 사용하였던 강사들의 반응을 고려하여 아래와 같은 사항을 개선하였다.

- 다양한 난이도를 갖는 연습문제를 수록함으로써 강의하기에 편리하도록 함
- 각각의 절을 세분화하여 가용한 시간에 따라 강의 내용을 조절할 수 있도록 함
- 여러 가지 증명 방법을 제시하여 문제해결에 도움이 되도록 편성함
- 강사를 위한 지침서를 별도로 준비함

웹 사이트 이 교재를 위한 웹 사이트를 마련하여 학생과 강사가 편리하게 활용할 수 있도록 하였으며, 수록된 주요 내용은 다음과 같다.

- 이산수학과 관련된 주제를 다루는 많은 사이트에 대한 설명과 링크
- 이산수학의 개념을 응용한 문제에 대한 설명이 있는 사이트에 대한 링크
- 추가적인 연습문제 및 풀이

- 각각의 장에 대한 검토 사항
- 강의를 위한 파워포인트 슬라이드
- 추가적인 퀴즈, 연습문제 및 그에 대한 풀이

이 교재의 구성

이 교재는 한 학기용 또는 두 학기용으로 사용할 수 있다. 각 장은 반드시 포함해야 할 핵심적인 절과 선택적으로 다룰 수 있는 절로 구성되어 있다. 강사는 과목의 목표와 가용한 시간에 따라 융통성 있게 강의할 수 있다. 다음 표는 그에 대한 분류표이며, 트리 다이어그램은 각 장의 강의 순서에 대한 선후 관계를 나타내고 있다.

Chapter	Core Sections	Sections Containing Optional Mathematical Material	Sections Containing Optional Computer Science Applications
1	1.1–1.3		
2	2.1–2.3	2.5	2.4, 2.5
3	3.1–3.4	3.3	3.3
4	4.1–4.4, 4.6	4.5, 4.7	4.8
5	5.1, 5.2, 5.6, 5.7	5.3, 5.4, 5.8	5.1, 5.5, 5.9
6	6.1	6.2–6.4	6.1, 6.4
7	7.1, 7.2	7.3, 7.4	7.1, 7.2, 7.4
8	8.1–8.3	8.4, 8.5	8.4, 8.5
9	9.1–9.4	9.5–9.9	9.3
10	10.1, 10.5	10.2–10.4, 10.6	10.1, 10.2, 10.5–10.7
11	11.1, 11.2	11.4	11.3, 11.5
12	12.1, 12.2	12.3	12.1–12.3

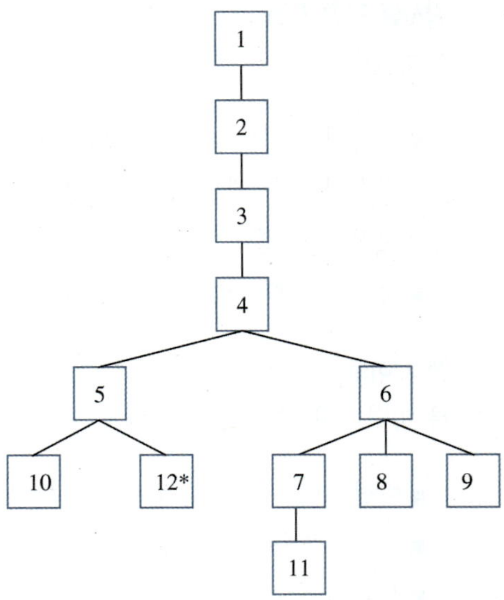

PREFACE

역자 서문

컴퓨터 분야를 전공하는 학생에게 있어 이산수학의 중요함은 새삼 강조할 필요가 없을 것이다. 그에 따라 이산수학을 위한 강의 교재 역시 너무 많이 출판되어 있기 때문에, 역자들은 Susanna S. Epp가 저술한 *Discrete Mathematics with Applications*(4th Ed.)를 번역하자는 제의를 받고 무척이나 망설였다. 그러나 국내의 컴퓨터 관련 학과에서 이산수학의 강의 목표를 다양하게 설정하고 있어, 필요로 하는 주제를 모두 다루고 있는 교재는 거의 없는 실정이다. 따라서 역자들이 원저의 내용을 심도 있게 분석한 뒤에 번역서를 출판하기로 결정하였다.

원저를 번역함에 있어 가장 어려웠던 것은 원저에서 다루는 주제가 다양하고 학생들이 스스로 학습할 수 있도록 집필하였기 때문에, 국내에서 교재로 사용하기에는 그 분량이 방대한 것이었다. 역자들은 원저에 수록된 예제와 연습문제를 여건에 맞게 발췌함으로써 적절한 분량으로 조절하였다. 다음으로 어려웠던 것은 용어 문제였다. 현재 교재들에서 사용하고 있는 용어와 어떻게 조화시킬 것인지가 난감하였다. 역자들은 대한수학회에서 발간한 수학용어사전과 한국정보과학회에서 감수한 컴퓨터용어사전을 주로 참고하고, 사전에 수록된 용어가 현재 이산수학을 강의하는 강사들이 사용하는 것과 현저하게 다를 경우에는 가장 일반적으로 사용되는 용어를 선정하였다.

원저에서 다루는 주제는 모두 포함하되 학생들이 이해하기 쉽도록 의역하였으며, 예제와 연습문제는 가능한 한 컴퓨터 분야와 가까운 것을 선택하여 발췌하였다. 번역을 끝내고 보니, 여러 가지로 아쉬움이 남는다. 교재의 분량을 고려하여 충분한 연습문제를 수록하지 못한 것과 연습문제에 대한 풀이를 제시하지 못한 것이 특히 아쉽다. 차후에 보완할 필요가 있으리라 본다.

이 책이 출판될 때까지 수고하신 한티미디어의 김준호 사장님과 수많은 수식과 그림을 성의 있게 작업해 주신 편집팀 여러분께 이 자리를 빌려 감사의 마음을 전한다.

번역을 마치면서 아쉬움이 많이 남습니다. 올 방학은 PD교수로서 150쪽의 공학인증 보고서 작성, 적성고사 수리기초 시험 출제, 연구재단 연구보고서 작성, 아들의 대학 입시, 연구 등으로 유난히 바빴습니다. 조금 더 시간적인 여유가 있었으면 좀 더 꼼꼼히 챙길 수 있었을 텐데…. 인내로 참아 주신 편집진 여러분께 감사의 말씀을 드립니다.

역자 대표

CONTENTS

차례

01 장

수학적으로 말하기

이 책의 목적은 상황들의 변화에 대처할 수 있는 수학적 사고방법을 제시하는 것이다. 종종 수학적 문제를 해결하려 하지만 어떻게 진행해야 할지 막연할 때가 있다. 아마 좀 더 세부적인 내용들을 파악하기 위하여 문제를 다시 읽고, 곰곰이 생각해 보고, 그려도 보고 예들을 살펴보고 할 것이다. 그러나 해답을 얻기 위해서는 생각을 더 구체화해야만 한다. 이해를 하려고 하면 할수록 수학적 사고를 명확하고 꼼꼼하며 애매하지 않게 표현해 줄 수 있는 언어가 필요하다.

이 장에서 수학적 사고의 기초가 되는 변수, 집합, 관계, 그리고 함수에 대하여 소개한다. 중요한 스포츠 경기를 앞두고 몸을 푸는 것이라 생각하자. 최선을 다하기 위하여 정신적 워밍업을 하고자 한다.

1.1 변수

때때로 변수는 수학적 "John Doe"(역주: 특히 법정에서, 남자의 이름을 모르거나 비밀로 할 경우에 쓰는 가명)와 같이 생각된다. 왜냐하면 어떤 것에 대하여 이야기하고 싶을 때, (1) 그것이 한 개 또는 더 많은 값들을 가질 수 있지만 그것이 무엇인지 모르거나 (2) 그것에 대하여 말하고자 하는 것이 무엇이든지 간에, 그것이 주어진 집합 안의 모든 원소에 대하여 사실인 것을 보이고 싶고 어떤 특별한 정확한 값에 국한시켜 생각하고 싶지 않을 때, 그것을 대신하는 기호(placeholder)로서 사용할 수 있기 때문이다. 첫 번째 용도에 대하여 설명하기 위하여 다음 질문을 생각하자.

> 다음 성질을 만족시키는 어떤 수가 존재하는가: 그것을 2배하고 3을 더했을 때 그것을 제곱한 결과와 같은 값을 가지는 그것은?

이 문장에서 잠재적으로 애매한 단어인 '그것' 대신에 변수를 소개할 수 있다.

$2x+3=x^2$ 을 만족시키는 어떤 수가 존재하는가?

어떤 변수를 사용하면 유리한 점은, 살펴보고자 하는 것에 임시 이름을 주고 가능한 그것의 값을 찾기 위하여 구체적인 계산을 수행할 수 있다는 것이다. 식 안의 문자로서 변수의 역할을 강조하기 위하여 다음과 같이 적을 것이다.

$$2 \cdot \square + 3 = \square^2 \text{을 만족시키는 어떤 수가 존재하는가?}$$

박스의 빈 공간은 양변이 일치하는 값이나 일치하지 않는 값과 같은 여러 다른 값들로 채우는 것을 떠올리게 한다.

변수의 두 번째 용도를 설명하기 위하여 다음 명제를 생각하자.

어떤 수를 택하든지, 그것이 2보다 크면, 제곱은 4보다 크다.

이 경우에 선택하게 되는 임의의 수에 임시 이름을 부여하기 위하여 변수를 도입하는 것은 그 명제의 일반성을 유지하게 해 주고, 단어 '그것'의 모든 경우를 변수의 이름으로 대체하는 것은 모호함을 피할 수 있게 한다.

어떤 수 n을 택하든지, n이 2보다 크면, n^2은 4보다 크다.

예제 1.1.1 **변수를 사용한 문장 쓰기**

변수를 이용하여 다음 문장을 보다 형식적으로 고쳐 써 보라.

a. 제곱들의 합이 합의 제곱과 같아지는 두 수가 존재하는가?

b. 주어진 어떤 실수에 대하여, 제곱은 음이 아닌 정수이다.

주의! (a)의 답은 예이다. 예를 들면 $a=1$과 $b=0$이 (a)를 만족시킨다. (a)를 만족시키는 다른 수들을 생각할 수 있는가?

풀이

a. $a^2+b^2=(a+b)^2$인 성질을 만족시키는 수 a, b가 존재하는가?

 또는: $a^2+b^2=(a+b)^2$인 수 a, b가 존재하는가?

 또는: $a^2+b^2=(a+b)^2$인 어떤 수 a, b가 존재하는가?

b. 주어진 어떤 실수 r에 대하여, r^2은 음이 아닌 정수이다.

 또는: 임의의 실수 r에 대하여, $r^2 \geq 0$.

 또는: 모든 실수 r에 대하여, $r^2 \geq 0$. ■

몇 가지 중요한 수학적 명제

수학에서 중요한 3가지 명제는 전칭명제, 조건명제, 그리고 존재명제이다.

전칭명제(universal statement)는 어떤 성질이 집합 안의 모든 원소들에 대하여 사실임을 주장한다. (예: 모든 양수는 0보다 크다.)

조건명제(conditional statement)는 만일 한 일이 사실이라면 다른 일이 사실임을 주장한다.(예: 만일 378이 18로 나누어떨어지면 378은 6으로 나누어떨어진다.)

주어진 어떤 성질이 참이든 아니든 간에 **존재명제**(existential statement)는 그 성질이 참이 되는 적어도 한 일이 존재하는 것을 주장한다.(예: 짝수인 어떤 소수가 존재한다.)

이후의 절에서 여러 종류의 명제를 조심스럽게 정의할 것이며, 그것들에 대하여 논의할 것이다. 이 명제들의 조합이 서로 다른 다양한 방법으로 표현되는 것을 명확히 이해시키는 것이 목적이다. 이러저러하여 일상적으로 매일 언어를 사용하고 하나 또는 그 이상의 변수가 사용된 명제를 표시하고 있다. 연습문제들은 어떤 것으로부터 다른 것으로 번역하기에 편하도록 설계되어 있다.

전칭조건명제

전칭명제는 '모든 것에 대하여'의 변형을 담고 있고 조건명제는 '만일 ~이라면'의 설명을 담고 있다. **전칭조건명제**(universal conditional statement)는 전칭이고 조건인 명제이다. 여기에 예가 있다.

모든 동물 a에 대하여, a가 개라면, a는 포유동물이다.

전칭조건명제에 대한 아주 중요한 사실 중 하나는 순수하게 전칭으로 또는 순수하게 조건으로 나타나게 표현될 수 있다는 것이다. 예를 들어 위 명제는 그것의 조건적 성격이 뚜렷하지만 전칭 성격이 절대적이게 표현될 수 있다.

만일 a가 개라면, a는 포유동물이다.
또는: 어떤 동물이 개라면, 그 동물은 포유동물이다.

또한 전칭조건명제는 그것의 전칭 성격이 뚜렷하지만 조건적 성격이 절대적이게 표현될 수도 있다.

모든 개들 a에 대하여, a는 포유동물이다.
또는: 모든 개들은 포유동물이다.

다양하게 표현할 수 있기 때문에 수학과 컴퓨터 분야에서 전칭조건명제를 유용하게 사용한다.

예제 1.1.2 **전칭조건명제 고쳐 쓰기**

빈칸을 채워서 다음 명제를 다시 써 보라.

모든 실수 x에 대하여, 만일 x가 0이 아니라면 x^2은 양수이다.

주의! 만약 여러분이 명제의 첫 부분에 x를 도입한다면 명제의 두 번째 부분에도 그것을 포함하고 있는지 확인하라.

a. 어떤 실수가 0이 아니라면, 그것의 제곱은 _______.
b. 0이 아닌 모든 실수 x에 대하여, _______.
c. 만일 x _______ 라면, _______.
d. 0이 아닌 어떤 실수의 제곱은 _______.
e. 0이 아닌 모든 실수는 _______ 을 갖는다.

풀이

a. 양수이다

b. x^2 은 양수이다

c. 가 0이 아닌 실수, x^2 은 양수이다

d. 양수이다

e. 양수인 제곱 ■

전칭존재명제

전칭존재명제(universal existential statement)는 첫 번째 부분에서 어떤 사실이 주어진 모든 대상에 대하여 성립함을 보이므로 전칭이고, 두 번째 부분에서 어떤 것의 존재성을 보이므로 존재적이다. 예를 들면 다음과 같다.

주의! 숫자 b가 숫자 a의 덧셈에 대한 역원이 되는 것은 $a+b=0$임을 뜻한다.

모든 실수는 덧셈에 대한 역원을 갖는다.

이 명제에서 '덧셈에 대한 역원을 갖는다' 라는 성질은 모든 실수에 적용된다. '덧셈에 대한 역원을 갖는다' 는 각각의 실수에 대하여 어떤 것—덧셈하의 역원—의 존재를 주장한다. 그러나 덧셈에 대한 역원의 본질은 실수 전체 집합에 의존한다. 다른 실수는 다른 덧셈에 대한 역원을 갖는다. 덧셈에 대한 역원이 어떤 실수라는 사실을 알고 있다면, 조금 덜 형식적이게 또는 조금 더 형식적이게, 다양한 방법으로 이 명제를 다시 표현할 수 있다.*

모든 실수들은 덧셈에 대한 역원들을 갖는다.
또는: 모든 실수 r에 대하여, r의 덧셈에 대한 역원이 존재한다.
또는: 모든 실수 r에 대하여, s가 r의 덧셈에 대한 역원이 되는 실수 s가 존재한다.

변수에 대하여 이름을 부여하는 것은 앞에서의 언급들을 단순화한다. 예를 들면 위의 세 번째 설명에 이어서: r이 양수이면, s는 음수이고, r이 음수이면, s는 양수이며, r이 0이면 s는 0이다.

수학에서 변수를 사용하는 가장 중요한 이유는 장황한 수학적 주장을 어떤 특별한 값만 고려하지 않고 명료하게 설명할 수 있기 때문이다.

예제 1.1.3 **전칭존재명제 고쳐 쓰기**

빈칸을 채워서 다음 명제를 고쳐 써 보라. 모든 항아리는 뚜껑을 가지고 있다.

a. 모든 항아리들은 ______.

b. 모든 항아리들 P에 대하여, ______ 이 존재한다.

c. 모든 항아리들 P에 대하여, ______ 이 되는 뚜껑 L이 존재한다.

---

* 조건명제는 이 명제를 표현하는 데 도움이 되지만 더 복잡한 내용은 추후의 장으로 미루겠다.

풀이

a. 뚜껑을 갖는다
b. P에 대한 뚜껑
c. L은 P에 대한 뚜껑 ■

존재전칭명제

존재전칭명제(existential universal statement)는 첫 번째 부분에서 어떤 대상의 존재성을 보이므로 존재적이고, 두 번째 부분에서 어떤 사실이 주어진 모든 대상에 대하여 성립함을 보이므로 전칭이다. 예를 들면 다음과 같다.

모든 양의 정수 각각에 대하여 그와 같거나 작은 어떤 양의 정수가 존재한다.

그 수 중 하나는 양의 정수이고 그것은 주어진 양의 정수와 같거나 작기 때문에 이 명제는 참이다. 이 명제를 몇 가지 방법으로 고쳐 쓸 수 있다.

어떤 양의 정수는 모든 양의 정수 각각에 대하여 그와 같거나 작다.
또는: 모든 양의 정수 각각에 대하여 그와 같거나 작은 어떤 양의 정수 m이 존재한다.
또는: 모든 양의 정수 각각이 m과 같거나 큰 어떤 양의 정수 m이 존재한다.
또는: 모든 양의 정수 n에 대하여 $m \leq n$을 만족시키는 어떤 양의 정수 m이 존재한다.

예제 1.1.4 **존재전칭명제 고쳐 쓰기**

빈칸을 채워서 다음 명제를 세 가지 다른 방법으로 고쳐 써 보라.

우리 반에는 최소한 우리 반의 모든 사람만큼 나이든 사람이 있다.

a. ______에 있는 어떤 ______은 최소한 ______만큼 나이가 들었다.
b. 우리 반에 p는 ______ 사람 p가 있다.
c. 우리 반에는 우리 반의 모든 사람 q에 대하여 p는 ______ 사람 p가 있다.

풀이

a. 우리 반, 사람, 우리 반의 모든 사람
b. 최소한 우리 반의 모든 사람만큼 나이든
c. 최소한 q 만큼 나이든 ■

수열의 극한 정의와 같은 수학에서 매우 중요한 개념들 중 어떤 것들은 단지 전칭, 존재, 그리고 조건으로 이루어진 구들을 이용하여 정의될 수 있다. 그리고 그것들은 '모든 ~에 대하여', '존재한다', 그리고 '만약 ~이라면 그러면'을 사용한다. 예를 들면 $a_1, a_2, a_3, \ldots$이 실수들의 수열일 때

n이 한없이 무한대로 다가갈 때 a_n의 극한값이 L이다.

라는 것은 다음을 의미한다.

모든 양의 실수 ε에 **대하여**, 모든 정수 n에 **대하여**, 만약 $n>N$**이면,** $-\varepsilon<a_n-L<\varepsilon$이 성립하는 어떤 자연수 N이 **존재한다**.

자 | 기 | 진 | 단

조건명제는 이 명제를 표현하는 데 도움이 되지만 더 복잡한 내용은 추후의 장으로 미루겠다.

1. 전칭명제는 _______ 에 대하여 어떤 성질이 ______ 이라는 것을 주장한다.

2. 조건명제는 만일 한 일이 _______ 이라면 다른 일이 _______ 임을 주장한다.

3. 사실일 수도 있고 거짓일 수도 있는 주어진 어떤 성질에 대하여, 존재명제는 그 성질이 참인 _______ 을 주장한다.

연 / 습 / 문 / 제 1.1

문제 1~3에서는 변수를 사용하여 빈칸을 채워서 써 보라.

1. 제곱이 -1이 되는 실수가 존재하는가?

a. ______ 이 되는 실수 x가 존재하는가?

b. $x^2=-1$이 성립하는 ______ 가 존재하는가?

2. 주어진 두 실수에 대하여, 사이에 놓여 있는 실수가 존재한다.

a. 주어진 두 실수 a와 b에 대하여, c가 ______ 인 실수 c가 존재한다.

b. 어떤 두 ______, $a<c<b$를 만족시키는 ______.

3. 양의 실수의 역수는 양이다.

a. 주어진 양의 실수 r에 대하여, ______ 의 역수는 ______ 이다.

b. 임의의 실수 r에 대하여, 만일 r이 ______ 이면 ______ 이다.

c. 만일 실수 r이 ______ 이면 _____ 이다.

4. 다음 명제를 변수를 사용하지 말고, 좀 덜 형식적이게 고쳐 써 보라. 명제가 참인지 거짓인지 결정하라.

a. $u+v < u-v$를 만족시키는 실수 u와 v가 존재한다.

b. $x^2 < x$를 만족시키는 실수 x가 존재한다.

c. 모든 양의 정수 n에 대하여, $n^2 \geq n$이다.

d. 모든 실수 a와 b에 대하여, $|a+b| \leq |a|+|b|$이다.

문제 5~7에서는 빈칸을 채워서 주어진 명제를 고쳐 써 보라.

5. 모든 J에 대하여, J가 사각형이면 J는 4개의 변을 갖는다.

a. 모든 사각형은 ______.

b. 각각의 사각형은 _____.

c. 만일 어떤 것이 사각형이면, 그것은 _____.

d. 만일 J가 ______ 이면, J는 ______.

e. 모든 사각형 J에 대하여, _______.

6. 0 아닌 각각의 실수는 역수를 갖는다.

a. 0이 아닌 모든 실수는 _____.

b. 0이 아닌 모든 실수 r에 대하여, r에 대한 _____

이 존재한다.

c. 0이 아닌 모든 실수 r에 대하여, ______을 만족시키는 실수 s가 존재한다.

7. 모든 실수와의 곱이 같은 값을 가지는 어떤 실수가 존재한다.

a. 어떤 ______은 ______인 성질을 갖는다.

b. ______와 r과의 곱이 ______인 어떤 실수 r이 존재한다.

c. 모든 실수 s 에 대하여, ______인 어떤 실수 r이 존재한다.

자 | 기 | 진 | 단 | 해 | 답

1\. 어떤 집합의 모든 원소; 참 2. 참; 또한 참 3. 것이 적어도 하나 존재함

1.2 집합의 용어

1879년 Georg Cantor(1845~1918)에 의하여 집합(set)이라는 단어가 형식적인 수학 용어로 사용되었다. Cantor처럼 집합을 원소들의 모임으로 생각할 수 있다. 예를 들어 C가 연합국인 나라들의 집합이라면 미국은 C의 원소가 된다. 만일 I가 1에서 100까지의 모든 정수들의 집합이면, 57은 I의 원소이다.

• 표기법

만일 S가 집합이라면, $\boldsymbol{x \in S}$는 x가 S의 원소임을 뜻한다. $\boldsymbol{x \notin S}$는 x가 S의 원소가 아님을 뜻한다. 집합은 **원소나열법**(set-roster notation)을 이용하여, 중괄호 사이에 원소들을 모두 적어서 표기한다. 예를 들면 **{1, 2, 3}**은 원소들이 1, 2, 그리고 3인 집합이다. **{1, 2, ..., 100}**은 1에서 100까지의 모든 정수들의 집합이다. 모든 양의 정수들의 집합과 같이 무한집합인 경우에는 **{1, 2, 3, ...}**과 같이 표기한다.

확장공리(axiom of extension): 집합은 나열된 순서에 무관하게 또는 중복나열에 무관하게 원소들이 무엇으로 이루어졌는가에 의하여 결정된다.

예제 1.2.1 원소나열법을 이용한 집합의 표기

a. $A=\{1, 2, 3\}$, $B=\{3, 1, 2\}$ 그리고 $C=\{1, 1, 2, 3, 3, 3\}$이라 하자. A, B, 그리고 C의 원소는 무엇인가? A, B, 그리고 C는 어떤 관계인가?

b. $\{0\}=0$인가?

c. 집합 $\{1, \{1\}\}$에는 몇 개의 원소가 있는가?

d. 각각의 음이 아닌 정수 n에 대하여, $U_n=\{n, -n\}$이라 하자. U_1, U_2, 그리고 U_0를 구하라.

풀이

a. A, B, 그리고 C는 같은 3개의 원소 1, 2, 3을 갖는다. 그러므로 A, B, 그리고 C는 같은 집합이다.

b. $\{0\} \neq 0$이다. 왜냐하면 $\{0\}$은 원소가 0인 집합이고 0은 단순히 숫자 0을 나타내기 때문이다.

c. 2개가 있다. 원소 1만 있는 집합과 1.

d. $U_1=\{1, -1\}$, $U_2=\{2, -2\}$, $U_0=\{0, -0\}=\{0, 0\}=\{0\}$.

기호	집합
R	모든 실수들의 집합
Z	모든 정수들의 집합
Q	모든 유리수들의 집합

$\mathbf{R}^+$는 양의 실수들의 집합이고, $\mathbf{Z}^{nonneg}$는 음이 아닌 정수들의 집합 0, 1, 2, 3, ...이다. 혹자는 음이 아닌 정수들의 집합을 자연수(natural number)들의 집합이라 부르고 **N**이라 표기하며, 혹자는 오로지 양의 정수들을 자연수라 한다.

실수들의 집합은 직선 상의 점들의 집합으로 나타낸다. 수 0은 중점에 대응하고 원점(origin)이라 한다. 원점의 오른쪽에 대응하는 각각의 점은 원점으로부터의 거리에 해당되는 양의 실수이다. 원점의 왼쪽에 대응하는 각각의 점은 원점으로부터의 거리에 해당되는 음의 실수이고 앞에 − 부호를 붙인다. 그러므로 모든 실수의 집합은 양의 실수, 음의 실수, 그리고 0 세부분으로 나뉜다.

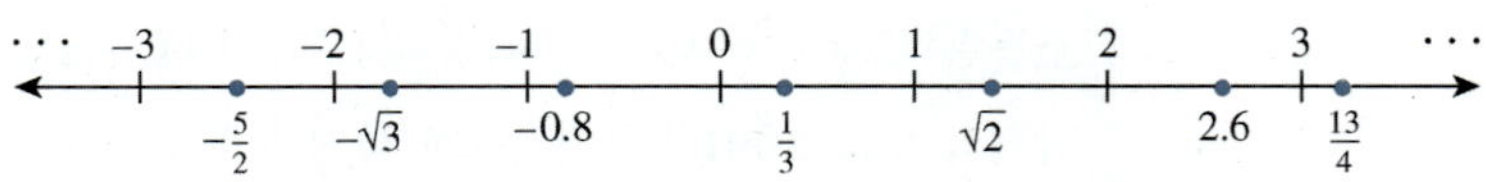

수직선은 빈 구멍이 없기 때문에 연속(continuous)이라 한다. 정수들의 집합은 수직선 상에서 일정한 간격으로 놓인 점들의 모임이다. 그러므로 모든 정수는 실수이고, 각각 서로 떨어져 있기 때문에 이산(discrete)이라 한다. 이산수학(discrete mathematics)이라는 용어는 이로부터 유래한다.

• 조건제시법(set-builder natation)

S를 어떤 집합이라 하고 $P(x)$를 S의 원소가 만족시키거나 만족시키지 않는 성질이라 하자. ***P*(*x*)가 참인 *S*의 원소들로 이루어진 새로운 집합**을 생각하자. 이 집합을 다음과 같이 표기한다.

$$\{x \in S \mid P(x)\}$$

the set of all ({) such that (|)

때때로 x가 속한 집합을 명기하지 않고 $\{x \mid P(x)\}$로 적는다.

예제 1.2.2 **조건제시법을 이용한 표기**

$\mathbf{R}$을 실수 전체의 집합, $\mathbf{Z}$를 정수 전체의 집합, $\mathbf{Z}^+$를 양의 정수들의 집합이라 할 때, 다음 집합을 기술하라.

a. $\{x \in \mathbf{R} \mid -2 < x < 5\}$
b. $\{x \in \mathbf{Z} \mid -2 < x < 5\}$
c. $\{x \in \mathbf{Z}^+ \mid -2 < x < 5\}$

풀이

a. $\{x \in \mathbf{R} \mid -2 < x < 5\}$는 수직선 상에서 -2와 5 사이 개구간이다. 그림으로 나타내면 다음과 같다.

b. $\{x \in \mathbf{Z} \mid -2 < x < 5\}$는 -2와 5 사이에 있는 모든 정수들의 집합이다. 따라서 집합 $\{-1, 0, 1, 2, 3, 4\}$과 같다.
c. $\mathbf{Z}^+$는 모든 양의 정수들의 집합이므로 $\{x \in \mathbf{Z}^+ \mid -2 < x < 5\} = \{1, 2, 3, 4\}$. ■

부분집합

• 정의

A와 B가 집합일 때, A의 모든 원소가 또한 B의 원소가 되면 A를 B의 **부분집합**(subset)이라 한다.

$A \subseteq B$는 모든 x에 대하여, $x \in A$이면 $x \in B$임을 뜻한다.

A는 B에 포함된다, B는 A를 포함한다라고 말하기도 한다.

부분집합의 정의로부터, B의 원소가 되지 않는 A의 원소가 적어도 하나 존재하면 A가 B의 부분집합이 아니다.

$A \not\subseteq B$는 $x \in A$이고 $x \notin B$인 적어도 한 원소 x가 존재함을 뜻한다.

• 정의

A와 B가 집합일 때, A의 모든 원소가 또한 B의 원소가 되고 A에 있지 않은 B의 원소가 적어도 하나 존재하면 A를 B의 **진부분집합**(proper subset)이라 한다.

예제 1.2.3 **부분집합**

$A=\mathbf{Z}^+$, $B=\{n \in \mathbf{Z} \mid 0 \le n \le 100\}$, 그리고 $C=\{100, 200, 300, 400, 500\}$이라 하자. 다음 명제의 참, 거짓을 밝혀라.

a. $B \subseteq A$
b. C는 A의 진부분집합이다
c. C와 B는 적어도 하나의 공통된 원소를 갖는다
d. $C \subseteq B$
e. $C \subseteq C$

풀이

a. 거짓. 0은 양의 정수가 아니다. 그러므로 0은 B에 있지만 A에는 있지 않다. 그러므로 $B \nsubseteq A$.
b. 참. C에 있는 각각의 원소는 양의 정수이므로 A에 있다. 하지만 A에는 있고 C에는 있지 않은 원소가 있다. 예를 들면 1은 A에 있지만 C에는 있지 않다.
c. 참. 예를 들면 100은 C와 B에 모두 들어 있다.
d. 거짓. 예를 들면 200은 C에 있지만 B에는 있지 않다.
e. 참. C에 있는 모든 원소는 C에 있다. ■

예제 1.2.4 **$\in$와 $\subseteq$의 차이점**

다음 중 어느 것이 참인 명제인가?

a. $2 \in \{1, 2, 3\}$ b. $\{2\} \in \{1, 2, 3\}$ c. $2 \subseteq \{1, 2, 3\}$
d. $\{2\} \subseteq \{1, 2, 3\}$ e. $\{2\} \subseteq \{\{1\}, \{2\}\}$ f. $\{2\} \in \{\{1\}, \{2\}\}$

풀이

(a), (d), 그리고 (f)만이 참. ■

데카르트 곱

19세기 후반 Georg Cantor의 집합론이 소개되면서, 집합론의 다양한 분야와 논리학이 발전되고 수학을 견고한 논리적 기초에 올려놓게 되었다. 집합의 정의는 나열된 원소의 순서에 영향을 받지 않기 때문에, 순서쌍을 정의하는 데 어떻게 집합을 이용하느냐가 주된 장애였다. 예를 들면 $\{a, b\}$와 $\{b, a\}$는 같은 집합이다. 반면에 순서쌍에서는 어떤 원소가 첫째 성분에 오느냐가 중요하다.

1914년에 결정적 약진이 당시 하버드대에서 박사학위를 받은 젊은 미국인 Norbert Wiener(1894~1964)와 독일 수학자 Felix Hausdorff(1868~1942)에 의하여 이루어졌

Kazimierz Kuratowski
(1896 - 1980)

Problemy monthly, 1959

다. 둘 다 순서쌍이 집합의 어떤 형태로 정의될 수 있음을 보였지만, 다루기 거북한 정의들이었다. 마침내 1921년 폴란드 수학자 Kazimierz Kuratowski(1896~1980)가 다음과 같은 표준적 정의를 발표하였다. 순서쌍은 다음과 같은 형태의 집합이라는 것이다.

$$\{\{a\}, \{a,b\}\}$$

이 집합은 원소 $\{a\}$와 $\{a, b\}$를 갖는다. 만일 $a \neq b$이면, 두 집합은 다르고 a는 두 집합 모두에 속하지만 b는 그렇지 않다. 이 사실로부터 a와 b는 구별되며 a는 순서쌍의 첫 번째 원소이고 b는 순서쌍의 두 번째 원소이다. 만일 $a=b$이면, a는 순서쌍의 첫 번째 원소이자 두 번째 원소이다. 이 경우에 $\{\{a\}, \{a,a\}\}=\{\{a\}\}$이다. 순서쌍에 대한 일반적 표기법으로 $\{\{a\}, \{a, b\}\}$ 대신 간단히 (a, b)로 적는다.

• 표기법

주어진 원소 a와 b에 대하여, 기호 (a, b)는 a는 순서쌍의 첫 번째 원소이고 b는 순서쌍의 두 번째 원소인 a와 b로 구성된 **순서쌍**(ordered pair)을 나타낸다. 두 순서쌍 (a, b)와 (c, d)가 같기 위해서는 $a=c$ 그리고 $b=d$이어야 한다.

예제 1.2.5 **순서쌍**

a. $(1, 2)=(2, 1)$인가?

b. $(3, \frac{5}{10})=(\sqrt{9}, \frac{1}{2})$인가?

c. $(1, 1)$의 첫 번째 성분은 무엇인가?

풀이

a. 아니요. $(1, 2)=(2, 1) \Leftrightarrow 1=2, 2=1$.

b. 예. $(3, \frac{5}{10})=(\sqrt{9}, \frac{1}{2}) \Leftrightarrow 3=\sqrt{9}, \frac{5}{10}=\frac{1}{2}$.

c. 순서쌍 $(1, 1)$에서 첫 번째 성분은 1이다. ■

• 정의

주어진 집합 A, B에 대하여 A와 B의 **데카르트 곱**(Cartesian product)을 $\boldsymbol{A \times B}$로 쓰고 'A cross B'라 읽는다. A와 B의 데카르트 곱은 a가 A에 있고 b가 B에 있는 순서쌍 (a, b)들의 집합이다.

$$\boldsymbol{A \times B}=\{(a, b) \mid a \in A, b \in B\}$$

예제 1.2.6 데카르트 곱

$A=\{1, 2, 3\}$ 그리고 $B=\{u, v\}$라 하자.

a. $A\times B$를 구하라.

b. $B\times A$를 구하라.

c. $B\times B$를 구하라.

d. $A\times B$, $B\times A$, 그리고 $B\times B$에는 얼마나 많은 원소들이 있는가?

e. $\mathbf{R}$을 모든 실수들의 집합이라 하자. $\mathbf{R}\times\mathbf{R}$을 묘사하라.

풀이

a. $A\times B=\{(1, u), (2, u), (3, u), (1, v), (2, v), (3, v)\}$

b. $B\times A=\{(u, 1), (u, 2), (u, 3), (v, 1), (v, 2), (v, 3)\}$

c. $B\times B=\{(u, u), (u, v), (v, u), (v, v)\}$

d. $A\times B$는 6개의 원소를 갖는다. $B\times A$는 6개의 원소를 갖는다. $B\times B$는 4개의 원소를 갖는다.

e. $\mathbf{R}\times\mathbf{R}=\{(x, y) \mid x \in R, y \in R\}$. 만일 수평축과 수직축을 평면에 그리고 단위 길이를 표시하면, $\mathbf{R}\times\mathbf{R}$의 각각의 순서쌍은 평면의 유일한 한 점에 대응된다. 순서쌍의 첫 번째 원소와 두 번째 원소는 각각 그 점의 수평축과 수직축에서의 위치를 가리킨다. **데카르트 평면**(Cartesian plane)은 그림 1.2.1과 같이 이 좌표계를 가지는 평면을 뜻한다.

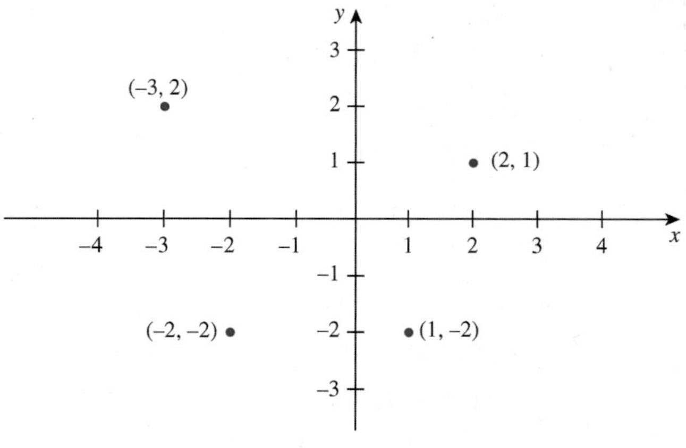

그림 1.2.1 데카르트 평면

자 | 기 | 진 | 단

1. 집합의 원소를 원소나열법으로 나타냈을 때 나열된 순서는 _______.
2. 기호 $\mathbf{R}$은 _______을 나타낸다.
3. 기호 $\mathbf{Z}$는 _______을 나타낸다.
4. 기호 $\mathbf{Q}$는 _______을 나타낸다.
5. $\{x \mid P(x)\}$는 _______라 부른다.
6. 집합 A가 집합 B의 부분집합이라는 뜻은 _______.
7. 주어진 집합 A 그리고 B에 대하여, 데카르트 곱 $A\times B$는 _______.

연/습/문/제 1.2

1. 다음 집합 중 어느 것이 같은가?

$A=\{a, b, c, d\}$ $B=\{d, e, a, c\}$
$C=\{d, b, a, c\}$ $D=\{a, a, d, e, c, e\}$

2. 다음을 어떻게 읽는지 말로 나타내라.
   a. $\{x \in \mathbf{R}^+ \mid 0 < x < 1\}$
   b. $\{x \in \mathbf{R} \mid x \leq 0 \text{ or } x \geq 1\}$
   c. $\{n \in \mathbf{Z} \mid n \text{ is a factor of } 6\}$
   d. $\{n \in \mathbf{Z}^+ \mid n \text{ is a factor of } 6\}$

3. **a.** $4=\{4\}$인가?
   b. 집합 $\{3, 4, 3, 5\}$에는 얼마나 많은 원소가 있는가?
   c. 집합 $\{1, \{1\}, \{1, \{1\}\}\}$에는 얼마나 많은 원소가 있는가?

4. 다음 집합들 중 같은 것을 골라라.

$A=\{0, 1, 2\}$
$B=\{x \in \mathbf{R} \mid -1 \leq x < 3\}$
$C=\{x \in \mathbf{R} \mid -1 < x < 3\}$
$D=\{x \in \mathbf{Z} \mid -1 < x < 3\}$
$E=\{x \in \mathbf{Z}^+ \mid -1 < x < 3\}$

5. 각각의 정수 n에 대하여 $T_n=\{n, n^2\}$이라 하자. T_2, T_{-3}, T_1, T_0 각각은 얼마나 많은 원소를 갖는가?

6. 원소나열법을 이용하여, 다음 집합의 원소를 나타내라.
   a. $S=\{n \in \mathbf{Z} \mid n=(-1)^k, \text{ for some integer } k\}$
   b. $T=\{m \in \mathbf{Z} \mid m=1+(-1)^i, \text{ for some integer } i\}$
   c. $U=\{r \in \mathbf{Z} \mid 2 \leq r \leq -2\}$
   d. $V=\{s \in \mathbf{Z} \mid s > 2 \text{ or } s < 3\}$
   e. $W=\{t \in \mathbf{Z} \mid 1 < t < -3\}$
   f. $X=\{u \in \mathbf{Z} \mid u \leq 4 \text{ or } u \geq 1\}$

7. $A=\{c, d, f, g\}$, $B=\{f, j\}$, $C=\{d, g\}$라 할 때, 다음 질문에 답하고 그 이유를 설명하라.
   a. $B \subseteq A$인가? **b.** $C \subseteq A$인가?
   c. $C \subseteq C$인가? **d.** C는 A의 진부분집합인가?

8. **a.** $3 \in \{1, 2, 3\}$인가? **b.** $1 \subseteq \{1\}$인가?
   c. $\{2\} \in \{1, 2\}$인가? **d.** $\{3\} \in \{1, \{2\}, \{3\}\}$인가?
   e. $1 \in \{1\}$인가? **f.** $\{2\} \subseteq \{1, \{2\}, \{3\}\}$인가?
   g. $\{1\} \subseteq \{1, 2\}$인가? **h.** $1 \in \{\{1\}, 2\}$인가?
   i. $\{1\} \subseteq \{1, \{2\}\}$인가? **j.** $\{1\} \subseteq \{1\}$인가?

9. **a.** $((-2)^2, -2^2)=(-2^2, (-2)^2)$인가?
   b. $(5, -5)=(-5, 5)$인가?
   c. $(8-9, \sqrt[3]{-1})=(-1, -1)$인가?
   d. $(\frac{-2}{-4}, (-2)^3)=(\frac{3}{6}, -8)$인가?

10. $A=\{w, x, y, z\}$, $B=\{a, b\}$라 하자. 원소나열법을 이용하여 다음 집합을 나타내고 각 집합의 원소의 개수를 구하라.
   a. $A \times B$ **b.** $B \times A$
   c. $A \times A$ **d.** $B \times B$

자 | 기 | 진 | 단 | 해 | 답

1. 무관하다 2. 모든 실수들의 집합 3. 모든 정수들의 집합 4. 모든 유리수들의 집합 5. $P(x)$를 만족시키는 모든 x들의 집합 6. A에 있는 모든 원소는 B의 원소이다 7. a는 A에 있고 b는 B에 있는 모든 순서쌍 (a, b)들의 집합이다

1.3 관계와 함수의 용어

세상에는 수많은 종류의 관계가 있다. 예를 들어 같은 조상을 갖는 경우 혈연관계가 있다라고 하고, 어떤 이의 배우자가 같은 조상이라면 사돈관계가 있다고 한다. 학생과 스승 간의 관계, 같은 직장에서 일하는 사람들 간의 관계, 같은 종족들 간의 관계가 있다.

수학에서 다루는 대상들도 여러 관계 아래 놓여 있다. 집합 A가 집합 B의 부분집합이면, 또는 집합 A가 집합 B의 부분집합이 아니면, 또는 A와 B가 적어도 하나의 공통원소를 갖게 되면 집합 A는 집합 B와 관계가 있다고 한다. $x < y$이면, 또는 x가 y의 인수이면, 또는 $x^2+y^2=1$이면 실수 x는 실수 y와 관계가 있다고 한다. 컴퓨터 프로그램에서 두 식별자는 같은 처음 여덟 자를 갖거나 프로그램이 끝났을 때 그들의 값을 저장하기 위하여 같은 메모리 주소를 사용하면 관계가 있다고 한다.

$A=\{0, 1, 2\}, B=\{1, 2, 3\}$일 때, A의 원소 x가 B의 원소 y와 관계가 있기 위한 필요충분조건은 x가 y보다 작다는 것이다. 'x가 y와 관계가 있다'를 간단히 xRy라 표기한다. 그러면

$$0 < 1 \text{이기 때문에 } 0\,R\,1$$
$$0 < 2 \text{이기 때문에 } 0\,R\,2$$
$$0 < 3 \text{이기 때문에 } 0\,R\,3$$
$$1 < 2 \text{이기 때문에 } 1\,R\,2$$
$$1 < 3 \text{이기 때문에 } 1\,R\,3$$
$$2 < 3 \text{이기 때문에 } 2\,R\,3$$

가 된다. 만일 $x \not R y$가 'x가 y와 관계가 없다'를 나타낸다면 다음과 같이 된다.

$$1 \not< 1 \text{이기 때문에 } 1 \not R 1$$
$$2 \not< 1 \text{이기 때문에 } 2 \not R 1$$
$$2 \not< 2 \text{이기 때문에 } 2 \not R 2$$

$$A\times B=\{(0, 1), (0, 2), (0, 3), (1, 1), (1, 2), (1, 3), (2, 1), (2, 2), (2, 3)\}$$

$A\times B$의 어떤 순서쌍은 관계가 있고, 다른 순서쌍들은 관계가 없다. 관계가 있는 $A\times B$의 순서쌍들의 집합은

$$\{(0, 1), (0, 2), (0, 3), (1, 2), (1, 3), (2, 3)\}$$

이다. 어느 순서쌍이 위 집합에 있는지를 아는 것은 성분의 원소들끼리 관계가 있는지를 아는 것과 같다. 관계는 주어진 조건에 의하여 관계가 있는 원소들의 순서쌍 모두의 집합으로 생각할 수 있다. 이런 생각을 기초로 하여, 19세기에 미국의 수학자이자 논리학자인

C. S. Peirce는 관계의 수학적 정의를 소개하였다.

• 정의

A와 B가 집합일 때, **A에서 B로의 관계 R**(relation R from A to B)은 $A \times B$의 어떤 부분집합이다. $A \times B$에 있는 주어진 순서쌍(x, y)에 대하여, **x가 R에 의하여 y와 관계가 있기** 위한 필요충분조건은 (x, y)가 R에 있는 것이며, 이때 $x\,R\,y$로 표기한다. 집합 A를 R의 **정의역**(domain)이라 하고 집합 B를 **공변역**(co-domain)이라 한다.

관계 R에 대한 표기는 다음과 같다.

$$x\,R\,y\text{는 } (x, y) \in R\text{을 뜻한다.}$$

예제 1.3.1 부분집합으로서의 관계

$A=\{1, 2\}$, $B=\{1, 2, 3\}$일 때, A에서 B로의 관계 R을 다음과 같이 정의하자: 주어진 어떤 원소 $(x, y) \in A \times B$에 대하여

$$(x, y) \in R\text{은 } \frac{x-y}{2}\text{가 정수임을 뜻한다.}$$

a. R에 있는 $A \times B$ 내의 순서쌍들을 모두 찾아라.
b. $1\,R\,3$인가? $2\,R\,3$인가? $2\,R\,2$인가?
c. R의 정의역과 공변역은 무엇인가?

풀이

a. $A \times B=\{(1, 1), (1, 2), (1, 3), (2, 1), (2, 2), (2, 3)\}$.

$$\frac{1-1}{2}=0\text{은 정수이므로 } (1, 1) \in R$$
$$\frac{1-2}{2}=\frac{-1}{2}\text{은 정수가 아니므로 } (1, 2) \notin R$$
$$\frac{1-3}{2}=-1\text{은 정수이므로 } (1, 3) \in R.$$
$$\frac{2-1}{2}=\frac{1}{2}\text{은 정수가 아니므로 } (2, 1) \notin R$$
$$\frac{2-2}{2}=0\text{은 정수이므로 } (2, 2) \in R$$
$$\frac{2-3}{2}=\frac{-1}{2}\text{은 정수가 아니므로 } (2, 3) \notin R$$

그러므로 다음과 같다.

$$R=\{(1, 1), (1, 3), (2, 2)\}$$

b. 예. $(1, 3) \in R$이므로 $1\,R\,3$.
아니요. $(2, 3) \notin R$.
예. $(2, 2) \in R$이므로 $2\,R\,2$.

c. R의 정의역은 $\{1, 2\}$이고 공변역은 $\{1, 2, 3\}$. ■

예제 1.3.2 **원 관계**

$\mathbf{R}$에서 $\mathbf{R}$로의 관계 C를 다음과 같이 정의하자: $(x, y) \in \mathbf{R}\times\mathbf{R}$에 대하여,

$$(x, y) \in C \text{는 } x^2+y^2=1 \text{ 임을 뜻한다.}$$

a. $(1, 0) \in C$인가? $(0, 0) \in C$인가? $\left(\frac{1}{2}, \frac{\sqrt{3}}{2}\right) \in C$인가? $(-2)\,C\,0$인가? $0\,C\,(-1)$인가? $1\,C\,1$인가?

b. C의 정의역과 공변역은 무엇인가?

c. 데카르트 평면에 C의 점들을 표시하라.

풀이

a. 예. $1^2+0^2=1$이므로 $(1, 0) \in C$.
아니요. $0^2+0^2 \neq 1$이므로 $(0, 0) \notin C$.
예. $\left(\frac{1}{2}\right)^2+\left(\frac{\sqrt{3}}{2}\right)^2=1$이므로 $\left(\frac{1}{2}, \frac{\sqrt{3}}{2}\right) \in C$.
아니요. $(-2)^2+0^2=4 \neq 1$이므로 $-2 \not{C}\, 0$.
예. $0^2+(-1)^2=1$이므로 $0\,C\,(-1)$.
아니요. $1^2+1^2 \neq 1$이므로 $1 \not{C}\, 1$.

b. C의 정의역과 공변역은 모두 $\mathbf{R}$이다.

c.

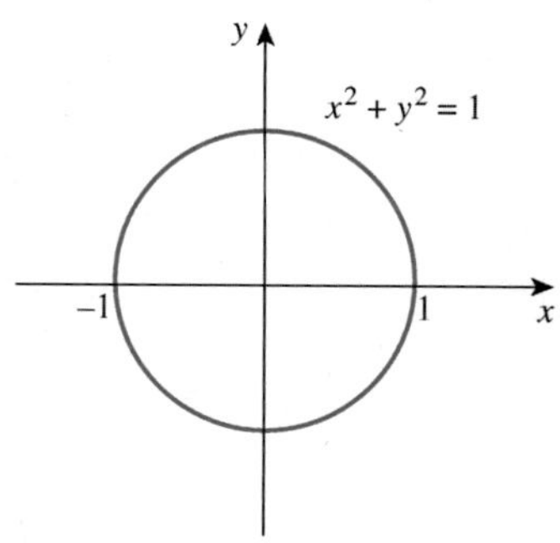

■

관계의 화살도표

R은 집합 A로부터 집합 B로의 관계라 하자. R의 **화살도표**(arrow diagram)는 다음과 같이 얻어진다.

1. A의 원소를 한 영역의 점으로, B의 원소를 다른 영역의 점으로 표시하자.
2. A에 있는 각각의 원소 x와 B에 있는 각각의 원소에 대하여, x로부터 y로의 화살표를 그릴 수 있기 위한 필요충분조건은 R에 의하여 x가 y와 관계가 있는 것이다. 기호로 나타내면 다음과 같다.

$$\textbf{x 로부터 y 로의 화살표를 그린다}$$
$$\Leftrightarrow \boldsymbol{x\,R\,y}$$
$$\Leftrightarrow \boldsymbol{(x, y) \in R}$$

예제 1.3.3 **관계의 화살도표**

$A=\{1, 2, 3\}$, $B=\{1, 3, 5\}$라 할 때, 관계 S와 T를 다음과 같이 정의하자: $(x, y) \in A\times B$에 대하여

$(x, y) \in S$는 $x < y$를 뜻하고
$T=\{(2, 1), (2, 5)\}$.

S와 T의 화살도표를 그려라.

풀이

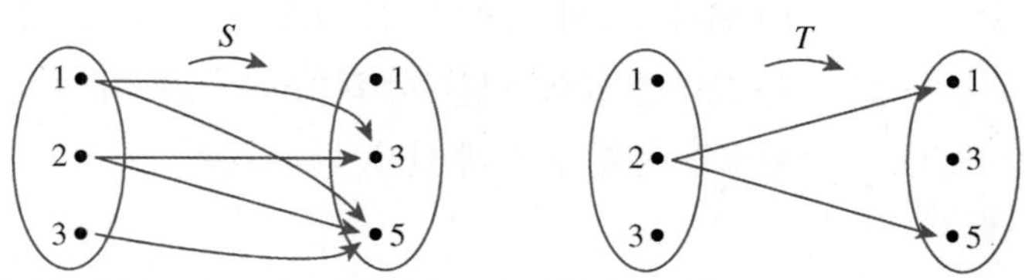

이 예제의 관계들은 A의 한 원소가 다른 방향으로 여러 개의 화살표를 가질 수 있음을 보여 준다. 또한 화살표가 출발하지 않는 A의 원소도 있을 수 있음을 보여 준다. ■

함수

1.2절에서 순서쌍은 집합을 이용하여 정의할 수 있고 데카르트 곱은 순서쌍을 이용하여 정의할 수 있음을 논하였다. 이 절에서는 데카르트 곱의 부분집합으로서 관계를 소개하였다. 이제 함수를 단지 집합의 개념만을 이용하여 정의할 수 있다. 이 정의는 수학에서 일반적으로 함수를 가지고 작업하는 방법과 명백히 관련은 없지만, 이론적 관점에서 만족스럽고 컴퓨터에서 함수를 가지고 작업하기에 적합하다는 이유로 컴퓨터 과학자들이 선호하고 있다.

• 정의

집합 A 로부터 집합 B 로의 함수 F(function F from a set A to a set B)는 다음 두 가지 성질을 만족시키는 정의역 A와 공변역 B를 가지는 관계이다.

1. A에 있는 모든 원소 x에 대하여, $(x, y) \in F$인 B의 원소 y가 존재한다.
2. A에 있는 원소 x와 B에 있는 y와 z에 대하여

$$\text{만일 } (x, y) \in F, (x, z) \in F \text{이면 } y=z \text{이다.}$$

성질 (1)과 (2)를 좀 덜 형식적으로 설명할 수 있다: A로부터 B로의 관계 F가 함수이기 위한 필요충분조건은 다음과 같다.

1. A의 모든 원소는 F의 순서쌍들의 첫 번째 원소이다.
2. F에 있는 서로 다른 두 순서쌍은 서로 다른 첫 번째 원소를 갖는다.

대부분의 수학적 상황에서 함수를 정의역에 있는 원소를 공변역에 있는 원소로 대응시키는 것으로 생각한다. 함수의 정의에 의하여, 정의역의 각 원소는 공변역의 오로지 한 원소에 대응한다.

좀 더 실질적으로, 만일 F가 집합 A로부터 집합 B로의 함수이면 정의의 성질 (1)은 F에 의하여 x와 관계가 있는 B의 원소가 적어도 하나 존재함을 확언하는 것이고, 성질 (2)는 그러한 원소가 많아야 하나라는 것이다. 이 사실은 x에 어떤 특별한 이름을 대응시키는 원소를 정할 수 있게 한다.

• 표기법

만일 A와 B가 집합이고 F가 A로부터 B로의 함수이면, A에 있는 임의의 원소 x에 대하여 F에 의해 x와 관계가 있는 B의 유일한 원소를 $\boldsymbol{F(x)}$로 표기하고 '***F* of *x***'라 읽는다.

예제 1.3.4 **유한집합 위에서의 함수와 관계**

$A=\{2, 4, 6\}$, $B=\{1, 3, 5\}$라 하자. 아래에 정의된 관계 R, S, 그리고 T 중 어느 것이 A로부터 B로의 함수인가?

a. $R=\{(2, 5), (4, 1), (4, 3), (6, 5)\}$

b. 임의의 $(x, y) \in A\times B$에 대하여, $(x, y) \in S$는 $y=x+1$을 뜻한다.

c. T는 다음 화살도표로 정의하자.

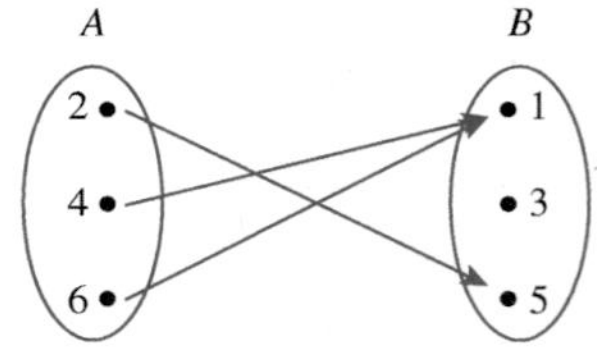

풀이

a. R은 성질 (2)를 만족시키지 않으므로 함수가 아니다. 순서쌍 (4, 1)과 (4, 3)은 같은 첫 번째 원소를 가지지만 다른 두 번째 원소를 갖는다. R에 대한 화살도표를 그리면 이를 확인할 수 있다: 한 점은 1로 그리고 또 다른 한 점은 3으로.

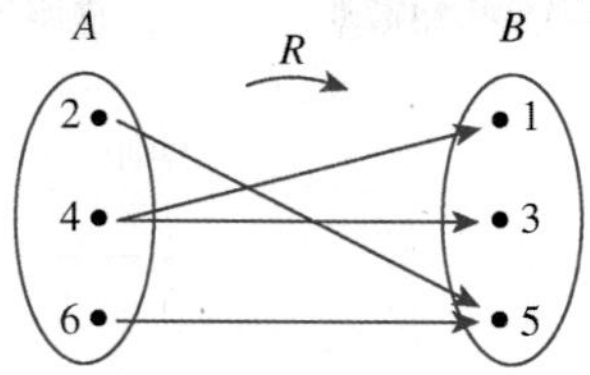

b. S는 성질 (1)을 만족시키지 않으므로 함수가 아니다. A의 모든 원소가 S에 있는 순서쌍의 첫 번째 원소가 아니다. 예를 들어 $6 \in A$이지만 $y=6+1=7$이 되는 B의 원소 y가 존재하지 않는다. S에 대한 화살도표를 그려 확인할 수 있다.

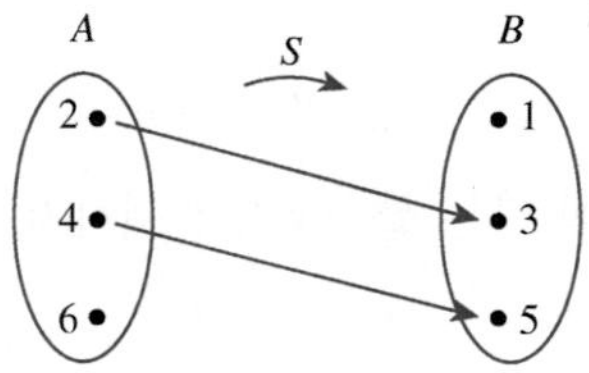

주의! (c)에서 $T(4)=T(6)$이다. 이것은 함수의 정의역이의 어떤 원소도 공역의 두 원소 이상과 관계될 수 없더라도 정의역의 몇 가지 원소들은 공역의 같은 원소와 관계지을 수 있다는 사실을 설명한다.

c. T는 함수이다: $\{2, 4, 6\}$에 있는 각각의 원소는 $\{1, 3, 5\}$에 있는 어떤 원소와 관계가 있고 $\{2, 4, 6\}$의 원소는 $\{1, 3, 5\}$의 오직 한 원소와 관계가 있다. 이러한 성질을 화살도표로 설명할 때, 정의역의 각각의 원소로부터 나오는 화살이 있으므로 (1)을 만족시키고, 정의역의 각각의 원소로부터 오직 하나의 화살표가 나오므로 (2)를 만족시킨다. 그러므로 $T(2)=5$, $T(4)=1$, 그리고 $T(6)=1$이 된다. ■

예제 1.3.5 **실수집합 위에서의 함수와 관계**

a. 예제 1.3.2에서 원 관계 C는 다음과 같이 정의되었다.

모든 $(x, y) \in \mathbf{R}\times\mathbf{R}$에 대하여, $(x, y) \in C$는 $x^2+y^2=1$을 뜻한다.

C는 함수인가? 만일 함수이면, $C(0)$과 $C(1)$을 구하라.

b. $\mathbf{R}$로부터 $\mathbf{R}$로의 관계를 다음과 같이 정의하자.

모든 $(x, y) \in \mathbf{R}\times\mathbf{R}$에 대하여, $(x, y) \in L$는 $y=x-1$을 뜻한다.

L은 함수인가? 만일 함수이면, $L(0)$과 $L(1)$을 구하라.

풀이

a. C의 그래프는 C가 함수의 성질을 만족시키지 않음을 보여 준다. 임의의 y에 대하여 $(x, y) \notin C$인 많은 실수 x가 존재하므로 C는 성질 (1)을 만족시키지 않는다.

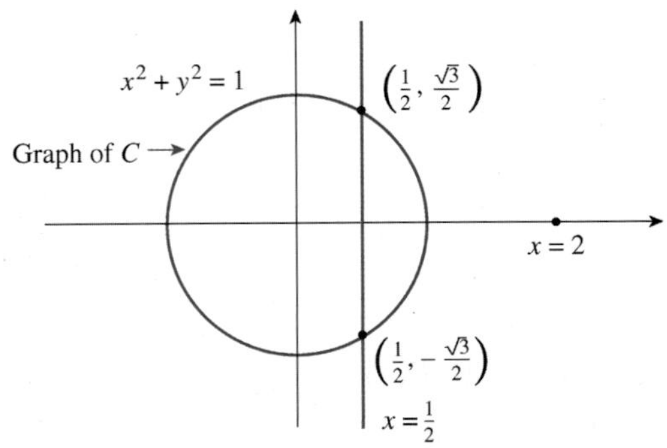

예를 들어 $x=2$일 때

$$x^2+y^2=2^2+y^2=4+y^2=1$$

이 되는 실수 y가 존재하지 않는다. 왜냐하면 만일 존재한다면

$$y^2=-3$$

이어야 하는데 그러한 y는 실수가 아니기 때문이다.

어떤 값 x에 대하여 $(x, y) \in C$인 서로 다른 두 값의 y가 존재하므로 C는 성질 (2)를 만족시키지 않는다. 이를 그래프로 확인하면 C의 그래프가 떨어진 두 점 $\left(\frac{1}{2}, \frac{\sqrt{3}}{2}\right)$과 $\left(\frac{1}{2}, -\frac{\sqrt{3}}{2}\right)$에서 만나는 수직의 직선 $x=\frac{1}{2}$이 존재함을 볼 수 있다.

b. L은 함수이다. 각각의 실수 x에 대하여, $y=x-1$은 실수이고, 그러므로 $(x, y) \in L$인 실수 y가 존재한다. 또한 만일 $(x, y) \in L$ 그리고 $(x, z) \in L$이면 $y=x-1$ 그리고 $z=x-1$이다. 그러므로 $y=z$이다. 특히 $L(0)=0-1=-1$이고 $L(1)=0$이다.

아래에 그려진 L의 그래프를 살펴봄으로써 이 사실을 알 수 있다. 모든 실수 x에 대하여, $(x, 0)$을 지나는 수직인 직선은 L의 그래프를 오직 한 번 지남을 알 수 있다. 이 사실로부터 모든 실수 x는 L에 있는 순서쌍의 첫 번째 원소가 되고 L에 있는 서로 다른 두 순서쌍은 서로 다른 첫 번째 원소를 가짐을 알 수 있다.

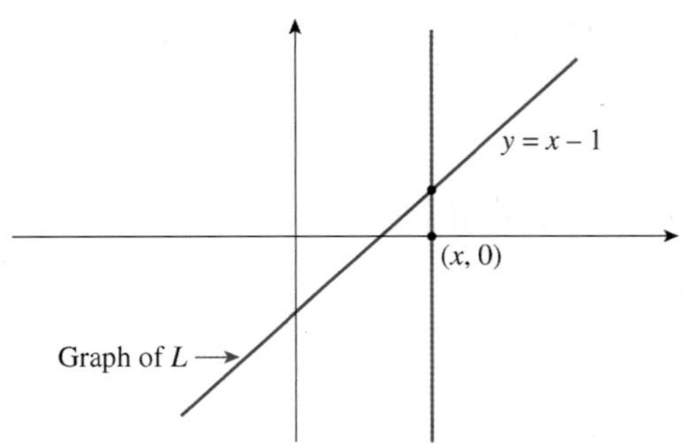

■

함수 기계

함수를 숙고할 수 있는 또 다른 유용한 방법은 기계로 생각하는 것이다. f를 X로부터 Y로의 함수라 하고 X의 입력 x가 주어졌다고 하자. f를 어떤 과정을 거쳐 x로부터 $f(x)$를 산출하는 기계로 상상하자. 이것은 그림 1.3.1에 설명되어 있다.

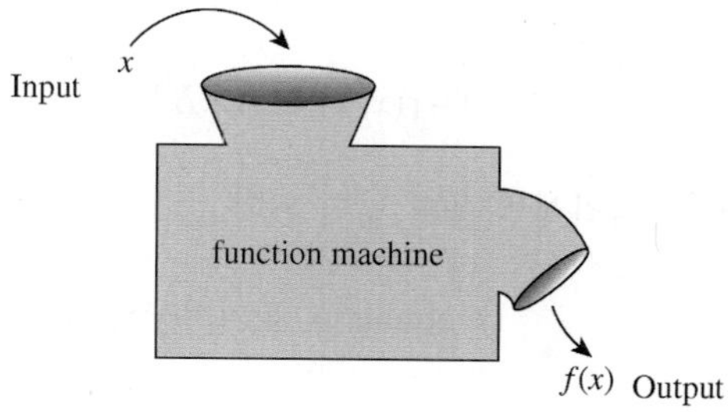

그림 1.3.1

예제 1.3.6 **공식으로 정의된 함수**

R로부터 **R**로의 **제곱함수**(squaring function) f는 모든 실수 x에 대하여 공식 $f(x)=x^2$으로 정의된다. 이 사실은 투입한 실수가 무엇이든 x라 하면 f를 거쳐 그 수의 제곱이 산출됨을 뜻한다. 이런 생각은 $f(\square)=(\square)^2$으로 표현될 수 있다. 다른 말로, f는 각각의 실수 x를 x^2으로 보내고, $f: x \to x^2$로 나타낸다. 변수 x는 가변수(dummy variable)이다. x가 나타나는 모든 곳에서 교체가 가능한 한 그것을 어떤 다른 기호로 교체할 수 있다.

Z로부터 **Z**로의 **바로 뒤의 원소함수**(successor function) g는 $g(n)=n+1$로 정의된다. 그러므로 정수 n이 투입되면 g의 산출은 1이 더해진 수이다: $g(\square)=\square+1$. 다른 말로, g는 각 각의 정수 n을 $n+1$로 보내고, $g: n \to n+1$로 나타낸다.

상수함수(constant function)의 한 예는 모든 유리수 r에 대하여, $h(r)=2$로 정의된 **Q**로부터 **Z**로의 함수 h이다. 이 함수는 각각의 유리수 r을 2로 보낸다. 다른 말로, 투입이 무엇이든 간에 항상 산출은 2이다: $h(\square)=2$ 또는 $h: r \to 2$.

함수 f, g, 그리고 h는 그림 1.3.2에 있는 함수 기계로 표현된다.

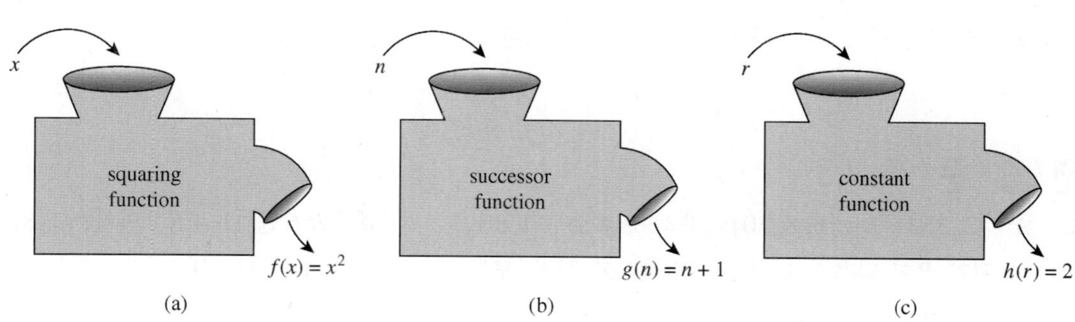

그림 1.3.2

■

함수는 그 자신의 오른쪽에 있는 본체이다. 그것은 집합들 사이의 어떤 관계로 또는 어떤 규칙에 따라 작동하는 투입/산출 기계로 생각할 수 있다. 이것이 일반적으로 함수를 f, G, log, sin과 같이 한 기호나 일련기호로 적는 이유이다.

관계는 데카르트 곱의 부분집합이고 함수는 관계의 특별한 종류이다. 독특하게 만일 f와 g가 집합 A로부터 집합 B로의 함수이면

$$f=\{(x, y) \in A\times B \mid y=f(x)\},\ g=\{(x, y) \in A\times B \mid y=g(x)\}$$

이다. 따라서 다음과 같이 된다.

$$f \text{ equals } g,\ \text{표기가 } f=g,\ \text{if, and only if, } f(x)=g(x),\ \forall\, x \in A.$$

예제 1.3.7 **함수의 등식**

다음과 같이 $f: \mathbf{R} \to \mathbf{R}$과 $g: \mathbf{R} \to \mathbf{R}$을 정의하자.

모든 $x \in \mathbf{R}$에 대하여 $f(x)=|x|$
모든 $x \in \mathbf{R}$에 대하여 $g(x)=\sqrt{x^2}$

$f=g$인가?

풀이

예. 어떤 실수의 절대값은 그것의 제곱의 제곱근이므로, 모든 $x \in \mathbf{R}$에 대하여 $|x|=\sqrt{x^2}$. 그러므로 $f=g$. ■

자 | 기 | 진 | 단

1. 주어진 집합 A와 B에 대하여, A로부터 B로의 관계는 ________.
2. A로부터 B로의 함수 F는 다음 두 성질을 만족시키는 A로부터 B로의 관계이다.
   a. A의 모든 원소 x에 대하여 ________ 가 존재한다.
   b. A의 모든 원소 x 그리고 B의 모든 원소 y와 z에 대하여, 만일 ________ 이면 ________ 이다.
3. 만일 F가 A로부터 B로의 함수이고 x가 A의 원소이면 $F(x)$는 ________ 이다.

연 / 습 / 문 / 제 1.3

1. $A=\{2, 3, 4\}$, $B=\{6, 8, 10\}$이라 하고 A로부터 B로의 관계 R이 다음과 같이 정의되었다고 하자: 모든 $(x, y) \in A\times B$에 대하여,

   $(x, y) \in R$은 $\frac{y}{x}$가 정수임을 뜻한다.

   a. $4\ R\ 6$인가? $4\ R\ 8$인가? $(3, 8) \in R$인가? $(2, 10) \in R$인가?
   b. R을 순서쌍들의 집합으로 나타내라.
   c. R의 정의역과 공변역은 무엇인가?
   d. R의 화살도표를 그려라.

2. $E=\{1, 2, 3\}$, $F=\{-2, -1, 0\}$이라 하고 E로부터 F로의 관계 T가 다음과 같이 정의되었다고 하자: 모든 $(x, y) \in E \times F$에 대하여

$$(x, y) \in T\text{는 } \frac{x-y}{3}\text{가 정수임을 뜻한다.}$$

a. $3\ T\ 0$인가? $1\ T\ (-1)$인가? $(2, -1) \in T$인가? $(3, -2) \in T$인가?

b. T를 순서쌍들의 집합으로 나타내라.

c. T의 정의역과 공변역은 무엇인가?

d. T의 화살도표를 그려라.

3. $\mathbf{R}$로부터 $\mathbf{R}$로의 관계 S가 다음과 같이 정의되었다고 하자: 모든 $(x, y) \in \mathbf{R} \times \mathbf{R}$에 대하여

$$(x, y) \in S\text{는 } x \geq y\text{임을 뜻한다.}$$

a. $(2, 1) \in S$인가? $(2, 2) \in S$인가? $2\ S\ 3$인가? $(-1)\ S\ (-2)$인가?

b. 데카르트 평면에 S의 그래프를 그려라.

4. $A=\{4, 5, 6\}$, $B=\{5, 6, 7\}$이라 하고 A로부터 B로의 관계 R, S, 그리고 T가 다음과 같이 정의되었다고 하자: 모든 $(x, y) \in A \times B$에 대하여

$(x, y) \in R$은 $x \geq y$임을 뜻한다.
$(x, y) \in S$는 $\frac{x-y}{2}$가 정수임을 뜻한다.
$T=\{(4, 7), (6, 5), (6, 7)\}$.

a. R, S, 그리고 T의 화살도표를 그려라.

b. R, S, 그리고 T 중 어느 것이 함수인지 지적하라.

5. **a.** $\{0, 1\}$로부터 $\{1\}$로의 모든 관계를 찾아라.

b. $\{0, 1\}$로부터 $\{1\}$로의 모든 함수를 찾아라.

c. $\{0, 1\}$로부터 $\{1\}$로의 관계들 중 어느 것이 함수가 되는가?

6. $\mathbf{R}^+$로부터 $\mathbf{R}$로의 관계 P가 다음과 같이 정의되었다고 하자: 모든 $(x, y) \in \mathbf{R}^+ \times \mathbf{R}$에 대하여

$$(x, y) \in P\text{는 } x=y^2\text{임을 뜻한다.}$$

P는 함수인가? 설명하라.

7. $A=\{-1, 0, 1\}$, $B=\{t, u, v, w\}$라 하자. 함수 $F: A \to B$를 다음의 화살도표로 정의하자.

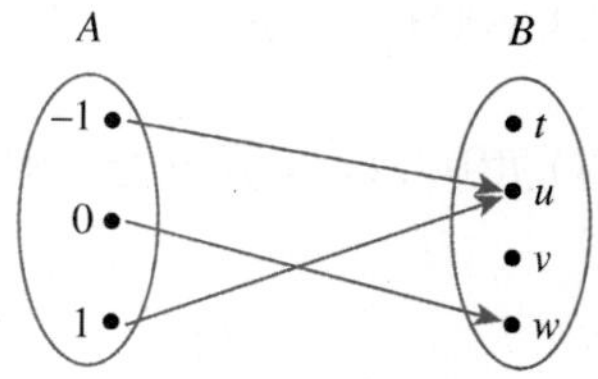

a. F의 정의역과 공변역을 구하라.

b. $F(-1)$, $F(0)$, 그리고 $F(1)$을 구하라.

8. $X=\{2, 4, 5\}$, $Y=\{1, 2, 4, 6\}$라 하자. 다음 화살도표 중 어느 것이 X로부터 Y로의 함수가 되는가?

a.

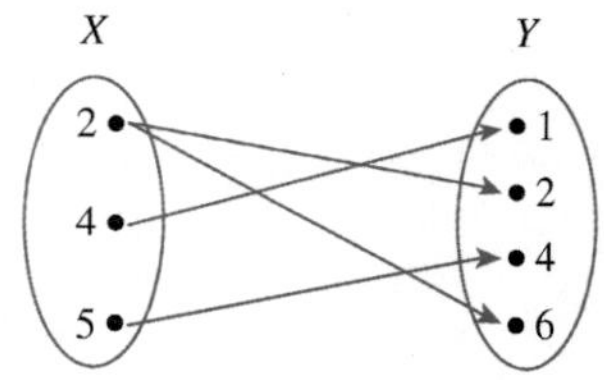

b.

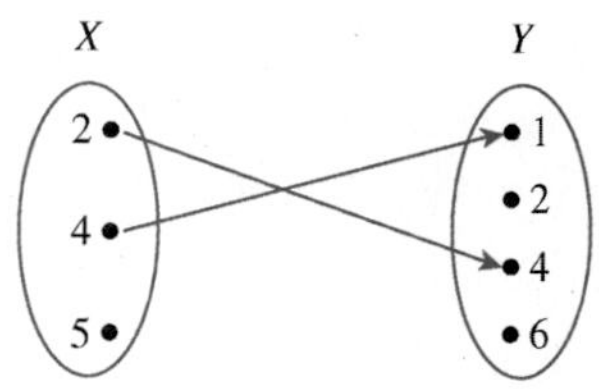

c.

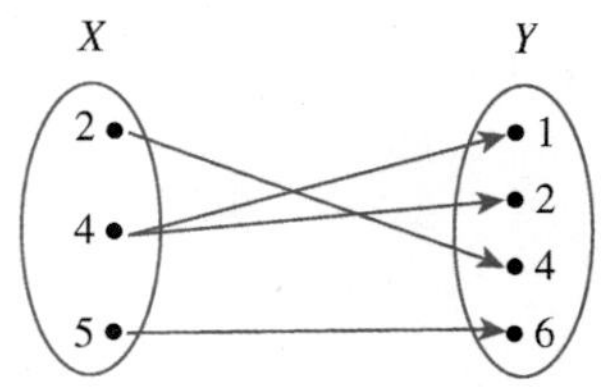

d.

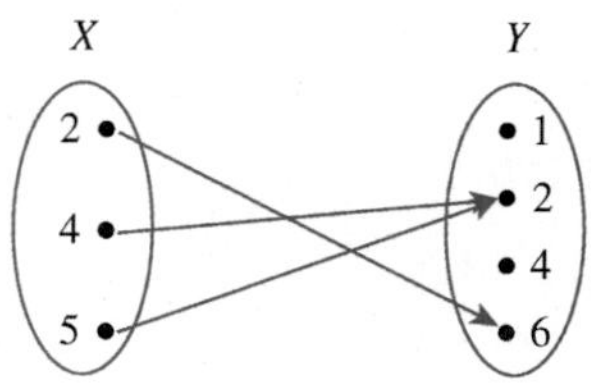

e.

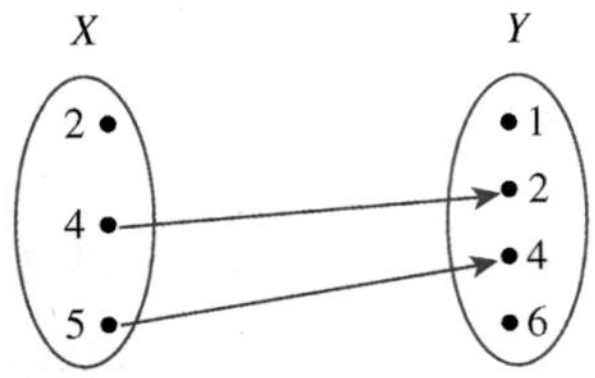

9. f를 예제 1.3.6에서 정의한 제곱함수라고 하자.

$f(-1), f(0)$, 그리고 $f(\frac{1}{2})$을 구하라.

10. $\mathbf{R}$로부터 $\mathbf{R}$로의 함수 f, g를 다음 식으로 정의하자: 모든 $x \in \mathbf{R}$에 대하여

$$f(x)=2x \text{ 그리고 } g(x)=\frac{2x^3+2x}{x^2+1}$$

$f=g$인가? 설명하라.

자 | 기 | 진 | 단 | 해 | 답

1. 데카르트 곱 $A \times B$의 어떤 부분집합이다　2. a. $(x, y) \in F$가 되는 B의 원소 y　b. $(x, y) \in F$ 그리고 $(x, z) \in F$; $y=z$　3. F에 의해 x와 관계가 있는 B의 유일한 원소

02 장

복합명제 논리

Aristotle
(384 B.C–322 B.C)

논리에 관한 최초의 학술논문은 그리스의 철학자 Aristotle에 의해 쓰여졌다. 그 논문은 모든 분야의 지식 연구에 바탕이 되는 연역적 추론을 위한 규칙들로 이루어져 있다. 17세기에 독일의 철학자이자 수학자인 Gottfried Leibniz는 대수적 표기법이 수와 그것들 사이의 관계에 관한 추론 과정을 명확히 하는 것과 같이, 연역추론 과정을 명확히 하기 위해 기호를 사용하는 것을 고안해 내었다. Leibniz가 생각한 개념은 19세기가 되어 현대 기호논리의 창시자인 미국의 수학자 George Boole과 Augustus De Morgan에 의해 실현되었다. 오늘날까지 연구가 계속되고 있는 기호논리는 다른 연구 분야와 더불어 컴퓨터 과학의 여러 분야, 예를 들어 디지털 논리회로 설계(2.4절, 1.5절 참조), 관계형 데이터베이스 이론(8.1절 참조), 오토마타와 계산이론(7.4절, 12장 참조), 인공지능(3.3절, 10.1절, 10.5절 참조)에 필요한 이론적 기반을 제공하고 있다.

2.1 논리식과 논리적 동치

연역적 논리의 중심 개념은 논증식(argument form)이다. 논증(argument)은 어떤 주장이 옳다는 것을 보이기 위한 명제들의 나열이며, 맨 마지막 주장을 결론(conclusion)이라 하고 앞의 명제들을 전제(premise)라 한다. 논증으로부터 이끌어 낸 결론에 대해 확신을 갖기 위해서는 전제들이 나름대로 받아들여질 만하거나 참이라고 알려진 다른 명제들로부터 얻어진 것이어야 한다.

논리에서 논증식은 논증식의 내용과는 구별되어야 한다. 논리적 분석 방법은 논증 내용의 내재적인 가치를 정하는 데는 도움을 주지 못하지만, 결론 부분이 전제들이 참인 것으로부터 필연적으로 얻어진 것인지를 결정하기 위해서 논증식을 분석하는 것을 도와준다. 이런 이유로 논리를 종종 필연 추론의 과학(science of necessary inference) 또는 추론의 과학(science of reasoning)이라고 정의한다.

예를 들어 다음 두 개의 논증을 생각해 보자. 두 개의 논증은 내용은 매우 다르지만 논리적 형태는 동일하며, 전제들이 참이면 결론도 참이어야 한다는 의미에서 정당(valid)하다.(2.3절에서 어떤 논증이 정당한 논증인지를 테스트하는 방법을 배우게 된다.)

논증 1 프로그램 구문이 잘못되었거나, 프로그램 실행 결과가 '0으로 나눔'으로 나오면 컴퓨터는 에러 메시지를 생성한다. 따라서 컴퓨터가 에러 메시지를 생성하지 않으면 프로그램 구문이 옳고 실행 결과가 '0으로 나눔'으로 나오지 않는다.

논증 2 x가 $x < -2$ 또는 $x > 2$인 실수이면 $x^2 > 4$이다. 따라서 $x^2 \not> 4$이면 $x \not< -2$이고 $x \not> 2$이다.

이와 같은 논증에서 구성 성분 문장은 p, q, r과 같은 알파벳 문자를 사용하고, "p가 아님"이란 문장은 "not p"를 사용하여 논리적 형태를 표현한다. 위 논증의 일반적인 논리적 형태는 다음과 같다.

> p이거나 q이면 r이다.
> 따라서 not r이면 not p이고 not q이다.

예제 2.1.1 **논리적 형태의 식별**

논증 (b)가 논증 (a)와 같은 형태를 가지도록 빈칸을 채우라. 문자를 사용하여 구성 성분 문장을 표현하고 일반적인 논증 형태를 쓰라.

a. 제인의 전공이 수학이거나 컴퓨터 과학이면, 제인은 수학 150과목을 수강할 것이다.
   제인의 전공은 컴퓨터 과학이다.
   따라서 제인은 수학 150과목을 수강할 것이다.

b. 논리학이 쉽거나 ________, ________.
   나는 공부를 열심히 할 것이다.
   따라서 나는 이 과목에서 A 학점을 받을 것이다.

풀이

1. 공부를 열심히 하면
2. 나는 이 과목에서 A 학점을 받을 것이다.

일반 형태: p이거나 q이면 r이다.
q이다.
따라서 r이다. ■

명제

형식논리에서 대부분의 정의는 명확하게 생각하도록 교육받고 또 언어를 조심스럽게 구사하는 사람들이 사용하는, 자연스럽거나 직관적인 논리에 맞도록 개발되었다. 형식논리와 직관적인 논리 사이의 차이는 애매함을 피하고 일관성을 얻기 위해서 어느 정도 필요하다.

수학 이론에서는 먼저 정의된 용어를 사용하여 새로운 용어를 정의한다. 이러한 과정에서는 처음 시작 부분이 필요하기 때문에 초기 용어 몇 개는 정의하지 않고 사용한다. 논리에서 문장(sentence), 참(true), 거짓(false)은 정의되지 않은 초기 용어이다.

> • 정의
>
> **명제**(statement 또는 proposition)는 참 또는 거짓인 문장으로 판명된 문장이다.

예를 들어 "2 더하기 2는 4이다", "2 더하기 2는 5이다"에서 앞의 문장은 참이고 뒤의 문장은 거짓이므로 둘 다 명제이다. 문장 "그는 대학생이다"의 참, 거짓은 대명사 '그'에 달려 있다. '그'가 가지는 어떤 값에서는 참이 되고 다른 값에서는 거짓이 된다. 문장의 앞에 대명사가 가리키는 것을 명확하게 해 주는 다른 문장이 있으면 그 문장은 명제가 될 수 있다. 원래 문장 자체만 생각하면 참도 아니고 거짓도 아니므로 명제가 아니다. 이런 형태의 문장들을 명제로 변환하는 방법에 대해 3.1절에서 논의한다.

마찬가지로 "$x+y>0$"는 어떤 x와 y에 대해서는 참이 되고 어떤 x와 y에 대해서는 거짓이 되므로 명제가 아니다. 예를 들어 $x=1$이고 $y=2$이면 참, $x=-1$이고 $y=0$이면 거짓이다.

복합명제

단순명제로부터 복잡한 논리식을 생성하기 위해 사용하는 세 가지 연산을 소개한다. $\sim$는 not, $\wedge$는 and, $\vee$는 or를 나타낸다. 명제 p가 주어졌을 때 명제 "$\sim p$"는 "not p" 또는 "p가 아님"이라고 읽고 ***p* 의 부정**(negation of p)이라 한다. 어떤 컴퓨터 언어에서는 $\sim$ 대신에 기호 ¬를 사용한다.명제 q가 주어졌을 때, 명제 "$p \wedge q$"는 "p and q"라고 읽고 ***p* 와 *q* 의 논리곱**(conjunction of p and q)이라 하고, 명제 "$p \vee q$"는 "p or q"라고 읽고 ***p* 와 *q* 의 논리합**(disjunction of p and q)이라 한다.

기호 $\sim$, $\wedge$, $\vee$를 포함하는 식에서는 $\sim$이 먼저 적용된다. 예를 들어 $\sim p \wedge q=(\sim p) \wedge q$이다. 논리식의 연산에서도 대수식에서와 마찬가지로 괄호를 먼저 적용한다. 그러므로 $\sim(p \wedge q)$는 p와 q의 논리곱의 부정이다. $\wedge$와 $\vee$는 우선 순위가 동일하므로 $p \wedge q \vee r$과 같은 식에서는 연산 순서가 애매하다. 이것이 의미를 가지기 위해서는 $(p \wedge q) \vee r$ 또는 $p \wedge (q \vee r)$와 같이 나타내어야 한다.

영어 단어들을 $\wedge$, $\vee$, $\sim$와 같은 논리 형태로 바꿀 수 있다. 예를 들어 "Jim is tall but he is not heavy"에서와 같이 단어 but이 두 개의 독립적인 절을 연결하는 경우에는 and로 바꿀 수 있다. 일반적으로 but은 but 뒤에 나오는 문장을 기대하지 않을 때 and 대신 쓸 수 있다. 다른 예로서 단어 neither-nor를 생각해 보자. 셰익스피어가 "Neither a borrower nor a lender be"라고 썼을 때 그 의미는 "Do not be a borrower and do not be a lender"였다. 따라서 p와 q가 명제이면 다음과 같이 생각할 수 있다.

p but q는 p and q
neither p nor q는 $\sim p$ and $\sim q$

예제 2.1.2 **영어를 기호로 표현: but과 neither–nor**

다음 각각의 문장을 기호로 나타내라. "It is hot"$=h$, "It is sunny"$=s$로 나타낸다.

a. It is not hot but it is sunny.

b. It is neither hot nor sunny.

풀이

a. 주어진 문장은 "It is not hot and it is sunny"와 같으므로 $\sim h \wedge s$로 쓸 수 있다.

b. It is neither hot nor sunny는 It is not hot and it is not sunny를 의미하므로 $\sim h \wedge \sim s$로 나타낼 수 있다. ■

부등호 기호는 and와 or 문장을 포함한다. 예를 들어 x, a와 b가 특정한 실수이면 다음과 같다.

$x \leq a$는 $x < a$ 또는 $x=a$를 뜻한다.
$a \leq x \leq b$는 $a \leq x$ 그리고 $x \leq b$를 뜻한다.

부등식 $2 \leq x \leq 1$은 어떠한 실수에 대해서도 성립하지 않는다. 왜냐하면

$$2 \leq x \leq 1 \text{ 는 } 2 \leq x \text{ 그리고 } x \leq 1$$

를 뜻하고 x가 어떤 실수이든 성립하지 않기 때문이다. 부등식 "$x < a$" 그리고 "$x \geq b$"는 특별한 실수 x, a, 그리고 b에 대하여는 참이거나 거짓이므로 명제가 된다.

예제 2.1.3 **and, or, 부등식**

x가 실수이고 p, q, r이 "$0 < x$", "$x < 3$", "$x=3$"을 각각 나타낸다고 하자. 다음 부등식을 명제의 연산 기호로 나타내라.

a. $x \leq 3$ b. $0 < x < 3$ c. $0 < x \leq 3$

풀이

a. $q \vee r$ b. $p \wedge q$ c. $p \wedge (q \vee r)$ ■

진리값

예제 2.1.2~2.1.3 에서는 단순명제와 not, and, or를 사용하여 복합명제를 생성하였다. 생성된 문장이 명제가 되기 위해서는 참이나 거짓의 **진리값**(truth value)을 가져야 한다. 복합문장을 구성하는 명제들로부터 복합문장의 진리값을 구해서 복합문장이 명제임을 규정할 수 있다.

명제의 부정은 명제가 거짓임을 나타내는 명제이다. 따라서 명제의 부정은 명제의 진리값과 반대인 진리값을 갖는다.

• 정의

p가 명제이면 명제의 **부정**(negation)은 "not p" 또는 "p가 아님"을 의미하고 $\sim p$로 쓴다. 이것은 p와 반대인 진리값을 갖는다: p가 참이면 $\sim p$는 거짓이고, p가 거짓이면 $\sim p$는 참이다.

부정에 대한 진리값을 진리표(truth table)에 정리하였다.

$\sim p$ 의 진리표

p	$\sim p$
T	F
F	T

일상 언어에서 문장 "It is hot and it is sunny"는 두 조건, 즉 being hot과 being sunny가 충족될 때 참이다. 만일 it is hot이지만 not sunny이거나, sunny이지만 not hot 또는 neither hot nor sunny이면 문장은 거짓이 된다. and 명제의 진리값에 대한 형식적인 정의는 일반적으로 생각하는 것과 일치한다.

• 정의

p와 q가 명제이면 p와 q의 **논리곱**(conjunction)은 "p and q"이고 $p \wedge q$로 나타낸다. 이것은 p와 q가 모두 참일 때만 참이다. p, q 중 하나가 거짓이거나 둘 다 거짓이면 $p \wedge q$는 거짓이다.

논리곱의 진리값을 진리표 형태로 나타낼 수 있다. 진리표는 p와 q의 진리값의 가능한 네 가지 조합을 고려하여 얻을 수 있다. 각 조합은 표의 행에 나타내고 전체 문장에 대한 대응되는 진리값은 표의 오른쪽 열에 표시하였다.

$p \wedge q$의 진리표

p	q	$p \wedge q$
T	T	T
T	F	F
F	T	F
F	F	F

위의 표에서 p, q의 진리값의 순서는 TT, TF, FT, FF이다. 일반적으로 이렇게 많이 쓰지만 반드시 이런 순서로 진리값을 써야 할 필요는 없다. 두 명제변수를 포함하는 진리표에서는 이런 순서를 사용하기로 하고, 예제 2.1.5에서는 세 개의 명제변수를 포함하는 진리표의 표준 순서를 보이겠다.

"p or q" 형태의 명제인 논리합의 경우, 직관적인 논리에서는 두 가지로 해석을 한다. 일상 언어에서는 or를 종종 배타적으로(p 또는 q, 그러나 둘 다는 아님) 사용하고 때로는 둘 다 참인 것을 포함(p 또는 q 또는 둘 다)한다. 웨이터가 "커피, 차, or 우유"를 말할 때는 or를 배타적으로 사용한 것이므로 음료를 한 가지 이상 원할 때는 비용을 더 부담해야 한다. 반면에 웨이터가 "크림 or 설탕"이라고 하면 이 경우 or는 둘 다를 포함해서 말한 것이다. 즉 원할 경우 둘 다를 넣을 수 있는 것이다.

수학자와 논리학자는 or의 의미를 'and/or'의 뜻으로 이해해서 애매함을 피한다. 기호 ∨는 라틴어의 vel에서 나온 것인데 포함적인 or를 의미한다. 배타적 or(exclusive or)를 나타내기 위해서는 p or q but not both 구가 사용된다.

• 정의

p와 q가 명제변수이면 p와 q의 **논리합**(disjunction)은 "p or q"로 나타내고 $p \vee q$로 쓴다. p가 참이거나 q가 참이거나 둘 다 참일 때 참이고, p와 q가 모두 거짓일 때 거짓이 된다.

주의! 문장 "$2 \leq 2$"(2 is less than 2 or 2 equals 2)는 2=2이므로 참이다.

논리합의 진리표는 아래와 같다.

$p \vee q$의 진리표

p	q	$p \vee q$
T	T	T
T	F	T
F	T	T
F	F	F

일반적인 복합명제의 진리값 계산

지금까지 $\sim p$, $p \wedge q$, 그리고 $p \vee q$에 진리값이 할당되었다. $\sim p \vee q$, $(p \vee q) \wedge \sim(p \wedge q)$, $(p \vee q) \vee r$ 과 같은 보다 복잡한 식의 진리값을 구하는 문제를 생각해 보자. 이와 같은 식을 명제식이라 한다. 명제식과 부울 표현(Boolean expression) 사이의 밀접한 관계에 대해서는 2.4절에서 논의한다.

> **• 정의**
>
> **명제식**(statement form 또는 propositional form)은 명제변수(p, q, r과 같은)와 논리 접속사(logical connective, $\sim$, $\wedge$, $\vee$와 같은)로 만들어진 식으로서 구성 명제변수 대신에 실제 명제가 대체되면 명제식이 명제가 된다. 명제식의 **진리표**(truth table)는 명제식을 구성하는 변수의 진리값의 조합에 대응하는 진리값을 나타낸다.

명제식의 진리값을 구하려면 대수식을 평가하는 것과 비슷한 규칙을 따른다. 명제변수의 진리값의 조합에 대해서 우선 가장 안쪽 괄호 안의 식을 평가하고, 그 다음 괄호의 식을 평가하는 등 전체 식의 진리값을 얻을 때까지 평가한다.

예제 2.1.4 **배타적 or의 진리표**

명제식 $(p \vee q) \wedge \sim(p \wedge q)$의 진리표를 작성하라. or가 배타적으로 사용될 때 문장 "p or q"는 "p or q but not both" 또는 "p or q and not both p and q"를 의미하고 $(p \vee q) \wedge \sim(p \wedge q)$로 나타냄을 주목하자. 이는 $p \oplus q$ 또는 p XOR q로 간단히 나타내기도 한다.

풀이

$p, q, p \wedge q, p \vee q, \sim(p \wedge q), (p \vee q) \wedge \sim(p \wedge q)$의 열을 구성한다. p, q 열을 논리적으로 가능한 모든 T와 F의 조합으로 채운다. $p \vee q$와 $p \wedge q$ 열을 적합한 진리값으로 채우기 위해 $\vee$와 $\wedge$의 진리값을 이용한다. 다음에는 $p \wedge q$의 진리값을 반대로 해서 $\sim(p \wedge q)$ 열을 채운다. 예를 들어 $\sim(p \wedge q)$의 첫 번째 행은 F인데 $p \wedge q$의 첫 번째 행이 T이기 때문이다. 마지막으로 $p \vee q$와 $\sim(p \wedge q)$의 진리값과 and 명제의 진리표를 생각해서 $(p \vee q) \wedge \sim(p \wedge q)$ 열을 채운다. 예를 들어 첫 번째 행이 F인데, 왜냐하면 $p \vee q$는 T, $\sim(p \wedge q)$는 F이고 and 명제는 구성명제 둘 다 T가 아니면 거짓이기 때문이다. 두 번째 행은 구성명제가 모두 T이므로 T이다.

배타적 or: $(p \vee q) \wedge \sim(p \wedge q)$의 진리표

p	q	$p \vee q$	$p \wedge q$	$\sim(p \wedge q)$	$(p \vee q) \wedge \sim(p \wedge q)$
T	T	T	T	F	F
T	F	T	F	T	T
F	T	T	F	T	T
F	F	F	F	T	F

■

예제 2.1.5 $(p \wedge q) \vee \sim r$ **의 진리표**

명제식 $(p \wedge q) \vee \sim r$의 진리표를 작성하라.

풀이

$p, q, r, p \wedge q, \sim r, (p \wedge q) \vee \sim r$로 표시한 열을 만든다. p, q, r에 대해 논리적으로 가능한 진리값의 조합이 8가지가 있으므로 왼쪽의 세 열에 표시한다. 그런 다음 $p \wedge q$와 $\sim r$의 진리값을 채운다. $p \wedge q$와 $\sim r$의 진리값과 or 명제의 정의에 따라 진리표를 완성한다. or는 두 명제가 모두 거짓인 경우에만 거짓이므로 $p \wedge q$와 $\sim r$이 전부 거짓인 3번째, 5번째와 7번째 행이 거짓이다. 나머지 다른 행의 진리값은 T이다.

p	q	r	$p \wedge q$	$\sim r$	$(p \wedge q) \vee \sim r$
T	T	T	T	F	T
T	T	F	T	T	T
T	F	T	F	F	F
T	F	F	F	T	T
F	T	T	F	F	F
F	T	F	F	T	T
F	F	T	F	F	F
F	F	F	F	T	T

■

복합명제에 진리값을 할당할 때 중요한 점은, 복합명제를 구성하는 명제들의 진리값을 기초로 해서 참, 거짓 여부를 결정한다는 것이다. 논리는 복합명제를 구성하는 명제의 참, 거짓을 정하는 것이 아니고 분할된 정보를 하나의 전체로 연결하도록 도와주는 것이다.

논리적 동치

문장

6 is greater than 2 and 2 is less than 6

는 greater than과 less than의 정의에 따르면 동일한 내용을 두 가지 방법으로 나타낸 것이다. 반면에 문장

(1) Dogs bark and cats meow와 (2) Cats meow and dogs bark

는 동일한 내용을 두 가지 방법으로 나타내었지만 단어의 정의와는 관계가 없고 명제들의 논리식과 관계가 있다. 논리식이 (1)과 (2)의 관계와 같을 때는 둘 다 참이거나 둘 다 거짓이 된다. "Dogs bark"와 "Cats meow"를 명제변수 p, q로 대체하였을 때 다음 진리표를 보면 잘 알 수 있다. 표에서는 p와 q의 진리값의 조합에 대해서 $q \wedge p$가 참일 때에만 $p \wedge q$가 참임을 보여 준다. 이런 경우 두 명제식은 서로 논리적으로 동치라 하고 (1)과 (2)를 논

리적으로 동치인 명제라 한다.

p	q	$p \wedge q$	$q \wedge p$
T	T	T	T
T	F	F	F
F	T	F	F
F	F	F	F

$p \wedge q$와 $q \wedge p$는 항상 동일한 진리값을 갖는다. 따라서 서로 논리적으로 동치이다.

• 정의

두 명제식은, 명제변수들을 가능한 모든 명제로 대체한 것에 대해(명제변수들이 가지는 각각의 진리값의 조합에 대해) 항상 동일한 진리값을 가질 때에만(if, and only if) **논리적으로 동치**(logically equivalent)라 한다. 논리적으로 동치인 명제식 P와 Q는 $P \equiv Q$로 나타낸다.

두 명제는 동일한 구성명제가 동일한 명제변수로 대체되어 논리적으로 동치인 식을 가질 때 서로 **논리적으로 동치**라 한다.

두 명제식 P와 Q가 논리적으로 동치인지를 테스트하는 방법

1. P와 Q의 진리값을 표시하기 위해 두 개의 열을 가진 진리표를 작성한다.
2. P와 Q의 진리값이 동일한지 알아보기 위하여 명제변수들의 진리값의 조합에 대해 조사한다.
   a. 각 행의 P의 진리값이 Q의 진리값과 동일하면 P와 Q는 논리적으로 동치이다.
   b. P의 어떤 행의 진리값이 Q의 진리값과 다르면 P와 Q는 논리적으로 동치가 아니다.

예제 2.1.6 **이중부정 성질: $\sim(\sim p) \equiv p$**

명제의 부정의 부정은 그 명제와 논리적으로 동치인지 조사하라.

풀이

p	$\sim p$	$\sim(\sim p)$
T	F	T
F	T	F

p와 $\sim(\sim p)$는 동일한 진리값을 갖는다. 따라서 p와 $\sim(\sim p)$는 논리적으로 동치이다. ■

명제식 P와 Q가 논리적으로 동치가 아님을 보이는 방법은 각 명제식의 진리값이 하나는 참인데 다른 하나는 거짓인 것이 있는지를 찾는 것이다. 이 방법을 예제 2.1.7의 (b)에서 설명한다.

예제 2.1.7 **논리적 동치가 아님을 보임**

명제식 $\sim(p \wedge q)$와 $\sim p \wedge \sim q$는 논리적으로 동치가 아님을 보여라.

풀이

a. 이것을 보이기 위한 첫 번째 방법은 진리표를 이용하는 것이다.

p	q	$\sim p$	$\sim q$	$p \wedge q$	$\sim(p \wedge q)$		$\sim p \wedge \sim q$
T	T	F	F	T	F		F
T	F	F	T	F	T	$\neq$	F
F	T	T	F	F	T	$\neq$	F
F	F	T	T	F	T		T

$\sim(p \wedge q)$와 $\sim p \wedge \sim q$는 행 2, 행 3에서 다른 진리값을 갖는다. 따라서 논리적으로 동치가 아니다.

b. $\sim(p \wedge q)$와 $\sim p \wedge \sim q$가 논리적으로 동치가 아님을 보이는 두 번째 방법은 예제를 통한 방법이다. p를 "$0 < 1$", q를 "$1 < 0$"인 문장이라 하자. 그러면

$\sim(p \wedge q)$는 "$0 < 1$과 $1 < 0$ 둘 다 성립하는 것이 아니다"

이고 이것은 참이다. 반면에

$\sim p \wedge \sim q$는 "$0 \not< 1$이고 $1 \not< 0$"

이고 이것은 거짓이다. 이 예는 한 명제식은 참이고 다른 것은 거짓이 되게 하는 p와 q를 대체할 구체적인 명제가 있다는 것을 보여 준다. 따라서 위의 명제식들은 논리적으로 동치가 아니다. ■

예제 2.1.8 **and와 or의 부정: 드모르간 법칙**

"존은 키가 크다. 그리고 머리카락이 빨갛다"가 참이 되려면 두 구성 문장이 모두 참이어야 한다. 거짓이 되려면 구성 문장 하나 또는 둘 다가 거짓이어야 한다. 이 문장의 부정은 "존은 키가 크지 않거나 머리카락이 빨갛지 않다"이다. 일반적으로 두 명제의 논리곱의 부정은 각각의 명제의 부정의 논리합과 논리적으로 동치이다. 즉 $\sim(p \wedge q)$와 $\sim p \vee \sim q$는 논

리적으로 동치이다. 이 내용을 진리표를 이용하여 조사하라.

풀이

p	q	$\sim p$	$\sim q$	$p \wedge q$	$\sim(p \wedge q)$	$\sim p \vee \sim q$
T	T	F	F	T	F	F
T	F	F	T	F	T	T
F	T	T	F	F	T	T
F	F	T	T	F	T	T

$\sim(p \wedge q)$와 $\sim p \vee \sim q$는 항상 동일한 진리값을 갖는다. 따라서 논리적으로 동치이다.

기호로는

$$\sim(p \wedge q) \equiv \sim p \vee \sim q$$

로 나타낸다.

Culver Pictures

Augustus De Morgan (1806–1871)

이 절의 끝에 있는 연습문제에서 두 명제의 논리합의 부정은 각 명제의 부정의 논리곱과 논리적으로 동치임을 보이도록 하라.

$$\sim(p \vee q) \equiv \sim p \wedge \sim q$$ ■

예제 2.1.8의 두 가지 논리적 동치는 이를 공식적인 수학 용어로 처음 나타낸 Augustus De Morgan의 이름을 따서 **드모르간 법칙**(De Morgan's law)이라 한다.

드모르간 법칙

and 명제의 부정은 각 구성명제의 부정의 or 명제와 논리적으로 동치이다.

or 명제의 부정은 각 구성명제의 부정의 and 명제와 논리적으로 동치이다.

예제 2.1.9 **드모르간 법칙의 적용**

다음 각 문장의 부정을 쓰라.

a. John is 6 feet tall and he weighs at least 200 pounds.

b. The bus was late or Tom's watch was slow.

풀이

a. John is not 6 feet tall or he weighs less than 200 pounds.

b. The bus was not late and Tom's watch was not slow.

문장 "neither p nor q"는 "$\sim p$ and $\sim q$"와 같으므로 (b)의 답으로 "Neither was the bus late nor was Tom' s watch slow"도 된다. ■

x가 특정한 실수일 때 x가 2보다 작지 않다($x \not< 2$)는 수를 나타내는 직선 상에서 x가 2의 왼쪽에 있지 않다는 것을 의미한다. 이것은 $x=2$이거나 직선 상에서 2의 오른쪽에 있다($x=2$ or $x > 2$)와 동일하다. 따라서

$$x \not< 2 \text{와 } x \geq 2 \text{는 동일하다}$$

이고 그림으로 나타내면 다음과 같다.

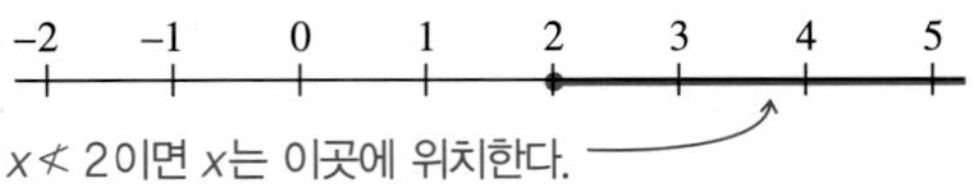

마찬가지로 다음과 같이 쓸 수 있다.

$$x \not> 2 \text{는 } x \leq 2 \text{와 동일}$$
$$x \not\leq 2 \text{는 } x > 2 \text{와 동일}$$
$$x \not\geq 2 \text{는 } x < 2 \text{와 동일}$$

예제 2.1.10 **부등식과 드모르간 법칙**

드모르간 법칙을 사용해서 $-1 < x \leq 4$의 부정을 나타내라.

풀이

주어진 식은 아래와 같다.

$$-1 < x \quad \text{and} \quad x \leq 4$$

드모르간 법칙에 의해, 이 식의 부정은

$$-1 \not< x \quad \text{or} \quad x \not\leq 4$$

이고 이것은

$$-1 \geq x \quad \text{or} \quad x > 4$$

와 같다.

주의! $-1 < x \leq 4$의 부정은 $-1 \not< x \not\leq 4$가 아니고 또한 $-1 \geq x > 4$도 아니다.

만일 $-1 \geq x$ 또는 $x > 4$ 라면 x는 아래 그림에서 진하게 표시한 구역에 위치한다.

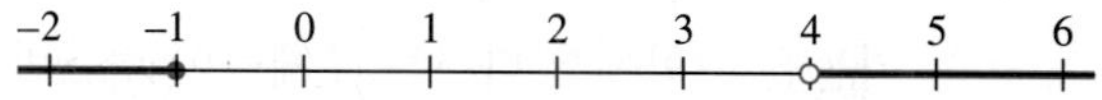

■

드모르간 법칙은 컴퓨터 프로그램을 작성할 때에도 자주 사용된다. 예를 들어 프로그램에서 어떤 시간 범위를 date 1부터 date 2까지라고 하자. 이 외의 시간에 수정한 파일들을 모두 삭제하려고 하면

$$\sim(date1 \leq file\_modification\_date \leq date2)$$

는

$$(file\_modification\_date < date1) \quad \text{or} \quad (date2 < file\_modification\_date)$$

와 동일하다는 사실을 이용한다.

예제 2.1.11 **주의가 필요한 예**

드모르간 법칙에 의하면

p: Jim is tall and Jim is thin

의 부정은

$\sim p$: Jim is not tall or Jim is not thin

이다. 왜냐하면 and 명제의 부정은 두 구성명제의 부정의 or 명제이기 때문이다.

이러한 문장의 부정을 취할 때 혼동이 생길 수 있다. 명제 p를 보다 간결하게

p': Jim is tall and thin

으로 나타낼 수 있음을 생각해 보자. 이것의 부정은

$\sim(p')$: Jim is not tall and thin

이다. 여기에서는 부정이 and 명제처럼 보인다. 따라서 드모르간 법칙이 성립하지 않는 것이 아닌가?

주의! 논리 법칙이 아무리 유용하다고 하더라도, 이것은 생각하는 것을 기계적으로 대체하는 것이 아니라 생각하는 것을 도와 주는 것으로 사용되어야 한다.

그러나 그렇지 않다. 왜냐하면 형식논리에서 and와 or는 문장의 부분 사이가 아닌 완전한 문장 사이에서만 사용할 수 있기 때문이다.

이 예에서, 드모르간 법칙을 적용할 때에는 and와 or의 양쪽이 완전한 문장으로 이루어져야 한다는 것을 알 수 있다. ■

항진명제와 모순명제

수학의 모든 것은 항진명제가 된다고 한다. 이것은 형식상으로는 참이지만 대부분의 수학자들은 수학에서 다루는 주제들이 형식만이 아니라 본질을 가지고 있다고 생각한다. 그렇지만 직관적으로 논리의 항진명제를 생각하는 것은 수학적 추론을 위한 하나의 도구가 될 수 있다.

• 정의

항진명제(tautology)는 명제변수들을 각각의 명제로 대체했을 때 명제의 진리값에 관계없이(구성 성분 명제가 어떤 진리값을 가지더라도) 항상 참인 진리값을 갖는 명제식이다. 명제식이 항진명제인 명제를 **항진명제식**(tautological statement)이라고 한다.

모순명제(contradiction)는 명제변수들을 각각의 명제로 대체했을 때 명제의 진리값에 관계없이(구성 성분 명제가 어떤 진리값을 가지더라도) 항상 거짓인 진리값을 갖는 명제식이다. 명제식이 모순명제인 명제를 **모순명제식**(contradictory statement)이라 한다.

이 정의에 의하면, 항진명제식의 참값과 모순명제식의 거짓값은 명제의 의미와는 관계가 없고 자체적인 논리 구조에 따른 값이다.

예제 2.1.12 **항진명제와 모순명제**

명제식 $p \vee \sim p$는 항진명제이고 $p \wedge \sim p$는 모순명제임을 보여라.

풀이

p	$\sim p$	$p \vee \sim p$	$p \wedge \sim p$
T	F	T	F
F	T	T	F
		↑	↑
		전부 T이다. 따라서 $p \vee \sim p$는 항진명제이다.	전부 F이다. 따라서 $p \wedge \sim p$는 모순명제이다.

■

예제 2.1.13 **항진명제와 모순명제를 포함하는 논리적 동치**

t를 항진명제, **c**를 모순명제라 할 때, $p \wedge \mathbf{t} \equiv p$와 $p \wedge \mathbf{c} \equiv \mathbf{c}$임을 보여라.

풀이

p	$\mathbf{t}$	$p \wedge \mathbf{t}$	p	$\mathbf{c}$	$p \wedge \mathbf{c}$
T	T	T	T	F	F
F	T	F	F	F	F

동일한 진리값 따라서 $p \wedge \mathbf{t} \equiv p$　　동일한 진리값 따라서 $p \wedge \mathbf{c} \equiv \mathbf{c}$ ■

논리적 동치의 요약

논리적 동치명제에 대해서 잘 알고 있으면 논증을 할 때 매우 유익하다. 한 명제식으로부터 결론이 어떻게 유도되는지 잘 모르지만 논리적으로 동치인 다른 명제식으로부터 이를 아는 것은 쉬운 경우가 종종 있다. 나중에 사용하기 위해 정리 2.1.1에 논리적 동치명제들을 요약하였다.

정리 2.1.1 논리적 동치

명제변수 p, q, r, 항진명제 $\mathbf{t}$, 모순명제 $\mathbf{c}$에 대해 다음의 논리적 동치가 성립한다.

1. 교환법칙	$p \wedge q \equiv q \wedge p$	$p \vee q \equiv q \vee p$
2. 결합법칙	$(p \wedge q) \wedge r \equiv p \wedge (q \wedge r)$	$(p \vee q) \vee r \equiv p \vee (q \vee r)$
3. 분배법칙	$p \wedge (q \vee r) \equiv (p \wedge q) \vee (p \wedge r)$	$p \vee (q \wedge r) \equiv (p \vee q) \wedge (p \vee r)$
4. 항등법칙	$p \wedge \mathbf{t} \equiv p$	$p \vee \mathbf{c} \equiv p$
5. 부정법칙	$p \vee \sim p \equiv \mathbf{t}$	$p \wedge \sim p \equiv \mathbf{c}$
6. 이중부정법칙	$\sim(\sim p) \equiv p$	
7. 멱등법칙	$p \wedge p \equiv p$	$p \vee p \equiv p$
8. 전체한계법칙	$p \vee \mathbf{t} \equiv \mathbf{t}$	$p \wedge \mathbf{c} \equiv \mathbf{c}$
9. 드모르간 법칙	$\sim(p \wedge q) \equiv \sim p \vee \sim q$	$\sim(p \vee q) \equiv \sim p \wedge \sim q$
10. 흡수법칙	$p \vee (p \wedge q) \equiv p$	$p \wedge (p \vee q) \equiv p$
11. t와 c의 부정	$\sim\mathbf{t} \equiv \mathbf{c}$	$\sim\mathbf{c} \equiv \mathbf{t}$

법칙 4와 6, 법칙 1, 5의 첫 번째, 법칙 9의 두 번째 부분에 대한 증명은 이미 예제에서 보였다. 나머지 부분은 연습문제에서 증명하도록 한다. 정리 2.1.1의 처음 5개 법칙이 핵심이고, 이로부터 다른 법칙들이 유도될 수 있음을 보일 수 있다. 처음 5개 법칙은 6.4절에서 설명할 부울 대수라고 알려진 수학 구조의 공리이다.

정리 2.1.1의 논리적 동치는 사람들이 여러 분야에 대한 사고를 할 때 적용하는 일반적인 법칙이다. 또한 복잡한 명제식을 보다 간단하게 다시 쓰는 방법으로 논리적 동치를 사용할 수 있다.

예제 2.1.14 **명제식 간단히 하기**

정리 2.1.1 을 사용하여 다음의 논리적 동치가 성립함을 보여라.

$$\sim(\sim p \wedge q) \wedge (p \vee q) \equiv p$$

풀이

명제식의 왼쪽 부분을 논리적으로 동치인 식으로 바꾸기 위해 정리 2.1.1 을 사용한다. 이렇게 할 때마다 논리적으로 동치인 명제식을 얻게 된다. 바꾸는 과정을 명제식의 오른쪽이 얻어질 때까지 계속한다.

$$\begin{aligned}
\sim(\sim p \wedge q) \wedge (p \vee q) &\equiv (\sim(\sim p) \vee \sim q) \wedge (p \vee q) && \text{드모르간 법칙} \\
&\equiv (p \vee \sim q) \wedge (p \vee q) && \text{이중부정법칙} \\
&\equiv p \vee (\sim q \wedge q) && \text{분배법칙} \\
&\equiv p \vee (q \wedge \sim q) && \wedge \text{ 에 대한 교환법칙} \\
&\equiv p \vee \mathbf{c} && \text{부정법칙} \\
&\equiv p && \text{항등법칙}
\end{aligned}$$

■

명제식을 능숙하게 간단히 하는 것은 논리적으로 효율적인 컴퓨터 프로그램을 작성할 때와 디지털 논리회로를 설계할 때 유용하게 사용될 수 있다.

정리 2.1.1 의 성질들을 이용하여 두 개의 명제식이 논리적으로 동치라는 것을 증명할 수 있지만, 두 개의 명제식이 논리적 동치가 아니라는 것을 증명할 수는 없다. 반면에 진리표를 사용하면 논리적 동치와 논리적 동치가 아님을 항상 증명할 수 있고, 또한 진리표는 컴퓨터 프로그램으로 작성하기가 쉽다. 진리표를 사용하는 경우, 변수의 수가 n일 때 논리적 동치를 증명하기 위해서는 항상 2^n단계가 필요하다. 간혹 정리 2.1.1 을 사용하면 두 개의 명제식이 논리적 동치라는 것을 금방 알 수 있는 반면에 진리표를 사용하면 계산 시간이 많이 걸릴 수 있다. 예를 들어 $p \wedge (\sim q \wedge \sim r) \equiv (p \wedge \sim q) \wedge \sim r$인 것은 $\wedge$에 대한 결합법칙에 의해 금방 알 수 있지만 진리표를 사용하여 밝히려면 행 8개가 필요하다.

자 | 기 | 진 | 단

1. 어떤 *and* 명제가 참이기 위한 필요충분조건은 두 성분들이 _______ 인 것이다.

2. 어떤 *or* 명제가 거짓이기 위한 필요충분조건은 두 성분들이 _______ 인 것이다.

3. 두 명제식이 논리적으로 동치이기 위한 필요충분조건은 그것들이 항상 _______ 을 갖는 것이다.

4. 드모르간 법칙은 다음을 뜻한다. (1) 어떤 *and* 명제의 부정은 각 성분의 _______ 의 _______ 명제와 논리적으로 동치이다. (2) 어떤 *or* 명제의 부정은 각 성분의 _______ 의 _______ 명제와 논리적으로 동치이다.

5. 항진명제는 항상 _______ 인 명제이다.

6. 모순명제는 항상 _______ 인 명제이다.

연 / 습 / 문 / 제 2.1

1, 2번은 논증의 일반적인 형태를 나타낸다. 논증 (a)와 같은 논리 형태를 가지도록 논증 (b)의 빈 칸을 채우라.

1. **a.** 모든 정수가 유리수이면 1은 유리수이다.
모든 정수는 유리수이다.
그러므로 1은 유리수이다.

b. 모든 대수식을 전위 표기법(prefix notation)으로 쓸 수 있으면, ______________________________.
______________________________.
그러므로 $(a+2b)(a^2-b)$는 전위 표기법으로 쓸 수 있다.

2. **a.** 이 수는 짝수이거나 홀수이다.
이 수는 짝수가 아니다.
그러므로 이 수는 홀수이다.

b. _______ 또는 논리가 혼란스럽다.
내가 정신이 없지 않다.
그러므로 _______.

3. 다음 문장 중 어느 것이 명제인지 찾아라.

a. 1,024는 어떤 수의 제곱이 되는 네 자리 수 중 가장 작은 수이다.

b. 그녀의 전공은 수학이다.

c. $128 = 2^6$

d. $x = 2^6$

~, ∧, ∨ 기호와 구성 성분 문장을 문자로 표현해 놓은 것을 사용하여 4, 5번의 서술문을 기호 형태로 나타내라.

4. s= "주식이 상승한다", i= "이자율 변동이 없다"라고 하자.

a. 주식은 상승하지만 이자율은 변동이 없다.

b. 주식도 상승하지 않고 이자율도 변동이 없는 것이 아니다.

5. h= "존은 건강하다", w= "존은 부자이다", s= "존은 현명하다"라고 하자.

a. 존은 건강하고 부자이지만 현명하지는 않다.

b. 존은 부자가 아니지만 건강하고 현명하다.

c. 존은 건강하지도 않고 부자도 아니고 현명하지도 않다.

d. 존은 부자도 아니고 현명하지도 않지만 건강하다.

e. 존은 부자이지만 건강하지도 않고 현명하지도 않다.

6. p는 "DATAENDFLAG는 꺼져 있다", q는 "ERROR는 0이다", 그리고 r은 "SUM은 1,000보다 작다"를 나타낸다고 하자. 다음 문장을 기호를 써서 표현하라.

a. DATAENDFLAG는 꺼져 있고, ERROR는 0이고, SUM은 1,000보다 작다.

b. DATAENDFLAG는 꺼져 있지만, ERROR는 0이 아니다.

c. DATAENDFLAG는 꺼져 있으나 ERROR는 0이 아니거나 SUM은 1,000 이상이다.

d. DATAENDFLAG는 켜져 있고 ERROR는 0이지만 SUM은 1,000 이상이다.

e. DATAENDFLAG가 켜져 있거나, ERROR는 0이고 SUM은 1,000보다 작다.

7. 다음 문장에서 단어 or는 포함적으로 사용되었나? 아니면 배타적으로 사용되었나? 어떤 팀이 결승전에서 연달아 두 게임을 이기거나(or) 전체적으로 세 게임을 이기면 승리한다.

8, 9번의 명제식을 위한 진리표를 작성하라.

8. $\sim p \wedge q$　　**9.** $p \wedge (q \vee r)$

10~13번 명제식의 쌍 중 어떤 것들이 논리적으로 동치인지 말하라. 진리표와 설명을 포함해서 답이 옳음을 보여라. **t**는 항진명제, **c**는 모순명제이다.

10. $p \vee (p \wedge q)$ 그리고 p　　**11.** $p \vee \mathbf{t}$ 그리고 $\mathbf{t}$

12. $(p \wedge q) \wedge r$ 그리고 $p \wedge (q \wedge r)$

13. $(p \wedge q) \vee r$ 그리고 $p \wedge (q \vee r)$

14, 15번 서술문의 부정을 드모르간 법칙을 사용하여 작성하라.

14. 헬의 전공은 수학이고 헬의 여동생의 전공은 컴퓨터 과학이다.

15. 연결하는 부분이 헐렁하거나 기계의 플러그가 빠져 있다.

x를 특정한 실수라 하고 드모르간 법칙을 사용하여 16~18번의 부정을 나타내라.

16. $-2 < x < 7$　　**17.** $x < 2$ 또는 $x > 5$

18. $1 > x \geq -3$

19. *num_orders*와 *num_instock*는 컴퓨터 프로그램이 실행되는 동안의 특정한 값이라 하자. 다음 명제의 부정을 쓰라.

(*num_orders* > 100 and *num_instock* ≤ 500) or *num_instock* < 200

20, 21번의 명제식에 대해, 진리표를 사용하여 어떤 것이 항진명제이고 어떤 것이 모순명제인지 알아보라.

20. $(p \wedge q) \vee (\sim p \vee (p \wedge \sim q))$

21. $(p \wedge \sim q) \wedge (\sim p \vee q)$

22. (a)와 (b)의 명제가 논리적으로 동치인지 말하라. x는 어떤 특정한 실수라 가정하자.

a. $x<2$ 또는 $1 < x < 3$인 경우는 아니다.

b. $x \leq 1$ 또는 $x < 2$이거나 $x \geq 3$.

23. 예제 2.1.4에서 배타적 or를 나타내기 위해 기호 ⊕를 소개하였다. $p \oplus q \equiv (p \vee q) \wedge \sim(p \wedge q)$이다. 배타적 or의 진리표는 아래와 같다.

p	q	$p \oplus q$
T	T	F
T	F	T
F	T	T
F	F	F

a. $p \oplus p$, $(p \oplus p) \oplus p$와 논리적으로 동치인 간단한 명제식을 구하라.

b. $(p \oplus q) \oplus r \equiv p \oplus (q \oplus r)$인가? 답에 대한 근거를 제시하라.

c. $(p \oplus q) \wedge r \equiv (p \wedge r) \oplus (q \wedge r)$ 인가? 답에 대한 근거를 제시하라.

24. 논리와 표준 영어에서 이중부정은 긍정과 같다. 이중부정이 긍정과 같은 영어 표현이 있는가? 설명하라.

25. 정리 2.1.1로부터 논리적 동치가 유도되었다. 각 단계에서의 이유를 말하라.

$$\begin{aligned}(p \wedge \sim q) \vee (p \wedge q) &\equiv p \wedge (\sim q \vee q) && \text{by (a)}\\ &\equiv p \wedge (q \vee \sim q) && \text{by (b)}\\ &\equiv p \wedge t && \text{by (c)}\\ &\equiv p && \text{by (d)}\end{aligned}$$

그러므로 $(p \wedge \sim q) \vee (p \wedge q) \equiv p$

정리 2.1.1을 사용하여 26, 27번의 논리적 동치를 보이고 각 단계의 이유를 말하라.

26. $(p \wedge \sim q) \vee p \equiv p$

27. $\sim((\sim p \wedge q) \vee (\sim p \wedge \sim q)) \vee (p \wedge q) \equiv p$

자 | 기 | 진 | 단 | 해 | 답

1. 참 2. 거짓 3. 같은 진리값 4. 부정; *or*; 부정; *and* 5. 참 6. 거짓

2.2 조건명제

논리적 추론(logical inference)이나 연역 추론(deduction)을 할 때는 가설로부터 결론을 판단한다. 추론의 목적은 "어떠어떠한 것이 알려져 있을 때 어떤 것이 사실이다"라고 하기 위한 것이다.

p와 q를 명제라 하자. "p이면 q이다"라는 문장은 기호로 "$p \to q$"로 쓰고 p를 가설(hypothesis), q를 결론(conclusion)이라 한다. 예를 들어

4,686이 6으로 나누어떨어지면, 4,686은 3으로 나누어떨어진다.

에서 가설은 "4,686이 6으로 나누어떨어진다"이고 결론은 "4,686은 3으로 나누어떨어진다"이다. 명제 q가 참이 되는 것은 명제 p가 참이어야 한다는 조건에 달려 있으므로 이러한 문장을 조건문(conditional)이라 한다.

$p \to q$에서 $\to$는 $\wedge$나 $\vee$와 같은 접속사이고, 새로운 명제를 생성하기 위해 명제들을 결합하는 데 사용할 수 있다. $p \to q$를 명제라고 하기 위해서는, $p \wedge q$와 $p \vee q$의 진리값을 정하는 것처럼 $p \to q$의 진리값을 지정해야 한다. 다른 접속사의 경우와 마찬가지로, $\to$(if-then)의 진리값은 일상적인 의미에 바탕을 둔다. 다음의 예를 생각해 보자.

당신이 일자리를 얻기 위해 가게에 면접을 보러 가고, 가게 주인이 다음과 같은 약속을 했다고 가정하자.

월요일 아침에 가게에 오면 당신은 일자리를 얻을 것이다.

어떠한 상황에서 가게 주인이 거짓말을 했다고 하는 것이 정당화되겠는가? 즉 어떠한 상황에서 위의 문장이 거짓이 되는가? 이 문제에 대한 답은 다음과 같다: 월요일 아침에 당신이 확실히 가게에 나타나고, 당신은 일자리를 얻지 못한다.

결국 가게 주인의 약속은 단지 어떤 조건이 충족되면(월요일 아침에 나타나는 것) 일자리를 얻게 될 것이라고 말하고 있다. 이 약속은 조건이 충족되지 않으면 무슨 일이 생길

지에 대해서는 아무것도 말하고 있지 않다. 따라서 조건이 충족되지 않으면, 당신이 일자리를 얻게 되는지 아니면 못 얻게 되는지에 상관없이 가게 주인의 약속이 거짓이라고 할 수 없다.

위의 예는 조건문이 거짓이라고 할 수 있는 경우는, 가설이 참이고 결론은 거짓인 상황이라는 것을 확신시켜 준다. 그 외의 다른 경우는 조건문이 거짓이라고 할 수 없다. 이것은 $p \to q$의 진리표에서 F 값을 가지게 되는 유일한 경우는 p가 T, q가 F 값을 갖는 행의 경우뿐이라는 것을 의미한다. 그 외 다른 행은 F가 아니다. 진리표의 모든 행은 T나 F로 채워져야 하므로 $p \to q$의 다른 행은 T가 된다.

$p \to q$ 의 진리표

p	q	$p \to q$
T	T	T
T	F	F
F	T	T
F	F	T

• 정의

p와 q가 명제변수이면 p에 의한 q의 **조건명제**(conditional statement)는 "If p then q" 또는 "p는 q를 함축한다(imply)"이고 $p \to q$로 쓴다. p가 참이고 q가 거짓일 때만 거짓이고 그 외는 참인 진리값을 갖는다. p를 조건명제의 **가설**[hypothesis, 또는 **전제**(antecedent)]라 하고 q는 **결론**[conclusion, 또는 **결과**(consequent)]이라 한다.

가설이 거짓이기 때문에 참이 되는 조건명제는 **논리적 참**(true by default)이라 한다. 따라서 문장 "월요일 아침에 가게에 오면 일자리를 얻게 될 것이다"는 월요일 아침에 당신이 가게에 오지 않으면 디폴트 참이 된다.

예제 2.2.1 거짓가설을 가지는 조건명제

다음 명제를 생각해 보자.

만일 $0=1$ 이면 $1=2$ 이다.

이 명제의 가설은 거짓이므로 명제 전체로 보아서는 참이다. ■

철학자 Willard Van Orman Quine은 "$p \to q$"를 "p는 q를 함축한다"로 표현하는 것을 반대하였다. 왜냐하면 '함축한다' 라는 단어가 q는 p로부터 논리적으로 유도될 수 있다는 것을 시사하는데 그렇지 않을 수도 있기 때문이다. 그럼에도 불구하고 이 단어가 → 기호를 편리하게 대체할 수 있기 때문에 많은 사람들이 사용하고 있다.

$\wedge$, $\vee$, $\sim$과 같은 논리 연산자와 →를 포함하는 논리식에서는 → 연산을 제일 나중에 적용한다. 따라서 2.1절에서의 **연산 순서**(order of operations)에 따라 ~을 제일 먼저, 그 다음에 $\wedge$와 $\vee$, 마지막으로 → 순서로 연산을 수행한다.

예제 2.2.2 **$p \vee \sim q \rightarrow \sim p$에 대한 진리표**

명제식 $p \vee \sim q \rightarrow \sim p$에 대한 진리표를 작성하라.

풀이

위에 주어진 연산 순서에 따라 $p \vee \sim q \rightarrow \sim p$는 $(p \vee (\sim q)) \rightarrow (\sim p)$를 의미하고 이 순서는 진리표를 작성하는 데 적용된다. 우선 p와 q의 네 가지 가능한 진리값의 조합을 쓰고, 그 다음에 $\sim p$와 $\sim q$의 진리값을 부정의 정의에 따라 써 넣는다. $\vee$의 정의에 따라 $p \vee \sim q$ 열의 진리값을 구하고 →의 정의로부터 $p \vee \sim q \rightarrow \sim p$ 열의 진리값을 구한다. 가설 $p \vee \sim q$는 참이고 결론 $\sim p$가 거짓인 행은 첫 번째, 두 번째이다. 이 행에는 F, 나머지 두 행에는 T를 채운다.

p	q	$\sim p$ (결론)	$\sim q$	$p \vee \sim q$ (가설)	$p \vee \sim q \rightarrow \sim p$
T	T	F	F	T	F
T	F	F	T	T	F
F	T	T	F	F	T
F	F	T	T	T	T

■

조건명제의 논리적 동치 →

세 개의 명제 p, q, r을 포함하는 문제를 해결하려고 한다. r의 진리값은 p의 진리값으로부터, 그리고 r의 진리값은 또한 q의 진리값으로부터 결정된다고 가정하자. 그러면 p와 q가 어떠한 경우라 하더라도 r의 진리값은 그것들을 따른다. 사례분할 분석법은 이런 생각에 기초를 둔 방법이다.

예제 2.2.3 **사례분할: $p \vee q \rightarrow r \equiv (p \rightarrow r) \wedge (q \rightarrow r)$임을 보임**

진리표를 사용하여 $p \vee q \rightarrow r$과 $(p \rightarrow r) \wedge (q \rightarrow r)$이 서로 논리적 동치인 명제식임을 보여라.

풀이

우선 p, q, r에 가능한 모든 8가지 진리값의 조합을 채운다. or와 if-then의 정의에 따라 $p \vee q$, $p \rightarrow r$, $q \rightarrow r$의 열을 채운다. 예를 들어 $p \rightarrow r$ 열은 두 번째, 네 번째 행에서 F 값을 가

지는데, 이 행에서 p는 참, r은 거짓인 진리값을 가지기 때문이다. if-then의 정의에 따라 $p \vee q \rightarrow r$ 열을 채운다. 가설 $p \vee q$이 참이고 결론 r이 거짓인 행은 두 번째, 네 번째, 여섯 번째 행이다. 따라서 이 행들에서는 F, 그 외는 T 값을 갖는다. 진리표는 p, q, r의 어떤 진리값의 조합에서도 $p \vee q \rightarrow r$과 $(p \rightarrow r) \wedge (q \rightarrow r)$이 동일한 진리값을 갖는다는 것을 보여 준다. 따라서 두 명제식은 논리적으로 동치이다.

p	q	r	$p \vee q$	$p \rightarrow r$	$q \rightarrow r$	$p \vee q \rightarrow r$	$(p \rightarrow r) \wedge (q \rightarrow r)$
T	T	T	T	T	T	T	T
T	T	F	T	F	F	F	F
T	F	T	T	T	T	T	T
T	F	F	T	F	T	F	F
F	T	T	T	T	T	T	T
F	T	F	T	T	F	F	F
F	F	T	F	T	T	T	T
F	F	F	F	T	T	T	T

$p \vee q \rightarrow r$과 $(p \rightarrow r) \wedge (q \rightarrow r)$은 항상 동일한 진리값을 가진다. 따라서 논리적으로 동치이다. ■

if-then의 or 표현

이 절의 연습문제에 진리표를 작성하여

$$p \rightarrow q \equiv \sim p \vee q$$

임을 보이라는 것이 있다. "if p then q"와 "not p or q"가 논리적 동치인 것은 일상적인 대화에서도 종종 사용된다. 한 가지 예를 들기로 한다.

예제 2.2.4 **$\sim p \vee q$와 $p \rightarrow q$가 동치인 것의 적용**

다음 명제를 if-then 형태로 다시 쓰라.

Either you get to work on time or you are fired.

풀이

$\sim p$를

Yor get to work on time.

q를

You are fired.

라고 하자. 그러면 주어진 명제는 $\sim p \vee q$ 형태이다. p는

You do not get to work on time.

이므로 if-then 형태, $p \rightarrow q$로 표현하면

If you do not get to work on time, then you are fired. ■

조건명제의 부정

가설 p가 참이고 결론 q가 거짓인 경우에만 정의에 따라 $p \rightarrow q$는 거짓이다. 이것으로부터 다음을 알 수 있다.

"if p then q"의 부정과 "p and not q"는 논리적 동치이다.

기호로는 다음과 같이 쓸 수 있다.

$$\sim(p \rightarrow q) \equiv p \wedge \sim q$$

이 결과는 $p \rightarrow q \equiv \sim p \vee q$로부터 시작해서 얻을 수 있다. 양변에 부정을 취하면

$$\begin{aligned} \sim(p \rightarrow q) &\equiv \sim(\sim p \vee q) \\ &\equiv \sim(\sim p) \wedge (\sim q) && \text{드모르간 법칙} \\ &\equiv p \wedge \sim q && \text{이중부정법칙} \end{aligned}$$

이다. 또 다른 방법으로 이 결과를 유도하려면 $\sim(p \rightarrow q)$와 $p \wedge \sim q$의 진리표를 작성해서 동일한 진리값을 가지는지 조사해 보면 된다.

예제 2.2.5 **if-then 명제의 부정**

다음 명제의 부정을 쓰라.

a. If my car is in the repair shop, then I cannot get to class.

b. If Sara lives in Athens, then she lives in Greece.

풀이

주의! **if-then 명제의 부정은 단어 if로 시작하지 않는다**는 것을 기억해야 한다.

a. My car is in the repair shop and I can get to class.

b. Sara lives in Athens, and she does not live in Greece. (Sara might live in Athens, Georgia; Athens, Ohio; or Athens, Wisconsin.) ■

if-then 명제의 부정을 또 다른 if-then 명제 형태로 나타내고 싶을 것이다. 그러나 그렇게 하면 안 된다.

조건명제의 대우

논리에서 가장 중요한 법칙 중의 하나는 조건명제와 조건명제의 대우가 동치라는 것이다.

• 정의

"If p then q" 형태의 조건명제의 **대우**(contrapositive)는 아래와 같다.

$$\text{If } \sim q \text{ then } \sim p$$

기호로 나타내면 다음과 같다.

$$p \rightarrow q\text{의 대우는 } \sim q \rightarrow \sim p\text{이다.}$$

조건명제는 조건명제의 대우와 논리적으로 동치이다.

이 절의 연습문제에서 이를 확인하도록 하라.

예제 2.2.6 **대우 쓰기**

다음 각 명제와 동치인 대우를 쓰라.

a. If Howard can swim across the lake, then Howard can swim to the island.

b. If today is Easter, then tomorrow is Monday.

풀이

a. If Howard cannot swim to the island, then Howard cannot swim across the lake.

b. If tomorrow is not Monday, then today is not Easter. ■

어떤 문제를 풀려고 할 때, 조건명제의 대우가 원래 조건명제보다 쉽게 풀리는 경우가 있다. 명제를 대우로 대체하면 문제를 해결하는 것을 앞당길 수 있다. 조건명제와 조건명제의 대우 사이의 논리적 동치는 연역추론의 가장 중요한 법칙 중 하나인 부정논법(modus tollens)과 대우에 의한 증명법(contrapositive method of proof)의 기초가 된다.

조건명제의 역과 이

조건명제와 조건명제의 대우가 논리적으로 동치라는 사실을 여러 분야에 응용할 수 있다. 두 가지 다른 조건명제의 변형은 조건명제와 논리적으로 동치가 아니다.

> **• 정의**
>
> 조건명제 "If p then q"가 주어져 있을 때
>
> 1. **역**(converse)은 "If q then p"이다.
> 2. **이**(inverse)는 "If $\sim p$ then $\sim q$"이다.
>
> 기호로는
>
> $$p \to q \text{의 역은 } q \to p$$
> $$p \to q \text{의 이는 } \sim p \to \sim q$$
>
> 이다.

예제 2.2.7 **역과 이 쓰기**

다음 명제의 역과 이를 쓰라.

a. If Howard can swim across the lake, then Howard can swim to the island.

b. If today is Easter, then tomorrow is Monday.

풀이

a. **역**: If Howard can swim to the island, then Howard can swim across the lake.

이: If Howard cannot swim across the lake, then Howard cannot swim to the island.

b. **역**: If tomorrow is Monday, then today is Easter.

이: If today is not Easter, then tomorrow is not Monday. ■

⚠ **주의!** 많은 사람들은 조건명제가 참이면 역과 이가 참이 된다고 잘못 알고 있다. 조건명제가 참일 때 역과 이는 참일 수도 있고 아닐 수도 있다.

예를 들어 오늘이 Easter가 아닌 어떤 일요일이라면 예제 2.2.7(b)의 조건명제는 참이다. 그러나 이것의 역과 이는 거짓이다.

> 1. 조건명제와 조건명제의 역은 논리적으로 동치가 아니다.
> 2. 조건명제와 조건명제의 이는 논리적으로 동치가 아니다.
> 3. 조건명제의 역과 이는 논리적으로 동치이다.

3번이 성립하는 것은 조건명제의 이가 역의 대우라는 것으로부터 알 수 있다.

only if와 쌍방조건명제

"p only if q"는 q가 일어나는 경우에만 p가 일어난다는 것을 의미한다. 즉 q가 일어나지 않으면 p도 일어나지 않는다. 또는 p가 일어나면 q는 반드시 일어나야 한다는 것이다(명제와 명제의 대우가 논리적으로 동치라는 것으로부터).

• 정의

p와 q가 명제일 때

p **only if** q는 "if not q then not p"

를 의미하고, 동등하게

"if p then q"

를 의미한다.

예제 2.2.8 only if를 if–then으로 바꾸기

대우를 이용하여 다음 명제를 두 가지 방법으로 if-then 형태로 바꾸어 쓰라.

John will break the world's record for the mile run only if he runs the mile in under four minutes.

풀이

1. If John does not run the mile in under four minutes, then he will not break the world's record.

2. If John breaks the world's record, then he will have run the mile in under four minutes. ■

주의! "p only if q"는 "p if q"를 의미하지는 않는다.

예를 들어 John will break the world's record only if he runs the mile in under four minutes.는 John will break the world's record if he runs the mile in under four minutes.를 의미하지는 않는다. 그의 기록이 4분 미만일 수도 있으나 기록을 깰 정도로 충분히 빠르지 않을 수 있다.

• 정의

p, q가 명제변수일 때, **p와 q의 쌍방조건명제**(biconditional of p and q)는 "p if, and only if, q"이고 $p \leftrightarrow q$로 쓴다. p와 q가 같은 진리값을 가지면 참이고 다른 진리값을 가지면 거짓이 된다. 단어 if and only if는 종종 **iff**로 줄여서 쓴다.

쌍방조건명제는 다음과 같은 진리표를 갖는다.

$p \leftrightarrow q$의 진리표

p	q	$p \leftrightarrow q$
T	T	T
T	F	F
F	T	F
F	F	T

↔의 연산 순서는 →와 같다. ∧와 ∨에서와 같이 연산을 우선 적용한다는 것을 나타내기 위해 괄호를 사용한다. 5가지 논리 연산자의 우선순위 체계를 정리하였다.

논리 연산자의 연산 순서

1. ~	먼저 부정을 평가한다.
2. ∧, ∨	두 번째로 ∧와 ∨를 평가한다. 두 가지가 다 있는 경우에는 괄호가 필요하다.
3. →, ↔	세 번째로 →와 ↔를 평가한다. 두 가지가 다 있는 경우에는 괄호가 필요하다.

if and only if의 정의에만 의하면, "p if, and only if, q"는 "p if q"와 "p only if q" 둘 다를 의미한다. 다음 진리표에 이 내용을 나타내었다.

$p \leftrightarrow q \equiv (p \rightarrow q) \wedge (q \rightarrow p)$임을 보이는 진리표

p	q	$p \rightarrow q$	$q \rightarrow p$	$p \leftrightarrow q$	$(p \rightarrow q) \wedge (q \rightarrow p)$
T	T	T	T	T	T
T	F	F	T	F	F
F	T	T	F	F	F
F	F	T	T	T	T

$p \leftrightarrow q$와 $(p \rightarrow q) \wedge (q \rightarrow p)$는 동일한 진리값을 갖는다. 따라서 논리적으로 동치이다.

예제 2.2.9 if and only if

다음 명제를 두 개의 if-then 명제의 논리곱으로 다시 쓰라.

> This computer program is correct if, and only if, it produces the correct answer for all possible sets of input data.

풀이

If this program is correct, then it produces the correct answers for all possible sets of input data; and if this program produces the correct answers for all possible sets of input data, then it is correct. ■

필요조건과 충분조건

영어에서 말하는 필요조건과 충분조건이라는 구(phrase)는 논리에서 사용하는 필요조건 및

충분조건의 정의와 정확하게 일치한다.

• 정의

r과 s가 명제일 때

"r이 s의 **충분조건**(sufficient condition)이다"는 "if r then s"를 의미한다.

"r이 s의 **필요조건**(necessary condition)이다"는 "if not r then not s"를 의미한다.

다른 말로, "r이 s의 충분조건이다"는 r이 일어나는 것은 s가 일어나는 것을 보장하기에 충분하다는 것을 의미한다. 반면에 "r이 s의 필요조건이다"는 r이 일어나지 않으면 s는 일어날 수 없다: r의 발생이 s가 발생하는 데 필요하다는 것을 의미한다. 명제와 명제의 대우 사이의 동치로부터 다음을 주목하라.

"r이 s의 필요조건이다"는 "if s then r"을 의미한다.

따라서 다음을 알 수 있다.

"r이 s의 필요충분조건이다"는 "r if, and only if, s"를 의미한다.

예제 2.2.10 필요조건과 충분조건의 해석

명제 "If John is eligible to vote, then he is at least 18 years old"를 생각해 보자. 조건 "John is eligible to vote"가 참값을 가지는 것은 조건 "John is at least 18 years old"가 참값을 갖는 것을 보장하는 데 충분하다. 더구나 "John is at least 18 years old"는 "John is eligible to vote"가 참이 되는 데 필요하다. John이 18세 이하이면 투표권이 없다. ■

예제 2.2.11 충분조건을 if–then 형태로 변형

다음 명제를 "If A then B" 형태로 다시 쓰라.

Pia's birth on U.S. soil is a sufficient condition for her to be a U.S. citizen.

풀이

If Pia was born on U.S. soil, then she is a U.S. citizen. ■

예제 2.2.12 필요조건을 if–then 형태로 변형

대우를 이용하여 다음 명제를 두 가지 방법으로 다시 쓰라.

George's attaining age 35 is a necessary condition

for his being president of the United States.

풀이

1. If George has not attained the age of 35, then he cannot be president of the United States.
2. If George can be president of the United States, then he has attained the age of 35. ■

주의 사항

1. **논리에서 가설과 결론은 반드시 같은 주제에 관한 것이어야 하는 것은 아니다.**

   일상적인 대화에서는 "만일 컴퓨터가 기계라면 베이브 루스는 배구 선수였다" 또는 "만일 2+2=5이면 미키 마우스는 미국의 대통령이다"라고 말하지는 않는다. p와 q 사이에 어떤 관계가 있을 때에만 "If p then q"와 같이 말한다.

   논리에서는 조건명제의 가설과 결론 부분이 서로 관계가 있어야 하는 것은 아니다. 왜냐하면, 만일 그러한 요구가 있다고 할 때 누가 강제로 지키게 하느냐가 문제인 것이다. 조정자가 있어서 사람들이 조건명제를 사용하기 전에 가설과 결론 부분이 서로 관계가 있는지를 조사할 수는 있다. 그러나 이는 실행 가능한 일이 아니다.

   따라서 "만일 컴퓨터가 기계라면 베이브 루스는 배구 선수였다"와 같은 명제도 허용이 되는 것이고, 가설과 결론 부분이 참이기 때문에 명제는 참이 되는 것이다. 마찬가지로 "만일 2+2=5이면 미키 마우스는 미국의 대통령이다"와 같은 명제도 가능하고, 가설이 거짓이기 때문에 우습게 보이기는 하지만 명제는 참이 된다.

   수학에서는 처음에 의도했던 상황을 성공적으로 포함하는 공식화된 정의가 나중에는 의도하지 않았던 극단적인 경우까지 만족시키는 경우가 종종 있다. 그러나 이것은 잘못된 것이고, 정의를 내릴 때에는 유별난 것까지 포함해서 모든 경우에 맞는 것을 찾는 습관을 들이는 것이 중요하다.

2. **비공식 언어에서는 간단한 조건명제가 쌍방조건명제를 의미하도록 사용될 때가 있다.**

   명제 "p if, and only if, q"는 일상 대화에서는 거의 사용하지 않는다. 사람들이 쌍방조건명제를 생각할 때 종종 and only if 또는 if and를 고려하지는 않는다. 즉 실제로 나타내고자 하는 것이 "p if, and only if, q"일 때 "p if q" 또는 "p only if q" 형태로 표현한다. 예를 들어 "You will get dessert if, and only if, you eat your dinner"라는 명제를 생각해 보자. 논리적으로 이 명제는 다음의 두 명제의 논리곱과 같다.

   명제 1: If you eat your dinner, then you will get dessert.

   명제 2: You will get dessert only if you eat your dinner.

   또는

   If you do not eat your dinner, then you will not get dessert.

세상의 얼마나 많은 부모들이 자기 아이들에게 "You will get dessert if, and only if, you eat your dinner"라고 말하겠는가? 많지 않을 것이다! 대개는 "If you eat your dinner, you will get dessert"(긍정적 접근: 보상을 강조) 또는 "You will get dessert only if you eat your dinner"(부정적 접근: 벌을 강조)라고 말한다. 그러나 보상을 약속하는 부모도 벌을 넌지시 말하는 의도가 있고, 벌을 주겠다고 하는 부모도 보상을 줄 만하면 보상을 할 것이다. 이런 두 유형의 부모들은 자기들이 말한 조건명제가 쌍방조건명제로 해석되기를 기대한다.

조건명제를 종종 쌍방조건명제로 해석하기 때문에, 조건명제가 조건명제의 이 및 역과 항상 논리적으로 동치라고 생각하는 것은 놀라운 일이 아니다. 형식적인 측면에서 명제들은 명확하게 해석되어야 한다. if-then 명제가 어떤 경우에는 "if-then", 다른 경우에는 "if and only if"를 뜻하게 할 수는 없다. 수학이나 과학, 또는 정확성이 중요한 상황에서 언어를 사용할 때, if-then 명제를 그 명제의 역과 이로 혼동하지 않고 형식적인 정의에 따라 해석하는 것이 매우 중요하다.

자 | 기 | 진 | 단

1. *if-then* 명제가 거짓이기 위한 필요충분조건은 가정이 ______ 이고 결론이 ______ 인 것이다.
2. "p이면 q이다"의 부정은 ______ 이다.
3. "p이면 q이다"의 역은 ______ 이다.
4. "p이면 q이다"의 대우는 ______.
5. "p이면 q이다"의 이는 ______.
6. 조건명제와 그것의 대우는 ______ 이다.
7. 조건명제와 그것의 역은 ______ 가 아니다.
8. "R은 S이기 위한 충분조건이다"라는 뜻은 "만일 ______ 이면 ______ 이다."
9. "R은 S이기 위한 필요조건이다"라는 뜻은 "만일 ______ 이면 ______ 이다."
10. "R only if S"라는 뜻은 "만일 ______ 이면 ______ 이다."

연 / 습 / 문 / 제 2.2

1, 2번의 명제를 if-then 형태로 다시 쓰라.

1. This loop will repeat exactly N times if it does not contain a **stop** or a **go to**.
2. I am on time for work if I catch the 8:05 bus.

3~5번의 명제식에 대한 진리표를 작성하라.

3. $\sim p \vee q \to \sim q$
4. $p \wedge \sim q \to r$
5. $p \wedge \sim r \leftrightarrow q \vee r$
6. 예제 2.2.3에서 보인 논리적 동치 $p \vee q \to r \equiv (p \to r) \wedge (q \to r)$을 사용하여 다음 명제를 다시 쓰라.($x$는 특정 실수라 가정.)

$$\text{If } x > 2 \text{ or } x < -2, \text{ then } x^2 > 4$$

7. 진리표를 사용하여 다음의 논리적 동치를 입증하고 간단하게 설명도 하라.

a. $p \to q \equiv \sim p \vee q$ **b.** $\sim(p \to q) \equiv p \wedge \sim q$

8. **a.** 다음 명제식들이 모두 논리적으로 동치임을 보여라.

$$p \to q \vee r,\ \ p \wedge \sim q \to r,\ \ p \wedge \sim r \to q$$

b. (a)에서 밝힌 논리적 동치를 이용하여 다음 문장을 두 가지 방법으로 다시 쓰라.(n은 특정 정수라 가정.)

n이 소수(prime)이면, n은 홀수이거나 2이다.

9. 두 명제를 기호 형태로 나타내고 논리적 동치인지 밝히라. 진리표와 간단한 설명을 쓰라.

제값을 다 주고 샀다면 당신은 그 책을 크라운 북스에서 사지 않았다. 당신은 그 책을 크라운 북스에서 사지 않았거나 제값을 다 주고 샀다.

10. 참인지 거짓인지 밝히라. "수가 루이츠의 엄마이면, 디아나는 그의 사촌이다"의 부정은 "수가 루이츠의 엄마이면, 디아나는 그의 사촌이 아니다"이다.

11. 다음 명제의 부정을 쓰라.(모든 변수는 고정된 숫자나 개체를 나타낸다고 가정.)

a. P가 정사각형이면, P는 사각형이다.

b. 오늘이 New Year' s Eve이면 내일은 1월이다.

c. 분수 r의 십진 전개(decimal expansion)가 유한하면, r은 유리수이다.

d. n이 소수(prime)이면, n은 홀수이거나 2이다.

e. x가 음이 아니면, x는 양수이거나 0이다.

f. 톰이 앤의 아버지이면, 짐은 앤의 삼촌이고 수는 앤의 숙모이다.

g. n이 6으로 나누어떨어지면, n은 2로 나누어떨어지고 n은 3으로 나누어떨어진다.

12. p와 q를 $p \to q$가 거짓이 되게 하는 명제라 하자. 다음의 진리값을 구하라.

a. $\sim p \to q$ **b.** $p \vee q$ **c.** $q \to p$

13. 연습문제 11의 각 명제의 대우를 쓰라.

14. 연습문제 11의 각 명제의 역과 이를 쓰라.

15, 16번에서는 진리표를 사용하여 각 명제의 진리값을 알아보라.

15. 조건명제는 조건명제의 역과 논리적으로 동치가 아니다.

16. 조건명제와 조건명제의 대우는 논리적으로 동치이다.

17. "Do you mean that you think you can find out the answer to it?" said the March Hare.

"Exactly so," said Alice.

"Then you should say what you mean," the March Hare went on.

"I do," Alice hastily replied; "at least-at least I mean what I say–that's the same thing, you know."

"Not the same thing a bit!" said the Hatter. "Why, you might just as well say that 'I see what I eat' is the same thing as 'I eat what I see' !"

–from "A Mad Tea-Party" in *Alice in Wonderland*, by Lewis Carrol

Hatter가 맞다. "I say what I mean"은 "I mean what I say"와 다르다. if-then 형태로 다시 쓰고 논리적 관계에 대해 설명하라.(이 연습문제는 4장의 소개 부분에서 다시 언급한다.)

18. 명제식 P와 Q가 논리적으로 동치이면 $P \leftrightarrow Q$는 항진명제이다. 역으로, $P \leftrightarrow Q$가 항진명제이면 P와 Q는 논리적으로 동치이다. 다음의 논리적 동치를 항진명제로 바꾸기 위해 $\leftrightarrow$를 사용하고 진리표를 사용하여 항진명제임을 밝히라.

$$p \to (q \vee r) \equiv (p \wedge \sim q) \to r$$

19. 각 명제를 두 개의 if-then 명제의 논리합으로 다시 쓰라.

이 2차방정식이 두 개의 서로 다른 실근을 갖기 위한 필요충분조건은 그것의 판별식이 0보다 큰 것이다.

20. 대우를 사용하여 다음 명제를 if-then 형태 두 가지로 다시 쓰라. only if는 형식적인 논리적 의미를 가지고 있다고 가정한다.
The Cubs will win the pennant only if they win tomorrow's game.

21. 다음 명제를 if-then 형태로 다시 쓰라.
Payment will be made on the fifth unless a new hearing is granted.

22. Catching the 8:05 bus is a sufficient condition for my being on time for work.

23. 대우를 사용하여 다음 명제를 if-then 형태 두 가지로 다시 쓰라.
이 수가 3으로 나누어 떨어지는 것은 9로 나누어 떨어지기 위한 필요조건이다.

"s에 대한 충분조건이 r이다"는 r이 s의 충분조건임을 의미하고, "s에 대한 필요조건이 r이다"는 r이 s의 필요조건임을 의미한다. 24, 25번 명제를 if-then 형태로 다시 쓰라.

24. 존의 팀이 선수권 대회에서 이기기 위한 충분조건은 나머지 게임을 다 이기는 것이다.

25. "x가 끓고 있으면 온도는 적어도 150°C이어야 한다"라는 명제가 참이라고 가정하면, 아래 문장 중 어느 것이 참이어야 하는가?

a. x의 온도가 적어도 150°C이면, x는 끓고 있다.
b. x는 온도가 150°C 보다 낮으면, x는 끓고 있지 않다.
c. x는 온도가 적어도 150°C 인 경우에만 끓을 것이다.
d. x가 끓고 있지 않으면, 온도가 150°C 미만이다.
e. x가 끓기 위한 필요조건은 온도가 적어도 150°C 인 것이다.
f. x가 끓기 위한 충분조건은 온도가 적어도 150°C 인 것이다.

26, 27번에서는 (a) $p \rightarrow q \equiv \sim p \vee q$, $p \leftrightarrow q \equiv (\sim p \vee q) \wedge (\sim q \vee p)$를 사용하여 주어진 명제식을 $\rightarrow$, $\leftrightarrow$ 기호를 사용하지 않고 다시 쓰라. (b) $p \vee q \equiv \sim(\sim p \wedge \sim q)$를 사용하여 각 명제식을 $\wedge$와 $\sim$ 만 사용하여 다시 쓰라.

26. $p \wedge \sim q \rightarrow r$

27. $(p \rightarrow r) \leftrightarrow (q \rightarrow r)$

자 | 기 | 진 | 단 | 해 | 답

1. 참; 거짓 2. $p \wedge \sim q$ 3. 만일 q이면 p 4. 만일 q가 아니면 p가 아니다 5. 만일 p가 아니면 q가 아니다 6. 논리적으로 동치 7. 논리적으로 동치 8. R; S 9. S; R 10. R; S

2.3 정당한 논증과 부당한 논증

수학과 논리학에서 논증(argument)은 논쟁(dispute)이 아니다. 논증이란 결론이 제일 마지막 부분에 있는 명제들의 나열이다. 이 절에서는 논증이 정당한지, 즉 결론이 앞에 주어진 명제들을 필연적으로 따르는지를 어떻게 결정하는지 보인다. 또 논증이 정당한지에 대한 결정은 논증의 내용이 아니라 논증의 형태에 좌우된다는 것을 설명한다.

2.1절에서는 논증의 내용으로부터 논리식을 추상화할 수 있음을 보였다. 예를 들어 논증

만일 소크라테스가 사람이라면 소크라테스는 죽는다.

소크라테스는 사람이다.
∴ 소크라테스는 죽는다.

는 다음과 같이 추상화할 수 있다.

If p then q
p
$\therefore q$

논증의 추상적인 형태를 생각할 때에는 명제를 대체하는 p와 q를 변수로 생각한다. 전제들을 참으로 하는 모든 경우에 결론도 참이 되면 논증식은 정당하다고 한다.

• 정의

논증(argument)은 명제들의 나열이고, **논증식**(argument form)은 명제식의 나열이다. 논증과 논증식에서 제일 마지막 것만 제외한 명제와 명제식을 **전제**(premise) [또는 **가정**(assumption) 또는 **가설**(hypothesis)]라 하고, 마지막 명제 또는 명제식은 **결론**(conclusion)이라 한다. 기호 ∴는 '그러므로'라고 읽고 결론 바로 앞에 표시한다.

논증식이 **정당하다**(valid)는 것은 전제 부분의 명제변수가 어떤 명제로 대체되더라도 전제가 전부 참일 때 결론도 역시 참이 된다는 것을 의미한다. 논증이 **정당하다는** 것은 그것의 논증식이 정당하다는 것을 뜻한다.

중요한 사실은 논증이 정당할 때에는 결론 부분의 참값이 필연적으로, 불가피하게, 또는 논리식 자체에 의해서 전제가 참이라는 것을 논리적으로 따른다는 것이다. 전제가 참일 때 거짓 결론을 가지고 정당한 논증을 하는 것은 불가능하다. 논증이 정당하고 전제가 참일 때, 결론 부분의 참값은 전제 부분의 참값으로부터 추론되었다(inferred) 또는 이끌어 내게 되었다(deduced)라고 한다. 결론이 "필연적으로 그렇지 않다"라면 정당한 추론이 아니다.

정당성에 대한 논증식 검사

1. 논증식의 전제와 결론 부분을 확인한다.
2. 모든 전제와 결론의 진리값을 보여 주는 진리표를 작성한다.
3. 진리표에서 모든 전제가 참인 행을 **정당성 결정행**(critical row)이라 한다. 진리표에 결론이 거짓인 정당성 결정행이 포함되어 있으면, 주어진 논증식은 전제들이 참일 때 결론이 거짓일 가능성이 있고 따라서 논증식은 부당하다. 반면에 모든 정당성 결정행의 결론이 참이면 논증식은 정당하다.

예제 2.3.1 **부당한 논증식**

다음 논증식이 부당함을 보여라.

$$p \to q \lor \sim r$$
$$q \to p \land r$$
$$\therefore p \to r$$

풀이

아래와 같은 진리표를 작성하여 어느 열이 전제이고 어느 열이 결론인지 표시한다. 비록 전제들이 참이고 결론이 참인 경우가 여럿 있더라도(행 1, 7, 8), 전제들은 참이고 결론이 거짓인 경우(행 4)가 있다. 이는 논증식이 정당하다면 생길 수 없으므로 이 논증식은 부당하다.

						전제		결론
p	q	r	$\sim r$	$q \lor \sim r$	$p \land r$	$p \to q \lor \sim r$	$q \to p \land r$	$p \to r$
T	T	T	F	T	T	T	T	T
T	T	F	T	T	F	T	F	F
T	F	T	F	F	T	F	T	T
T	F	F	T	T	F	T	T	F
F	T	T	F	T	F	T	F	T
F	T	F	T	T	F	T	F	T
F	F	T	F	F	F	T	T	T
F	F	F	T	T	F	T	T	T

이 행은 전제가 참이고 결론이 거짓인 경우가 있을 수 있다는 것을 보여 준다. 따라서 이 논증식은 부당하다.

■

긍정논법과 부정논법

전제 두 개와 결론으로 이루어진 논증식을 **삼단논법**(syllogism)이라 한다. 첫 번째와 두 번째 전제를 각각 **대전제**(major premise), **소전제**(minor premise)라 한다. 논리에서 가장 유명한 삼단논법은 **긍정논법**(modus ponens)으로, 그 형태는 다음과 같다.

If p then q

p

$\therefore q$

다음은 이러한 형태의 논증이다.

371,487을 구성하는 숫자들의 합이 3으로 나누어떨어진다면, 371,487은 3으로 나누어떨어진다.

371,487을 구성하는 숫자들의 합은 3으로 나누어떨어진다.

∴ 371,487은 3으로 나누어떨어진다.

modus ponens는 라틴어이고 '긍정방법' [결론이 긍정(affirmation)이다]이라는 의미를 가지고 있다. 진리표 작성 방법이 나오기 오래전에는 이런 형태의 논증을 통해 의심하지 않고 확신을 할 수 있었다. 그렇지만 긍정논법이 정당한 논증이라는 것을 증명하는 것이, 정당성의 형식적인 정의와 직관적인 개념이 잘 일치하는 것을 확실히 하는 데 도움이 된다. 그렇게 하기 위해 전제와 결론에 대한 진리표를 작성하였다.

		전제		결론	
p	q	$p \to q$	p	q	
T	T	T	T	T	← 정당성 결정행
T	F	F	T	F	
F	T	T	F	T	
F	F	T	F	F	

첫 번째 행이 전제가 모두 참인 유일한 행이고, 이 행의 결론도 참이다. 따라서 논증식은 정당하다.

부정논법(modus tollens)이라고 하는 또 다른 논증식을 생각해 보자. 다음과 같은 형태이다.

If p then q

$\sim q$

$\therefore \sim p$

다음은 부정논법에 대한 예이다.

만일 제우스가 사람이면, 제우스는 죽는다.
제우스는 죽지 않는다.
∴ 제우스는 사람이 아니다.

부정논법의 정당성을 직관적으로 설명할 때에는 모순에 의한 증명법(proof by contradiction)을 사용한다.

다음을 가정하자.

(1) 만일 제우스가 사람이면, 제우스는 죽는다. 그리고
(2) 제우스는 죽지 않는다.

제우스는 필연적으로 사람이 아니어야 하는가?
그렇다!
왜냐하면, 만일 제우스가 사람이라면 (1)에 의해 그는 죽는다.
그러나 (2)에 의해 그는 죽지 않는다.
따라서 제우스는 사람이 될 수가 없다.

modus tollens는 라틴어이고 '부정방법' [결론이 부정(denial)이다]이라는 의미를 가지고 있다. 긍정논법과, 조건명제가 조건명제의 대우와 논리적으로 동치라는 것으로부터 부정논법의 정당성을 보일 수 있다. 또한 진리표를 작성해서 보일 수 있다.

인지 심리학 연구에서, 100%에 가까운 대학생들이 긍정논법에 대해서는 확고하고 직관적인 이해를 하고 있지만 단지 60% 미만만이 부정논법을 정확하게 응용할 수 있다는 결과가 나왔다.* 그러나 수학적 추론에서는 부정논법이 긍정논법만큼 자주 사용된다. 따라서 부정논법을 효과적으로 사용하기 위해서 부정논법의 형태를 공부하는 것이 중요하다.

예제 2.3.2 긍정논법과 부정논법의 구별

다음 논증이 정당한 추론이 될 수 있도록 긍정논법 또는 부정논법을 사용하여 빈칸을 채우라.

a. 비둘기 구멍보다 비둘기가 더 많다면, 비둘기 두 마리가 같은 구멍에 앉는다.
비둘기 구멍보다 비둘기가 더 많다.
∴ ______________________________.

b. 870,232가 6으로 나누어떨어지면 그것은 3으로 나누어떨어진다.
870,232는 3으로 나누어떨어지지 않는다.
∴ ______________________________.

풀이

a. 비둘기 두 마리가 같은 구멍에 앉는다. 긍정논법에 의해

b. 870,232는 6으로 나누어떨어지지 않는다. 부정논법에 의해 ■

추가적인 정당한 논증식: 추론규칙

추론규칙(rule of inference)은 정당한 논증식이다. 따라서 긍정논법과 부정논법은 모두 추론규칙이다. 다음은 연역추론에서 자주 사용되는 추론규칙의 예이다.

예제 2.3.3 일반화

다음 논증식은 정당하다.

a. p
$\therefore p \vee q$

b. q
$\therefore p \vee q$

이와 같은 논증식은 일반화(generalization)를 하기 위해 사용한다. 예를 들어 첫 번째 것

* *Cognitive Psychology and Its Implications*, 3d ed. by John R. Anderson (New York: Freeman, 1990), pp. 292-297.

에 의해 p가 참이면, 보다 일반적으로, 어떠한 명제 q에 대해서도 "p or q"는 참이다. 예를 들어 학교의 상급생 수를 세는 일을 맡았다고 하자. 당신은 앤톤이 어느 클래스에 속하는지 물었고 그가 3학년이라고 대답했다.

추론은 다음과 같이 한다.

앤톤은 3학년이다.
∴ (보다 일반적으로) 앤톤은 3학년이거나 앤톤은 4학년이다.

상급생은 3학년 또는 4학년 학생이므로 앤톤을 리스트에 추가한다. ■

예제 2.3.4 특수화

다음 논증식은 정당하다.

a. $p \wedge q$
$\therefore p$

b. $p \wedge q$
$\therefore q$

이와 같은 논증식은 특수화(specialization)를 하기 위해 사용한다. 어떤 특성에 따라 대상들을 분류할 때 그 대상들이 어떤 특성을 가졌는지 여부보다 더 많은 것을 알고 있을 때가 종종 있다. 이럴 때 관심 있는 특정한 성질에만 주의를 기울이고 관계가 없는 것은 고려하지 않는다.

예를 들어 프로젝트를 수행하기 위해 그래프 알고리즘을 아는 사람을 찾고 있다고 가정하자. 애나가 수치해석과 그래프 알고리즘을 알고 있다는 것을 알았다. 추론은 다음과 같이 한다.

애나는 수치해석을 알고 애나는 그래프 알고리즘을 안다.
∴ (특수하게) 애나는 그래프 알고리즘을 안다.

따라서 애나에게 프로젝트를 같이 하도록 부탁한다. ■

수학 분야에서는 결론을 도출하기 위해 어떤 사실을 알려진 정리의 가정에 맞게 하는 목적으로 일반화와 특수화를 자주 사용한다. 소거(elimination), 추이(transitivity), 사례분할에 의한 증명법(proof by division into cases) 또한 광범위하게 사용되는 도구이다.

예제 2.3.5 소거

다음 논증식은 정당하다.

a. $p \vee q$
$\sim q$
$\therefore p$

b. $p \vee q$
$\sim p$
$\therefore q$

이 논증식은 단지 두 가지 가능성만 있을 때 한 가지를 제외할 수 있으면 나머지 한 가지는 반드시 참이어야 한다는 것을 나타낸다. 예를 들어 특정한 수 x에 대해

$$x - 3 = 0 \quad \text{or} \quad x + 2 = 0$$

라는 것을 알고 있다고 가정하자. 만일 x가 음수가 아니라는 것을 안다고 하면 $x \neq -2$이다. 따라서

$$x + 2 \neq 0$$

이고, 소거에 의해 다음과 같이 결론을 내린다.

$$\therefore x - 3 = 0$$

■

예제 2.3.6 **추이**

다음 논증식은 정당하다.

$$\begin{array}{l} p \to q \\ q \to r \\ \therefore p \to r \end{array}$$

수학의 논증에서는 일련의 if-then 명제를 포함하는 경우가 많이 있다. 하나의 명제가 두 번째 명제를 함축하고, 두 번째 명제가 세 번째 명제를 함축하는 사실로부터 첫 번째 명제가 세 번째 명제를 함축한다고 결론을 내릴 수 있다. 여기 한 가지 예를 보인다.

18,486이 18로 나누어떨어지면, 18,486은 9로 나누어떨어진다.
18,486이 9로 나누어떨어지면, 18,486을 구성하는 숫자들의 합은 9로 나누어떨어진다.
∴ 18,486이 18로 나누어떨어지면, 18,486을 구성하는 숫자들의 합은 9로 나누어떨어진다.

■

예제 2.3.7 **사례분할에 의한 증명법**

다음 논증식은 정당하다.

$$\begin{array}{l} p \vee q \\ p \to r \\ q \to r \\ \therefore r \end{array}$$

한 가지 또는 다른 한 가지가 참이라는 것을 아는 것은 종종 있는 일이다. 둘 중의 어떤 경우에도 특정한 결론이 유도됨을 보일 수 있으면, 이 결론은 반드시 참이어야 한다. 예를 들

어 x가 0이 아닌 특정한 실수라는 것을 알고 있다고 가정하자. 실수를 세 부분으로 나눌 수 있다는 성질에 의하면 어떤 수든지 양수, 음수, 또는 0 중 하나라는 것을 알 수 있다. 따라서 (소거에 의해) x는 양수 또는 음수이다. 다음과 같은 논증을 거쳐 $x^2 > 0$이라는 것을 이끌어 낼 수 있다.

x는 양수 또는 음수이다.
x가 양수이면 $x^2 > 0$이다.
x가 음수이면 $x^2 > 0$이다.
$\therefore x^2 > 0$ ■

정당한 추론규칙은 문제해결(problem solving) 분야에서 계속적으로 사용되고 있다. 일상 생활에서 일어날 수 있는 예를 살펴보자.

예제 2.3.8 **응용: 보다 복잡한 연역법**

아침에 학교에 가려고 하는데 안경이 없었다. 다음 명제들이 참이라는 것을 알고 있다.

a. 내가 부엌에서 신문을 읽고 있었다면, 내 안경은 식탁 위에 있다.
b. 내 안경이 식탁 위에 있으면 나는 아침을 먹을 때 안경을 보았다.
c. 아침을 먹을 때 내 안경을 보지 못했다.
d. 나는 거실에서 신문을 읽고 있었거나 부엌에서 신문을 읽고 있었다.
e. 내가 거실에서 신문을 읽고 있었다면 내 안경은 커피 탁자 위에 있다.

내 안경은 어디에 있나?

풀이

다음과 같이 놓자.

RK= 나는 부엌에서 신문을 읽고 있었다.
GK= 내 안경은 식탁 위에 있다.
SB= 나는 아침을 먹을 때 안경을 보았다.
RL= 나는 거실에서 신문을 읽고 있었다.
GC= 내 안경은 커피 탁자 위에 있다.

다음은 결론을 도출하는 데 필요한 일련의 단계이다.

1.	$RK \to GK$	(a)에 의해
	$GK \to SB$	(b)에 의해
	$\therefore RK \to SB$	추이에 의해
2.	$RK \to SB$	(1)의 결론에 의해

	$\sim SB$	(c)에 의해
	$\therefore \sim RK$	부정논법에 의해
3.	$RL \vee RK$	(d)에 의해
	$\sim RK$	(2)의 결론에 의해
	$\therefore RL$	소거에 의해
4.	$RL \rightarrow GC$	(e)에 의해
	RL	(3)의 결론에 의해
	$\therefore GC$	긍정논법에 의해

따라서 안경은 커피 탁자 위에 있다. ■

허위

허위(fallacy)는 결과가 부당한 논증으로 나타나는 추론에서의 오류이다. 허위의 세 가지 유형은 **분명하지 않은 전제를 사용**하며 그러한 전제를 분명한 것처럼 다루는 것, **문제점을 증명하지 않은 채 참이라고 가정하고 논하는 것**(전제로부터 이끌어 내지 않고 증명된 것처럼 가정), **성급하게 결론을 내리는 것**(적합한 근거 없이)이다. 이 절에서는 역오류(converse error), 이오류(inverse error)라 불리는 두 가지 오류에 대해 논의한다. 이 오류들은 긍정논법이나 부정논법에 의한 정당한 논증과 정당하지 않은 논증을 표면적으로 비슷하게 보이게 한다.

앞의 예에서와 같이 논증식에 대한 진리표에서, 전제들이 전부 참일 때 결론이 거짓인 적어도 하나의 정당성 결정행을 찾음으로써 논증이 부당하다는 것을 보일 수 있다. 논증이 부당하다는 것을 보이는 또 다른 방법은 전제가 참일 때 결론이 거짓인 같은 논증식을 가지는 논증을 찾는 것이다.

> 논증이 정당하기 위해서는 전제가 모두 참인 같은 논증식을 가지는 어떠한 논증에서도 결론이 참이 되어야 한다. 논증이 부당하다는 사실은 전제가 모두 참이고 결론이 거짓인 논증식이 존재한다는 것을 의미한다.

예제 2.3.9 **역오류**

다음 논증이 부당함을 보여라.

제크가 사기꾼이라면 제크는 뒷줄에 앉는다.
제크는 뒷줄에 앉는다.
∴ 제크는 사기꾼이다.

풀이

위의 논증이 부당하다는 것은 다음과 같이 추론을 해 보면 직관적으로 알 수 있다: 첫 번째 전제는 제크가 사기꾼이라는 것이 알려져 있을 때 그에 대한 정보를 준다. 그가 사기꾼이라는 것이 미리 알려져 있지 않다면 아무 정보도 주지 않는다. 사기꾼이 아닌 어떤 사람이 맨 뒷줄에 앉을 수 있다는 것을 충분히 생각할 수 있다. 만일 그 사람의 이름이 제크라면 첫 번째 전제는 참이 되고 두 번째 전제도 참이지만 결론은 거짓이다.

위의 논증에 대한 일반식은 아래와 같다.

$$p \to q$$
$$q$$
$$\therefore p$$

이 절의 끝에 있는 연습문제에 진리표를 사용해서 이러한 논증식이 부당함을 보여라는 문제가 주어져 있다. ■

이런 형태의 부당한 논증식에서의 오류를 **역오류**(converse error)라 하는데, 전제 $p \to q$가 그것의 역으로 대체된다면 논증의 결론을 전제들로부터 얻을 수 있기 때문이다. 그러나 조건명제와 조건명제의 역이 논리적으로 동치가 아니기 때문에 그렇게 대체하면 안 된다. 역오류는 결과긍정오류(fallacy of affirming the consequent)라고도 한다.

예제 2.3.10 이오류

다음 논증을 생각해 보라.

이자율이 올라간다면, 주식값은 내려갈 것이다.
이자율이 올라가지 않는다.
∴ 주식값이 내려가지 않는다.

논증식은 다음과 같다.

$$p \to q$$
$$\sim p$$
$$\therefore \sim q$$

연습문제에 진리표를 작성해서 이러한 논증식의 부당함을 보여라는 문제가 주어져 있다.

이런 형태의 부당한 논증식에서의 오류를 **이오류**(inverse error)라 하는데, 만일 전제 $p \to q$가 그것의 이로 대체된다면 논증의 결론을 얻을 수 있기 때문이다. 조건명제와 조건명제의 이는 논리적 동치가 아니기 때문에 서로 대체하는 것은 가능하지 않다. 이오류는 전제부정오류(fallacy of denying the antecedent)라고도 한다. ■

주의! 논리에서 단어 참(true)과 정당(valid)은 매우 다른 뜻을 가지고 있다. 정당한 논증에서도 결론이 거짓일 수 있고, 부당한 논증에서의 결론이 참이 될 수도 있다.

사람들은 때때로 정당성(validity)과 참값(truth)을 동일하게 생각하는 경우가 있다. 논증이 정당한 것 같으면 결론이 참이라고 받아들이고, 논증이 부당한 것 같으면 결론은 거짓이어야 한다고 생각한다. 그러나 이는 옳지 않다!

예제 2.3.11 **거짓 결론을 가지는 정당한 논증**

아래 논증은 긍정논법에 의해 정당하다. 그러나 대전제는 거짓이고 따라서 결론도 거짓이다.

만약 존 레논이 록스타였다면 존 레논의 머리는 빨간색이다.
존 레논은 록스타였다.
∴ 존 레논의 머리는 빨간색이다. ■

예제 2.3.12 **결론이 참인 부당한 논증**

다음 논증은 역오류에 의해 부당하지만 결론은 참이다.

뉴욕이 큰 도시이면 뉴욕에는 큰 빌딩이 많다.
뉴욕에는 큰 빌딩이 많다.
∴ 뉴욕은 큰 도시이다. ■

> • 정의
>
> 논증이 정당하고 전제가 참이면 **완전**(sound)하다고 한다. 완전하지 않은 논증은 **불완전**(unsound)하다고 한다.

주의해야 할 중요한 사항은 정당성이 논증식의 성질이라는 것이다: 하나의 논증이 정당하면, 같은 식을 가지는 다른 모든 논증도 정당하다. 마찬가지로 하나의 논증이 부당하면, 같은 식을 가지는 다른 모든 논증도 부당하다. 논증식이 정당한 논증은 전제가 모두 참이고 결론은 거짓이 되는 경우가 없다. 정당한 논증에서는 전제가 모두 참이고 결론도 참, 적어도 하나의 거짓 전제와 결론이 참, 그리고 적어도 하나의 거짓 전제와 결론이 거짓인 같은 식을 가지는 논증이 있다. 반면에 부당한 논증에서는 전제가 모두 참이고 결론은 거짓인 것을 포함하여 전제와 결론이 진리값의 가능한 모든 조합을 가지는 같은 식을 가지는 논증이 있다.

모순과 정당한 논증

논리적 모순의 개념을 **모순규칙**(contradiction rule)이라는 방법을 통해서 추론하는 데 사용할 수 있다.

모순규칙

명제 p가 거짓이라고 가정했을 때 논리적으로 모순이 되면 p가 참이라고 결론을 내린다.

예제 1.3.13 **모순규칙**

아래 논증식이 정당하다는 것을 보여라.

$$\sim p \rightarrow \mathbf{c} \quad \mathbf{c}\text{는 모순명제}$$
$$\therefore p$$

풀이

논증의 전제와 결론에 대한 진리표를 작성한다.

			전제	결론
p	$\sim p$	$\mathbf{c}$	$\sim p \rightarrow \mathbf{c}$	p
T	F	F	T	T
F	T	F	F	F

← 전제가 참인 단 하나의 정당성 결정 행. 이 행의 결론도 참. 따라서 이 논증식은 정당하다. ■

모순규칙은 모순에 의한 증명 방법의 핵심이다. 모순이 되는 답을 제외함으로써 모순규칙을 약간 변형시킨 방법은 수많은 논리 퍼즐 문제를 해결하기 위한 기초가 된다.

예제 2.3.14 **기사와 악당**

논리학자 Raymond Smullyan은 두 가지 유형의 사람, 즉, 항상 진리를 말하는 기사(knight)와 항상 거짓을 말하는 악당(knave)* 들이 사는 섬을 설명하고 있다. 당신이 섬에 도착하자 두 원주민이 다음과 같이 말하면서 다가온다.

A가 말함: B는 기사이다.
B가 말함: A와 나는 서로 반대 유형이다.

A와 B는 누구인가?

풀이

A와 B는 모두 악당이다. 아래와 같이 추론한다.

---

* Raymond Smullyan은 *What Is the Name of This Book*? (Englewood Cliffs, New Jersey: Prentice Hall, 1978)를 시작으로 별나지만 깊이가 있는 논리 퍼즐 책을 시리즈로 썼다. 논리 문제에 대한 자료로는 Martin Gardner의 *Aha! Insight and Aha! Gotcha* (New York: W. H. Freeman, 1978, 1982)와 같은 아주 우수한 책들이 많이 있다.

Indiana University Archives

Raymond Smullyan
(born 1919)

A를 기사라고 가정하자.	
∴ A가 말하는 것은 참이다.	기사에 대한 정의로부터
∴ B도 또한 기사이다.	A가 말한 것
∴ B가 말하는 것은 참이다.	기사에 대한 정의로부터
∴ A와 B는 반대 유형이다.	B가 말한 것
∴ 다음과 같은 모순에 이른다: A와 B는 모두 기사이고 A와 B는 서로 반대 유형이다.	
∴ 가정은 틀렸다.	모순규칙으로부터
∴ A는 기사가 아니다.	가정의 부정
∴ A는 악당이다.	소거에 의해: 모든 주민들은 기사 아니면 악당이다. 따라서 A는 기사가 아니므로 A는 악당이다.
∴ A는 거짓을 말한다.	
∴ B는 기사가 아니다.	
∴ B는 악당이다.	소거에 의해

이 추론 과정에서는 문제가 답을 가지고 있다면 A와 B 둘 다 악당이어야 한다는 것을 보여 준다. 문제의 답이 없을 수도 있고 문제 자체가 모순일 수도 있다. 문제로 되돌아가서 보면 A와 B가 둘 다 악당일 때 성립한다는 것을 알 수 있다. ■

추론규칙 요약

표 2.3.1에 가장 중요한 추론규칙들을 요약하였다.

표 2.3.1 정당한 논증식

긍정논법	$p \to q$ p $\therefore q$	**소거**	**a.** $p \lor q$ $\sim q$ $\therefore p$ **b.** $p \lor q$ $\sim p$ $\therefore q$
부정논법	$p \to q$ $\sim q$ $\therefore \sim p$	**추이**	$p \to q$ $q \to r$ $\therefore p \to r$
일반화	**a.** p $\therefore p \lor q$ **b.** q $\therefore p \lor q$	**사례분할에 의한 증명법**	$p \lor q$ $p \to r$ $q \to r$ $\therefore r$
특수화	**a.** $p \land q$ $\therefore p$ **b.** $p \land q$ $\therefore q$		
논리곱	p q $\therefore p \land q$	**모순규칙**	$\sim p \to \mathbf{c}$ $\therefore p$

자 | 기 | 진 | 단

1. 논증이 정당하다는 의미는 전제가 _______ 인 같은 논증식을 가지는 어떠한 논증에서도 결론은 _______ 이 되는 것이다.

2. 논증이 부당하다는 의미는 전제가 _______ 이고 결론이 _______ 인 논증식이 존재한다는 것이다.

3. 논증이 완전하다는 의미는 논증이 _______ 하고 전제가 _______ 이 되는 것이다. 이 경우에 결론은 _______ 임을 확신할 수 있다.

연 / 습 / 문 / 제 2.3

추론이 되도록 논증 1, 2번의 빈칸을 긍정논법 또는 부정논법을 사용하여 채워 넣으라.

1. $\sqrt{2}$가 유리수라면, 정수 a, b에 대해서 $\sqrt{2}=a/b$이다.
정수 a, b에 대해서 $\sqrt{2}=a/b$는 참이 아니다.
∴ ________________________________.

2. 논리가 쉬우면 나는 원숭이의 삼촌이다.
나는 원숭이의 삼촌이 아니다.
∴ ________________________________.

3~5번의 논증식이 정당한지를 결정하기 위해서 진리표를 작성하라. 진리표에서 어느 열이 전제이고 어느 열이 결론인지 나타내고, 답이 맞음을 간단히 설명하라.

3.
$p \to q$
$q \to p$
$\therefore p \vee q$

4.
p
$p \to q$
$\sim q \vee r$
$\therefore r$

5.
$p \vee q$
$p \to \sim q$
$p \to r$
$\therefore r$

6. 진리표를 사용하여 다음 논증식이 부당함을 보여라.

a.
$p \to q$
q
$\therefore p$
(converse error)

b.
$p \to q$
$\sim p$
$\therefore \sim q$
(inverse error)

7, 8번에서 진리표를 사용하여 참조하는 논증식이 정당하다는 것을 보여라. 진리표에서 어느 열이 전제이고 어느 열이 결론인지 나타내고, 답이 맞음을 간단히 설명하라.

7. 예제 2.3.3(a) **8.** 예제 2.3.5(a)

9. 다음 논증을 기호를 사용하여 논리식으로 나타내고, 논증의 정당성을 진리표를 사용해서 밝히라. 진리표에서 어느 열이 전제이고 어느 열이 결론인지 나타내고, 답이 맞다는 것을 간단히 설명하라.
톰이 A팀에 속하지 않으면, 후아는 B팀에 속한다.
후아가 B팀에 속하지 않으면, 톰은 A팀에 속한다.
∴ 톰은 A팀에 속하지 않거나, 후아는 B팀에 속하지 않는다.

논증 10~13번 중 어떤 것은 정당하고 어떤 것은 역오류 또는 이오류를 범한다. 각 논증을 기호를 사용하여 논리식으로 나타내라. 논증이 정당하면 정당성을 보장하는 추론규칙을 확인하고 그렇지 않으면 어디에서 역오류 또는 이오류를 범했는지 말하라.

10. 율이 이 문제를 맞게 풀었으면 율은 2를 답으로 구하였다.
율이 2를 답으로 구하였다.
∴ 율은 이 문제를 맞게 풀었다.

11. 이 실수는 유리수이거나 무리수이다.
이 실수는 유리수가 아니다.
∴ 이 실수는 무리수이다.

12. 내가 영화를 보러 간다면 나는 숙제를 끝마치지 못

할 것이다.
내가 숙제를 끝마치지 못하면 내일 시험을 잘 못 볼 것이다.
∴ 내가 영화를 보러 간다면 내일 시험을 잘 못 볼 것이다.

13. 이 수가 2보다 크면 이 수의 제곱은 4보다 크다.
이 수는 2보다 크지 않다.
∴ 이 수의 제곱은 4보다 크지 않다.

14. 컴퓨터 프로그램에 대해 다음의 정보가 주어져 있다. 프로그램에서 잘못된 점을 찾아라.

a. 선언하지 않은 변수가 있거나 처음 5개 라인에서 구문 오류가 있다.

b. 처음 5개 라인에 구문 오류가 있다면, 세미콜론이 빠졌거나 변수 이름이 잘못 쓰여진 것이다.

c. 세미콜론이 빠지지 않았다.

d. 변수 이름이 잘못 쓰여지지 않았다.

15. 오래된 찬장 뒤에서, 기상천외한 유머 감각을 가지고 있고 논리 퍼즐을 좋아하는 것으로 유명한 해적이 남긴 메모를 발견하였다. 메모에서 그는 집 어느 곳에 보물을 숨겨 놓았다고 하였고, 5개의 참인 명제(아래의 a~e)를 나열하고, 보물의 위치를 찾아내기 위해 그 명제들을 사용하라고 하였다.

a. 이 집이 호수 옆에 있다면 보물은 부엌에 있지 않다.

b. 앞마당에 있는 나무가 느릅나무라면 보물은 부엌에 있다.

c. 이 집은 호수 옆에 있다.

d. 앞마당에 있는 나무가 느릅나무이거나, 보물이 깃대 밑에 묻혀 있다.

e. 뒷마당에 있는 나무가 참나무라면 보물은 차고에 있다.

보물은 어디에 있는가?

16. 당신은 예제 2.3.14에서 묘사한 섬을 방문 중이고 원주민들과 다음과 같은 만남을 가졌다.

a. 원주민 A와 B는 다음과 같이 말하였다.
A가 말함: 우리 모두는 기사이다.
B가 말함: A는 악당이다.
A와 B는 누구인가?

b. 다른 원주민 C와 D가 당신에게 다가와서, C만 말하였다.
C가 말함: 우리 모두는 악당이다.
C와 D는 누구인가?

c. 그 다음 원주민 E와 F를 만났다.
E가 말함: F는 악당이다.
F가 말함: E는 악당이다.
거기에는 얼마나 많은 악당들이 있나?

d. 마지막으로 6명의 원주민 U, V, W, X, Y, Z를 만났고 당신에게 다음과 같이 말하였다.
U가 말함: 우리 중 아무도 기사가 아니다.
V가 말함: 우리 중 적어도 세 명은 기사다.
W가 말함: 우리 중 많아야 세 명이 기사다.
X가 말함: 우리 중 정확히 다섯 명이 기사다.
Y가 말함: 우리 중 정확히 두 명이 기사다.
Z가 말함: 우리 중 정확히 한 명이 기사다.
어느 원주민이 기사고 어느 원주민이 악당인가?

17. 유명한 탐정가인 퍼큘레 호이로는 난해한 살인 미스터리를 해결하도록 초청되었다. 그는 다음과 같은 사실을 결정하였다.

a. 살해된 사람 로드 하젤톤은 놋쇠로 만든 촛대로 머리를 강타당해 살해되었다.

b. 하젤톤 부인 또는 가정부 사라가 살인 사건이 일어난 시각에 식당에 있었다.

c. 살인 사건이 일어난 시각에 요리사가 부엌에 있었다면 주류 관리자가 치명적인 양의 신경 홍분제를 사용하여 로드 하젤톤을 살해하였다.

d. 살인 사건이 일어난 시각에 하젤톤 부인이 식당에 있었다면, 운전사가 로드 하젤톤을 살해하였다.

e. 살인 사건이 일어난 시각에 요리사가 부엌에 있지

않았다면, 사라는 살해가 일어난 시점에 식당에 있지 않았다.

f. 살해가 일어난 시점에 사라가 식당에 있었다면, 포도주 집사가 로드 하젤톤을 살해하였다.

위의 사실로부터 탐정가가 살인자를 밝히는 것이 가능한가? 만일 그렇다면 누가 로드 하젤톤을 살해하였나?(죽음의 원인은 오직 한 가지라 가정.)

18, 19번에 전제들과 결론이 주어져 있다. 표 2.3.1에 주어진 정당한 논증식을 사용하여 예제 2.3.8에서와 같이 각 단계의 이유를 밝히면서 전제들로부터 결론을 추론하라. 모든 변수는 명제변수라고 가정한다.

18. a. $\sim p \vee q \to r$
b. $s \vee \sim q$
c. $\sim t$
d. $p \to t$
e. $\sim p \wedge r \to \sim s$
f. $\therefore \sim q$

19. a. $\sim p \to r \wedge \sim s$
b. $t \to s$
c. $u \to \sim p$
d. $\sim w$
e. $u \vee w$
f. $\therefore \sim t$

자 | 기 | 진 | 단 | 해 | 답

1. 모두 참; 참 2. 모두 참; 거짓 3. 정당; 모두 참; 참

2.4 응용: 디지털 논리회로

Claude Shannon (1916–2001)

1930년대 말에 Claude Shannon이라는 M.I.T.의 젊은 대학원생은 전화 스위칭 회로와 같은 스위칭 장치의 동작과 논리 연산자의 연산이 비슷하다는 것을 주목하였다. 그는 이러한 유사점을 회로 설계 문제를 해결하는 데 성공적으로 이용하였고, 그 결과는 1938년에 석사 학위 논문으로 출판되었다.

그림 2.4.1(a)는 간단한 스위치의 두 가지 상태를 보여 준다. 스위치가 닫혀 있을 때는 전류가 한 곳에서 다른 곳으로 흘러갈 수 있고 열려 있을 때는 전류가 흐를 수 없다. 이러한 스위치가 그림 2.4.1(b)에 주어진 회로의 일부분이라고 생각해 보자. 전구는 전류가 흘러갈 수 있을 때만 켜지게 된다.

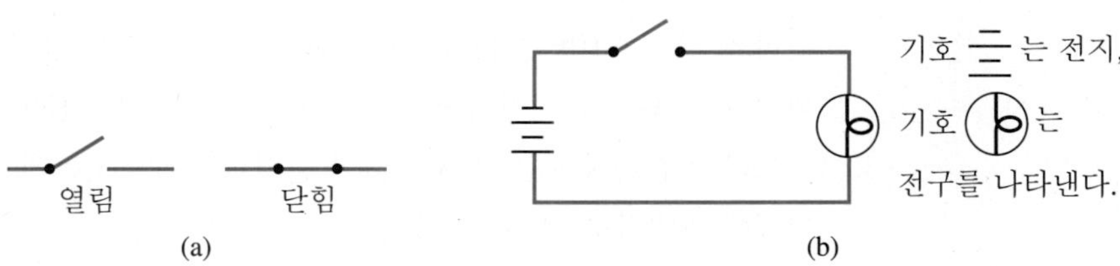

그림 2.4.1

이제 그림 2.4.2(a)와 2.4.2(b)의 좀 더 복잡한 회로를 생각해 보자.

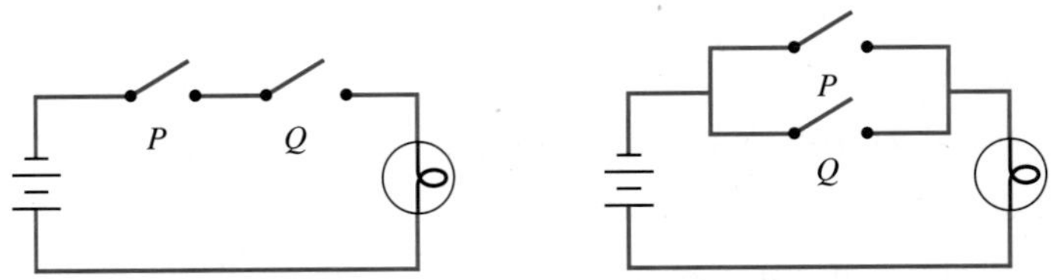

'직렬' 스위치
(a)

'병렬' 스위치
(b)

그림 2.4.2

그림 2.4.2(a)의 회로에서는 스위치 P, Q 모두가 닫혀 있을 때에만 전류가 흐르고 전구가 켜진다. 이와 같은 회로의 스위치는 **직렬**(series)로 되어 있다고 한다. 그림 2.4.2(b)의 회로에서는 P, Q 스위치 중 적어도 하나의 스위치만 닫혀 있으면 전류가 흐르고 전구가 켜진다. 이러한 회로의 스위치는 **병렬**(parallel)로 되어 있다고 한다. 회로의 가능한 모든 작동에 대해 표 2.4.1에 정리하였다.

표 2.4.1

(a) 직렬 스위치

스위치		전구
P	Q	상태
닫힘	닫힘	켜짐
닫힘	열림	꺼짐
열림	닫힘	꺼짐
열림	열림	꺼짐

(b) 병렬 스위치

스위치		전구
P	Q	상태
닫힘	닫힘	켜짐
닫힘	열림	켜짐
열림	닫힘	켜짐
열림	열림	꺼짐

닫힘과 켜짐을 T로 대체하고, 열림과 꺼짐을 F로 대체하면 표 2.4.1(a)는 논리곱에 대한 진리표, 표 2.4.1(b)는 논리합에 대한 진리표가 됨을 알 수 있다. 결과적으로 그림 2.4.2(a)의 스위칭 회로는 논리의 $P \wedge Q$, 그림 2.4.2(b)는 $P \vee Q$와 대응하게 된다.

보다 복잡한 회로는 보다 복잡한 논리식과 대응되는데, 이러한 사실이 회로 설계나 회로 연구에 광범위하게 사용된다.

1940년대와 1950년대에, 스위치의 닫힘과 열림의 물리적 상태가 전압의 높고 낮음과 같은 전자 상태와 대응하는 전자 장치로 대체되었다. 새로운 전자 기술의 도입으로 전자 컴퓨터, 전자 전화 스위칭 시스템, 교통 신호 제어, 전자 계산기와 같은 현대의 디지털 시스템과 수백 개의 다른 유형의 전자 장치에 사용되는 제어 기법이 발전하게 되었다. 디지털 시스템의 기본 전자 부품을 디지털 논리회로(digital logic circuit)라 한다. 논리는 회로 설계에서 논리의 역할의 중요성을, 디지털은 회로가 연속적과 반대인 이산적 또는 끊어진 신호를 처리한다는 것을 나타낸다.

The Intel 4004, introduced in 1971, is generally considered to be the first commercially viable microprocessor or central processing unit (CPU) contained on a chip about the size of a fingernail. It consisted of 2,300 transistors and could execute 70,000 instructions per second, essentially the same computing power as the first electronic computer, the ENIAC, built in 1946, which filled an entire room. Modern microprocessors consist of several CPUs on one chip, contain close to a billion transistors and many hundreds of millions of logic circuits, and can compute hundreds of millions of instructions per second.

Intel

Courtesy of IBM

John W. Tukey (1915–2000)

전자 공학자들은 전자 스위치에 의해 발생되는 신호를 언급할 때 '참' 또는 '거짓'과 같은 논리에서의 용어를 계속해서 사용한다. 그러나 T나 F보다는 기호 1과 0을 사용한다. 기호 0과 1을 **비트**(bit)라 하는데 2진 숫자(binary digit)를 줄인 말이다. 이 용어는 1946년에 통계학자 John Tukey에 의해 소개되었다.

블랙박스와 게이트

신호 비트(1과 0)의 조합은 다양한 회로를 통해서 다른 신호 비트(1과 0)의 조합으로 바뀔 수 있다. 회로를 구축할 때에는 서로 다른 다양한 기술들이 사용되기 때문에 컴퓨터 엔지니어나 디지털 시스템 설계자들은 어떤 기본이 되는 회로를 블랙박스로 생각하는 것이 유용하다는 것을 알게 되었다. 블랙박스의 내부는 회로를 자세하게 구현한 것으로 구성되나, 사람들이 **입력 신호**(input signal)와 **출력 신호**(output signal) 사이의 관계에 관심을 가지는 동안 종종 무시된다.

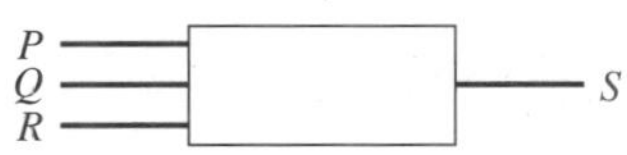

블랙박스의 동작은 가능한 모든 입력 신호와 함께 대응하는 출력 신호를 표시한 **입출력**

테이블(input/output table)을 작성하여 잘 나타낼 수 있다. 예를 들어 위 그림의 블랙박스는 3개의 입력 신호를 가지고 있고, 각각의 입력 신호는 1 또는 0 값을 가질 수 있기 때문에 8가지의 입력 신호의 조합이 가능하다. 가능한 입력과 출력 신호를 대응시킨 것 중 하나는 아래 표와 같다.

입출력 테이블

Input			Output
P	Q	R	S
1	1	1	1
1	1	0	0
1	0	1	0
1	0	0	1
0	1	1	0
0	1	0	1
0	0	1	1
0	0	0	0

예를 들어 세 번째 행은 입력 $P=1, Q=0, R=1$일 때 출력 S는 0이라는 것을 나타낸다.

좀 더 복잡한 회로를 효율적으로 설계하는 방법으로는 덜 복잡한 블랙박스 회로를 연결해서 만드는 방법이 있다. 덜 복잡한 블랙박스 회로 3가지는 NOT, AND, OR 게이트이다.

NOT 게이트[또는 **인버터**(inverter)]는 하나의 입력 신호와 하나의 출력 신호를 가지는 회로이다. 입력 신호가 1이면 출력 신호는 0이고 역으로 입력 신호가 0이면 출력 신호는 1이다. **AND 게이트**는 두 개의 입력 신호와 하나의 출력 신호를 가지고 있고 두 개의 입력 신호가 모두 1이면 출력 신호는 1이다. 그렇지 않은 경우 출력 신호는 0이다. **OR 게이트** 또한 두 개의 입력 신호와 한 개의 출력 신호를 가지고 두 개의 입력 신호가 모두 0이면 출력 신호는 0이다. 그렇지 않으면 출력 신호는 1이다.

P, Q가 입력 신호, R이 출력 신호일 때 그림 2.4.3에 NOT, AND, OR 게이트의 동작을 요약해 놓았다. 그림 2.4.3으로부터 기호 1을 T, 0을 F로 하면 NOT, AND, OR 게이트의 동작은 명제에 대한 논리 접속사 $\sim, \wedge, \vee$의 연산과 정확하게 일치한다는 것을 알 수 있다.

게이트들을 여러 가지 다양한 방법으로 결합하여 회로를 만들 수 있다. 다음의 규칙이 지켜진다면 결과는 **조합회로**(combinational circuit)가 된다. 이 회로에서는 어느 시점의 회로의 출력은 그 전의 입력과는 상관없이 바로 그 시점의 입력에 의해서만 완전히 결정된다.

조합회로 규칙

두 개의 입력 전선을 절대로 결합시키지 않는다. 2.4.1

<table>
<tr><th>게이트 유형</th><th>기호 표현</th><th>동작</th></tr>
<tr><td>NOT</td><td>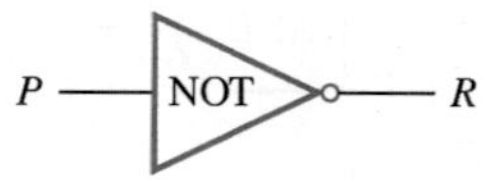</td><td><table><tr><th>입력</th><th>출력</th></tr><tr><th>P</th><th>R</th></tr><tr><td>1</td><td>0</td></tr><tr><td>0</td><td>1</td></tr></table></td></tr>
<tr><td>AND</td><td>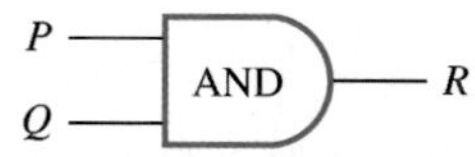</td><td><table><tr><th colspan="2">입력</th><th>출력</th></tr><tr><th>P</th><th>Q</th><th>R</th></tr><tr><td>1</td><td>1</td><td>1</td></tr><tr><td>1</td><td>0</td><td>0</td></tr><tr><td>0</td><td>1</td><td>0</td></tr><tr><td>0</td><td>0</td><td>0</td></tr></table></td></tr>
<tr><td>OR</td><td>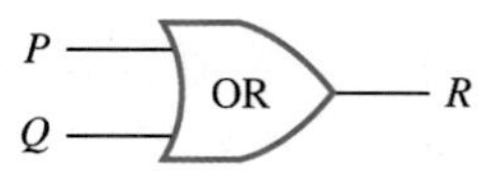</td><td><table><tr><th colspan="2">입력</th><th>출력</th></tr><tr><th>P</th><th>Q</th><th>R</th></tr><tr><td>1</td><td>1</td><td>1</td></tr><tr><td>1</td><td>0</td><td>1</td></tr><tr><td>0</td><td>1</td><td>1</td></tr><tr><td>0</td><td>0</td><td>0</td></tr></table></td></tr>
</table>

그림 2.4.3

하나의 입력 전선은 중간에 나누어져서 두 개의 다른
게이트의 입력으로 사용될 수 있다. 2.4.2

출력 전선을 입력으로 사용할 수 있다. 2.4.3

게이트의 어떠한 출력도 나중에 바로 그 게이트로 피드백될 수 없다. 2.4.4

규칙 (2.4.4)는 **순서회로**(sequential circuit)라 불리는 좀 더 복잡한 회로에서는 지켜지지 않는데, 이 회로에서는 어느 시점의 출력이 그 시점의 입력과 그 전의 입력들에 의해 결정된다. 순서회로에 대해서는 12.2절에서 논의한다.

논리회로의 입출력

어떤 회로의 입력 신호가 주어졌을 때 게이트별로 회로를 따라가면 출력을 알 수 있다.

예제 2.4.1 **입력에 대한 출력 결정**

주어진 입력 신호에 대하여 아래 회로에서의 출력을 말하라.

a. 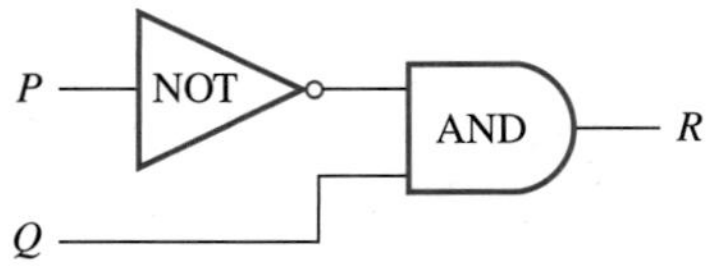

입력 신호: P=0, Q=1

b. 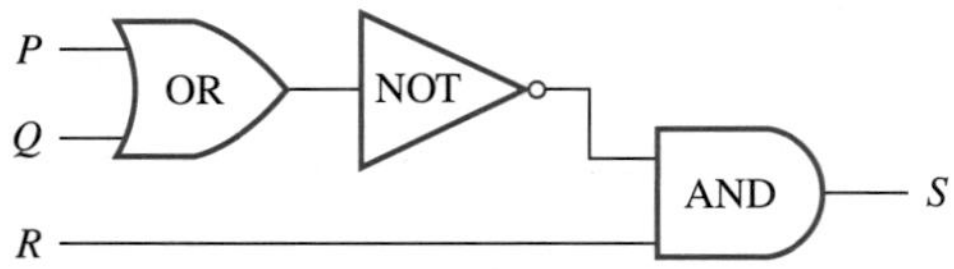

입력 신호: P=1, Q=0, R=1

풀이

a. 그림의 왼쪽에서부터 오른쪽으로 입력 신호에 대한 각 게이트의 동작을 따라가면서 이동한다. NOT 게이트는 $P=0$을 1로 바꾼다. 따라서 AND 게이트의 두 입력 신호는 1이고 출력 R은 1이다. 이 내용을 아래와 같이 다이어그램에 주석을 달아 나타내었다.

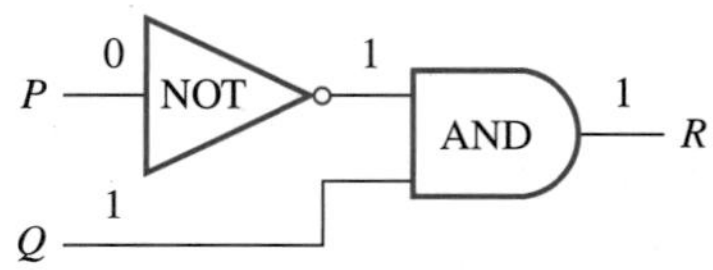

b. 입력 신호 중 하나인 P가 1이므로 OR 게이트의 출력은 1이다. NOT 게이트는 1을 0으로 바꾸므로 AND 게이트의 입력은 0과 $R=1$이다. 따라서 출력 S는 0이다. 이것을 아래 그림에 나타내었다.

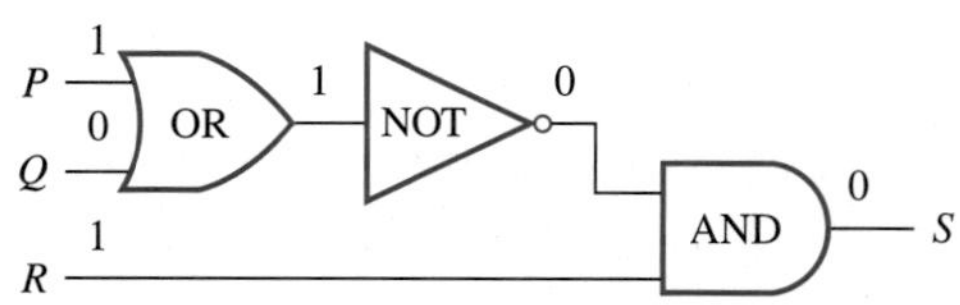

■

회로의 입출력 테이블을 완전하게 작성하려면, 입력 신호의 각각의 가능한 조합에 대해 회로를 따라가면서 대응하는 출력 신호를 찾아야 한다.

예제 2.4.2 **회로의 입출력 테이블 생성**

다음 회로의 입출력 테이블을 작성하라.

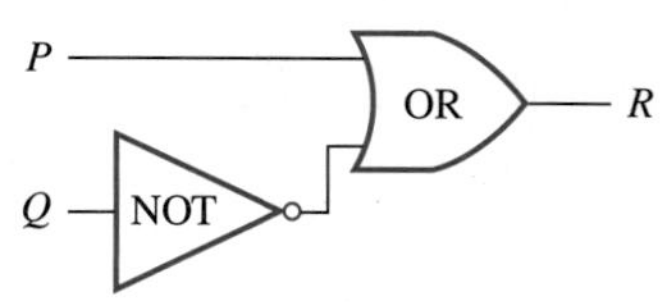

풀이

네 가지 가능한 입력 신호의 조합을 나타내고 회로를 따라가면서 각각의 입력에 대한 출력을 찾는다.

입력		출력
P	Q	R
1	1	1
1	0	1
0	1	0
0	0	1

■

CORBIS

George Boole
(1815–1864)

주의! 엄격히 말하면, $p \sim q((rs \vee \wedge q \sim$과 같은 의미 없는 표현식은 부울식으로 허용되지 않고 $(\sim p \wedge q) \vee (p \wedge r)$와 $\sim(\sim(p \wedge q) \vee r)$ 같은 의미 있는 표현식만이 부울식으로 허용된다. 5.9절에서 부울식의 세심한 정의를 보여 주기 위해 귀납식을 사용한다.

논리회로에 대응하는 부울식

논리에서 p, q, r과 같은 변수는 명제를 나타내고, 명제는 단 하나의 진리값 T(참) 또는 F(거짓)를 가진다. 명제식은 명제변수와 논리 접속사로 구성된 $p \wedge (\sim q \vee r)$과 같은 식이다.

기호논리의 창시자 중의 한 사람은 영국의 수학자 George Boole이다. 그의 업적을 기념하여, 명제변수나 입력 신호처럼 변수가 단지 두 개의 값 중 하나만 가질 수 있을 때 그러한 변수를 **부울 변수**(Boolean variable)라고 한다. 부울 변수와 접속사 $\sim$, $\wedge$, $\vee$로 이루어진 식은 **부울식**(Boolean expression)이라 한다.

NOT, AND, OR 게이트들로 이루어진 회로에 대해서 입력 변수에 대한 게이트의 동작을 따라감으로써 대응하는 부울식을 얻을 수 있다.

예제 2.4.3 회로에 대한 부울식 찾기

아래의 회로에 대응하는 부울식을 찾아라. 점은 두 전선의 결합을 나타내고 점이 없이 전선이 교차하는 것은 서로 접하지 않는다는 것을 가정한다.

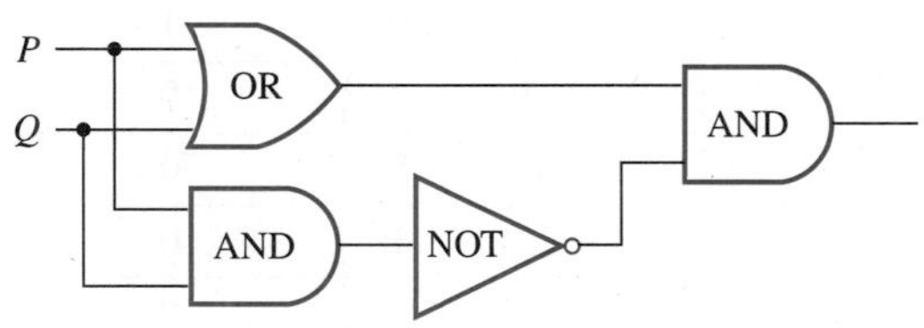

(a)

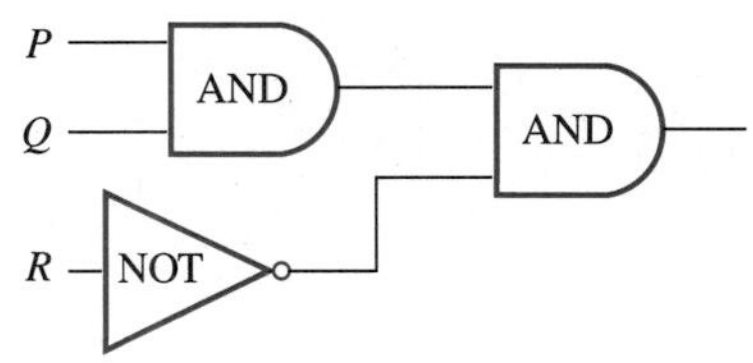

(b)

풀이

a. 아래에 보인 것처럼 회로의 왼쪽에서 오른쪽으로 따라가면서 각각의 게이트들의 출력을 기호로 나타낸다.

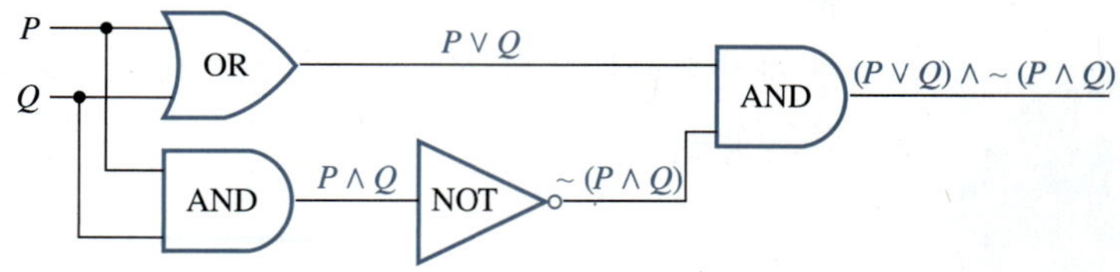

마지막에 얻은 $(P \vee Q) \wedge \sim(P \wedge Q)$는 P 또는 Q 그러나 둘 다는 아닌 배타적 or이다.

b. 회로에 대응하는 부울식은 아래에 주어진 것과 같이 $(P \wedge Q) \wedge \sim R$이다.

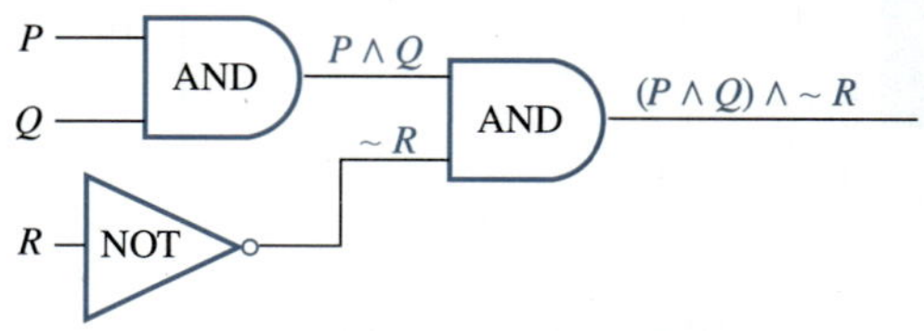

■

예제 2.4.3(b) 회로의 출력은 단지 하나의 입력 조합($P=1$, $Q=1$, $R=0$)에 대해서만 1이고 그 외의 다른 입력 조합에 대해서는 0인 것을 주목하자. 이런 이유로 인해 이 회로는 입력의 어떤 특정 조합을 '인식한다(recognize)' 고 말할 수 있다. 입출력 테이블의 출력 열은 단 하나의 행에서만 1이고 다른 모든 행에서는 0이다.

• 정의

인식기(recognizer)는 입력 신호의 단 하나의 특정 조합에 대해서만 1을 출력하고 그 외의 다른 모든 조합에 대해서는 0을 출력하는 회로이다.

인식기의 입출력 테이블

P	Q	R	$(P \wedge Q) \wedge \sim R$
1	1	1	0
1	1	0	1
1	0	1	0
1	0	0	0
0	1	1	0
0	1	0	0
0	0	1	0
0	0	0	0

부울식에 대응하는 논리회로

앞의 예제에서는 회로에 대응하는 부울식을 어떻게 찾는지 알아보았다. 다음 예제에서는 부울식에 대응하는 회로를 어떻게 생성하는지를 보여 준다.

예제 2.4.4 **부울식에 대한 회로 생성**

다음 부울식에 대한 회로를 생성하라.

a. $(\sim P \wedge Q) \vee \sim Q$ b. $((P \wedge Q) \wedge (R \wedge S)) \wedge T$

풀이

a. 다이어그램의 왼쪽에 입력 변수를 아래로 적는다. 그런 다음 다이어그램의 오른쪽으로부터 왼쪽으로 그려 나가는데 부울식의 뒷부분부터 앞부분으로 진행한다. $(\sim P \wedge Q) \vee \sim Q$를 평가할 때 마지막 연산 부분은 $\vee$이므로 다이어그램의 가장 오른쪽에 OR 게이트를 그린다. 이 게이트의 입력 중 하나는 $\sim P \wedge Q$이므로 OR 게이트 왼쪽에 AND 게이트를 그리고 그것의 출력이 OR 게이트로 들어가도록 한다. AND 게이트의 입력 하나는 $\sim P$이므로 P에서 NOT 게이트 쪽으로 선을 그리고 거기서 AND 게이트로 연결한다. AND 게이트의 또 다른 하나의 입력은 Q이므로 Q에서 직접 AND 게이트로 선을 그린다. OR 게이트의 또 하나의 입력은 $\sim Q$이므로 Q에서 NOT 게이트, NOT 게이트에서 OR 게이트로 선을 그린다. 이렇게 해서 얻은 회로가 아래에 주어져 있다.

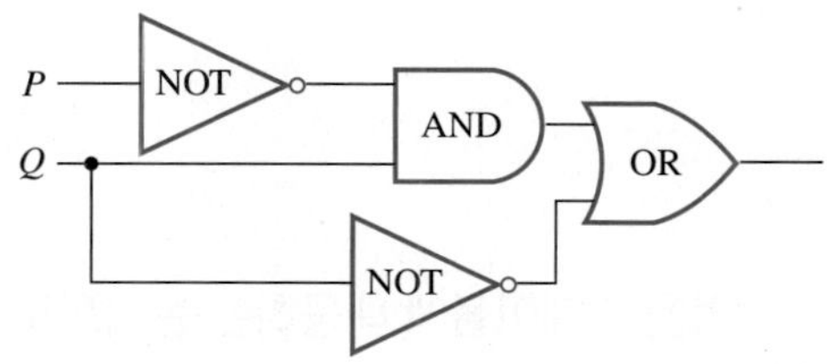

b. 회로를 생성하려면 $((P \wedge Q) \wedge (R \wedge S))$와 T 사이의 $\wedge$를 나타내기 위해 가장 오른쪽에 AND 게이트를 그린다. 그 왼쪽에 $P \wedge Q$와 $R \wedge S$ 사이의 $\wedge$에 대응하도록 AND 게이트를 그리고, 그 왼쪽에 P와 Q, R과 S 사이의 $\wedge$에 대응하는 두 개의 AND 게이트를 그린다. 그림 2.4.4에 이 회로가 주어져 있다.

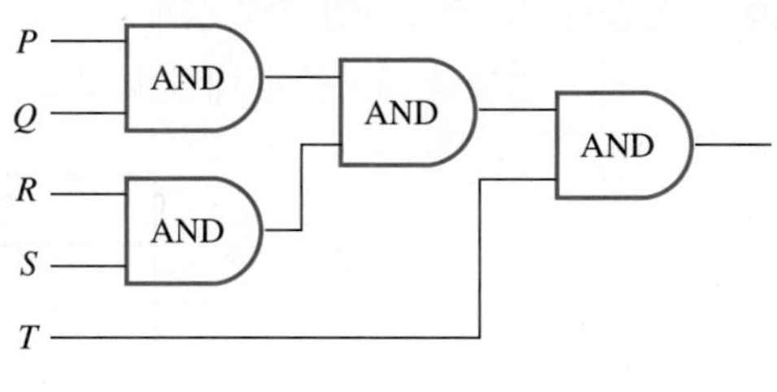

그림 2.4.4

■

정리 2.1.1로부터 $P \wedge Q \wedge R \wedge S \wedge T$에 괄호를 어떻게 넣더라도 모두는 서로 논리적으로 동치가 됨을 알 수 있다. 예를 들어

$$((P \wedge Q) \wedge (R \wedge S)) \wedge T \equiv (P \wedge (Q \wedge R)) \wedge (S \wedge T)$$

이다. 그림 2.4.5의 회로는 $(P \wedge (Q \wedge R)) \wedge (S \wedge T)$에 대응하는데 $((P \wedge Q) \wedge (R \wedge S)) \wedge T$에 대응하는 그림 2.4.4의 회로와 동일한 입출력 테이블을 가진다.

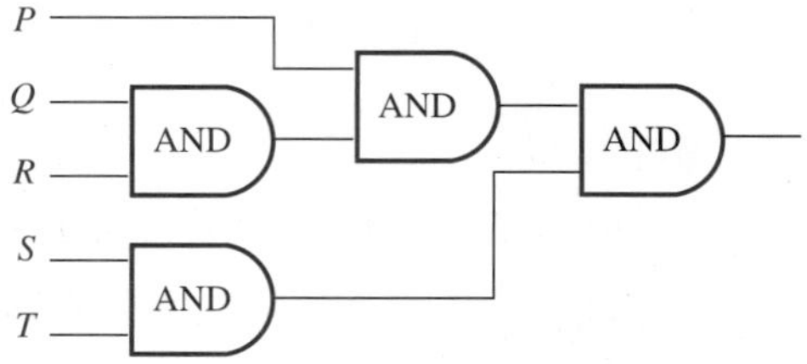

그림 2.4.5

그림 2.4.4와 2.4.5 각각의 회로는 $P \wedge Q \wedge R \wedge S \wedge T$를 구현한 것으로서 **다중 입력 AND 게이트**(multiple-input AND-gate)라 하고 그림 2.4.6의 다이어그램으로 나타내었다. **다중 입력 OR 게이트**(multiple-input OR-gate)도 비슷한 방법으로 생성할 수 있다.

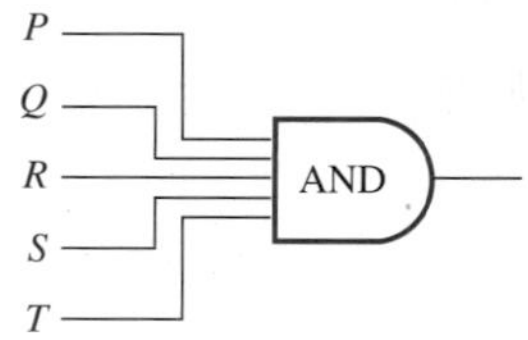

그림 2.4.6

입출력 테이블에 대응하는 논리회로 설계

지금까지 회로에 대한 입출력 테이블을 어떻게 작성하는지, 주어진 회로에 대응하는 부울식을 어떻게 찾는지, 부울식에 대응하는 회로를 어떻게 생성하는지에 대해 논의하였다. 이제 입출력 테이블에 대응하는 회로를 어떻게 설계하는지에 대해 다룬다. 이러한 회로를 설계하기 위한 방법은 여러 개의 인식기를 병렬로 놓는 것이다.

예제 2.4.5 **입출력 테이블에 대한 회로 설계**

다음의 입출력 테이블에 대한 회로를 설계하라.

입력			출력
P	*Q*	*R*	*S*
1	1	1	1
1	1	0	0
1	0	1	1
1	0	0	1
0	1	1	0
0	1	0	0
0	0	1	0
0	0	0	0

풀이

우선 이 테이블을 진리표로 생각하고 이 테이블로부터 부울식을 생성한다. 이를 위해 출력이 1인 행, 이 경우는 첫 번째, 세 번째, 네 번째 행을 찾는다. 그러한 각 행에 대해서, 그 행의 입력 값의 조합에는 1을 생성하고 다른 입력 값의 조합에 대해서는 0을 생성하는 논리곱을 작성한다. 예를 들어 첫 번째 행에 대한 식은 $P \wedge Q \wedge R$이다. 왜냐하면 $P=1$, $Q=1$, $R=1$이면 $P \wedge Q \wedge R$은 1이고 그 외 모든 P, Q, R의 다른 값에 대해서는 0이기 때문이다. 세 번째 행에 대한 식은 $P \wedge \sim Q \wedge R$이 된다. 왜냐하면 $P=1$, $Q=0$, $R=1$일 때 $P \wedge \sim Q \wedge R$은 1이고 P, Q, R의 다른 값에 대해서는 0이기 때문이다. 같은 방법으로 네 번째 행에 대한 식은 $P \wedge \sim Q \wedge \sim R$이다.

주어진 테이블을 진리표로 생각했을 때, 주어진 입출력 테이블을 가지는 어떠한 부울식도 $P \wedge Q \wedge R=1$ 또는 $P \wedge \sim Q \wedge R=1$ 또는 $P \wedge \sim Q \wedge \sim R=1$인 경우에만 1 값을 가지고 그 외에는 1 값을 가지지 않는다. 따라서 주어진 진리표에 대한 부울식은

$$(P \wedge Q \wedge R) \vee (P \wedge \sim Q \wedge R) \vee (P \wedge \sim Q \wedge \sim R) \qquad 2.4.5$$

이다. 이 부울식에 대응하는 회로는 그림 2.4.7의 다이어그램과 같다. 식 (2.4.5)는 P 또는 $\sim P$ 중 하나, Q 또는 $\sim Q$ 중 하나, R 또는 $\sim R$ 중 하나가 모두 포함되는 것들의 논리곱으로 이루어진 항들의 논리합이라는 것을 주목하자. 이러한 식을 **논리합 정규형**(disjunctive normal form) 또는 **곱의 합 형식**(sum-of-products form)이라 한다.

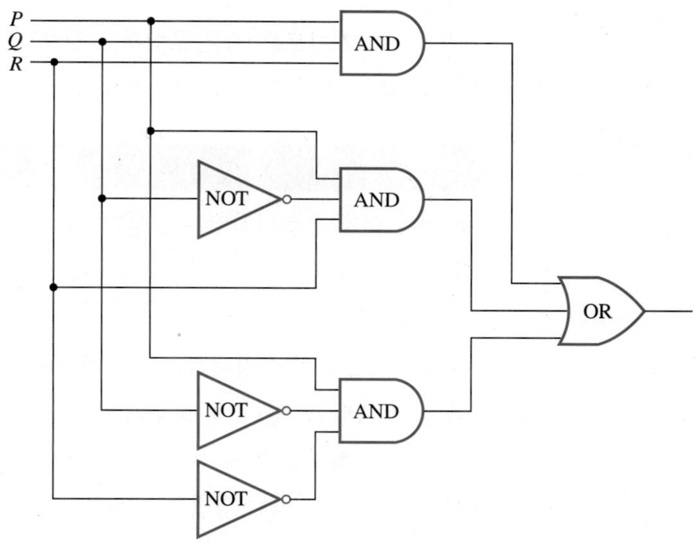

그림 2.4.7 ■

조합회로의 단순화

그림 2.4.8에 주어진 두 개의 조합회로를 생각해 보자.

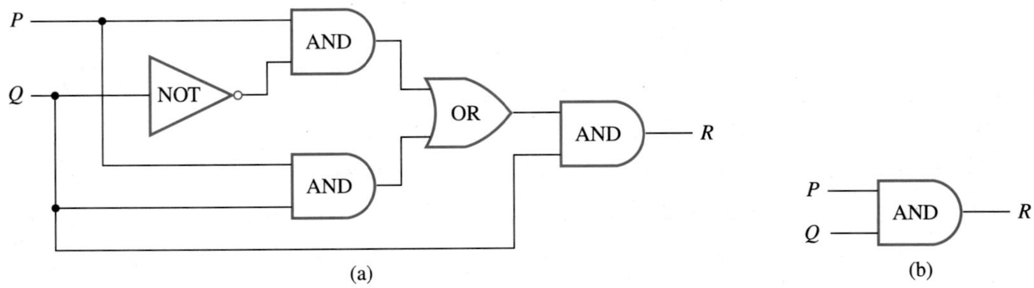

그림 2.4.8

회로 (a)를 따라가면 입출력 테이블은 다음과 같다는 것을 알 수 있다.

입력		출력
P	***Q***	***R***
1	1	1
1	0	0
0	1	0
0	0	0

이것은 회로 (b)에 대한 입출력 테이블과 동일하다. 따라서 이 두 개의 회로는 같은 입력 신호의 조합에 대해서 같은 출력 신호를 내는 동일한 작업을 한다. 회로 (b)가 회로 (a)에 비해서 논리 게이트를 조금 포함하고 있으므로 더 간단하다. 따라서 집적회로의 부품으로서 회로 (b)는 공간과 전력을 덜 필요로 한다.

• 정의

두 개의 디지털 논리회로는 입출력 테이블이 동일할 때에만 서로 **동등하다**(equivalent)라고 한다.

논리적으로 동치인 명제식은 동일한 진리표를 가지므로, 두 회로가 동등하다는 것을 다음과 같이 보일 수 있다. 즉 회로에 대응하는 부울식을 찾고 이 식들을 명제식으로 생각해서 서로 논리적으로 동치라는 것을 보이면 된다. 예제 2.4.6에서는 그림 2.4.8의 회로 (a), (b)에 대해 지금 설명한 방법을 적용하였다.

예제 2.4.6 두 회로가 동등함을 보임

그림 2.4.8의 각 회로에 대한 부울식을 찾아라. 이 식들을 명제식으로 생각하고 정리 2.1.1을 사용하여 서로 논리적으로 동치라는 것을 보여라.

풀이

회로 (a)와 회로 (b)에 대응하는 부울식은 각각 $((P \wedge \sim Q) \vee (P \wedge Q)) \wedge Q$와 $P \wedge Q$이다. 정리 2.1.1에 의해

$$
\begin{aligned}
&((P \wedge \sim Q) \vee (P \wedge Q)) \wedge Q \\
&\quad \equiv (P \wedge (\sim Q \vee Q)) \wedge Q && \text{분배법칙에 의해} \\
&\quad \equiv (P \wedge (Q \vee \sim Q)) \wedge Q && \vee\text{에 대한 교환법칙에 의해} \\
&\quad \equiv (P \wedge \mathbf{t}) \wedge Q && \text{부정법칙에 의해} \\
&\quad \equiv P \wedge Q && \text{항등법칙에 의해}
\end{aligned}
$$

따라서 $((P \wedge \sim Q) \vee (P \wedge Q)) \wedge Q$와 $P \wedge Q$의 진리표는 동일하다. 이 식에 대응하는 회로의 입출력 테이블도 동일하므로 두 회로는 서로 동등하다. ■

일반적으로 다음과 같은 방법으로 조합회로를 간단히 할 수 있다. 즉, 대응하는 부울식을 찾고, 정리 2.1.1의 성질을 사용하여 보다 간단하고 논리적으로 동치인 부울식(부울식을 명제식이라 생각)을 구한다. 그런 다음 보다 간단한 부울식에 대응하는 회로를 생성한다.

H. M. Sheffer (1882–1964)

NAND 게이트와 NOR 게이트

회로를 간단히 하는 또 다른 방법은 서로 다른 종류의 게이트를 가장 적게 사용하는 동등한 회로를 찾는 것이다. 이 방법에서는 앞에서 소개하지 않은 두 개의 게이트인 NAND 게이트와 NOR 게이트가 특히 유용하다. NAND 게이트는 AND 게이트 다음에 NOT 게이트가 있는 것과 동일하게 동작하는 게이트이고, NOR 게이트는 OR 게이트 다음에 NOT 게이트가 있는 것과 동일하게 동작한다. NAND 게이트의 출력은 두 개의 입력 신호가 둘 다 1일 때에만 0이고, NOR 게이트의 출력은 두 개의 입력 신호가 둘 다 0일 때에만 1이다. 이 게이트에 대응하는 논리 기호는 $|$(NAND)와 $\downarrow$(NOR)이고 $|$는 **셰퍼 스트로크**(Sheffer stroke)(H. M. Sheffer, 1882∼1964), $\downarrow$는 **퍼스 화살표**(Peirce arrow)(C. S. Peirce, 1839∼1914)라 한다. 따라서

$$P \mid Q \equiv \sim(P \wedge Q) \quad \text{and} \quad P \downarrow Q \equiv \sim(P \vee Q)$$

이다. 아래의 표에 NAND와 NOR 게이트의 동작을 정리하였다.

<table>
<tr><th>게이트 유형</th><th>기호 표현</th><th>동작</th></tr>
<tr><td>NAND</td><td>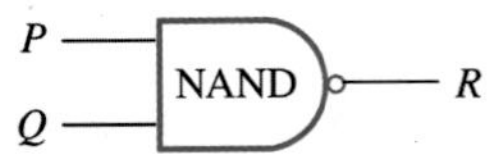
</td><td>
<table>
<tr><th colspan="2">입력</th><th>출력</th></tr>
<tr><th>P</th><th>Q</th><th>$R = P \mid Q$</th></tr>
<tr><td>1</td><td>1</td><td>0</td></tr>
<tr><td>1</td><td>0</td><td>1</td></tr>
<tr><td>0</td><td>1</td><td>1</td></tr>
<tr><td>0</td><td>0</td><td>1</td></tr>
</table>
</td></tr>
<tr><td>NOR</td><td>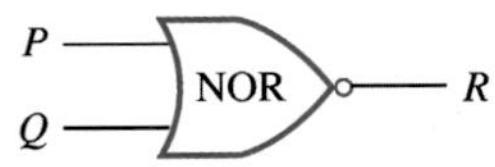
</td><td>
<table>
<tr><th colspan="2">입력</th><th>출력</th></tr>
<tr><th>P</th><th>Q</th><th>$R = P \downarrow Q$</th></tr>
<tr><td>1</td><td>1</td><td>0</td></tr>
<tr><td>1</td><td>0</td><td>0</td></tr>
<tr><td>0</td><td>1</td><td>0</td></tr>
<tr><td>0</td><td>0</td><td>1</td></tr>
</table>
</td></tr>
</table>

어떠한 부울식도 셰퍼 스트로크만으로, 또는 퍼스 화살표만으로 쓴 부울식과 동치라는 것을 보일 수 있다. 따라서 임의의 디지털 논리회로는 NAND 게이트로만 또는 NOR 게이트로만 이루어진 회로와 동등하다. 예제 2.4.7에는 이러한 결과를 얻는 과정의 일부분이 나와 있고 나머지는 연습문제로 남긴다.

예제 2.4.7 **셰퍼 스트로크를 이용해서 논리식 다시 쓰기**

다음을 보여라.

a. $\sim P \equiv P \mid P$ b. $P \vee Q \equiv (P \mid P) \mid (Q \mid Q)$

풀이

a. $\sim P \equiv \sim(P \wedge P)$ ∧에 대한 멱등법칙에 의해

$\equiv P \mid P$ | 의 정의에 의해

b. $P \vee Q \equiv \sim(\sim(P \vee Q))$ 이중부정법칙에 의해

$\equiv \sim(\sim P \wedge \sim Q)$ 드모르간 법칙에 의해

$\equiv \sim((P \mid P) \wedge (Q \mid Q))$ (a)에 의해

$\equiv (P \mid P) \mid (Q \mid Q)$ | 의 정의에 의해 ■

자 | 기 | 진 | 단

1. 디지털 논리 회로에 대한 입출력 테이블은 _______ 를 보여 주는 것이다.
2. 디지털 논리 회로에 대응되는 부울식은 _______ 이다.
3. 인식기는 _______ 디지털 논리 회로이다.
4. 두 디지털 논리 회로가 동치이기 위한 필요충분조건은 _______.
5. NAND 게이트는 _______ 게이트 다음에 _______ 게이트가 위치해 있다.
6. NOR 게이트는 _______ 게이트 다음에 _______ 게이트가 위치해 있다.

연 / 습 / 문 / 제 2.4

입력 신호가 주어진 것과 같을 때 회로 1, 2번의 출력 신호를 말하라.

1.

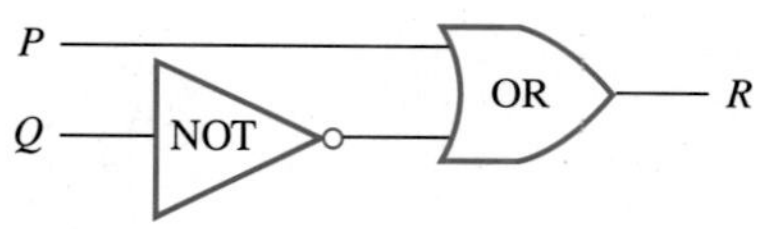

입력 신호: $P=1, Q=1$

2.

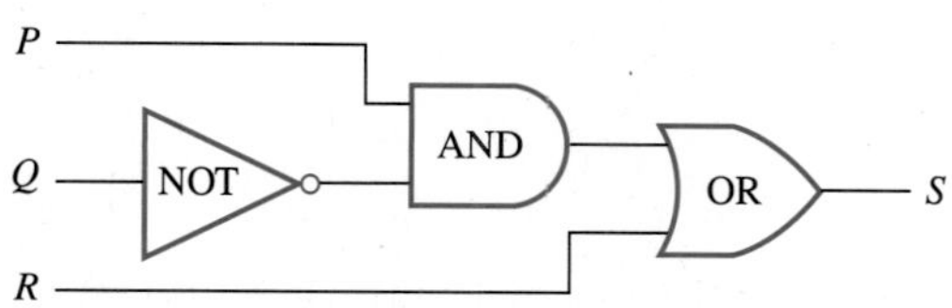

입력 신호: $P=1, Q=0, R=0$

3, 4번에서는 주어진 연습문제와 관련된 회로의 입출력 테이블을 작성하라.

3. 연습문제 1 **4.** 연습문제 2

5, 6번에서는 주어진 연습문제와 관련된 회로에 대응하는 부울식을 구하라.

5. 연습문제 1 **6.** 연습문제 2

7, 8번의 부울식에 대한 회로를 생성하라.

7. $\sim P \vee Q$ **8.** $(P \wedge Q) \vee \sim R$

9, 10번의 각 테이블에 대해서 다음을 생성하라. (a) 주어진 테이블을 진리표로 가지는 부울식, (b) 주어진 테이블이 입출력 테이블인 회로.

9.

P	*Q*	*R*	*S*
1	1	1	0
1	1	0	1
1	0	1	0
1	0	0	0
0	1	1	1
0	1	0	0
0	0	1	0
0	0	0	0

10.

P	*Q*	*R*	*S*
1	1	1	1
1	1	0	0
1	0	1	1
1	0	0	0
0	1	1	0
0	1	0	0
0	0	1	0
0	0	0	1

11. 입력 신호가 P, Q, R이고 P와 Q가 같은 값, Q와 R이 다른 값을 가질 때에만 출력이 1인 회로를 설계하라.

12. 교실의 조명은 교실의 뒤와 앞에 하나씩 있는 두 개의 스위치에 의해 통제된다. 어느 하나의 스위치를 반대로 하면 두 개가 다 켜져 있을 때는 꺼지고, 두 개가 다 꺼져 있을 때는 켜진다. 두 개의 스위치가 모두 아래로 되어 있을 때 조명이 꺼지도록 설치가 되었다고 가정하자. 스위치를 통제하는 회로를 설계하라.

13. 정리 2.1.1의 성질을 사용하여 다음에 각각 주어진 두 개의 회로가 동일한 입출력 테이블을 가짐을 보여라.(회로들에 대한 부울식을 찾고 부울식을 명제식이라 생각하고 서로 논리적으로 동치임을 보여라.)

a.

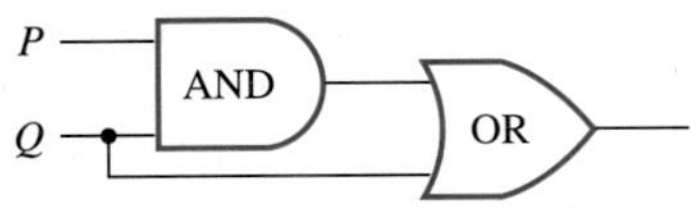

b.

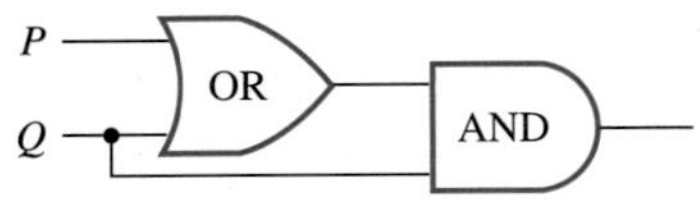

14. 다음 부울식에 대응하는 회로에 대해서, 많아야 두 개의 논리 게이트로 이루어진 동등한 회로가 있다. 그러한 회로를 찾아라.

$$(P \wedge Q) \vee (\sim P \wedge Q) \vee (\sim P \wedge \sim Q)$$

15. $P \downarrow Q \equiv \sim(P \vee Q)$일 때, 퍼스 화살표 $\downarrow$에서도 다음 논리적 동치가 성립함을 보여라.

a. $\sim P \equiv P \downarrow P$

b. $P \vee Q \equiv (P \downarrow Q) \downarrow (P \downarrow Q)$

c. $P \wedge Q \equiv (P \downarrow P) \downarrow (Q \downarrow Q)$

d. $P \rightarrow Q$를 퍼스 화살표만 사용하여 다시 쓰라.

e. $P \leftrightarrow Q$를 퍼스 화살표만 사용하여 다시 쓰라.

자 | 기 | 진 | 단 | 해 | 답

1. 회로에서 모든 가능한 입력 신호들의 조합에 대응되는 출력신호 2. 입력 신호를 변수로 나타내고 입력 신호 상의 논리 게이트의 연속 작용을 나타내는 부울식 3. 입력 신호의 단 하나의 특정 조합에 대해서만 1을 출력하고 그 외의 다른 모든 조합에 대해서는 0을 출력하는 4. 같은 입출력 테이블을 갖는 것이다 5. AND; NOT 6. OR; NOT

2.5 응용: 수 체계와 덧셈회로

초등학교에서 10진 표기법의 의미에 대해 배웠다: 일련의 10진 숫자(decimal digit)를 수(number)로 해석하기 위해 마음속으로 각 숫자에다 자리 값을 곱한다. 예를 들어 5,049는 천자리가 5, 백자리 0, 십자리 4, 일자리가 9이다. 따라서

$$5{,}049 = 5 \cdot (1{,}000) + 0 \cdot (100) + 4 \cdot (10) + 9 \cdot (1)$$

이다. 지수 표기법을 사용해서 다시 쓰면

$$5{,}049 = 5 \cdot 10^3 + 0 \cdot 10^2 + 4 \cdot 10^1 + 9 \cdot 10^0$$

이다. 일반적으로 말하면 10진 표기법은 어떠한 양의 정수라도

$$d \cdot 10^n$$

과 같은 형태의 곱의 합으로 유일하게 나타낼 수 있다는 사실에 기초를 두고 있다. 여기에서 n은 음이 아닌 정수이고 d는 10진 숫자 0, 1, 2, 3, 4, 5, 6, 7, 8, 9 중 어느 하나이다. 10진(decimal)은 '10'을 의미하는 라틴어 어원 deci에서 나온 것이다. 10진[또는 기수(base) 10] 표기법에서는 수를 일련의 숫자들로 나타내는데 각 숫자의 자리는 숫자에 곱하는 10의 거듭제곱을 표시한다. 아래에 나타낸 바와 같이 가장 오른쪽 자리는 일자리(또는 10^0자리), 그 왼쪽은 십자리(또는 10^1자리), 그 왼쪽은 백자리(또는 10^2자리) 등이다.

자리	10^3 천	10^2 백	10^1 십	10^0 일
10진 숫자	5	0	4	9

정수의 2진 표현

숫자 10에 대해서는 별 느낌이 없다. 우리가 손가락을 10개 가졌기 때문에 일상적인 수 체계의 기수로 10을 사용한다. 사실은 1보다 큰 정수는 어떠한 것이라도 수 체계의 기수가 될 수 있다. 근대 전자학에서 사용되는 신호는 항상 2가지 상태 가운데 하나이기 때문에 컴퓨터 과학에서는 **2진 표기법**(binary notation)이 특히 중요하다.(라틴어로 bi는 '둘'을 의미한다.)

5.4절에서 n이 양의 정수이고 d가 2진 숫자 0 또는 1 중 하나일 때, 임의의 양의 정수는

$$d \cdot 2^n$$

형태의 합으로 유일하게 나타낼 수 있음을 보인다. 예를 들어

$$\begin{aligned} 27 &= 16 + 8 + 2 + 1 \\ &= 1 \cdot 2^4 + 1 \cdot 2^3 + 0 \cdot 2^2 + 1 \cdot 2^1 + 1 \cdot 2^0 \end{aligned}$$

이다.

10진 표기법과 마찬가지로 2진 표기법에서도 기수의 거듭제곱까지 나타내는 것이 아니라 단지 2진 숫자로만 쓴다. 2진 표기법에서

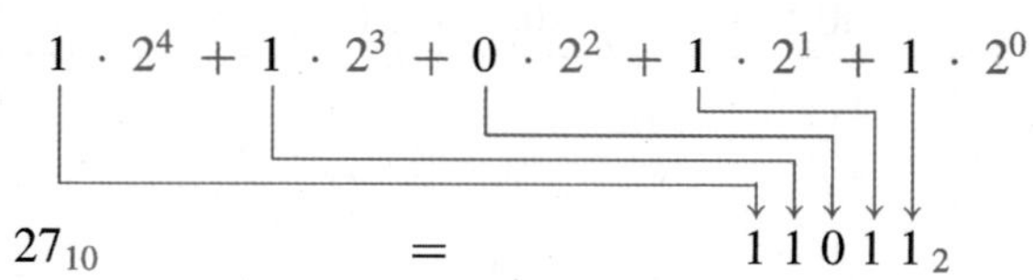

이고, 아래에 쓴 숫자는 수의 기수(10 또는 2)를 나타낸다. 2진 표기법에서의 자리는 2의 거듭제곱을 나타낸다. 아래에 나타낸 바와 같이 가장 오른쪽 자리는 1자리(또는 2^0자리), 그 왼쪽은 2자리(또는 2^1자리), 그 왼쪽은 4자리(또는 2^2자리) 등이다.

자리	2^4 16	2^3 8	2^2 4	2^1 2	2^0 1
2진 숫자	1	1	0	1	1

10진 표기법에서와 같이 앞에 오는 0은 필요에 따라 쓸 수도 있고 생략할 수도 있다. 예를 들어

$$003_{10} = 3_{10} = 1 \cdot 2^1 + 1 \cdot 2^0 = 11_2 = 011_2$$

이다.

예제 2.5.1 **1부터 9까지 정수의 2진 표기법**

1부터 9까지의 정수의 2진 표기를 유도하라.

풀이

$$\begin{aligned}
1_{10} &= & 1 \cdot 2^0 &= 1_2 \\
2_{10} &= & 1 \cdot 2^1 + 0 \cdot 2^0 &= 10_2 \\
3_{10} &= & 1 \cdot 2^1 + 1 \cdot 2^0 &= 11_2 \\
4_{10} &= & 1 \cdot 2^2 + 0 \cdot 2^1 + 0 \cdot 2^0 &= 100_2 \\
5_{10} &= & 1 \cdot 2^2 + 0 \cdot 2^1 + 1 \cdot 2^0 &= 101_2 \\
6_{10} &= & 1 \cdot 2^2 + 1 \cdot 2^1 + 0 \cdot 2^0 &= 110_2 \\
7_{10} &= & 1 \cdot 2^2 + 1 \cdot 2^1 + 1 \cdot 2^0 &= 111_2 \\
8_{10} &= & 1 \cdot 2^3 + 0 \cdot 2^2 + 0 \cdot 2^1 + 0 \cdot 2^0 &= 1000_2 \\
9_{10} &= & 1 \cdot 2^3 + 0 \cdot 2^2 + 0 \cdot 2^1 + 1 \cdot 2^0 &= 1001_2
\end{aligned}$$

■

2의 거듭제곱 일람표는 2진 표기를 10진 표기로, 10진 표기를 2진 표기로 변환하는 데 유용하게 사용할 수 있다.

표 2.5.1 2의 거듭제곱

2의 거듭제곱	2^{10}	2^9	2^8	2^7	2^6	2^5	2^4	2^3	2^2	2^1	2^0
10진수	1024	512	256	128	64	32	16	8	4	2	1

예제 2.5.2 **2 진수를 10 진수로 변환**

110101_2를 10진 표기법으로 나타내라.

풀이

$$\begin{aligned}110101_2 &= 1\cdot 2^5 + 1\cdot 2^4 + 0\cdot 2^3 + 1\cdot 2^2 + 0\cdot 2^1 + 1\cdot 2^0\\ &= 32 + 16 + 4 + 1\\ &= 53_{10}\end{aligned}$$

또는 아래의 도해를 사용할 수 있다.

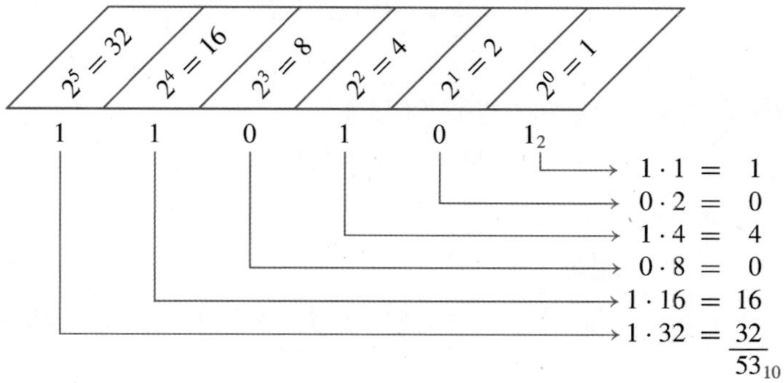

■

예제 2.5.3 **10 진수를 2 진수로 변환**

209를 2진 표기법으로 나타내라.

풀이

209를 2의 거듭제곱의 합으로 나타내기 위해 표 2.5.1을 사용한다. 209보다 작은 2의 거듭제곱 중 가장 큰 거듭제곱부터 시작해서 작은 거듭제곱으로 내려간다.

209는 128과 256 사이에 있으므로 209보다 작은 2의 거듭제곱 중 가장 큰 2의 거듭제곱은 128이다. 따라서

$$209_{10} = 128 + \text{더 작은 수}$$

이다. 209−128=81이고 81은 64와 128 사이에 있으므로 81보다 작으면서 가장 큰 2의 거듭제곱은 64이다. 따라서

$$209_{10} = 128 + 64 + \text{더 작은 수}$$

이다. 이런 식으로 계속하면 다음과 같이 된다.

$$\begin{aligned}209_{10} &= 128 + 64 + 16 + 1\\ &= 1\cdot 2^7 + 1\cdot 2^6 + 0\cdot 2^5 + 1\cdot 2^4 + 0\cdot 2^3 + 0\cdot 2^2 + 0\cdot 2^1 + 1\cdot 2^0\end{aligned}$$

합에 나타나는 2의 거듭제곱에 대하여 2진수로 나타낼 때에는 대응하는 자리가 1이 되고, 합에 나타나지 않는 2의 거듭제곱에 대하여 2진수에서는 대응하는 자리가 0이 된다. 따라서 다음과 같이 쓴다.

$$209_{10} = 11010001_2$$ ■

10진수를 2진 표기법으로 나타내는 또 다른 방법은 4.1절에서 논의한다.

주의! 10_2를 '십'으로 읽지 말라. 이것은 2라는 수이다. 10_2를 '2진수 일 영'으로 읽어라.

2진수의 덧셈 및 뺄셈

2진법에서의 계산 방법은 10진법의 계산 방법과 동일하다. 2진 계산 방법에서 숫자 2(2진 표기법으로는 10_2)는 10진 계산 방법에서의 숫자 10과 동일한 역할을 한다.

예제 2.5.4 **2진 표기법에서의 덧셈**

2진 표기법을 사용하여 1101_2와 111_2를 더하라.

풀이

$2_{10}=10_2$, $1_{10}=1_2$이므로 $1_{10} + 1_{10}=2_{10}$을 2진 표기법으로 바꾸면

$$\begin{array}{r} 1_2 \\ +\ 1_2 \\ \hline 10_2 \end{array}$$

이다. 2진 표기법을 사용할 때 두 개의 1을 더하면 자리올림이 이루어진다. 1을 3개 더하는 경우에도 $3_{10}=11_2$(2진수 일 일)이므로 자리올림이 이루어진다.

$$\begin{array}{r} 1_2 \\ +\ 1_2 \\ +\ 1_2 \\ \hline 11_2 \end{array}$$

따라서 다음과 같이 덧셈이 이루어진다.

$$\begin{array}{rccccc} & & 1 & 1 & 1 & \\ & & 1 & 1 & 0 & 1_2 \\ + & & & 1 & 1 & 1_2 \\ \hline & 1 & 0 & 1 & 0 & 0_2 \end{array}$$ ← 자리올림 행 ■

예제 2.5.5 **2진 표기법에서의 뺄셈**

2진 표기법을 사용하여 11000_2에서 1011_2를 빼라.

풀이

10진수 뺄셈에서, 열의 윗자리로부터 꾸어 올 때 $10_{10}-1_{10}=9_{10}$인 사실을 이용한다. 예를

들어 다음을 생각해 보자.

$$\begin{array}{rrrrl} & 9 & 9 & & \\ & 1 & 1 & & \leftarrow \text{빌림 행} \\ 1 & 0 & 0 & 0_{10} & \\ - & & 5 & 8_{10} & \\ \hline & 9 & 4 & 2_{10} & \end{array}$$

2진수 뺄셈에서도 하나 이상의 열의 윗자리로부터 꾸어 오는 것이 필요하다. 10_2에서 1_2를 꾸어 오면 남는 것은 1_2이다.

$$\begin{array}{r} 10_2 \\ -\ 1_2 \\ \hline 1_2 \end{array}$$

따라서 뺄셈은 다음과 같이 한다.

$$\begin{array}{rrrrrl} & & 0 & 1 & 1 & \\ & & 1 & 1 & 1 & \leftarrow \text{빌림 행} \\ 1 & 1 & 0 & 0 & 0_2 & \\ - & 1 & 0 & 1 & 1_2 & \\ \hline & 1 & 1 & 0 & 1_2 & \end{array}$$

■

덧셈회로

두 개의 2진 숫자 P와 Q의 합을 구하는 회로의 설계 방법을 생각해 보자. P와 Q는 0이거나 1이다. 다음과 같은 사실을 알 수 있다.

$$\begin{aligned} 1_2 + 1_2 & = 10_2 \\ 1_2 + 0_2 &= 1_2 = 01_2 \\ 0_2 + 1_2 &= 1_2 = 01_2 \\ 0_2 + 0_2 &= 0_2 = 00_2 \end{aligned}$$

설계할 회로는 두 개의 출력을 가져야 하는데, 하나는 왼쪽 2진 숫자[**올림수**(carry)], 또 하나는 오른쪽 2진 숫자[**합**(sum)]이다. P와 Q가 둘 다 1이면 올림수 출력이 1이고 그 외는 0이다. 올림수(carry)는 부울식 $P \wedge Q$에 대응하는 AND 게이트를 사용해서 얻을 수 있다. P와 Q 중 하나만 1이면 합(sum)은 1이다. 합은 배타적 or를 위한 부울식 $(P \vee Q) \wedge \sim(P \wedge Q)$에 대응하는 회로로부터 얻을 수 있다[예제 2.4.3(a) 참조]. 따라서 두 개의 2진수를 더하는 회로는 그림 2.5.1과 같이 생성할 수 있다. 이 회로를 **반가산기**(half-adder)라 한다.

한 자리 수 이상의 2진수 덧셈을 하는 회로의 설계 방법을 생각해 보자. 두 개의 2진수 덧셈에서는 왼쪽 열로 올림수가 발생하기 때문에 어느 시점에 3개의 2진수를 더하는 것이 필요해진다. 다음 예를 보면 오른쪽 열의 덧셈은 두 개의 2진수 덧셈이고, 왼쪽 열의 덧

반가산기

회로

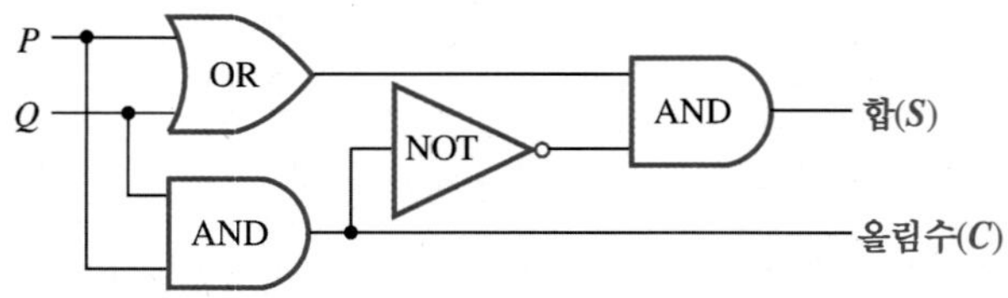

입출력 테이블

P	Q	올림수(C)	합(S)
1	1	1	0
1	0	0	1
0	1	0	1
0	0	0	0

그림 2.5.1 P와 Q가 2진수일 때 $P+Q$를 구하는 회로

셈은 올림수 때문에 3개의 2진수 덧셈이다.

$$\begin{array}{rrrl} & & 1 & \leftarrow \text{자리올림 행} \\ & & 1 & 1_2 \\ + & & 1 & 1_2 \\ \hline & 1 & 1 & 0_2 \end{array}$$

따라서 여러 자리의 2진수 덧셈을 하는 회로를 구성하기 위해서는 3개의 2진수 덧셈을 하는 회로를 짜 넣는 것이 필요하다. 이러한 회로를 **전가산기**(full-adder)라 한다. 3개의 2진수 P, Q, R에 대하여 올림수(또는 가장 왼쪽의 숫자) C와 합(또는 가장 오른쪽 숫자) S를 구하는 일반적인 덧셈을 생각해 보자.

$$\begin{array}{rr} & P \\ + & Q \\ + & R \\ \hline & CS \end{array}$$

전가산기의 연산은, 덧셈이 한 번에 단 2개의 숫자의 합을 구하는 이항 연산이라는 사실에 바탕을 두고 있다. 따라서 처음에 P를 Q에 더하고 결과 값을 R에 더한다. 예를 들어 다음 덧셈을 생각해 보자.

$$\begin{array}{rr} & 1_2 \\ + & 0_2 \\ + & 1_2 \\ \hline & 10_2 \end{array} \quad 1_2 + 0_2 = 01_2, \quad 01_2 + 1_2:\ 1_2 + 1_2 = 10_2$$

여기에서 설명한 과정을 반가산기 회로를 사용하는 단계로 분해할 수 있다.

단계 1: 반가산기를 사용하여 P와 Q를 더해 두 자리의 2진수를 얻는다.

$$\begin{array}{rr} & P \\ + & Q \\ \hline & C_1S_1 \end{array}$$

단계 2: R을 P와 Q의 합 C_1S_1에 더한다.

$$\begin{array}{r} C_1S_1 \\ +\quad R \\ \hline \end{array}$$

이렇게 하기 위해 다음 과정을 거친다.

단계 2a: 반가산기를 사용해서 R을 S_1에 더해 두 자리 수 C_2S를 얻는다.

$$\begin{array}{r} S_1 \\ +\quad R \\ \hline C_2S \end{array}$$

그러면 S는 전체 P, Q, R의 합의 가장 오른쪽 숫자이다.

단계 2b: 전체 합의 가장 왼쪽 숫자 C를 다음과 같이 결정한다: 우선 C_1과 C_2 둘 다 1이 되는 것은 불가능하다는 것을 주목하자. 만일 $C_1=1$이면 P와 Q는 모두 1이고 $S_1=0$이다. 결과적으로 S_1과 R의 합은 $C_2=0$인 2진수 C_2S이다. 다음 P와 Q의 합이 자리올림을 하거나 S_1($P+Q$의 오른쪽 수)과 R의 합이 자리올림을 할 때 C는 1이 된다. 다른 말로 하면 C는 $C_1=1$ 또는 $C_2=1$일 때에만 1이 된다. 그림 2.5.2는 3개의 2진수를 더하는 회로이다.

전가산기

회로

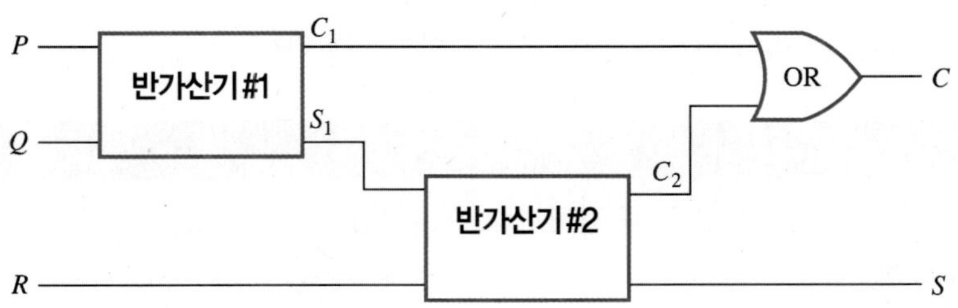

입출력 테이블

P	Q	R	C	S
1	1	1	1	1
1	1	0	1	0
1	0	1	1	0
1	0	0	0	1
0	1	1	1	0
0	1	0	0	1
0	0	1	0	1
0	0	0	0	0

그림 2.5.2 P, Q, R이 2진수일 때 $P+Q+R$ 연산을 하는 회로

2개의 세 자리 2진수 PQR과 STU를 더해 합 $WXYZ$를 얻는 회로를 구축하기 위해서는 2개의 전가산기와 1개의 반가산기를 사용한다. 이 내용을 그림 2.5.3에 나타내었다. 이러한 회로를 **병렬 가산기**(parallel adder)라고 한다. 병렬 가산기는 유한한 길이의 2진수를 더하기 위해 만들어진다.

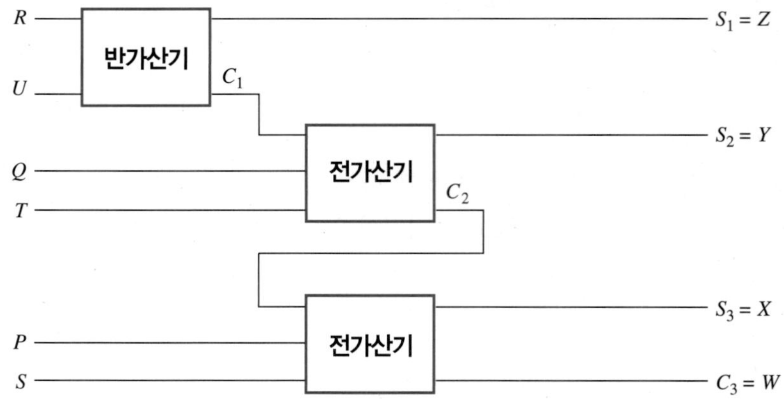

그림 1.5.3 *PQR*과 *STU*의 합 *WXYZ*를 구하는 병렬 가산기

2의 보수와 음수 표현

컴퓨터에 정수를 나타낼 때는 통상적으로 정해진 수의 비트를 사용하는데, 이 비트들을 통해서 양의 정수, 0만이 아니라 음의 정수도 나타낼 수 있어야 한다. 때때로 가장 왼쪽의 비트가 부호 비트로 사용되고 나머지 비트에 2진 표기법으로 나타내고자 하는 수의 절대값을 표현한다. 이 방법의 문제점은 숫자들의 합을 구하는 과정이 약간 복잡하고 0을 나타내는 방법이 유일하지 않다는 것이다. 보다 일반적인 2의 보수(two's complement) 사용 방법에서는 정수들의 합을 보다 쉽게 구할 수 있고 0을 표시하는 방법도 유일하다. 고정된 비트 길이에 대한 정수의 2의 보수는 아래와 같이 정의한다.

• 정의

양의 정수 a가 주어져 있을 때 **길이 n으로 고정된 비트에 대한 a의 2의 보수**는 2^n-a의 2진 표현이다.

실제로는 비트의 길이 16과 32가 가장 많이 쓰인다. 그러나 원리는 모든 길이의 비트에 대해 동일하므로 간략하게 하기 위해 8비트를 사용한다. 예를 들어

$$(2^8 - 27)_{10} = (256 - 27)_{10} = 229_{10} = (128 + 64 + 32 + 4 + 1)_{10} = 11100101_2$$

이므로 27의 8비트 2의 보수는 11100101_2이다.

이 정의를 그대로 사용하는 것보다 계산이 간단한 2의 보수 계산 방법이 있다. 8비트 표현에서 이 방법은 다음 세 가지 사실에 기초를 둔다.

> 1. $2^8-a=[(2^8-1)-a]+1$
> 2. 2^8-1의 2진 표현은 11111111_2
> 3. 11111111_2에서 8비트 2진수 a를 빼는 것은 a의 모든 0을 1로, 모든 1을 0으로 바꿔 주면 된다.[결과로 얻어진 것을 주어진 수의 **1의 보수**(one's complement)라 한다.]

예를 들어 $a=27$일 때 (2)와 (3)에 의해

$$\begin{array}{rl} & \boxed{1}\boxed{1}\boxed{1}\boxed{1}\boxed{1}\boxed{1}\boxed{1}\boxed{1} \quad 2^8-1 \\ - & \boxed{0}\boxed{0}\boxed{0}\boxed{1}\boxed{1}\boxed{0}\boxed{1}\boxed{1} \quad 27 \\ \hline & \boxed{1}\boxed{1}\boxed{1}\boxed{0}\boxed{0}\boxed{1}\boxed{0}\boxed{0} \quad (2^8-1)-27 \end{array} \tag{2.5.1}$$

(0과 1이 치환됨)

이고, 따라서 $(2^8-1)-27$의 2진 표현은 11100100_2이다. $a=27$이고 (1)에 의해 $2^8-27=[(2^8-1)-27]+1$이다. 식 (2.5.1)에 1을 더하면 2^8-27의 8비트 2진 표현을 얻게 되고 이것이 27의 8비트 2의 보수이다.

$$\begin{array}{rl} & \boxed{1}\boxed{1}\boxed{1}\boxed{0}\boxed{0}\boxed{1}\boxed{0}\boxed{0} \quad (2^8-1)-27 \\ + & \boxed{0}\boxed{0}\boxed{0}\boxed{0}\boxed{0}\boxed{0}\boxed{0}\boxed{1} \quad 1 \\ \hline & \boxed{1}\boxed{1}\boxed{1}\boxed{0}\boxed{0}\boxed{1}\boxed{0}\boxed{1} \quad 2^8-27 \end{array}$$

> 255보다 작은 양의 정수 a의 8비트 2의 보수를 구하기 위해서
> · a를 8비트 2진 표현으로 나타낸다.
> · 비트를 뒤집는다(모든 1을 0으로, 모든 0을 1로 치환한다).
> · 2진 표기에서 1을 더한다.

예제 2.5.6 **2의 보수 구하기**

19의 8비트 2의 보수를 구하라.

풀이

19를 8비트 2진 표현으로 나타낸다. 모든 0을 1로, 모든 1을 0으로 치환하고 1을 더한다.

$$19_{10}=(16+2+1)_{10}=00010011_2 \xrightarrow{\text{비트 치환}} 11101100 \xrightarrow{\text{1을 더함}} 11101101$$

이 결과를 확인하기 위해

$$11101101_2 = (128 + 64 + 32 + 8 + 4 + 1)_{10} = 237_{10} = (256 - 19)_{10} = (2^8 - 19)_{10}$$

을 생각해 보면 이것은 19의 2의 보수이다. ■

$$2^8 - (2^8 - a) = a$$

이기 때문에 숫자 a의 2의 보수의 2의 보수는 그 수 자신이다.

> 어떤 정수의 8비트 2의 보수가 주어졌을 때 정수의 10진 표현을 구하기 위해서는
> · 주어진 2의 보수의 2의 보수를 구한다.
> · 결과와 동치인 10진수를 구한다.

예제 2.5.7 **어떤 정수의 2의 보수가 주어졌을 때 정수 구하기**

2의 보수가 10101001_2인 정수의 10진 표현을 구하라.

풀이

$$10101001_2 \xrightarrow{\text{비트 치환}} 01010110_2 \xrightarrow{\text{1을 더함}} 01010111_2 = (64 + 16 + 4 + 2 + 1)_{10} = 87_{10}$$

결과를 확인하기 위해

$$10101001_2 = (128 + 32 + 8 + 1)_{10} = 169_{10} = (256 - 87)_{10} = (2^8 - 87)_{10}$$

임을 살펴보면 이것은 87의 2의 보수이다. ■

정수의 8비트 표현

$1 \le n \le 128$을 만족시키는 정수 n의 2의 보수를 생각해 보자. 그러면

$$-1 \ge -n \ge -128 \qquad \text{-1을 곱하면 부등호의 방향이 바뀌므로}$$

이고

$$2^8 - 1 \ge 2^8 - n \ge 2^8 - 128 \qquad \text{부등식의 모든 항에 } 2^8\text{을 더함}$$

이다. 그러나 $2^8 - 128 = 256 - 128 = 128 = 2^7$이다. 따라서

$$2^7 \le n\text{의 2의 보수의 10진 형태} < 2^8$$

이다. 그러므로 1과 128 사이의 정수에 대한 8비트 2의 보수는 제일 앞의 비트가 1이 된다. 또한 0과 127 사이의 정수를 8비트로 표현하면 제일 앞의 비트는 0이다. 따라서 8비트를 이용하면 음이 아닌 정수와 음의 정수를 다 표현할 수 있다. 일반적인 8비트 2진 표기법을 사용하여 127까지의 음이 아닌 정수와, −1부터 −128까지 음의 정수를 이 수들의 절대값의 2의 보수를 이용하여 나타낼 수 있다. 즉, −128과 127 사이의 임의의 정수 a를 다 나타낼 수 있다.

a의 8비트 표현

$$= \begin{cases} a\text{의 8비트 2진 표현 } (a \geq 0\text{일 때}) \\ 2^8 - |a|\text{의 8비트 2진 표현 } (a < 0\text{일 때}) \end{cases}$$

각 정수에 대한 8비트 표현을 표 2.5.2에 나타내었다.

표 2.5.2

정수	8비트 표현(음수가 아닌 경우 일반적인 8비트 2진 표기, 음수인 경우 절대값의 8비트 2의 보수)	음의 정수의 2의 보수에 대한 10진 형태
127	01111111	
126	01111110	
⋮	⋮	
2	00000010	
1	00000001	
0	00000000	
−1	11111111	$2^8 - 1$
−2	11111110	$2^8 - 2$
−3	11111101	$2^8 - 3$
⋮	⋮	⋮
−127	10000001	$2^8 - 127$
−128	10000000	$2^8 - 128$

음수의 덧셈

여기에서는 덧셈회로에서 2의 보수가 어떻게 뺄셈을 가능하게 하는지 설명한다. 72−54를 계산한다고 하자. 우선 이것은 72+(−54)와 같은 것이고, 72와 −54의 2진 표현은 각각 01001000과 11001010이다. 두 수의 8비트 2진 표현에서 덧셈을 하면

$$\begin{array}{r} 0\ 1\ 0\ 0\ 1\ 0\ 0\ 0 \\ +\quad 1\ 1\ 0\ 0\ 1\ 0\ 1\ 0 \\ \hline 1\ 0\ 0\ 0\ 1\ 0\ 0\ 1\ 0 \end{array}$$

이다. 제일 앞의 1을 잘라 버리면 00010010을 얻게 된다. 이것은 18의 8비트 2진 표현이고 정답이 된다.

아래에서는 −128과 127 사이의 임의의 정수 두 개를 더하기 위해 지금 설명한 방법을 어떻게 사용하는지 보여 준다. 이 방법은 −2,000,000과 2,000,000 사이의 정수를 더하기 위해 16비트, 32비트 표현으로 쉽게 일반화할 수 있다.

> −128과 127 사이의 정수 두 개의 합이 −128과 127 사이일 때 정수 두 개를 더하기 위해
>
> · 정수 두 개를 8비트 표현으로 바꾼다(음의 정수는 절대값의 2의 보수로 나타낸다).
> · 일반적인 이항연산 더하기로 8비트 표현을 더한다.
> · 제일 앞 2^8자리에서 발생하는 1(오버플로)을 잘라 버린다.
> · 결과를 다시 10진 형태로 바꾼다(제일 앞의 비트가 0인 8비트 정수는 음이 아닌 수, 제일 앞의 비트가 1인 8비트 정수는 음수).

왜 이렇게 하면 정확한 결과를 얻을 수 있는지 알아보기 위해 (1) 두 정수가 음수가 아닐 때, (2) 정수 하나는 음이 아니고 다른 하나는 음수이고 음수의 절대값이 음이 아닌 정수보다 클 때, (3) 정수 하나는 음이 아니고 다른 하나는 음수인데 음수의 절대값이 음이 아닌 정수보다 작거나 같을 때, (4) 두 정수가 음수일 때의 네 가지 경우를 생각해 보자.

정수 두 개가 다 음이 아닌 (1)의 경우: 0과 127 사이의 두 개의 정수를 8비트 표현으로 나타내었다고 하고 합이 또한 0과 127 사이이면, 합의 8비트 표현은 맨 앞의 비트가 0이고 따라서 음수가 아닌 정수로 해석한다. 아래 예에서는 38과 69의 합을 구하면 어떻게 되는지 보여 준다.

	0	0	1	0	0	1	1	0	38
+	0	1	0	0	0	1	0	1	69
	0	1	1	0	1	0	1	1	107

음의 정수와 음이 아닌 정수 (2), (3)의 경우: 구체적으로 설명하기 위해 음이 아닌 정수를 a, 음의 정수를 $-b$라고 하고 a와 $-b$ 둘 다 −128과 127 사이라고 가정하자. 8비트 표현의 a와 $-b$의 합은 $-b$의 8비트 표현이 2^8-b의 2진 표현이므로

$$a+(2^8-b)$$

와 같다.

$|a| < |b|$ 인 (2)의 경우:

$$a + (2^8 - b) = 2^8 - (b - a)$$

이고, 이 숫자의 2진 표현은 $-(b-a)=a+(-b)$의 8비트 표현이다. $2^8-(b-a)$가 2^7과 2^8 사이인지 조사해 보아야 한다.

$$2^7=2^8-2^7 \le 2^8-(b-a) < 2^8 \qquad 0 < b-a < 128=2^7 \text{이기 때문에}$$

따라서 $|a| < |b|$인 경우, a와 $-b$의 8비트 표현끼리의 덧셈은 $a+(-b)$의 8비트 표현을 구해 준다.

예제 2.5.8 **$0 \le a < b \le 128$인 경우 $a+(-b)$의 계산**

8비트 표현을 사용하여 $39+(-89)$를 계산하라.

풀이

단계 1: 정수 두 개의 10진수 표현을 8비트 표현으로 바꾼다.

$39_{10}=(32+4+2+1)_{10}=100111_2$이므로 39의 8비트 표현은 00100111이다.

-89의 8비트 표현은 89의 2의 보수이다. 이것은 다음과 같이 얻을 수 있다.

$$89_{10} = (64+16+8+1)_{10} = 01011001_2 \xrightarrow{\text{비트 치환}} 10100110 \xrightarrow{\text{1을 더함}} 10100111$$

따라서 -89의 8비트 표현은 10100111이다.

단계 2: 2진 표기 방법으로 8비트 표현들을 더하고 2^8자리가 1이면 1을 잘라 버린다.

```
  | 0 | 0 | 1 | 0 | 0 | 1 | 1 | 1 |
+
  | 1 | 0 | 1 | 0 | 0 | 1 | 1 | 1 |
-----------------------------------
  | 1 | 1 | 0 | 0 | 1 | 1 | 1 | 0 |
```

2^8자리에 잘라 버릴 1이 없음

단계 3: 결과에 대한 10진수를 구한다. 제일 앞의 비트가 1이므로 이 수는 음수의 8비트 표현이다.

$$11001110 \xrightarrow{\text{비트 치환}} 00110001 \xrightarrow{\text{1을 더함}} 00110010 \leftrightarrow -(32+16+2)_{10} = -50_{10}$$

$39-89=-50$이므로 정확한 답을 얻었다. ■

$|a| \ge |b|$ 인 (3)의 경우:

$$a+(2^8-b)=2^8+(a-b)$$

이고

$$2^8 \le 2^8+(a-b) < 2^8+2^7 \qquad 0 \le a-b < a < 128=2^7 \text{이기 때문에}$$

이다. 따라서 $a+(2^8-b)=2^8+(a-b)$의 2진 표현은 9번째(2^8 위치) 자리에서 1을 가진다. 2^8 위치의 1은 8비트 정수 형태에 맞지 않으므로 '오버플로'라고 한다. $2^8+(a-b)$에서 2^8을 빼는 것은 2진 표현의 2^8자리의 1을 잘라 버리는 것과 같다. 그러나

$$[a+(2^8-b)]-2^8=2^8+(a-b)-2^8=a-b=a+(-b)$$

이다. 따라서 $|a| \ge |b|$의 경우, a와 $-b$의 8비트 표현끼리 더하고 제일 앞의 1(발생하는 것이 확실)을 잘라 버리면 $a+(-b)$의 8비트 표현이 된다.

예제 2.5.9 **$1 \le b \le a \le 127$ 인 경우 $a+(-b)$의 계산**

8비트 표현을 사용하여 39+(−25)를 계산하라.

풀이

단계 1: −25를 나타내기 위해 2의 보수를 사용해서 10진수를 8비트 표현으로 바꾼다.

예제 2.5.8과 같이 39의 8비트 표현은 00100111이다. −25의 8비트 표현은 25의 2의 보수이고 다음과 같이 얻는다.

$$25_{10}=(16+8+1)_{10}=00011001_2 \xrightarrow{\text{비트 치환}} 11100110 \xrightarrow{\text{1을 더함}} 11100111$$

−25의 8비트 표현은 11100111이다.

단계 2: 2진 표기 방법으로 8비트 표현들을 더하고 2^8자리가 1이면 1을 잘라 버린다.

		0	0	1	0	0	1	1	1
+		1	1	1	0	0	1	1	1
잘라 버림 →	1	0	0	0	0	1	1	1	0

단계 3: 결과에 대한 10진수를 구한다.

$$00001110_2=(8+4+2)_{10}=14_{10}$$

39−25=14이므로 정확한 답을 얻었다. ■

정수 두 개가 다 음인 (4)의 경우: -1과 -128 사이의 음수 두 개의 합도 이 범위에 있을 때 음수 두 개를 합하는 경우이다. a, b와 $a+b$가 1과 128 사이의 정수일 때 $(-a)+(-b)$를 생각해 보자. 이 경우 $-a$와 $-b$의 8비트 표현은 2^8-a와 2^8-b의 8비트 표현이다. $-a$와 $-b$의 8비트 표현을 더하면 결과는

$$(2^8-a)+(2^8-b)=[2^8-(a+b)]+2^8$$

이다. 2진수의 9번째(2^8 위치) 자리의 1을 잘라 버리는 것은 2^8을 빼는 것과 같다는 것을 상기하자. $(2^8-a)+(2^8-b)$의 8비트 표현에서 제일 앞의 1을 잘라 버리면 결과는 $2^8-(a+b)$이고 이것은 $-(a+b)=(-a)+(-b)$의 8비트 표현이다.

예제 2.5.10 **$1 \le a, b \le 128$, $1 \le a+b \le 128$인 경우 $(-a)+(-b)$의 계산**

8비트 표현을 사용하여 $(-89)+(-25)$를 계산하라.

풀이

단계 1: -89와 -25를 나타내기 위해 2의 보수를 사용해서 10진수를 8비트 표현으로 바꾼다.

-89와 -25의 8비트 표현은 예제 1.5.8과 1.5.9에서 보인 것과 같이 각각 10100111과 11100111이다.

단계 2: 2진 표기 방법으로 8비트 표현들을 더하고 2^8자리가 1이면 잘라 버린다.

```
              1 0 1 0 0 1 1 1
 +
              1 1 1 0 0 1 1 1
 ------------------------------
잘라 버림 → 1 1 0 0 0 1 1 1 0
```

단계 3: 결과에 대한 10진수를 구한다. 제일 앞의 비트가 1이므로 이 수는 음수에 대한 8비트 표현이다.

$$10001110 \xrightarrow{\text{비트 치환}} 01110001 \xrightarrow{\text{1을 더함}} 01110010_2$$
$$\leftrightarrow -(64+32+16+2)_{10} = -114_{10}$$

$(-89)+(-25)=-114$이므로 정확한 답을 얻었다. ■

16진 표기법

2진 표기로 나타낸 수는 10진 표기의 수보다 많은 공간을 차지한다는 것을 쉽게 알 수 있다. 컴퓨터 연산에서는 2진수를 사용하여 분석하는 것이 여러 측면에서 좋다. **16진 표기법**(hexadecimal notation)은 10진 표기법보다 더욱 간결하고, 16진 표기와 2진 표기를 서

로 바꾸는 것이 2진 표기와 10진 표기를 서로 바꾸는 것보다 훨씬 쉽다. 16진(hexadecimal)은 '6'을 뜻하는 그리스어 hex-와 '10'을 뜻하는 라틴어 deci-로부터 온 것이고, 16진 표기법은 **기수 16 표기법**(base 16 notation)이라고도 한다. 16진 표기법은 n이 음이 아닌 정수이고 d가 0부터 15까지의 정수일 때 임의의 정수는

$$d \cdot 16^n$$

형태의 합으로 유일하게 나타낼 수 있다는 사실에 바탕을 두고 있다. 애매하지 않게 하기 위해 16진 숫자를 하나의 기호로 나타내어야 한다. 따라서 10에서 15까지의 숫자는 알파벳의 처음 여섯 글자로 나타낸다. 16개의 16진 숫자를 대응하는 10진수 및 또 앞으로 사용하기 위해서 대응하는 4비트 2진수와 함께 표 1.5.3에 나타내었다.

표 2.5.3

10진수	16진수	4비트 2진수
0	0	0000
1	1	0001
2	2	0010
3	3	0011
4	4	0100
5	5	0101
6	6	0110
7	7	0111
8	8	1000
9	9	1001
10	A	1010
11	B	1011
12	C	1100
13	D	1101
14	E	1110
15	F	1111

예제 2.5.11 **16 진수를 10 진 표기로 변환**

$3CF_{16}$을 10진 표기로 변환하라.

풀이

예제 2.5.2에서 소개한 도해와 비슷한 것을 사용할 수 있다.

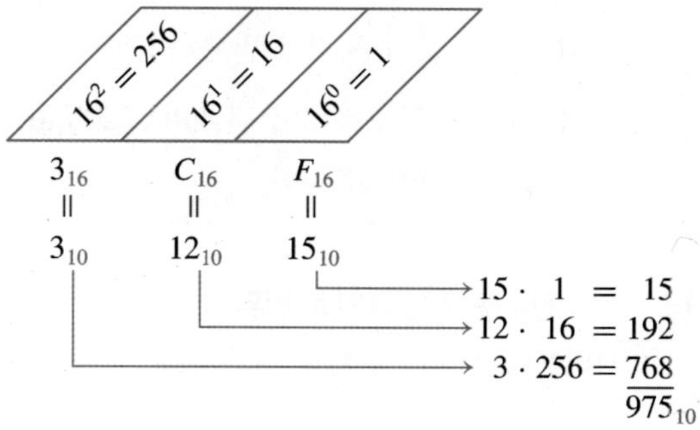

따라서 $3CF_{16}=975_{10}$이다. ■

16진수를 어떻게 2진 표현으로 바꿀 수 있는지 생각해 보자. 아래 예에서 수들을 2의 거듭제곱을 사용하여 다시 쓰고 지수법칙을 적용한다. 이러한 결과를 얻는 과정을 일반화할 수 있다.

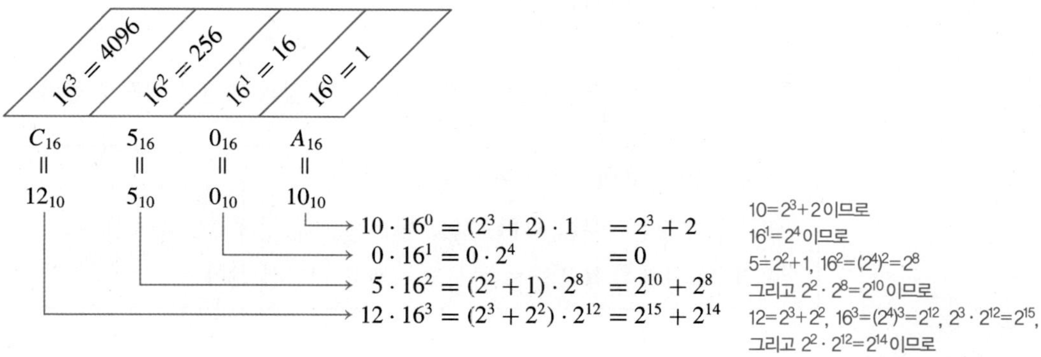

그러나

$$
\begin{aligned}
&(2^{15} + 2^{14}) + (2^{10} + 2^8) + 0 + (2^3 + 2) \\
&\quad = 1100\,0000\,0000\,0000_2 + 0101\,0000\,0000_2 \qquad \text{2진수 쓰는 규칙에 의해} \\
&\qquad + 0000\,0000_2 + 1010_2
\end{aligned}
$$

이다. 따라서

$$
C50A_{16} = \underbrace{1100}_{C_{16}}\ \underbrace{0101}_{5_{16}}\ \underbrace{0000}_{0_{16}}\ \underbrace{1010_2}_{A_{16}} \qquad \text{2진수 덧셈 규칙에 의해}
$$

이다.

이 예에서 사용한 과정을 일반화할 수 있다. 다음 단계들을 거치면 항상 정답을 얻을 수 있다.

> 16진수를 2진 표기로 변환하기 위하여
> · 16진수 정수를 고정된 4비트 2진 표기로 나타낸다.
> · 결과를 이어서 쓴다.

예제 2.5.12 **16 진수를 2 진 표기로 변환**

$B09F_{16}$을 2진 표기로 변환하라.

풀이

$B_{16}=11_{10}=1101_2$, $0_{16}=0_{10}=0000_2$, $9_{16}=9_{10}=1001_2$, $F_{16}=15_{10}=1111_2$이다. 따라서

$$\begin{array}{cccc} B & 0 & 9 & F \\ \updownarrow & \updownarrow & \updownarrow & \updownarrow \\ 1011 & 0000 & 1001 & 1111 \end{array}$$

답은 1011000010011111_2이다. ■

2진 표기로 쓴 정수를 16진 표기로 바꾸려면 앞의 과정을 거꾸로 한다.

> 2진수를 16진 표현으로 변환하기 위하여
> · 2진수의 오른쪽부터 4개씩 묶고 필요한 경우 앞에 0을 추가한다.
> · 2진수를 4개씩 16진수로 바꾸고 결과를 이어서 쓴다.

예제 2.5.13 **2 진수를 16 진 표기로 변환**

100110110101001_2를 16진 표기로 변환하라.

풀이

우선 2진수를 4개씩 오른쪽부터 왼쪽으로 묶고 필요하면 앞에 0을 추가한다.

$$0100\ 1101\ 1010\ 1001$$

2진수를 4개씩 16진수로 바꾼다.

$$\begin{array}{cccc} 0100 & 1101 & 1010 & 1001 \\ \updownarrow & \updownarrow & \updownarrow & \updownarrow \\ 4 & D & A & 9 \end{array}$$

16진수를 이어서 쓴다.

$$4DA9_{16}$$

■

예제 2.5.14 메모리 덤프 읽기

대부분의 컴퓨터에서 주소를 붙일 수 있는 가장 작은 메모리 단위는 8비트, 즉, 1바이트이다. 디버깅을 할 때 메모리 위치의 내용을 순서대로 표시하거나 프린트를 할 경우가 있다. 공간을 절약하고 읽기 쉽게 하기 위해 메모리 내용을 2진수보다는 16진수 형태로 나타낸다. 예를 들어 메모리 내용이

A3 BB 59 2E

와 같다고 하자. 메모리의 실제 내용은 어떤 것인가?

풀이

$$A3_{16} = 10100011_2$$
$$BB_{16} = 10111011_2$$
$$59_{16} = 01011001_2$$
$$2E_{16} = 00101110_2$$

■

자 | 기 | 진 | 단

1. 음수가 아닌 정수를 2진 표기법으로 표현하는 것은 _______(단, _______) 형태의 곱들의 합으로 나타내는 것을 뜻한다.
2. 2진 표기법을 사용하여 덧셈을 하기 위해서 $1_2+1_2=$ _______이고 $1_2+1_2+1_2=$ _______이라는 사실을 이용한다.
3. 2진 표기법을 사용하여 뺄셈을 하기 위해서 $10_2-1_2=$ _______이고 $11_2-1_2=$ _______이라는 사실을 이용한다.
4. 반가산기는 _______하는 디지털 논리회로이고 전가산기는 _______하는 디지털 논리회로이다.
5. 양의 정수 a의 8비트 2의 보수는 _______이다.
6. 기껏해야 255인 양의 정수 a의 8비트 2의 보수를 구하기 위하여 _______, _______그리고 _______한다.
7. a가 $-128 \le a \le 127$인 정수일 때, $a \ge 0$이면 a의 8비트 표현은 _______이고 $a < 0$이면 a의 8비트 표현은 _______이다.
8. -128과 127 사이의 정수 두 개의 합이 -128과 127 사이일 때 정수 두 개를 더하기 위해 _______, _______, _______, 그리고 _______.
9. 음이 아닌 정수를 16진 표기법으로 표현하는 것은 _______ (단, _______) 형태의 곱들의 합으로 나타내는 것을 뜻한다.
10. 음이 아닌 정수의 16진수를 2진 표기로 변환하기 위하여 _______그리고 _______.

연 / 습 / 문 / 제 2.5

1, 2번의 10진수를 2진 표기로 나타내라.

1. 19 **2.** 458

3, 4번의 정수를 10진 표기로 나타내라.

3. 1110_2 **4.** 1100101_2

2진 표기를 사용해서 5~8번을 계산하라.

5. $1011_2 + 101_2$

6. $101101_2 + 11101_2$

7. $10100_2 - 1101_2$

8. $101101_2 - 10011_2$

9, 10번의 정수에 대한 8비트 2의 보수를 구하라.

9. 23

10. 4

11, 12번에 8비트 표현으로 주어진 정수의 10진 표현을 구하라.

11. 11010011

12. 11110010

8비트 표현을 사용하여 13~15번의 합을 계산하라.

13. $57+(-118)$

14. $62+(-18)$

15. $(-6)+(-73)$

16. 16진수 정수를 10진 표기로 바꾸어라.

$A2BC_{16}$

17. 16진수 정수를 2진 표기로 바꾸어라.

$1C0ABE_{16}$

18. 2진수 정수를 16진 표기로 바꾸어라.

00101110_2

자 | 기 | 진 | 단 | 해 | 답

1. $d \cdot 2^n$; $d=0$ 또는 $d=1$; n은 음이 아닌 정수 2. 10_2; 11_2 3. 1_2; 10_2 4. 두 2진수의 합을 출력, 3개의 2진수의 합을 출력 5. 2^8-a 6. a를 8비트 2진 표현으로 나타내고; 비트 치환을 하고; 2진 표기법에 1을 더한다 7. a의 8비트 2진 표현; 2^8-a의 8비트 2진 표현 8. 정수 두 개를 8비트 표현으로 바꾸고; 일반적인 이항 연산 더하기로 8비트 표현을 더하고; 제일 앞 2^8자리에서 발생하는 1을 잘라 버리고; 결과를 다시 10진 형태로 바꾼다 9. $d \cdot 16^n$; $d=0, 1, 2, ..., 9, A, B, C, D, E, F$; n은 음이 아닌 정수 10. 16진수를 4비트 2진 표기로 나타낸다; 결과를 이어서 쓴다.

03장 술어 논리

단순 문장들을 논리적 연결자인 ~, ∧, ∨, →, ↔로 연결한 복합 문장의 논리적 분석을 2장에서 다루었다. 그러한 분석은 인간의 추론을 여러 면에서 조명했지만, 그것은 수학적인 상황들이나 일상생활 문제의 타당성(validity)을 결정하는 데 사용될 수 없다. 예를 들어

모든 사람은 죽는다.
소크라테스는 사람이다.
∴ 소크라테스는 죽는다.

라는 논증은 직감적으로 옳다고 인지된다. 그러나 그 타당성은 2.3절에서 간략히 언급한 방법들을 사용해서는 유도될 수 없다. 이런 예들에서 타당성을 결정하기 위해서는, 선언적인 문장들을 주어부와 술어부로 분리하는 것과 마찬가지로, 문장들을 분할할 필요가 있다. 또한 '모든(all)' 혹은 '어떤(some)'과 같은 양(quantity)을 표시하는 단어의 특별한 역할을 잘 이해하고 분석해야 한다. 술어(predicate)와 한정화된(quantified) 문장들의 기호적 분석을 **술어 논리학**(predicate calculus)이라고 부른다. 반면에 2.1~2.3절에서 언급된 일반적인 복합 문장들을 기호적으로 분석하는 것은 **명제 논리학**(propositional calculus, statement calculus)이라고 부른다.

3.1 술어와 한정화 명제 I

2.1절에서 언급한 것처럼 "그는 대학생이다"라는 문장은 '그'의 값이 무엇이냐에 따라 참이 되거나 거짓이 될 수 있으므로, 명제가 아니다. 그와 비슷하게 "$x+y$는 0보다 크다"라는 문장도 변수 x와 y의 값에 따라 그 진리값이 달라지므로, 명제는 아니다.

문법에서 술어는 주어(subject)에 대한 정보를 주는 문장의 부분을 지칭한다. "싸이는 한국 사람이다"라는 문장에서 단어 '싸이'는 주어이며 '한국 사람이다' 구는 술어이다. 술어는 주어를 제거한 문장의 부분이다.

논리에서 술어는 명제에서 일부 혹은 모든 명사들을 제거함으로써 얻을 수 있다. 예를 들어 '한국 사람이다'를 P로 나타내고, '사람이다'를 Q로 나타낸다고 하자. 이때 P와 Q

는 모두 술어 기호(predicate symbol)이다. "x는 한국 사람이다"와 "x는 y 사람이다"를 $P(x)$ 및 $Q(x, y)$로 기호화 할 수 있다. 여기서 x와 y는 적절한 집합 내에 있는 값을 갖는 술어 변수(predicate variable)들이다. 술어 변수에 구체적인 값이 대입되면 하나의 명제가 된다. 간단하게 하기 위해, 적절한 술어 변수를 가진 술어 기호를 술어라고 정의하자. 논리를 다르게 다루는 곳에서는 술어를 **명제함수**(propositional function) 혹은 **열린 문장**(open sentence)이라고도 한다.

> • 정의
>
> **술어**(predicate)는 유한 개의 변수들을 가진 문장이며, 특정 값을 변수에 대입하면 명제가 된다. 술어 변수의 **정의역**(domain)은 그 변수 자리에 대입할 수 있는 모든 값들의 집합이다.

예제 3.1.1 **술어의 진리값 발견하기**

모든 실수 집합인 $\mathbf{R}$을 정의역으로 갖는 술어 "$x^2 > x$"를 $P(x)$라고 하자. $P(2)$, $P(\frac{1}{2})$, $P(-\frac{1}{2})$를 쓰고, 어떤 문장이 참이고 거짓인지 말하라.

풀이

$$P(2)\text{: } 2^2 > 2, \quad \text{or} \quad 4 > 2. \quad \text{True}$$
$$P\left(\tfrac{1}{2}\right)\text{: } \left(\tfrac{1}{2}\right)^2 > \tfrac{1}{2}, \quad \text{or} \quad \tfrac{1}{4} > \tfrac{1}{2}. \quad \text{False}$$
$$P\left(-\tfrac{1}{2}\right)\text{: } \left(-\tfrac{1}{2}\right)^2 > -\tfrac{1}{2}, \quad \text{or} \quad \tfrac{1}{4} > -\tfrac{1}{2}. \quad \text{True}$$

■

한 개의 변수를 갖는 술어의 변수에 해당 정의역의 값을 대입하면, 그 결과명제는 참 혹은 거짓이 된다. 그 술어를 참으로 만드는 원소들의 집합을 그 술어의 진리집합이라고 부른다.

주의! 이 기호를 "$P(x)$가 참이 되는 D의 모든 x의 집합"이라고 읽는다.

> • 정의
>
> 만일 $P(x)$가 술어이고 x의 정의역은 D라면, $P(x)$의 **진리집합**(truth set)은 대입했을 때 $P(x)$를 참으로 만들어 주는 D의 모든 원소들의 집합이다. $P(x)$의 진리집합은
>
> $$\{x \in D \mid P(x)\text{는 참}\}$$
>
> 으로 표시한다.

예제 3.1.2 **술어의 진리집합 찾기**

$Q(n)$을 "n은 8의 약수"라는 술어라 하자. 다음과 같을 때 $Q(n)$의 진리집합을 구하라.

a. n의 정의역이 양의 정수 집합 $\mathbf{Z}^+$인 경우

b. n의 정의역이 정수 집합 $\mathbf{Z}$인 경우

풀이

a. 8을 정확히 나눌 수 있는 양의 정수 집합 {1, 2, 4, 8}이 진리집합이다.

b. 8을 정확히 나눌 수 있는 정수 집합 {1, 2, 4, 8, −1, −2, −4, −8}이 진리집합이다. ■

전칭한정자: ∀

Culver Pictures

Charles Sanders Peirce (1839–1914)

술어를 명제로 바꾸어 주는 확실한 한 가지 방법은 술어의 각 변수들에 특정 값들을 배정하는 것이다. 예를 들어 x가 35라면, 문장 "x는 5로 나누어떨어진다"는 35=5 · 7이므로 참인 명제가 된다. 술어로부터 명제를 만드는 또 다른 방법은 **한정자**(quantifier)들을 추가하는 것이다. 한정자란 'some' 혹은 'all'과 같은 양(量)을 언급하는 단어이다. 한정자에 대한 형식적 개념(formal concept)은 19세기 후반 미국의 철학자이면서 논리학자이고 공학자인 Charles Sanders Peirce에 의해 기호논리에 도입되었으며, 따로 독일의 논리학자 Gottlob Frege에 의해서도 도입되었다.

기호 ∀는 'for all'을 뜻하며 **전칭한정자**(universal quantifier)라고 부른다. 예를 들어 "모든 사람은 죽는다"를

$$\forall \text{ human beings } x,\ x \text{ is mortal}$$

주의! 기호 ∀을 볼 때면 '모든 것에 대해(for all)'라고 생각하라.

로 쓸 수 있으며, 좀 더 형식적으로는 S가 모든 인간의 집합이라면

$$\forall x \in S,\ x \text{ is mortal}$$

로 쓸 수 있다.(기호 ∀를 보게 되면 'for all'을 떠올리자.) 술어 변수의 정의역은 일반적으로 ∀와 변수 이름 사이에 넣거나(∀ human beings x처럼), 변수 이름 바로 다음에 놓는다($\forall x \in S$처럼). 'for all' 대신에 'for every, for arbitrary, for any, for each 및 given any'와 같은 표현도 쓸 수 있다. "∀ real numbers x and y, $x+y=y+x$"와 같은 문장에서 ∀ 기호는 x와 y 둘 다를 지칭한다고 여겨진다.*

Friedrich Schiller, Universitat Jena

Gottlob Frege (1848–1925)

전체적으로 한정된 문장은 다음과 같은 정의에 명기된 진리값들을 줌으로써 명제로 정의된다.

• 정의

$Q(x)$는 술어이고 D는 x의 정의역이라고 하자. **전칭명제**(universal statement)는 "$\forall x \in D, Q(x)$" 형태의 명제이다. 이것은 오직 D의 모든 값에 대해서 $Q(x)$가 참일 경우만 참으로 정의된다. 또한 이것은 D의 적어도 한 값에 대해서 $Q(x)$가 거짓일 경우에는 거짓으로 정의된다. $Q(x)$를 거짓으로 만드는 바로 그 x 값을 전칭명제 $\forall x \in D, Q(x)$에 대한 **반례**(counterexample)라고 부른다.

* 좀 더 형식적인 기호논리표현에서는 각 변수에 해당되는 각각의 ∀를 써야 한다. 즉, $\forall x \in \mathbf{R}(\forall y \in \mathbf{R}(x+y=y+x))$.

예제 3.1.3 **전칭명제의 참과 거짓**

a. $D = \{1, 2, 3, 4, 5\}$이라 하고, 명제

$$\forall x \in D, x^2 \geq x$$

를 고려해 보자. 이 명제가 참임을 보여라.

b. 다음 명제를 고려하자.

$$\forall x \in \mathbf{R}, x^2 \geq x$$

이 명제가 거짓임을 보이는 반례를 찾아라.

풀이

a. D에 있는 각각의 x에 대해 "$x^2 \geq x$"가 참인지를 검사하자.

$$1^2 \geq 1, \qquad 2^2 \geq 2, \qquad 3^2 \geq 3, \qquad 4^2 \geq 4, \qquad 5^2 \geq 5$$

D의 모든 경우에 참이다. 따라서 "$\forall x \in D, x^2 \geq x$"는 참이다.

b. 반례: 실수에 속하는 $x = \frac{1}{2}$을 취하자. 식에 대입하면

$$\left(\frac{1}{2}\right)^2 = \frac{1}{4} \not\geq \frac{1}{2}$$

따라서 "$\forall x \in \mathbf{R}, x^2 \geq x$"은 거짓이다. ■

예제 3.1.3(a)와 같이 전칭명제가 참임을 보이기 위해 사용한 방법을 **전수조사법**(method of exhaustion)이라고 부른다. 이 방법은 정의역에 있는 각각의 원소들에 대해 술어가 참인지를 보이는 방법이다.(검사하느라 사람이 탈진하기 전에 전부 검사하겠다는 아이디어이다.) 이론상 이 방법은 술어 변수의 정의역이 유한할 때 사용될 수 있다. 현대에는 컴퓨터의 성능이 발달하면서 이 방법이 더 유용하게 되었다. 전문가 시스템 혹은 지식기반 시스템은 주어진 많은 질문에 대한 답을 얻기 위해 이 방법을 사용한다. 대부분의 수학적인 집합은 유한하지만 전수조사법은 일반적인(general) 수학적 결과를 유도하는 데는 잘 사용하지 않는다.

존재한정자: ∃

기호 ∃는 'there exists'를 뜻하며, **존재한정자**(existential quantifier)라고 부른다. 예를 들어 문장 "There is a student in Math 140"은

$$\exists \text{ a person } s \text{ such that } s \text{ is a student in Math 140}$$

이라고 쓸 수 있으며, 좀 더 형식적으로 쓰면, S가 모든 사람의 집합일 때

$$\exists s \in S \text{ such that } s \text{ is a student in Math 140}$$

로 쓸 수 있다.(기호 ∃가 보이면 'there exists'를 생각하자.) 술어 변수의 정의역은 일반적으로 ∃와 변수 이름 사이에 넣거나, 변수 이름 바로 다음에 놓는다. 단어 'such that'은 술어 바로 앞에 놓는다. 'there exists' 대신에 'there is a, we can find a, there is at least one, for some 및 for at least one'과 같은 표현도 쓸 수 있다. "∃ integers m and n such that $m+n=m \cdot n$"과 같은 문장에서, 기호 ∃는 m과 n 둘 다를 지칭한다고 여겨진다.*

존재적으로 한정된 문장은 다음과 같은 정의에 명기된 진리값들을 줌으로써 명제로 정의된다.

• 정의

$Q(x)$는 술어이고 D는 x의 정의역이라고 하자. **존재명제**(existential statement)는 "$\exists x \in D$ such that $Q(x)$" 형태의 명제이다. 이것은 오직 D의 최소한 하나의 값에 대해서 $Q(x)$가 참일 경우만 참으로 정의된다. 또한 D의 모든 값에 대해서 $Q(x)$가 거짓일 경우 존재명제 $\exists x \in D$ such that $Q(x)$는 거짓으로 정의된다.

예제 3.1.4 존재명제의 참과 거짓

a. 다음 명제를 고려하자.

$$\exists m \in \mathbf{Z} \text{ such that } m^2 = m$$

이 명제가 참임을 보여라.

b. $E=\{5, 6, 7, 8, 9, 10\}$이라 하고, 명제

$$\exists m \in E \text{ such that } m^2 = m$$

를 고려해 보자. 이 명제가 거짓임을 보여라.

풀이

a. $1^2=1$을 관찰하자. 정수 m의 적어도 한 개에 대해서는 $m^2=m$가 참이다. 따라서 "$\exists m \in \mathbf{Z}$ such that $m^2=m$"은 참이다.

b. E에 있는 어떤 정수에 대해서도 "$m^2=m$"가 참이 아님을 주시하자.

$$5^2 = 25 \neq 5, \qquad 6^2 = 36 \neq 6, \qquad 7^2 = 49 \neq 7, \qquad 8^2 = 64 \neq 8,$$

* 기호논리의 좀 더 형식적인 표현에서는 각 변수에 해당되는 각각의 ∃를 써야 한다. 즉, $\exists m \in \mathbf{Z}(\exists n \in \mathbf{Z}(m+n=m \cdot n))$.

따라서 "$\exists m \in E$ such that $m^2=m$"는 거짓이다. ■

형식 언어와 비형식 언어

새로운 수학적 개념을 이해하려면, 형식적인 언어에서 비형식적인 언어로 번역할 수 있어야 한다. 마찬가지로 복잡한 문제를 생각할 때, 비형식적인 언어를 형식적인 언어로 번역할 수 있는 것도 중요하다.

예제 3.1.5 **형식 언어에서 비형식 언어로의 번역**

다음의 형식 명제들을 같은 의미이지만 비형식적인 다양한 방법으로 다시 작성해 보라. 한정자 $\exists$ 혹은 $\forall$를 사용하지 말라.

a. $\forall x \in \mathbf{R}, x^2 \geq 0$

b. $\forall x \in \mathbf{R}, x^2 \neq -1$

c. $\exists m \in \mathbf{Z}$ such that $m^2=m$

주의! $\forall$를 every, any, each로 번역할 때는 단수명사로 정의역을 표현한다.

풀이

a. 모든 실수들은 음이 아닌 제곱수들을 갖는다.
 각 실수는 음이 아닌 제곱수를 갖는다.
 각 실수 x에 대해, x는 음이 아닌 제곱수를 갖는다.
 어떤 실수의 제곱도 음이 아닌 수이다.

b. 모든 실수는 -1이 아닌 제곱수를 갖는다.
 어떤 실수도 -1과 같은 제곱수를 갖지 않는다.

c. 제곱을 한 값이 자기 값인 숫자가 있다.
 제곱을 한 값이 자기 값인 숫자를 적어도 하나 발견할 수 있다.
 어떤 정수 m에 대해, $m^2=m$이다.
 어떤 정수는 자신의 제곱과 같다. ■

비형식적으로 전칭한정 및 존재한정 명제를 표현하는 다른 방식으로 한정자를 문장의 뒤쪽에 놓는 방법이 있다. 예를 들어 "For any real number x, x^2 is nonnegative" 대신에 "x^2 is nonnegative for any real number x"라고 정의역을 뒤쪽에 놓는(trail) 방법이다.

예제 3.1.6 **뒤에 딸린 한정사**

다음의 명제들을 문장의 뒤쪽에 한정사가 따라오게 다시 써 보라.

a. For any integer n, $2n$ is even.

b. There exists at least one real number x such that $x^2 \leq 0$.

풀이

a. $2n$ is even for any integer n.

b. $x^2 \le 0$ for some real number x.

또는: $x^2 \le 0$ for at least one real number x. ■

예제 3.1.7 **비형식 언어에서 형식 언어로의 번역**

다음의 비형식 명제들을 한정자와 변수들을 이용하여, 형식적으로 다시 작성해 보라.

a. 모든 삼각형은 세 변을 갖는다.

b. 어떤 개도 날개를 갖고 있지 않다.

c. 어떤 프로그램은 구조적이다(some programs are structured).

풀이

a. $\forall$ 삼각형 t, t는 세 변을 갖는다.

$\forall t \in T$, t는 세 변을 갖는다(T는 모든 삼각형들의 집합이다).

b. $\forall$ 개 d, d는 날개를 갖고 있지 않다.

$\forall d \in D$, d는 날개를 갖고 있지 않다(D는 모든 개들의 집합이다).

c. $\exists$ a program p such that p is structured

$\exists p \in P$ such that p is structured(where P is the set of all programs)

(한글로도 작성해 보세요.) ■

전칭조건명제

수학에서 가장 중요한 명제 형태는 **전칭조건명제**(universal conditional statement)라고 할 수 있다.

$$\forall x,\ \text{if } P(x) \text{ then } Q(x)$$

이러한 형태의 명제는 수학에 대해 말하는 것을 배울 때부터 익숙한 기본적인 것이다.

예제 3.1.8 **전칭조건명제를 비형식적으로 쓰기**

다음의 형식 명제들을 비형식적인 다양한 방법으로 다시 작성해 보라. 한정자 혹은 변수를 사용하지 말라.

$$\forall x \in \mathbf{R}, \text{if } x > 2 \text{ then } x^2 > 4$$

풀이

만일 2보다 큰 실수가 있으면, 그것의 제곱은 4보다 크다.

2보다 큰 실수가 있을 경우마다, 그것의 제곱은 4보다 크다.
2보다 큰 어떤 실수의 제곱은 4보다 크다.
2보다 큰 모든 실수의 제곱은 4보다 크다. ■

예제 3.1.9 **전칭조건명제를 형식적으로 쓰기**

다음 명제들을 각각 다음과 같은 형식으로 다시 작성해 보라.

$$\forall \_\_\_\_\_\_, \text{ if } \_\_\_\_\_\_ \text{ then } \_\_\_\_\_\_$$

a. 만일 어떤 실수가 정수라면, 그 숫자는 유리수이다.
b. 모든 바이트(byte)는 8비트(bit)이다.
c. 어떤 소방차도 녹색이 아니다.

풀이

a. ∀ 실수 x, if x가 정수, then x는 유리수이다.
  $\forall x \in \mathbf{R}$, if $x \in \mathbf{Z}$, then $x \in \mathbf{Q}$.
b. $\forall x$, if x가 바이트, then x는 8비트이다.
c. $\forall x$, if x가 소방차, then x는 녹색이 아니다.

전칭조건명제에서 술어 변수의 정의역을 (b)와 (c)처럼 생략하는 것이 보통이다. ■

전칭조건명제의 의미를 잘 생각하면 왜 정의된 if-then 명제의 진리표를 이해해야 하는지 알게 된다. 다시 한 번

$$\forall \text{ real numbers } x, \text{ if } x > 2 \text{ then } x^2 > 4$$

를 생각해 보자. 경험이나 직감으로 볼 때 이 명제는 참이다. 그러나 위 식은

$$\text{If } x > 2 \text{ then } x^2 > 4$$

가 그 모든 실수에 대해 참이라는 의미이다. 결국 가설 "$x > 2$"이 거짓인 x에 대해서도 그 식은 참이다. 예를 들어 다음의 두 식

$$\text{If } 1 > 2 \text{ then } 1^2 > 4 \quad \text{및} \quad \text{If } -3 > 2 \text{ then} (-3)^2 > 4$$

도 참이다. 두 식의 가설 부분은 거짓이지만, 결론 부분 $1^2 > 4$ 은 거짓이고 $(-3)^2 > 4$은 참이다. 따라서 결론 부분이 무엇이든 가설 부분이 거짓이면 if-then 명제는 참이 된다.

타당한 논증(valid argument)의 정의는 다음과 같은 전칭조건명제라는 사실을 주의하라. 성분 명제들에 대한 진리값들의 임의의 결합에 대해 만약 전제들이 모두 참이면 결론 또한 참이다.

전칭명제와 존재명제에 관한 논리적 동치

두 문장 "$\forall$ real number x, if x is an integer, then x is rational"과 "$\forall$ integers x, x is rational"은 같은 의미라는 것을 알아보자. 두 문장 모두 "All integers are rational"이라는 비형식 언어로 번역된다. 사실

$$\forall x \in U, \text{if } P(x) \text{ then } Q(x)$$

는 항상

$$\forall x \in D, Q(x)$$

로 다시 쓸 수 있다. 여기서 정의역 D는 U 정의역에 있는 모든 x 중에서 $P(x)$를 만족시키는 모든 값들로 좁혀 만든다. 반대로

$$\forall x \in D, Q(x)$$

는 항상

$$\forall x, \text{if } x \text{ is in } D \text{ then } Q(x)$$

로 다시 쓸 수 있다.

예제 3.1.10 **전칭명제와 동등한 형태**

"All squares are rectangles" 명제를 "$\forall x$, if ____ then ____" 및 "$\forall$____ x, ____"로 다시 작성해 보라.

풀이

$\forall x$, if x is a square then x is a rectangle

$\forall$ squares x, x is a rectangle ■

여기서 참고할 것은, "$\exists x$ such that $p(x)$ and $Q(x)$"은 "$\exists x \in D$ such that $Q(x)$, 단, D는 $P(x)$를 만족시키는 모든 x"로 바꾸어 쓸 수 있다는 것이다.

예제 3.1.11 **존재명제와 동등한 형태**

소수(prime number)는 1보다 큰 정수로 그 양의 약수(factor)가 자신과 1뿐인 숫자이다. "소수이면서 짝수인 정수가 존재한다"라는 명제를 생각해 보자. Prime(n)은 "n is prime"이고 Even(n)은 "n is even"이라고 하자. 이 명제를 다음의 두 형태로 다시 써 보라.

a. $\exists n$ such that ______ $\wedge$ _____

b. $\exists$_____ n such that ______

풀이

a. $\exists n$ such that Prime(n) $\wedge$ Even(n)

b. $\exists$ a prime number n such that Even(n)

$\exists$ an even number n such that Prime(n) ■

묵시적 한정화

다음 명제를 생각해 보자.

If a number is an interger, then it is a rational number

앞에서 설명하였듯이, 이 문장은 전칭명제와 같다. 그러나 all, every, any, 혹은 each 등의 단어는 포함하지 않고 있다. 전칭한정화를 알려 주는 오직 한 단서는 부정관사 'a'의 존재이다. 이것이 묵시적(implicit) 전칭한정화의 한 예이다.

존재한정화도 묵시적일 수 있다. 예를 들어 명제 "The number 24 can be written as a sum of two even integers"는 "$\exists$ even number m and n such that $24=m+n$" 형식으로 표현될 수 있다.

수학적 기술에는 묵시적으로 한정화된 명제들이 많이 사용된다. 위의 첫 예에서처럼 단어 a 혹은 an을 통해서인 경우도 있고, 문장의 일반적인 문맥이 그 의미를 제공하는 경우도 있다. 예를 들어 문자 x가 항상 실수를 나타내는 대수 과목에서는, 다음의 술어

$$\text{If } x > 2 \text{ then } x^2 > 4$$

는 다음 명제와 똑같은 의미로 해석된다.

$$\forall \text{ real numbers } x, \text{ if } x > 2 \text{ then } x^2 > 4$$

수학자들은 묵시적 한정화를 기호로 나타낼 때 겹화살표($\Rightarrow$)를 사용하기도 한다. 예를 들어 위의 명제는 다음처럼 표현된다.

$$x > 2 \quad \Rightarrow \quad x^2 > 4$$

• **표기법**

$P(x)$와 $Q(x)$는 술어이고, x의 정의역은 D라고 하자. 표기 $\boldsymbol{P(x) \Rightarrow Q(x)}$는 $P(x)$를 참으로 하는 모든 원소들은 $Q(x)$를 참으로 하는 집합에 포함된다는 의미이며, $\forall x, P(x) \rightarrow Q(x)$와 같다. 표기 $\boldsymbol{P(x) \Leftrightarrow Q(x)}$는 $P(x)$와 $Q(x)$는 같은 진리집합을 갖는다는 의미이며, $\forall x, P(x) \leftrightarrow Q(x)$와 같다.

예제 3.1.12 $\Rightarrow$ 와 $\Leftrightarrow$ 의 사용

$Q(n)$은 "n은 8의 약수"
$R(n)$은 "n은 4의 약수"
$S(n)$은 "$n < 5$이고 $n \neq 3$"

이라고 하고, n의 정의역은 양의 정수인 $\mathbf{Z}^+$라고 하자. $Q(n)$, $R(n)$ 및 $S(n)$ 사이의 진리 관계를 $\Rightarrow$와 $\Leftrightarrow$을 사용하여 나타내 보라.

풀이

1. 예제 3.1.2에서 본 것처럼, n의 정의역이 양의 정수인 $\mathbf{Z}^+$라고 하면, $Q(n)$의 진리집합은 $\{1, 2, 4, 8\}$이다. 같은 추론으로 $R(n)$의 진리집합은 $\{1, 2, 4\}$이다. 따라서 $R(n)$의 진리집합의 어떤 원소도 $Q(n)$의 진리집합에 있으며, 동등한 의미로 $\forall n$ in $\mathbf{Z}^+$, $R(n) \rightarrow Q(n)$이다. 그러므로 동등한 표현은 $R(n) \Rightarrow Q(n)$이다.

$$n\text{은 4의 약수} \Rightarrow n\text{은 8의 약수}$$

2. $S(n)$의 진리집합은 $\{1, 2, 4\}$이며, $R(n)$의 진리집합과 같다. 동등한 의미로 $\forall n$ in $\mathbf{Z}^+$, $R(n) \leftrightarrow S(n)$이며, 동등한 표현은 $R(n) \Leftrightarrow S(n)$이다.

$$n\text{은 4의 약수} \Leftrightarrow n < 5\text{이고 } n \neq 3$$

$S(n)$의 진리집합의 어떤 원소도 $Q(n)$의 진리집합에 있으며, 동등한 의미로 $\forall n$ in $\mathbf{Z}^+$, $S(n) \rightarrow Q(n)$이다. 그러므로 동등한 표현은 $S(n) \Rightarrow Q(n)$이다.

$$n < 5\text{이고 } n \neq 3 \Rightarrow n\text{은 8의 약수}$$ ■

한정화에 관련된 미묘한 문제도 있다. 예를 들어 수학 교과서에 다음과 같은 식이 나올 수 있다.

a. $(x+1)^2 = x^2+2x+1$ b. $(x+2)^2 = 25$를 풀어 보라.

위의 어떤 식도 한정자가 사용되지 않았지만, (a)는 전칭한정화로 (b)는 존재한정화된 것으로 독자가 이해한다고 가정한다. 한정자를 명시적으로 표시한다면 (a)와 (b)는 다음과 같이 표기된다.

a. $\forall$ real number x, $(x+1)^2 = x^2+2x+1$
b. $\exists$ real number x such that $(x+2)^2 = 25$임을 보여라.

명제의 한정(전칭 혹은 존재)은 명제가 어떻게 적용되는지 그리고 진리값을 설정할 때 어떤 방법을 사용해야 하는지에 결정적인 영향을 준다. 따라서 수학책을 읽을 때 논리적으

로 올바르게 명제를 해석하기 위해서는 숨겨진 한정자의 존재에 민감해야 한다.

타스키의 세계

타스키의 세계는 정보과학자인 Jon Barwise와 John Etchemendy에 의해 개발된 컴퓨터 프로그램으로, 논리의 원리를 가르치는 것을 돕기 위해 만들어졌다. 이것은 그들의 책 *The Language of First-Order Logic*에 기술되어 있고, 위대한 논리학자 Alfred Tarski의 이름을 사용했다.

예제 3.1.13 **타스키의 세계 탐구**

Alfred Tarski
(1902–1983)

타스키의 세계 프로그램은 격자 위에 위치하는 여러 가지 크기, 모양 및 색깔의 블록 그림들을 제공한다. 그림 3.1.1은 2차원의 타스키 세계에서 객체들이 배열된 그림이다. 이 구성은 논리 연산자들과 Triangle(x)[x는 삼각형이다], Blue(y)[y는 푸르다] 및 RightOf(x, y)[x는 y의 오른쪽(열은 다를 수 있음)에 있다]와 같은 2차원 표기법을 사용해서 기술될 수 있다. 각 객체에 a, b, 혹은 c와 같은 이름을 줄 수 있다.

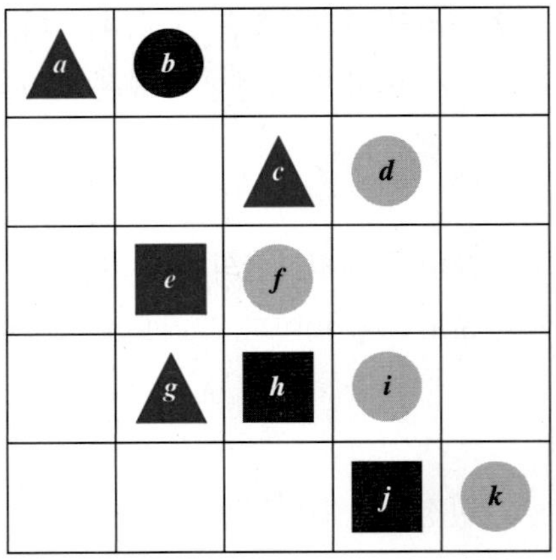

그림 3.1.1

다음 명제들의 참과 거짓을 결정하라. 모든 변수들의 정의역은 그림 3.1.1에 나오는 타스키 세계의 객체들 집합이다.

a. $\forall t$, Triangle(t) $\rightarrow$ Blue(t)

b. $\forall x$, Blue(x) $\rightarrow$ Triangle(t)

c. $\exists y$ such that Square(y) $\wedge$ RightOf(d, y)

d. $\exists z$ such that Square(z) $\wedge$ Gray(z)

풀이

a. 이 명제는 참이다: 모든 삼각형은 푸르다.

b. 이 명제는 거짓이다: 반례로서 e는 푸르지만 삼각형이 아니다.

c. 이 명제는 참이다: e와 h는 둘 다 정사각형이고 d는 그들의 오른쪽에 있다.

d. 이 명제는 거짓이다: 모든 정사각형은 푸르거나 검다. ■

자 | 기 | 진 | 단

1. 만일 $P(x)$가 정의역 D를 가진 술어라면, $P(x)$의 진리집합은 ______로 표시된다. 이 표시를 ______로 읽을 수 있다.

2. 기호 ∀를 표현하는 말은 ______이다.

3. 기호 ∃를 표현하는 말은 ______이다.

4. 명제 $\forall x \in D, Q(x)$ is true if, and only if, $Q(x)$ is ______ for______.

5. 명제 $\exists x \in D$ such that $Q(x)$ is true if, and only if, $Q(x)$ is______ for ______.

연 / 습 / 문 / 제 3.1

1. 이동 동물원은 7마리 갈색 개와 2마리 검은 개, 6마리 회색 고양이, 10마리 검은 고양이, 5마리 파란 새, 6마리 노란 새 및 1마리 검은 새로 구성되어 있다. 이동 동물원에서 다음의 어떤 명제가 참이고 거짓인지 결정하라.

a. 붉은 동물이 있다.

b. 모든 동물은 새이거나 포유동물이다.

c. 모든 동물은 갈색이거나 회색이거나 검은색이다.

d. 고양이도 아니고 개도 아닌 동물이 있다.

e. 푸른 동물은 없다.

f. 개와 고양이와 새가 가질 수 있는 색 중에서 공통의 색이 있다.

2. 다음의 어떤 명제가 참이고 거짓인지 결정하라. 할 수 있는 한 당신의 답을 정당화하라.

a. 모든 정수는 실수이다.

b. 0은 양의 실수이다.

c. 모든 실수 r에 대해, $-r$은 음의 실수이다.

d. 모든 실수는 정수이다.

3. $P(x)$를 술어 "$x > 1/x$"라고 하자.

a. $P(2)$, $P(\frac{1}{2})$, $P(-1)$, $P(-\frac{1}{2})$ 및 $P(-8)$을 쓰고, 그것들이 참인지 거짓인지를 구별하라.

b. x의 정의역이 모든 실수 $\mathbf{R}\{0\}$이라면, $P(x)$의 진리집합은?

c. x의 정의역이 모든 양의 실수 $\mathbf{R}^+$라면, $P(x)$의 진리집합은?

4. $Q(n)$이 술어 "$n^2 \leq 30$"이라고 하자.

a. $Q(2)$, $Q(-2)$, $Q(7)$ 및 $Q(-7)$을 쓰고, 그것들이 참인지 거짓인지를 구별하라.

b. n의 정의역이 모든 정수 $\mathbf{Z}$라면, $Q(n)$의 진리집합은?

c. n의 정의역이 모든 양의 정수 $\mathbf{Z}^+$라면, $Q(n)$의 진리집합은?

5. 변수 x와 y의 정의역이 실수 $\mathbf{R}$일 때, $Q(x, y)$가 술어 "If $x < y$, then $x^2 < y^2$"라고 하자.

a. $x=-1$, $y=1$이면 왜 $Q(x, y)$가 거짓인지 설명하라.

b. $Q(x, y)$가 거짓이 되는 (a)와 다른 값들을 제시하라.

c. $x=3$, $y=8$이면 왜 $Q(x, y)$가 참인지 설명하라.

d. $Q(x, y)$가 참이 되는 (c)와 다른 값들을 제시하라.

6. 다음 각 술어의 진리집합을 구하라.

a. 술어: $6/d$는 정수이다, 정의역: $\mathbf{Z}$

b. 술어: $6/d$는 정수이다, 정의역: $\mathbf{Z}^+$

c. 술어: $1 \le x^2 \le 4$, 정의역: **R**

d. 술어: $1 \le x^2 \le 4$, 정의역: **Z**

7. $B(x)$를 "$-10 < x < 10$"이라고 하자. 다음의 정의역에 대해서 $B(x)$의 진리집합을 구하라.

a. **Z** **b.** $\mathbf{Z}^+$

c. 모든 짝수 정수 집합

다음 8, 9번 문제들에 있는 명제가 거짓임을 보여 줄 반례를 구하라.

8. $\forall x \in \mathbf{R}\{0\}, x > 1/x$

9. $\forall$ 양의 정수 m과 n, $m \cdot n \ge m+n$

10. 다음의 명제를 고려하자.

$\forall$ 농구 선수 x, x는 키가 크다.

다음의 항목 중에서 위 명제와 같은 것은?

a. 모든 농구 선수는 키가 크다.

b. 농구 선수 중에서 일부는 키가 크다.

c. 키가 큰 사람들 중에서 일부는 농구 선수이다.

d. 키가 큰 사람은 누구나 농구 선수이다.

e. 농구 선수인 모든 사람은 키가 크다.

f. 농구 선수이면 누구나 키가 크다.

11. 다음의 명제를 고려하자.

$\exists x \in \mathbf{R}$ such that $x^2 = 2$

다음의 항목 중에서 위 명제와 같은 것은?

a. 각 실수의 제곱은 2이다.

b. 몇 개의 실수들은 제곱이 2이다.

c. 어떤 실수 x에 대해, x는 제곱이 2이다.

d. 만일 x가 실수라면, x^2은 2이다.

e. 어떤 실수는 제곱이 2이다.

f. 제곱이 2가 되는 실수가 적어도 하나는 있다.

12. 다음의 명제들을 "$\forall$_____ x, ______" 형식으로 다시 써 보라.

a. 모든 공룡은 멸종되었다.

b. 모든 실수는 양, 음, 혹은 0이다.

c. 어떤 무리수(irrational number)도 정수는 아니다.

d. 어떤 논리학자도 게으르지 않다.

e. 숫자 2,147,581,953은 어떤 정수의 제곱과도 같지 않다.

f. 숫자 -1은 어떤 실수의 제곱과도 같지 않다.

13. 다음의 명제들을 "$\exists$_____ x such that ______" 형식으로 다시 써 보라.

a. 어떤 연습문제에는 해답이 있다.

b. 어떤 실수는 유리수(rational)이다.

14. 정의역 D를 당신 학교의 모든 학생이라고 하자. $M(s)$는 "s는 수학 전공이다", $C(s)$는 "s는 컴퓨터 과학과 학생이다", $E(s)$는 "s는 공학도이다"라고 하자. 다음의 명제들을 변수, 한정자 및 술어 $M(s)$, $C(s)$, $E(s)$를 사용하여 표현하라.

a. 수학 전공인 공학도가 있다.

b. 모든 컴퓨터학과 학생은 공학도이다.

c. 어떤 컴퓨터학과 학생도 공학도가 아니다.

d. 어떤 컴퓨터학과 학생은 수학도 전공한다.

e. 어떤 컴퓨터학과 학생은 공학도이고 어떤 학생은 아니다.

15. 다음의 명제를 고려하자.

$\forall$ integers n, if n^2 is even then n is even

다음의 항목 중에서 위 명제와 같은 것은?

a. 모든 정수는 짝수이고 제곱도 짝수이다.

b. 제곱이 짝수인 정수가 주어져 있다면, 그 정수는 짝수이다.

c. 모든 정수에 대해서, 제곱이 짝수인 수가 존재한다.

d. 짝수 제곱 값을 갖는 어떤 정수도 짝수이다.

e. 어떤 정수의 제곱이 짝수이면, 그 정수는 짝수이다.

f. 모든 짝수 정수는 짝수 제곱 값을 갖는다.

16. 다음의 명제를 한정자가 문장의 뒤쪽에 오도록 다시 써 보라.

a. For any graph G, the total degree of G is even.

b. For any isosceles triangle T, the base angles of T are equal.

c. There exists a prime number p such that p is even.

d. There exists a continuous function f such that f is not differentiable.

17. 다음의 명제들을 "∀_____ x, if______ then ______" 혹은 "∀_____ x and y, if______ then ______" 형식으로 다시 써 보라.

a. 모든 Java 프로그램은 길이가 적어도 5줄 이상이다.

b. 모든 참인 전제(premise)를 갖는 타당한 논증은 참인 결론(conclusion)을 갖는다.

18. 다음의 명제들을 "∀x, if______ then ______" 그리고 "∀______ x, ______(if-then 없이)"으로 다시 써 보라.

a. 모든 이등변삼각형은 등변이다.

b. 모든 컴퓨터 과학과 학생은 자료 구조를 수강할 필요가 있다.

19. 다음의 명제들을 "∃_____ x such that ______" 그리고 "∃x such that ______ and _____" 으로 다시 써 보라.

a. 어떤 괴짜(hatter)는 미쳤다.

b. 어떤 질문은 쉽다.

20. 명제 "유리수의 제곱은 유리수이다"는 형식적으로 "For all rational numbers x, x^2 is rational" 혹은 "For all x, if x is rational then x^2 is rational"이라고 쓸 수 있다. 다음의 명제들을 "∀ ________ x, _______ " 및 "∀x, if _______, then _______" 혹은 "∀_______ x and y, _______" 및 "∀x and y, if _______, then _______" 형식으로 다시 써 보라.

a. The reciprocal of any nonzero fraction is a fraction.

b. The derivative of any polynomial function is a polynomial function.

c. The sum of the angles of any triangle is 180°.

d. The negative of any irrational number is irrational.

e. The sum of any two even integers is even.

f. The product of any two fractions is a fraction.

21. "모든 정수는 유리수이지만, 어떤 유리수는 정수가 아니다"라는 명제를 고려하자.

a. 이 명제를 다음 형식으로 써 보라. "∀x, if______ then ______, but ∃_____ x such that ______"

b. Ratl(x)를 "x는 유리수이다", Int(x)를 "x는 정수이다"라고 하자. 문제에 주어진 명제를 기호 Ratl(x), Int(x), 한정자, ∧, ∨, ~, → 만을 사용하여 써 보라.

22. 예제 3.1.13에 나오는 타스키의 세계를 참조하자. Above(x, y)는 x가 y 위쪽에(열은 다를 수 있음) 있음을 뜻한다고 하자. 다음 각 명제들의 진리값을 결정하라. 그 답에 대한 이유도 말하라.

a. ∀u, Circle(u) → Gray(u)

b. ∀u, Gray(u) → Circle(u)

c. ∃y such that Square(y) ∧ Above(y, d)

d. ∃z such that Triangle(z) ∧ Above(f, z)

연습문제 23, 24에 대해서, 각 명제를 한정자나 변수를 사용하지 말고 다시 써라. 어떤 것이 참이고 거짓인지 판정하고, 가능한 한 그 대답을 정당화하라.

23. 수학 과목에서 토의되는 객체들의 집합 D를 x의 정의역이라고 하자. Real(x)는 "x는 실수이다", Pos(x)는 "x는 양의 실수이다", Neg(x)는 "x는 음의 실수이다", Int(x)는 "x는 정수이다"라고 하자.

a. Pos(0)

b. ∀x, Real(x) ∧ Neg(x) → Pos ($-x$)

c. ∀x, Int(x) → Real(x)

d. ∃x such that Real(x) ∧ ~Int(x)

24. 정수 **Z**를 x의 정의역이라고 하자. Odd(x)는 "x는 홀수이다", Prime(x)는 "x는 소수이다", Square(x)는 "x는 완전제곱수이다"라고 하자.[**완전제곱수**(perfect square)는 어떤 정수의 제곱인 수를 말한다. 예를 들어 25는 5의 제곱이므로 완전제곱수이다.]

a. $\exists x$ such that Prime(x) $\wedge \sim$Odd(x)

b. $\forall x$, Prime(x) $\rightarrow \sim$Square(x)

c. $\exists x$ such that Odd(x) $\wedge$ Square(x)

25. 술어 변수 x의 정의역을 **R**이라고 하자. 다음 중 어떤 것이 참이고 거짓인가? 거짓인 것의 반례를 들라.

a. $x > 2 \Rightarrow x > 1$

b. $x > 2 \Rightarrow x^2 > 4$

c. $x^2 > 4 \Rightarrow x > 2$

d. $x^2 > 4 \Leftrightarrow |x| > 2$

26. 술어 변수 a, b, c, d의 정의역을 **R**이라고 하자. 다음 중 어떤 것이 참이고 거짓인가? 거짓인 것의 반례를 들라.

a. $a > 0$ and $b > 0 \Rightarrow ab > 0$

b. $a < 0$ and $b < 0 \Rightarrow ab < 0$

c. $ab = 0 \Rightarrow a = 0$ or $b = 0$

d. $a < b$ and $c < d \Rightarrow ac < bd$

자 | 기 | 진 | 단 | 해 | 답

1. $\{x \in D \mid P(x)\}$; the set of all x in D such that $P(x)$ 2. 가능한 답: for all, for every, for any, for each, for arbitrary, given any 3. 가능한 답: there exists, there exist, there exists at least one, for some, for at least one, we can find a 4. true; every x in D(다른 답: all x in D or each x in D) 5. true; at least one x in D(다른 답: some x in D)

3.2 술어와 한정화 명제 II

이 절에서는 3.1절에서 시작한 술어와 한정화된 명제에 대한 토의를 계속한다. 즉, 한정화 명제의 부정에 대한 규칙 및 ∀, ∃, ∧, ∨ 사이의 관계를 탐구하고, 전체한정화 명제의 무위진리 개념 및 전체한정화 조건명제의 변형 예제를 알아보고, 한정화 명제에 대한 필요(necessary), 충분(sufficient), 쌍방(if and only if)조건의 의미 확장에 대해 다룬다.

한정화 명제의 부정

명제 "모든 수학자는 안경을 쓴다"를 고려해 보자. 많은 사람들은 이 명제의 부정이 "어떤 수학자도 안경을 쓰지 않는다"라고 말할 것이다. 그러나 만일 한 명의 수학자라도 안경을 쓰지 않았다면 모든 수학자가 안경을 쓴다는 명제는 거짓이 된다. 따라서 올바른 부정은 "안경을 쓰지 않는 수학자가 적어도 한 명은 있다"이다.

전칭명제의 부정을 나타내는 일반적인 형식은 직접적으로 부정(~)에 대한 정의 및 전명제 및 존재명제의 진리값에 대한 정의를 따른다.

정리 3.2.1 전칭명제의 부정

다음과 같은 형식의 명제

$$\forall x \text{ in } D,\ Q(x)$$

에 대한 부정(negation)은 아래와 같은 형식의 명제와 논리적으로 동등하다.

$$\exists x \text{ in } D \text{ such that } \sim Q(x)$$

기호로 나타내면 다음과 같다.

$$\sim(\forall x \in D,\ Q(x)) \equiv \exists x \in D \text{ such that } \sim Q(x)$$

따라서

전칭명제 "모든 ~ 이다(all are)"의 부정은 존재명제 "어떤 것은 ~ 아니다(some are not)" 혹은 "~ 아닌 것이 적어도 하나는 존재한다(there is at least one that is not)"와 논리적으로 동등하다.

여기서 **한정화된 명제의 논리적 동등성**(logical equivalence for quantified statement)을 얘기할 때, 술어를 다른 술어로 바꾸거나 술어 변수의 정의역을 바꾸는 등 어떤 경우에도 논리적으로 같은 진리값을 갖는다는 의미이다.

명제 "어떤 눈송이들은 같다"를 고려해 보자. 그 부정은 무엇인가? 이 문장이 거짓이라는 의미는 어떤 한 개의 눈송이도 같지 않다는 뜻이다. 즉, '모든 눈송이들은 다르다' 라는 뜻이다.

존재명제의 부정을 나타내는 일반적인 형식은 직접적으로 부정(~)에 대한 정의 및 존재명제 및 전칭명제의 진리값에 대한 정의를 따른다.

정리 3.2.2 존재명제의 부정

다음과 같은 형식의 명제

$$\exists x \text{ in } D \text{ such that } Q(x)$$

에 대한 부정은 아래와 같은 형식의 명제와 논리적으로 동등하다.

$$\forall x \text{ in } D,\ \sim Q(x)$$

기호로 나타내면 다음과 같다.

$$\sim(\exists x \in D \text{ such that } Q(x)) \equiv \forall x \in D,\ \sim Q(x)$$

따라서

> **존재명제 "어떤 것은 ~ 이다(some are)"의 부정은 전칭명제 "어떤 것도 ~ 아니다(none are)" 혹은 "모든 것이 ~ 아니다(all are not)"와 논리적으로 동등하다.**

예제 3.2.1 **한정 명제의 부정**

다음 명제들에 대한 형식적인 부정(formal negation)을 작성하라.

a. ∀ 소수 p, p는 홀수이다.

b. ∃ 삼각형 T such that T의 세 각의 합이 200°이다.

풀이

a. ∀ 명제의 부정에 대한 규칙을 적용하면 다음과 같은 답을 얻을 수 있다.

∃ 소수 p such that p는 홀수가 아니다.

b. ∃ 명제의 부정에 대한 규칙을 적용하면 다음과 같은 답을 얻을 수 있다.

∀ 삼각형 T, T의 세 각의 합이 200°가 아니다. ■

예제 3.2.2 **부정에 대해서 한 번 더**

다음 명제에 대해 형식적으로 다시 작성하라.

No politicians are honest

풀이

형식적 형태: ∀ politicians x, x is not honest

형식적 부정: ∃ politicians x such that x is honest

비형식적 부정: Some politicians are honest ■

비형식적인 언어로 주어진 명제를 부정할 때 실수를 피하는 다른 방법은 자신에게 다음과 같은 질문을 해 보는 것이다: "주어진 명제가 거짓이 되는 것이 의미하는 바가 정확히 무엇인가? 주어진 명제가 거짓이 되는 것을 말하는 것과 동등한 참이 되는 어떤 명제가 있는가?"

예제 3.2.3 **부정에 대해서 한 번 더**

다음의 명제들에 대해 비형식적 부정을 써 보라.

a. 모든 프로그램은 유한하다.

b. 어떤 컴퓨터 해커는 40살을 넘는다.
c. 숫자 1,357은 1과 37 사이의 어떤 정수로 나누어진다.

풀이

a. 이 명제가 거짓이라는 것이 무슨 의미인가? 이 명제는 모든 프로그램들의 성격을 단언한다. 그래서 그것이 거짓이라면 그 성격을 갖지 않는 프로그램이 있어야 한다. 따라서 그 답은

유한하지 않은 컴퓨터 프로그램이 있다.

혹은

어떤 프로그램은 유한하지 않다.

b. 이 명제는 어떤 성격을 가진 적어도 한 해커가 있다는 것을 말하는 것과 동등하다. 따라서 그 명제가 거짓이라면, 어떤 컴퓨터 해커도 그 성격을 갖지 말아야 한다. 따라서 그 부정은

어떤 컴퓨터 해커도 40살을 넘지 않는다.

혹은

모든 컴퓨터 해커는 40살 이하이다.

c. 이 문장을 형식적으로 써 보면

$\exists$ an integer n between 1 and 37 such that 1,357 is divisible by n.

이다. 이 문장의 부정은 따라서

$\forall$ integers n between 1 and 37, 1,357 is not divisible by n.

이다. 비형식적으로 말하면

숫자 1,357은 1과 37 사이의 어떤 정수로도 나누어지지 않는다. ■

많은 경우 전칭명제의 부정을 비형식적으로 나타내기 위해 적절한 위치에 단순히 단어 not 혹은 do not을 넣을 수 있다. 그러나 그 결과의 명제가 애매할 수도 있다. 예를 들어 "All mathematicians wear glasses"에 대한 부정으로 가능한 문장은 "All mathematicians do not wear glasses"이다. 그런데 문제는 이 문장이 두 가지 의미를 가진다는 것이다. 'not'에 강세를 둔다면 논리적 부정으로 해석할 수 있다.(뭐라구! 모든 수학자들이 안경을 쓴다고 당신이 말했어? 말도 안 돼! All mathematicians do *not* wear glasses.) 다른 한편으로 평이한 목소리로 말한다면, "All mathematicians are nonwearers of glasses", 즉, 어떤 수학자도 안경을 쓰지 않는다를 뜻한다. 이것은 논리적 부정보다도 훨씬 강한 명제이다: 이것은 부

정을 포함하지만 동등하지는 않다.

전칭조건명제의 부정

전칭조건명제의 부정은 수학에서 특히 중요하다. 이러한 부정의 형식은 이미 설정된 사실들로부터 유도될 수 있다.

전칭명제의 부정에 대한 정의에 의해

$$\sim(\forall x,\ P(x) \rightarrow Q(x)) \equiv \exists x \text{ such that } \sim(P(x) \rightarrow Q(x)) \qquad 3.2.1$$

그러나 if-then 명제의 부정은 논리적으로 and 명제와 동등하다. 좀 더 상세히 하면

$$\sim(P(x) \rightarrow Q(x)) \equiv P(x) \wedge \sim Q(x) \qquad 3.2.2$$

식 (3.2.2)를 식 (3.2.1)에 대입하면

$$\sim(\forall x,\ P(x) \rightarrow Q(x)) \equiv \exists x \text{ such that } (P(x) \wedge \sim Q(x))$$

기호를 적게 써서 나타내면 다음과 같다.

> **전칭조건명제의 부정**
>
> $\sim(\forall x, \text{ if } P(x) \text{ then } Q(x)) \equiv \exists x \text{ such that } P(x) \text{ and } \sim Q(x)$

예제 3.2.4 **전칭조건명제의 부정**

명제 (a)에 대한 형식적인 부정과 명제 (b)의 비형식적인 부정을 쓰라.

a. ∀ 사람 p, if p가 노란 머리이면 then p는 푸른 눈을 가진다.

b. If 어떤 컴퓨터 프로그램이 10만 줄보다 길면, then 그것은 오류를 포함한다.

풀이

a. ∃ 사람 p such that p는 노란 머리이지만 푸른 눈을 갖지 않는다.
노란 머리이지만 푸른 눈을 갖지 않는 사람이 존재한다.

b. 길이가 10만 줄 이상이면서 오류를 포함하지 않는 컴퓨터 프로그램이 적어도 하나는 존재한다. ■

∀, ∃, ∧, ∨ 사이의 관계

'for all' 명제의 부정은 'there exists'이며, 'there exists' 명제의 부정은 'for all'이다. 이러한 사실은 'and'의 부정은 'or'이고 'or'의 부정은 'and'인 드모르간의 법칙과 유사하다. 이 유사성은 우연이 아니다. 전칭명제는 'and' 명제의 일반화이며, 존재명제는 'or' 명제

의 일반화이다.

만일 $Q(x)$가 술어이고 x의 정의역 D가 집합 $\{x_1, x_2, ..., x_n\}$이라면, 명제

$$\forall x \in D, Q(x)$$

와

$$Q(x_1) \wedge Q(x_2) \wedge \cdots \wedge Q(x_n)$$

은 논리적으로 동등하다. 예를 들어 $Q(x)$가 "$x \cdot x = x$"이고 $D = \{0, 1\}$이라면

$$\forall x \in D, Q(x)$$

는 다음과 같이 쓸 수 있다.

$$\forall x \in \{0,1\}, x \cdot x = x$$

이것은

$$0 \cdot 0 = 0 \quad \text{and} \quad 1 \cdot 1 = 1$$

과 동등하며

$$Q(0) \wedge Q(1)$$

처럼 기호로 쓸 수 있다.

마찬가지로 $Q(x)$가 술어이고 x의 정의역 D가 $\{x_1, x_2, ..., x_n\}$이면, 명제

$$\exists x \in D \text{ such that } Q(x)$$

와

$$Q(x_1) \vee Q(x_2) \vee \cdots \vee Q(x_n)$$

은 논리적으로 동등하다. 예를 들어 $Q(x)$가 "$x + x = x$"이고 $D = \{0, 1\}$이라면

$$\exists x \in D \text{ such that } Q(x)$$

는 다음과 같이 쓸 수 있다.

$$\exists x \in \{0,1\} \text{ such that } x + x = x$$

이것은

$$0 + 0 = 0 \quad \text{or} \quad 1 + 1 = 1$$

과 동등하며

$$Q(0) \vee Q(1)$$

처럼 기호로 쓸 수 있다.

전칭명제의 무위진리

식탁 위에 접시가 1개 놓여 있고 접시 옆에는 5개의 푸른 공과 5개의 회색 공 더미가 있다고 가정하고, 어떤 공도 접시에 놓일 수 있다고 하자. 그림 3.2.1(a)처럼, 접시에 3개의 푸른 공과 1개의 회색 공이 있다면, 명제 "접시 위의 모든 공은 푸르다"는 (1개는 회색이므로) 거짓일 것이다.

그림 3.2.1(b)처럼 접시에 어떤 공도 없다고 가정하고, 다음의 명제를 고려하자.

접시 위의 모든 공은 푸르다.

이 명제는 참인가 거짓인가? 이 명제는 그것의 부정이 참인 경우에만(if and only if) 거짓이다. 그것의 부정은

푸르지 않은 공이 접시 위에 존재한다.

이 부정된 명제가 참이 될 수 있는 유일한 방법은 푸르지 않은 공이 실제로 접시 위에 있는 것이다. 그런데 거기에는 없다! 따라서 이 부정된 명제는 거짓이 되며, 그 제시된 명제는 'by default(자동으로)' 로 참이 된다.

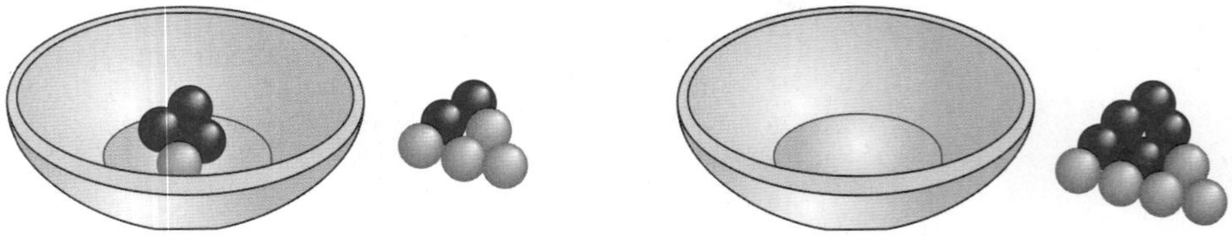

(a) (b)

그림 3.2.1

일반적으로(in general) 다음과 같은 명제

$$\forall x \text{ in } D, \text{ if } P(x) \text{ then } Q(x)$$

는, D의 모든 x에 대해 $P(x)$가 거짓일 때만(if and only if), **무위진리**(vacuously true 혹은 true by default)라고 부른다.

그런데 보통 자연어로 '일반적으로(in general)' 라는 말은 어떤 것이 항상은 아니지만(not always) 일상적(usually)이라는 의미이다.(예를 들어 "In general, I take the bus home, but today I walked.") 수학에서는 '일반적으로' 라는 말이 아주 다르게 사용된다. 앞에서처

럼 특별한 예제를 토의한 바로 후에 그 단어를 사용하면, 뒤따르는 식은 그 예를 일반화한 항상 참인 식이라는 것이다.

전칭조건명제의 변형

조건명제는 대우명제, 역명제 및 이명제를 갖는다는 2.2절을 상기해 보자. 그 용어들에 대한 정의를 전칭조건명제로 확장할 수 있다.

• 정의

다음 형태의 명제를 고려하자.

$$\forall x \in D, \text{if } P(x) \text{ then } Q(x)$$

• 이것의 **대우명제**(contrapositive)는 다음과 같다.

$$\forall x \in D, \text{if } \sim Q(x) \text{ then } \sim P(x)$$

• 이것의 **역명제**(converse)는 다음과 같다.

$$\forall x \in D, \text{if } Q(x) \text{ then } P(x)$$

• 이것의 **이명제**(inverse)는 다음과 같다.

$$\forall x \in D, \text{if } \sim P(x) \text{ then } \sim Q(x)$$

예제 3.2.5 전칭조건명제의 대우, 역 및 이

다음 명제에 대한 대우, 역 및 이명제를 쓰라.

If 어떤 실수가 2보다 크면, then 그것의 제곱은 4보다 크다.

풀이

대우: $\forall x \in \mathbf{R}$, if $x^2 \leq 4$ then $x \leq 2$

If 어떤 실수의 제곱이 4 이하이면, then 그 수는 2 이하이다.

역: $\forall x \in \mathbf{R}$, if $x^2 > 4$ then $x > 2$

If 어떤 실수의 제곱이 4보다 크면, then 그 수는 2보다 크다.

이: $\forall x \in \mathbf{R}$, if $x \leq 2$ then $x^2 \leq 4$

If 어떤 실수가 2 이하이면, then 그 수의 제곱은 4 이하이다.

이 예제를 풀 때, 모든 실수 x와 a에 대하여 "$x \not> a$"는 "$x \le a$"와 동등하게 사용되었다. ■

2.2절에서 조건명제는 그의 대우와 논리적으로 동등함을 보였고, 역 및 이와는 동등하지 않음을 보였다. 그러한 사실을 전칭조건명제의 경우에까지 일반화할 수 있음을 알아보자.

$P(x)$와 $Q(x)$는 술어이고, D는 x의 정의역일 때, 다음의 명제들을 고려하자.

$$\forall x \in D, \text{if } P(x) \text{ then } Q(x)$$

와 그의 대우인

$$\forall x \in D, \text{if } \sim Q(x) \text{ then } \sim P(x)$$

"if $P(x)$ then $Q(x)$"를 참으로 만드는 D의 어떤 특정한 값 x도 ($p \to q$와 $\sim q \to \sim p$는 논리적으로 동등하므로) "if $\sim Q(x)$ then $\sim P(x)$"를 참으로 만든다. 이것은 문장 "if $P(x)$ then $Q(x)$"이 D의 모든 x에 대해 참인 것과 문장 "if $\sim Q(x)$ then $\sim P(x)$"이 D의 모든 x에 대해 참인 것이 쌍방조건(if and only if)이라는 것을 의미한다. 이것은 술어 해석학에서 명제

$$\forall x \in D, \text{if } P(x) \text{ then } Q(x) \quad \text{와} \quad \forall x \in D, \text{if } \sim Q(x) \text{ then } \sim P(x)$$

는 서로 논리적으로 동등함을 뜻한다. 따라서 전칭조건명제도 그의 대우와 논리적으로 동등하며 다음과 같이 쓴다.

$$\boxed{\forall x \in D, \text{if } P(x) \text{ then } Q(x) \equiv \forall x \in D, \text{if } \sim Q(x) \text{ then } \sim P(x)}$$

예제 3.2.5에서 명제

$$\forall x \in \mathbf{R}, \text{if } x > 2 \text{ then } x^2 > 4$$

는 그것의 역명제

$$\forall x \in \mathbf{R}, \text{if } x^2 > 4 \text{ then } x > 2$$

를 갖는다고 하였다. 원 명제는 참인데 역명제는 거짓이 되는 예[예를 들어 $(-3)^2=9 > 4$ 그러나 $-3 \not> 2$]를 살펴보자. 이것은 전칭조건명제가 그것의 역명제와는 다른 진리값을 가질 수 있음을 보이고 있다. 그러므로 전칭조건명제는 그것의 역명제와 논리적으로 동등하지 않다. 이것은 기호로 아래처럼 쓴다.

$$\boxed{\forall x \in D, \text{if } P(x) \text{ then } Q(x) \not\equiv \forall x \in D, \text{if } Q(x) \text{ then } P(x)}$$

이 절의 연습문제에는 아래처럼 전칭조건명제가 그의 이명제와 논리적으로 동등하지 않음을 역명제의 경우처럼 보여라는 문제가 있다.

$$\forall x \in D, \text{if } P(x) \text{ then } Q(x) \;\not\equiv\; \forall x \in D, \text{if } \sim P(x) \text{ then } \sim Q(x)$$

필요조건, 충분조건 및 only if

필요조건, 충분조건 및 only if 용어의 정의를 전체한정화 조건명제에도 확장할 수 있다.

• 정의

- "$\forall x$, $r(x)$는 $s(x)$의 **충분조건**(sufficient condition)이다"는 "$\forall x$, if $r(x)$ then $s(x)$"라는 의미이다.
- "$\forall x$, $r(x)$는 $s(x)$의 **필요조건**(necessary condition)이다"는 "$\forall x$, if $\sim r(x)$ then $\sim s(x)$" 혹은 동등한 표현으로 "$\forall x$, if $s(x)$ then $r(x)$"라는 의미이다.
- "$\forall x$, $r(x)$ **only if** $s(x)$"는 "$\forall x$, if $\sim s(x)$ then $\sim r(x)$" 혹은 동등한 표현으로 "$\forall x$, if $r(x)$ then $s(x)$"라는 의미이다.

예제 3.2.6 **필요조건 및 충분조건**

다음의 명제들을 필요 혹은 충분이라는 단어를 쓰지 말고, 한정화 조건명제로 다시 쓰라.

a. 정사각형은 직사각형에 대한 충분조건이다.

b. 적어도 35세가 되는 것은 미국 대통령이 되기 위한 필요조건이다.

풀이

a. 이 명제의 형식적 표현은

$\forall x$, if x가 정사각형이면, then x는 직사각형이다.

이고, 비형식적 표현은 다음과 같다.

만일 어떤 그림이 정사각형이면, 그것은 직사각형이다.

b. 이 명제의 형식적 표현은 다음과 같이 쓸 수 있다.

$\forall$ person x, if x가 35세보다도 어리면, then x는 미국 대통령이 될 수 없다.

혹은 대우로 동등하게 표현하면 다음과 같다.

$\forall$ person x, if x가 미국 대통령이 되려면, then x는 나이가 적어도 35세이다. ■

예제 3.2.7 only if
다음 문장을 전칭조건명제로 다시 써라.

두 숫자의 곱은 0이다 only if 그 숫자 중 하나는 0이다.

풀이
비형식적 표현으로는 다음과 같이 쓸 수 있다.

If 두 숫자 중 어떤 것도 0이 아니면, then 그 숫자들의 곱은 0이 아니다.

혹은 대우로 동등하게 표현하면 다음과 같다.

If 두 숫자의 곱이 0이면, then 그 숫자 중 하나는 0이다. ■

자 | 기 | 진 | 단

1. "All R have property S"의 부정은 "There is ______ R that ______"이다.
2. "Some R have property S"의 부정은 "______"이다.
3. "For all x, if x has property P then x has property Q"의 부정은 "______"이다.
4. "For all x, if x has property P then x has property Q"의 역은 "______"이다.
5. "For all x, if x has property P then x has property Q"의 대우는 "______"이다.
6. "For all x, if x has property P then x has property Q"의 이(inverse)는 "______"이다.

연 / 습 / 문 / 제 3.2

1. "이산수학을 공부하는 모든 학생은 건강하다"의 부정은 다음 중 어떤 것인가(복수 정답 가능)?
   a. 이산수학을 공부하는 건강하지 않은 학생이 있다.
   b. 이산수학을 공부하는 모든 학생은 건강하지 않다.
   c. 이산수학을 공부하는 학생인 건강한 사람이 있다.
   d. 이산수학을 공부하는 어떤 학생도 건강하지 않다.
   e. 이산수학을 공부하는 몇 명의 학생은 건강하지 않다.
   f. 몇 명의 건강하지 않은 사람은 이산수학을 공부하는 학생이 아니다.

2. 다음 명제 각각의 형식적인 부정을 써 보라.
   a. $\forall$ fish x, x has gills.
   b. $\forall$ computer c, c has a CPU.
   c. $\exists$ a movie m such that m is over 6 hours long.
   d. $\exists$ a band b such that b has won at least 10 Grammy awards.

3. 다음 명제 각각의 비형식적인 부정을 써 보라. 애매한 부정이 되지 않도록 조심하자.
   a. 모든 개는 친절하다.
   b. 모든 사람은 행복하다.
   c. 어떤 혐의는 입증되었다.
   d. 어떤 예측은 정확하다.

4. 다음의 명제에 대한 부정을 써 보라.
   a. 유효한 추론은 참인 결론을 만든다.
   b. 모든 실수는 양수, 음수, 혹은 0 중의 하나이다.

5. 다음의 명제에 대한 부정을 써 보라.

a. 집합 A와 B는 어떤 공통 원소도 갖지 않는다.

b. 지도 상에서 두 마을 P와 Q를 연결하는 어떤 길도 없다.

6. 비형식적인 언어는 형식적인 언어보다 실질적으로 좀 더 복잡하다. 이것이 시스템 분석가를 그렇게 힘들게 하는 것이다. 예를 들어 문장 "There are no orders from store A for item B(가게 A에서 물건 B를 요구하는 주문은 없다)"는 단어 'there are'를 포함하고 있다. 이 명제는 존재한정적인가? 이 명제의 비형식적 부정을 쓰고 난 후, 한정자와 변수들을 사용해서 형식적인 명제를 써 보라.

7. 다음 명제에 대한 부정을 써 보라.

$$\forall \text{ real numbers } x, \text{ if } x > 3 \text{ then } x^2 > 9$$

8, 9번 문제에서 제안된 부정이 올바른지 결정하고, 만일 올바르지 않다면 올바른 부정을 써 보라.

8. **명제:** 무리수의 합은 무리수이다.

제안된 부정: 무리수의 합은 유리수이다.

9. **명제:** 모든 정수 n에 대해서, if n^2이 짝수이면 then n은 짝수이다.

제안된 부정: 모든 정수 n에 대해서, if n^2이 짝수이면 then n은 짝수가 아니다.

10. $D=\{-48, -14, -8, 0, 1, 3, 16, 23, 26, 32, 36\}$이라고 하자. 다음의 어떤 명제가 참이고 거짓인지 결정하라. 거짓인 명제는 그 반례를 보여라.

a. $\forall x \in D$, if x가 짝수이면 then $x > 0$.

b. $\forall x \in D$, if x가 0보다 작으면 then x는 짝수이다.

c. $\forall x \in D$, if x가 짝수이면 then $x \le 0$.

d. $\forall x \in D$, if x의 1의 자리가 2이면 then 그것의 10의 자리는 3 또는 4이다.

e. $\forall x \in D$, if x의 1의 자리가 6이면 then 그것의 10의 자리는 1 또는 2이다.

연습문제 11~14에서는 각 명제에 대한 부정을 써 보라.

11. $\forall$ 실수 x, if $x^2 \ge 1$ then $x > 0$.

12. $\forall x \in \mathbf{R}$, if $x(x+1) > 0$ then $x > 0$ 혹은 $x < -1$.

13. $\forall$ 정수 a, b, c에 대해서, if $a-b$와 $b-c$가 짝수이면 then $a-c$도 짝수이다.

14. If 어떤 정수의 제곱이 홀수이면, then 그 수는 홀수이다.

15. 쌍으로 주어진 명제들을 if-then 형태로 다시 쓰고, 그들 사이의 논리적 관계를 설명하라.

a. 톰의 가족 중 모든 어린이들은 여성이다.
톰의 가족 중 모든 여성들은 어린이이다.

b. 1, 3, 7, 9 로 끝나는 5보다 큰 모든 정수는 소수(prime)이다.
소수인 5보다 큰 정수는 1, 3, 7, 9로 끝난다.

16. 다음 명제 각각은 참이다. 각 명제의 역을 쓰고, 그 역이 참이 아님을 보여 주는 반례를 찾아라.

a. If n이 2보다 큰 소수이면, then $n+1$은 짝수이다.

b. If m이 홀수이면, then $2m$은 짝수이다.

c. If 두 원의 교점이 정확히 2개이면, then 그 원들의 중심은 같지 않다.

문제 17~20에서 언급되는 명제에 대해서 역, 이, 대우를 써라. 또한 그들이 참인지 거짓인지 결정하고, 만일 거짓이라면 반례를 보여라.

17. 연습문제 11

18. 연습문제 12

19. 연습문제 13

20. 연습문제 14

21. 다음 각 명제에 대해 대우를 만들어 보라.

a. If n이 소수이면, then n은 1과 $\sqrt{n}$ 사이 ($\sqrt{n}$ 포함)의 소수로 나누어지지 않는다.(n은 1보다 큰 정수.)

b. If A와 B가 공통원소가 없다면, then A와 B는 서로소(disjoint)이다.

22. $P(x)$는 술어이고 x의 정의역은 모든 실수라 하자. 명제 R은 "$\forall x \in \mathbf{Z}, P(x)$", 명제 S는 "$\forall x \in \mathbf{Q}, P(x)$", 명제 T는 "$\forall x \in \mathbf{R}, P(x)$"이라고 하자.

a. $\mathbf{R}$은 참이고 S와 T는 거짓이 되는 술어 $P(x)$를 ("$\forall x \in \mathbf{Z}$"을 사용하지 않고) 찾아 보라.

b. R과 S는 참이고 T는 거짓이 되는 술어 $P(x)$를 ("$\forall x \in \mathbf{Q}$"을 사용하지 않고) 찾아 보라.

23. 숫자열 '0204'를 고려해 보자. 어떤 사람이 그 숫자열에서 모든 1은 모든 0의 왼쪽에 있다고 주장한다. 이것은 참인가? 당신의 대답을 정당화해 보라.(힌트: 그 주장을 형식적 형태로 써 본 후, 그것의 형식적인 부정을 써 본다. 그 부정이 참인가 거짓인가?)

연습문제 38~41의 명제 각각을 if-then 형태로 다시 써 보라.

24. 이 과목에서 C 학점을 받는 것은 졸업하는 데 충분조건이다.

25. 매일 시간을 잘 지키는 것은 이 직업을 유지하는 데 필요조건이다.

∀ 명제의 부정은 ∃ 명제이고 if-then 명제의 부정은 and 명제라는 사실을 이용하여 26, 27번의 명제를 필요 및 충분이라는 단어를 사용하지 말고 다시 써 보라.

26. 8로 나누어지는 것은 4로 나누어지는 것의 필요조건이 아니다.

27. 수입이 많은 것이 사람이 행복해지는 충분조건이 아니다.

28. 항공기를 자주 이용하는 클럽의 소책자에 "당신은 비행기를 선택할 수 있다 only if 그 비행기가 가장 낮은 요금을 제시한다면"이라고 써 있다. 'only if'를 논리적이고도 형식적인 의미로 해석할 때, 항공사가 가장 낮은 요금을 제시한다면 고객은 그것을 선택하면 되는가? 설명해 보라.

자 | 기 | 진 | 단 | 해 | 답

1. some(다른 답: at least one; an); does not have property S. 2. No R have property S. 3. There is an x such that x has property P and x does not have property Q. 4. For all x, if x has property Q then x has property P. 5. For all x, if x does not have property Q then x does not have property P. 6. For all x, if x does not have property P then x does not have property Q.

3.3 여러 개의 한정자를 포함하는 명제

컴퓨터 마이크로칩을 만드는 공장을 방문한다고 상상해 보자. 공장 안내자는 다음과 같이 말한다.

생산 과정의 모든 세세한 것을 감독하는 사람이 있다.

이 비형식적인 명제는 존재한정자와 연관된 '있다'와 전칭한정자와 연관된 '모든' 두 가지를 포함하고 있다. 다음의 어떤 것이 그 명제의 의미를 가장 잘 기술한 것일까?

· 생산 과정의 모든 세세한 것을 감독하는 한 사람이 존재한다.

· 생산 과정의 각 부분을 감독하는 한 사람이 존재한다, 그러나 다른 부분은 다른 감독들이 있을 수 있다.

우연히도, 안내자가 말한 것은 어느 쪽 해석도 해당될 수 있다.(동의하는 쪽을 다시 읽어 보라!) 비록 그가 말한 내용이 어떤 문맥에서는 명확할지라도, 그 자체로 안내자의 말은 애매하다. 일상생활에서 우리는 언제나 이런 애매성을 다루고 있다. 보통 문맥이 애매성을 해결해 주지만, 어떤 경우에는 서로 잘못 이해하고 마는 경우가 있다.

반면에 수학, 형식 논리학, 컴퓨터 과학에서는 우리 모두가 명제를 같은 방식으로 해석하는 것이 필수적이다. 예를 들어 소프트웨어 개발 초기 단계에서는 고객의 애매한 요구사항을 프로그래머가 동의할 수 있는 애매하지 않은 프로그램 사양으로 바꾸기 위해 프로그래머 분석가와 고객 사이에 조심스런 토의가 필요하다.

대부분의 명제가 ∀와 ∃ 한정자 모두를 포함하고 있기 때문에, 그들을 일정하게 해석하는 방식이 개발되었다. 여러 개의 한정자가 나오면 나오는 순서대로 해당되는 행동이 수행된다고 상상해 볼 수 있다. 예를 들어 다음의 명제를 고려해 보자.

$$\forall x \text{ in set } D, \exists y \text{ in set } E \text{ such that } x \text{ and } y \text{ satisfy property } P(x, y)$$

이러한 명제가 참인지를 보이려고 하면 여러분은 다음의 문제를 만나게 될 것이다.

· 어떤 사람이 집합 D에서 임의의 원소를 선택하도록 허락되었으며, 그 사람이 그 원소를 당신에게 주었다고 상상해 보자. 그것을 x라 부르자.
· 당신에게 주어진 문제는 그 사람이 준 x와 함께 성질 $P(x, y)$를 만족시키는, E 집합의 한 원소 y를 발견하는 것이다.

여기서 당신은 그 사람이 x를 정해 줄 때까지 y를 정할 필요가 없다. 주어진 x 값이 달라지면 그 x에 연관된 y 값을 발견하면 된다.

예제 3.3.1 **타스키 세계에서 ∀∃ 명제의 진리값**

그림 3.3.1과 같은 타스키 세계를 고려해 보자.

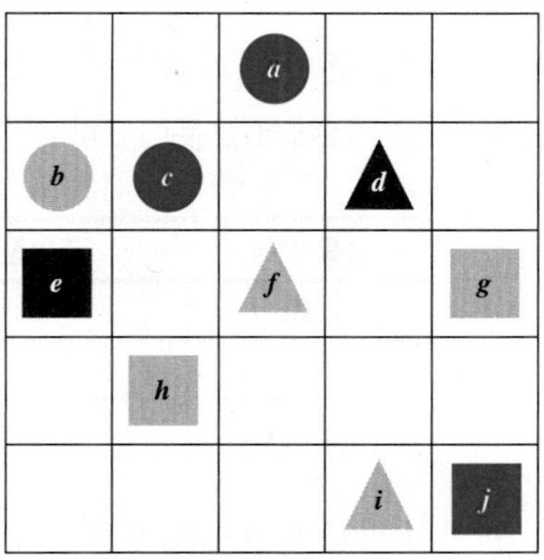

그림 3.3.1

이 세계에서 다음의 명제가 참임을 보여라.

모든 삼각형 x에 대해서, x와 y가 같은 색인 정사각형 y가 존재한다.

풀이

이 명제는 누가 당신에게 어떤 삼각형을 주든지 당신은 같은 색의 정사각형을 발견할 수 있다고 말한다. 그림에는 3개의 삼각형 d, f, i만 있다. 다음의 표는 각 삼각형과 같은 색의 정사각형이 발견됨을 보여 주고 있다.

주어진 x	y를 선택	y가 x와 같은 색인지 검사
d	e	예 ✓
f 또는 i	h 또는 g	예 ✓

■

두 한정자 ∀와 ∃를 포함하되 ∃가 ∀ 앞에 나오는 다음 명제를 생각해 보자.

$$\exists \text{ an } x \text{ in } D \text{ such that } \forall y \text{ in } E, x \text{ and } y \text{ satisfy property } P(x, y)$$

이러한 형태의 명제가 참임을 보이기 위해서는 다음의 성질을 만족시키는 D 집합에서 한 개의 원소(그것을 x라 부르자)를 발견할 수 있어야 한다.

- 당신이 당신의 x를 발견한 후, 누군가 E에서 임의의 원소(그것을 y라 하자)를 선택하여 당신에게 준다.
- 당신의 x와 그 사람의 y가 성질 $P(x, y)$를 만족시킴을 보여 줄 수 있다.

여기서 당신의 x는 그 사람의 모든 y에 대해서 x 값을 바꾸지 않고 P를 만족시켜야 한다.

예제 3.3.2 **타스키 세계에서 ∃∀ 명제의 진리값**

그림 3.3.1과 같은 타스키 세계를 다시 고려해 보자. 다음의 명제가 참임을 보여라: 원 y에 대해서, 모든 원 y의 오른쪽에 있는 삼각형 x가 존재한다.

풀이

이 명제는 모든 원들의 오른쪽에 있는 삼각형을 발견할 수 있다고 말하는 것이다. 실질적으로 다음의 표에서 보듯이 d나 i는 유효하다.

x를 선택	주어진 y	x가 y의 오른쪽에 있는지 검사
d 또는 i	a	예 ✓
	b	예 ✓
	c	예 ✓

■

두 가지 다른 한정자를 가진 명제들을 해석하는 방식을 요약하면 다음과 같다.

두 가지 다른 한정자를 가진 명제들의 해석

만일 당신이 다음과 같은 형태의 명제에 대한 진리값을 구하기 원한다면

$$\forall\, x \text{ in } D, \exists\, y \text{ in } E \text{ such that } P(x, y)$$

누군가 D의 원소 x를 임의로 선택해 당신에게 주면, 당신은 $P(x, y)$를 만족시키는 그 x에 적절한 y를 찾아낼 수 있으면 참이 된다.

만일 당신이 다음과 같은 형태의 명제에 대한 진리값을 구하기 원한다면

$$\exists x \text{ in } D \text{ such that } \forall y \text{ in } E, P(x, y)$$

누군가 E에서 임의의 y를 주어도 $P(x, y)$를 만족시키는 D의 한 원소 x를 발견할 수 있으면 참이다.

예제 3.3.3 다중한정화된* 명제 해석

대학 카페테리아의 네 곳에서는 각각 샐러드, 주요리, 디저트, 음료가 제공된다. 샐러드 코너에서는 채소 샐러드 또는 과일 샐러드를 선택할 수 있고, 주요리 코너에서는 스파게티 또는 생선을 선택할 수 있고, 디저트 코너에서는 파이 또는 케이크를 선택할 수 있으며, 음료 코너에서는 우유, 소다, 또는 커피를 선택할 수 있다. 세 학생 우타, 팀, 웬이 줄을 따라 걸어가 다음과 같이 선택한다.

우타: 채소 샐러드, 스파게티, 파이, 우유
팀: 과일 샐러드, 생선, 케이크, 파이, 우유, 커피
웬: 스파게티, 생선, 파이, 소다

위의 선택을 그림 3.3.2에 표현하였다.

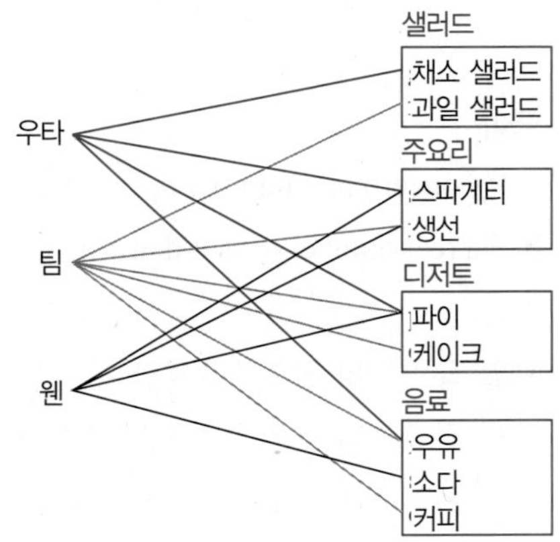

그림 3.3.2

* 다중한정화된(multiply-quantified) 명제란 둘 이상의 한정자를 포함하고 있는 명제이다.

다음의 명제를 비형식적으로 써 보고, 진리값을 구해 보라.

a. $\exists$ an item I such that $\forall$ students S, S chose I

b. $\exists$ a student S such that $\forall$ item I, S chose I

c. $\exists$ a student S such that $\forall$ station Z, $\exists$ an item I in Z such that S chose I

d. $\forall$ students S and $\forall$ station Z, $\exists$ an item I in Z such that S chose I

풀이

a. 모든 학생이 선택한 음식(item)이 존재한다. 이것은 참이다. 모든 학생이 파이를 선택했다.

b. 모든 음식을 선택한 학생이 존재한다. 이것은 거짓이다. 어떤 학생도 9가지 모든 음식을 선택하지 않았다.

c. 각 코너에서 적어도 한 가지 음식을 선택한 학생이 존재한다. 이것은 참이다. 우타와 팀은 각 코너에서 적어도 한 가지 음식을 선택했다.

d. 모든 학생이 각 코너에서 적어도 한 가지 음식을 선택했다. 이것은 거짓이다. 웬은 샐러드 코너에서 아무것도 선택하지 않았다. ■

비형식 언어의 형식 언어로의 변환

대부분의 문제는 비형식적 언어로 언급되지만, 그것을 해결하기 위해서는 좀 더 형식적인 용어로 바꾸어야 할 필요가 있다.

예제 3.3.4 비형식적으로 표현된 다중한정화된 명제를 형식 언어로 변환

실수 a의 **역수**(reciprocal)는 $ab=1$을 만족시키는 실수 b이다. 다음의 두 명제는 참이다. 그들을 한정자 및 변수들을 이용하여 다시 써 보라.

a. 0이 아닌 모든 실수는 역수를 갖는다.

b. 역수를 갖지 않는 실수가 존재한다.

숫자 0은 역수가 없다.

풀이

a. $\forall$ nonzero real number u, $\exists$ a real number v such that $uv=1$.

b. $\exists$ a real number c such that $\forall$ real number d, $cd \neq 1$. ■

예제 3.3.5 제일 작은 양의 정수가 존재함

모든 정수는 실수의 일종이며 실수는 3가지 종류, 즉, 양수, 음수 및 0(0은 음수도 양수도 아니다)이 있다. 명제 "There is a smallest positive integer"를 고려하자. 이 명제를 $\exists$와 $\forall$를 모두 사용하여 형식적으로 다시 쓰라.

풀이

제일 작은 양의 정수가 존재한다고 말하는 것은 하나의 정수 m이 다음의 성질을 만족시킨다는 뜻이다. 즉, 누가 어떤 정수 n을 가져와도 그 n보다 작거나 같은 m이 존재한다는 의미이다.

$$\exists \text{ a positive integer } m \text{ such that } \forall \text{ positive integer } n,\ m \le n.$$

1은 양의 정수이면서 모든 양의 정수보다 작거나 같으므로 위의 명제는 참이다.

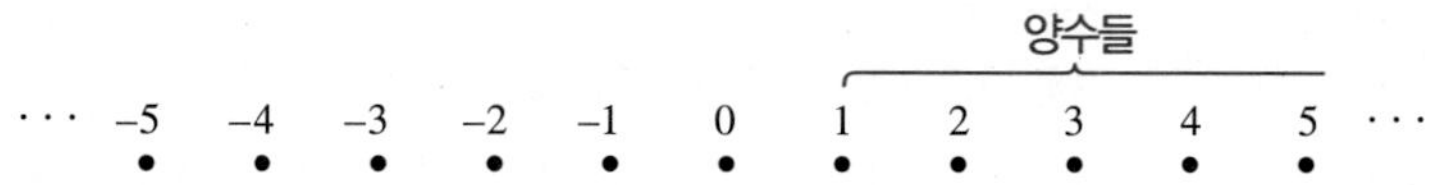

■

예제 3.3.6 **제일 작은 양의 실수는 존재하지 않음**

실수를 나타내는 직선 위의 양의 실수 x를 상상해 보자. 이 숫자들은 0의 오른쪽에 있는 점들에 해당된다. x가 아무리 작아도 숫자 $x/2$는 x보다는 작으면서도 양의 실수일 것이다.*

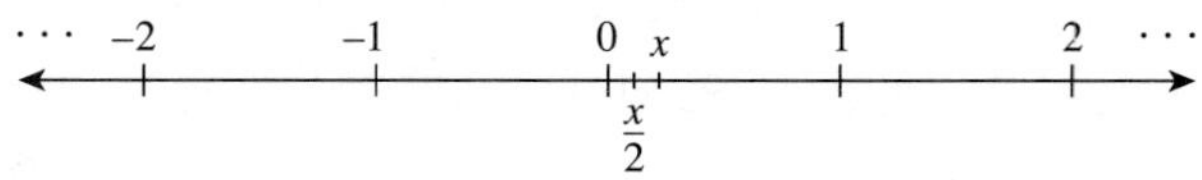

따라서 명제 "There is no smallest positive real number"는 참이다. 이 명제를 ∃와 ∀를 모두 사용하여 형식적으로 다시 쓰라.

풀이

$\forall$ positive real numbers x, $\exists$ a positive real number y such that $y < x$. ■

예제 3.3.7 **극한의 정의**

수열(sequence)의 극한(limit)에 대한 정의는 해석학에서 공부한 대로 한정자 ∃와 ∀ 및 if-then을 사용한다. n이 무한으로 갈 때 수열 a_n의 극한은 L과 같다고 말하며, 다음과 같이 쓴다.

$$\lim_{n \to \infty} a_n = L$$

좀 더 세밀하게 말하면, 양의 실수 ε이 주어져 있다면 n이 N보다 큰 모든 경우에 a_n이 $L-\varepsilon$와 $L+\varepsilon$ 사이에 있는 N을 발견할 수 있다는 의미이다.

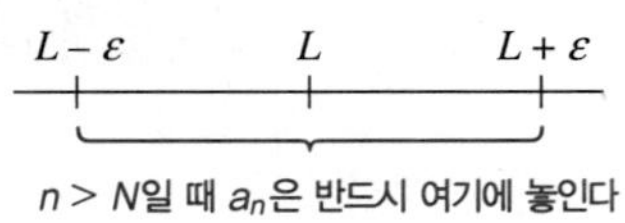

---

* 실수 x는 양의 실수이므로 $0 < x$이다. 양변에 x를 더하면 $x < 2x$이다. 따라서 $0 < x < 2x$이며, 각각에 양의 실수 1/2을 곱해도 부등호는 변하지 않는다. 즉, $0 < x/2 < x$가 성립된다.

기호로 나타내면 다음과 같다.

$$\forall \varepsilon > 0, \exists \text{ an integer } N \text{ such that } \forall \text{ integers } n,$$
$$\text{if } n > N \text{ then } L - \varepsilon < a_n < L + \varepsilon$$

이 정의의 논리적 복잡성을 고려하면, 많은 학생들이 이해하기 어려워하는 것도 이상한 것이 아니다. ■

모호한 언어

그림 3.3.3은 시각적 모호성의 유명한 예이다. 잠시 이 그림을 보면 큰 모자를 쓴 젊은 여인의 실루엣이나 큰 코의 노파가 보일 것이다. 어떤 이미지가 먼저 떠오르든지 다른 이미지를 보도록 노력해 보라.(힌트: 노파의 입은 젊은 여인의 목걸이이다.)

대부분의 사람들은 한번 어떤 이미지로 그림을 보았다면 다른 이미지를 인지하기가 어렵다. 애매한 언어도 마찬가지이다. 이 절의 처음에 나온 문장의 경우도 한번 한 방법으로 해석했다면 다른 방법으로 해석하기가 어려울 수 있다. 그림에서 다른 이미지를 찾는 방법을 설명해도 못 찾는 것처럼 다른 의미를 이해시키는 것도 어려울 수 있다.

비형식적인 언어는 여러 해석에 열려 있으므로 해석하는 방향이 없다면 참인지 거짓인지 결정할 수 없다. 그러므로 최선을 다해 그 의미를 확실히 하기 위해서 문맥(context)을 이용해야 한다.

그림 3.3.3

다중한정화 명제의 부정

단순한 한정화 명제를 부정하는 방법을 다중한정화 명제의 부정에 적용할 수 있다. 다음을 상기하자.

$$\sim(\forall x \text{ in } D,\ P(x)) \equiv \exists x \text{ in } D \text{ such that } \sim P(x)$$

$$\sim(\exists x \text{ in } D \text{ such that } P(x)) \equiv \forall x \text{ in } D,\ \sim P(x)$$

이 법칙을 다음과 같은 명제에

$$\sim(\forall x \text{ in } D,\ \exists y \text{ in } E \text{ such that } P(x, y))$$

왼쪽부터 오른쪽으로 차례로 적용하면 다음과 같다.

부정의 처음 적용: $\exists x$ in D such that $\sim(\exists y$ in E such that $P(x, y))$
부정의 마지막 적용: $\exists x$ in D such that $\forall y$ in E, $\sim P(x, y)$

마찬가지로 다음의 명제에 적용하면

$$\sim(\exists x \text{ in } D \text{ such that } \forall y \text{ in } E,\ P(x, y))$$

다음과 같다.

부정의 처음 적용: $\forall x$ in D, $\sim(\forall y$ in E, $P(x, y))$
부정의 마지막 적용: $\forall x$ in D, $\exists y$ in E such that $\sim P(x, y)$

위의 사실을 요약하면 다음과 같다.

다중한정화 명제의 부정

$$\sim(\forall x \text{ in } D,\ \exists y \text{ in } E \text{ such that } P(x, y)) \equiv \exists y \text{ in } D \text{ such that } \forall y \text{ in } E,\ \sim P(x, y)$$
$$\sim(\exists x \text{ in } D \text{ such that } \forall y \text{ in } E,\ P(x, y)) \equiv \forall x \text{ in } D,\ \exists y \text{ in } E \text{ such that } \sim P(x, y)$$

예제 3.3.8 **타스키 세계에서의 명제 부정**

그림 3.3.1의 타스키 세계를 여기서 다시 참조하자.

다음 명제 각각의 부정을 쓰고, 주어진 명제가 참인지 그 부정이 참인지 결정해 보라.

a. 모든 정사각형 x에 대해, x와 같은 색 원 y가 존재한다.

b. 정사각형 y에 대해, 모든 y의 오른쪽에 있는 삼각형 x가 존재한다.

풀이

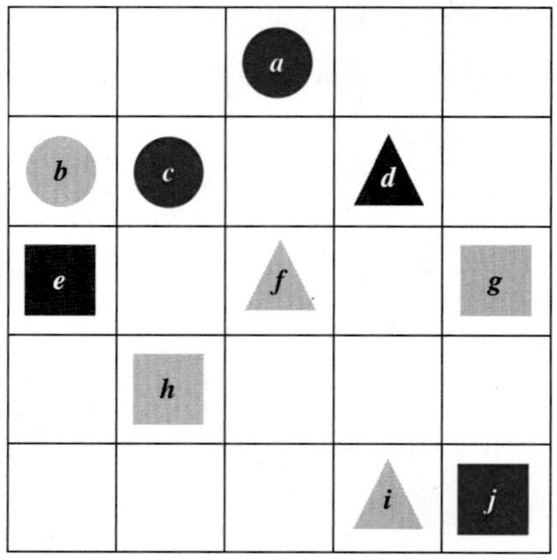

a. 부정의 처음 적용: ∃ a square x such that ~(∃ a circle y such that x and y have the same color)

부정의 마지막 적용: ∃ a square x such that ∀ circles y, x and y do not have the same color

부정이 참이다. 정사각형 e는 검은색이고 어떤 원도 검은 색이 아니다. 따라서 어떤 원과도 색이 같지 않은 정사각형이 존재한다.

b. 부정의 처음 적용: ∀ triangles x, ~(∀ squares y, x is to the right of y)

부정의 마지막 적용: ∀ triangles x, ∃ a square y such that x is not to the right of y

부정이 참이다. 어떤 삼각형을 선택하더라도 정사각형 g(혹은 j)의 오른쪽에 있지 않다. ■

한정자의 순서

다음 명제들을 고려하자.

∀ people x, ∃ a person y such that x loves y.
∃ a person y such that ∀ people x, x loves y.

한정자의 순서를 제외하고는 두 명제는 같으나 그 의미는 다르다. 첫 번째 명제의 경우, 어떤 사람이 주어지든 그 사람이 사랑하는 어떤 사람을 발견할 수 있다는 의미이나, 두 번째의 경우는 모든 사람이 사랑하는 놀랄 만한 한 사람이 있다는 의미이다.(이런 해석을 확인하기 위해 조심스럽게 다시 읽어 보라.) 이 두 문장은 다중한정자의 매우 중요한 성질을 설명해 주고 있다.

> ∀와 ∃를 모두 포함한 명제에서 한정자들의 순서를 바꾸면 명제의 의미가 달라진다.

⚠ **주의!** 두 개의 다른 종류의 한정자를 포함한 명제에서 한정자의 순서를 바꾸면 진리값이 바뀔 수 있다.

그러나 연속되는 한정자가 같은 한정자인 경우에는 한정자의 순서를 바꾸어도 그 의미에는 변함이 없다. 실수 덧셈에 대한 교환법칙을 고려해 보자.

$$\forall \text{ real numbers } x \text{ and } \forall \text{ real numbers } y, x + y = y + x$$

이것은 다음과 같은 의미이다.

$$\forall \text{ real numbers } y \text{ and } \forall \text{ real numbers } x, x + y = y + x$$

따라서 다음과 같이 간단히 쓸 수 있다.

$$\forall \text{ real numbers } x \text{ and } y,\ x + y = y + x$$

예제 3.3.9 **타스키 세계에서 한정자의 순서**

그림 3.3.1의 타스키 세계를 다시 고려해 보자. 다음의 두 명제가 같은 진리값을 갖는가?

a. For every square x there is a triangle y such that x and y have different colors.
(모든 정사각형 x에 대해, x와 다른 색을 갖는 삼각형 y가 존재한다.)

b. There exists a triangle y such that for every square x, x and y have different colors.
(모든 정사각형 x와 다른 색을 갖는 삼각형 y가 존재한다.)

풀이

명제 (a)는 누가 당신에게 타스키 세계에서 정사각형 한 개를 주면, 당신은 그것과 다른 색을 갖는 삼각형을 발견할 수 있다는 것을 말한다. 이것은 참이다. 회색인 정사각형 g 혹은 h를 주면 당신은 검은색 삼각형 d를 사용할 수 있고, 검은 정사각형 e를 주면 회색 삼각형인 f 혹은 i를 쓸 수 있고, 푸른 정사각형 j를 주면 검은 삼각형 d 혹은 회색 삼각형 f 혹은 i를 사용할 수 있다.

명제 (b)는 타스키 세계에서 하나의 특별한 삼각형이 있는데, 그것은 모든 정사각형의 색과 다른 색을 갖고 있다. 이것은 거짓이다. 두 개의 회색 삼각형은, 회색 정사각형이 있으므로, 명제를 참으로 만들지 못한다. 남아 있는 검은 삼각형도, 검은 정사각형이 있으므로, 명제를 참으로 만들지 못한다.

따라서 한 명제는 참이고, 다른 명제는 거짓이며, 그러므로 그들은 반대의 진리값을 갖고 있다. ■

형식 논리적 표기법

컴퓨터 과학의 많은 영역에서, 논리적 명제는 순수한 기호 표기법으로 표현된다. 이 표기법은 변수들의 성질을 기술하는 술어(predicate)를 사용하며 존재명제에서 such that과 같은 단어를 생략한다.(그러나 형식적 명제의 의미를 파악하려고 할 때 적절한 곳에 such that이 있다고 생각하는 것이 도움이 된다.) 형식주의는 역시 다음의 사실들에 의존한다. 즉

" $\forall x$ in D, $P(x)$"는 " $\forall x(x \text{ in } D \rightarrow P(x))$"과 같이 쓸 수 있고
" $\exists x$ in D such that $P(x)$"는 " $\exists x(x \text{ in } D \wedge P(x))$"과 같이 쓸 수 있다.

이런 생각을 예제 3.3.10에서 설명하겠다.

예제 3.3.10 **타스키 세계에서 명제를 형식화하기**

그림 3.3.1의 타스키 세계를 한 번 더 고려해 보자.

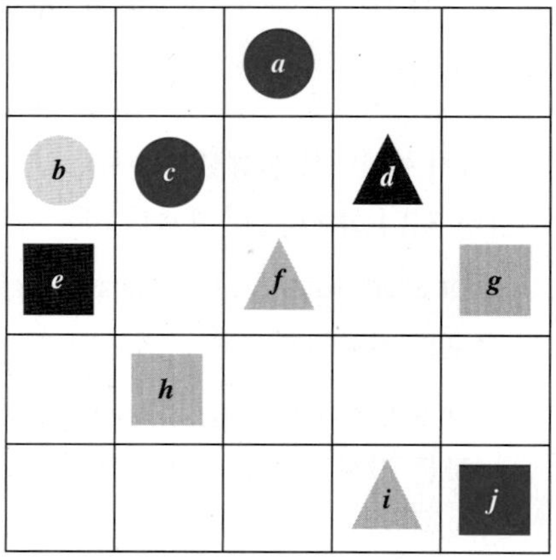

Triangle(x), Circle(x), Square(x)는 각각 "x는 삼각형이다", "x는 원이다", "x는 정사각형이다"를 의미한다고 하자. Blue(x), Black(x)는 각각 "x는 푸르다", "x는 검다"를 의미하고, RightOf(x, y), Above(x, y), SameColorAs(x, y)는 각각 "x는 y의 오른쪽에 있다", "x는 y의 위쪽에 있다", "x는 y와 같은 색을 갖고 있다"를 의미한다고 하자. 표기법 $x=y$는 "x와 y는 같다"를 표시한다고 하자. 모든 변수들의 공통된 정의역 D는 타스키 세계에 있는 모든 객체 집합이라고 하자. 다음 명제들 각각을 형식적이며 논리적인 표기법을 사용하여 다시 쓰고, 그것의 형식적 부정도 써 보라.

a. For all circles x, x is above f.

b. There is a square x such that x is black.

c. For all circles x, there is a square y such that x and y have the same color.

d. There is a square x such that for all triangles y, x is to right of y.

풀이

a. 명제: $\forall x\,(\text{Circle}(x) \rightarrow \text{Above}(x, f))$

부정: $\sim(\forall x\,(\text{Circle}(x) \rightarrow \text{Above}(x, f)))$

$$\equiv \exists x \sim (\text{Circle}(x) \rightarrow \text{Above}(x, f))$$
∀ 명제를 부정하는 법칙에 의해
$$\equiv \exists x(\text{Circle}(x) \wedge \sim\text{Above}(x, f))$$
if-then 명제를 부정하는 법칙에 의해

b. 명제: $\exists x\,(\text{Square}(x) \wedge \text{Black}(x))$
부정: $\sim(\exists x\,(\text{Square}(x) \wedge \text{Black}(x)))$

$$\equiv \forall x \sim (\text{Square}(x) \wedge \text{Black}(x))$$
∃ 명제를 부정하는 법칙에 의해
$$\equiv \forall x(\sim\text{Square}(x) \vee \sim\text{Black}(x))$$
드모르간 법칙에 의해

c. 명제: $\forall x\,(\text{Circle}(x) \rightarrow \exists y(\text{Square}(y) \wedge \text{SameColor}(x, y)))$
부정: $\sim(\forall x(\text{Circle}(x) \rightarrow \exists y(\text{Square}(y) \wedge \text{SameColor}(x, y))$

$$\equiv \exists x \sim (\text{Circle}(x) \rightarrow \exists y(\text{Square}(y) \wedge \text{SameColor}(x, y)))$$
∀ 명제를 부정하는 법칙에 의해
$$\equiv \exists x(\text{Circle}(x) \wedge \sim(\exists y(\text{Square}(y) \wedge \text{SameColor}(x, y))))$$
if-then 명제를 부정하는 법칙에 의해
$$\equiv \exists x(\text{Circle}(x) \wedge \forall y(\sim(\text{Square}(y) \wedge \text{SameColor}(x, y))))$$
∃ 명제를 부정하는 법칙에 의해
$$\equiv \exists x(\text{Circle}(x) \wedge \forall y(\sim\text{Square}(y) \vee \sim\text{SameColor}(x, y)))$$
드모르간 법칙에 의해

d. 명제: $\exists x\,(\text{Square}(x) \wedge \forall y(\text{Triangles}(y) \rightarrow \text{RightOf}(x, y)))$
부정: $\sim(\exists x(\text{Square}(x) \wedge \forall y(\text{Triangles}(y) \rightarrow \text{RightOf}(x, y))))$

$$\equiv \forall x \sim (\text{Square}(x) \wedge \forall y(\text{Triangle}(x) \rightarrow \text{RightOf}(x, y)))$$
∃ 명제를 부정하는 법칙에 의해
$$\equiv \forall x(\sim\text{Square}(x) \vee \sim(\forall y(\text{Triangle}(y) \rightarrow \text{RightOf}(x, y))))$$
드모르간 법칙에 의해
$$\equiv \forall x(\sim\text{Square}(x) \vee \exists y(\sim(\text{Triangle}(y) \rightarrow \text{RightOf}(x, y))))$$
∀ 명제를 부정하는 법칙에 의해
$$\equiv \forall x(\sim\text{Square}(x) \vee \exists y(\text{Triangle}(y) \wedge \sim\text{RightOf}(x, y)))$$
if-then 명제를 부정하는 법칙에 의해

■

완전한 형식적 표기는 그것이 복잡하고 직관적인 이해와 어느 정도 괴리되어 있기 때문에, 그것을 사용할 때 인식하지 못하는 오류를 만들 수 있다는 단점이 있다. 그러나 장점은 부정을 만드는 것과 같은 연산(operation)들이 완전히 기계적으로 만들어질 수 있고 컴퓨터에서 프로그래밍될 수 있다는 점이다. 또한 우리가 형식적인 조작(formal manipulation)에 익숙해지면, 그것을 우리의 직관을 점검하는 데 이용할 수 있고, 우리의 직관을 형식적 처리를 점검하는 데 사용할 수 있다. 형식 논리적 표기법은 인공지능, 프로그램 검증 및 오토마타 이론과 형식 언어와 같은 컴퓨터 과학의 분야들에서 사용된다.

한정자 기호들과, 변수, 술어 및 논리적 연결자(connective)들을 함께 취하여 **일차논리 언어**(language of first-order logic)로 알려진 것을 만들 수 있다. 비록 이 언어가 일상에서 사용하는 언어보다 여러 면에서 단순하지만, 이것을 익히기 위해서는 어떤 외국어를 배우는데 필요한 연습과 같은 훈련을 해야 한다.

프롤로그 언어

프로그래밍 언어인 프롤로그(Prolog는 *pro*gramming in *log*ic의 약자임)는 인공지능 분야에서 연구하는 프로그래머들을 돕기 위해 1970년대에 A. Colmerauer와 P. Roussel에 의해 프랑스에서 개발되었다. 간단한 프롤로그 프로그램은 어떤 상황을 기술하는 명제들의 집합과 어떤 상황에 대한 질문으로 구성된다. 질문 명제를 주었을 때 주어진 명제 집합들로부터 대답[참(혹은 참을 만들어 주는 변수 값), 거짓]을 얻게 해 주는 탐색 및 추론 기술들이 내장되어 있다. 이로 인해 프로그래머는 질문마다 새로운 프로그램을 작성해야 할 필요성으로부터 자유롭게 되었다. 예제 3.3.11은 매우 간단한 프롤로그 프로그램의 예이다.

예제 3.3.11 **프롤로그 프로그램의 예**

책상 위에 색깔 있는 블록이 쌓여 있는 아래의 그림을 고려하자.

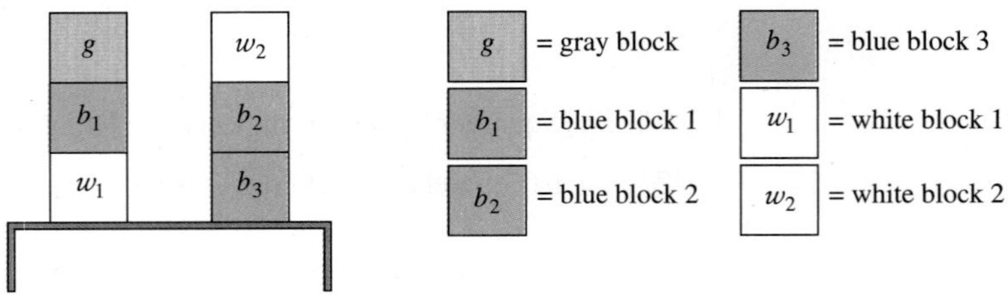

주의! 구현된 프롤로그 언어는 여러 가지가 있는데, 그들 각각이 상수, 변수, 술어 이름, 질문과 대답의 형태 등을 표현하는 방식이 다르다. 여기서는 Edinburgh Prolog를 기준으로 표현하였다.

아래는 프롤로그로 표현된 이 그림에 관련된 명제들과 2가지 질문이다.

isabove(g, b_1)	color(g, gray)	color(b_3, blue)
isabove(b_1, w_1)	color(b_1, blue)	color(w_1, white)
isabove(w_2, b_2)	color(b_2, blue)	color(w_2, white)
isabove(b_2, b_3)	isabove(X, Z) if isabove(X, Y) and isabove(Y, Z)	
?color(b_1, blue)	?isabove(X, w_1)	

명제 "isabove(g, b_1)"과 "color(g, gray)"는 "g is above b_1"과 "g is colored gray"를 의미한다. 명제 "isabove(X, Z) if isabove(X, Y) and isabove(Y, Z)"는 "For all X, Y, Z, if X is above Y and Y is above Z, then X is above Z"으로 해석된다.

명제 "?color(b_1, blue)"는 b_1이 푸른색인지를 묻는 질문이다. 프롤로그는 "Yes"라고 반응을 보임으로써 답변을 한다.

명제 "?isabove(X, w_1)"는 술어 "X is above w_1"을 참으로 만들어 주는 블록 X를 묻는 질

문이다. 프롤로그는 그러한 블록의 리스트를 줌으로써 대답을 한다. 이 경우 대답은

$$X = b_1, X = g$$

이다. 여기서 $X=b_1$는 주어진 명제 집합에서 단순히 찾은 것이지만, $X=g$는 다음의 명제들을 추론(infer)한 결과이다.

isabove(g, b_1),
isabove(b_1, w_1),
isabove(X, Z) if isabove(X, Y) and isabove(Y, Z)

위의 명제 집합에서 다음의 질문에 프롤로그가 어떤 대답을 할지 써 보라.

a. ?isabove(b_2, w_1) b. ?color(w_1, X) c. ?color(X, blue)

풀이

a. 질문은 "Is b_2 above w_1?"을 의미하므로, 그 대답은 "No"이다.
b. 질문은 어떤 색 X가 "w_1 is colored X" 술어를 참으로 만드는가를 의미하므로, 그 대답은 "X=white"이다.
c. 질문은 어떤 블록 X가 "X is colored blue" 술어를 참으로 만드는가를 의미하므로, 그 대답은 "$X=b_1$, $X=b_2$, $X=b_3$"이다. ■

자 | 기 | 진 | 단

1. "$\forall x$ in D, $\exists y$ in E such that $P(x, y)$" 명제가 참인지를 알기 위해서는 다음을 만족시켜야 한다: 어떤 사람이 당신에게 D로부터 한 원소 x를 임의로 꺼내서 주었을 때, 당신은 ______를 만족시키는 ____를 항상 찾을 수 있다.
2. "$\exists x$ in D such that $\forall y$ in E, $P(x, y)$" 명제가 참인지를 알기 위해서는 다음을 만족시켜야 한다: 당신은 E의 임의의 원소를 y로 사용해도 ______를 만족시키는 ____를 찾을 수 있다.
3. "$\forall x$, $\exists y$ such that $P(x, y)$, a property involving x and y, is true" 명제를 생각해 보자. 이 명제의 부정은 ______________________ 이다.
4. "$\exists x$ such that $\forall y$, $P(x, y)$, a property involving x and y, is true" 명제를 생각해 보자. 이 명제의 부정은 ______________________ 이다.
5. "$\forall x$ in D, $\exists y$ in E such that $P(x, y)$"이 참이라고 하자. 그러면 "$\exists x$ in D such that $\forall y$ in E, $P(x, y)$"은?

   a. 참 b. 거짓 c. 참 혹은 거짓

연/습/문/제 3.3

1. 세계에 있는 도시의 집합을 C라 하고, 나라의 집합을 N이라고 하며, $P(c, n)$을 "c는 n의 수도이다"라고 하자. 다음 명제의 진리값을 정하라.

a. P(Tokyo, Japan) **b.** P(Athens, Egypt)

c. P(Paris, France) **d.** P(Miami, Brazil)

2. $G(x, y)$를 "$x^2 > y$"라고 하자. 다음 명제들이 참인지 거짓인지 말해 보라.

a. $G(2, 3)$ **b.** $G(1, 1)$

c. $G(\frac{1}{2}, \frac{1}{2})$ **d.** $G(-2, 2)$

3. 명제 "∀ nonzero numbers x, ∃ a real number y such that $x \cdot y=1$"는 참이다. 다음의 각 x 값에 대해서 "$x \cdot y=1$"이 되는 y 값을 찾아보라.

a. $x=2$ **b.** $x=-1$ **c.** $x=3/4$

4. 명제 "∀ real numbers x, ∃ a integer n such that $n > x$"는 참이다.* 다음의 각 x 값에 대해서 "$n > x$"이 되는 n 값을 찾아보라.

a. $x=15.83$ **b.** $x=10^8$ **c.** $x=10^{10^{10}}$

연습문제 5, 6은 예제 3.3.1에 주어진 타스키 세계를 참조하고 있다. 각 명제가 왜 참인지 설명하라.

5. For all circles x there is a square y such that x and y have the same color.

6. There is a triangle x such that for all squares y, x is above y.

7. $D=E=\{-2, -1, 0, 1, 2\}$이라고 하자. 다음 명제들이 왜 참인지 설명하라.

a. $\forall x$ in D, $\exists y$ in E such that $x+y=0$.

b. $\exists x$ in D such that $\forall y$ in E, $x+y=y$.

8. 예제 3.3.3을 참조하여, 다음 명제들이 참인지 거짓인지 결정하라.

a. ∀ students S, ∃ a dessert D such that S chose D.

b. ∀ students S, ∃ a salad T such that S chose T.

c. ∃ a dessert D such that ∀ students S, S chose D.

d. ∃ a beverage B such that ∀ students D, D chose B.

e. ∃ an item I such that ∀ students S, S did not choose I.

f. ∃ a station Z such that ∀ students S, ∃ an item I such that S chose I from Z.

9. 당신의 학교 학생들을 S라 하고, 출시된 영화들을 M이라고 하며, $V(s, m)$을 "학생 s가 영화 m을 보았다"라는 술어라 하자. 다음 명제들을 한정자 기호와 변수를 사용하지 말고 다시 써 보라.

a. $\exists s \in S$ such that $V(s$, Casablanca)

b. $\forall s \in S$, $V(s$, Star Wars)

c. $\forall s \in S$, $\exists m \in M$ such that $V(s, m)$

d. $\exists m \in M$ such that $\forall s \in S$, $V(s, m)$

e. $\exists s \in S$, $\exists t \in S$, and $\exists m \in M$ such that $s \neq t$ and $V(s, m) \wedge V(t, m)$

f. $\exists s \in S$, and $\exists t \in S$, such that $s \neq t$ and $\forall m \in M$, $V(s, m) \rightarrow V(t, m)$

10. $D=E=\{-2, -1, 0, 1, 2\}$이라고 하자. 다음 명제들의 부정을 쓰고, 어느 쪽이 참인지 말하라.

a. $\forall x$ in D, $\exists y$ in E such that $x + y = 1$

b. $\exists x$ in D such that $\forall y$ in E, $x + y = -y$

c. $\forall x$ in D, $\exists y$ in E such that $xy \geq y$

d. $\exists x$ in D such that $\forall y$ in E, $x \leq y$

연습문제 11~14에 대해서, (a) 한정자 기호를 사용하지 않고 영어로 다시 써 보고 대답을 최대한 간단히 표현하고, (b) 그 명제의 부정을 써 보라.

---

* 이것은 Archimedean 원리라고 부른다. 기원전 287~212년에 살았던 그리스의 위대한 수학자 Archimedes가 처음으로 기하학적 용어로 형식화하였다.

11. $\forall$ colors C, $\exists$ an animal A such that A is colored C

12. $\exists$ a book b such that $\forall$ people p, p has read b

13. $\forall$ odd integers n, $\exists$ an integer k such that $n = 2k + 1$

14. $\forall x \in \mathbf{R}$, $\exists$ a real number y such that $x + y = 0$

15. 서로 다른 두 한정자를 포함하는 명제에서, 그 한정자의 순서를 바꾸면 명제의 진리값이 바뀔 수 있다. 그림 3.3.1의 타스키 세계에서 한정자의 순서가 바뀐 아래의 명제 쌍의 진리값이 같은지 혹은 반대인지 결정하고, 그 대답을 정당화하라.

a. (1) For all circles x there is a triangle y such that x and y do not have the same color.

(2) There is a triangle x such that for all circles y, x and y have different colors.

b. (1) For all circles x there is a square y such that x and y have the same color.

(2) There is a square x such that for all circles y, x and y have the same color.

16. 다음의 a~e 식에 대해서 (1)과 (2) 중 어떤 명제가 참인지 결정해 보라.(둘 다 거짓이거나 참일 수도 있음.)

(1) For all real numbers x, there exists a real number y such that the equation is true.

(2) There exists a real number x, such that for all real numbers y, the equation is true.

a. $2x+y=7$ **b.** $y+x=x+y$

c. $x^2-2xy+y^2=0$ **d.** $(x-5)(y-1)=0$

e. $x^2+y^2=-1$

17. 한정자 기호 및 변수를 사용하지 않고 각 명제를 다시 써 보고, 그 명제가 참인지 거짓인지 결정하라.

a. $\forall$ real numbers x, $\exists$ a real number y such that $x + y = 0$
b. $\exists$ a real number y such that $\forall$ real numbers x, $x + y = 0$

18. 전칭명제 및 존재명제의 부정 규칙을 사용해서 다음의 규칙을 유도하라.

a. $\sim(\forall x \in D(\forall y \in E(P(x, y))))$
$\equiv \exists x \in D(\exists y \in E(\sim P(x, y)))$

b. $\sim(\exists x \in D(\exists y \in E(P(x, y))))$
$\equiv \forall x \in D(\forall y \in E(\sim P(x, y)))$

연습문제 19, 20의 각 명제는 그림 3.3.1의 타스키 세계를 참조한다. 각각에 대해서 (a) 그 명제가 참인지 아닌지를 결정하고 그 대답을 정당화하라. (b) 그 명제의 부정을 써 보라(필요하면 연습문제 18의 결과를 이용하라).

19. $\forall$ circles x and $\forall$ squares y, x is above y

20 $\exists$ a circle x and $\exists$ a square y such that x is above y and x and y have different colors

21. 다음 명제에 대해서, (a) 한정자를 바꾸어 명제를 만들어 보고, (b) 어느 쪽(원래 명제와 새로 만든 명제 혹은 둘 다)이 참인지 말하라.

$$\forall x \in \mathbf{R}, \exists y \in \mathbf{R} \text{ such that } x < y$$

22. 명제 "Everybody is older than somebody."를 고려해 보자. 이 명제를 "$\forall$ people x, $\exists$ ______" 형태로 다시 써 보라.

23. 명제 "Somebody is older than everybody."를 고려해 보자. 이 명제를 "$\exists$ a person x, $\forall$ ______" 형태로 다시 써 보라.

연습문제 24, 27에서는 (a) 한정자 기호 및 변수를 사용하여 각 명제를 다시 써 보고, (b) 그 명제의 부정을 써 보라.

24. Everybody loves somebody.

25. Somebody loves everybody.

26. Any even integer equals twice some integer.

27. There is a program that gives the correct answer to every question that is posed to it.

28. 많은 문장에서 비형식적으로 "There is _____ every _____"라고 말한 것은, 비록 전칭한정자 every가 존재한정자 there is보다 뒤에 나왔어도, "∀ _____ ∃_____"로 이해되도록 의도된 것이다. 이런 해석을 다음의 잘 알려진 문장들에 적용해 보자. 한정자와 변수를 사용하여 다시 써 보라.

a. There is a sucker born every minute.

b. There is a time for every purpose under heaven.

29. 다음의 명제 중 어느 것이 참이고 거짓인지 결정하고, 그 대답을 최대한 정당화하라.

a. $\forall x \in Z^+, \exists y \in Z^+$ such that $x = y + 1$
b. $\forall x \in Z, \exists y \in Z$ such that $x = y + 1$
c. $\exists x \in R$ such that $\forall y \in R, x = y + 1$
d. $\forall x \in R^+, \exists y \in R^+$ such that $xy = 1$
e. $\forall x \in R, \exists y \in R$ such that $xy = 1$
f. $\forall x \in Z^+$ and $\forall y \in Z^+, \exists z \in Z^+$ such that $z = x - y$
g. $\forall x \in Z$ and $\forall y \in Z, \exists z \in Z$ such that $z = x - y$
h. $\exists u \in R^+$ such that $\forall v \in R^+, uv < v$
i. $\forall v \in R^+, \exists u \in R^+$ such that $uv < v$

30. 예제 3.3.7에 주어진 극한의 정의를 부정하여 써 보라.

31. 표기 ∃!는 'there exists a unique'를 나타낸다. 따라서 예문 "∃! x such that x is prime and x is even"은 짝수인 소수는 오직 하나뿐이라는 의미이다. 다음의 명제들 중 어느 것이 참이고 거짓인지 설명하라.

a. ∃! real number x such that ∀ real numbers y, $xy = y$.
b. ∃! integer x such that $1/x$ is an integer.
c. ∀ real numbers x, ∃! real number y such that $x + y = 0$.

연습문제 32~35는 아래 그림처럼 그림 3.1.1에서 주어진 타스키 세계를 참조한다. 모든 변수의 정의역은 타스키 세계의 객체들이다. 각 명제들에 대해 (a) 그 명제가 참인지 거짓인지 결정하고 그 대답을 정당화하라. (b) 예제 3.3.10에 설명된 형식 논리적 표기법을 사용하여 그 명제를 다시 써 보라. (c) 형식 논리적 표기법으로 쓰여진 그 명제의 부정을 써 보라.

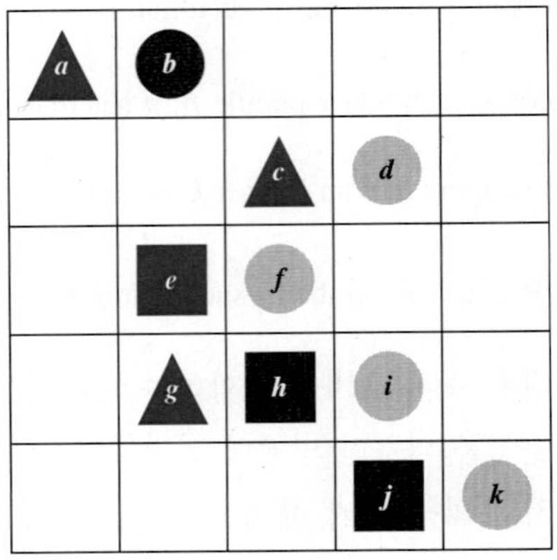

32. There is a triangle x such that for all squares y, x is above y.

33. For all circles x , there is a square y such that y is to the right of x.

34. There is an object y such that for all objects x ,if $x \neq y$ then x and y have different colors.

35. There is a circle x and there is a square y such that x and y have the same color.

36. $P(x)$와 $Q(x)$는 술어이고 x의 정의역은 D라고 하자. 쌍으로 주어진 명제들에 대해서 (a) $P(x)$와 $Q(x)$ 및 D를 어떻게 정하든 그 쌍들이 참인지 아닌지, (b) 그 쌍들의 값이 반대가 되는 $P(x)$와 $Q(x)$ 및 D가 존재하는지 아닌지를 결정하라.

$$\forall x \in D, (P(x) \wedge Q(x)), \text{ and}$$
$$(\forall x \in D, P(x)) \wedge (\forall x \in D, Q(x))$$

37. 예제 3.3.11에 주어진 프로그램에 다음의 질문을 하면 프롤로그는 어떤 대답을 할지 그 답을 찾아라.

a. ?isabove(b_1, w_1)

b. ?color(X, white)

c. ?isabove(X, b_3)

자 | 기 | 진 | 단 | 해 | 답

1. $P(x, y)$; E의 한 원소 y 2. $P(x, y)$; D의 한 원소 x 3. $\exists x$ such that $\forall y$, the property $P(x, y)$ is false 4. $\forall x$, $\exists y$ such that the property $P(x, y)$ is false. 5. (c): 참 혹은 거짓. x와 y의 정의역 및 $P(x, y)$의 성격에 따라 다르다.

3.4 한정화 명제에 관한 논증

전칭예시화(universal instantiation)의 규칙은 다음을 말한다.

> 만일 어떤 정의역의 모든 원소에 대해서 어떤 성질(property)이 참이라면, 그 정의역의 특정 원소에 대해서도 참이다.

단어 전칭예시화의 사용은, 특정한 경우에 어떤 성질의 진리값은 그것보다 좀 더 일반적인 혹은 전체적인 진리값의 특별한 사례로서 논리적으로 따른다는 것을 가리킨다. 전칭예시화의 대표적인 유명한 예는 다음과 같다.

All men are mortal.
Socrates is a man.
∴ Socrates is mortal.

전칭예시화는 연역추론(deductive reasoning)의 아주 근본적인 도구이다. 수학적인 공식, 정의 및 정리 등의 다양한 변형들은 특정한 상황들에 끊임없이 사용되는 일반적인 틀(general template)과 같다. 주어진 정리가 어떤 타입의 모든 것들에 이런저런 것이 참이다라고 말한다 하자. 만일 어떤 주어진 상황에서 그 타입의 특정 객체가 있다면, 전칭예시화에 의해 그 객체는 이런저런 것이 참이다라고 결론 내릴 수 있다. 이것은 증명이나 문제해결에 얼마든지 반복하여 적용할 수 있다.

전칭예시화의 예로서, 다음 식을 단순화하는 것을 요구하는 문제를 수행한다고 가정하자.

$$r^{k+1} \cdot r$$

여기서 r은 특정한 실수이고 k는 특정한 정수이다. 수학 시간에 이미 배웠으므로 다음의 전칭명제가 참임을 알고 있다.

1. 모든 실수 x와 정수 m, n에 대해서, $x^m \cdot x^n = x^{m+n}$이다.
2. 모든 실수 x에 대해서, $x^1 = x$이다.

그러면 다음처럼 진행할 수 있다.

$$
\begin{aligned}
r^{k+1} \cdot r &= r^{k+1} \cdot r^1 && \text{단계 1} \\
&= r^{(k+1)+1} && \text{단계 2} \\
&= r^{k+2} && \text{기본 대수에 의해}
\end{aligned}
$$

단계 1과 2의 뒤에서 진행된 추론은 다음과 같이 요약될 수 있다.

단계 1: 모든 실수 x, $x^1=x$ 보편적 진리
r은 특정한 실수 특별한 예
$\therefore\ r^1=r$ 결론

단계 2: 모든 실수 x와 모든 정수 m 및 n에 대해서
$x^m \cdot x^n = x^{m+n}$ 보편적 진리
r은 특정한 실수이고
$k+1$과 1은 특정한 정수 특별한 예
$\therefore\ r^{k+1} \cdot r^1 = r^{(k+1)+1}$ 결론

이 두 가지 논증은 전칭예시화의 예이다.

전칭예시 긍정논법

전칭예시화의 규칙은 긍정논법(modus ponens)과 결합되어 전칭예시 긍정논법 (universal modus ponens)이라는 타당한(valid) 논증 형태를 얻을 수 있다.

전칭예시 긍정논법

형식적 표현	비형식적 표현
$\forall x$, if $P(x)$ then $Q(x)$.	If x makes $P(x)$ true, then x makes $Q(x)$ true.
$P(a)$ for a particular a.	a makes $P(x)$ true.
$\therefore\ Q(a)$.	$\therefore$ a makes $Q(x)$ true.

전칭예시 긍정논법의 첫 대전제(major premise)는 "$P(x)$를 참으로 만드는 모든 것들은 $Q(x)$를 참으로 만든다"로 쓸 수 있으며, 전칭예시화의 하나로 결론이 유도된다. 수학에서는 대부분의 경우 if-then 형태를 사용하는 것이 좀 더 자연스럽다.

예제 3.4.1 전칭예시 긍정논법 인식

다음의 논증을 한정자, 변수, 술어 기호 등을 사용하여 다시 써 보라. 이 논증은 타당한가? 왜 그런가?

만일 어떤 수가 짝수이면, 그것의 제곱은 짝수이다.

k는 짝수인 특정 수이다.
$\therefore k^2$은 짝수이다.

풀이

이 논증의 대전제는 다음과 같다.

$$\forall x, \text{ if } x \text{ is even then } x^2 \text{ is even}$$

$E(x)$는 "x is even", $S(x)$는 "x^2 is even", k는 짝수인 특정 수를 나타낸다고 하자. 그러면 이 논증은 다음의 형태가 된다.

$$\forall x, \text{ if } E(x) \text{ then } S(x)$$
$$E(k), \text{ for a particular } k$$
$$\therefore S(k)$$

이 논증은 전칭예시 긍정논법의 형태를 가지고 있으므로 타당하다. ■

예제 3.4.2 **전칭예시 긍정논법을 사용하여 결론짓기**

전칭예시 긍정논법을 사용하여 추론될 수 있는 결론을 써 보라.

> 만일 T가 각 변(leg)이 a와 b이고 빗변(hypotenuse)이 c인 직각삼각형이라면, $c^2=a^2+b^2$이다(Pythagorean theorem).
> 오른쪽에 있는 삼각형은 a와 b가 각각 1이고 빗변이 c인 직각삼각형이다.
>
> $\therefore$ ______________________.

피타고라스의 정리

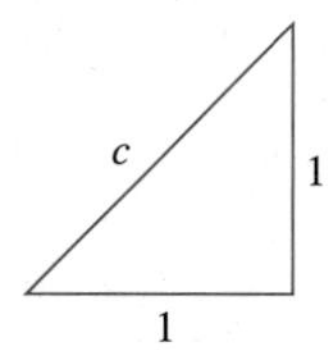

풀이

$$c^2 = 1^2 + 1^2 = 2$$ ■

위의 식 양변에 제곱근(square root)을 취하면 $c=\sqrt{2}$을 얻게 된다. 이것은 빗변의 길이가 $\sqrt{2}$임을 보여 준다. 4.7절에서는 $\sqrt{2}$가 유리수가 아님을 증명한다.

전칭예시 긍정논법을 사용한 증명

4장에서는 한정화된 명제를 증명하는 방법을 토의한다. 여기서는 임의의 두 짝수 정수를 더하면 짝수가 된다는 것을 증명한다. 이것은 짝수의 정의, 즉, 정수가 짝수인 경우는 오직(if and only if) 그것이 어떤 정수의 2배수와 같은 경우뿐이다를 이용한다.(혹은 좀 더 형식적으로 $\forall$ integers x, x is even if, and only if, $\exists$ an integer k such that $x=2k$.)

m과 n이 임의로 선정된 특정한 짝수라고 하자. 그러면 어떤 정수 r에 대해서 $m=2r$[1]이고, 어떤 정수 s에 대해서 $n=2s$[2]이다. 따라서

$$\begin{aligned} m+n &= 2r+2s && \text{대입에 의해} \\ &= 2(r+s)^{(3)} && \text{2로 인수분해해서} \end{aligned}$$

이제 $(r+s)$는 정수이고,[4] 따라서 $2(r+s)$는 짝수이다.[5] 따라서 $m+n$은 짝수이다.

다음에 나오는 이 증명의 확장은, 숫자로 적힌 각 단계가 전칭예시 긍정논법에 의해 타당한 논증에 의해 어떻게 정당화되는지를 보여 준다.

주의! 존재예시화(existential instantiation)의 논리적 원리란, 만일 우리가 무엇인가 존재한다는 것을 알고 있다면 그것에 이름을 붙여 줄 수 있다는 것이다. 4.1절에서 자세히 다루겠지만, 이 원리로 인해 우리는 어떤 존재하는 정수에 r, s 등으로 이름을 부여할 수 있다.

(1) 만일 한 정수가 짝수이면, 그것은 어떤 정수의 2배수이다.
m은 특정한 짝수이다.
∴ m은 어떤 정수 r의 2배수이다.

(2) 만일 한 정수가 짝수이면, 그것은 어떤 정수의 2배수이다.
n은 특정한 짝수이다.
∴ n은 어떤 정수 s의 2배수이다.

(3) 만일 어떤 수량이 정수이면, 그것은 실수이다.
r과 s는 특정한 정수이다.
∴ r과 s는 실수이다.
모든 a, b, c에 대해서, 만일 a, b, c가 실수이면, $ab+ac=a(b+c)$이다.
2, r, s는 특정한 실수이다.
∴ $2r+2s=2(r+s)$이다.

(4) 모든 u, v에 대해서, 만일 u, v가 정수이면, $u+v$는 정수이다.
r, s는 특정한 정수이다.
∴ $r+s$는 정수이다.

(5) 만일 어떤 수가 어떤 정수의 2배수이면, 그것은 짝수이다.
$2(r+s)$는 $r+s$의 2배수이다.
∴ $2(r+s)$는 짝수이다.

물론 짝수의 합이 짝수라는 실질적인 증명은 위와 같은 논증의 순열을 명시적으로 표현하지는 않는다. 사실 분석적인 사고를 잘하는 사람은 이와 같은 추론을 의식하지도 못한다. 그들은 이 방법을 완전히 습득하여 숨쉬는 것처럼 자동으로 되기 때문이다.

전칭예시 부정논법

또 다른 중요한 추론 규칙은 전칭예시 부정논법(universal modus tollens)이다. 이것은 부정논법에 전칭예시화가 결합되어 타당하다. 전칭예시 부정논법은 수학적 논증의 가장 중요

한 방법 중의 하나인 모순 증명(proof of contradiction)의 핵심이다.

전칭예시 부정논법

형식적 표현	비형식적 표현
$\forall x$, if $P(x)$ then $Q(x)$	If x makes $P(x)$ true, then x makes $Q(x)$ true
$\sim Q(a)$, for a particular a	a does not make $Q(x)$ true
$\therefore \sim P(a)$	$\therefore$ a does not make $P(x)$ true

예제 3.4.3 전칭예시 부정논법 인식

다음의 논증을 한정자, 변수, 술어 기호를 사용해서 다시 작성해 보라. 대전제를 조건식 형태로 쓰라. 이 논증은 타당한가? 왜 그런가?

All human beings are mortal.
Zeus is not mortal.
∴ Zeus is not human.

풀이

대전제는 다음처럼 다시 쓸 수 있다.

$$\forall x, \text{ if } x \text{ is human then } x \text{ is mortal}$$

$H(x)$는 "x is human", $M(x)$는 "x is mortal", Z은 Zeus를 나타낸다고 하자. 이 논증은 다음과 같이 기호화된다.

$$\begin{aligned} &\forall x, \text{ if } H(x) \text{ then } M(x) \\ &\sim M(Z) \\ \therefore\ &\sim H(Z) \end{aligned}$$

이 논증은 전칭예시 부정논법의 형태를 가졌으므로 타당하다. ■

예제 3.4.4 전칭예시 부정논법을 사용하여 결론짓기

전칭예시 부정논법을 사용하여 추론할 수 있는 결론을 써 보라.

모든 정치가는 얼빠져 있다.
톰 허친스는 얼빠져 있지 않다.
∴ ______________________.

풀이

톰 허친스는 정치가가 아니다. ■

한정화 명제의 논증에 대한 타당성 증명

한정화 명제의 논증에 대한 타당성의 직관적인 정의는 복합명제의 논증 경우와 같다. 논증이 타당하다는 것은 오직(if and only if) 결론의 진리값이 전제의 진리값에 반드시(necessarily) 따른다는 것이다. 형식적 정의는 다음과 같다.

> • 정의
>
> 논증 형태(argument form)가 **타당하다**(valid)고 말하는 것은 다음을 뜻한다: 그것의 전제들에 있는 술어 기호들을 어떤 임의의 특정 술어들로 대치한다고 할 때, 만일 그 결과 전제 명제들이 참이면, 그 결론도 참이 된다.
>
> 오직 그 형태가 타당한 경우에만(if, and only if) 논증은 **타당하다**고 한다.

이미 언급한 것처럼, 전칭예시화의 타당성은 전칭명제의 진리값의 정의를 직접 따른 것이다. 술어논리에서 논증의 타당성에 대한 일반적이고도 형식적인 증명은 이 책의 범위를 넘어선다. 우리는 예로서 전칭예시 긍정논법의 타당성에 대한 증명을 하여, 그러한 증명이 가능한가를 보여 주고 그것이 어떻게 보이는지를 알려 준다.

전칭예시 긍정논법은 다음을 단언한다.

$$\begin{aligned} &\forall x, \text{ if } P(x) \text{ then } Q(x) \\ &P(a) \text{ for a particular } a \\ \therefore\ &Q(a) \end{aligned}$$

이런 형태의 논증이 타당함을 증명하기 위해, 대전제(major premise)와 소전제(minor premise)가 둘 다 참이라고 하자.[우리는 결론인 "$Q(a)$"도 참이라는 것을 보여 줘야 한다.] 소전제에 의해서, $P(a)$는 특정 값인 a에 대해서 참이다. 대전제와 전칭예시화에 의해 그 특정 값 a에 대해 명제 "If $P(a)$ then $Q(a)$"도 참이다. 긍정논법에 의해, "If $P(a)$ then $Q(a)$"와 "$P(a)$"가 둘 다 참이므로, $Q(a)$도 참이다.[이것이 보여 주고자 한 것이다.]

위에서 보인 타당성 증명은 추상적이며 약간은 미묘하다. 이 증명을 여기에 포함시킨 것은 이 단계에서 당신이 그런 증명을 할 수 있기를 기대하기 때문이 아니다. 오히려 이런 주제에 관한 고난도의 처리법을 어렴풋이 알게 하기 위해서이다.

논리를 형식적으로 공부하는 방법에 대한 패러독스(paradox, 역설)는 논리의 법칙이 타당하다는 것을 증명하는 데 논리의 법칙을 사용한다는 것이다!

다음 부분에서는 한정화된 명제를 포함하는 논증의 타당성/부당성을 분석하기 위해서 어떻게 다이어그램을 사용하는지를 보인다. 다이어그램은 타당성 및 부당성에 대한 증명을 전체적으로 엄격하게 제공하지는 않으며, 설정이 복잡한 경우 혼동되기도 한다. 그러나 많은 상황에서 다이어그램은 도움이 되며 신뢰할 수 있다.

다이어그램을 사용한 타당성 테스트

다음 명제를 고려해 보자.

모든 정수는 유리수이다.

좀 더 형식적으로 써 보면 다음과 같다.

$$\forall \text{ integers } n, n \text{ is a rational number}$$

모든 정수와 모든 유리수를 디스크처럼 그려 보자. 그림 3.4.1 처럼 주어진 명제의 진리값은 정수 디스크를 유리수 디스크 안에 놓는 것으로 표현될 수 있다.

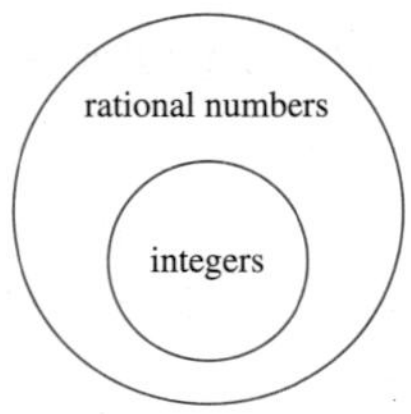

그림 3.4.1

Culver Pictures

G. W. Leibniz (1646–1716)

두 명제 "$\forall x \in D, Q(x)$"와 "$\forall x$, if x is in D, then $Q(x)$"는 논리적으로 동등하기 때문에, 둘 다 앞에서 보인 다이어그램에 의해 표현될 수 있다.

논증을 분석하기 위해 이러한 다이어그램을 처음으로 사용한 사람은 아마도 독일의 수학자이면서 철학자인 G. W. Leibniz 일 것이다. Leibniz 는 현대 기호논리학을 예견함에 있어서 시대를 앞선 사람이었다. 그는 또 미분적분학의 주요 아이디어를 Newton(1642～1727)과 거의 같은 때에 독립적으로 개발하였다.

논증의 타당성을 다이어그램으로 검증하기 위해서는, 두 전제들의 진리값을 다이어그램으로 표현한 후, 그것이 결론의 진리값을 필연적인 결과로서(necessarily) 표현하는지 다이어그램을 분석하면 된다.

예제 3.4.5 **타당성을 보이기 위해 다이어그램을 사용**

다음의 삼단논법(syllogism)의 타당성을 보이기 위해 다이어그램을 사용하라.

모든 인간은 죽는다.
제우스는 죽지 않는다.
∴ 제우스는 인간이 아니다.

풀이

대전제는 그림 3.4.2 의 왼쪽처럼 'human beings' 디스크를 'mortals' 디스크의 안쪽에 놓은 그림이다. 소전제는 그림 3.4.2 의 오른쪽처럼 'Zeus' 표시가 붙은 점을 'mortals' 디스크의 바깥쪽에 놓은 그림이다.

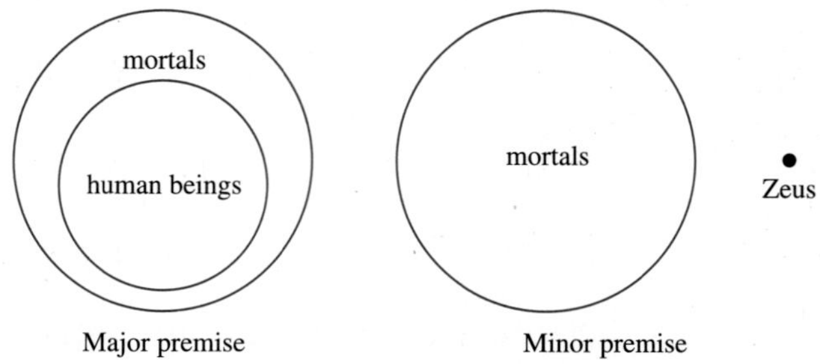

그림 3.4.2

두 다이어그램을 함께 맞추어 하나로 만들면 그림 3.4.3처럼 된다.

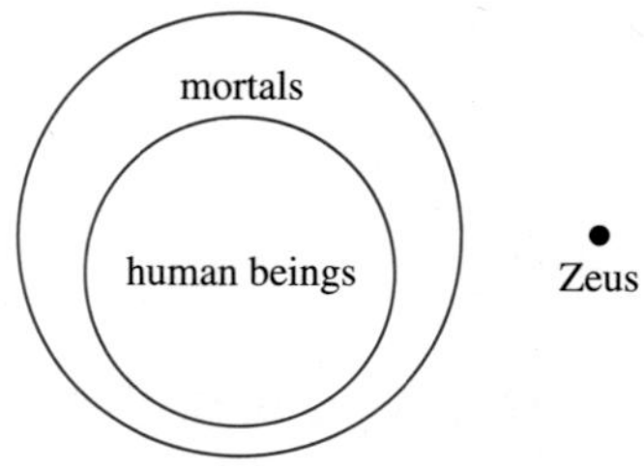

그림 3.4.3

점 Zeus는 mortals 디스크 밖에 있으므로, 그것은 반드시(necessarily) human beings 디스크 밖에 있다. 따라서 결론의 진리값은 전제의 진리값을 필연적인 결과로(necessarily) 따른다. 이런 논증의 전제가 참인데 결론이 거짓이 되는 것은 불가능하다. 따라서 이 논증은 타당하다. ■

예제 3.4.6 **부당성(invalidity)을 보이기 위해 다이어그램을 사용**

다음 논증의 타당성을 보이기 위해 다이어그램을 사용하라.

모든 인간은 죽는다.
펠릭스는 죽는다.
∴ 펠릭스는 인간이다.

풀이

대전제와 소전제를 그림 3.4.4에 다이어그램으로 그렸다.

펠릭스를 나타내는 점이 mortals 디스크 안의 어디엔가 놓여 있다는 것은 알려져 있다. 그것이 human beings 디스크의 어느 쪽인지는 결정할 수 없다. 따라서 그림 3.4.5와 같은 상황들 중의 하나일 것이다.

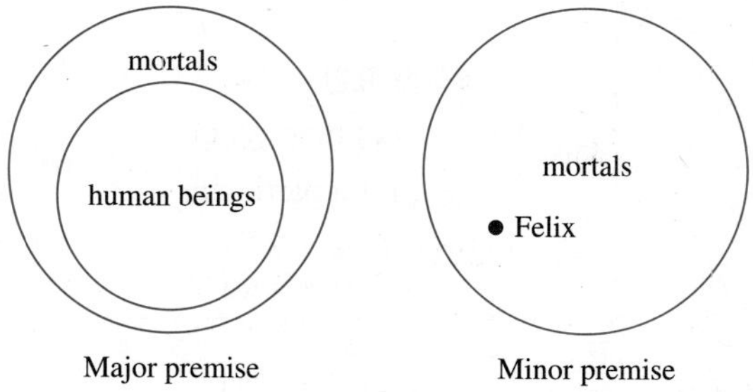

그림 3.4.4

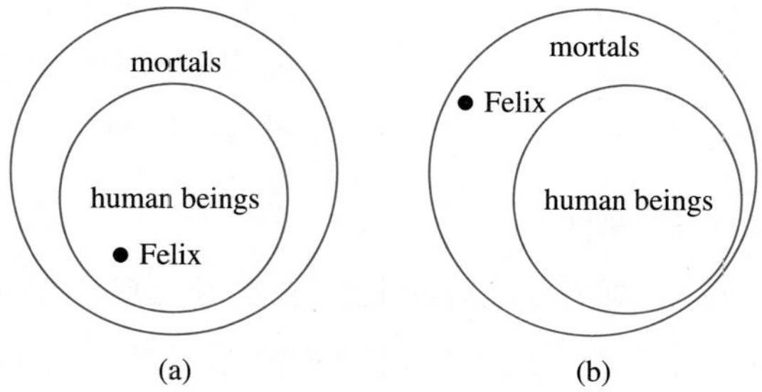

그림 3.4.5

주의! 타당성을 검사하기 위해 다이어그램을 사용할 때, 다이어그램을 함께 맞추는 방법을 한두 개 빠뜨릴 수 있으므로 조심할 필요가 있다. 예를 들어 예제 3.4.6에서 그림 3.4.5(a)만 보고 그림 3.4.5(b)를 못 보았다면, 그 논증이 타당하다고 잘못 결론을 내릴 수 있다.

첫 번째 경우에는 "펠릭스는 인간이다"라는 결론이 참이지만, 두 번째 경우(펠릭스는 예를 들면 고양이이다)에는 결론이 참이 아니다. 결론이 전제들을 필연적으로 따르지는 않으므로, 이 논증은 부당하다. ■

예제 3.4.6의 논증은, 만일 대전제가 그것의 역(converse)으로 대치된다면 타당하다. 그러나 전체한정화 조건명제는 그것의 역과는 논리적으로 동치가 아니므로, 일반적으로 그러한 대치는 만들지 않는다. 이러한 논증은 역오류(converse error)를 보인다고 말한다.

역오류

형식적 표현	**비형식적 표현**
$\forall x$, if $P(x)$ then $Q(x)$.	If x makes $P(x)$ true, then x makes $Q(x)$ true.
$Q(a)$ for a particular a.	a makes $Q(x)$ true.
$\therefore P(a)$. ← invalid conclusion	$\therefore a$ makes $P(x)$ true. ← invalid conclusion

다음 논증의 형태는 조건명제가 그것의 이(inverse)와 논리적으로 동등하다면 타당하다. 그러나 그렇지 않으므로 그 논증 형태는 부당하다. 이러한 논증은 이오류(inverse error)를 보인다고 말한다. 이 절의 연습문제에서 이러한 논증의 부당성을 보이라는 문제가 주어진다.

이오류	
형식적 표현	**비형식적 표현**
$\forall x$, if $P(x)$ then $Q(x)$	If x makes $P(x)$ true, then x makes $Q(x)$ true
$\sim P(a)$, for a particular a	a does not make $P(x)$ true
$\therefore \sim Q(a)$ ← invalid conclusion	$\therefore$ a does not make $Q(x)$ true ← invalid conclusion

예제 3.4.7 'No'가 있는 논증

다음 논증이 타당한지를 검사하기 위해 다이어그램을 사용하라.

어떤 다항식 함수도 수평 점근선을 갖지 않는다.
이 함수는 수평 점근선을 갖는다.
$\therefore$ 이 함수는 다항식 함수가 아니다.

풀이

대전제를 다이어그램으로 잘 표현한 것이 그림 3.4.6이다. 서로 겹치지 않는 두 개의 디스크 중에서 하나는 다항식 함수를 나타내고 다른 하나는 수평 점근선을 갖는 함수를 나타낸다. 소전제는 수평 점근선을 갖는 함수에 대한 디스크 안에 'this function'이라는 점으로 놓여 있다.

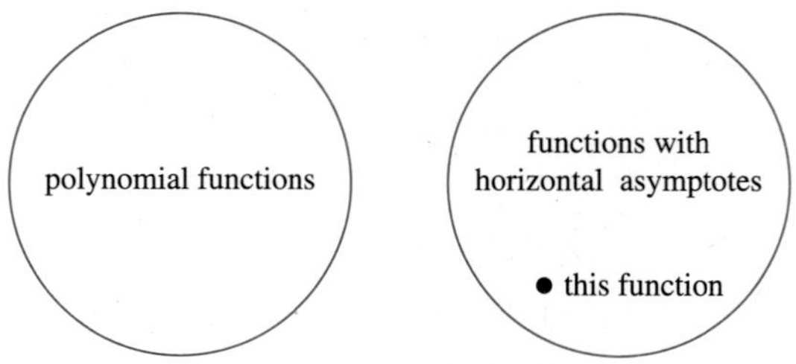

그림 3.4.6

이 다이어그램은 'this function'이 다항식 함수 디스크의 밖에 놓임에 틀림이 없다는 것과, 그래서 결론의 진리값은 전제들의 진리값을 필연적으로 따름을 보여 준다. 따라서 이 논증은 타당하다. ■

이 예제의 또 다른 접근법은 명제 "No polynomial function have horizontal asymptotes"를 동등한 형태인 "$\forall x$, if x is a polynomial function, then x does not have a horizontal asymptote"로 변환하는 것이다. 이렇게 된다면 이 논증은 다음의 형태를 갖게 된다.

$\forall x$, if $P(x)$ then $Q(x)$
$\sim Q(a)$, for a particular a
$\therefore \sim P(a)$

여기서 $P(x)$는 "x is a polynomial function"이고, $Q(x)$는 "x does not have a horizontal asymptote"을 나타낸다. 이것은 전칭예시 부정논법에 의해 타당하다.

추가적인 논증 형태의 생성

전칭예시 긍정논법과 부정논법은 긍정논법과 부정논법을 전칭예시화와 결합함으로써 얻었다. 같은 방식으로, 전칭명제들을 포함하는 논증의 추가적 형태를 전칭예시화와 2.3절에서 주어진 타당한 논증 형태와 결합함으로써 얻을 수 있다. 예를 들어 2.3절에서 추이성(transitivity)이라 불리는 논증 형태가 소개되었다.

$$p \to q$$
$$q \to r$$
$$\therefore p \to r$$

이 논증 형태와 전칭예시화를 결합함으로써 다음의 타당한 논증 형태를 얻을 수 있다.

전칭추이성

형식적 표현	**비형식적 표현**
$\forall x, P(x) \to Q(x)$.	$P(x)$를 참으로 만드는 어떤 x도 $Q(x)$를 참으로 만든다.
$\forall x, Q(x) \to R(x)$.	$Q(x)$를 참으로 만드는 어떤 x도 $R(x)$를 참으로 만든다.
$\therefore \forall x, P(x) \to R(x)$.	$\therefore$ $P(x)$를 참으로 만드는 어떤 x도 $R(x)$를 참으로 만든다.

예제 3.4.8 **타스키 세계에서의 한 논증 평가**

다음의 논증은 예제 3.1.13과 3.3.1에서 기술된 여러 타입과 색을 가진 객체들의 배열에 관련된 것이다. 결론이 전제들로부터 타당한 귀결로 따름을 보이도록 전제들을 재배열하고 다시 써 보라.

1. 모든 삼각형은 푸른색이다.
2. 만일 한 객체가 모든 정사각형들의 오른쪽에 있다면, 그것은 모든 원들의 위쪽에 있다.
3. 만일 한 객체가 모든 정사각형들의 오른쪽에 있지 않다면, 그것은 푸른색이 아니다.

∴ 모든 삼각형은 모든 원 위쪽에 있다.

풀이

1. $\forall x$, if x is a triangle, then x is blue.
2. $\forall x$, if x is to the right of all squares, then x is above all the circles.
3. $\forall x$, if x is not to the right of all squares, then x is not blue.

∴ $\forall x$, if x is a triangle, then x is above all the circles.

목표는 각 전제의 결론 부분이 다음 전제의 가설 부분(hypothesis)과 같도록, 전제들의 순서를 바꾸는 것이다. 또한 논증의 총 결론의 가설 부분이 처음 전제의 가설과 같고, 논증의 총 결론의 결론 부분이 마지막 전제의 결론 부분과 같아야 한다. 이 목표를 달성하기 위해서, 일부 명제를 대우명제 형태로 바꿀 필요가 있다.

이 예에서 첫 전제는 그 자리에 있으면 된다는 것을 알 수 있을 것이다. 그러나 두 번째 및 세 번째 전제들은 서로 바뀌어야 한다. 그러면 첫 전제의 가설은 논증의 가설과 같고, 논증의 총 결론의 결론은 세 번째 전제의 결론과 같다. 그러나 가설과 전제의 결론들이 완전히 줄 세워지는 것은 아니다. 이것은 세 번째 전제를 대우명제 형태로 다시 쓰면 해결된다.

따라서 이 논증의 전제들과 결론은 다음과 같이 다시 쓸 수 있다.

1. $\forall x$, if x is a triangle, then x is blue.
3. $\forall x$, if x is blue, then x is to the right of all squares.
2. $\forall x$, if x is to the right of all squares, then x is above all the circles.

$\therefore$ $\forall x$, if x is a triangle, then x is above all the circles.

이 논증의 타당성은 전칭추이성의 타당성을 쉽게 따르게 된다. 첫 번째와 두 번째 전제를 합하여 전칭추이성을 사용하면 다음과 같이 된다.

4. $\forall x$, if x is a triangle, then x is to the right of all squares

세 번째와 네 번째 전제를 합하여 전칭추이성을 사용하면 이 논증의 결론인 다음을 얻게 된다.

$\forall x$, if x is a triangle, then x is above all the circles ■

역명제 대치오류와 이명제 대치오류에 대한 주의 사항

많은 사람들이 역명제 오류와 이명제 오류를 만드는 한 이유는, 대전제가 단순 조건적이 아니고 쌍방 조건적인 경우라면 결과 논증의 형태가 타당할 수 있기 때문이다. 2.2절에서 주석을 단 것처럼 많은 사람들은 쌍방 조건적(biconditional)과 단순 조건적(simple conditional)을 혼동한다.

예를 들어 다음의 논증을 고려하자.

모든 동네 범죄자들은 범죄소굴 술집에 자주 간다.
존은 범죄소굴 술집에 자주 간다.
$\therefore$ 존은 동네 범죄자 중 한 명이다.

이 논증의 결론은 부당하다. 즉, 이것은 역명제 오류의 결과이다. 그러므로 논증의 전제들이 참이라고 해도 결론은 거짓이다. 이러한 종류의 논증은 연상(association)에 의해 죄를 성립시키는 불공정한 방법을 시도한다.

그러나 대전제가 쌍방 조건적에 가까우면 가까울수록 결론이 참일 개연성은 더욱 높아진다. 만일 범죄자가 아닌 사람은 그 술집에 거의 가지 않고 존은 그곳에 자주 간다면, 확신할 수는 없지만 존이 범죄자일 가능성은 매우 높다. 주어진 전제들에 근거를 두고 존을 의심하는 것은 사리에 맞다. 그러나 그에게 유죄를 선고하는 것은 잘못이다.

역명제 오류의 변형은 조심해서 사용한다면 매우 유용한 추론 도구가 된다. 이 추론법은 의사가 진단을 하거나 자동차 수리공이 자동차를 고칠 때 사용될 수가 있다. 이것은 어떤 현상에 대한 설명을 만들어 낼 때 사용될 수 있는 추론 형태로 다음과 같다. 만일 다음 형태의 명제

For all x, if $P(x)$ then $Q(x)$

가 참이고, 만일

$Q(a)$ is true, for a particular a

라면, 명제 $P(a)$를 검사하라. 그것이 참이 될 수 있다. 예를 들어 한 의사가 다음을 안다고 하자.

> 모든 x에 대해서, 만일 x가 폐렴(pneumonia)이 있으면, x는 열이 나고
> 한기를 느끼며, 깊은 기침을 하고, 특별히 피곤하고 괴로움을 느낀다.

또한 그 의사는 다음도 안다고 하자.

> 존은 열이 나고 한기를 느끼며, 깊은 기침을 하고,
> 특별히 피곤하고 괴로움을 느낀다.

이 자료들로부터 의사는 확실한 것은 아니지만 폐렴 진단이 매우 가능성이 높다고 결론을 내리게 된다. 이제 의사는 이 진단에 대한 추가 증거를 얻기 위해 폐렴을 발견하는 데 특별히 설계된 실험 검사를 시도할 것이다. 증상의 집합이 병의 필요 및 충분조건에 가까우면 가까울수록, 그 의사는 자신의 진단을 확신할 것이다.

인공지능 연구자들은 이러한 형태의 추론을 **불명확 추측**(abduction)이라고 명명하였다. 이것은 특정 분야 전문가의 기능을 재현하는 전문가 시스템(expert system)과 같은 특정 컴퓨터 프로그램에서 사용된다.

자 | 기 | 진 | 단

1. 전칭예시화의 규칙은 '만일 어떤 성질이 정의역의 ______에 대해 참이라면 ________에 대해서도 참이다' 라는 의미이다.

2. 만일 전칭예시 긍정논법의 두 전제가 "If x makes $P(x)$ true, then x makes $Q(x)$ true"와 "For a particular value of a ______________"라면, 결론

은 ________________________ 이다.

3. 만일 전칭예시 부정논법의 두 전제가 "If x makes $P(x)$ true, then x makes $Q(x)$ true" 및 "For a particular value of a ______________"라면, 결론은 ________________________ 이다.

4. 만일 전칭추이성의 두 전제가 "Any x that makes $P(x)$ true makes $Q(x)$ true" 및 "Any x that makes $Q(x)$ true makes $R(x)$ true"라면, 결론은 ________________________ 이다.

5. 다이어그램은 추론 규칙의 유효성을 검사하는 데 도움이 될 수 있다. 그러나 만일 전제들에대한 다이어그램이 그려지지 않는다면 그 추론 규칙은 실제로 __________하면 __________라고 결론 내릴 수 있다.

연/습/문/제 3.4

1. 다음 대수학법칙이 논증의 첫 명제라고 하자.

모든 실수 a와 b에 대해서
$$(a+b)^2 = a^2 + 2ab + b^2$$

다음의 각 명제가 논증의 두 번째 명제라 하자. 전칭예시화 혹은 전칭예시 긍정논법을 사용하여 결론을 써 보라.

a. $a=x$와 $b=y$는 특정한 실수이다.
b. $a=f_i$와 $b=f_j$는 특정한 실수이다.
c. $a=3u$와 $b=5v$는 특정한 실수이다.
d. $a=g(r)$와 $b=g(s)$는 특정한 실수이다.
e. $a=\log(t_1)$와 $b=\log(t_2)$는 특정한 실수이다.

전칭예시화 혹은 전칭예시 긍정논법을 사용하여 연습문제 2, 3에 있는 논증의 타당한 결론을 채워 보라.

2. 만일 정수 n이 $2 \cdot k$와 같고 k는 정수이면, n은 짝수이다. 0은 $2 \cdot 0$과 같고 0은 정수이다.

∴ ____.

3. 모든 실수 a, b, c, d에 대해서, 만일 $b \neq 0$이고 $d \neq 0$이면, $a/b+c/d=(ad+bc)/bd$이다.
$a=2, b=3, c=4, d=5$는 특정한 실수로 $b \neq 0$이고 $d \neq 0$이다.

∴ ____.

4. 전칭예시 부정논법을 사용하여 다음 논증의 타당한 결론을 채워 보라.
모든 무리수는 실수이다.
1/0은 실수가 아니다.

∴ ____

연습문제 5~9의 논증의 일부는 전칭예시 긍정논법 혹은 전칭예시 부정논법에 의해 타당하며, 다른 것들은 역명제 오류 혹은 이명제 오류에 의해 부당하다. 어떤 것이 타당하고 어떤 것이 부당한지 말하고, 그 대답을 정당화하라.

5. 건강한 모든 사람은 하루에 한 개의 사과를 먹는다.
흥부는 하루에 한 개의 사과를 먹는다.
∴ 흥부는 건강하다.

6. 모든 신입생은 글쓰기를 수강해야 한다.
두호는 신입생이다.
∴ 두호는 글쓰기를 수강해야 한다.

7. 건강한 모든 사람은 하루에 한 개의 사과를 먹는다.
놀부는 건강하지 않다.
∴ 놀부는 하루에 한 개의 사과를 먹지 않는다.

8. 만일 두 수의 곱이 0이면, 적어도 한 수는 0이다.
특정 수 x에 대해서, $(2x+1)$도 $(x-7)$도 0이 아니다.
∴ 두 수의 곱 $(2x+1)(x-7)$은 0이 아니다.

9. 만일 어떤 수가 짝수이면, 그 수의 2배도 짝수이다.
특정한 수 n에 대해서, 수 $2n$은 짝수이다.
∴ 특정한 수 n은 짝수이다.

10. 명제 "No good cars are cheap"을 "$\forall x$, if $P(x)$ then $\sim Q(x)$" 형태로 다시 써 보라. 다음의 논증들이 타당한지 아닌지를 알려 주고, 그 대답을 정당화하라.

a. 모든 좋은 차는 싸지 않다.
그랜저는 좋은 차다.
∴ 그랜저는 싸지 않다.

b. 모든 좋은 차는 싸지 않다.
티코는 싸다.
∴ 티코는 좋은 차다.

c. 모든 좋은 차는 싸지 않다.
티코는 싸다.
∴ 티코는 좋지 않다.

d. 모든 좋은 차는 싸지 않다.
티코는 좋지 않다.
∴ 티코는 싸다.

연습문제 11～13에 있는 논증이 타당한지 부당한지 결정하고, 그 대답을 다이어그램으로 입증하라.

11. 모든 사람은 쥐이다.
모든 쥐는 죽는다.
∴ 모든 사람은 죽는다.

12. 모든 선생님들은 가끔 실수를 한다.
신은 실수하지 않는다.
∴ 모든 선생님은 신이 아니다.

13. 모든 대학 구내식당 음식은 좋지 않다.
모든 좋은 음식은 버려지지 않는다.
∴ 모든 대학 구내식당 음식은 버려지지 않는다.

연습문제 14, 15에서는 결론이 전제들의 타당한 귀결을 따른다는 것을 보여 주기 위해 논증의 전제들의 순서를 바꾸어 보라. 명제를 if-then 형태로 다시 쓰거나 어떤 명제는 그 대우로 바꾸는 것이 도움이 될 수 있다. 연습문제 14는 예제 3.1.12 및 3.3.1의 타스키 세계를 참조하고 있다. 연습문제 15는 Lewis Carroll의 책 「기호논리」를 인용하였다.

14. **1.** 모든 푸른 객체들의 오른쪽에 있는 모든 객체는 모든 삼각형들 위쪽에 있다.
2. 만일 어떤 객체가 원이면, 그것은 모든 푸른 객체들 오른쪽에 있다.
3. 만일 어떤 객체가 원이 아니면, 그것은 회색이 아니다.
∴ 모든 회색 객체는 모든 삼각형 위쪽에 있다.

15. **1.** 나는 내 소유인 모든 동물들을 신뢰한다.
2. 개는 뼈를 씹는다.
3. 나는 앞발 들고 재롱부리라고 말할 때 그렇게 하지 않으면 그 동물이 내 서재에 들어오는 것을 허락하지 않는다.
4. 마당에 있는 모든 동물은 내 것이다.
5. 나는 내가 신뢰하는 모든 동물이 서재에 들어오는 것을 허락한다.
6. 재롱을 부리라고 말하고 싶은 유일한 동물은 개뿐이다.
∴ 마당에 있는 모든 동물은 뼈를 씹고 있다.

16. 결론은 주어진 전제들을 따르지만, 전제들이 뒤엉켜 있어서 알기 힘들다. 결론이 논리적으로 따르는 것을 명확히 하도록 전제들을 재배열하고, 유도되는 타당한 결론을 말하라.(명제를 if-then 형태로 다시 쓰거나 어떤 명제는 그 대우로 바꾸는 것이 도움이 될 수 있다.)
1. 타조를 제외한 모든 새는 키가 9피트가 되지는 않는다.
2. 이 새장에 있는 모든 새는 나 이외의 다른 사람 것이 아니다.
3. 어떤 타조도 으깬 파이를 먹고 살지 않는다.
4. 나는 9피트보다 작은 새를 갖고 있지 않다.

자 | 기 | 진 | 단 | 해 | 답

1. 모든 원소들 정의역에 있는 임의의 특정 원소(또는: 정의역에 있는 각 원소) 2. $P(a)$ is true; $Q(a)$ is true 3. $Q(a)$ is false; $P(a)$ is false 4. Any x that makes $P(x)$ true makes $R(x)$ true 5. 타당; 부당(또는: 부당; 타당).

04장

정수론의 기초 및 증명 방법

이 장에서 다루는 내용은 이미 잘 알고 있는 것일지도 모른다. 여기서는 정수, 유리수, 그리고 실수의 성질에 대해 공부한다. 이 장의 핵심은 수학적 명제가 참인지 거짓인지를 어떻게 결정할 것인가 하는 방법에 대한 공부이다.

전산학에서 자주 사용되는 개념에 관하여 예를 들어 보자. 주어진 실수 x가 있을 때, $\lfloor x \rfloor$로 표기되는 x의 마루(floor)는 x보다 작거나 같은 가장 큰 정수를 의미한다. 수직선에서, x가 정수이면 $\lfloor x \rfloor$는 x 그 자신이고 그렇지 않으면 x의 바로 왼쪽에 있는 정수를 말한다. 따라서 $\lfloor 2.3 \rfloor = 2$, $\lfloor 12.99999 \rfloor = 12$, 그리고 $\lfloor -1.5 \rfloor = -2$이다. 다음과 같은 두 가지 질문을 고려하자.

1. 어떤 실수 x에 대해, $\lfloor x-1 \rfloor = \lfloor x \rfloor - 1$인가?
2. 어떤 두 실수 x와 y에 대해, $\lfloor x-y \rfloor = \lfloor x \rfloor - \lfloor y \rfloor$인가?

잠깐만 시간을 내어 이 두 가지 질문에 스스로 답해 보기 바란다.

질문 (1)에 대한 답은 '예'인 반면 질문 (2)에 대한 답은 '아니요'이다. 여러분이 생각한 답과 일치하는가? 만약 그렇지 않더라도 염려하지 말라. 4.5절에서 이런 종류의 질문에 대한 답을 찾는 기법을 배우게 될 것이다. 만약 정답을 찾았다면 축하한다. 여러분은 수학에 대해 대단한 영감을 가지고 있다. 그럼 이제 스스로에게 다음과 같이 물어보라. "내가 찾은 답이 얼마만큼이나 정확하다고 확신하는가? 그럴듯한 추측에 근거한 것인가 아니면 확신에 근거한 것인가? (1)과 (2)에 대한 정답에 대해 확신의 정도가 차이가 있는가? 자신의 답이 정확하다고 하는 것에 대해 기꺼이 거액의 금액을 걸 수 있는가?"

무엇을 수학적으로 증명하는 최선의 방법 중 한 가지는 의심이 많은 사람(가끔은 스스로)에게 주어진 명제가 참이라는 것을 잘 정리된 논리적 설명으로 확신시키는 것이다. 듣는 사람이 논리적 설명 과정에 대해 일일이 "왜 그렇지요?"라고 묻는다고 상상해 보라. 만약 그 모든 질문에 대해 정확하게 설득할 수 있다면 증명은 전체적으로 정확한 것이다.

예를 들어 수학 기호에 익숙하지 않은 어떤 사람에게 어떤 수 x가 $5x+3=33$을 만족시키면 $x=6$ 이라는 사실을 증명한다고 상상해 보자. 다음과 같이 설명할 수 있을 것이다.

> 만약 $5x+3=33$ 이면, $5x+3$ 에서 3을 뺀 것과 $33-3$ 은 같을 것이다. 왜냐하면 동일한 값을 가지는 두 수에서 똑같이 어떤 값을 빼면 남아 있는 두 수도 동일할 것이기 때문이다. $5x+3$ 에서 3을 빼면 $5x$ 와 같다. 왜냐하면 $5x$ 에 3을 더한 후 3을 빼면 원래의 값 $5x$ 가 될 것이기 때문이다. 또한 $33-3=30$ 이 된다. 따라서 $5x=30$ 이 된다. 이는 x 가 어떤 수인데 여기에 5를 곱하면 30이 된다는 것을 의미한다. 그런데 이런 성질을 만족시키는 유일한 수는 6이다. 따라서 $x=6$ 이다.

물론 독자의 수학적 수준에 따라 다른 방법으로 이 증명을 풀이할 수 있다. 실제의 증명에서 수학자들은 종종 설명의 어떤 단계들을 생략하는데 왜냐하면 독자들이 충분히 따라올 수 있다고 확신하기 때문이다. 하지만 증명을 기술하는 방법을 처음 배운다면 너무 많은 설명을 생략함으로써 오류를 발생시키기보다 많은 설명을 일일이 하는 과정에서 오류를 생성하는 편이 낫다. 많은 사람들이, 심지어 최고의 수학자들도 자신들이 전개한 논리의 단계를 매우 조심스럽게 검사하였다 할지라도 설명의 어떤 단계가 거짓임이 종종 발견된다. 아마도 수학에서 증명을 요구하는 가장 중요한 이유는 우리의 설명에 대한 약점과, 우리가 무의식적으로 가정했던 사실을 증명을 기술하는 과정에서 깨닫게 되기 때문일 것이다.

때로는 수학적 설명의 정확성이 생사를 결정지을 수 있다. 예를 들어 한 수학자가 비행기의 새로운 엔진을 설계하는 팀에서 일한다고 가정하자. 그의 작업은 다양한 엔진의 추진력이 그 비행기에 적합한지를 결정하는 것이라고 가정하자. 만약 그 수학자가 자기의 분석 결과에 대해 어느 정도는 정확하다고 믿지만 100퍼센트 확신하지 못한다는 것을 안다면 여러분은 그 비행기에 타지 않을 것이다.

Lewis Carroll이 지은 「이상한 나라의 앨리스」에 보면, 토끼 마치가 앨리스에게 "네가 무엇을 의미하는지 말해 봐." 라고 말하는 대목이 있다. 다른 말로 하면 앨리스는 자기가 나타내고자 하는 어떤 것에 대해 정확하게 말로 표현할 수 있어야 한다는 뜻이다. 이 장에서는 아마도 지금까지 수학 시간에 들은 것보다 더 많이 의도하는 바를 말로 표현해야 할 필요를 느낄 것이다. 수학 문제에 대해 정확한 풀이를 하고자 할 경우 세심하게 생각하고 말하는 것은 가장 중요한 요소가 된다.

4.1 직접증명과 반례 I: 개요

발견과 증명 두 가지 모두는 문제 풀이에 있어서 중요한 요소가 된다. 어떤 명제가 참이라는 것을 발견했다면 왜 참인지를 밝히려고 노력하라. 만약 성공적으로 밝혔다면 그 발견은 대단한 것이 될 것이다. 설사 실패하더라도 노력하는 과정에서 그 명제의 성질에 대해 어떤 영감을 얻거나 또는 그 명제가 거짓이라는 것을 발견할 수 있을 것이다. 복잡한 문제에 있어서, 발견과 증명은 문제 풀이 과정의 마지막 단계라기보다 각 단계에 필요한 핵심적인 요소가 될 것이다.

가정들

- 이 책에서는 부록 A에 열거된 대수의 기본 법칙에 대해서 여러분이 잘 알고 있다고 가정한다.
- 우리는 또한 등식에 관한 다음 세 가지 성질을 이용한다. 즉, 모든 객체 A, B, C에 대해 (1) $A=A$, (2) $A=B$이면 $B=A$, (3) $A=B$이고 $B=C$이면 $A=C$.
- 또한 0과 1 사이에는 정수가 존재하지 않는다는 것과 정수의 집합은 합과 차와 곱에 대해 닫혀 있다고 가정한다. 다른 말로 하면 두 정수의 합, 차, 그리고 곱은 역시 정수라는 뜻이다.
- 물론 대부분의 분수에 대한 몫은 정수가 아니다. 예를 들어 3/2은 정수가 아니며, 심지어 3/0은 수가 아니다.

이 절에서는 주로 짝수와 홀수, 그리고 소수와 합성수에 관해 다룬다.

정의

명제의 참과 거짓을 밝히기 위해서는 우선 명제가 무엇인지에 관해 이해하여야 한다. 다른 말로 하면, 명제에 있는 모든 용어의 의미에 대해 알아야 한다. 수학자들은 용어를 매우 조심스럽고 정확하게 정의하고 거의 글자 그대로 정의를 배우는 것이 중요하다고 여긴다.

• 정의

정수 n이 어떤 정수에 2를 곱한 것과 같을 때 **짝수(even)**라 한다. 정수 n이 어떤 정수에 2를 곱한 후 1을 더한 것과 같을 때 **홀수(odd)**라 한다.

기호로 표시하면, n이 정수이면

n이 짝수 $\Leftrightarrow n=2k$를 만족시키는 정수 k가 존재한다.

n이 홀수 $\Leftrightarrow n=2k+1$을 만족시키는 정수 k가 존재한다.

어떤 정수가 짝수임을 안다고 하면 위의 정의에 따라 그 수가 2 · (어떤 정수)와 같다고 유도할 수 있다. 역으로 한 정수가 2 · (어떤 정수)와 같을 경우 그 정수가 짝수임을 유도할 수 있다.

어떤 정수 n이 짝수임을 앎 $\xrightarrow{\text{유도}}$ n은 2 · (어떤 정수)

n은 2 · (어떤 정수)임을 앎 $\xrightarrow{\text{유도}}$ n은 짝수

예제 4.1.1 **짝수와 홀수**

짝수와 홀수에 관한 정의를 이용하여 아래 물음에 대한 답을 정당화하라.

a. 0은 짝수인가?

b. −301은 홀수인가?

c. a와 b가 정수이면 $6a^2b$는 짝수인가?

d. a와 b가 정수이면 $10a+8b+1$은 홀수인가?

e. 모든 정수는 짝수 또는 홀수인가?

풀이

a. 예, $0=2\cdot 0$.

b. 예, $-301=2(-151)+1$.

c. 예, $6a^2b=2(3a^2b)$이며, a와 b가 정수이기 때문에 $3a^2b$는 정수의 곱으로서 정수가 된다.

d. 예, $10a+8b+1=2(5a+4b)+1$이며, a와 b가 정수이기 때문에 $5a+4b$는 정수 곱의 합이므로 정수가 된다.

e. 비록 증명이 쉽지는 않지만 답은 '예'이다.(스스로 증명하려고 시도해 보기 바란다.) 4.4절에서 '몫과 나머지' 정리로 알려진 사실에 의해 이것이 증명될 수 있음을 보일 것이다. ■

정수 6은 $2\cdot 3$과 같이 두 개의 더 작은 양의 정수의 곱이다. 반면에 7은 두 개의 더 작은 정수의 곱으로 나타낼 수 없으며, 이 수의 유일한 양의 약수는 1과 7이다. 7과 같이 두 개의 더 작은 양의 정수의 곱으로 나타낼 수 없는 양의 정수를 소수라고 부른다.

• 정의

정수 n이 "$n>1$이고 모든 양의 정수 r과 s에 대하여 $n=rs$이면 r이나 s가 n이다"를 만족시킬 때 n을 **소수**(prime)라 부른다. 정수 n이 "$n>1$이고 어떤 정수 $r(1<r<n)$과 $s(1<s<n)$에 대하여 $n=rs$이다"를 만족시킬 때 n을 **합성수**(composite)라 부른다.

기호로 표시하면, $n>1$인 모든 정수 n에 대하여

n은 소수 $\Leftrightarrow \forall$ 양의 정수 r과 s, if $n=rs$ then ($r=1$이고 $s=n$)이거나 ($r=n$이고 $s=1$).

n은 합성수 $\Leftrightarrow \exists$ 양의 정수 r과 s such that $n=rs$, $1<r<n$ 그리고 $1<s<n$.

예제 4.1.2 **소수와 합성수**

a. 1은 소수인가?

b. 1보다 큰 모든 정수는 소수이거나 합성수인가?

c. 처음 여섯 개의 소수를 적으라.
d. 처음 여섯 개의 합성수를 적으라.

주의! 1을 소수가 되게 허용하지 않는 이유는 4.3절에서 논의된다.

풀이

a. 아니요. 소수는 1보다 커야 한다.
b. 예. n을 1보다 큰 정수라 하자. $n=rs$를 만족시키는 양의 정수 r과 s의 모든 쌍을 고려하자. 그러면 최소한 두 쌍, 즉, ($r=n$이고 $s=1$)과 ($r=1$이고 $s=n$)이 존재한다. 더욱이 $n=rs$이기 때문에 그러한 모든 쌍은 $1 \le r \le n$과 $1 \le s \le n$을 만족시킨다. 만약 n이 소수이면 조금 전에 보여 준 두 개의 쌍이 n을 rs로 쓰는 유일한 방법이다. 그렇지 않다면 $n=rs$이고 r 또는 s가 1 또는 n이 아닌 양의 정수 r과 s의 한 쌍이 존재한다. 그러므로 이 경우에 $1 < r < n$이고 $1 < s < n$이다. 따라서 n은 합성수이다.
c. 2, 3, 5, 7, 11, 13
d. 4, 6, 8, 9, 10, 12 ■

존재명제의 증명

3.1절에서 주어진 정의에 따르면, 다음과 같은 형태를 갖는 명제

$$\exists x \in D \text{ such that } Q(x)$$

가 참일 필요충분조건은

「D에 있는 적어도 하나의 x에 대해 $Q(x)$가 참이다.」

이다. 이를 증명하는 한 방법으로는 $Q(x)$를 참으로 만드는 x를 D에서 찾는 것이다. 또 다른 방법으로는 그런 x를 찾는 일련의 방법을 제시하는 것이다. 이 두 방법을 **구성적 존재 증명**(constructive proof of existence)이라고 한다.

예제 4.1.3 **구성적 존재 증명**

a. 다음을 증명하라: 소수의 합으로 나타내되 두 가지 다른 방법으로 표시할 수 있는 짝수 n이 존재한다.
b. r과 s가 정수라고 하자. 다음을 증명하라: $22r+18s=2k$를 만족시키는 정수 k가 존재한다.

풀이

a. $n=10$이라 하자. 그러면 $10=5+5=3+7$이고, 3, 5, 7은 모두 소수이다.
b. $k=11r+9s$라 두자. 그러면 k는 정수 곱의 합이므로 정수이다. $2k$를 $2(11r+9s)$로 치환하면 분배법칙에 의해 이는 $22r+18s$와 같다. ■

비구성적 존재 증명(nonconstructive proof of existence)은 다음 두 가지 중 한 가지를 보이는 방법으로 한다. (a) $Q(x)$를 참으로 만드는 x가 존재한다는 사실이 공리나 또는 앞서 보인 정리에 의해 보장 된다. (b) 그런 x가 존재하지 않는다는 가정은 모순이 된다. 비구성적 존재 증명의 단점은 어디서 또는 어떻게 그런 x를 찾을 수 있을지 어떤 단서도 제공하지 않는다는 것이다. 최근에 디지털 컴퓨터의 폭넓은 사용은 비구성적 증명의 이러한 관점에서 불만을 야기해 왔으며 논의가 되고 있는 양(quantity)의 컴퓨터 계산을 위한 방향을 포함한 구성적 증명을 만들어 내려는 노력을 증가시켜 왔다.

반례에 의한 전칭명제의 증명

어떤 명제를 반증한다는 것은 그것이 거짓임을 보이는 것이다. 다음과 같은 형태의 명제를 반증하는 문제를 생각해 보자.

$$\forall x \text{ in } D, \text{ if } P(x) \text{ then } Q(x)$$

이 명제가 거짓임을 보이는 것은 이의 부정(negation)이 참임을 보이는 것과 같다. 이 명제의 부정은 다음과 같은 존재명제가 된다.

$$\exists x \text{ in } D \text{ such that } P(x) \text{ and not } Q(x)$$

존재명제가 참임을 보이기 위해 우리는 주로 한 예를 드는데, 그 예는 원래의 명제가 거짓임을 보이는 데 사용되기 때문에 우리는 이를 반례라고 부른다. 따라서 반례에 의해 반증하는 방법은 다음과 같이 쓸 수 있다.

반례에 의한 반증

"$\forall x \in D$, if $P(x)$ then $Q(x)$" 형태의 명제를 반증하기 위하여 가정 $P(x)$가 참이고 $Q(x)$가 거짓인 값 x를 찾아라. 그런 x를 **반례**(counterexample)라고 부른다.

예제 4.1.4 **반례에 의한 반증**

아래 명제에 대해 반례를 보임으로써 반증하라.

$$\forall \text{ real numbers } a \text{ and } b, \text{ if } a^2 = b^2 \text{ then } a = b$$

풀이

이 명제를 반증하기 위해서 가정 "$a^2=b^2$"이 참이면서 결론 "$a=b$"가 거짓인 실수 a와 b를 찾아야 한다. 양수나 음수를 제곱하면 모두 양수가 된다는 사실은 이런 실수를 찾는 데 도움을 준다. 잠깐만 생각해 보면 쉽게 1과 −1(또는 2와 −2, 또는 0.5와 −0.5 등)이 이런 실수임을 알 수 있다.

명제: 모든 실수 a와 b에 대해, $a^2=b^2$이면 $a=b$이다.
반례: $a=1$, $b=-1$이라고 하자. 그러면 $a^2=1^2=1$이고 $b^2=(-1)^2=1$이 되어 $a^2=b^2$이 된다. 그러나 $1\neq-1$이기 때문에 $a\neq b$이다.

■

어떤 성질이 많은 경우에 대해 충족된다는 것을 관찰하게 되면, 그 성질이 모든 경우를 만족시킬 것이라고 추측할 수 있다. 그러나 그런 추측을 증명하는 과정에는 어려움이 있을 수 있다. 아마도 증명에 필요한 가장 핵심적인 사실을 찾지 못하여 그럴 수 있거나 아니면 그 추측이 틀렸을 수도 있다. 결론적으로, 일반적인 명제를 증명하는 과정에서 어려움이 있다면 증명하려는 노력을 잠시 멈추고 반례가 있는지를 찾아보아야 할 것이다. 증명하는 과정에서 부딪치는 문제의 종류를 분석해 보는 것은 그런 반례를 찾는 데 도움이 될 것이다. 반례를 발견하고, 결국 그 명제가 거짓임을 알게 되면 명제를 수정하여 비록 제약이 따르나 정확한 명제를 만들 수 있을 것이다. 예를 들어 예제 4.1.4에서 두 수의 제곱이 같으면 두 수는 같다는 사실이 항상 참은 아니지만 "두 양수의 제곱이 같으면 그 두 수는 같다"는 사실은 참이 된다.

전칭명제의 증명

증명이 필요한 수학적 명제의 대부분은 전칭명제이다. 그런 명제를 어떻게 증명할 것인가를 논의하는 데 있어서 다음과 같은 표준화된 형태를 살펴보자.

$$\forall x \in D, \text{ if } P(x) \text{ then } Q(x)$$

1.1절과 3.1절에서 모든 전칭명제는 이 형태로 표시될 수 있고, D가 유한이거나 조건 $P(x)$를 만족시키는 경우가 유한일 경우면 모든 경우를 일일이 조사함으로써 증명할 수 있음을 보였다.

예제 4.1.5 **전수 조사 방법**

일일이 조사하는 방법을 사용하여 아래 명제를 증명하라.

$\forall n \in \mathbf{Z}$, if n is even and $4 \leq n \leq 26$, then n can be written as a sum of two prime numbers.

풀이

$4=2+2$ $6=3+3$ $8=3+5$ $10=5+5$
$12=5+7$ $14=11+3$ $16=5+11$ $18=7+11$
$20=7+13$ $22=5+17$ $24=5+19$ $26=7+19$

■

수학에서는 대부분의 경우 전수 조사 방법을 사용할 수 없다. 예를 들어 2보다 큰 모든 짝수는 두 소수의 합으로 나타낼 수 있다는 명제를 이 방법을 사용하여 증명할 수 있는가?

불가능하다. 이 방법을 사용하려면 모든 짝수에 대해 일일이 조사해 보아야 하는데 짝수의 개수가 무한하므로 불가능하다.

심지어 정의역이 유한이라 하더라도 전수 조사 방법은 사용 불가능할 수 있다. 예를 들어 컴퓨터에서 사용되는 모든 수에 대해, 컴퓨터의 곱셈기가 두 수의 곱에 대한 결과가 정확한지를 검사하는 경우를 생각해 보자. 모든 가능한 두 수의 곱을 계산하는 데 오늘날의 컴퓨터로 수천 년이 걸리므로(두 수의 곱에 대한 결과가 정확한지는 따지지 않더라도) 일일이 검사하는 방법은 비현실적이다.

전체한정화 명제를 증명하는 방법 중 가장 강력한 것은 정의역의 크기에 상관없이 적용될 수 있는 **일반화법**(method of generalizing from the generic particular)이다. 이 방법에서 사용하는 아이디어는 다음과 같다.

일반화법

집합의 모든 원소가 어떤 특정한 성질을 만족한다는 것을 보이기 위해, x를 특정적이지만 그 집합에서 임의로 선택된 원소라 가정하자. 그리고 x가 그 성질을 만족시킨다는 것을 보이면 된다.

예제 4.1.6 **한 원소로부터의 일반화**

다음과 같은 '수학적 속임수'를 본 적이 있을 것이다. 여러분이 어떤 사람에게 한 수를 마음 속으로 선택하여 정하게 한 다음, 5를 더한 후 4를 곱하고 다시 6을 뺀 다음 2로 나누게 한 다음 원래 수 두 배를 빼라고 한 후 그 최종 결과는 7이라고 말함으로써 상대방을 놀라게 할 수 있다. 어떻게 이 속임수가 통하는가? □ 또는 x를 그 사람이 선택한 수라고 하자. 아래 표는 여러분의 지시에 따라 어떤 결과가 나오는지를 보여 준다.

단계	시각적 결과	대수적 결과
어떤 수를 선택하라	□	x
5를 더하라	□|||||	$x+5$
4를 곱하라	□||||| □||||| □||||| □|||||	$(x+5)\cdot 4 = 4x+20$
6을 빼라	□|| □|| □||||| □|||||	$(4x+20)-6 = 4x+14$
2로 나누어라	□|| □|||||	$\frac{4x+14}{2} = 2x+7$
원래 수의 2배를 빼라	|| |||||	$(2x+7)-2x = 7$

상대방이 어떤 수를 선택하였건 최종 결과는 항상 7이 된다. 여기서 x는 특정적이지만 임으로 선택된(또는 포괄적인) 한 원소가 된다. 이 예는 특정적이지만 포괄적인 한 객체로부터 일반적인 결론을 이끌어 내는 과정을 보여 준다. ■

x가 임의로 또는 포괄적으로 선택되었다는 사실이 정의역에 있는 모든 원소에 대해 증명이 일반적으로 적용될 수 있음을 보인다. x를 임의로 선택함으로써 그 정의역의 다른 모든 원소들 중에서도 참이지 않은 x에 관한 특별한 가정을 하지 않는다. 포괄적이란 말은 '그룹이나 집단의 모든 공통적인 특징을 공유하고 있음'을 의미한다. 따라서 정의역에 있는 한 포괄적인 원소로부터 유도된 사실은 그 정의역에 있는 다른 원소에 대해서도 참이 된다.

일반화법이 "If $P(x)$ then $Q(x)$"의 형태를 갖는 명제에 적용될 때 그 결과는 **직접증명**(direct proof) 방법이다. "if-then" 명제가 거짓이 될 수 있는 유일한 경우는 가정이 참이고 결론이 거짓인 경우라는 사실을 상기하라. 따라서 주어진 명제 "If $P(x)$ then $Q(x)$"에 대해, $P(x)$의 참이 $Q(x)$를 참이 되게 만든다는 것을 보인다면 그 명제를 증명하게 될 것이다. 일반화법을 따르면 "$\forall x \in D$, if $P(x)$ then $Q(x)$"가 집합 D의 모든 원소에 대해서 참인 것을 보이기 위해, x를 특정적이지만 임의로 선택된 D의 원소로서 $P(x)$를 참이 되게 한다고 가정하자. 그 다음에 x가 $Q(x)$를 참이 되게 한다는 것을 보이면 된다.

직접증명법

1. 증명하고자 하는 명제를 "$\forall x \in D$, if $P(x)$ then $Q(x)$"의 형태로 표현하라.(이 단계는 종종 마음속으로 행해진다.)
2. x가 특정적이지만 임의로 선택된 D의 한 원소이면서 $P(x)$를 참이 되게 한다는 가정하에 증명을 시작하라.(이 단계는 종종 다음과 같이 축약된다: "$x \in D$이고 $P(x)$라고 가정하자.")
3. 정의와 사전에 확립된 결과 그리고 논리적 추론 등을 이용하여 결론 $Q(x)$가 참임을 보여라.

예제 4.1.7 **정리의 직접증명**

임의의 두 짝수의 합은 짝수임을 증명하라.

주의! 이 명제에 사용된 두 짝수가 반드시 서로 다르지는 않다는 점에 주의하라. 두 정수를 무작위로 선택한다면 두 수는 서로 다를 가능성이 매우 높지만 같을 수도 있다.

풀이

명제를 증명할 때에 여러분은 이 명제가 참인지를 확신하고 있는지 스스로에게 물어보는 것이 좋다. 이 명제의 경우 몇 가지 두 짝수의 합, 예를 들어 $2+4$, $6+10$, $12+12$, $28+54$ 등을 생각해 볼 수 있고 그들의 합이 모두 짝수임을 마음속으로 검사할 수 있다. 그러나 모든 경우를 다 검사해 보는 것은 불가능하므로 이 명제가 일반적으로 참이라고 확신할 수는 없다. 많은 경우의 예에 대해서는 많은 성질들이 충족될 수 있으나 일반적으로 그렇지 않은 경우도 있다.

일반적으로 이 명제가 참임을 증명하기 위해서는 어떤 짝수가 주어져도 그 합이 짝수임을 보여야 한다. 두 짝수가 주어지면 그들을 어떤 정수 r과 s에 대해 $2r$과 $2s$로 나타낼 수 있다. 분배법칙에 의해 $2r+2s=2(r+s)$이고 이는 짝수이다. 따라서 이 명제는 일반적으로 참이다.

명제가 이보다 훨씬 복잡하다고 가정해 보라. 그러면 증명을 위해 어떤 설명 기법을 사용할 것인가?

형식적 재표현: $\forall$ integers m and n, if m and n are even then $m+n$ is even.

이는 무한 정의역에 대한 전체한정화 명제이다. 이를 증명하기 위해서는 주어진 두 수가 무엇이든 그것들이 짝수이면 그 합 또한 짝수임을 보여야 한다.

그리고 다음을 물어보라. "어디서 출발할 것인가?" 또는 "내가 무엇을 가정하고 있는가?" 이런 질문에 대한 답은 어디서부터 출발해야 하는지 또는 증명의 첫 문장이 무엇이 되어야 하는지 알게 해 준다.

출발점: m과 n은 무작위로 선택된 두 짝수라 가정하자.

또는 축약형으로 쓰면 다음과 같다.

m과 n을 임의의 짝수라 가정하자.

그리고 스스로 물어보라. "증명을 완성하기 위해 어떤 결론을 보여야 하는가?"

보여야 할 결론: $m+n$은 짝수이다.

이 시점에서 스스로 물어볼 필요가 있다. "출발점으로부터 어떻게 결론에 도달할 것인가?" 둘 다 짝수라는 용어를 사용하고 있으므로 이 용어의 정의를 사용하여야 하며, 또 정수에서 짝수가 가지는 의미를 알아야 한다. m과 n이 짝수이므로 정의로부터 이들 각각은 어떤 정수의 두 배이다. 존재 예시(existential instantiation)라고 불리는 논리의 기본 법칙들 중 하나는 사실상 만약 무엇인가 존재한다는 것을 안다면 그것에 이름을 부여할 수 있다고 말해 준다. 그러나 현재 토의 중인 두 개의 다른 것을 지칭하기 위해 같은 이름을 사용할 수 없다.

존재 예시

어떤 종류의 객체의 존재가 가정되거나 유도되었다면 이름이 다른 어떤 것들을 표기하는 데 현재 사용되지 않는 한 이름을 줄 수 있다.

주의! m과 n이 임의로 선택되었기 때문에 그들은 어쨌든 짝수들의 임의의 쌍이 될 수 있다. r이 $m=2r$을 만족시키도록 도입된 후에는 다른 어떤 것을 대표하는 것은 가용하지 않다. 만약 여러분이 $m=2r$과 $n=2r$로 설정했다면 m과 n은 같을 것이다. 이 것은 경우에 어긋난다.

따라서 m이 어떤 정수의 두 배이므로 그 정수에 이름을 줄 수 있다. 그리고 n도 어떤 정수의 두 배이므로 그 정수에도 이름을 줄 수 있다.

$$\text{어떤 정수 } r\text{에 대해 } m = 2r\text{이며 어떤 정수 } s\text{에 대해 } n = 2s\text{이다.}$$

이제 보여 줄 것은 $m+n$이 짝수라는 사실이다. 달리 말하면 $m+n$이 $2\cdot$(어떤 정수)임을 보여야 한다. m과 n에 대한 또 다른 표현, 즉, $2r$과 $2s$를 사용하여 대입하면

$$m + n = 2r + 2s$$

이다. 목표는 $m+n$이 짝수임을 보이는 것이다. 짝수의 정의에 의해 $m+n$은 다음과 같이 표현될 수 있어야 한다.

$$2\cdot(\text{어떤 정수})$$

이 분석은 다음과 같이 출발점과 결론 사이의 간격을 좁혀 준다.

$$2r+2s=2\cdot(\text{어떤 정수})$$

이는 왜 참인가? 첫째, 분배법칙에 의해

$$2r+2s=2(r+s)$$

이고, 둘째 두 정수의 합이 정수라는 사실은 $r+s$가 정수임을 뜻한다.

지금까지 설명한 내용들은 명제를 정리로 다시 쓰고, 그 정리에 대한 증명을 보임으로써 요약될 수 있다.(수학에서 정리란 참이라고 알려진 명제를 나타낸다. 왜냐하면 그것들은 증명되었기 때문이다.) 형식적인 증명은 논리적인 흐름을 명확하게 하기 위해 주석들을 포함한다. 그런 주석들은 독자들의 이해를 돕기 위한 것이기 때문에 완전히 생략해도 무방하다. 그런 이유로 주석들은 이탤릭체로 기록되며, 대괄호 [ ] 속에 들어 있다.

컴퓨터 과학의 개척자 중 한 명인 Donald Knuth는 규격의 집합으로부터 컴퓨터 프로그램을 구성하는 것과 공리의 집합에 근거한 수학적 증명을 기술하는 것을 비교하였다.* 유사한 점으로, 대괄호 속에 있는 주석은 좋은 프로그래머에 의해 기술된 많은 설명문처럼 생각될 수 있다는 점이다. 프로그램을 실행하는 데 있어서 설명문은 필요하지 않다. 하지만 프로그램이 어떻게 실행되는지를 독자가 이해하는 데 도움을 준다.

* Donald E. Knuth, *The Art of Computer Programming*, 2nd ed., Vol. I (Reading, MA: Addison-Wesley, 1973), p. ix.

† 3.4절 참조.

정리 4.1.1

임의의 두 짝수의 합은 짝수이다.

증명:

m과 n은 [특정적이지만 임의로 선택된] 두 짝수라 하자.[$m+n$이 짝수임을 보여야 한다.] 짝수의 정의에 의해 어떤 정수 r과 s에 의해 $m=2r$이고 $n=2s$이다. 그러면

$$\begin{aligned} m+n &= 2r+2s && \text{대입에 의해} \\ &= 2(r+s) && \text{인수분해(분배법칙)에 의해} \end{aligned}$$

가 된다. $t=r+s$라 두자. t는 정수들의 합이기 때문에 정수이다. 그래서

$$m+n=2t, \text{ 여기서 } t\text{는 정수}$$

이다. 짝수의 정의에 따라 $m+n$은 짝수이다.[이것이 보여야 할 것이다.]†

■

주의! $r+s$와 같게 t를 도입하는 것은 존재 예시의 또 다른 사용이다.

앞에서 보인 것처럼, 대부분의 정리는 "이것이 우리가 보여야 할 것이다."라는 말로 자연스럽게 매듭을 지을 수 있다. 이 말의 라틴어는 *quod erat demonstrandum* 또는 약자로 Q.E.D.이다. 오래된 수학책에서는 증명의 끝을 나타내기 위해 이 약자를 사용했다.

정리 4.1.1의 증명에서 짝수 정의의 if 부분과 only if 부분이 모두 사용되었다. m과 n이 짝수임을 알았으므로 정의의 only if(⇒) 부분을 사용하여 m과 n을 일반적인 형태로 나타내었다. 그리고 몇몇 수학적인 대입과 연산을 통한 후, 정의의 if(⇐) 부분을 이용하여 $m+n$도 짝수임을 유도하였다.

전칭명제의 증명을 위한 지침

수학적 명제가 참임을 확신시키기 위한 논증의 한 방법이 증명이라고 생각해 보라. 증명을 기술할 때, 한 주 또는 두 주 동안 수업에 결석했던 반 친구들에게 이 증명을 보낸다고 상상해 보라. 명쾌하고 완전하게 기술하도록 노력하라. 여러분의 친구는 여러분이 적은 내용만 읽지, 글 뒤에 숨어 있는 표현되지 않은 생각들은 알 수 없다는 사실을 명심하라. 이상적으로 여러분의 증명이 여러분의 친구들이 왜 주어진 명제가 참인지를 이해하도록 이끌 것이다.

수년에 걸쳐 아래의 규칙들은 증명을 기술하는 표준이 되어 왔다.

1. 증명하고자 하는 정리를 종이에 복사하라.
2. 증명이라는 단어로 증명의 시작을 확실하게 표시하라.

† 3.4절 참조.

3. 증명 스스로 독립적이어야 한다.

이 말은 증명에 사용된 모든 변수를 명시하여야 한다는 뜻이다. 따라서 증명 시작 부분에 초기 변수를 소개하고 그 변수가 어떤 종류의 객체인지를 설명하여야 한다. 증명의 첫 문장은 다음과 같은 형태가 될 것이다. "m과 n은 정수라고 가정하자." 또는 "x는 2보다 큰 실수라 하자." 이는 컴퓨터 프로그램에서 변수와 자료 형태를 선언하는 것과 유사하다.

증명의 다음 단계에서는 이미 존재가 확실한 어떤 양을 표현하기 위해 새로운 변수를 소개할 수 있다. 예를 들어 특정 정수 n이 짝수임을 안다면 n은 어떤 정수의 2배라는 것을 안다. 이때 어떤 정수에 이름을 부여함으로써 다음 단계에서 이를 사용할 수 있다. 그러므로 만약 그 정수를 s라 부르기로 했다면 다음과 같이 쓸 수 있다. "n이 짝수이므로 어떤 정수 s에 대해 $n=2s$이다."

4. 완전한 문장으로 증명을 기술하라.

이 말은 기호나 약어 사용을 피하라는 뜻이 아니다. 예를 들어 정리 4.1.1의 증명에는 다음과 같은 문장이 있다.

$$\text{그러면 } m+n = 2r+2s$$
$$= 2(r+s)$$

이를 문장으로 읽을 때, 첫 = 기호는 '같다' 라고 읽고, 이어서 나오는 = 기호는 '그것은 ~와 같다' 라고 읽어야 한다.

5. 증명에서 각 명제의 상황을 알려 주라.

증명을 읽는 독자들이 어떤 것이 가정되었거나 확립되었거나 여전히 유도되어야 하는 것인지에 대해서 의심을 가져서는 안 된다. 만약 어떤 것이 가정되었다면 **가정하자**라는 단어로 시작하라. 만약 명제가 여전히 증명되어야 할 것이라면 **우리는 ~라는 것을 보여야만 한다** 또는 달리 말하면, **우리는 ~라는 것을 보여야만 한다**라는 표현으로 시작하라. 여러분이 보여야 할 것을 바꾸어 말함에 있어 변수를 소개한다면 이것은 특별히 중요하다.

6. 증명에서 각 주장에 대한 이유를 밝혀라.

증명에 나타난 각 주장은 정리의 가정으로부터 오거나, 정리에서 사용된 용어의 정의에서 오거나, 증명의 이전 부분에서 얻은 결과로부터 오거나, 이미 가정되어도 좋다고 합의되었거나 아니면 이미 확립된 수학적 결과로부터 온 것으로부터 유도되어야 한다. 주장하는 각 단계에 대해 **가정에 의해, ~의 정의에 의해, ~의 정리에 의해** 등을 사용하여 그 이유를 밝혀라.

7. 논증의 논리를 명확하게 하기 위해 '사소한 단어들과 구절들'을 포함하라.

수학적인 설명, 특히 증명을 서술할 때에는 각 문장이 앞의 문장과 어떤 관계가 있는지를 명시하라. 이 문장이 바로 앞 문장 혹은 앞에 설명한 여러 문장에 이어서 나오는 것인가? 그렇다면 그러면, 그래서, 따라서, 그러므로 등의 단어로 그 문장을 시작하고, 이유를 문장 끝에 설명하라. 예를 들어 정리 4.1.1 에서 m이 짝수임을 일단 알았다면 다음과 같이 쓸 수 있다. "짝수의 정의에 따라, 어떤 정수 r에 대해, $m=2r$이다." 또 다른 방법으로 "따라서 어떤 정수 r에 대해, 짝수의 정의에 따라 $m=2r$이다."

만약 어떤 문장이 앞선 문장의 결과에 따른 것이 아닌 새로운 개념이나 사실을 설명하는 것이고, 이 설명이 증명 후반부에 필요한 것이라면 ~를 관찰하자, ~를 주의하자, 그러나, 지금은 등으로 시작할 수 있다.

증명에서 가끔씩 이전의 변수들을 이용하여 새로운 변수를 정의할 필요가 있다. 이런 경우 ~로 두자라는 말로 새로운 변수를 소개하라. 예를 들어 정리 4.1.1 에서 $m+n=2(r+s)$ (여기서 r과 s는 정수)인 사실을 알고 나서 $r+s$를 나타내기 위해 새로운 변수 t를 사용하였다. 그리고 증명은 "$t=r+s$라 두자. 그러면 정수의 합은 정수이기 때문에 t는 정수이다"로 이어진다.

8. **방정식과 부등식을 나타내라.**

가독성을 높이기 위해 방정식과 부등식을 새로운 줄에 나타내는 것은 관례로 정확성을 위해 다른 사람이나 본인 스스로가 증명을 더욱더 쉽게 검사할 수 있도록 해 준다. 이 책의 문맥에서 관례를 따르나 공간을 절약하기 위해서 몇몇의 연습문제에서는 이것을 어길 것이다. 여러분 자신의 연습문제 풀이에서는 관례를 따르라. 많은 빈 공간을 두고 종이에 인색하지 말라.

증명의 다양성

주어진 한 명제에 대해, 두 사람의 증명이 똑같을 확률은 거의 희박하다. 기본적인 수학적 단계가 같다고 해도 각 단계에서 사용된 표기나 설명의 정도가 다를 수 있거나, 각 단계를 연결하는 단어의 선택이 다를 수 있다. 중요한 점은 각 단계를 얼마나 자세히 설명할 것인가 하는 점이다. 이는 궁극적으로 증명을 기술하는 저자와 그 증명을 읽을 독자가 누구인가에 따라 결정되어야 한다. 저자와 독자와의 관계가 학생과 선생, 또는 선생과 학생, 또는 학생과 동료 학생, 또는 수학자와 동료 수학자 등일 수 있다. 선생님이 여러분에게 지침서를 줄 수도 있고, 여러분은 그 책의 예를 참고하여 따라갈 수 있다. 대괄호 [ ] 속에 있는 말은 논리의 흐름을 설명하기 위한 것으로서 증명에서 반드시 사용할 필요는 없다는 점을 기억하기 바란다. 이런 설명문을 쓸 것인지 말 것인지는 전적으로 여러분의 선택에 달려 있다.

저지르기 쉬운 잘못

다음은 증명을 기술하면서 흔히 저지르는 공통적인 실수들이다.

1. **예제로부터 논쟁함**

예제를 관찰한다는 것은 문제를 해결하려는 사람들이 흔히 쓰는 유용한 방법 중 하나이며, 좋은 수학 선생님들이 자주 사용한다. 그렇지만 어떤 특별한 경우에 대해 참임을 보임으로써 일반적인 명제가 참이라고 생각하는 것은 실수이다. 전체한정화 명제는 많은 경우에 참일 수 있지만 일반적인 경우에는 거짓일 수 있다.

이와 같은 실수의 예가 있다. 다음은 두 짝수의 합이 짝수라는 사실의 옳지 않은 '증명' 이다.(정리 4.1.1).

> 만약 $m=14$이고 $n=6$이면 모두 짝수이고, 따라서 $m+n=20$이 되어 역시 짝수이기 때문에 이 명제는 참이다.

어떤 사람들은 이런 식의 논증을 설득력 있다고 본다. 왜냐하면 궁극적으로 참된 결론을 유도하는 증거들로 구성되어 있기 때문이다. 우리가 정당한 논증에 대해 설명할 때, 명제가 부당하더라도 참된 결론을 가질 수 있다고 지적한 사실을 기억하라. 유사하게도, 참된 명제를 증명하기 위해 예제로부터 출발된 논증이 잘못 사용될 수 있다. 위의 예제에서 $m=14$ 그리고 $n=6$인 경우를 들어 "$m+n$이 짝수"라고 내린 결론은 충분한 것이 아니다. 임의의 짝수 m과 n에 대해 결론이 참이 되는 논증을 제시하여야 한다.

2. **두 개의 다른 것들을 나타내기 위해 동일한 문자를 사용함**

증명을 처음으로 하는 초보자들은 앞에서 소개된 변수를 나타내는 문자와 동일한 문자를 이용하여 새로운 변수를 소개하려고 한다. 다음과 같은 '증명' 의 일부분을 보자.

> m과 n은 홀수라고 가정하자. 그러면 홀수의 정의에 의해, 어떤 정수 k에 대해, $m=2k+1$ 그리고 $n=2k+1$이 된다.

이것은 정확하지 않다. m과 n을 위해 동일한 정수 k를 사용하는 것은 $m=2k+1=n$을 의미한다. 그러면 증명의 나머지 부분은 m과 n이 같은 경우에만 적용될 수 있다. 이는 m과 n이 임의로 선택된 홀수라는 가정에 위배된다. 예를 들어 이 증명은 3과 5의 합이 짝수임을 보여 주지 못하게 된다.

3. **결론으로 건너뜀**

결론으로 건너뛴다는 말은 합리적인 이유를 설명하지 않고서 어떤 것이 참이라고 주장하는 것을 의미한다. 임의의 두 짝수의 합이 짝수라는 사실을 주장하는 다음 '증명' 을 보자.

> m과 n이 임의의 짝수라고 가정하자. 짝수의 정의에 따라, 어떤 정수 r과 s에 대해, $m=2r$이 되고 $n=2s$가 된다. 따라서 $m+n=2r+2s$가 되고 결국 $m+n$은 짝수이다.

이 '증명' 의 문제점은 다음과 같은 치명적인 계산과정을 생략한 채 불완전하게 곧바로 결론으로 건너뛰었다는 점이다.

$$2r+2s = 2(r+s)$$

4. 증명되어야 할 것을 가정함

증명되어야 할 것을 가정하는 것은 결론으로 건너뛰는 것의 변형이다. 예로서 "임의의 두 홀수의 곱은 홀수이다"라는 사실의 다음 '증명'을 고려하자.

> m과 n이 임의의 홀수라 가정하자. 임의의 홀수들이 곱해졌을 때 그들의 곱은 홀수이다. 따라서 mn은 홀수이다.

5. 알려진 것과 여전히 보여 줘야 할 것 사이의 혼동

순환론(circular reasoning)에 관련된 더욱 감지하기 어려운 예는 보여야 할 결론이 변수를 사용하여 다시 쓰여 질 때이다.

> m과 n을 홀수라 가정하자. mn이 홀수임을 보여야 한다. 이것은 정수 s가 존재하여
>
> $$mn=2s+1$$
>
> 을 만족시켜야 된다는 의미이다. 또한 홀수의 정의에 따라, 어떤 정수 a와 b에 대해
>
> $$m=2a+1 \text{ 이고 } n=2b+1$$
>
> 이 된다. 그러면
>
> $$mn=(2a+1)(2b+1)=2s+1$$

이 되고, 이는 홀수의 정의에 따라 홀수이다. 이것이 우리가 보여야 할 내용이다.

이 예에서 저자가 "mn이 홀수이다"란 보여야 할 결론을 다시 말할 때 저자는 "정수 s가 존재하여 $mn=2s+1$을 만족해야 된다."라고 썼다. 나중에 저자는 s의 존재성이 확립되지 않았을 때 이것을 가정함으로써 정당하지 않은 결론으로 건너뛰었다. 저자가 "이것은 정수 s가 존재하여

$$mn=2s+1$$

을 만족시켜야 된다는 것을 보여야 한다는 것을 의미한다"라고 썼다면 이 실수는 피할 수도 있다. 이런 종류의 실수를 피하는 좀 더 좋은 방법은 변수가 가정의 한 부분이거나 그것으로부터 유도되지 않는다면 변수를 도입하지 않는 것이다.

6. '어떤'보다 '임의의'란 단어 사용

'임의의' 나 '어떤' 이란 단어들이 상호 교환적으로 사용될 수 있는 몇몇 상황이 존재한다. 예로서 "임의의 홀수의 제곱은 홀수이다"의 증명의 출발에서 "m을 임의의 홀수라고 가정하자" 또는 "m을 어떤 홀수라고 가정하자"라고 올바르게 쓸 수 있다. 하지만 대부분의 상황에서 '임의의' 나 '어떤' 이란 단어들이 상호 교환적으로 사용될 수 없다. 다음은 "임의의 홀수의 제곱은 홀수이다"의 '증명' 의 출발로 정확한 단어가 '어떤' 인

데 '임의의'가 사용되었다.

> m을 특정적이지만 임의로 선택된 홀수라고 가정하자.
> 홀수의 정의에 의해 임의의 정수 a에 대해 $m=2a+1$이다.

두 번째 문장에서 "임의의 정수 a에 대해 $m=2a+1$이다"라고 말하는 것은 옳지 않다. 왜냐하면 a는 '임의의' 정수가 될 수 없다. 사실 a에 대해서 $m=2a+1$을 풀면 a에 대해 유일한 값은 $(m-1)/2$이다. 두 번째 문장을 끝내는 옳은 방법은 "어떤 정수 a에 대해 $m=2a+1$이다." 또는 "정수 a가 존재해서 $m=2a+1$을 만족시킨다"이다

7. '만약'이란 단어를 잘못 사용함

또 다른 오류는 그렇게 심각한 것은 아니지만 증명의 후반부에서 문제를 제기할 수 있는 잘못된 생각을 하게 할 수 있다. 이 오류는 왜냐하면(because)이라는 말을 써야 할 곳에 만약(if)이란 말을 쓰는 것이다. 다음과 같은 증명의 일부분을 보자.

> p가 소수라고 가정하자. 만약 p가 소수이면
> p는 작은 두 양수의 곱으로 표현될 수 없다.

두 번째 문장에서 사용된 만약이라는 단어는 적합하지 않다. 이는 p가 소수라는 사실을 의심하게 만든다. 그러나 첫 문장에서 p는 소수임을 밝혔다. p는 작은 두 양수의 곱으로 표현될 수 없다. 왜냐하면 p는 소수이기 때문이다. 다음에 보인 것은 정확하게 수정한 증명이다.

> p가 소수라고 가정하자. p가 소수이기 때문에
> p는 작은 두 양수의 곱으로 표현될 수 없다.

증명 시작

믿거나 말거나, 여러분이 일반화법과 직접증명의 개념을 이해했다면 여러분이 이해하지 못하는 정리에 대해서도 증명의 시작을 기술할 수 있다. 왜냐하면 증명에서 출발점과 무엇을 보여야 할 것인가 하는 문제는 증명되어야 할 명제의 언어적 형태에만 의존할 뿐 명제의 내용과는 무관하기 때문이다.

주의! 여러분은 완전한 이분 그래프에 관한 어떤 것도 알 필요가 없다.

예제 4.1.8　'출발점'과 '보여 줘야 될 결론' 식별

다음 명제를 증명하는 데 있어서 첫 번째 문장('출발점')과 마지막 문장('보여야 할 결론')을 쓰라.

> 모든 완전한 이분 그래프(bipartite graph)는 연결되어 있다.

풀이

한정자와 변수를 이용하여 명제를 형식적으로 다시 쓰는 것이 도움이 된다.

형식명제: $\underbrace{\forall \text{ graphs } G,}_{\text{정의역}}$ $\underbrace{\text{만약 } G\text{가 완전하고 이분이면}}_{\text{전제}}$ $\underbrace{G\text{는 연결되어 있다.}}_{\text{결론}}$

증명의 첫 번째 문장, 즉, 출발점은 명제의 전제 부분(여기서는 G가 완전하고 이분 그래프이다)을 만족시키는 객체(여기서는 그래프 G)가 정의역(여기서는 모든 그래프) 내에 존재함을 가정한다. 보여 줄 결론은 명제에서의 결론(여기서는 G는 연결되어 있다)이다.

출발점: G는 [특정적이지만 임의로 선택된] 완전한 이분 그래프라고 가정하자.
보여 줘야 할 결론: G는 연결되어 있다.
따라서 증명은 다음과 같은 모양을 가진다.

증명:
G는 [특정적이지만 임의로 선택된] 완전한 이분 그래프라고 가정하자.
⋮
그러므로 G는 연결되어 있다. ■

존재명제가 거짓임을 보여 주기

존재명제의 부정은 전칭명제임을 기억하라. 존재명제가 거짓임을 보이기 위해서는 그것의 부정인 전칭명제가 참임을 보여야 한다.

예제 4.1.9 **존재명제의 반증**

다음 명제가 거짓임을 보여라.

n^2+3n+2가 소수인 양의 정수 n이 존재한다.

풀이

이 명제가 거짓임을 보이는 것은 이의 부정 명제가 참임을 보이는 것과 같다. 이의 부정은

모든 양의 정수 n에 대해, n^2+3n+2는 소수가 아니다.

이다. 부정이 전칭명제이기 때문에 이는 일반화법에 의해 증명될 수 있다.

주장: n^2+3n+2가 소수인 양의 정수 n이 존재한다는 명제는 거짓이다.

증명:
n은 [특정적이지만 임의로 선택된] 양의 정수라 하자.[우리는 n^2+3n+2가 소수가 아님을 보일 것이다.] 우리는 n^2+3n+2를 인수분해하여 $n^2+3n+2=(n+1)(n+2)$로 둘 수 있다. 또한 $n+1$과 $n+2$는 정수이며 (왜냐하면 그들은 정수의 합이기 때문이다) $n+1 > 1$이고 $n+2 > 1$이다(왜냐하면 $n \geq 1$). 따라서 n^2+3n+2는 1보다 큰 두 정수의 곱이 되기 때문

에 n^2-3n+2 은 소수가 아니다. ■

가설, 증명 및 반증

CORBIS

Pierre de Fermat
(1601-1665)

350여 년 전, 프랑스 수학자 Pierre de Fermat는 n이 3보다 크거나 같은 정수이면 $x^n+y^n=z^n$을 만족시키는 정수 x, y, z를 발견하는 것은 불가능하다고 주장했다.($n=2$일 경우 $3^2+4^2=5^2$, $5^2+12^2=13^2$ 등과 같이 이 식을 만족시키는 해는 많이 존재한다.) Fermat는 자기의 주장을 책 여백에 기록하면서 다음과 같은 주석을 달았다. "나는 이 정리에 관한 놀랄 만한 증명을 찾았지만 이 증명을 적기엔 여백이 너무 좁다." 그러나 그의 논문에서도 증명은 발견되지 않았고, 그 후 수년이 지나면서 Fermat의 마지막 정리로 알려진 이 명제를 위해 유명한 수학자들이 증명 또는 반례를 보이기 위해 시도하였으나 실패하였다.

1986년 UC 버클리의 Kenneth Ribet은 만약 Taniyama-Shimura의 가설이 증명된다면 Fermat의 정리는 이어서 증명될 수 있음을 보였다. 프린스턴 대학 수학과 교수인 영국인 Andrew Wiles는 어릴 때 Fermat의 마지막 정리에 호기심을 가졌었고, 나중에 Taniyama-Shimura의 추측이 관련된 수학의 한 분야에 대해 연구하였다. Ribet의 발표를 듣자마자 그는 그 추측을 증명하기 위해 노력하였다. 1993년 6월, 7년간의 노력 끝에 증명이 발표되어 세계의 갈채를 받았다.

Andrew Wiles/princeton university

Andrew Wiles
(born 1953)

1993년 여름, 증명을 정식으로 출판하기 위해 증명의 각 단계를 조심스럽게 검사하던 중 Wiles는 한 단계를 정당화하는 데 문제가 있음을 발견했고 그 단계는 사실 틀렸다는 것을 알았다. 그는 그 문제를 해결하기 위해 다시 일 년 동안 중단 없이 노력한 끝에 그 문제를 해결할 수 있었다. 1994년 말에 개정된 증명의 각 단계들은 전문가들에 의해 철저하게 검증되었다. 이는 1995년「수학 연감(Annals of Mathematics)」에 발표되었다. Wiles의 발견에 관한 흥미로운 사건을 다룬 수많은 책들과 저명한 텔레비전 다큐멘터리들이 제작되었다.*

아직까지 풀리지 않은 가장 오래 된 수학 문제 중 하나는 Goldbach의 추측이다. 예제 4.1.5에서 4와 26 사이에 있는 모든 짝수는 두 소수의 합으로 나타낼 수 있음을 보였다. 250여 년 전, Christian Goldbach(1670~1764)는 2보다 큰 모든 짝수는 소수의 합으로 나타낼 수 있다는 추측을 발표하였다. 컴퓨터를 사용한 계산에서 10^{18}까지는 그 가설이 참이 되는 것을 보였다. 그러나 10^{18}과 무한 사이에는 엄청난 간격이 있다. 뉴욕 타임즈의 James Gleick이 지적한 대로, 정수론에서 그럴듯해 보이는 수많은 다른 추측들이 거짓임이 증명되었다. 예를 들어 Leonhard Euler(1707~1783)는 $a^4+b^4+c^4=d^4$을 만족시키는 자연수는 없다고(0은 제외) 18세기에 제안하였다. 작은 수에 있어서 Euler의 가설은 참인 것처럼 보인다. 그러나 1987년 하버드 수학자인 Noam Elkies는 이것이 거짓임을 밝혔다. Thinking Machines Corporation의 Roger Frye에 의해 컴퓨터를 이용한 오랜 검색에서 찾은 반례는

* Public Broadcasting System의 시리즈인 *Nova*를 위해 "The Proof"가 1997년에 제작되었다; *Fermat's Enigma: The Epic Quest to solve the World's Greatest Mathematical Problem*, by Simon Singh and John Lynch (New York: Bantam Books, 1998); *Fermat's Last Theorem: Unlocking the Secret of an Ancient Mathematical Problem* by Amir D. Aczel (New York: Delacorte Press, 1997).

$95{,}800^4+217{,}519^4+414{,}560^4=422{,}481^4$이다.†

2000년 5월, '새 천년 수학을 기념하기 위해' 매사추세츠에 있는 Clay Mathematics Institute of Cambridge는 오랫동안 미제로 남아 있는 7개의 수학 문제 각각에 대해 백만 달러의 상금을 건다고 발표하였다. 그들 중 하나는 'P 대 NP' 문제로, 이는 어떤 클래스에 속한 문제를 지금 비효율적인 방법으로 해결하고 있는데 이를 컴퓨터 상에서 좀 더 효율적으로 풀 수 있을 것인가를 묻고 있다. 이 질문은 11장의 끝에서 간략히 토의된다.

자 | 기 | 진 | 단

1. 어떤 정수가 짝수일 필요충분조건은 _______.
2. 어떤 정수가 홀수일 필요충분조건은 _______.
3. 어떤 정수 n이 소수일 필요충분조건은 _______.
4. 전칭명제를 반증하기 위한 가장 보편적인 방법은 _______를 찾는 것이다.
5. 일반화법에 의하면, 어떤 집합의 모든 원소가 어떤 특정한 성질을 만족시킨다는 것을 보이기 위해 x를 _______라고 가정하고 _______을 보이면 된다.
6. "For all x in a set D, if $P(x)$ then $Q(x)$"와 같은 명제를 증명하기 위한 직접 증명법을 사용하기 위하여 _______라고 가정하고 _______을 보이면 된다.

연 / 습 / 문 / 제 4.1

연습문제 1, 2에서 여러분의 답을 정당화하기 위해 짝수, 홀수, 합성수의 정의를 이용하라.

1. k는 정수라 가정하라.
   a. -17은 홀수인가?
   b. 0은 짝수인가?
   c. $2k-1$은 홀수인가?

2. m과 n은 정수라 가정하자.
   a. $6m+8n$은 짝수인가?
   b. $10mn+7$은 홀수인가?
   c. 만약 $m>n>0$이면, m^2-n^2은 합성수인가?

연습문제 3~5에서는 각 명제를 증명하라.

3. $m>1$이고 $n>1$이며 $\frac{1}{m}+\frac{1}{n}$은 정수인 정수 m과 n이 존재한다.

4. $n>5$이고 2^n-1이 소수인 정수 n이 존재한다.

> **정의:** 어떤 정수 k에 대해, $n=k^2$일 때 n을 **완전제곱수**(perfect square)라 부르고, 역으로 n이 완전제곱수이면 $n=k^2$인 정수 k가 존재한다.

5. 두 완전제곱수의 합으로 나타낼 수 있는 완전제곱수가 존재한다.

6. 반례를 들어 다음을 반증하라.

   모든 실수 a, b에 대해, 만약 $a<b$이면 $a^2<b^2$이다.

7. 다음에 주어진 성질이 모든 정수에서 참인지, 모든 정수에서 거짓인지, 어떤 정수에서 참이고 나머지에서는 거짓인지 밝혀라. 여러분의 답을 정당화해야 한다.

$$(a+b)^2=a^2+b^2$$

8. 전수 조사 방법(method of exhaustion)을 이용하여 다음을 증명하라.

† James Gleick, "Fermat's Last Theorem Still Has Zero Solutions," *New York Times*, 17 April 1988.

26보다 작은 모든 짝수는 세 개 이하의 완전제곱수의 합으로 나타낼 수 있다.(예를 들어 $10=1^2+3^2$ 그리고 $16=4^2$.)

9. **a.** 다음 정리를 아래와 같이 세 가지 다른 방법으로 다시 쓰라.

(i) ∀__________, if _______________, then ___________.

(ii) ∀__________, _______________. (if 또는 then을 사용하지 말고)

(iii) If _______________, then______________. (전칭 한정화를 명시적으로 사용하지 말고)

b. 정리의 증명에서 빈칸을 채우라.

정리: 임의의 짝수와 임의의 홀수의 합은 홀수이다.

증명: m을 임의의 짝수라 가정하고 n을 임의의 _____(a)____라 가정하자. 짝수의 정의에 의해 어떤 _____(b)_____에 대해 $m=2r$이고 홀수의 정의에 의해 어떤 정수 s에 대해 $n=2s+1$이다. 대입과 대수에 의해

$$m+n= \_\_\_\_\_(c)\_\_\_\_\_ =2(r+s)+1$$

이다. r과 s가 모두 정수이기 때문에 $r+s$도 정수이다. 따라서 $m+n$은 어떤 정수의 두 배에 1을 더한 형태를 가진다. 따라서 홀수의 정의에 의해 _______(d)_______.

연습문제 10, 11에 있는 명제의 각각은 참이다. 각각에 대해 (a) 묵시적 한정화를 가지는 명제를 If ____, then ____ 형태로 다시 쓰고 (b) 증명의 처음 문장('출발점')과 마지막 문장('보여야 할 결론')을 쓰라. 이 연습문제들을 풀 수 있도록 명제를 이해할 필요는 없다는 것에 주목하라.

10. 모든 정수 m에 대해, 만약 $m>1$이면 $0<\frac{1}{m}<1$이다.

11. 모든 정수 m, n에 대해, 만약 $mn=1$이면 $m=n=1$ 또는 $m=n=-1$이다.

연습문제 12~17에 있는 명제를 증명하라. 각 경우에 짝수와 홀수의 이미 확립된 성질을 사용하지 말고 단지 용어의 정의와 이 절 도입부에 있는 가정들만을 사용하라. 전칭명제를 증명하기 위해 이 절에서 주어진 지침을 따르라.

12. 임의의 짝수의 음의 수(negative)는 짝수이다.

13. 임의의 짝수에서 임의의 홀수를 빼면 홀수이다.

14. 임의의 홀수와 임의의 짝수의 차는 홀수이다.(연습문제 20의 '증명'은 오류를 포함하고 있다. 그것을 지적할 수 있는가?)

15. 모든 정수 n에 대하여 만약 n이 홀수이면 $3n+5$는 짝수이다.

16. 만약 k가 임의의 홀수이고 m이 임의의 짝수이면 k^2+m^2은 홀수이다.

17. 만약 n이 임의의 짝수이면 $(-1)^n=1$이다.

18. 다음 명제가 거짓임을 증명하라.

m^2-1이 소수인 정수 $m \geq 3$이 존재한다.

연습문제 19~21에서 보여준 '증명'에서 실수를 찾아라.

19. **정리:** 모든 정수 k에 대해, 만약 $k>0$이면 k^2+2k+1은 합성수이다.

증명: $k=2$에 대해 $k^2+2k+1=2^2+2\cdot 2+1=9$이다. 그러나 $9=3\cdot 3$이고 따라서 9는 합성수이다. 그래서 정리는 참이다.

20. **정리:** 임의의 홀수와 임의의 짝수의 차는 홀수이다.

증명: n을 임의의 홀수라 하고 m을 임의의 짝수라 가정하자. 홀수의 정의에 의해 $n=2k+1$, 여기서 k는 정수이다. 또한 짝수의 정의에 의해 $m=2k$, 여기서 k는 정수이다. 그러면

$$n-m=(2k+1)-2k=1$$

이다. 그러나 1은 홀수이다. 그러므로 임의의 홀수와 임의의 짝수의 차는 홀수이다.

21. **정리:** 모든 정수 k에 대해, 만약 $k>0$이면 k^2+2k+1은 합성수이다.

증명: k를 $k>0$인 정수라 가정하자. 만약 k^2+2k+1은 합성수이면 어떤 정수 r과 s에 대해 $k^2+2k+1=rs$이다. 단

$$1<r<(k^2+2k+1)$$

이고

$$1<s<(k^2+2k+1)$$

이다.

$$k^2+2k+1=rs$$

이고 r과 s가 1과 k^2+2k+1 사이에 있기 때문에 k^2+2k+1은 소수가 아니다. 따라서 우리가 보여야 하듯이 k^2+2k+1은 합성수이다.

연습문제 22~27에서는 명제가 참인지 거짓인지를 결정하라. 증명이나 반례로 여러분의 답이 타당하다는 것을 입증하라. 각각의 경우에 이미 확립된 성질이 아닌 용어의 정의와 이 절 도입부에 있는 가정들만을 사용하라.

22. 임의의 두 홀수의 곱은 홀수이다.

23. 임의의 홀수의 음의 수(negative)는 홀수이다.

24. 임의의 두 홀수의 차는 홀수이다.

25. 만약 두 정수의 합이 짝수이면 피가수들 중 하나는 짝수이다.[$a+b$의 표현에서 a와 b를 **피가수**(summand)라 한다.]

26. 모든 정수 n에 대해, $4(n^2+n+1)-3n^2$은 완전제곱이다.

27. [정의로서, 두 정수가 **연속**(consecutive)일 필요충분조건은 '하나가 다른 하나보다 하나 더 크다이다.'] 임의의 네 개의 연속 정수들의 곱은 완전제곱수보다 하나 작다.

28. 만약 p가 소수이면 2^p-1도 소수가 되어야 하는가? 증명을 하거나 반례를 들라.

자 | 기 | 진 | 단 | 해 | 답

1. "그것이 어떤 정수의 두 배와 같다"는 것이다 2. "그것이 어떤 정수의 두 배에 1을 더한 것과 같다"는 것이다 3. n이 1보다 크고 만약 n이 임의의 두 양의 정수로 곱한 것과 같다면 이들 중 하나는 1이고 다른 하나는 n이다 4. 반례 5. 그 집합의 특정적이지만 임의로 선택된 원소; x가 주어진 성질을 만족시킴 6. x가 가정 $P(x)$가 참이 되게 하는 집합 D의 특정적이지만 임의로 선택된 원소; x가 결론 $Q(x)$를 참이 되게 만듦

4.2 직접증명과 반례 II: 유리수

정수의 합, 차, 곱은 정수이다. 그러나 대부분 정수들의 몫(quotient)은 정수가 아니다. 정수의 비로 나타내는 것은 매우 중요한데 이를 유리수라고 부른다.

• 정의

만약 실수 r을 분모가 0이 아닌 두 정수로 구성된 분수로 나타낼 수 있을 때 r을 **유리수**(rational number)라고 부른다. 역으로 r이 유리수이면 분모가 0이 아닌 정수로 된 분수로 나타낼 수 있다. 유리수가 아닌 실수는 **무리수**(irrational number)이다.

형식적으로 표현하면, 만약 r이 유리수이면

$$r\text{은 유리수} \Leftrightarrow \exists \text{ integers } a \text{ and } b \text{ such that } r = \frac{a}{b} \text{ and } b \neq 0$$

유리수(rational)라는 말은 비율(ratio)이라는 단어를 포함하고 있고, 이는 다른 말로 몫이다. 유리수는 두 정수의 비율로 쓸 수 있다.

예제 4.2.1 유리수인지 무리수인지 결정

a. 10/3은 유리수인가?
b. −(5/39)는 유리수인가?
c. 0.281은 유리수인가?
d. 7은 유리수인가?
e. 0은 유리수인가?
f. 2/0은 유리수인가?
g. 2/0은 무리수인가?
h. 0.12121212...은 유리수인가?(수 12가 무한 반복된다고 가정하라.)
i. 만약 m과 n이 정수이고 둘 다 0이 아닐 때, $(m+n)/mn$은 유리수인가?

풀이

a. 예. 10/3은 두 정수 10과 3으로 된 비율이고, 따라서 유리수이다.
b. 예. −(5/39)=−5/39이고 이는 두 정수 −5와 39로 된 분수이고, 따라서 유리수이다.
c. 예. 0.281=281/1000. 일반적인 계산기에 나타난 실수는 유한 자리를 가진다. 이 예에서 보인 것처럼 계산기에 표시된 값들은 모두 유리수이다.
d. 예. 7=7/1.
e. 예. 0=0/1.
f. 아니요. 2/0은 수가 아니다.(분모에 0이 있는 경우는 용납되지 않는다.)
g. 아니요. 모든 무리수도 수이지만 2/0은 수가 아니다. 어떤 수가 무리수인지를 밝히는 기법은 4.6절, 4.7절, 그리고 9.4절에서 다시 설명할 것이다.
h. 예. x=0.12121212...로 두자. 그러면 100x=12.121212...이다. 따라서

$$100x - x = 12.12121212\ldots - 0.12121212\ldots = 12$$

이고, 한편

$$100x - x = 99x$$

이다. 따라서

$$99x = 12$$

$$x = \frac{12}{99}$$

이다. 따라서 0.121212... = 12/99이고 이는 유리수이다.

i. 예. m과 n이 정수이므로 $m+n$과 mn도 정수이다. (왜냐하면 정수들의 곱과 합은 정수이다.) zero product 성질(이 성질의 한 형태는 다음을 말해준다.)에 의해 $mn \neq 0$이다.

zero product 성질

두 실수 중 어느 것도 영이 아니면 그들의 곱 또한 영이 아니다.

따라서 $(m+n)/mn$은 두 정수로 구성된 분수이며, 분모가 0이 아니므로 이는 유리수이다. ■

일반화에 대한 추가 설명

어떤 사람들은 일반화법을 도전 절차라고 생각한다. 만약 정의역에 있는 모든 원소에 대해 어떤 성질이 충족된다고 여러분이 주장하면, 다른 어떤 사람이 그 정의역에 있는 임의의 한 원소를 선택한 후 그 원소가 그 성질을 만족시키는지를 증명하라고 도전할 수 있다. 여러분의 주장을 증명하기 위해 여러분은 그러한 도전을 모두 만족시켜야 한다. 다시 말해, 이의를 제기하는 사람들에게 임의로 선택된 원소에 대해 그 성질이 충족됨을 확신시킬 수 있는 방법을 알아야 한다.

예를 들어 A라는 사람이 "모든 정수는 유리수다"라고 주장한다고 가정하자. B라는 사람이 $n=7$인 경우에 대해 충족되는지 증명해 보라고 이의를 제기한다. A는 다음 사실을 이야기한다.

$$7 = \frac{7}{1} \quad \text{이것은 두 정수로 된 분수이므로 유리수이다.}$$

B는 이 설명에 수긍하면서 다시 $n=-12$인 경우에 대해 증명해 보라고 이의를 제기한다. A는 다음과 같이 대답한다.

$$-12 = \frac{-12}{1}$$ 이것은 두 정수로 된 분수이므로 유리수이다.

B는 다시 $n=0$인 경우에 대해 증명해 보라고 이의를 제기하고 A의 대답은 다음과 같다.

$$0 = \frac{0}{1}$$ 이것은 두 정수로 된 분수이므로 유리수이다.

알다시피 B의 어떤 도전에도 A는 B가 제시한 수를 1로 나눔으로써 효과적으로 대답한다. 다시 말해 B가 어떤 정수 n을 제시해도 A는 다음과 같이 답한다.

$$n = \frac{n}{1}$$ 이것은 두 정수로 된 분수이므로 유리수이다.

이상의 설명은 다음 정리를 증명한다.

> **정리 4.2.1**
> 모든 정수는 유리수이다.

유리수의 성질에 대한 증명

다음 예제는 유리수의 성질을 증명하기 위해 어떻게 일반화법을 사용하는지 보여 준다.

예제 4.2.2 **유리수의 합은 유리수**

임의의 두 유리수의 합은 유리수임을 증명하라.

풀이

증명하고자 하는 명제를 다음과 같은 형태로 직접 혹은 마음속으로 쓰면서 시작하라.

"∀______, if _____ then ______."

형식적 재표현: 임의의 실수 r, s에 대해, 만약 r과 s가 유리수이면 $r+s$는 유리수이다.

스스로 다음과 같이 물어보라. "어디서 출발할 것인가?" 혹은 "무엇을 가정할 것인가?" 이에 대한 답이 바로 출발점 혹은 증명의 첫 문장이 된다.

출발점: r과 s는 특정적이지만 임의로 선택된 유리수라고 가정하자. 또는 간단히 r과 s는 유리수라고 가정하자.

그리고 스스로에게 물어 보라. "증명을 완성하기 위해 무엇을 보여 주어야 할 것인가?"

보여야 할 결론: $r+s$는 유리수이다.

마지막으로 물어 보라. "출발점으로부터 어떻게 결론에 도달할 것인가?" 또는 "만약 r과 s가 모두 유리수라면 왜 $r+s$는 유리수인가?" 답은 유리수의 정의에 대한 본질에 의존한다. 유리수는 정수로 구성된 분수이므로, r과 s가 유리수라는 것은 다음을 의미한다.

어떤 정수 a, b, c, d(여기서 $b \neq 0$이고 $d \neq 0$)에 대해 $r = \dfrac{a}{b}$ and $s = \dfrac{c}{d}$

이를 대입하면

$$r + s = \frac{a}{b} + \frac{c}{d}$$

가 된다. 따라서 우측에 있는 합을 분모가 0이 아닌 분수 또는 두 정수로 구성된 분수로 보여야 한다. 이는

$$\begin{aligned} \frac{a}{b} + \frac{c}{d} &= \frac{ad}{bd} + \frac{bc}{bd} && \text{공통분모를 가진 분수로 다시 씀} \\ &= \frac{ad + bc}{bd} && \text{분자를 더함} \end{aligned}$$

이 되고 이는 정수로 구성된 분수이다. 왜냐하면 정수의 곱과 합은 정수이기 때문에 $ad+bc$와 bd는 모두 정수이다. 그러면 $bd \neq 0$ 인가? $b \neq 0$이고 $d \neq 0$이므로 zero product 성질에 의해 이것의 답은 '예'가 된다. 그러므로 $r+s$는 유리수이다.

이상 설명한 것은 다음과 같이 요약된다.

정리 4.2.2
임의의 두 유리수의 합은 유리수이다.

증명:
r과 s는 [무작위로 선택된] 유리수라 하자. 그러면 유리수의 정의에 따라, 어떤 정수 a, b, c, d(여기서 $b \neq 0$이고 $d \neq 0$)에 대해 $r=a/b$이고 $s=c/d$이다. 따라서

$$\begin{aligned} r + s &= \frac{a}{b} + \frac{c}{d} && \text{치환에 의해} \\ &= \frac{ad + bc}{bd} && \text{기본 연산에 의해.} \end{aligned}$$

가 된다. $p=ad+bc$, $q=bd$로 두자. 그러면 a, b, c, d가 모두 정수이고 정수의 곱과 합은 정수이기 때문에 p와 q는 정수이다. 또한 zero product 성질에 의해 $q \neq 0$이다. 따라서

$$r + s = \frac{p}{q} \quad \text{여기서 } p \text{와 } q \text{는 정수이고 } q \neq 0$$

그러므로 유리수의 정의에 따라 $r+s$는 유리수이다.[이것이 보여 주고자 했던 것이다.]

■

새로운 수학의 도출

4.1절에서는 중학교에서 배웠던 대수의 기본적인 성질, 즉, 정수는 덧셈, 뺄셈, 곱셈에 대해 닫혀 있다는 사실과 증명에서 사용된 용어에 대한 정의만을 이용하여 정리의 참과 거짓을 밝히는 데 초점을 맞추었다. 앞으로 **정의를 이용하여 직접 무언가를 증명해 보라**고 하면 여러분은 이러한 방법으로만 증명해야 한다는 것을 의미한다. 그렇지만 정의로부터 이미 증명된 명제의 모음들이 있다면 다른 방법으로 증명이 가능하다. 그러한 명제의 모음들이 다른 것을 증명하는 데 사용될 수 있다.

예제 4.2.3 **짝수와 홀수에 관한 새로운 결과 유도**

짝수와 홀수에 관한 다음 속성들을 이미 증명했다고 가정하자.

1. 임의의 두 짝수의 합, 곱, 차는 짝수이다.
2. 임의의 두 홀수의 합, 차는 짝수이다.
3. 임의의 두 홀수의 곱은 홀수이다.
4. 임의의 한 짝수와 임의의 한 홀수의 곱은 짝수이다.
5. 임의의 한 짝수와 임의의 한 홀수의 합은 홀수이다.
6. 임의의 한 홀수에서 임의의 한 짝수를 빼면 홀수이다.
7. 임의의 한 짝수에서 임의의 한 홀수를 빼면 홀수이다.

만약 a가 임의의 짝수이고 b가 임의의 홀수이면 $\dfrac{a^2+b^2+1}{2}$이 정수임을 위에 나열된 성질을 이용하여 증명하라.

풀이

a는 임의의 짝수이고 b는 임의의 홀수라고 가정하자. 성질 1에 의해 a^2은 짝수이고, 성질 3에 의해 b^2은 홀수이다. 성질 5에 의해 a^2+b^2은 홀수가 되며, 1은 홀수이므로 성질 2에 의해 $(a^2+b^2)+1=a^2+b^2+1$은 짝수이다. 그러므로 짝수의 정의에 따라 $a^2+b^2+1=2k$를 만족시키는 정수 k가 존재한다. 양변을 2로 나누면 $\dfrac{a^2+b^2+1}{2}=k$가 되고 이는 정수이다.

따라서 $\dfrac{a^2+b^2+1}{2}$는 정수이다[보여 주고자 의도한 대로]. ■

따름정리(corollary)란 이미 증명된 어떤 정리로부터 참임이 곧바로 추론될 수 있는 명제이다.

예제 4.2.4 **유리수의 두 배**

다음을 정리 4.2.2의 따름정리로 유도해 보라.

> **따름정리 4.2.3**
> 임의의 유리수의 두 배는 유리수이다.

풀이

어떤 수의 두 배는 단지 그 수를 그 자신에 더한 것과 같다. 임의의 두 유리수의 합이 유리수(정리 4.2.2)이므로, 어떤 유리수에 자기 자신을 더한 것도 유리수이다. 따라서 임의의 유리수의 두 배는 유리수이다. 다음은 형식을 갖춘 증명이다.

증명:

r을 임의의 유리수라고 가정하자. 그러면 $2r=r+r$은 두 유리수의 합이다. 따라서 정리 4.2.2에 의해 $2r$은 유리수이다. ■

자 | 기 | 진 | 단

1. 임의의 실수가 유리수임을 보이기 위하여 우리는 그것을 _______로 쓸 수 있다는 것을 보여야 한다.
2. 무리수는 _______가 아닌 _______이다.
3. 0은 유리수이다. 왜냐하면 _______이기 때문이다.

연 / 습 / 문 / 제 4.2

연습문제 1~4에 있는 모든 수는 유리수이다. 각 수를 두 정수의 비로 나타내라.

1. $-\frac{35}{6}$

2. $\frac{4}{5}+\frac{2}{9}$

3. 0.37373737...

4. 320.5492492492...

5. zero product 성질은 만약 두 실수의 곱이 0이면 그 수들 중 하나는 0이어야 한다는 것을 말한다.
   a. 한정자나 변수를 사용하여 이 성질을 형식적으로 써라.
   b. (a)에 대한 답의 대우를 써라.
   c. (b)의 답에 대해 (한정자 기호나 변수를 사용하지 말고) 비형식적 버전을 써라.

6. a와 b는 모두 정수이고 $a \neq 0$, $b \neq 0$라고 가정하라. $(b-a)/(ab^2)$은 반드시 유리수임을 설명하라.

7. 모든 정수는 유리수임을 증명하라.

8. "임의의 유리수의 제곱은 유리수이다"라는 다음 증명에서 빈칸을 채우라.

증명: r을 ____(a)______ 라고 가정하자. 유리수의 정의에 의해, 어떤 _____(b)_____ 와 $b \neq 0$에 대해 $r=a/b$이다. 대입에 의해

$$r^2 = \underline{\quad\quad}(c)\underline{\quad\quad} = a^2/b^2$$

이다. a와 b 모두 정수이기 때문에 곱 a^2과 ____(d)____ 또한 정수이다. 또한 ____(e)_____ 에 의해 $b^2 \neq 0$이다. 그래서 r^2은 두 정수의 비이고 영이 아닌 분모를 가진다. 따라서 유리수의 정의에 의해 ____(f)_____ 이다.

9. 명제 "임의의 유리수의 음수는 유리수이다"를 고려하자.

a. 한정자와 변수를 사용하여 형식적으로 이 명제를 다시 써라.

b. 이 명제가 참인지 거짓인지를 결정하고 여러분의 답을 정당화하라.

연습문제 10~14에 있는 각 명제가 참인지 거짓인지를 결정하라. 참인 명제는 정의로부터 직접증명의 방법으로 증명하고 거짓인 명제는 반례를 들라. 명제가 거짓인 경우 명제를 약간 수정하면 참이 될 수 있는지를 결정하라. 만약 가능하면 명제를 수정하고 수정된 명제를 증명하라.

10. 임의의 두 유리수의 곱은 유리수이다.

11. 임의의 두 유리수의 몫은 유리수이다.

12. 임의의 두 유리수의 차는 유리수이다.

13. 만약 r과 s가 임의의 두 유리수이면 $\frac{r+s}{2}$는 유리수이다.

14. 모든 실수 a와 b에 대해, 만약 $a<b$이면 $a < \frac{a+b}{2} < b$이다.

15. 다음 물음을 위해 예제 4.2.3에 나열된 짝수와 홀수의 성질을 이용하라. 추론을 정당화하기 위해 어떤 성질을 이용했는지를 밝히라.

다음 명제는 참인가, 거짓인가? 만약 m이 임의의 짝수이고 n은 임의의 홀수이면 m^2+3n은 홀수이다. 왜 그런지 설명하라.

16. 정리 4.2.1, 정리 4.2.2와 앞선 연습문제들의 결과의 따름정리로 다음 명제를 유도하라.

임의의 유리수 r과 s에 대해, $2r+3s$는 유리수이다.

17. 만약 n이 음이 아닌 정수이면

$$1 + \frac{1}{2} + \frac{1}{2^2} + \frac{1}{2^3} + \cdots + \frac{1}{2^n} = \frac{1-(1/2^{n+1})}{1-(1/2)}$$

인 것은 사실이다.(이 명제의 더욱 일반적인 형태는 5.2절에서 증명된다.) 이 식의 우변은 유리수인가? 그렇다면 그것을 두 정수의 비로 표현하라.

18. 만약 실수 c가

$$r_3x^3+r_2x^2+r_1x+r_0=0 \text{(여기서 } r_0, r_1, r_2, r_3 \text{는 유리수)}$$

형태의 방정식을 만족시킨다면 c는

$$n_3x^3+n_2x^2+n_1x+n_0=0 \text{(여기서 } n_0, n_1, n_2, n_3 \text{는 정수)}$$

형태의 방정식을 만족시킴을 증명하라.

19. 예제 4.2.3에 목록화되어 있는 짝수와 홀수의 성질을 이용하여 다음 물음에 답하라.

$(x-r)(x-s)$ 형태의 표현식들이 전개될 때 이차다항식이 얻어진다. 예를 들면 $(x-2)(x-(-7))=(x-2)(x+7)=x^2+5x-14$.

a. r과 s가 모두 홀수일 때 또는 r과 s가 모두 짝수일 때 또는 r과 s 중 어느 하나는 짝수이고 나머지 하나는 홀수일 때, $(x-r)(x-s)$를 전개함으로써 얻어지는 다항식의 계수에 대해서는 무엇을 말할 수 있나?

b. $x^2-1253x+255$를 정수 계수를 가지는 두 다항식의 곱으로 쓸 수 없다는 것은 (**a**)로부터 알 수 있다. 왜 그런지 설명하라.

연습문제 20, 21에서 두 유리수의 합이 유리수임을 증명한다. 각 증명에서 오류를 찾아라.

20. 증명: 임의의 두 유리수를 합한 결과는 유리수이다. 그러므로 만약 r과 s가 특정적이지만 임의로 선택된 유리수이면 $r+s$는 유리수이다.

21. **증명:** r과 s가 유리수라고 가정하자. 유리수의 정의에 의해 임의의 정수 a와 $b(b \neq 0)$에 대해, $r=a/b$이고, 임의의 정수 a와 $b(b \neq 0)$에 대해 $s=a/b$이다. 그러면

$$r+s=a/b+a/b=2a/b$$

이다. $p=2a$로 두자. 그러면 p는 두 정수의 곱이므로 정수이다. 따라서 $r+s=p/b$이고 여기서 p와 b는 정수이며 $b \neq 0$이다. 그러므로 유리수의 정의에 따라 $r+s$는 유리수이다.

자 | 기 | 진 | 단 | 해 | 답

1. 영이 아닌 분모를 가지며 정수들의 비(ratio) 2. 유리수; 실수 3. $0=\frac{0}{1}$

4.3 직접증명과 반례 III: 나뉨성

초등학교에서 처음 나눗셈(제산)에 대한 개념을 공부할 때 아마 다음과 같이 배웠을 것이다. 12를 3으로 나누면 4이다. 왜냐하면 물건 12개를 3개씩 한 그룹으로 묶어 분류하면 정확히 4그룹을 만들 수 있기 때문이다.

xxx	xxx	xxx	xxx

아마도 여러분은 이 사실을 "12는 3으로 정확히 나눌 수 있다" 또는 "3은 12를 정확히 나눈다"라고 표현하도록 배웠을 것이다.

나뉨성에 관한 이해는 정수의 성질에 관해 공부하는 **정수론(number theory)**이라 불리는 고급 수학의 핵심 개념이다.

• 정의

만약 n과 d가 정수이고 $d \neq 0$이면

n이 d로 나누어지면, 어떤 정수 k에 대해 $n=dk$이며 그 역도 성립한다.

다른 말로는

n은 d의 **배수**(multiple)**이다** 또는
d는 n의 **인수**(factor)**이다** 또는
d는 n의 **약수**(divisor)**이다** 또는
d는 n을 **나눈다**(divide).

표기 $\boldsymbol{d|n}$은 "d는 n을 나눈다"로 읽는다. 기호로 표시하면, 만약 n과 d가 정수이고 $d \neq 0$이면

$$d \mid n \quad \Leftrightarrow \quad \exists \text{ an integer } k \text{ such that } n = dk$$

예제 4.3.1 **나뉨성**

a. 21은 3으로 나누어지는가?

b. 5는 40을 나누는가?

c. $7|42$인가?

d. 32는 -16의 배수인가?

e. 6은 54의 약수인가?

f. 7은 -7의 약수인가?

풀이

a. 예. $21=3\cdot 7$.

b. 예. $40=5\cdot 8$.

c. 예. $42=7\cdot 6$.

d. 예. $32=(-16)\cdot(-2)$.

e. 예. $54=6\cdot 9$.

f. 예. $-7=7\cdot(-1)$. ■

예제 4.3.2 **0의 약수들**

k가 임의의 정수라면 k는 0을 나누는가?

풀이

예. 왜냐하면 $0=k\cdot 0$이기 때문이다. ■

나뉨성의 두 유용한 성질은 다음과 같다. (1) 첫 번째 양의 정수가 두 번째 양의 정수를 나누면 첫 번째 정수는 두 번째 정수보다 작거나 같다. (2) 1의 유일한 약수는 1과 -1이다.

정리 4.3.1 양의 정수의 양의 약수

모든 정수 a와 b에 대하여 만약 a와 b가 양수이고 a가 b를 나누면 $a\leq b$이다.

증명:

a와 b는 양의 정수라 하고 a가 b를 나눈다고 가정하자.[$a\leq b$임을 보여야 한다.]
그러면 $b=ak$를 만족시키는 정수 k가 존재한다. a와 b 모두 양수이기 때문에 k는 양수이어야 한다. 따라서 모든 양의 정수는 1보다 크거나 같기 때문에

$$1\leq k$$

이다. 부등호의 양변에 양수를 곱하면 부등호가 보존되기 때문에 양변에 a를 곱하면

$$a\leq ka=b$$

를 얻는다. 따라서 $a\leq b$이다[보여야 했던 것이다].

■

정리 4.3.2 1의 약수들
1의 유일한 약수는 1과 -1뿐이다.

증명:
$1 \cdot 1 = 1$이고 $(-1)(-1) = 1$이기 때문에 1과 -1은 1의 약수이다. 이제 m을 1을 나누는 임의의 정수라고 가정하자. 그러면 $1 = mn$을 만족시키는 정수 n이 존재한다. 1이 양수이기 때문에 m과 n 모두 양수이거나 m과 n 모두 음수이다. 만약 m과 n 모두 양수이면 m은 1의 양의 약수이다. 정리 4.3.1에 의해 $m \le 1$이다. 또한 1보다 작거나 같은 유일한 양의 정수는 1 자신뿐이다. 따라서 $m = 1$이다. 한편 만약 m과 n 모두 음수이면 $(-m)(-n) = mn = 1$이다. 이 경우에 $-m$은 1의 양의 약수이다. 또한 같은 논증에 의해 $-m = 1$이고 따라서 $m = -1$이다. 그러므로 단지 두 가지 가능성 $m = 1$이거나 $m = -1$만이 존재한다. 그래서 1의 유일한 약수는 1과 -1뿐이다.

예제 4.3.3 **대수적 표현식의 나뉨성**

a. 만약 a와 b가 정수이면 $3a+3b$는 3으로 나누어지는가?

b. 만약 k와 m이 정수이면 $10km$은 5로 나누어지는가?

풀이

a. 예. 분배법칙에 의해 $3a+3b = 3(a+b)$이고 $a+b$는 두 정수의 합이므로 정수이다.

b. 예. 결합법칙에 의해 $10km = 5 \cdot (2km)$이고 $2km$은 세 정수의 곱이므로 정수이다. ■

'나눈다(divide)'의 정의를 존재한정자를 이용하여 형식적으로 다시 쓰면 다음과 같이 된다.

$$d \mid n \quad \Leftrightarrow \quad \exists \text{ an integer } k \text{ such that } n = dk$$

존재명제의 부정은 전칭명제가 되고, 이는 d가 n을 나누지 않을($d \nmid n$으로 표기함) 필요충분조건은 임의의 정수 k에 대해 $n \neq dk$인 것이다. 다른 말로 표현하면 n/d는 정수가 아니다.

모든 정수 n과 d에 대해, $d \nmid n \Leftrightarrow \dfrac{n}{d}$는 정수가 아니다.

예제 4.3.4 **나눌 수 없음을 검사**

$4|15$인가?

풀이

아니요. $\frac{15}{4} = 3.75$이고 이는 정수가 아니다. ■

주의! a/b는 a가 b에 의해 나뉜 수를 표시하는 반면에 $a \mid b$는 "a는 b를 나눈다."라는 문장을 나타낸다.

표기 $a|b$와 표기 a/b는 다르다는 점에 주의하라. $a \mid b$는 "a는 b를 나눈다"라는 문장을 나타내며 이는 $b=ak$를 만족시키는 정수 k가 존재함을 의미한다. 양변을 a로 나누면 $b/a=k$가 되어 정수이다. 따라서 $a \neq 0$일 때, $a \mid b$일 필요충분조건은 b/a가 정수인 것이다. 반면에 표기 a/b는 a를 b로 나눈 결과인 수를 나타내며 이는 정수일 수도 있고 그렇지 않을 수도 있다. 특히 다음과 같이 쓰는 것을 피하라.

$$\xcancel{4 \mid (3+5) = 4 \mid 8}$$

예제 4.3.5 **소수와 나뉨성**

소수는 다음과 같이 다르게 정의할 수 있다. 만약 1보다 큰 정수 n이 소수일 필요충분조건은 n의 유일한 양의 정수 약수가 1과 자신뿐인 것이다. ■

나뉨성에 관한 증명

나뉨성의 유용한 성질 중 하나는 추이성(transitivity)이다. 만약 어떤 수가 제2의 어떤 수를 나누고, 제2의 어떤 수가 다시 제3의 어떤 수를 나눈다면, 처음의 수는 제3의 수를 나눈다.

예제 4.3.6 **나뉨성의 추이성**

모든 정수 a, b, c에 대해 만약 $a|b$이고 $b|c$이면 $a|c$임을 증명하라.

풀이

명제가 이미 형식적으로 쓰여 있기 때문에 시작 문장과 보여야 할 결론을 바로 선택할 수 있다.

출발점: a, b, c는 $a \mid b$이고 $b \mid c$를 만족시키는 특정적이지만 임의로 선택된 정수라고 가정하자.

보여야 할 결론: $a|c$.

$a \mid c$를 보여야 하는데 이는 다른 말로 쓰면

$$c = a \cdot (\text{어떤 정수})$$

이다. 그러나 $a|b$이므로

$$\text{어떤 정수 } r\text{에 대해 } b = ar\text{이다.} \qquad 4.3.1$$

그리고 $b|c$이므로

$$\text{어떤 정수 } s\text{에 대해 } c = bs\text{이다.} \qquad 4.3.2$$

식 (4.3.2)는 c를 b를 이용하여 표현하고 있으며, 식 (4.3.1)은 b를 a를 이용하여 표현하고

있다. 그러므로 식 (4.3.1)을 (4.3.2)에 대입하면 c를 a를 이용하여 다음처럼 표현할 수 있다.

$$\begin{aligned} c &= bs && \text{식 (4.3.2)에 의해} \\ &= (ar)s && \text{식 (4.3.1)에 의해} \end{aligned}$$

곱셈의 결합법칙에 의해 $(ar)s=a(rs)$이다. 그러므로

$$c=a(rs).$$

c를 $a \cdot$ (어떤 것)로 표현하였다. 이제 (어떤 것)이 정수임을 보이기만 하면 된다. 그런데 이는 두 정수의 곱이기 때문에 당연히 정수이다.

이상에서 논의한 것은 다음처럼 요약될 수 있다.

정리 4.3.3 나뉨성의 추이성
모든 정수 a, b, c에 대해, 만약 a가 b를 나누고, b가 c를 나눈다면 a는 c를 나눈다.

증명:
a, b, c를 [특정적이지만 임의로 선택된] 정수이고 a는 b를 나누고, b는 c를 나눈다고 가정하자. [우리는 a가 c를 나누는 것을 보여야 한다.] 나뉨성의 정의에 따라

어떤 정수 r과 s에 대해, $b=ar$이고 $c=bs$이다.

치환에 의해

$$\begin{aligned} c &= bs \\ &= (ar)s \\ &= a(rs) \end{aligned}$$

가 된다. $k=rs$라 두자. 그러면 k는 정수의 곱이므로 정수이다. 따라서

$c=ak$ 여기서 k는 정수

이다. 그러므로 나뉨성의 정의에 따라 a는 c를 나눈다.[이것이 보여 주고자 했던 것이다.]

■

어떤 정수가 소수임을 보이기 위해서는 그 수가 1보다 크고 그 자신보다 작은 어떤 수에 의해서도 나누어지지 않는다는 것을 보여야 한다. 그런데 이는 소수의 정의로부터 가능하다. 사실 소수를 이용하여 나뉨성을 검사할 수 있다. 이는 정리 4.3.1과 4.3.3에서 볼 수 있고, 1보다 큰 정수는 소수에 의해 나누어짐을 보이는 아래 정리도 이를 잘 설명한다. 증명의 아이디어는 아주 간단하다. 한 양수로부터 출발하고, 만약 이것이 소수이면 증명은

끝이다. 만약 소수가 아니면 더 작은 양의 인수들의 곱으로 표현한다. 만약 그 인수들 중 하나라도 소수이면 증명이 종료되지만 그렇지 않으면 인수들 중 한 개를 다시 더 작은 인수들의 곱으로 나타낸다. 새로운 인수들 중 하나가 소수이면 증명이 종료되고 그렇지 않으면 그 인수를 다시 더 작은 약수의 곱으로 표현한다. 이런 과정을 반복하면 언젠가는 반드시 소수에 도달하게 된다.

정리 4.3.4 소수에 의한 나뉨성

1보다 큰 정수는 소수에 의해 나누어진다.

증명:

n을 [특정적이지만 임의로 선택된] 1보다 큰 정수라고 가정하자.[우리는 n이 어떤 소수에 의해 나누어짐을 보여야 한다.] 만약 n이 소수이면, n은 소수(즉 자기 자신)에 의해 나누어지고 증명을 마칠 수 있다. 만약 n이 소수가 아니라면 예제 4.1.2b에서 본 것처럼

$$n = r_0 s_0,\ \text{여기서 } r_0 \text{와 } s_0 \text{는 정수이며, } 1 < r_0 < n \text{이고 } 1 < s_0 < n \text{이다.}$$

나뉨성의 정의에 따라 $r_0|n$이다.

만약 r_0가 소수이면 r_0가 n을 나누는 소수이고 증명이 종료된다. 만약 r_0가 소수가 아니면

$$r_0 = r_1 s_1,\ \text{여기서 } r_1 \text{과 } s_1 \text{은 정수이며, } 1 < r_1 < r_0 \text{이고 } 1 < s_1 < r_0 \text{이다.}$$

나뉨성의 정의에 따라 $r_1 | r_0$이다. 이미 $r_0|n$임을 알고 있기 때문에 나뉨성의 추이성에 따라 $r_1 | n$이다.

만약 r_1이 소수이면 r_1이 n을 나누는 소수이고 증명이 종료된다. 만약 r_1이 소수가 아니면

$$r_1 = r_2 s_2,\ \text{여기서 } r_2 \text{와 } s_2 \text{는 정수이며, } 1 < r_2 < r_1 \text{이고 } 1 < s_2 < r_1 \text{이다.}$$

나뉨성의 정의에 따라 $r_2 | r_1$이다. 이미 $r_1|n$임을 알고 있기 때문에 나뉨성의 추이성에 따라 $r_2 | n$이다.

만약 r_2가 소수이면 r_2가 n을 나누는 소수이고 증명이 종료된다. 만약 r_2가 소수가 아니면 위의 과정을 반복하여 r_2를 $r_3 s_3$로 분해할 수 있다.

우리는 위 과정을 계속 반복하여 n의 약수 중 소수가 나올 때까지 할 수 있다. 우리는 유한한 횟수로 반복을 하고 나면 반드시 소수인 약수를 찾게 된다.* 즉, 다음과 같이

* 엄격히 말하면, 이 명제는 5.4절에서 논의될 정수의 정렬성(well-ordering principle)이라 불리는 정수 전체의 집합에 대한 공리에 의해 정당화된다. 정리 4.3.4는 예제 5.4.1에서 보이듯이 강한 수학적 귀납법을 사용하여 또한 증명될 수 있다.

> n의 약수로 구성된 열을 찾을 수 있다.
>
> $$r_0, r_1, r_2, ..., r_k,$$
>
> 여기서 $k \geq 0, 1 < r_k < r_{k-1} < \cdots < r_2 < r_1 < r_0 < n$이고, 각각의 $i=0, 1, ..., k$에 대해 $r_i|n$이다. 종료 조건은 r_k가 소수라는 점이다. 그러므로 r_k는 n을 나누는 소수이다.[이것이 보여 주고자 했던 것이다.]

반례와 나눔성

"나눔성의 어떤 성질이 항상 참인 것은 아니다"라는 것을 보이기 위해 거짓이 되는 어떤 정수들의 쌍을 찾아야 할 필요가 있다.

예제 4.3.7 **제안된 나눔성의 성질 검사**

"모든 정수 a, b에 대해 만약 $a|b$이고 $b|a$이면 $a=b$이다"는 참인가 거짓인가?

풀이

이 성질은 거짓이다. 반례를 찾을 수 있는가?

주어진 명제가 참인지 거짓인지 알아내기 위해서는 이것이 참인 것을 증명하려고 노력하는 것처럼 출발하면 된다.

출발점: a와 b는 $a \mid b$이고 $b \mid a$를 만족시키는 정수라고 가정하자.

스스로 물어보기 바란다. "이런 경우는 반드시 $a=b$인가, 또는 어떤 a와 b에 대해 $a \neq b$이 일어날 수 있는가?" 가정에 초점을 맞추라. 이는 무엇을 의미하는가? 나눔성의 정의에 따라 $a|b$이고 $b|a$라는 조건은 다음 식을 의미한다.

어떤 정수 k와 l에 대해, $b=ka$이고 $a=lb$이다.

이는 $a=b$를 의미하는가? 아니면 $a \neq b$이면서 위의 성질을 만족시키는 a와 b를 찾을 수 있는가? 위 식은 다음을 의미한다.

$$b=ka=k(lb)=(kl)b$$

$b \mid a$이고 $b \neq 0$이기 때문에 양변에서 b를 소거할 수 있어 다음과 같이 된다.

$$1=kl.$$

다른 말로, k와 l은 1의 약수이다. 그런데 정리 4.3.2에 의해 1의 유일한 약수는 1과 -1뿐이므로 k와 l은 둘 다 1 또는 -1이 된다. 만약 $k=l=1$이면 $b=a$이다. 그러나 만약 $k=l=-1$이면 $b=-a$이 되어 $a \neq b$가 된다. 이 분석을 통해 여러분은 $b=-a$로 둠으로써 반례를 찾을 수 있게 된다. 다음은 형식을 갖춘 답이다.

제안된 나뉨성 성질: 모든 정수 a, b에 대해, 만약 $a|b$이고 $b|a$이면 $a=b$이다.

반례: $a=2, b=-2$로 두자. 그러면
$2|(-2)$이므로 $a|b$가 되고 또한 $(-2)|2$이므로 $b|a$가 된다.

$$\text{그런데 } 2 \neq -2 \text{이므로 } a \neq b \text{이다.}$$

따라서 제안된 나뉨성의 성질은 거짓이다.

■

무엇을 증명하기 위한 노력은 (만약 증명하고자 하는 명제가 사실 거짓이라면) 종종 반례를 찾는 데 도움이 된다. 역으로, 어떤 명제에 대한 반례를 찾기 위한 노력은 (만약 그것이 사실 참이라면) 왜 그것이 참이 되는지 그 이유를 알게 해 준다. 중요한 사실은 사려 깊은 추론의 증거에 의해 확신할 때까지 마음을 열어 놓고 있어야 한다는 점이다.

유일 소인수분해 정리

정수의 나뉨성에 관한 가장 포괄적인 명제는 유일 소인수분해 정리(unique factorization theorem)에 포함되어 있다. 이의 중요성 때문에 이 정리는 산술의 기본 정리(fundamental theorem of arithmetic)로도 알려져 있다. B.C. 300년경에 살았던 Euclid가 이 정리에 관해 알고 있었던 것처럼 보이긴 하지만, 위대한 독일 수학자 Carl Friedrich Gauss에 의해 1801년 처음으로 상세하게 설명되었다.

유일 소인수분해 정리에 의하면 1보다 큰 정수는 소수이거나 아니면 소수의 곱으로 표현될 수 있는데, 곱에 나타난 소수의 순서를 무시한다면 그 표현 방법은 유일하다. 예를 들어

$$72=2\cdot 2\cdot 2\cdot 3\cdot 3=2\cdot 3\cdot 3\cdot 2\cdot 2=3\cdot 2\cdot 2\cdot 3\cdot 2$$

등으로 표현 가능하다. 세 개의 2와 두 개의 3을 어떤 순서로 곱하든지 그들은 모두 72를 소수의 곱으로 표현하는 방법이고, 이들 외에는 다른 어떤 소수의 곱으로도 72를 표현하지 못한다.

정리 4.3.5 정수에 대한 유일 소인수분해 정리(산술의 기본 정리)

임의의 정수 $n > 1$이 주어질 때, 다음과 같은 식을 만족시키는 어떤 양의 정수 k와, 서로 다른 소수 $p_1, p_2, \ldots, p_k$ 그리고 양의 정수 $e_1, e_2, \ldots, e_k$가 존재한다.

$$n = p_1^{e_1} p_2^{e_2} p_3^{e_3} \cdots p_k^{e_k}$$

그리고 n을 소수의 곱으로 나타낸 어떤 다른 표현도 소수가 곱해진 순서를 제외하고는 위 식과 동일하다.

정수에 대한 유일 소인수분해의 증명은 5.4절과 8.4절의 연습문제에 간략히 서술되어 있다.

유일 소인수분해 정리에 의하면 1보다 큰 어떤 정수도 소인수분해의 표준형(standard factored form)으로 나타낼 수 있는데, 소수가 왼쪽에서 오른쪽으로 가면서 값이 커지는 순서로 적혀 있다.

• 정의

어떤 정수 $n > 1$이 주어질 때, n은 다음과 같이 **소인수분해의 표준형**(standard factored form)으로 나타낼 수 있다.

$$n = p_1^{e_1} p_2^{e_2} p_3^{e_3} \cdots p_k^{e_k}$$

여기서 k는 양의 정수, $p_1, p_2, \ldots, p_k$는 소수, $e_1, e_2, \ldots, e_k$는 양의 정수, 그리고 $p_1 < p_2 < \cdots < p_k$이다.

예제 4.3.8 **정수를 소인수분해의 표준형으로 쓰기**

3,300을 소인수분해의 표준형으로 나타내라.

풀이

우선 3,300의 모든 소수를 찾고, 이를 크기가 증가하는 순서로 쓰라.

$$\begin{aligned} 3{,}300 &= 100 \cdot 33 = 4 \cdot 25 \cdot 3 \cdot 11 \\ &= 2 \cdot 2 \cdot 5 \cdot 5 \cdot 3 \cdot 11 = 2^2 \cdot 3^1 \cdot 5^2 \cdot 11^1 \end{aligned}$$

■

예제 4.3.9 **문제 해결을 위해 유일 소인수분해 이용**

m이 다음과 같은 정수라고 가정하라.

$$8 \cdot 7 \cdot 6 \cdot 5 \cdot 4 \cdot 3 \cdot 2 \cdot m = 17 \cdot 16 \cdot 15 \cdot 14 \cdot 13 \cdot 12 \cdot 11 \cdot 10$$

$17 | m$인가?

풀이

수식에서 17이 우변의 한 약수가 되므로(유일 소인수분해 정리에 의해) 좌변의 약수도 된다. 그러나 17은 8, 7, 6, 5, 4, 3, 또는 2의 약수가 아니다. 그러므로 17은 m의 한 약수로서 반드시 나타나야 하고 그러면 $17 | m$이 된다. ■

자 | 기 | 진 | 단

1. 어떤 영이 아닌 정수 d가 어떤 정수 n을 나눈다는 것을 보이기 위해 우리는 ______ 는 것을 보여야 한다.
2. "d가 n을 나눈다."라고 말하는 것은 "______가 ______에 의해 나누어진다."라고 말하는 것과 같다는 것을 의미한다.
3. 만약 a와 b가 양의 정수이고 $a|b$이면 ______는 ______보다 작거나 같다.
4. 모든 정수 n과 d에 대해서, $d \nmid n$일 필요충분조건은 ______이다.
5. 만약 a와 b가 정수이면 기호 $a|b$는 ______를 표기하고 기호 a/b는 ______를 표기한다.
6. 나뉨성의 추이성 정리는 "모든 정수 a, b, c에 대해 만약 ______하면 ______"라는 것을 말한다.
7. 소수에 의해 나누어짐 정리는 "1보다 큰 모든 정수는 ______"라는 것을 말한다.
8. 정수의 유일인수분해 정리는 "1보다 큰 임의의 정수는 ______이거나 수들이 써질 때 ______를 제외하고 유일한 방법으로 ______으로 써질 수 있다."라는 것을 말한다.

연 / 습 / 문 / 제 4.3

연습문제 1~8에서는 여러분의 답에 대한 이유를 설명하라. 모든 변수는 정수를 표현한다고 가정한다.

1. 52는 13으로 나누어지는가?
2. $7|56$인가?
3. $(3k+1)(3k+2)(3k+3)$은 3으로 나누어지는가?
4. 29는 3의 배수인가?
5. -3은 66의 약수인가?
6. $6a(a+b)$는 $3a$의 배수인가?
7. $7 \mid 34$인가?
8. 만약 $n=4k+1$이면 8은 n^2-1을 나누는가?
9. "모든 정수 a와 b에 대해 만약 $a \mid b$이면 $a \mid (-b)$이다"의 다음 증명에서 빈칸을 채우라.

   증명: a와 b를 ____(a)________를 만족시키는 정수라 가정하자. 나뉨성의 정의에 의해, _____(b)______를 만족시키는 정수 r이 존재한다. 대입에 의해

   $$-b=-ar=a(-r)$$

   이다. $t=$_____(c)_______라 두면 $t=(-1)\cdot r$이고 -1과 r이 정수이기 때문에 t는 정수이다. 따라서 대입에 의해 $-b=at$(여기서 t는 정수이다)이다. 그래서 나뉨성의 정의에 의해 ______(d)________이다. 바로 이것이 보여야 할 것이었다.

나뉨성의 정의로부터 직접적으로 명제 10과 11을 증명하라.

10. 모든 정수 a, b, c에 대해, 만약 $a|b$이고 $a|c$이면 $a|(b+c)$이다.
11. 모든 정수 a, b, c에 대해, 만약 $a|b$이고 $a|c$이면 $a|(b-c)$이다.
12. 다음 명제를 고려하자: 3의 배수의 음수는 3의 배수이다.
    a. 한정자와 변수를 사용하여 명제를 형식적으로 써라.
    b. 명제가 참인지 거짓인지 결정하고 여러분의 답을 정당화하라.
13. 다음 명제가 거짓임을 보여라: 모든 정수 a, b에 대해, 만약 $3 \mid (a+b)$이면 $3 \mid (a-b)$이다.

연습문제 14~19에 있는 각 명제가 참인지 거짓인지를 밝

혀라. 참인 명제는 정의로부터 직접적으로 증명하고 거짓인 명제는 반례를 들라.

14. 모든 정수 a, b, c에 대해, a가 b를 나누면, a는 bc를 나눈다.

15. 어떤 정수가 6으로 나누어질 필요조건은 이것이 2로 나누어져야 한다는 것이다.

16. 모든 정수 a, b, c에 대해, 만약 $a \mid b$이고 $a \mid c$이면 $a \mid (2b-3c)$이다.

17. 모든 정수 a, b, c에 대해, 만약 a가 c의 약수이면 ab도 c의 약수이다.

18. 모든 정수 a, b, c에 대해, 만약 $ab \mid c$이면 $a \mid c$이고 $b \mid c$이다.

19. 모든 정수 a, b, c에 대해, 만약 $a \mid (b+c)$이면 $a \mid b$이거나 $a \mid c$이다.

20. 한 패스트푸드 체인점은 숫자들이 쓰인 카드를 물건을 사는 고객에게 주는 행사를 한다. 만약 카드에 있는 몇몇 숫자들의 합이 100이면 그 고객은 100달러를 받게 된다. 어떤 특정한 고객이 다음 수들을 포함하는 카드를 받았다.

72, 21, 15, 36, 69, 81, 9, 27, 42, 그리고 63

이 고객이 100달러를 받을 것인가? 답에 대한 이유를 설명하라.

21. 다음 명제들이 참임을 알 수 있다: 어떤 정수가 3에 의해 나누어질 필요충분조건은 그 숫자의 자릿수의 합이 3으로 나누어진다. 어떤 정수가 9에 의해 나누어질 필요충분조건은 그 숫자의 자릿수의 합이 9로 나누어진다. 어떤 정수가 5에 의해 나누어질 필요충분조건은 그 숫자의 맨 끝 오른쪽 자릿수(1의 자릿수)가 5이거나 0이다. 어떤 정수가 4에 의해 나누어질 필요충분조건은 그 숫자의 맨 끝 오른쪽 두 자릿수에 의해 만들어지는 수가 4에 의해 나누어진다는 것이다. 다음 정수들이 3, 4, 5와 9에 의해 나누어지는지를 검사하라.

a. 637,425,403,705,125 **b.** 12,858,306,120,312
c. 517,924,440,926,512 **d.** 14,328,083,360,232

22. 유일 소인수분해 정리를 사용하여 다음 정수들을 소인수분해의 표준형으로 쓰라.

a. 1,176 **b.** 5,733 **c.** 3,675

23. $a=p_1^{e_1}p_2^{e_2}\cdots p_k^{e_k}$는 소인수분해의 표준형이다. 여기서 k는 양의 정수이고 $p_1, p_2, \ldots, p_k$는 소수이며 $e_1, e_2, \ldots, e_k$는 양의 정수이다.

a. a^2을 소인수분해의 표준형으로 나타내라.

b. $2^5 \cdot 3 \cdot 5^2 \cdot 7^3 \cdot n$이 완전제곱수가 되는 양의 정수 n의 최소값을 찾아라. 얻은 결과의 곱을 완전제곱의 형태로 표시하라.

c. $2^2 \cdot 3^5 \cdot 7 \cdot 11 \cdot m$이 완전제곱수가 되는 양의 정수 m의 최소값을 찾아라. 얻은 결과의 곱을 완전제곱의 형태로 표시하라.

24. **a.** 만약 a와 b가 정수이고 $12a=25b$라면 $12 \mid b$인가? $25 \mid a$인가? 왜 그런지 설명하라.

b. 만약 x와 y가 정수이고 $10x=9y$라면 $10 \mid y$인가? $9 \mid x$인가? 왜 그런지 설명하라.

25. $45^8 \cdot 88^5$의 끝에 얼마나 많은 0이 있는가? 이 계산을 실제로 하지 않고도 어떻게 답을 찾을 수 있는지 설명하라.(힌트: $10=2 \cdot 5$.)

26. 만약 n이 1보다 큰 정수이면 $n!$은 n과 n보다 작은 수들의 곱이다. 예를 들면 $5!=5 \cdot 4 \cdot 3 \cdot 2 \cdot 1$이다.

a. $6!$을 소인수분해의 표준형으로 나타내라.

b. $20!$을 소인수분해의 표준형으로 나타내라.

c. $(20!)^2$의 값을 계산하지 않고 십진수 형태로 표기할 때 이 수의 끝에 얼마나 많은 0이 있는지를 결정하라. 여러분의 답을 정당화하라.

27. 만약 n이 임의의 음이 아닌 정수로 십진수 표현에서

0으로 끝난다면 $5|n$임을 증명하라.(힌트: 음이 아닌 정수 n이 십진수 표현에서 d_0로 끝난다면 어떤 정수 m에 대해 $n=10m+d_0$이다.)

28. $7524=7\cdot 1000+5\cdot 100+2\cdot 10+4$

$=7(999+1)+5(99+1)+2(9+1)+4$

$=(7\cdot 999+7)+(5\cdot 99+5)+(2\cdot 9+2)+4$

$=(7\cdot 999+5\cdot 99+2\cdot 9)+(7+5+2+4)$

$=(7\cdot 111\cdot 9+5\cdot 11\cdot 9+2\cdot 9)+(7+5+2+4)$

$=(7\cdot 111+5\cdot 11+2)\cdot 9+(7+5+2+4)$

=(9에 의해 나누어지는 정수)+(7524의 각 자릿수의 합)

임을 관찰하자. 7524의 각 자릿수의 합이 9에 의해 나누어지기 때문에 7524는 9에 의해 나누어지는 두 정수의 합으로 쓸 수 있다. 연습문제 10으로부터 7524는 9에 의해 나누어짐을 알 수 있다.

이 예제에 주어진 논증을 임의의 음이 아닌 정수로 일반화하라. 달리 말하면, 임의의 음이 아닌 정수 n에 대해, n의 각 자릿수의 합이 9에 의해 나누어지면 n은 9에 의해 나누어진다.

자 | 기 | 진 | 단 | 해 | 답

1. "n이 어떤 정수의 d배와 같다."(또는 "$n=dr$을 만족시키는 정수 r이 존재한다.") 2. n; d 3. a; b 4. "$\frac{n}{d}$이 정수가 아니다." 5. 문장 "a는 b를 나눈다."; a를 b로 나눌 때 얻어지는 수 6. a가 b를 나누고 b가 c를 나눈다; a가 c를 나눈다. 7. 어떤 소수에 의해 나누어진다. 8. 소수; 순서; 소수들의 곱

4.4 직접증명과 반례 IV: 사례분할과 몫–나머지 정리

11을 4로 나누면 몫은 2이고 나머지는 3이 된다.

```
      2  ← 몫
  4 ) 11
      8
      3  ← 나머지
```

다른 말로 하면 11은 4개로 구성된 그룹 2개와 나머지 3의 합과 같다.

```
[xxxx] [xxxx]    xxx
    ↑             ↑
4개로 구성된 2개의 그룹    3개가 남음
```

또는

$$11 = 2\cdot 4 + 3$$

↑ 4개로 구성된 2개의 그룹 ↑ 3개가 남음

이다. 물론 나머지 3은 4개로 구성된 그룹의 크기보다 작다. 만약 4개 이상이 남는다면 또 다른 한 그룹이 만들어질 수 있기 때문이다.

몫-나머지 정리는 다음과 같이 설명할 수 있다. 임의의 정수 n을 임의의 양의 정수 d로 나누면 몫은 q가 되고, 나머지는 d보다 작은 음이 아닌 정수 r이 된다.

> **정리 4.4.1 몫-나머지 정리**
>
> 임의의 정수 n과 양의 정수 d가 주어지면, 다음을 만족시키는 유일한 정수 q와 r이 존재한다.
>
> $$n = dq + r \quad \text{and} \quad 0 \le r < d$$

몫-나머지 정리에서 주어진 성질을 만족시키는 q와 r의 존재성 증명은 5.4절에서 하고 q와 r의 유일성 증명은 4.7절 연습문제 8에서 간략히 다룬다.

만약 n이 양수이면 몫-나머지 정리는 수직선에서 다음 그림처럼 보일 수 있다.

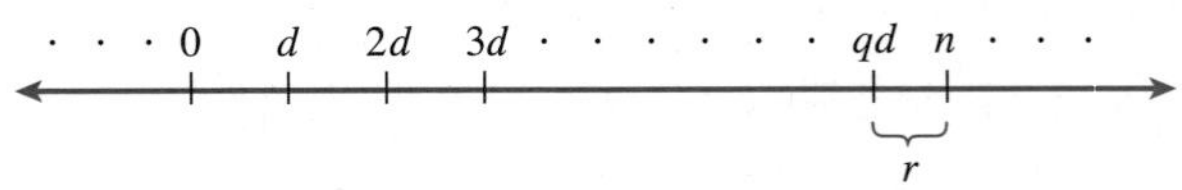

만약 n이 음수이면, 그림은 바뀐다. $n=dq+r$이고 r이 음수가 아니기 때문에 n보다 작은 값이 되기 위해서 d는 음의 정수 q와 곱해져야 한다. 그런 후 정수 r이 더해져서 n으로 돌아오게 된다. 다음 그림이 이를 보여 준다.

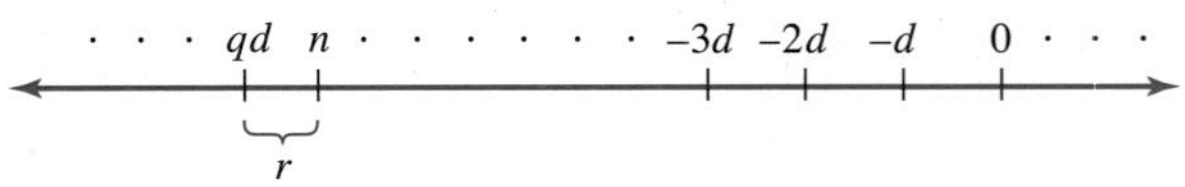

예제 4.4.1 **몫-나머지 정리**

아래 각각의 n과 d에 대해, $n=dq+r$이고 $0 \le r < d$를 만족시키는 정수 q와 r을 찾아라.

a. $n=54, d=4$ b. $n=-54, d=4$ c. $n=54, d=70$

풀이

a. $54=4 \cdot 13+2$. 따라서 $q=13, r=2$이다.

b. $-54=4 \cdot (-14)+2$. 따라서 $q=-14, r=2$이다.

c. $54=70 \cdot 0+54$. 따라서 $q=0, r=54$이다. ■

div 연산자와 mod 연산자

많은 컴퓨터 언어는 내장함수를 가지고 있고 이를 이용하여 몫-나머지 정리를 위한 q와 r 값을 구할 수 있다. 이런 함수를 파스칼(Pascal)에서는 **div**와 **mod**라 부르고, C와 C++에서는 /와 %로, Java에서는 /와 %로, .NET에서는 /(혹은 \)와 **mod**로 각각 부른다. 음이 아닌 정수 n을 양의 정수 d로 나눌 때 이 함수들은 몫-나머지 정리를 만족시키는 값들을 반환한다. 하지만 음의 정수 n을 양의 정수 d로 나눌 때 이 함수들이 반환하는 값은 몫-나머지 정리를 만족시키지 않는다.

• 정의

정수 n과 양의 정수 d가 주어질 때

$$\textbf{\textit{n div d}} = n\text{을 } d\text{로 나눌 때 얻어진 정수 몫}$$
$$\textbf{\textit{n mod d}} = n\text{을 } d\text{로 나눌 때 얻어진 음이 아닌 정수 나머지}$$

이다. 기호로 나타내면, 만약 n과 d가 정수이고 $d > 0$이면

$$n \text{ div } d = q \text{이고 } n \textit{ mod } d = r \Leftrightarrow n = dq + r$$

여기서 q와 r은 정수이고 $0 \le r < d$이다.

n *mod* d가 0과 $d-1$ 사이의 정수들 중 하나와 같다는 것은 몫-나머지 정리에 따른 것임을 알아야 한다. 왜냐하면 n을 d로 나누었을 때 나머지는 이들 정수들 중에 하나이기 때문이다. 또한 정수 n이 정수 d에 의해 나누어질 필요충분조건은 n *mod* $d=0$임을 알아야 한다.

*div*와 *mod*의 값을 계산하기 위해 계산기를 사용할 수도 있다. 예를 들어 음수가 아닌 정수 n과 양의 정수 d에 대해 n *div* d를 계산하기 위해 n을 d로 나눈 후 소수 이하를 무시하면 된다. n *mod* d를 계산하기 위해 다음 사실을 이용하면 된다. 만약 $n=dq+r$이면 $r=n-dq$이다. $n=d \cdot (n \textit{ div } d)+n \textit{ mod } d$이므로

$$n \textit{ mod } d = n - d \cdot (n \textit{ div } d)$$

따라서 n *div* d를 계산한 후 d를 곱하라. 그리고 n에서 그 결과를 빼면 n *mod* d의 결과를 얻을 수 있다.

예제 4.4.2 ***div*와 *mod* 계산**

32 *div* 9와 32 *mod* 9를 손으로 그리고 계산기를 가지고 계산하라.

풀이

손으로 계산하면 다음 결과를 얻는다.

$$\begin{array}{r|l} & \ \ 3 \leftarrow 32 \textit{ div } 9 \\ \hline 9 & 32 \\ & \underline{27} \\ & \ \ 5 \leftarrow 32 \textit{ mod } 9 \end{array}$$

만약 32를 9로 나누기 위해 사칙연산 계산기를 사용한다면 3.555555556과 같은 식을 얻는다. 소수 부분을 버리면 $32\ div\ 9=3$을 얻고 따라서 $32\ div\ 9=3$이고

$$32\ mod\ 9=32-9\cdot(32\ div\ 9)=32-27=5$$

이다. 계산기가 내장된 정수 부분 함수 iPart를 가지고 있다면 다음 각각의 계산을 위해 단일 표현을 할 수 있다.

$$32\ div\ 9=\text{iPart}(32/9)$$

$$\text{이고 } 32\ mod\ 9=32-9\cdot\text{iPart}(32/9)=5.$$ ■

예제 4.4.3 **요일 계산**

오늘이 화요일이고, 올해와 내년이 윤년이 아니라고 가정하자. 1년 후 오늘은 무슨 요일인가?

풀이

윤년이 아니라면 1년은 365일이고, 한 주는 7일이다. 그러면

$$365\ div\ 7=52 \quad \text{이고} \quad 365\ mod\ 7=1$$

왜냐하면 $365=52\cdot 7+1$이기 때문이다. 따라서 오늘부터 52주 또는 364일 후는 화요일이고, 그러므로 365일 후는 수요일이 된다.

일반적으로 말하면, 만약 $DayT$가 오늘의 요일이고, $DayN$을 N일 후의 요일이라면

$$DayN = (DayT + N)\ mod\ 7 \qquad 4.4.1$$

여기서 일요일=0, 월요일=1, …, 토요일=6이다. ■

예제 4.4.4 ***mod*에 관한 문제 풀기**

m은 정수라고 가정하자. 만약 $m\ mod\ 11=6$이면 $4m\ mod\ 11$은 무엇인가?

풀이

$m\ mod\ 11=6$이기 때문에 m을 11로 나누었을 때 얻어지는 나머지는 6이다. 이것은

$$m=11q+6$$

을 만족시키는 어떤 정수 q가 존재한다는 것을 의미한다. 따라서

$$4m=44q+24=44q+22+2=11(4q+2)+2.$$

이다. $4q+2$가 정수(정수들의 곱과 합은 정수이기 때문)이고 $2<11$이기 때문에 $4m$을 11

로 나누었을 때 얻어지는 나머지는 2이다. 그러므로 다음과 같다.

$$4m \bmod 11 = 2.$$ ■

정수의 표현 방법

4.1절에서 어떤 정수의 두 배의 형태를 가지는 것을 짝수로 정의했다. 그때 우리는 짝수가 아닌 정수가 홀수라고 정의할 수 있었지만, 정리를 증명하는 데 더 유용하기 때문에, 어떤 정수의 두 배에 1을 더한 것으로 홀수를 정의했다. 어떤 정수는 짝수 아니면 홀수이기 때문에 몫-나머지 정리는 이런 두 가지 형태의 홀수 정의를 모두 가능하게 한다. 이유를 알아내기 위해, n을 임의의 정수라 하고, n을 2로 나눌 때 어떤 일이 생기는지 보자. 몫-나머지 정리에 의해(여기서 $d=2$) 다음 식을 만족시키는 q와 r이 존재한다.

$$n=2q+r \quad \text{이고} \quad 0 \le r < 2.$$

그러나 $0 \le r < 2$을 만족시키는 정수는 $r=0$과 $r=1$뿐이다. 그러므로 임의의 정수 n이 주어질 때 다음을 만족시키는 정수 q가 존재한다.

$$n=2q+0 \quad \text{또는} \quad n=2q+1$$

$n=2q+0=2q$인 경우라면 n은 짝수이고, $n=2q+1$인 경우라면 n은 홀수이다.

어떤 정수의 패리티(parity)는 그 정수가 짝수인지 홀수인지를 나타낸다. 예를 들어 5는 홀수 패리티를, 28은 짝수 패리티를 가진다. 임의의 정수는 짝수 아니면 홀수라는 사실을 **패리티 성질**(parity property)이라 부른다.

예제 4.4.5 **연속된 정수들은 상반된 패리티를 가짐**

연속된 두 정수가 주어질 때, 하나는 홀수이고 다른 하나는 짝수임을 증명하라.

풀이

두 정수가 연속이라는 말은 한 수가 다른 한 수보다 1만큼 크다는 말과 동치이다. 따라서 한 정수가 m이면 다음 연속된 정수는 $m+1$이다.

위의 명제를 증명하기 위해, 연속된 두 정수를 특정적이지만 임의로 선택했다고 가정하라. 작은 것이 m이면 큰 것은 $m+1$이다. 이 중 한 개는 짝수이고 나머지는 홀수임을 어떻게 확신할 것인가? 몇 가지 예를 생각할 수 있다. 즉, 4와 5, 12와 13, 1,073과 1,074 등. 처음 두 예에서는 작은 수가 짝수이고 큰 것이 홀수이었으나, 마지막 예에서는 반대이다. 이런 관찰에 근거하여 두 가지로 분류할 수 있다.

경우 1: 두 정수 가운데 작은 것이 짝수이다.

경우 2: 두 정수 가운데 작은 것이 홀수이다.

첫 번째 경우, m이 짝수이면 연속된 정수는 홀수이다. 이는 항상 참인가? 만약 어떤 정수 m이 짝수이면 $m+1$은 반드시 홀수인가? 물론 대답은 '예'이다. 왜냐하면, 만약 m이 짝수이면 어떤 정수 k에 대해 $m=2k$이고 따라서 $m+1=2k+1$이 되어 이는 홀수이기 때문이다.

두 번째 경우, m이 홀수이면 연속된 정수는 짝수이다. 이는 항상 참인가? 만약 어떤 정수 m이 홀수이면 $m+1$은 반드시 짝수인가? 이때도 답은 '예'이다. m이 홀수이면 어떤 정수 k에 대해 $m=2k+1$이고 따라서 $m+1=(2k+1)+1=2k+2=2(k+1)$이 되며 이는 짝수이다.

이는 다음과 같이 요약될 수 있다.

정리 4.4.2 패리티 성질
임의의 연속된 두 정수는 상반된 패리티를 가진다.

증명:
연속적인 두 [특정적이지만 임의로 선택된] 정수가 주어졌다고 가정하고, 이를 m과 $m+1$로 부르자.[우리는 m과 $m+1$ 중 하나는 짝수이고 다른 하나는 홀수임을 보여야 한다.] 패리티 성질에 의해 m은 짝수이거나 홀수이다.[m이 짝수인지 홀수인지에 따라 증명을 두 경우로 나눈다.]

경우 1 (m은 짝수): 이 경우 어떤 정수 k에 대해 $m=2k$이고 따라서 $m+1=2k+1$이므로 [홀수의 정의에 따라] 홀수가 된다. 그러므로 이 경우 m과 $m+1$ 중 하나는 짝수이고 다른 하나는 홀수이다.

경우 2 (m은 홀수): 이 경우 어떤 정수 k에 대해 $m=2k+1$이고 따라서 $m+1=(2k+1)+1=2k+2=2(k+1)$이다. $k+1$은 정수와 정수의 합이므로 정수이고 따라서 $m+1$은 어떤 정수의 두 배이므로 짝수가 된다. 그러므로 이 경우 m과 $m+1$ 중 하나는 짝수이고 다른 하나는 홀수이다.

어떤 경우에도 m과 $m+1$ 중 하나는 짝수이고 다른 하나는 홀수이다.[이것이 우리가 보여 주고자 했던 것이다.]

■

증명에서 경우에 따라 나누는 것은 마치 컴퓨터 프로그램의 if-then-else 문에서 제어를 넘기는 것과 같다. 만약 m이 짝수이면 제어는 경우 1로 넘어가고, 그렇지 않으면 경우 2로 넘어간다. 임의의 어떤 정수에 대해 한 경우에 대한 것만 적용된다. 주어진 정수가 짝수이든 홀수이든 임의의 정수에 대해 참임을 증명하기 위해서는 두 경우 모두를 고려해야 한다.

경우에 따라서는 둘 이상의 여러 경우를 고려해야 할 때도 있다. 증명을 하는 과정에서 다음과 같은 형태로 표현된 명제가 참이고, 결론 C를 추론하기를 원한다고 가정하자.

$$A_1 \text{ or } A_2 \text{ or } A_3 \text{ or} \ldots \text{or } A_n$$

or 연산의 정의에 따라 적어도 하나의 A_i 문이 참임을(비록 어느 것이 참인지는 모르더라도) 안다. 이런 상황에서는 사례분할 방법을 사용해야 한다. 우선 A_1이 참이라고 가정하여 C를 추론하고, 다음에는 A_2가 참이라고 가정하여 C를 추론하고, 이 과정을 A_n이 참이라고 가정하여 C를 추론할 때까지 반복하라. 그러면 어떤 A_i가 참이든 상관없이 C의 참을 얻는다.

사례분할에 의한 증명 방법

"If A_1 or A_2 or A_3 or ... or A_n, then C" 형태의 명제를 증명하기 위해 다음의 모두를 증명하라.

$$\begin{aligned}&\text{If } A_1, \text{ then } C,\\ &\text{If } A_2, \text{ then } C,\\ &\quad\vdots\\ &\text{If } A_n, \text{ then } C.\end{aligned}$$

이 과정은 $A_1, A_2, ..., A_n$ 중 어느 것이 참이든 상관없이 C가 참임을 보여 준다.

사례분할에 의한 증명은 예제 2.3.7에서 보인 것의 일반형이다. 이 증명 방법은 정리 4.4.2를 증명하기 위하여 $d=2$에 대한 몫-나머지 정리와 결합되었다. d에 추가적인 값을 취하는 것을 허용함으로써 다양한 다른 결과들을 얻는 것이 가능하다. 먼저 $d=4$일 때 무슨 일이 일어나는지를 보자.

예제 4.4.6 Integers Modulo 4 의 표현

임의의 정수는 어떤 정수 q에 대해 다음 네 가지 중 한 가지 형태로 표현될 수 있음을 보여라.

$$n = 4q \quad \text{or} \quad n = 4q + 1 \quad \text{or} \quad n = 4q + 2 \quad \text{or} \quad n = 4q + 3$$

풀이

주어진 임의의 정수 n에, $d=4$로 두고 몫-나머지 정리를 적용하라. 이는 다음 식을 만족시키는 정수 몫 q와 나머지 r이 존재함을 의미한다.

$$n=4q+r \text{이고 } 0 \le r < 4.$$

그러나 4보다 작은 음수가 아닌 나머지 r은 0, 1, 2, 3이다. 따라서 어떤 정수 q에 대해 다음 식이 충족된다.

$$n=4q \text{ or } n=4q+1 \text{ or } n=4q+2 \text{ or } n=4q+3.$$ ■

다음 예제는 integers modulo 4의 또 다른 표현이 어떻게 정수론에 있는 한 결과를 확립하는 데 도움을 줄 수 있는지 보여 준다. 풀이는 두 부분, 즉, 토의와 형식을 갖춘 증명으로 분리된다. 잘 알지 못하는 정리를 증명해야 할 경우 수학 교과서에 나온 것처럼 직접 증명을 써 내려가는 사람은 거의 없다. 잘 정리된 증명을 찾기 위해서는 여러 가지 방법으로 접근을 시도한다. 형식을 갖춘 증명은 추리 소설을 마무리하는 것과 거의 같다. 소설에서 모든 행위는 체계적으로 검토되며, 느슨한 결론들이 마지막에 조심스럽게 묶인다.

예제 4.4.7 **홀수의 제곱**

임의의 홀수 제곱은 어떤 정수 m에 대해 $8m+1$의 형태로 표현됨을 증명하라.

⚠ **주의!** 이 사실을 서술하는 또 다른 방법은 여러분이 어떤 홀수를 제곱하고 8로 나눈다면 여러분은 항상 나머지 1을 얻을 것이라는 것이다. 몇 가지 예를 시도해 보라.

풀이

다음과 같은 질문으로 시작하라. "어디서 출발할 것인가?" 그리고 "무엇을 보여야 하나?" 이런 질문의 답을 얻기 위해, 증명할 명제에 사용된 수에 변수를 도입하라.

형식적 재표현: $\forall$ odd integers n, $\exists$ an integer m such that $n^2=8m+1$.
이로부터 출발점과 보여 줘야 할 것을 즉시 식별할 수 있다.

출발점: n은 특정적이지만 임의로 선택된 홀수라고 가정하라.

보여야 할 결론: $\exists$ an integer m such that $n^2=8m+1$.

이 문제는 어려워 보인다. 왜 $n^2=8m+1$이라는 성질을 가지는 정수 m이 존재하는가? 이는 $(n^2-1)/8$은 정수임을 말한다. 또는 8은 n^2-1을 나눔을 의미한다. 아마도 $n^2-1=(n-1)(n+1)$인 사실을 이용할 수 있을 것이다. 8이 $(n-1)(n+1)$을 나누는가? n이 홀수이기 때문에 $(n-1)$과 $(n+1)$은 모두 짝수이다. 이는 이들의 곱은 4로 나누어짐을 의미한다. 그렇지만 이것으로는 불충분하고, 이 곱이 8로 나누어짐을 보여야 한다. 이는 마치 막다른 골목처럼 보인다.

그러나 여기서 여러분은 다르게 시도해 볼 수 있다. n이 홀수이기 때문에 어떤 정수 q에 대해 n을 $2q+1$로 나타낼 수 있다. 그러면 $n^2=(2q+1)^2=4q^2+4q+1=4(q^2+q)+1$이고, 이로부터 n^2은 $4m+1$의 형태로 나타낼 수 있음은 명백하다. 그러나 $8m+1$의 형태로 나타낼 수 있는지는 아직 불투명하다. 이 역시 막다른 골목처럼 보인다.*

또 다른 가능성은 예제 4.4.6의 결과를 이용하는 것이다. 이 예제에서는 모든 정수는 다음 네 형태, 즉, $4q$, $4q+1$, $4q+2$, $4q+3$ 중 한 형태로 표현될 수 있음을 보였다. 이 중 두

---

* 연습문제 10 참조.

가지 $4q+1$과 $4q+3$은 홀수이다. 따라서 임의의 홀수는 어떤 정수 q에 대해 $4q+1$ 또는 $4q+3$의 형태로 표현 가능하다. 이러한 다른 두 가지 형태에 근거하여 경우를 분리하여 시도해 볼 수 있다.

이 마지막 시도를 통해 증명을 성공적으로 마치게 된다. 각 경우에 대해 결론은 쉽게 유도될 수 있다. 자세한 것은 다음에 있는 형식을 갖춘 증명에서 보인다.

정리 4.4.3
임의의 홀수 제곱은 어떤 정수 m에 대해 $8m+1$의 형태로 표현된다.

증명:
n은 [특정적이지만 임의로 선택된] 홀수라고 가정하자. 몫-나머지 정리에 의해 n은 어떤 정수 q에 대해 다음 네 가지 형태 중 한 가지로 표현될 수 있다.

$$4q \text{ 또는 } 4q+1 \text{ 또는 } 4q+2 \text{ 또는 } 4q+3$$

사실 n은 홀수이고 $4q$와 $4q+2$는 짝수이기 때문에 n은 다음 두 형태 중 한 가지이다.

$$4q+1 \text{ 또는 } 4q+3$$

경우 1(어떤 정수 q에 대해 $n=4q+1$): [$n^2=8m+1$을 만족시키는 m을 찾아야 한다.]
$n=4q+1$이므로

$$\begin{aligned} n^2 &= (4q+1)^2 && \text{대입에 의해} \\ &= (4q+1)(4q+1) && \text{제곱의 정의에 의해} \\ &= 16q^2+8q+1 \\ &= 8(2q^2+q)+1. \end{aligned}$$

이다. $m=2q^2+q$로 두자. 그러면 2와 q는 정수이고, 정수의 곱과 정수의 합은 정수이기 때문에 m은 정수이다. 따라서 치환하면 다음과 같다.

$$n^2=8m+1 \quad \text{여기서 } m\text{은 정수}$$

경우 2(어떤 정수 q에 대해 $n=4q+3$): [$n^2=8m+1$을 만족시키는 m을 찾아야 한다.]
$n=4q+3$이므로

$$\begin{aligned} n^2 &= (4q+3)^2 && \text{대입에 의해} \\ &= (4q+3)(4q+3) && \text{제곱의 정의에 의해} \\ &= 16q^2+24q+9 \\ &= 16q^2+24q+(8+1) \\ &= 8(2q^2+3q+1)+1 \end{aligned}$$

이다. $m=2q^2+3q+1$로 두자. 그러면 1, 2, 3과 q는 정수이고, 정수의 곱과 정수의 합은 정수이기 때문에 m은 정수이다. 따라서 치환하면

$$n^2=8m+1 \quad \text{여기서 } m \text{은 정수}$$

이 된다. 주어진 홀수가 어떤 형태로 표현되든 두 경우 모두 n^2이 $8m+1$(m은 정수)의 형태로 표현됨을 보여준다.[이것이 우리가 보여 주고자 했던 것이다.]

■

정리 4.4.3의 결과는 "임의의 홀수 n에 대하여 $n^2 \bmod 8=1$이다"로도 쓸 수 있음을 주목하자.

일반적으로 몫-나머지 정리에 따라 만약 정수 n을 정수 d가 나눈다면 가능한 나머지들은 0, 1, 2, ..., $d-1$이다. 이것은 n을 다음과 같은 형태로 쓸 수 있다는 것을 의미한다.

$$\text{어떤 정수 } q\text{에 대하여 } dq,\ dq+1,\ dq+2,\ \ldots,\ dq+(d-1)$$

d에 다양한 다른 값을 주고 결과적으로 따르는 사례들을 분석함으로써 정수에 관한 많은 성질을 얻을 수 있다.

절대값과 삼각 부등식

삼각 부등식은 절대값을 포함하는 가장 중요한 결과들 중 하나이다. 그것은 수학의 많은 영역에서 응용된다.

• 정의

임의의 실수 x에 대해 x의 **절대값**(absolute value, 표기는 $|x|$)은 다음과 같이 정의된다.

$$|x| = \begin{cases} x & \text{if } x \geq 0 \\ -x & \text{if } x < 0 \end{cases}$$

삼각 부등식은 두 수의 합의 절대값이 그들 각각의 절대값의 합보다 작거나 같다는 것을 말한다. 다음 두 가지 사실에 근거하여 증명한다. 이 두 가지 사실은 모두 사례분할을 사용하여 추론된다. 둘 모두 보조정리로 서술한다. **보조정리**(lemma)는 본질적인 흥미는 덜 하지만 다른 결과들을 유도하는 데 도움을 주는 명제이다.

보조정리 4.4.4
모든 실수 r에 대해 $-|r| \le r \le |r|$이다.

증명:
r을 임의의 실수라 가정하자. $r \ge 0$인지 $r < 0$인지에 따라 사례분할을 한다.
경우 1($r \ge 0$): 이 경우에 절대값의 정의에 따라 $|r| = r$이다. 또한 r이 0이거나 양수이고 $-|r|$이 0이거나 음수이기 때문에 $-|r| \le r$이다. 따라서 다음과 같이 쓸 수 있다.

$$-|r| \le r \le |r|$$

경우 2($r < 0$): 이 경우에 절대값의 정의에 따라 $|r| = -r$이다. 양변에 -1을 곱하면 $-|r| = r$을 얻는다. 또한 r이 음수이고 $|r|$이 양수이기 때문에 $r < |r|$이다. 따라서 이 경우에

$$-|r| \le r \le |r|$$

이다. 따라서 어떤 경우에도

$$-|r| \le r \le |r|$$

이다.[이것이 우리가 보여 주고자 했던 것이다.]

보조정리 4.4.5
모든 실수 r에 대해 $|-r| = |r|$이다.

증명:
r을 임의의 실수라 가정하자. 만약 $r > 0$이면 $-r < 0$이다. 그리고 만약 $r < 0$이면 $-r > 0$이다. 따라서 다음이 성립한다.

$$|-r| = \begin{cases} -r & \text{if } -r > 0 \\ 0 & \text{if } -r = 0 \\ -(-r) & \text{if } -r < 0 \end{cases} \quad \text{절대값의 정의에 의해}$$

$$= \begin{cases} -r & \text{if } -r > 0 \\ 0 & \text{if } -r = 0 \\ r & \text{if } -r < 0 \end{cases} \quad -(-r) = r\text{이기 때문에}$$

$$= \begin{cases} -r & \text{if } r < 0 \\ 0 & \text{if } r = 0 \\ r & \text{if } r > 0 \end{cases} \quad \text{위에서 언급한 대수의 기본 성질에 의해}$$

$$= \begin{cases} r & \text{if } r \ge 0 \\ -r & \text{if } r < 0 \end{cases} \quad \text{위의 결과를 새로 구성함으로써}$$

$$= |r| \quad \text{절대값의 정의에 의해}$$

보조정리 4.4.4와 4.4.5는 삼각 부등식을 증명하는 기초를 제공한다.

정리 4.4.6 삼각 부등식

모든 실수 x와 y에 대해 $|x+y| \le |x|+|y|$이다.

증명:

x와 y를 임의의 실수라 가정하자.

경우 1($x+y \ge 0$): 이 경우에 $|x+y|=x+y$이고 또한 보조정리 4.4.4에 의해

$$x \le |x| \text{이고 } y \le |y|.$$

따라서 대수의 기본 성질에 의해

$$|x+y|=x+y \le |x|+|y|.$$

경우 2($x+y < 0$): 이 경우에 $|x+y|=-(x+y)=(-x)+(-y)$이고 또한 보조정리 4.4.4와 4.4.5에 의해

$$-x \le |-x|=|x| \text{이고 } -y \le |-y|=|y|.$$

대수의 기본 성질에 의해 다음을 얻는다.

$$|x+y|=(-x)+(-y) \le |x|+|y|.$$

따라서 두 경우에서 모두 $|x+y| \le |x|+|y|$이다.[이것이 우리가 보여 주고자 했던 것이다.]

자 | 기 | 진 | 단

1. 몫-나머지 정리는 "모든 정수 n과 $d(d > 0)$에 대해 _______와 _______를 만족시키는 _______ q와 r이 존재한다."는 것을 말한다.
2. 만약 n과 $d(d > 0)$가 정수이면 n *div* d는 _______이고 n *mod* d는 _______이다.
3. 정수의 패리티는 그 정수가 _______인지를 가리킨다.
4. 몫-나머지 정리에 따르면, 만약 어떤 정수 n이 어떤 양의 정수 d에 의해 나누어지면 가능한 나머지들은 _______이다. 이것은 n이 어떤 정수 q에 대해 _______ 형태들의 하나로 써질 수 있다는 것을 의미한다.
5. "If A_1 or A_2 or A_3, then C" 형태의 명제를 증명하기 위하여 ______와 ______와 ______를 증명하라.
6. 삼각 부등식은 "모든 실수 x와 y에 대하여 ______"라는 것을 말한다.

연/습/문/제 4.4

연습문제 1~3에서는 n과 d에 주어진 각 값에 대해 $n=dq+r$ $(0 \leq r < d)$이 되는 정수 q와 r을 찾으라.

1. $n=70, d=9$ **2.** $n=36, d=40$

3. $n=-45, d=11$

4. 다음의 식들을 계산하라.
a. 43 *div* 9 **b.** 43 *mod* 9

5. *DayT*와 N에 대한 다음 값에 대해 예제 4.4.3에서 주어진 공식 (4.4.1)의 정확성을 검사하라.
a. *DayT*=6(Saturday) 그리고 $N=15$
b. *DayT*=0(Saturday) 그리고 $N=7$
c. *DayT*=4(Saturday) 그리고 $N=12$

6. 월요일에 친구가 여러분에게 30일 후에 다시 만나자고 했다면 그날은 무슨 요일인가?

7. 만약 오늘이 화요일이면, 1,000일 후에는 무슨 요일인가?

8. d는 양의 정수이고 n은 임의의 정수라고 가정하자. 만약 $d|n$이라면 n과 d에 몫-나머지 정리를 적용할 때 얻어지는 나머지는 얼마인가?

9. 모든 정수 n에 대해 n^2-n+3이 홀수임을 증명하라.

10. 연습문제 9의 결과는 예제 4.4.7의 토의에 있는 두 번째 막다른 골목이 결국에 막다른 골목이 아닐 수도 있음을 제안한다. 이 관찰에 근거해 정리 4.4.3의 새로운 증명을 제시하라.

11. a를 정수라 가정하자. 만약 a *mod* 7=4이면 $5a$ *mod* 7은 무엇인가? 달리 말하면, a를 7로 나눌 때 나머지가 4라면 $5a$를 7로 나누면 나머지가 얼마인가?

12. 모든 정수 n에 대해, 만약 n *mod* 5=3이면 n^2 *mod* 5=4임을 증명하라.

13. 음이 아닌 정수 n이 양의 정수 d에 의해 나누어질 필요충분조건이 n *mod* $d=0$임을 증명하라.

14. 임의의 정수 n은 어떤 정수 q에 대해, 아래와 같은 세 가지 형태 중 하나로 나타낼 수 있음을 보여라.

$$n=3q \text{ 또는 } n=3q+1 \text{ 또는 } n=3q+2$$

15. **a.** 몫-나머지 정리($d=3$으로 둠)를 이용하여 연속된 세 정수의 곱은 3으로 나누어짐을 증명하라.
b. 문제 (a)의 결과를 *mod* 표기를 사용하여 다시 써라.

16. **a.** 몫-나머지 정리($d=3$으로 둠)를 이용하여 어떤 정수의 제곱은 어떤 정수 k에 대해 $3k$나 $3k+1$의 형태로 표현할 수 있음을 증명하라.
b. 문제 (a)의 결과를 *mod* 표기를 사용하여 다시 써라.

연습문제 17, 18에서는 예제 4.2.3에 열거된 성질을 사용해도 좋다.

17. **a.** 모든 정수 m과 n에 대해, $m+n$과 $m-n$은 둘 다 홀수이거나 둘 다 짝수임을 증명하라.
b. m과 n이 모두 양의 정수일 때, 수식 $m^2-n^2=56$의 모든 해를 구하라.
c. m과 n이 모두 양의 정수일 때, 수식 $m^2-n^2=88$의 모든 해를 구하라.

18. 임의의 정수 a, b, c가 주어질 때, 만약 $a-b$가 짝수이고, $b-c$는 홀수라면 $2a-(b+c)$의 패리티에 대해 어떻게 말할 수 있겠는가? 여러분의 답을 정당화하라.

19. 임의의 정수 n이 주어질 때, 만약 $n > 3$이면 n, $n+2$, $n+4$는 모두 소수가 될 수 있는가? 증명하거나 아니면 반례를 들라.

연습문제 20~24에 있는 각 명제를 증명하라.

20. 임의의 연속된 네 정수의 곱은 8로 나누어진다.

21. 임의의 정수 n이 주어질 때, n^2+5는 4로 나누어떨어지지 않는다.

22. 임의의 연속된 네 정수의 합은 어떤 정수 k에 대해 $4k+2$의 형태로 나타낼 수 있다.

23. 2와 3을 제외한 모든 소수는 어떤 정수 q에 대해, $6q+1$ 또는 $6q+5$의 형태로 나타낼 수 있다.

24. 모든 정수 x, y에 대해, $|x| \cdot |y| = |xy|$이다.

25. 행렬 **M**은 3개의 행과 4개의 열로 이루어져 있다.

$$\begin{bmatrix} a_{11} & a_{12} & a_{13} & a_{14} \\ a_{21} & a_{22} & a_{23} & a_{24} \\ a_{31} & a_{32} & a_{33} & a_{34} \end{bmatrix}$$

행렬의 12개 원소는 메모리 주소 7,609부터 7,620까지 행 중심 순서로 저장되어 있다. 이는 첫째 행의 원소들이 (왼쪽에서부터 오른쪽으로) 먼저 저장되고 이어서 두 번째 행의 원소가, 마지막으로 세 번째 행의 원소들이 저장된다는 것을 의미한다.

a. a_{22}는 어느 위치에 저장되어 있는가?

b. a_{ij}가 저장된 위치를 $7{,}609+n$의 형태로 나타낼 때, n에 대한 공식을 i, j를 이용하여 나타내라.

c. a_{rs}가 저장된 위치를 $7{,}609+n$의 형태로 나타낼 때, r과 s에 대한 공식을 n을 이용하여 나타내라.

26. 만약 m, n, d가 정수이고 $d > 0$이고 $m \ mod \ d = n \ mod \ d$이면 $m=n$인가? $m-n$이 d로 나누어지는가? 답을 증명하라.

자 | 기 | 진 | 단 | 해 | 답

1. $n=dq+r$; $0 \le r < d$; 정수(들) 2. n을 d로 나눌 때 얻어지는 몫; n을 d로 나눌 때 얻어지는 음이 아닌 나머지 3. 홀수 또는 짝수 4. $0, 1, 2, \ldots, (d-1)$; $dq, dq+1, dq+2, \ldots, dq+(d-1)$ 5. If A_1 then C; If A_2 then C; If A_3 then C 6. $|x+y| \le |x| + |y|$

4.5 직접증명과 반례 V: 천장함수와 마루함수

수직선 상에 있는 한 실수를 상상해 보라. 그 수의 마루와 천장은 수직선 상에서 그 실수(그 실수 자체가 정수가 아니라면) 바로 좌측과 우측에 있는 정수이다. 만약 그 실수 자체가 정수인 경우 마루와 천장은 바로 그 자신이 된다. 대부분의 컴퓨터 언어는 마루와 천장을 자동으로 계산해 주는 내장함수를 가지고 있다. 이 함수들은 특정 프로그램을 작성하는 데 매우 편리하다. 또한 컴퓨터 알고리즘의 효율성을 분석하는 데 있어서 마루와 천장의 개념은 매우 중요하다.

• 정의

실수 x가 주어질 때, x의 **마루**(floor)는 $\lfloor x \rfloor$로 표기하며, 다음과 같이 정의한다.

$$\lfloor x \rfloor = (n \le x < n+1 \text{을 만족하는 유일한 정수 } n)$$

기호로 나타내면, 만약 x가 실수이고 n이 정수이면

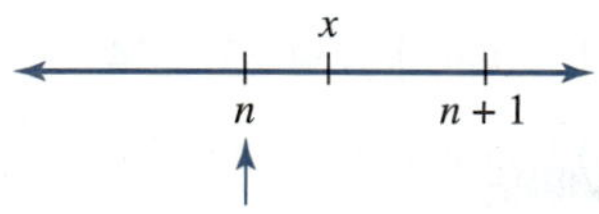

• 정의

실수 x가 주어질 때, x는 **천장**(ceiling)은 $\lceil x \rceil$ 표기하며, 다음과 같이 정의한다.

$$\lceil x \rceil = (n-1 < x \le n \text{을 만족하는 유일한 정수 } n)$$

기호로 나타내면, 만약 x가 실수이고 n이 정수이면

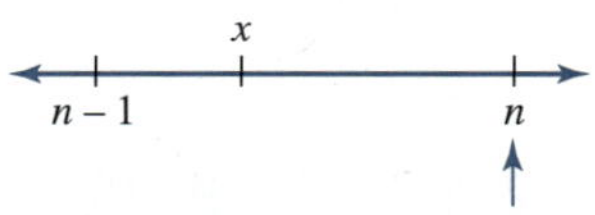

예제 4.5.1 **마루와 천장 계산**

다음 각 x에 대해 $\lfloor x \rfloor$와 $\lceil x \rceil$를 계산하라.

a. 25/4　　　　b. 0.999　　　　c. -2.01

풀이

a. $25/4 = 6.25$이고 $6 < 6.25 < 7$. 따라서 $\lfloor 25/4 \rfloor = 6$이고 $\lceil 25/4 \rceil = 7$이다.

b. $0 < 0.999 < 1$. 따라서 $\lfloor 0.999 \rfloor = 0$이고 $\lceil 0.999 \rceil = 1$이다.

c. $-3 < -2.01 < -2$. 따라서 $\lfloor -2.01 \rfloor = -3$이고 $\lceil -2.01 \rceil = -2$이다.

어떤 계산기에는 $\lfloor x \rfloor$가 INT(x)로 표기되어 있음을 참고하라. ■

예제 4.5.2 **응용**

대학에 있는 1,370명의 학생이 버스를 타고 시내로 게임하러 나갈 기회가 생겼다. 버스 한 대에는 최대 40명까지 탈 수 있다.

a. 경제적인 이유로 운동부장은 꽉 찬 버스만 출발시킨다. 최대 몇 대의 버스가 출발하는가?

b. 만약 운동부장이 일부만 찬 한 대의 버스도 출발시킨다면 모든 학생을 시내로 보내기 위해 몇 대의 버스를 출발시킬 것인가?

풀이

a. $\lfloor 1370/40 \rfloor = \lfloor 34.25 \rfloor = 34$

b. $\lceil 1370/40 \rceil = \lceil 34.25 \rceil = 35$ ■

예제 4.5.3 마루의 일반 값

k가 정수일 때, $\lfloor k \rfloor$와 $\lfloor k+1/2 \rfloor$의 값은 얼마인가?

풀이

k가 정수라고 가정하자. 그러면

$\lfloor k \rfloor = k$이다. 왜냐하면 k는 정수이고 $k \le k < k+1$이기 때문이다.

그리고

$\left\lfloor k + \frac{1}{2} \right\rfloor = k$이다. 왜냐하면 k는 정수이고 $k \le k+\frac{1}{2} < k+1$이기 때문이다. ■

예제 4.5.4 마루에 관해 추정된 어떤 성질 반증

아래의 명제는 참인가 혹은 거짓인가?

모든 실수 x와 y에 대해, $\lfloor x+y \rfloor = \lfloor x \rfloor + \lfloor y \rfloor$이다.

풀이

위 명제는 거짓이다. 반례로 $x=y=\frac{1}{2}$로 두라. 그러면

$$\lfloor x \rfloor + \lfloor y \rfloor = \left\lfloor \frac{1}{2} \right\rfloor + \left\lfloor \frac{1}{2} \right\rfloor = 0 + 0 = 0$$

반면에

$$\lfloor x + y \rfloor = \left\lfloor \frac{1}{2} + \frac{1}{2} \right\rfloor = \lfloor 1 \rfloor = 1$$

따라서 $\lfloor x+y \rfloor \ne \lfloor x \rfloor + \lfloor y \rfloor$이다.

이런 반례를 찾기 위해 다음과 같이 추론해야 할 것이다. x와 y가 실수라고 가정하자. 그러면 반드시 $\lfloor x+y \rfloor = \lfloor x \rfloor + \lfloor y \rfloor$인가? 아니면 어떤 x와 y 값이 $\lfloor x+y \rfloor \ne \lfloor x \rfloor + \lfloor y \rfloor$일 수 있는가? 여러 실제 값들에 대해 생각해 보아야 할 것이다. 예를 들어 x와 y 모두 양수라면 $\lfloor x \rfloor$와 $\lfloor y \rfloor$는 각각 x와 y의 정수 부분이다. 마치

$$2\frac{3}{5} = 2 + \frac{3}{5}$$

integer part fractional part

와 같다. 따라서

$$x = \lfloor x \rfloor + (x\text{의 소수 부분})$$

이고

$$y = \lfloor y \rfloor + (y\text{의 소수 부분})$$

이다. 그러므로 만약 x와 y가 양수이면

$$x+y = \lfloor x \rfloor + \lfloor y \rfloor + (x\text{의 } y\text{의 소수 부분의 합})$$

이다. 그렇지만 또한

$$x+y = \lfloor x+y \rfloor + ((x+y)\text{의 소수 부분})$$

이다. 만약 x와 y의 소수 부분의 합이 1보다 크거나 같은 실수 x와 y가 존재한다면 이 식들은 반례를 찾을 수 있음을 보여 준다. 그런데 그러한 x와 y가 실제로 존재한다. 예를 들어 앞에서 보인 대로 $x = \frac{1}{2}, y = \frac{1}{2}$인 경우이다. ■

예제 4.5.4에서는 만약 x와 y가 양수이고 그들의 소수 부분의 합이 1보다 작다면 $\lfloor x+y \rfloor = \lfloor x \rfloor + \lfloor y \rfloor$임을 보여 준다. 만약 x는 양수이고 m은 양의 정수이면 $\lfloor x+m \rfloor = \lfloor x \rfloor + \lfloor m \rfloor = \lfloor x \rfloor + m$이 된다.($m$의 소수 부분은 0이다. 따라서 x와 m의 소수 부분의 합이 x의 소수 부분과 같기 때문이다.) 여러분은 마루의 정의를 사용하여 이 등식이 모든 실수 x와 모든 정수 m에 대해 성립함을 보일 수 있다.

예제 4.5.5 **마루의 성질 증명**

모든 실수 x와 모든 정수 m에 대해, $\lfloor x+m \rfloor = \lfloor x \rfloor + m$임을 증명하라.

풀이

x는 특정적이지만 임의로 선택된 실수이고 m은 특정적이지만 임의로 선택된 정수라고 가정하자. $\lfloor x+m \rfloor = \lfloor x \rfloor + m$임을 보여야 한다. 이 등식은 $\lfloor x \rfloor$와 $\lfloor x+m \rfloor$을 포함하고 있으므로 이것들 중 하나에 이름을 부여하는 것이 좋다. $n = \lfloor x \rfloor$로 두자. 그러면 마루의 정의에 따라

$$n\text{은 정수이고 } n \le x < n+1$$

이다. 이 부등식의 모든 변에 m을 더하면 $\lfloor x+m \rfloor$을 n을 이용하여 나타낼 수 있다.

$$n+m \le x+m < n+m+1$$

따라서 보여야 할 등식의 좌변은 다음처럼 나타낼 수 있다.

$$\lfloor x+m \rfloor = n+m$$

한편 $n=\lfloor x \rfloor$이기 때문에 보여야 할 등식의 우변은 다음처럼 나타낼 수 있다.

$$\lfloor x \rfloor + m = n+m$$

그러므로 $\lfloor x+m \rfloor = \lfloor x \rfloor + m$이다. 이 논의는 다음처럼 요약될 수 있다. ■

정리 4.5.1

모든 실수 x와 모든 정수 m에 대해, $\lfloor x+m \rfloor = \lfloor x \rfloor + m$이다.

증명:

실수 x와 정수 m이 주어졌다고 가정하자.[우리는 $\lfloor x+m \rfloor = \lfloor x \rfloor + m$임을 보여야 한다.] $n=\lfloor x \rfloor$로 두자. 그러면 마루의 정의에 따라 n은 정수이고

$$n \le x < n+1$$

이다. 이 부등식 모든 변에 m을 더하면

$$n+m \le x+m < n+m+1$$

$n+m$은 정수[n과 m이 정수이고, 정수의 합은 정수이므로]이고 마루의 정의에 따라 보여야 할 등식의 좌변은 다음처럼 나타낼 수 있다.

$$\lfloor x+m \rfloor = n+m$$

$n=\lfloor x \rfloor$이므로 치환에 의해

$$n+m = \lfloor x \rfloor + m$$

이 되고 이는 보여야 할 등식의 우변이다. 따라서 $\lfloor x+m \rfloor = \lfloor x \rfloor + m$이다.[이것이 우리가 보여 주고자 했던 것이다.]

이진 검색 알고리즘, 합병 정렬 알고리즘 등 많은 알고리즘 분석에 관해 공부할 때 $\lfloor n/2 \rfloor$ 값(여기서 n은 정수)이 무엇인지 알아야 한다. 이 값을 계산하는 공식은 n이 짝수인지 홀수인지에 따라 다르다.

정리 4.5.2 $n/2$ 의 마루

임의의 정수 n에 대해 다음이 성립한다.

$$\left\lfloor \frac{n}{2} \right\rfloor = \begin{cases} \dfrac{n}{2} & \text{if } n \text{ is even} \\ \dfrac{n-1}{2} & \text{if } n \text{ is odd} \end{cases}$$

증명:

n은 [특정적이지만 임의로 선택된] 정수라고 가정하자. 몫-나머지 정리에 의하면 n은 홀수이거나 짝수이다.

경우 1(n 은 홀수): 이 경우에 어떤 정수 k에 대해 $n=2k+1$이다.[우리는 $\lfloor n/2 \rfloor=(n-1)/2$ 임을 보여야 한다.] k가 정수이고 $k \leq k+1/2 < k+1$ 이기 때문에 보여야 할 등식의 좌변은 다음과 같이 나타낼 수 있다.

$$\left\lfloor \frac{n}{2} \right\rfloor = \left\lfloor \frac{2k+1}{2} \right\rfloor = \left\lfloor \frac{2k}{2} + \frac{1}{2} \right\rfloor = \left\lfloor k + \frac{1}{2} \right\rfloor = k$$

그리고 보여 줘야 할 등식의 우변은 다음과 같이 나타낼 수 있다.

$$\frac{n-1}{2} = \frac{(2k+1)-1}{2} = \frac{2k}{2} = k$$

수식의 좌변과 우변이 모두 k이므로 그들은 서로 같다. 즉, $\left\lfloor \frac{n}{2} \right\rfloor = \frac{n-1}{2}$ [보여 주고자 했던 대로이다.]

경우 2(n 은 짝수): 이 경우에 어떤 정수 k에 대해 $n=2k$이다.[우리는 $\lfloor n/2 \rfloor=n/2$ 임을 보여야 한다]. 증명의 나머지 부분은 연습문제로 남긴다.

임의의 정수 n과 양의 정수 d가 주어질 때, 몫-나머지 정리는 다음 식을 만족시키는 유일한 정수 q와 r이 존재함을 보장한다.

$$n=dq+r \quad \text{그리고} \quad 0 \leq r < d.$$

다음 정리는 q와 r을 마루를 이용하여 아래처럼 나타낼 수 있음을 설명한다.

$$q = \left\lfloor \frac{n}{d} \right\rfloor \text{ 그리고 } r = n - d\left\lfloor \frac{n}{d} \right\rfloor$$

그러므로 만약 어떤 계산기나 컴퓨터 언어에 마루함수는 내장함수로 제공되나 *div* 나 *mod*

함수가 제공되지 않는 경우 이 두 함수는 다음과 같이 정의될 수 있다. 음이 아닌 정수 n과 양의 정수 d에 대해

$$\boxed{n \; div \; d = \left\lfloor \frac{n}{d} \right\rfloor} \quad \text{그리고} \quad \boxed{n \; mod \; d = n - d\left\lfloor \frac{n}{d} \right\rfloor} \qquad 4.5.1$$

이다. d가 n을 나눈다는 말은 $n \; mod \; d=0$ 또는 $n=d\lfloor n/d \rfloor$와 동치이다.

정리 4.5.3

만약 n이 정수이고, d가 양의 정수라면, 그리고 만약 $q=\lfloor n/d \rfloor$이고 $r=n-d\lfloor n/d \rfloor$이면 다음이 성립한다.

$$n=dq+r \quad \text{그리고} \quad 0 \le r < d$$

증명:

n이 임의의 정수이고, d가 양의 정수, $q=\lfloor n/d \rfloor$이고 $r=n-d\lfloor n/d \rfloor$라고 가정하자. [우리는 $n=dq+r$이고 $0 \le r < d$임을 보여야 한다.] 대입에 의해

$$dq + r = d\left\lfloor \frac{n}{d} \right\rfloor + \left(n - d\left\lfloor \frac{n}{d} \right\rfloor\right) = n$$

이다. 이제 $0 \le r < d$를 보이는 것만 남았다. 그러나 $q=\lfloor n/d \rfloor$이므로 마루의 정의에 따라

$$q \le \frac{n}{d} < q + 1$$

이 되고

$$dq \le n < dq + d \qquad \text{d를 모든 변에 곱함으로써}$$

그리고

$$0 \le n - dq < d \qquad \text{dq를 모든 변에서 뺌으로써}$$

이다. 그러나

$$r = n - d\left\lfloor \frac{n}{d} \right\rfloor = n - dq$$

이므로

$$0 \le r < d \qquad \text{치환에 의해}$$

이다. [이것이 우리가 보여 주고자 했던 것이다.]

예제 4.5.6 *div* 와 *mod* 계산

마루함수를 사용하여 3850 *div* 17과 3850 *mod* 17을 계산하라.

풀이

식 (4.5.1)에 의해 다음과 같이 계산된다.

$$\begin{aligned} 3850\ div\ 17 &= \lfloor 3850/17 \rfloor = \lfloor 226.47 \rfloor = 226 \\ 3850\ mod\ 17 &= 3850 - 17 \cdot \lfloor 3850/17 \rfloor \\ &= 3850 - 17 \cdot 226 \\ &= 3850 - 3842 = 8 \end{aligned}$$

■

자 | 기 | 진 | 단

1. 주어진 임의의 실수 x에 대하여 x의 마루는 ______ 를 만족시키는 유일한 정수 n이다.

2. 주어진 임의의 실수 x에 대하여 x의 천장은 ______ 를 만족시키는 유일한 정수 n이다.

연 / 습 / 문 / 제 4.5

연습문제 1, 2에 있는 x의 각 값에 대해 $\lfloor x \rfloor$와 $\lceil x \rceil$을 계산하라.

1. 37.999 **2.** −14.00001

3. 어떤 물건을 하나 생산하는 데 7파운드의 원자재가 필요하다. n파운드의 원자재로부터 몇 개의 물건을 생산할 수 있는지 마루 혹은 천장 표기를 이용하여 나타내라. 어느 표기가 더 적합한가?

4. 만약 0=(일요일), 1=(월요일), ⋯, 6=(토요일)이면 n년 1월 1일의 요일은 다음 공식으로 나타낼 수 있다.

$$\left(n + \left\lfloor \frac{n-1}{4} \right\rfloor - \left\lfloor \frac{n-1}{100} \right\rfloor + \left\lfloor \frac{n-1}{400} \right\rfloor\right) mod\ 7$$

a. 이 공식을 이용하여 다음 각 연도의 1월 1일의 요일을 계산하라.

i. 2050 ii. 2100 iii. 여러분이 태어난 해

b. 이 공식에 사용된 각 항의 의미를 설명하라.

5. 만약 n이 임의의 짝수라면 $\lfloor n/2 \rfloor = n/2$임을 증명하라.

연습문제 6~10에 있는 명제 중 어떤 것은 참이고 어떤 것은 거짓이다. 참인 명제는 증명하고 거짓인 명제는 반례를 들라.

6. 모든 실수 x, y에 대해, $\lfloor x-y \rfloor = \lfloor x \rfloor - \lfloor y \rfloor$이다.

7. 모든 실수 x에 대해, $\lfloor x-1 \rfloor = \lfloor x \rfloor - 1$이다.

8. 모든 정수 n에 대해,

$$\lfloor n/3 \rfloor = \begin{cases} n/3 & \text{if } n\ mod\ 3 = 0 \\ (n-1)/3 & \text{if } n\ mod\ 3 = 1 \\ (n-2)/3 & \text{if } n\ mod\ 3 = 2 \end{cases}$$

9. 모든 실수 x, y에 대해, $\lceil x+y \rceil = \lceil x \rceil + \lceil y \rceil$이다.

10. 모든 실수 x에 대해, $\lceil x+1 \rceil = \lceil x \rceil - 1$이다.

연습문제 11~13에 있는 각 명제를 증명하라.

11. 임의의 실수 x에 대해, 만약 x가 정수가 아니면 $\lfloor x \rfloor + \lfloor -x \rfloor = -1$이다.

12. 모든 실수 x에 대해, $\lfloor \lfloor x/2 \rfloor /2 \rfloor = \lfloor x/4 \rfloor$이다.

13. 모든 실수 x에 대해, 만약 $x - \lfloor x \rfloor < 1/2$이면 $\lfloor 2x \rfloor = 2\lfloor x \rfloor$이다.

14. "만약 n이 홀수이면 $\lfloor n/2 \rfloor = (n-1)/2$ 이다"의 다음 증명에서 실수를 찾아라.

"**증명:** n을 임의의 홀수라 가정하자. 그러면 어떤 정수 k에 대해 $n=2k+1$이다. 결과적으로

$$\left\lfloor \frac{2k+1}{2} \right\rfloor = \frac{(2k+1)-1}{2} = \frac{2k}{2} = k$$

이다. 그러나 $n=2k+1$이다. k에 대해서 풀면 $k=(n-1)/2$이다. 따라서 대입에 의해 $\lfloor n/2 \rfloor = (n-1)/2$이다."

자 | 기 | 진 | 단 | 해 | 답

1. $n \le x < n+1$ 2. $n-1 < x \le n$

4.6 간접 논증: 모순과 대우

직접증명 방법에서는 명제의 가정으로부터 출발하여 결론에 도달할 때까지 논리적으로 추론해 간다. 간접증명은 우회적인 방법을 사용한다. 간접증명의 한 방법인 모순에 의한 논증(argument by contradiction)은 명제가 참 혹은 거짓은 될 수 있지만 둘 모두는 될 수 없다는 사실에 근거한다. 주어진 명제가 참이 아니라는 가정이 논리적으로 모순 또는 불가능 또는 불합리함을 보여 줄 수 있다고 가정하자. 그러면 그러한 가정은 거짓이다. 따라서 주어진 명제는 참이 분명하다.

모순에 의한 논증은 여러 곳에서 볼 수 있다. 예를 들어 은행털이로 고소된 사람이 범죄가 발생한 시점에 다른 장소에 있었다는 것을 증명할 수 있다면 그는 분명히 무죄로 석방될 것이다. 그의 변론의 논리는 다음과 같다.

> 내가 은행을 털었다고 가정합시다. 그러면 범죄가 발생한 그 시각에 난 그 현장에 있어야 할 것입니다. 사실 범죄가 발생한 그 시각에 난 범죄 현장에서 멀리 떨어진 곳에 있었고, 그곳에서 20명의 사람과 그들이 증언하듯이 모임을 갖고 있었습니다. 내가 두 장소에 동시에 있을 수 없기 때문에 내가 은행을 털었다는 가정은 모순입니다. 따라서 그 가정은 거짓입니다.

또 다른 예는 논쟁에서 볼 수 있다. 논쟁의 한 기술은 다음과 같이 말하는 것이다. "상대가 말하는 것이 옳다고 잠시 가정해 봅시다." 이 가정으로부터 출발하여 논쟁자는 말을 계속 유도하여 마침내 청중이 절대로 수긍할 수 없는 터무니없는 결론을 이끌어 낸다. 이런

방법으로 논쟁자는 상대의 말이 거짓임을 보인다.

모순에 의한 증명의 핵심은 증명하고자 하는 명제가 거짓이라고 가정하는 데 있다. 목표는 그 가정에 근거한 추론이 모순임을 보이는 것이다. 모순에 의한 증명은 개략적으로 다음과 같다.

주의! 부정을 쓸 때 주의하라.

모순에 의한 증명 방법

1. 증명하고자 하는 명제가 거짓이라고 가정하라. 다른 말로, 명제의 부정이 참이라고 가정하라.
2. 이 가정이 논리적으로 모순된 결과를 초래함을 보여라.
3. 증명될 명제가 참이라고 결론을 맺으라.

증명하는 데 있어서 직접증명 방법을 사용해야 할지 모순에 의한 방법을 사용해야 할지에 대한 명확한 규칙은 없다. 그러나 일반적인 지침은 있다. 모순에 의한 증명은 다음과 같은 경우에 사용하라. 여러분이 특별한 성질을 가지는 객체가 없다는 것을 보이길 원하거나 또는 어떤 특정 객체가 어떤 특별한 성질을 가지고 있지 않다는 것을 보이길 원할 때이다. 다음 두 예제는 이런 상황을 예로 보여 준다.

예제 4.6.1 **가장 큰 정수는 없음**

모순에 의한 증명을 이용하여 가장 큰 정수는 존재하지 않음을 보여라.

풀이

대부분의 아이들은 가장 큰 정수가 있다고 믿는다. 나이가 들어가고 경험이 쌓이면서 그들의 믿음은 변한다. 언젠가 그들은 만약 가장 큰 정수가 있다면 1을 더해 더 큰 정수를 만들 수 있다는 사실을 알게 된다. 이는 모순이기 때문에 가장 큰 정수는 존재하지 않는다. 이런 일련의 추론은 형식적인 증명의 핵심이 된다.

증명을 위해서 '특별한 성질'은 가장 큰 정수가 존재한다는 것이다. 이런 성질을 가진 객체가 존재하지 않음을 증명하기 위해 이의 부정을 가정함으로써 출발하라. 즉, 이런 성질을 가진 객체가 존재한다고 가정하라.

출발점: 명제가 거짓이라고 가정하라. 즉, N이라 불리는 가장 큰 정수가 있다고 가정하라. 이는 모든 정수 n에 대해, $N \geq n$임을 의미한다.

보여야 할 결론: 이 가정은 논리적 모순을 초래한다.

정리 4.6.1
가장 큰 정수는 존재하지 않는다.

증명:
[우리는 정리의 부정을 취한 후 그것을 참이라고 가정한다.] 명제가 거짓이라고 가정하라. 다시 말해 가장 큰 정수 N이 존재한다고 가정하자.[우리는 모순을 유도해야 한다.] 그러면 모든 정수 n에 대해, $N \geq n$이 된다. $M=N+1$로 두자. M은 정수의 합이므로 정수이다. 또한 $M=N+1$이기 때문에 $M > N$이다. 따라서 M은 N보다 큰 정수이다. 그러므로 N이 가장 큰 정수가 아니라 M이 더 큰 정수이고 이는 모순이다.[이 모순은 가정이 거짓이고 따라서 정리가 참이라는 것을 보여준다.]

■

모순에 도달한 후 논증의 논리는 항상 다음과 같다. "이것은 모순이다. 따라서 가정이 거짓이고 명제는 참이다." 이런 이유로 대부분의 수학책에서는 모순이 얻어진 그 지점에서 모순에 의한 증명을 끝맺는다.

다음 예제에서 보인 모순은 1/2은 정수가 아니라는 사실에 근거를 둔 것이다.

예제 4.6.2 어떤 정수도 짝수이면서 동시에 홀수가 될 수 없음

어떤 정수도 짝수이면서 동시에 홀수가 될 수 없다는 사실은 몫-나머지 정리의 유일성 부분으로부터 얻어진다. 몫-나머지 정리의 이 부분에 대한 완전한 증명은 4.7절의 연습문제 8에 간략히 서술되어 있다. 이 예는 하나의 특별한 경우를 증명하기 위해 어떻게 모순에 의한 증명을 사용하는가를 보여 준다.

정리 4.6.2
짝수이면서 동시에 홀수인 정수는 존재하지 않는다.

증명:
[우리는 정리의 부정을 취한 후 그것을 참이라고 가정한다.] 명제가 거짓이라고 가정하자. 다시 말해 어떤 정수 n은 짝수인 동시에 홀수라고 가정하자.[우리는 모순을 유도해야 한다.] 짝수의 정의에 따라, 어떤 정수 a에 대해 $n=2a$이며, 홀수의 정의에 따라, 어떤 정수 b에 대해 $n=2b+1$이다. 결과적으로

$$2a=2b+1$$

이다. 그리고 또한

$$2a-2b=1$$
$$2(a-b)=1$$
$$(a-b)=1/2$$

이다. a와 b가 정수이므로 그 차인 $a-b$는 정수이어야 한다. 그러나 $a-b=1/2$이고 $1/2$은 정수가 아니다. 따라서 $a-b$는 정수이고, 또 $a-b$는 정수가 아니게 되어 이는 모순이다.[이 모순은 가정이 거짓이고 따라서 정리가 참이라는 것을 보여 준다.]

■

다음 예제에서는 임의의 유리수와 임의의 무리수를 합하면 무리수가 됨을 보인다. 이 문제를 생각하는 한 방법은 특정 성질(유리수의 성질)을 가지지 않는 특정 객체(유리수와 무리수의 합)를 고려하는 것이다. 이는 모순에 의한 증명을 시도하기를 제안한다. 즉, 그 객체가 그 성질을 가진다고 가정하고 모순을 유도하라.

예제 4.6.3 **유리수와 무리수의 합**

모순에 의한 증명을 이용하여 임의의 유리수와 임의의 무리수의 합은 무리수가 됨을 보여라.

주의! "임의의 유리수와 임의의 무리수의 합은 무리수이다"의 부정은 "임의의 유리수와 임의의 무리수를 합한 것은 유리수이다"가 아니다.

풀이

증명하고자 하는 것의 부정을 가정하면서 증명을 시작하자. 부정을 쓸 때 매우 조심해야 한다. 만약 부정이 정확하지 않다면 증명의 나머지 전체가 엉터리가 될 것이다. 이 예제에서 증명해야 할 명제를 다음과 같이 형식적으로 쓸 수 있다.

모든 실수 r과 s에 대해, 만약 r이 유리수이고
s가 무리수이면 $r+s$는 무리수이다.

이의 부정은 다음과 같다.

$r+s$가 유리수가 되게 하는 유리수 r과 무리수 s가 존재한다.

출발점: 명제가 거짓이라고 가정하라. 즉, $r+s$가 유리수 되게 하는 유리수 r과 무리수 s가 존재한다고 가정하라.

보여야 할 결론: 이 가정은 논리적 모순을 초래한다.

모순을 유도하기 위해서는 무엇을 가정했는지 이해할 필요가 있다. 즉 유리수 r과 무리수 s가 존재하고, $r+s$는 유리수이다. 유리수와 무리수의 정의에 따라 s는 두 정수로 구성된 분수로 나타낼 수 없으나 r과 $r+s$는 다음과 같이 가능하다.

$$\text{어떤 정수 } a \text{와 } b(b \neq 0)\text{에 대해,} \quad r = \frac{a}{b} \tag{4.6.1}$$

$$\text{어떤 정수 } c \text{와 } d(d \neq 0)\text{에 대해,} \quad r+s = \frac{c}{d} \tag{4.6.2}$$

만약 식 (4.6.1)을 식 (4.6.2)에 대입하면 다음을 얻는다.

$$\frac{a}{b} + s = \frac{c}{d}$$

양변에서 a/b를 빼면

$$\begin{aligned} s &= \frac{c}{d} - \frac{a}{b} \\ &= \frac{bc}{bd} - \frac{ad}{bd} \quad \text{분모를 통분하면} \\ &= \frac{bc - ad}{bd} \end{aligned}$$

이다. 정수의 곱과 차는 정수이므로 $bc-ad$와 bd는 정수이고, zero product 성질에 의해 $bd \neq 0$이다. 따라서 s는 분모가 0이 아닌 두 정수로 구성된 분수로 나타낼 수 있고, 그러므로 s는 유리수이며 이는 s가 무리수라는 가정에 모순이다.

이상에서 논의한 것은 다음과 같이 형식을 갖춘 증명으로 요약될 수 있다.

정리 4.6.3
임의의 유리수와 임의의 무리수의 합은 무리수다.

증명:
[우리는 정리의 부정을 취한 후 그것을 참이라고 가정한다.] 명제가 거짓이라고 가정하자. 다시 말해 $r+s$를 유리수로 만드는 어떤 유리수 r과 무리수 s가 존재한다고 가정하자.[우리는 모순을 유도해야 한다.] 유리수의 정의에 따라, 어떤 정수 $a, b(b \neq 0), c, d(d \neq 0)$에 대해 $r=a/b$이고 $r+s=c/d$이다. 치환에 의해

$$\frac{a}{b} + s = \frac{c}{d}$$

또한

$$\begin{aligned} s &= \frac{c}{d} - \frac{a}{b} \\ &= \frac{bc - ad}{bd} \end{aligned}$$

이다. 이제 $bc-ad$와 bd는 정수이며[정수의 곱과 차는 정수이므로], $bd\neq 0$[zero product 성질에 의해]이다. 따라서 s는 두 정수 $bc-ad$와 bd로 구성된 분수로 나타낼 수 있고 $bd\neq 0$이므로 s는 유리수이며 이는 s가 무리수라는 가정에 모순이다.[따라서 가정이 거짓이고 정리가 참이다.]

■

대우에 의한 논증

간접논증의 두 번째 방법은 대우에 의한 논증(argument by contraposition)으로서 이는 명제와 그것의 대우는 논리적으로 동치라는 사실에 근거한 방법이다. 대우를 이용하여 증명하기 위해서는 우선 명제의 대우를 찾고, 직접증명 방법으로 그 대우를 증명한 다음, 원래의 명제가 참이라고 결론지으면 된다. 근원적인 논증은 조건 명제가 그의 대우 명제와 논리적으로 동치이기 때문에 만약 대우 명제가 참이면 원 명제가 참이어야 한다는 것이다.

대우에 의한 증명 방법

1. 증명할 명제를 아래의 형태로 나타내라.

$$\forall x \text{ in } D, \text{ if } P(x) \text{ then } Q(x)$$

(이 과정은 생각만으로 할 수도 있다.)

2. 이 명제를 대우의 형태로 다시 나타내라.

$$\forall x \text{ in } D, \text{ if } Q(x) \text{ is false then } P(x) \text{ is false.}$$

(이 과정 역시 생각만으로 할 수도 있다.)

3. 대우를 직접증명 방법을 이용하여 증명하라.
   a. x는 (특정적이지만 임의로 선택된) D의 한 원소로서 $Q(x)$를 거짓으로 만든다고 가정하라.
   b. $P(x)$가 거짓임을 보여라.

예제 4.6.4 **정수의 제곱이 짝수이면 그 정수는 짝수임**

모든 정수 n에 대해, 만약 n^2이 짝수이면 n도 짝수임을 증명하라.

풀이

우선 증명할 명제의 대우를 찾자.

대우: 모든 정수 n에 대해, 만약 n이 짝수가 아니면 n^2도 짝수가 아니다.

$d=2$에 대한 몫-나머지 정리에 의하면, 임의의 정수는 짝수이거나 홀수이다. 따라서 짝수가 아닌 임의의 정수는 홀수이다. 그러므로 위의 대우는 다음처럼 다시 쓸 수 있다.

대우: 모든 정수 n에 대해, 만약 n이 홀수이면 n^2도 홀수이다.

다음에 보인 것처럼 직접증명 방법을 이용하여 이를 곧바로 증명해 간다.

명제 4.6.4
모든 정수 n에 대해, 만약 n^2이 짝수이면 n은 짝수이다.

증명(대우에 의해):
n이 임의의 홀수라고 가정하자.[우리는 n^2이 홀수임을 보여야 한다.] 홀수의 정의에 의해, 어떤 정수 k에 대해 $n=2k+1$이다. 치환과 간단한 연산에 의해

$$n^2=(2k+1)^2=4k^2+4k+1=2(2k^2+2k)+1$$

이다. 정수의 곱과 합은 정수이므로 $2k^2+2k$는 정수이다. 따라서 $n^2=2\cdot$(어떤 정수)$+1$이고, 홀수의 정의에 따라 n^2은 홀수이다.[이것이 우리가 보여 주고자 했던 것이다.]

여기서 우리는 정리(theorem)란 용어 대신 명제(proposition)란 용어를 사용했다. 왜냐하면 증명이 필요한 어떤 사실을 일컫기 위해 정리를 사용할 수도 있으나 수학자들은 종종 결론이 매우 유용하고 중요한 사실에 한해 정리란 용어를 사용하도록 제한하기 때문이다. 다소 덜 중요하지만 쓸 가치가 있는 사실에 대해 그들은 **명제**라는 용어를 사용한다. 우리는 $\sqrt{2}$가 무리수임을 증명하기 위해 4.7절에서 명제 4.6.4를 사용할 것이다. ■

모순에 의한 증명과 대우에 의한 증명의 관계

모순에 의한 증명은 대우에 의한 증명으로 다시 쓸 수 있다. 다음 명제

$$\forall x \text{ in } D, \text{ if } P(x) \text{ then } Q(x)$$

는 대우에 의한 증명 방법에 따라 다음과 같은 동등한 명제를 직접 증명함으로써 증명할 수 있다.

$$\forall x \text{ in } D, \text{ if } \sim Q(x) \text{ then } \sim P(x)$$

이를 위해 $\sim Q(x)$를 만족시키는 D의 임의의 원소 x가 주어졌다고 가정해야 한다. 그리고 $\sim P(x)$임을 보여야 한다. 이를 그림 4.6.1이 보여 준다.

x는 D에 속한 임의의 원소이며, $\sim Q(x)$라고 가정하라. → 일련의 단계 → $\sim P(x)$

그림 4.6.1 대우에 의한 증명

모순에 의한 증명 방법에서 사용된 것과 같은 일련의 단계가 주어진 명제를 증명하기 위해 사용될 수 있다. 차이점이 있다면 쓰여지는 내용이 다르다는 점이다.

모순에 의한 증명처럼 증명을 다시 쓰기 위해, $P(x)$이고 $\sim Q(x)$인 어떤 x가 D에 있다고 가정해야 한다. 그리고 $P(x)$를 유도하기 위해 대우에 의한 증명에서 사용된 단계를 따라가야 한다. 그러나 $\sim P(x)$는 가정한 사실, 즉, $P(x)$이고 $\sim Q(x)$라는 점에 모순이다. (어떤 명제의 논리곱이 모순임을 보이기 위해서는 한 항목에 대해서만 모순임을 보여도 되기 때문이다.) 그림 4.6.2에서 이런 과정을 보여 준다.

$P(x)$이고 $\sim Q(x)$인 어떤 원소 x가 D에 존재한다고 가정하라. → 동일한 일련의 단계 → 모순: $P(x)$이고 $\sim P(x)$

그림 4.6.2 모순에 의한 증명

한 예로, 다음은 모순을 이용하여 명제 4.6.4, 즉, "임의의 정수 n에 대해, 만약 n^2이 짝수이면 n은 짝수이다"를 증명한 것이다.

명제 4.6.4

모든 정수 n에 대해, 만약 n^2이 짝수이면 n은 짝수이다.

증명(모순에 의해):

[우리는 명제의 부정을 취하고, 이것이 참이라고 가정한다.] 명제가 거짓이라고 가정하자. 즉 n^2은 짝수이면서 n은 짝수가 아닌 어떤 정수 n이 존재한다고 가정하자.[우리는 모순을 유도해야 한다.] $d=2$에 대한 몫-나머지 정리에 의해, 임의의 정수는 짝수 또는 홀수이다. 따라서 n이 짝수가 아니므로 이는 홀수이고, 홀수의 정의에 따라, 어떤 정수 k에 대해 $n=2k+1$이다. 치환과 수학의 기본 연산에 의해

$$n^2=(2k+1)^2=4k^2+4k+1=2(2k^2+2k)+1$$

이다. 하지만 정수의 곱과 합이 정수이므로 $2k^2+2k$는 정수이다. 따라서 $n^2=2\cdot$(어떤 정수)$+1$이고, 홀수의 정의에 따라 n^2은 홀수이다. 따라서 n^2은 짝수이면서 동시에 홀수이다. 이는 "짝수이면서 동시에 홀수인 정수는 존재하지 않는다"라는 정리 4.6.2에 모순이다.[이 모순은 가정이 거짓이고 따라서 명제가 참이라는 것을 보여 준다.]

대우에 의한 증명을 할 경우 보여야 할 결론, 즉, 가정의 부정이 무엇인지 정확히 알고 있다. 반면, 모순에 의한 증명을 할 경우 무엇에 모순되는지를 아는 것이 쉽지 않다. 한편으로, 모순에 의한 증명 방법을 사용할 경우, 일단 어떤 모순을 유도했다면 증명을 마친 것이다. 모순에 의한 방법보다 대우에 의한 방법의 장점은 복잡한 명제의 (아마도 틀린) 부정을 취하는 과정을 피할 수 있다는 점이다. 모순에 의한 방법에 비해 대우에 의한 방법의 단점은 특정 부류의 명제, 즉, 존재명제와 전칭명제에 한해서만 대우를 사용할 수 있다는 점이다. 지금까지의 설명은 대우에 의해 증명될 수 있는 명제는 모순에 의해서도 가능함을 보여 준다. 그렇지만 그 역은 아니다. 예를 들어 "$\sqrt{2}$는 무리수이다"라는 명제는 대우에 의해서가 아닌 모순에 의해서 증명될 수 있다.

문제해결 도구로서의 증명

직접증명, 반례에 의한 반증, 모순에 의한 증명, 그리고 대우에 의한 증명 등은 모두 주어진 명제가 참인지 거짓인지를 밝히는 데 도움을 주는 도구들이다. 주어진 명제가 다음과 같을 때

For all elements in a domain, if (hypothesis) then (conclusion)

정의역에 있는 원소들 중 가정을 만족시키는 것들을 생각한 후 스스로 물어보기 바란다. "그들이 결론을 만족시키는가?" 만약 모든 경우에 대해 대답이 '예' 임을 알면, 그 명제는 참이 되며 여러분의 직관은 직접증명의 기반이 될 것이다. 생각을 한 후에도 대답이 '예' 임을 확신할 수 없다면 정의역에 있는 원소 중 가정은 만족시키지만 결론은 만족시키지 않는 원소를 찾도록 노력해 보라. 그런 원소를 찾았다면 그 명제는 거짓이며, 반례를 찾은 것이 된다. 반면, 그런 반례를 찾는 데 실패했다면 아마도 그런 반례는 존재하지 않을 수도 있다. 가정은 만족시키고 결론은 만족시키지 않는 원소가 있다고 가정하고 그런 가정이 논리적으로 모순이 됨을 보일 수도 있다. 만약 그렇게 보일 수 있으면 주어진 명제는 참이고, 모순에 의한 증명의 기반을 이미 가지고 있는 것이다. 반대로 결론을 거짓으로 만드는 원소를 생각하고, 그것들이 또한 가정을 만족시키지 못하는지 물어볼 수 있다. 만약 모든 경우에 대해 대답이 '예' 이면 대우에 의한 증명의 기반을 가지고 있는 것이다.

문제, 특히 어려운 문제를 푼다는 것은 그리 간단한 과정이 아니다. 위에서 제시한 지침을 따라가는 과정의 어떤 단계에서도 앞 단계의 방법을 다시 시도해 볼 수 있다. 예를 들어 만약 어떤 명제에 관한 반례를 찾는 데 실패했다면, 그런 실패의 경험들은 간접증명 대신 직접증명을 다시 시도해 보도록 도와줄 수 있다. 문제해결에 관해 연구해 온 심리학자들은, 훌륭한 문제 해결사들은 한 가지 방법을 오랫동안 고집스럽게 사용하는 대신 다양한 접근 방법을 유연하게 사용한다는 사실을 발견했다. 어려운 문제를 풀기 위해 수학자들은 수개월(어쩌면 그 이상) 동안 연구한다. 이 책에 나오는 문제들을 푸는 데 시간이 좀 걸렸다고 해서 용기를 잃지는 말라.

증명과 반증의 기법을 공부하는 것은 수영, 테니스, 또는 악기를 다루는 기법을 공부하는 것과 유사하다. 처음 시도하면 여러 규칙으로 인해 당황스럽고, 새로운 방법을 시도하는 것에 대해 편한 느낌이 들지 않을 것이다. 경험이 쌓이면 규칙들은 여러분의 손아귀에 들어올 것이고, 그런 것들을 다른 재능과 더불어 사용할 수 있을 것이다.

이제 이 장의 첫 여섯 절에 대해 완전히 공부를 마쳤는데, 증명 또는 반증은 무엇보다도 어떤 논쟁을 확신시키기 위한 것이라는 기본 정신으로 돌아가자. 직접증명, 간접증명, 그리고 반례가 어떤 구조를 가지는지 알아야 한다. 이러한 지식을 효과적으로 사용하기 위해서는, 이 지식을 상상력, 영감, 그리고 특별히 여러분이 알고 있는 상식들과 관련지어 같이 사용하여야 한다.

자 | 기 | 진 | 단

1. 모순에 의한 어떤 명제를 증명하기 위해 여러분은 _______ 라고 가정하고 _______ 을 보인다.
2. "$\forall x \in D$, if $P(x)$ then $Q(x)$" 형태 명제의 대우증명법은 _______ 의 직접 증명이다.
3. 모순에 의한 "$\forall x \in D$, if $P(x)$ then $Q(x)$" 형태의 명제를 증명하기 위하여 여러분은 _______ 임을 가정하고 _______ 을 보인다.

연 / 습 / 문 / 제 4.6

1. "가장 작은 양의 실수가 존재하지 않는다"는 명제의 다음의 모순에 의한 증명에서 빈칸을 채우라.

   증명: 위의 명제가 거짓이라 가정하자. 즉, 가장 작은 양의 실수 x가 존재한다고 가정하자.[우리는 _____ (a)_____ 을 이끌어 내야 한다.] 수 $x/2$를 고려하자. x가 양의 실수이기 때문에 $x/2$ 또한 ______(b)_____ 이다. 게다가 부등식 $1 < 2$의 양변에 _____(c)____ 를 곱하고_____(d)____ 로함으로써 $x/2 < x$를 이끌어 낼 수 있다. 따라서 $x/2$는 가장 작은 양의 실수보다 작은 양의 실수이다. 이것은 ______(e)_____ 이다. [따라서 가정은 거짓이고 그래서 가장 작은 양의 실수는 존재하지 않는다.]

2. 모순에 의한 증명 방법을 이용하여 다음을 증명하라: 모든 정수 n에 대해, $3n+2$는 3으로 나누어지지 않는다.

3. 다음 명제의 부정이 무엇인지 보이고 다음 명제를 모순에 의한 증명 방법을 이용하여 증명하라.

   가장 큰 짝수는 존재하지 않는다.

4. "임의의 유리수와 임의의 무리수의 차는 무리수이다"는 명제의 모순에 의한 다음 증명에서 빈칸을 채우라.

   증명: 위의 명제가 거짓이라 가정하자. 즉, ___(a)____ x와 ____(b)____ y가 존재하여 $x-y$가 유리수라고 가정하자. 유리수의 정의에 의해, 정수 $a, b(b \neq 0)$, c와 $d(d \neq 0)$가 존재하여 $x=$_____(c)____ 이고 $x-y=$_____(d)_____ 이다. 대입에 의해

   $$\frac{a}{b} - y = \frac{c}{d}$$

   이다. 양변에 y를 더하고 $\frac{c}{d}$를 빼면 다음과 같다.

$$y = \text{(e)}$$
$$= \frac{ad}{bd} - \frac{bc}{bd}$$
$$= \frac{ad - bc}{bd}$$

____(f)____의 곱과 차가 ____(g)_____이기 때문에 $ad-bc$와 bd는 정수이다. 그리고 _____(h)_______에 의해, $bd \neq 0$이다. 따라서 y는 영이 아닌 분모를 가지는 정수들의 비이다. 그러므로 y는 동시에 무리수이고 유리수이다. 이것은 모순이다.[따라서 가정은 거짓이고 증명되어야 할 명제는 참이다.]

5. **a.** "임의의 유리수와 임의의 무리수의 차는 무리수이다"라는 명제를 증명하라고 하면 어떤 학생은 증명을 다음과 같이 시작한다. "위의 명제가 거짓이라 가정하자. 즉 임의의 유리수와 임의의 무리수의 차는 유리수라고 가정하자." 이 방법에서 증명을 시작하는 데 무슨 잘못이 있는가?

b. 임의의 유리수와 임의의 무리수의 차는 무리수임을 증명하라.

연습문제 6~11에 있는 각 명제를 모순에 의한 증명 방법을 이용하여 증명하라.

6. 임의의 양의 무리수의 제곱근은 무리수이다.

7. 임의의 0이 아닌 유리수와 임의의 무리수를 곱한 것은 무리수이다.

8. 임의의 정수 n에 대해, n^2-2는 4로 나누어지지 않는다.

9. 모든 소수 a, b, c에 대해, $a^2+b^2 \neq c^2$이다.

10. 만약 a, b, c가 정수이고 $a^2+b^2=c^2$이면 a와 b 가운데 적어도 한 개는 짝수이다.

11. 모든 홀수 a, b, c에 대해, 만약 z가 $ax^2+bx+c=0$의 한 근이라면 z는 유리수이다.(증명에서 예제 4.2.3에 열거된 짝수와 홀수의 성질을 이용하라.)

12. "모든 정수 n에 대해, 만약 $5 \nmid n^2$이면 $5 \nmid n$이다"라는 명제의 모순에 의한 다음 증명에서 빈칸을 채우라.

증명(대우에 의한): [대우는 다음과 같다. "모든 정수 n에 대해, 만약 $5|n$이면 $5|n^2$이다."] n을 ____(a)______를 만족시키는 임의의 정수라 가정하자.[우리는 ____(b)____임을 보여야 한다.] 나눔성의 정의에 의해, 어떤 정수 k에 대해 n=____(c)_____이다. 대입에 의해 n^2=____(d)____$=5(5k^2)$이다. 그러나 $5k^2$은 정수들의 곱이기 때문에 정수이다. 따라서 $n^2=5 \cdot$ (어떤 정수)이다. 그래서 ____(e)______이다[이것은 보여야 할 것이다].

13. 다음 명제를 대우에 의한 증명 방법을 이용하여 증명하라: 만약 두 양의 실수의 곱이 100보다 크면 두 수 가운데 적어도 한 수는 10보다 크다.

14. 다음 명제를 고려하자. "모든 정수 n에 대해, 만약 n^2이 홀수이면 n도 홀수이다."

a. 모순에 의해 명제를 증명하려면 무엇을 가정해야 하며 또 무엇을 보여야 하는지 써라.

b. 대우에 의해 명제를 증명하려면 무엇을 가정해야 하며 또 무엇을 보여야 하는지 써라.

연습문제 15~18에 있는 각 명제를 (a) 대우에 의한 증명, (b) 모순에 의한 증명 방법을 이용하여 증명하라.

15. 임의의 무리수의 부호를 바꾼 것은 무리수이다.

16. 모든 정수 n에 대해, 만약 n^2이 홀수이면 n도 홀수이다.

17. 모든 정수 a, b, c에 대해, 만약 $a \nmid bc$이면 $a \nmid b$이다. (기호 $\nmid$는 '나누지 않는다'는 의미임을 상기하라.)

18. 모든 정수 m, n에 대해, 만약 $m+n$이 짝수이면 m과 n은 둘 다 짝수이든지 아니면 둘 다 홀수이다.

19. 모든 정수는 유리수라는 다음 '증명'은 옳지 않다. 실수를 찾아라.

"**증명(모순에 의한):** 위의 명제가 거짓이라 가정하자. 즉, 모든 정수는 무리수라고 가정하자. 그러면 정수 1은 무리수이다. 그러나 $1=1/1$로서 이것은 유리수이다. 이것은 모순이다.[따라서 가정은 거짓이고 증명되어야 할 정리는 참이다.]"

20. **a.** 다음 명제를 대우에 의한 증명 방법을 이용하여 증명하라: 모든 양의 정수 r, s, n에 대해, 만약 $rs \le n$이면 $r \le \sqrt{n}$이거나 $s \le \sqrt{n}$이다.

b. 다음을 증명하라: 모든 정수 $n > 1$에 대하여 만약 n이 소수가 아니면 $p \le \sqrt{n}$과 $p|n$를 만족시키는 소수 p가 존재한다.(힌트: (a)의 결과, 정리 4.3.1, 4.3.3, 4.3.4와 순서의 추이성을 이용하라.)

c. (b)의 결과의 대우를 서술하라.

연습문제 20의 결과는 어떤 정수가 소수인지를 검사하는 방법을 제공한다.

> **소수 테스트**
>
> 주어진 정수 $n > 1$에 대해, n이 소수인지 아닌지를 테스트하기 위해 그 수의 양의 제곱근보다 작거나 같은 소수에 의해 나누어지는지를 검사하라. 만약 n이 이러한 수들에 의해 나누어지지 않으면 소수이다.

21. 소수 테스트를 사용하여 다음 각 수가 소수인지 아닌지를 결정하라.

a. 667 **b.** 557
c. 613 **d.** 527

22. 소수 테스트를 사용하여 다음 각 수가 소수인지 아닌지를 결정하라.

a. 9,269 **b.** 9,103
c. 8,623 **d.** 7,917

23. 모순에 의한 방법으로 다음을 증명하라: 11보다 큰 모든 정수는 두 합성수의 합으로 나타낼 수 있다.

자 | 기 | 진 | 단 | 해 | 답

1. 명제가 거짓이다; 이 가정이 모순을 유도한다는 것 2. 명제의 대우, 즉, $\forall x \in D$, if $\sim Q(x)$ then $\sim P(x)$ 3. x가 $Q(x)$를 거짓되게 하는 임의의 [특정적이지만 임의로 선택된] D의 원소; $P(x)$가 거짓임

4.7 간접 논증: 고전적인 두 개의 정리

이 절에서는 수학에서 가장 유명한 정리 중 두 가지인 "$\sqrt{2}$는 무리수이다"와 "소수는 무한히 많다"에 관한 증명을 다룬다. 두 증명 모두 간접증명 기법을 사용하며, 2,000년 이상 지났지만 아직까지 수학적 논쟁의 전형적인 모델로 남아 있다.

$\sqrt{2}$의 무리수성

고대 그리스에서 수학이 번성할 때 수학자들은, 두 선분 A와 B가 주어질 때, 선분 A의 길이와 선분 B의 길이의 비와 동일한 비를 가지는 두 정수 a와 b를 찾을 수 있을 것이라고 믿었다. 이를 기호로 표시하면 다음과 같다.

$$\frac{\text{length } A}{\text{length } B} = \frac{a}{b}$$

이제는 길이가 $\sqrt{2}$인 선분을 쉽게 찾을 수 있다. 단지 길이가 1인 정사각형의 대각선을 택하라.

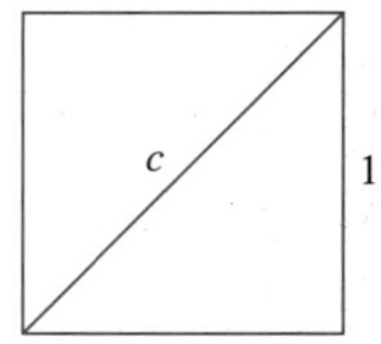

Pythagoras의 정리에 의해 $c^2 = 1^2 + 1^2 = 2$이고 따라서 $c = \sqrt{2}$이다. 고대 그리스인들의 믿음이 옳았다면 다음 식을 만족시키는 어떤 정수 a와 b가 있을 것이다.

$$\frac{\text{length (diagonal)}}{\text{length (side)}} = \frac{a}{b}$$

이는 다음을 의미한다.

$$\frac{c}{1} = \frac{\sqrt{2}}{1} = \sqrt{2} = \frac{a}{b}$$

Euclid
(fl. 300 B.C.)

그러면 $\sqrt{2}$는 두 정수로 구성된 분수, 다른 말로 $\sqrt{2}$는 유리수일 것이다.

B.C. 4, 5세기경에 그리스 수학자의 추종자들과 철학자 Pythagoras는 $\sqrt{2}$는 유리수가 아님을 발견했다. 이 발견은 그들을 매우 당혹스럽게 만들었는데, 왜냐하면 자연수를 이용하여 자연현상을 설명할 수 있다는 깊은 믿음을 뿌리째 흔들었기 때문이다.

아래에 설명하는 $\sqrt{2}$의 무리수성에 대한 증명은 Aristotle에게 알려졌고 Euclid가 저술한 기하학 원론(Elements of Geometry)의 10번째 책에 있는 것과 유사하다. 그리스 수학자인 유클리드는 최고의 기하학자로 알려져 있다. 사실 그가 저술한 초등 기하학(Elements)의 첫 여섯 권에 있는 기하에 관한 지식은 2,000년 이상 교양교육의 핵심 부분으로 간주되어 왔다. 초등 기하학의 7~10권에는 오늘날 우리가 정수론이라 부르는 것에 관한 내용이 들어 있다.

⚠ **주의!** 엄격히 말하면, m과 n이 공통 인수들을 가지지 않는다고 가정하는 것이 가능한 것은 5.4절에 논의될 정수에 대한 정렬성의 결과이다.

증명은 명제가 거짓이라고 가정함으로써 시작한다. $\sqrt{2}$는 유리수라고 가정하자. 이는 $\sqrt{2} = m/n$이 되는 어떤 정수 m과 n이 존재한다는 것을 의미한다. 만약 m과 n이 공약수를 가지고 있다면 그 공약수로 m과 n을 각각 나누면 새로운 분수를 얻을 수 있으며 이의 값은 m/n과 동일하고, 분모와 분자에 더 이상 공약수가 존재하지 않는다. 그러므로 일반성을 잃지 않으면서 우리는 m과 n은 처음부터 공약수를 가지고 있지 않다고 가정할 수 있다. 그런 다음 우리는 m과 n이 공약수 2를 가지고 있음을 유도할 것이다. 이 과정에서 우리는 정수의 제곱이 짝수이면 그 정수는 짝수임을 보인 명제 4.6.4를 이용할 것이다.

정리 4.7.1 $\sqrt{2}$는 무리수

$\sqrt{2}$는 무리수이다.

증명:

[우리는 명제의 부정을 취하고, 이것이 참이라고 가정한다.] 명제가 거짓이라고 가정하자. 즉, $\sqrt{2}$는 유리수라고 가정하자. 그러면 다음 조건을 만족시키는 공약수가 없는 정수 m과 n이 존재한다.

$$\sqrt{2} = \frac{m}{n} \tag{4.7.1}$$

[우리는 모순을 유도해야 한다.] 식 (4.7.1)의 양변을 제곱하면 다음 등식을 얻는다.

$$2 = \frac{m^2}{n^2}$$

다시 쓰면

$$m^2 = 2n^2 \tag{4.7.2}$$

이다. 식 (4.7.2)는 짝수의 정의에 따라 m^2이 짝수라는 사실을 내포하고 있다. 이는 명제 4.6.4에 의해 m이 짝수라는 말이다. 이 사실로부터(짝수의 정의에 따라) 우리는 다음과 같이 유도할 수 있다.

어떤 정수 k에 대해, $m = 2k$이다. 4.7.3

식 (4.7.3)을 식 (4.7.2)에 대입하면 다음을 얻는다.

$$m^2 = (2k)^2 = 4k^2 = 2n^2$$

위 식의 우변 두 항을 2로 나누면 다음과 같다.

$$n^2 = 2k^2$$

결론적으로 n^2은 짝수이고, n 짝수이다(명제 4.6.4에 의해). 또한 우리는 m이 짝수임을 안다. 따라서 m과 n은 2를 공약수로 가지고 있다. 이는 m과 n이 공약수를 가지고 있지 않다는 가정에 모순이다.[따라서 가정은 거짓이고 그러므로 정리는 참이다.]

$\sqrt{2}$가 무리수임을 증명한 것을 보았기 때문에 이제 특정한 다른 실수의 무리수성을 유도하기 위하여 $\sqrt{2}$의 무리수성을 이용할 수 있다.

예제 4.7.1 **$1+3\sqrt{2}$의 무리수성**

$1+3\sqrt{2}$가 무리수임을 모순에 의해 증명하라.

풀이

논쟁의 핵심은 만약 $1+3\sqrt{2}$를 분수로 표현할 수 있다면 $\sqrt{2}$도 분수로 표현 가능하다는 사실을 아는 것이다. 그러나 정리 4.7.1에 의하면 이는 불가능하다.

명제 4.7.2

$1+3\sqrt{2}$는 무리수이다.

증명:

명제가 거짓이라고 가정하자. 즉, $1+3\sqrt{2}$가 유리수라고 가정하자.[우리는 모순을 유도해야 한다.] 유리수의 정의에 의해

어떤 정수 a와 $b(b\neq 0)$에 대해, $1+3\sqrt{2}=\frac{a}{b}$이다.

그러면

$$\begin{aligned}3\sqrt{2} &= \frac{a}{b}-1\\ &= \frac{a}{b}-\frac{b}{b}\\ &= \frac{a-b}{b}\end{aligned}$$

이다. 따라서 다음 등식을 얻는다.

$$\sqrt{2}=\frac{a-b}{3b}$$

여기서 $a-b$와 $3b$는 정수이고, zero product 성질에 의해 $3b\neq 0$이다. 따라서 $\sqrt{2}$는 두 정수 $a-b$와 $3b$로 구성된 분수이고, 그러므로 $\sqrt{2}$는 유리수이다. 이는 $\sqrt{2}$가 무리수라는 사실에 모순이다.[이 모순은 가정이 거짓임을 보여 준다.] 그러므로 $1+3\sqrt{2}$는 무리수이다.

■

소수 집합의 무한성

소수는 양의 정수이며, 자신보다 작은 두 정수의 곱으로 나타낼 수 없다는 사실을 알고 있다. 이러한 소수의 개수는 무한한가? 아니면 가장 큰 소수가 존재하는가? Euclid는 이 답을

알고 있었고, 그의 저서 기하학 원론의 9번째 책에서 소수의 개수가 무한함을 증명하였다.

Euclid의 증명을 이해하기 위해서는 우리가 지금까지 학습하지 않았던 한 가지 사실, 즉, 만약 한 소수가 어떤 정수 a를 나누면 그 소수는 $a+1$은 나누지 않는다는 사실을 알아야 한다.

명제 4.7.3

어떤 정수 a와 어떤 소수 p에 대해, 만약 $p|a$이면 $p \nmid (a+1)$이다.

증명:

명제가 거짓이라고 가정하자. 즉, $p|a$이면서 $p|(a+1)$인 어떤 정수 a와 어떤 소수 p가 존재한다고 가정하자. 그러면 나뉨성의 정의에 따라 $a=pr$이고 $a+1=ps$를 만족시키는 정수 r과 s가 존재한다. 그러면

$$1=(a+1)-a=ps-pr=p(s-r)$$

이 되고, $s-r$이 정수이기 때문에 $p|1$이 된다. 그러나 정리 4.3.2에 의해 1의 유일한 약수는 1과 -1이고 p가 소수이므로 $p > 1$이다. 따라서 $p \le 1$이면서 $p > 1$이 되어 모순이다.[따라서 가정은 거짓이고 그러므로 명제는 참이다.]

Euclid가 한 증명의 아이디어는 다음과 같다. 소수의 개수가 유한하다고 가정하자. 그 유한한 모든 소수를 곱한 값에 1을 더하자. 정리 4.3.4에 의하면 이 값은 어떤 소수에 의해 반드시 나누어진다. 그러나 명제 4.7.3에 의하면 이 값은 그 유한 집합 내에 속한 어떤 소수로도 나누어지지 않는다. 그러므로 그 유한 집합에 속하지 않는 어떤 소수가 존재해야 하는데 이는 불가능하다.

아래에 있는 형식을 갖춘 증명은 이런 개요를 자세히 설명한다.

정리 4.7.4 소수 집합의 무한성

소수의 집합은 무한 집합이다.

증명(모순에 의한):

명제가 거짓이라고 가정하자. 즉, 소수의 집합이 유한이라고 가정하자.[우리는 모순을 유도해야 한다.] 그러면 아래처럼 모든 소수를 크기가 증가하는 순으로 나열할 수 있다.

$$2, 3, 5, 7, 11, \ldots, p$$

다음과 같은 정수 N을 고려하자.

$$N=(2\cdot 3\cdot 5\cdot 7\cdot 11\cdots p)+1$$

그러면 $N>1$이고 따라서 정리 4.3.4에 의해 N은 어떤 소수 q에 의해 나누어진다. 또한 q가 소수이기 때문에 q는 2, 3, 5, 7, 11, ..., p에 있는 어떤 소수이다. 그러므로 $2\cdot 3\cdot 5\cdot 7\cdot 11\cdots p$이다. 명제 4.7.3에 의해 $q\nmid(2\cdot 3\cdot 5\cdot 7\cdot 11\cdots p)+1$이므로 $q\nmid N$이다. 따라서 $q|N$이면서 $q\nmid N$이 되어 모순이 된다.[따라서 가정은 거짓이고 그러므로 명제는 참이다.]

■

정리 4.7.4의 증명은 다음 사실을 보여 준다. 만약 어떤 지점에 있는 소수까지 모든 소수를 곱한 후 1을 더하여 구한 값을 N이라고 하면, N은 그 소수의 목록에 없는 소수에 의해 나누어진다. 증명은 N 자체가 소수임을 보여 주지는 않는다.

간접증명은 언제 사용하는가?

이 절과 4.6절에 있는 예제들은 언제 직접증명 방법을 사용할 것인지, 언제 간접증명 방법을 사용할 것인지 명확한 기준을 제시하지 않는다. 많은 증명들은 어떤 방법으로도 증명 가능하다. 그렇지만 두 방법 다 가능할 때는 직접증명 방법이 더 깔끔하다. 간접증명을 시도할 만한 명백한 단서가 없다면 우선 직접증명을 시도하라. 그런 다음 실패했다면 반례를 찾아라. 반례를 찾지 못했다면 모순이나 대우에 의해 증명하도록 시도하라.

정수론에서 공개된 문제들

이 절에서 우리는 소수의 개수는 무한함을 증명했다. 모든 소수를 구하는 알려진 공식은 아직 없으나, 몇몇 공식은 다른 공식보다 성공적으로 소수를 구하는 데 사용된다. 프랑스 수도사 Marin Mersenne(1588~1648)이 제안한 것도 그중 하나이다. Mersenne 소수는 2^p-1의 형태를 가진다. 여기서 p는 소수이다. 이런 형태를 갖는 모든 수가 소수는 아니지만, 이 방법으로 소수를 찾을 확률이 매우 높기 때문에 큰 소수를 찾은 사람들은 종종 이 식을 이용하여 발견한 어떤 수가 소수인지 아닌지를 검사한다. 그 결과 알려진 큰 소수들 중 많은 것들이 Mersenne 소수이다.

Courtesy Ben Joseph Green

Ben Jesph Green (born 1977)

흥미 있는 문제 중 하나는 Mersenne 소수가 무한히 많은가 하는 것이다. 이에 대한 대답은 이 책이 출판될 이 시점까지 알려져 있지 않으나 새로운 수학적 사실이 날마다 밝혀지고 있기 때문에 이 책이 읽혀질 즈음엔 누가 이에 대한 답을 이미 찾았을 수도 있다. 다른 공식 가운데 비교적 큰 소수를 찾는 것은 Fermat에 의해 제안되었다. Fermat 소수는 n이 양의 정수일 때 $2^{2^n}+1$의 형태를 갖는다. Fermat 소수도 무한히 많은가? 이 역시 현재까지 아무도 모른다. 마찬가지로 n이 양의 정수일 경우 n^2+1의 형태를 가지는 소수가 무한히 많은지, 그리고 n^2과 $(n+1)^2$ 사이에 항상 소수가 존재하는지도 아직 모른다.

UCLA

Terence Chi-Shen Tao
(born 1975)

소수에 관한 또 다른 공개된 문제는 쌍둥이 소수 추측(twin primes conjecture)으로 알려진 것으로서, p와 $p+2$의 형태를 가진 소수의 쌍이 무한히 많을 것으로 추측하는 것이다. 정수론에서 잘 알려진 문제와 더불어 이 추측도 아주 큰 수까지 잘 맞고 있다는 것을 컴퓨터를 이용하여 확인하였고 증명을 향한 어떤 진전이 있어 왔다. 2004년에 Ben Green과 Terence Tao는 임의의 정수 $m>1$에 대해 같은 크기로 띄어진 m개의 소수들의 수열이 존재한다는 것을 보였다. 달리 말하면, 다음 수들이 모두 소수가 되게 하는 양의 정수 n과 k가 존재한다.

$$n, n+k, n+2k, n+3k, \ldots, n+(m-1)k.$$

쌍둥이 소수 추측과 관련된 것은 1776년에 태어났으며 Fermat의 마지막 정리의 증명에 대한 상당한 진전을 보인 프랑스 수학자 Sophie Germain에 의해 만들어진 추측이다. Germain은 p와 $2p+1$ 형태의 무한히 많은 소수 쌍이 존재할 것이라고 추측했다. 이러한 성질을 가진 p의 초기값들은 2, 3, 5, 11, 23, 29, 41과 53이고 많은 추가적인 값들이 추측을 만족시킴을 컴퓨터 테스트로 확인하였다. 사실 이 책을 쓰는 현재 가장 큰 소수 p로서 $2p+1$이 또한 소수로 알려진 것은 $183027 \cdot 2^{265440}-1$이다. 이것은 79911자리 십진수이다! 그러나 무한과 비교하면 얼마나 큰지 관계없이 어떤 수는 새 발의 피보다 작다.

The Art Gallery Collection/Alarmy

Marrie_Sophie Germain
(1776–1831)

1844년 벨기에 수학자 Eugène Catalan은 x, y, n, m이 모두 1보다 큰 정수일 때 $x^n-y^m=1$을 만족시키는 유일한 답은 $3^2-2^3=1$이라고 추측하였다. 이 가설 역시 지금까지 풀리지 않고 있다.

1993년 아마추어 정수론자인 Andrew Beal은 Fermat의 마지막 정리를 증명하기 위해 노력하던 중, 방정식 $x^m+y^n=z^k$(여기서 세 변수 x, y, z 중 어떤 두 개도 ± 1을 제외하고는 공통인수를 가지고 있지 않다)에 흥미를 가지게 되었다. 처음엔 수작업 그 다음엔 컴퓨터를 이용한 부단한 노력에도 불구하고 해를 찾는 데 실패하였고, Beal은 해가 없다고 추측하였다. 그의 추측은 Beal의 추측으로 알려져 왔고 이를 증명하거나 반증하는 사람에게 10만 달러의 상금을 준다고 제안했다.

이상은 정수론에서 공개된 많은 문제들 중 극히 일부에 불과하다. 수학은 세기가 바뀌어도 거의 변화가 없는 고정된 주제라고 많은 사람들은 믿고 있다. 사실, 역사상 어느 때보다 요즘에 많은 문제가 제기되고 있고, 또 많은 결과들이 밝혀지고 있다.

자 | 기 | 진 | 단

1. 고대 그리스인은 한 변의 길이가 1인 직각 이등변 삼각형에서 변의 길이에 대한 빗변의 길이의 비가 ______의 비와 같지 않다는 것을 발견하였다.

2. "$\sqrt{2}$가 무리수이다."라는 것을 증명하는 한 방법은 1보다 큰 공통 인수를 가지지 않는 어떤 정수 a, b에 대하여 $\sqrt{2}=a/b$라고 가정하고 "만약 어떤 정수의 제곱이 짝수이면 ____이고 결국 a와 b는 _____"라고 말하는 보조정리를 사용하는 것이다.

3. "무수히 많은 소수가 존재한다."라는 것을 증명하는 한 방법은 가장 큰 소수 p가 존재한다는 것을 가정하고 수 ______을 구성하고 그 다음에 이 수가 ______보다 큰 소수에 의해 나누어져야 한다는 것을 보이는 것이다.

연/습/문/제 4.7

1. 계산기는 $\sqrt{2}=1.414213562$라고 표시한다. 그리고 $1.414213562=\dfrac{1414213562}{1000000000}$이다. 이것은 $\sqrt{2}$가 유리수라는 것을 의미하는데 정리 4.7.1에 모순이다. 이 불일치를 설명하라.

연습문제 2~6에 있는 각 명제가 참인지 거짓인지를 밝혀라. 참인 명제는 증명하고 거짓인 명제는 반증하라.

2. $6-7\sqrt{2}$는 무리수이다.

3. $\sqrt{4}$는 무리수이다.

4. 임의의 두 무리수의 합은 무리수이다.

5. 어떤 양의 무리수의 양의 제곱근은 무리수이다.

6. 만약 1보다 큰 어떤 정수가 완전제곱수이면 이의 세제곱근은 무리수이다.

7. **a.** 모순에 의한 방법으로 다음을 증명하라. 임의의 정수 n에 대해, n이 $3q_1+r_1$이면서 동시에 $3q_2+r_2$이 될 수 없다. 여기서 q_1, q_2, r_1, r_2는 정수, $0 \le r_1 < 3$, $0 \le r_2 < 3$, $r_1 \ne r_2$이다.
   b. 모순에 의한 증명 방법, 몫-나머지 정리, 사례분할 방법, 문제 (a)의 결과 등을 사용하여 다음을 증명하라: 모든 정수 n에 대해, 만약 n^2이 3으로 나누어지면 n도 역시 3으로 나누어진다.
   c. $\sqrt{3}$이 무리수임을 증명하라.

8. 몫-나머지 정리는 몫과 나머지가 존재함을 보여 줄 뿐만 아니라 그 몫과 나머지는 유일하다는 것 역시 말해 준다. 유일성을 증명하라. 다른 말로 하면, 만약 a와 d가 정수이고 $d > 0$이며, 그리고 만약 q_1, r_1, q_2, r_2가 다음 두 조건

$$a=dq_1+r_1 \text{ 여기서 } 0 \le r_1 < d$$

그리고

$$a=dq_2+r_2 \text{ 여기서 } 0 \le r_2 < d$$

을 만족시킨다면

$$q_1=q_2 \text{ 그리고 } r_1=r_2$$

임을 증명하라.

9. $\sqrt{5}$는 무리수임을 증명하라.

10. 임의의 정수 a에 대해, $9 \nmid (a^2-3)$임을 증명하라.

11. $\sqrt{2}$가 무리수임을 증명하는 또 다른 방법은 수식 $2n^2=m^2$의 양변에 있는 2의 개수를 헤아린 후 모순을 유도하는 방법이다. 이런 방법으로 증명해 보라.

12. $\sqrt{2}+\sqrt{3}$이 무리수임을 증명하라.

13. $N=2 \cdot 3 \cdot 5 \cdot 7+1$로 두자. N을 2, 3, 5, 7로 각각 나눌 때 나머지는 각각 얼마인가? N은 소수인가?

14. a는 정수이고 p는 소수이며 $p|a$ 그리고 $p|(a+3)$을 만족시킨다고 가정하자. p에 대해 어떤 성질을 유도할 수 있는가?

15. $p_1, p_2, p_3, \ldots$는 크기가 증가하는 순서로 된 소수의 목록이라고 하자. 다음 표는 처음 6개의 소수를 나타낸 것이다.

p_1	p_2	p_3	p_4	p_5	p_6
2	3	5	7	11	13

a. $i=1, 2, 3, 4, 5, 6$ 각각에 대해 $N_i = p_1 p_2 \cdots p_i + 1$이라 두자. $N_1, N_2, N_3, N_4, N_5, N_6$ 을 계산하라.

b. $i=1, 2, 3, 4, 5, 6$ 각각에 대해 N_i를 나누는 가장 작은 소수 q_i를 구하라.

16. 모든 정수 n에 대해, 만약 $n > 2$이면 $n < p < n!$을 만족시키는 소수 p가 존재함을 증명하라. 단, $n! = n(n-1)\ 3 \cdot 2 \cdot 1$.

17. 만약 $p_1, p_2, \cdots, p_n$이 서로 다른 소수이며, $p_1 = 2$이고 $n > 1$이면 $p_1 p_2 \cdots p_n + 1$은 어떤 정수 k에 대해 $4k+3$의 형태로 나타낼 수 있음을 증명하라.

17. a. Fermat의 마지막 정리에 의하면 모든 정수 $n > 2$에 대해, 수식 $x^n + y^n = z^n$는 양의 정수인 해를 가지지 않는다. 즉, x, y, z가 양의 정수인 해를 가지지 않는다. 다음을 증명하라: 만약 모든 소수 $p > 2$에 대해 $x^p + y^p = z^p$가 양의 정수해를 가지지 않는다면 2의 멱수가 아닌 임의의 $n > 2$에 대해, $x^n + y^n = z^n$는 양의 정수해를 가지지 않는다.

b. Fermat는 수식 $x^4 + y^4 = z^4$를 만족시키는 정수 x, y, z가 존재하지 않음을 증명하였다. 이를 이용하여 문제 (a)에서 n은 2의 멱수가 아니라는 제약 조건을 제거하라. 즉, 만약 n이 2의 멱수이고 $n > 4$이면 $x^n + y^n = z^n$는 양의 정수해를 가지지 않음을 증명하라.

연습문제 19, 20에서는 다음 증명 방법을 주목하라: 어떤 특정한 성질을 가지는 객체가 유일하게 존재한다는 것을 보이기 위해 (1) 그 성질을 가지는 객체가 존재하고 (2) 만약 객체들 A와 B가 그 성질을 가진다면 $A=B$임을 보여라.

19. $n^2 - 1$ 형태의 유일한 소수가 존재함을 증명하라. 여기서 n은 2보다 크거나 같은 정수이다.

20. 모든 실수 r에 대해 성질 $a + r = r$을 만족시키는 실수 a는 기껏해야 하나 존재함을 증명하라.[그러한 수를 덧셈에 대한 항등원(additive identity)이라 부른다.]

자 | 기 | 진 | 단 | 해 | 답

1. 두 개의 정수들 2. 그 정수는 짝수; 1보다 큰 공통 인수를 가진다. 3. $2 \cdot 3 \cdot 5 \cdot 7 \cdot 11 \cdots p + 1$; p

4.8 응용: 알고리즘

Getty Images

Lady Lovelace
(1815–1852)

이 절에서는 앞에서 공부한 정수론의 사실들이 유용한 컴퓨터 알고리즘을 개발하는 데 어떻게 사용되는가 하는 것을 알아보자.

알고리즘(algorithm)이란 어떤 행동을 수행하기 위한 단계별 처리 기법을 말한다. 일상생활에서 찾을 수 있는 알고리즘의 예는 음식 조리법, 장비나 취미용 키트 조립을 위한 안내문, 수를 놓기 위한 지침서, 세금 신고서 작성을 위한 도움말 등이다. 초등학교에서의 수학은 대부분 자릿수가 많은 수의 덧셈, 뺄셈, 곱셈, 나눗셈을 계산하기 위한 알고리즘을 공부하는 것이다.

컴퓨터 알고리즘에 대한 아이디어는 백작 Lovelace의 부인인 Ada Augusta의 공이 크다. 수학자로서 교육을 받은 그녀는 현대 컴퓨터와 개념적으로 유사한 Charles Babbage가 개발한 '해석 기관(Analytical Engine)' 에 관심이 많았다. Lovelace 부인은 그 기계가 주어진 일련의 명령을 반복 수행할 수 있는(수행 횟수는 미리 정해지거나 계산 결과에 따라 정해짐) 가능성이 있음을 알고는 Babbage가 개발한 기계의 동작 원리를 더욱 개선하였다. 이것이 현대 컴퓨터 알고리즘의 근간이다.

알고리즘 언어

이 책에서 사용된 알고리즘 언어는 Pascal, C, Java, VB .NET, 그리고 일상 영어의 요소들을 조합한 유사코드(pseudocode)이다. 우리는 컴퓨터 언어에서 사용되는 일부 형식 구문, 예를 들어 대입문(assignment statement), 루프(loop) 등을 사용한다. 그러나 기술적으로 너무 상세한 것들, 예를 들어 대입문의 끝을 나타내는 분리자(delimiter)나 기계에 의존적인 정수의 범위 등은 무시할 것이다. 이 책에서 소개된 알고리즘은 일상적인 고급언어로 쉽게 번역될 수 있도록 자세히 기술될 것이다.

고급언어에서 **변수**(variable)는 컴퓨터 메모리에서 특정 기억장소를 지칭하는 데 사용된다. 변수 x 값이 3이라는 말은 x에 대응하는 메모리 장소가 3을 가지고 있다는 뜻이다. 따라서 프로그램이 실행되는 동안 x에 새로운 값이 할당되면 이전 값은 지워진다. 변수의 **자료형**(data type)은 그 변수가 가지는 값의 집합, 즉, 정수의 집합인지, 실수의 집합인지, 문자열의 집합인지, 혹은 부울 값의 집합 $\{0, 1\}$인지 등을 나타낸다.

대입문(assignment statement)은 변수에 어떤 값을 할당하며, 다음과 같은 형태를 가진다.

$$x := e$$

여기서 x는 변수이며 e는 수식이다. 우리는 이를 "값 e가 변수 x에 할당되었다" 또는 "x를 e라 두자"라고 읽는다. 대입문이 실행될 때, 수식 e가 평가되고, 그 값이 x에 대응하는 메모리 장소에 기억된다.

알고리즘의 명령문은 보통 써진 순서대로 하나씩 차례로 실행된다. **조건문**(conditional statement)은 현재 변수에 기억된 값을 이용하여 실행 순서를 바꾸어 다음에 실행할 명령문이 무엇인지 결정될 수 있도록 한다. 조건문은 다음 두 가지 중 한 가지 형태를 가진다.

a. **if** (*condition*)
    then s_1
    else s_2

or

b. **if** (*condition*) **then** s_1

여기서 *condition*은 알고리즘 변수가 관여된 술어(predicate)이고 s_1과 s_2는 알고리즘 명령문이거나 명령문의 그룹이다. 우리는 들여쓰기(indentation)를 사용하여 어떤 명령문들이 하나의 단위로 취급될 것인가를 나타낸다. 하나의 단위로 취급될 명령문의 그룹을 나타내는 데 혼동이 있을 가능성이 있으면 그룹 시작 부분에 **do**를 쓰고 그룹 마지막에 **end do**를 씀으로써 명백하게 할 수 있다.

if-then-else 명령문의 실행은 다음과 같다.

1. *condition* 내에 있는 모든 변수의 현재 값이 이용되어 *condition*이 평가되고, 결과는 참 혹은 거짓으로 결정된다.
2. 만약 *condition*이 참이면 s_1이 실행되고 **if-then-else** 명령문 뒤에 있는 명령문이 다음에 실행된다.
3. 만약 *condition*이 거짓이면 s_2가 실행되고 **if-then-else** 명령문 뒤에 있는 명령문이 다음에 실행된다.

if-then 명령문의 실행은 **if-then-else** 명령문의 실행과 유사하다. 차이점은 *condition*이 거짓이면 곧바로 실행이 **if-then** 명령문 뒤에 있는 명령문으로 넘어간다는 점이다.

종종 *condition*을 **제한조건**(guard)이라고 부르는데, 이는 s_1과 s_2 앞에 서서 그들의 접근을 제한하기 때문이다.

예제 4.8.1 if-then-else 명령문과 if-then 명령문의 실행

다음과 같은 알고리즘의 일부분을 고려하자.

a. **if** $x > 2$
  then $y := x + 1$
  else do $x := x - 1$
    $y := 3 \cdot x$ **end do**

b. $y := 0$
  if $x > 2$ **then** $y := 2^x$

x 값이 다음과 같을 때, 알고리즘을 실행한 후 y의 값은 무엇인가?

i. $x=5$ ii. $x=2$

풀이

a. (i) x 값이 실행 전에 5이므로 제한조건 $x > 2$는 평가 시 참이 된다. 따라서 **then** 이하에 있는 명령문이 실행되고, $x+1=5+1$의 값이 계산되고 y에 대응하는 저장 위치에 6이 저장된다. 그러므로 알고리즘 실행 후 $y=6$이 된다.

(ii) x 값이 실행 전에 2이므로 제한조건 $x > 2$는 평가 시 거짓이 된다. 따라서 **else** 이하에 있는 명령문이 실행되고, $x-1=2-1$의 값이 계산되고, x에 대응하는 저장 위치에 1이 저장된다. 또한 $3 \cdot x = 3 \cdot 1$이 계산되고 y에 대응하는 저장 위치에 3이 저장된다. 그러므로 알고리즘 실행 후 $y=3$이 된다.

b. (i) x의 초기값이 5이므로 제한조건 $x>2$는 평가 시 참이 된다. 따라서 **then** 이하에 있는 명령문이 실행되고, 그러므로 y에는 $2^5=32$가 저장된다.

(ii) x의 초기값이 2이므로 제한조건 $x > 2$는 평가 시 거짓이 된다. 실행은 **if-then** 뒤에

있는 명령문으로 넘어간다. 따라서 y의 값은 바뀌지 않아 원래의 값 0이 그대로 있다. ■

반복문(iterative statement)은 알고리즘 명령문이 반복해서 실행되어야 할 경우에 사용된다. 우리는 두 가지 타입의 반복문인 **while** 루프와 **for-next** 루프를 사용한다.

while 루프는 다음 형태를 가진다.

while (*condition*)
[루프 몸통을 이루는 명령문들]
end while

여기서 *condition*은 알고리즘 변수가 관여된 술어이다. 단어 **while**은 루프의 시작을, **end while**은 루프의 끝을 나타낸다. **while** 루프의 실행은 다음과 같다.

1. *condition* 내에 있는 모든 변수의 현재 값이 이용되어 *condition*이 평가되고, 결과는 참 혹은 거짓으로 결정된다.
2. 만약 *condition*이 참이면 루프 몸통 내에 있는 모든 명령문이 차례로 실행된다. 그리고 루프의 처음으로 실행이 넘어가서 이 과정을 반복한다.
3. 만약 *condition*이 거짓이면 루프 다음에 나오는 명령문으로 실행이 넘어간다.

예제 4.8.2 **while 루프의 실행 추적**

다음 알고리즘의 일부분의 실행을 추적하고자 한다. 실행 중 변수의 값이 바뀔 때마다 그 때의 값들을 보여라.

$i := 1, s := 0$
while ($i \leq 2$)
  $s := s + i$
  $i := i + 1$
end while

풀이

i의 초기값이 1이므로 **while** 문이 시작될 때 조건 $i \leq 2$는 참이 된다. 따라서 루프 내에 있는 명령문은 다음과 같이 실행된다.

$$s=0+1=1 \quad \text{그리고} \quad i=1+1=2.$$

그리고 루프의 처음으로 실행이 옮겨진다.

조건 $i \leq 2$가 현재 i의 값 2를 이용하여 다시 평가되고, 결과는 참이다. 따라서 루프 내에 있는 명령문은 다음과 같이 실행된다.

$$s=1+2=3 \quad \text{그리고} \quad i=2+1=3.$$

그리고 루프의 처음으로 실행이 옮겨진다.

조건 $i \le 2$가 현재 i의 값 3을 이용하여 다시 평가되고, 결과는 거짓이다. 따라서 루프 다음에 있는 명령문으로 실행이 넘어간다.

지금까지 살펴본 것은 표로 요약될 수 있는데, 이 표를 **추적 테이블**(trace table)이라 부른다. **while** 문을 위한 추적 테이블은 루프의 반복이 끝난 직후 모든 변수의 값들을 보여준다.('0번째 반복 후'란 '처음 반복 전'과 같은 의미이다.)

추적 테이블

변수 이름 \ 반복 번호	0	1	2
i	1	2	3
s	0	1	3

■

두 번째로 공부할 반복문은 **for-next** 루프이며, 이는 다음 형태를 가진다.

for *variable* :=*initial expression* **to** *final expression*
  [루프 몸통을 이루는 명령문들]
next (*same*) *variable*

for-next 루프의 실행은 다음과 같다.

1. **for-next** 루프 변수에 초기 수식의 결과가 할당된다.
2. 변수의 값이 마지막 수식의 값보다 작거나 같은지 비교한다.
3. 만약 루프 변수의 값이 마지막 수식의 값보다 작거나 같으면 루프 몸통에 있는 명령문들을 실행한다. 그리고 변수의 값은 1 증가되고 단계 2로 실행이 옮겨진다.
4. 만약 루프 변수의 값이 마지막 수식의 값보다 크면 루프 다음에 있는 명령문으로 실행이 넘어간다.

예제 4.8.3 for-next 루프의 실행 추적

다음에 있는 **for-next** 루프를 **while** 루프로 변환하라. 그리고 루프를 위한 추적 테이블을 만들라.

for i := 1 **to** 4
  $x := i^2$
next i

풀이

다음에 있는 루프는 주어진 **for-next** 루프와 동일하다.

$i := 1$
while ($i \leq 4$)
　$x := i^2$
　$i := i + 1$
end while

이것의 추적 테이블은 다음과 같다.

추적 테이블

		반복 번호				
		0	1	2	3	4
변수 이름	x		1	4	9	16
	i	1	2	3	4	5

■

알고리즘 표기법

우리는 알고리즘을 서브루틴(subroutine)으로 표현하여 필요에 따라 다른 알고리즘에 의해 호출되도록 하고, 입력 변수의 값들을 출력 변수의 값들로 변환하는 데 사용할 것이다. 출력 변수와 그 값들은 호출한 알고리즘에게 반환된다고 가정한다. 예를 들어 나눗셈 알고리즘은 두 정수를 입력으로 받아 몫과 나머지를 계산하여 출력한다. 어떤 알고리즘에서 나눗셈 연산이 필요할 때마다 이 나눗셈 알고리즘을 호출하기만 하면 된다.

알고리즘을 형식적으로 정의할 때 다음과 같은 정보들이 포함된다.

1. 입력 변수와 출력 변수의 리스트와 더불어 알고리즘의 이름.
2. 알고리즘의 동작을 간략히 기술하는 설명문.
3. 입력 변수의 이름과 그 자료형.
4. 알고리즘의 몸통을 구성하는 명령문들. 필요하면 주석문을 첨부함.
5. 출력 변수의 이름과 그 자료형.

Suleymaniye Kutuphanesi

al-Khowârizmî (ca. 780–850)

알고리즘이란 단어가 어디에서 나왔는지 궁금해 할 것이다. 이것은 페르시아 수학자의 이름 Abu Ja'far Mohammed ibn Mûsâ al-Khowârizmî에서 유래되었다. 중세기의 유럽 암흑시대 동안 아랍 세계는 강렬한 지적 활동의 시대를 즐겼다. 그 시기의 위대한 수학 업적들 중의 하나는 대수의 주제에 대한 근원적인 아이디어들이 포함된 al-Khowârizmî에 의해 써진 책이었다. 13세기에 이 책을 라틴어로의 번역한 것은 유럽의 르네상스 동안 수학의 발전에 심오한 영향을 끼쳤다.

나눗셈 알고리즘

정수 a와 양의 정수 d가 주어질 때, 몫-나머지 정리는 다음 조건을 만족시키는 정수 q와 r이 존재함을 보장한다.

$$a=dq+r \quad \text{그리고} \quad 0 \le r < d$$

이 절에서는 정수 a(음수가 아닌)와 d가 주어질 때 q와 r을 계산하는 알고리즘을 제시한다.(a가 음수인 경우는 연습문제로 돌린다.) 다음 예는 이 알고리즘의 동작 원리를 보여 준다. 32를 9로 나누었을 때 몫과 나머지를 구하는 경우를 보자. 단, 여러분은 구구단(곱셈표)을 기억하지 못해 기본 연산만을 이용하여 계산한다고 가정하자. 몫은 32 속에 9가 몇 번이나 포함되어 있는지를 나타낸다. 나머지는 32에서 9씩 뺄 수 있을 때까지 계속 뺐을 때 남아 있는 수를 나타낸다. 그러므로 아래에 보인 것처럼 32에서 9를 계속 빼서 남아 있는 수가 9보다 작을 때까지 이 과정을 반복함으로써 몫과 나머지를 계산할 수 있다.

$$32-9=23 \ge 9 \text{ 그리고}$$
$$32-9-9=14 \ge 9 \text{ 그리고}$$
$$32-9-9-9=5 < 9.$$

여기서 보듯이 32에서 9를 세 번 뺄 수 있고, 5가 나머지로 남게 된다. 따라서 몫은 3이고 나머지는 5이다.

알고리즘 4.8.1 나눗셈 알고리즘

[음수가 아닌 정수 a와 양의 정수 d가 주어질 때, 이 알고리즘의 목적은 조건 $a=dq+r$ 그리고 $0 \le r < d$를 만족시키는 정수 q와 r을 구하는 것이다. 이는 a에서 d를 계속 빼서 나머지가 d보다 작되 음수는 되지 않을 때까지 반복함으로써 가능하다.

$$0 \le a-d-d-d-\cdots-d = a-dq < d$$

d를 뺀 총 횟수가 몫 q가 되며, $a-dq$는 나머지 r이 된다.]

입력: a[음수가 아닌 정수], d[양의 정수]

알고리즘 몸체:

$r := a,\ q := 0$

[r에서 d를 빼라. 이 과정을 r이 d보다 작게 될 때까지 반복하라. 한 번씩 뺄 때마다 q에 1을 더하라.]

```
while(r ≥ d)
    r := r − d
    q := q + 1
end while
```

[**while** 루프가 끝나면 $a=dq+r$이 된다.]

출력: q, r[음이 아닌 정수들]

나눗셈 알고리즘에 의해 구한 q와 r의 값은 내장함수 *div*와 *mod*를 이용하여 구한 것과 같다. 다시 말해 입력이 a와 d일 경우 나눗셈 알고리즘으로 구한 몫 q와 나머지 r은 아래의 조건을 만족시킨다.

$$q = a \; div \; d \quad \text{그리고} \quad r = a \; mod \; d.$$

다음 예제는 나눗셈 알고리즘을 추적한 결과를 보여 준다.

예제 4.8.4 **나눗셈 알고리즘의 추적**

입력이 $a=19$, $d=4$일 경우 알고리즘 4.8.1의 실행을 추적하라.

풀이

다음에 보인 것처럼 추적 테이블을 만들라. k번째 반복하에 열은 루프의 k번째 반복 후에 변수들의 상태를 표시한다.

변수 이름 \ 반복 번호	0	1	2	3	4
a	19				
d	4				
r	19	15	11	7	3
q	0	1	2	3	4

■

Euclid 호제법

두 정수 a와 b의 최대공약수란 a와 b를 동시에 나누는 정수 중 가장 큰 정수를 말한다. 예를 들어 12와 30의 최대공약수는 6이다. Euclid 호제법은 두 정수의 최대공약수를 매우 효과적으로 구하는 방법을 제시한다.

• 정의

a와 b를 둘 모두는 0이 아닌 정수로 두자. a와 b의 **최대공약수**(greatest common divisor) $\mathbf{gcd}(a, b)$는 다음 성질을 만족시키는 정수 d이다.

1. d는 a와 b의 공약수이다. 즉,

$$d \mid a \quad \text{그리고} \quad d \mid b$$

2. 모든 정수 c에 대해, 만약 c가 a와 b의 공약수이면 c는 d보다 작거나 같다. 다른 말로

모든 정수 c에 대해, 만약 $c \mid a$이고 $c \mid b$이면 $c \le d$이다.

예제 4.8.5 gcd 계산

a. gcd(72, 63)를 구하라.

b. $\gcd(10^{20}, 6^{30})$를 구하라.

c. 최대공약수의 정의에 의하면 gcd(0, 0)는 허락되지 않는다. 왜 안 되는가? 다른 두 수가 주어졌을 때 gcd를 구하는 방식으로 gcd(0, 0)를 계산하면 그 결과는 어떤 값인가?

풀이

a. $72 = 9 \cdot 8$이고 $63 = 9 \cdot 7$이다. 따라서 $9|72$이고 $9|63$이며, 9보다 큰 어떤 정수도 72와 63을 동시에 나누지 않는다. 그러므로 gcd(72, 63)=9이다.

b. 지수법칙에 의해, $10^{20} = 2^{20} \cdot 5^{20}$이고 $6^{30} = 2^{30} \cdot 3^{30} = 2^{20} \cdot 2^{10} \cdot 3^{30}$이다. 그러므로

$$2^{20} \mid 10^{20} \text{이고 } 2^{20} \mid 6^{30}$$

이다. 유일 소인수분해 정리에 의해 2^{20}보다 큰 어떤 정수도 10^{20}과 6^{30}을 동시에 나누지 않는다. 그러므로 $\gcd(10^{20}, 6^{30}) = 2^{20}$이다.

c. gcd(0, 0)가 0과 0을 동시에 나누는 가장 큰 공통 약수라고 정의했다고 가정하자. 문제는 모든 정수는 0을 나누며 따라서 가장 큰 약수가 없다는 점이다. 그러므로 가장 큰 공약수는 없다. ■

예제 4.8.5에서 보인 것과 같은 식으로 gcd를 계산하는 방법은 수를 완전히 소인수분해할 수 있을 때 적용 가능하다. 유일 소인수분해 정리에 의하면 모든 수는 원칙적으로 완전히 소인수분해가 가능하다. 그러나 실제로는 가장 빠른 컴퓨터를 사용하더라도 큰 정수를 완전히 소인수분해하는 데는 엄청난 시간이 필요하다. 2,000여 년 전 Euclid는 최대공약수를 구하는 방법을 고안했는데 이는 매우 사용하기 편리하며, 수를 소인수분해하는 방법보다 훨씬 효과적이다.

Euclid 알고리즘(호제법)은 아래 보조정리에서 설명한 두 가지 사실에 근거하고 있다.

보조정리 4.8.1

r이 양의 정수라면 $\gcd(r, 0) = r$이다.

증명:

r이 양의 정수라고 가정하자.[r과 0의 최대공약수는 r임을 보여야 한다.] r은 자신을 나누며 또 0을 나누기 때문에 r은 r과 0의 공통 약수임이 확실하다. 또한 r보다 큰 어떤 정수도 r과 0의 공통 약수가 될 수 없다.(왜냐하면 r보다 큰 정수는 r을 나눌 수 없기 때문이다.) 그러므로 r과 0의 최대공약수는 r이다.

두 번째 보조정리의 증명은 수학의 다른 여러 분야에서 사용되는 논쟁의 한 방법을 기초로 한 것이다: A=B 임을 증명하기 위하여 $A \le B$ 와 $B \le A$ 을 모두 증명하라.

보조정리 4.8.2

만약 a 와 b 가 정수(여기서 $b \neq 0$)이고 q 와 r 이 다음 조건을 만족시키는 정수이면

$$a = bq + r$$

그러면

$$\gcd(a, b) = \gcd(b, r) \text{이다.}$$

증명:

[이 증명은 두 부분으로 나뉜다. (1) $\gcd(a, b) \le \gcd(b, r)$을 증명하라. (2) $\gcd(b,r) \le \gcd(a, b)$를 증명하라. 각 gcd는 다른 gcd보다 작거나 같기 때문에 두 gcd는 같아야 한다.]

1. **$\gcd(a, b) \le \gcd(b, r)$:**

   a. [우선 a 와 b 의 어떤 공약수도 b 와 r 의 공약수가 됨을 보인다.]

   c 를 a 와 b 의 공약수라 두자. 그러면 $c|a$ 이고 $c|b$ 이고 나뉨성의 정의에 따라 어떤 정수 n 과 m 에 대해 $a=nc$ 이고 $b=mc$ 이다. 이것을 다음 수식

   $$a = bq + r$$

   에 대입하면

   $$nc = (mc)q + r$$

   그리고 r 에 대해 풀면

   $$r = nc - (mc)q = (n - mq)c$$

   여기서 $n-mq$ 는 정수이고, 나뉨성의 정의에 따라 $c|r$ 이 된다. 이미 $c|b$ 임을 알고 있으므로 c 는 b 와 r 의 공약수라고 결론지을 수 있다[보여 주고자 한 대로].

   b. [$\gcd(a, b) \le \gcd(b, r)$임을 보인다.]

   (a)에서 a 와 b 의 모든 공약수는 b 와 r 의 공약수이다. 그러면 $\gcd(a, b)$(이는 b 와 r 의 공약수이다)는 b 와 r 의 최대공약수보다 작거나 같다. 즉

   $$\gcd(a, b) \le \gcd(b, r)$$

2. **$\gcd(b, r) \le \gcd(a, b)$:**

   이 부분의 증명은 첫 번째 부분의 증명과 매우 유사하기 때문에 연습문제로 남긴다.

Euclid 호제법은 다음처럼 설명할 수 있다.

1. A 와 B 를 $A > B \ge 0$ 관계를 만족시키는 정수라 두자.

2. A와 B의 최대공약수를 찾기 위해 우선 $B=0$인지 검사하라. 만약 $B=0$이면 보조정리 4.8.1에 의해 $\gcd(A, B)=A$이다. 만약 아니라면 $B > 0$이고 몫-나머지 정리를 이용하여 A를 B로 나눈 후 몫 q와 나머지 r을 얻을 수 있다. 즉,

$$A=Bq+r, \quad \text{여기서} \quad 0 \le r < B.$$

보조정리 4.8.2에 의해, $\gcd(A, B)=\gcd(B, r)$이다. 따라서 A와 B의 최대공약수를 구하는 문제는 B와 r의 최대공약수를 구하는 문제로 바꿀 수 있다.

이 정보가 유용한 이유는 B와 r이 A와 B보다 작은 수이기 때문이다. 왜 그런지 보기 위해 우선 다음 사실을 다시 상기하자.

$$A > B \ge 0.$$

또한 몫-나머지 정리에 의해 구한 r은 다음 조건을 만족시킨다.

$$0 \le r < B.$$

이 두 부등식을 이용하면

$$0 \le r < B < A.$$

따라서 쌍 (B, r)의 큰 수는 쌍 (A, B)의 큰 수보다 작다.

3. 이제 과정 (2)를 반복하라. 단, A 대신 B를, B 대신 r을 이용하라. 이 반복 과정은 언젠가 $r=0$으로 끝나게 된다. 그 이유는 각각의 새로운 나머지는 앞선 것보다 작으며 이들 모두가 음이 아닌 정수이기 때문이다.

주의! 엄격히 말하면, 반복이 궁극적으로 끝난다는 사실은 5.4절에서 논의될 정수의 정렬성(well-ordering principle)에 의해 정당화된다.

Euclid 호제법에서 필요한 단계의 수는 작은 수의 자릿수의 다섯 배를 넘지 않는다. 이는 프랑스 수학자 Gabriel Lamé(1795~1870)에 의해 증명되었다.

예제 4.8.6 **Euclid 호제법을 이용하여 손으로 gcd 계산**

Euclid 호제법을 이용하여 gcd(330, 156)를 구하라.

풀이

1. 330을 156으로 나누라.

$$\begin{array}{r|l} & \;\;2 \leftarrow \text{몫} \\ \hline 156 & 330 \\ & \underline{312} \\ & 18 \leftarrow \text{나머지} \end{array}$$

따라서 $330=156 \cdot 2+18$이고 그러므로 보조정리 4.8.2에 의해 gcd(330,

156)=gcd(156, 18)이다.

2. 156을 18로 나누라.

$$\begin{array}{rl} & 8 \leftarrow \text{몫} \\ 18\,\big) & 156 \\ & \underline{144} \\ & 12 \leftarrow \text{나머지} \end{array}$$

따라서 156=18 · 8+12이고 그러므로 보조정리 4.8.2에 의해 gcd(156, 18)=gcd(18, 12)이다.

3. 18을 12로 나누라.

$$\begin{array}{rl} & 1 \leftarrow \text{몫} \\ 12\,\big) & 18 \\ & \underline{12} \\ & 6 \leftarrow \text{나머지} \end{array}$$

따라서 18=12 · 1+6이고 그러므로 보조정리 4.8.2에 의해 gcd(18, 12)=gcd(12, 6)이다.

4. 12를 6으로 나누라.

$$\begin{array}{rl} & 2 \leftarrow \text{몫} \\ 6\,\big) & 12 \\ & \underline{12} \\ & 0 \leftarrow \text{나머지} \end{array}$$

따라서 12=6 · 2+0이고 그러므로 보조정리 4.8.2에 의해 gcd(12, 6)=gcd(6, 0)이다.

위의 모든 수식을 같이 쓰면

$$\begin{aligned} \gcd(330, 156) &= \gcd(156, 18) \\ &= \gcd(18, 12) \\ &= \gcd(12, 6) \\ &= \gcd(6, 0) \\ &= 6 \qquad \text{보조정리 4.8.1에 의해} \end{aligned}$$

그러므로 gcd(330, 156)=6이다. ■

다음은 알고리즘 표기를 이용하여 Euclid 호제법을 정리한 것이다.

알고리즘 4.8.2 Euclid 호제법

[두 정수 A, $B(A > B \geq 0)$가 주어질 때, 이 알고리즘은 gcd(A, B)를 구한다. 이 알고리즘은 다음 두 가지 사실에 근거한다.

1. 만약 정수 a, b, q, r이 $a=b \cdot q+r$이고 $0 \leq r < b$이면 gcd(a, b)=gcd(b, r)이다.
2. gcd(a, 0)=a.]

입력: A, B[정수들, $A > B \geq 0$]

알고리즘 몸체:

$a:=A$, $b:=B$, $r:=B$

[만약 $b \neq 0$이면 a mod b를 계산한 결과를 r로 두라. a 대신 b, b 대신 r을 사용하여 이 과정을 반복하라.]

while($b \neq 0$)

$r := a$ *mod* b

[a mod b 값은 나눗셈 알고리즘을 호출함으로써 얻어질 수 있다.]

$a := b$

$b := r$

end while

[**while** 루프가 끝나면 gcd(A, B)=a이다.]

gcd := a

출력: gcd[양의 정수]

자 | 기 | 진 | 단

1. $x:=e$ 형태의 알고리즘 문장이 실행되었을 때, ________.
2. 다음 형태의 알고리즘 문장을 고려하자.

   if (*condition*)
   then s_1
   else s_2

   이러한 문장이 실행되었을 때, *condition*의 참, 거짓이 평가된다. 만약 *condition*이 참이면, ________. 만약 *condition*이 거짓이면, ________.
3. 다음 형태의 알고리즘 문장을 고려하자.

   while (*condition*)
   [루프의 몸체를 구성하는 문장들]
   end while

   이러한 문장이 실행되었을 때, *condition*의 참, 거짓이 평가된다. 만약 *condition*이 참이면, ________. 만약 *condition*이 거짓이면, ________.
4. 다음 형태의 알고리즘 문장을 고려하자.

   for *variable* := *initial expression* **to** *final expression*
   [루프의 몸체를 구성하는 문장들]
   next (*same*) *variable*

이러한 문장이 실행되었을 때, *variable*은 *initial expression*의 값과 같은 것으로 설정되고 *variable*의 값이 *final expression*의 값보다 작거나 같은지를 검사한다. 만약 그렇다면, ______. 만약 그렇지 않다면, ______.

5. 주어진 음이 아닌 정수 a와 양의 정수 d에 대하여 나눗셈 알고리즘은 ______을 계산한다.

6. 둘 모두는 영이 아닌 주어진 정수 a와 b에 대하여, gcd(a, b)는 다음 두 조건 ______와 ______를 만족시키는 정수 d이다.

7. 만약 r이 양의 정수이면 gcd(r, 0)=______이다.

8. 만약 a와 b가 둘 모두는 영이 아닌 정수이고 q와 r이 $a=bq+r$을 만족시키는 음이 아닌 정수이면 gcd(a, b)=______이다.

9. 주어진 양의 정수 A와 $B(A > B)$에 대하여 Euclid 알고리즘은 ______을 계산한다.

연/습/문/제 4.8

1. 다음에 있는 알고리즘이 실행된 후 나타나는 z의 값을 찾아라.

```
i := 2
if (i > 3 or i ≤ 0)
    then z := 1
    else z := 0
```

2. 다음 알고리즘을 고려하자.

```
if x · y > 0 then do y := 3 · x
                     x := x + 1 end do
z := x · y
```

알고리즘 실행 후 z의 값을 찾아라.

a. $x=2, y=3$　　**b.** $x=1, y=1$

3. 다음에 있는 루프가 실행된 후 나타나는 a의 값을 찾아라.

for $i := 1$ **to** 2

$a := 2$

for $i := 1$ **to** 2

$$a := \frac{a}{2} + \frac{1}{a}$$

next i

4. 다음에 주어진 입력 변수에 대해 알고리즘 4.8.1의 동작을 추적하기 위해 추적 테이블을 만들라.

$$a=26, d=7$$

5. 다음 알고리즘은 거스름돈을 계산한다. 주어진 금액 $A(1¢ \le A \le 99¢)$를 다음과 같이 quarter(q), dime(d), nickel(n), penny(p)로 쪼갠다.

```
q : = A div 25
A : = A mod 25
d : = A div 10
A : = A mod 10
n : = A div 5
p : = A mod 5
```

a. $A=69$일 때 알고리즘을 추적하라.

b. $A=87$일 때 알고리즘을 추적하라.

연습문제 6, 7에서는 주어진 두 수의 최대공약수를 찾아라.(어떤 방법을 사용해도 좋다.)

6. 27과 72　　**7.** 5와 9

연습문제 8, 9에서는 Euclid 호제법을 이용하여 주어진 두 수의 최대공약수를 찾아라.

8. 1188과 385　　**9.** 509와 1177

10. 입력 값 1001과 871에 대해 알고리즘 4.8.2의 동작을 추적하기 위해 추적 테이블을 만들라.

11. 모든 양의 정수 a, b에 대해, $a|b$일 필요충분조건은 $\gcd(a, b)=a$임을 증명하라.("A일 필요충분조건이 B이다"를 증명하기 위해서는 "만약 A이면 B이다"와 "만약 B이면 A이다" 모두를 증명해야 한다.)

12. **a.** 다음을 증명하라: 만약 a와 d가 양의 정수이고 q와 r이 $a=dq+r$이고 $0 \le r < d$를 만족하는 정수이면

$$-a=d(-(q+1))+(d-r)$$

이고

$$0 \le d-r < d$$

이다.

b. 알고리즘 4.8.1이 입력 a로 음수를 허락하도록 하려면 어떻게 수정해야 하는지 설명하라.

13. **a.** 만약 a, d, q, r이 $a=dq+r$와 $0 \le r < d$를 만족시키는 정수들이라면

$$q=\lfloor a/d \rfloor \text{이고 } r=a-\lfloor a/d \rfloor \cdot d$$

임을 증명하라.

b. 내장된 마루 함수를 가지는 컴퓨터 언어에서 *div*와 *mod*는 다음과 같이 계산될 수 있다.

$$a \text{ div } d=\lfloor a/d \rfloor \text{이고 } a \text{ mod } d=a-\lfloor a/d \rfloor \cdot d$$

내장된 마루 함수는 가지지만 *div*와 *mod*가 없는 컴퓨터 언어를 위해 알고리즘 4.8.2를 다시 쓰라.

14. Euclid 알고리즘의 한 대안은 최대공약수를 계산하기 위해 나눗셈보다는 뺄셈을 사용한다.(결국 나눗셈이 뺄셈으로 대체된다.) 그것은 다음 보조정리에 기반한다.

알고리즘 4.8.3 뺄셈에 의한 gcd 계산하기

[주어진 두 양의 정수 A와 B에 대하여 변수 a와 b는 각각 A와 B로 설정된다. 그 다음에 반복적인 과정을 시작한다. 만약 $a \ne 0$이고 $b \ne 0$이면 a와 b 중 더 큰 것은 $a-b$(만약 $a \ge b$이면)가 되게 설정되거나 $b-a$(만약에 $a < b$이면)로 설정된다. 그러나 a와 b 중 더 작은 것은 바꾸지 않고 그대로 둔다. 이 과정은 a 또는 b가 0이 될 때까지 반복된다. 이 과정의 각 반복 후에 보조정리 4.8.3에 의해

$$\gcd(A, B)=\gcd(a, b)$$

이다. 마지막 반복 후에는 a 또는 b가 영인지 아닌지에 따라

$$\gcd(A, B)=\gcd(a, 0) \text{ 또는 } \gcd(A, B)=\gcd(0, b)$$

이다. 하지만 보조정리 4.8.1에 의해

$$\gcd(a, 0)=a \text{이고 } \gcd(0, b)=b$$

이다. 그래서 마지막 반복 후에는

$$\gcd(A, B)=a(\text{만약 } a \ne 0 \text{이면}) \text{ 또는}$$
$$\gcd(A, B)=b(\text{만약 } b \ne 0 \text{이면})$$

이다.]

입력: A, B[양수들]

알고리즘 몸체:

```
a:=A, b:=B
while (a ≠ 0 and b ≠ 0)
   if a ≥ b then a:=a−b
      else b:=b−a
end while
   if a=0 then gcd :=b
      else gcd :=a
      [if-then-else 문장 실행 후 gcd=gcd(A, B)]
```

출력: gcd[양의 정수]

보조정리 4.8.3

만약 $a \geq b > 0$이면 $\gcd(a, b)=\gcd(b, a-b)$이다.

a. 보조정리 4.8.3을 증명하라.

b. $A=630$, $B=336$에 대한 알고리즘 4.8.3의 실행을 추적하라.

c. $A=768$, $B=348$에 대한 알고리즘 4.8.3의 실행을 추적하라.

> **정의:** 두 개의 영이 아닌 정수 a와 b의 **최소공배수**(least common multiple)는 다음 조건을 만족시키는 양의 정수 c이다. 기호로 **lcm(*a*, *b*)**로 표기한다.
>
> a. $a|c$이고 $b|c$
>
> b. 모든 양의 정수 m에 대해, 만약 $a|m$이고 $b|m$이면 $c \leq m$이다.

연습문제 15~17에서는 다음 정의를 참고하라.

15. 다음을 찾아라.

a. lcm(12, 18) **b.** $\text{lcm}(2^2 \cdot 3 \cdot 5,\ 2^3 \cdot 3^2)$

c. lcm(2800, 6125)

16. 다음을 증명하라: 모든 양의 정수 a, b에 대해, $\gcd(a, b)=\text{lcm}(a, b)$일 필요충분조건은 $a=b$이다.

17. 다음을 증명하라: 모든 양의 정수 a, b에 대해, $\gcd(a,b) \cdot \text{lcm}(a,b)=ab$이다.

자 | 기 | 진 | 단 | 해 | 답

1. 표현식 e가 평가(표현식에 있는 모든 변수들의 현재 값들을 이용하여)되고 이 값은 x에 대응하는 메모리 위치에 저장(그 장소의 임의의 이전 내용을 대체하면서)된다. 2. 문장 s_1이 실행된다; 문장 s_2가 실행된다 3. 루프의 몸체에 있는 모든 문장들이 순서대로 실행되고 그러면 실행이 루프의 시작으로 되돌아가고 그 과정은 반복된다; 실행은 루프 다음에 따르는 다음 알고리즘 문장으로 통과한다 4. 루프의 몸체에 있는 문장들이 순서대로 실행되고 *variable*은 1만큼 증가하고 실행은 루프의 맨 위로 되돌아간다; 실행은 루프 다음에 따르는 다음 알고리즘 문장으로 통과한다 5. 성질 $n=dq+r$과 $0 \leq r < d$를 만족시키는 정수 q와 r 6. d는 a와 b를 모두 나눈다; 만약 c가 a와 b의 공약수이면 $c \leq d$ 7. r 8. $\gcd(b, r)$ 9. A와 B의 최대공약수(또는 $\gcd(A, B)$)

05 장

수열, 수학적 귀납법, 그리고 재귀

수학과 관련된 가장 중요한 과제 중 하나는 반복되는 프로세스와 연관 있는 규칙적인 패턴들을 발견하고 이들의 특징을 묘사하는 것이다. 반복되는 프로세스의 연구에 이용되는 주된 수학적 구조가 수열(sequence)이며 수열에 관한 추측을 검증하기 위해 사용되는 주된 수학적 도구가 수학적 귀납법(mathematical induction)이다. 이 장에서는 수열에 관한 표기법과 용어를 살펴본다. 그리고 수열과 관련된 특성을 증명하거나, 재귀적으로 정의된 수열이 생성하는 다양한 방식을 설명하기 위해, 재귀적으로 정의된 수열에 대한 명시적 공식을 얻기 위한 방식을 묘사하기 위해, 그리고 이들 공식의 정확성이 어떻게 증명 가능한가를 설명하기 위해 정규적(ordinary) 수학적 귀납법 및 강력한(strong) 수학적 귀납법이 어떻게 이용되는지를 알아본다. 추가로 두 형태의 수학적 귀납법과 논리적으로 동치인 정수에 관한 정렬성을 살펴보고 컴퓨터 알고리즘의 정확성을 증명하기 위해 수학적 귀납법을 어떻게 적용하는지를 알아본다. 마지막 절에서는 임의의 부울 표현과 관련된 공식의 묘사를 위해 이용되는 더욱더 일반적인 재귀적 정의와 재귀함수의 아이디어를 살펴본다.

5.1 수열

어떤 사람이 자신의 조상들을 모두 세어 보기로 결심했다고 가정해 보자. 그는 두 명의 부모가 있을 것이고, 네 명의 조부모, 여덟 명의 증조부모 등이 있을 것이다. 이런 숫자들은 다음과 같이 일렬로 쓸 수 있다.

$$2, 4, 8, 16, 32, 64, 128, \ldots$$

'...' 기호는 생략 부호라 부르는데 '이런 식으로 계속' 을 줄여 쓴 것이다.

숫자들의 패턴을 표현하기 위해, 먼저 각 원소는 한 행에서 자기의 위치를 나타내는 정수 라벨이 할당되었다고 가정하자.

행에서의 위치	1	2	3	4	5	6	7...
조상들의 수	2	4	8	16	32	64	128...

주의 ! 엄밀히 말해서 A_k의 정확한 값은 k가 커질 때 2^k보다 작아질 것이다. 왜냐하면 한 가족에 대응하는 트리에 있는 조상이 동시에 다른 가족 트리에도 나타날 수 있기 때문이다.

위치 1에 대응되는 숫자는 2이며 이것은 2^1과 같다. 위치 2에 대응되는 숫자는 4이며 이것은 2^2과 같다. 위치 3, 4, 5, 6, 7에 각각 대응되는 숫자는 8, 16, 32, 64, 128이고, 이들은 $2^3, 2^4, 2^5, 2^6, 2^7$과 같다. 임의의 k값에 대해 A_k를 k번째 세대 앞에 있는 조상들의 수라고 하자. 각 k에 대해 계산된 값들의 패턴은 다음과 같음을 어렵지 않게 알 수 있다.

$$A_k = 2^k*$$

• 정의

수열(sequence)은 주어진 두 정수 사이에 있는 모든 정수로 구성된 집합 또는 주어진 수와 같거나 큰 모든 정수들로 구성된 집합을 정의역으로 갖는 함수이다.

수열을 연속적으로 나열된 원소들의 집합으로 나타낸다. 다음과 같은 수열에서

$$a_m, a_{m+1}, a_{m+2}, \ldots, a_n$$

각 원소 a_k를 **항**(term)이라 한다. a_k에서 k를 **첨자**(subscript) 혹은 **인덱스**(index)라 하고, m(임의의 정수가 될 수 있음)은 **초기 항**(initial term)의 첨자이다. n(m보다 크거나 같은 정수)은 **마지막 항**(final term)의 첨자가 된다. 다음 표기는 **무한수열**(infinite sequence)을 나타낸다.

$$a_m, a_{m+1}, a_{m+2}, \ldots$$

수열의 **명시적 공식**(explicit formula) 또는 **일반 공식**(general formula)은 k에 따른 a_k 값을 보여 주는 규칙이다.

다음 예제는 서로 다른 두 개의 공식이 같은 항을 가진 수열을 나타낼 수 있다는 것을 보여 준다.

예제 5.1.1 **공식을 이용하여 주어진 수열의 항 찾기**

수열 $a_1, a_2, a_3, \ldots$와 $b_2, b_3, b_4, \ldots$을 다음 공식을 이용하여 정의한다.

$$\text{모든 정수 } k \geq 1\text{에 대해, } a_k = \frac{k}{k+1}$$

$$\text{모든 정수 } i \geq 2\text{에 대해, } b_i = \frac{i-1}{i}$$

두 수열의 처음 다섯 항을 계산하라.

풀이

$$\begin{aligned} a_1 &= \frac{1}{1+1} = \frac{1}{2} & \qquad b_2 &= \frac{2-1}{2} = \frac{1}{2} \\ a_2 &= \frac{2}{2+1} = \frac{2}{3} & b_3 &= \frac{3-1}{3} = \frac{2}{3} \\ a_3 &= \frac{3}{3+1} = \frac{3}{4} & b_4 &= \frac{4-1}{4} = \frac{3}{4} \\ a_4 &= \frac{4}{4+1} = \frac{4}{5} & b_5 &= \frac{5-1}{5} = \frac{4}{5} \\ a_5 &= \frac{5}{5+1} = \frac{5}{6} & b_6 &= \frac{6-1}{6} = \frac{5}{6} \end{aligned}$$

보다시피, 처음 다섯 항들은 두 수열 모두 $\frac{1}{2}, \frac{2}{3}, \frac{3}{4}, \frac{4}{5}, \frac{5}{6}$이다. 실제로 두 수열의 모든 항은 같다. ■

다음 예제는 무한수열이 유한한 값을 가질 수 있음을 보여 준다.

예제 5.1.2 **교대 수열**

아래와 같이 정의된 수열의 처음 여섯 항을 계산하라.

$$\text{모든 정수 } j \geq 0 \text{에 대해,} \quad c_j = (-1)^j$$

풀이

$$\begin{aligned} c_0 &= (-1)^0 = 1 \\ c_1 &= (-1)^1 = -1 \\ c_2 &= (-1)^2 = 1 \\ c_3 &= (-1)^3 = -1 \\ c_4 &= (-1)^4 = 1 \\ c_5 &= (-1)^5 = -1 \end{aligned}$$

처음 여섯 항은 $1, -1, 1, -1, 1, -1$이다. 4.1절 연습문제에 따르면, -1의 짝수승은 1과 같고, -1의 홀수승은 -1과 같다. 따라서 이 수열은 1과 -1을 무한히 진동한다. ■

예제 5.1.1과 5.1.2의 목적은 주어진 공식에 따라 수열의 초기값들을 계산하는 것이다. 다음 예제는 초기 항들이 주어진 수열에서 공식을 어떻게 찾는가를 다룬다. 모든 식들은 추측이지만 그런 추측들을 만들 수 있다는 것은 매우 유용하다.

예제 5.1.3 **주어진 초기 항에 맞는 공식 찾기**

다음과 같은 초기 항들을 가진 수열의 공식을 찾아라.

$$1, \quad -\frac{1}{4}, \quad \frac{1}{9}, \quad -\frac{1}{16}, \quad \frac{1}{25}, \quad -\frac{1}{36}, \ldots$$

풀이

수열의 일반 항을 a_k로 했을 때 a_1을 첫 항이라 하자. 각 항의 분모가 완전제곱수임을 관찰을 통해 알 수 있다. 그러므로 각 항들은 다음과 같이 쓸 수 있다.

$$\begin{array}{cccccc} \frac{1}{1^2}, & \frac{(-1)}{2^2}, & \frac{1}{3^2}, & \frac{(-1)}{4^2}, & \frac{1}{5^2}, & \frac{(-1)}{6^2} \\ \updownarrow & \updownarrow & \updownarrow & \updownarrow & \updownarrow & \updownarrow \\ a_1 & a_2 & a_3 & a_4 & a_5 & a_6 \end{array}$$

각 항의 분모가 그 항의 첨자의 제곱과 같음을 알 수 있다. 분자는 ± 1이다. 그러므로

$$a_k = \frac{\pm 1}{k^2}$$

역시 분자는 $+1$과 -1 사이를 번갈아 가며 진동한다. k가 홀수일 때 $+1$이고 k가 짝수일 때 -1이 된다. 이 진동식을 얻기 위해서 $(-1)^{k+1}$[또는 $(-1)^{k-1}$]을 a_k의 식에 삽입한다.[k가 홀수일 때 $k+1$이 짝수이므로 $(-1)^{k+1}=+1$이고, k가 짝수일 때 $k+1$이 홀수이므로 $(-1)^{k+1}=-1$.] 결과적으로 처음 여섯 항을 만드는 공식은 아래와 같다.

$$\text{모든 정수 } k \geq 1 \text{에 대해, } a_k = \frac{(-1)^{k+1}}{k^2}$$

주의! 두 수열이 처음에 같은 초기 값으로 시작해도 나중에 달라질 수 있다.

첫 항을 a_0로 두면 아래와 같이 다른 공식이 생길 수 있음에 유의하라.

$$\text{모든 정수 } k \geq 0 \text{에 대해, } a_k = \frac{(-1)^k}{(k+1)^2}$$

이 식도 처음 여섯 항을 정확하게 만드는지 검사해 보아야 한다. ■

CORBIS

Joseph Louis Lagrange (1736–1813)

합(Σ) 표기법

한 사람의 k번째 이전 세대 조상의 수를 $A_k = 2^k$로 나타낸 예제를 다시 살펴보자. 과거 여섯 세대 조상의 전체 수는 얼마인가? 정답은 아래와 같다.

$$A_1 + A_2 + A_3 + A_4 + A_5 + A_6 = 2^1 + 2^2 + 2^3 + 2^4 + 2^5 + 2^6 = 126$$

이런 합을 쓸 때 축약된 표기법을 사용하는 것은 편리하다. 1772년 프랑스 수학자 Joseph Louis Lagrange가 합을 표현하기 위해 그리스 대문자 시그마(Σ)를 처음 사용하였으며, 합(Σ) 표기법을 다음과 같이 정의했다.

• 정의

두 정수 m과 n이 $m \le n$을 만족시킬 때, 기호 $\sum_{k=m}^{n} a_k$(**k가 m부터 n까지일 때 a_k의 합**이라고 읽는다)는 a_m, a_{m+1}, a_{m+2}, ..., a_n의 모든 항의 합을 의미한다. $a_m+a_{m+1}+a_{m+2}+a_{m+3}+...+a_n$은 합의 **전개식**(expanded form)이며 아래의 등식이 성립한다.

$$\sum_{k=m}^{n} a_k = a_m + a_{m+1} + a_{m+2} + \cdots + a_n$$

k를 시그마 **인덱스**(index)라고 부르고, m은 시그마의 **하한**(lower limit), 그리고 n은 시그마의 **상한**(upper limit)이라고 부른다.

예제 5.1.4 합 계산

$a_1=-2$, $a_2=-1$, $a_3=0$, $a_4=1$, $a_5=2$일 때, 다음을 계산하라.

a. $\sum_{k=1}^{5} a_k$ b. $\sum_{k=2}^{2} a_k$ c. $\sum_{k=1}^{2} a_{2k}$

풀이

a. $\sum_{k=1}^{5} a_k = a_1 + a_2 + a_3 + a_4 + a_5 = (-2) + (-1) + 0 + 1 + 2 = 0$

b. $\sum_{k=2}^{2} a_k = a_2 = -1$

c. $\sum_{k=1}^{2} a_{2k} = a_{2\cdot 1} + a_{2\cdot 2} = a_2 + a_4 = -1 + 1 = 0$ ■

때때로 합의 항은 공식을 사용해서 표현되기도 한다. 예를 들어 합을 다음과 같이 표시하는 것을 자주 볼 수 있다.

$$\sum_{k=1}^{5} k^2 \text{ 또는 } \sum_{i=0}^{8} \frac{(-1)^i}{i+1}$$

예제 5.1.5 합의 항이 공식으로 주어질 때

아래 합을 계산하라.

$$\sum_{k=1}^{5} k^2$$

풀이

$$\sum_{k=1}^{5} k^2 = 1^2 + 2^2 + 3^2 + 4^2 + 5^2 = 55$$ ■

시그마의 상한이 변수일 때, 합을 전개형으로 표현할 경우 생략 부호가 사용된다.

예제 5.1.6 **합 표기를 전개형으로 바꾸기**

다음 합을 전개형으로 써라.

$$\sum_{i=0}^{n} \frac{(-1)^i}{i+1}$$

풀이

$$\begin{aligned}\sum_{i=0}^{n} \frac{(-1)^i}{i+1} &= \frac{(-1)^0}{0+1} + \frac{(-1)^1}{1+1} + \frac{(-1)^2}{2+1} + \frac{(-1)^3}{3+1} + \cdots + \frac{(-1)^n}{n+1} \\ &= \frac{1}{1} + \frac{(-1)}{2} + \frac{1}{3} + \frac{(-1)}{4} + \cdots + \frac{(-1)^n}{n+1} \\ &= 1 - \frac{1}{2} + \frac{1}{3} - \frac{1}{4} + \cdots + \frac{(-1)^n}{n+1}\end{aligned}$$ ■

예제 5.1.7 **전개형을 합 표기로 바꾸기**

다음을 합 표기로 표현하라.

$$\frac{1}{n} + \frac{2}{n+1} + \frac{3}{n+2} + \cdots + \frac{n+1}{2n}$$

풀이

이 합의 일반 항은 $\frac{k+1}{n+k}$(여기서 k는 0부터 n까지 바뀜)로 표현할 수 있다. 그러므로 이는 다음과 같다.

$$\frac{1}{n} + \frac{2}{n+1} + \frac{3}{n+2} + \cdots + \frac{n+1}{2n} = \sum_{k=0}^{n} \frac{k+1}{n+k}$$ ■

n이 작은 값일 때 합을 전개형으로 나타낸 것은 모호할 수 있다. 예를 들어 다음을 보자.

$$1^2 + 2^2 + 3^2 + \cdots + n^2$$

이 수식은 1^2으로 시작해서 n^2으로 끝나는 연속적인 정수 제곱의 합을 표현하기 위한 것이다. 그래서 만약 $n=1$이면 전개형으로 나타낸 합은 1^2, $n=2$이면 합은 1^2+2^2, 그리고 $n=3$일 때 합은 $1^2+2^2+3^2$이 된다.

예제 5.1.8 **작은 n 에 대해서 $a_1, a_2, a_3, \ldots, a_n$의 값 구하기**

$n=1$, $n=2$, $n=3$일 때, 수식 $\dfrac{1}{1\cdot 2}+\dfrac{1}{2\cdot 3}+\dfrac{1}{3\cdot 4}+\cdots+\dfrac{1}{n\cdot(n+1)}$의 값은 각각 얼마인가?

주의! $n=1$일 때, 즉, $k=1$에서 1까지일 때 합을

$\dfrac{1}{1\cdot 2}+\dfrac{1}{2\cdot 3}+\dfrac{1}{3\cdot 4}+\cdots+\dfrac{1}{1\cdot 2}$

와 같이 쓰는 일이 없어야 함. 이것은 잘못된 표현에 해당함.

풀이

$n=1$일 때, $\dfrac{1}{1\cdot 2}=\dfrac{1}{2}$이다.

$n=2$일 때, $\dfrac{1}{1\cdot 2}+\dfrac{1}{2\cdot 3}=\dfrac{1}{2}+\dfrac{1}{6}=\dfrac{3}{6}+\dfrac{1}{6}=\dfrac{4}{6}=\dfrac{2}{3}$이다.

$n=3$일 때, $\dfrac{1}{1\cdot 2}+\dfrac{1}{2\cdot 3}+\dfrac{1}{3\cdot 4}=\dfrac{1}{2}+\dfrac{1}{6}+\dfrac{1}{12}=\dfrac{6}{12}+\dfrac{2}{12}+\dfrac{1}{12}=\dfrac{9}{12}=\dfrac{3}{4}$이다. ■

재귀적 정의(recursive definition)의 형식을 이용해 합을 정의해 줄 수 있다.* 이 형식을 이용하면 더욱 더 정확한 합에 관한 정의가 가능하다. 합에 관한 재귀적 정의는 다음과 같다: m이 임의의 정수일 때

$$\sum_{k=m}^{m} a_k = a_m \text{ 그리고 모든 정수 } n > m \text{에 대해 } \sum_{k=m}^{n} a_k = \sum_{k=m}^{n-1} a_k + a_n \text{ 이다.}$$

문제를 풀 때, 때때로 재귀적 정의를 사용하여 수열의 마지막 항을 분리하거나 추가하는 방식으로 수열을 고쳐 써 주는 것이 유용할 때가 있다.

예제 5.1.9 **마지막 항의 추가와 분리**

a. 마지막 항을 분리하여 식 $\displaystyle\sum_{i=1}^{n}\frac{1}{i^2}$을 다시 써라.

b. 식 $\displaystyle\sum_{i=0}^{n-1}2^i+2^n$을 한 개의 시그마 합으로 다시 써라.

풀이

a. $\displaystyle\sum_{i=1}^{n}\frac{1}{i^2}=\sum_{i=1}^{n-1}\frac{1}{i^2}+\frac{1}{n^2}$ b. $\displaystyle\sum_{k=0}^{n-1}2^k+2^n=\sum_{k=0}^{n}2^k$ ■

어떤 합에서는 각 항이 두 수의 차로 나타난다. 이런 합을 전개형으로 쓸 때, 첫 항과 마지막 항을 제외한 모든 항들이 소거되는 것을 가끔씩 볼 수 있다.

---

* 재귀적으로 정의된 수열이 이 단원의 후반부에 추가로 소개된다. 그리고 5.6절에서 심도 있게 다루고자 한다.

예제 5.1.10 **합의 단축**

어떤 합들은 단축 합으로 변환될 수 있으며, 그런 것들은 간단한 수식으로 표현될 수 있다. 예를 들어 다음을 보자.

$$\frac{1}{k} - \frac{1}{k+1} = \frac{(k+1)-k}{k(k+1)} = \frac{1}{k(k+1)}$$

이 식을 이용해서 $\displaystyle\sum_{k=1}^{n} \frac{1}{k(k+1)}$을 간단한 수식으로 표현하라.

풀이

$$\begin{aligned}
&\sum_{k=1}^{n} \frac{1}{k(k+1)} \\
&\quad= \sum_{k=1}^{n} \left(\frac{1}{k} - \frac{1}{k+1}\right) \\
&\quad= \left(\frac{1}{1} - \frac{1}{2}\right) + \left(\frac{1}{2} - \frac{1}{3}\right) + \left(\frac{1}{3} - \frac{1}{4}\right) + \cdots + \left(\frac{1}{n-1} - \frac{1}{n}\right) + \left(\frac{1}{n} - \frac{1}{n+1}\right) \\
&\quad= 1 - \frac{1}{n+1}
\end{aligned}$$

■

곱 표기법

수열의 곱에 관한 표기법은 합의 표기법과 비슷하다. 그리스 대문자 파이(pi) Π는 수열의 곱을 나타낸다. 예를 들어

$$\prod_{k=1}^{5} a_k = a_1 a_2 a_3 a_4 a_5$$

> • 정의
>
> m과 n이 정수이고 $m \le n$일 때 기호 $\prod_{k=m}^{n} a_k$를 **k가 m부터 n까지인 a_k의 곱**이라고 읽는다. 그리고 $\prod_{k=m}^{n} a_k$는 $a_m, a_{m+1}, a_{m+2}, \ldots, a_n$의 곱과 같다. 즉
>
> $$\prod_{k=m}^{n} a_k = a_m \cdot a_{m+1} \cdot a_{m+2} \cdots a_n$$

곱 표기를 위한 재귀적 정의는 다음과 같다. 만약 m, n이 임의의 정수일 때

$$\prod_{k=m}^{m} a_k = a_m \text{ 그리고 모든 정수 } n > m \text{에 대해 } \prod_{k=m}^{n} a_k = \left(\prod_{k=m}^{n-1} a_k\right) \cdot a_n \text{이다.}$$

예제 5.1.11 **곱 계산**

다음 곱을 계산하라.

a. $\prod_{k=1}^{5} k$ b. $\prod_{k=1}^{1} \frac{k}{k+1}$

풀이

a. $\prod_{k=1}^{5} k = 1 \cdot 2 \cdot 3 \cdot 4 \cdot 5 = 120$ b. $\prod_{k=1}^{1} \frac{k}{k+1} = \frac{1}{1+1} = \frac{1}{2}$ ■

합과 곱의 성질

다음 정리는 합과 곱의 일반적인 성질을 나타낸다. 증명은 5.6절에 있다.

정리 5.1.1

실수로 구성된 수열 $a_m, a_{m+1}, a_{m+2}, \ldots$과 $b_m, b_{m+1}, b_{m+2}, \ldots$이 주어지고 임의의 실수 c가 주어졌을 때, 임의의 정수 $n \geq m$에 대해 다음의 등식이 성립한다.

1. $\sum_{k=m}^{n} a_k + \sum_{k=m}^{n} b_k = \sum_{k=m}^{n} (a_k + b_k)$

2. $c \cdot \sum_{k=m}^{n} a_k = \sum_{k=m}^{n} c \cdot a_k$ 일반화된 분배법칙

3. $\left(\prod_{k=m}^{n} a_k\right) \cdot \left(\prod_{k=m}^{n} b_k\right) = \prod_{k=m}^{n} (a_k \cdot b_k)$

예제 5.1.12 **합과 곱의 성질 이용**

모든 정수 k에 대해, $a_k = k+1$이고 $b_k = k-1$이라 하자. 다음 식들을 한 개의 합 또는 곱으로 써라.

a. $\sum_{k=m}^{n} a_k + 2 \cdot \sum_{k=m}^{n} b_k$ b. $\left(\prod_{k=m}^{n} a_k\right) \cdot \left(\prod_{k=m}^{n} b_k\right)$

풀이

a. $\sum_{k=m}^{n} a_k + 2 \cdot \sum_{k=m}^{n} b_k = \sum_{k=m}^{n} (k+1) + 2 \cdot \sum_{k=m}^{n} (k-1)$ 대입에 의해

$= \sum_{k=m}^{n} (k+1) + \sum_{k=m}^{n} 2 \cdot (k-1)$ 정리 5.1.1(2)에 의해

$$= \sum_{k=m}^{n}((k+1) + 2 \cdot (k-1)) \qquad \text{정리 5.1.1(1)에 의해}$$

$$= \sum_{k=m}^{n}(3k-1)$$

b. $$\left(\prod_{k=m}^{n} a_k\right) \cdot \left(\prod_{k=m}^{n} b_k\right) = \left(\prod_{k=m}^{n}(k+1)\right) \cdot \left(\prod_{k=m}^{n}(k-1)\right) \qquad \text{대입에 의해}$$

$$= \prod_{k=m}^{n}(k+1) \cdot (k-1) \qquad \text{정리 5.1.1(3)에 의해}$$

$$= \prod_{k=m}^{n}(k^2-1)$$ ■

변수의 변경

다음 식을 관찰하라.

$$\sum_{k=1}^{3} k^2 = 1^2 + 2^2 + 3^2$$

그리고 다음 식 또한 관찰하라.

$$\sum_{i=1}^{3} i^2 = 1^2 + 2^2 + 3^2$$

그러므로

$$\sum_{k=1}^{3} k^2 = \sum_{i=1}^{3} i^2$$

이 식을 통해 시그마 변수를 표현하기 위한 기호는, 기호가 나타난 각 위치에서 치환되기만 하면 다른 기호로 치환될 수 있다는 것을 알 수 있다. 그 결과 시그마 변수는 **가변수**(dummy variable)라 불린다. 가변수란 그것의 의미가 그것이 속한 문맥으로부터 나오는 기호를 말한다. 그 문맥 밖(그 전이나 후)에서는 그 기호가 전혀 다른 의미를 지닐 수 있다.

합의 표현은 좀더 복잡한 첨자변수의 변경을 통해 수정될 수 있다. 예를 들어 다음을 살펴보자.

$$\sum_{j=2}^{4}(j-1)^2 = (2-1)^2 + (3-1)^2 + (4-1)^2$$

$$= 1^2 + 2^2 + 3^2$$

$$= \sum_{k=1}^{3} k^2$$

첫 번째 합에서 두 번째 합으로 변형하기 위한 일반적인 과정을 예제 5.1.13에서 보여 준다.

예제 5.1.13 **변수 변경을 통한 합의 변형**

변수를 명시한 대로 변경해서 다음 합을 변형하라.

$$합:\ \sum_{k=0}^{6} \frac{1}{k+1} \qquad 변수\ 변경:\ j = k+1$$

풀이

먼저 새로운 시그마 합의 상한, 하한 값을 계산한다.

$$k = 0일\ 때,\ j = k+1 = 0+1 = 1$$
$$k = 6일\ 때,\ j = k+1 = 6+1 = 7$$

그러므로 새로운 합은 $j=1$ 부터 $j=7$ 까지이다.

다음으로, 새로운 시그마 합의 일반 항을 계산한다. 각 k가 있는 곳마다 j의 표현식으로 바꾸어야 한다.

$$j = k+1 이므로\ k = j-1$$
$$따라서\ \frac{1}{k+1} = \frac{1}{(j-1)+1} = \frac{1}{j}$$

마지막으로 위의 두 단계를 합해서 다음을 얻을 수 있다.

$$\sum_{k=0}^{6} \frac{1}{k+1} = \sum_{j=1}^{7} \frac{1}{j} \qquad 5.1.1$$

■

식 (5.1.1)에서 오른쪽에 있는 시그마 합의 변수 j는 가변수이기 때문에 j가 나타난 모든 위치에서 다른 변수로 이름을 바꿀 수 있다. 구체적으로 말하면, 다음 식을 얻기 위해 j 자리에 k를 넣어도 적법하다.

$$\sum_{j=1}^{7} \frac{1}{j} = \sum_{k=1}^{7} \frac{1}{k} \qquad 5.1.2$$

식 (5.1.1)과 (5.1.2)를 함께 쓰면 다음과 같은 식을 얻을 수 있다.

$$\sum_{k=0}^{6} \frac{1}{k+1} = \sum_{k=1}^{7} \frac{1}{k}$$

가끔 한 수열을 다른 수열에 더하기 위해, 수열의 상한 또는 하한을 이동시키는 것도 필요하다. 한 예로 9.7절에 나오는 이항정리의 증명을 들 수 있다. 다음 예제는 상한이 덧셈

항의 일종일 때 그런 이동을 하기 위한 일반적인 수행 과정을 보여 준다.

예제 5.1.14 **상한이 더해질 수식 속에 나타날 때**

a. 첨자변수를 명시한 대로 변경해서 다음 합을 변형하라.

$$\text{합: } \sum_{k=1}^{n+1}\left(\frac{k}{n+k}\right) \qquad \text{변수 변경: } j = k-1$$

b. (a) 과정에서 얻은 합에서 모든 j를 k로 바꿔라.

풀이

a. $k=1$일 때, $j=k-1=1-1=0$이다.(따라서 새로운 하한은 0이다.) $k=n+1$일 때, $j=k-1=(n+1)-1=n$이다.(그래서 새로운 상한은 n이다.)

$j=k-1$이므로 $k=j+1$이 된다. 합하는 항들에 관한 한, n은 상수라는 것에 주의해야 한다. 항은 다음처럼 다시 쓸 수 있다.

$$\frac{k}{n+k} = \frac{j+1}{n+(j+1)}$$

그러므로 새로운 수열의 일반 항은 다음과 같다.

$$\frac{j+1}{n+(j+1)}$$

그러므로

$$\sum_{k=1}^{n+1}\frac{k}{n+k} = \sum_{j=0}^{n}\frac{j+1}{n+(j+1)} \qquad 5.1.3$$

b. 식 (5.1.3)의 우변에 있는 모든 j를 k로 바꾸면

$$\sum_{j=0}^{n}\frac{j+1}{n+(j+1)} = \sum_{k=0}^{n}\frac{k+1}{n+(k+1)} \qquad 5.1.4$$

식 (5.1.3)과 (5.1.4)를 조합하면 다음과 같은 결과를 얻는다.

$$\sum_{k=1}^{n+1}\frac{k}{n+k} = \sum_{k=0}^{n}\frac{k+1}{n+(k+1)}$$ ■

계승과 $\binom{n}{r}$ 표기법

주어진 수까지 연속적인 정수들을 모두 곱하는 것은 수학에서 자주 일어나는 문제로서 이

러한 문제를 표현 가능하게 하는 특별한 표기법이 있는데 그것을 계승(factorial) 표기법이라고 한다.

> **• 정의**
>
> 임의의 양의 정수 n이 있을 때 $n!$로 표기되는 **n 계승**(n factorial)의 값은 다음과 같이 1부터 n까지의 모든 정수의 곱으로 정의된다.
>
> $$n! = n \cdot (n-1) \cdots 3 \cdot 2 \cdot 1$$
>
> 0!로 표기되는 **0 계승**(zero factorial)은 다음처럼 1로 정의된다.
>
> $$0! = 1$$

0 계승이 1로 정의된다는 것이 조금 이상할 수도 있는데, 많은 수학식에 있어서 매우 편리하다는 것을 9장에서 알게 될 것이다.

예제 5.1.15 처음 열 개의 계승들

$$\begin{aligned} 0! &= 1 & 1! &= 1 \\ 2! &= 2 \cdot 1 = 2 & 3! &= 3 \cdot 2 \cdot 1 = 6 \\ 4! &= 4 \cdot 3 \cdot 2 \cdot 1 = 24 & 5! &= 5 \cdot 4 \cdot 3 \cdot 2 \cdot 1 = 120 \\ 6! &= 6 \cdot 5 \cdot 4 \cdot 3 \cdot 2 \cdot 1 = 720 & 7! &= 7 \cdot 6 \cdot 5 \cdot 4 \cdot 3 \cdot 2 \cdot 1 = 5{,}040 \\ 8! &= 8 \cdot 7 \cdot 6 \cdot 5 \cdot 4 \cdot 3 \cdot 2 \cdot 1 & 9! &= 9 \cdot 8 \cdot 7 \cdot 6 \cdot 5 \cdot 4 \cdot 3 \cdot 2 \cdot 1 \\ &= 40{,}320 & &= 362{,}880 \end{aligned}$$

■

위의 예제에서 보다시피 $n!$의 값이 매우 빠르게 증가한다는 것을 알 수 있다. 예를 들어 $40! \cong 8.16 \times 10^{47}$인데 이 값은 너무 크기 때문에 많은 컴퓨터에서 표준 정수구현 방식으로는 정확하게 계산될 수 없다.($\cong$ 기호는 '값이 대략 같다'를 의미한다.)

계승에 대한 재귀적 정의는 다음과 같다. 음이 아닌 정수 n이 주어졌을 때

$$n! = \begin{cases} 1 & \text{if } n = 0 \\ n \cdot (n-1)! & \text{if } n \geq 1 \end{cases}$$

다음 예제는 계산을 수행하는 데 있어서 재귀적 정의가 얼마나 유용한지를 보여 준다.

예제 5.1.16 계승 계산

다음 수식을 단순하게 다시 써라.

a. $\dfrac{8!}{7!}$ b. $\dfrac{5!}{2! \cdot 3!}$ c. $\dfrac{1}{2! \cdot 4!} + \dfrac{1}{3! \cdot 3!}$ d. $\dfrac{(n+1)!}{n!}$ e. $\dfrac{n!}{(n-3)!}$

풀이

a. $\dfrac{8!}{7!} = \dfrac{8 \cdot \cancel{7!}}{\cancel{7!}} = 8$

b. $\dfrac{5!}{2! \cdot 3!} = \dfrac{5 \cdot 4 \cdot \cancel{3!}}{2! \cdot \cancel{3!}} = \dfrac{5 \cdot 4}{2 \cdot 1} = 10$

c. $\dfrac{1}{2! \cdot 4!} + \dfrac{1}{3! \cdot 3!} = \dfrac{1}{2! \cdot 4!} \cdot \dfrac{3}{3} + \dfrac{1}{3! \cdot 3!} \cdot \dfrac{4}{4}$ 공통분모를 얻기 위해 분자와 분모에 같은 값을 각각 곱해 줌

$= \dfrac{3}{3 \cdot 2! \cdot 4!} + \dfrac{4}{3! \cdot 4 \cdot 3!}$ 인수들을 재배열함

$= \dfrac{3}{3! \cdot 4!} + \dfrac{4}{3! \cdot 4!}$ $3 \cdot 2! = 3!$이고 $4 \cdot 3! = 4!$이므로

$= \dfrac{7}{3! \cdot 4!}$ 공통분모를 가진 분수의 덧셈법칙에 의해

$= \dfrac{7}{144}$

d. $\dfrac{(n+1)!}{n!} = \dfrac{(n+1) \cdot \cancel{n!}}{\cancel{n!}} = n + 1$

e. $\dfrac{n!}{(n-3)!} = \dfrac{n \cdot (n-1) \cdot (n-2) \cdot \cancel{(n-3)!}}{\cancel{(n-3)!}} = n \cdot (n-1) \cdot (n-2)$

$= n^3 - 3n^2 + 2n$ ■

$\binom{n}{r}$ 값을 계산할 때 계승 표기법이 유용하게 쓰이는데 이 값은 수학의 여러 분야에 등장한다. 특히 자주 등장하는 분야로 확률과 조합을 들 수 있다.

• 정의

n과 r을 $0 \le r \le n$을 만족시키는 정수라고 하자. 기호

$$\binom{n}{r}$$

은 서로 다른 n개의 원소로 구성된 집합으로부터 만들 수 있는 r개의 원소를 갖는 부분집합의 개수를 나타낸다. 그리고 $\binom{n}{r}$을 '***n* choose *r***' 로 읽는다.

$\binom{n}{r}$이 부분집합의 개수를 나타내므로 이 값은 항상 정수가 됨을 알 수 있다. 9.5절에서 기호 $\binom{n}{r}$이 이용되는 다양한 문제들을 다룰 것이며 아래의 계산 공식을 증명할 것이다.

• $\binom{n}{r}$의 계산식

모든 정수 n과 r이 $0 \le r \le n$을 만족시킬 때, 다음의 등식이 성립한다.

$$\binom{n}{r} = \frac{n!}{r!(n-r)!}$$

$\binom{n}{r}$값이 정수이므로 분수 $\frac{n!}{r!(n-r)!}$는 정수로 약분될 수 있음을 알 수 있다. 많은 전자계산기가 $\binom{n}{r}$값을 계산하는 키를 갖고 있는데 그 키는 ${}_nC_r$, $C(n, r)$, ${}^nC_r$, $C_{n,r}$와 같이 다양한 방식으로 표시된다. $\binom{n}{r}$을 조합(combination)이라고도 부르는 관계로 문자 C가 이용됨을 알 수 있다. 때때로 $\binom{n}{r}$의 값들이 이항계수(binomial coefficient)라고도 지칭되는데 그 이유는 9.7절에서 소개되는 이항정리와 밀접한 관계가 있기 때문이다.

예제 5.1.17 **$\binom{n}{r}$의 계산**

앞의 공식을 이용해 아래의 식들을 계산하라.

a. $\binom{8}{5}$ b. $\binom{4}{0}$ c. $\binom{n+1}{n}$

풀이

a. $$\binom{8}{5} = \frac{8!}{5!(8-5)!}$$
$$= \frac{8\cdot 7\cdot \cancel{6}\cdot \cancel{5}\cdot \cancel{4}\cdot \cancel{3\cdot 2\cdot 1}}{(\cancel{5}\cdot \cancel{4}\cdot \cancel{3}\cdot \cancel{2}\cdot 1)\cdot(\cancel{\cdot 3\cdot 2\cdot 1})}$$
$$= 56.$$

곱셈을 하기 전에 공통인수 약분하기

b. $$\binom{4}{4} = \frac{4!}{4!(4-4)!} = \frac{4!}{4!0!} = \frac{\cancel{4\cdot 3\cdot 2\cdot 1}}{(\cancel{4\cdot 3\cdot 2\cdot 1})(1)} = 1$$

$0!=1$이라는 사실이 위의 식을 계산 가능하게 한다. 4개의 원소를 갖고 있는 집합은 4개의 원소를 갖는 부분집합을 단 하나, 즉, 자기 자신만을 가질 수 있으므로 계산이 정확함을 알 수 있다.

c. $$\binom{n+1}{n} = \frac{(n+1)!}{n!((n+1)-n)!} = \frac{(n+1)!}{n!1!} = \frac{(n+1)\cdot \cancel{n!}}{\cancel{n!}} = n+1$$ ■

컴퓨터 프로그래밍에서의 수열

컴퓨터 프로그래밍에서 중요한 데이터 타입은 유한수열들로 구성된다. 컴퓨터 프로그래밍에서는 유한수열을 1차원 배열(one-dimensional array)로 나타낸다. 한 예로 50명의 직원들에게 주어야 할 임금을 분석하는 프로그램을 고려해 보자. 프로그램은 평균 임금을 계산하고 각 개인 임금과 평균 임금의 차를 계산할 것이다. 이런 작업은 각 임금을 계산하고 결과를 저장할 메모리를 필요로 한다. 50명분의 임금에 관한 정보를 저장하기 위해 서로 다른 변수를 사용하는 것을 피하려면, 다음과 같은 1차원 배열을 써야 한다.

$$W[1], W[2], W[3], \ldots, W[50]$$

첨자 라벨이 대괄호([ ]) 속에 있는 것에 유의하라. 이것은 대부분의 컴퓨터에서 아래첨자를 입력하는 것이 비교적 최근까지 불가능했기 때문이다.

프로그래머가 1차원 배열을 사용할 때 가장 어려운 것이 라벨을 일렬로 곧게 유지하는 것이다.

예제 5.1.18 **루프에서의 가변수**

for-next 루프에서 인덱스 변수는 가변수이다. 예를 들어 다음 세 알고리즘은 모두 같은 결과를 출력한다.

1. **for** $i := 1$ **to** n
   print $a[i]$
   next i

2. **for** $j := 0$ **to** $n-1$
   print $a[j+1]$
   next j

3. **for** $k := 2$ **to** $n+1$
   print $a[k-1]$
   next k ■

합과 곱, 그리고 계승의 재귀적 정의는 자연히 계산 알고리즘으로 유도된다. 예를 들어 $a[1], a[2], \ldots, a[n]$의 합을 구하기 위한 두 개의 의사코드가 있다. 왼쪽에 있는 것은 초기 합을 $a[1]$으로 초기화함으로써 재귀적 정의를 정확하게 모방한 것이고, 오른쪽은 초기 합을 0으로 초기화시킨다. 양쪽 모두의 결과는 $\sum_{k=1}^{n} a[k]$와 같다.

$s := a[1]$	$s := 0$
for $k := 2$ **to** n	**for** $k := 1$ **to** n
$\quad s := s + a[k]$	$\quad s := s + a[k]$
next k	**next** k

응용: 10진수를 2진수로 변환하는 알고리즘

2.5절에 10진수 정수를 2진 표기법으로 변환하는 예제가 있다. 하지만 여기서 보여 줄 방법은 단지 작은 수에 한해서만 편리한 방법이다. 음이 아닌 정수를 2진 표기법으로 변환하는 알고리즘은 2의 나눗셈을 반복적으로 사용한다.

a가 음이 아닌 정수라 하자. 몫 $q[0]$과 나머지 $r[0]$을 얻기 위해 몫-나머지 정리를 이용하여 a를 2로 나누라. 몫이 0이 아니면 다시 2로 나눠서 몫 $q[1]$과 나머지 $r[1]$을 얻는다. 몫이 0이 될 때까지 이런 식으로 반복한다. 각 단계마다 나머지는 나누는 수 2보다 작아야 한다. 그러므로 각 나머지는 0 아니면 1이 된다. $a=38$일 때의 계산 과정이 아래에 나

타나 있다.(계산 결과를 아래에서 위로 읽으라.)

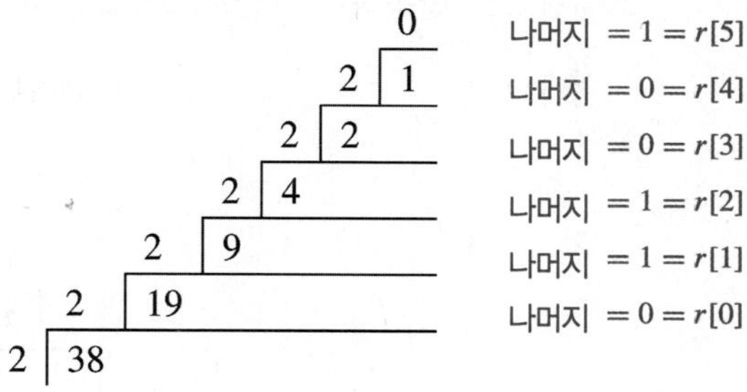

모든 나눗셈의 결과들은 아래처럼 수식의 열로 쓸 수 있다.

$$\begin{aligned}
38 &= 19 \cdot 2 + 0 \\
19 &= 9 \cdot 2 + 1 \\
9 &= 4 \cdot 2 + 1 \\
4 &= 2 \cdot 2 + 0 \\
2 &= 1 \cdot 2 + 0 \\
1 &= 0 \cdot 2 + 1
\end{aligned}$$

반복적으로 대입하여 다음을 얻는다.

$$\begin{aligned}
38 &= 19{\cdot}2 + 0 \\
&= (9{\cdot}2 + 1){\cdot}2 + 0 \ = \ 9{\cdot}2^2 + 1{\cdot}2 + 0 \\
&= (4{\cdot}2 + 1){\cdot}2^2 + 1{\cdot}2 + 0 \ = \ 4{\cdot}2^3 + 1{\cdot}2^2 + 1{\cdot}2 + 0 \\
&= (2{\cdot}2 + 0){\cdot}2^3 + 1{\cdot}2^2 + 1{\cdot}2 + 0 \\
&= 2{\cdot}2^4 + 0{\cdot}2^3 + 1{\cdot}2^2 + 1{\cdot}2 + 0 \\
&= (1{\cdot}2 + 0){\cdot}2^4 + 0{\cdot}2^3 + 1{\cdot}2^2 + 1{\cdot}2 + 0 \\
&= 1{\cdot}2^5 + 0{\cdot}2^4 + 0{\cdot}2^3 + 1{\cdot}2^2 + 1{\cdot}2 + 0
\end{aligned}$$

수식 우변에서 2의 지수승에 있는 각 계수들은 38을 2로 반복해서 나누어 얻은 나머지이다. 제일 왼쪽에 있는 1 역시 그렇다. 왜냐하면 1=0 · 2+1이기 때문이다. 따라서

$$38_{10} = 100110_2 = (r[5]r[4]r[3]r[2]r[1]r[0])_2$$

일반적으로 음이 아닌 정수 a를 몫이 0이 될 때까지 2로 나누면 나머지는 $r[0], r[1], \ldots, r[k]$가 되고, 몫-나머지 정리에 의해 각 $r[i]$는 0 또는 1이 되어 다음을 얻을 수 있다.

$$a = 2^k{\cdot}r[k] + 2^{k-1}{\cdot}r[k-1] + \cdots + 2^2{\cdot}r[2] + 2^1{\cdot}r[1] + 2^0{\cdot}r[0] \qquad 5.1.5$$

그러므로 a의 2진 표현은 식 (5.1.5)에 의해 다음과 같다.

$$a_{10} = (r[k]r[k-1]\cdots r[2]r[1]r[0])_2$$

예제 5.1.19 **반복적으로 2로 나눔으로써 10진수를 2진수로 변환**

29_{10}을 2로 반복하여 나눔으로써 2진 표기법으로 바꾸라.

풀이

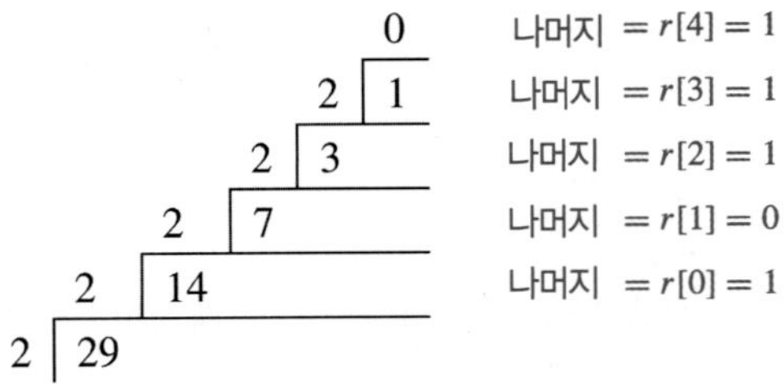

그러므로 $29_{10} = (r[4]r[3]r[2]r[1]r[0])_2 = 11101_2$이다. ■

10진수를 2진수로 변환하는 체계적인 과정은 다음 알고리즘에 나타나 있다.

알고리즘 5.1.1 반복적인 2 나눗셈으로 10진수를 2진수로 변환

[입력은 음이 아닌 정수 a이다. 알고리즘의 목적은 a의 2진수 표현이 다음과 같이 되도록 연속적인 2진법 숫자 $r[0], r[1], r[2], ..., r[k]$를 생성하는 것이다.

$$(r[k]r[k-1]\cdots r[2]r[1]r[0])_2$$

즉,

$$a = 2^k \cdot r[k] + 2^{k-1} \cdot r[k-1] + \cdots + 2^2 \cdot r[2] + 2^1 \cdot r[1] + 2^0 \cdot r[0].]$$

입력: a[음이 아닌 정수]

알고리즘 몸체:

$q := a, i := 0$

[q가 0이 될 때까지 반복해서 2로 나눈다. 연속적으로 구해지는 나머지 값을 1차원 배열 $r[0], r[1], r[2], ..., r[k]$에 저장한다. q의 초기값이 0이면 루프는 한 번만 돈다. ($r[0]$이 계산됨.) **while** 루프의 제한 조건(guard condition)은 i=0 또는 q≠0이다.]

while (i = 0 or q≠0)

  $r[i] := q \; mod \; 2$

  $q := q \; div \; 2$

[나눗셈 알고리즘을 호출해서 $r[i]$와 q를 구할 수 있다.]

  $i := i+1$

end while

[이 단계가 끝난 후 $r[0], r[1], ..., r[i-1]$의 값은 모두 0 또는 1이 되고 $a=(r[i-1]r[i-2] ... r[2]r[1]r[0])_2$가 된다.]

출력: $r[0], r[1], r[2], ..., r[i-1]$[정수 수열]

자 | 기 | 진 | 단

1. $\sum_{k=m}^{n} a_k$ 를 _______ 라고 읽는다.
2. $\sum_{k=m}^{n} a_k$ 의 전개식은 _______ 이다.
3. $n=2$일 때 $a_1+a_2+a_3+\cdots+a_n$의 값은 _______ 이다.
4. $\prod_{k=m}^{n} a_k$ 를 _______ 라고 읽는다.
5. n이 양의 정수일 때 $n!$은 _______ 이다.
6. $\sum_{k=m}^{n} a_k + c\sum_{k=m}^{n} b_k =$ _____.
7. $\left(\prod_{k=m}^{n} a_k\right)\left(\prod_{k=m}^{n} b_k\right) =$ _____.

연 / 습 / 문 / 제 5.1

연습문제 1~3에 있는 공식에 의해 정의된 수열의 첫 네 항을 써라.

1. 모든 정수 $k \geq 1$에 대해, $a_k=\dfrac{k}{10+k}$.
2. 모든 정수 $i \geq 0$에 대해, $c_i=\dfrac{(-1)^i}{3^i}$.
3. 모든 정수 $n \geq 0$에 대해, $e_n=\left\lfloor \dfrac{n}{2} \right\rfloor \cdot 2$.
4. 다음에 정의된 수열의 첫 15항을 계산하고, 수열의 일반적인 특징을 말로 서술하라.(로그의 정의는 7.1절에 있다.)

   모든 정수 $n \geq 1$에 대해, $g_n=\lfloor \log_2 n \rfloor$.

연습문제 5~8에서는 $a_1, a_2, a_3, ...$ 형태의 초기항들을 가지는 수열의 일반항을 찾아라.

5. $-1, 1, -1, 1, -1, 1$
6. $0, 1, -2, 3, -4, 5$
7. $\frac{1}{4}, \frac{2}{9}, \frac{3}{16}, \frac{4}{25}, \frac{5}{36}, \frac{6}{49}$
8. $\frac{1}{3}, \frac{4}{9}, \frac{9}{27}, \frac{16}{81}, \frac{25}{243}, \frac{36}{729}$
9. $a_0=2, a_1=3, a_2=-2, a_3=1, a_4=0, a_5=-1, a_6=-2$라고 하자. 아래의 합과 곱을 각각 계산하라.

   a. $\sum_{i=0}^{6} a_i$ **b.** $\sum_{i=0}^{0} a_i$ **c.** $\sum_{j=1}^{3} a_{2j}$ **d.** $\prod_{k=0}^{6} a_k$ **e.** $\prod_{k=2}^{2} a_k$

연습문제 10~13에서는 합과 곱을 계산하라.

10. $\sum_{k=1}^{5}(k+1)$
11. $\prod_{k=2}^{4} k^2$
12. $\sum_{i=1}^{1} i(i+1)$
13. $\sum_{n=1}^{10}\left(\frac{1}{n}-\frac{1}{n+1}\right)$

연습문제 14~15에서는 합을 전개형으로 써라.

14. $\sum_{i=1}^{n}(-2)^i$
15. $\sum_{k=0}^{n+1}\frac{1}{k!}$

연습문제 16~17에서는 지정한 변수값에 대해 합과 곱을 계산하라.

16. $\frac{1}{1^2}+\frac{1}{2^2}+\frac{1}{3^2}+\cdots+\frac{1}{n^2}$; $n=1$

17. $\left(\frac{1}{1+1}\right)\left(\frac{2}{2+1}\right)\left(\frac{3}{3+1}\right)\cdots\left(\frac{k}{k+1}\right)$; $k=3$

18. 마지막 항을 분리하여 아래의 식을 다시 써라.

$$\sum_{i=1}^{k+1} i(i!)$$

19. 한 개의 시그마 합으로 아래의 식을 다시 써라.

$$\sum_{i=1}^{k} i^3 + (k+1)^3$$

연습문제 20~24에서는 각 수식을 합과 곱의 표기법으로 써라.

20. $1^2-2^2+3^2-4^2+5^2-6^2+7^2$

21. $\frac{2}{3\cdot 4}-\frac{3}{4\cdot 5}+\frac{4}{5\cdot 6}-\frac{5}{6\cdot 7}+\frac{6}{7\cdot 8}$

22. $1-r+r^2-r^3+r^4-r^5$ **23.** $1^3+2^3+3^3+\cdots+n^3$

24. $n+(n-1)+(n-2)+\cdots+1$

25. $i=k+1$로 변수를 바꾸어 다음 식을 변환하라.

$$\sum_{k=0}^{5} k(k-1)$$

연습문제 26~27에서는 $j=i-1$로 변수를 바꾸어 식을 변환하라.

26. $\sum_{i=1}^{n+1} \frac{(i-1)^2}{i\cdot n}$ **27.** $\sum_{i=3}^{n} \frac{i}{i+n-1}$

28. 다음 식을 하나의 합을 이용하여 나타내라.

$$3\cdot\sum_{k=1}^{n}(2k-3)+\sum_{k=1}^{n}(4-5k)$$

연습문제 29~36의 값을 계산하라. 단, 변수의 값들은 그 표현이 정의되도록 제한되어 있다고 가정하라.

29. $\frac{4!}{3!}$ **30.** $\frac{n!}{(n-1)!}$ **31.** $\frac{(n-1)!}{(n+1)!}$ **32.** $\frac{((n+1)!)^2}{(n!)^2}$

33. $\frac{n!}{(n-k)!}$ **34.** $\binom{5}{3}$ **35.** $\binom{3}{0}$ **36.** $\binom{n}{n-1}$

37. **a.** 모든 정수 $n \geq 2$에 대해 $n!+2$는 2로 나누어짐을 증명하라.

b. 모든 정수 $n \geq 2$와 $k=2, 3, ..., n$에 대해 $n!+k$는 k로 나누어짐을 증명하라.

c. 임의의 정수 $m \geq 2$이 주어졌다고 하자. 어느 수도 소수가 아닌 $m-1$개의 연속된 양의 정수가 존재할까? 여러분의 답을 설명하라.

38. $r+1 \leq n$을 만족시키는 모든 음이 아닌 정수 n과 r에 대해 다음 등식이 성립함을 증명하라.

$$\binom{n}{r+1} = \frac{n-r}{r+1}\binom{n}{r}$$

39. $a[1], a[2], a[3], \ldots, a[m]$을 일차원 배열(one-dimensional array)이라 가정하고 다음과 같은 알고리즘의 일부분을 고려하라.

```
sum := 0
for k := 1 to m
    sum := sum + a[k]
next k
```

앞에서 주어진 알고리즘의 일부분과 같은 작업을 수행하도록 아래 알고리즘의 빈칸을 채우라.

a.
```
sum := 0
for i := 0 to ______
    sum := ______
next i
```

b.
```
sum := 0
for j := 2 to ______
    sum := ______
next j
```

40. 10진수 90을 2진수로 바꿔라.

41. 입력 값 23에 대해 알고리즘 5.1.1의 계산과정을 열거한 추적표(trace table)를 만들라.

42. 10진수 287을 16진수로 바꿔라.

자 | 기 | 진 | 단 | 해 | 답

1. k는 m에서 n까지 a_k의 합 2. $a_m+a_{m+1}+a_{m+2}+\cdots+a_n$ 3. a_1+a_2 4. k는 m에서 n까지 a_k의 곱 5. $n \cdot (n-1) \cdots 3 \cdot 2 \cdot 1$(또는 $n \cdot (n-1)!$) 6. $\sum_{k=m}^{n}(a_k+cb_k)$ 7. $\prod_{k=m}^{n} a_k b_k$

5.2 수학적 귀납법 I

수학적 귀납법은 수학 역사에서 가장 최근에 개발된 증명 방법 중 하나이다. 이 방법은 일정한 패턴에 따라 반복적으로 일어나는 절차의 결과에 관한 추측을 검사하는 데 사용된다. 예를 통해 알아보자.

어떤 사람들은 미국 동전 페니(penny)가 너무 작아서 폐기되어야 한다고 주장한다. 그들은 사람들이 페니 동전 한 개를 떨어뜨렸을 때 아무도 주우려 하지 않는다는 점을 지적한다. 다른 어떤 사람들은 페니를 폐기하면 상거래의 유연성에 문제가 생길 것이라고 주장한다. 만약 페니가 폐기되고 3¢ 단위의 다른 동전이 생긴다면 물건의 어떤 가격을 정확한 잔돈으로 지불할 수 있을 것인가? 이에 대한 답은 단지 1¢, 2¢, 4¢, 그리고 7¢의 가격을 제외하고는 나머지 모든 가격은 지불가능하다는 것이다. 다시 말해서

8¢ 이상인 모든 가격은 3¢와 5¢ 동전만을 이용해서 지불할 수 있다.

형식을 갖춰 기술하면

$n \geq 8$인 모든 정수 n에 대해, 3¢와 5¢ 동전을 이용해서 n센트를 만들 수 있다.

좀 더 형식적으로 기술하면

$P(n)$을 "3¢와 5¢ 동전을 이용해서 n센트를 만들 수 있다"라는 문장이라 할 때,
$n \geq 8$인 모든 정수 n에 대해, $P(n)$은 참이다.

다음 표에 나타낸 바와 같이, 몇 개의 특정 n 값에 대해 $P(n)$이 참이라는 것을 알 수 있다.

Number of Cents	How to Obtain It
8¢	3¢ + 5¢
9¢	3¢ + 3¢ + 3¢
10¢	5¢ + 5¢
11¢	3¢ + 3¢ + 5¢
12¢	3¢ + 3¢ + 3¢ + 3¢
13¢	3¢ + 5¢ + 5¢
14¢	3¢ + 3¢ + 3¢ + 5¢
15¢	5¢ + 5¢ + 5¢
16¢	3¢ + 3¢ + 5¢ + 5¢
17¢	3¢ + 3¢ + 3¢ + 3¢ + 5¢

표에 나와 있는 경우들은 일반적인 n에 대해 $P(n)$은 참이라는 주장을 뒷받침하는 귀납적 증거들을 보여 준다. 실제로 임의의 큰 수 n에 대해 표를 계속적으로 채워 나가는 것이 가능하다는 것과 "$n \geq 8$인 모든 n에 대해, $P(n)$은 참이다"라는 것은 논리적으로 같은 말이다.

표의 k번째 줄에는 3¢와 5¢로 k¢를 만드는 방법이 나와 있다. 다음 행으로 행하기 위해서는, 3¢와 5¢로 $(k+1)$¢를 만드는 방법이 주어져야 한다. 만약 k¢가 최소 한 개의 5¢를 이용해서 얻어질 수 있다면, $(k+1)$¢는 그림 5.2.1과 같이 5¢ 대신 두 개의 3¢로 교체해서 얻어질 수 있다.

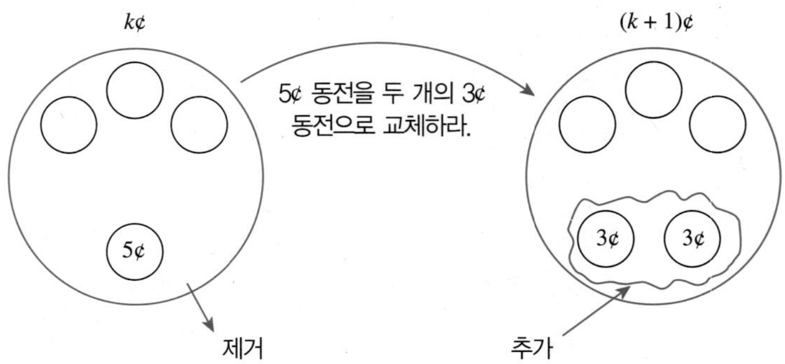

그림 5.2.1

반면에, 만약 k¢가 5¢ 동전 없이 얻어진 값이라면, 3¢ 동전만이 사용된다. 전체 값이 최하 8¢이므로, 세 개 이상의 3¢ 동전은 반드시 포함되어 있다. 그림 5.2.2와 같이 $(k+1)$¢를 얻기 위해 세 개의 3¢ 동전은 두 개의 5¢ 동전으로 교체될 수 있다.

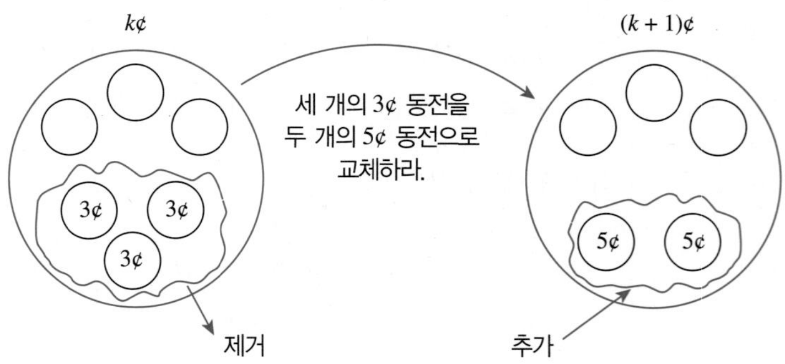

그림 5.2.2

위에서 기술한 논증들의 구조는 다음과 같이 요약될 수 있다. $n \geq 8$인 모든 정수 n에 대해, $P(n)$이 참이라는 것을 보여 주기 위해, (1) $P(8)$이 참이라는 것을 보여 준다. (2) $k \geq 8$인 $P(k)$가 참이라는 가정으로부터 $P(k+1)$도 참이라는 것을 보여 준다. 이런 형태의 논증을 수학적 귀납법(mathematical induction)에 의한 논증이라고 부른다.

수학적 귀납법의 원리

$P(n)$을 정수 n에 대해 정의된 어떤 속성이라 하자. 그리고 a를 어떤 고정된 정수라고 하자. 이때 다음의 두 명제가 참이라고 가정하자.

1. $P(a)$는 참이다.
2. 모든 정수 $k \geq a$에 대해 만약 $P(k)$가 참이면 $P(k+1)$은 참이다.

그러면 다음 명제는 참이다.

모든 정수 $n \geq a$에 대해, $P(n)$은 참이다

수학적 귀납법을 최초로 사용한 사람은 1575년 이탈리아의 과학자 Francesco Maurolico로 알려져 있다. 17세기에 Pierre de Fermat와 Blaise Pascal이 이 방법을 사용했는데, Fermat는 이 방법을 '무한하강의 방법(method of infinite descent)'이라고 불렀다. 1883년 Augustus De Morgan(드모르간의 법칙으로 잘 알려진)이 이러한 처리 과정을 신중히 기술하여 수학적 귀납법이라고 이름을 붙였다.

수학적 귀납법의 개념을 시각화하기 위해, 끝없이 놓여 있는 도미노들을 상상해 보자. 만약 중간에 도미노 한 개가 뒤로 넘어진다면 그 뒤에 있던 도미노들이 연속해서 계속 넘어질 것이다(그림 5.2.3 참조). 그런데 만약 제일 앞에 서 있던 도미노가 넘어지면 어떤 일이 일어날까? … 모든 도미노가 넘어질 것이다.

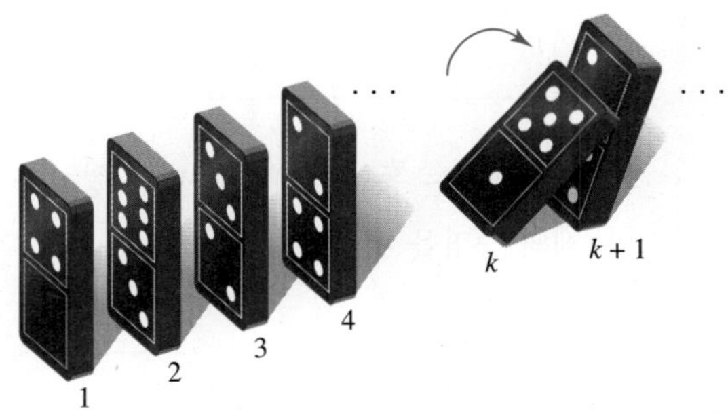

그림 5.2.3 만약 k번째 도미노가 뒤로 넘어지면, $k+1$번째 도미노도 역시 뒤로 넘어질 것이다.

이러한 그림과 수학적 귀납법을 서로 연결시켜 보기 위해 $P(n)$을 "n번째 도미노가 뒤로 넘어진다"라는 문장으로 두자. $k \geq 1$인 k에 대해, 만약 $P(k)$가 참이라면(k번째 도미노가 뒤로 넘어진다), $P(k+1)$ 역시 참이다($k+1$번째 도미노가 뒤로 넘어진다). $P(1)$ 역시 참으로 주어진다(첫째 도미노는 뒤로 넘어진다). 그러므로 수학적 귀납법의 원리에 의해, $n \geq 1$인 모든 정수 n에 대해 $P(n)$(n번째 도미노가 뒤로 넘어진다)은 참이 된다.

수학적 귀납법에 의한 증명의 정당성은 일반적으로 공리로서 받아들여진다. 이런 이유에서 이것은 정리로서가 아니라 소위 수학적 귀납법의 원리(principle)로 불린다. 이것은 직관적으로 쉽게 받아들여지는 다음과 같은 정수의 성질과 동등하다.

정수의 집합 S가 다음 두 조건을 만족시킨다고 가정하자. (1) $a \in S$이고 (2) 모든 정수 k에 대해, 만약 $k \in S$이면 $k+1 \in S$이다. 그러면 S는 a보다 크거나 같은 모든 정수를 반드시 포함한다.

이 설명과 앞서 설명한 것이 서로 논리적으로 동등하다는 것을 이해하기 위해, $P(n)$을 참으로 하는 모든 정수들의 집합을 S라 두자.

수학적 귀납법에 의한 증명은 두 단계 과정을 거친다. 첫 단계는 기본단계(basis step)라 부르고 두 번째 단계는 귀납단계(inductive step)라 부른다.

수학적 귀납법에 의한 증명 방법

다음과 같은 형식의 명제를 고려하자. "$n \geq a$인 모든 정수 n에 대해, 속성 $P(n)$은 참이다." 이런 명제를 증명하기 위해 다음 두 단계를 수행한다.

단계 1(기본단계): $P(a)$가 참임을 보여라.

단계 2(귀납단계): 모든 정수 $k \geq a$에 대해, $P(k)$가 참이라고 가정했을 때 $P(k+1)$이 참이 됨을 보여라. 이 단계를 실행하기 위해

$n=k$를 만족시키는 임의로 선택된 정수 k에 대해 $P(k)$가 참이라고 **가정하라.**

[이 가정을 **귀납단계의 가정**(inductive hypothesis)이라 부른다.]

그리고

$P(k+1)$이 참이 됨을 **보여라.**

앞에서는 동전 문제의 증명을 형식을 갖추지 않고 설명식으로 해결했다. 여기서는 이 문제의 증명을 형식화해 보자.

명제 5.2.1

모든 정수 $n \geq 8$에 대해, n¢는 3¢와 5¢ 동전을 이용해서 얻을 수 있다.

증명(수학적 귀납법에 의한):

속성 $P(n)$이 아래의 문장이라고 하자.

n¢는 3¢와 5¢ 동전을 이용해 얻어질 수 있다. ← $P(n)$

$P(8)$이 참임을 보여라:

8¢는 3¢와 5¢ 동전을 이용해서 얻어질 수 있으므로 $P(8)$은 참이다.

모든 정수 $k \geq 8$에 대해, $P(k)$가 참이라고 가정했을 때 $P(k+1)$이 참이 됨을 보이라:

[하나의 특정한 그러나 임의로 선택된 정수 $k \geq 8$에 대해 $P(k)$가 참이라고 가정하자.]

> $k \geq 8$인 임의의 정수 k에 대해
>
> $k¢$가 $3¢$와 $5¢$ 동전을 이용해 얻어질 수 있다고 가정하자. ← $P(k)$ 귀납단계의 가정
>
> [이제 $P(k+1)$이 참이 됨을 보여야 한다.]
>
> $(k+1)¢$가 $3¢$와 $5¢$ 동전을 이용해서 얻어질 수 있음을 보여야 한다. ← $P(k+1)$
>
> **경우 1(앞의 가정에서 $k¢$를 만들 때 $5¢$ 동전이 이용된 경우):** 이 경우 $5¢$ 동전을 두 개의 $3¢$ 동전으로 교체하면 된다. 이때 그 결과가 $(k+1)¢$가 된다.
>
> **경우 2(앞의 가정에서 $k¢$를 만들 때 $5¢$ 동전이 이용되지 않은 경우):** 이 경우 $k \geq 8$이라는 조건 때문에 적어도 3개 이상의 $3¢$ 동전이 이용됨을 알 수 있다. 그래서 3개의 $3¢$ 동전을 2개의 $5¢$ 동전으로 교체하면 된다. 이때 그 결과가 $(k+1)¢$가 된다.
>
> 그래서 양쪽 모든 경우에 대해 $(k+1)¢$가 $3¢$와 $5¢$ 동전을 이용해서 얻어질 수 있다는 사실이 성립한다.
>
> [기본단계와 귀납단계를 모두 증명해 보였으므로 위의 명제는 참이라는 결론을 내릴 수 있다.]

다음 예제는 처음 n개 정수들의 합에 관한 수식을 증명하는 데 수학적 귀납법이 어떻게 사용되는지를 보여 준다.

예제 5.2.1 **n개 정수의 합**

수학적 귀납법을 이용하여 다음을 증명하라.

$$\text{모든 정수 } n \geq 1 \text{에 대해, } 1+2+\cdots+n = \frac{n(n+1)}{2}$$

풀이

귀납법에 의한 증명을 하기 위해, 먼저 속성 $P(n)$이 무엇인지 확인해야 한다. 이 문제의 경우 $P(n)$은

$$\boxed{1+2+\cdots+n = \frac{n(n+1)}{2}} \quad \leftarrow P(n)\text{의 속성}$$

[$P(n)$은 문장에 해당하는데, 이 문장의 주어는 '1부터 n까지 정수들의 합'이고 동사는 '같다(equal)'이다.]

증명의 기본단계에서, $n=1$일 때 속성이 참임을, 다른 말로 하면 $P(1)$은 참이라는 것을 꼭 밝혀야 한다. $P(n)$의 n자리에 1을 넣음으로써 $P(1)$을 구할 수 있다. $P(1)$의 좌변은 1로 시작해서 1로 끝나는 연속적인 정수들의 합이다. 이 값은 그냥 1이 된다. 그러므로 $P(1)$은

$$\boxed{1 = \frac{1(1+1)}{2}}$$ ← 기본단계 $P(1)$

물론 이 식은 참이다. 왜냐하면 우변 값이

$$\frac{1(1+1)}{2} = \frac{1 \cdot 2}{2} = 1$$

이고, 이것은 좌변의 값과 같다.

귀납단계에서, $k \geq 1$인 어떤 k에 대해, $P(k)$는 참이라고 가정한다.[이 가정이 귀납단계의 가정이다.] 이제 $P(k+1)$이 참이라는 것을 보여야 한다. $P(k)$와 $P(k+1)$은 무엇일까? $P(k)$는 $P(n)$에서 모든 n을 k로 치환함으로써 구해진다. 따라서 $P(k)$는

$$\boxed{1 + 2 + \cdots + k = \frac{k(k+1)}{2}}$$ ← 귀납단계의 가정 $P(k)$

유사하게 $P(k+1)$은 $P(n)$에 나타나는 모든 n을 $(k+1)$로 치환함으로써 구한다. 그러므로 $P(k+1)$은

$$1 + 2 + \cdots + (k+1) = \frac{(k+1)((k+1)+1)}{2}$$

또는 같은 의미로서

$$\boxed{1 + 2 + \cdots + (k+1) = \frac{(k+1)(k+2)}{2}}$$ ← $P(k+1)$을 보여 주기 위해

이제 귀납단계의 가정은 $P(k)$가 참이라는 가정이다. 이 가정을 이용해서 $P(k+1)$이 참이라는 것을 어떻게 보여 줄 수 있을까? $P(k+1)$은 방정식(equation)이고 방정식이 참이라는 것은 다양한 방법으로 보일 수 있다. 가장 직접적인 방법 중의 하나는 대수와 다른 알려진 사실들 그리고 적법한 가정들(귀납단계의 가정 같은)을 이용해서 수식 좌변에 있는 식을 우변에 있는 식으로 변형하는 것이다. 이 예제의 경우, $P(k+1)$의 좌변에 있는 식은

$$1 + 2 + \cdots + (k+1)$$

이고, 이것은 다음과 같다.

$$(1 + 2 + \cdots + k) + (k+1)$$ 마지막에서 두 번째 항을 명시적으로 확인하고, 그룹으로 다시 묶음

귀납단계 가정에 근거하여 대입하면

$$\begin{aligned}
&(1+2+\cdots+k)+(k+1) && \text{귀납단계의 가정에서 } 1+2+\cdots+k=\frac{k(k+1)}{2} \text{ 라고 했으므로}\\
&=\frac{k(k+1)}{2}+(k+1) && \\
&=\frac{k(k+1)}{2}+\frac{2(k+1)}{2} && \text{공통분모를 얻기 위해 두 번째 항의 분모, 분자에 2를 곱함으로써}\\
&=\frac{k^2+k}{2}+\frac{2k+2}{2} && \text{분자를 괄호 밖으로 뺌으로써}\\
&=\frac{k^2+3k+2}{2} && \text{분수를 더함으로써}\\
&=\frac{(k+1)(k+2)}{2} && \text{인수분해에 의해}
\end{aligned}$$

이것은 $P(k+1)$의 우변과 같다. 따라서 식 $P(k+1)$은 참이다.

이상 설명한 것은 다음과 같이 요약될 수 있다.

정리 5.2.2 1부터 n까지의 정수의 합

모든 정수 $n \geq 1$에 대해

$$1+2+\cdots+n=\frac{n(n+1)}{2}$$

증명(수학적 귀납법에 의한) :

속성 $P(n)$을 아래의 등식이라고 하자.

$$1+2+\cdots+n=\frac{n(n+1)}{2} \qquad \leftarrow P(n)$$

$P(1)$이 참임을 보이라:

$P(1)$은 아래의 등식에 해당한다.

$$1=\frac{1(1+1)}{2} \qquad \leftarrow P(1)$$

그런데 이 등식의 양변의 값이 모두 1에 해당하므로 등식은 성립하고 그래서 $P(1)$은 참이 된다.

모든 정수 $k \geq 1$에 대해, $P(k)$가 참이라고 가정했을 때 $P(k+1)$이 참이 됨을 보여라:

[하나의 특정한 그러나 임으로 선택된 정수 $k \geq 1$에 대해 $P(k)$가 참이라고 가정하자.]

$k \geq 1$를 만족시키는 임의의 정수 k에 대해

$$1+2+\cdots+k=\frac{k(k+1)}{2} \qquad \leftarrow P(k) \text{ 귀납단계의 가정}$$

가 성립한다고 가정하자. [이제 이 가정을 바탕으로 $P(k+1)$이 참이 됨을 보여야 한다.] 아래의 등식이 성립함을 보여야 한다.

$$1+2+\cdots+(k+1)=\frac{(k+1)((k+1)+1)}{2}$$

즉,

$$1+2+\cdots+(k+1)=\frac{(k+1)(k+2)}{2} \qquad \leftarrow P(k+1)$$

[위 등식의 좌변과 우변이 같음을 보여야 하는데 다음과 같이 보일 수 있다.]

위 등식의 좌변은

$$\begin{aligned} 1+2+\cdots+(k+1) & \\ &= (1+2+\cdots+k)+(k+1) && \text{1부터 } k\text{까지를 묶어 주고} \\ &= \frac{k(k+1)}{2}+(k+1) && \text{귀납단계의 가정을 적용하므로} \\ &= \frac{k(k+1)}{2}+\frac{(k+1)\cdot 2}{2} \\ &= \frac{(k+1)(k+2)}{2} && \text{대수에 의해} \end{aligned}$$

그리고 위 등식의 우변은

$$\frac{(k+1)(k+2)}{2}=\frac{k^2+3k+2}{2}$$

그래서 등식의 좌변과 우변이 같음을 보였다. 그러므로 $P(k+1)$은 참이다.
[기본단계와 귀납단계를 모두 증명해 보였으므로 위의 정리는 참이라는 결론을 내린다.]

■

가장 위대한 수학자 중 한 사람인 Carl Friedrich Gauss(1777~1855)에 관해 전해지는 이야기가 있다. 그가 어렸을 적에 선생님이 1부터 100까지의 숫자들을 모두 더하라는 문제를 낸 적이 있었다. 선생님은 학생들에게 문제를 내어 주고 아마 시험지를 채점할 시간을 벌려고 했을지 모른다. 하지만 단 몇 초 후, Gauss는 정확한 답을 계산하였다. 말할 필요도 없이 선생님은 얼떨떨했다. 어린 Gauss가 어떻게 그렇게 빨리 합을 계산해 낼 수 있었을까? 몇 년 후, Gauss는 그때 숫자들이 아래와 같은 구조에 따라 한 쌍씩 묶어지는 것을 상상했다고 설명했다.

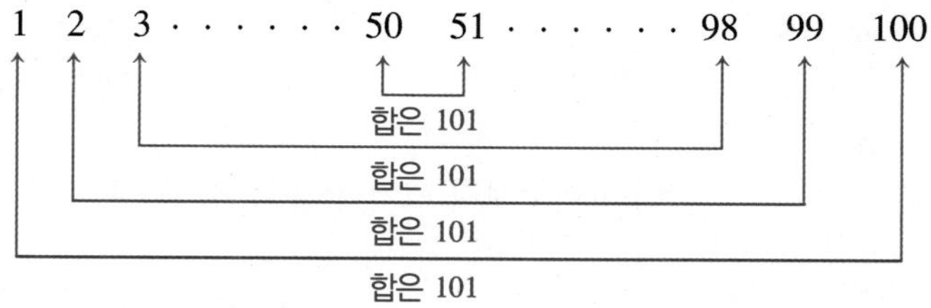

각 쌍의 합은 101이고 모두 50개의 쌍이 있다. 그러므로 모든 합은 $50 \cdot 101 = 5{,}050$이다.

> **• 정의**
>
> 하나의 변수를 포함하는 여러 항들의 합이 생략 부호 또는 합(Σ) 기호를 포함하지 않는 하나의 식에 의해 표현될 때 "합이 **닫힌 형식**(closed form)으로 표현된다"고 말한다.

예를 들어 등식 $1+2+3+\cdots+n = \dfrac{n(n+1)}{2}$ 으로부터 합 $1+2+3+\cdots+n$이 닫힌 형식으로 표현됨을 알 수 있다.

예제 5.2.2 **처음 *n*개 정수의 합을 구하는 공식 적용**

a. $2+4+6+\cdots+500$을 구하라.

b. $5+6+7+8+\cdots+50$을 구하라.

c. 정수 $h \geq 2$에 대해, $1+2+3+\cdots+(h-1)$을 닫힌 형식으로 표현하라.

풀이

a.
$$\begin{aligned} 2+4+6+\cdots+500 &= 2\cdot(1+2+3+\cdots+250) \\ &= 2\cdot\left(\frac{250\cdot 251}{2}\right) \quad \text{$n=250$일 때 처음 n개 정수의 합을 구하는 공식을 적용함으로써} \\ &= 62{,}750 \end{aligned}$$

b.
$$\begin{aligned} 5+6+7+8+\cdots+50 &= (1+2+3+\cdots+50)-(1+2+3+4) \\ &= \frac{50\cdot 51}{2} - 10 \quad \text{$n=50$일 때 처음 n개 정수의 합을 구하는 공식을 적용함으로써} \\ &= 1{,}265 \end{aligned}$$

c.
$$\begin{aligned} 1+2+3+\cdots+(h-1) &= \frac{(h-1)\cdot[(h-1)+1]}{2} \quad \text{$n=h-1$일 때 처음 n개 정수의 합을 구하는 공식을 적용함으로써} \\ &= \frac{(h-1)\cdot h}{2} \end{aligned}$$

■

다음에 있는 예제는 수학에서 유명하면서 중요한 공식인 등비수열의 합을 구하는 공식의 증명을 요구한다. **등비수열**(geometric sequence)에서 각 항은 앞선 항에 어떤 상수를 곱함으로써 얻어진다. 만약 첫 항이 1이고 상수가 r이면, 수열은 $1, r, r^2, r^3, \ldots, r^n, \ldots$과 같다. 이 수열의 처음 n개 항들의 합은 다음 공식으로 주어진다.

$$\sum_{i=0}^{n} r^i = \frac{r^{n+1}-1}{r-1}$$

정수 n이 0보다 크거나 같고, 실수 r은 1이 아닐 때, 이 공식의 전개식은 다음과 같다.

$$r^0 + r^1 + r^2 + \cdots + r^n = \frac{r^{n+1}-1}{r-1}$$

그리고 $r^0=1$이고 $r^1=r$이므로 $n \geq 1$에 대해, 공식은 다음과 같이 다시 쓸 수 있다.

$$1 + r + r^2 + \cdots + r^n = \frac{r^{n+1}-1}{r-1}$$

예제 5.2.3 등비수열의 합

$n \geq 0$인 모든 정수 n과, $r \neq 1$인 실수 r에 대해, $\sum_{i=0}^{n} r^i = \frac{r^{n+1}-1}{r-1}$임을 증명하라.

풀이

이 예제에서 속성 $P(n)$은 실수 r을 포함하고 있긴 하지만 역시 방정식이다.

$$\boxed{\sum_{i=0}^{n} r^i = \frac{r^{n+1}-1}{r-1}}$$ ← $P(n)$의 속성

r은 1이 아닌 어떤 실수도 될 수 있으므로, r이 1이 아닌 임의의 특정 실수로 선택될 수 있다는 가정으로 증명을 시작한다. 그리고 $n=0$일 때부터 시작해서 n에 관한 수학적 귀납법을 이용하여 증명을 계속한다. 기본단계에서 $P(0)$가 참임을 보여야 한다. 이 말은 $n=0$일 때 속성이 참임을 보이는 것이다. 따라서 $P(n)$의 각 n을 0으로 대체한다.

$$\boxed{\sum_{i=0}^{0} r^i = \frac{r^{0+1}-1}{r-1}}$$ ← 기본단계 $P(0)$

귀납단계에서 $P(k)$가 참이라 가정한다. 다시 말해서 $n=k$일 때 속성이 참이라고 가정하는 것이다. 따라서 $P(n)$의 각 n을 k로 대체한다.

$$\boxed{\sum_{i=0}^{k} r^i = \frac{r^{k+1}-1}{r-1}}$$ ← 귀납단계의 가정 $P(k)$

이제 $P(k+1)$이 참임을 보여야 한다. 이 말은 $n=k+1$일 때 속성이 참임을 보이는 것이다. 따라서 $P(n)$의 각 n을 다음과 같이 $k+1$로 대체한다.

$$\sum_{i=0}^{k+1} r^i = \frac{r^{(k+1)+1} - 1}{r - 1}$$

또는 동일하게 다음과 같이 쓸 수 있다.

$$\boxed{\sum_{i=0}^{k+1} r^i = \frac{r^{k+2} - 1}{r - 1}}$$

← $P(k+1)$을 보이기 위해

이 증명의 귀납단계에서 등식이 성립함을 보이기 위해 다양한 일반적 기술이 이용된다: 등식의 좌변으로부터 출발해서 등식의 우변에 이르기까지 귀납단계의 가정과 대수 그리고 이미 알려진 다른 사실들이 이용된다.

정리 5.2.3 등비수열의 합

1이 아닌 임의의 실수 r과 임의의 정수 $n \geq 0$에 대해 아래의 등식이 성립한다.

$$\sum_{i=0}^{n} r^i = \frac{r^{n+1} - 1}{r - 1}$$

증명(수학적 귀납법에 의한):

r이 특정한 그러나 임의로 선택된 1이 아닌 실수라고 하자. 그리고 속성 $P(n)$을 아래의 등식

$$\sum_{i=0}^{n} r^i = \frac{r^{n+1} - 1}{r - 1}$$

← $P(n)$

이라고 하자.

***P*(0)가 참임을 보여라:**

$P(0)$는 아래의 등식으로 표현된다.

$$\sum_{i=0}^{0} r^i = \frac{r^{0+1} - 1}{r - 1}$$

← $P(0)$

이 등식의 좌변은 $r^0=1$이다. 그리고 우변을 계산하면 $r^1=r$이고 $r \neq 1$이므로

$$\frac{r^1 - 1}{r - 1} = \frac{r - 1}{r - 1} = 1$$

이 된다. 그래서 $P(0)$는 참이다.

모든 정수 $k \geq 0$에 대해 $P(k)$가 참이라고 가정했을 때 $P(k+1)$ 또한 참이 됨을 보여라:
[하나의 특정한 그러나 임의로 선택된 정수 $k \geq 0$에 대해 $P(k)$가 참이라고 가정하자.]
$k \geq 0$가 임의의 정수라 하고 아래의 등식이 성립한다고 가정하자.

$$\sum_{i=0}^{k} r^i = \frac{r^{k+1}-1}{r-1} \quad \leftarrow P(k) \text{ 귀납단계의 가정}$$

[이제 $P(k+1)$이 참이 됨을 보여야 한다.] 아래의 등식이 성립함을 보여야 한다.

$$\sum_{i=0}^{k+1} r^i = \frac{r^{(k+1)+1}-1}{r-1}$$

즉,

$$\sum_{i=0}^{k+1} r^i = \frac{r^{k+2}-1}{r-1} \quad \leftarrow P(k+1)$$

[$P(k+1)$의 좌변과 우변이 같음을 보이고자 한다.]
$P(k+1)$의 좌변은

$$\sum_{i=0}^{k+1} r^i = \sum_{i=0}^{k} r^i + r^{k+1}$$ $(k+1)$번째 항을 처음 k개의 항으로부터 분리함으로써

$$= \frac{r^{k+1}-1}{r-1} + r^{k+1}$$ 귀납단계의 가정에 따라 치환함으로써

$$= \frac{r^{k+1}-1}{r-1} + \frac{r^{k+1}(r-1)}{r-1}$$ 공통분모를 얻기 위해 두 번째 항의 분자, 분모에 $(r-1)$을 곱함으로써

$$= \frac{(r^{k+1}-1) + r^{k+1}(r-1)}{r-1}$$ 분수 덧셈에 의해

$$= \frac{r^{k+1}-1+r^{k+2}-r^{k+1}}{r-1}$$ $r^{k+1} \cdot r = r^{k+1} \cdot r^1 = r^{k+2}$에 의해

$$= \frac{r^{k+2}-1}{r-1}$$ r^{k+1}를 없앰으로써

이 되고 이는 $P(k+1)$의 우변과 같다.
[기본단계와 귀납단계를 모두 증명해 보였으므로 위의 정리는 참이라는 결론을 내린다.]

등식의 증명

예제 5.2.1과 5.2.3의 기본단계와 귀납단계를 증명할 때 양쪽 모든 단계에서 등식이 성립한다는 사실을 증명하였다. 그런데 이때 그 증명하는 방식에 있어서 다음과 같은 차이점이

있음을 알 수 있다: (1) 기본단계에서는 등식의 좌변과 우변을 각각 독립적으로 계산한 후 그 결과가 같음을 보였다. 그리고 (2) 귀납단계에서는 등식의 한 변에서 출발하여 다른 한 변에 이르기까지 식을 변형시켰다.

때때로 유효하지 않은 증명 방식으로 등식이 성립함을 보이는 경우가 있는데 다음의 예가 이 경우에 해당한다. 정리 5.2.3의 기본단계 증명을 위해 아래의 계산을 실행하는 경우이다.

$$\begin{aligned}\sum_{i=0}^{0} r^i &= \frac{r^{0+1}-1}{r-1}\\ r^0 &= \frac{r^1-1}{r-1}\\ 1 &= \frac{r-1}{r-1}\\ 1 &= 1\end{aligned}$$

이 계산 방식의 문제는 다음과 같은 사실에 있다. 하나의 명제 $\sum_{i=0}^{0} r^i = \frac{r^{0+1}-1}{r-1}$ 로부터 출발하여 참인 결론이 유도될 때까지 계산을 해 가는데 참인 결론이 거짓인 명제로부터도 유도될 수 있기 때문이다. 예를 들어 아래의 계산을 보면 $1=0$ 라는 거짓인 명제로부터 참인 결론 $1=1$ 이 유도될 수 있음을 알 수 있다.

$$\begin{aligned}1 &= 0 && \longleftarrow \text{거짓}\\ 0 &= 1 &&\\ 1+0 &= 0+1 &&\\ 1 &= 1 && \longleftarrow \text{참}\end{aligned}$$

수학적 귀납법을 이용해 식을 증명하고자 할 때 기본단계 및 귀납단계의 증명에 있어서 앞에서 살펴본 경우와 같은 유효하지 않은 증명 방식을 택하는 일이 없도록 주의하자.

추가 공식의 유도

등비수열의 합의 공식(정리 5.2.3)에서 1을 제외한 특정한 하나의 r 값이 정해질 때마다 하나의 공식이 얻어지므로 이 공식은 여러 공식의 모임으로 간주할 수 있다.

예제 5.2.4 **등비수열의 합 공식 적용**

아래 (a), (b) 각각에서 m은 3 이상인 정수라고 가정하라. 아래의 합을 닫힌 형식으로 표현하라.

a. $1+3+3^2+\cdots+3^{m-2}$를 구하라.

b. $3^2+3^3+3^4+\cdots+3^m$를 구하라.

풀이

a. $1 + 3 + 3^2 + \cdots + 3^{m-2} = \dfrac{3^{(m-2)+1} - 1}{3 - 1}$ r=3, n=m−2일 때 등비수열의 합 공식을 적용함

$$= \frac{3^{m-1} - 1}{2}$$

b. $3^2 + 3^3 + 3^4 + \cdots + 3^m = 3^2 \cdot (1 + 3 + 3^2 + \cdots + 3^{m-2})$

$$= 9 \cdot \left(\frac{3^{m-1} - 1}{2}\right)$$

■

1에서 n까지의 정수들의 합을 구하는 공식과 마찬가지로, 등비수열의 합을 구하는 공식도 간단하고 직관적인 방법으로 생각해 낼 수 있다. S_n을 다음과 같이 두자.

$$S_n = 1+r+r^2+\cdots+r^n$$

그러면

$$rS_n = r+r^2+r^3+\cdots+r^{n+1}$$

이므로

$$\begin{aligned} rS_n - S_n &= (r + r^2 + r^3 + \cdots + r^{n+1}) - (1 + r + r^2 + \cdots + r^n) \\ &= r^{n+1} - 1 \end{aligned} \qquad 5.2.1$$

그러나

$$rS_n - S_n = (r - 1)S_n \qquad 5.2.2$$

식 (5.2.1)의 우변과 식 (5.2.2)의 우변을 같게 등식으로 놓고 $r-1$로 나누면 다음을 얻는다.

$$S_n = \frac{r^{n+1} - 1}{r - 1}$$

이러한 공식 유도는 꽤 매력적이고 이해하기도 쉽다. 하지만 수학적 귀납법만큼 논리적으로 완벽한 것은 아니다. 위의 계산 과정 한 단계에서 다음 단계로 가기 위해 생략 부호(⋯)로 나타낸 각 항들은 이러이러한 항들임을 의미하며 이 항들은 소거될 수 있음을 나타낸다. 하지만 생략 부호로 나타낸 그러한 항들과 그러한 소거가 일어나는 것을 모두 직접 확인하는 것은 불가능하므로 이러한 계산들의 정확성을 완전히 검사할 수는 없다. 수학적 귀납법을 이용하면 이렇게 생략된 항들 사이에서 일어나는 계산에 초점을 맞출 수 있고, 계산이 정확함을 의심할 여지 없이 검증할 수 있다.

자 | 기 | 진 | 단

1. 수학적 귀납법은 정수 n에 대해 정의된 속성이 ______ 모든 정수 n에 대해 참임을 증명하기 위한 방법이다.

2. $P(n)$을 정수 n에 대해 정의된 어떤 속성이라 하자. 명제 "모든 정수 $n \geq a$에 대해, $P(n)$"을 수학적 귀납법을 이용해 증명하고자 할 때,

(a) 기초단계에서는 ______를 보여야 한다.

(b) 귀납단계에서는 $k \geq a$인 정수 k에 대해 ______임을 가정한다. 이러한 가정을 ______이라 한다. 그런 후 _____임을 보여야 한다.

연 / 습 / 문 / 제 5.2

1. 수학적 귀납법을 사용하여(그리고 명제 5.2.1의 증명을 모델로 삼아) 14¢ 이상의 어떤 금액도 3¢와 8¢의 동전을 이용하여 만들 수 있음을 증명하라.

2. 모든 양의 정수 n에 대해, $P(n)$을 다음과 같은 공식으로 두자.

$$1^2 + 2^2 + \cdots + n^2 = \frac{n(n+1)(2n+1)}{6}.$$

a. $P(1)$을 써라. $P(1)$은 참인가?

b. $P(k)$를 써라.

c. $P(k+1)$을 써라.

d. 위 공식이 $n \geq 1$인 모든 정수에 대해 성립함을 보이기 위해 수학적 귀납법을 이용할 경우 귀납단계에서는 무엇을 보여야 하는가?

3. 아래 등식의 증명에서 빈칸을 채우라.

모든 정수 $n \geq 1$에 대해, $1+3+5+\cdots+(2n-1)=n^2$

증명: 성질 $P(n)$을 아래의 등식이라고 하자.

$$1+3+5+\cdots+(2n-1)=n^2. \qquad \leftarrow P(n)$$

$P(1)$이 참임을 보여라: $P(1)$이 참임을 보이기 위해 $n=1$일 때 위 등식의 좌변과 우변이 같음을 보여야 한다. 그런데 $n=1$일 때 좌변은 1부터 $2 \cdot 1-1$까지의 모든 홀수의 합이다. 이는 1부터 1까지의 합이 되어 1이다. 우변은 __(a)__ 이고 이 값 또한 1이다. 그래서 $P(1)$은 참이 된다.

모든 정수 $k \geq 1$에 대해, $P(k)$가 참이라고 가정했을 때 $P(k+1)$이 참이 됨을 보여라: k를 $k \geq 1$를 만족시키는 임의의 정수라고 하자.

[$P(k)$가 참이라고 가정하자. 즉,]

$$1+3+5+\cdots+(2k-1)=\underline{\text{(b)}} \qquad \leftarrow P(k)$$

[이는 귀납단계의 가정이다.]

가 성립한다고 가정하자.

[$P(k+1)$이 참이 됨을 보여야 한다. 즉,]

아래의 등식이 성립함을 보여야 한다.

$$\underline{\text{(c)}} = \underline{\text{(d)}} \qquad \leftarrow P(k+1)$$

그런데 $P(k+1)$의 좌변은

$1+3+5+\cdots+(2(k+1)-1)$

$=1+3+5+\cdots+(2k+1)$ 대수에 의해

$=[1+3+5+\cdots+(2k-1)]+(2k+1)$

__(e)__이기 때문에 마지막 항의 바로 앞의 항은 $2k-1$이다.

$=k^2+(2k+1)$ __(f)__ 에 의해

$=(k+1)^2$ 대수에 의해

이 값은 $P(k+1)$의 우변에 해당한다[보여야 하는 것이다].

연습문제 4, 5에 있는 각 명제를 수학적 귀납법을 이용하여 증명하라. 정리 5.2.2 혹은 정리 5.2.3으로부터 유도하지 말라.

4. 모든 정수 $n \geq 1$에 대해, $2+4+6+\cdots+2n=n^2+n$.

5. 모든 정수 $n \geq 0$에 대해, $1+2+2^2+\cdots+2^n=2^{n+1}-1$.

연습문제 6~9에 있는 각 명제를 수학적 귀납법을 이용

하여 증명하라.

6. 모든 정수 $n \geq 1$에 대해,

$$1^2+2^2+\cdots+n^2=\frac{n(n+1)(2n+1)}{6}.$$

7. 모든 정수 $n \geq 2$에 대해,

$$\sum_{i=1}^{n-1} i(i+1) = \frac{n(n-1)(n+1)}{3}.$$

8. 모든 정수 $n \geq 1$에 대해, $\sum_{i=1}^{n} i(i!) = (n+1)! - 1$.

9. x가 π에 의해 나누어지지 않는 실수라면 모든 정수 $n \geq 1$에 대해

$$\sin x+\sin 3x+\sin 5x+\cdots+\sin(2n-1)x=\frac{1-\cos 2nx}{2\sin x}.$$

수열의 합을 구하는 공식 또는 등비수열의 합을 구하는 공식을 이용하여 연습문제 10~14에 있는 각 수식의 합을 구하라.

10. $4+8+12+16+\cdots+200$.

11. $3+4+5+6+\cdots+1000$.

12. $1+2+3+\cdots+(k-1)$, 여기서 k는 $k \geq 2$를 만족시키는 정수이다.

13. **a.** $1+2+2^2+\cdots+2^{25}$ **b.** $2+2^2+2^3+\cdots+2^{26}$

14. $1+\frac{1}{2}+\frac{1}{2^2}+\cdots+\frac{1}{2^n}$, 여기서 n은 양의 정수이다

15. 합 $(a+md)+(a+(m+1)d)+(a+(m+2)d)+\cdots+(a+(m+n)d)$를 n, a, m, d의 공식으로 나타내라. 여기서 m과 n은 정수이며, $n \geq 0$이고, a와 d는 실수이다. 당신의 답을 정당화하라.

연습문제 16~18에서는 증명하는 과정에서 잘못된 부분을 찾아라.

16. **정리:** 임의의 정수 $n \geq 1$에 대해

$$1^2+2^2+\cdots+n^2=\frac{n(n+1)(2n+1)}{6}.$$

"증명(수학적 귀납법에 의한): $n=1$일 때 정리는 성립한다. 왜냐하면 $1^2=1$이고 $\frac{1(1+1)(2\cdot 1+1)}{6}=1$이기 때문이다. 그래서 기본단계는 참이다.
귀납단계를 보이기 위해, 어떤 정수 $k \geq 1$에 대해 $k^2=\frac{k(k+1)(2k+1)}{6}$가 참이라고 가정하라. 이제 $(k+1)^2=\frac{(k+1)((k+1)+1)(2(k+1)+1)}{6}$가 참이 됨을 보여야 한다."

17. **정리:** 임의의 정수 $n \geq 0$에 대해

$$1+2+2^2+\cdots+2^n=2^{n+1}-1.$$

"증명(수학적 귀납법에 의한): 성질 $P(n)$을 $1+2+2^2+\cdots+2^n=2^{n+1}-1$라고 하자.

***P*(0)이 참임을 보여라:**
$P(0)$의 좌변은 $1+2+2^2+\cdots=1$이고 우변은 $2^{0+1}-1=2-1=1$이다. 그래서 $P(0)$는 참이다."

18. **정리:** 임의의 정수 $n \geq 1$에 대해

$$\sum_{i=1}^{n} i(i!) = (n+1)! - 1$$

"증명(수학적 귀납법에 의한): 속성 $P(n)$을 $\sum_{i=1}^{n} i(i!) = (n+1)!-1$라고 하자.

***P*(1)이 참임을 보여라:** $n=1$일 때

$$\sum_{i=1}^{1} i(i!) = (1+1)! - 1$$

그래서 $1(1!)=2!-1$
그리고 $1=1$

그래서 $P(1)$은 참이다."

자 | 기 | 진 | 단 | 해 | 답

1. 특정한 초기 정수 a에 대해 $n \geq a$가 성립하는 2. (a) $P(a)$는 참이다. (b) $P(k)$가 참; 귀납단계의 가정; $P(k+1)$이 참.

5.3 수학적 귀납법 II

자연과학에서, 연역법과 귀납법은 사고의 대안적 방식으로 설명된다. 연역법은 논리적 추론 법칙을 이용해서 일반적 원리로부터 결론을 추론하는 방식이고, 귀납법은 일반적 원리가 많은 수의 실례들에서 적용되는 것을 관찰한 후에 그 원리를 선언하는 것이다. 이런 관점에서 봤을 때, 수학적 귀납법은 귀납법보다는 연역법에 더 가깝다. 수학적 귀납법으로 일단 증명되고 나면, 그 정리는 다른 어떤 수학적 방법에 의해 증명된 것만큼이나 확실한 것으로 알려진다. 자연과학의 개념에서 볼 때, 귀납적 추론은 수학 분야에서 사용되지만 단지 추측을 하기 위한 것이지 증명을 하기 위해 쓰이는 것이 아니다. 예를 들어 다음을 보자.

$$1 - \frac{1}{2} = \frac{1}{2}$$

$$\left(1 - \frac{1}{2}\right)\left(1 - \frac{1}{3}\right) = \frac{1}{3}$$

$$\left(1 - \frac{1}{2}\right)\left(1 - \frac{1}{3}\right)\left(1 - \frac{1}{4}\right) = \frac{1}{4}$$

이 패턴은 순수한 우연에 의해 발생할 것 같지는 않으므로 이런 패턴이 일반적으로 참이라고 추측하는 것이 합당해 보인다. 이런 예와 같은 경우, 수학적 귀납법에 의한 증명은 이 패턴이 왜 참인지를 밝히는 데 필수적이다. 귀납법에 의한 증명은 앞선 경우로부터 유도된 다음 경우가 참임을 밝히는 데 필요한 수학적 메커니즘을 보여 준다. 예를 들어 이 예제에서 다음을 살펴보자. 만약

$$\left(1 - \frac{1}{2}\right)\left(1 - \frac{1}{3}\right)\cdots\left(1 - \frac{1}{k}\right) = \frac{1}{k}$$

이면 치환에 의해

$$\left(1 - \frac{1}{2}\right)\left(1 - \frac{1}{3}\right)\cdots\left(1 - \frac{1}{k}\right)\left(1 - \frac{1}{k+1}\right)$$

$$= \frac{1}{k}\left(1 - \frac{1}{k+1}\right) = \frac{1}{k}\left(\frac{k+1-1}{k+1}\right) = \frac{1}{k}\left(\frac{k}{k+1}\right) = \frac{1}{k+1}$$

그러므로 수학적 귀납법은 일반적 패턴에 대한 인식을 모호한 추측이 아닌 수학적으로 확실한 것으로 만들어 준다.

이 절의 나머지 부분은 정수의 나뉨성, 부등식과 같은 종류의 명제들을 증명하는 데 수학적 귀납법이 어떻게 사용되는지 보여 준다. 증명의 기본적인 개요는 같지만 기본단계와

귀납단계에서의 세부적인 사항은 서로 다르다.

예제 5.3.1 **나누어지는 속성의 증명**

수학적 귀납법을 사용하여 모든 정수 $n \geq 0$에 대해, $2^{2n}-1$이 3으로 나누어짐을 증명하라.

풀이

앞에서 본 수학적 귀납법에 의한 증명과 마찬가지로, 먼저 속성 $P(n)$이 무엇인지를 밝혀야 한다. 이 예제에서 $P(n)$은 아래와 같다.

$2^{2n}-1$은 3으로 나누어진다	← $P(n)$의 속성

대입에 의해, 기본단계에 대한 명제 $P(0)$는 다음과 같다.

$2^{2\cdot 0}-1$은 3으로 나누어진다	← 기본단계 $P(0)$

귀납단계에 대한 가정 $P(k)$는 다음과 같다.

$2^{2k}-1$은 3으로 나누어진다	← 귀납단계의 가정 $P(k)$

또한 보여 줘야 할 결론 $P(k+1)$은 다음과 같다.

$2^{2(k+1)}-1$은 3으로 나누어진다	← $P(k+1)$을 보여 주기 위해

어떤 정수 r에 대해 $m=3r$이라는 사실은 m이 3으로 나누어진다는 사실과 동치이다. $2^{2\cdot 0}-1 = 2^0-1 = 1-1 = 0$이므로 명제 $P(0)$은 참이다.

귀납단계를 증명하기 위해, k는 $P(k)$를 참으로 하는 0 이상인 정수라 가정한다. 이 말은 $2^{2k}-1$가 3으로 나누어짐을 의미한다. 이제 $P(k+1)$가 참임을 증명해야 한다. 다시 말해서 $2^{2(k+1)}-1$이 3으로 나누어짐을 보여야 한다.

$$
\begin{aligned}
2^{2(k+1)} - 1 &= 2^{2k+2} - 1 \\
&= 2^{2k} \cdot 2^2 - 1 \qquad \text{지수법칙에 의해} \\
&= 2^{2k} \cdot 4 - 1
\end{aligned}
$$

목표는 $2^{2k}\cdot 4-1$이 3으로 나누어지는 것을 보이는 것이다. 왜 그래야 할까? 귀납단계 가정에 의해, $2^{2k}-1$은 3으로 나누어진다. 그리고 $2^{2k}\cdot 4-1$은 $2^{2k}-1$과 형태가 비슷하다. 사실은 $2^{2k}\cdot 4-1$에서 $2^{2k}-1$을 뺐을 때 무슨 일이 벌어지는가?

$$\underbrace{2^{2k}\cdot 4-1}_{\uparrow} - \underbrace{(2^{2k}-1)}_{\uparrow} = \underbrace{2^{2k}\cdot 3}_{\uparrow}$$

3으로 나뉘는가? 3으로 나누어짐 3으로 나누어짐

양변에 $2^{2k}-1$을 더하면

$$\underbrace{2^{2k}\cdot 4-1}_{\uparrow} = \underbrace{2^{2k}\cdot 3}_{\uparrow} + \underbrace{2^{2k}-1}_{\uparrow}$$

3으로 나뉘는가? 3으로 나누어짐 3으로 나누어짐

이 식의 우변 두 항은 3으로 나누어진다. 그러므로 그 합도 3으로 나누어진다. 따라서 식의 좌변 역시 3으로 나누어진다.

위의 내용들은 아래와 같이 요약될 수 있다.

명제 5.3.1

모든 정수 $n \ge 0$에 대해, $2^{2n}-1$은 3으로 나누어진다.

증명(수학적 귀납법에 의한) :

속성 $P(n)$을 "$2^{2n}-1$은 3으로 나누어진다"라고 하자.

$$2^{2n}-1\text{은 3으로 나누어진다.} \qquad \leftarrow P(n)$$

***P*(0)이 참임을 보여라:**

$P(0)$이 참임을 보이기 위해

$$2^{2\cdot 0}-1\text{은 3으로 나누어진다.} \qquad \leftarrow P(0)$$

가 성립함을 보여야 한다. 그런데

$$2^{2\cdot 0}-1=2^0-1=1-1=0$$

이고 $0=3\cdot 0$인 관계로 0이 3으로 나누어진다. 그러므로 $P(0)$은 참이다.

모든 정수 $k \ge 0$에 대해, $P(k)$가 참이라고 가정했을 때 $P(k+1)$이 참이 됨을 보여라:

[하나의 특정한 그러나 임의로 선택된 정수 $k \ge 0$에 대해 $P(k)$가 참이라고 가정하자.]

$k \ge 0$인 임의의 정수 k에 대해

$$2^{2k}-1\text{은 3으로 나누어진다고 가정하자.} \qquad \leftarrow P(k)\text{ 귀납단계의 가정}$$

나누어짐에 대한 정의에 의해 이것은 다음을 의미한다.

$$\text{어떤 정수 } r\text{에 대해, } 2^{2k}-1=3r$$

[이제 $P(k+1)$이 참이 됨을 보여야 한다.] 다음을 보여야 한다.

$2^{2(k+1)}-1$이 3으로 나누어진다. ← $P(k+1)$

그런데

$$\begin{aligned} 2^{2(k+1)} - 1 &= 2^{2k+2} - 1 \\ &= 2^{2k} \cdot 2^2 - 1 && \text{지수법칙에 의해} \\ &= 2^{2k} \cdot 4 - 1 \\ &= 2^{2k}(3+1) - 1 \\ &= 2^{2k} \cdot 3 + (2^{2k} - 1) && \text{대수법칙에 의해} \\ &= 2^{2k} \cdot 3 + 3r && \text{귀납단계의 가정에 의해} \\ &= 3(2^{2k} + r) && \text{인수분해에 의해} \end{aligned}$$

$2^{2k}+r$은 정수들의 곱의 합이기 때문에 정수이다. 그러므로 나누어짐에 대한 정의에 의해, $2^{2(k+1)}-1$은 3으로 나누어진다.

[기본단계와 귀납단계를 모두 증명해 보였으므로 위의 정리는 참이라는 결론을 내린다.]

■

다음 예제는 수학적 귀납법을 이용해서 부등식을 증명하는 것을 보여 준다.

예제 5.3.2 부등식의 증명

수학적 귀납법을 이용해서 다음을 증명하라.

모든 정수 $n \geq 3$에 대해, $2n + 1 < 2^n$.

풀이

이 예제에서 속성 $P(n)$은 다음 부등식이다.

$$2n + 1 < 2^n \quad \leftarrow P(n)\text{의 속성}$$

대입에 의해, 기본단계를 위한 명제 $P(3)$는 다음과 같다.

$$2 \cdot 3 + 1 < 2^3 \quad \leftarrow \text{기본단계 } P(3)$$

귀납단계의 가정 $P(k)$는 다음과 같다.

$$2k + 1 < 2^k \quad \leftarrow \text{귀납단계의 가정 } P(k)$$

보여 줄 결론은 다음과 같다.

$$2(k+1) + 1 < 2^{k+1} \quad \leftarrow P(k+1)\text{을 보이기 위해}$$

기본단계를 증명하기 위해, $2 \cdot 3+1=7$, $2^3=8$, 그리고 $7 < 8$이기 때문에 명제 $P(3)$는

참이 됨을 관찰하라.

귀납단계를 증명하기 위해, 정수 $k \geq 3$에 대해 $P(k)$는 참이라 가정한다.[이는 귀납단계 가정이다.] 이것은 정수 $k \geq 3$에 대해 $2k+1 < 2^k$이 참임을 가정하는 것이다. 그러면 이제 $P(k+1)$이 참임을 유도하자. 다른 말로, 부등식 $2(k+1)+1 < 2^{k+1}$이 참임을 보이는 것이다. 식을 곱해서 다시 묶어 주면 다음과 같이 된다.

$$2(k+1)+1 = 2k+3 = (2k+1)+2 \qquad 5.3.1$$

귀납단계 가정으로부터 대입하면

$$(2k+1)+2 < 2^k + 2 \qquad 5.3.2$$

그러므로

$$2(k+1)+1 < 2^k + 2$$ 식 (5.3.1)의 가장 왼쪽 항은 식 (5.3.2)의 가장 오른쪽 항보다 작다.

2^k+2가 2^{k+1}보다 작다는 것을 보일 수 있다면, 부등식은 증명되는 것이다. 부등식에서 2^k를 양변에서 빼거나 더할 수 있으므로

$$2^k + 2 < 2^{k+1} \quad \Leftrightarrow \quad 2 < 2^{k+1} - 2^k = 2^k(2-1) = 2^k$$

그리고 부등식의 양변에 2를 곱하거나 나누어도 방향이 바뀌지 않으므로

$$2 < 2^k \quad \Leftrightarrow \quad 1 = \frac{2}{2} < \frac{2^k}{2} = 2^{k-1}$$ 지수법칙에 의해

이 마지막 부등식은 모든 $k \geq 2$에 대해 참이다. 그러므로 $2(k+1)+1 < 2^{k+1}$는 참이다.

여기까지의 설명은 아래 증명에 좀더 체계적으로 정리되어 있다.

명제 5.3.2

모든 정수 $n \geq 3$에 대해, $2n+1 < 2^n$가 성립한다.

증명(수학적 귀납법에 의한):

속성 $P(n)$을 아래의 부등식이라고 하자.

$$2n+1 < 2^n \qquad \leftarrow P(n)$$

***P*(3)가 참임을 보여라:**

$P(3)$가 참임을 보이기 위해

$$2 \cdot 3+1 < 2^3 \qquad \leftarrow P(3)$$

가 성립함을 보여야 한다. 그런데

$$2 \cdot 3+1=7,\ 2^3=8,\ \text{그리고 } 7<8 \text{ 이다.}$$

그래서 $P(3)$는 참이다.

모든 정수 $k \geq 3$에 대해, $P(k)$가 참이라고 가정했을 때 $P(k+1)$이 참이 됨을 보여라: [하나의 특정한 그러나 임의로 선택된 정수 $k \geq 3$에 대해 $P(k)$가 참이라고 가정하자.] $k \geq 3$인 임의의 정수 k에 대해

$$2k+1 < 2^k \qquad \leftarrow P(k) \text{ 귀납단계의 가정}$$

라고 가정하자. [이제 $P(k+1)$이 참이 됨을 보여야 한다.]

$$2(k+1)+1 < 2^{(k+1)},$$

즉,

$$2k+3 < 2^{(k+1)} \qquad \leftarrow P(k+1)$$

이 성립함을 보여야 한다. 그런데

$$2k+3 = (2k+1)+2 \qquad \text{대수법칙에 의해}$$

$$< 2^k + 2^k \qquad \text{귀납단계 가정에 의해 } 2k+1<2^k \text{에 의해, 그리고 모든 정수 } k \geq 2 \text{에 대해 } 2<2^k \text{이므로}$$

$$2k+3 < 2 \cdot 2^k = 2^{k+1} \qquad \text{지수법칙에 의해}$$

[기본단계와 귀납단계를 모두 증명해 보였으므로 위의 정리는 참이라는 결론을 내린다.]

■

다음 예제에서는 수열의 항들이 어떤 공식을 만족시키는 것을 보여 주기 위해 어떻게 수학적 귀납법이 이용 가능한지를 알아본다.

예제 5.3.3 수열의 속성 증명

수열 $a_1, a_2, a_3, \ldots$을 다음과 같이 정의하자.*

$$a_1 = 2$$

$$\text{모든 정수 } k \geq 2 \text{에 대해, } a_k = 5a_{k-1}.$$

a. 수열의 처음 네 항을 써라.

b. 각각의 정수 $n \geq 0$에 대해, 주어진 수열의 n번째 항이 식 $2 \cdot 5^{n-1}$에 의해 주어지는 값과 일치한다고 한다. 다시 말해, 수열의 각각의 항들이 등식 $a_n = 2 \cdot 5^{n-1}$을 만족시킨다는 것이다. 이 사실을 증명하라.

* 이는 재귀적 정의의 또 다른 한 예에 해당한다.

풀이

a. $a_1 = 2$

$a_2 = 5a_{2-1} = 5a_1 = 5 \cdot 2 = 10$

$a_3 = 5a_{3-1} = 5a_2 = 5 \cdot 10 = 50$

$a_4 = 5a_{4-1} = 5a_3 = 5 \cdot 50 = 250$

b. 수학적 귀납법을 이용해서 수열의 모든 항이 주어진 등식을 만족시킴을 보이려면, 먼저 수열의 첫 항이 등식을 만족시킴을 보인다. 그다음 임의로 선택된 항 a_k가 등식을 만족시킨다고 가정한 후 그 다음 항인 a_{k+1}이 등식을 만족시킴을 증명해 보이면 된다.

증명:

$a_1, a_2, a_3, \ldots$를 $a_1=2$ 그리고 모든 정수 $k \geq 2$에 대해, $a_k=5a_{k-1}$으로 정의되는 수열이라고 하자. 그리고 속성 $P(n)$을 등식

$$a_n = 2 \cdot 5^{n-1} \qquad \leftarrow P(n)$$

라고 하자. 모든 정수 $n \geq 1$에 대해, $P(n)$이 참임을 증명하고자 수학적 귀납법을 이용한다.

***P*(1)이 참임을 보여라:**

$P(1)$이 참임을 보이기 위해

$$a_1 = 2 \cdot 5^{1-1} \qquad \leftarrow P(1)$$

가 성립함을 보여야 한다. 그런데 $P(1)$의 좌변은

$$a_1 = 2 \qquad a_1, a_2, a_3, \ldots\text{의 정의에 의해}$$

이고 $P(1)$의 우변은 다음과 같다.

$$2 \cdot 5^{1-1} = 2 \cdot 5^0 = 2 \cdot 1 = 2$$

그래서 $P(1)$의 양변이 같으므로 $P(1)$은 참이다.

모든 정수 $k \geq 1$에 대해, $P(k)$가 참이라고 가정했을 때 $P(k+1)$이 참이 됨을 보여라:

[하나의 특정한 그러나 임의로 선택된 정수 $k \geq 1$에 대해 $P(k)$가 참이라고 가정하자.] k를 $k \geq 1$인 임의의 정수라고 하고 아래 등식이 성립한다고 가정하자.

$$a_k = 2 \cdot 5^{k-1} \qquad \leftarrow P(k) \text{ 귀납단계의 가정}$$

[이제 $P(k+1)$이 참이 됨을 보여야 한다.]

$$a_{k+1} = 2 \cdot 5^{(k+1)-1}$$

또는 동치식인

$$a_{k+1} = 2 \cdot 5^k \qquad \leftarrow P(k+1)$$

이 성립함을 보여야 한다. 그런데 $P(k+1)$의 좌변은

$$\begin{aligned} a_{k+1} &= 5a_{(k+1)-1} && a_1, a_2, a_3, \ldots \text{ 정의에 의해} \\ &= 5a_k && (k+1)-1 = k\text{이므로} \\ &= 5(2 \cdot 5^{k-1}) && \text{귀납단계 가정에 의해} \\ &= 2(5 \cdot 5^{k-1}) && \text{다시 묶어 줌} \\ &= 2 \cdot 5^k && \text{지수법칙에 의해} \end{aligned}$$

이 되고 이 값은 $P(k+1)$의 우변과 같다.

트로미노의 문제

도미노(domino)의 일반화를 의미하는 폴리오미노(polyomino)란 단어는 1954년 Solomon Golomb에 의해 도입되었다. 그때 그는 22살의 하버드 대학생이었다. 그 이후 그와 함께 한 몇몇 수학자는 폴리오미노에 관한 여러 흥미진진한 성질을 증명했는데, 이것이 유명한 컴퓨터 게임인 'Tetris'의 기초가 되었다. 폴리오미노의 특정한 유형 중 하나가 **트로미노**(tromino)인데 트로미노란 정사각형 3개가 붙어 있는 것을 지칭한다. 트로미노에는 직선 모양의 트로미노와 직각 트로미노 두 종류가 있다(아래의 그림 참조).

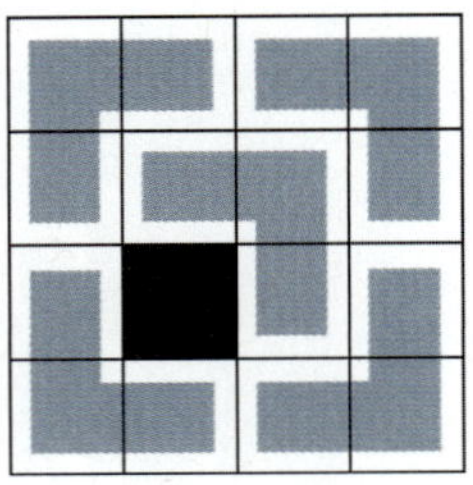

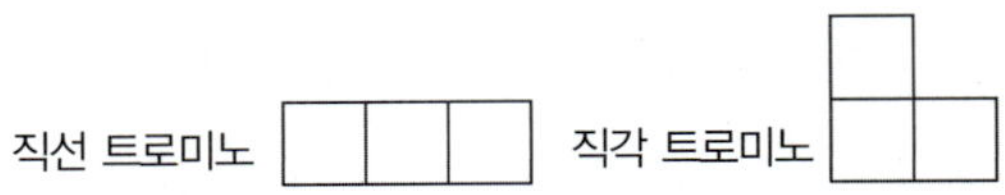

한 면이 m개의 정사각형으로 구성된 체커판(checkerboard)을 $m \times m$('m by m') 체커판이라고 하자. 4×4 체커판으로부터 하나의 정사각형을 제거하면, 나머지 정사각형들은 직각 트로미노들로 완전히 채워질 수 있음을 알 수 있다. 예를 들어 왼쪽의 그림이 하나의 구체적인 경우를 소개하고 있다.

Golomb는 폴리오미노에 관한 그의 첫 번째 논문에서 아래 정리의 증명을 소개했고 이는 수학적 귀납법에 의한 추론의 좋은 예를 제시한다.

정리 체커판을 트로미노로 채우기

임의의 정수 $n \geq 1$에 대해, $2^n \times 2^n$ 체커판으로부터 하나의 정사각형이 제거되면 나머지 정사각형들은 직각 트로미노들로 완전히 채워진다.

$2^{k+1} = 2 \cdot 2^k$이므로 $2^{k+1} \times 2^{k+1}$ 체커판을 가로와 세로로 반을 나누면 각 변의 반이 차지하는 크기는 2^k가 되고 이렇게 해서 생성되는 사분면(quadrant)은 $2^k \times 2^k$ 체커판이

된다. 그리고 결과적으로 총 4개의 $2^k \times 2^k$ 체커판이 얻어진다.

증명(수학적 귀납법에 의한):

속성 $P(n)$을 아래의 문장이라고 하자.

> $2^n \times 2^n$ 체커판으로부터 임의의 한 정사각형을
> 제거했을 때 나머지 정사각형들은 직각 트로미노들로　　← $P(n)$
> 완전히 채워진다.

$P(1)$이 참임을 보여라:

$2^1 \times 2^1$ 체커판은 4개의 정사각형으로 구성된다. 이로부터 하나의 정사각형을 제거하면 왼쪽의 그림이 보여주듯 나머지 정사각형들은 하나의 직각 트로미노를 이룬다. 그러므로 $P(1)$은 참이다.

모든 정수 $k \geq 1$에 대해, $P(k)$가 참이라고 가정했을 때 $P(k+1)$이 참이 됨을 보여라:

[하나의 특정한 그러나 임의로 선택된 정수 $k \geq 1$에 대해 $P(k)$가 참이라고 가정하자.] $k \geq 1$인 임의의 정수 k에 대해, 다음이 참이라고 가정하자.

> $2^k \times 2^k$ 체커판으로부터 임의의 한 정사각형을
> 제거했을 때 나머지 정사각형들은 직각　　← $P(k)$
> 트로미노들로 완전히 채워진다.

$P(k)$는 귀납단계의 가정이다.

[이제 $P(k+1)$이 참이 됨을 보여야 한다.] 아래의 사실이 성립합을 보여야 한다.

> $2^{k+1} \times 2^{k+1}$ 체커판으로부터 임의의 한 정사각형을
> 제거했을 때 나머지 정사각형들은 직각　　← $P(k+1)$
> 트로미노들로 완전히 채워진다.

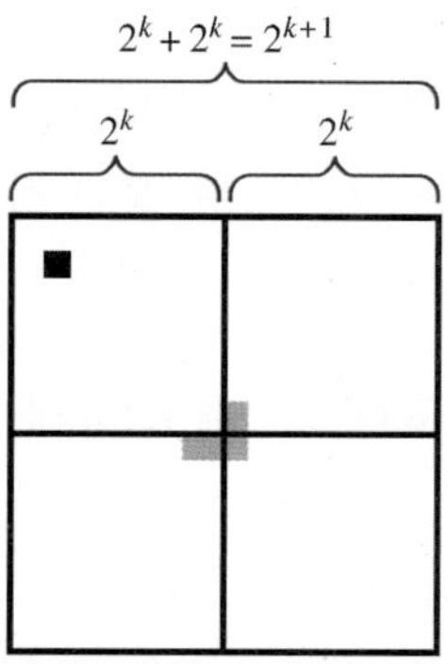

하나의 정사각형이 제거된 $2^{k+1} \times 2^{k+1}$ 체커판을 고려하자. 이 체커판을 4개의 정사분면으로 나누자: 각각의 정사분면은 $2^k \times 2^k$ 체커판에 해당한다. 4개의 사분면 중 하나에 한 정사각형이 제거되었으며 귀납단계의 가정에 의해 이 사분면의 나머지 모든 정사각형들은 직각 트로미노들로 완전히 채워질 수 있다. 나머지 3개의 정사분면은 체커판의 중심점을 공통 꼭지점으로 갖는데 왼쪽의 그림으로부터 알 수 있듯이 공통 꼭지점을 포함하는 3개의 정사각형(나머지 3개의 정사분면에 각각 속하는 정사각형)은 직각 트로미노를 만든다. 귀납단계의 가정에 의해 3개의 정사분면의 나머지 모든 정사각형들은 직각 트로미노들로 완전히 채워질 수 있다. 그래서 $2^{k+1} \times 2^{k+1}$ 체커판으로 부터 임의의 한 정사각형을 제거했을 때 나머지 정사각형들은 직각 트로미노들로 완전히 채워질 수 있다.

자 | 기 | 진 | 단

1. 수학적 귀납법은 자연과학에서 이용되는 귀납법과는 상이하다. 왜냐하면 수학적 귀납법은 ________ 추론방식에 해당하기 때문이다.

2. 수학적 귀납법은 귀납적 추론을 통해 추측한 사실을 ________ 하기 위해 이용될 수 있다.

연 / 습 / 문 / 제 5.3

1. 이 절을 시작할 때 보았던 곱 $\left(1-\frac{1}{2}\right)\left(1-\frac{1}{3}\right)\left(1-\frac{1}{4}\right)\cdots\left(1-\frac{1}{n}\right)$의 토의에 근거하여, 일반적인 n에 대한 공식을 추측해 보라. 그 추측을 수학적 귀납법으로 증명하라.

2. 다음을 관찰하자.

$$\frac{1}{1\cdot 3}=\frac{1}{3}$$
$$\frac{1}{1\cdot 3}+\frac{1}{3\cdot 5}=\frac{2}{5}$$
$$\frac{1}{1\cdot 3}+\frac{1}{3\cdot 5}+\frac{1}{5\cdot 7}=\frac{3}{7}$$
$$\frac{1}{1\cdot 3}+\frac{1}{3\cdot 5}+\frac{1}{5\cdot 7}+\frac{1}{7\cdot 9}=\frac{4}{9}$$

일반적인 공식을 추측한 후 수학적 귀납법으로 증명하라.

3. 다음을 관찰하자.

$$1=1,$$
$$1-4=-(1+2),$$
$$1-4+9=1+2+3,$$
$$1-4+9-16=-(1+2+3+4),$$
$$1-4+9-16+25=1+2+3+4+5$$

일반적인 공식을 추측한 후 수학적 귀납법으로 증명하라.

4. 음이 아닌 정수 n에 대해, $P(n)$을 다음과 같은 성질로 두자.

5^n-1은 4로 나누어진다.

a. $P(0)$를 써라. $P(0)$는 참인가?

b. $P(k)$를 써라.

c. $P(k+1)$을 써라.

d. 모든 정수 $n \geq 0$에 대해 이 성질이 충족됨을 수학적 귀납법으로 증명할 때, 귀납단계에서는 무엇을 보여 주어야 하는가?

연습문제 5~10에 있는 각 명제를 수학적 귀납법으로 증명하라.

5. 모든 정수 $n \geq 0$에 대해, 5^n-1은 4로 나누어진다.

6. 모든 정수 $n \geq 0$에 대해, $3^{2n}-1$은 8로 나누어진다.

7. 모든 정수 $n \geq 0$에 대해, x^n-y^n은 $x-y$로 나누어진다. 여기서 x와 y는 정수이며 $x \neq y$이다.

8. 모든 정수 $n \geq 0$에 대해, n^3-n은 6으로 나누어진다.

9. 모든 정수 $n \geq 2$에 대해, $2^n < (n+1)!$이다.

10. 모든 정수 $n \geq 5$에 대해, $n^2 < 2^n$이다.

11. 수열 $a_1, a_2, a_3, \ldots$는 다음과 같이 정의되었다. $a_1=3$, 모든 정수 $k \geq 2$에 대해, $a_k=7a_{k-1}$이다. 모든 정수 $n \geq 1$에 대해 $a_n=3\cdot 7^{n-1}$임을 보여라.

수학적 귀납법에 의한 증명이 유효하기 위해 $n=a$에 대한 기본명제가 참이어야 하고 모든 정수 $k \geq a$에 대해 귀납단계의 추론이 유효해야 한다. 연습문제 12, 13에서 수학적 귀납법에 의한 증명과정에서 잘못된 점을 찾아라.

12. **"정리:"** 임의의 정수 $n \geq 1$에 대해, n개의 수로 구성

된 집합에 속한 모든 수가 서로 같다.

"**증명(수학적 귀납법에 의한):** 하나의 수로 구성된 집합에 속하는 모든 수가 서로 같음은 명백하다. 귀납단계를 보이기 위해 $A=\{a_1, a_2, ..., a_k, a_{k+1}\}$를 $k+1$개의 수로 구성된 임의의 집합이라고 하자. B와 C를 다음과 같이 크기가 k인 두 개의 부분집합이라고 하자.

$$B=\{a_1, a_2, a_3, ..., a_k\} \quad \text{그리고}$$
$$C=\{a_1, a_3, a_4, ..., a_{k+1}\}$$

(집합 B는 a_{k+1}을 제외한 A에 속하는 나머지 수들로 구성되고 집합 C는 a_2를 제외한 A에 속하는 나머지 수들로 구성된다.) 귀납단계의 가정에 의해 B에 속하는 모든 수는 a_1과 같고 C에 속하는 모든 수도 a_1과 같다(두 집합 모두 k개의 수를 원소로 가지므로). 그런데 A에 속하는 모든 수는 B 또는 C에 속한다. 그래서 A에 속하는 모든 수는 a_1과 같다. 그래서 모든 수는 서로 같다."

13. "**정리:**" 모든 정수 $n \geq 1$에 대해, 3^n-2는 짝수이다.

"**증명(수학적 귀납법에 의한):** $k \geq 1$인 정수 k에 대해 정리는 참이라고 가정하자. 즉, 3^k-2가 짝수라고 가정하자. $3^{k+1}-2$가 짝수임을 보여야 한다. 그런데

$$3^{k+1}-2=3^k \cdot 3-2=3^k(1+2)-2$$
$$=(3^k-2)+3^k \cdot 2$$

귀납단계의 가정에 의해 3^k-2가 짝수이고 $3^k \cdot 2$도 짝수이다. 그래서 이들의 합도 짝수이다(정리 4.1.1에 의해). 그러므로 $3^{k+1}-2$는 짝수이다."

14. 정사각형 하나를 없앤 어떤 5×5 체커판은 L자 모양의 트로미노에 의해 완전히 채워질 수 있는 반면, 어떤 다른 5×5 체커판은 L자 모양의 트로미노에 의해 완전히 채워지지 않는다. 양쪽 경우에 해당하는 체크판의 예를 소개하라. 당신의 답을 정당화하라.

15. **a.** 임의의 정수 $n \geq 1$에 대해, $2\times3n$의 임의의 체커판이 L자 모양의 트로미노들에 의해 완전히 채워질 수 있음을 증명하기 위해 수학적 귀납법을 이용하라.

b. n을 1보다 크거나 같은 임의의 정수라 하자. 임의의 정수 m과 크기가 $2m\times3n$인 임의의 체커판은 L자 모양의 트로미노들에 의해 완전히 채워질 수 있음을 수학적 귀납법으로 증명하기 위해 (a)의 결과를 이용하라.

16. 둥근 디스크 판 주위에 1부터 30까지의 수가 무작위로 적혀 있다. 번호가 적힌 순서에 상관없이 합이 최소 45가 되는 세 개의 연속된 수가 있음을 증명하라.

17. n개의 a와 n개의 b가 원의 외부 가장자리에 분포되어 있다고 하자. 원의 둘레를 시계방향으로 한 바퀴 도는 여행을 생각해 보자. 이때 모든 정수 $n \geq 1$에 대해, 스쳐 지나가게 되는 a의 개수가 스쳐 지나가게 되는 b의 개수보다 크거나 같게 되는 출발점이 존재함을 수학적 귀납법을 이용해 증명하라. 예를 들어 아래 그림의 경우 별표를 표시한 a부터 출발하면 된다.

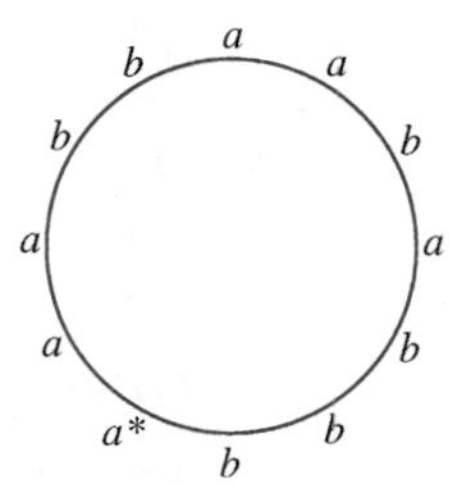

18. **a.** 흰색의 정사각형과 검은색의 정사각형이 서로 번갈아 가며 교차되어 있는 8×8 체커판에서 만약 좌상단과 우하단의 정사각형들이 제거된다면 남아 있는 체커판은 도미노들로 채워질 수 있음을 증명하라.(수학적 귀납법이 이 증명에 대해서는 필요하지 않다.)

b. 흰색의 정사각형과 검은색의 정사각형이 서로 번

갈아 가며 교차되어 있는 $2n \times 2n$ 체커판에서 하나의 흰색 정사각형과 하나의 검은색 정사각형이 임의로 제거되었다고 하자. 이때 모든 양의 정수 n에 대해, 나머지 정사각형들이 도미노에 의해 채워질 수 있음을 수학적 귀납법을 이용해 증명하라.

자 | 기 | 진 | 단 | 해 | 답

1. 연역적 2. 증명

5.4 강력한 수학적 귀납법 및 정렬성

강력한 수학적 귀납법은 정수에 관련된 수열 명제가 참임을 증명하는 기법이라는 점에서 보통의 수학적 귀납법과 비슷하다. 강력한 수학적 귀납법에 의한 증명 역시 기본단계와 귀납단계로 구성된다. 그러나 기본단계는 여러 개의 초기값에 대한 증명을 포함할 수 있으며, 귀납단계에서 $P(n)$이 단지 하나의 n 값에 대해 참이라고 가정하는 것이 아니라 k까지의 모든 값에 대해서 참으로 가정한다. 그런 다음 $P(k+1)$이 참임을 증명한다.

강력한 수학적 귀납법의 원리

$P(n)$을 정수 n에 대해 정의된 어떤 속성이라 하자. 그리고 a와 b를 $a \le b$를 만족시키는 어떤 고정된 정수들이라고 하자. 이때 다음의 두 명제가 참이라고 가정하자.

1. $P(a), P(a+1), \ldots,$ 그리고 $P(b)$는 모두 참이다. (**기본단계**)
2. 임의의 정수 $k \ge b$에 대해 만약 $P(i)$가 a부터 k까지의 $(a \le i \le k)$ 모든 정수 i에 대해 참이면 $P(k+1)$이 참이다. (**귀납단계**)

그러면 다음 명제는 참이다.

$$\text{모든 정수 } n \ge a \text{에 대해, } P(n)$$

[$P(i)$가 a부터 k까지의 $(a \le i \le k)$ 모든 정수 i에 대해 참이라는 가정을 **귀납단계의 가정**이라 부른다. 귀납단계의 가정을 명시하는 또 다른 방법은 "$P(a), P(a+1), \ldots, P(k)$가 모두 참이다"라고 말하는 것이다.]

보통의 수학적 귀납법으로 증명 가능한 모든 명제들은 강력한 수학적 귀납법으로도 증명 가능하다. 왜냐하면 주어진 정수 $k \ge b$에서, 만약 $P(k)$ 하나만 참이라는 것이 $P(k+1)$도 참이라는 것을 뜻하는 것이라면, $P(a), P(a+1), \ldots, P(k)$가 참이라는 것도 $P(k+1)$이 참이라는 것을 의미하기 때문이다. 또 강력한 수학적 귀납법으로 증명 가능한 모든 명제들 역시 보통의 수학적 귀납법으로 증명 가능하다.

엄격히 말해서, 만약 귀납단계를 "$\forall k \geq a$, $P(k)$가 참이면 $P(k+1)$은 참이다"와 같이 바꾼다면, 강력한 수학적 귀납법의 원리는 기본단계 없이 쓸 수 있다. 왜냐하면 명제 "$a \leq i < k$인 모든 정수 i에 대해 $P(i)$가 참이다"라는 것은 $k=a$일 때 참이라는 것과 마찬가지이기 때문이다. 그러므로 귀납단계 가정이 참이면 $P(a)$ 역시 참이어야 하고*, 이는 기본단계가 참임을 증명한다. 하지만 $k > b$인 경우, 귀납단계 가정에 대한 증명이 $a \leq k \leq b$에서는 성립하지 않는 경우가 많이 있다. 그래서 기본단계를 명시적으로 포함시킴으로써 $a \leq k \leq b$일 경우를 따로 생각하는 습관을 들이는 것이 좋다.

강력한 수학적 귀납법의 원리는 귀납법의 두 번째 원리, 유한 귀납법의 두 번째 원리, 혹은 완전 귀납법(complete induction)의 원리라고도 불린다.

강력한 수학적 귀납법 적용

소수에 의해 나누어짐에 대한 정리는 1보다 큰 임의의 정수는 소수에 의해 나누어진다는 사실을 명시한다. 이 정리를 강력한 수학적 귀납법을 이용해 증명해 보자.

예제 5.4.1 **소수에 의해 나누어짐**

1보다 큰 정수는 소수에 의해 나누어지는 것을 증명하라.

풀이

귀납단계의 증명 아이디어: 만약에 어떤 1보다 큰 정수 l이 소수가 아니면 l은 자기 자신보다 더 작은 두 정수의 곱이다. 그리고 이 두 정수는 모두 1보다 크다. 귀납단계의 가정에 의해 l보다 더 작은 이 두 정수 모두 소수에 의해 나누어지고 이 두 정수가 l을 나누므로 l은 소수에 의해 나누어진다 [나뉨성의 추이성(transitivity of divisibility)].

증명(강력한 수학적 귀납법에 의한):

속성 $P(n)$을 아래의 문장이라 하자.

n은 소수에 의해 나누어진다. $\leftarrow P(n)$

$P(2)$가 참임을 보여라:

$P(2)$가 참임을 보이기 위해 아래의 사실이 참임을 보여야 한다.

2는 소수에 의해 나누어진다. $\leftarrow P(2)$

그런데 2는 2에 의해 나누어지고 2는 소수이므로 이것은 참이다.

* 만약 어떤 if-then 문이 참임을 증명했고 가정이 참임을 안다면 결론은 참일 수밖에 없다.

모든 정수 $k \geq 2$에 대해 $P(i)$가 2부터 k까지의 모든 정수 i에 대해 참이라고 가정했을 때 $P(k+1)$ 또한 참이 됨을 보여라:
k를 $k \geq 2$인 임의의 정수라 하고 다음을 가정하자.

2부터 k까지의 모든 정수 i에 대해,
i가 소수에 의해 나누어진다. ← 귀납단계의 가정

이제 다음이 성립함을 보여야 한다.

$k+1$은 소수에 의해 나누어진다. ← $P(k+1)$

경우 1($k+1$은 소수이다): 이 경우 $k+1$이 소수인 자기 자신에 의해 나누어지므로 성립한다.

경우 2($k+1$은 소수가 아니다): 이 경우 $k+1=ab$가 되고, 여기서 a는 $1 < a < k+1$인 정수이고 b도 $1 < b < k+1$인 정수이다. $1 < a < k+1$이므로 귀납단계의 가정에 따라 a는 소수 p에 의해 나누어진다. 추가로 $k+1=ab$이므로 $k+1$은 a에 의해 나누어진다. $k+1$이 a에 의해 나누어지고 a가 p에 의해 나누어지므로, 나누어짐의 추이성에 의해, $k+1$이 소수 p에 의해 나누어진다.

그러므로 $k+1$이 소수인지 아닌지 여부를 떠나, $k+1$은 소수에 의해 나누어진다.
[강력한 수학적 귀납법의 기본단계와 귀납단계를 모두 증명해 보였으므로 위의 정리는 참이라는 결론을 내린다.]

■

때때로 특정 수열의 항들이 특정한 속성을 만족시키는 것을 보여 주기 위해서 강력한 수학적 귀납법을 사용해야만 할 때가 있다.

예제 5.4.2 강력한 귀납법에 의한 수열의 속성 증명

수열 $s_0, s_1, s_2, \ldots$를 다음과 같이 정의하라.

$$s_0=0,\ s_1=4,\ \text{모든 정수 } k \geq 2 \text{에 대해 } s_k=6s_{k-1}-5s_{k-2}.$$

a. 수열의 처음 네 개의 항을 찾아라.
b. $n \geq 0$를 만족시키는 모든 정수 n에 대해 수열의 n번째 항은 식 5^n-1에 의해 주어지는 값과 같다고 주장한다. 다시 말해서, 수열의 모든 항이 등식 $s_n=5^n-1$을 만족한다고 한다. 이 사실이 참임을 증명하라.

풀이

a. $s_0 = 0,\ s_1 = 4,\ s_2 = 6s_1 - 5s_0 = 6 \cdot 4 - 5 \cdot 0 = 24,$

$s_3 = 6s_2 - 5s_1 = 6 \cdot 24 - 5 \cdot 4 = 144 - 20 = 124$

b. 수열의 모든 항이 등식을 만족시킨다는 사실을 강력한 수학적 귀납법을 이용해 증명하려면 기본단계 증명에 있어서 처음 두 항이 등식을 만족시킴을 보여야 한다. 그 이유는 수열의 정의에 의하면 나중 항의 값을 알 수 있기 위해서는 이 항의 이전 두 항의 값을 알아야 하기 때문이다. 그래서 만약 기본단계에서 단지 첫 번째 항이 등식을 만족시킨다는 사실만을 보인다면, 두 번째 항이 등식을 만족시킨다는 사실을 유도하기 위해 귀납단계를 이용하는 것은 불가능하다. 귀납단계에서 임의로 선택된 정수 $k \geq 1$에 대해 s_0부터 s_k까지의 수열의 모든 항이 주어진 등식을 만족시킨다고 가정한다. 그런 후 s_{k+1} 또한 등식을 만족시킴을 유도한다.

증명:

$s_0, s_1, s_2, \ldots$를 $s_0=0$, $s_1=4$, 그리고 모든 정수 $k \geq 2$에 대해 $s_k=6s_{k-1} - 5s_{k-2}$로 정의된 수열이라 하자. 그리고 속성 $P(n)$을 아래의 등식이라 하자.

$$s_n=5^n - 1 \qquad \leftarrow P(n)$$

모든 정수 $n \geq 0$에 대해 $P(n)$이 참임을 증명하기 위해 강력한 수학적 귀납법을 이용한다.

***P*(0)와 *P*(1)이 참임을 보여라:**

$P(0)$와 $P(1)$이 참임을 보이기 위해 다음을 보여야 한다.

$$s_0=5^0-1 \text{ 와 } s_1=5^1-1 \qquad \leftarrow P(0)\text{와 } P(1)$$

그런데 $s_0, s_1, s_2, \ldots$의 정의에 의해 $s_0=0$이고 $s_1=4$이다. $5^0-1=1-1=0$이고 $5^1-1=5-1=4$이므로 s_0와 s_1의 값이 식에 의해 주어지는 값과 일치한다.

모든 정수 $k \geq 1$에 대해 0부터 k까지의 모든 정수 i에 대해 $P(i)$가 참이면 $P(k+1)$ 또한 참이 됨을 보여라:

k를 $k \geq 1$인 임의의 정수라 하고 다음을 가정하자.

$$0 \leq i \leq k\text{인 모든 정수 } i\text{에 대해, } s_i=5^i-1. \qquad \leftarrow \text{귀납단계의 가정}$$

이제 아래의 사실을 보여야 한다.

$$s_{k+1}=5^{k+1}-1$$

그런데 $k \geq 1$이므로 $k+1 \geq 2$이다. 그래서

$$\begin{aligned} s_{k+1} &= 6s_k - 5s_{k-1} && s_0, s_1, s_2, \ldots\text{의 정의에 의해} \\ &= 6(5^k - 1) - 5(5^{k-1} - 1) && \text{귀납단계의 가정에 의해} \\ &= 6 \cdot 5^k - 6 - 5^k + 5 \\ &= (6 - 1)5^k - 1 && 5^k\text{으로 인수분해 및 산술계산에 의해} \end{aligned}$$

$$= 5 \cdot 5^k - 1$$
$$= 5^{k+1} - 1 \quad \text{지수법칙에 의해}$$

[강력한 수학적 귀납법의 기본단계와 귀납단계를 모두 증명해 보였으므로 위의 정리는 참이라는 결론을 내린다.]

■

강력한 수학적 귀납법의 또 다른 사용 예로 곱의 계산과 연관된 문제가 있다. 네 수의 곱은 괄호의 위치에 따라 서로 다른 방법으로 계산될 수 있다. 예를 들어

$((x_1x_2)x_3)x_4$는 x_1과 x_2를 곱한 후 그 결과를 x_3와 곱한다. 그리고 그 결과를 다시 x_4와 곱한다.

그리고

$(x_1x_2)(x_3x_4)$는 x_1과 x_2를 곱하고, x_3와 x_4를 곱한다. 그리고 그 중간 결과들을 곱한다.

위의 두 예제에서, 변수들이 곱해지는 순서가 다름에도 불구하고 곱셈의 횟수는 세 번으로 같다는 점에 유의하라. 이 사실의 일반화를 증명하기 위해 강력한 수학적 귀납법이 사용된다.

협약

한 수 x_1을 한 인수(factor)의 곱이라 하고, 0번의 곱셈으로 계산될 수 있다고 말한다.

예제 5.4.3 ***n*개의 서로 다른 숫자를 곱할 때 필요한 곱셈의 횟수**

임의의 정수 $n \geq 1$에 대해, 다음을 증명하라. $x_1, x_2, ..., x_n$이 n개의 수일 때, 괄호가 삽입되는 위치에 상관없이 전체 곱을 계산하기 위해 필요한 곱셈의 횟수는 $n-1$번이다.

풀이

하나의 수에 대해서는 자명하게 성립하므로 기본단계는 참이 된다. 귀납단계는 여러 개의 수가 함께 곱해질 때, 마지막 단계에서 두 부분으로 나누어진 양이 곱해진다는 사실에 기초를 두고 있는데 예를 들어 $((x_1x_2)x_3)(x_4x_5)$를 계산할 때 마지막 단계에서 두 양$((x_1x_2)x_3)$와 (x_4x_5)가 곱해진다. 일반적으로 $k+1$개의 수가 곱해질 때, 마지막 단계에서 두 양이 곱해지는데 이때 이들 각각의 양이 $k+1$개의 인수보다는 더 적은 인수들로 구성되어 있다. 바로 이 사실이 수학적 귀납법을 이용 가능하게 한다.

증명(강력한 수학적 귀납법에 의한):

속성 $P(n)$을 아래의 문장이라 하자.

> $x_1, x_2, ..., x_n$이 n개의 수일 때, 괄호가 삽입되는
> 위치에 상관없이 전체 곱을 계산하기 위해 ← $P(n)$
> 필요한 곱셈의 횟수는 $n-1$번이다.

$P(1)$이 참임을 보여라:

$P(1)$이 참임을 보이기 위해 아래의 사실이 참임을 보여야 한다.

> x_1의 곱을 계산하기 위해 필요한 곱셈의 횟수는 $1-1$이다. ← $P(1)$

곱이 x_1 자신이기 때문에 곱셈을 필요로 하지 않으므로 이것은 참이다.

모든 정수 $k \geq 1$에 대해 $P(i)$가 1부터 k까지의 모든 정수 i에 대해 참이라고 가정했을 때 $P(k+1)$ 또한 참이 됨을 보여라:

k를 $k \geq 1$인 임의의 정수라 하고 다음의 사실이 참이라고 가정하자.

> $1 \leq i \leq k$인 모든 정수 i에 대해, $x_1, x_2, ..., x_i$가
> 수일 때, 괄호가 삽입되는 위치에 상관없이 전체 곱을 ← 귀납단계의 가정
> 계산하기 위해 필요한 곱셈의 횟수는 $i-1$번이다.

이제 다음의 사실이 참이 됨을 증명해야 한다.

> $k+1$개의 수 $x_1, x_2, \ldots, x_{k+1}$이 주어졌을 때, 괄호가
> 삽입되는 위치에 상관없이 전체 곱을 계산하기 ← $P(k+1)$
> 위해 필요한 곱셈의 횟수는 $k+1-1=k$번이다.

$k+1$개의 인수 $x_1, x_2, \ldots, x_{k+1}$들의 곱을 고려하자. 곱의 계산을 위해 괄호가 삽입될 때 어떤 곱셈은 마지막 곱셈이 된다. 그리고 마지막으로 두 수가 곱해질 때 이 두 수의 각각의 인수의 개수는 $k+1$개보다는 더 적다. L을 왼쪽에 위치한 인수들의 곱이라 하고 l개의 인수들로 구성되었다고 하자. R을 오른쪽에 위치한 인수들의 곱이라 하고 r개의 인수들로 구성되었다고 하자. 그러면 $l+r$은 전체 인수들의 개수에 해당하므로 $l+r=k+1$이다. 그리고 다음이 성립한다.

$$1 \leq l \leq k \text{ 그리고 } 1 \leq r \leq k.$$

귀납단계의 가정에 의해 L을 계산하기 위해 $l-1$번의 곱셈을 필요로 하고 R을 계산하기 위해 $r-1$번의 곱셈을 필요로 한다. $L \cdot R$을 계산하기 위해 마지막으로 한 번의 곱셈을 더 필요로 하므로 $k+1$개의 인수를 곱하는 데 필요한 곱셈의 총 횟수는 다음과 같다.

$$(l-1) + (r-1) + 1 = (l+r) - 1 = (k+1) - 1 = k$$

[강력한 수학적 귀납법의 기본단계와 귀납단계를 모두 증명해 보였으므로 위의 정리는 참이라는 결론을 내린다.]

강력한 수학적 귀납법을 이용하면 모든 양의 정수 n은 유일한 2진 정수 표현을 가진다는 사실을 증명할 수 있다. 이 증명은 여러 단계를 기술하는 데 필요한 표기로 인해 조금 복잡하게 보인다. 하지만 증명의 아이디어는 간단하다. 만약 n보다 작은 정수가 유일한 2의 거듭제곱의 합으로 표현된다면, $n/2$[n이 홀수일 경우에는 $(n-1)/2$]에 대한 유일한 2의 거듭제곱의 합을 찾은 후 2를 곱하면 그것이 n에 대한 표현이 된다.

정리 5.4.1 2진 정수 표현의 존재성과 유일성

임의의 양의 정수 n이 주어졌을 때, n은 다음과 같은 형태의 유일한 표현을 갖는다.

$$n = c_r \cdot 2^r + c_{r-1} \cdot 2^{r-1} + \cdots + c_2 \cdot 2^2 + c_1 \cdot 2 + c_0$$

여기서 r은 음이 아닌 정수이고 $c_r=1$이며, $j=0, 1, 2, ..., r-1$에 대해 $c_j=1$ 또는 $c_j=0$이다.

증명:

2진 표현의 존재성과 유일성을 각각 증명하기 위해 강력한 수학적 귀납법을 사용한다.

존재성(강력한 수학적 귀납법에 의한 증명): 속성 $P(n)$을 아래의 등식이라 하자.

$$n = c_r \cdot 2^r + c_{r-1} \cdot 2^{r-1} + \cdots + c_2 \cdot 2^2 + c_1 \cdot 2 + c_0$$

여기서 r은 음이 아닌 정수이고 $c_r=1$이며, $j=0, 1, 2, ..., r-1$에 대해 $c_j=1$ 또는 $c_j=0$이다.

$P(1)$이 참임을 보여라:

$r=0$ 그리고 $c_0=1$라 하자. 그러면 $1=c_r \cdot 2^r$이고 그래서 $n=1$일 때 2진 표현이 가능하다.

모든 정수 $k \geq 1$에 대해 $P(i)$가 1부터 k까지의($1 \leq i \leq k$인) 모든 정수 i에 대해 참이라고 가정했을 때 $P(k+1)$ 또한 참이 됨을 보여라:

k를 $k \geq 1$인 정수라 하고 1부터 k까지의 모든 정수 i에 대해 다음이 참이라고 가정하자.

$$i = c_r \cdot 2^r + c_{r-1} \cdot 2^{r-1} + \cdots + c_2 \cdot 2^2 + c_1 \cdot 2 + c_0 \qquad \leftarrow \text{귀납단계의 가정}$$

여기서 r은 음이 아닌 정수이고 $c_r=1$이며 모든 $j=0, 1, 2, ..., r-1$에 대해 $c_j=1$ 또는 $c_j=0$이다. 이제 $k+1$이 요구되는 형태를 만족시키는 2의 거듭제곱의 합으로 표현될 수 있음을 보여야 한다.

경우 1($k+1$이 짝수일 때): 이 경우, $(k+1)/2$는 정수이고 $1 \leq (k+1)/2 \leq k$이므로 귀납단계의 가정에 의해 다음 등식이 성립한다.

$$\frac{k+1}{2} = c_r \cdot 2^r + c_{r-1} \cdot 2^{r-1} + \cdots + c_2 \cdot 2^2 + c_1 \cdot 2 + c_0$$

여기서 r은 음이 아닌 정수이고 $c_r=1$이며 모든 $j=0, 1, 2, ..., r-1$에 대해 $c_j=1$또는 $c_j=0$이다. 등식의 양변에 2를 곱하면 아래의 등식을 얻는다.

$$k+1 = c_r \cdot 2^{r+1} + c_{r-1} \cdot 2^r + \cdots + c_2 \cdot 2^3 + c_1 \cdot 2^2 + c_0 \cdot 2$$

그래서 $k+1$은 요구되는 형태의 2의 거듭제곱의 합으로 표현되어 질 수 있다.

경우 2($k+1$이 홀수일 때): 이 경우, $k/2$는 정수이고 $1 \le k/2 \le k$이므로 귀납단계의 가정에 의해 다음 등식이 성립한다.

$$\frac{k}{2} = c_r \cdot 2^r + c_{r-1} \cdot 2^{r-1} + \cdots + c_2 \cdot 2^2 + c_1 \cdot 2 + c_0$$

여기서 r은 음이 아닌 정수이고 $c_r=1$이며 모든 $j=0, 1, 2, ..., r-1$에 대해 $c_j=1$ 또는 $c_j=0$이다. 등식의 양변에 2를 곱하고 1을 더하면 아래의 등식을 얻는다.

$$k+1 = c_r \cdot 2^{r+1} + c_{r-1} \cdot 2^r + \cdots + c_2 \cdot 2^3 + c_1 \cdot 2^2 + c_0 \cdot 2 + 1$$

그래서 $k+1$은 요구되는 형태의 2의 거듭제곱의 합으로 표현될 수 있다.
지금까지의 추론은 $k+1$가 짝수든지 홀수든지 상관없이 요구되는 형태로 표현 가능함을 보여 준다.

[강력한 수학적 귀납법의 기본단계와 귀납단계를 모두 증명해 보였으므로 위의 정리는 참이라는 결론을 내린다.]

유일성: 유일성(uniqueness)을 증명하기 위해, 두 개의 서로 다른 2의 거듭제곱의 합으로 표현되는 양의 정수 n이 존재한다고 가정하자. 두 개의 서로 다른 표현을 등호로 연결해 등식을 만든 후 동일한 양변의 항을 소거한 후 아래의 식을 얻었다고 하자.

$$2^r + c_{r-1} \cdot 2^{r-1} + \cdots + c_1 \cdot 2 + c_0 = 2^s + d_{s-1} \cdot 2^{s-1} + \cdots + d_1 \cdot 2 + d_0 \quad 5.4.1$$

여기서 r과 s는 음이 아닌 정수이고 각각의 c_i와 d_i는 0 또는 1이다. 그리고 $r < s$라고 가정할 수 있다($r=s$라면 2^r과 2^s가 서로 소거되었을 것이다). 그런데 등비수열의 합(정리 5.2.3)의 공식에 의해 그리고 $r <$ s이므로 다음이 성립한다.

$$\begin{aligned} 2^r + c_{r-1} \cdot 2^{r-1} + \cdots + c_1 \cdot 2 + c_0 &\le 2^r + 2^{r-1} + \cdots + 2 + 1 = 2^{r+1} - 1 \\ &< 2^s \end{aligned}$$

그래서

$$2^r + c_{r-1} \cdot 2^{r-1} + \cdots + c_1 \cdot 2 + c_0 < 2^s + d_{s-1} \cdot 2^{s-1} + \cdots + d_1 \cdot 2 + d_0$$

이고, 이는 식 (5.4.1)과 모순이다. 그러므로 가정은 거짓이다. 그래서 임의의 양의 정수 n은 2의 거듭제곱의 합의 형식으로는 유일하게 하나의 표현을 갖는다.

정수에 관한 정렬성

정수에 관한 정렬성(well-ordering principle)은 보통의 수학적 귀납법이나 강력한 수학적 귀납법과 매우 다르게 보이지만, 세 원리는 모두 동등하며 우리는 이 사실을 보여 줄 수 있다. 이 말은 만약 이 세 가지 중 하나가 참이라면 다른 두 가지도 참이라는 것이다.

> **정수에 관한 정렬성**
>
> S를 한 개 이상의 정수를 갖는 집합이라 하고 이들 원소 모두가 특정 정수보다 더 크다고 하자. 그러면 S는 최소원소를 갖는다.

문맥상 무엇을 지칭하는지 정확할 때 '정수에 관한 정렬성' 대신 단순히 '정렬성'이라는 표현을 사용할 것이다.

예제 5.4.4 **최소원소 구하기**

아래 각각의 경우에서, 집합이 최소원소를 가진다면 그것을 구하라. 만약 최소원소를 가지지 않는다면 정렬성을 왜 위반하지 않았는지 그 이유를 설명하라.

a. 모든 양의 실수의 집합

b. $n^2 < n$인 모든 음이 아닌 정수 n의 집합

c. k가 정수일 때 $46-7k$의 형태를 가지는 모든 음이 아닌 정수의 집합

풀이

a. 최소 실수는 없다. 만약 x가 양의 실수라면 $x/2$는 x보다 작은 양의 실수가 되기 때문이다. 이 집합은 실수 집합이고, 정렬성은 정수의 집합만을 대상으로 하기 때문에 정렬성은 위반하지 않았다.

b. 이 부등식을 만족시키는 음이 아닌 정수는 없기 때문에 최소원소는 없다. 정렬성은 최소한 한 개의 원소를 가진 집합을 대상으로 하기 때문에 정렬성은 위반하지 않았다.

c. 아래의 표는 여러 k 값에 따른 $46-7k$ 값들을 보여 준다.

k	0	1	2	3	4	5	6	7	⋯	−1	−2	−3	⋯
$46-7k$	46	39	32	25	18	11	4	−3	⋯	53	60	67	⋯

표를 보면 $k \geq 7$일 때 $46-7k < 0$이고, $k \leq 0$일 때, $46-7k \geq 46$임을 알 수 있다. 따라서 표에 나와 있는 값으로부터 이런 형태를 가지는 원소 가운데 4가 최소원소이며, 이에 대응되는 k는 6이다. ■

예제 5.4.4(c)를 다른 관점에서 분석해 보면, 46에서 여섯 개의 7을 뺌으로써 4가 남게 되고 이것이 음이 아닌 정수의 최소원소가 된다. 다시 말해서 46을 7로 나누면 몫은 6이고 나머지가 4라는 말이 된다. 보다 일반적으로 말하자면, 어떤 정수 n을 양의 정수 d로 나눌 때, $n-dk$ 형태로 표현되는 음이 아닌 정수의 최소원소는 나머지 r이 된다. 이 개념이 다음에 나올 몫-나머지 정리의 존재성 부분(정수 나눗셈의 몫과 나머지의 존재성을 보장하는 부분) 증명의 핵심이다. 몫과 나머지의 유일성 증명은 4.6절 연습문제에 나와 있다.

몫 – 나머지 정리(존재성 부분)

임의의 정수 n과 임의의 양의 정수 d가 주어졌을 때, 아래의 조건을 만족시키는 정수 q와 r이 존재한다.

$$n = dq + r \text{이고 } 0 \le r < d$$

증명 :

S를 다음과 같은 꼴로 표현되는 음이 아닌 모든 정수의 집합이라 하자.

$$n - dk$$

여기서 k는 정수이다. 집합 S는 적어도 하나의 원소를 갖는다.[왜냐하면 만약에 n이 음이 아닌 정수이면

$$n - 0 \cdot d = n \ge 0$$

이 되고 그래서 $n-0 \cdot d$는 S에 속하게 된다. 그리고 만약 n이 음의 정수일 경우,

$$n - nd = \underbrace{n}_{\le 0}\underbrace{(1-d)}_{\le 0} \ge 0 \quad d\text{가 양의 정수이므로}$$

이 되고 $n-nd$는 S에 포함되기 때문이다.] 따라서 정수에 관한 정렬성에 의해 S는 최소원소 r을 갖는다. 그러면 특정 정수 $k=q$에 대해

$$n - dq = r$$

이 된다[S의 모든 정수가 이런 꼴로 표현되므로]. 양변에 dq를 더해 주면 아래의 등식을 얻는다.

$$n = dq + r$$

더욱이 $r < d$를 만족시킨다.[왜냐하면 $r \ge d$라고 가정하면 다음이 성립한다.

$$n - d(q+1) = n - dq - d = r - d \ge 0$$

그래서 $n-d(q+1)$이 S에 속하는 음이 아닌 정수가 되고 이 수는 r보다 더 작다. 그런

데 이 사실은 r이 S의 최소원소라는 사실에 모순이 된다. 그래서 가정 $r \geq d$이 거짓이 된다.] 앞의 추론은 아래의 조건을 만족시키는 정수 r과 q가 존재한다는 사실을 증명한다.

$$n = dq + r \quad \text{그리고} \quad 0 \leq r < d$$

정렬성에 따른 또 다른 결과는, 임의의 음이 아닌 정수의 단조 감소수열은 유한하다는 사실이다. 즉, 모든 $i \geq 1$에 대해, 만약 $r_1, r_2, r_3, \ldots$이 아래 조건을 만족시키는 음이 아닌 정수의 수열이라면

$$r_i > r_{i+1}$$

$r_1, r_2, r_3, \ldots$는 유한수열이다.[정렬성에 따라 이 수열은 최소원소 r_k를 반드시 가지게 될 것이다. r_k는 수열의 마지막 항이 될 수밖에 없는데, 만약 r_{k+1}이 존재한다면 이 수열은 감소수열이므로 $r_{k+1} < r_k$이 되고 이것은 모순이기 때문이다.] 이 사실은 전산학에서 알고리즘이 유한 횟수의 단계를 거치면 종료된다는 것을 증명할 때 자주 이용된다.

자 | 기 | 진 | 단

1. 강력한 수학적 귀납법을 이용해 증명할 때 기본단계에서 속성 $P(n)$이 ______의 초기값에 대해 참이 됨을 보일 수 있다.
2. 강력한 수학적 귀납법에 의한 증명의 기본단계에서 속성 $P(n)$이 a부터 b까지의 모든 정수 n에 대해 참임을 보였다고 가정하자. 그러면 귀납단계에서 임의의 정수 $k \geq b$에 대해 속성 $P(n)$이 ______부터 ______까지의 모든 정수 i에 대해 참이라는 가정을 한 후 ______이 참임을 보인다.
3. 정수에 관한 정렬성에 따르면 만약 정수로 구성된 집합 S가 적어도 ______를 포함하고 ______ 보다 작거나 같은 정수가 존재하면 ______를 갖는다.

연 / 습 / 문 / 제 5.4

1. 수열 $a_1, a_2, a_3, \ldots$가 다음과 같이 정의되었다고 가정하자.

   모든 정수 $k \geq 3$에 대해,
   $$a_1 = 1,\ a_2 = 3,$$
   $$a_k = a_{k-2} + 2a_{k-1}.$$

   모든 정수 $n \geq 1$에 대해, a_n은 홀수임을 증명하라.

2. 수열 $d_1, d_2, d_3, \ldots$가 다음과 같이 정의되었다고 가정하자.

   모든 정수 $k \geq 3$에 대해,
   $$d_1 = \frac{9}{10},\ d_2 = \frac{10}{11},$$
   $$d_k = d_{k-1} \cdot d_{k-2}.$$

모든 정수 $n \geq 1$에 대해, $0 < d_n \leq 1$임을 증명하라.

3. 수열 $e_0, e_1, e_2, \ldots$가 다음과 같이 정의되었다고 가정하자.

$$\text{모든 정수 } k \geq 2\text{에 대해,}$$
$$e_0 = 12,\ e_1 = 29$$
$$e_k = 5e_{k-1} - 6e_{k-2}.$$

모든 정수 $n \geq 0$에 대해, $e_n = 5 \cdot 3^n + 7 \cdot 2^n$임을 증명하라.

4. 5.2절에서 소개한 보통의 수학적 귀납법으로 해결 가능한 문제는 강력한 수학적 귀납법으로도 해결 가능하다. $P(n)$을 "임의의 n¢는 3¢와 5¢ 동전을 조합해서 얻어질 수 있다"라고 하자. $n \geq 8$인 모든 정수 n에 대해 $P(n)$이 참이 됨을 강력한 수학적 귀납법을 이용하여 증명하라.

5. 조각 그림 맞추기를 하려면 우선 짝이 맞는 두 조각을 찾아 판에 맞춘다. 계속되는 단계에서는 한 개 이상의 조각으로 된(이미 맞춰진) 블록을 찾아, 이런 블록을 두 개씩 맞춰 가면 된다. n개의 조각으로 된 그림을 모두 맞추는 데 총 $n-1$번의 과정이 필요함을 강력한 수학적 귀납법을 이용하여 증명하라.

6. 원형 트랙을 따라 가솔린이 담겨 있는 통들이 놓여 있다. 모든 통 속에 들어 있는 총 가솔린의 양은 어떤 자동차 한 대가 원형 트랙을 한 바퀴 도는 데 충분한 양이다. 그리고 총 가솔린의 양은 자동차의 가스탱크에 한꺼번에 채워질 수 있다. 자동차가 원형 트랙을 따라 지나치게 되는 가솔린 통 속의 다양한 양의 가솔린을 이용해 한 바퀴 돌고자 한다. 이때 자동차가 한 바퀴 돌 수 있게 하는 출발 지점이 존재함을 수학적 귀납법을 이용해 증명하라.

7. 강력한 수학적 귀납법을 이용하여 유일 소인수분해의 존재성 부분을 증명하라. 즉, 1보다 큰 모든 정수는 소수이거나 소수의 곱이다.

8. 둘 이상의 정수를 곱하는 것은 한 번에 두 정수를 곱하는 과정을 차례대로 수행하는 것과 같다. 예를 들어 $a_1a_2a_3a_4$를 계산하는 방법에는 $(a_1a_2)(a_3a_4)$ 또는 $((a_1a_2)a_3)a_4$ 또는 $a_1((a_2a_3)a_4)$ 등이 있다. 둘 또는 그 이상의 홀수의 곱은 홀수가 됨을 강력한 수학적 귀납법을 이용하여 증명하라.

9. 강력한 수학적 귀납법을 이용하여 다음을 증명하라. 임의의 정수 $n \geq 2$에 대해, 만약 n이 짝수이면 n개의 홀수 합은 짝수이고, 만약 n이 홀수이면 n개의 홀수 합은 홀수이다.

10. $4^1, 4^2, 4^3, 4^4, 4^5, 4^6, 4^7, 4^8$을 계산하라. n이 양의 정수일 때, 4^n이 몇 자리 수인지 추정하라. 그 추정을 강력한 수학적 귀납법을 이용하여 증명하라.

11. 정수에 관한 정렬성을 사용하여 정리 4.3.4를 증명하라. 즉, 1보다 큰 모든 정수는 소수로 나누어짐을 증명하라.

12. **a.** 유리수에 대한 Archimedes 성질은 임의의 유리수 r에 대해 $n > r$인 정수 n이 존재한다는 것이다. 이 성질을 증명하라.

b. 주어진 임의의 유리수 r에 대해 $-r$도 유리수임을 증명하라.

c. 주어진 임의의 유리수 r에 대해 $m < r$을 만족시키는 정수 m이 존재함을 증명하기 위하여 (a)와 (b)의 결과를 이용하라.

13. 12번 문제의 결과와 정수에 관한 정렬성을 이용해서 임의의 유리수 r이 주어졌을 때 $m \leq r < m+1$

을 만족시키는 정수 m이 존재함을 보여라.

14. 정렬성을 사용하여 다음을 증명하라. 주어진 정수 $n \geq 1$에 대해, $n=2^k \cdot m$인 홀수 m과 음이 아닌 정수 k가 존재한다.

15. 모든 정수 $n \geq 1$은 아래의 꼴로 표기될 수 있다.

$$c_r \cdot 3^r + c_{r-1} \cdot 3^{r-1} + \cdots + c_2 \cdot 3^2 + c_1 \cdot 3 + c_0$$

단, 여기서 $c_r=1$ 또는 2이고 모든 정수 $i=0, 1, 2, \ldots, r-1$에 대해 $c_i=0, 1,$ 또는 2이다. 이 사실에 대한 증명을 스케치하라.

16. 정수 $n \geq 0$에 대한 몫-나머지 정리의 존재성 부분을 수학적 귀납법을 이용해 증명하라.

17. 어떤 명제가 보통의 수학적 귀납법으로 증명 가능하면 정렬성에 의해 증명 가능함을 증명하라.

18. 보통의 수학적 귀납법의 원리를 이용해 정수에 관한 정렬성을 증명하라.

자 | 기 | 진 | 단 | 해 | 답

1. 여러 개 2. a; k; $P(k+1)$ 3. 하나의 정수; S의 모든 원소; S는 최소원소

5.5 응용: 알고리즘의 정확성

컴퓨터 프로그램이 정확하다는 것은 무슨 뜻일까? 프로그램은 특정 작업, 예를 들어 숫자로 된 집합의 평균 혹은 중간 값 계산, 직원 급여 계산, 알파벳 순서에 따라 이름 정렬 등을 수행하도록 설계된다. 프로그램이 문서에서 명시된 타입의 각 입력 값에 대해 문서에서 명시된 대로 출력을 만들어 낼 때 우리는 그 프로그램이 정확하다고 말한다.*

대부분의 프로그래머들은 논리적 분석과 시행착오 과정을 통하여 프로그램을 짠다. 프로그램을 완전하게 실행시키기 위해서는, 프로그래머는 먼저 모든 구문 에러(**if** 대신 **ik**를 쓴다거나 변수선언 누락 혹은 제한된 키워드를 변수 이름으로 쓰는 경우 등)들을 고쳐야 한다. 하지만 구문 에러를 제거하고도 아직까지 프로그램에 논리적 에러가 남아서 올바른 출력을 못 하게 되는 경우가 생길 수 있다. 주로 올바른 출력 값을 미리 알고 있는 샘플 데이터를 이용해서 프로그램을 검사한다. 극단적인 조건하에서도 프로그램이 정확하게 돌아가는 것을 검사하기 위해 종종 샘플 데이터를 신중하게 선택한다. 하지만 대부분의 프로그램에서 가능한 입력 데이터 집합의 개수는 무한하거나 처리할 수 없을 만큼 크다. 그

* 컴퓨터 프로그램 사용자는 정확성의 엄중한 정의를 원한다. 프로그램 사용자가 잘못된 타입의 데이터를 입력했을 경우, 도움이 될 수 있는 오류 메시지를 원하지, 시스템 크래시(system crash)를 원하지는 않는다.

Courtesy of Christiane Floyd

Robert W. Floyd
(1936-2002)

The University of Texas at Austin

Edsger W. Dijkstra
(1930-2002)

래서 아무리 수많은 테스트를 거쳤더라도 그 프로그램이 가능한 모든 입력 데이터들에 대해서 올바르다고 완벽하게 자신할 수 없다.

1967년 Robert W. Floyd*가 논문을 발표한 이후로 프로그램의 정확성을 증명하기 위한 방법을 개발하는 데 많은 노력이 기울여져 왔다. 이런 노력을 한 선구자 중의 한 사람인 Edsger W. Dijkstra는 다음과 같이 선언하였다. "프로그래머의 작업이 정확한 프로그램을 만드는 것뿐만 아니라 프로그램의 정확성을 설득력 있는 방법으로 보여 주어야 하는 시점에 이르렀다."† 이 분야의 또 다른 권위자인 David Gries는 "프로그램과 프로그램의 증명은 함께 개발되어야 하며, 증명이 위주가 되어야 한다."고 말했다.** 만약 거대한 과학 혹은 상업적 프로그램 개발에 그런 방법들이 사용된다면, 사회에 끼치는 이익은 엄청날 것이다.

현재 개발 과정 중에 있는 대부분의 기술들과 마찬가지로 프로그램의 정확성을 증명하기 위한 방법들이 다소 어색하고 낯설게 느껴질 수도 있다. 이 절에서는 정확성 증명의 일반적인 형식에 관한 개요를 설명하고, 중요한 기법 중의 하나인 **루프 불변량 절차(loop invariant procedure)**에 대해 자세히 설명할 것이다. 이제부터 특정 프로그래밍 언어를 지칭하는 프로그램이라는 용어 대신 보다 일반적인 용어인 알고리즘을 사용할 것이다.

주장

특정한 초기 상태로부터 특정한 종료 상태를 만들어 내도록 설계된 알고리즘을 고려해 보자. 초기 상태와 종료 상태는 입출력 변수가 포함된 술어로 표현될 수 있다. 종종 초기 상태를 기술하는 술어를 **알고리즘의 사전 조건(pre-condition for the algorithm)**, 종료 상태를 기술하는 술어를 **알고리즘의 사후 조건(post-condition for the algorithm)**이라고 부른다.

예제 5.5.1 **알고리즘의 사전 조건과 사후 조건**

다음에 나타낸 것은 전형적인 알고리즘에 대한 사전, 사후 조건이다.

a. 음이 아닌 정수들의 곱을 계산하는 알고리즘

사전 조건: 입력 변수 m, n은 음이 아닌 정수이다.

사후 조건: 출력 변수 p는 mn과 같다.

b. 양의 정수를 다른 양의 정수로 나눌 때 몫과 나머지를 구하는 알고리즘

사전 조건: 입력 변수 a, b는 양의 정수이다.

---

* R. W. Floyd, "Assigning meanings to programs," *Proc. Symp. Appl. Math.*, Amer. Math. Soc. **19**(1967), pp. 19 – 32.

† Edsger Dijkstra in O. J. Dahl, E. W. Dijkstra, and C. A. R. Hoare, *Structured Programming*(London: Academic Press, 1972), p. 5.

** David Gries, *The Science of Programming* (New York: Springer-Verlag, 1981), p. 164.

사후 조건: 출력 변수 q와 r은 다음 조건을 만족시키는 정수이다.

$$a = bq + r, 0 \leq r < b$$

c. 실수가 저장된 1차원 배열을 정렬하는 알고리즘

사전 조건: 입력 변수 $A[1], A[2], ..., A[n]$은 실수의 1차원 배열이다.

사후 조건: 출력 변수 $B[1], B[2], ..., B[n]$의 원소는 $A[1], A[2], ..., A[n]$의 원소와 같지만 $i \leq j$일 때, $B[i] \leq B[j]$라는 속성을 가진 실수의 1차원 배열이다. ■

알고리즘의 정확성 증명은, 입력 변수의 값들에 대해서 사전 조건이 참이고, 알고리즘의 명령문이 실행된 후 사후 조건 역시 참임을 보여 주면 된다.

분할정복(divide-and-conquer) 원리는 컴퓨터 프로그래밍에 관련된 많은 분야에서 유용하게 사용되는데, 알고리즘의 정확성 증명에서도 예외는 아니다. 알고리즘의 각 단계는 아래와 같이 여러 구역으로 나뉘는데, 각 구역은 전략적으로 선택되며 또한 각 구역은 알고리즘 변수들의 현재 상태에 관한 주장(assertion)과 관련되어 있다.

[주장 1: 알고리즘에 대한 사전 조건]
{알고리즘 명령문들}
[주장 2]
{알고리즘 명령문들}
⋮
[주장 $k-1$]
{알고리즘 명령문들}
[주장 k: 알고리즘에 대한 사후 조건]

연속적인 주장들의 쌍은 그 사이에 있는 알고리즘 명령문에 대한 사전, 사후 조건과 같이 다루어진다. 각각의 $i=1, 2, ..., k-1$에 대해, 만약 주장 i가 참이고 주장 i와 주장 $(i+1)$ 사이에 있는 알고리즘 명령문들이 실행되었을 때 주장 $(i+1)$이 참이 됨을 증명하면 된다. 이런 각각의 모든 증명들이 완료되면 주장 k는 참이라는 것을 알게 된다. 그리고 주장 1이 알고리즘에 대한 사전 조건과 같고 주장 k가 알고리즘에 대한 사후 조건과 같으므로, 알고리즘의 사전, 사후 조건에 따라 전체 알고리즘은 정확하다고 결론 내린다.

루프 불변량

루프 불변량 방법은 루프를 반복 실행하는 동안 어떤 사전, 사후 조건을 정확하게 만족시키는지를 증명하는 데 사용된다. 이 방법은 수학적 귀납법의 원리를 기초로 하는 방법이다. **while** 루프를 가진 알고리즘을 생각해 보자. 이때 이 루프의 엔트리(entry)는 **제한조건**(guard)라 불리는 조건 G에 의해 통제된다. 알고리즘 변수의 현재 상태를 기술하는 주장이 루프의 바로 전과 후에 위치하고 있다고 가정하자. 루프 바로 전에 위치한 주장을 **루프에 대한 사전 조건**(pre-condition for the loop)이라 하고, 루프 바로 뒤에 위치한 주장을 **루프에 대한 사후 조건**(post-condition for the loop)이라고 한다. 주석을 첨가한 루프는 아래와 같다.

[루프에 대한 사전 조건]
while (G)
　[루프의 몸통 속에 있는 명령문들.
　루프 밖으로 제어를 이동시키는 명령문은 없음.]
end while
[루프에 대한 사후 조건]

루프의 정확성을 증명하기 위해 루프 불변량이라는 개념을 사용한다. **루프 불변량**(loop invariant)은 정수들로 구성된 집합을 정의구역으로 갖는, 그리고 다음 조건을 만족시키는 술어이다: 루프의 각 반복(iteration)에서 반복 전에 술어가 참이면 반복 후에도 참이다. 더욱이 술어가 아래의 추가적인 두 조건을 만족시키면 루프는 자신의 사전 조건 그리고 사후 조건과 관련해 정확하게 된다.

• 정의

루프가 **자신의 사전 그리고 사후 조건과 관련해 정확하게** 정의되기 위한 필요충분조건은 알고리즘 변수들이 루프 사전 조건을 만족시키고, 루프가 유한 횟수의 단계를 실행한 후 종료되며, 종료 후 알고리즘 변수들이 루프 사후 조건을 만족시키는 것이다.

Courtesy of Tony Hoare

C. A. R. Hoare (born-1934)

1. 루프를 처음 반복하기 전에 참이어야 한다.
2. 유한 횟수의 반복 이후 루프가 종료되면, 그 루프 불변량이 참이라는 사실은 루프에 대한 사후 조건이 참임을 보장한다.

루프 불변량 정리라 불리는 아래의 정리는 이러한 아이디어들을 공식화하는데, 이는 1969년 C. A. R. Hoare에 의해 처음으로 소개되었다.

정리 5.5.1 루프 불변량 정리

제한조건 G와 함께하는 그리고 알고리즘 변수에 관한 술어에 해당하는 사전, 사후 조건과 함께하는 **while** 루프가 주어졌다고 하자. 또한 **루프 불변량**이라 불리는 술어 $I(n)$이 주어졌다고 하자. 만약 아래의 4가지 속성이 참이면 루프는 루프의 사전, 사후조건과 관련해 정확하다.

I. 기본 속성: 루프에 대한 사전 조건은 루프의 첫 반복 전에 $I(0)$가 참이라는 사실을 의미한다.[루프에 대한 사전 조건으로부터 루프의 첫 반복 전에 $I(0)$가 참이라는 사실을 유도할 수 있다.]

II. 귀납 속성: 모든 정수 $k \geq 0$에 대해, 루프를 반복하기 전 제한조건 G와 루프 불변량 $I(k)$가 참이면 반복 후에 $I(k+1)$은 참이다.

III. 제한조건의 종결 거짓성: 유한 횟수의 반복 후에 제한조건 G는 거짓이 된다.

IV. 사후 조건의 정확성: 만약 N이, N번 루프를 반복한 후 $I(N)$은 참이 되고, 그 이후 G가 거짓이 되는 최소수라면 알고리즘 변수들의 값은 루프의 사후 조건에 명시된 것과 일치할 것이다.

증명:

루프 불변량 정리는 수학적 귀납법으로부터 쉽게 유도된다. $I(n)$이 루프 불변량 정리의 속성 I~IV를 만족시키는 술어라고 가정하자.[루프의 사전, 사후 조건에 따라 루프가 정확하다는 것을 증명할 것이다.] 속성 I과 II는 아래의 명제가 참임을 증명하는 데 필요한 기본단계 및 귀납단계이다.

모든 정수 $n \geq 0$에 대해, 만약 **while** 루프가
n번 반복된다면 $I(n)$은 참이다. 5.5.1

그래서 수학적 귀납법의 원리에 의해, I과 II가 참이므로 명제 (5.5.1) 또한 참이다.

속성 III은 제한조건 G가 언젠가는 결국 거짓이 된다는 것을 말한다. 그 시점에서 루프는 어떤 횟수(이를 N이라 하면)만큼 반복했을 것이다. 모든 $n \geq 0$에 대해 n번째 반복 이후 $I(n)$이 참이므로 N번째 반복 이후 $I(N)$은 참이다. 다시 말해서 N번째 반복 이후 제한조건은 거짓이 되고 $I(N)$은 참이 된다. 하지만 이것은 if-then 명제인 속성 IV의 가정 부분에 해당한다. 명제 IV가 참이고(가정에 의해) 이 명제의 가정 부분이 참이므로(방금 설명한 대로) 결론은 참이 된다(긍정논법에 의해). 즉, 루프 실행 후에 모든 알고리즘 변수들의 값은 루프에 대한 사후조건에 명시된 것과 일치한다.

루프의 정확성을 증명하는 과정에서 루프 불변량은 모자 속의 토끼처럼 보일 수도 있다. 왜 그렇게 보일까? 좋은 루프 불변량을 찾는 것이 사실 까다로운 과정이기 때문이다.

비록 이런 과정을 익히는 것이 이 책의 범위를 벗어나는 것이라 해도, 좀 더 어려운 공부를 하는 것은 가치가 있는 일이다. 이 과정에 익숙해진 많은 사람들은 이로 인해 프로그래밍에 대한 자신들의 시각이 상당히 바뀌었고 좋은 코드를 만드는 능력 또한 향상되었다고 말한다.

정확성 증명에서 또 하나의 까다로운 점은 알고리즘의 실행이 동적인 과정이라는 사실이다. 알고리즘이 진행되면서 변수들의 이름은 그대로이면서 그 값은 계속 변해 간다. 다음에 설명할 내용에서, 명령문 실행 이전의 변수 값과 실행 이후의 변수 값을 구별해야 할 필요가 있으면, 첨자 old와 new를 변수 이름에 붙일 것이다.

예제 5.5.2 곱을 계산하는 루프의 정확성

아래의 루프는 음이 아닌 정수 m과 실수 x가 주어질 때, 내장된 곱셈 명령을 사용하지 않고 곱 mx를 계산하도록 설계되었다. 루프에 앞서, 변수 i와 $product$가 도입되고, 주어진 초기값은 $i=0$, $product=0$이다.

[사전 조건: m은 음이 아닌 정수,
x는 실수, $i = 0$이고 $product = 0$이다.]
while($i \neq m$)
1. $product := product + x$
2. $i := i + 1$
end while
[사후 조건: $product = mx$]

루프 불변량을 다음과 같이 두자.

$$I(n):\ i = n \quad \text{그리고} \quad product = nx$$

while 루프의 제한조건 G는

$$G:\ i \neq m$$

이다. 루프 불변량 정리를 이용해서 주어진 사전, 사후 조건에 따라 **while** 루프가 정확하다는 것을 증명하라.

풀이

I. 기본 속성: [$I(0)$는 루프의 첫 반복 이전에 참이다.]

$I(0)$는 "$i=0$이고 $product=0 \cdot x$"이고 이것은 루프의 첫 반복 이전에 참이다. 왜냐

하면 $0 \cdot x=0$이기 때문이다.

II. **귀납 속성:** [$G \wedge I(k)$(여기서 $k \geq 0$)가 루프 반복 이전에 참이면 루프 반복 이후 $I(k+1)$은 참이다.]

k는 $G \wedge I(k)$를 루프 반복 이전에 참이 되게 하는 음이 아닌 정수라 가정하자. 그러면 실행이 루프의 꼭대기에 도달했을 때, $i \neq m$, $product=kx$, 그리고 $i=k$가 된다. $i \neq m$이므로 제한조건을 지나치게 되고 명령문 1이 실행되기 때문이다. 명령문 1이 실행되기 전에

$$\text{product}_{\text{old}} = kx$$

이고, 따라서 명령문 1은 다음과 같은 결과를 낳는다.

$$\text{product}_{\text{new}} = \text{product}_{\text{old}} + x = kx + x = (k+1)x$$

마찬가지로 명령문 2가 실행되기 전에

$$i_{\text{old}} = k$$

이고, 그래서 명령문 2의 실행 후에는

$$i_{\text{new}} = i_{\text{old}} + 1 = k + 1$$

이 된다. 그러므로 루프 반복 이후에 명제 $I(k+1)$, 즉, [$i=k+1$ 그리고 $product=(k+1)x$]은 참이다. 이것이 보여 줘야 할 내용이다.

III. **제한조건의 종결 거짓성:** [루프에서 유한 횟수의 반복이 끝난 후 G는 거짓이 된다.]

제한조건 G는 조건 $i \neq m$이고 m은 음이 아닌 정수이다. I, II로부터 다음과 같은 사실을 알 수 있다.

모든 정수 $n \geq 0$에 대해, 루프가 n번 반복되면,
$i = n$이고 $product = nx$

따라서 루프를 m번 반복한 후에는 $i=m$이 된다. 그러므로 G는 m번 반복이 끝난 후 거짓이 된다.

IV. **사후 조건의 정확성:** [만약 N이, N번 루프를 반복한 후 $I(N)$은 참이 되고 그 이후 G가 거짓이 되는 최소수라면 알고리즘 변수들의 값은 루프의 사후 조건에 명시된 것과 같게 된다.]

사후 조건을 보면, 루프 실행 후에 $product$의 값은 mx가 되어야 한다. 하지만 N번 루프를 반복한 후 G가 거짓이 되면, $i=m$이 된다. 그리고 만약 $I(N)$이 참이면, $i=N$이 되고 $product=Nx$가 된다. 두 조건[G는 거짓이고 $I(N)$은 참]이 충족되기 때문에, $m=i=N$이 되고 $product=mx$가 된다. ■

이 절의 나머지 부분에서는 나눗셈 알고리즘과 Euclid 호제법에서 결정적인 루프의 정확성을 증명할 것이다.(이들 알고리즘은 4.8절에 소개되어 있다.)

나눗셈 알고리즘의 정확성

나눗셈 알고리즘은 음이 아닌 정수 a와 양의 정수 d를 받아서 $a=dq+r$, $0 \le r < d$를 만족시키는 음이 아닌 정수 q와 r을 계산한다. 초기에 변수 r과 q가 도입되고 $r=a$, $q=0$로 주어진다. 사전, 사후 조건이 첨가된 결정적인 루프는 아래와 같다.

> [사전 조건: a는 음이 아닌 정수이고
> d는 양의 정수, $r=a$, 그리고 $q=0$이다.]
> **while** $(r \ge d)$
> 1. $r := r - d$
> 2. $q := q + 1$
>
> **end while**
> [사후 조건: q와 r은 $a = qd + r$과 $0 \le r < d$를 만족시키는
> 음이 아닌 정수이다.]

증명:

루프의 정확성을 증명하기 위해, 루프 불변량은 다음과 같이 두자.

$$I(n):\ r = a - nd \ge 0 \quad \text{그리고} \quad n = q$$

while 루프의 제한조건은 다음과 같다.

$$G:\ r \ge d$$

I. 기본 속성: [$I(0)$는 루프의 첫 반복 이전에 참이다.]

$I(0)$는 "$r=a-0\cdot d$, $q=0$"이다. 그런데 사전 조건에 의해 $r=a$, $a \ge 0$, $q=0$이다. 그래서 $I(0)$는 루프의 첫 반복 이전에 참이다.

II. 귀납 속성: [만약 $G \wedge I(k)$(여기서 $k \ge 0$)가 루프 반복 이전에 참이면 $I(k+1)$은 루프 반복 이후에 참이다.]

k를 루프 반복 이전 $G \wedge I(k)$를 참이 되게 하는 음이 아닌 정수라 하자. G가 참이므로 $r \ge d$이고 루프에 들어간다. 또 $I(k)$가 참이므로 $r=a-kd \ge 0$, $k=q$가 된다. 따라서 명령문 1, 2가 실행되기 전에

$$r_{\text{old}} \ge d \text{ 이고 } \quad r_{\text{old}} = a - kd \text{ 이고 } \quad q_{\text{old}} = k$$

이다. 명령문 1, 2가 실행되면

$$r_{\text{new}} = r_{\text{old}} - d = (a - kd) - d = a - (k+1)d \qquad 5.5.2$$

그리고

$$q_{\text{new}} = q_{\text{old}} + 1 = k + 1 \qquad 5.5.3$$

추가로 명령문 1, 2의 실행 전에 $r_{\text{old}} \geq d$이므로, 명령문 실행 후

$$r_{\text{new}} = r_{\text{old}} - d \geq d - d \geq 0 \qquad 5.5.4$$

이 된다.식 (5.5.2), (5.5.3), (5.5.4)를 함께 쓰면, 루프 반복 이후 다음과 같다.

$$r_{\text{new}} \geq 0 \text{ 이고 } r_{\text{new}} = a - (k+1)d \text{ 이고 } q_{\text{new}} = k + 1$$

그러므로 $I(k+1)$은 참이다.

III. 제한조건의 종결 거짓성: [루프에서 유한 횟수의 반복이 끝난 후 G는 거짓이 된다.]

제한조건 G는 조건 $r \geq d$이다. 루프의 각 반복에서 r은 d만큼 감소되고, r은 음이 아닌 정수로 남아 있게 된다. 그래서 r 값들은 음이 아닌 정수들로 구성된 감소수열 형태로 나타난다. 그리고 (정렬성에 의해) r의 최소값 $r_{\min}$은 반드시 존재하게 된다. 그러면 $r_{\min} < d$이다.[만약 $r_{\min}$이 d보다 크면, 루프는 한 번 더 반복되고 r의 새로운 값은 $r_{\min}-d$가 된다. 하지만 이 값은 $r_{\min}$보다 작으므로 $r_{\min}$이 최소 나머지라는 사실에 모순이다.] 그러므로 $r=r_{\min}$이 계산되는 데로, r은 d보다 작아지고 따라서 제한조건 G는 거짓이 된다.

IV. 사후 조건의 정확성: [만약 N이, N번 루프를 반복한 후 $I(N)$은 참이 되고 그 이후 G가 거짓이 되는 최소수라면 알고리즘 변수들의 값은 루프의 사후 조건에 명시된 것과 일치할 것이다.]

어떤 음이 아닌 정수 N에 대해, G가 거짓이고 $I(N)$은 참이라고 가정하자. 그러면 $r < d$, $r=a-Nd$, $r \geq 0$, $q=N$이 된다. $q=N$이므로 치환하면

$$r = a - qd$$

가 된다. qd를 양변에 더하면

$$a = qd + r$$

이 되고 r과 관련된 두 부등식을 조합하면 다음을 얻을 수 있다.

$$0 \leq r < d$$

이 식들은 사후 조건에 명시된 q와 r의 값들이다. 따라서 증명은 완벽하다.

Euclid 호제법의 정확성

Euclid 호제법은 $A > B \geq 0$인 정수 A, B를 받아서 두 수의 최대공약수를 계산하는 알고리즘이다. 루프가 시작되기 전, 변수 a, b, r이 소개되고, $a=A$, $b=B$, $r=B$로 초기 할당된다. 사전, 사후 조건과 함께 주석이 첨가된 루프는 아래와 같다.

[사전 조건: A와 B는 $A > B \geq 0$인 정수이고,
$a = A$, $b = B$, $r = B$이다.]
  while $(b \neq 0)$
    1. $r := a \ mod \ b$
    2. $a := b$
    3. $b := r$
  end while
[사후 조건: $a = gcd(A, B)$]

증명:

루프의 정확성을 증명하기 위해, 불변량을 다음과 같이 두자.

$I(n)$: gcd(a, b) = gcd(A, B) 그리고 $0 \leq b < a$

while 루프의 제한조건은 다음과 같다.

G: $b \neq 0$

I. 기본 속성: [$I(0)$는 루프의 첫 반복 이전에 참이다.]

$I(0)$는

$$\text{gcd}(A, B) = \text{gcd}(a, b)\text{이고 } 0 \leq b < a$$

이다. 사전 조건에 따라

$$a = A, b = B, r = B \quad \text{그리고} \quad 0 \leq B < A$$

이다. 따라서 gcd(A, B)=gcd(a, b)이다. $0 \leq B < A$, $b=B$, $a=A$이므로 $0 \leq b < a$이다. 따라서 $I(0)$는 참이다.

II. 귀납 속성: [$G \wedge I(k)$(여기서 $k \geq 0$)가 루프 반복 이전 참이면 루프 반복 이후 $I(k+1)$

은 참이다.]

k를 루프 반복 이전 $G \wedge I(k)$를 참이 되게 하는 음이 아닌 정수라 하자.[루프 반복 이후에 $I(k+1)$이 참임을 보여야 한다.] G가 참이므로 $b_{old} \neq 0$이고 루프에 들어간다. 그리고 $I(k)$가 참이므로 명령문 1이 실행되기 바로 전에

$$\gcd(a_{old}, b_{old}) = \gcd(A, B) \quad \text{그리고} \quad 0 \leq b_{old} < a_{old} \tag{5.5.5}$$

명령문 1이 실행되고 난 후

$$r_{new} = a_{old} \ mod \ b_{old}$$

그러므로 몫-나머지 정리에 의해

$$\text{어떤 정수 } q \text{에 대해} \quad a_{old} = b_{old} \cdot q + r_{new}$$

r_{new}는 다음과 같은 속성을 가진다.

$$0 \leq r_{new} < b_{old} \tag{5.5.6}$$

보조정리 4.8.2에 의해

$$\gcd(a_{old}, b_{old}) = \gcd(b_{old}, r_{new})$$

그리고 식 (5.5.5)에 의해

$$\gcd(a_{old}, b_{old}) = \gcd(A, B)$$

그러므로

$$\gcd(b_{old}, r_{new}) = \gcd(A, B) \tag{5.5.7}$$

명령문 2와 3이 실행될 때

$$a_{new} = b_{old} \quad \text{그리고} \quad b_{new} = r_{new} \tag{5.5.8}$$

식 (5.5.8)을 식 (5.5.7)에 대입하면 다음을 얻을 수 있다.

$$\gcd(a_{new}, b_{new}) = \gcd(A, B) \tag{5.5.9}$$

식 (5.5.8)로부터 얻은 값들을 부등식 (5.5.6)에 대입하면 다음을 얻는다.

$$0 \leq b_{new} < a_{new} \tag{5.5.10}$$

그러므로 루프 반복 후에, 식 (5.5.9)와 부등식 (5.5.10)에 의해

$$\gcd(a, b) = \gcd(A, B) \quad \text{그리고} \quad 0 \le b < a$$

그래서 $I(k+1)$이 참이다.[이것이 보여 줘야 할 부분이다.]

III. 제한조건의 종결 거짓성: [루프에서 유한 횟수의 반복이 끝난 후 G는 거짓이 된다.]

루프의 각 반복에 의해 얻어지는 b의 각 값은 음이 아닌 정수이며 앞선 b 값보다 작다. 따라서 정렬성에 의해, 최소값 $b_{\min}$이 존재한다. 실제로 $b_{\min}=0$이다.[만약 $b_{\min}$이 0이 아니면, 명령문 3에서 $b_{\min}$의 값으로 r이 주어지므로 r 역시 0이 아니어야 한다. 하지만 $r\neq 0$이라는 것은 제한조건이 참임을 의미하므로 루프는 또 한 번 더 돌게 된다. 이 반복에서 r 값은 앞선 b의 값, 즉, $b_{\min}$보다 작은 값으로 계산된다. 그러면 b의 값은 $b_{\min}$보다 작은 r로 바뀌게 된다. 이것은 $b_{\min}$이 최소값이라는 사실에 모순이다. 따라서 $b_{\min}=0$이 되어야 한다.] $b_{\min}=0$이므로, $b_{\min}$이 계산된 바로 다음 반복에서 제한조건은 거짓이 된다.

IV. 사후 조건의 정확성: [만약 N이, N번 루프를 반복한 후 $I(N)$은 참이 되고 그 이후 G가 거짓이 되는 최소수라면 알고리즘 변수들의 값은 루프의 사후 조건에 명시된 것과 같게 된다.]

어떤 음이 아닌 정수 N에 대해, G는 거짓이고 $I(N)$은 참이라고 가정하자[사후 조건, 즉, $a=\gcd(A, B)$이 참임을 보여야 한다.] G가 거짓이므로 $b=0$이고, $I(N)$이 참이므로

$$\gcd(a, b) = \gcd(A, B) \qquad 5.5.11$$

$b=0$을 식 (5.5.11)에 대입하면

$$\gcd(a, 0) = \gcd(A, B)$$

보조정리 4.8.1에 의해

$$\gcd(a, 0) = a$$

그러므로 $a=\gcd(A, B)$가 된다.

자 | 기 | 진 | 단

1. 알고리즘의 사전 조건은 _______ 이고 알고리즘의 사후 조건은 _______ 이다.
2. 루프가 자신의 사전 그리고 사후 조건과 관련해 정확하게(correctly) 정의되기 위한 필요충분조건은 알고리즘변수들이 루프 사전 조건을 만족시키고, 루프가 유한 횟수의 단계를 실행 한 후 종료되며, 종료 후 _______ 을 만족시키는 것이다.
3. 루프 불변량(loop invariant)은 정수들로 구성된 집합을 정의구역으로 갖는, 그리고 다음 조건을 만족시키는 술어다: 루프의 각 반복(each iteration of the

loop)에서 반복 전에 술어가 참이면 _______ 이다.

4. 제한조건 G와 술어 $I(n)$과 함께하는 **while** 루프가 주어졌다고 하자. 만약 아래의 4가지 속성이 참이면 루프는 루프의 사전, 사후 조건과 관련해 정확하다.
   (a) 루프에 대한 사전 조건은 루프의 첫 반복 전에 _______ 이라는 사실을 의미한다.
   (b) 모든 정수 $k \geq 0$에 대해, 루프를 반복하기 전 제한조건 G와 술어 $I(k)$가 참이면 _______ 이다.
   (c) 유한 횟수의 반복 후에 _______ 이 된다.
   (d) 만약 N이, N번 루프를 반복한 후 $I(N)$은 참이 되고 그 이후 G가 거짓이 되는 최소수라면 알고리즘 변수들의 값은 _______ 과 일치할 것이다.

연/습/문/제 5.5

연습문제 1, 2에는 while 루프와 술어가 있다. 각 문제에서, 만약 루프를 시작하기 전에 술어가 참이면 루프를 종료한 후에도 참이 됨을 보여라.

1. loop: **while** ($m \geq 0$ and $m \leq 100$)
   $m := m + 1$
   $n := n - 1$
   end while

   술어: $m+n=100$

2. loop: **while** ($m \geq 0$ and $m \leq 100$)
   $m := 3 \cdot m$
   $n := 5 \cdot n$
   end while

   술어: $m^3 > n^2$

연습문제 3, 4에는 while 루프와 사전 조건, 사후 조건 및 루프 불변량이 명시되어 있다. 각 문제에 대해, 루프 불변량 정리를 이용하여 루프가 사전 및 사후 조건에 관해 정확함을 증명하라.

3. [사전 조건: m은 음이 아닌 정수, x는 실수, $i=0$, $\exp=1$]

   while ($i \neq m$)
   1. $exp := exp \cdot x$
   2. $i := i + 1$
   end while

   [사후 조건: $\exp=x^m$]

   루프 불변량: $I(n)$은 "$\exp=x^n$ 그리고 $i=n$."

4. [사전 조건: sum$=A[1]$, $i=1$]

   while ($i \neq m$)
   1. $i := i + 1$
   2. sum: = sum + A[i]
   end while

   [사후 조건: sum$=A[1]+A[2]+\cdots+A[m]$]
   루프 불변량: $I(n)$은 "$i=n+1$ 그리고 sum$=A[1]+A[2]+\cdots+A[n+1]$."

5. 알고리즘 4.8.3의 **while** 루프가 다음 사전 조건과 사후 조건에 대해 정확하게 동작함을 증명하라.

   [사전 조건: A와 B는 양의 정수이고, $a=A$, $b=B$이다.]

   [사후 조건: a와 b 가운데 하나는 0이고 나머지는 0이 아니다. 0이 아닌 것은 gcd(A, B)와 같다.]

   사용될 루프 불변량은 다음과 같다.

   $I(n)$ "(1) a와 b는 음이 아닌 정수이며, gcd(a, b)= gcd(A, B).
   (2) a와 b 가운데 기껏해야 한 개가 0이다.
   (3) $0 \leq a+b \leq A+B-n$."

자 | 기 | 진 | 단 | 해 | 답

1. 초기 상태를 기술하는 술어; 종료 상태를 기술하는 술어 2. 알고리즘 변수들이 루프 사후 조건 3. 반복 후에도 술어가 참 4. (a) $I(0)$가 참 (b) 루프의 반복 후에 $I(k+1)$은 참 (c) 알고리즘 변수 G는 거짓 (d) 루프의 사후 조건에 명시된 것

5.6 재귀적으로 정의된 수열

수열은 여러 가지 방법으로 정의할 수 있다. 하나의 비공식적 방법은 수열의 일반적 패턴을 명확하게 짐작할 수 있으리라는 기대와 함께 수열의 처음 몇 항을 열거하는 것이다. 예를 들어 "수열 3, 5, 7, ...을 살펴보자"와 같이 언급하는 경우이다. 유감스럽게도 이 방법을 이용하게 될 경우 오해가 생길 수 있다. 수열의 다음 항으로, 이 수열을 홀수의 수열이라고 생각한 사람은 9를 예상할 것이고, 홀수인 소수의 수열이라고 생각한 사람은 11을 예상할 것이다.

수열을 정의하는 두 번째 방법은 제n항에 대한 공식을 기술하는 것이다. 예를 들어 아래의 식을 기술함으로써 수열 $a_0, a_1, a_2, \ldots$이 명시될 수 있다.

$$\text{음이 아닌 모든 정수 } n\text{에 대해, } a_n = \frac{(-1)^n}{n+1}$$

이와 같은 명시적 식을 이용해 수열을 정의하는 방법의 장점은 수열의 각 항이 유일하게 결정되고 대입을 이용한 유한한 계산 단계를 통해 계산될 수 있다는 것이다.

수열을 정의하는 세 번째 방법은 예제 5.3.3과 5.4.2에서 살펴보았듯이 재귀를 이용하는 것이다. 이 경우 재귀식(recurrence relation)이라 불리는 하나의 식과 초기조건을 기술하여야 하는데 재귀식은 수열의 특정 항과 하나 이상의 선행 항과의 관계를 표현한 식이며, 초기조건은 수열의 처음 몇 개 항의 값을 기술한 식으로 점화식의 기저라고 부르기도 한다.

경우에 따라, 수열의 일반항에 대한 공식을 찾는 것이 매우 어렵거나 불가능하다. 그러나 이런 경우에도 재귀를 사용하여 수열을 정의할 수 있다. 그리고 재귀적으로 수열을 정의하는 것은 수학적 귀납법을 이용해 정리를 증명하는 것과 유사함을 주목하자. 재귀식은 귀납단계와 유사한 반면에 초기조건은 기본단계와 유사하다. 실제로 수열을 재귀적으로 정의할 수 있다는 것과 수학적 귀납법을 증명 방법으로 사용할 수 있음은 논리적으로 동치임이 밝혀졌다.

• 정의

수열 $a_0, a_1, a_2, \ldots$의 **재귀식**(recurrence relation)은 정수 i와 $k(\geq i)$에 대하여 수열의 항 a_k와 그에 선행하는 항 $a_{k-1}, a_{k-2}, \ldots, a_{k-i}$ 사이의 관계를 정의한 식이다. 재귀식에 대한 **초기조건**(initial condition)은 처음 몇 개의 항을 기술한 식으로서, i가 고정된 값이면 $a_0, a_1, \ldots, a_{i-1}$의 값을 기술하고, i가 k에 종속적이면 $a_0, a_1, \ldots, a_m$ (m은 $m \geq 0$인 정수)의 값을 기술한다.

예제 5.6.1 **재귀적으로 정의한 수열의 항 계산**

수열 $c_0, c_1, c_2, \ldots$를 다음과 같이 재귀적으로 정의한다: 모든 정수 $k \geq 2$에 대해

$$(1)\ c_k = c_{k-1} + kc_{k-2} + 1 \qquad \text{재귀식}$$
$$(2)\ c_0 = 1,\ \ c_1 = 2 \qquad \text{초기조건}$$

c_2, c_3, 그리고 c_4를 구하라.

풀이

$$\begin{aligned} c_2 &= c_1 + 2c_0 + 1 && \text{(1)에 } k\text{=2를 대입} \\ &= 2 + 2\cdot 1 + 1 && \text{(2)에 의해 } c_1\text{=2 그리고 } c_0\text{=1이므로} \end{aligned}$$

$$\begin{aligned} (3)\quad c_2 &= 5 \\ c_3 &= c_2 + 3c_1 + 1 && \text{(1)에 } k\text{=3을 대입} \\ &= 5 + 3\cdot 2 + 1 && \text{(3)에 의해 } c_2\text{=5이고 (2)에 의해 } c_1\text{=2이므로} \\ (4)\quad c_3 &= 12 \\ c_4 &= c_3 + 4c_2 + 1 && \text{(1)에 } k\text{=4를 대입} \\ &= 12 + 4\cdot 5 + 1 && \text{(4)에 의해 } c_3\text{=12이고 (3)에 의해 } c_2\text{=5이므로} \\ (5)\quad c_4 &= 33 \end{aligned}$$

■

예제 5.6.2 **공식으로 주어진 수열이 재귀식을 만족시킴을 증명**

벨기에 수학자 Eugène Catalan(1814~1894)의 이름을 딴 **Catalan 수**(Catalan number)들의 수열은 이산수학에서 다양하게 다루어지는데 이것은 다음과 같이 정의될 수 있다: 모든 정수 $n \geq 1$에 대하여

$$C_n = \frac{1}{n+1}\binom{2n}{n}$$

a. C_1, C_2, 그리고 C_3를 구하라.

b. 이 수열이 모든 정수 $k \geq 2$에 대하여, 재귀식 $C_k = \dfrac{4k-2}{k+1}C_{k-1}$를 만족시킴을 보여라.

Eugène Catalan (1814–1894)

풀이

a. $C_1 = \frac{1}{2}\binom{2}{1} = \frac{1}{2}\cdot 2 = 1,\ \ C_2 = \frac{1}{3}\binom{4}{2} = \frac{1}{3}\cdot 6 = 2,\ \ C_3 = \frac{1}{4}\binom{6}{3} = \frac{1}{4}\cdot 20 = 5$

b. 주어진 공식의 n 자리에 k와 $k-1$을 대입하면 다음과 같이 수열의 k번째와 $k-1$번째 항을 얻는다.

$$C_k = \frac{1}{k+1}\binom{2k}{k}$$

$$C_{k-1} = \frac{1}{(k-1)+1}\binom{2(k-1)}{k-1} = \frac{1}{k}\binom{2k-2}{k-1}$$

재귀식의 우변에서 시작해 식을 변형시켜 가면 좌변 C_k를 얻을 수 있다: 모든 정수 $k \geq 2$에 대하여

$$
\begin{aligned}
\frac{4k-2}{k+1}C_{k-1} &= \frac{4k-2}{k+1}\left[\frac{1}{k}\binom{2k-2}{k-1}\right] && \text{대입에 의해} \\
&= \frac{2(2k-1)}{k+1}\cdot\frac{1}{k}\cdot\frac{(2k-2)!}{(k-1)!(2k-2-(k-1))!} && \text{조합}(n \text{ choose } r)\text{의 공식에 의해} \\
&= \frac{1}{k+1}\cdot(2(2k-1))\cdot\frac{(2k-2)!}{(k(k-1)!)(k-1)!} && \text{인수들을 재배열함으로써} \\
&= \frac{1}{k+1}\cdot(2(2k-1))\cdot\frac{1}{k!(k-1)!}\cdot(2k-2)!\cdot\frac{1}{2}\cdot\frac{1}{k}\cdot 2k. && \frac{1}{2}\cdot\frac{1}{k}\cdot 2k=1\text{이므로} \\
&= \frac{1}{k+1}\cdot\frac{2}{2}\cdot\frac{1}{k!}\cdot\frac{1}{(k-1)!}\cdot\frac{1}{k}\cdot(2k)\cdot(2k-1)\cdot(2k-2)! && \text{인수들을 재배열함으로써} \\
&= \frac{1}{k+1}\cdot\frac{(2k)!}{k!k!} && k(k-1)!=k!,\ 2k\cdot(2k-1)\cdot(2k-2)!=(2k)!\text{이므로} \\
&= \frac{1}{k+1}\binom{2k}{k} && \text{조합 }(n \text{ choose } r)\text{의 공식에 의해} \\
&= C_k && \text{수열의 정의에 의해}
\end{aligned}
$$

■

재귀적으로 정의된 수열의 예제

재귀는 컴퓨터 과학에서 핵심적인 개념 중의 하나로서 매우 중요하다. 주어진 문제를 재귀적으로 해결한다는 것은 원래 문제와 동일한 형태의 더 작은 문제로 분할하여 해결 방법을 찾고자 하는 것이다. 분할 과정은 부분 문제가 충분히 작아져서 쉽게 해결할 수 있을 때까지 계속한다. 최하위의 부분 문제에 대한 답을 구하면, 이들을 결합하여 상위의 문제에 대한 답을 구하고, 궁극적으로 원래 문제의 답을 찾는다.

재귀적으로 문제를 해결함에 있어 가장 어려운 부분은, 어떻게 하여야 원래 문제와 동일한 형태의 부분 문제에 대한 답을 찾음으로써 원래 문제에 대한 답을 찾을 수 있는가이다. 작은 문제에 대한 답을 알고 있다고 가정하고, 이를 최대한 활용하여 더 큰 문제에 대한 답을 어떻게 찾을 것인가를 스스로에게 물어보라. 작은 문제에 대한 답을 이미 알고 있다고 가정하는 것을 재귀적 패러다임(recursive paradigm) 또는 재귀적 믿음(recursive leap of faith)이라 한다. 일단 이에 대한 믿음이 생기면 어려운 부분의 반은 해결되었다고 할 수 있다. 이 시점에서부터 원래 문제의 답을 찾는 길은 어렵기는 하지만 매우 짧다. 재귀적 믿음은 수학적 귀납법에서 귀납단계의 가정과 거의 같다.

예제 5.6.3 **하노이의 탑**

1883년에 프랑스 수학자 Édouard Lucas는 '하노이의 탑(Tower of Hanoi)'이라고 부르는 게임을 제안하였다. 게임에서는 가운데 구멍이 뚫린 8개의 나무 디스크와 디스크를 끼워 쌓을 수 있도록 만든 3개의 막대기를 사용하는데, 그림 5.6.1은 박스의 겉표지를 복사

Édouard Lucas
(1842–1891)

한 것이다. 초기에 8개의 디스크는 가장 왼쪽의 막대기에 크기가 큰 것부터 차례로 쌓여 있다. 게임 참가자는 8개의 디스크를 1개씩 움직여 모든 디스크를 가장 오른쪽의 막대기로 옮겨야 한다. 옮기는 과정에서 가운데 막대기를 사용할 수 있으나, 큰 디스크를 작은 디스크 위에 올려서는 안 된다. 게임을 설명한 책자는 이 게임이 고대 인도의 전설적인 이야기에 바탕을 두고 있으며, 그 당시에는 64개의 금으로 만든 디스크를 사용하였다고 기술하고 있다.

그림 5.6.1

64개의 금 디스크를 손으로 옮기는 문제에 10,000프랑(현재 가치로 약 34,000달러)의 상금이 걸려 있다(그림 5.6.2 참조). 디스크를 가능한 한 효율적으로 옮긴다고 가정할 때, 상금을 타기 위해서는 디스크를 몇 번 만에 옮겨야 할까?

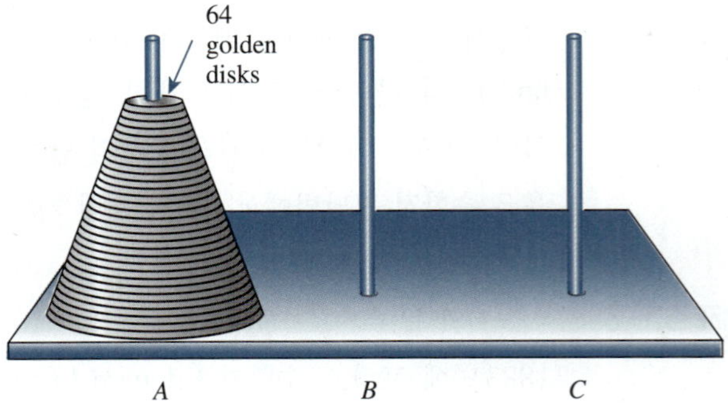

그림 5.6.2

풀이

문제를 해결하는 정교하고 효율적인 방법은 재귀적으로 생각하는 것이다. 어떻게 하여 $k-1$개의 디스크를 한 막대기에서 다른 막대기로 옮기는 가장 효율적인 방법을 찾았다고 가정하자. 어떻게 하면 k개의 디스크를 가장 효율적으로 옮길 수 있을까? 정답은 그림 5.6.3에 제시하였다. 그림에서 A는 초기에 디스크가 쌓여 있는 막대기이고, C가 디스크를 쌓아야 할 막대기이며, 기본적인 아이디어는 다음과 같다.

단계 1: A에 있는 $k-1$개의 디스크를 B로 이동시킨다.
단계 2: 가장 바닥에 있던 디스크를 A에서 C로 이동시킨다.
단계 3: B에 있는 $k-1$개의 디스크를 C로 이동시킨다.

먼저 이 방법이 가장 효율적인지 알아보자. A의 바닥에 있는 디스크를 다른 곳으로 이동시키려면 반드시 위에 있는 $k-1$개의 디스크를 어디로든 이동시켜야 한다. 따라서 k개의 디스크를 A에서 C로 옮기기 위해서는 $k-1$개의 디스크를 최소한 2번은 이동시켜야 한다. 왜냐하면 $k-1$개의 디스크를 B로 이동시키고, 가장 큰 디스크를 이동시킨 다음 그 위에 다시 쌓아야 하기 때문이다.

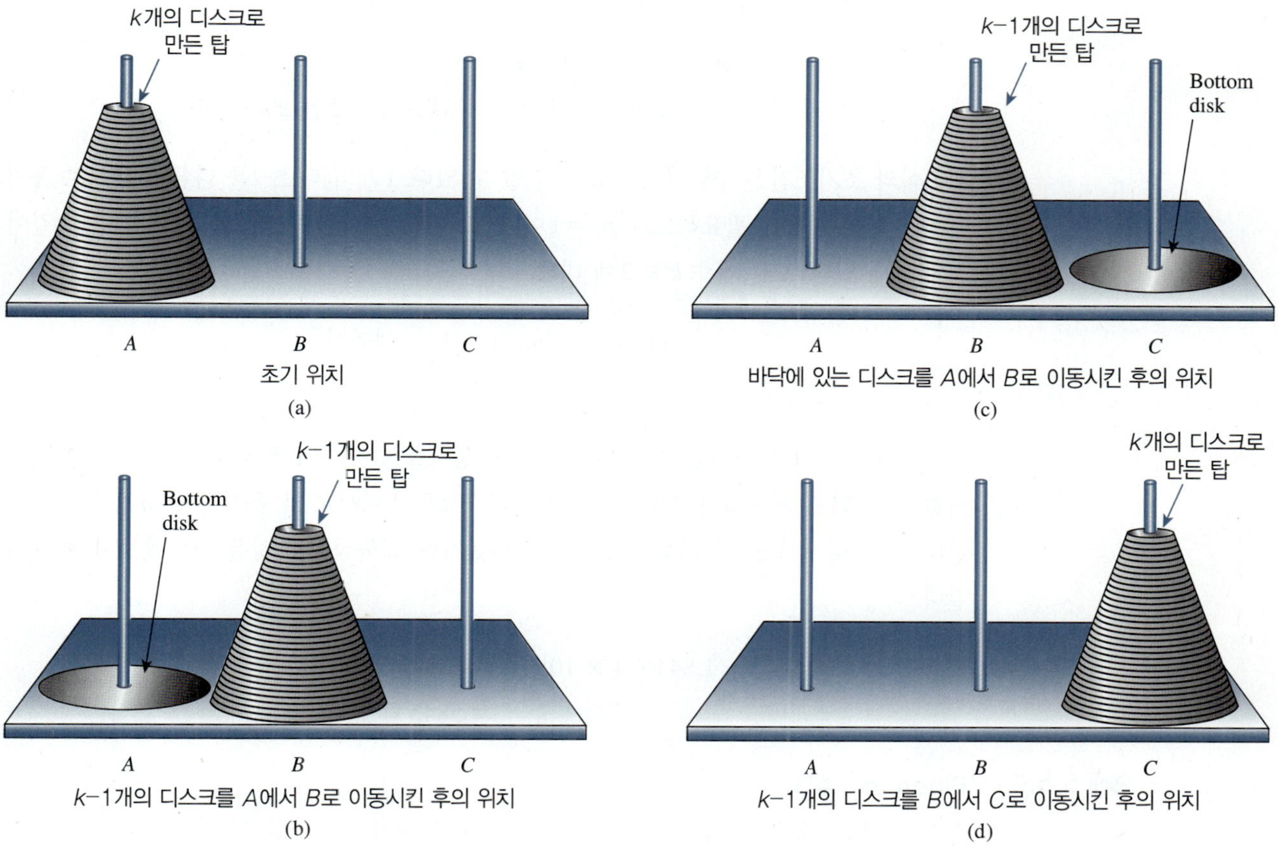

그림 5.6.3 하노이의 탑 문제를 해결하기 위한 이동

따라서 가장 효율적인 방법이라 하더라도 초기 위치 (a)에서 위치 (b)로의 이동, 위치 (b)에서 위치 (c)로의 이동, 위치 (c)에서 위치 (d)로의 이동은 반드시 포함하고 있어야 한다.

[k개의 디스크를 A에서 C로 옮기는 데 필요한 최소 이동 수]
=[$k-1$개의 디스크를 A에서 B로 옮기는 데 필요한 최소 이동 수]
+[A에 있던 가장 큰 디스크를 C로 옮기는 데 필요한 최소 이동 수]
+[B에 있는 $k-1$개의 디스크를 C로 옮기는 데 필요한 최소 이동 수] 5.6.1

$n \geq 1$인 모든 정수 n에 대하여, m_n을 'n개의 디스크를 다른 막대기로 옮기는 데 필요한 최소 이동 수'라 하자. m_n은 막대기에 따라 달라지지 않으므로, A에서 C로 옮기든 A에서 B로 옮기든 값은 일정하다. 또한 m_n의 값은 n개의 디스크 아래에 쌓여 있는 디스크와도 무관하다. n개의 디스크 아래에 쌓여 있는 디스크는 모두가 위에 있는 디스크보다 큰 것이기 때문에 위에 있는 n개의 디스크를 옮길 때 아래에 디스크가 없는 것처럼 생각해도 아무런 문제가 없다.

초기 위치 (a)에서 위치 (b)로 옮기는 데 m_{k-1}번의 이동, 위치 (b)에서 위치 (c)로 옮기는 데 1번의 이동, 위치 (c)에서 위치 (d)로 옮기는 데 m_{k-1}번의 이동이 필요하므로, 이를 식 (5.6.1)에 대입하면

$$
\begin{aligned}
m_k &= m_{k-1} + 1 + m_{k-1} \\
&= 2m_{k-1} + 1 \qquad (k\text{는 } k \geq 2\text{인 모든 정수})
\end{aligned}
$$

재귀식의 초기조건은 수열의 정의로부터 알 수 있다. 1개의 디스크를 다른 막대기로 옮기는 데 1번의 이동이 필요하므로, $m_1=1$이다. 그러므로 수열 $m_1, m_2, m_3, \ldots$은 다음과 같이 정의할 수 있다: 모든 정수 $k \geq 2$에 대해,

(1) $m_k = 2m_{k-1} + 1$ 재귀식
(2) $m_1 = 1$ 초기조건

전설로 돌아가서, 승려는 매우 빠른 속도로 생각할 수 있어 1초에 1번씩 디스크를 이동시킬 수 있다고 가정하자. 그러면 64개의 디스크를 A에서 C로 옮기는 데 m_{64}초가 소요된다. 다음 절에서 m_n에 대한 공식을 유도하겠지만, 대략적으로 값을 계산해 보면 아래와 같다.

$$
\begin{aligned}
1.844674 \times 10^{19}\text{초} &\cong 5.84542 \times 10^{11}\text{년} \\
&\cong 5845\text{억 년}
\end{aligned}
$$

■

예제 5.6.4 **Fibonacci 수열**

가장 오래된 재귀적으로 정의된 수열중 하나로 중세 때 가장 위대한 유럽 수학자인 Fibonacci가 제안한 수열을 들 수 있다. 1202년에 Fibonacci는 다음과 같은 문제를 제기

Bettmann/CORBIS

Fibonacci(Leonardo of Pisa)
(ca. *1175–1250*)

하였다.

암수 한 쌍의 토끼가 연초에 태어났다고 하자. 여기에 다음과 같은 조건을 가정하자.

1. 암수 한 쌍의 토끼는 태어난 후 첫 번째 한 달 동안은 생식능력을 갖지 않으나 두 번째 달부터 매달 말일에 암수 한 쌍의 새끼를 낳는다.
2. 어느 토끼도 죽지 않는다.

그러면 그해 말에 전체 토끼의 수는 얼마일까?

풀이

이 문제의 해결방법 중 하나는 중간쯤 달의 말일에 토끼의 암수 쌍의 수를 재귀식에 의해 표현할 수 있는 방법이 있을까를 생각해 보는 것이다. 우선 지난달 말일에 살아 있는 암수 쌍의 수를 안다고 가정하자. 그러면 이번 달 말일에 암수 쌍의 수는 얼마일까?

문제 해결의 열쇠는 k달의 말일에 새로 태어난 암수 쌍의 수는 바로 $k-2$달의 말일에 살아 있는 쌍의 수와 같다는 사실에 있다. 왜일까? 그 이유는 k달에 생식능력을 갖는 암수 쌍들은 바로 $k-2$달의 말일에 살아 있는 암수 쌍들이기 때문이다. $k-1$달의 말일에 새로 태어난 쌍들은 아직 생식능력이 없다.

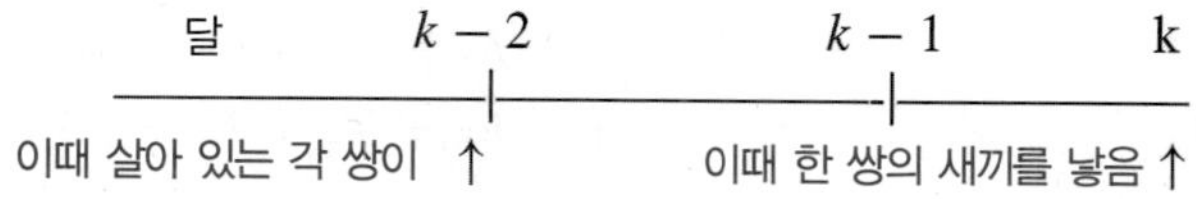

k달 말일에 살아 있는 토끼 쌍의 수는 $k-1$달의 말일에 살아 있는 토끼 쌍의 수에 k달 말일에 새로 태어난 쌍의 수를 합한 것이다. 그래서

[k달 말일에 살아 있는 토끼 쌍의 수]
=[$k-1$달의 말일에 살아 있는 토끼 쌍의 수]
+[k달 말일에 새로 태어난 토끼 쌍의 수]
=[$k-1$달의 말일에 살아 있는 토끼 쌍의 수]
+[$k-2$달의 말일에 살아 있는 토끼 쌍의 수] 5.6.2

모든 정수 $n \geq 1$에 대해

F_n=[n달 말일에 살아 있는 토끼 쌍의 수]

라고 하자. 그리고

F_0= 초기의 토끼 쌍의 수
=1

라고 하자. 그러면 식 (5.6.2)에 대입함으로써 다음을 얻는다. 모든 정수 $k \geq 2$에 대해

$$F_k = F_{k-1} + F_{k-2}$$

이미 살펴보았듯 $F_0=1$이다. 그리고 마찬가지로 $F_1=1$인데 그 이유는 암수쌍이 첫 번째 한 달 동안 생식능력이 없고 두 번째 달에 가서야 생식능력을 갖게 되기 때문이다. 그래서 Fibonacci 수열은 다음과 같이 묘사된다: 모든 정수 $k \geq 2$에 대해

(1)	$F_k = F_{k-1} + F_{k-2}$	재귀식
(2)	$F_0 = 1, \quad F_1 = 1$	초기조건

앞의 질문에 답하기 위해 F_2, F_3, 그리고 F_{12}까지 계산해 보자.

(3)	$F_2 = F_1 + F_0 = 1 + 1 = 2$	(1)과 (2)에 의해
(4)	$F_3 = F_2 + F_1 = 2 + 1 = 3$	(1), (2), (3)에 의해
(5)	$F_4 = F_3 + F_2 = 3 + 2 = 5$	(1), (3), (4)에 의해
(6)	$F_5 = F_4 + F_3 = 5 + 3 = 8$	(1), (4), (5)에 의해
(7)	$F_6 = F_5 + F_4 = 8 + 5 = 13$	(1), (5), (6)에 의해
(8)	$F_7 = F_6 + F_5 = 13 + 8 = 21$	(1), (6), (7)에 의해
(9)	$F_8 = F_7 + F_6 = 21 + 13 = 34$	(1), (7), (8)에 의해
10)	$F_9 = F_8 + F_7 = 34 + 21 = 55$	(1), (8), (9)에 의해
11)	$F_{10} = F_9 + F_8 = 55 + 34 = 89$	(1), (9), (10)에 의해
12)	$F_{11} = F_{10} + F_9 = 89 + 55 = 144$	(1), (10), (11)에 의해
13)	$F_{12} = F_{11} + F_{10} = 144 + 89 = 233$	(1), (11), (12)에 의해

12번째 달의 말일에 암수 쌍의 수는 233이므로 토끼의 수는 총 466마리이다. ■

예제 5.6.5 **복리**

당신은 21살 생일날 다음과 같은 소식이 담긴 편지를 받는다: 당신이 태어나던 날, 상당한 재력가이신 그리고 엉뚱한 면을 지닌 당신의 이모가 은행에 $100,000를 연 4%의 복리로 예치하였고 이제 이 계좌를 당신에게 넘겨주고자 한다. 계좌에 현재 예치된 예금액은 얼마인가?

풀이

문제를 재귀적으로 접근하고자 다음을 살펴보자.

[임의의 특정한 연말 계좌에 저축된 액수]
= [바로 전해 연말 계좌에 저축된 액수]
+ [그해 1년 동안 해당 금액에 붙은 이자]

그해 1년 동안 붙은 이자는 연리 4%=0.04에 바로 전해 연말 계좌에 저축된 액수를 곱한 값이다. 그래서

[임의의 특정한 연말 계좌에 저축된 액수]
= [바로 전해 연말 계좌에 저축된 액수]
+ (0.04) · [바로 전해 연말 계좌에 저축된 액수] 5.6.3

각각의 양의 정수 n에 대해

$$A_n = [n\text{번째 해 말에 계좌에 저축된 액수}]$$

라고 하자. 그리고

$$A_0 = [\text{계좌의 초기 액수}] = \$100{,}000$$

라고 하자. 그러면 임의의 특정 해 k에 대해, 식 (5.6.3)으로부터 다음이 성립된다.

$$\begin{aligned} A_k &= A_{k-1} + (0.04) \cdot A_{k-1} \\ &= (1+0.04) \cdot A_{k-1} = (1.04) \cdot A_{k-1} \end{aligned}$$

따라서 수열 $A_0, A_1, A_2, \cdots$의 값은 다음과 같이 명시된다. 모든 정수 $k \geq 1$에 대해

(1) $A_k = (1.04) \cdot A_{k-1}$ 재귀식
(2) $A_0 = \$100{,}000$ 초기조건

수 1.04를 수열의 성장인자(growth factor)라고 부른다.

다음 단원에서 임의의 n번째 해에 저축된 액수에 대한 공식을 유도할 것이다. 21번째 생일날에 저축된 액수는 대입을 반복함으로써 다음과 같이 계산될 수 있다.

(3) $A_1 = 1.04 \cdot A_0 = 1.04 \cdot \$100{,}000 = \$104{,}000$ (1)과 (2)에 의해
(4) $A_2 = 1.04 \cdot A_1 = 1.04 \cdot \$104{,}000 = \$108{,}160$ (1)과 (3)에 의해
(5) $A_3 = 1.04 \cdot A_2 = 1.04 \cdot \$108{,}160 = \$112{,}468.40$ (1)과 (4)에 의해
⋮ ⋮
(22) $A_{20} = 1.04 \cdot A_{19} \cong 1.04 \cdot \$210{,}684.92 \cong \$219{,}112.31$ (1)과 (21)에 의해
(23) $A_{21} = 1.04 \cdot A_{20} \cong 1.04 \cdot \$219{,}112.31 \cong \$227{,}876.81$ (1)과 (22)에 의해

계좌의 액수는 \$227,876.81(반올림한 센트값)이다.

합과 곱의 재귀적 정의

덧셈과 곱셈을 단지 두 수를 한 번에 더하고 곱할 수 있는 관계로 2진 연산이라 부른다. 재귀를 이용해 둘 또는 그 이상의 여러개의 수를 더하고 곱할 수 있다.

• 정의

n개의 수 $a_1, a_2, ..., a_n$이 주어졌을 때 **i=1에서 n까지 a_i의 합**을 $\sum_{i=1}^{n} a_i$로 나타내며 다음과 같이 정의한다.

$$\sum_{i=1}^{1} a_i = a_1 \text{ 그리고 } n > 1 \text{일 경우 } \sum_{i=1}^{n} a_i = \left(\sum_{i=1}^{n-1} a_i\right) + a_n$$

i=1에서 n까지 a_i의 곱을 $\prod_{i=1}^{n} a_i$로 나타내며 다음과 같이 정의한다.

$$\prod_{i=1}^{1} a_i = a_1 \text{ 그리고 } n > 1 \text{일 경우 } \prod_{i=1}^{n} a_i = \left(\prod_{i=1}^{n-1} a_i\right) \cdot a_n$$

이 정의가 두 개보다 더 많은 수들이 더해지고 곱해질 때의 그 순서를 명시한다.
예를 들면 다음과 같다.

$$\sum_{i=1}^{4} a_i = \left(\sum_{i=1}^{3} a_i\right) + a_4 = \left(\left(\sum_{i=1}^{2} a_i\right) + a_3\right) + a_4 = ((a_1 + a_2) + a_3) + a_4$$

재귀적 정의는 유한 개 수들의 합 그리고 곱과 관련된 다양한 성질이 성립함을 보이기 위해 수학적 귀납법에 이용된다.

예제 5.6.6 **합의 합**

임의의 양의 정수 n에 대해 $a_1, a_2, ..., a_n$과 $b_1, b_2, ..., b_n$이 실수일 때, 다음이 성립함을 증명하라.

$$\sum_{i=1}^{n}(a_i + b_i) = \sum_{i=1}^{n} a_i + \sum_{i=1}^{n} b_i$$

풀이

수학적 귀납법으로 증명해 보자. 속성 $P(n)$을 아래의 등식이라 하자.

$$\sum_{i=1}^{n}(a_i + b_i) = \sum_{i=1}^{n} a_i + \sum_{i=1}^{n} b_i \qquad \leftarrow P(n)$$

모든 정수 $n \geq 1$에 대해 $P(n)$이 참임을 보여야 한다. 수학적 귀납법을 이용해 보자.

P(1)이 참임을 보여라: $P(1)$이 참임을 보이기 위해 아래의 등식이 성립함을 보여야 한다.

$$\sum_{i=1}^{1}(a_i + b_i) = \sum_{i=1}^{1} a_i + \sum_{i=1}^{1} b_i \qquad \leftarrow P(1)$$

그런데

$$\sum_{i=1}^{1}(a_i + b_i) = a_1 + b_1 \qquad \Sigma \text{의 정의에 의해}$$

$$= \sum_{i=1}^{1} a_i + \sum_{i=1}^{1} b_i \qquad \text{또한 } \Sigma \text{의 정의에 의해}$$

그래서 $P(1)$은 참이다.

모든 정수 $k \geq 1$에 대해 $P(k)$가 참이면 $P(k+1)$ 또한 참임을 보여라: $a_1, a_2, ..., a_k, a_{k+1}$과 $b_1, b_2, ..., b_k, b_{k+1}$이 실수라고 가정하고 어떤 $k \geq 1$에 대해 아래의 등식이 성립한다고 가정하자.

$$\sum_{i=1}^{k}(a_i + b_i) = \sum_{i=1}^{k} a_i + \sum_{i=1}^{k} b_i. \qquad \leftarrow P(k) \text{ 귀납단계의 가정}$$

아래의 등식이 성립함을 보여야 한다.

$$\sum_{i=1}^{k+1}(a_i + b_i) = \sum_{i=1}^{k+1} a_i + \sum_{i=1}^{k+1} b_i. \qquad \leftarrow P(k+1)$$

[등식의 좌변과 우변이 같음을 보일 것이다.]

그런데 아래의 등식이 성립하므로

$$\begin{aligned}
\sum_{i=1}^{k+1}(a_i + b_i) &= \sum_{i=1}^{k}(a_i + b_i) + (a_{k+1} + b_{k+1}) && \Sigma \text{의 정의에 의해} \\
&= \left(\sum_{i=1}^{k} a_i + \sum_{i=1}^{k} b_i\right) + (a_{k+1} + b_{k+1}) && \text{귀납단계의 가정에 의해} \\
&= \left(\sum_{i=1}^{k} a_i + a_{k+1}\right) + \left(\sum_{i=1}^{k} b_i + b_{k+1}\right) && \text{결합법칙 및 교환법칙에 의해} \\
&= \sum_{i=1}^{k+1} a_i + \sum_{i=1}^{k+1} b_i && \Sigma \text{의 정의에 의해}
\end{aligned}$$

등식의 좌변이 등식의 우변과 같다. ■

자 | 기 | 진 | 단

1. 수열의 재귀적 정의는 _______과 _______으로 구성된다.
2. 재귀식(recurrence relation)은 수열의 후행 항과 그에 _______ 사이의 관계를 정의하는 등식이다.
3. 수열의 재귀적 정의에 대한 초기조건은 수열의 _______으로 구성된다.

4. 재귀적으로 문제를 해결한다는 것은 원래 문제와 동일한 형태의 더 작은 문제로 분할하여 해결 방법을 찾고자 하는 것이다. 이렇게 하는 이유는 _______ 위함이다. 그리고 이를 최대한 활용하여 _______을 찾고자 한다.

5. 문제를 재귀적으로 해결하기 위한 결정적 단계는 초기 조건과 재귀관계를 명시하는 _______을 정의하는 것이다.

연/습/문/제 5.6

연습문제 1~4에서 재귀적으로 정의된 다음 수열의 처음 4개 항을 구하라.

1. $a_k=2a_{k-1}+k$ ($k \geq 2$인 모든 정수)
$a_1=1$

2. $c_k=k(c_{k-1})^2$ ($k \geq 1$인 모든 정수)
$c_0=1$

3. $s_k=s_{k-1}+2s_{k-2}$ ($k \geq 2$인 모든 정수)
$s_0=1,\ s_1=1$

4. $u_k=ku_{k-1}-u_{k-2}$ ($k \geq 3$인 모든 정수)
$u_1=1,\ u_2=1$

5. $a_0, a_1, a_2, \ldots$가 식 $a_n=3n+1$($n \geq 0$인 모든 정수)에 의해 정의되었다고 하자. 이 수열이 아래의 재귀식을 만족시킴을 보여라.

$$a_k=a_{k-1}+3 \quad (k \geq 1\text{인 모든 정수}).$$

6. $c_0, c_1, c_2, \ldots$가 식 $c_n=2^n-1$($n \geq 0$인 모든 정수)에 의해 정의되었다고 하자. 이 수열이 아래의 재귀식을 만족시킴을 보여라.

$$c_k=2c_{k-1}+1.$$

7. $t_0, t_1, t_2, \ldots$을 식 $t_n=2+n$($n \geq 0$인 정수)에 의해 정의되었다고 하자. 이 수열이 아래의 재귀식을 만족시킴을 보여라.

$$t_k=2t_{k-1}-t_{k-2}.$$

8. 예제 5.6.2에서 정의된 Catalan 수들의 수열에 대해 모든 정수 $n \geq 1$에 대해, 아래의 등식이 성립함을 증명하라.

$$C_n = \frac{1}{4n+2}\binom{2n+2}{n+1}$$

9. 하노이의 탑 문제에서 큰 디스크를 작은 디스크 위에 올려서는 안 되는 조건에 추가로 성직자가 디스크를 옮길 때 한 막대기에서 바로 옆의 막대기로만 하나씩 옮겨야 한다고 가정하자. 막대기가 일렬로 세워져 있는데 A와 C 막대기가 양 끝 쪽에 위치하고 B 막대기는 중간에 위치한다고 가정하자.

a_n=(n개의 디스크를 A에서 C로 옮기는 데 필요한 최소 이동 수)

라고 하자.

a. a_1, a_2, 그리고 a_3를 찾아라.
b. a_4를 찾아라.
c. $a_1, a_2, a_3, \ldots$에 대한 재귀식을 찾아라.

10. 9번에서와 같은 조건이 가정되었다고 하자.

b_n=(n개의 디스크를 A에서 B로 옮기는 데 필요한 최소 이동 수)

라고 하자.

a. b_1, b_2, 그리고 b_3를 찾아라.
b. b_4를 찾아라.
c. 모든 정수 $k \geq 2$에 대해 $b_k=a_{k-1}+1+b_{k-1}$임을 보여라($a_1, a_2, a_3, \ldots$는 9번에서 정의된 수열).

d. 모든 정수 $k \geq 2$에 대해 $b_k \leq 3b_{k-1}+1$임을 보여라.

e. 모든 정수 $k \geq 2$에 대해 $b_k=3b_{k-1}+1$임을 보여라.

11. 네 개의 막대기 하노이의 탑: 하노이 탑 문제가 세 개의 막대기 대신에 일렬로 네 개의 막대기를 가졌다고 가정하자. 디스크들은 하나의 막대기에서 임의의 다른 막대기로 하나씩 이동될 수 있으나 더 큰 디스크가 더 작은 디스크의 위에 놓여서는 안 된다. s_n을 n개의 디스크 전부를 가장 왼쪽에 있는 막대기로부터 가장 오른쪽에 있는 막대기로 이동할 때 필요한 최소 이동 수라 하자.

a. s_1, s_2, s_3를 찾아라.

b. s_4를 찾아라.

c. 모든 정수 $k \geq 3$에 대해, $s_k \leq 2s_{k-2}+3$임을 보여라.

12. 하노이의 탑 문제에서 세 개의 막대기가 일렬로 세워져 있는 대신에 원을 이루며 세워져 있다 하자. 수도자가 디스크를 하나하나씩 한 막대기에서 다른 막대기로 옮기는데, 단, 시계방향으로 막대기 하나를 건너뛰면서 옮길 수 있다 하자. 그리고 큰 디스크를 작은 디스크 위에 올려서는 안 되는 조건 또한 만족시켜야 한다. c_n을 n개의 디스크를 하나의 막대기에서 시계방향으로 바로 옆의 막대기로 옮기는 데 필요한 최소 이동 수라 하자.

a. 모든 정수 $k \geq 2$에 대해 $c_k \leq 4\, c_{k-1}+1$이 정당함을 보여라.

b. 식 $4c_{k-1}+1$은 k개의 디스크를 한 막대기에서 다른 막대기로 옮기는 데 필요한 최소 이동 수가 아니다. 예를 들어 왜 $c_3 \neq 4c_2+1$인가? 그 이유를 설명하라.

13. 두 배의 하노이의 탑: 하노이의 탑의 이번 변형에서는 세 개의 막대기가 일렬로 있고 $2n$개의 디스크가 있는데 n개의 서로 다른 디스크가 각각 두 개씩 있다. 여기서 n은 임의의 양의 정수이다. 초기에 막대기들 중 하나가 모든 디스크들을 가지고 있는데 이들은 쌍으로 크기가 작은 순서로 위로 쌓여 있다. 디스크들은 하나의 막대기에서 다른 막대기로 하나씩 이동될 수 있으나 더 큰 디스크가 더 작은 디스크의 위에 놓여서는 안 된다. 하지만 하나의 디스크가 같은 크기의 디스크 위에는 놓일 수 있다. t_n을 $2n$개의 디스크 전부를 가진 하나의 막대기로부터 다른 막대기로 이동할 때 필요한 최소 이동 수라 하자.

a. t_1, t_2를 찾아라.

b. t_3를 찾아라.

c. $t_1, t_2, t_3, \ldots$에 대한 재귀식을 찾아라.

14. Fibonacci 문제의 변형: 암수 한 쌍의 토끼가 연초에 태어났다고 하자. 여기에 다음과 같은 조건을 가정하자.

(1) 암수 한 쌍의 토끼는 태어난 후 첫 번째 한 달 동안은 생식 능력을 갖지 않으나 두 번째 달부터 매달 말일에 암수 네 쌍의 새끼를 낳는다.

(2) 어느 토끼도 죽지 않는다.

a. 각각의 정수 $n \geq 1$에 대해 r_n=(n번째 달의 말일에 살아 있는 토끼 쌍의 수)라 두고 $r_0=1$이라 두자. $r_0, r_1, r_2, \ldots$에 대한 재귀식을 찾아라.

b. $r_0, r_1, r_2, r_3, r_4, r_5$, 그리고 r_6를 계산하라.

c. 연말에는 몇 마리의 토끼가 존재하겠는가?

15. Fibonacci 문제의 변형: 암수 한 쌍의 토끼가 연초에 태어났다고 하자. 여기에 다음과 같은 조건을 가정하자.

(1) 암수 한 쌍의 토끼는 태어난 후 첫 번째 두 달 동안은 생식 능력을 갖지 않으나 세 번째 달부터 매달 말일에 암수 세 쌍의 새끼를 낳는다.

(2) 어느 토끼도 죽지 않는다.

a. 각각의 정수 $n \geq 1$에 대해 s_n=(n번째 달의 말일에 살아 있는 토끼 쌍의 수)라 두고 $s_0=1$이라 두자. $s_0, s_1, s_2, \ldots$에 대한 재귀식을 찾아라.

b. $s_0, s_1, s_2, s_3, s_4, s_5$를 계산하라.

c. 연말에는 몇 마리의 토끼가 존재하겠는가?

연습문제 16~20에서 $F_0, F_1, F_2, \ldots$는 Fibonacci 수열이다.

16. Fibonacci 수열은 재귀식 $F_k = F_{k-1} + F_{k-2}$($k \geq 2$인 모든 정수)를 만족시킨다.

a. 왜 아래의 등식이 성립하는지 설명하라.

모든 정수 $k \geq 1$에 대해 $F_{k+1} = F_k + F_{k-1}$.

b. F_{k+1}과 F_k를 사용하여 F_{k+2}를 표현하는 식을 써라.

c. F_{k+2}와 F_{k+1}을 사용하여 F_{k+3}를 표현하는 식을 써라.

17. 모든 정수 $k \geq 4$에 대해 $F_k = 3F_{k-3} + 2F_{k-4}$이 성립함을 증명하라.

18. 모든 정수 $k \geq 1$에 대해 $F_k^2 - F_{k-1}^2 = F_k F_{k-1} - F_{k+1} F_{k-1}$이 성립함을 증명하라.

19. $F_0, F_1, F_2, \ldots$는 5.6절에서 정의된 Fibonacci 수열이다. 모든 정수 $n \geq 0$에 대해 $\gcd(F_{n+1}, F_n) = 1$이 성립함을 증명하라.

20. (미분적분학을 공부한 학생들만 해당) 극한값이 존재한다고 가정할 때 $\lim_{n\to\infty}\left(\frac{F_{n+1}}{F_n}\right)$를 찾아라.

21. (미분적분학을 공부한 학생들만 해당) $\lim_{n\to\infty}\left(\frac{F_{n+1}}{F_n}\right)$가 존재함을 증명하라.

22. 복리(compound interest): 고객이 연리 4%의 이자를 분기 단위의 복리로 지급하는 계좌에 일정 금액을 입금하였다. 양의 정수 n에 대하여, R_n=(n번째 분기 말의 계좌 잔액)이라 하고, 그 계좌에는 추가적인 입금이나 출금이 없으며, R_0는 최초에 입금한 금액이라고 가정하자.

a. $R_0, R_1, R_2, \ldots$에 대한 재귀식을 구하라.

b. 만약 R_0=\$5,000이면, 1년 뒤의 계좌 잔액은 얼마인가?

c. 이 계좌에 대한 연간 % 증가율(annual percentage rate)을 계산하라.

23. 계단을 오를 때 한 개의 계단을 오를 수도 있고 두 개의 계단을 한꺼번에 오를 수도 있다. 결과적으로 계단의 맨 꼭대기 지점에 오르기까지 한 개의 계단, 두 개의 계단을 한꺼번에 또는 이 두 경우 중 한 경우를 임의로 선택해서 오를 수 있다. 각각의 정수 $n \geq 1$에 대해 꼭대기 지점까지 n개의 계단을 올라야 한다고 가정할 때 c_n을 n개의 계단을 오를 수 있는 서로 다른 방법의 수라고 하자. $c_1, c_2, c_3, \ldots$에 대한 재귀식을 찾아라.

24. 양의 정수 n에 대하여, 다음의 일반화된 분배법칙이 성립함을 보이기 위해 합의 재귀적 정의와 수학적 귀납법을 이용하라. 단, $a_1, a_2, \ldots, a_n$과 c는 실수이다.

$$\sum_{i=1}^{n} ca_i = c\left(\sum_{i=1}^{n} a_i\right)$$

25. 절대값에 대한 삼각 부등식은 "모든 실수 a와 b에 대해 $|a+b| \leq |a|+|b|$"를 지칭한다. 합의 재귀적 정의, 삼각 부등식, 절대값의 정의, 그리고 수학적 귀납법을 이용해, 양의 정수 n에 대하여, 다음의 부등식이 성립함을 증명하라. 단, $a_1, a_2, \ldots, a_n$은 실수이다.

$$\left|\sum_{i=1}^{n} a_i\right| \leq \sum_{i=1}^{n} |a_i|$$

자 | 기 | 진 | 단 | 해 | 답

1. 재귀식; 초기조건 2. 선행하는 항 3. 처음 몇 개의 항의 값을 기술한 식 4. 작은 문제에 대한 답을 알고 있다고 가정하기; 원래 문제의 답 5. 수열

5.7 반복을 사용한 재귀식 풀이

재귀식과 초기조건을 만족시키는 수열이 주어졌다고 가정하고, 이것으로부터 수열의 일반항을 찾을 수 있을까? 일반항은 매우 유용하게 사용될 수 있으며, 매우 큰 첨자를 갖는 항을 계산하거나 수열의 일반적인 성질을 조사하는 경우에는 특히 중요하다. 일반항을 재귀식의 **해**(solution)라 한다. 이 절에서는 재귀식의 해를 구하는 기법에 대하여 논의한다. 예를 들어 이 절의 본문과 연습문제를 통하여 예제 5.6.3 하노이의 탑 수열의 일반항이 아래와 같음을 보인다.

$$m_n = 2^n - 1$$

그리고 예제 5.6.5 의 복리 수열의 일반항이 아래와 같음을 보인다.

$$A_n = (1.04)^n \cdot \$100,000$$

반복법

재귀적으로 정의된 수열의 일반항은 기본적으로 **반복**(iteration)을 통하여 찾는다. 수열 $a_0, a_1, a_2, \ldots$의 재귀식과 초기조건이 주어졌을 때, 초기조건부터 시작하여 일정한 패턴을 발견할 때까지 수열의 각 항을 계산한다. 패턴을 발견한 시점에서 일반항을 추정한다.

예제 5.7.1 일반항 찾기

$a_0, a_1, a_2, \ldots$를 아래의 재귀식과 초기조건에 의해 정의된 수열이라 하자: $k \geq 1$ 인 모든 정수에 대해

(1) $a_k = a_{k-1}+2$ 재귀식

(2) $a_0=1$ 초기조건

반복을 이용해 수열의 일반항을 추정하라.

풀이

$$a_1=a_0+2$$
$$a_2=a_1+2$$
$$a_3=a_2+2$$

등등. 이들 등식에 초기조건부터 차례대로 대입하면 다음을 얻는다.

$a_0 = 1$ 초기조건

$a_1 = a_0 + 2 = 1 + 2$ 대입함으로써

$a_2 = a_1 + 2 = (1 + 2) + 2 \quad = 1 + 2 + 2$ 괄호를 제거하라

$a_3 = a_2 + 2 = (1 + 2 + 2) + 2 \quad = 1 + 2 + 2 + 2$ 괄호를 제거하고 2+2+2 대신에 3 · 2를 쓰면?

$a_4 = a_3 + 2 = (1 + 2 + 2 + 2) + 2 = 1 + 2 + 2 + 2 + 2$ 괄호를 제거하고 2+2+2+2 대신에 4 · 2를 쓰면?

2+2+⋯+2(k번) 대신에 축약된 표현인 $k \cdot 2$를 사용하는 것이 도움이 되므로 그렇게 하자. a_0부터 다시 시작하면

$a_0 = 1 \quad = 1 + 0 \cdot 2$ 초기조건

$a_1 = a_0 + 2 = 1 + 2 \quad = 1 + 1 \cdot 2$ 대입에 의해

$a_2 = a_1 + 2 = (1 + 2) + 2 \quad = 1 + 2 \cdot 2$

$a_3 = a_2 + 2 = (1 + 2 \cdot 2) + 2 = 1 + 3 \cdot 2$

$a_4 = a_3 + 2 = (1 + 3 \cdot 2) + 2 = 1 + 4 \cdot 2$ 이 시점에서 일반항이 틀림없이 $1+2 \cdot n$인 것 같다; 다음 계산에서 또한 이 추정이 올바른지 확인하라.

$a_5 = a_4 + 2 = (1 + 4 \cdot 2) + 2 = 1 + 5 \cdot 2$ 성립한다.

$\vdots$

$a_n = 1 + n \cdot 2 = 1 + 2n$

이 문제로부터 얻어진 답은 일반항에 대한 추정에 지나지 않는다. 올바르게 추정하였는가는 수학적 귀납법을 사용하여 확인해야 한다. 이 절의 뒷부분에서 이에 대해 살펴보자. ■

예제 5.7.1의 수열과 같이 각각의 항에 일정한 값을 더하면 다음 항이 되는 수열을 등차수열이라 한다.

• 정의

아래의 조건을 만족시키는 상수 d가 존재하면, 수열 $a_0, a_1, a_2, \cdots$을 **등차수열**(arithmetic sequence)이라 한다.(상수 d를 공차라고 부른다.)

$$\text{모든 정수 } k \geq 1 \text{ 에 대해, } a_k = a_{k-1} + d.$$

일반항은 다음과 같다.

$$\text{모든 정수 } n \geq 0 \text{ 에 대해, } a_n = a_0 + dn$$

예제 5.7.2 **등차수열**

중력의 영향으로, 진공에서 하강하는 물체는 매초 9.8미터씩 더 빨라진다. 그래서 공기의 저항을 무시할 때, 비행기에서 스카이다이버가 다이빙을 한 후 스카이다이버의 1초 후의 속도는 9.8 m/sec, 2초 후의 속도는 9.8+9.8=19.6 m/sec 등등이다. 만약 공기저항을 무시하면, 비행기에서 다이빙을 한 후 스카이다이버의 60초 후의 속도는 얼마일까?

풀이

s_n을 공기저항을 무시한다는 조건하에 비행기에서 떨어진 n초 후의 m/sec를 단위로 한 스카이다이버의 속도라고 하자. 그러면 s_0는 초기 속도가 되고 다이버의 속도가 매초 9.8 m/sec씩 증가하므로 아래의 등식이 성립한다.

$$\text{모든 정수 } k \geq 1 \text{ 에 대해, } s_k = s_{k-1} + 9.8 \text{ m/sec.}$$

$s_0, s_1, s_2, \ldots$ 공차가 9.8인 등차수열이 되고 그래서 아래의 등식이 성립한다.

$$\text{모든 정수 } n \geq 0 \text{ 에 대해, } s_n = s_0 + (9.8)n.$$

그러므로 공기저항을 무시하는 조건하에 비행기에서 다이빙을 한 60초 후, 스카이다이버의 속도는 다음과 같다.

$$s_{60} = 0 + (9.8)(60) = 588 \text{ m/sec}$$

588 m/sec는 0.5 km를 초과하는 속도이고 이는 인간이 감당하기에는 너무나 빠른 속도임을 주목하자. 다행히 공기저항을 고려하게 되므로 속도는 상당히 감소하게 된다. ■

등차수열의 모든 항은 전항에 일정한 상수를 더한 것과 같고, 등비수열의 모든 항은 전항에 일정한 상수를 곱한 것과 같다. 등비수열은 매우 다양하게 응용되며, 대표적인 응용의 예로는 복리의 계산, 인구 증가 모델, 방사성 물질의 감량 계산, 컴퓨터 알고리즘의 수행에 필요한 연산 수 계산 등을 들 수 있다.

예제 5.7.3 **등비수열에 대한 공식**

r을 0이 아닌 상수라고 하고 수열 $a_0, a_1, a_2, \cdots$은 다음과 같이 재귀적으로 정의된다.

$$\text{모든 정수 } k \geq 1 \text{ 에 대해, } a_k = ra_{k-1}$$
$$a_0 = a$$

일반항을 추정하라.

풀이

$$a_0 = a$$
$$a_1 = ra_0 = ra$$
$$a_2 = ra_1 = r(ra) = r^2a$$
$$a_3 = ra_2 = r(r^2a) = r^3a$$
$$a_4 = ra_3 = r(r^3a) = r^4a$$
$$\vdots$$

일반항 추정: 모든 정수 $n \geq 0$에 대해서 $a_n = r^n a = ar^n$ ■

> **• 정의**
>
> 아래의 조건을 만족시키는 상수 r이 존재하면, 수열 $a_0, a_1, a_2, \cdots$을 **등비수열**(geometric sequence)이라 한다.(상수 r을 공비라고 부른다.)
>
> $$\text{모든 정수 } k \geq 1 \text{ 에 대해, } a_k = ra_{k-1}.$$
>
> 일반항은 다음과 같다.
>
> $$\text{모든 정수 } n \geq 0 \text{ 에 대해, } a_n = a_0 r^n$$

예제 5.7.4 **등비수열**

예제 5.6.5에서 살펴보았듯이, 일정 금액을 연 4%의 복리로 은행에 예치한 후 A_n을 n번째 해 마지막에 통장에 예치된 금액이라 하면 모든 정수 $k \geq 1$에 대해 $A_k = (1.04)A_{k-1}$이 성립한다. 단, 이때 출금 또는 추가적인 입금이 없었음을 가정한다. 초기 입금액을 \$100,000라고 가정하고 마찬가지로 출금 또는 추가적인 입금이 없었음을 가정하자.

a. 21년째 해의 마지막에 통장에 예치된 금액은 얼마인가?

b. 몇 년 후에 통장의 예치금액이 \$1,000,000 가 될까?

풀이

a. $A_0, A_1, A_2, \cdots$는 초기값 \$100,000 와 공비 1.04 인 등비수열이다. 그래서 다음이 성립한다.

$$\text{모든 정수 } n \geq 0\text{에 대해, } A_n = \$100{,}000 \cdot (1.04)^n$$

21 년 후에 통장의 예치금액은 다음과 같다.

$$A_{21} = \$100{,}000 \cdot (1.04)^{21} \cong \$227{,}876.81$$

예제 5.6.5 와 해가 일치하나 계산과정은 한층 단순하다.

b. t년 후에 통장의 예치금액이 \$1,000,000 가 된다고 하자. 그러면 아래의 등식이 성립한다.

$$\$1{,}000{,}000 = \$100{,}000 \cdot (1.04)^t$$

양변을 100,000 으로 나누면

$$10 = (1.04)^t$$

을 얻고 양변에 로그함수를 적용하면 다음을 얻는다.

$$\ln(10) = \ln(1.04)^t$$

$$\ln(10) \cong t\ \ln(1.04) \qquad \log_b(x^a) = a \log_b(x)\text{이므로}$$

그래서

$$t = \frac{\ln(10)}{\ln(1.04)} \cong 58.7$$

약 58.7 년 후에 통장의 예치금액이 \$1,000,000 이 된다. ■

공비 $r(>1)$인 등비수열의 중요한 특성은 첨자가 증가할수록 해당하는 항의 값은 급속도로 증가한다는 것이다. 예를 들어 $r=10$일 때, 처음 10 개의 항은

$$1,\ 10,\ 10^2,\ 10^3,\ 10^4,\ 10^5,\ 10^6,\ 10^7,\ 10^8,\ 10^9$$

10 번째 항의 값은 10 억이나 된다. 10 의 거듭제곱과 유사한 값을 갖는 예를 살펴보면 다음과 같다.

$10^7 \cong$ 1년을 초로 환산한 수
$10^9 \cong$ 개인용 컴퓨터에 탑재되어 있는 메모리의 바이트 수
$10^{11} \cong$ 인간의 뇌에 있는 신경세포의 수
$10^{17} \cong$ 우주의 나이를 초 단위로 환산한 수(한 이론에 근거해)
$10^{31} \cong$ 체커 게임에서 10억 분의 1초에 한 수씩 둔다고 할 때, 말을 움직일 수 있는 가능한 모든 경우를 처리하는 데 필요한 시간을 초로 환산한 수
$10^{81} \cong$ 우주에 있는 원자의 수
$10^{111} \cong$ 체스 게임에서 10억 분의 1초에 한 수씩 둔다고 할 때, 말을 움직일 수 있는 가능한 모든 경우를 처리하는 데 필요한 시간을 초로 환산한 수

반복법에 의한 해를 단순화하는 공식

반복에 의해 구한 공식은 5.2절에서 제시한 공식을 사용하여 단순화할 수 있다. 예를 들어 1을 초항으로 갖는 등비수열의 합의 공식(정리 5.2.3)에 따라, 1이 아닌 모든 실수 r에 대해 다음 등식이 성립한다.

$$\text{모든 정수 } n \geq 0 \text{에 대해, } 1 + r + r^2 + \cdots + r^n = \frac{r^{n+1} - 1}{r - 1}$$

또한 1부터 n까지의 정수의 합(정리 5.2.2)은 다음과 같다.

$$\text{모든 정수 } n \geq 1 \text{에 대해, } 1 + 2 + 3 + \cdots + n = \frac{n(n+1)}{2}$$

예제 5.7.5 **하노이의 탑 수열에 관한 공식**

예제 5.6.3의 하노이의 탑 수열 $m_1, m_2, m_3, \cdots$은 아래와 같이 재귀적으로 정의된다.

$$\text{모든 정수 } k \geq 2 \text{에 대해, } m_k = 2m_{k-1} + 1$$
$$m_1 = 1$$

반복을 사용하여 일반항을 추정하고, 식을 단순화하기 위해 5.2절에 소개된 공식을 이용하라.

풀이

$$m_1 = 1$$

$$m_{\textcircled{2}} = 2m_1 + 1 = 2\cdot 1 + 1 \qquad\qquad = 2^{\textcircled{1}} + 1,$$

$$m_{\textcircled{3}} = 2m_2 + 1 = 2\,(2 + 1) + 1 \qquad\qquad = 2^{\textcircled{2}} + 2 + 1,$$

$$m_{\textcircled{4}} = 2m_3 + 1 = 2\,(2^2 + 2 + 1) + 1 \qquad = 2^{\textcircled{3}} + 2^2 + 2 + 1,$$

$$m_{\textcircled{5}} = 2m_4 + 1 = 2\,(2^3 + 2^2 + 2 + 1) + 1 = 2^{\textcircled{4}} + 2^3 + 2^2 + 2 + 1.$$

초항은 1이며 두 번째 항부터는 항상 바로 앞의 항에 2를 곱한 후 1이 더해짐을 알 수 있다. 그래서 k번째 항인 m_k는 $k-1$번째 항의 값인 $2^{k-2}+2^{k-3}+\cdots+2+1$에 2를 곱한 후 1이 더해지므로 $m_k=2^{k-1}+2^{k-2}+\cdots+2+1$이 됨을 짐작할 수 있다. 예를 들어 m_6을 계산해보면 다음과 같다.

$$m_6=2m_5+1=2(2^4+2^3+2^2+2+1)+1=2^5+2^4+2^3+2^2+2+1$$

그래서 일반적으로 다음이 성립함을 추정할 수 있다.

$$m_n=2^{n-1}+2^{n-2}+\cdots+2^2+2+1$$

등비수열의 합의 공식(정리 5.2.3)에 의해 다음이 성립한다.

$$2^{n-1} + 2^{n-2} + \cdots + 2^2 + 2 + 1 = \frac{2^n - 1}{2 - 1} = 2^n - 1$$

그래서 일반항은 아래의 등식으로 추정된다.

모든 정수 $n \geq 1$에 대해, $m_n=2^n-1$. ■

이런한 문제를 풀면서 저지르기 쉬운 일반적인 실수는 대수법칙을 잘못 사용하는 것이다. 예를 들면 분배법칙에 의해,

모든 실수 a, b, c에 대하여 $a \cdot (b+c)=a \cdot b+a \cdot c.$

따라서, 특히, $a=2, b=2, c=1$에 대해

$$2\cdot(2 + 1) = 2\cdot 2 + 2\cdot 1 = 2^2 + 2$$

따라서

$$2\cdot(2+1)+1=(2^2+2)+1=2^2+2+1.$$

예제 5.7.6 처음 n개의 양의 정수의 합을 구하는 공식 이용

K_n을 n개의 서로 다른 정점의 각 쌍에 대하여 단 하나의 변으로 연결해서 얻어지는 도형이라 하자. 그러면 K_1, K_2, K_3, 그리고 K_4는 다음과 같다.

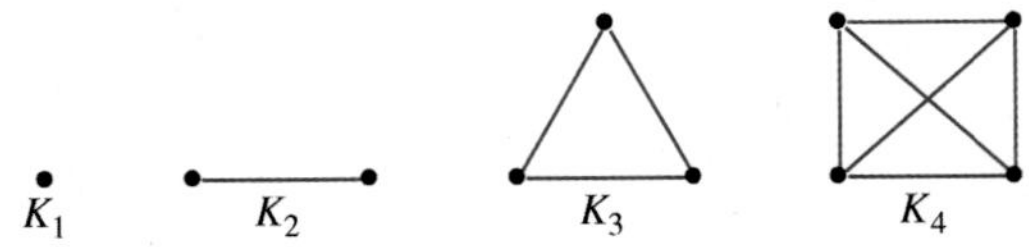

이때 K_5는 K_4에 하나의 정점을 추가하고 추가된 새 정점을 K_4의 기존의 각각의 정점에 연결함으로써 얻어짐을 알 수 있다. 그 이유는 K_4의 모든 정점들의 쌍은 이미 변에 의해 연결되어 있으므로 추가된 새 정점과 K_4의 기존의 각각의 정점을 새 변으로 연결하면 되기 때문이다.

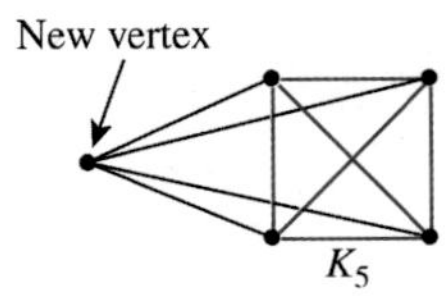

그래서 다음이 성립한다: K_5의 변의 개수 $=4+$(K_4의 선분의 개수).

같은 이유로, 모든 정수 $k \geq 2$에 대해, K_k의 선분의 개수는 K_{k-1}의 변의 개수에 $k-1$을 더한 값이다. 즉, 모든 정수 $n \geq 1$에 대해

$$s_n=(K_n\text{의 변의 개수})$$

라고 하면 다음이 성립한다: 모든 정수 $k \geq 2$에 대해, $s_k=s_{k-1}+(k-1)$.

s_1은 K_1의 변의 개수이므로 0이 됨을 주목하고 $s_1, s_2, s_3, \cdots$에 대한 일반항을 찾기 위해 반복을 이용하라.

풀이

$$\text{모든 정수 } k \geq 2\text{에 대해, } s_k=s_{k-1}+(k-1)$$

그리고

이기 때문에 특히,

$$s_{\textcircled{1}} = \textcircled{0} \quad \leftarrow 1-1$$

$$s_{\textcircled{2}} = s_1 + 1 = 0 + \textcircled{1}, \quad \leftarrow 2-1$$

$$s_{\textcircled{3}} = s_2 + 2 = (0 + 1) + 2 = 0 + 1 + \textcircled{2}, \quad \leftarrow 3-1$$

$$s_{\textcircled{4}} = s_3 + 3 = (0 + 1 + 2) + 3 = 0 + 1 + 2 + \textcircled{3}, \quad \leftarrow 4-1$$

$$s_{\textcircled{5}} = s_4 + 4 = (0 + 1 + 2 + 3) + 4 = 0 + 1 + 2 + 3 + \textcircled{4}, \quad \leftarrow 5-1$$

$$\vdots$$

추정:

$$s_{\textcircled{n}} = 0 + 1 + 2 + \cdots + \textcircled{(n-1)}.$$

그런데 정리 5.2.2에 의해

$$0 + 1 + 2 + 3 + \cdots + (n-1) = \frac{(n-1)n}{2} = \frac{n(n-1)}{2}.$$

그러므로 일반항은 다음과 같다.

$$s_n = \frac{n(n-1)}{2}.$$

■

수학적 귀납법을 이용해 추정된 식의 정확성 검증

반복에 의한 일반항 추정은 상당히 복잡한 계산을 수반하므로, 잘못된 공식을 생성하기 쉽다. 따라서 추정한 공식의 정확성을 검증하는 것은 매우 중요하다. 정확성 검증을 위하여 가장 널리 사용되는 것은 수학적 귀납법이다.

예제 5.7.7 **수학적 귀납법을 사용하여 재귀식으로부터 추정한 공식(일반항)의 정확성 검증**

수학적 귀납법을 사용하여 예제 5.6.3에서 추정한 하노이의 탑에 대한 공식(일반항)이 정확함을 보여라.

풀이

추정한 공식이 정확함을 증명하기 위하여 먼저 증명할 대상을 명확하게 기술할 필요가 있다. 하노이의 탑 수열의 일반항이 정확함을 보이기 위해 증명해야 할 것은 아래와 같다.

> 수열 $m_1, m_2, m_3, \cdots$이 아래와 같이 재귀적으로 정의되었다고 하자.
>
> 모든 정수 $k \geq 2$에 대해, $m_k = 2m_{k-1} + 1$
>
> $m_1 = 1$
>
> 그러면 모든 정수 $n \geq 1$에 대해, $m_n = 2^n - 1$.

정확성 증명:

$m_1, m_2, m_3, \cdots$를 $m_1 = 1$ 그리고 모든 정수 $k \geq 2$에 대해 $m_k = 2m_{k-1} + 1$로 정의된 수열이라고 하자. 그리고 속성 $P(n)$을 아래의 등식이라고 하자.

$$m_n = 2^n - 1 \qquad \leftarrow P(n)$$

모든 정수 $n \geq 1$에 대해, $P(n)$이 참임을 보이기 위해 수학적 귀납법을 이용한다.

$P(1)$이 참임을 보여라:

$P(1)$이 참임을 보이기 위해 아래 등식이 성립함을 보여야 한다.

$$m_1 = 2^1 - 1. \qquad \leftarrow P(1)$$

그런데 $P(1)$의 좌변 m_1의 값은 다음과 같다.

$$m_1 = 1 \qquad m_1,\ m_2,\ m_3 \text{의 정의에 의해}$$

그리고 $P(1)$의 우변 역시 다음과 같이 1이다.

$$2^1 - 1 = 2 - 1 = 1.$$

그래서 $P(1)$의 좌변과 우변의 값이 일치하므로 $P(1)$은 참이다.

모든 정수 $k \geq 1$에 대해, $P(k)$가 참이라고 가정했을 때 $P(k+1)$이 참이 됨을 보여라:

다음을 가정하자.

$$\text{임의의 정수 } k \geq 1 \text{에 대해, } m_k = 2^k - 1 \qquad \leftarrow P(k) \text{ (귀납단계의 가정)}$$

이제 다음 등식이 성립함을 보여야 한다.

$$m_{k+1} = 2^{k+1} - 1 \qquad \leftarrow P(k+1)$$

그런데 $P(k+1)$의 좌변과 우변의 값이 다음과 같이 일치한다.

$$\begin{aligned} m_{k+1} &= 2m_{(k+1)-1} + 1 && m_1, m_2, m_3, \cdots \text{의 정의에 의해} \\ &= 2m_k + 1 \\ &= 2(2^k - 1) + 1 && \text{귀납단계의 가정에 의해} \\ &= 2^{k+1} - 2 + 1 \\ &= 2^{k+1} - 1 \end{aligned}$$

[기본단계와 귀납단계를 증명하였으므로, 수학적 귀납법에 의하여 위의 공식은 정확하다.]

공식의 부정확성 밝히기

다음의 예는 추정한 공식이 정확하지 않음을 수학적 귀납법을 통하여 보여 준다.

예제 5.7.8 **수학적 귀납법을 사용하여 공식의 오류 찾기**

수열 $c_0, c_1, c_2, \ldots$이 아래와 같이 재귀적으로 정의되었다고 가정하자.

$$\text{모든 정수 } k \geq 1 \text{에 대해, } c_k = 2c_{k-1} + k$$
$$c_0 = 1$$

반복에 의해서 주어진 수열의 일반항을 아래와 같은 공식으로 추정하였다.

$$\text{모든 정수 } n \geq 0 \text{에 대해, } c_n = 2^n + n$$

추정한 일반항이 정확한가?

풀이

기본단계: 정의된 수열식에 의해 $c_0 = 1$이고, 다른 한편 $2^0 + 0 = 1 + 0 = 1$이 되므로 성립한다.

귀납단계: 모든 정수 $k \geq 0$에 대해, $c_k = 2^k + k$라고 가정하자. 이제 아래식이 성립함을 보여야 한다.

$$c_{k+1} = 2^{k+1} + (k+1).$$

그런데 아래의 계산을 통해 위의 등식이 성립하지 않음을 알 수 있다.

$$\begin{aligned} c_{k+1} &= 2c_k + (k+1) && \text{재귀식에 의해} \\ &= 2(2^k + k) + (k+1) && \text{귀납단계의 가정에 의해} \\ &= 2^{(k+1)} + 3k + 1 && \text{대수적 계산에 의해} \\ &\neq 2^{k+1} + k + 1 \ (\text{정수 } k \geq 1 \text{에 대해}) \end{aligned}$$

따라서 위의 추정한 공식은 정확하지 않다. ■

일단 추정한 공식에 오류가 발견되면, 처음으로 돌아가서 실수를 고쳐 다시 추정하고, 정확성을 검증하여야 한다.

자 | 기 | 진 | 단

1. 반복을 이용해 재귀적으로 정의된 수열의 일반항을 찾기 위해 _______ 부터 시작하여 일정한 패턴을 발견할 때까지 수열의 각 _______ 을 계산한다.
2. 반복을 이용해 수열의 각 항을 계산할 때 _______ 를 제거하는 것은 중요하다.
3. 반복의 한 단계에서 a라는 값이 k번에 걸쳐 더해질 때 축약된 표현인 _______ 로 대신한다.
4. 반복의 한 단계에서 a라는 값이 k번에 걸쳐 곱해질 때 축약된 표현인 _______ 로 대신한다.
5. 초기항이 a_0이고 공차가 d인 등차수열 $a_0, a_1, a_2,\ldots$의 재귀식은 _______ 이고 일반항은 _______ 이다.
6. 초기항이 a_0이고 공비가 r인 등비수열 $a_0, a_1, a_2,\ldots$의 재귀식은 _______ 이고 일반항은 _______ 이다.
7. 반복을 이용해 재귀적으로 정의된 수열의 일반항을 찾았을 때 일반항이 정확하게 추정되었는지를 _______ 을 통해 확인 가능(증명 가능)하다.

연 / 습 / 문 / 제 5.7

1. 모든 정수 $n \geq 1$에 대해, 아래의 등식은 참이다.

$$1+2+3+\cdots+n=\frac{n(n+1)}{2}.$$

이 사실을 이용해 아래의 문제를 풀어 보라.

a. k가 $k \geq 2$인 정수일 때 $1+2+3+\cdots+(k-1)$에 대한 공식을 찾아라.

b. n이 $n \geq 1$인 정수일 때 $3+2+4+6+8+\cdots+2n$에 대한 공식을 찾아라.

c. n이 정수이고 $n \geq 1$일 때 $3+3\cdot 2+3\cdot 3+\cdots+3\cdot n+n$에 대한 공식을 찾아라.

2. $r=1$인 경우를 제외한 모든 실수 r에 대해 그리고 모든 정수 $n \geq 0$에 대해, 아래의 등식은 참이다.

$$1+r+r^2+r^3+\cdots+r^n=\frac{r^{n+1}-1}{r-1}$$

이 사실을 이용해 아래의 문제를 풀어 보라.

a. i가 $i \geq 1$인 정수일 때 $1+2+2^2+\cdots+2^{i-1}$에 대한 공식을 찾아라.

b. n이 정수이고 $n \geq 1$일 때 $3^{n-1}+3^{n-2}+\cdots+3^2+3+1$에 대한 공식을 찾아라.

c. n이 $n \geq 2$인 정수일 때 $2^n+2^{n-2}\cdot 3+2^{n-3}\cdot 3+\cdots+2^2\cdot 3+2\cdot 3+3$에 대한 공식을 찾아라.

d. n이 정수이고 $n \geq 1$일 때 $2^n-2^{n-1}+2^{n-2}-2^{n-3}+\cdots+(-1)^{n-1}\cdot 2+(-1)^n$에 대한 공식을 찾아라.

연습문제 3~9에서 재귀적으로 정의된 다음의 수열에 대하여 반복을 이용해 일반항을 추정하고, 가능한 한 간략히 하라.

3. $a_k=ka_{k-1}$ ($k \geq 1$인 모든 정수)
$a_0=1$

4. $c_k=3c_{k-1}+1$ ($k \geq 2$인 모든 정수)
$c_1=1$

5. $d_k=2d_{k-1}+3$ ($k \geq 2$인 모든 정수)
$d_1=2$

6. $g_k = \frac{g_{k-1}}{g_{k-1}+2}$ ($k \geq 2$인 모든 정수)

$g_1 = 1$

7. $h_k = 2^k - h_{k-1}$ ($k \geq 1$인 모든 정수)
$h_0 = 1$

8. $s_k = s_{k-1} + 2k$ ($k \geq 1$인 모든 정수)
$s_0 = 3$

9. $x_k = 3x_{k-1} + k$ (($k \geq 2$인 모든 정수)
$x_1 = 1$

10. d가 상수일 때, 수열 $a_0, a_1, a_2, \ldots$은 아래의 조건을 만족시킨다.

$$a_k = a_{k-1} + d \qquad (k \geq 1\text{인 모든 정수})$$

수학적 귀납법을 사용하여 다음 일반항이 정확함을 보여라.

$$a_n = a_0 + nd \qquad (n \geq 0\text{인 모든 정수})$$

11. 작업자들은 30일 동안 매일 제품 2개를 추가로 생산하면 보너스를 받는다. 현재 170개의 제품을 생산하고 있는 작업자가 30일 뒤에는 하루에 제품 몇 개를 생산해야 보너스를 받을 수 있겠는가?

12. 행운의 편지는 다음과 같이 작성된다: 1명이 5명의 친구에게 편지의 사본을 보낸다. 행운의 편지를 받은 사람은 각각 5명의 친구에게 사본을 보낸다. 이런 과정이 끝없이 반복된다. 어떤 사람도 편지를 2번 이상 받는 경우는 없다고 가정하고, 이 과정을 20번 반복하였다면 몇 사람이 편지를 받았을까?

13. 은퇴생활을 대비해 연리 3%의 이자를 월 단위의 복리로 지급하는 계좌에 \$1,000를 입금하였다. 그리고 매달 \$200를 그 계좌에 추가로 입금하였다.

a. 각각의 음이 아닌 정수 n에 대해 A_n을 n번째 달 말일의 계좌 잔액이라 두자. A_k와 A_{k-1}을 관계시키는 재귀식을 찾아라.

b. 반복을 이용해 A_n에 대한 일반항을 찾아라.

c. 수학적 귀납법을 이용해 (b)에서 얻은 공식이 옳음을 증명하라.

d. 20년 후에 계좌잔액은 얼마일까? 40년 후에는?

e. 몇 년 후에 계좌잔액이 \$10,000가 될까?

14. 어떤 사람이 \$3,000를 은행 신용 카드에서 매년 18%의 요금을 부과하는 조건으로 빌린다. 즉 1.5%의 요금이 월 단위로 부과된다.

a. 몇 %의 연리(APR: annual percentage rate)로 빌리는 것인가?

b. 그 사람이 신용 카드로 더 이상 구매하지 않고 대출을 갚기 위해 매달 \$150를 은행에 갚는다고 가정하자. B_n을 n번째 달 이후 카드 상에 빌린 잔액이라 하자. B_n에 대한 명시적인 공식을 찾아라.

c. 매달 \$150를 갚아 나간다고 했을 때 빚을 다 갚을 때까지 걸리는 시간은?

d. 그 사람이 대출을 모두 갚을 때의 총 금액은 얼마인가?

연습문제 15~19에 주어진 식들의 정확성을 수학적 귀납법을 이용해 검증하라.

15. 연습문제 3 **16.** 연습문제 4

17. 연습문제 7 **18.** 연습문제 8

19. 연습문제 9

연습문제 20~24의 각각에서 재귀적으로 정의한 수열의 일반항을 추정하고, 추정한 공식이 정확함을 수학적 귀납법으로 증명하라.

20. $a_k = \frac{a_{k-1}}{2a_{k-1}-1}$ ($k \geq 1$인 모든 정수)

$a_0 = 2$

21. $v_k = v_{\lfloor k/2 \rfloor} + v_{\lfloor (k+1)/2 \rfloor} + 2 \quad (k \geq 2$인 모든 정수$)$
$v_1 = 1$

22. $s_k = 2s_{k-2} \quad (k \geq 2$인 모든 정수$)$
$s_0 = 1,\ s_1 = 2$

23. $w_k = w_{k-2} + k \quad (k \geq 3$인 모든 정수$)$
$w_1 = 1,\ w_2 = 2$

24. $u_k = u_{k-2} \cdot u_{k-1} \quad (k \geq 2$인 모든 정수$)$
$u_0 = u_1 = 2$

25. 다음에 주어진 재귀적으로 정의된 수열이 일반항 $a_n = (n-1)^2 (n \geq 1$인 모든 정수$)$을 만족시키는지 밝혀라.

$$a_k = 2a_{k-1} + k - 1 \quad (k \geq 2\text{인 모든 정수})$$
$$a_1 = 0$$

26. 하나의 직선은 평면을 두 부분으로 나눈다. 두 개의 직선은 (서로 교차하므로) 평면을 네 부분으로 나눌 수 있다. 세 개의 직선은 평면을 일곱 부분으로 나눌 수 있다(아래 그림 참조). P_n을 n개의 직선이 최대한으로 나눌 수 있는 평면의 부분의 개수라 하자. 여기서 n은 양의 정수이다.

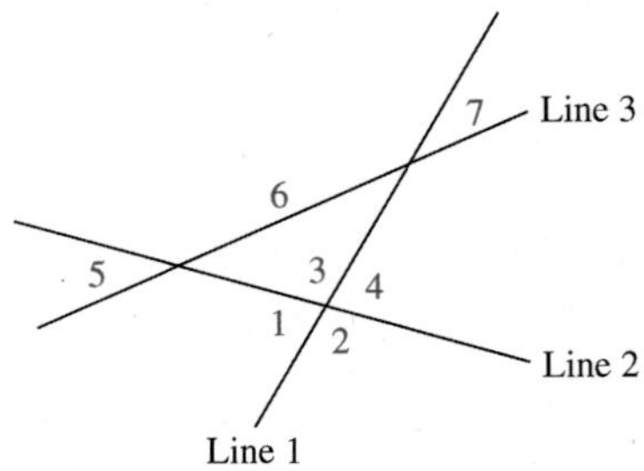

a. 모든 $k \geq 2$인 정수에 대해 P_{k-1}에 의한 P_k의 재귀식을 찾아라.

b. 반복을 사용하여 P_n에 대한 명시적인 공식을 추측하라.

27. 작은 n의 값에 대해(약 5에서 6까지) $\begin{bmatrix} 1 & 1 \\ 1 & 0 \end{bmatrix}^n$를 계산하라. 계산된 결과에 따른 일반항을 추정하고 추정한 사실을 수학적 귀납법을 이용해 증명하라.

자 | 기 | 진 | 단 | 해 | 답

1. 초기조건; 항 2. 괄호 3. $k \cdot a$ 4. a^k 5. $a_k = a_{k-1} + d$; $a_n = a_0 + dn$ 6. $a_k = ra_{k-1}$; $a_n = a_0 r^n$ 7. 수학적 귀납법

5.8 상수 계수를 갖는 2계 선형동차 재귀식

5.7절에서는 재귀적으로 정의된 수열의 일반항을 반복에 의해 추정하는 기법을 기술하였다. 이 기법은 패턴을 식별할 수만 있으면 사용할 수 있는 기본 기술이다. 그러나 많은 경우에 패턴은 쉽게 발견할 수가 없으며, 재귀식의 해를 구하기 위한 별도의 기법이 필요하다. 이에 재귀식의 형태에 따라 적용할 수 있는 다양한 기법이 개발되었다. 이 절에서는 새로운 기법을 적용하여 Fibonacci 수열의 일반항을 찾는 과정을 보인다.

• 정의

다음과 같은 유형의 재귀식을 **상수 계수를 갖는 2계 선형동차 재귀식**(second-order linear homogeneous recurrence relation with constant coefficients)이라 한다.

$$\text{모든 정수 } k \geq m\text{에 대해, } a_k = Aa_{k-1}+Ba_{k-2}.$$

여기서 $A, B(\neq 0)$는 실수인 상수이고 m은 특정 정수(some fixed integer)이다.

'2계'는 항 a_k의 식이 2개의 전항 a_{k-1}와 a_{k-2}를 포함하고 있음을 의미하며, '선형'이란 a_{k-1}와 a_{k-2}이 각각 1차식의 형태로 분리되어 나타난다는 것을 의미한다. '동차'는 각 항의 차수가 같다는 것을 의미하고(그래서 상수항이 없음), '상수 계수'는 A, B가 k와 무관한 실수 값을 갖는다는 것을 의미한다.

예제 5.8.1 **상수 계수를 갖는 2계 선형동차 재귀식**

다음 재귀식이 상수 계수를 갖는 2계 선형동차 재귀식인지 아닌지를 말하라.

a. $a_k = 3a_{k-1}+2a_{k-2}$
b. $b_k = b_{k-1}+b_{k-2}+b_{k-3}$
c. $c_k = \frac{1}{2}c_{k-1}-\frac{3}{7}c_{k-2}$
d. $d_k = d_{k-1}^2+d_{k-1}d_{k-2}$
e. $e_k = 2e_{k-2}$
f. $f_k = 2f_{k-1}+1$
g. $g_k = g_{k-1}+g_{k-2}$
h. $h_k = (-1)h_{k-1}+(k-1)h_{k-2}$

풀이

a. 예. $A=3, B=2$
b. 아니요. 2계가 아님
c. 예. $A=1/2, B=-3/7$
d. 아니요. 선형이 아님
e. 예. $A=0, B=2$
f. 아니요. 동차가 아님
g. 예. $A=1, B=1$
h. 아니요. 상수 계수가 아님 ■

특성방정식의 서로 다른 해가 존재하는 경우

아래의 상수 계수를 갖는 2계 선형동차 재귀식을 고려하자.

$$\text{모든 정수 } k \geq 2\text{에 대해, } a_k = Aa_{k-1} + Ba_{k-2} \quad \text{단, } A, B\text{는 실수인 상수} \qquad 5.8.1$$

식 (5.8.1)은 모든 a_i가 0일 때 자명하게 성립하나 또한 0이 아닌 해를 갖는다. 어떤 수 $t(\neq 0)$에 대하여, 아래의 수열이 식 (5.8.1)을 만족시킨다고 가정하자.

$$1, t, t^2, t^3, \ldots, t^n, \ldots$$

이는 수열의 각 항이 바로 앞항에 A를 곱한 값 더하기 바로 앞항의 앞항에 B를 곱한 값과 같음을 의미한다. 그래서 모든 정수 $k \geq 2$에 대해 다음이 성립한다.

$$t^k = At^{k-1} + Bt^{k-2}.$$

특히 $k=2$일 때 아래의 등식이 성립한다.

$$t^2 = At + B$$

이는 아래의 등식과 동치이다.

$$t^2 - At - B = 0. \qquad 5.8.2$$

식 (5.8.2)는 2차방정식이므로, 인수분해 또는 근의 공식에 의해서 방정식의 해인 t의 값을 구할 수 있다.

역으로, t가 식 (5.8.2)를 만족시키는 임의의 값이라고 가정하자. 그러면, 수열 $1, t, t^2, t^3, \ldots, t^n, \ldots$이 식 (5.8.1)을 만족시킬까? 질문에 답하기 위해, 등식 (5.8.2)에 t^{k-2}를 곱하자. 그러면

$$t^{k-2} \cdot t^2 - t^{k-2} \cdot At - t^{k-2} \cdot B = 0$$

이는 아래의 등식과 동치이다.

$$t^k - At^{k-1} - Bt^{k-2} = 0$$

그래서 다음을 얻는다.

$$t^k = At^{k-1} + Bt^{k-2}$$

그러므로 수열 $1, t, t^2, t^3, \ldots, t^n, \ldots$이 식 (5.8.1)을 만족시킴을 알 수 있다.

지금까지 논의한 바에 따라 다음의 보조정리가 성립한다.

보조정리 5.8.1

A와 B 그리고 $t(\neq 0)$를 실수라 하자. 수열 $1, t, t^2, t^3, \ldots, t^n, \ldots$이 아래의 재귀식을 만족시킨다고 하자.

$$\text{모든 정수 } k \geq 2\text{에 대해, } a_k = Aa_{k-1} + Ba_{k-2} \qquad 5.8.1$$

그러면 t는 아래의 2차방정식의 해이다.

$$t^2 - At - B = 0 \qquad 5.8.2$$

그리고 그 역도 성립한다.

식 (5.8.2)를 재귀식의 특성방정식이라 한다.

• 정의

아래의 상수 계수를 갖는 2계 선형동차 재귀식이 주어졌을 때

$$\text{모든 정수 } k \geq 2\text{에 대해, } a_k = Aa_{k-1} + Ba_{k-2} \quad 5.8.1$$

이 재귀식의 **특성방정식**(characteristic equation)은 다음과 같다.

$$t^2 - At - B = 0 \quad 5.8.2$$

예제 5.8.2 **특성방정식을 사용하여 재귀식의 해를 찾기**

아래의 상수 계수를 갖는 2계 선형동차 재귀식이 주어졌다고 하자.

$$\text{모든 정수 } k \geq 2\text{에 대해, } a_k = a_{k-1} + 2a_{k-2} \quad 5.8.3$$

식 (5.8.3)을 만족시키는 수열

$$1, t, t^2, t^3, ..., t^n, ...$$

을 모두 구하라. 단, $t \neq 0$이다.

풀이

보조정리 5.8.1에 의해서, 수열 $1, t, t^2, t^3, ..., t^n, ...$이 식 (5.8.3)을 만족시키기 위한 필요충분조건은 t가 아래의 특성방정식을 만족시키는 것이다.

$$t^2 - t - 2 = 0$$
$$t^2 - t - 2 = (t-2)(t+1)$$

이므로 t의 가능한 값은 2와 -1이다. 그래서 식 (5.8.3)에 대한 해로 아래의 두 수열을 얻고 이런 유형의 다른 해는 더 이상 없다.

$$1, 2, 2^2, ..., 2^n, ... \text{ 그리고 } 1, -1, (-1)^2, (-1)^3, ..., (-1)^n, ...$$

이들 수열은 또한 다음과 같이 더 단순히 재표현될 수 있다.

$$1, 2, 2^2, ..., 2^n, ... \text{ 그리고 } 1, -1, 1, -1, ..., (-1)^n, ...$$ ■

위의 예는 주어진 상수 계수를 갖는 2계 선형동차 재귀식을 만족시키는 두 개의 서로 다른 수열을 찾는 방법을 보여 준다. 이러한 수열의 임의의 일차결합이 재귀식을 만족시키는 또 다른 수열을 생성시킨다는 사실이 밝혀졌다.

보조정리 8.5.2

수열 $r_0, r_1, r_2, \ldots$와 $s_0, s_1, s_2, \ldots$가 동일한 상수 계수를 갖는 2계 선형동차 재귀식을 만족시키고 C와 D가 임의의 수이면, 일반항이 다음과 같이 정의된 수열 $a_0, a_1, a_2, \ldots$도 또한 동일한 재귀식을 만족시킨다.

$$\text{모든 정수 } n \geq 0\text{에 대해, } a_n = Cr_n + Ds_n.$$

증명:

$r_0, r_1, r_2, \ldots$와 $s_0, s_1, s_2, \ldots$를 동일한 상수 계수를 갖는 2계 선형동차 재귀식을 만족시키는 수열이라고 가정하자. 다시 말해서, 두 수열이 어떤 실수 A, B에 대해 아래의 두 재귀식을 만족시킨다고 가정하자.

$$\text{모든 정수 } k \geq 2\text{에 대해, } r_k = Ar_{k-1} + Br_{k-2} \text{ 그리고 } s_k = As_{k-1} + Bs_{k-2} \qquad 5.8.4$$

또한 C와 D를 임의의 수라고 가정하자. $a_0, a_1, a_2, \ldots$를 다음과 같이 정의된 수열이라고 하자.

$$\text{모든 정수 } n \geq 0\text{에 대해, } a_n = Cr_n + Ds_n \qquad 5.8.5$$

[$a_0, a_1, a_2, \ldots$가 $r_0, r_1, r_2, \ldots$ 그리고 $s_0, s_1, s_2, \ldots$와 같은 재귀식을 만족시킴을 보여야 한다. 즉, 모든 정수 $k \geq 2$에 대해, $a_k = Aa_{k-1} + Ba_{k-2}$가 됨을 보여야 한다.]

모든 정수 $k \geq 2$에 대해,

$$\begin{aligned} Aa_{k-1} + Ba_{k-2} &= A(Cr_{k-1} + Ds_{k-1}) + B(Cr_{k-2} + Ds_{k-2}) && \text{5.8.5에 의해} \\ &= C(Ar_{k-1} + Br_{k-2}) + D(As_{k-1} + Bs_{k-2}) \\ &= Cr_k + Ds_k && \text{5.8.4에 의해} \\ &= a_k. \end{aligned}$$

따라서 $a_0, a_1, a_2, \ldots$도 $r_0, r_1, r_2, \ldots$ 그리고 $s_0, s_1, s_2, \ldots$처럼 동일한 재귀식을 만족시킨다.

상수 계수를 갖는 2계 선형동차 재귀식이 주어졌을 때, 특성방정식이 2개의 서로 다른 해를 가지면 보조정리 5.8.1과 보조정리 5.8.2를 함께 적용함으로써, 재귀식과 초기조건을 만족시키는 수열의 일반항을 찾을 수 있다.

예제 5.8.3 **초기조건을 만족시키는 일차결합 찾기**

예제 5.8.2에서 살펴보았던 아래의 재귀식과

$$\text{모든 정수 } k \geq 2\text{에 대해, } a_k = a_{k-1} + 2a_{k-2} \qquad 5.8.3$$

초기조건

$$a_0 = 1, \; a_1 = 8$$

을 만족시키는 수열을 구하라.

풀이

아래의 두 수열은 모두 식 (5.8.3)을 만족시킨다.(두 수열 모두 주어진 초기조건을 만족시키지는 않는다.)

$$1, 2, 2^2, 2^3, \cdots, 2^n, \cdots \text{ 그리고 } 1, -1, 1, \cdots, (-1)^n, \cdots$$

보조정리 5.8.2에 의해, 일반항으로

$$a_n = C \cdot 2^n + D(-1)^n \quad (C, D\text{는 수}) \tag{5.8.6}$$

을 갖는 임의의 수열 $a_0, a_1, a_2, \cdots$ 또한 식 (5.8.3)을 만족시킨다. $n=0$과 $n=1$을 등식 (5.8.6)에 대입하고 주어진 초기조건 $a_0=1, a_1=8$을 이용해 C와 D를 다음과 같이 구할 수 있다.

$$a_0 = 1 = C \cdot 2^0 + D(-1)^0$$
$$a_1 = 8 = C \cdot 2^1 + D(-1)^1$$

등식을 정리하면

$$1 = C + D$$
$$8 = 2C - D$$

가 되고 $C=3, D=-2$를 얻는다. 그래서

$$\text{모든 정수 } n \geq 0\text{에 대해, } a_n = 3 \cdot 2^n + (-2)(-1)^n = 3 \cdot 2^n - 2(-1)^n$$

에 의해 주어지는 수열 $a_0, a_1, a_2, \ldots$이 주어진 재귀식과 초기조건을 만족시킨다. ■

이 결과는 다음의 '서로 다른 해 정리'로 요약할 수 있다.

정리 5.8.3 서로 다른 해 정리

상수 $A, B(\neq 0)$에 대해, 수열 $a_0, a_1, a_2, \ldots$가 아래의 재귀식을 만족시킨다고 가정하자.

$$\text{모든 정수 } k \geq 2\text{에 대해, } a_k = Aa_{k-1} + Ba_{k-2}.$$

재귀식에 대한 특성방정식

$$t^2 - At - B = 0$$

이 서로 다른 해 r, s를 가지면 수열 $a_0, a_1, a_2, \ldots$의 일반항은

$$a_n = Cr^n + Ds^n \quad (C, D\text{는 수})$$

유형으로 주어지고 C, D의 값은 a_0와 a_1의 값에 의해 결정된다.

주의: "C, D는 a_0, a_1의 값에 의해 결정된다"는 것은 C, D의 값이 다음 연립방정식의 해라는 것을 의미한다.

$$a_0 = Cr^0 + Ds^0 \text{ 그리고 } a_1 = Cr^1 + Ds^1$$

즉,

$$a_0 = C + D \text{ 그리고 } a_1 = Cr + Ds$$

증명:

어떤 실수 A, B에 대해, 수열 $a_0, a_1, a_2, \ldots$가 재귀식 $a_k = A\,a_{k-1} + B\,a_{k-2}$, $k \geq 2$인 정수를 만족시킨다고 가정하자. 그리고 특성방정식 $t^2 - At - B = 0$가 r과 s를 해로 갖는다고 가정하자. 이때 아래의 등식이 성립함을 보일 것이다.

$$\text{모든 정수 } n \geq 0 \text{에 대해, } a_k = Cr^n + Ds^n$$

여기서 C와 D는

$$a_0 = Cr^0 + Ds^0 \text{ 와 } a_1 = Cr^1 + Ds^1$$

을 만족시키는 수이다. $P(n)$을 아래의 등식이라 하자.

$$a_n = Cr^n + Ds^n \qquad \leftarrow P(n)$$

모든 정수 $n \geq 0$에 대해, $P(n)$이 참임을 보이기 위해 강력한 수학적 귀납법을 이용한다. 기본단계에서, $P(0)$와 $P(1)$이 참임을 보인다.

P(0)와 P(1)이 참임을 보여라: $P(0)$와 $P(1)$이 참임은 자명하다. 왜냐하면 C와 D가 정확하게 아래의 등식을 참이 되게 하는 수이기 때문이다.

$$a_0 = Cr^0 + Ds^0, \text{ 그리고 } a_1 = Cr^1 + Ds^1$$

모든 정수 $k \geq 1$에 대해, 0부터 k까지의 모든 정수 i에 대해 $P(i)$가 참이면 $P(k+1)$ 또한 참이 됨을 보여라: 0부터 k, $k \geq 1$까지의 모든 정수 i에 대해

$$a_i = Cr^i + Ds^i \qquad \text{귀납단계의 가정}$$

라고 가정하자. 이제 다음의 등식이 성립함을 보여야 한다.

$$a_{k+1} = Cr^{k+1} + Ds^{k+1} \qquad \leftarrow P(k+1)$$

귀납단계의 가정에 의해,

$$a_k = Cr^k + Ds^k \text{ 그리고 } a_{k-1} = Cr^{k-1} + Ds^{k-1}$$

그래서

$$\begin{aligned}
a_{k+1} &= Aa_k + Ba_{k-1} && a_0, a_1, a_2, \ldots\text{의 정의에 의해} \\
&= A(Cr^k + Ds^k) + B(Cr^{k-1} + Ds^{k-1}) && \text{귀납단계의 가정에 의해} \\
&= C(Ar^k + Br^{k-1}) + D(As^k + Bs^{k-1}) && \\
&= Cr^{k+1} + Ds^{k+1} && \text{보조정리 5.8.1에 의해}
\end{aligned}$$

참고: 보조정리 5.8.1에서의 t 값과 보조정리 5.8.2, 정리 5.8.3에서의 C, D 값은 특성방정식의 해에 따라 실수가 아닌 복소수일 수도 있음에 유의하라. 그래서 C, D를 단순히 수로 지칭한다.

다음의 예제는 Fibonacci 수열의 일반항을 어떻게 찾는가를 보여 준다.

예제 5.8.4 **Fibonacci 수열에 관한 공식**

Fibonacci 수열 $F_0, F_1, F_2, \ldots$는 아래의 재귀식과 초기조건에 의해서 정의된다.

$$\text{모든 정수 } k \geq 2\text{에 대해, } F_k = F_{k-1} + F_{k-2}$$

$$F_0 = F_1 = 1$$

이 수열에 대한 일반항을 찾아라.

풀이

Fibonacci 수열을 정의한 재귀식은 상수 계수를 갖는 2계 선형동차 재귀식($A=1, B=1$)에 해당하며, 이의 특성방정식은 다음과 같다.

$$t^2 - t - 1 = 0$$

근의 공식에 의해서 아래의 서로 다른 두 해를 가짐을 알 수 있다.

$$t = \frac{1 \pm \sqrt{1-4(-1)}}{2} = \begin{cases} \dfrac{1+\sqrt{5}}{2} \\ \dfrac{1-\sqrt{5}}{2} \end{cases}$$

정리 5.8.3에 의해서 Fibonacci 수열에 대한 일반항은 다음과 같다.

$$\text{모든 정수 } n \geq 0\text{에 대해, } F_n = C\left(\frac{1+\sqrt{5}}{2}\right)^n + D\left(\frac{1-\sqrt{5}}{2}\right)^n \qquad 5.8.7$$

여기서 수 C, D의 값은 $F_0=F_1=1$인 사실로부터 결정 가능하다.

$$F_0 = 1 = C\left(\frac{1+\sqrt{5}}{2}\right)^0 + D\left(\frac{1-\sqrt{5}}{2}\right)^0 = C\cdot 1 + D\cdot 1 = C + D$$

그리고

$$F_1 = 1 = C\left(\frac{1+\sqrt{5}}{2}\right)^1 + D\left(\frac{1-\sqrt{5}}{2}\right)^1$$

$$= C\left(\frac{1+\sqrt{5}}{2}\right) + D\left(\frac{1-\sqrt{5}}{2}\right)$$

그래서 위의 두 등식으로부터 아래의 연립방정식을 얻는다.

$$C+D=1$$

그리고

$$C\left(\frac{1+\sqrt{5}}{2}\right)+D\left(\frac{1-\sqrt{5}}{2}\right)=1$$

연립방정식의 해를 구하면

$$C=\frac{1+\sqrt{5}}{2\sqrt{5}} \qquad \text{그리고} \qquad D=\frac{-(1-\sqrt{5})}{2\sqrt{5}}$$

C, D의 값을 식 (5.8.7)에 대입하면

$$F_n=\left(\frac{1+\sqrt{5}}{2\sqrt{5}}\right)\left(\frac{1+\sqrt{5}}{2}\right)^n+\left(\frac{-(1-\sqrt{5})}{2\sqrt{5}}\right)\left(\frac{1-\sqrt{5}}{2}\right)^n$$

식을 간략히 하면

$$F_n=\frac{1}{\sqrt{5}}\left(\frac{1+\sqrt{5}}{2}\right)^{n+1}-\frac{1}{\sqrt{5}}\left(\frac{1-\sqrt{5}}{2}\right)^{n+1} \qquad 5.8.8$$

Fibonacci 수열의 모든 항이 정수임에도 불구하고, 일반항이 $\sqrt{5}$를 포함하고 있다는 사실은 대단히 놀랍다. ■

특성방정식에 하나의 해가 존재하는 경우

아래의 상수 계수를 갖는 2계 선형동차 재귀식에 대하여 다시 생각해 보자.

$$\text{모든 정수 } n \geq 2\text{에 대해,}\quad a_k = Aa_{k-1}+Ba_{k-2} \qquad 5.8.1$$

여기서 A, B는 실수이다. 그런데 이제 해당하는 특성방정식

$$t^2-At-B=0$$

이 중근 r을 갖는다고 가정하자. 보조정리 5.8.1에 의해 아래의 하나의 수열이 재귀식을 만족시킨다.

$$1, r, r^2, r^3, \ldots, r^n, \ldots$$

그런데 재귀식을 만족시키는 또 다른 하나의 수열은 다음과 같다.

$$0,\ r, 2r^2, 3r^3, \ldots, nr^n, \ldots$$

왜 그런지 알아보자. 특성방정식 $t^2-At-B=0$가 중근 r을 가지므로, 아래의 등식이 성립한다.

$$t^2 - At - B = (t - r)^2 = t^2 - 2rt + r^2 \tag{5.8.9}$$

양변의 계수 비교를 통해

$$A = 2r,\ B = -r^2 \tag{5.8.10}$$

을 얻는다. 수열 $s_0, s_1, s_2, \ldots$의 일반항이 다음과 같다고 가정하자.

$$\text{모든 정수 } n \geq 0\text{에 대해, } s_n = nr^n$$

그러면

$$\begin{aligned}
As_{k-1} + Bs_{k-2} &= A(k-1)r^{k-1} + B(k-2)r^{k-2} && \text{정의에 의해} \\
&= 2r(k-1)r^{k-1} - r^2(k-2)r^{k-2} && \text{식 (5.8.10)에 의해} \\
&= 2(k-1)r^k - (k-2)r^k \\
&= (2k-2-k+2)r^k \\
&= kr^k \\
&= s_k && \text{정의에 의해}
\end{aligned}$$

따라서 수열 $s_0, s_1, s_2, \ldots$은 재귀식을 만족시킨다. 지금까지의 추론 결과는 다음 보조정리의 증명이다.

보조정리 5.8.4

A와 B가 실수일 때, 다음의 특성방정식이 중근 r을 갖는다고 가정하자.

$$t^2-At-B=0$$

그러면 수열 $1, r, r^2, r^3, \cdots, r^n, \cdots$ 과 $0, r, 2r^2, 3r^3, \cdots, nr^n, \cdots$은 모두 아래의 재귀식을 만족시킨다.

$$\text{모든 정수 } k \geq 2\text{에 대해, } a_k=Aa_{k-1}+Ba_{k-2}$$

보조정리 5.8.2와 보조정리 5.8.4에 의해서, 단일해 정리(single-root theorem)가 성립한다. 단일해 정리는 상수 계수를 갖는 2계 선형동차 재귀식의 특성방정식이 중근을 갖는 경우에 재귀식에 대한 일반항을 찾는 데 적용된다. 단일해 정리에 대한 증명은 서로 다른 해 정리와 거의 같으므로 예제로 남긴다.

정리 5.8.5 단일해 정리

수열 $a_0, a_1, a_2, \ldots$가 재귀식

$$\text{실수 } A \text{와 } B, B \neq 0, \text{ 그리고 모든 정수 } k \geq 2 \text{에 대해, } a_k = Aa_{k-1} + Ba_{k-2}$$

를 만족시킨다고 하자. 재귀식에 대한 특성방정식 $t^2 - At - B = 0$가 중근 r(실수)을 가지면 수열 $a_0, a_1, a_2, \ldots$의 일반항은

$$a_n = Cr^n + Dnr^n$$

이다. 여기서 C와 D는 실수이고 C와 D의 값은 a_0와 수열의 알고 있는 다른 값에 의해 결정된다.

예제 5.8.5 중근을 갖는 경우

수열 $b_0, b_1, b_2, \ldots$이 아래의 재귀식과 초기조건을 만족시킨다고 가정하자.

$$\text{모든 정수 } k \geq 2 \text{에 대해, } b_k = 4b_{k-1} - 4b_{k-2} \qquad 5.8.11$$
$$b_0 = 1, \quad b_1 = 3$$

수열 $b_0, b_1, b_2, \ldots$의 일반항을 구하라.

풀이

위의 수열을 정의한 재귀식은 상수 계수를 갖는 2계 선형동차 재귀식($A=4$, $B=-4$)에 해당하며, 이의 특성방정식은

$$t^2 - 4t + 4 = 0$$

이고 이 방정식은 중근 2를 갖는다. 그러므로 수열 $b_0, b_1, b_2, \ldots$은 단일해 정리 5.8.5의 전제 조건을 만족시킨다. 그래서 이 수열의 일반항은

$$\text{모든 정수 } n \geq 0 \text{에 대해, } b_n = C \cdot 2^n + Dn2^n \qquad 5.8.12$$

이다. 단 여기서 C와 D는 실수이고 이들의 값은 $b_0=1$과 $b_1=3$이라는 사실로 부터 결정된다. C, D의 값을 구하기 위해서 C, D에 대한 연립방정식을 세우면

$$b_0 = 1 = C \cdot 2^0 + D \cdot 0 \cdot 2^0 = C$$
$$b_1 = 3 = C \cdot 2^1 + D \cdot 1 \cdot 2^1 = 2C + 2D$$

가 되고 연립방정식을 풀면

$$C=1, \ D=1/2$$

이다. 따라서 일반항은 다음과 같다.

$$\text{모든 정수 } k \geq 0\text{에 대해, } b_n = 2^n + \frac{1}{2}n2^n = 2^n\left(1+\frac{n}{2}\right)$$

자 | 기 | 진 | 단

1. 상수 계수를 갖는 2계 선형동차 재귀식은 다음과 같은 유형의 재귀식이다. 모든 정수 $k \geq$ _______ 에 대해, _______ 여기서 _______.
2. 모든 정수 $k \geq 2$에 대해 $a_k = Aa_{k-1} + Ba_{k-2}$인 재귀식이 주어졌을 때 이 재귀식의 특성방정식은 _____ 이다.
3. 수열 $a_1, a_2, a_3, \ldots$가 상수 계수를 갖는 2계 선형동차 재귀식에 의해 정의되고 이 재귀식의 특성방정식이 두 개의 서로 다른 해 r과 s(이들이 복소수일 수도 있다)를 가지면 수열 $a_1, a_2, a_3, \ldots$의 일반항은 _______의 형태로 주어진다.
4. 수열 $a_1, a_2, a_3, \ldots$가 상수 계수를 갖는 2계 선형동차 재귀식에 의해 정의되고 이 재귀식의 특성방정식이 단지 하나의 중근 r을 가지면 수열 $a_1, a_2, a_3, \ldots$의 일반항은 _______의 형태로 주어진다.

연 / 습 / 문 / 제 5.8

1. 다음의 재귀식이 상수 계수를 갖는 2계 선형 동차 재귀식인지를 판정하라.

   a. $a_k = 2a_{k-1} - 5a_{k-2}$ **b.** $b_k = kb_{k-1} + b_{k-2}$

   c. $c_k = 3c_k \cdot c_{k-2}^2$ **d.** $d_k = 3d_{k-1} + d_{k-2}$

   e. $r_k = r_{k-1} - r_{k-2} - 2$ **f.** $s_k = 10s_{k-2}$

2. 실수 C, D에 대하여, 수열 $a_0, a_1, a_2, \ldots$의 일반항은 다음과 같다.

   $$a_n = C \cdot 2^n + D \quad (n \geq 0\text{인 모든 정수})$$

   a. $a_0 = 1$과 $a_1 = 3$일 때 C와 D를 찾아라. 이 경우 a_2는 무엇인가?

   b. $a_0 = 0$과 $a_1 = 2$일 때 C와 D를 찾아라. 이 경우 a_2는 무엇인가?

3. 실수 C, D에 대하여, 수열 $b_0, b_1, b_2, \ldots$의 일반항은 다음과 같다.

   $$b_n = C \cdot 3^n + D(-2)^n \quad (n \geq 0\text{인 모든 정수})$$

   a. $b_0 = 0$과 $b_1 = 5$일 때 C와 D를 찾아라. 이 경우 b_2는 무엇인가?

   b. $b_0 = 3$과 $b_1 = 4$일 때 C와 D를 찾아라. 이 경우 b_2는 무엇인가?

4. 실수 C, D에 대하여, 수열 $a_0, a_1, a_2, \ldots$의 일반항은 다음과 같다.

   $$a_n = C \cdot 2^n + D \quad (n \geq 0\text{인 모든 정수})$$

   이 수열은 C, D의 값에 관계없이 아래의 재귀식을 만족시킴을 보여라.

   $$a_k = 3a_{k-1} - 2a_{k-2} \quad (k \geq 2\text{인 모든 정수})$$

5. **a.** 수열 $1, t, t^2, t^3, \cdots, t^n, \cdots$ (여기서 $t \neq 0$)이 주어진 재귀식을 만족시킨다고 가정하라(초기조건을 반드시 만족시켜야 하는 것은 아니다). 가능한 t 값을 모두 구하라.

   b. 주어진 초기조건과 재귀식을 만족시키는 수열의 일반항을 구하라.

   $$a_k = 2a_{k-1} + 3a_{k-2} \quad (k \geq 2\text{인 모든 정수})$$

$a_0=1, a_1=2$

연습문제 6~8의 각각에서 주어진 재귀식과 초기조건을 만족시키는 수열의 일반항을 구하라.

6. $d_k=4d_{k-2}$ ($k \geq 2$인 모든 정수)
$d_0=1, d_1=-1$

7. $r_k=2r_{k-1}-r_{k-2}$ ($k \geq 2$인 모든 정수)
$r_0=1, r_1=4$

8. $s_k=2s_{k-1}+2s_{k-2}$ ($k \geq 2$인 모든 정수)
$s_0=1, s_1=3$

9. $r \neq s$인 수 r, s, a_0, a_1에 대하여, 다음의 연립방정식은 유일한 해를 가짐을 증명하라.

$$C+D=a_0$$
$$Cr+Ds=a_1$$

10. C와 D의 값이 a_0와 a_1에 의해 결정되는 경우에 대해 정리 5.8.5를 증명하라.

11. 다음의 재귀식과 초기조건을 만족시키는 수열의 일반항을 구하라.

$a_k=2a_{k-1}-2a_{k-2}$ ($k \geq 2$인 모든 정수)
$a_0=1, a_1=2$

자 | 기 | 진 | 단 | 해 | 답

1. 2; $a_k = Aa_{k-1} + Ba_{k-2}$; $A, B(\neq 0)$는 실수인 상수 2. $t^2-At-B=0$ 3. $a_n=Cr^n+Ds^n$, 여기서 C와 D는 실수 또는 복소수 4. $a_n = Cr^n+Dnr^n$, 여기서 C와 D는 실수

5.9 일반적인 재귀적 정의와 구조적 귀납법

수열이 재귀적으로 정의할 수 있는 유일한 수학적 대상은 아니다. 이 절에서는 집합과 함수에 대한 재귀적 정의를 알아본다. 또한 구조적 귀납법(structural induction)을 소개하고자 하는데 이는 수학적 귀납법의 한 형태로 재귀적으로 정의된 집합의 원소들이 어떠한 성질을 만족시킨다는 사실을 증명하고자 할 때 이용된다.

재귀적으로 정의된 집합

집합을 재귀적으로 정의하려면, 먼저 집합에 속하는 몇몇의 핵심 원소부터 확인해야 한다. 그 다음에 먼저 집합에 들어가 있는 원소로부터 새로 집합에 들어가게 될 원소를 생성하는 규칙을 만든다. 보다 형식적으로 요약하면, 집합에 대한 재귀적 정의는 아래의 3가지 요소로 구성된다.

I. 기본단계: 어떤 원소가 집합에 속함을 기술
II. 재귀단계: 이미 집합에 들어가 있는 원소로부터 새로 집합에 들어가게 될 원소를 생성하는 규칙을 기술
III. 제한사항: I, II에 의하지 않고는 어떤 원소도 집합에 들어갈 수 없음을 기술

예제 5.9.1 **부울식의 재귀적 정의**

2.4절에서 부울식으로 구성된 집합은 p, q, r과 같은 알파벳과 기호 $\wedge, \vee, \sim$에 의해 생성된 표현들로 구성된 집합으로 소개되었다. 적법한 부울식으로 구성된 집합을 재귀적으로 정의하면 다음과 같다.

I. 기본단계: 알파벳에 속하는 기호는 부울식이다.

II. 재귀단계: 만약 P, Q가 부울식이면, 다음 식도 부울식이다.

$$\text{(a) } (P \wedge Q) \qquad \text{(b) } (P \vee Q) \qquad \text{(c) } \sim P$$

III. 제한사항: I, II에 의하여 생성되지 않는 식은 부울식이 아니다.

아래의 식은 영어 알파벳 $\{a, b, c, ..., z\}$에서 정의된 부울식임을 보여라.

$$(\sim(p \wedge q) \vee (\sim r \wedge p))$$

풀이

(1) I에 의해서, p, q, r은 부울식이다.

(2) (1), II(a), (c)에 의해서, $(p \wedge q)$와 $\sim r$은 부울식이다.

(3) (2), II(c), (a)에 의해서, $\sim(p \wedge q)$와 $(\sim r \wedge p)$는 부울식이다.

(4) (3), II(b)에 의해서, $(\sim(p \wedge q) \vee (\sim r \wedge p))$은 부울식이다. ■

> • 정의
>
> S를 적어도 하나의 원소를 갖는 유한 집합이라 하자. **S에 관한 문자열**(string over S)은 S의 원소로 만들어진 유한수열이다. S의 원소를 문자열의 **문자**(character)라고 부르며 문자열이 포함하는 문자의 개수를 문자열의 **길이**(length)라고 한다. 어떠한 문자도 갖지 않는 빈 문자열을 **공백 문자열**(null string)이라 한다. 이는 ϵ으로 표기되며 길이로 0 값을 갖는다.

예제 5.9.2 **알파벳으로 만든 문자열의 집합**

a, b로 만들어진 모든 문자열의 집합을 S라 하고, S를 재귀적으로 정의하면 다음과 같다.

I. 기본단계: ϵ은 S에 속한다. 여기서 ϵ은 공백 문자열이다.

II. 재귀단계: 만약 $s \in S$이면

$$\text{(a) } sa \in S \qquad \text{(b) } sb \in S$$

여기서 sa, sb는 s와 a, b 각각의 접속연산을 말한다.

III. 제한사항: I, II에 의하여 생성되지 않은 문자열은 S의 원소가 아니다. $ab \in S$임을 보여라.

풀이

(1) I에 의해서, $\epsilon \in S$이다.

(2) (1), II(a)에 의해서, $\epsilon a \in S$, 즉 $a \in S$이다.

(3) (2), II(b)에 의해서, $ab \in S$이다. ■

예제 5.9.3 **특정 성질을 갖는 문자열들의 집합**

Gödel, Escher, Bach에서 Douglas Hofstadter는 다음과 같이 재귀적으로 정의된 *M*, *I*, *U* 문자들로 구성된 문자열의 집합을 소개한다. 그는 이 집합을 *MIU*-시스템이라 부른다.

I. 기본단계: *MI*는 *MIU*-시스템에 속한다.

II. 재귀단계:

a. *xI*가 *MIU*-시스템에 속하면(여기서 *x*는 문자열이다), *xIU*도 MIU-시스템에 속한다.(다시 말해서, *I*로 끝나는 임의의 문자열에 *U*를 덧붙일 수 있다. 예를 들어 *MI*가 이 시스템에 속하기 때문에 *MIU*도 이 시스템에 속한다.)

b. *Mx*가 *MIU*-시스템에 속하면(여기서 *x*는 문자열이다), *Mxx*도 *MIU*-시스템에 속한다.(다시 말해서, *M* 뒤에 덧붙여진 문자열을 한 번 더 반복해서 덧붙일 수 있다. 예를 들어 *MUI*가 이 시스템에 속하면 *MUIUI*도 이 시스템에 속한다.)

c. *x*와 *y*는 문자열이고(공백 문자열일 수도 있다), *xIIIy*가 *MIU*-시스템에 속하면, *xUy*도 *MIU*-시스템에 속한다.(다시 말해서, *III*를 *U*로 대체할 수 있다. 예를 들어 *MIIII*가 이 시스템에 속하면 *MIU*와 *MUI*도 이 시스템에 속한다.)

d. *x*와 *y*는 문자열이고(공백 문자열일 수도 있다), *xUUy*가 *MIU*-시스템에 속하면, *xUy*도 *MIU*-시스템에 속한다.(다시 말해서, *UU*를 *U*로 대체할 수 있다. 예를 들어 *MIIUU*가 이 시스템에 속하면 *MIIU*도 이 시스템에 속한다.)

III. 제한사항: I, II에 의하여 생성된 문자열과는 다른 문자열은 *MIU*-시스템에 속하지 않는다.

*MUIU*가 *MIU*-시스템에 속함을 보여라.

풀이

(1) I에 의해, *MI*는 *MIU*-시스템에 속한다.

(2) (1)과 II(b)에 의해 *MII*는 *MIU*-시스템에 속한다.

(3) (2)와 II(b)에 의해 *MIIII*는 *MIU*-시스템에 속한다.

(4) (3)과 II(c)에 의해 *MUI*는 *MIU*-시스템에 속한다.

(5) (4)와 II(a)에 의해 *MUIU*는 *MIU*-시스템에 속한다. ■

예제 5.9.4 **괄호의 구조**

대수식에서 괄호를 조합할 때, 어떤 것[예: (())(), ()()()]은 적법하고, 다른 것[)()), ())]은 적법하지 않다. 적법하게 만들어진 괄호로 구성된 집합 P를 재귀적으로 정의하면 다음과 같다.

I. 기본단계: ()는 P에 속한다.

II. 재귀단계:

a. 만약 E가 P에 속하면, (E)도 P에 속한다.

b. 만약 E, F가 P에 속하면, EF도 P에 속한다.

III. 제한사항: I, II에 의하여 생성되지 않은 괄호의 구성은 P에 속하지 않는다.

(())()가 P에 속함을 보여라.

풀이

(1) I에 의해서, ()는 P에 속한다.

(2) (1), II(a)에 의해서, (())는 P에 속한다.

(3) (2), (1), II(b)에 의해서, (())()는 P에 속한다. ■

재귀적으로 정의된 집합에 대한 성질의 증명

집합이 재귀적으로 정의되면, 수학적 귀납법의 한 형태인 **구조적 귀납법**(structural induction)을 사용하여, 집합의 모든 원소가 주어진 성질을 만족시킴을 증명할 수 있다.

재귀적으로 정의된 집합에 대한 구조적 귀납법

S를 재귀적으로 정의된 집합이라 하고, S에 속하는 원소가 만족시키는(또는 만족시키지 않는) 어떤 성질을 고려하자. S에 속하는 모든 원소가 주어진 성질을 만족시킴을 증명하기 위해,

1. 기본단계에서 기술한 각각의 원소가 주어진 성질을 만족시킴을 보인다.
2. 귀납단계에서 기술한 각각의 규칙에 대하여, 만약 주어진 성질을 만족시키는 S의 원소에 규칙을 적용한다면 이때 생성된 원소 또한 주어진 성질을 만족시킴을 보인다.

기본단계 및 귀납단계의 조건을 통해 생성된 원소만이 S에 속하므로, S의 모든 원소가 주어진 성질을 만족시킴은 명백하다.

예제 5.9.5 **괄호 구조 집합의 성질**

P를 예제 5.9.3의 정의에 의해 적법한 괄호 구성으로 얻어진 집합이라 하자. P에 있는 모

든 괄호의 구성은 같은 수의 좌괄호와 우괄호를 가짐을 증명하라.

풀이

증명(구조적 귀납법에 의한):

기본단계에서 기술한 각각의 원소가 주어진 성질을 만족시킴을 보인다: 기본단계에서 P에 포함된 것은 ( )이 유일하며, 명백하게 좌괄호와 우괄호의 개수가 같다.

귀납단계에 있는 각각의 규칙에 대하여, 주어진 성질을 만족시키는 P의 원소에 규칙을 적용하여 생성된 원소도 주어진 성질을 만족시킴을 보인다: 귀납단계에는 2가지 규칙 II(a), (b)가 있다.

E를 같은 수의 좌괄호와 우괄호를 갖는 적법한 괄호의 구성이라 하자. E에 규칙 II(a)를 적용하면, 생성된 결과는 (E)이다. 좌괄호와 우괄호는 각각 1씩 증가하므로, 주어진 성질을 만족시킨다.

E, F를 같은 수의 좌괄호와 우괄호를 갖는 적법한 괄호의 구성이라 하자. 예를 들어 E는 m개, F는 n개의 좌(우)괄호를 갖고 있다고 하자. E, F에 규칙 II(b)를 적용하면, 생성된 결과는 EF이고, $m+n$개의 좌괄호와 우괄호를 갖는다. 따라서 주어진 성질을 만족시킨다.

따라서 P에 있는 모든 괄호의 구성은 같은 수의 좌괄호와 우괄호를 갖는다. ■

재귀함수

함수를 정의하는 규칙에서 자기 자신을 언급하면, **재귀적으로 정의된**(recursively defined) 함수 또는 **재귀함수**(recursive function)라 한다. 이러한 자기 자신의 언급(self-reference)으로 인해 주어진 재귀함수가 잘 정의되었는지 아닌지를 판정하는 것이 때로는 어렵지만 컴퓨터 과학의 계산이론 분야에서 재귀함수의 중요성은 매우 크다.

예제 5.9.6 McCarthy의 91 함수

John McCarthy (born 1927)

계산이론과 인공지능 연구의 개척자인 John McCarthy는 함수 $M: \mathbf{Z}^+ \to \mathbf{Z}$를 다음과 같이 정의하였다.

모든 양의 정수 n에 대해,

$$M(n) = \begin{cases} n - 10 & n > 100 \\ M(M(n + 11)) & n \leq 100 \end{cases}$$

$M(99)$를 찾아라.

풀이

M의 정의를 반복해서 적용하면

$M(99) = M(M(110))$	$99 \le 100$이므로
$= M(100)$	$110 > 100$이므로
$= M(M(111))$	$100 \le 100$이므로
$= M(101)$	$111 > 100$이므로
$= 91$	$101 > 100$이므로

이 함수에 관해 주목할 만한 사실은 101 보다 작거나 같은 모든 양의 정수에 대해 함수가 함수값 91 을 갖는다는 것이다. 물론 $n > 101$ 에 대해 $M(n)$은 $n-10$이므로 $M(n)$은 잘 정의된다. ■

예제 5.9.7 **Ackermann 함수**

Wilhelm Ackermann (1896-1962)

1920년대에 독일의 논리학자이자 수학자인 Wilhelm Ackermann은 자신의 이름을 따라 명명되는 Ackermann 함수를 처음으로 정의하였다. 이 함수는 계산이론 분야에서 특히 중요하다. 왜냐하면 컴퓨터를 사용하여 계산이 가능한 문제와 그렇지 않은 문제를 구분하는 데 도움을 주기 때문이다. Ackermann 함수는 음이 아닌 정수의 순서쌍들의 집합에 대하여 다음과 같이 재귀적으로 정의된다.

모든 음이 아닌 정수 n에 대하여, $A(0, n) = n+1$ 5.9.1

모든 양의 정수 m에 대하여, $A(m, 0) = A(m-1, 1)$ 5.9.2

모든 양의 정수 m과 n에 대하여, $A(m, n) = A(m-1, A(m, n-1))$ 5.9.3

$A(1, 2)$의 값을 찾아라.

풀이

$A(1, 2) = A(0, A(1, 1))$	식 (5.9.3)에 의해
$= A(0, A(0, A(1, 0)))$	식 (5.9.3)에 의해
$= A(0, A(0, A(0, 1)))$	식 (5.9.2)에 의해
$= A(0, A(0, 2))$	식 (5.9.1)에 의해
$= A(0, 3)$	식 (5.9.1)에 의해
$= 4$	식 (5.9.1)에 의해

Ackermann 함수는 엄청나게 빠른 속도로 증가하는 특성을 가지고 있다. $A(0, 0)=1$, $A(1, 1)=3$, $A(2, 2)=7$, $A(3, 3)=61$ 인 데 반해서

$$A(4, 4) \cong 2^{2^{2^{65536}}}$$

이고 $A(n, n)$의 값은 상상할 수 없을 정도의 속도로 증가한다. ■

Ackermann 함수가 잘 정의된 함수임을 증명하는 것은 다소 기술적이기는 하지만 어렵지는 않다. 다음의 예제는 재귀적 정의를 사용하였으나 잘 정의되지 않은 함수의 예를 보여 준다.

예제 5.9.8 **잘 정의되지 않은 재귀함수**

재귀함수 $G: \mathbf{Z}^+ \to \mathbf{Z}$를 정의하고자 하는 아래의 시도를 살펴보자. 모든 정수 $n \geq 1$에 대해서

$$G(n) = \begin{cases} 1 & n\text{이 } 1\text{일 때} \\ 1 + G\left(\dfrac{n}{2}\right) & n\text{이 짝수일 때} \\ G(3n-1) & n\text{이 홀수이고 } n > 1\text{일 때} \end{cases}$$

$G(n)$은 잘 정의된 함수인가? 그 이유는?

풀이

G를 함수라고 가정하자. 그러면 G의 정의에 의해서

$$\begin{aligned} G(1) &= 1 \\ G(2) &= 1+G(1) = 1+1 = 2 \\ G(3) &= G(8) = 1+G(4) = 1+(1+G(2)) = 1+(1+2) = 4 \\ G(4) &= 1+G(2) = 1+2 = 3 \end{aligned}$$

그러나

$$\begin{aligned} G(5) &= G(14) = 1+G(7) = 1+G(20) = 1+(1+G(10)) \\ &= 1+(1+(1+G(5))) = 3+G(5) \end{aligned}$$

양변에서 $G(5)$를 빼면, $0=3$을 얻고 이것은 $0 \neq 3$이기 때문에 모순이다. G를 함수라고 한 가정이 논리적 모순을 도출하므로, G는 함수가 아니라는 결론을 얻는다. 그러므로 G는 잘 정의된 함수가 아니다. ■

예제 5.9.6의 함수를 약간 변형시킨 다음의 정의는 아직까지 잘 정의된 함수인지, 아니면 잘 정의되지 않은 함수인지를 판명하지 못한 상태에 있다. $n \geq 1$인 모든 정수에 대하여

$$T(n) = \begin{cases} 1 & n\text{이 } 1\text{일 때} \\ T\left(\dfrac{n}{2}\right) & n\text{이 짝수일 때} \\ T(3n+1) & n\text{이 홀수일 때} \end{cases}$$

1930년대에 학생이었던 Luther Collatz는 다음과 같이 정의된 함수 g에 깊은 관심을 갖게 되었다: n이 짝수일 때 $g(n)=n/2$이고 n이 홀수일 때 $g(n)=3n+1$이다. Collatz는 임의의 초기 양의 정수 n에 대해 계속적으로 $g(n), g^2(n), g^3(n), \ldots$을 계산하면 궁극적으로는 정수 1에 도달할 것이라는 가설을 제안하였다. 이 가설이 참인지 아니면 거짓인지를 판명하는 문제를 **$3n+1$ 문제** 또는 **$3x+1$ 문제**라고 부른다. 만약 Collatz의 가설이 참이면 함수 T는 잘 정의된 것이고, 거짓으로 판명되면 잘 정의되지 않은 것이다. 이 교재를 집필할 때까지는 판명되지 않았으나, 컴퓨터 프로그램으로 테스트한 결과로는 엄청나게 큰 정수에 대해서도 가설은 참인 상태를 유지하였다.

자 | 기 | 진 | 단

1. 집합에 대한 재귀적 정의의 기본단계는 _____ 이다.
2. 집합에 대한 재귀적 정의의 재귀단계는 _____ 이다.
3. 집합에 대한 재귀적 정의의 제한사항은 _____ 이다.
4. 주어진 한 원소가 재귀적으로 정의된 집합에 속함을 보이기 위한 하나의 방법으로 _______ 의 원소로부터 출발한다. 그리고 _______ 의 규칙을 주어진 원소가 생성될 때까지 적용한다.
5. 주어진 한 원소가 재귀적으로 정의된 집합에 속함을 보이기 위한 또 다른 방법은 _______ 을 이용하는 것이다. _______ 을 이용하므로 집합에 속하는 모든 원소가 특정한 성질을 만족시킴을 보일 수 있고 그런 후 주어진 원소 또한 특정한 성질을 만족시키는지 관찰한다.
6. 재귀적으로 정의된 집합 S에 속하는 모든 원소가 어떤 성질을 만족시킴을 증명하기 위해 _______ 을 보이고 귀납단계에서 기술한 각각의 규칙에 대하여, 만약 _______ 한다면 _______ 을 보인다.
7. 재귀적으로 정의된(recursively defined) 함수 또는 재귀함수(recursive function)란 _______ 이다.

연 / 습 / 문 / 제 5.9

1. 예제 5.9.1에 있는 부울식들의 집합을 고려하자. 다음의 각각이 영어 알파벳 $\{a, b, c, \ldots, x, y, z\}$ 상의 부울식임을 보여 주는 유도과정들을 제시하라.
   a. $(\sim p \vee (q \wedge (r \vee \sim s)))$
   b. $((p \vee q) \vee \sim ((p \wedge \sim s) \wedge r))$

2. S를 예제 5.9.2에서와 같이 정의된 것이라 하자. 다음의 각각이 S에 속하는 것을 보이는 유도과정들을 제시하라.
   a. aab　　**b.** bb

3. 예제 5.9.3에서 소개된 *MIU*−시스템을 고려하라. 아래의 식이 *MIU*-시스템에 속하는 것을 보이는 유도과정들을 제시하라.
   a. *MIUI*　　**b.** *MUIIU*

4. 실수에 관한 산술식으로 구성된 집합은 다음과 같이 재귀적으로 정의될 수 있다.

   I. 기본단계: 각 실수 r은 산술식이다.
   II. 재귀단계: u와 v가 산술식이면 아래의 식들 또한 산술식이다.

   a. $(+u)$　　**b.** $(-u)$
   c. $(u+v)$　　**d.** $(u-v)$
   e. $(u \cdot v)$　　**f.** $(\frac{u}{v})$

III. 제한사항: I, II에 의해 생성되지 않은 다른 실수에 관한 산술식은 없다.

아래의 식이 산술식에 속하게 되는 생성과정을 보여라.(식 $(\frac{u}{v})$는 v의 값이 0일지라도 적법하다는 것을 주목하자.)

a. $((2 \cdot (0.3-4.2))+(-7))$ **b.** $\left(\frac{(9 \cdot (6.1+2))}{((4-7) \cdot 6)}\right)$

5. 다음은 집합 S에 대한 재귀적 정의이다.

I. 기본단계: $1 \in S$

II. 재귀단계: 만약 $s \in S$이면

a. $0s \in S$ **b.** $1s \in S$

III. 제한사항: I, II에 의하여 생성되지 않은 문자열은 S에 속하지 않는다.

S에 있는 모든 문자열은 반드시 1로 끝남을 구조적 귀납법으로 증명하라.

6. 다음은 집합 S에 대한 재귀적 정의이다.

I. 기본단계: $\epsilon \in S$, ϵ은 공백 문자열

II. 재귀단계: 만약 $s \in S$이면

a. $bs \in S$ **b.** $sb \in S$

c. $saa \in S$ **d.** $aas \in S$

III. 제한사항: I, II에 의하여 생성되지 않은 문자열은 S에 속하지 않는다.

S에 있는 모든 문자열은 반드시 짝수 개의 a를 가짐을 구조적 귀납법으로 증명하라.

7. 다음은 집합 S에 대한 재귀적 정의이다.

I. 기본단계: $1 \in S, 3 \in S, 5 \in S, 7 \in S, 9 \in S$

II. 재귀단계: 만약 $s \in S, t \in S$이면

a. $st \in S$ **b.** $2s \in S$

c. $4s \in S$ **d.** $6s \in S$

e. $8s \in S$

III. 제한사항: I, II에 의하여 생성되지 않은 문자열은 S에 속하지 않는다.

S에 있는 모든 문자열은 홀수를 표현하고 있음을 구조적 귀납법으로 증명하라.

8. 다음은 집합 S에 대한 재귀적 정의이다.

I. 기본단계: $0 \in S, 5 \in S$

II. 재귀단계: 만약 $s \in S, t \in S$이면

a. $s+t \in S$ **b.** $s-t \in S$

III. 제한사항: I, II에 의하여 생성되지 않은 정수는 S에 속하지 않는다.

S에 있는 모든 원소는 5의 배수임을 구조적 귀납법으로 증명하라.

9. 문자열 MU는 $MIU-$시스템에 속하는가? 구조적 귀납법을 이용해 이를 증명하라.

10. 예제 5.9.4에서 정의된 괄호로 구성된 집합 P를 고려하라. 아래의 식이 P에 속하는 것을 보이는 유도과정들을 제시하라.

a. ()(()) **b.** (())(())

11. 아래의 괄호 구조가 예제 5.9.4에서 정의된 괄호로 구성된 집합 P에 속하는지 아닌지를 밝혀라. 구조적 귀납법을 이용해 답을 증명하라.

a. ()(() **b.** ((()))(()

12. 0, 1로 만든 문자열 중에서 0의 개수와 1의 개수가 같은 문자열의 집합을 재귀적으로 정의하라.

13. a, b로 만든 문자열 중에서 홀수 개의 a를 갖는 문자열의 집합을 재귀적으로 정의하라.

14. 예제 5.9.6에 주어진 McCarthy의 91 함수의 정의를 이용해 다음을 보여라.

a. $M(86)=M(91)$ **b.** $M(91)=91$

15. 예제 5.9.7에 주어진 Ackermann 함수의 정의를 이

용해 다음을 계산하라.

a. $A(1, 1)$ **b.** $A(2, 1)$

16. Ackermann 함수의 정의를 이용해 다음을 계산하라.

a. 모든 $n \geq 0$에 대해 $A(1, n)=n+2$.

b. 모든 $n \geq 0$에 대해 $A(2, n)=3+2n$.

c. 모든 $n \geq 0$에 대해 $A(3, n)=8 \cdot 2^n-3$.

17. 학생 A는 다음 규칙에 의해 함수 $F: \mathbf{Z}^+ \to \mathbf{Z}$를 정의하려고 한다. $n \geq 1$인 모든 정수에 대하여

$$F(n) = \begin{cases} 1 & n=1\text{일 때} \\ F\left(\frac{n}{2}\right) & n\text{이 짝수일 때} \\ 1 + F(5n-9) & n > 1\text{이고 } n\text{이 홀수일 때} \end{cases}$$

학생 B가 위의 정의를 보고 F는 잘 정의된 함수가 아니라고 주장하였다. 학생 B의 주장이 옳음을 보여라.

자 | 기 | 진 | 단 | 해 | 답

1. 어떤 원소가 집합에 속함을 기술하는 것 2. 이미 집합에 들어가 있는 원소로부터 새로 집합에 들어가게 될 원소를 생성하는 규칙을 기술하는 것 3. 기본단계와 재귀단계에 의하지 않고는 어떤 원소도 집합에 들어갈 수 없음을 기술하는 것 4. 기본단계; 재귀단계 5. 구조적 귀납법; 구조적 귀납법 6. 기본단계에서 기술한 각각의 원소가 주어진 성질을 만족시킴; 주어진 성질을 만족시키는 S의 원소에 규칙을 적용; 이때 생성된 원소 또한 주어진 성질을 만족시킴 7. 함수를 정의하는 규칙에서 자기 자신을 언급하는 함수

06 장

집합론

Dvid Eugene Smith Collection, Columbia University

Georg Cantor
(1845–1918)

19세기 후반 Georg Cantor는 집합이 일반적인 성질과는 다른 잠재적인 유용성을 가지고 있다는 것을 처음으로 알게 되었다. 많은 수학자들은 Cantor의 연구에 대한 정당성을 받아들이지 않았다. 그러나 오늘날 추상적으로 여겨졌던 집합론은 수학적 사고의 기초가 되었다. 모든 수학적 객체들(심지어 수)은 집합에 관하여 정의될 수 있고, 집합론의 언어는 모든 수학적 주체로 사용된다.

이번 장에서 우리는 1장에서 소개된 집합론의 기초적인 정의들과 표기법을 소개하고, 증명과 예를 통하여 집합의 성질을 확립하는 방법을 보여 준다. 또한 부울 대수의 표기법을 소개하고, 그것의 성질들을 이끌어 내는 방법을 설명하고, 논리적 동치와 집합의 항등식들의 관계를 논의한다. 이 장은 집합론의 유명한 '역설'과 컴퓨터 과학과 그것의 관계를 토의하는 것으로 마친다.

6.1 집합론의 기본적인 정의

문장(sentence), 참(true), 거짓(false)이 논리학의 무정의 용어인 것처럼 집합(set)과 원소(element)라는 단어는 집합론의 무정의 용어이다. 집합론의 창시자 Georg Cantor는 집합을 "우리의 직관이나 사고로부터 한정적이고 분리된 객체(이 객체를 M의 원소라고 부른다)들의 전체 모음 M"으로 상상하기를 제안했다. M이 집합에 대한 독일어 Menge의 첫 번째 문자이기 때문에, Cantor는 문자 M을 사용했다.

S는 하나의 집합을 나타내고 a는 S의 원소라 하자. 그의 표기법에 의하면, 1.2절에서 언급한 것처럼, $a \in S$는 a가 S의 원소임을 의미하고, $a \notin S$는 a가 S의 원소가 아님을 의미한다. $\{1, 2, 3\}$은 그것의 원소들이 1, 2, 3인 집합을 나타내고 $\{1, 2, 3, \ldots\}$은 모든 양의 정수의 집합을 나타낸다. 만일 S가 집합이고 $P(x)$는 S의 원소가 만족시킬 수도 있고 만족시키지 못할 수도 있다면, 집합 A를 다음과 같이 정의할 수 있다.

주의! 정의에서 "the set of all"을 잊지 말라.

$$A = \{x \in S \mid P(x)\}$$

↗ the set of all　　↖ such that

이 식은 "the set of all x in S such that P of x is true"(P를 만족시키는 S의 원소 x들의 집합)라고 읽는다.

부분집합: 증명과 반증

집합 A가 집합 B의 부분집합이라는 의미를 형식적인 전체한정화 조건명제로 다시 쓰면 다음과 같다.

$$A \subseteq B \quad \Leftrightarrow \quad \forall x,\ \text{if } x \in A \text{ then } x \in B$$

이것의 부정은 존재적이다.

$$A \nsubseteq B \quad \Leftrightarrow \quad \exists x \text{ such that } x \in A \text{ and } x \notin B$$

진부분집합(proper subset)은 두 집합이 같은 경우가 제외된 부분집합이다.

> A는 B의 진부분집합 $\Leftrightarrow$
> (1) $A \subseteq B$이고
> (2) A에는 없는데 B에는 있는 원소가 1개 이상 있다.

예제 6.1.1 **한 집합이 다른 집합의 부분집합임을 시험하기**

$A=\{1\}$이고 $B=\{1, \{1\}\}$이라 하자.

a. $A \subseteq B$인가?

b. 그렇다면 A는 B의 진부분집합인가?

주의! 원소가 하나인 집합을 **단원소**(singleton)집합이라고 한다.

풀이

a. $A=\{1\}$이므로 A는 오직 한 원소 1을 갖고 있다. 이 원소는 B 집합의 원소이기도 하므로, $A \subseteq B$이다.

b. B는 두 개의 원소 1과 집합원소 $\{1\}$을 갖고 있다. $1 \neq \{1\}$이므로, 집합 $\{1\}$은 A의 원소는 아니다. 따라서 B는 A의 원소가 아닌 원소를 갖고 있다. 그러므로 A는 B의 진부분집합이다. ■

부분집합임을 전체한정화 조건명제로 정의하였다. 따라서 부분집합 관계임을 증명하는 데 직접증명 방법(method of direct proof)을 사용할 수 있다. 그런 증명 방법을 원소 논증(element argument)이라고 하는데 이는 집합론에서 기본적인 증명 방법이다.

원소 논증: 부분집합임을 증명하는 기본적인 방법

집합 X, Y가 주어졌을 때, $X \subseteq Y$임을 증명하기 위해서는

1. X에서 뽑은 임의의 원소(particular but arbitrarily chosen element)를 x라 **가정한다**.
2. x가 Y의 원소임을 **보여 준다**.

예제 6.1.2 **부분집합 관계의 증명 및 반증**

집합 A와 B는 다음과 같다.

$$A = \{m \in \mathbf{Z} \mid m = 6r + 12 \text{ for some } r \in \mathbf{Z}\}$$
$$B = \{n \in \mathbf{Z} \mid n = 3s \text{ for some } s \in \mathbf{Z}\}$$

a. $A \subseteq B$임을 대략적으로 증명하라.
b. $A \subseteq B$임을 증명하라.
c. $B \subseteq A$가 아님을 반증하라.

풀이

a. **증명의 줄거리:**

x를 집합 A에서 임의로 뽑은 한 원소라고 가정하자.

.
.
.

따라서 x는 B의 원소라고 보여 준다.

b. **증명:**

x를 집합 A에서 임의로 뽑은 한 원소라고 하자.

[우리는 $x \in B$임을 보여야 한다. 즉, B의 정의에 따라, 어떤 정수 s에 대해 $x=3s$임을 보여야 한다는 뜻이다.]

A의 정의에 따라 어떤 정수 r에 대해, $x=6r+12$이다.

[$x=6r+12$인 x가 주어졌다. x를 $3 \cdot$ (어떤 정수)로 표현할 수 있는가? 즉, $6r+12=3 \cdot$ (어떤 정수)인가? 그렇다. $6r+12=3 \cdot (2r+4)$이다.]

$s=2r+4$이라고 하자.

[우리는 s가 정수임을 검토해야 한다.]

어떤 정수에 2를 곱하고 정수 4를 더하면 정수이므로, s는 정수이다.

[이제 $x=3s$임을 보여야 한다.]

또한 $3s=3(2r+4)=6r+12=x$이다.
따라서 B의 정의에 의해, x는 B의 원소이다.

[이것이 우리가 보여야 했던 것이다.]

c. 명제를 반증한다는 것은 그 명제가 거짓임을 보인다는 의미이다. 즉, $B \subseteq A$가 거짓임을 보여야 한다. 그러기 위해서는 A의 원소가 아닌 B의 어떤 원소를 찾아내야한다. A와 B의 정의에 의해, $x=3\cdot$(어떤 정수)가 $6\cdot$(어떤 정수)$+12$가 되지 않는 x를 찾아야 한다. 약간 실험해 보면 여러 숫자들이 그렇다는 것을 알 수 있다. 예를 들어 $x=3$이면 $3=3\cdot 1$이므로 $x \in B$이다. 그러나 $3=6r+12$를 만들 수 있는 r이 존재하지 않으므로 $x \notin A$이다. 만일 그런 정수가 존재한다고 하면

주의! $P(x) \Rightarrow Q(x)$는 $P(x)$가 참이 되게 하는 모든 원소가 $Q(x)$도 참이 되게 한다는 의미이다.

	$6r+12=3$	가정에 의해
$\Rightarrow$	$2r+4=1$	양변을 3으로 나눔으로써
$\Rightarrow$	$2r=-3$	양변으로부터 4를 뺌으로써
$\Rightarrow$	$r=-3/2$	양변을 2으로 나눔으로써

그러나 $-3/2$는 정수가 아니다. 따라서 $3 \in B$이지만 $3 \notin A$이다. 따라서 $B \not\subseteq A$이다. ■

집합 상등

확장의 공리(axiom of extension)를 상기해 보자. 집합 A와 B가 같다는 것과 동치는 그들은 꼭 같은 원소들을 가진다는 뜻이다. 부분집합의 언어를 사용해 집합 상등을 정의해 보자.

• 정의

주어진 집합 A와 B에 대하여, A와 B는 **상등이다**(equal, $A=B$라고 쓴다)는 것과 동치는 A의 모든 원소가 B에 속하고 B의 모든 원소가 A에 속한다는 것이다.

기호로 나타내면 다음과 같다.

$$A=B \quad \Leftrightarrow \quad A \subseteq B \text{ and } B \subseteq A$$

집합 상등 정의의 변형은 다음을 의미한다.

집합 A와 B가 상등이다라는 것을 알기 위하여,
여러분은 $A \subseteq B$이고, $B \subseteq A$임을 반드시 알아야 한다.

예제 6.1.3 **집합 상등**

A 와 B 집합을 다음과 같이 정의하자.

$$A = \{m \in \mathbf{Z} \mid m = 2a \text{ for some } a \in \mathbf{Z}\}$$
$$B = \{n \in \mathbf{Z} \mid n = 2b - 2 \text{ for some } b \in \mathbf{Z}\}$$

$A=B$ 인가?

풀이

그렇다. 이것을 증명하기 위해서는 $A \subseteq B$ 와 $B \subseteq A$ 임을 증명해야 한다.

(1) $A \subseteq B$ 임을 증명하기:

x 가 A 로부터 임의로 뽑힌 원소라고 하자.

[우리는 그 x 가 B 의 원소임을 보여야 한다. B 의 정의에 의해, $x=2\cdot$ (어떤 정수)-2 임을 보여야한다.]

A 의 정의에 의하면, $x=2a$ 인 정수 a 가 있다.

[$x=2a$ 는 주어졌다. 이 x 가 $2\cdot$ (어떤 정수)-2 로도 표현될 수 있는가? 즉, $2a=2b-2$ 인 정수 b 가 존재하는가? 이를 풀기 위해 b 를 구한다. $b=(2a+2)/2=a+1$. 이것이 말이 되는지 검토하자.]

$b=a+1$ 이라고 하자.

[먼저 b 가 정수임을 검토하라.]

정수의 합이므로 b 는 정수이다.

[그러면 $x=2b-2$ 임을 검토하자.]

또한 $2b-2=2(a+1)-2=2a+2-2=2a=x$.
따라서 B 의 정의에 의해, x 는 B 의 원소이다.

[이것이 보이려고 했던 것이다.]

(2) $B \subseteq A$ 임을 증명하기: 이 증명은 이번 절의 연습문제 2로 남겨 둔다. ■

Royal Society of London

John Venn (1834–1923)

벤 다이어그램

1881년에 영국인 수학자 John Venn에 의해 소개된 **벤 다이어그램**(Venn diagram)이라고 불리는 방법은 집합 A 와 B 를 평면에서 구역으로 나타내어, 그림들로부터 A 와 B 사이의 관계들을 묘사할 수 있게 하였다. 예를 들면 $A \subseteq B$의 관계는 그림 6.1.1과 같다.

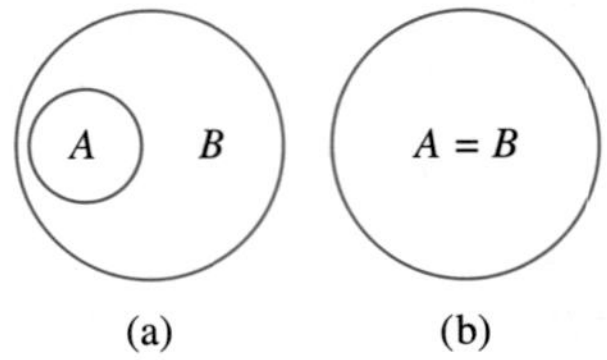

그림 6.1.1 $A \subseteq B$

관계 $A \not\subseteq B$는 그림 6.1.2와 같이 세 가지 다른 벤 다이어그램으로 표현할 수 있다.

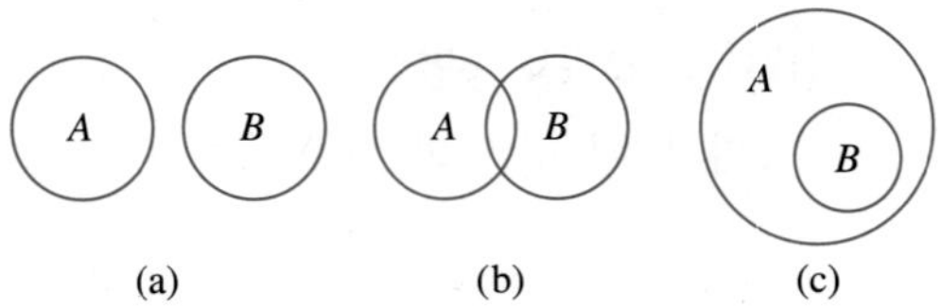

그림 6.1.2 $A \not\subseteq B$

만약에 벤 다이어그램들의 어떤 소구역들이 어떤 점들도 포함하지 않는다는 가능성을 고려한다면, 그림 6.1.1에서 A의 바깥 부분에 놓여 있는 B의 부분이 어떤 점도 포함하지 않는다는 것을 상상함으로써, 다이어그램 (b)는 다이어그램 (a)의 특별한 경우로 볼 수 있다. 마찬가지로 그림 6.1.2의 다이어그램 (a)와 (c)도 다이어그램 (b)의 특별한 경우로 볼 수 있다. (b)로부터 (a)를 얻기 위해서는 A와 B 사이의 중복되는 구역에 어떤 점들도 포함되지 않는다고 상상하라. (c)를 얻기 위해서는 A의 바깥 부분에 놓여 있는 B의 부분이 어떤 점들도 포함하지 않는다고 상상하라. 그림 6.1.2의 세 다이어그램은 모두 B에는 속하지 않는 A의 원소가 존재함을 명시하고 있다.

예제 6.1.4 **수의 집합들 사이의 관계**

Z, **Q**, 그리고 **R**은 각각 정수들의 집합, 유리수들의 집합, 그리고 실수들의 집합을 표현하기 때문에, **Z**는 **Q**의 부분집합이고(모든 정수는 유리수이기 때문이다), **Q**는 **R**의 부분집합이고(모든 유리수는 실수이기 때문이다), **Z**는 **Q**의 진부분집합이고(정수가 아닌 유리수가 존재하기 때문이다. 예로서 $\frac{1}{2}$), **Q**는 **R**의 진부분집합이다(유리수가 아닌 실수가 존재하기 때문이다. 예로서 $\sqrt{2}$). 이것을 그림 6.1.3에 벤다이어그램으로 나타내었다. ■

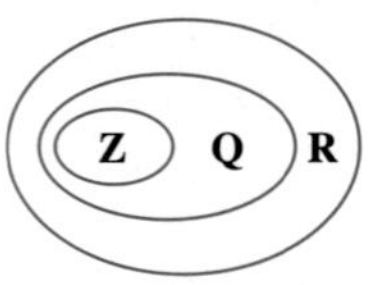

그림 6.1.3

집합의 연산

대부분의 수학적 논의는 어떤 문맥에서 수행된다. 예를 들면 어떤 문맥에서는 실수의 집합을 고려하고 있다고 가정하고 있을 수도 있다. 그 문맥에서 실수들의 집합은 **전체집합**(universal set) 또는 **논의되는 전체**(universe of discourse)라고 불린다.

• 정의

집합 A와 B를 전체집합 U의 부분집합이라 하자.

1. A와 B의 **합집합**(union, $\boldsymbol{A\cup B}$라 표기한다)은 x가 A에 속하거나 x가 B에 속하는 U에 속한 모든 원소 x의 집합이다.
2. A와 B의 **교집합**(intersection, $\boldsymbol{A\cap B}$라 표기한다)은 x가 A에 속하고 B에도 속하는 U에 속한 모든 원소 x의 집합이다.
3. A와 B의 **차집합**[difference, 또는 B에서 A의 **상대적 여집합**(relative complement), $\boldsymbol{B-A}$라 표기한다]은 B에는 속하지만, A에 속하지 않는 U에 속한 모든 원소 x의 집합이다.
4. A의 **여집합**(complement, $\boldsymbol{A^c}$라 표기한다)은 A에 속하지 않는 U에 속한 모든 원소 x의 집합이다.

기호로 나타내면 다음과 같다.

$$A\cup B=\{x\in U \mid x\in A \text{ 또는 } x\in B\}$$
$$A\cap \mathrm{B}=\{x\in U \mid x\in A \text{ 그리고 } x\in B\}$$
$$B-A=\{x\in U \mid x\in B \text{ 그리고 } x\notin A\}$$
$$A^c=\{x\in U \mid x\notin A\}$$

Stock Montage

Giuseppe Peano (1858–1932)

기호 ∈, ∪, 그리고 ∩는 1889년에 이탈리아 수학자 Giuseppe Peano에 의해 소개되었다. 합집합, 교집합, 차집합 및 여집합에 대한 벤 다이어그램 표현은 그림 6.1.4와 같다.

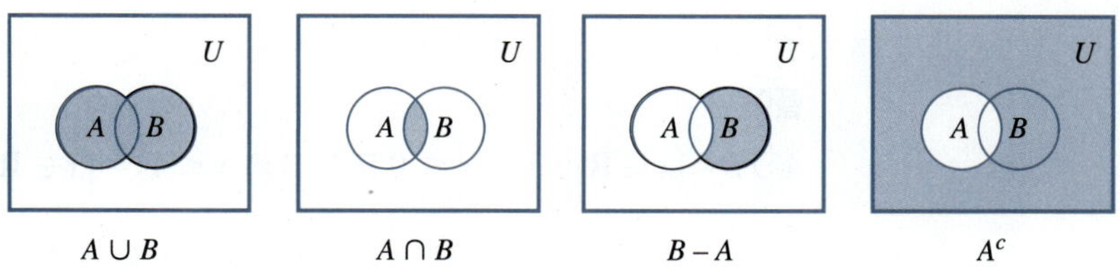

그림 6.1.4

예제 6.1.5　합집합, 교집합, 차집합, 그리고 여집합

전체집합 $U=\{a, b, c, d, e, f, g\}$라 하자. 그리고 $A=\{a, c, e, g\}$, $B=\{d, e, f, g\}$라 두자. $A\cup B$, $A\cap B$, $B-A$, 그리고 A^c을 구하라.

풀이

$$A\cup B=\{a, c, d, e, f, g\} \qquad A\cap B=\{e, g\}$$
$$B-A=\{d, f\} \qquad A^c=\{b, d, f\}$$

■

실수의 구간(interval) 집합을 표시하는 편리한 표기법이 있다.

• 표기법

$a \le b$인 실수 a와 b가 주어졌을 때

$$(a, b) = \{x \in \mathbf{R} \mid a < x < b\} \qquad [a, b] = \{x \in \mathbf{R} \mid a \le x \le b\}$$
$$(a, b] = \{x \in \mathbf{R} \mid a < x \le b\} \qquad [a, b) = \{x \in \mathbf{R} \mid a \le x < b\}$$

기호 ∞와 $-\infty$는 오른쪽과 왼쪽으로 한이 없는(unbounded) 구간임을 나타낸다.

$$(a, \infty) = \{x \in \mathbf{R} \mid x > a\} \qquad [a, \infty) = \{x \in \mathbf{R} \mid x \ge a\}$$
$$(-\infty, b) = \{x \in \mathbf{R} \mid x < b\} \qquad (-\infty, b] = \{x \in \mathbf{R} \mid x \le b\}$$

주의! 기호 ∞는 숫자가 아니다. 이것은 구간이 확정되지 않고 한이 없음을 나타낸다.

구간 (a, b)를 표현하는 표기법은 순서쌍 (a, b) 표기와 같다. 그러나 사용되는 문맥이 다르므로 혼동되지는 않을 것이다.

예제 6.1.6 **구간을 이용한 예**

모든 실수의 집합 $\mathbf{R}$을 전체집합이라 하자. 그리고 $A=\{x \in \mathbf{R} \mid -1 < x \le 0\}$, $B=\{x \in \mathbf{R} \mid 0 \le x < 1\}$라 두자. 이 집합들은 아래의 수직선 상에 나타나 있다.

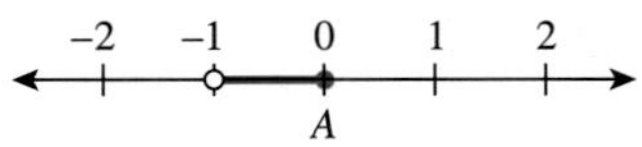

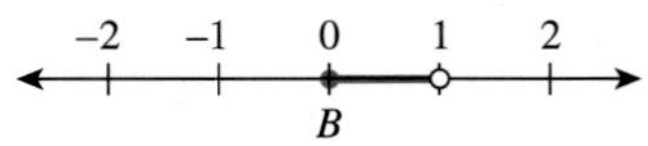

$A \cup B$, $A \cap B$, $B-A$, 그리고 A^c을 구하라.

풀이

$A \cup B=\{x \in \mathbf{R} \mid -1 < x \le 0 \text{ 또는 } 0 \le x < 1\}=\{x \in \mathbf{R} \mid -1 < x < 1\}$

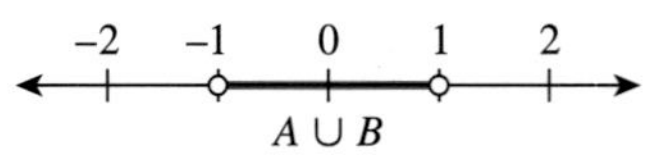

$A \cap B=\{x \in \mathbf{R} \mid -1 < x \le 0 \text{ 그리고 } 0 \le x < 1\}=\{0\}$

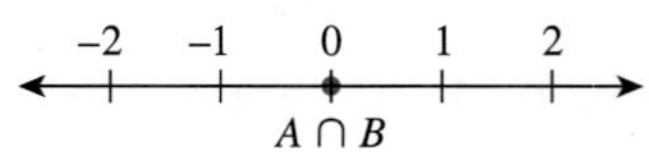

$B-A=\{x \in R \mid x \in [0, 1) \text{ 및 } x \notin (-1, 0]\}=\{x \in \mathbf{R} \mid 0 < x < 1\}=(0, 1)$

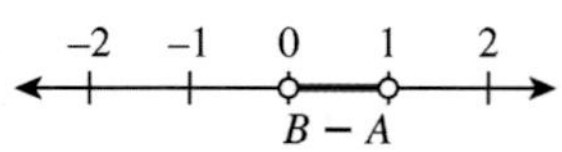

$A^c = \{x \in \mathbf{R} \mid -1 < x \leq 0$인 경우는 아니다$\}$

$= \{x \in \mathbf{R} \mid (-1 < x$ 그리고 $x \leq 0)$인 경우는 아니다$\}$ 이중 부등식의 정의에 의해

$= \{x \in \mathbf{R} \mid x \leq -1$ 또는 $x > 0\}$ 드모르간 법칙에 의해

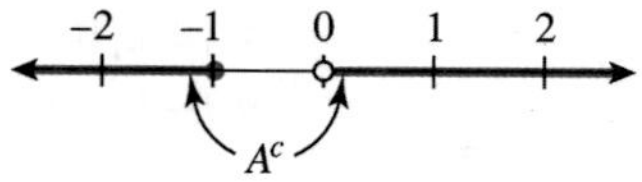

■

두 집합보다 많은 집합들에 대한 합집합과 교집합에 대한 정의는 두 집합에 대한 정의와 유사하다.

• 정의

첨자 딸린 집합의 모음(indexed collection of sets)에 대한 합집합과 교집합

$A_0, A_1, A_2, \ldots$이 전체집합 U의 부분집합이고 음이 아닌 정수 n에 대해

$$\bigcup_{i=0}^{n} A_i = \{x \in U \mid x \in A_i \text{ for at least one } i = 0, 1, 2, \ldots, n\}$$

$$\bigcup_{i=0}^{\infty} A_i = \{x \in U \mid x \in A_i \text{ 적어도 하나의 음이 아닌 정수 } i\text{에 대해}\}$$

$$\bigcap_{i=0}^{n} A_i = \{x \in U \mid x \in A_i \text{ for all } i = 0, 1, 2, \ldots, n\}$$

$$\bigcap_{i=0}^{\infty} A_i = \{x \in U \mid x \in A_i \text{ 모든 음이 아닌 정수 } i\text{에 대해}\}$$

주의! $\bigcup_{i=0}^{n} A_i$는 'i가 0부터 n까지 A_i의 합집합(the union of A-sub-i from i equals zero to n)' 이라고 읽는다.

$\bigcup_{i=0}^{n} A_i$ 의 또 다른 표기법은 $A_0 \cup A_1 \cup \ldots \cup A_n$ 이고, $\bigcap_{i=0}^{n} A_i$ 는 $A_0 \cap A_1 \cap \ldots \cap A_n$ 으로도 쓴다.

예제 6.1.7 두 집합보다 많은 집합의 합집합과 교집합 구하기

양의 정수 i에 대해, $A_i = \left\{x \in \mathbf{R} \mid -\frac{1}{i} < x < \frac{1}{i}\right\} = \left(-\frac{1}{i}, \frac{1}{i}\right)$ 라 하자.

a. $A_1 \cup A_2 \cup A_3$와 $A_1 \cap A_2 \cap A_3$을 구하라.

b. $\bigcup_{i=1}^{\infty} A_i$ 와 $\bigcap_{i=1}^{\infty} A_i$ 를 구하라.

풀이

a. $A_1 \cup A_2 \cup A_3 = \{x \in \mathbf{R} \mid x \text{ is in at least one of the intervals } (-1, 1), \text{ or } \left(-\frac{1}{2}, \frac{1}{2}\right), \text{ or } \left(-\frac{1}{3}, \frac{1}{3}\right)\}$

$= \{x \in \mathbf{R} \mid -1 < x < 1\}$ — $\left(-\frac{1}{2}, \frac{1}{2}\right)$과 $\left(-\frac{1}{3}, \frac{1}{3}\right)$에 속한 모든 원소가 $(-1, 1)$에 속하기 때문

$= (-1,\ 1)$

$A_1 \cap A_2 \cap A_3 = \{x \in \mathbf{R} \mid x \text{ is in all of the intervals } (-1,\ 1), \text{ and } \left(-\frac{1}{2}, \frac{1}{2}\right), \text{ and } \left(-\frac{1}{3}, \frac{1}{3}\right)\}$

$= \left\{x \in \mathbf{R} \mid -\frac{1}{3} < x < \frac{1}{3}\right\}$ — $\left(-\frac{1}{3}, \frac{1}{3}\right) \subseteq \left(-\frac{1}{2}, \frac{1}{2}\right) \subseteq (-1, 1)$이기 때문

$= \left(-\frac{1}{3}, \frac{1}{3}\right)$

b. $\bigcup_{i=1}^{\infty} A_i = \{x \in \mathbf{R} \mid x \text{ is in at least one of the intervals } \left(-\frac{1}{i}, \frac{1}{i}\right), \text{ where } i \text{ is a positive integer}\}$

$= \{x \in \mathbf{R} \mid -1 < x < 1\}$ — 모든 구간 $\left(-\frac{1}{i}, \frac{1}{i}\right)$에 속한 모든 원소가 $(-1, 1)$에 속하기 때문

$= (-1,\ 1)$

$\bigcap_{i=1}^{\infty} A_i = \{x \in \mathbf{R} \mid x \text{ is in all of the intervals } \left(-\frac{1}{i}, \frac{1}{i}\right), \text{ where } i \text{ is a positive integer}\}$

$= \{0\}$ — 모든 구간에 속한 유일한 원소가 0이기 때문

■

공집합

우리는 집합이 그것을 구성하는 원소들로 정의된다는 것을 서술해 왔다. 그렇다면 아무 원소도 가지지 않는 집합이 있는가? 그러한 집합을 허용하는 것이 편리하다는 것이 판명되었다. 그렇지 않다면, 두 집합의 교집합을 취하거나 하나의 성질을 명기함으로써 하나의 집합을 정의할 때마다 우리들은 그 결과가 원소들을 가지고 '집합성(sethood)'을 만족시킨다는 것을 검사해야만 한다. 예를 들어, 만약 $A = \{1, 3\}$이고 $B = \{2, 4\}$이면, $A \cap B$는 원소를 가지지 않는다. 어떤 실수의 제곱도 음수가 아니기 때문에, $\{x \in \mathbf{R} | x^2 = -1\}$ 또한 원소를 가지지 않는다.

원소를 가지지 않는 집합에 대해 얘기하는 것이 다소 당황스럽지만, 보통의 집합에 맞도록 공식화된 정의들이 원래 예기치 않던 몇몇 극단적인 경우에도 충족되는 때가 종종 있다. 그런 특별한 경우들을 위해 따로 정의를 두는 것은 통합된 정의보다 간결성과 정확성을 크게 훼손할 수도 있다.

6.2절에서 원소가 없는 집합은 유일하다는 것을 보일 것이다. 그것은 유일하기 때문에 특별한 이름을 부여할 수 있다. 우리는 그것을 **공집합**(empty set)이라 부르고, 기호로 $\emptyset$라 표기한다. 따라서 $\{1, 3\} \cap \{2, 4\} = \emptyset$이고 $\{x \in \mathbf{R} | x^2 = -1\} = \emptyset$이다.

예제 6.1.8 원소가 하나도 없는 집합

집합 $D=\{x \in \mathbf{R} | 3 < x < 2\}$를 묘사하라.

풀이

$a < x < b$는 $a < x$ 그리고 $x < b$를 의미한다는 것을 상기하자. 그래서 D는 3보다 크고 2보다 작은 모든 실수로 이루어진다. 그러한 수는 없기 때문에, D는 원소를 가지지 않고, 그래서 $D=\emptyset$이다. ■

집합의 분할

집합론의 많은 응용에서, 집합들을 중복되지 않는(또는 서로소인) 부분으로 나눈다. 그러한 나눔을 분할(partition)이라 부른다.

> **• 정의**
>
> '두 집합은 **서로소**(disjoint)이다'와 동치는 '그들이 공통 원소를 가지지 않는다'는 것이다.
>
> 기호로 나타내면 다음과 같다.
>
> $$A \text{와 } B\text{가 서로소이다} \Leftrightarrow A \cap B=\emptyset$$

예제 6.1.9 서로소인 집합

$A=\{1, 3, 5\}$, $B=\{2, 4, 6\}$라 두자. A와 B는 서로소인가?

풀이

예. A와 B는 공통 원소를 가지지 않는다. 또는 다시 말하면, $\{1, 3, 5\} \cap \{2, 4, 6\}=\emptyset$이다. ■

> **• 정의**
>
> 집합 $A_1, A_2, .., A_n$은 **상호 서로소**(mutually disjoint)이다라는 것과 동치는 다른 첨자를 가진 임의의 두 집합 A_i와 A_j가 공통 원소를 가지지 않는 것이다. 더 정확히 $i, j=1, 2, ..., n$에 대하여
>
> $$i \neq j\text{일 때마다 } A_i \cap A_j=\emptyset\text{이다.}$$

예제 6.1.10 상호 서로소인 집합

a. $A_1=\{3, 5\}$, $A_2=\{1, 4, 6\}$, $A_3=\{2\}$라 두자. A_1, A_2, A_3는 상호 서로소인 집합인가?

b. $B_1=\{2, 4, 6\}$, $B_2=\{3, 7\}$, $B_3=\{4, 5\}$라 두자. B_1, B_2, B_3는 상호 서로소인 집합인가?

풀이

a. 예. A_1과 A_2는 공통 원소를 가지지 않고, A_1과 A_3는 공통 원소를 가지지 않고, A_2와 A_3도 공통 원소를 가지지 않는다.

b. 아니요. B_1과 B_3 모두 4를 포함하고 있다. ■

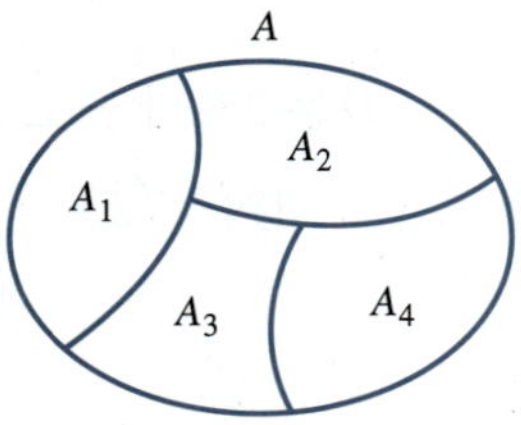

그림 6.1.5 집합의 분할

A_1, A_2, A_3, A_4를 그림 6.1.5에 나타낸 것처럼 구역에 의해 표현되는 점들의 집합이라 가정하자. 그러면 A_1, A_2, A_3, A_4는 A의 부분집합이고, $A = A_1 \cup A_2 \cup A_3 \cup A_4$이다. 경계선들은 이 집합들이 상호 서로소인 방법으로 A_1, A_2, A_3, 그리고 A_4를 표현하는 구역들에 할당되었다고 가정하자. 그러면 A는 상호 서로소인 부분집합들의 합집합이고, 집합들의 모음 $\{A_1, A_2, A_3, A_4\}$는 A의 분할이라 불린다.

• 정의

공집합이 아닌 집합들의 모음 $\{A_1, A_2, A_3, .., A_n\}$은 A의 **분할**이다라는 것과 동치는

1. $A = A_1 \cup A_2 \cup \cdots \cup A_n$
2. $A_1, A_2, ..., A_n$은 상호 서로소이다.

예제 6.1.11 **집합의 분할**

a. $A = \{1, 2, 3, 4, 5, 6\}, A_1 = \{1, 2\}, A_2 = \{3, 4\}, A_3 = \{5, 6\}$이라 하자. $\{A_1, A_2, A_3\}$은 A의 분할인가?

b. $\mathbf{Z}$를 모든 정수의 집합이라 두고

$$T_0 = \{n \in \mathbf{Z} \mid n = 3k, k\text{는 정수}\}$$
$$T_1 = \{n \in \mathbf{Z} \mid n = 3k+1, k\text{는 정수}\}$$
$$T_2 = \{n \in \mathbf{Z} \mid n = 3k+2, k\text{는 정수}\}$$

라 두자. $\{T_0, T_1, T_2\}$는 $\mathbf{Z}$의 분할인가?

풀이

a. 예. $A = A_1 \cup A_2 \cup A_3$이고, 집합 A_1, A_2, A_3는 상호 서로소이다.

b. 예. 나머지 정리에 의해, 모든 정수 n은 세 가지 형태 중 하나로 정확히 표현된다.

$$n = 3k \text{ 또는 } n = 3k+1 \text{ 또는 } n = 3k+2 (k\text{는 어떤 정수})$$

이것은 어떤 정수도 T_0, T_1, 또는 T_2 중의 임의의 두 집합에 속할 수 없음을 의미한다. 그래서 T_0, T_1, 그리고 T_2는 상호 서로소이다. 이것은 또한 모든 정수는 T_0, T_1, 또는 T_2 중의 하나에 속한다는 것을 의미한다. 그래서 $\mathbf{Z} = T_0 \cup T_1 \cup T_2$이다. ■

멱집합

특정한 집합의 모든 부분집합들의 집합을 고려하는 것은 다양한 상황에서 유용하다. **멱집합 공리**(power set axiom)가 이것이 집합임을 보장한다.

> • 정의
>
> 주어진 집합 A에 대하여, A의 **멱집합**[power set, $\mathscr{P}(A)$라 쓴다]은 A의 모든 부분집합들의 집합이다.

예제 6.1.12 집합의 멱집합

집합 $\{x, y\}$의 멱집합을 구하라. 즉, $\mathscr{P}(\{x, y\})$를 찾아라.

풀이

$\mathscr{P}(\{x, y\})$는 $\{x, y\}$의 모든 부분집합들의 집합이다. $\emptyset$은 모든 집합의 부분집합이기 때문에, $\emptyset \in \mathscr{P}(\{x, y\})$이다. 또한 임의의 집합은 그 자신의 부분집합이다. 따라서 $\{x, y\} \in \mathscr{P}(\{x, y\})$이다. $\{x, y\}$의 또 다른 유일한 부분집합은 $\{x\}$와 $\{y\}$이다. 그래서

$$\mathscr{P}(\{x, y\}) = \{\emptyset, \{x\}, \{y\}, \{x, y\}\}$$ ■

데카르트 곱

집합의 정의는 그것의 원소들이 나열되는 순서에 영향을 받지 않거나 원소들이 두 번 이상 나열될 수 있다는 사실을 상기하자. 따라서 $\{a, b\}$, $\{b, a\}$, 그리고 $\{a, a, b\}$는 모두 같은 집합을 표현한다. n-순서짝은 1.2절의 순서쌍을 일반화한 것이다. n-순서짝에 대한 표기법에서는 순서와 중복성이 중요하다.

> • 정의
>
> n을 양의 정수라 두고 $x_1, x_2, \ldots, x_n$을 (다를 필요는 없는) 원소들이라 하자. ***n*-순서짝**(ordered n-tuple) $(\boldsymbol{x_1, x_2, \ldots, x_n})$은 순서를 가지며 $x_1, x_2, \ldots, x_n$으로 이루어져 있다. 그 순서는 처음이 x_1, 그 다음은 $x_2, \ldots, x_n$까지 나아간다. 2-순서짝은 **순서쌍**(ordered pair)으로 불리고, 3-순서짝은 **3-순서짝**(ordered triple)으로 불린다.
>
> 두 개의 n-순서짝 $(x_1, x_2, \ldots, x_n)$과 $(y_1, y_2, \ldots, y_n)$가 **같다**는 것과 동치는 $x_1 = y_1, x_2 = y_2, \ldots, x_n = y_n$ 인 것이다
>
> 기호로 나타내면
>
> $$(x_1, x_2, \ldots, x_n) = (y_1, y_2, \ldots, y_n) \quad \Leftrightarrow \quad x_1 = y_1, x_2 = y_2, \ldots, x_n = y_n$$
>
> 특히
>
> $$(a, b) = (c, d) \quad \Leftrightarrow \quad a = c \text{ and } b = d$$

예제 6.1.13 **n-순서짝**

a. (1, 2, 3, 4)=(1, 2, 4, 3)인가?

b. $\left(3, (-2)^2, \frac{1}{2}\right) = \left(\sqrt{9}, 4, \frac{3}{6}\right)$인가?

풀이

a. 아니요. 4-순서짝의 상등의 정의에 의해

$$(1,\ 2,\ 3,\ 4) = (1,\ 2,\ 4,\ 3) \Leftrightarrow 1 = 1,\ 2 = 2,\ 3 = 4,\ \text{and } 4 = 3$$

이어야 한다. 그러나 $3 \neq 4$, 그래서 이 4-순서짝들은 같지 않다.

b. 예. 3-순서짝의 상등의 정의에 의해

$$\left(3, (-2)^2, \tfrac{1}{2}\right) = \left(\sqrt{9}, 4, \tfrac{3}{6}\right) \quad \Leftrightarrow \quad 3 = \sqrt{9} \text{ and } (-2)^2 = 4 \text{ and } \tfrac{1}{2} = \tfrac{3}{6}$$

이 등식들이 모두 참이기 때문에, 두 개의 3-순서짝은 같다. ■

• 정의

주어진 두 집합 A와 B에 대하여, A와 B의 **데카르트 곱**(Cartesian product, $\boldsymbol{A \times B}$ 라고 표기한다)은 a는 A에 속하고 b는 B에 속하는 모든 순서쌍들 (a, b)의 집합이다.

주어진 집합들 $A_1, A_2, ..., A_n$에 대하여, $A_1, A_2. ..., A_n$의 **데카르트 곱**($\boldsymbol{A_1 \times A_2 \times \cdots \times A_n}$ 라고 표기한다)은 $a_1 \in A_1, a_2 \in A_2, ..., a_n \in A_n$인 모든 n-순서짝들 $(a_1, a_2, ..., a_n)$의 집합이다.

기호로 나타내면 다음과 같다.

$$A \times B = \{(a, b) \mid a \in A \text{ and } b \in B\}$$

$$A_1 \times A_2 \times \cdots \times A_n = \{(a_1, a_2, \ldots, a_n) \mid a_1 \in A_1, a_2 \in A_2, \ldots, a_n \in A_n\}$$

예제 6.1.14 **데카르트 곱**

$A=\{x, y\}$, $B=\{1, 2, 3\}$, $C=\{a, b\}$라 하자.

a. $A \times B$를 구하라.　　b. $(A \times B) \times C$를 구하라.　　c. $A \times B \times C$를 구하라.

풀이

a. $A \times B = \{(x, 1), (x, 2), (x, 3), (y, 1), (y, 2), (y, 3)\}$

b. A와 B의 데카르트 곱은 하나의 집합이다. 그래서 그것이 또 다른 데카르트 곱으로 만드는 집합들 중의 하나로 사용될 수 있다. 이것은 $(A \times B) \times C$에 대한 경우이다.

$$(A \times B) \times C = \{(u, v) \mid u \in A \times B \text{ and } v \in C\} \quad \text{데카르트 곱의 정의에 의해}$$
$$= \{((x, 1), a), ((x, 2), a), ((x, 3), a), ((y, 1), a), ((y, 2), a), ((y, 3), a), ((x, 1), b), ((x, 2), b), ((x, 3), b), ((y, 1), b), ((y, 2), b), ((y, 3), b)\}$$

c. 데카르트 곱 $A \times B \times C$는 $(A \times B) \times C$와 외관상 비슷하게 보이지만, 같지 않다. $(A \times B) \times C$는 순서쌍들의 집합으로 그것의 한 원소 자체가 순서쌍이다. 반면에 $A \times B \times C$는 3-순서짝들의 집합이다. 데카르트 곱의 정의에 의해

$$A \times B \times C = \{(u, v, w) \mid u \in A, v \in B, \text{ and } w \in C\}$$
$$= \{(x, 1, a), (x, 2, a), (x, 3, a), (y, 1, a), (y, 2, a), (y, 3, a), (x, 1, b), (x, 2, b), (x, 3, b), (y, 1, b), (y, 2, b), (y, 3, b)\}$$

■

한 집합이 또 다른 집합의 부분집합인지를 점검하는 알고리즘(선택적)

여러분은 하나의 유한 집합이 다른 집합의 부분집합이 되는지를 검사하는 알고리즘을 고려함으로써 부분집합의 개념에 대한 추가적인 통찰력을 가질지도 모른다. 두 집합의 원소들을 순서화하고 첫 번째 집합의 각 원소와 두 번째 집합의 각 원소를 연속적으로 비교하라. 만약 첫 번째 집합의 어떤 원소가 두 번째 집합의 어떤 원소와도 같지 않다는 것을 알게 된다면, 첫 번째 집합은 두 번째 집합의 부분집합이 될 수 없다. 그러나 첫 번째 집합의 각 원소가 두 번째 집합의 어떤 원소와 같다는 것을 알게 된다면, 첫 번째 집합은 두 번째 집합의 부분집합이 된다. 다음 알고리즘은 이런 생각을 공식화한다.

알고리즘 6.1.1 $A \subseteq B$인지를 테스트

[입력 집합 A와 B를 각각의 1차원 배열 $a[1], a[2], ..., a[m]$와 $b[1], b[2], ..., b[n]$으로 나타낸다. $a[1]$로 시작해서 연속된 각 A에 있는 $a[i]$에 대해, $a[i]$가 집합 B에 속하는지를 확인한다. 이것을 하기 위하여, $a[i]$를 B의 원소와 연속적으로 비교하여야 한다. 만약 $a[i]$가 B의 어떤 원소와도 같지 않다면, "$A \not\subseteq B$"라고 말할 수 있다. 만약 $a[i]$가 B의 어떤 원소와 같다면, A의 연속된 다음 원소가 B에 속하는지 검사하여야 한다. 만약 A의 연속된 모든 원소가 B에 속하는 것으로 알게 되면, 답은 초기값 "$A \subseteq B$"로부터 결코 변하지 않는다.]

입력: m[하나의 양의 정수], $a[1], a[2], ..., a[m]$ [1차원 배열은 집합 A를 표현], n[하나의 양의 정수], $b[1], b[2], ..., b[n]$[1차원 배열은 집합 B를 표현]

알고리즘 몸체:

$i := 1$, $answer :=$ "$A \subseteq B$"

while ($i \leq m$ and $answer =$ "$A \subseteq B$")

  $j := 1$, $found :=$ "no"

    while ($j \leq n$ and $found =$ "no")

      if $a[i] = b[j]$ **then** $found :=$ "yes"

      $j := j + 1$

    end while

  [이 시점까지 실행되었을 때, 만약 *found*가 값 "yes"로 주어지지 않는다면, $a[i] \notin B$임을 알 수 있다.]

  if $found =$ "no" **then** $answer :=$ "$A \not\subseteq B$"

  $i := i+1$

end while

출력: *answer*[문자열]

예제 6.1.15 **추적 알고리즘 6.1.1**

$m=3$, $n=4$에 대한 변수 i, j, *found*, *answer*, 그리고 배열 $a[1]=u$, $a[2]=v$, $a[3]=w$, $b[1]=w$, $b[2]=x$, $b[3]=y$, 그리고 $b[4]=u$로 표현되는 집합 A와 B 상의 알고리즘 6.1.1의 행동을 추적하라.

풀이

i	1					2					3
j	1	2	3	4	5	1	2	3	4	5	
found	no			yes		no					
answer	$A \subseteq B$									$A \not\subseteq B$	

■

이 절의 끝에 있는 연습문제에서는 하나의 주어진 원소가 어떤 주어진 집합에 속하는지를 검사하는 알고리즘을 쓰라고 요구한다. 이것을 하기 위하여, 여러분은 집합을 하나의 1차원 배열로 표현할 수 있고 그 두 원소가 일치하는지를 결정하기 위하여 그 주어진 원소와 그 배열의 연속적인 원소들을 비교할 수 있어야 한다. 만약 그들이 같다면, 그 원소는 그 집합에 속한다. 만약 주어진 원소가 그 배열의 어떤 원소와도 같지 않다면, 그 원소는 그 집합에 속하지 않는다.

자 | 기 | 진 | 단

1. 표기 $A \subseteq B$은 "____"로 읽히고, _____를 뜻한다.
2. 집합 X가 집합 Y의 부분집합임을 증명하기 위한 원소 논증법을 사용하기 위해서는 _____을 가정하고, _____을 보여 줘야 한다.
3. 집합 X가 집합 Y의 부분집합이 아님을 증명하기 위해서는 _____가 있음을 보여야 한다.
4. 원소 x가 $A \cup B$에 속한다는 것은 if, and only if, _____라는 것이다.
5. 원소 x가 $A \cap B$에 속한다는 것은 if, and only if, _____라는 것이다.
6. 원소 x가 $B-A$에 속한다는 것은 if, and only if, _____라는 것이다.
7. 원소 x가 A^c에 속한다는 것은 if, and only if, _____라는 것이다.
8. 공집합은 _____인 집합이다.
9. 집합 A의 멱집합은 _____이다.
10. 집합 A와 B가 서로소라는 것은 if, and only if, _____라는 것이다.
11. 공집합이 아닌 집합 $A_1, A_2, A_3, \ldots$이 집합 A의 분할이라는 것은 if, and only if, _____라는 것이다.
12. $A_1, A_2, \ldots, A_n$ 집합이 주어졌을 때, 데카르트 곱 $A_1 \times A_2 \times \cdots \times A_n$는 _________이다.

연 / 습 / 문 / 제 6.1

1. (a)~(f) 각각에 대해, 다음의 질문에 답하라: $A \subseteq B$인가? $B \subseteq A$인가? A 혹은 B 어느 한 쪽이 진부분집합인가?

   a. $A = \{2, \{2\}, (\sqrt{2})^2\}$, $B = \{2, \{2\}, \{\{2\}\}\}$
   b. $A = \{3, \sqrt{5^2 - 4^2}, 24 \bmod 7\}$, $B = \{8 \bmod 5\}$
   c. $A = \{\{1, 2\}, \{2, 3\}\}$, $B = \{1, 2, 3\}$
   d. $A = \{a, b, c\}$, $B = \{\{a\}, \{b\}, \{c\}\}$
   e. $A = \{\sqrt{16}, \{4\}\}$, $B = \{4\}$
   f. $A = \{x \in \mathbf{R} \mid \cos x \in \mathbf{Z}\}$, $B = \{x \in \mathbf{R} \mid \sin x \in \mathbf{Z}\}$

2. 예제 6.1.3의 증명을 완성하라: 다음의 집합에 대해 $B \subseteq A$임을 증명하라.

   $A = \{m \in \mathbf{Z} \mid m = 2a,\ a$는 정수$\}$
   $B = \{n \in \mathbf{Z} \mid n = 2b - 2,\ b$는 정수$\}$

3. R, S, 그리고 T를 아래와 같이 정의하자.

   $R = \{x \in \mathbf{Z} \mid x$는 2로 나누어진다$\}$
   $S = \{y \in \mathbf{Z} \mid y$는 3으로 나누어진다$\}$
   $T = \{z \in \mathbf{Z} \mid z$는 6으로 나누어진다$\}$

   a. $R \subseteq T$인가? 설명하라.
   b. $T \subseteq R$인가? 설명하라.
   c. $T \subseteq S$인가? 설명하라.
   d. $R \cap S$을 찾고, 설명하라.

4. $C = \{n \in \mathbf{Z} \mid n = 6r - 5,\ r$은 어떤 정수$\}$, $D = \{m \in \mathbf{Z} \mid m = 3s + 1,\ s$는 어떤 정수$\}$라 두자.
   a. $C \subseteq D$인가?
   b. $D \subseteq C$인가?

5. $A = \{x \in \mathbf{Z} \mid x = 5a + 2,\ a$는 어떤 정수$\}$,
   $B = \{y \in \mathbf{Z} \mid y = 10b - 3,\ b$는 어떤 정수$\}$ 및
   $C = \{z \in \mathbf{Z} \mid z = 10c + 7,\ c$는 어떤 정수$\}$이라 하자.

   다음의 각 명제를 증명 혹은 반증하라.
   a. $A \subseteq B$ **b.** $B \subseteq A$ **c.** $B = C$

6. 다음의 각각을 읽는 방법을 말로 쓰라. 각 집합을 단축형 표기법으로 기술하라.
   a. $\{x \in U \mid x \in A$ 그리고 $x \in B\}$
   b. $\{x \in U \mid x \in A$ 또는 $x \in B\}$
   c. $\{x \in U \mid x \in A$ 그리고 $x \notin B\}$

d. $\{x \in U \mid x \notin A\}$

7. 기호 ∪, ∩, 또는 − 를 사용하지 않고 다음의 문장을 완성하라.
   a. $x \notin A \cup B$ if, and only if, ______.
   b. $x \notin A \cap B$ if, and only if, ______.
   c. $x \notin A - B$ if, and only if, ______.

8. $A=\{1, 3, 5, 7, 9\}$, $B=\{3, 6, 9\}$, 그리고 $C=\{2, 4, 6, 8\}$라 하자. 다음 각각을 구하라.
   a. $A \cup B$ b. $A \cap B$ c. $A \cup C$ d. $A \cap C$
   e. $A - B$ f. $B - A$ g. $B \cup C$ h. $B \cap C$

9. 전체집합을 모든 실수들의 집합 **R**이라 하고 $A=\{x \in \mathbf{R} \mid 0 < x \leq 2\}$, $B=\{x \in \mathbf{R} \mid 1 \leq x < 4\}$, 그리고 $C=\{x \in \mathbf{R} \mid 3 \leq x < 9\}$라 하자. 다음 각각을 구하라.
   a. $A \cup B$ b. $A \cap B$ c. A^c d. $A \cup C$
   e. $A \cap C$ f. B^c g. $A^c \cap B^c$
   h. $A^c \cup B^c$ i. $(A \cap B)^c$ j. $(A \cup B)^c$

10. 다음 관계들 중에서 어느 것이 참이고 어느 것이 거짓인지를 지적하라.
   a. $\mathbf{Z}^+ \subseteq \mathbf{Q}$ b. $\mathbf{R}^- \subseteq \mathbf{Q}$
   c. $\mathbf{Q} \subseteq \mathbf{Z}$ d. $\mathbf{Z}^- \cup \mathbf{Z}^+ = \mathbf{Z}$
   e. $\mathbf{Z}^- \cap \mathbf{Z}^+ = \emptyset$ f. $\mathbf{Q} \cap \mathbf{R} = \mathbf{Q}$
   g. $\mathbf{Q} \cup \mathbf{Z} = \mathbf{Q}$ h. $\mathbf{Z}^+ \cap \mathbf{R} = \mathbf{Z}^+$
   i. $\mathbf{Z} \cup \mathbf{Q} = \mathbf{Z}$

11. 다음 각각에서 주어진 조건들을 만족시키는 집합 A, B, C에 대한 벤 다이어그램을 그려라.
   a. $A \subseteq B$; $C \subseteq B$; $A \cap C = \emptyset$
   b. $C \subseteq A$; $A \cap C = \emptyset$

12. 주어진 조건들을 만족시키는 집합 A, B, C에 대한 벤 다이어그램을 그려라.
   a. $A \cap B = \emptyset$, $A \subseteq C$, $C \cap B \neq \emptyset$
   b. $A \subseteq B$, $C \subseteq B$, $A \cap C \neq \emptyset$
   c. $A \cap B = \emptyset$, $B \cap C \neq \emptyset$, $A \cap C = \emptyset$, $A \not\subseteq B$, $C \not\subseteq B$

13. $A=\{a, b, c\}$, $B=\{b, c, d\}$, 그리고 $C=\{b, c, e\}$라 하자.
   a. $A \cup (B \cap C)$, $(A \cup B) \cap C$, 그리고 $(A \cup B) \cap (A \cup C)$를 구하라. 이 집합들 중 어느 것이 같은가?
   b. $A \cap (B \cup C)$, $(A \cap B) \cap C$, 그리고 $(A \cap B) \cup (A \cap C)$를 구하라. 이 집합들 중 어느 것이 같은가?
   c. $(A-B)-C$와 $A-(B-C)$를 구하라. 이 집합들은 같은가?

14. 다음 벤 다이어그램을 고려해 보자. (a)~(f) 각각에 대해, 다이어그램을 복사하고, 주어진 집합에 맞게 구역을 색칠하라.

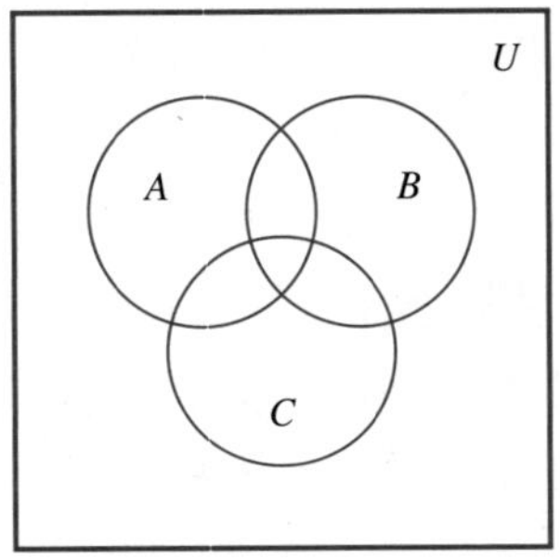

   a. $A \cap B$ b. $B \cup C$ c. A^c
   d. $A-(B \cup C)$ e. $(A \cup B)^c$ f. $A^c \cap B^c$

15. a. 숫자 0이 $\emptyset$에 속하는가? 이유는?
   b. $\emptyset = \{\emptyset\}$인가? 이유는?
   c. $\emptyset \in \{\emptyset\}$인가? 이유는?
   d. $\emptyset \in \emptyset$인가? 이유는?

16. 정수 $i=1, 2, 3, 4$에 대해 $A_i=\{i, i^2\}$이라 하자.
   a. $A_1 \cup A_2 \cup A_3 \cup A_4$를 구하라.
   b. $A_1 \cap A_2 \cap A_3 \cap A_4$를 구하라.
   c. A_1, A_2, A_3 및 A_4는 상호 서로소(mutually disjoint)인가? 설명하라.

17. 음이 아닌 정수 i에 대해 $C_i=\{i, -i\}$라 하자.
   a. $\bigcup_{i=0}^{4} C_i$ 을 구하라. b. $\bigcap_{i=0}^{4} C_i$ 을 구하라.
   c. $C_0, C_1, C_2, \ldots$는 상호 서로소인가? 설명하라.

d. $\bigcup_{i=0}^{n} C_i$ 을 구하라. **e.** $\bigcap_{i=0}^{n} C_i$ 을 구하라.

f. $\bigcup_{i=0}^{\infty} C_i$ 을 구하라. **g.** $\bigcap_{i=0}^{\infty} C_i$ 을 구하라.

18. 음이 아닌 정수 i에 대해 $D_i = \{x \in \mathbf{R} \mid -i \le x \le i\} = [-i, i]$라 하자.

a. $\bigcup_{i=0}^{4} D_i$ 을 구하라. **b.** $\bigcap_{i=0}^{4} D_i$ 을 구하라.

c. $D_0, D_1, D_2, \ldots$는 상호 서로소인가? 설명하라.

d. $\bigcup_{i=0}^{n} D_i$ 을 구하라. **e.** $\bigcap_{i=0}^{n} D_i$ 을 구하라.

f. $\bigcup_{i=0}^{\infty} D_i$ 을 구하라. **g.** $\bigcap_{i=0}^{\infty} D_i$ 을 구하라.

19. 음이 아닌 정수 i에 대해 $W_i = \{x \in \mathbf{R} \mid x > i\} = (i, \infty)$라 하자.

a. $\bigcup_{i=0}^{4} W_i$ 을 구하라. **b.** $\bigcap_{i=0}^{4} W_i$ 을 구하라.

c. $W_0, W_1, W_2, \ldots$ 상호 서로소인가? 설명하라.

d. $\bigcup_{i=0}^{n} W_i$ 을 구하라. **e.** $\bigcap_{i=0}^{n} W_i$ 을 구하라.

f. $\bigcup_{i=0}^{\infty} W_i$ 을 구하라. **g.** $\bigcap_{i=0}^{\infty} W_i$ 을 구하라.

20. **a.** $\{\{a, d, e\}, \{b, c\}, \{d, f\}\}$는 $\{a, b, c, d, e, f\}$의 분할인가?

b. $\{\{w, x, v\}, \{u, y, q\}, \{p, z\}\}$는 $\{p, q, u, v, w, x, y, z\}$의 분할인가?

c. $\{\{5, 4\}, \{7, 2\}, \{1, 3, 4\}, \{6, 8\}\}$은 $\{1, 2, 3, 4, 5, 6, 7, 8, 9\}$의 분할인가?

d. $\{\{3, 7, 8\}, \{2, 9\}, \{1, 4, 5\}\}$는 $\{1, 2, 3, 4, 5, 6, 7, 8\}$의 분할인가?

e. $\{\{1, 5\}, \{4, 7\}, \{2, 8, 6, 3\}\}$은 $\{1, 2, 3, 4, 5, 6, 7, 8\}$의 분할인가?

21. 모든 짝수 정수들의 집합을 E라 하고, 모든 홀수 정수들의 집합을 O라 하자. $\{E, O\}$는 모든 정수들의 집합 $\mathbf{Z}$의 분할인가? 여러분의 답에 대해 설명하라.

22. $A = \{1, 2\}$이고 $B = \{2, 3\}$라 가정하자. 다음 각각을 구하라.

a. $\mathscr{P}(A \cap B)$ **b.** $\mathscr{P}(A)$

c. $\mathscr{P}(A \cup B)$ **d.** $\mathscr{P}(A \times B)$

23. **a.** $A = \{1\}$이고 $B = \{u, v\}$라 가정하자. $\mathscr{P}(A \times B)$를 구하라.

b. $X = \{a, b\}$이고 $Y = \{x, y\}$라 가정하자. $\mathscr{P}(X \times Y)$를 구하라.

24. **a.** $\mathscr{P}(\emptyset)$을 구하라. **b.** $\mathscr{P}(\mathscr{P}(\emptyset))$을 구하라.

c. $\mathscr{P}(\mathscr{P}(\mathscr{P}(\emptyset)))$을 구하라.

25. $A_1 = \{1, 2, 3\}$, $A_2 = \{u, v\}$, 그리고 $A_3 = \{m, n\}$이라 두자. 다음 집합들의 각각의 원소들을 쓰라.

a. $A_1 \times (A_2 \times A_3)$ **b.** $(A_1 \times A_2) \times A_3$

c. $A_1 \times A_2 \times A_3$

26. 집합 $A = \{a, b\}$, $B = \{1, 2\}$ 및 $C = \{2, 3\}$이라 하자. 다음 각 집합을 구하라.

a. $A \times (B \cup C)$ **b.** $(A \times B) \cup (A \times C)$

c. $A \times (B \cap C)$ **d.** $(A \times B) \cap (A \times C)$

31. $m=3$, $n=3$에 대한 변수 $i, j, found, answer$, 그리고 배열 $a[1]=u$, $a[2]=v$, $a[3]=w$, $b[1]=w$, $b[2]=u$, $b[3]=v$로 표현되는 집합 A와 B 상의 알고리즘 6.1.1의 행동을 추적하라.

자 | 기 | 진 | 단 | 해 | 답

1. 집합 A는 집합 B의 부분집이나; 모든 x에 대해, 만약 x가 A의 원소이면 x는 B의 원소이다 (또는: A의 모든 원소는 또한 B의 원소이다) 2. x가 X의 임의의 [특별하지만 임의로 선택된] 원소임; x가 Y의 원소임 3. Y에 속하지 않고 X에 속하는 원소 4. x가 A에 속하거나 x가 B에 속한다(또는: x가 집합 A와 B 중 적어도 하나에 속한다) 5. x가 A에

속하고 x가 B에 속한다(또는: x가 A와 B 모두에 속한다) 6. x가 B에 속하고 x가 A에는 속해 있지 않다 7. x가 전체 집합에는 속해 있지만 A에는 속해 있지 않다 8. 원소가 없는 9. A의 모든 부분 집합들의 집합 10. $A \cap B = \emptyset$(또는: A와 B가 공통으로 원소를 가지지 않는다) 11. A가 모든 집합들 $A_1, A_2, A_3, \ldots$의 합집합이고 $i \neq j$일 때마다 $A_i \cap A_j = \emptyset$이다 12. 모든 순서 n-쌍들$(a_1, a_2, \ldots, a_n)$의 집합(여기서 모든 $i = 1, 2, \ldots, n$에 대해 a_i는 A_i에 속해 있다.)

6.2 집합의 성질

합집합, 교집합, 여집합, 그리고 차집합들이 관련되는 많은 관계들을 나열하는 것이 가능하다. 이들 중 어떤 것은 모든 집합에 대해 참이고, 그 외 다른 것들은 어떤 경우에 거짓일 수도 있다. 이 절에서는 집합과 관련되는 증명을 위한 가장 기본적인 방법인 원소 논증(element argument)을 사용해서 어떻게 기본적인 집합 성질들을 정립하는지를 보이고, 어떤 집합이 공집합임을 증명하기 위해 사용되는 방법을 토의한다. 다음 절에서는 반례를 구성함으로써 제안된 집합 성질이 거짓임을 증명하는 법과 이미 참이라고 알려진 집합 성질로부터 새로운 집합 성질들을 유도하는 대수적 기술을 사용하는 방법을 보일 것이다.

부분집합 관계들과 관련되는 몇 개의 집합 성질들을 나열함으로써 시작하자. 합집합, 교집합, 그리고 차집합 연산들은 집합 포함(⊆)에 우선한다는 것을 명심하자. 예를 들어 $A \cap B \subseteq C$은 $(A \cap B) \subseteq C$를 의미한다.

정리 6.2.1 부분집합들의 관계

1. 교집합의 포함관계: 모든 집합 A와 B에 대하여

$$(a)\ A \cap B \subseteq A \text{ 그리고 } (b)\ A \cap B \subseteq B$$

2. 합집합의 포함관계: 모든 집합 A와 B에 대하여

$$(a)\ A \subseteq A \cup B \text{ 그리고 } (b)\ B \subseteq A \cup B$$

3. 부분집합들의 추이성(transitive property): 모든 집합 A, B, C에 대하여

만약 $A \subseteq B$ 그리고 $B \subseteq C$이면, $A \subseteq C$이다.

정리 6.2.1의 결론은 하나의 집합이 또 다른 집합의 부분집합이라는 것을 말한다. 부분집합임을 증명하려면 X에서 임의로 뽑은 원소 x가 Y의 원소임을 보여 주면 된다.

대부분의 집합론적 증명에서, x가 X에 속해 있다는 가정으로부터 x가 Y에 속한다는 결론을 얻는 비밀은 기본적인 집합 연산들을 절차적인 용어로 생각하는 것이다. 예를 들어 집합 X와 Y의 합집합은 $X \cup Y$로 표기하고, 다음과 같이 정의한다.

$$X \cup Y = \{x \mid x \in X \text{ or } x \in Y\}$$

이것은 원소 x가 $X \cup Y$에 속한다는 것을 여러분이 알 때마다, 여러분은 x는 반드시 X에 속

하거나 x는 반드시 Y에 속한다는 결론을 내릴 수 있다는 것을 의미한다. 역으로, 어떤 특정한 x가 어떤 집합 X에 속하거나 어떤 집합 Y에 속한다는 것을 알 때마다 여러분은 x가 $X \cup Y$에 속한다는 결론을 내릴 수 있다. 그래서 임의의 집합 X와 Y, 임의의 원소 x에 대하여

$$x \in X \cup Y \quad \text{if, and only if,} \quad x \in X \text{ or } x \in Y$$

다른 집합 연산들의 정의에 대한 절차적 변형도 비슷하게 유도되고, 아래와 같이 요약된다.

집합 정의의 절차적 변형

X와 Y를 전체집합 U의 부분집합이라 하고, x와 y는 U의 원소라 가정하자.

1. $x \in X \cup Y \quad \Leftrightarrow \quad x \in X \text{ or } x \in Y$
2. $x \in X \cap Y \quad \Leftrightarrow \quad x \in X \text{ and } x \in Y$
3. $x \in X - Y \quad \Leftrightarrow \quad x \in X \text{ and } x \notin Y$
4. $x \in X^c \quad \Leftrightarrow \quad x \notin X$
5. $(x, y) \in X \times Y \quad \Leftrightarrow \quad x \in X \text{ and } y \in Y$

예제 6.2.1 **부분집합 관계의 증명**

정리 6.2.1(1)(a)를 증명하라: 모든 집합 A와 B에 대하여, $A \cap B \subseteq A$이다.

풀이

그 문장의 증명을 먼저 제시하고, 그 다음에 여러분 스스로가 어떻게 그런 증명을 얻을 수 있는지 설명한다.

증명:

> A와 B는 임의의 집합이라 가정하고, x는 $A \cap B$의 원소라고 가정하자.
> 그러면 교집합의 정의에 의해, $x \in A$이고 $x \in B$이다. 특히 $x \in A$이다.

이 증명의 근원적인 구조는 어렵지 않지만, 증명이 제시하는 간결성에 비해 매우 복잡하다. 증명해야 할 문장이 전칭(universal)이라는 사실부터 알아야 한다(모든 집합 A와 B에 대하여, $A \cap B \subseteq A$이다). 그러므로 이 증명은 다음과 같은 윤곽을 가진다.

출발점: A와 B를 임의의(특별하지만 임의적으로 선택된) 집합이라 가정하자.
보여 줄 결론: $A \cap B \subseteq A$

이제 $A \cap B \subseteq A$임을 증명하기 위해, 여러분은 반드시 다음을 보여야 한다.

$$\forall x, \text{ if } x \in A \cap B \text{ then } x \in A$$

그런데 이 명제는 또한 전체한정적이다. 그래서 이것을 증명하기 위하여 여러분은 x가 $A \cap B$의 원소임을 **가정하고** 그 다음에 x가 A에 속한다는 것을 **보인다**.

만약 여러분이 교집합의 정의의 절차적 변형을 사용한다면, '가정하자(suppose)'와 '보이자(show)' 사이의 차이를 채우는 것은 쉽다: x가 $A \cap B$에 속한다고 말하는 것은

x가 A에 속하고 x가 B에 속한다

는 것을 의미한다. 이것은 여러분으로 하여금 특히 보여야 될

x가 A에 속한다

는 것을 연역함으로써 증명을 완성하도록 해 준다. 이 연역은 정당한 논증 형태

$$\begin{array}{l} p \wedge q \\ \therefore p \end{array}$$

의 특별한 경우일 뿐임을 주목하자. ■

*Gödel, Escher, Bach**에서 Douglas Hofstadter는 수학적 증명을 위해 환상적인 규칙을 소개한다. Hofstadter는, 여러분이 만약에(if), ~라 두자(let), 또는 가정하자(suppose)를 가지고 있는 수학적 논증을 시작할 때, 실세계의 모든 사실뿐만 아니라 여러분이 참이라 가정하는 것을 포함하는 상상의 세계로 한 걸음씩 들어간다는 것을 지적하고 있다. 일단 여러분이 그런 세계에 들어가면, 어떤 다른 것도 가정할 수 있다. 그것은 상상의 세계에서 모든 것이 참일 뿐만 아니라 여러분이 가정하고 있는 새로운 것도 참인 상상의 세계로 여러분을 보낸다. 물론 여러분이 이 방법으로 새로운 상상의 세계로 무한히 계속하여 빠질 수 있다. 모든 "만약 ~이면 ~이다(if-then)" 또는 전체한정화 명제를 참이 되게 하는 결론을 유도할 때마다 여러분은 실세계에 더 가까운 한 수준으로 되돌아온다. 증명에서 여러분의 목적은 여러분이 처음 가정을 만들었던 것으로부터 그 세계로 되돌아올 때까지, 계속하여 그러한 결론들을 유도하는 것이다.

때때로 수학적 문제들은 아래와 같은 형태로 서술된다.

(명제 1)을 가정하자. (명제 2)를 증명하라.

이 문장들이 사용되었을 때, 저자는 독자가 그들의 일반적인 수학 지식에 명제 1을 추가하는 것을 원하고, 증명할 때 명제 1을 더 이상 다시 언급하지 않으려는 의도이다. Hofstadter

---

* *Gödel, Escher, Bach*: *An Eternal Golden Braid* (New York: Basic Books, 1979).

의 용어로, 저자는 명제 1이 참인 것으로 알려져 있는 이 상상의 세계에서 명제 2를 증명할 상상의 세계로 독자를 초대한다. 따라서 그러한 문제를 푸는 사람은 명제 2의 증명에 대한 출발점을 가지고 증명을 시작할 것이다. 예를 들어 예제 6.2.1의 다음 서술을 고려해 보자.

> A와 B는 임의로 선택된 집합이라 가정하자.
> $A \cap B \subseteq A$임을 증명하라.

증명은 집합 A와 B는 이미 임의로 선택되었다고 이해되기 때문에, "$x \in A \cap B$라고 가정하자"로 시작할 것이다.

예제 6.2.1의 증명은 하나의 집합에 있는 모든 원소는 또한 다른 집합에 있는 원소이다를 증명함으로써 하나의 집합이 다른 집합의 부분집합이라는 것을 보이기 때문에, 원소 논증이라 불린다. 고등수학에서 원소 논증은 집합들 사이의 관계를 설정하는 표준 방법이다. 고등학교 학생들은 종종 벤 다이어그램을 사용함으로써 집합의 성질을 증명하려 한다. 이 방법은 흥미롭지만, 그것을 수학적으로 더 명확하게 하려면 여러분이 기대하는 것보다 더 복잡하다. 심지어 적절한 벤 다이어그램들이 그려졌을 때에도, 그것들로부터 추론된 결론을 정당화하기 위한 설명은 보통 직접적인 원소 증명만큼 길다.

벤 다이어그램은 단지 두세 개의 집합을 포함하는 성질들을 탐구하는 데 유용하다. 그러나 집합의 수가 네 개 이상일 때는 그렇게 도움이 되지는 않는다. 예를 들어 하나의 벤 다이어그램이 집합들의 가능한 모든 교차 부분을 보여 주어야 한다면, 네 집합(또는 사실상 비소수 개의 집합들)을 위한 대칭적인 벤 다이어그램을 그리는 것은 불가능하다. 2002년에 컴퓨터 과학자와 수학자인 Carla Savage, Jerrold Griggs와 학부생인 Charles Killian은 임의의 소수 개의 집합들에 대해 그러한 대칭적인 벤 다이어그램을 그리는 것이 가능하다는 것을 증명함으로써 오래된 공개 문제를 풀었다. 그러나 $n > 5$에 대해, 결과 그림은 매우 복잡하다. 그러한 대칭적인 벤다이어그램의 존재성은 부호이론(coding theory)이라고 불리는 컴퓨터 과학의 영역에 응용된다.

집합에 관한 항등식

항등식(identity)은 어떤 집합에서 모든 원소들에 대해서 전칭적(全稱的)으로 참인 등식이다. 예를 들어 방정식 $a+b=b+a$는 모든 실수 a와 b에 대해 참이기 때문에, 항등식이다. 다음 정리에서 집합 성질들의 모음은 전적으로 집합에 관한 항등식들로 구성되어 있다. 즉, 그들은 어떤 전체집합에 있는 모든 집합들에 대해 참인 방정식들이다.

정리 6.2.2 집합에 관한 항등식
아래에 언급된 모든 집합들은 전체집합 U의 부분집합이라 하자.

1. 교환법칙: 모든 집합 A와 B에 대하여

$$(a)\ A \cup B = B \cup A \quad \text{and} \quad (b)\ A \cap B = B \cap A$$

2. 결합법칙: 모든 집합 A, B와 C에 대하여

$$(a)\ (A \cup B) \cup C = A \cup (B \cup C) \quad \text{and}$$
$$(b)\ (A \cap B) \cap C = A \cap (B \cap C)$$

3. 분배법칙: 모든 집합 A, B와 C에 대하여

$$(a)\ A \cup (B \cap C) = (A \cup B) \cap (A \cup C) \quad \text{and}$$
$$(b)\ A \cap (B \cup C) = (A \cap B) \cup (A \cap C)$$

4. 항등법칙: 모든 집합 A에 대하여

$$(a)\ A \cup \emptyset = A \quad \text{and} \quad (b)\ A \cap U = A$$

5. 보법칙:

$$(a)\ A \cup A^c = U \quad \text{and} \quad (b)\ A \cap A^c = \emptyset$$

6. 이중보수법칙: 모든 집합 A에 대하여

$$(A^c)^c = A$$

7. 멱등법칙: 모든 집합 A에 대하여

$$(a)\ A \cup A = A \quad \text{and} \quad (b)\ A \cap A = A$$

8. 전체한계법칙: 모든 집합 A에 대하여

$$(a)\ A \cup U = U \quad \text{and} \quad (b)\ A \cap \emptyset = \emptyset$$

9. 드모르간의 법칙: 모든 집합 A, B에 대하여

$$(a)\ (A \cup B)^c = A^c \cap B^c \quad \text{and} \quad (b)\ (A \cap B)^c = A^c \cup B^c$$

10. 흡수법칙: 모든 집합 A, B에 대하여

$$(a)\ A \cup (A \cap B) = A \quad \text{and} \quad (b)\ A \cap (A \cup B) = A$$

11. U와 $\emptyset$ 의 여집합:

$$(a)\ U^c = \emptyset \quad \text{and} \quad (b)\ \emptyset^c = U$$

12. **차집합법칙:** 모든 집합 A, B에 대하여

$$A - B = A \cap B^c$$

집합에 관한 항등식 증명

정리 6.2.2의 각 부분의 결론은 하나의 집합이 또 다른 집합과 같다는 것이다. 6.1절에서 살펴보았듯이

두 집합이 상등이다 ⇔ 각각은 서로 다른 집합의 부분집합이다

이 사실로부터 집합의 상등을 증명하는 가장 기본적인 방법이 유도된다.

집합이 같음을 증명하기 위한 기본적인 방법

X와 Y를 주어진 집합이라 하자. $X=Y$를 증명하기 위하여

1. $X \subseteq Y$를 증명하라.
2. $Y \subseteq X$를 증명하라.

예제 6.2.2 **분배법칙의 증명**

모든 집합 A, B, C에 대해 다음을 증명하라.

$$A \cup (B \cap C) = (A \cup B) \cap (A \cup C)$$

풀이

이 증명은 예제 6.2.1에 있는 증명보다 다소 복잡하다. 그래서 우리는 첫 번째로 그것의 논리적인 구조를 이끌어 내고 그 다음에 논증의 핵심을 찾고 요약으로 형식적인 증명을 끝낸다. 예제 6.2.1에서처럼 증명해야 할 문장은 전칭적이고, 그래서 포괄적이고 특별한 것들을 일반화하는 방법에 의해, 증명은 다음 개요를 가진다.

출발점: A, B, 그리고 C를 임의로 선택된 집합이라 가정한다.
보여줄 결론: $A \cup (B \cap C) = (A \cup B) \cap (A \cup C)$

두 집합이 같다는 것과 동치는 각각이 서로 다른 집합의 부분집합인 것이다. 그러므로 다음 두 문장을 증명해야 한다.

$$A \cup (B \cap C) \subseteq (A \cup B) \cap (A \cup C)$$

그리고

$$(A \cup B) \cap (A \cup C) \subseteq A \cup (B \cap C)$$

첫 번째 포함 관계를 보이기 위해서는 다음을 증명해야 한다.

$$\forall x, \text{ if } x \in A \cup (B \cap C) \text{ then } x \in (A \cup B) \cap (A \cup C)$$

두 번째 포함 관계를 보이기 위해서는 다음을 증명해야 한다.

$$\forall x, \text{ if } x \in (A \cup B) \cap (A \cup C) \text{ then } x \in A \cup (B \cap C)$$

이 두 문장은 전칭적임을 주시하자. 따라서 첫 번째 포함 관계를 증명하기 위해서 여러분은 x를 $A \cup (B \cap C)$에 속한 원소라고 **가정하고**, 그 다음에 $x \in (A \cup B) \cap (A \cup C)$임을 **보인다**.

그리고 두 번째 포함 관계를 증명하기 위해서 여러분은 x를 $(A \cup B) \cap (A \cup C)$에 속한 원소라고 **가정하고**, 그 다음에 $x \in A \cup (B \cap C)$임을 **보인다**.

그림 6.2.1 에서 이 증명의 구조는 구조화된 프로그램과 관련하여 종종 사용되는 일종의 다이어그램에 의해 묘사된다. 다이어그램에서의 분석은 두 개의 구체적인 작업의 증명으로 축소된다: 그림 6.2.1 의 두 개의 중앙 상자들에 있는 점들에 의해 표시된 단계들을 채워 넣는 것이다.

Suppose A, B, and C are sets. [*Show* $A \cup (B \cap C) = (A \cup B) \cap (A \cup C)$. *That is, show* $A \cup (B \cap C) \subseteq (A \cup B) \cap (A \cup C)$ *and* $(A \cup B) \cap (A \cup C) \subseteq A \cup (B \cap C)$.]

> Show $A \cup (B \cap C) \subseteq (A \cup B) \cap (A \cup C)$. [*That is, show* $\forall x$, *if* $x \in A \cup (B \cap C)$ *then* $x \in (A \cup B) \cap (A \cup C)$.]
>
> > Suppose $x \in A \cup (B \cap C)$. [*Show* $x \in (A \cup B) \cap (A \cup C)$.]
> >
> > ⋮
> >
> > Thus $x \in (A \cup B) \cap (A \cup C)$.
>
> Hence $A \cup (B \cap C) \subseteq (A \cup B) \cap (A \cup C)$.

> Show $(A \cup B) \cap (A \cup C) \subseteq A \cup (B \cap C)$. [*That is, show* $\forall x$, *if* $x \in (A \cup B) \cap (A \cup C)$ *then* $x \in A \cup (B \cap C)$.]
>
> > Suppose $x \in (A \cup B) \cap (A \cup C)$. [*Show* $x \in A \cup (B \cap C)$.]
> >
> > ⋮
> >
> > Thus $x \in A \cup (B \cap C)$.
>
> Hence $(A \cup B) \cap (A \cup C) \subseteq A \cup (B \cap C)$.

Thus $(A \cup B) \cap (A \cup C) = A \cup (B \cap C)$.

그림 6.2.1

위쪽 상자에서 빠진 부분 채워 넣기:

위 안쪽의 상자는 $x \in A \cup (B \cap C)$라는 가정으로부터 $x \in (A \cup B) \cap (A \cup C)$라는 결론으로 간다.

이제 $x \in A \cup (B \cap C)$일 때, 합집합 정의에 의해, $x \in A$ 또는 $x \in B \cap C$이다. 그러나 x가 집합 $A \cup (B \cap C)$로부터 임의적으로 선택되었기 때문에, 이들 중에 하나가 가능하게 될 것이다. 그래서 여러분은 x가 A에 속하거나 x가 $B \cap C$에 속하거나 관계없이 $x \in (A \cup B) \cap (A \cup C)$라는 결론에 도달할 수 있다는 것을 보여야 한다. 이것은 여러분의 분석을 두 가지 경우 $x \in A$와 $x \in B \cap C$로 나누어야 한다는 의미이다.

$x \in A$의 경우, 여러분의 목표는 $x \in (A \cup B) \cap (A \cup C)$임을 보여 주는 것이다. 이것은 (교집합의 정의에 의해) $x \in A \cup B$ 그리고 $x \in A \cup C$의 의미를 갖는다. 그러나 $x \in A$일 때, x가 A에 속하다는 것에 의해, 두 문장 $x \in A \cup B$와 $x \in A \cup C$는 참이다.

$x \in B \cap C$의 경우, 여러분의 목표는 $x \in (A \cup B) \cap (A \cup C)$임을 보이는 것이다. 이것은 $x \in A \cup B$ 그리고 $x \in A \cup C$를 의미한다. 그러나 $x \in B \cap C$일 때, (교집합의 정의에 의해) $x \in B$이고 $x \in C$이다. 그래서 $x \in A \cup B$(B에 속한다는 것에 의해) 그리고 $x \in A \cup C$(C에 속한다는 것에 의해)이다.

이 분석은 $x \in A$ 또는 $x \in B \cap C$와 관계없이, $x \in (A \cup B) \cap (A \cup C)$라는 결론에 도달한다는 것을 보여 준다. 그래서 여러분은 위 안쪽의 상자에 있는 단계들을 채울 수 있다.

아래쪽 상자에서 빠진 부분 채워 넣기:

아래 안쪽 상자의 단계들을 채우기 위해, 여러분은 $x \in (A \cup B) \cap (A \cup C)$라는 가정으로부터 $x \in A \cup (B \cap C)$라는 결론으로 갈 필요가 있다.

이제 $x \in (A \cup B) \cap (A \cup C)$이고 x가 A에 속해 있을 때, "$x \in A$ 또는 $x \in B \cap C$"는 정확히 참이고, 그래서 x는 합집합의 정의에 의해 $A \cup (B \cap C)$에 속하게 된다. 그러나 x는 A에 속하거나 x는 A에 속하지 않는다. 심지어 x가 A에 속하지 않는 경우에도, 만약 $x \in (A \cup B) \cap (A \cup C)$이면, $x \in A \cup (B \cap C)$임을 보이는 것만이 남아 있다.

이제 $x \in (A \cup B) \cap (A \cup C)$라고 말하는 것은 (교집합의 정의에 의해) $x \in A \cup B$ 그리고 $x \in A \cup C$이다. 그러나 만약 $x \in A \cup B$이면 x는 A 또는 B에 적어도 하나 속해 있고, 그래서 x가 A에 속하지 않는다면, B에 반드시 속해야 한다. 마찬가지로 만약 $x \in A \cup C$이면, x는 A 또는 C에 적어도 하나 속해 있고, 그래서 x가 A에 속하지 않는다면, C에 반드시 속해야 한다. 따라서 x가 A에 속하지 않고, $x \in (A \cup B) \cap (A \cup C)$일 때, x는 B와 C 모두에 속하고, 이것은 $x \in B \cap C$을 의미한다. 문장 "$x \in A$ 또는 $x \in B \cap C$"이 참임을 알 수 있고, 그래서 합집합의 정의에 의해 $x \in A \cup (B \cap C)$이다.

이 분석은 만약에 $x \in (A \cup B) \cap (A \cup C)$이면, $x \in A$ 또는 $x \notin A$에 관계없이, $x \in A \cup (B \cap C)$의 결론을 얻을 수 있다. 그래서 여러분은 아래 안쪽 상자에 있는 단계들을 채울 수 있다.

정식 증명은 아래에 나타나 있다.

정리 6.2.2(3)(a) 집합의 분배법칙
모든 집합 A, B, 그리고 C에 대하여

$$A \cup (B \cap C) = (A \cup B) \cap (A \cup C)$$

증명:
A와 B, 그리고 C를 집합이라 가정하자.

$\boldsymbol{A \cup (B \cap C) \subseteq (A \cup B) \cap (A \cup C)}$**:**

$x \in A \cup (B \cap C)$라 가정하자. 합집합의 정의에 의해, $x \in A$ 또는 $x \in B \cap C$이다.
경우 1($\boldsymbol{x \in A}$**):** $x \in A$이기 때문에, 합집합의 정의에 의해 $x \in A \cup B$ 그리고 또한 합집합의 정의에 의해 $x \in A \cup C$이다. 그러므로 교집합의 정의에 의해, $x \in (A \cup B) \cap (A \cup C)$이다.
경우 2 ($\boldsymbol{x \in B \cap C}$**):** $x \in B \cap C$이기 때문에, 교집합의 정의에 의해 $x \in B$와 $x \in C$이다. $x \in B$이기 때문에, 합집합의 정의에 의해 $x \in A \cup B$이고, $x \in C$이기 때문에, $x \in A \cup C$이다. 그러므로 교집합의 정의에 의해, $x \in (A \cup B) \cap (A \cup C)$이다.

두 경우에서 $x \in (A \cup B) \cap (A \cup C)$이다. 그러므로 부분집합의 정의에 의해, $A \cup (B \cap C) \subseteq (A \cup B) \cap (A \cup C)$이다.

$\boldsymbol{(A \cup B) \cap (A \cup C) \subseteq A \cup (B \cap C)}$**:**

$x \in (A \cup B) \cap (A \cup C)$라 가정하자. 교집합의 정의에 의해, $x \in A \cup B$ 그리고 $x \in A \cup C$이다. $x \in A$와 $x \notin A$ 두 경우를 생각해 보자.
경우 1 ($\boldsymbol{x \in A}$**):** $x \in A$이기 때문에, 우리는 합집합의 정의에 의해 $x \in A \cup (B \cap C)$라는 결론을 내릴 수 있다.
경우 2 ($\boldsymbol{x \notin A}$**):** $x \in A \cup B$이기 때문에, x는 A와 B 중 적어도 하나에 속한다. 그러나 x가 A에 속하지 않기 때문에 x는 B에 속한다. 마찬가지로 $x \in A \cup C$이기 때문에, x는 A와 C 중 적어도 하나에 속한다. 그러나 x가 A에 속하지 않기 때문에 x는 C에 속한다. 우리는 $x \in B$ 그리고 $x \in C$, 따라서 교집합의 정의에 의해 $x \in B \cap C$임을 보였다. $x \in A \cup (B \cap C)$는 합집합의 정의에 따른다.

두 경우에서 $x \in A \cup (B \cap C)$이다. 그러므로 부분집합의 정의에 의해, $(A \cup B) \cap (A \cup C) \subseteq A \cup (B \cap C)$이다.

결론: 두 부분집합 관계가 증명되었기 때문에, 집합의 상등 정의에 의해 $A \cup (B \cap C) = (A \cup B) \cap (A \cup C)$임을 알 수 있다.

■

인공지능에 관한 연구에서, 분배법칙의 증명을 유도하기 위하여 위에서 사용한 추론의 형태들은 순방향 연쇄추론(forward chaining)과 역방향 연쇄추론(backward chaining)이라 불린다. 먼저 보여야 할 것은 어떤 초기 위치에서부터 시작하여 출발점에 도달되어야 할 목표로서 간주된다. 이 목표의 분석은 만약 어떤 작업이 완성된다면 목표에 도달될 수 있을 것이라는 사실을 깨닫게 한다. 이 작업을 소목표(subgoal) 1: SG_1이라 부르자.[만약에 목표가 $A \cup (B \cap C) = (A \cup B) \cap (A \cup C)$를 보이는 것이라면, SG_1은 각 집합은 서로 다른 집합의 부분집합임을 보이는 것이다.] SG_1의 분석은 다른 작업이 완성되었을 때, SG_1이 도달되는 것을 보인다. 이 작업을 소목표 2: SG_2라 부르자. 이와 같은 방법을 계속하여, 목표로부터 역방향으로 이끌어 가는 논증의 체인이 구성된다(goal을 달성하려면 SG_1을 달성해야 하고, SG_1을 달성하려면 SG_2를 달성해야 하는 식의 역방향 논증 체인).

$$\boxed{\text{starting point}} \qquad\qquad\qquad \to SG_3 \to SG_2 \to SG_1 \to \boxed{\text{goal}}$$

어떤 점에서 역방향 연쇄추론은 어렵다. 그러나 현재 소목표의 분석은 출발점에서 출발하여, 역방향 연쇄추론이라 불리는 논증의 직계에 의해 다다를 수 있다는 것을 제안한다. 출발점에 포함된 정보를 사용하여, I_1의 또 다른 정보가 추론된다. 그 정보로부터 또 다른 정보 I_2를 추론한다. 그래서 마침내 소목표들 중 하나에 이르게 된다. 이것이 체인을 완성하고 정리를 증명한다. 완성된 체인은 아래와 같이 나타난다.

$$\boxed{\text{starting point}} \to I_1 \to I_2 \to I_3 \to I_4 \to SG_3 \to SG_2 \to SG_1 \to \boxed{\text{goal}}$$

집합의 여집합은 아니다(not)의 용어로 정의되고 합집합과 교집합은 또는(or)과 그리고(and)로 정의되기 때문에, 집합에 대한 논리의 드모르간의 법칙의 유사체가 존재한다는 것은 놀랄 일이 아니다.

예제 6.2.3 **드모르간의 법칙 증명**

임의의 집합 A와 B에 대하여, $(A \cup B)^c = A^c \cap B^c$를 증명하라.

풀이

앞의 예들처럼 증명해야 할 문장은 전칭적(universal)이다. 그래서 증명의 출발점과 보여야 될 결론은 다음과 같다.

출발점: A와 B는 임의로 선택된 집합이라 가정하자.

보여줄 결론: $(A \cup B)^c = A^c \cap B^c$

이것을 증명하기 위하여, 여러분은 $(A \cup B)^c \subseteq A^c \cap B^c$와 $A^c \cap B^c \subseteq (A \cup B)^c$를 보여야 한다. 처음 포함 관계를 보이는 것은

$$\forall x, \text{ if } x \in (A \cup B)^c \text{ then } x \in A^c \cap B^c$$

를 보이는 것이다. 그리고 두 번째 포함 관계를 보이는 것은

$$\forall x, \text{ if } x \in A^c \cap B^c \text{ then } x \in (A \cup B)^c$$

를 보이는 것이다. 이 문장들은 각각 전칭적이고 조건적이기 때문에, 처음 포함 관계를 위해

suppose $x \in (A \cup B)^c$

그리고 그때

show that $x \in A^c \cap B^c$

그리고 두 번째 포함 관계를 위해

suppose $x \in A^c \cap B^c$

그리고 그때

show that $x \in (A \cup B)^c$

이 논증의 단계들을 채우기 위해, 여집합, 합집합, 그리고 교집합 등의 절차적 정의들을 사용하고 어떤 결정적인 시점에서 논리의 드모르간 법칙을 사용한다.

정리 6.2.2(9)(a) 집합에 대한 드모르간의 법칙
집합 A와 B에 대하여, $(A \cup B)^c = A^c \cap B^c$이다.

증명:
A와 B는 집합이라 가정하자.
$\boldsymbol{(A \cup B)^c \subseteq A^c \cap B^c}$**:**
[$\forall x$, 만약 $x \in (A \cup B)^c$이면, $x \in A^c \cap B^c$임을 보여야 한다.]
$x \in (A \cup B)^c$라 가정하자.[우리는 $x \in A^c \cap B^c$임을 보여야 한다.] 여집합의 정의에 의해

$$x \notin A \cup B$$

그러나 $x \notin A \cup B$라고 말하는 것은

(x가 A에 속하거나 x가 B에 속한다)

는 것이 거짓임을 의미한다. 논리의 드모르간의 법칙에 의해, 이것은

x는 A에 속하지 않고 x는 B에 속하지 않는다

라는 것을 의미한다. 기호로 쓰면

$$x \notin A \quad \text{and} \quad x \notin B$$

그러므로 여집합의 정의에 의해 $x \in A^c$ 그리고 $x \in B^c$이다. 교집합의 정의에 따라 $x \in A^c \cap B^c$를 얻는다. 그래서 부분집합의 정의에 의해 $(A \cup B)^c \subseteq A^c \cap B^c$이다.

$A^c \cap B^c \subseteq (A \cup B)^c$:
[$\forall x$, 만약 $x \in A^c \cap B^c$이면, $x \in (A \cup B)^c$임을 보여야 한다.]
　$x \in A^c \cap B^c$라 가정하자. 여집합의 정의에 의해

$$x \notin A \quad \text{and} \quad x \notin B$$

달리 말하면

x는 A에 속하지 않고, x는 B에 속하지 않는다.

논리의 드모르간의 법칙에 의하면, 이것은

(x는 A에 속하거나 x는 B에 속한다)

라는 것이 거짓임을 의미한다. 기호로 쓰면, 합집합의 정의에 의해

$$x \notin A \cup B$$

그러므로 여집합의 정의에 의해, $x \in (A \cup B)^c$이다. 부분집합의 정의에 의해, $A^c \cap B^c \subseteq (A \cup B)^c$이다.

결론: 두 집합의 포함 관계가 증명되었기 때문에, 집합의 상등 정의에 의해, $A^c \cap B^c = (A \cup B)^c$이다.

다음 정리는 만약 하나의 집합이 또 다른 집합의 부분집합이면, 그들의 교집합은 두 집합보다 작고, 그들의 합집합은 두 집합보다 더 크다는 것을 말하고 있다.

정리 6.2.3 부분집합을 가진 교집합과 합집합
집합 A와 B에 대하여, 만약 $A \subseteq B$이면

(a) $A \cap B = A$ 그리고 (b) $A \cup B = B$

증명:
(a): A와 B는 $A \subseteq B$를 만족시키는 집합이라 가정하자. (a)를 보이기 위하여, $A \cap B \subseteq A$ 그리고 $A \subseteq A \cap B$임을 보여야 한다. 우리는 이미 교집합의 포함 성질에 의해 $A \cap B \subseteq A$임을 알았다. 이제 $A \subseteq A \cap B$임을 보이기 위해, $x \in A$라 두자.[우리는 $x \in A \cap B$임을

보여야 한다.] $A \subseteq B$이기 때문에, 또한 $x \in B$이다. 따라서

$$x \in A \quad \text{and} \quad x \in B$$

따라서 교집합의 정의에 의해

$$x \in A \cap B$$

증명:

(b): (b)의 증명은 연습문제로 남겨 둔다.

■

공집합

6.1절에서 우리는 원소가 없는 집합의 개념을 소개하였고 이 절에서 그러한 집합이 유일하다는 것을 보일 것이라고 약속했다. 그렇게 하기 위하여, 원소가 없는 집합의 가장 기본적이고 가장 이상한 성질—그것은 모든 집합의 부분집합이다—을 가지고 시작한다. 이것이 왜 참인지를 알아보기 위하여, 여러분 스스로에게 "이것이 거짓일 수 있는가? 어떤 주어진 집합의 부분집합이 아닌, 원소가 없는 집합이 존재할 수 있는가?"라고 물어보라. 가장 중요한 사실은 전체한정화 명제의 부정은 존재한정화 명제라는 것이다. 만약 집합 B가 집합 A의 부분집합이 아니면, A에는 속하지 않고 B에 속하는 원소 x가 존재한다. 그러나 만약 B가 원소를 가지지 않는다면, 그러한 x는 존재할 수 없다.

정리 6.2.4 원소가 없는 집합은 모든 집합의 부분집합이다

만약 E가 원소가 없는 집합이고 A가 임의의 집합이면, $E \subseteq A$이다.

증명(모순에 의한):

위의 명제가 거짓이라 가정하자.[정리의 부정을 취하고 그것이 참이라고 가정하자.] $E \not\subseteq A$를 만족시키는 원소가 없는 집합 E가 존재한다고 가정하자.[모순을 이끌어 내야 한다.] 그러면 A의 원소가 아닌 E의 원소가 존재할 것이다[부분집합의 정의에 의해]. 그러나 E는 원소를 가지지 않기 때문에 그러한 원소가 존재할 수 없다. 이것은 모순이다.[따라서 E는 원소를 가지지 않고 $E \not\subseteq A$를 만족시키는 집합 E와 A가 존재한다는 가정은 거짓이다. 그래서 그 정리는 참이다.]

정리 6.2.4의 참은 무위진리(vacuous truth)라는 개념을 적용함으로써 이해될 수 있다. 만약 E가 원소가 없는 집합이고 A가 임의의 집합이면, $E \subseteq A$라고 말하는 것은

$$\forall x, \text{ if } x \in E, \text{ then } x \in A$$

라고 말하는 것과 같다. 그러나 E가 원소를 가지지 않기 때문에, 이 명제는 무위로 참(vacuously true)이다.

원소가 없는 집합이 얼마나 많은가? 오직 하나이다.

따름정리 6.2.5 공집합의 유일성
원소가 하나도 없는 집합은 오직 하나이다.

증명:
E_1과 E_2 두 집합 모두 원소를 가지지 않는다고 가정하자. 정리 6.2.4에 의해, E_1이 원소를 가지지 않기 때문에, $E_1 \subseteq E_2$이다. 또한 E_2가 원소를 가지지 않기 때문에 $E_2 \subseteq E_1$이다. 따라서 집합의 상등 정리에 의해 $E_1 = E_2$이다.

따름정리 6.2.5로부터 분홍색 코끼리들의 집합은 제곱이 -1인 모든 실수들의 집합과 같다. 그 이유는 각 집합이 원소를 가지지 않기 때문이다. 원소가 없는 집합이 유일하기 때문에 우리는 특별한 이름, 공집합[또는 널(null) 집합]이라 부르고 특별한 기호 $\emptyset$으로 그것을 표시한다.

$\emptyset$는 원소가 없는 집합인 반면에, $\{\emptyset\}$는 하나의 원소로 공집합을 갖는다는 것에 주의하자. 이것은 컴퓨터 프로그래밍 언어 LISP와 SCHEME에서 ( )는 빈 리스트를 표기하고 (( ))는 하나의 원소가 빈 리스트인 리스트를 표기하는 규약과 비슷하다.

여러분이 어떤 집합이 공집합과 같다는 것을 보일 필요가 있다고 가정하자. 그럴 경우 따름정리 6.2.5에 의해 그 집합이 원소를 가지지 않는다는 것을 보이는 것으로 충분하다. 왜냐하면 그 주어진 집합이 원소를 가지지 않는다면, 그것은 공집합과 같아야 하기 때문이다.

어떤 집합이 공집합과 같음을 증명하기 위한 원소 기반 방법

집합 X가 공집합 $\emptyset$과 같다는 것을 증명하기 위하여, X가 원소를 가지지 않는다는 것을 증명하라. 이를 위하여, X가 원소를 가진다고 가정하고, 모순을 이끌어 내라. 즉, 원소 기반 모순에 의한 증명 방법이다.

예제 6.2.4 **어떤 집합이 공집합임을 증명**

정리 6.2.2의 (8)(b)를 증명하라. 즉, 임의의 집합 A에 대하여, $A \cap \emptyset = \emptyset$임을 증명하라.

풀이

A를 [특별하지만 임의로 선택된] 집합이라 하자. $A \cap \emptyset = \emptyset$임을 보이기 위하여, [어떤 집합이 공집합과 같음을 증명하기 위한 원소 기반 방법에 의해] $A \cap \emptyset$이 원소를 가지지 않음을 보이는 것으로 충분하다. 거짓이라 가정하자. 즉, $x \in A \cap \emptyset$를 만족시키는 원소 x가 존재한다고 가정하자. 그러면 교집합의 정의에 의해 $x \in A$이고 $x \in \emptyset$이다. 특히 $x \in \emptyset$이다. 그러

나 $\emptyset$이 원소를 갖지 않기 때문에 이것은 불가능하다.[이 모순이 $A \cap \emptyset$에 속하는 원소 x가 존재한다는 가정이 거짓임을 보여 준다. 따라서 $A \cap \emptyset$는 원소를 갖지 않는다.] 따라서 $A \cap \emptyset = \emptyset$이다. ■

예제 6.2.5 **조건명제에 대한 증명**

모든 집합 A, B, C에 대하여, 만약 $A \subseteq B$ 그리고 $B \subseteq C^c$이면, $A \cap C = \emptyset$임을 증명하라.

풀이

증명해야 할 명제는 전칭적이고 조건적이기 때문에, 여러분은 직접적인 증명 방법으로 시작한다.

A, B, C는 다음 조건

$$A \subseteq B \text{ 그리고 } B \subseteq C^c$$

을 만족시키는 임의로 선택된 집합이라 **가정하라**.

$$A \cap C = \emptyset$$

임을 **보여라**. 보여야 될 결론이 '어떤 집합이 공집합이다'이기 때문에, 여러분은 어떤 집합이 공집합과 같다는 것을 증명하는 원리를 사용할 수 있다. 완성된 증명은 아래와 같다.

명제 6.2.6

모든 집합 A, B, C에 대하여, 만약 $A \subseteq B$ 그리고 $B \subseteq C^c$이면, $A \cap C = \emptyset$이다.

증명:

A, B, C는 $A \subseteq B$ 그리고 $B \subseteq C^c$을 만족시키는 집합이라 가정하자. 우리는 $A \cap C = \emptyset$임을 보여야 한다. 거짓이라 가정하자. 즉, $A \cap C$에 속하는 원소 x가 존재한다고 가정하자. 교집합의 정의에 의해 $x \in A$ 그리고 $x \in C$이다. $A \subseteq B$이기 때문에, 부분집합의 정의에 의해 $x \in B$이다. 또한 $B \subseteq C^c$이므로 부분집합의 정의에 의해 $x \in C^c$이다. 여집합의 정의에 의해 $x \notin C$임을 알 수 있다. 따라서 $x \in C$ 그리고 $x \notin C$이고, 이것은 모순이다. $A \cap C$에 속하는 원소 x가 존재한다는 가정은 거짓이고, 따라서 $A \cap C = \emptyset$이다.

■

예제 6.2.6 **일반화된 분배법칙**

집합 $A, B_1, B_2, B_3, \ldots, B_n$에 대해서 다음을 증명하라.

$$A \cup \left(\bigcap_{i=1}^{n} B_i\right) = \bigcap_{i=1}^{n}(A \cup B_i)$$

풀이

이 증명을 예제 6.2.2와 비교하라. 비록 표기는 좀 더 복잡하나 기본적인 발상은 같다.

증명:

A와 $B_1, B_2, B_3, \ldots, B_n$이 어떤 집합이라고 가정하자.

[1] $\boldsymbol{A \cup \left(\bigcap_{i=1}^{n} B_i\right) \subseteq \bigcap_{i=1}^{n}(A \cup B_i)}$ **를 증명하기:**

x가 $A \cup \left(\bigcap_{i=1}^{n} B_i\right)$의 어떤 원소라고 가정하자. [우리는 x가 $\bigcap_{i=1}^{n}(A \cup B_i)$ 안에 있음을 보여야 한다.] 합집합의 정의에 의해, $x \in A$ 혹은 $x \in \bigcap_{i=1}^{n} B_i$ 이다.

경우 1. $x \in A$ 인 경우: 이 경우, 모든 $i=1, 2, \ldots, n$에 대해 $x \in A \cup B_i$는 합집합의 정의에 의해 참이다. 따라서 $x \in \bigcap_{i=1}^{n}(A \cup B_i)$ 이다.

경우 2. $x \in \bigcap_{i=1}^{n} B_i$ 인 경우: 교집합의 정의에 의해, 모든 정수 $i=1, 2, \ldots, n$에 대해, $x \in B_i$이다. 따라서 합집합의 정의에 의해, 모든 정수 $i=1, 2, \ldots, n$에 대해 $x \in A \cup B_i$이다. 다시 교집합의 정의에 의해, $x \in \bigcap_{i=1}^{n}(A \cup B_i)$ 이다.

따라서 그 두 경우 모두 $x \in \bigcap_{i=1}^{n}(A \cup B_i)$ 이다[보이려 했던 것이다].

[2] $\boldsymbol{\bigcap_{i=1}^{n}(A \cup B_i) \subseteq A \cup \left(\bigcap_{i=1}^{n} B_i\right)}$ **를 증명하기:**

x가 $\bigcap_{i=1}^{n}(A \cup B_i)$ 의 어떤 원소라고 가정하자.[우리는 x가 $A \cup \left(\bigcap_{i=1}^{n} B_i\right)$ 안에 있음을 보여야 한다.]

두 가지 경우로 나눠보자. $x \in A$ 혹은 $x \notin A$이다.

경우 1. $x \in A$ 인 경우: 이 경우, $x \in A \cup \left(\bigcap_{i=1}^{n} B_i\right)$는 합집합의 정의에 의해 참이다.

경우 2. $x \notin A$ 인 경우: 교집합의 정의에 의해, 모든 정수 $i=1, 2, \ldots, n$에 대해 $x \in A \cup$

B_i이다. $x \notin A$이므로 x는 모든 B_i 각각의 원소이다. 따라서 교집합의 정의에 의해

$x \in \bigcap_{i=1}^{n} B_i$ 이고, 따라서 합집합의 정의에 의해 $x \in A \cup \left(\bigcap_{i=1}^{n} B_i\right)$이다.

결론: 두 가지 경우를 다 증명했으므로, 집합 동등성 정의에 의해 $A \cup \left(\bigcap_{i=1}^{n} B_i\right) = \bigcap_{i=1}^{n} (A \cup B_i)$ 이다. ■

자 | 기 | 진 | 단

1. 집합 X가 집합 $A \cap B$의 부분집합임을 증명하려면, x가 X의 임의의 원소라 가정한 후, $x \in A$ _____ $x \in B$를 보여 주어야 한다.
2. 집합 X가 집합 $A \cup B$의 부분집합임을 증명하려면, x가 X의 임의의 원소라 가정한 후, $x \in A$ _____ $x \in B$를 보여 주어야 한다.
3. 집합 $A \cup B$가 집합 X의 부분집합임을 증명하려면, x가 $A \cup B$의 임의의 원소라 가정한 후, _____와 _____의 두 가지 경우로 나누어 고려해야 한다. 우리는 어떤 경우에도 _____임을 보여 주어야 한다.
4. 집합 $A \cap B$가 집합 X의 부분집합임을 증명하려면, x가 _____라 가정한 후, _____임을 보여 주어야 한다.
5. 집합 X가 집합 Y와 동등함을 증명하려면, _____과 _____을 보여 주어야 한다.
6. 집합 X가 집합 Y와 동등하지 않음을 증명하려면, _____에 있지만 _____에 없는 원소 혹은 _____에 없지만 _____에 있는 원소를 발견해야 한다.

연 / 습 / 문 / 제 6.2

1. **a.** 어떤 원소가 $A \cap (B \cup C)$에 속한다고 말하는 것은 그것이 (1)에 속하고 (2)에 속한다는 것이다.
   b. 어떤 원소가 $(A \cap B) \cup C$에 속한다고 말하는 것은 그것이 (1)에 속하거나 (2)에 속한다는 것이다.
   c. 어떤 원소가 $A-(B \cap C)$에 속한다고 말하는 것은 그것이 (1)에 속하고 (2)에 속하지 않는다는 것이다.

2. 모든 집합 A와 B에 대하여, $A-B \subseteq A$임을 증명하는 두 가지 방법이 있다. 첫 번째는 덜 형식적이고 두 번째는 더 형식적이다. 빈칸을 채우라.

   a. 증명: A와 B를 임의의 집합이라 가정하자. $A-B \subseteq A$임을 보이기 위하여, 우리는 (1)에 속하는 모든 원소가 (2)에 속한다는 것을 보여야 한다. 그러나 $A-B$에 속하는 임의의 원소는 (3)에 속하고 (4)에 속하지 않는다($A-B$의 정의에 의해). 특히 그러한 원소는 A에 속한다.

   b. 증명: A와 B는 임의의 집합이고 $x \in A-B$라 가정하자. [우리는 (1)을 보여야 한다.] 차집합의 정의에 의해, $x \in$ (2) 그리고 $x \notin$ (3)이다. 특히 $x \in$ (4)이다.

3. 다음은 모든 집합 A, B, C에 대하여, 만약 $A \subseteq B$ 그리고 $B \subseteq C$이면, $A \subseteq C$임을 증명하는 것이다. 빈칸을 채우라.

   증명: A, B, C를 집합이라 하고 $A \subseteq B$ 그리고 $B \subseteq C$라 가정하자. $A \subseteq C$임을 보이기 위하여, 우리는 (a)에 속한 모든 원소가 (b)에 속한다는 것을 보여야 한다. 그러나 A에 속한 임의의 원소에 대해, ($A \subseteq B$이

기 때문에) 그 원소는 (c)에 속한다. 또한 그 원소는 ((e)이기 때문에) 또한 (d)에 속한다. 따라서 $A \subseteq C$이다.

4. 모든 집합 A와 B에 대하여, $B-A=B \cap A^c$임을 증명하라.

5. 다음은 모든 집합 A, B, C에 대하여, $A \cap (B \cup C)=(A \cap B) \cup (A \cap C)$임을 증명하는 것이다. 빈칸을 채우라.

증명: A, B, C를 임의의 집합이라 가정하자.

(1) $A \cap (B \cup C) \subseteq (A \cap B) \cup (A \cap C)$:
$x \in A \cap (B \cup C)$라 하자.[우리는 $x \in$ (a)임을 보여야 한다.] 교집합의 정의에 의해 $x \in$ (b) 그리고 $x \in$ (c)이다. 따라서 $x \in A$이고, 합집합의 정의에 의해 $x \in B$ 또는 (d)이다.

경우 1 ($x \in A$ 그리고 $x \in B$): 이 경우, 교집합의 정의에 따라 $x \in$ (e)이고, 합집합의 정의에 따라 $x \in (A \cap B) \cup (A \cap C)$이다.

경우 2 ($x \in A$ 그리고 $x \in C$): 이 경우, (f)이다. 그러므로 어느 경우에든 $x \in (A \cap B) \cup (A \cap C)$이다.
[따라서 부분집합의 정의에 의해, $A \cap (B \cup C) \subseteq (A \cap B) \cup (A \cap C)$이다.]

(2) $(A \cap B) \cup (A \cap C) \subseteq A \cap (B \cup C)$:
$x \in (A \cap B) \cup (A \cap C)$라 하자.[우리는 (a)임을 보여야 한다.] 합집합의 정의에 의해, $x \in A \cap B$ (b) $x \in A \cap C$이다.

경우 1 ($x \in A \cap B$): 이 경우, 교집합의 정의에 의해 $x \in A$ (c) $x \in B$이다. $x \in B$이기 때문에, 합집합의 정의에 의해 $x \in B \cup C$이다. 따라서 $x \in A$ 그리고 $x \in B \cup C$이다. 그러면 교집합의 정의에 의해, $x \in$ (d)이다.

경우 2 ($x \in A \cap C$): 이 경우, (e)이다.
어느 경우이든, $x \in A \cap (B \cup C)$이다.[따라서 부분집합의 정의에 의해, $(A \cap B) \cup (A \cap C) \subseteq A \cap (B \cup C)$이다.]

결론: [두 부분집합의 관계들이 증명되었기 때문에, 집합 상등의 정의에 의해, (a)이다.]

6~13에 있는 각 명제를 증명하기 위하여 원소 논증을 사용하라. 모든 집합들은 전체집합 U의 부분집합들이라 가정하라.

6. 모든 집합 A와 B에 대하여, $(A \cap B)^c=A^c \cup B^c$이다.

7. 모든 집합 A와 B에 대해 $(A \cap B) \cup (A \cap B^c)=A$이다.

8. 모든 집합 A, B, C에 대하여

$$(A - B) \cup (C - B) = (A \cup C) - B$$

9. 모든 집합 A, B에 대하여, $A \cup (A \cap B)=A$이다.

10. 모든 집합 A에 대하여, $A \cup \emptyset=A$이다.

11. 모든 집합 A, B, C에 대하여, 만약 $A \subseteq B$이면, $A \cap C \subseteq B \cap C$이다.

12. 모든 집합 A, B, C에 대하여, 만약 $A \subseteq B$ 그리고 $A \subseteq C$이면, $A \subseteq B \cap C$이다.

13. 모든 집합 A, B, C에 대하여, $A \times (B \cup C)= (A \times B) \cup (A \times C)$이다.

14. 모든 집합 A, B, C에 대하여, 만약 $A \subseteq B$이고 $B \subseteq C$이면, $A \subseteq C$이다의 다음 증명에서 실수를 찾아라.

증명: A, B, C를 $A \subseteq B$와 $B \subseteq C$를 만족시키는 집합들이라 가정하자. $A \subseteq B$이기 때문에, $x \in A$이고 $x \in B$인 원소 x가 존재한다. $B \subseteq C$이기 때문에, $x \in B$

그리고 $x \in C$인 원소 x가 존재한다. 그러므로 $x \in A$이고 $x \in C$인 원소 x가 존재하고, 따라서 $A \subseteq C$이다.

15. 다음 "증명"에서 실수를 찾아라.

"**정리**": 모든 집합 A와 B에 대하여, $A^c \cup B^c \subseteq (A \cup B)^c$이다.

"**증명:** A와 B를 집합이라 하고, $x \in A^c \cup B^c$라 가정하자. 그러면 합집합의 정의에 의해 $x \in A^c$ 또는 $x \in B^c$이다. 여집합의 정의에 의해 $x \notin A$ 또는 $x \notin B$, 그래서 합집합의 정의에 의해 $x \notin A \cup B$이다. 따라서 여집합의 정의에 의해 $x \in (A \cup B)^c$이고, 그러므로 $A^c \cup B^c \subseteq (A \cup B)^c$이다."

16. 아래 벤 다이어그램을 생각해 보자.

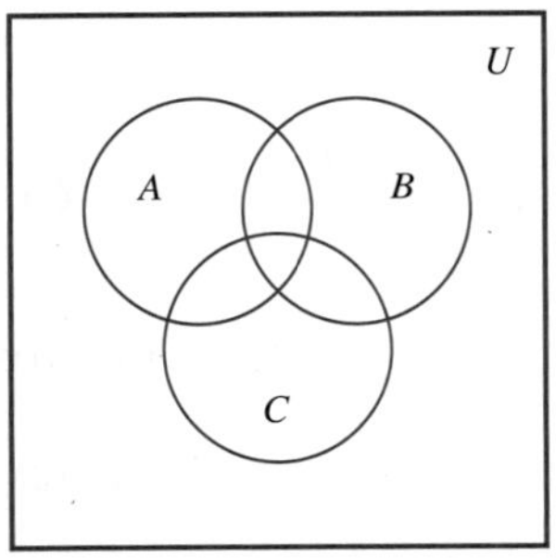

a. 다이어그램의 한 복사본에 $A \cup (B \cap C)$에 대응하는 구역을 색칠하고 또 다른 다이어그램의 복사본에 $(A \cup B) \cap (A \cup C)$에 대응하는 구역을 색칠함으로써, 분배법칙의 하나를 그림으로 설명하라.

b. 다이어그램의 한 복사본에 $A \cap (B \cup C)$에 대응하는 구역을 색칠하고 또 다른 다이어그램의 복사본에 $(A \cap B) \cup (A \cap C)$에 대응하는 구역을 색칠함으로써, 분배법칙의 또 다른 하나를 그림으로 설명하라.

c. 다이어그램의 한 복사본에 $(A \cup B)^c$에 대응하는 구역을 색칠하고 또 다른 다이어그램의 복사본에 $A^c \cap B^c$에 대응하는 구역을 색칠함으로써, 드모르간 법칙의 하나를 그림으로 설명하라.(다이어그램에서 집합 C는 사용하지 않는다.)

d. 다이어그램의 한 복사본에 $(A \cap B)^c$에 대응하는 구역을 색칠하고 또 다른 다이어그램의 복사본에 $A^c \cup B^c$에 대응하는 구역을 색칠함으로써, 드모르간 법칙의 또 다른 하나를 그림으로 설명하라.(다이어그램에서 집합 C는 사용하지 않는다.)

17. 모든 집합 A와 B에 대하여, $(A-B) \cap (B-A) = \emptyset$이다의 다음 증명에서 빈칸을 채우라.

증명: A와 B를 임의의 집합이라 하고, $(A-B) \cap (B-A) \neq \emptyset$이라 가정하자. 즉, (a)에 속하는 원소 x가 존재한다고 가정하자. (b)의 정의에 의해, $x \in A-B$이고 $x \in$ (c)이다. 차집합의 정의에 의해, $x \in A$이고 $x \notin B$ 그리고 $x \in$ (d)이고 $x \notin$ (e)이다. 특히 $x \in A$ 그리고 $x \in$ (f)이다. 이것은 모순이다. 따라서 $(A-B) \cap (B-A) \neq \emptyset$라는 가정은 거짓이고, 그래서 (g)이다.

18~22에 있는 각 명제를 증명하기 위하여, 어떤 집합이 공집합과 같음을 증명하기 위한 원소 기반의 방법을 사용하라. 모든 집합은 전체집합 U의 부분집합이라 가정하라.

18. 모든 집합 A와 B에 대하여, $(A \cap B) \cap (A \cap B^c) = \emptyset$이다.

19. 전체집합 U의 모든 부분집합 A에 대하여, $A \cap A^c = \emptyset$이다.

20. 모든 집합 A에 대하여, $A \times \emptyset = \emptyset$이다.

21. 모든 집합 A와 B에 대하여, 만약 $A \subseteq B$이면, $A \cap B^c = \emptyset$이다.

22. 모든 집합 A, B, C에 대하여, 만약 $C \subseteq B-A$이면, $A \cap C = \emptyset$이다.

23~26의 각 명제를 증명하라.

23. 모든 집합 A와 B에 대하여

a. $(A-B) \cup (B-A) \cup (A \cap B) = A \cup B$

b. 집합 $(A-B)$, $(B-A)$ 및 $(A \cap B)$은 상호 서로소인

가?

24. $n \geq 1$인 모든 정수에 대해서, 만일 A 및 $B_1, B_2, B_3, \ldots$이 어떤 집합이면

$$A \cap \left(\bigcup_{i=1}^{n} B_i \right) = \bigcup_{i=1}^{n} (A \cap B_i)$$

25. $n \geq 1$인 모든 정수에 대해서, 만일 $A_1, A_2, A_3, \ldots$ 및 B가 어떤 집합이면

$$\bigcup_{i=1}^{n} (A_i - B) = \left(\bigcup_{i=1}^{n} A_i \right) - B$$

26. $n \geq 1$인 모든 정수에 대해서, 만일 A 및 $B_1, B_2, B_3, \ldots$이 어떤 집합이면

$$\bigcup_{i=1}^{n} (A \times B_i) = A \times \left(\bigcup_{i=1}^{n} B_i \right)$$

자 | 기 | 진 | 단 | 해 | 답

1. and 2. or 3. $x \in A$; $x \in B$; $x \in X$ 4. $x \in A \cap B$ (또는: x is an element of both A and B); $x \in X$ 5. $X \subseteq Y$; $Y \subseteq X$ 6. X; Y; Y X

6.3 반증과 대수적 증명

6.2절에서 우리는 참인 집합의 성질들을 몇 가지 살펴보았다. 그러나 때때로 어떤 제안된 집합의 성질은 거짓이다. 우리는 그러한 제안된 성질을 반증하는 법을 토의함으로써 이 절을 시작한다. 그 다음에 집합의 멱집합에 대한 중요한 정리를 증명하고 이미 참이라고 알려진 집합의 성질들로부터 새로운 집합의 성질들을 유도하는 '대수적' 방법을 토의한다. 그리고 부울 대수의 소개로 이 절을 끝낸다.

추정된 집합의 성질 반증

전칭명제가 거짓이라는 것을 보이기 위해서는, 그 명제를 거짓으로 만드는 (반례라고 불리는) 하나의 예를 찾으면 충분하다는 것을 상기하자.

예제 6.3.1 집합 항등식에 대한 반례 찾기

다음 집합의 성질이 참인가?

모든 집합 A, B, C에 대하여, $(A-B) \cup (B-C) = A-C$이다.

풀이

이 성질이 참일 필요충분조건은 모든 집합 A, B, C에 대하여, 주어진 등식이 만족되는 것이다. 따라서 거짓이 되기 위한 필요충분조건은 등식이 성립되지 않는 집합 A, B, C가 존재하는 것을 보여 주는 것이다.

이 문제를 해결하기 위한 한 방법은 그림 6.3.1에서 보여 주는 것과 같이 벤 다이어그램

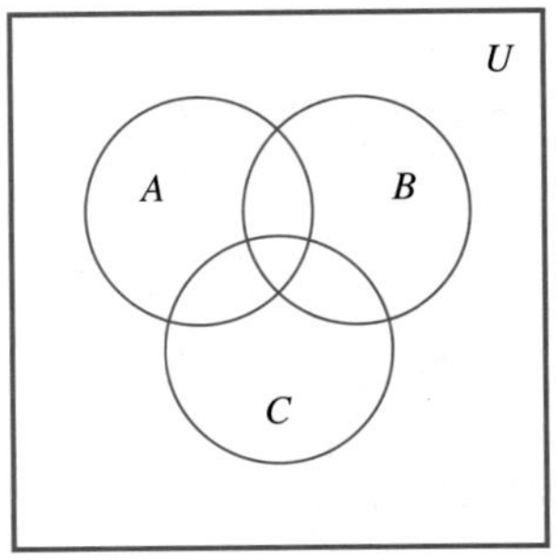

그림 6.3.1

을 그림으로써 집합 A, B, C를 표시하는 것이다. 만약 여러분이 다이어그램의 여덟 개 구역의 어느 것도 점들이 없을 수 있다고 가정한다면, 그 다이어그램은 매우 일반적이다.

여기서 $(A-B) \cup (B-C)$에 대응하는 구역을 찾고 칠하라. 그 다음에 $A-C$에 대응하는 구역을 칠하라. 이들은 그림 6.3.2에 나타나 있다.

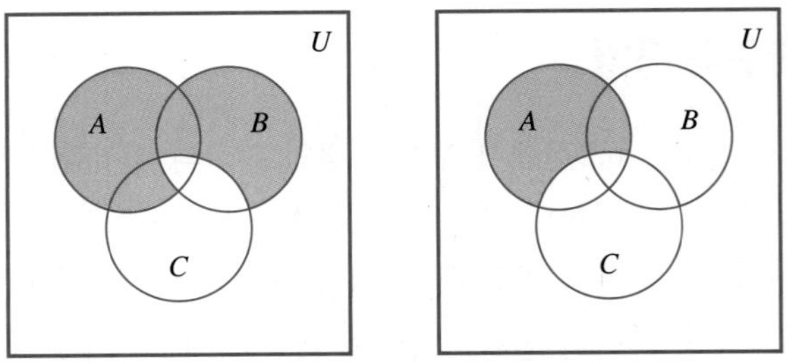

$(A-B) \cup (B-C)$
(a)

$A-C$
(b)

그림 6.3.2

음영으로 된 부분을 비교해 보면 주어진 성질은 거짓이다. 예를 들어 A 혹은 C의 원소가 아니면서 B의 원소인 것이 있다면, 그 원소는 $(A-B) \cup (B-C)$의 원소이다(B에는 속하고 C에는 속하지 않으므로). 그러나 $A-C$는 밖에 아무것도 없으므로 $A-C$의 원소가 아니다. 비슷한 방식으로 A와 C 둘 다의 원소이지만 B의 원소가 아닌 원소는 (A에는 있고 B에는 없으므로) $(A-B) \cup (B-C)$에 속하고 (A와 C에 동시에 속하므로) $A-C$에는 그 원소가 없다.

답을 확인하기 위해서 구체적인 반례를 구성하고 그림이나 다이어그램의 분석에서 실수가 없음을 명확히 하라. 그림 6.3.3처럼 세 개의 원 A, B, C로 둘러싸인 부분영역들에 숫자 1~7을 넣어 보자. 또한 보집합을 고려하기 위해 원들의 바깥 지역에 8을 넣자. 그러면 8개의 부분영역들로 구성된 집합 A, B, C를 정의할 수 있다.

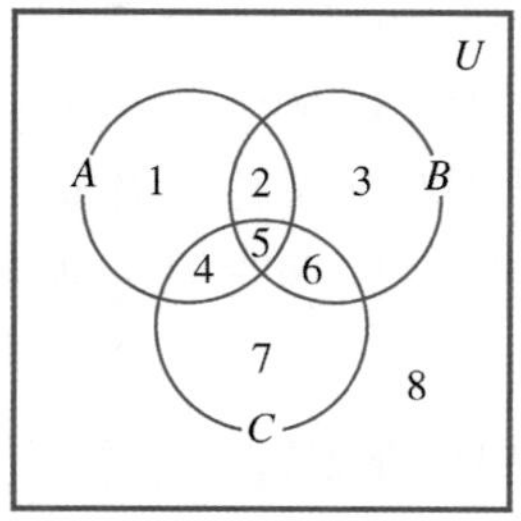

그림 6.3.3

> **반례 1:** $A=\{1, 2, 4, 5\}$, $B=\{2, 3, 5, 6\}$, 및 $C=\{4, 5, 6, 7\}$이라고 하자. 그러면
>
> $$A-B=\{1, 4\},\ B-C=\{2, 3\}\text{이고 } A-C=\{1, 2\}\text{이다.}$$
>
> 따라서
>
> $(A-B) \cup (B-C)=\{1, 4\} \cup \{2, 3\}=\{1, 2, 3, 4\}$이고, 반면에 $A-C=\{1, 2\}$이다. $\{1, 2, 3, 4\} \neq \{1, 2\}$이므로, $(A-B) \cup (B-C) \neq A-C$이다.

좀 더 경제적인 반례를 구하는 방법은 A에는 없고 B에는 있는 3과 같은 원소를 찾는 방법이다. 이 경우 A와 C의 값이 무엇이건, B의 다른 값이 무엇이건 $(A-B) \cup (B-C) \neq A-C$이다.

> **반례 2:** $A=\emptyset$, $B=\{3\}$ 및 $C=\emptyset$이라 하자. 그러면
>
> $$A-B=\emptyset,\ B-C=\{3\}\text{ 및 } A-C=\emptyset\text{이다.}$$
>
> 그러면 $(A-B) \cup (B-C)=\emptyset \cup \{3\}=\{3\}$이며, 반면에 $A-C=\emptyset$이다.
>
> $\{3\} \neq \emptyset$이므로, $(A-B) \cup (B-C) \neq A-C$이다.

다른 경제적인 반례는 $A=C=\{4\}$와 같이 단원소집합(singleton set)인 반면에 B는 공집합인 경우이다.

문제해결 전략

집합들에 대한 주어진 전칭명제가 참인지 거짓인지를 어떻게 알아낼 수 있을까? 두 가지 기본적인 접근—낙관적 그리고 비관적—이 있다. 낙관적 접근에서는 여러분은 "내가 무엇을 보여야 하는가?" 그리고 "내가 어떻게 그것을 보일 것인가?"를 스스로 질문하면서, 명제에 몰두하고 증명하려고 애쓴다. 비관적 접근에서는 반례를 구성하는 데 채워져야 될 일련의

조건들을 찾는 것으로 시작한다. 두 접근 방법 중 어느 것으로도 잘될 수도 있고 곧바로 성공하거나 어려움에 빠질 수도 있다. 비결은 만약 여러분이 시도하는 방법이 타당하지 않다고 생각될 때 다른 방법으로 바꿀 준비가 되어 있는 것이다. 더 어려운 질문에 대해서는, 정확한 대답에 이르기 전에 두 개의 접근 방법 사이에서 여러 번 바꿀지도 모른다.

집합의 부분집합들의 수

다음 정리는 만약 하나의 집합이 n개의 원소를 가진다면, 그것의 멱집합은 2^n개의 원소를 가진다는 중요한 사실을 서술한다. 그 증명은 수학적 귀납법을 사용하고, 다음 관찰들을 기반으로 한다. X를 집합이라 가정하고, z는 집합 X의 원소라 가정하자.

1. X의 부분집합들은 두 개의 그룹으로 나눌 수 있다: z를 포함하는 것들과 z를 포함하고 있지 않는 것들.
2. z를 포함하지 않는 X의 부분집합들은 $X-\{z\}$의 부분집합들과 같다.
3. z를 포함하지 않는 X의 부분집합들은 z를 포함하지 않는 각 부분집합 A와 z를 포함하는 $A \cup \{z\}$의 부분집합을 비교함으로써 z를 포함하는 X의 부분집합에 일대일로 비교될 수 있다. 예를 들어 $X=\{x, y, z\}$인 경우, 다음 표는 z를 포함하지 않는 X의 부분집합들과 z를 포함하는 X의 부분집합들 사이의 대응을 보여 준다.

z를 포함하지 않는 X의 부분집합		z를 포함하는 X의 부분집합
$\emptyset$	$\longleftrightarrow$	$\emptyset \cup \{z\} = \{z\}$
$\{x\}$	$\longleftrightarrow$	$\{x\} \cup \{z\} = \{x, z\}$
$\{y\}$	$\longleftrightarrow$	$\{y\} \cup \{z\} = \{y, z\}$
$\{x, y\}$	$\longleftrightarrow$	$\{x, y\} \cup \{z\} = \{x, y, z\}$

정리 6.3.1

모든 정수 $n \geq 0$에 대하여, 만일 집합 X가 원소를 n개 가지면 $\mathscr{P}(X)$는 2^n개의 원소를 갖는다.

증명(수학적 귀납법) :

성질 "n개의 원소를 가지는 집합은 2^n개의 부분집합들을 갖는다"를 고려해 보자.

$n=0$ 일 때 그 성질이 참임을 보여라: 우리는 0개의 원소를 갖는 집합은 2^0개의 부분집합을 갖는다는 것을 보여야 한다. 그러나 0개의 원소를 갖는 유일한 집합은 공집합이고, 공집합의 부분집합은 자기 자신이다. 그래서 0개의 원소를 갖는 집합은 한 개의 부분집합을 갖는다. $1=2^0$이기 때문에, 이 정리는 $n=0$에 대해 참이다.

모든 정수 $k \geq 1$에 대하여, 만약 $n=k$에 대해 그 성질이 참이면, 그것은 $n=k+1$에 대해 참임을 보여라: k를 $k \geq 0$인 임의의 정수라 하자. 그리고 k개의 원소를 갖는 집합은 2^k개의 부분집합을 갖는다고 가정하자.[이것은 귀납법 가정이다.] 우리는 $k+1$개의 원소를 갖는 집합이 2^{k+1}개의 부분집합을 가짐을 보여야 한다.

X는 $k+1$개의 원소를 갖는 집합이라 하고 X에 속하는 원소 z를 뽑자. X의 임의의 부분집합은 z를 포함하거나 그렇지 않다는 것을 관찰하자. 더욱이 z를 포함하지 않는 X의 임의의 부분집합은 $X-\{z\}$의 부분집합이다. 그리고 $X-\{z\}$의 임의의 부분집합 A는 $A \cup \{z\}$와 같은 z를 포함하는 X의 부분집합 B와 대응된다. 결과적으로 z를 포함하는 X의 부분집합들만큼 많은 z를 포함하지 않는 X의 부분집합들이 존재한다. 따라서 X의 부분집합은 $X-\{z\}$의 부분집합보다 두 배 많다. 그러나 $X-\{z\}$는 k개의 원소를 갖고, 그래서

$$X-\{z\}\text{의 부분집합의 수}=2^k \qquad \text{귀납적 가정에 의해}$$

그러므로

$$\begin{aligned} X\text{의 부분집합의 수} &= 2 \cdot (X-\{z\}\text{의 부분집합의 수}) \\ &= 2 \cdot (2^k) \qquad \text{치환에 의해} \\ &= 2^{k+1} \qquad \text{기본적인 대수에 의해} \end{aligned}$$

[우리는 기본단계와 귀납단계를 모두 증명했기 때문에, 이 정리가 참이라는 결론을 내린다.]

집합 항등식에 대한 '대수적' 증명

U를 전체집합이라 하고 U의 멱집합 $\mathscr{P}(U)$를 생각해 보자. 부울 대수의 논의를 준비하기 위해, $S=\mathscr{P}(U)$라 하자. 정리 6.2.2에 주어진 집합 항등식들은 S의 모든 원소들에 대해 성립한다. 일단 특정한 수의 항등식들과 다른 성질들이 확립되면, 새로운 성질들은 그것들로부터 대수적으로 유도될 수 있다. 정리 6.2.2의 항등식 (1~5)만이 합집합, 교집합, 여집합 연산들이 관련되는 임의의 다른 항등식을 증명하는 데 필요하다. 차집합 법칙인 항등식 (12)를 더하면, 합집합, 교집합, 여집합, 그리고 차집합 연산들이 관련되는 임의의 집합 항등식은 확립될 수 있다.

새로운 성질들을 이끌어 내기 위해 잘 알려진 성질을 사용할 때 그러한 성질들이 전체 한정화 명제라는 사실을 이용할 필요가 있다. 실수들에 대한 대수법칙과 같이, 그것들은 여러 가지 다른 상황에 적용된다. 예를 들어 분배법칙의 하나는 아래와 같다.

$$\text{모든 집합 } A, B, C\text{에 대하여, } A \cap (B \cup C)=(A \cap B) \cup (A \cap C).$$

이 법칙은 임의의 특별한 세 개의 집합이 대체될 수 있는 일반적인 템플릿으로 간주될 수

있다. 예를 들어, 만약 A_1, A_2, A_3가 특별한 집합이면

$$\underbrace{A_1}_{A} \cap (\underbrace{A_2}_{B} \cup \underbrace{A_3}_{C}) = (\underbrace{A_1}_{A} \cap \underbrace{A_2}_{B}) \cup (\underbrace{A_1}_{A} \cap \underbrace{A_3}_{C})$$

여기서 A_1은 A의 역할, A_2는 B의 역할, 그리고 A_3는 C의 역할을 담당한다. 마찬가지로 만약 W, X, Y, Z가 임의의 특별한 집합이면, 분배법칙에 의해

$$\begin{array}{ccccccccccc} (W \cap X) & \cap & (Y & \cup & Z) & = & ((W \cap X) & \cap & Y) \cup ((W \cap X) & \cap & Z) \\ \updownarrow & & \updownarrow & & \updownarrow & & \updownarrow & & \updownarrow \quad\quad \updownarrow & & \updownarrow \\ A & \cap & (B & \cup & C) & = & (A & \cap & B) \cup (A & \cap & C) \end{array}$$

여기서 $W \cap X$는 A의 역할을 하고, Y는 B의 역할, Z는 C의 역할을 한다.

예제 6.3.2 **차집합의 성질 유도**

다음 명제의 대수적 증명을 구성하기 위해 정리 6.2.2에 있는 성질들을 사용하라. 모든 집합 A, B, C에 대하여

$$(A \cup B) - C = (A - C) \cup (B - C)$$

풀이

집합 A, B, C가 주어졌다고 하자.

$$\begin{aligned} (A \cup B) - C &= (A \cup B) \cap C^c && \text{차집합의 정의에 의해} \\ &= C^c \cap (A \cup B) && \text{교환법칙에 의해} \\ &= (C^c \cap A) \cup (C^c \cup B) && \text{분배법칙의 정의에 의해} \\ &= (A \cap C^c) \cup (B \cap C^c) && \text{교환법칙에 의해} \\ &= (A - C) \cup (B - C) && \text{차집합의 정의에 의해} \end{aligned}$$

■

예제 6.3.3 **∅의 성질을 이용하여 집합 항등식 유도**

다음 명제의 대수적 증명을 구성하기 위해 정리 6.2.2에 있는 성질들을 사용하라. 모든 집합 A와 B에 대하여

$$A - (A \cap B) = A - B$$

풀이

A와 B를 집합이라 가정하자.

$$\begin{aligned} A - (A \cap B) &= A \cap (A \cap B)^c && \text{차집합의 정의에 의해} \\ &= A \cap (A^c \cup B^c) && \text{드모르간의 법칙에 의해} \end{aligned}$$

$=(A \cap A^c) \cup (A \cap B^c)$	분배법칙의 정의에 의해
$=\emptyset \cup (A \cap B^c)$	여집합의 정의에 의해
$=(A \cap B^c) \cup \emptyset$	교환법칙에 의해
$=\mathrm{A} \cap B^c$	항등법칙에 의해
$=A-B$	차집합의 정의에 의해 ■

많은 사람들에게 대수적 증명은 원소 증명보다 더욱더 매력적으로 보인다. 그러나 종종 원소 증명이 실제로 더 간단하다. 예를 들면 위의 예제 6.3.3에서, 여러분은 $A-(A \cap B)=A-B$인 것을 바로 알 수 있다. 왜냐하면 원소가 $A-(A \cap B)$에 속한다는 것은 그것이 A에 속하고, A 그리고 B 두 집합에 동시에 속하지 않는다는 것을 뜻하기 때문이다. 그리고 이것은 A에 속하고 B에는 속하지 않는다는 것과 동치이다.

예제 6.3.4 **일반화된 결합법칙의 유도**

임의의 집합 A_1, A_2, A_3, A_4에 대하여

$$((A_1 \cup A_2) \cup A_3) \cup A_4 = A_1 \cup ((A_2 \cup A_3) \cup A_4)$$

를 증명하라.

주의! 예제 6.3.2~6.3.4와 비슷한 문제를 풀 때, 서술된 그대로의 집합 성질들을 이용해야 한다.

풀이

집합 A_1, A_2, A_3, A_4가 주어졌다고 하자. 그러면

$((A_1 \cup A_2) \cup A_3) \cup A_4=(A_1 \cup (A_2 \cup A_3)) \cup A_4$	A_1은 A의 역할, A_2는 B의 역할, A_3는 C의 역할을 하면서, $\cup$에 대한 결합법칙에 의해
$=A_1 \cup ((A_2 \cup A_3) \cup A_4)$	A_1은 A의 역할, $A_2 \cup A_3$은 B의 역할, A_4는 C의 역할을 하면서, $\cup$에 대한 결합법칙에 의해 ■

자 | 기 | 진 | 단

1. 집합 변수 A, B 및 C를 포함하는 집합의 동등식이 주어졌을 때, 그 등식이 성립되지 않음을 보여주는 가장 흔한 방법은 집합 동등식에 대입해서 ______________________ 보여 주는 구체적인 집합 A, B 및 C를 찾아 보여 주는 것이다.
2. 집합의 동등성을 증명하는 대수적인 방법을 사용할 때는 각 단계마다 ____________ 하는 것이 중요하다.
3. 정리 6.2.2의 성질을 적용할 때, 언급된 것처럼 _________ 사용되어야 한다.

연/습/문/제 6.3

1, 2의 각각에 대해 그 명제가 거짓이라는 것을 보이기 위한 반례를 찾아라. 모든 집합들은 전체집합 U의 부분집합임을 가정하자.

1. 모든 집합 A, B, C에 대하여, $(A \cap B) \cup C = A \cap (B \cup C)$이다.

2. 모든 집합 A, B, C에 대하여, 만약 $A \not\subseteq B$이고 $B \not\subseteq C$이면 $A \not\subseteq C$이다.

3~12의 각각에서, 참인 각 명제는 증명하고, 거짓인 각 명제에 대해서는 반례를 찾아라. 모든 집합들은 전체집합 U의 부분집합임을 가정하자.

3. 모든 집합 A, B, C에 대하여, $A-(B-C) = (A-B)-C$이다.

4. 모든 집합 A와 B에 대하여, $A \cap (A \cup B) = A$이다.

5. 모든 집합 A, B, C에 대하여, 만약 $A \subseteq C$이고 $B \subseteq C$이면, $A \cup B \subseteq C$이다.

6. 모든 집합 A, B, C에 대하여, 만약 $A \subseteq B$이면 $A \cap (B \cap C)^c = \emptyset$이다.

7. 모든 집합 A, B, C에 대하여,

$$A \cap (B-C) = (A \cap B) - (A \cap C).$$

8. 모든 집합 A, B, C에 대하여, 만약 $A \cap C \subseteq B \cap C$이고 $A \cup C \subseteq B \cup C$이면, $A \subseteq B$이다.

9. 모든 집합 A, B, C에 대하여, 만약 $A \cap C = B \cap C$이고 $A \cup C = B \cup C$이면, $A = B$이다.

10. 모든 집합 A와 B에 대하여, 만약 $A \subseteq B$이면, $\mathscr{P}(A) \subseteq \mathscr{P}(B)$이다.

11. 모든 집합 A와 B에 대하여, $\mathscr{P}(A \cup B) \subseteq \mathscr{P}(A) \cup \mathscr{P}(B)$이다.

12. 모든 집합 A와 B에 대하여, $\mathscr{P}(A) \cup \mathscr{P}(B) \subseteq \mathscr{P}(A \cup B)$이다.

13. 다음 명제들 각각에 대한 부정을 쓰라. 원래 명제와 그것의 부정 중 어느 것이 참인지를 지적하라. 여러분의 답에 대해 설명하라.

a. 임의의 집합 S에 대해 $S \cap T = \emptyset$을 만족시키는 집합 T가 존재한다.

b. 임의의 집합 T에 대해 $S \cup T = \emptyset$을 만족시키는 집합 S가 존재한다.

14. $S = \{a, b, c\}$라 하고 각각의 정수 $i = 0, 1, 2, 3$에 대하여 S_i를 i개의 원소를 갖는 S의 모든 부분집합들의 집합이라 하자. S_0, S_1, S_2, 그리고 S_3에 속하는 원소들을 나열하라. $\{S_0, S_1, S_2, S_3\}$은 $\mathscr{P}(S)$의 분할인가?

15. $A = \{t, u, v, w\}$라 하고 w를 포함하지 않는 A의 모든 부분집합들의 집합은 S_1, w를 포함하는 A의 모든 부분집합들의 집합은 S_2라 하자.

a. S_1을 찾아라.

b. S_2를 찾아라.

c. S_1과 S_2는 서로소인가?

d. S_1과 S_2의 크기를 비교하라.

e. $S_1 \cup S_2$에 속하는 원소들은 몇 개인가?

f. $S_1 \cup S_2$와 $\mathscr{P}(A)$의 관계는 무엇인가?

16. 다음 문제는 Ginger Bolton에 의해 고안되었으며 *College Mathematics Journal*의 1989년 1월판(Vol. 20, No. 1, p. 68)에 나타나 있다: 주어진 양의 정수 $n \geq 2$에 대하여, $\{2, 3, ..., n\}$의 공집합이 아닌 모든 부분집합들의 집합을 S라 하자. 각 $S_i \in S$에 대해, S_i의 원소들의 곱을 P_i라 하자. 다음을 증명하거나 반증하라.

$$\sum_{i=1}^{2^{n-1}-1} P_i = \frac{(n+1)!}{2} - 1.$$

17과 18에서는 유도의 각 단계에 대한 이유를 쓰라.

17. 모든 집합 A, B, C에 대하여

$$(A \cup B) \cap C = (A \cap C) \cup (B \cap C)$$

증명: A, B, C는 임의의 집합이라 가정하자.

$$\begin{aligned}(A \cup B) \cap C &= C \cap (A \cup B) && \text{by } \underline{\text{(a)}} \\ &= (C \cap A) \cup (C \cap B) && \text{by } \underline{\text{(b)}} \\ &= (A \cap C) \cup (B \cap C) && \text{by } \underline{\text{(c)}}\end{aligned}$$

18. 모든 집합 A, B, C에 대하여

$$(A \cup B) - (C - A) = A \cup (B - C)$$

증명: A, B, C는 임의의 집합이라 가정하자.

$$\begin{aligned}(A \cup B) - (C - A) &= (A \cup B) \cap (C - A)^c && \text{by } \underline{\text{(a)}} \\ &= (A \cup B) \cap (C \cap A^c)^c && \text{by } \underline{\text{(b)}} \\ &= (A \cup B) \cap (A^c \cap C)^c && \text{by } \underline{\text{(c)}} \\ &= (A \cup B) \cap ((A^c)^c \cup C^c) && \text{by } \underline{\text{(d)}} \\ &= (A \cup B) \cap (A \cup C^c) && \text{by } \underline{\text{(e)}} \\ &= A \cup (B \cap C^c) && \text{by } \underline{\text{(f)}} \\ &= A \cup (B - C) && \text{by } \underline{\text{(g)}}\end{aligned}$$

19. 집합에 대한 식 $(A \cup B)-C=(A-C) \cup (B-C)$을 증명하는 데 몇 단계가 빠져 있다. 무엇이 빠졌는지 지적하고, 증명이 올바르도록 써 보라.

증명: A, B, C가 집합이라 하자. 그러면

$$\begin{aligned}(A \cup B) - C &= (A \cup B) \cap C^c && \text{차집합법칙에 의해} \\ &= (A \cap C^c) \cup (B \cap C^c) && \text{분배법칙에 의해} \\ &= (A - C) \cup (B - C) && \text{차집합법칙에 의해}\end{aligned}$$

20~23에서는 주어진 명제에 대한 대수적 증명을 구성하기 위해 정리 6.2.2에 있는 성질들을 사용하라.

20. 모든 집합 A, B, C에 대하여

$$(A \cap B) \cup C = (A \cup C) \cap (B \cup C)$$

21. 모든 집합 A와 B에 대하여, $A \cup (B-A)=A \cup B$.

22. 모든 집합 A와 B에 대하여, $((A^c \cup B^c)-A)^c=A$.

23. 모든 집합 A와 B에 대하여

$$(A - B) \cup (B - A) = (A \cup B) - (A \cap B)$$

24. 정리 6.2.2에 있는 성질들을 사용해서 주어진 표현을 단순화하라.

$$A \cap ((B \cap A^c) \cap B^c)$$

25. 다음 집합 성질을 생각해 보자: 모든 집합 A와 B에 대하여, $A-B$와 B는 서로소이다.

a. 원소 기반 논증을 사용해서 이 성질을 유도하라.

b. 대수적 논증을 사용해서 이 성질을 유도하라(정리 6.2.2의 성질들을 적용함으로써).

c. 여러분이 더 쉽다고 생각하는 방법에 대해 설명하라.

> **정의:** 주어진 집합 A와 B에 대하여, **A와 B의 대칭적 차집합**(symmetric difference of A and B)은 $A \triangle B$로 표기하며
>
> $$A \triangle B = (A - B) \cup (B - A)$$

26. $A=\{1, 2, 3, 4\}$, $B=\{3, 4, 5, 6\}$, 그리고 $C=\{5, 6, 7, 8\}$라 하자. 다음 각 집합들을 구하라.

a. $A \triangle B$ **b.** $B \triangle C$

c. $A \triangle C$ **d.** $(A \triangle B) \triangle C$

위에 주어진 대칭적 차집합의 정의를 참조하라. A, B, C는 전체집합 U의 부분집합들이라 가정하면서, 27~30의 각각을 증명하라.

27. $A \triangle B=B \triangle A$ **28.** $A \triangle \emptyset=A$

29. 만약 $A \triangle C=B \triangle C$이면, $A=B$이다.

30. $(A \triangle B) \triangle C = A \triangle (B \triangle C)$

31. 정리 6.2.2(1)~(9)에 나열된 성질들로부터 집합 항등식 $A \cup (A \cap B) = A$를 유도하라. 전체집합 U의 임의의 부분집합들 B에 대해서, $U \cup B = U$임을 보이는 것으로 시작하라. 그 다음 양변에 A와 교집합을 취하고, 항등식을 이끌어 내라.

자 | 기 | 진 | 단 | 해 | 답

1. 왼쪽이 오른쪽과 같지 않게 (또는: 방정식의 두 변에 다른 값들이 되게) 2. 정리 6.2.2에 있는 성질들 중 하나를 인용하라 (또는: 이유를 주라) 3. 정확히

6.4 부울대수, Russell의 역설과 정지문제

표 6.4.1은 정리 2.1.1의 논리적 동치와 정리 6.2.2의 집합 성질들을 정리해 놓은 것이다. 두 열이 얼마나 비슷한지 주의해서 보자.

논리적 동치	집합 성질
For all statement variables p, q, and r:	For all sets A, B, and C:
a. $p \vee q \equiv q \vee p$ b. $p \wedge q \equiv q \wedge p$	a. $A \cup B = B \cup A$ b. $A \cap B = B \cap A$
a. $p \wedge (q \wedge r) \equiv p \wedge (q \wedge r)$ b. $p \vee (q \vee r) \equiv p \vee (q \vee r)$	a. $A \cup (B \cup C) = A \cup (B \cup C)$ b. $A \cap (B \cap C) = A \cap (B \cap C)$
a. $p \wedge (q \vee r) \equiv (p \wedge q) \vee (p \wedge r)$ b. $p \vee (q \wedge r) \equiv (p \vee q) \wedge (p \vee r)$	a. $A \cap (B \cup C) = (A \cap B) \cup (A \cap C)$ b. $A \cup (B \cap C) = (A \cup B) \cap (A \cup C)$
a. $p \vee \mathbf{c} \equiv p$ b. $p \wedge \mathbf{t} \equiv p$	a. $A \cup \emptyset = A$ b. $A \cap U = A$
a. $p \vee \sim p \equiv \mathbf{t}$ b. $p \wedge \sim p \equiv \mathbf{c}$	a. $A \cup A^c = U$ b. $A \cap A^c = \emptyset$
$\sim(\sim p) \equiv p$	$(A^c)^c = A$
a. $p \vee p \equiv p$ b. $p \wedge p \equiv p$	a. $A \cup A = A$ b. $A \cap A = A$
a. $p \vee \mathbf{t} \equiv \mathbf{t}$ b. $p \wedge \mathbf{c} \equiv \mathbf{c}$	a. $A \cup U = U$ b. $A \cap \emptyset = \emptyset$
a. $\sim(p \vee q) \equiv \sim p \wedge \sim q$ b. $\sim(p \wedge q) \equiv \sim p \vee \sim q$	a. $(A \cup B)^c = A^c \cap B^c$ b. $(A \cap B)^c = A^c \cup B^c$
a. $p \vee (p \wedge q) \equiv p$ b. $p \wedge (p \vee q) \equiv p$	a. $A \cup (A \cap B) = A$ b. $A \cap (A \cup B) = A$
a. $\sim \mathbf{t} \equiv \mathbf{c}$ b. $\sim \mathbf{c} \equiv \mathbf{t}$	a. $U^c = \emptyset$ b. $\emptyset^c = U$

표 6.4.1

만일 우리가 $\vee$(or)를 $\cup$(union)에 대응시키고, $\wedge$(and)를 $\cap$(intersection)에, **t**(a tautology)를 U(universal set)에, **c**(contradiction) 를 $\emptyset$(empty set)에, $\sim$(negation)를 ^{c}(complementation)에 대응시킨다면, 우리는 $\vee$ 및 $\wedge$의 연산자를 갖는 논리의 구조와 $\cup$ 및 $\cap$의 연산자를 갖는 집합이 근본적으로 같은 구조임을 알 수 있다. 사실, 이 두 가지는 부울 대수(Boolean algebra)라는 일반적인 구조의 특별한 경우일 뿐이다. 부울 대수의 근본적인 아이디어는 영국 수학자 조지 부울(George Boole)이 1847년에 『논리의 수학적 분석(The Mathematical Analysis of Logic)』이라는 책에서 소개하였다. 19세기 말까지 부울과 다른 수학자들이 요즘에 사용하는 형태로 발전시켰다.

이번 절에서는 5가지의 공리 및 그와 연관된 여러 성질들을 보여 준다.

• 정의: 부울 대수

부울 대수(Boolean algebra) B는 일반적으로 $+$와 $\cdot$로 표기되는 두 연산과 함께, 모든 B의 원소 a와 b에 대하여 $a+b$와 $a \cdot b$ 모두 B에 속하고 다음 성질을 만족시키는 집합 B이다.

1. 교환법칙: B에 속하는 모든 a와 b에 대하여

$$\text{(a) } a+b=b+a \text{ 그리고 (b) } a \cdot b=b \cdot a$$

2. 결합법칙: B에 속하는 모든 a, b, c에 대하여

$$\text{(a) } (a+b)+c=a+(b+c) \text{ 그리고 (b) } (a \cdot b) \cdot c=a \cdot (b \cdot c)$$

3. 분배법칙: B에 속하는 모든 a, b, c에 대하여

$$\text{(a) } a+(b \cdot c)=(a+b) \cdot (a+c) \text{ 그리고 (b) } a \cdot (b+c)=(a \cdot b)+(a \cdot c)$$

4. 항등법칙: B에 속하는 모든 a에 대하여

$$\text{(a) } a+0=a \text{ 그리고 (b) } a \cdot 1=a$$

를 만족시키는 원소 0과 1이 B에 존재한다.

5. 보법칙: B에 속하는 각각의 a에 대하여

$$\text{(a) } a+b=1 \text{ 그리고 (b) } a \cdot b=0$$

을 만족시키는 원소가 B에 존재한다. 이것을 만족하는 b를 $\bar{a}$라 표기하고 a의 **보원**(complement) 또는 **부정**(negation)이라 부른다.

임의의 부울 대수에서 각 원소의 보원은 유일하고, 0과 1은 유일하며, 정리 2.1.1과 정리 6.2.2에 있는 것처럼 유사한 항등식들이 유도될 수 있다.

정리 6.4.1 부울 대수의 성질

B를 부울 대수라 하자.

1. **보원의 유일성:** B에 속한 모든 a에 대하여, 만약 $a+x=1$이고 $a \cdot x=0$이면, $x=\overline{a}$이다.
2. **0과 1의 유일성:** 만약 B에 속한 모든 a에 대하여, $a+x=a$를 만족시키는 x가 B에 존재하면 $x=0$이고, 만약 B에 속한 모든 a에 대하여, $a \cdot y=a$를 만족시키는 y가 B에 존재하면 $y=1$이다.
3. **이중보법칙:** 모든 $a \in B$에 대하여, $\overline{(\overline{a})} = a$이다.
4. **멱등법칙:** 모든 $a \in B$에 대하여

$$\text{(a) } a+a=a \quad \text{and} \quad \text{(b) } a \cdot a = a$$

5. **전체한계법칙:** 모든 $a \in B$에 대하여

$$\text{(a) } a+1=1 \quad \text{and} \quad \text{(b) } a \cdot 0 = 0$$

6. **드모르간의 법칙:** 모든 $a, b \in B$에 대하여

$$\text{(a) } \overline{a+b} = \overline{a} \cdot \overline{b} \quad \text{and} \quad \text{(b) } \overline{a \cdot b} = \overline{a} + \overline{b}$$

7. **흡수법칙:** 모든 $a, b \in B$에 대하여

$$\text{(a) } (a+b) \cdot a = a \quad \text{and} \quad \text{(b) } (a \cdot b) + a = a$$

8. **0과 1의 보원들:**

$$\text{(a) } \overline{0} = 1 \quad \text{and} \quad \text{(b) } \overline{1} = 0$$

증명:

1: 보법칙의 유일성

a와 x는 특별하지만 임의로 선택된 B의 원소들로서 $a+x=1$ 그리고 $a \cdot x=0$를 만족시킨다고 가정하자. 그러면

$x=x \cdot 1$	1은 ·에 대한 항등원이기 때문에
$=x \cdot (a+\overline{a})$	+에 대한 보법칙에 의해
$=x \cdot a+x \cdot \overline{a}$	+ 상의 ·에 대한 분배법칙에 의해
$=a \cdot x+x \cdot \overline{a}$	·에 대한 교환법칙에 의해
$=0+x \cdot \overline{a}$	가정에 의해
$=a \cdot \overline{a}+x \cdot \overline{a}$	·에 대한 보법칙에 의해
$=(\overline{a} \cdot a)+(\overline{a} \cdot x)$	·에 대한 교환법칙에 의해

$= \overline{a} \cdot (a+x)$	+ 상의 ·에 대한 분배법칙에 의해
$= \overline{a} \cdot 1$	가정에 의해
$= \overline{a}$	1은 ·에 대한 항등원이기 때문에

이 정리의 다른 부분들은 아래에 있는 예제와 연습문제에서 증명한다.

여러분은 아마도 부울 대수에 관한 정의의 모든 부분들과 정리 6.4.1의 모든 부분들이 쌍으로 된 명제들을 포함한다는 것을 알 것이다. 예를 들어 분배법칙은 B에 속한 모든 a, b, c에 대하여

$$\text{(a)}\ \ a + (b \cdot c) = (a + b) \cdot (a + c) \quad \text{and} \quad \text{(b)}\ \ a \cdot (b + c) = (a \cdot b) + (a \cdot c)$$

그리고 항등법칙은 B에 속한 모든 a에 대하여

$$\text{(a)}\ \ a + 0 = a \quad \text{and} \quad \text{(b)}\ \ a \cdot 1 = a$$

쌍으로 된 명제들의 각각은 + 와 · 표시 그리고 1과 0의 상호교환에 의한 다른 것으로부터 얻는다. 그러한 치환은 임의의 부울 항등식을 그것의 **쌍대**(dual) 항등식으로 변환한다. 임의의 부울 항등식의 쌍대는 또한 항등식임이 증명될 수 있다. 이러한 사실은 종종 부울 대수에 대한 **쌍대성 원리**(duality principle)라 불린다.

예제 6.4.1 **이중보법칙의 증명**

부울 대수 B에 속하는 모든 원소 a에 대하여, $\overline{(\overline{a})} = a$임을 증명하라.

풀이

B는 부울 대수 그리고 a는 B의 임의의 원소라 가정하면서 출발하라. 증명에 대한 기본은 B의 각 원소는 어떤 방정식들을 만족시키는 유일한 보원을 가진다는 보원의 유일성이다. 그래서 만약 a가 $\overline{a}$와 관련된 방정식을 만족시킨다는 것을 보일 수 있다면, a는 $\overline{a}$의 보원임에 틀림없다.

정리 6.4.1(3) 이중보법칙

부울 대수 B에 속한 모든 원소 a에 대하여, $\overline{(\overline{a})} = a$이다.

증명:

B는 부울 대수이고 a는 B의 원소라 가정하자. 그러면

$\overline{a} + a = a + \overline{a}$	교환법칙에 의해
$= 1$	+에 대한 보법칙에 의해

그리고

$$\overline{a} \cdot a = a \cdot \overline{a} \quad \text{교환법칙에 의해}$$
$$= 0 \quad \text{·에 대한 보법칙에 의해}$$

그래서 a가 $\overline{a}$의 보원에 의해 충족되는 $\overline{a}$와 관련된 두 방정식을 만족시킨다. $\overline{a}$의 보원이 유일하다는 사실로부터, $\overline{(\overline{a})} = a$라는 결론을 내릴 수 있다.

■

예제 6.4.2 **멱등법칙의 증명**

부울 대수 B에 속한 모든 원소 a에 대하여, $a+a=a$이다의 다음 증명에서 빈칸을 채우라.

증명:

B는 부울 대수이고, a는 B의 원소라 가정하자.

$$\begin{aligned} a &= a + 0 && \underline{\text{(a)}} \\ &= a + (a \cdot \overline{a}) && \underline{\text{(b)}} \\ &= (a + a) \cdot (a + \overline{a}) && \underline{\text{(c)}} \\ &= (a + a) \cdot 1 && \underline{\text{(d)}} \\ &= a + a && \underline{\text{(e)}} \end{aligned}$$

풀이

a. 0은 +에 대한 항등원이기 때문에
b. ·에 대한 보법칙에 의해
c. · 상의 +에 대한 분배법칙에 의해
d. +에 대한 보법칙에 의해
e. 1은 ·에 대한 항등원이기 때문에 ■

Bettmann/CORBIS

Bertrand Russell (1872–1970)

Russell의 역설

20세기가 시작되면서, 추론 집합론은 수학의 모든 것이 집합론의 기초 위에 세워질 수 있다는 것을 증명하기 위해 열심히 연구해 온 수많은 수학자들에게 널리 받아들여지기 시작했다. 활동의 중반에 들어서, 영국의 수학자이자 철학자인 Bertrand Russell은 기초의 바로 그 핵심을 뒤흔드는 것 같은 하나의 '역설(paradox)' [실제로 진짜 모순(contradiction)]을 발견했다. 그 역설은 Cantor의 집합 정의를 "우리의 직관과 사고의 한정적이고 분리되는 객체들의 어떤 모음"으로 가정한다.

Russell의 역설: 대부분의 집합들은 그들 자신의 원소를 가지지 않는다. 예를 들어 모든 정수들의 집합은 정수가 아니며 모든 말들의 집합은 말이 아니다. 그러나 우리는 집합이 그 자체의 하나의 원소가 될 수 있는 가능성을 생각할 수 있다. 예를 들어 모든 추상적인 아이디어들의 집합은 하나의 추론적 추상적인 아이디어로 간주될는지도 모른다. 만약 우리가 집합을 정의하는 성질로 하나의 성질을 묘사하는 데 사용해도 된다면, S를 그것들 자체의 원소가 아닌 모든 집합들의 집합이라 둘 수 있다.

$$S = \{A \mid A \text{ is a set and } A \notin A\}$$

S는 그 자체의 원소인가?

그 대답은 예와 아니요 모두 아니다. 왜냐하면, 만약 $S \in S$이면, S는 S를 정의하는 성질을 만족시키므로 $S \notin S$이다. 그러나 만약 $S \notin S$이면, S는 $S \notin S$를 만족시키는 집합이고, 그래서 S는 S를 정의하는 성질을 만족시킨다. 이것은 $S \in S$를 의미한다. 따라서 $S \in S$가 아니며, $S \notin S$도 아니다. 이것은 하나의 모순이다.

Russell은 이해하기 쉽도록 그의 역설과 꼭 같은 논리를 나타내기 위한 해결책으로 이발사 퍼즐을 고안했다.

예제 6.4.3 **이발사 퍼즐**

어떤 마을에 단지 그들 스스로 면도하지 않는 모든 남자들을 면도해 주는 한 명의 남자 이발사가 있다. 질문: 그 이발사는 스스로 면도할 수 있는가?

풀이

할 수 있지도 않고, 할 수 없지도 않다. 만약 그 이발사가 스스로 면도할 수 있다면, 그는 스스로 면도할 수 있는 남자들의 클래스의 일원이다. 하지만 이 클래스의 어떤 일원도 그 이발사에 의해 면도되지 않는다. 그래서 그 이발사는 그 자신을 면도하지 않는다. 한편, 만약 그 이발사가 그 자신을 면도하지 못한다면, 그는 그들 자신을 면도하지 못하는 남자들의 클래스에 속한다. 그러나 그 이발사는 이 클래스에 있는 모든 남자를 면도한다. 그래서 그 이발사는 자신을 면도한다. ■

그러나 어떻게 옳지도 않고, 틀리지도 않는다라고 대답할 수 있는가? 확실히 어떤 이발사는 스스로를 면도하기도, 면도하지 않기도 한다. 여러분은 역설의 소멸을 가능케 하는 상황들을 생각할는지도 모른다. 예를 들어, 만일 이발사가 수염이 없다면, 결코 면도하지 않는다. 그러나 그 퍼즐의 한 조건은 "그 이발사는 그들 스스로 면도하지 않는 모든 남자들을 면도하는 한 남자이다"라는 것이다. 만약 그가 면도하지 않으면, 그는 그 자신을 면도하지 않으며, 이럴 경우 그는 그 이발사에게 면도를 받을 것이고 그 모순은 현재와 다름없다. 그 이발사의 상황을 세세히 고려함으로써 역설을 풀기 위한 다른 시도들은 비슷하게 실패하게 되었다.

역설이 쉬운 해답을 가지지 않았다는 사실을 받아들이고, 그 사고가 어디로 이끄는지를 보자. 그 이발사는 스스로를 면도하지 않았고, 스스로를 면도하지 않은 것도 아니므로, "이 발사는 스스로 면도한다"는 문장은 참도 아니고 거짓도 아니다. 그러나 이 문장은 한 상황의 묘사로부터 자연스런 방법에서 나왔다. 만약 그 상황이 실제로 존재한다면, 그 문장은 참이 되거나 거짓이 될 것이다. 그래서 우리는 퍼즐에서 묘사된 그 상황이 간단히 우리가 그것을 알고 있는 것처럼 세상에 존재하지 않는다는 결론을 내릴 수 있다.

비슷한 방법으로, Russell의 역설 자체로부터 도출된 결론은 객체 S는 하나의 집합이 아니라는 것이다. 왜냐하면 만약 그것이 실제로 하나의 집합이면, 우리가 가정하고 있는 집합들의 일반적인 성질들을 만족시키는 의미에서, 그것은 그 자체의 원소이거나 원소가 아닐 수 있다.

Russell의 발견 후 수년간, 모순을 배제하기 위한 집합론의 기본적인 개념을 정의하려는 여러 방법들이 시도되었다. 이 책에 사용된 방법은, 그것의 존재성은 공리에 의해 보장되는 멱집합을 제외하고, 하나의 집합이 집합을 정의하는 성질로서 술어를 사용하여 정의될 때마다, 우리는 그 집합이 하나의 알려진 집합의 부분집합이라는 약속을 또한 만들어야 한다고 강조한다. 이 방법은 "그 자신들의 원소들이 아닌 모든 집합들의 집합"을 말하는 것을 허락하지 않는다. 우리들은 단지 "그 자신들의 원소들이 아니면서 어떤 알려진 집합의 부분집합들인 모든 집합들의 집합"만을 말할 수 있다. 이러한 제한이 만들어졌을 때, Russell의 역설은 모순을 일으키지 않는다.

U를 전체집합이라 하고, 토의되는 모든 집합들은 U의 부분집합들이라 가정하자.

$$S = \{A \mid A \subseteq U \text{ and } A \notin A\}$$

라 하면, Russell의 역설에서 두 논리 함축

$$S \in S \to S \notin S \quad \text{and} \quad S \notin S \to S \in S$$

는 증명되었고, 그러므로 모순적인 결론

$$\text{neither } S \in S \quad \text{nor} \quad S \notin S$$

라는 것이 도출되었다. 토의 중인 모든 집합들이 U의 부분집합들이라는 상황에서, 논리 함축 $S \in S \to S \notin S$는 Russell의 역설에서처럼 거의 같은 방식으로 증명된다.($S \in S$라 가정하자. 그러면 S의 정의에 의해, $S \subseteq U$이고 $S \notin S$이다. 특히 $S \notin S$이다.) 한편, $S \notin S$라는 가정으로부터, 단지 명제 $S \subseteq U$와 $S \notin S$가 거짓이다라는 것을 추론할 수 있다. 드모르간의 법칙의 하나에 의해, 이것은 $S \not\subseteq U$이거나 $S \in S$라는 것을 의미한다. $S \in S$는 $S \notin S$라는 가정에 모순이기 때문에, 우리는 그것을 제거하고 $S \not\subseteq U$라는 결론을 내린다. 다시 말해서, 우리들이 이끌어 낼 수 있는 유일한 결론은 S의 그럴듯한 '정의'—S는 U에 속한 집합이다—가 결점이 있다는 것이다.

Kurt Gödel
(1906–1978)

Russell의 발견은 수학에 심오한 충격을 주었다. 왜냐하면 비록 그의 모순이 좀 더 세심한 정의에 의해 사라질 수 있게 되었다 하더라도, 그것의 존재는 사람들로 하여금 또 다른 모순들의 존재 여부에 대해 궁금증을 가지게 하는 원인이 되었기 때문이다. 1931년에 Kurt Gödel은 수학적으로 엄밀한 방법을 사용하여, 수학이 모순으로부터 자유롭다는 증명을 하는 것이 가능하지 않다는 것을 보여 주었다. 여러분은 Gödel의 결과가 수학자들이 절망하여 그들의 연구를 포기하도록 한다고 생각할 수도 있다. 그러나 그런 일은 일어나지 않았다. 오히려 그와 반대로, 1931년 이래로 역사의 그 어떤 시기보다도 더 많은 수학적 연구 활동들이 진행되었다.

정지문제

전자계산기가 실제로 구성되기 훨씬 이전에, Alan M. Turing(1912～1954)은 그러한 계산기들이 어떻게 작동해야 하는지에 관한 심오한 정리를 유도하였다. 그가 사용했던 논증은 Russell의 역설에서 사용되었던 것과 비슷하다. 그것은 또한 그의 정리를 증명하기 위하여 Kurt Gödel에 의해 사용되었고, 심지어 무한히 긴 시간을 주더라도 모든 실수를 무한히 긴 목록에 쓰는 것이 불가능하다는 것을 증명하기 위하여 Cantor에 의해 사용되었던 것들과 관계 있다(7.4절과 12장을 보라).

만약 여러분이 컴퓨터 프로그래밍 경험을 갖고 있다면, 컴퓨터 시스템에서 무한 루프가 얼마나 나쁜지 알 것이다. 주어진 데이터 집합을 가지고 주어진 프로그램의 실행이 무한 루프에 빠질 수 있는지를 검사하는 프로그램을 통해 그것을 작동시킴으로써 프로그램이나 그것의 자료 집합을 전처리할 수 있다는 것은 유용하게 될 것이다. 우리는 그런 프로그램을 위한 알고리즘을 쓸 수 있는가? 달리 말하면, 우리는 알고리즘 X와 입력으로서 임의의 데이터 집합 D를 받아들이고, 데이터 집합 D로 작동시켰을 때 X가 유한 번의 단계에서 끝나거나 무한 루프에 빠지는지를 지적하는 '정지' 나 '무한 루프' 를 프린트하는 알고리즘을 쓸 수 있는가? 1930년대에 Turing은 이 질문에 대한 해답으로 아니요라는 것을 증명하였다.

정리 6.4.2

알고리즘 X와 입력으로서 임의의 데이터 집합 D를 받아들이고, 그 다음에 데이터 집합 D로 작동시켰을 때 X가 유한 번의 단계에서 끝나는지를 지적하는 '정지' 나 '무한 루프' 를 출력해 주는 알고리즘은 존재하지 않는다.

증명(모순에 의한):

알고리즘 CheckHalt가 존재해서 알고리즘 X와 데이터 집합 D가 입력될 경우, CheckHalt(X, D)는 만약 데이터 집합 D로 작동시켰을 때 X가 유한 번의 단계에서 끝난다면, '정지' 를 프린트하거나, 만약 데이터 집합 D로 작동시켰을 때 X가 유한 번의 단계에서 끝나지 않는다면, '무한 루프'를 프린트한다고 가정하자.

[CheckHalt와 같은 알고리즘이 존재할 수 없다는 것을 보이기 위해, 우리는 모순을 이끌어 낼 것이다.]

알고리즘 X를 구성하고 있는 문자들의 나열은 데이터 집합 그 자체로 간주될 수 있다는 것을 관찰하자. 따라서 입력 (X, X)로 CheckHalt를 구동하는 것을 고려하는 것은 가능하다. 다음과 같이 새로운 알고리즘 Test를 정의하자: 임의의 입력 알고리즘 X에 대하여

Test(X)는

만약 CheckHalt(X, X)가 '정지'를 프린트하면, 무한 루프에 빠지거나
만약 CheckHalt(X, X)가 '무한 루프'를 프린트하면, 멈춘다.

이제 입력 Test를 가지고 알고리즘 Test를 작동시키자. 만약 Test(Test)가 유한 번의 단계에서 끝난다면, CheckHalt(Test, Test)의 값은 '정지'이고, 따라서 Test(Test)는 무한 루프에 빠진다.

한편, 만약 Test(Test)가 유한 번의 단계에서 끝나지 않는다면, CheckHalt(Test, Test)는 '무한 루프'를 프린트하고, 따라서 Test(Test)는 끝난다.

위의 두 문단은 Test(Test)는 무한 루프에 빠지고 또한 그것은 끝난다는 것을 보여 준다. 이것은 모순이다. 그러나 Test의 존재성은 종료에 대한 임의의 알고리즘과 데이터 집합을 검사할 수 있는 알고리즘 CheckHalt의 존재성의 가정을 논리적으로 따른다.[따라서 그 가정은 거짓이어야 하고 그러한 알고리즘은 존재하지 않는다.]

최근 Russell의 역설이 일어나지 않을 것이라고 보장하는 집합론에 대한 공리들이 컴퓨터 과학에서 귀납적으로 정의된 객체들의 전체 범위를 취급하는 것은 부적절하다는 것을 알게 되었다. 그리고 '기초가 잘 정립되지 않은(non-well-founded)' 집합들의 새로운 이론이 개발되었다. 게다가 컴퓨터들이 자연어를 처리하는 것을 가능하게 하는 프로그램들을 연구하는 컴퓨터 과학자들과 논리학자들은 이발사 퍼즐에 의해 제기된 의미론상의 문제들을 중요하게 다뤄야 한다는 것을 알게 되었고 그것들을 다루는 논리의 새로운 이론들을 개발하고 있다.

자 | 기 | 진 | 단

1. 명제 형식의 집합과 전체집합의 부분집합의 집합 사이의 비교에서, or 연산자 ∨는 ________에 해당되고, and 연산자 ∧는 ________에 해당되고, 항진명제 **t**는 ________에 해당되고, 모순명제 **c**는 ______에 해당되고, 부정 연산자 ~는 ________에 해당된다.

2. 부울 대수에서 연산자 +와 •는 명제논리에서의 _____와 _____ 연산자의 일반화이고, 집합에서의 _____와 _____ 연산자의 일반화 연산자이다.

3. Russell은 다음의 제안된 '집합 정의'가 실제로 집합을 정의할 수 없다는 것을 보여 주었다: _____.

연/습/문/제 6.4

1. B는 연산 $+$와 $\cdot$을 갖는 부울 대수라 가정하자. 증명에서 빈칸에 알맞은 이유를 써라. 그러나 정리 6.4.1의 어떤 부분들도 이미 증명되지 않았다면 사용하지 말라.

B에 속하는 모든 a에 대하여, $a \cdot a = a$이다.

증명: a는 B의 임의의 원소라 하자. 그러면

$$\begin{aligned} a &= a \cdot 1 && \underline{\quad (a) \quad} \\ &= a \cdot (a + \overline{a}) && \underline{\quad (b) \quad} \\ &= (a \cdot a) + (a \cdot \overline{a}) && \underline{\quad (c) \quad} \\ &= (a \cdot a) + 0 && \underline{\quad (d) \quad} \\ &= a \cdot a && \underline{\quad (e) \quad} \end{aligned}$$

2~6에서 B는 연산 $+$와 $\cdot$을 갖는 부울 대수라 가정하자. 정리 6.4.1의 어떤 부분들이 이미 증명되지 않았다면 사용하지 말고 각 명제를 증명하라. 그러나 부울 대수 정의의 어떤 부분과 이전의 연습문제 결과는 사용해도 좋다.

2. B에 속하는 모든 a에 대하여, $a \cdot 0 = 0$이다.

3. **a.** $\overline{0} = 1$ **b.** $\overline{1} = 0$

4. **a.** 연산자 $+$에 대한 항등원은 B에서 오직 한 개뿐이다.

b. 연산자 $\cdot$에 대한 항등원은 B에서 오직 한 개뿐이다.

5. B에 속하는 모든 a와 b에 대하여, $\overline{a \cdot b} = \overline{a} + \overline{b}$이다. [힌트: $(a \cdot b) + (\overline{a} + \overline{b}) = 1$이고 $(a \cdot b) \cdot (\overline{a} + \overline{b}) = 0$임을 증명하고 $a \cdot b$는 유일한 보원을 갖는다는 사실을 이용하라.]

6. B에 속하는 모든 x, y, z에 대하여, 만약 $x+y=x+z$이고 $x \cdot y = x \cdot z$이면, $y=z$이다.

7. $S=\{0, 1\}$라 하고 S 상의 연산 $+$와 $\cdot$를 다음 표와 같이 정의하자.

$+$	0	1
0	0	1
1	1	1

$\cdot$	0	1
0	0	0
1	0	1

a. S의 원소들이 다음 성질들을 만족시키는지를 보여라.

(i) $+$에 대한 교환법칙

(ii) $\cdot$에 대한 교환법칙

(iii) $+$에 대한 결합법칙

(iv) $\cdot$에 대한 결합법칙

(v) $\cdot$ 상의 $+$에 대한 분배법칙

(vi) $+$ 상의 $\cdot$에 대한 분배법칙

b. 0이 $+$에 대한 항등원임을 보이고 1이 $\cdot$에 대한 항등원임을 보여라.

c. $\overline{0} = 1$이고 $\overline{1} = 0$이라 정의하라. S에 속한 모든 a에 대하여, $a + \overline{a} = 1$이고 $a \cdot \overline{a} = 0$임을 보여라.

위의 (a)~(c)로부터 S가 연산 $+$와 $\cdot$를 가지는 부울 대수임을 알 수 있다.

8. 부울 대수에 대한 결합법칙들이 (부울 대수의) 정의로부터 생략될 수 있음을 보여라. 즉, 결합법칙들은 (부울 대수의) 정의에 있는 다른 법칙들로부터 유도될 수 있음을 증명하라.

9~11에서는 각 문장이 명제인지를 결정하라. 여러분의 답을 설명하라.

9. 이 문장은 거짓이다.

10. 만약 $1+1=3$이면, $1=0$이다.

11. 이 문장은 거짓이거나 $1+1=3$이다

12. 다음 두 문장은 논리학자 Saul Kripke에 의해 고안되었다. 이들은 본질적으로 역설이 아니지만, 어떤 상황 아래에서 역설이 될 수 있다. 그러한 상황을 묘사하라.

(i) Watergate에 관한 Nixon의 주장들은 대부분 거짓이다.

(ii) Watergate에 관해 Jones이 말한 모든 것은 참이다.

[힌트: Nixon이 (ii)를 말하고 Watergate에 관한 Jones의 발언은 (i)이라고 가정하라.]

13. 그들의 출력에서 그 자신들을 나열하지 않는 모든 프로그램들의 목록을 출력으로 가지는 프로그램이 존재하는가? 여러분의 답을 설명하라.

14. 고정된 양의 a와 임의의 입력 알고리즘 X, 그리고 데이터 집합 D에 대하여, 데이터 집합 D로 실행할 때 X가 a를 프린트하는지 결정할 수 있는가? 설명하라.[이러한 문제를 **출력 문제**(printing problem)라고 부른다.]

자 | 기 | 진 | 단 | 해 | 답

1. 합집합의 연산 ∪; 교집합의 연산 ∩; 전체 집합 U; 공집합 ∅; ^{c}라고 표현되는 여집합의 연산 2. ∨; ∧; ∪; ∩ 3. 자신들 자체의 원소가 되지 않는 모든 집합들의 집합

07 장
함수

함수(function)는 수학과 컴퓨터 과학의 모든 분야에서 너무나 자주 활용된다. 이 책에서 우리는 진리표, 입출력 테이블(이것들은 부울 함수이다), 순열(이것은 정수 집합에서 정의된 함수이다), *mod* 와 *div*(이들은 정수의 데카르트 곱(Cartesian product)에 정의된 함수이다), floor 와 ceiling(이들은 **R** 부터 **Z** 까지의 함수이다)에 대해 이미 다루어 보았다.

이 장에서는 이산 집합(유한 집합이나 정수의 집합과 같은)에서 정의된 함수에 중점을 두면서 다양한 함수의 특성 및 성질을 다룬다. 그리고 단사(일대일) 함수와 전사 함수의 성질, 역함수의 존재 여부, 합성 함수의 상호작용, 그리고 단사(일대일)와 전사의 성질에 대해 알아본다. 이 장의 끝에서는 무한 집합의 크기와 계산 가능성의 응용에 대해 논의한다.

7.1 일반적인 집합에서 정의된 함수

근세에 가장 큰 발전이 있었던 이론은 의심의 여지 없이 함수 이론이다.—Vito Volterra, 1888.

일상적인 언어에서 사용되는 단어로서의 함수는 어느 하나에서 다른 것으로 그 양이 변화되는 의존적인 관계를 의미한다. 만약 교사가 학생들에게 학점은 시험 성적의 함수가 된다고 말한다면, 시험 성적을 학점으로 변환하는 어떤 규칙을 적용하여 각 시험 성적에 어떤 학점을 대응시킨다는 의미로 해석할 수 있다. 시험 점수의 각 결과에 대하여 대응하는 어떤 학점이 존재한다.

1.3 절에서 함수를 관계의 어떤 형태로서 정의하였다. 이 장에서는 수학에서 함수가 사용되는 보다 역동적인 방법에 중점을 둔다. 이러한 개념과 관련된 부가 용어를 포함하는 함수의 정의를 다시 기술한다.

> **• 정의**
>
> $f: X \to Y$로 표기되는 **집합 X에서 Y로의 함수 f는 정의역**(domain) X로부터 **공변역**(co-domain) Y로의 관계이고, 다음의 두 가지 성질을 만족시킨다: (1) X 내의 모든 원소들은 Y 내의 일부 원소들에 관계되고, (2) X 내의 어떠한 원소도 Y 내의 두 개 이상의 원소들과 관련되지 아니한다. 따라서 X 내에서 주어진 원소 x에는 f에 의하여 x에 관련되는 유일한 원소가 존재한다. 이 원소를 y라 하면, "f가 x를 y로 보낸다" 또는 "f가 x를 y에 대응시킨다"라고 말하며, $x \xrightarrow{f} y$ 또는 $f: x \to y$로 표기한다. f가 x를 보내는 이 유일한 원소를 $f(x)$로 표기하고, 다음과 같이 부른다.
>
> **입력 x에 대한 f의 출력**
> **x에서 f의 값**
> **f에 의한 x의 상**
>
> X의 모든 원소에 대한 f의 값들의 집합은 f의 치역(range) 또는 f에 의한 X의 상(image)이라 부르고, 다음과 같은 기호로 나타낸다.
>
> **f의 치역 $=$ f에 의한 X의 상** $= \{y \in Y \mid X$ 내의 어떤 x에 대하여, $y = f(x)\}$
>
> Y 내에 한 원소 y가 주어지면, y를 상으로 갖는 X 내에 원소들이 존재할 수 있다. $f(x) = y$이면, x를 **y의 원상**(preimage of y) 혹은 **y의 역상**(inverse image of y)이라 부르고, 다음과 같은 기호로 나타낸다.
>
> **y의 역상** $= \{x \in X \mid f(x) = y\}$

⚠ **주의!** x에서 함수 f의 값과 관련하여 $f(x)$를 사용한다. 일반적으로 함수 f 자체에 관련해서는 $f(x)$를 사용하지 아니한다.

일부 수학 문맥상에서, 기호 $f(x)$는 x에서 f의 값과 함수 f 자체를 모두 나타낸다. 이러한 방식의 표기법(기호)을 사용하는 것은 혼동을 일으킬 수 있으므로, 이 책에서는 이러한 표기를 가능한 한 피하기로 한다. 이 책에서는 명시적으로 기술하지 않는 이상, 기호 $f(x)$는 항상 x에서 함수 f의 값을 나타내고, 함수 f 자체는 나타내지 아니한다.

함수의 개념은 수 세기 동안에 걸쳐서 발전되었다. 앞에서 설명한 유사한 정의는 1837년에 독일 수학자 Lejeune Dirichlet에 의하여 수의 집합에서 처음으로 공식화되었다.

Stock Montage

Johann Peter Gustav Lejeune Dirichlet (1805–1859)

화살 도표

1.3절에서 기술한 바와 같이, X와 Y가 유한 집합이라면, X의 원소 목록과 Y의 원소 목록을 만들어 X의 각 원소에서 그와 대응되는 Y의 원소로 화살표를 그림으로써 X에서 Y로의 함수 f를 정의할 수 있다. 이러한 그림을 화살 도표(arrow diagram)라고 부른다. 화살 도표의 한 예는 그림 7.1.1에 나타내었다.

이 화살 도표가 함수를 정의할 수 있는 이유는 다음과 같다.

1. X의 모든 원소는 X로부터 나가는 하나의 화살표를 갖고,
2. X의 그 어떤 원소도 두 개의 화살표가 Y의 서로 다른 원소를 가리키는 경우는 없다.

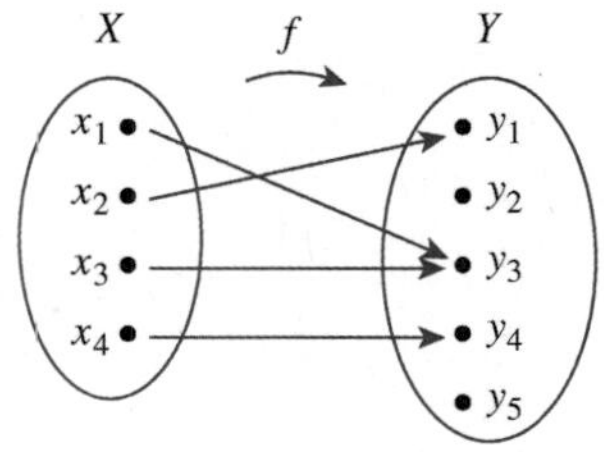

그림 7.1.1

예제 7.1.1 **함수와 비함수**

그림 7.1.2의 화살 도표들 중에서 $X=\{a, b, c\}$에서 $Y=\{1, 2, 3, 4\}$로의 함수를 정의하는 것은 어느 것인가?

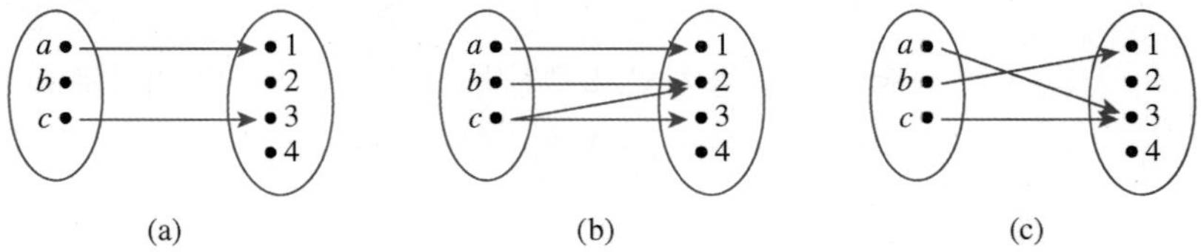

그림 7.1.2

풀이

(c)만 함수를 정의한다. (a)에는 b라는 X의 원소가 있는데 이는 Y의 어떠한 원소와도 대응하지 않는다. 즉, b로부터 나오는 화살표가 없다. (b)에서는 원소 c가 Y의 유일한 원소와 대응하지 않는다. 즉, c로부터 나오는 화살표가 두 개 있는데, 하나는 2를 가리키고, 다른 하나는 3을 가리키고 있다. ■

예제 7.1.2 **화살 도표로 정의된 함수**

$X=\{a, b, c\}$이고 $Y=\{1, 2, 3, 4\}$일 때, 그림 7.1.3에 화살 도표로 나타낸 X에서 Y로의 함수 f를 정의하라.

a. f의 정의역과 공변역을 쓰라.
b. $f(a), f(b), f(c)$를 구하라.
c. f의 치역은 무엇인가?
d. 원소 c는 2의 역상인가? 원소 b는 3의 역상인가?
e. 1, 2, 4의 역상은 각각 무엇인가?
f. 순서쌍의 집합으로 f를 나타내라.

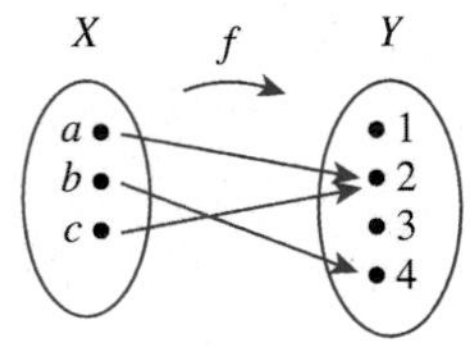

그림 7.1.3

풀이

a. f의 정의역은 $\{a, b, c\}$, 공변역은 $\{1, 2, 3, 4\}$이다.

b. $f(a)=2, f(b)=4, f(c)=2$

c. f의 치역은 $\{2, 4\}$이다.

d. 원소 c는 2의 역상이고 원소 b는 3의 역상이 아니다.

e. 2의 역상은 $\{a, c\}$, 4의 역상은 $\{b\}$, 1의 역상은 공집합 $\emptyset$(즉, 원소 1로 향하는 화살표가 없음)이다.

f. $\{(a, 2), (b, 4), (c, 2)\}$ ■

예제 7.1.2에서 원소 1과 3으로 향하는 화살표는 없다. 이로써 함수의 정의역의 모든 원소들은 그로부터 출발하는 하나의 화살표를 갖고 있어야 하지만, 어떠한 화살표도 가리키지 않는 공변역의 원소들이 있을 수 있다는 사실을 알 수 있다. 또한 2로 향하는 화살표는 a에서 시작되는 화살표와 c에서 시작되는 화살표 두 개이다.

1.3절에서 동일 정의역과 공변역을 갖는 두 개의 함수가 동등한지의 여부를 결정하기 위한 실험을 하였고, 2진법 관계로서 함수의 정의로부터 실험 결과를 설명하였다. 이러한 타당성을 정리 7.1.1에서 공식화한다.

정리 7.1.1 함수 동등성에 대한 실험

$F: X \to Y$와 $G: X \to Y$가 함수이면, 모든 $x \in X$에 대하여 $F(x)=G(x)$일 경우에만 $F=G$이다.

증명:

$F: X \to Y$와 $G: X \to Y$가 함수, 즉, 두 개의 부가적 함수 성질을 만족시키는 F와 G는 X에서 Y로의 관계들이라고 가정하자. 그러면 F와 G는 $X \times Y$의 부분집합들이고, F 내에서의 (x, y)에 대하여, y는 F에 의하여 x에 연관되는 유일한 원소라는 의미를 갖고, 이를 $F(x)$로 나타낸다. 마찬가지로 G 내에서의 (x, y)에 대하여 y는 G에 의하여 x에 연관되는 유일한 원소라는 의미를 갖고, 이를 $G(x)$로 나타낸다.

모든 $x \in X$에 대하여 $F(x)=G(x)$라고 가정하자. 이때 x가 X의 임의의 원소이면

$$(x, y) \in F \Leftrightarrow y = F(x) \Leftrightarrow y = G(x) \Leftrightarrow (x, y) \in G$$

$F(x)=G(x)$이기 때문에,

따라서 F와 G는 정확히 동일한 원소들로 구성되어 $F=G$이다.

역으로 $F=G$이면 모든 $x \in X$에 대하여

$$y = F(x) \Leftrightarrow (x, y) \in F \Leftrightarrow (x, y) \in G \Leftrightarrow y = G(x)$$

F와 G는 정확하게 동일한 원소들로 구성되기 때문에

따라서 $F(x)$와 $G(x)$ 모두가 y와 동등하므로, 다음을 얻는다.

$$F(x)=G(x)$$

예제 7.1.3 **함수의 상등**

a. $J_3=\{0, 1, 2\}$일 때, 다음과 같이 J_3에서 J_3로의 함수 f와 g를 정의한다. J_3 내의 모든 x에 대하여

$$f(x) = (x^2 + x + 1)\ mod\ 3 \quad \text{및} \quad g(x) = (x + 2)^2\ mod\ 3$$

$f=g$ 인가?

b. F: $\mathbf{R} \to \mathbf{R}$과 G: $\mathbf{R} \to \mathbf{R}$을 함수라고 하자. 새로운 함수 $F+G$: $\mathbf{R} \to \mathbf{R}$과 $G+F$: $\mathbf{R} \to \mathbf{R}$을 다음과 같이 정의하라. 모든 $x \in \mathbf{R}$에 대하여

$$(F + G)(x) = F(x) + G(x) \quad \text{이고} \quad (G + F)(x) = G(x) + F(x)$$

$F+G=G+F$ 인가?

풀이

a. 그렇다. 다음의 표는 J_3 내의 모든 x에 대하여 $f(x)=g(x)$를 나타낸다.

x	x^2+x+1	$f(x) = (x^2+x+1)\ mod\ 3$	$(x+2)^2$	$g(x) = (x+2)^2\ mod\ 3$
0	1	$1\ mod\ 3 = 1$	4	$4\ mod\ 3 = 1$
1	3	$3\ mod\ 3 = 0$	9	$9\ mod\ 3 = 0$
2	7	$7\ mod\ 3 = 1$	16	$16\ mod\ 3 = 1$

b. 그렇다. 모든 실수 x에 대하여

$$(F+G)(x)=F(x)+G(x)$$ $F+G$의 정의에 의하여

$$=G(x)+F(x)$$ 실수의 덧셈에 대한 교환법칙에 의하여

$$=(G+F)(x)$$ $G+F$의 정의에 의하여

그러므로 $F+G=G+F$이다. ■

함수의 예

형태가 다른 함수들의 다양성을 다음의 예제에 나타내었다.

예제 7.1.4 **집합 X에서의 항등 함수**

주어진 집합 X에 대해, X에서 X로의 함수 I_X는

$$X \text{ 내의 모든 } x\text{에 대하여, } I_X(x)=x$$

로 정의된다. 함수 I_X는 X의 모든 원소를 이와 같은 원소들로 보내므로 **항등 함수**(identity function)라 부른다. 따라서 항등 함수는 어떠한 방식으로도 변화시키지 않고 각 입력 부

품에 대하여 출력을 발송하는 기계라고 생각할 수 있다.

X를 임의의 집합이라 하고, a_{ij}^k와 $\phi(z)$가 X의 원소들이라고 가정한다. $I_X(a_{ij}^k)$와 $I_X(\phi(z))$를 구하라.

풀이

항등 함수는 입력 값이 무엇이든 출력 값도 변함없이 그대로이다. 즉, $I_X(a_{ij}^k)=a_{ij}^k$이고 $I_X(\phi(z))=\phi(z)$이다. ■

예제 7.1.5 **수열**

수열의 공식적인 정의에서 무한 수열은 특정 정수보다 크거나 같은 정수의 집합에서 정의된 함수이다. 예를 들면 다음에 표기된 수열은

$$1, -\frac{1}{2}, \frac{1}{3}, -\frac{1}{4}, \frac{1}{5}, \ldots, \frac{(-1)^n}{n+1}, \ldots$$

$0 \to 1, 1 \to -\frac{1}{2}, 2 \to \frac{1}{3}, 3 \to -\frac{1}{4}, 4 \to \frac{1}{5}$과 일반적으로는 $n \to \frac{(-1)^n}{n+1}$로 연관되는 음이 아닌 정수에서 실수로의 함수 f라고 볼 수 있다. 다시 말하면, $f: \mathbf{Z}^{nonneg} \to \mathbf{R}$은 다음과 같이 정의되는 함수이다.

$$0\text{보다 크거나 같은 각각의 정수 } n\text{을 } f(n) = \frac{(-1)^n}{n+1} \text{ 으로 보낸다.}$$

사실 주어진 수열을 정의하는 데 사용될 수 있는 함수는 많다. 그 예로서 양의 정수 집합에서 실수 집합으로의 함수로서 상기 수열을 표기하라.

풀이

각각의 $n \in \mathbf{Z}^+$에 대하여 $g(n)=\frac{(-1)^{n+1}}{n}$와 같이 $g: \mathbf{Z}^+ \to \mathbf{R}$을 정의한다. 그러면 $g(1)=1$, $g(2)=-\frac{1}{2}$, $g(3)=\frac{1}{3}$이고, 일반적으로

$$g(n+1) = \frac{(-1)^{n+2}}{n+1} = \frac{(-1)^n}{n+1} = f(n)$$

■

예제 7.1.6 **멱집합에서 정의된 함수**

6.1절의 내용을 다시 언급하면, $\mathscr{P}(A)$는 집합 A의 모든 부분집합의 집합을 말한다. 함수 $F: \mathscr{P}(\{a, b, c\}) \to \mathbf{Z}^{nonneg}$는 $\mathscr{P}(\{a, b, c\})$에 속하는 각각의 원소 X에 대하여 다음과 같이 정의된다.

$$F(X) = X\text{에 있는 원소의 개수}$$

함수 F를 화살 도표로 나타내라.

풀이

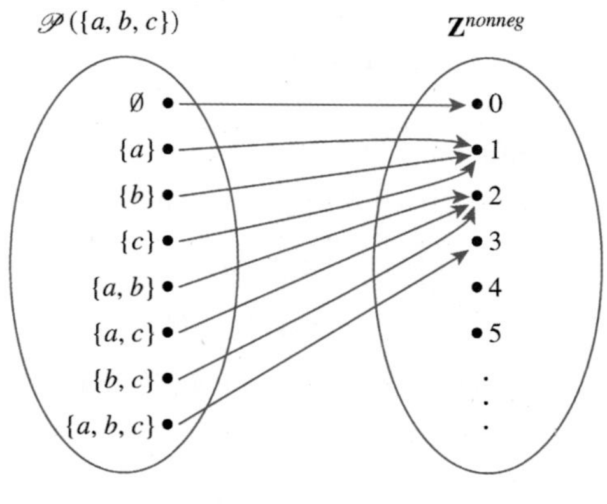

■

예제 7.1.7 **데카르트 곱에서 정의된 함수**

함수 $M: \mathbf{R} \times \mathbf{R} \rightarrow \mathbf{R}$과 $R: \mathbf{R} \times \mathbf{R} \rightarrow \mathbf{R} \times \mathbf{R}$은 실수의 모든 정렬된 순서쌍 (a, b)에 대하여 다음과 같이 정의된다.

주의! 데카르트 곱에서 정의된 함수를 지칭할 때에는 괄호의 한 쌍을 생략하는 것이 관례이다. 즉 $M((a, b))$ 대신에 $M(a, b)$로 표기한다.

$$M(a, b) = ab \text{ 그리고 } R(a, b) = (-a, b)$$

그러면 M은 실수의 각 쌍을 두 원소의 곱에 대응시키는 곱 함수이고, R은 실수의 쌍을 수직축 상의 점의 거울상에 대응시키는 반사 함수이다.

a. $M(-1, -1)$　　b. $M\left(\frac{1}{2}, \frac{1}{2}\right)$　　c. $M(\sqrt{2}, \sqrt{2})$
d. $R(2, 5)$　　e. $R(-2, 5)$　　f. $R(3, -4)$

풀이

a. $(-1)(-1) = 1$　　b. $(1/2)(1/2) = 1/4$　　c. $\sqrt{2} \cdot \sqrt{2} = 2$
d. $(-2, 5)$　　e. $(-(-2), 5) = (2, 5)$　　f. $(-3, -4)$　　■

주의! 임의의 양의 실수 x에 대하여 $b^y = x$와 같이 유일한 실수가 존재한다는 것은 명백하지는 않으나 진리이다. 대부분의 미적분학 책에서는 이러한 결과에 대한 논의를 기술하고 있다.

• 로그와 로그 함수의 정의

b를 $b \neq 1$인 양의 실수라 하자. 각 양의 실수 x에 대하여 **밑(base) b를 갖는 x의 로그(logarithm)**는 $\log_b x$로 표기하고, 이는 x를 구하기 위하여 밑 b에 거듭 제곱되어야 하는 지수이다. 기호로는

$$\log_b x = y \;\Leftrightarrow\; b^y = x$$

밑 b를 갖는 로그 함수는 양의 실수 x에서 $\log_b x$로의, 즉, $\mathbf{R}^+$에서 $\mathbf{R}$로의 함수이다.

예제 7.1.8 **밑 b를 갖는 로그 함수**

다음을 구하라.

a. $\log_3 9$ b. $\log_2\left(\frac{1}{2}\right)$ c. $\log_{10}(1)$ d. $\log_2(2^m)$ (m 은 임의의 실수)

e. $2^{\log_2 m}(m > 0)$

풀이

a. $\log_3 9=2$ 왜냐하면 $3^2=9$.

b. $\log_2(\frac{1}{2})=-1$ 왜냐하면 $2^{-1}=\frac{1}{2}$,

c. $\log_{10}(1)=0$ 왜냐하면 $10^0=1$

d. $\log_2(2^m)=m$, 왜냐하면 2^m을 구하기 위하여 2가 제곱이 되어야 하는 지수는 m이기 때문이다.

e. $2^{\log_2 m}=m$, 왜냐하면 $\log_2 m$은 m을 구하기 위하여 2가 제곱이 되어야 하는 지수이기 때문이다. ■

5.9절의 내용을 다시 언급하면, S가 공집합이 아닌 문자의 유한 집합이라고 하면, ***S*의 문자열**(string over S)은 S의 원소들의 유한 수열이다. 문자열 내의 문자의 수는 문자열의 **길이**(length)라 칭한다. ***S*의 빈 문자열**(null string)은 문자가 없는 문자열이다. 일반적으로 이를 ϵ으로 표기하고 길이가 0이라고 한다.

예제 7.1.9 **암호화 함수와 해독 함수**

디지털 메시지는 0들과 1들의 유한 수열들로 구성된다. 통신 선을 통하여 통신이 이뤄질 때에는, 통신 선의 간섭 잡음으로부터 장애를 받을 가능성을 줄이기 위하여 특수한 방식으로 암호화하곤 한다. 예를 들어 한 메시지가 0들과 1들의 수열로 구성된다고 가정한다. 이 메시지를 암호화하는 간단한 방법은 각 비트를 세 번씩 기재하는 방식이다. 따라서 이 메시지

$$00101111$$

는

$$000000111000111111111111$$

로서 암호화할 수 있을 것이다. 이 메시지의 수신자는 3개 모두가 동등한 하나의 비트로서 3개의 동등 비트의 각 구획을 대체하여 해독한다.

A를 0들과 1들로 이루어진 모든 문자열의 집합이라 하고, T를 동등 비트의 연속 3회를 구성하는 0들과 1들로 이루어진 모든 문자열의 집합으로 하자. 위에 기술한 암호화와 해독 과정은 실제적으로 A에서 T로의, 그리고 T에서 A로의 함수들이 된다. 부호화 함수 E는 다음과 같이 정의되는 A에서 T로의 함수이다. 각 문자열 $s \in A$에 대하여

$E(s)$ = 3회 기재된 동일 비트에 의한 각 s 비트를 대체하여 s로부터 구한 문자열

해독 함수 D는 다음과 같이 정의된다. 각 문자열 $t \in T$에 대하여

$D(t)$ = 해당 비트의 단일 복사에 의하여 t의 3개의 동일 비트의 각 연속된 3배를 대체하여 t로부터 구한 문자열

이러한 특정한 암호화 방식이 장점을 갖는 것은 통신 채널 상의 간섭이 비트의 흐름에 오류를 유도할 경우 일정한 정도로 오류의 보정이 가능하기 때문이다. 만일 암호화된 메시지의 수신자가 동일해야만 하는 3개의 연속 비트의 구획들 중 하나가 동등 비트를 구성하고 있지 않은 것을 관찰한다면, 하나의 비트가 다른 두 개의 비트와 다르게 나타난다. 이 경우에 오류는 드물지만, 상이한 단일 비트는 오류가 있는 것과 같은 것이고, 해당 비트는 해독을 하기 전에 다른 두 개의 비트들과 일치하도록 변경된다. ■

예제 7.1.10 Hamming 거리 함수

컴퓨터 과학자 Richard W. Hamming의 이름을 딴 Hamming 거리 함수는 암호화 이론에서 매우 중요한 함수이다. 이 함수는 길이가 같은 두 문자열에서 문자열의 차이를 측정하는 함수이다. S_n을 0들과 1들로 이루어진 길이가 n인 모든 문자열들의 집합이라고 하자. 함수 $H: S_n \times S_n \to \mathbf{Z}^{nonneg}$는 $S_n \times S_n$에 속하는 문자열의 순서쌍(s, t)에 대하여 다음과 같이 정의된다.

$H(s, t)$ = 문자열 s와 t가 서로 다른 값을 갖는 위치들의 개수

따라서 $n=5$로 하면, $H(11111, 00000) = 5$

11111과 00000는 모든 5개의 위치에서 상이하기 때문이다. 또한

$$H(11000, 00000) = 2$$

11000과 00000는 단지 첫 2개의 위치에서 상이하기 때문이다.

다음 함수값을 구하라.

a. $H(00101, 01110)$ b. $H(10001, 01111)$

Courtesy of the U.S. Naval Academy

Richard Hamming (1915–1998)

풀이

a. 3 b. 4 ■

부울 함수

우리는 이미 2.4절에서 어떤 디지털 논리회로에 대해 입출력 테이블을 만드는 방법을 알아보았다. 그러한 입출력 테이블은 다음과 같은 방법으로 함수를 정의한다. 입력 열의 각 원소는 0과 1들의 순서짝들로 생각할 수 있고, 그러한 모든 순서짝들의 집합은 함수의 정의역이 된다. 출력 열의 각 원소는 0이거나 1이고, 따라서 {0, 1}은 함수의 공변역이 된다. 각각의 입력 원소는 같은 행에 있는 출력 원소로 보내지는 관계이다. 예로 그림 7.1.4(a)의 입출력 테이블은 그림 7.1.4(b)에 화살 도표로 표현된 함수를 정의하고 있다.

일반적으로 n개의 입력을 가지는 회로에 대응되는 입출력 테이블은 n개의 입력 열을 갖는다. 그러한 테이블은 0과 1로 이루어진 n-순서짝들의 집합에서 집합 {0, 1}으로의 함수를 정의한다.

입력			출력
P	***Q***	***R***	***S***
1	1	1	1
1	1	0	1
1	0	1	0
1	0	0	1
0	1	1	0
0	1	0	1
0	0	1	0
0	0	0	0

(a)

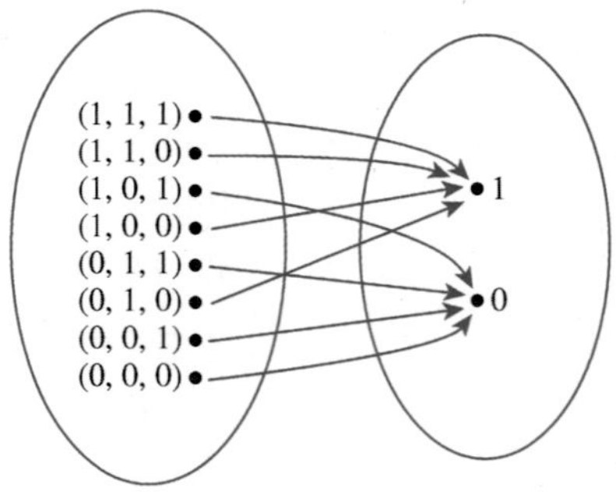

(b)

그림 7.1.4 부울 함수의 두 표현법

> **• 정의**
>
> ***n*-자리**(n-place) **부울 함수**(Boolean function) f는 정의역이 0과 1들로 이루어진 모든 n-순서짝(ordered n-tuple)의 집합이고 공변역은 {0, 1}인 함수이다. 다시 말하면, 부울 함수의 정의역은 {0, 1}의 n번 반복적인 연결인 데카르트 곱이라 할 수 있으며, $\{0, 1\}^n$으로 표시한다. 즉, $f: \{0, 1\}^n \to \{0, 1\}$이다.

예제 7.1.11 **부울 함수**

3-자리 부울 함수 f를 0과 1들로 이루어진 각 3-순서짝 (x_1, x_2, x_3)에 대하여 다음과 같이 정의한다.

$$f(x_1, x_2, x_3) = (x_1 + x_2 + x_3)\ mod\ 2$$

입출력 테이블을 사용하여 함수 f를 표현하라.

풀이

$$f(1, 1, 1)=(1+1+1)\ mod\ 2 = 3\ mod\ 2 = 1$$
$$f(1, 1, 0)=(1+1+0)\ mod\ 2 = 2\ mod\ 2 = 0$$

함수 f의 나머지 값들은 위와 비슷한 방법으로 구해지며, 다음 테이블에 정리되어 있다.

입력			출력
x_1	x_2	x_3	$(x_1 + x_2 + x_3)\ mod\ 2$
1	1	1	1
1	1	0	0
1	0	1	0
1	0	0	1
0	1	1	0
0	1	0	1
0	0	1	1
0	0	0	0

■

함수가 잘 정의되었는가를 확인

어떤 경우에는 함수인 것으로 보여도 자세히 살펴보면 아닌 경우가 있다. 예를 들어 f: **R** → **R**는 모든 실수 x에 대하여 다음 식으로 정의된다.

$f(x)$는 $x^2+y^2=1$인 실수 y이다.

이 표현은 함수가 아니라는 두 가지 분명한 이유가 있다. 거의 대부분의 x 값들에 대하여 (1) 주어진 식을 만족시키는 y가 존재하지 않거나, (2) 이 식을 만족시키는 y가 2개 존재하기 때문이다. 예를 들어 $x=2$일 때, $2^2+y^2=1$인 y가 존재하지 않으며, $x=0$일 때, $y=-1$과 $y=1$ 모두가 이 식 $0^2+y^2=1$을 만족시킨다. 일반적으로 함수가 되기 위한 요구 사항들 중에 최소한 하나를 만족시키지 못할 때에 우리는 이를 "이 '함수'는 **잘 정의되지 않았다**"라고 말한다.

예제 7.1.12 **잘 정의되지 않은 함수**

Q는 유리수의 집합을 나타내며, 함수 f: **Q** → **Z**는 모든 정수 m과 n(단, $n \neq 0$)에 대하여 다음과 같은 식으로 정의된다고 가정하자.

$$f\left(\frac{m}{n}\right)=m \qquad \text{모든 정수 } m\text{과 } n(n \neq 0)\text{에 대하여}$$

즉, f에 의하여 수 $\frac{m}{n}$에 연관되는 정수는 m이다. 여기서 f는 잘 정의되었는가? 그 이유는?

풀이

이 함수 f는 잘 정의되지 않았다. 왜냐하면 분수는 $\frac{1}{2}=\frac{3}{6}$과 같이, 하나 이상으로 표현될 수 있다. 만약 f가 함수라면, $\frac{1}{2}=\frac{3}{6}$이므로 함수의 정의에 의하여 $f(\frac{1}{2})=f(\frac{3}{6})$이어야 한다. 그러나

$$f(\tfrac{1}{2})=1 \text{ 이고 } f(\tfrac{3}{6})=3$$

이다. 즉,

$$f(\tfrac{1}{2}) \neq f(\tfrac{3}{6})$$

가 되므로 모순이다. 그러므로 f는 잘 정의되지 않았다. ■

잘 정의된 함수는 실제적으로 불필요한 것에 유의하라. 잘 정의된 함수라는 것은 함수라고 지칭될 가치가 있다는 의미이다.

집합에 작용하는 함수

집합 X에서 집합 Y로의 함수가 주어지면, X의 부분집합의 모든 원소들의 Y로의 상의 집합과, Y의 부분집합의 모든 원소들의 X로의 역상의 집합을 고려할 수 있다.

주의! $y \in Y$에 대하여 $f^{-1}(y)=f^{-1}(\{y\})$

• 정의

$f: X \to Y$, $A \subseteq X$ 및 $C \subseteq Y$이라고 하면

$$f(A)=\{y \in Y \mid A \text{ 내의 어떤 } x\text{에 대하여 } y=f(x)\}$$

그리고

$$f^{-1}(C)=\{x \in X \mid f(x) \in C\}$$

$f(A)$를 **A의 상**이라 부르고, $f^{-1}(C)$를 **C의 역상**이라 부른다.

예제 7.1.13 **집합의 부분집합들에서 함수의 작용**

$X=\{1, 2, 3, 4\}$이고 $Y=\{a, b, c, d, e\}$라 하면 $F: X \to Y$는 다음의 화살 도표로 정의된다.

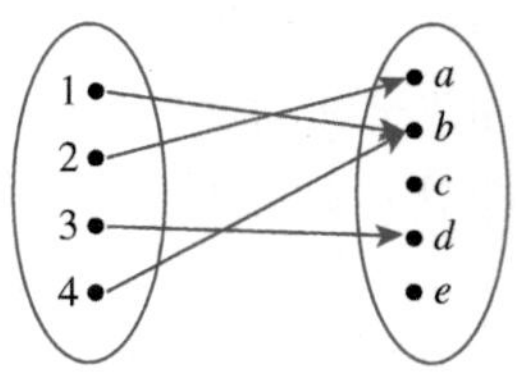

$A=\{1, 4\}$, $C=\{a, b\}$, $D=\{c, e\}$라 하자. $F(A)$, $F(X)$, $F^{-1}(C)$와 $F^{-1}(D)$를 구하라.

풀이

$F(A)=\{b\}$ $F(X)=\{a, b, d\}$ $F^{-1}(C)=\{1, 2, 4\}$ $F^{-1}(D)=\emptyset$ ■

예제 7.1.14 **합집합에 대한 함수의 상호작용**

X와 Y를 집합이라 하고, F를 X에서 Y로의 함수라 하고, A와 B를 X의 부분집합이라 하자. $F(A \cup B) \subseteq F(A) \cup F(B)$임을 증명하라.

풀이

X, Y, F, A 및 B는 '증명'에 앞서 논의를 하였으므로 여러분은 이의 존재와 상호 관계를 알 수 있을 것이다. 따라서 $F(A \cup B) \subseteq F(A) \cup F(B)$임을 증명하는 것은, y가 $F(A \cup B)$ 내의 원소라면, y는 $F(A) \cup F(B)$의 원소라는 것만을 나타내면 된다.

증명:

$y \in F(A \cup B)$라고 가정한다.[$y \in F(A) \cup F(B)$인 것을 보여 주어야 한다.] 함수의 정의에 의해서, 어떤 $x \in A \cup B$에 대하여 $y=F(x)$이다. 합집합의 정의에 의하여 $x \in A$ 또는 $x \in B$이다.

경우 1. $x \in A$: 이 경우 A 내의 어떤 x에 대하여 $y=F(x)$이고, 따라서 $y \in F(A)$이고, 따라서 합집합의 정의로부터 $y \in F(A) \cup F(B)$가 된다.

경우 2. $x \in B$: 이 경우 B 내의 어떤 x에 대하여 $y=F(x)$이고, 따라서 $y \in F(B)$이고, 따라서 합집합의 정의로부터 $y \in F(A) \cup F(B)$가 된다. ■

자 | 기 | 진 | 단

1. X 집합에서 Y 집합으로의 함수 f가 주어졌을 때, $f(x)$는 ______이다.
2. X 집합에서 Y 집합으로의 함수 f가 주어졌을 때, $f(x)=y$이면 y는 ______ 또는 ______ 또는 ______라고 부른다.
3. X 집합에서 Y 집합으로의 함수 f가 주어졌을 때, f의 치역(f 하에서의 X의 상)은 ______이다.
4. X 집합에서 Y 집합으로의 함수 f가 주어졌을 때, $f(x)=y$이면 x는 ______ 또는 ______라고 부른다.
5. X 집합에서 Y 집합으로의 함수 f가 주어졌을 때, $y \in Y$이면 $f^{-1}(y)$는 ______라고 부른다.
6. X 집합에서 Y 집합으로의 함수 f와 g가 주어졌을 때, $f=g$이면 ______이다.
7. 실수 x와 b가 주어졌을 때($b \neq 1$), $\log_b x$는 ______이다.
8. X 집합에서 Y 집합으로의 함수 f가 주어지고 A가 X의 부분집합일 때, $f(A)$는 ______이다.
9. X 집합에서 Y 집합으로의 함수 f가 주어지고 C가 Y의 부분집합일 때, $f^{-1}(C)$는 ______이다.

연/습/문/제 7.1

1. $X=\{1, 3, 5\}$, $Y=\{s, t, u, v\}$라 하자. 다음 화살 도표에서 $f: X \to Y$를 정의하라.

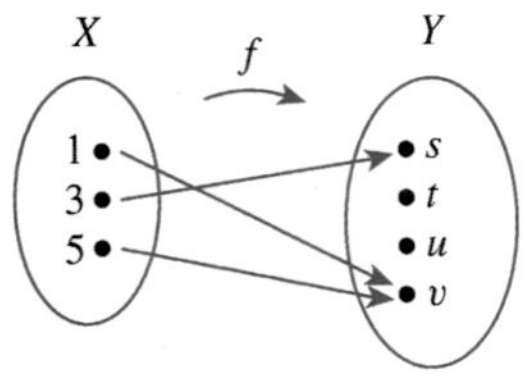

a. f의 정의역과 공변역을 쓰라.
b. $f(1)$, $f(3)$, 그리고 $f(5)$를 구하라.
c. f의 공변역은 무엇인가?
d. 3은 s의 역상인가? 1은 u의 역상인가?
e. s, u, v의 역상은 각각 무엇인가?
f. f를 순서쌍의 집합으로 표현하라.

2. (a)~(d) 문장들이 참인지 거짓인지 말하고 그 이유를 설명하라.
a. 함수 정의역의 두 원소가 같으면 공변역으로의 상도 같다.
b. 함수 공변역의 두 원소가 같으면 정의역에서의 역상도 같다.
c. 함수는 둘 이상의 입력에 대해 같은 출력을 가질 수 있다.
d. 함수는 둘 이상의 출력에 대해 같은 입력을 가질 수 있다.

3. **a.** $X=\{a, b\}$로부터 $Y=\{u, v\}$로의 모든 함수를 찾아라.
b. $X=\{a, b, c\}$로부터 $Y=\{u\}$로의 모든 함수를 찾아라.
c. $X=\{a, b, c\}$로부터 $Y=\{u, v\}$로의 모든 함수를 찾아라.

4. I_Z가 모든 정수의 집합에서 정의된 항등 함수라 하고 e, b_i^{jk}, $K(t)$, u_{kj}가 정수일 때, 다음을 찾아라.
a. $I_Z(e)$ **b.** $I_Z(b_i^{jk})$ **c.** $I_Z(K(t))$ **d.** $I_Z(u_{kj})$

5. 아래와 같이 첫 6개의 항들이 정의된 0이 아닌 정수의 집합에서 정의된 함수들을 찾아라.
a. 1, −1/3, 1/5, −1/7, 1/9, −1/11
b. 0, −2, 4, −6, 8, −10

6. $A=\{1, 2, 3, 4, 5\}$일 때 함수 $F: \mathscr{P}(A) \to Z$가 다음과 같이 A의 모든 부분집합 X에 대해

$$F(X) = \begin{cases} 0 & X\text{의 원소의 개수가 짝수일 때} \\ 1 & X\text{의 원소의 개수가 홀수일 때} \end{cases}$$

과 같이 정의된다. 다음을 구하라.
a. $F(\{1, 3, 4\})$ **b.** $F(\emptyset)$
c. $F(\{2, 3\})$ **d.** $F(\{2, 3, 4, 5\})$

7. $J_5=\{0, 1, 2, 3, 4\}$일 때 함수 $F: J_5 \to J_5$가 다음과 같고 $x \in J_5$에 대해, $F(x)=(x^3+2x+4)\ mod\ 5$라고 정의될 때 다음을 구하라.
a. $F(0)$ **b.** $F(1)$ **c.** $F(2)$ **d.** $F(3)$ **e.** $F(4)$

8. 함수 $S: \mathbf{Z}^+ \to \mathbf{Z}^+$이고 양의 정수 n에 대해

$$S(n)=n\text{의 양의 약수의 합}$$

일 때 다음을 구하라.
a. $S(1)$ **b.** $S(15)$ **c.** $S(17)$
d. $S(5)$ **e.** $S(18)$ **f.** $S(21)$

9. D가 양의 정수의 모든 유한 부분집합의 집합이라고 하자. 함수 $T: \mathbf{Z}^+ \to D$이고 모든 양의 정수 n에 대해 $T(n)$은 n의 양의 약수의 집합이라고 할 때 다음을 구하라.
a. $T(1)$ **b.** $T(15)$ **c.** $T(17)$
d. $T(5)$ **e.** $T(18)$ **f.** $T(21)$

10. 함수 $F: \mathbf{Z}\times\mathbf{Z} \to \mathbf{Z}\times\mathbf{Z}$이고 모든 정수의 순서쌍 (a, b)에 대하여 $F(a, b)=(2a+1, 3b-2)$일 때 다음을 구하라.

a. $F(4, 4)$ **b.** $F(2, 1)$ **c.** $F(3, 2)$ **d.** $F(1, 5)$

11. 함수 $G: J_5 \times J_5 \rightarrow J_5 \times J_5$이고 모든 순서쌍 $(a, b) \in J_5 \times J_5$에 대하여

$$G(a, b) = ((2a+1)\ mod\ 5,\ (3b-2)\ mod\ 5)$$

일 때 다음을 구하라.

a. $G(4, 4)$ **b.** $G(2, 1)$ **c.** $G(3, 2)$ **d.** $G(1, 4)$

12. $J_5 = \{0, 1, 2, 3, 4\}$일 때, 함수 $f: J_5 \rightarrow J_5$, $g: J_5 \rightarrow J_5$이고 모든 $x \in J_5$에 대하여

$$f(x) = (x+y)^2\ mod\ 5 \quad g(x) = (x^2+3x+1)\ mod\ 5$$

일 때, $f = g$인가? 설명하라.

13. F와 G가 실수에서 실수로의 함수라고 하자. 모든 $x \in \mathbf{R}$에 대해 두 함수의 곱 $F \cdot G: \mathbf{R} \rightarrow \mathbf{R}$과 $G \cdot F: \mathbf{R} \rightarrow \mathbf{R}$이 각각 다음과 같을 때

$$(F \cdot G)(x) = F(x) \cdot G(x)$$
$$(G \cdot F)(x) = G(x) \cdot F(x)$$

이면 $F \cdot G = G \cdot F$인가? 설명하라.

14. 로그의 정의를 이용하여 다음의 빈칸을 채워라.

a. _______ 이기 때문에 $\log_2 8 = 3$이다.

b. _______ 이기 때문에 $\log_5 \frac{1}{25} = -2$이다.

c. _______ 이기 때문에 $\log_4 4 = 1$이다.

d. _______ 이기 때문에 $\log_3 (3^n) = n$이다.

e. _______ 이기 때문에 $\log_4 1 = 0$이다.

15. 다음 각 양의 정확한 값을 구하라. 계산기는 사용하지 말라.

a. $\log_3 81$ **b.** $\log_2 1024$ **c.** $\log_3 (\frac{1}{27})$ **d.** $\log_2 1$

e. $\log_{10} (\frac{1}{10})$ **f.** $\log_3 3$ **g.** $\log_2 (2^k)$

16. 로그의 정의를 이용하여 다음을 증명하라. 어떤 양의 실수 $b(b \neq 1)$에 대해 $\log_b b = 1$이다.

17. b와 x가 양의 실수이면$(b \neq 1)$ b^{-x}는 다음과 같이 정의된다: $b^{-x} = \frac{1}{b^x}$. 로그의 정의를 이용하여 다음을 증명하라. 어떤 양의 실수 u와 $b(b \neq 1)$에 대해 $\log_b (\frac{1}{u}) = -\log_b (u)$이다.

18. 정수의 유일 인수분해 정리(4.3절)와 로그의 정의를 이용하여 $\log_3 (7)$이 무리수임을 증명하라.

19. $b(\neq 1)$와 y가 양의 실수이고 $\log_b y = 3$일 때 $\log_{(1/b)} (y)$는 무엇인가? 그 이유는?

20. $A = \{2, 3, 5\}$, $B = \{x, y\}$라고 하자. p_1과 p_2가 각각 **x 그리고 y 좌표 위로의 A×B의 사영**이라고 하자. 즉, 각 순서쌍 $(a, b) \in A \times B$에 대하여, $p_1(a, b) = a$, 그리고 $p_2(a, b) = b$라고 할 때

a. $p_1(2, y)$와 $p_1(5, x)$를 구하라. p_1의 치역은 무엇인가?

b. $p_2(2, y)$와 $p_2(5, x)$를 구하라. p_2의 치역은 무엇인가?

21. *mod*와 *div*는 $\mathbf{Z}^{nonneg} \times \mathbf{Z}^+$에서 $\mathbf{Z}$로의 함수로 정의할 수 있다. 음이 아닌 정수 n과 양의 정수 d에 대하여 각 순서쌍 (n, d)가 있고

$mod(n, d) = n\ mod\ d$(n을 d로 나누어 얻은 음이 아닌 나머지)

$div(n, d) = n\ div\ d$(n을 d로 나누어 얻은 몫)

일 때 다음을 구하라.

a. $mod\ (67, 10)$과 $div\ (67, 10)$

b. $mod\ (59, 8)$과 $div\ (59, 8)$

c. $mod\ (30, 5)$와 $div\ (30, 5)$

22. S가 a와 b로 이루어진 모든 문자열의 집합이라고 하자.

a. 함수 $f: S \rightarrow Z$가 다음과 같이 정의된다: S의 각 문자열 s에 대하여

$$f(s) = \begin{cases} s\text{에서 가장 좌측의 } a\text{로부터 좌측에 위치한 } b\text{들의 개수} \\ 0 \quad a\text{가 하나도 없는 경우} \end{cases}$$

일 때 $f(aba)$, $f(bbab)$, 그리고 $f(b)$를 구하라. f의 치역은 무엇인가?

b. 함수 $g: S \to S$가 다음과 같이 정의된다: S의 각 문자열 s에 대하여

$$g(s) = (s\text{를 역순으로 써서 얻은 문자열})$$

일 때 $g(aba)$, $g(bbab)$, 그리고 $g(b)$를 구하라. g의 치역은 무엇인가?

23. 예제 7.1.9에서 정의된 암부호 함수 E와 D를 가정하자.

a. $E(0110)$과 $D(111111000111)$을 구하라.

b. $E(1010)$과 $D(000000111111)$을 구하라.

24. 예제 7.1.10에서 정의된 Hamming 거리 함수 H를 가정하자.

a. $H(10101, 00011)$을 구하라.

b. $D(00110, 10111)$을 구하라.

25. 다음의 입출력 테이블과 같이 정의된 부울 함수에 대해 화살 도표를 그려라.

a.

Input		Output
P	Q	R
1	1	0
1	0	1
0	1	0
0	0	1

b.

Input			Output
P	Q	R	S
1	1	1	1
1	1	0	0
1	0	1	1
1	0	0	1
0	1	1	0
0	1	0	0
0	0	1	0
0	0	0	1

26. 다음과 같은 규칙으로 정의되는 3자리 부울 함수를 가정하자. 0과 1로 이루어진 3-순서짝 (x_1, x_2, x_3)에 대해

$$f(x_1, x_2, x_3) = (4x_1 + 3x_2 + 2x_3) \textit{ mod } 2.$$

a. $f(1, 1, 1)$과 $f(0, 0, 1)$을 구하라.

b. 입출력 표를 이용하여 f를 나타내라.

27. A 학생은 모든 정수 m, $n(n \neq 0)$에 대해 함수 $g: \mathbf{Q} \to \mathbf{Z}$를 $g(\frac{m}{n}) = m - n$으로 정의하려고 한다. B 학생은 이 g는 잘못 정의되어 있다고 반박한다. B 학생의 반박을 정당화하라.

28. $J_5 = \{0, 1, 2, 3, 4\}$라고 하자. 그러면 $J_5 - \{0\} = \{1, 2, 3, 4\}$가 된다. A 학생은 함수 $R: J_5 - \{0\} \to J_5 - \{0\}$를 다음과 같이 정의하려고 한다. 각 $x \in J_5 - \{0\}$에 대해

$$R(x)\text{는 } (xy) \textit{ mod } 5 = 1\text{이 되는 } y.$$

B 학생은 이 R는 잘못 정의되어 있다고 반박한다. A와 B 중 누가 옳은가? 그 이유를 설명하라.

29. $X = \{a, b, c\}$이고 $Y = \{r, s, t, u, v, w\}$라고 하자. 함수 $f: X \to Y$를 $f(a) = v$, $f(b) = v$, 그리고 $f(c) = t$로 정의했을 때

a. f에 대한 화살 도표를 그려라.

b. $A = \{a, b\}$, $C = \{t\}$, $D = \{u, v\}$ 그리고 $E = \{r, s\}$라고 하자. $f(A)$, $f(X)$, $f^{-1}(C)$, $f^{-1}(D)$, $f^{-1}(E)$, 그리고 $f^{-1}(Y)$를 구하라.

30. X와 Y가 집합이고 A와 B는 X의 부분집합이고, F는 X에서 Y로의 함수라고 하자. 다음의 $F(A) \cup F(B) \subseteq F(A \cup B)$의 증명에 있어서 빈칸을 채우라.

증명: y가 $F(A) \cup F(B)$의 원소라고 하자.[여기서 y가 $F(A \cup B)$의 원소라는 것을 증명해야 한다.] 합집합의 정의에 의해서 (a).

경우 1. $y \in F(A)$: 이 경우에는 $F(A)$의 정의에 의

해 (b) $x \in A$에 대해 $y=F(x)$이다. 그런데 $A \subseteq A \cup B$이고 이는 합집합의 정의를 따르면 $x \in$ (c)이다. 그러므로 어떤 $x \in A \cup B$에 대해 $y=F(x)$이고 $F(A \cup B)$의 정의에 따라 $y \in$ (d)이다.

경우 2. $y \in F(B)$: 이 경우에는 $F(B)$의 정의에 의해 (e) $x \in B$이다. 그런데 $B \subseteq A \cup B$이고 이는 합집합의 정의를 따르면 (f)이다.

그러므로 $y \in F(A)$이든 $y \in F(B)$이든 상관없이 $y \in F(A \cup B)$이다[위에서 보여진 바와 같이].

31~34에서 X와 Y가 집합이고 A와 B는 X의 부분집합이고 C와 D는 Y의 부분집합이라고 하자. X에서 Y로의 모든 함수 F에 대해 어떤 속성이 참이고 어떤 속성이 적어도 하나의 함수 F에 대해 거짓인지 결정하라. 답이 타당한지 보여라.

31. $A \subseteq B$이면 $F(A) \subseteq F(B)$이다.

32. $F(A) \cap F(B) \subseteq F(A \cap B)$

33. Y의 모든 부분집합 C와 D에 대하여, $C \subseteq D$이면

$$F^{-1}(C) \subseteq F^{-1}(D).$$

34. Y의 모든 부분집합 C와 D에 대하여

$$F^{-1}(C \cup D)=F^{-1}(C) \cup F^{-1}(D).$$

35~37의 각 문제는 ϕ로 표기되는 Euler 파이 함수에 관한 것인데 이는 다음과 같이 정의된다. 모든 정수 $n \geq 1$에 대하여 $\phi(n)$은 ± 1을 제외하고 n과의 공통 약수를 가지지 않는 n보다 작거나 같은 양의 정수의 개수이다. 예를 들면 $\phi(10)=4$이다. 왜냐하면 ± 1을 제외하고 10과 공통 약수를 가지지 않는 10보다 작거나 같은 양의 정수의 개수는 4이기 때문이다. 즉, 1, 3, 7, 9이다.

35. 다음 각각의 값을 구하라

a. $\phi(15)$ **b.** $\phi(2)$ **c.** $\phi(5)$
d. $\phi(12)$ **e.** $\phi(11)$ **f.** $\phi(1)$

36. p가 소수이고 $n \geq 1$이 정수이면 $\phi(p^n)=p^n-p^{n-1}$임을 증명하라.

37. $\phi(n)$이 완전제곱수인 n이 무수히 많음을 증명하라.

자 | 기 | 진 | 단 | 해 | 답

1. 함수 f에 의해 x와 관련된 Y 내의 유일한 출력 원소 2. 함수 f의 x에서의 값; 함수 f에서 x의 상; 입력 x에 대한 f의 출력 3. $f(x)=y$인 Y의 모든 y들의 집합 4. f에서의 y의 역상; y의 원상 5. $\{x \in X \mid f(x)=y\}$; y의 역상 6. 모든 $x \in X$에 대해 $f(x)=g(x)$ 7. x를 구하기 위해 b가 도달해야 하는 지수(혹은 $x=b^y$를 만족시키는 실수 y) 8. $\{y \in Y \mid y=f(x)$, 어떤 $x \in A$에 대해$\}$ (혹은 $\{f(x) \mid x \in A\}$) 9. $\{x \in X \mid f(x) \in C\}$

7.2 단사, 전사 및 역함수

인쇄된 설명이라고 해서 모두 받아들이지는 말라.—Anna Pell Wheeler, 1883~1966

이 절에서는 함수가 충족하는 중요한 두 가지 성질인 단사(혹은 일대일)와 전사에 대해 논의한다. 이 두 가지 성질을 모두 만족시키는 함수를 일대일 대응 함수 또는 전단사 함수라

고 한다. 함수가 일대일 대응이면, 그 정의역과 공변역의 원소들의 수가 완전히 일치하고, 함수의 작용을 원상태로 돌리는 공변역에서 정의역으로의 역함수를 정의할 수 있다.

단사(일대일) 함수

7.1절에서 함수는 정의역의 일부 원소들을 공변역의 동일 원소로 대응시킬 수 있다는 것을 언급하였다. 화살 도표의 용어에서, 이는 정의역에서 출발하는 2개 이상의 화살표는 공변역에서 동일 원소를 지칭할 수 있다는 의미를 갖는다. 반면에 정의역에서 출발하는 2개의 화살표가 공변역에서 동일 원소를 지칭하지 않으면, 이 함수는 일대일 또는 단사라고 부른다. 일대일 함수에 대하여 공변역의 각 원소는 정의역 내에서 많아야 하나의 한 원소의 상이 된다.

• 정의

F를 집합 X에서 집합 Y로의 함수라 하자. X 내의 모든 원소들 x_1과 x_2에 대해서 다음을 만족시키면 F는 **일대일**(one-to-one)[또는 **단사**(injective)]이다.

$$F(x_1)=F(x_2)\text{이면, } x_1=x_2\text{이다.}$$

또는 마찬가지로

$$x_1 \neq x_2\text{이면, } F(x_1) \neq F(x_2)\text{이다.}$$

이를 기호로 표기하면

$$F: X \to Y\text{가 일대일이다.} \quad \Leftrightarrow \quad \forall x_1, x_2 \in X, F(x_1)=F(x_2)\text{이면, } x_1=x_2\text{이다.}$$

함수가 일대일이 되지 않는다는 의미를 정확하게 기술하기 위하여 위 정의의 동등한 표현 중 하나를 부정하기로 한다. 따라서

함수 $F: X \to Y$가 일대일이 아니다. $\Leftrightarrow$ $F(x_1)=F(x_2)$이고 $x_1 \neq x_2$인 X 내의 원소 x_1과 x_2가 존재한다.

즉, 동일 함수값을 갖는 서로 다른 원소 x_1과 x_2가 구해질 수 있다면, F는 일대일이 아니다.

화살 도표로 보면, 일대일 함수는 점들을 분리하는 함수로서 간주될 수 있다. 정의역의 두 개의 별개 원소들은 공변역의 두 개의 별개 원소들에 대응된다. 일대일이 아닌 함수는 점들을 분리할 수 없다. 따라서 정의역의 최소 두 점들이 공변역의 동일 점으로 취해질 수 있다. 이를 그림 7.2.1에 예시하였다.

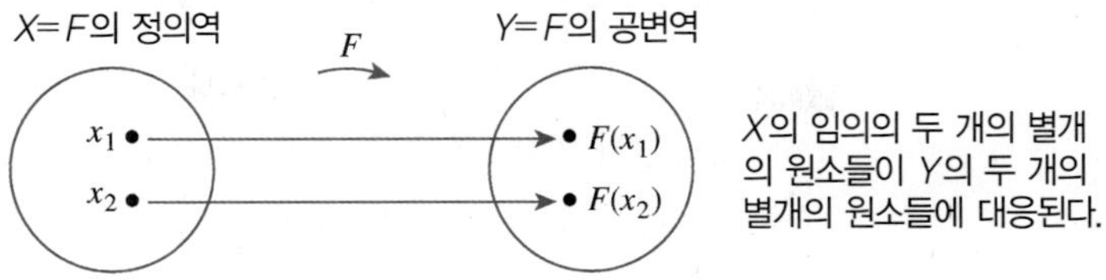

그림 7.2.1(a) 일대일 함수는 점들을 분리한다

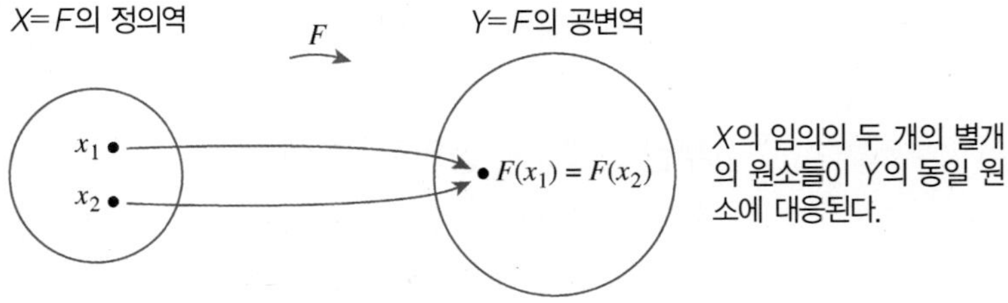

그림 7.2.1(b) 일대일이 아닌 함수는 점들을 함께 붕괴시킨다

예제 7.2.1 **유한 집합에서 정의된 일대일 함수의 식별**

a. 그림 7.2.2의 두 개의 화살 도표 중에서 어느 것이 일대일 함수를 정의하는가?

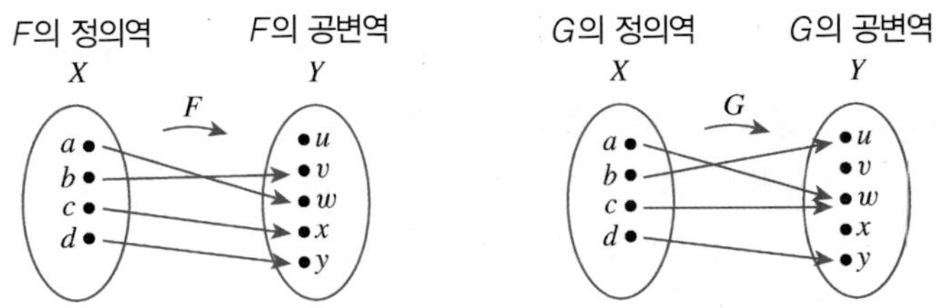

그림 7.2.2

b. $X=\{1, 2, 3\}$, $Y=\{a, b, c, d\}$일 때, 함수 $H: X \to Y$는 $H(1)=c$, $H(2)=$a, $H(3)=d$로 정의되고, 함수 $K: X \to Y$는 $K(1)=d$, $K(2)=b$, $K(3)=d$로 정의된다. 함수 H와 K 중에서 어느 것이 일대일인가?

풀이

a. F는 일대일이고, G는 일대일이 아니다. X의 두 개의 다른 원소들이 Y의 동일 원소로 F에 의하여 대응되지 아니하므로 F는 일대일이다. 원소 a와 c 모두가 G에 의하여 $G(a)=G(c)=w$이나 $a \neq c$이기 때문에 G는 일대일이 아니다.

b. H는 일대일이나, K는 일대일이 아니다. H의 정의역의 3개의 원소들이 H에 의하여 $H(1) \neq H(2)$, $H(1) \neq H(3)$, $H(2) \neq H(3)$인 공변역의 다른 원소에 대응되므로 H는 일대일이다. K는 $K(1)=K(3)=d$이고 $1 \neq 3$이므로 일대일이 아니다. ■

함수가 일대일인가를 확인하기 위한 컴퓨터 알고리즘을 작성하는 문제를 생각해 보자. F가 유한 집합에서 정의되었고 F의 값을 계산하기 위한 독립된 알고리즘이 존재한다고 하면, 함수가 일대일인가를 확인하기 위한 알고리즘은 다음과 같이 작성될 수 있다: 1차원 배열 $a[1], a[2], ..., a[n]$으로서 F의 정의역을 표현하고 $i < j$인 모든 가능한 쌍들$(a[i], a[j])$을 검사하기 위한 루프를 사용한다. $F(a[i])=F(a[j])$ 및 $a[i] \neq a[j]$에 대하여 한 쌍 $(a[i], a[j])$이 존재한다면, F는 일대일이 아니다. 이 절 끝의 연습문제 38에서 이러한 알고리즘을 작성하게 될 것이다.

무한 집합에서 정의된 일대일 함수

함수 f를 무한 집합 X에서 정의된 함수라고 하면, 정의에 의해서 f가 다음 조건을 만족시키면 일대일 함수이다.

$$\forall x_1, x_2 \in X, f(x_1)=f(x_2)\text{이면, } x_1=x_2\text{이다.}$$

함수 f가 일대일 함수임을 증명하려면, X에 있는 원소 x_1, x_2에 대해 $f(x_1)=f(x_2)$이면 그 경우는 $x_1=x_2$가 된다는 것을 보여 주어야 한다.

반면에 함수 f가 일대일 함수가 아님을 증명하려면, $f(x_1)=f(x_2)$이고 $x_1 \neq x_2$인 X에 있는 x_1과 x_2를 구하는 것이 일반적이다.

예제 7.2.2 **일대일 함수의 증명 혹은 반증**

$f: \mathbf{R} \to \mathbf{R}$는 모든 실수 x에 대하여 $f(x)=4x-1$이고, $g: \mathbf{Z} \to \mathbf{Z}$는 모든 정수 n에 대하여 $g(n)=n^2$이다.

a. 함수 f가 일대일인가? 증명을 하거나 반례를 보여라.

b. 함수 g가 일대일인가? 증명을 하거나 반례를 보여라.

풀이

이러한 문제의 해를 구하는 것은 긍정적 접근 방식으로 시작하는 것이 보통 최선이다. 주어진 함수가 일대일이라는 것을 증명하고 어떠한 어려움이 있는가를 관찰한다. 어려움 없이 문제를 해결하게 되면, 증명을 한 것이다. 문제에 직면하게 될 경우에는 문제를 분석함으로써 반례를 발견하게 될 것이다.

a. 함수 $f: \mathbf{R} \to \mathbf{R}$는 규칙

모든 실수 x에 대하여 $f(x)=4x-1$

에 의하여 정의된다. f가 일대일이라는 것을 증명하려면 다음을 증명해야 한다.

$$\text{실수 } x_1, x_2\text{에 대하여, } f(x_1)=f(x_2)\text{이면, } x_1=x_2\text{이다.}$$

f의 정의를 직접 증명의 개요에 대입하고, x_1, x_2가 $4x_1-1=4x_2-1$인 임의의 실수라고 가정하고, $x_1=x_2$인 것을 보인다.

이 가정으로부터 보여 주어야 할 것에 도달할 수 있는가? 물론, 단지 가정에서 식의 양변에 1을 더하고, 양변을 4로 나눈다.

다음의 공식적인 풀이에서 이 논의를 요약하기로 한다.

(a)에 대한 풀이:

함수 f: $\mathbf{R} \to \mathbf{R}$이 모든 실수 x에 대하여 규칙 $f(x)=4x-1$에 의하여 정의되면, f는 일대일이다.

증명:

실수 x_1, x_2는 $f(x_1)=f(x_2)$를 만족시킨다고 가정하자.[$x_1=x_2$임을 보여 주어야 한다.] 함수 f의 정의에 의하여

$$4x_1-1=4x_2-1$$

양변에 1을 더하면

$$4x_1=4x_2$$

양변을 4로 나누면

$$x_1=x_2$$

바로 이것이 보여 주어야 하는 것이다.

b. 함수 g: $\mathbf{Z} \to \mathbf{Z}$가 규칙

모든 정수 n에 대하여 $g(n)=n^2$

에 의하여 정의되었다. 앞에서와 마찬가지로, g가 일대일이라는 것을 증명하는 것으로 시작한다. g의 정의를 직접 증명의 개요에 대입한다. 즉,

n_1과 n_2가 $n_1^2=n_2^2$를 만족시키는 정수라고 가정했을 때, $n_1=n_2$임을 보이려고 노력한다.

이 가정으로부터 보여 주어야 할 것에 도달하였는가? 아니다. 두 수가 동일 제곱을 갖고 있지만 전혀 다를 가능성이 있다. 예를 들면 $2^2=(-2)^2$이나 $2 \neq -2$이다.

그러므로 g가 일대일이라는 것을 증명하려고 하면 어려움을 겪는다. 이 어려움을 해석하는 것은 반례를 발견하도록 유도하게 되고, 이는 g가 일대일이 아니라는 것을 보여 준다.

이 논의는 다음으로 요약된다.

(b)에 대한 해:

함수 g: $\mathbf{Z} \rightarrow \mathbf{Z}$이 모든 정수에 대하여 규칙 $g(n)=n^2$으로 정의되면, g는 일대일이 아니다.

반례:

$n_1=2$, $n_2=-2$로 하면, g의 정의에 의하여

$$g(n_1)=g(2)=2^2=4 \text{ 이고}$$
$$g(n_2)=g(-2)=(-2)^2=4$$

따라서 $g(n_1)=g(n_2)$이나 $n_1 \neq n_2$

따라서 g는 일대일이 아니다.

■

응용: 해시 함수

학생의 사회보장번호를 포함하고 있는 학생 기록의 집합을 생각해 보자. 학생 사회보장번호를 가지고 그 기록이 저장되어 있는 테이블의 위치를 찾을 수 있도록 하려고 한다. 간단한 방법은 사회보장번호가 n인 기록을 테이블의 n번째 위치에 두면 될 것이다. 그러나 사회보장번호가 9자릿수이므로 이 방법은 999,999,999개의 자리가 있는 테이블이 필요할 것이다. 기록의 개수는 적은 데 비해 그러한 큰 테이블을 만든다는 것은 컴퓨터 메모리를 낭비하는 일이다. **해시 함수**(hash function)는 정수의 큰 집합에서 작은 집합으로 정의된 함수이며, 보통 *mod* 함수를 사용하여 이 문제를 푸는데, 다음 예제에서 해시 함수를 어떻게 정의하며 사용하는가를 보여 준다.

예제 7.2.3 **해시 함수**

7명 이하의 학생 기록이 있다고 하고, 각 학생의 사회보장번호는 9자릿수라고 가정하자. 함수 f를 각 사회보장번호에 대하여 다음과 같이 사회보장번호의 집합에서 집합 {0, 1, 2, 3, 4, 5, 6}으로 대응하는 함수로 정의한다.

$$\text{모든 사회보장번호 } n \text{에 대하여 } Hash(n)=n \ mod\ 7$$

$n \ mod\ 7$을 구하기 위하여 계산기를 사용하고, 공식 $n \ mod\ 7=n-7\cdot(n \ div\ 7)$을 사용한다(4.4절 참조). 달리 말하면, n을 7로 나눈, 결과의 정수 부분에 7을 곱하고, n에서 이 수를 뺀다. 예를 들어 32834319÷7=46906202.71 ...

$$Hash(328\text{-}34\text{-}3419)=32834319-(7\cdot 46906202)=5$$

첫 번째 근사화는 기록을 저장하는 문제를 해결하기 위한 것이므로, 사회보장번호 n을 갖는 기록을 $Hash(n)$의 위치에 놓는다. 예를 들어 사회보장번호가 328-34-3419, 356-63-

3102, 223-79-9061, 513-40-8716일 때, 각 기록이 저장되는 위치를 표 7.2.1에서 보여 주고 있다.

표 7.2.1

0	356-63-3102
1	
2	513-40-8716
3	223-79-9061
4	
5	328-34-3419
6	

이러한 접근 방식이 갖는 문제는 해시가 일대일이 아닐 수 있다는 것이다. 해시는 여러 사회보장번호들을 갖는 기록들을 표 상에서 동일 위치에 할당할 수 있다. 이러한 할당을 **충돌**(collision)이라 부른다. 충돌이 발생하면, 여러 가지 **충돌 해결 방법**(collision resolution method)이 사용된다. 가장 간단한 것은 다음과 같다: 위치하고자 하는 사회보장번호를 갖는 기록이 있을 때에, 위치 *Hash*(n)이 이미 채워져 있다면, 이 위치로부터 시작하여 다음의 비어 있는 첫 위치를 아래로 검색하고, 필요하다면 표의 처음으로 되돌아가면서 검색한다. 사회보장번호 n으로부터 표 내에 기록을 위치시키기 위하여 *Hash*(n)을 계산하고 사회보장번호 n을 갖는 기록을 찾기 위한 위치로부터 아래로 검색한다. 충돌이 지나치게 많지 않을 경우에는 이 접근 방법이 기록을 저장하고 위치시키는 데 매우 효율적이다.

저장하고자 하는 다른 기록에 대한 사회보장번호가 908-37-1011이라고 가정한다. 표 7.2.1에서 이 기록이 저장되는 위치를 구하라.

풀이

*Hash*를 계산하면, *Hash*(908-37-1011)=2를 구하게 되고, 이는 사회보장번호 513-40-8716을 갖는 기록에 의하여 이미 점유되었다. 위치 2에서 밑으로 검색하면, 위치 3은 이미 점유되어 있으나, 위치4는 비어 있다는 것을 알게 된다.

908-37-1011 $\xrightarrow{\text{해시}}$ 2 → 3 → 4

2 ↑ 점유됨 　 3 ↑ 점유됨 　 4 ↑ 비었음

따라서 사회보장번호 n을 갖는 기록을 위치 4에 위치시킨다. ■

전사 함수

7.1절에서 언급한 바와 같이, 정의역의 원소의 상이 되지 않는 함수의 공변역의 원소가 존재할 수 있다. 반면에 함수의 공변역의 모든 원소가 해당 정의역의 어떤 원소의 상이 될 수 있다. 이러한 함수를 전사 또는 전사상이라 부른다. 함수가 전사이면, 그 치역은 공변역과 같다.

• 정의

F를 집합 X로부터 집합 Y로의 함수라 하자. Y 내의 임의의 원소 y가 주어졌을 때 y가 $y=F(x)$의 성질로 X 내에서 원소 x를 구할 수 있을 경우에 F는 **전사**(onto)[또는 **전사상**(surjective)]이다.

이를 기호로 나타내면

$$F: X \to Y\text{가 전사이다.} \Leftrightarrow \forall y \in Y, \exists x \in X \text{ such that } F(x)=y$$

함수가 전사가 되지 아니한다는 의미를 정확하게 기술하기 위하여 위 정의의 동등한 표현 중 하나를 부정하기로 한다. 따라서

함수 $F: X \to Y$가 전사가 아니다. $\Leftrightarrow$ $\forall x \in X$에 대해 $F(x) \neq y$인 Y 내의 y가 존재한다.

즉, Y 내에는 X 내의 임의의 원소의 상이 아닌 어떤 원소가 존재한다.

화살 도표로 보면, 공변역의 각 원소가 정의역의 어떤 원소로부터 이를 가리키는 하나의 화살표를 갖는다면 이 함수는 전사이다. 공변역 내에서 적어도 하나의 원소가 이를 가리키는 화살표를 갖지 아니한다면, 이 함수는 전사가 아니다. 이를 그림 7.2.3에 예시하였다.

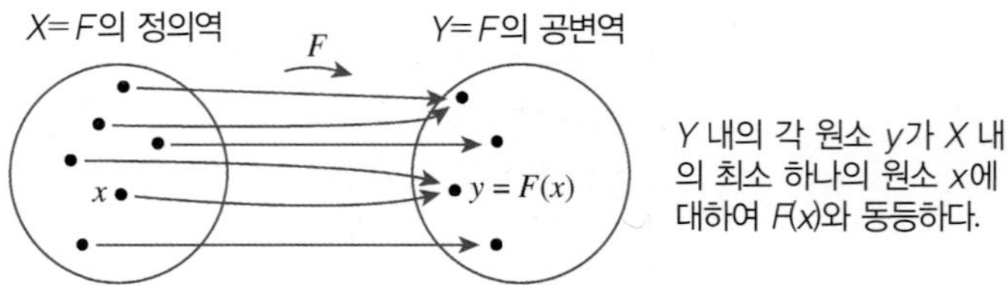

그림 7.2.3(a) 전사인 함수

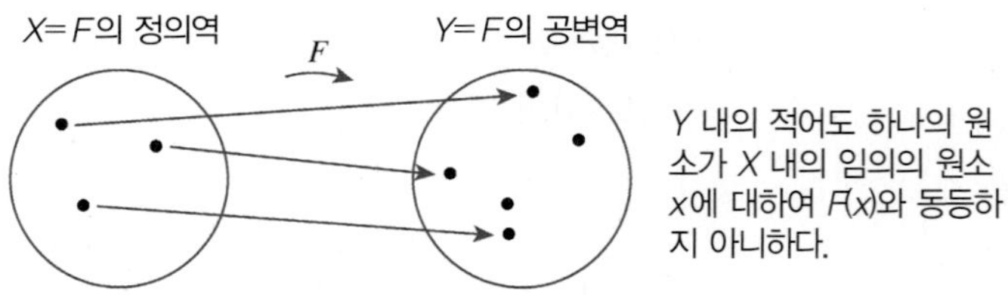

그림 7.2.3(b) 전사가 아닌 함수

예제 7.2.4 유한 집합에서 정의된 전사 함수의 식별

a. 그림 7.2.4의 두 개의 화살 도표 중에서 어느 것이 전사 함수를 정의하는가?

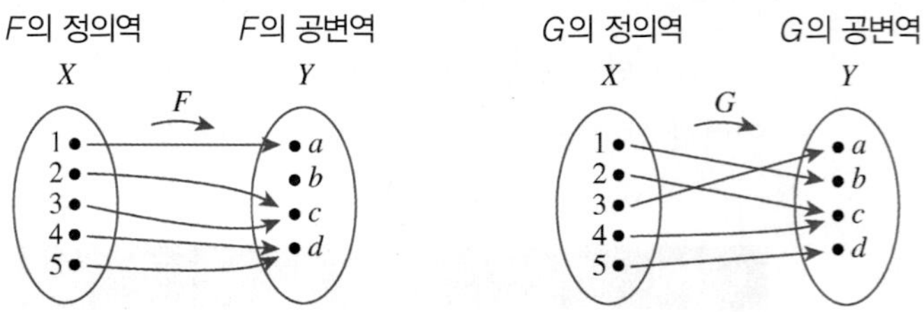

그림 7.2.4

b. $X=\{1, 2, 3, 4\}$, $Y=\{a, b, c\}$일 때, 함수 $H: X \to Y$는 $H(1)=c$, $H(2)=a$, $H(3)=c$, $H(4)=d$로 정의되어 있으며, 함수 $K: X \to Y$는 $K(1)=c$, $K(2)=b$, $K(3)=b$, $K(4)=c$로 정의한다. 함수 H와 K 중에서 어느 것이 전사인가?

풀이

a. X 내의 임의의 x에 대하여 $b \neq F(x)$이므로 F는 전사가 아니다. X 내의 어떤 x에 대하여 Y의 각 원소가 $G(x)$와 대응, 즉, $a=G(3)$, $b=G(1)$, $c=G(2)=G(4)$, 그리고 $d=G(5)$이므로, G는 전사이다.

b. H는 전사이나 K는 전사가 아니다. H의 정의역의 3개의 원소들 모두가 H의 정의역의 일부 원소의 상이므로 $[a=H(2), b=H(4), c=H(1)=H(3)]$, H는 전사이다. 반면 정의역 $\{1, 2, 3, 4\}$에서 어떤 x에 대해서도 $a \neq K(x)$이므로 K는 전사가 아니다. ■

함수가 전사인가를 확인하기 위한 컴퓨터 알고리즘을 작성하는 문제를 생각해 보자. F가 유한 집합에서 정의되었고 F의 값을 계산하기 위한 독립된 알고리즘이 존재한다고 하면, 함수가 전사인가를 확인하기 위한 알고리즘은 다음과 같이 작성될 수 있다: 1차원 배열 $a[1], a[2], ..., a[n]$과 $b[1], b[2], ..., b[m]$으로서 X와 Y를 표현하고 Y 내의 각 원소 y를 골라 중첩 반복문을 차례로 사용하여 x의 상이 y인 x를 찾기 위해 X 내의 원소를 탐색한다. 만일 탐색이 실패하면 F는 전사가 아니고 성공하면 전사이다.

무한 집합에서 정의된 일대일 함수

함수 F는 집합 X에서 집합 Y로의 함수이고 Y는 무한이라 가정한다. 정의에 의하여 다음의 보편적인 명제가 진리이면 F는 전사이다.

$$\forall y \in Y, \exists x \in X \text{ such that } F(x)=y.$$

함수 F가 전사임을 증명하려면, 성질로부터 일반화하는 방법을 사용하는 것이 보편적이다.

y는 Y의 임의의 원소라고 가정한다. 그리고 $F(x)=y$를 만족하는 X의 한 원소 x가 존재함을 보인다.

F가 전사가 아니라는 것을 증명하기 위하여 일반적으로

X 내의 임의의 x에 대하여 $y \neq F(x)$인 Y의 원소 y를 구한다.

예제 7.2.5 함수가 전사라는 것의 증명 혹은 반증

f: $\mathbf{R} \to \mathbf{R}$과 h: $\mathbf{Z} \to \mathbf{Z}$는 모든 실수 x에 대하여 $f(x)=4x-1$인 규칙과 모든 정수 n에 대하여 $h(n)=4n-1$인 규칙으로 정의된다.

a. 함수 f가 전사인가? 증명을 하거나 반례를 제시하라.

b. 함수 h가 전사인가? 증명을 하거나 반례를 제시하라.

풀이

a. 최선의 접근 방식은 f가 전사라는 것을 증명하려고 시도하는 것이고, 그것이 아니라는 것을 암시하는 어려움에 주의를 기울이는 것이다. 함수 f: $\mathbf{R} \to \mathbf{R}$는 규칙

모든 실수 x에 대하여 $f(x)=4x-1$

에 의하여 정의된다. f가 전사라는 것을 증명하려면 다음 사항을 증명해야 한다.

$$\forall y \in Y, f(x)=y \text{인 } \exists x \in X$$

특정한 일반화 방법을 사용하여 f의 정의를 직접 증명의 개요에 대입하고, y가 실수라고 가정하여 $y=4x-1$인 실수 x가 존재한다는 것을 보인다.

초벌 작업: 이러한 실수 x가 존재한다면

주의! 이러한 초벌 작업은 단지 x가 무엇으로 존재하여야 하는가를 보이는 것이지, x의 존재를 증명하는 것이 아니다.

$$\begin{aligned} 4x - 1 &= y \\ 4x &= y + 1 && \text{양변에 1을 더하여} \\ x &= \frac{y+1}{4} && \text{양변을 4로 나누어} \end{aligned}$$

이러한 수 x가 존재한다면, $(y+1)/4$와 동등하여야 한다. 이러한 실수가 존재하는가? 그렇다. 이를 보이기 위하여 $x=(y+1)/4$로 하고, (1) x가 실수이고 (2) f가 실제로 x를 y로 대응시킨다는 것을 확인한다. 다음의 공식적인 풀이가 이 과정을 요약한다.

(a)에 대한 풀이:
함수 f: $\mathbf{R} \to \mathbf{R}$이 모든 실수 x에 대하여 규칙 $f(x)=4x-1$에 의하여 정의되면, f는 전사이다.

증명:
$y \in \mathbf{R}$로 한다.[$f(x)=y$인 $x \in \mathbf{R}$가 존재함을 보여 주어야 한다.] $x=(y+1)/4$하고 하자. 실수의 합과 제수(0이 아닌)가 실수이므로 x는 실수이다. 그리고

$$\begin{aligned} f(x) &= f\left(\frac{y+1}{4}\right) && \text{대입하여} \\ &= 4\cdot\left(\frac{y+1}{4}\right) - 1 && f\text{의 정의에 의하여} \\ &= (y+1) - 1 = y && \text{기초 대수에 의하여} \end{aligned}$$

[바로 이것이 보여 주고자 하는 것이다.]

b. 함수 h: $\mathbf{Z} \to \mathbf{Z}$가 규칙

모든 정수 n에 대하여 $h(n)=4n-1$

에 의하여 정의된다. h가 전사라는 것을 증명하려면 다음을 증명해야 한다.

모든 정수에 대하여 m, $h(n)=m$을 만족시키는 정수 n이 존재한다.

특정 일반화 방법을 사용하여 h의 정의를 직접 증명의 개요에 대입하고, m이 임의의 정수라고 가정하고, $4n-1=m$인 정수 n이 존재한다는 것을 보인다.

이 가정으로부터 보여 주어야 할 것에 도달하였는가? 아니다. $4n-1=m$이면

$$n = \frac{m+1}{4} \quad \text{1을 더하고, 4로 나누어}$$

그러나 n은 정수이어야 한다. 예를 들어 $m=0$이면

$$n = \frac{0+1}{4} = \frac{1}{4},$$

이는 정수가 아니다.

따라서 h가 전사라는 것을 증명하는 것은 어려움을 겪게 되고, 이 어려움이 h가 전사가 아니라는 것을 보여 주는 반례에 도달하게 유도한다.

이 논의는 다음의 공식적 풀이로 요약된다.

(b)에 대한 풀이:

함수 $h: \mathbf{Z} \to \mathbf{Z}$이 모든 정수에 대하여 규칙 $h(n)=4n-1$으로 정의되면, h는 전사가 아니다.

반례:

h의 공변역은 $\mathbf{Z}$이고 $0 \in \mathbf{Z}$이다. 그러나 임의의 정수 n에 대하여 $h(n) \neq 0$이다. $h(n)=0$일 경우에는

$$4n-1=0, \quad h\text{의 정의에 의하여}$$

이는 다음으로 적용된다.

$$4n=1, \quad \text{양변에 1을 더하여}$$

따라서

$$n=1/4, \quad \text{양변을 4로 나누어}$$

그러나 1/4은 정수가 아니다. $h(n)=0$인 정수 n이 존재하지 않으므로, h는 전사가 아니다.

지수 함수와 로그 함수의 관계

$b \neq 1$ 인 양의 수에 대하여 **밑 b를 갖는 지수 함수**는 $\exp_b$로 표기하고, 다음과 같이 정의된 **R**에서 $\mathbf{R}^+$로의 함수이다. 모든 실수 x에 대하여

$$\exp_b(x) = b^x$$

여기서 $b^0 = 1$이고 $b^{-x} = 1/b^x$이다.

지수 함수를 취급할 때에는 기초 대수에서 지수의 법칙을 사용하는 것이 유용하다.

지수의 법칙

b와 c가 임의의 양의 실수이고, u와 v가 임의의 실수이면, 다음의 지수 법칙이 성립된다.

$$b^u b^v = b^{u+v} \qquad 7.2.1$$

$$(b^u)^v = b^{uv} \qquad 7.2.2$$

$$\frac{b^u}{b^v} = b^{u-v} \qquad 7.2.3$$

$$(bc)^u = b^u c^u \qquad 7.2.4$$

7.1절에서, 기수(밑) b를 갖는 로그 함수는 임의의 양수 $b \neq 1$에 대하여 다음 성질을 갖는 $\mathbf{R}^+$에서 **R**로의 함수로 정의되었다. 각각의 양의 실수 x에 대하여

$$\log_b(x) = (x\text{를 구하기 위해 } b\text{가 거듭제곱(승)되어야 하는 지수})$$

혹은 양의 실수 x와 실수 y에 대하여 다음과 같이 나타낼 수 있다.

$$\log_b x = y \quad \Leftrightarrow \quad b^y = x$$

미적분을 사용하여 지수 함수와 로그 함수 모두가 일대일이고 전사라는 것을 보일 수 있다. 따라서 일대일 정의에 의하여 다음의 성질이 성립된다.

$b \neq 1$인 임의의 양의 실수 b에 대하여,

모든 실수 u와 v에 대하여 $b^u = b^v$이면, $u = v$이다. 7.2.5

모든 양의 실수 u와 v에 대하여 $\log_b u = \log_b v$이면, $u = v$이다. 7.2.6

이러한 성질은 지수와 로그에 관한 다른 여러 사실들을 유도하는 데에 사용된다. 특히 로그는 다음의 성질을 갖는다.

정리 7.2.1 로그의 성질

$b \neq 1, c \neq 1$인 임의의 양의 실수 b, c, x, y와 임의의 실수 a에 대하여

a. $\log_b(xy) = \log_b x + \log_b y$

b. $\log_b\left(\frac{x}{y}\right) = \log_b x - \log_b y$

c. $\log_b(x^a) = a \log_b x$

d. $\log_c x = \frac{\log_b x}{\log_b c}$

정리 7.2.1(d)는 다음의 예제에서 증명한다. 이 절 끝의 연습문제 25와 26에서 이 정리의 나머지 부분에 대하여 증명하라는 문제를 다루게 될 것이다.

예제 7.2.6 지수 함수의 일대일 성질을 이용

로그의 정의, 지수 법칙, 지수 함수의 일대일 성질을 이용하여, $b \neq 1, c \neq 1$인 양의 실수 b, c, x에 대하여 다음 식이 성립함을 보여라.

$$\log_c x = \frac{\log_b x}{\log_b c}.$$

풀이

$b \neq 1, c \neq 1$인 양의 실수 b, c, x가 주어졌다고 가정하고, 다음과 같이 두자.

$$(1)\ u = \log_b c \quad (2)\ v = \log_c x \quad (3)\ w = \log_b x$$

로그의 정의에 의하여

$$(1')\ c = b^u,\ (2')\ x = c^v,\ (3')\ x = b^w$$

이 된다. $(1')$을 $(2')$에 대입하고, 지수의 법칙들 중 하나를 사용하면

$$x = c^v = (b^u)^v = b^{uv} \qquad \text{7.2.2에 의하여}$$

(3)번 식인 $x = b^w$에 의해

$$b^{uv} = b^w$$

가 되며, 지수 함수의 일대일 성질(7.2.5)에 의해

$$uv = w$$

가 된다. 이것에 (1), (2), (3)을 대입하면

$$(\log_b c)(\log_c x)=\log_b x$$

이다. 양변을 $\log_b c$($c\neq 1$ 이므로, 0이 아님)로 나누면

$$\log_c x = \frac{\log_b x}{\log_b c} \qquad \blacksquare$$

결과를 얻는다.

예제 7.2.7 **계산기에서 기수 2를 갖는 로그의 계산**

컴퓨터 과학에서는 기수 2를 갖는 로그를 계산할 필요가 자주 있다. 대부분의 계산기들은 기수 2를 갖는 로그를 계산하는 키가 없으나, 기수 10을 갖는 로그[**상용로그**(common logarithm)라 부르며 단순하게 log로 표기한다]와 기수 e를 갖는 로그[**자연로그**(natural logarithm)라 부르며 일반적으로 ln이라 쓴다]를 계산하는 키는 있다. 계산기가 $\ln 5 \cong 1.609437912$와 $\ln 2 \cong 0.6931471806$을 각각 나타낸다고 하자. 정리 7.21(d)를 사용하여 $\log_2 5$의 개략적인 값을 계산하라.

풀이

정리 7.2.1(d)에 의하여

$$\log_2 5 = \frac{\ln 5}{\ln 2} \cong \frac{1.609437912}{0.6931471806} \cong 2.321928095 \qquad \blacksquare$$

일대일 대응

일대일이면서 전사인 함수 $F: X \to Y$를 생각해 보자. 주어진 X 내의 원소 x에 대해, F는 함수이기 때문에, 이에 대응하는 유일한 원소 $y=F(x)$가 존재한다. 또한 주어진 Y 내의 y에 대해, F가 전사 함수이므로 $F(x)=y$인 X 내의 원소 x가 존재하며, F가 일대일 함수라는 가정에 의해서 그러한 x는 유일하게 하나라는 사실을 알 수 있다. 즉, 일대일이면서 전사인 함수는 X의 각 원소가 Y의 단 하나의 원소와 대응하고 Y의 각 원소가 X의 단 하나의 원소와 대응하는 형태로서, X의 원소들과 Y의 원소들 사이에 쌍을 이루게 된다. 이러한 형태를 일대일 대응이라 하며, 화살 도표로 표현하면 그림 7.2.5와 같다.

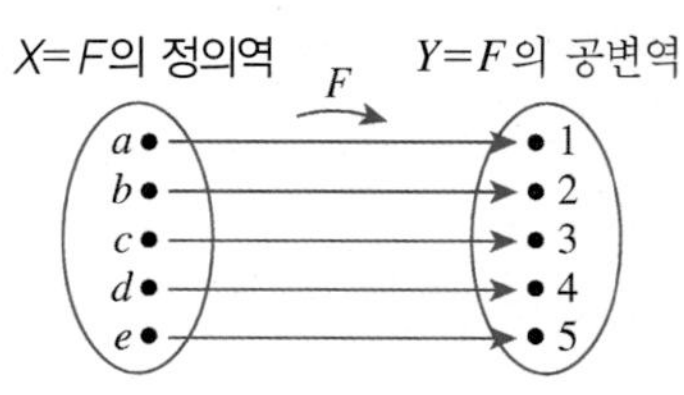

그림 7.2.5 일대일 대응을 나타낸 화살 도표

> **• 정의**
>
> 집합 X에서 집합 Y로의 **일대일 대응**(one-to-one correspondence)[또는 **전단사**(bijective)]은 일대일이고 전사인 함수 $F: X \to Y$이다.

예제 7.2.8 멱집합에서 문자열 집합으로의 함수

$\{a, b\}$의 모든 부분집합들의 집합을 $\mathscr{P}(\{a, b\})$)라 하고, 0과 1로 만들어지는 길이가 2인 모든 문자열의 집합을 S라 하자. $\mathscr{P}(\{a, b\}) = \{\emptyset, \{a\}, \{b\}, \{a, b\}\}$이 되고, $S = \{00, 01, 10, 11\}$이다. $\mathscr{P}(a, b)$에서 S로의 함수 h는 다음과 같이 정의한다. $\{a, b\}$의 부분집합 A에 대해, a는 A에 속하거나 속하지 않고, b는 A에 속하거나 속하지 않는다. a가 A에 속하는 경우, 문자열 $h(A)$의 첫 번째 위치의 값이 1이 되고, 속하지 않는 경우에는 0이 된다. 이와 마찬가지로 b가 A에 속하는 경우에는 문자열 $h(A)$의 두 번째 위치의 값이 1이 되고, 아닌 경우에는 0이 된다. 다음 표에서 이러한 정의를 요약한다.

h

{a, b}의 부분집합	a의 상태	b의 상태	S 내의 문자열
$\emptyset$	속하지 않음	속하지 않음	00
$\{a\}$	속함	속하지 않음	10
$\{b\}$	속하지 않음	속함	01
$\{a, b\}$	속함	속함	11

함수 h는 일대일 대응인가?

풀이

그림 7.2.6에 있는 화살 도표는 함수 h가 일대일 대응 함수임을 보여 준다. 집합 S의 모든 원소는 자신으로 향하는 화살표를 가지고 있으므로 전사 함수가 되며, S의 각 원소로 향하는 화살표는 많아야 한 개이므로 단사 함수가 된다.

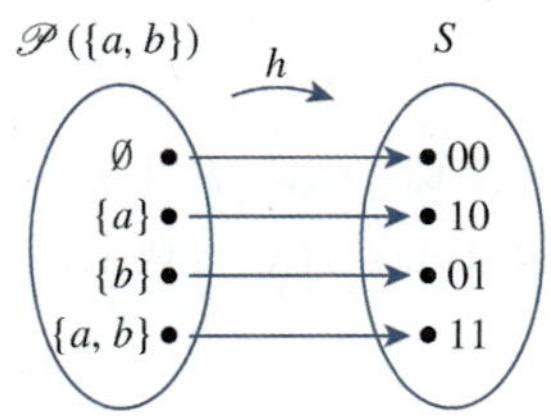

그림 7.2.6 ■

예제 7.2.9 문자열 역순나열 함수

집합 T를 x와 y로 이루어진 모든 유한 문자열의 집합이라 하면, 함수 $g: T \to T$는 모든 문자열 $s(s \in T)$에 대해 다음과 같이 정의된다.

$$g(s)=(s\text{의 각 문자들을 역순으로 표기하여 얻어지는 문자열})$$

함수 g는 T에서 T로의 일대일 대응 함수인가?

풀이

함수 g는 일대일 대응 함수이다.

먼저 함수 g가 단사임을 보이기 위해, T에 있는 어떤 두 문자열 s_1, s_2에 대해 $g(s_1)=g(s_2)$라고 가정하자. 이때 $s_1=s_2$임을 보이면 함수 g가 단사라는 것이 증명이 된다. $g(s_1)=g(s_2)$에서, s_1의 각 문자들을 역순으로 표기하여 얻어지는 문자열과 s_2가 각 문자들을 역순으로 표기하여 얻어지는 문자열은 같다. 그러나 역순으로 표기할 때 s_1과 s_2가 같아진다면, 시작하는 문자부터 같았던 것이므로 결국 같은 문자열이 된다. 즉, $s_1=s_2$이다. 그러므로 함수 g는 단사이다.

함수 g가 전사임을 보이기 위해, $g(s)=t$인 T에 있는 문자열 s를 발견할 수 있어야 한다. 문자열 s를 $g(t)$라고 두면, 함수 g의 정의에 의해, s는 t의 각 문자들을 역순으로 표기하여 얻어지는 문자열이 된다. 그러나 어떤 문자열의 문자들이 역순이 된 후 또다시 역순이 되면, 원래의 문자열로 원상회복된다. 즉 $g(s)=g(g(t))=t$이다. 그러므로 함수 g는 전사이다.

함수 g는 단사이면서 전사이므로 일대일 대응 함수이다. ■

예제 7.2.10 **두 개의 변수를 갖는 함수**

다음과 같이 $F: \mathbf{R} \times \mathbf{R} \to \mathbf{R} \times \mathbf{R}$를 정의한다. 모든 $(x, y) \in \mathbf{R} \times \mathbf{R}$에 대하여

$$F(x, y)=(x+y, x-y).$$

F는 $\mathbf{R} \times \mathbf{R}$로부터 $\mathbf{R} \times \mathbf{R}$ 자체로의 일대일 대응인가?

풀이

답은 일대일 대응이다. F가 일대일 대응이라는 것을 보이기 위하여 F가 일대일이라는 것과 F가 전사라는 것을 모두 보여야 한다.

F가 일대일이라는 것의 증명: (x_1, y_1)과 (x_2, y_2)가

$$F(x_1, y_1)=F(x_2, y_2)$$

인 $\mathbf{R} \times \mathbf{R}$ 내의 순서쌍이라고 가정한다.[$(x_1, y_1)=(x_2, y_2)$를 보여야 한다.] F의 정의에 의하여

$$(x_1+y_1, x_1-y_1)=(x_2+y_2, x_2-y_2).$$

두 개의 순서쌍이 동등하려면 첫째와 둘째의 구성 요소가 동등하여야 한다. x_1, x_2, y_1, y_2가 다음의 방정식 체계를 만족시키므로

$$x_1+y_1=x_2+y_2 \quad (1)$$

$$x_1-y_1=x_2-y_2 \quad (2)$$

이 두 식을 합하면 다음이 된다.

$$2x_1=2x_2, \text{ 따라서 } x_1=x_2.$$

$x_1=x_2$를 식 (1)에 대입하면

$$x_1+y_1=x_1+y_2, \text{ 따라서 } y_1=y_2.$$

따라서 순서쌍의 동등 정의에 의하여 $(x_1, y_1)=(x_2, y_2)$ [보이고자 했던 것과 같다].

주의! 이 초벌 작업은 단순히 (r, s)가 무엇으로 존재하여야 하는가를 보이는 것이지, (r, s)의 존재를 증명하는 것이 아니다.

F가 전사라는 것의 증명에 대한 초벌 작업: F가 전사라는 것을 보이기 위하여 공변역 $\mathbf{R} \times \mathbf{R}$ 내의 순서쌍을 (u, v)라 하면, F에 의하여 (u, v)로 대응되는 정의역 내의 순서쌍이 존재한다는 것을 보이면 된다. 이를 위하여 임시적으로 다음과 같은 순서쌍을 구하였다고 가정하고, 이를 (r, s)로 한다.

$$F(r, s)=(u, v) \qquad F\text{가 } (r, s)\text{를 } (u, v)\text{로 대응시킨다고 가정하고 있으므로}$$

$$F(r, s)=(r+s, r-s) \qquad F\text{의 정의에 의하여}$$

우변을 수식화하면

$$(r+s, r-s)=(u, v).$$

순서쌍의 동등 정의를 적용하면, 다음의 의미를 갖는다.

$$r+s=u \quad (1)$$

$$r-s=v \quad (2)$$

두 식을 합하면

$$2r=u+v, \text{ 따라서 } r=\frac{u+v}{2}$$

식 (1)에서 식 (2)를 빼면

$$2s=u-v, \text{ 따라서 } s=\frac{u-v}{2}$$

F가 (r, s)를 (u, v)에 대응시킨다면 $r=(u+v)/2$, $s=(u-v)/2$이다. 다시 증명의 문제로 되돌아가면, (1) $\left(\frac{u+v}{2}, \frac{u-v}{2}\right)$이 F의 정의역 내에 있다는 것과 (2) F가 실제적으로 $\left(\frac{u+v}{2}, \frac{u-v}{2}\right)$을 (u, v)에 대응시킨다는 것을 확인하여야 한다.

F가 전사라는 것의 증명: (u, v)는 F의 공변역 내의 순서쌍으로 한다.[F에 의하여 (u, v)로 대응되는 F의 정의역 내의 순서쌍이 존재한다는 것을 보인다.]

$$r = \frac{u+v}{2} \qquad s = \frac{u-v}{2}$$

로 한다. (r, s)가 실수의 순서쌍이므로, F의 정의역 내에 있다. 또한

$$\begin{aligned} F(r, s) &= F\left(\frac{u+v}{2}, \frac{u-v}{2}\right) && F\text{의 정의에 의하여} \\ &= \left(\frac{u+v}{2} + \frac{u-v}{2}, \frac{u+v}{2} - \frac{u-v}{2}\right) && \text{대수에 의하여} \\ &= \left(\frac{u+v+u-v}{2}, \frac{u+v-u+v}{2}\right) \\ &= \left(\frac{2u}{2}, \frac{2v}{2}\right) \\ &= (u, v) \end{aligned}$$

■

역함수

함수 F가 집합 X에서 집합 Y로의 일대일 대응 함수라고 하자. 함수 F가 수행한 일을 취소하는(다시 원상으로 되돌리는) 역할을 하는 Y에서 X로의 함수가 존재한다. 즉, Y의 각 원소를 원래 유래하였던 X의 원소로 되돌리는 것이다. 이러한 함수를 F의 역함수라고 한다.

> **정리 7.2.2**
> $F: X \to Y$를 일대일 대응함수라 하자. 즉, F는 일대일이고 전사이다. 그러면 $\boldsymbol{F^{-1}: Y \to}$ X은 다음과 같이 정의된다.
> Y 내의 주어진 임의의 원소 y에 대해
>
> $\boldsymbol{F^{-1}(y)}=(F(x)=y$인 X 내의 유일한 원소 $x)$.
>
> 다시 표기하면
>
> $$F^{-1}(y)=x \iff y=F(x)$$

정리 7.2.2 증명은 일대일과 전사의 정의를 따른다. Y 내의 주어진 원소 y에 대하여 F가 전사이므로 $F(x)=y$인 X 내의 원소 x가 존재하며, 이 x는 F가 일대일이므로 유일하다.

• 정의

정리 7.2.2의 함수 F^{-1}은 F의 **역함수**(inverse function)라 부른다.

이 정의에 의하면, $b \neq 1(b > 0)$인 기수를 갖는 로그 함수는 기수 b를 갖는 지수 함수의 역함수이다.

다음의 그림은 역함수는 각 원소를 왔던 곳으로 다시 되돌린다는 사실을 나타낸다.

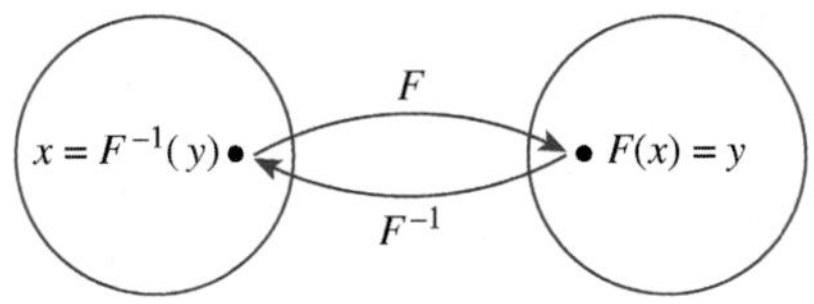

예제 7.2.11 **화살 도표로 주어진 함수에 대한 역함수 구하기**

예제 7.2.8에 주어진 일대일 대응 h에 대한 역함수를 정의하라.

풀이

h^{-1}에 대한 화살 도표는 다음 그림에 나타낸 바와 같이 h 화살표들을 S에서 $\mathscr{P}(\{a, b\})$로 추적하여 구해진다.

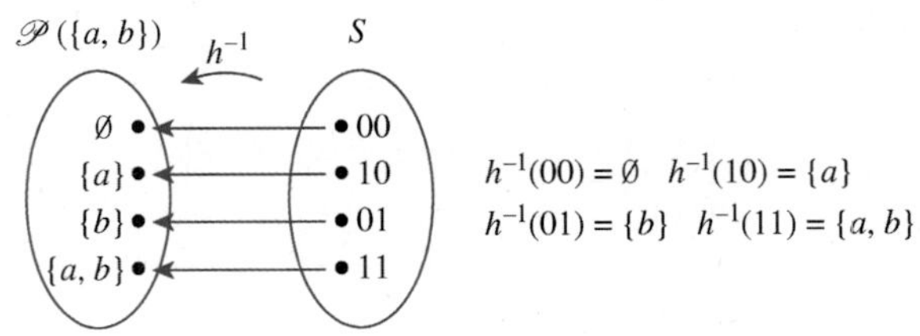

■

예제 7.2.12 **단어에 대해 정의된 함수에 대한 역함수 구하기**

예제 7.2.9에 주어진 일대일 대응 함수 g에 대한 역함수를 정의하라.

풀이

T에 있는 모든 문자열 t에 대해, 함수 $g: T \to T$는 다음과 같이 정의된다.

$$g(t) = (t\text{의 각 문자들을 역순으로 표기하여 얻어지는 문자열})$$

t의 각 문자들을 역순으로 표기하여 얻어지는 문자열을 다시 역순으로 표기하면, 원래의 문자열로 원상회복된다. 즉, T에 있는 모든 문자열 t에 대해, $g^{-1}(t)$는 다음과 같이 표현할 수 있다.

$g^{-1}(t)$=(역순으로 표기할 때, 문자열 t가 되는 유일한 문자열)
=(t의 각 문자들을 역순으로 표기하여 얻어지는 문자열)
$=g(t)$

그러므로 $g^{-1}: T \to T$는 g와 같은 함수이다. 즉, $g^{-1}=g$이다. ■

예제 7.2.13 **공식으로 주어진 함수에 대한 역함수 구하기**

모든 실수 x에 대해, 함수 $f: \mathbf{R} \to \mathbf{R}$가 $f(x)=4x-1$로 정의될 때, 함수 f는 단사 함수이면서 전사 함수가 된다. 함수 f의 역함수를 구하라.

풀이

f^{-1}의 정의에 의해, $f^{-1}(y)$는 $f(x)=y$가 되는 실수 x의 값이다.

$$f(x)=y \Leftrightarrow 4x-1=y \quad \text{함수 } f\text{의 정의에 의하여}$$
$$\Leftrightarrow x=(y+1)/4 \quad \text{대수에 의하여}$$

그러므로 $f^{-1}(y)=(y+1)/4$이다. ■

다음의 정리는 정의로부터 쉽게 유도된다.

정리 7.2.3

X와 Y가 집합이고, $F: X \to Y$가 일대일이며 전사이면, $F^{-1}: X \to Y$도 일대일이며 전사이다.

증명:

F^{-1}이 일대일: y_1과 y_2가 $F^{-1}(y_1)=F^{-1}(y_2)$인 Y의 원소라 하자.[$y_1=y_2$임을 보여야 한다.] $x=F^{-1}(y_1)=F^{-1}(y_2)$이므로, $x \in X$이고, F^{-1}의 정의에 의하여

$$F(x)=y_1, [x=F^{-1}(y_1)\text{이므로}]$$
$$F(x)=y_2, [x=F^{-1}(y_2)\text{이므로}]$$

결론적으로 각 원소가 $F(x)$와 동등하므로 $y_1=y_2$이다. 이것은 보여 주고자 하는 것이다.

F^{-1}이 전사: $x \in X$라 하자.[$F^{-1}(y)=x$인 Y 내의 원소 y가 존재함을 보여야 한다.] $F(x)=y$라 하면 $y \in Y$이고, F^{-1}의 정의에 의하여 $F^{-1}(y)=x$이다. 이것이 보여 주고자 하는 것이다.

예제 7.2.14 **두 개의 변수를 갖는 함수에 대한 역함수 구하기**

예제 7.2.10에 주어진 일대일 대응에 대한 역함수 $F^{-1}: \mathbf{R} \times \mathbf{R} \to \mathbf{R} \times \mathbf{R}$을 정의하라.

풀이

예제 7.2.10에 대한 풀이에서 $F\left(\left(\frac{u+v}{2}, \frac{u-v}{2}\right)\right)=(u, v)$를 보였다. F가 일대일이라는 것은 $\left(\frac{u+v}{2}, \frac{u-v}{2}\right)$이 F에 의하여 (u, v)로 대응된 F의 정의역 내의 유일한 순서쌍이라는 의미를 갖는다.

따라서 F^{-1}은 다음과 같이 정의된다: 모든 $(u, v) \to \mathbf{R} \times \mathbf{R}$에 대하여

$$F^{-1}(u, v) = \left(\frac{u+v}{2}, \frac{u-v}{2}\right) \qquad \blacksquare$$

자 | 기 | 진 | 단

1. F가 집합 X에서 집합 Y로의 함수일 때, _______이면 F는 단사 함수이다.
2. F가 집합 X에서 집합 Y로의 함수일 때, _______이면 F는 단사 함수가 아니다.
3. F가 집합 X에서 집합 Y로의 함수일 때, _______이면 F는 전사 함수이다.
4. F가 집합 X에서 집합 Y로의 함수일 때, _______이면 F는 전사 함수가 아니다.
5. 다음 두 문장은 _______이다.
   $\forall u, v \in U,\ H(u)=H(v)$이면 $u=v$이다.
   $\forall u, v \in U,\ u \neq v$이면 $H(u) \neq H(v)$.
6. $F: X \to Y$에서 X가 무한 집합일 때 F가 단사 함수라는 것을 증명하려면 ______을 가정하고 ______임을 보여 주어야 한다.
7. $F: X \to Y$에서 X가 무한 집합일 때 F가 전사 함수라는 것을 증명하려면 ______을 가정하고 ______임을 보여 주어야 한다.
8. $F: X \to Y$에서 F가 단사 함수가 아니라는 것을 증명하려면 당신은 _______해야 한다.
9. $F: X \to Y$에서 F가 전사 함수가 아니라는 것을 증명하려면 당신은 _______해야 한다.
10. 집합 X에서 집합 Y로의 전단사 함수라는 것은 ____로 _______이다.
11. F가 집합 X에서 집합 Y로의 전단사 함수이고 y가 Y의 원소이면, $F^{-1}(y)$는 _______이다.

연 / 습 / 문 / 제 7.2

1. 단사 함수는 두 가지로 정의할 수 있다.

   $\forall x_1, x_2 \in X,\ F(x_1)=F(x_2)$이면 $x_1=x_2$이거나
   $\forall x_1, x_2 \in X,\ x_1 \neq x_2$이면 $F(x_1) \neq F(x_2)$.

   이 두 문장은 왜 논리적으로 동치인가?

2. 많아야 또는 적어도 두 단어로 다음 빈칸을 채우라.
   a. F의 공변역의 각 원소가 F의 정의역의 _______ 한 원소의 상이면 F는 단사 함수이다.
   b. F의 공변역의 각 원소가 F의 정의역의 _______ 한 원소의 상이면 F는 전사 함수이다.

3. 단사 함수의 정의를 말하라고 하자 한 학생이 대답하기를 "f에 의해 X의 모든 원소가 Y의 단 하나의 원소에 대응되면 함수 f는 단사 함수이다." 이 학생의 답이 틀렸다는 것을 보여 주는 반례를 들라.

4. $f: X \to Y$가 함수라고 하자. 다음은 참인가 거짓인가? F가 단사 함수라는 충분조건은 Y 집합의 모든 y

원소에 대하여 $f(x)=y$가 되는 X 집합의 원소 x가 많아야 하나 존재한다.

5. 두 문장을 제외한 다음의 문장은 함수 f가 전사 함수라는 사실을 바르게 표현하고 있다. 잘못 표현한 두 문장을 골라라.

a. f가 전사 $\Leftrightarrow$ 공변역의 모든 원소들은 정의역의 어떤 원소의 상이다.

b. f가 전사 $\Leftrightarrow$ 정의역의 모든 원소들은 공변역에 어떤 상을 가진다.

c. f가 전사 $\Leftrightarrow$ $\forall y \in Y$에 대하여, $f(x)=y$인 $x \in X$가 존재한다.

d. f가 전사 $\Leftrightarrow$ $\forall x \in X$에 대하여, $f(x)=y$인 $y \in Y$가 존재한다.

e. f가 전사 $\Leftrightarrow$ f의 치역은 공변역과 동일하다.

6. $X=\{1, 5, 9\}$이고 $Y=\{3, 4, 7\}$이다.

a. $f: X \to Y$는 다음과 같이 정의된다.

$$f(1)=4, f(5)=7, f(9)=4$$

f는 단사 함수인가? 전사 함수인가? 답을 설명하라.

b. $g: X \to Y$는 다음과 같이 정의된다.

$$g(1)=7, g(5)=3, g(9)=4$$

g는 단사 함수인가? 전사 함수인가? 답을 설명하라.

7. $X=\{a, b, c, d\}$이고 $Y=\{e, f, g\}$이다. 함수 F와 G가 아래의 화살 도표로 정의된다.

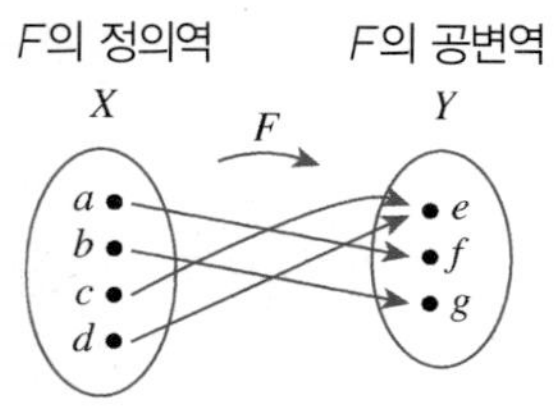

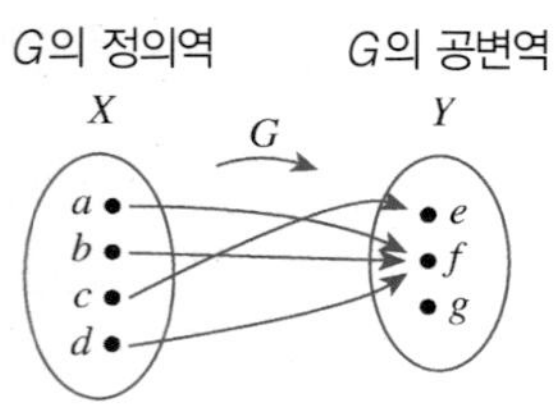

a. F는 단사인가? 설명하라. 전사인가? 설명하라.

b. G는 단사인가? 설명하라. 전사인가? 설명하라.

8. $X=\{1, 2, 3\}$, $Y=\{1, 2, 3, 4\}$, $Z=\{1, 2\}$이다.

a. 단사이지만 전사가 아닌 함수 $f: X \to Y$를 정의하라.

b. 전사이지만 단사가 아닌 함수 $g: X \to Z$를 정의하라.

c. 전사이지만 단사도 아닌 함수 $h: X \to Y$를 정의하라.

d. 전사이고 단사이지만 항등함수는 아닌 함수 $k: X \to X$를 정의하라.

9. **a.** 모든 정수 n에 대해 $f(n)=2n$으로 정의되는 함수 $f: \mathbf{Z} \to \mathbf{Z}$가 있다.

(i) f는 단사인가? 증명하거나 반례를 보여라.

(ii) f는 전사인가? 증명하거나 반례를 보여라.

b. $2\mathbf{Z}$는 모든 짝수의 집합을 나타낸다. 즉, $2\mathbf{Z}=\{n \in \mathbf{Z} \mid$ 어떤 k에 대해 $n=2k\}$. 모든 정수에 대해 $h(n)=2n$으로 정의되는 함수 $h: \mathbf{Z} \to 2\mathbf{Z}$가 있다. h는 전사인가? 증명하거나 반례를 보여라.

10. **a.** 모든 정수 n에 대해 $g(n)=4n-5$로 정의되는 함수 $g: \mathbf{Z} \to \mathbf{Z}$가 있다.

(i) g는 단사인가? 증명하거나 반례를 보여라.

(ii) g는 전사인가? 증명하거나 반례를 보여라.

b. 모든 실수 x에 대해 $G(x)=4x-5$로 정의되는 함수 $G: \mathbf{R} \to \mathbf{R}$가 있다. G는 전사인가? 증명하거나 반례를 보여라.

11. **a.** 모든 실수 x에 대해 $H(x)=x^2$으로 정의되는 함수 $H: \mathbf{R} \to \mathbf{R}$가 있다.

(i) H는 단사인가? 증명하거나 반례를 보여라.

(ii) H는 전사인가? 증명하거나 반례를 보여라.

b. 모든 음이 아닌 실수 x에 대해 $K(x)=x^2$으로 정의되는 함수 $K: \mathbf{R}^{nonneg} \to \mathbf{R}^{nonneg}$이 있다. K는 전사인가? 증명하거나 반례를 보여라.

12. 다음 증명에서 잘못된 점을 설명하라.

정리: 모든 정수 n에 대해 $f(n)=4n+3$으로 정의된 함수 $f: \mathbf{Z} \to \mathbf{Z}$는 단사 함수이다.

증명: 어떤 정수 n이 주어지면 f의 정의에 의해 $f(n)$에 대해서는 단 한 가지 가능한 값이 존재한다. 즉, $4n+3$이다. 그러므로 f는 단사 함수이다.

13~14번에서 실수의 집합에서 함수 f가 정의된다. f가 단사 함수인지 아닌지를 정하고 설명하라.

13. $x \neq 0$인 모든 실수에 대해 $f(x) = \dfrac{x+1}{x}$

14. 모든 실수 x에 대해 $f(x) = \dfrac{x}{x^2+1}$

15. 예제 7.2.3을 참조하여 다음 사회보장번호를 차례대로 표 7.2.1에 기재한다고 하자. 다음의 기록들이 기재되어야 할 위치를 찾아라.

a. 417-30-2072 **b.** 364-98-1703 **c.** 283-09-0787

16. 모든 실수 x에 대하여 식 $\text{Floor}(x)=\lfloor x \rfloor$로 정의된 함수 Floor: $\mathbf{R} \to \mathbf{Z}$가 있다.

a. Floor는 단사인가? 증명하거나 반례를 들라.

b. Floor는 전사인가? 증명하거나 반례를 들라.

17. 0과 1로 이루어진 모든 문자열의 집합 S에서 함수 $l: S \to \mathbf{R}^{nonneg}$가 다음과 같이 정의된다.

S의 모든 문자열 s에 대하여 $l(s)=$s의 길이

a. l은 단사인가? 증명하거나 반례를 들라.

b. l은 전사인가? 증명하거나 반례를 들라.

18. 함수 $F: \mathscr{P}(\{a, b, c\}) \to \mathbf{Z}$가 다음과 같이 정의된다. $\mathscr{P}(\{a, b, c\}$에서의 모든 A에 대하여

$F(A)=A$의 원소의 개수

a. F는 단사인가? 증명하거나 반례를 들라.

b. F는 전사인가? 증명하거나 반례를 들라.

19. a와 b로 이루어진 모든 문자열의 집합 S에서 함수 $N: S \to \mathbf{Z}$가 다음과 같이 정의된다.

S의 모든 문자열 s에 대하여 $N(s)=s$에서 a의 개수

a. N은 단사인가? 증명하거나 반례를 들라.

b. N은 전사인가? 증명하거나 반례를 들라.

20. 모든 양의 정수 n에 대하여 함수 $S: \mathbf{Z}^+ \to \mathbf{Z}^+$가 다음과 같이 정의된다.

$S(n)=n$의 양의 약수의 합

a. S는 단사인가? 증명하거나 반례를 들라.

b. S는 전사인가? 증명하거나 반례를 들라

21. D가 양의 정수의 모든 유한 부분집합의 집합이라고 하자. 함수 $T: \mathbf{Z}^+ \to D$가 다음과 같이 정의된다. 모든 양의 정수 n에 대하여

$T(n)=n$의 모든 양의 약수의 집합

a. T는 단사인가? 증명하거나 반례를 들라.

b. T는 전사인가? 증명하거나 반례를 들라.

22. 함수 $G: \mathbf{R}\times\mathbf{R} \to \mathbf{R}\times\mathbf{R}$가 다음과 같이 정의된다.

모든 $(x, y) \in \mathbf{R}\times\mathbf{R}$에 대하여
$G(x, y)=(2y, -x)$

a. G는 단사인가? 증명하거나 반례를 들라.

b. G는 전사인가? 증명하거나 반례를 들라.

23. 함수 $F: \mathbf{Z}^+\times\mathbf{Z}^+ \to \mathbf{Z}^+$과 $G: \mathbf{Z}^+\times\mathbf{Z}^+ \to \mathbf{Z}^+$은 다음과 같이 정의된다. 모든 $(m, n) \in \mathbf{Z}^+\times\mathbf{Z}^+$에 대하여

$F(n, m)=3^n5^m$이고 $G(n, m)=3^n6^m$

a. F는 단사인가? 증명하거나 반례를 들라.

b. G는 단사인가? 증명하거나 반례를 들라.

24. **a.** $\log_8 27=\log_2 3$인가? 이유를 설명하라.

b. $\log_{16} 9=\log_4 3$인가? 이유를 설명하라.

25~26에서 나오는 로그의 성질은 11.4절과 11.5절에서 사용된다.

25. 모든 양의 실수 $b(b \neq 1)$, x, 그리고 y에 대하여 다음을 증명하라.

a. $\log_b \left(\frac{x}{y}\right) = \log_b x - \log_b y$

b. $\log_b (xy) = \log_b x + \log_b y$

26. 모든 양의 실수 $b(b \neq 1)$, x 그리고 실수 a에 대하여

$$\log_b(x^a) = a \log_b x$$

임을 증명하라.

27. f: **R** → **R**와 g: **R** → **R**가 함수이고 모든 실수 x에 대하여 함수 $(f+g)$: **R** → **R**는 모든 실수 x에 대하여 $(f+g)(x)=f(x)+g(x)$로 정의된다. f: **R** → **R**와 g: **R** → **R**가 모두 단사 함수라면 $f+g$도 단사 함수인가? 설명하라.

28. f: **R** → **R**이 함수이고 c가 0이 아닌 실수일 때 모든 실수 x에 대하여 함수 $(c \cdot f)$: **R** → **R**는 $(c \cdot f)(x)=c \cdot f(x)$로 정의된다. f: **R** → **R**가 함수이고 c가 0이 아닌 실수라고 하자. f가 단사 함수라면 $c \cdot f$도 단사 함수인가? 설명하라.

29. $F: X \to Y$가 단사 함수라고 가정하자.

a. 모든 부분집합 $A \subseteq X$에 대해 $F^{-1}(F(A))=A$임을 증명하라.

b. X의 모든 부분집합 A_1, A_2에 대해 $F(A_1 \cap A_2)= F(A_1) \cap F(A_2)$임을 증명하라.

30. $X=\{a, b, c, d, e\}$ 그리고 $Y=\{s, t, u, v, w\}$일 때, 전단사 함수 $F: X \to Y$가 다음 화살 도표로 정의되어 있다. F^{-1}에 대한 화살 도표를 그려라.

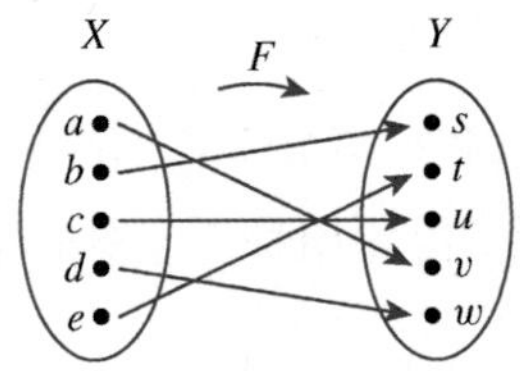

31~37은 각 연습 문항의 함수가 전단사 함수인지를 말해 준다. 각 전단사 함수에 대하여 역함수를 구하라.

31. 연습문제 9a

32. 연습문제 9b

33. 연습문제 10a

34. 연습문제 10b

35. 연습문제 17

36. 연습문제 13에서 공변역은 1이 아닌 모든 실수의 집합

37. 연습문제 14에서 공변역은 모든 실수의 집합

38. 유한 집합에서 유한 집합으로의 함수가 단사 함수임을 검증하는 컴퓨터 알고리즘을 작성하라. 함수의 값을 계산하는 독립적인 알고리즘이 존재한다고 가정하라.

39. 유한 집합에서 유한 집합으로의 함수가 전사 함수임을 검증하는 컴퓨터 알고리즘을 작성하라. 함수의 값을 계산하는 독립적인 알고리즘이 존재한다고 가정하라.

자 | 기 | 진 | 단 | 해 | 답

1. X의 원소 x_1과 x_2에 대해 $F(x_1)=F(x_2)$이면 $x_1=x_2$ 2. $F(x_1)=F(x_2)$이고 $x_1 \neq x_2$인 X의 원소 x_1과 x_2가 존재 3. Y의 모든 원소 y에 대하여 $F(x)=y$인 X의 원소 x가 적어도 하나 존재한다. 4. X의 모든 원소 x에 대해 $f(x) \neq y$인 Y의 원소 y가 적어도 하나 존재한다 5. H가 단사 함수임을 표현하는 두 가지 등가 논리적 표현(두 번째 표현은 첫 번째 표현의 대우) 6. $F(x_1)=F(x_2)$; $x_1=x_2$를 만족시키는 X의 원소(특정적이지만 임의로 선택된)이다 7. Y의 원소(특정적이지만 임의로 선택된) y에 대해; $F(x)=y$를 만족시키는 X의 원소가 적어도 하나 존재한다 8. $F(x_1)=F(x_2)$이고

$x_1 \neq x_2$인 X의 원소 x_1과 x_2가 반드시 존재함을 보인다 9. X의 어떤 원소 x에 대해서도 $F(x) \neq y$인 Y의 한 원소 y가 반드시 존재함을 보인다 10. X에서 Y로의 함수; 단사이며 전사 11. $F(x)=y$인 X의 유일한 원소 x[다른 말로는 $F^{-1}(y)$가 X에서의 유일한 y의 원상]

7.3 함수의 합성

가장 이론적인 것이 가장 실제적인 응용에 근접해 있다는 것은 역설이 아니다.

—Alfred North Whitehead

정수에서 정의된 바로 뒤의 원소 함수와 제곱 함수를 생각해 보자. 각 함수는 기계로 표현된다고 하자. 두 기계가 연결되어 있어서 바로 뒤의 원소 함수로부터 생성된 출력 값이 제곱 함수에 입력 값으로 사용된다면, 이 두 기계는 하나의 큰 기계로서 함께 작동된다. 이 큰 기계에서는 정수 n이 먼저 1 증가되어 $n+1$이 된 후, 이 값이 제곱되어 $(n+1)^2$를 얻게 된다. 다음 그림은 이런 과정을 보여 준다.

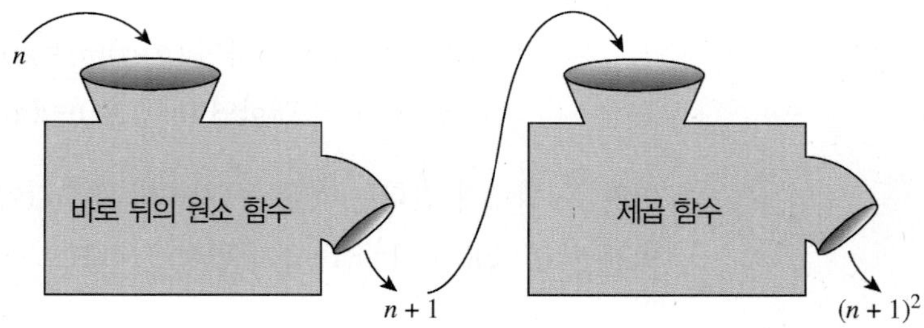

이러한 방법으로 결합되어 얻어지는 함수를 두 함수의 합성(composition)이라고 한다. 합성을 할 수 있으려면, 첫 번째 함수의 출력 값이 두 번째 함수의 입력 값으로서 받아들일 수 있는 값인 경우에만 가능하다는 것을 유의하라. 즉, 첫 번째 함수의 치역이 두 번째 함수의 정의역에 포함되어야만 한다.

주의! f와 g의 합성을 말할 때에는 f을 앞에 둔다. 이는 원소 x가 f에 의하여 먼저 작용되고, 다음에 g에 의하여 작용되기 때문이다.

• 정의

$f: X \to Y'$와 $g: Y \to Z$를 f의 치역이 g의 정의역의 부분집합의 성질을 갖는 함수로 한다. 새로운 함수 $g \circ f: X \to Z$는 다음과 같이 정의된다.

$$\text{모든 } x \in X\text{에 대하여 } (g \circ f)(x) = g(f(x))$$

여기서 $g \circ f$는 'g 동그라미 f'로 읽고, $g(f(x))$는 'g of f of x'로 읽는다. 함수 $g \circ f$는 **f와 g의 합성**이라 부른다.

이 정의를 다음에서 도식화하였다.

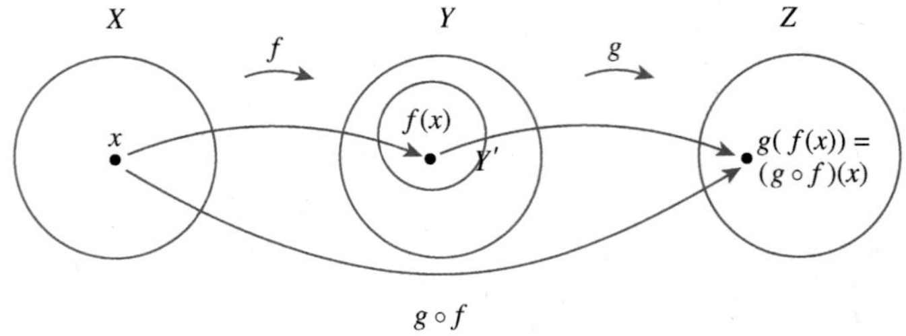

예제 7.3.1 **공식으로 정의된 함수의 합성**

f: $\mathbf{Z} \to \mathbf{Z}$를 바로 뒤의 원소 함수라 하고 g: $\mathbf{Z} \to \mathbf{Z}$를 제곱 함수라 하자. 즉 모든 정수 n에 대해, $f(n)=n+1$이며 $g(n)=n^2$이다.

a. 합성 함수 $g \circ f$와 $f \circ g$를 구하라.

b. $g \circ f = f \circ g$인가? 설명하라.

주의! $g \circ f$와 $g(f(x))$를 혼동하지 않도록 주의하라. $g \circ f$는 함수의 이름이고, $g(f(x))$는 x에서 함수의 값이다.

풀이

a. 모든 정수 n에 대해, $g \circ f$와 $f \circ g$는 다음과 같이 정의된다.

$$\text{모든 } n \in \mathbf{Z}\text{에 대하여 } (g \circ f)(n) = g(f(n)) = g(n+1) = (n+1)^2,$$
$$\text{모든 } n \in \mathbf{Z}\text{에 대하여 } (f \circ g)(n) = f(g(n)) = f(n^2) = n^2+1.$$

b. 어떤 두 함수가 같다는 것은 두 함수의 함수값이 같다는 뜻이다. $(g \circ f)(1)=(1+1)^2=4$이지만, $(f \circ g)(1)=1^2+1=2$가 된다. 그러므로 $g \circ f \neq f \circ g$이다. ■

위 예제 7.3.1로부터 두 함수의 합성 함수는 교환법칙이 성립하지 않는다는 중요한 사실을 알 수 있다. 일반 함수 F와 G에 대하여 $F \circ G$는 $G \circ F$와 반드시 동등할 필요가 없다(양자는 같을 수 있음에도 불구하고).

예제 7.3.2 **유한 집합에서 정의된 함수의 합성**

$X=\{1, 2, 3\}$, $Y'=\{a, b, c, d\}$, $Y=\{a, b, c, d, e\}$, $Z=\{x, y, z\}$일 때, 함수 f: $X \to Y'$와 g: $Y \to Z$가 화살 도표로 다음과 같이 정의되어 있다. $g \circ f$에 대한 화살 도표와 $g \circ f$의 치역을 구하라.

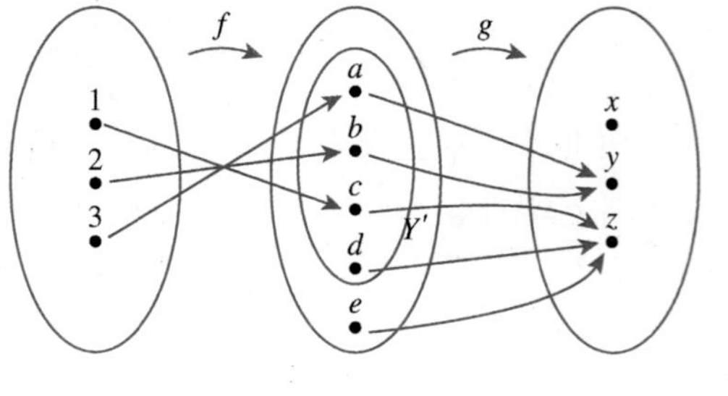

풀이

$g \circ f$에 대한 화살 도표를 구하기 위하여 Y를 통해 X에서 Z로의 화살표를 작성해 나간다. 결과는 다음과 같다.

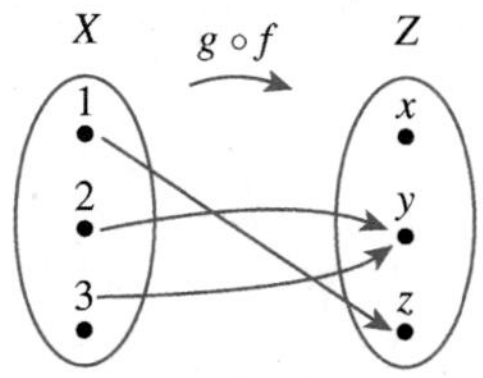

$$(g \circ f)(1) = g(f(1)) = g(c) = z$$
$$(g \circ f)(2) = g(f(2)) = g(b) = y$$
$$(g \circ f)(3) = g(f(3)) = g(a) = y$$

$g \circ f$의 치역은 $\{y, z\}$이다. ■

집합 X에서 (항등) 함수를 참고하면, I_X는 다음의 공식으로 정의된 X에서 X로의 함수이다.

$$\text{모든 } x \in X \text{에 대하여 } I_X(x) = x.$$

즉, X에서의 항등 함수는 X의 각 원소를 그 자체에 대응시킨다. 항등 함수를 다른 함수와 합성할 때에 어떤 일이 발생하는가?

예제 7.3.3 **항등 함수와의 합성**

$X = \{a, b, c, d\}$이고 $Y = \{u, v, w\}$일 때, 함수 $f: X \to Y$가 화살 도표로 다음과 같이 정의되어 있다.

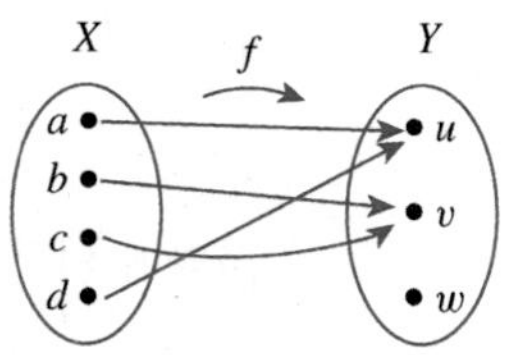

$f \circ I_X$와 $I_Y \circ f$를 구하라.

풀이

$f \circ I_X$의 값은 다음의 화살 도표를 추적하여 구한다.

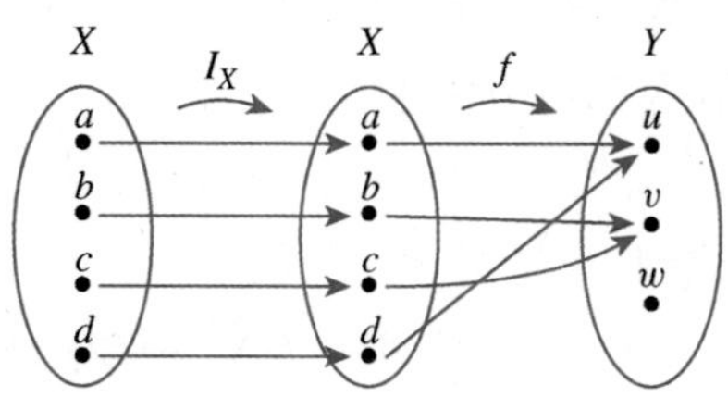

$$(f \circ I_X)(a) = f(I_X(a)) = f(a) = u$$
$$(f \circ I_X)(b) = f(I_X(b)) = f(b) = v$$
$$(f \circ I_X)(c) = f(I_X(c)) = f(c) = v$$
$$(f \circ I_X)(d) = f(I_X(d)) = f(d) = u$$

X에 있는 모든 원소 x에 대해

$$(f \circ I_X)(x) = f(x)$$

이다. 즉, 함수의 동등의 정의에 의해 $f \circ I_X = f$가 된다.

이와 비슷하게 다음의 화살 도표를 통해 $I_Y \circ f = f$를 X 내의 각 x에 대하여 검증할 수 있다.

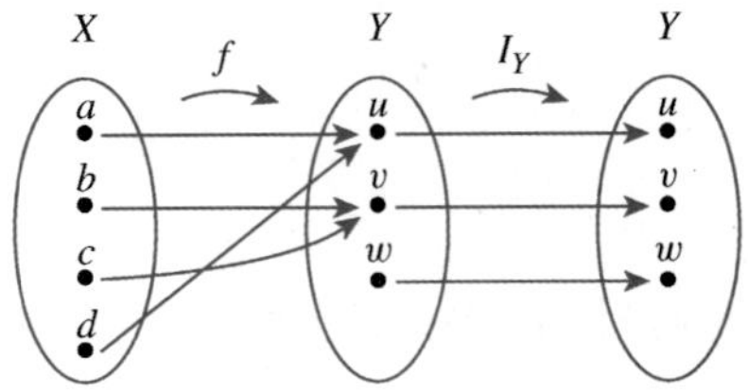

■

일반적으로 어떤 함수와 항등 함수와의 합성은 어떤 함수 그 자체가 된다.

정리 7.3.1 항등 함수와의 합성

f를 집합 X에서 집합 Y로의 함수라 하고, I_X는 X에서의 항등 함수라 하고, I_Y는 Y에서의 항등 함수라 하면, 다음 두 식이 성립한다.

$$\text{(a) } f \circ I_X = f \quad \text{(b) } I_Y \circ f = f$$

증명:

(a): f를 집합 X에서 집합 Y로의 함수라 하고, I_X는 X에서의 항등 함수라 하면, X 내의 모든 x에 대하여

$$(f \circ I_X)(x) = f(I_X(x)) = f(x)$$

함수의 동등의 정의에 의하여 $f \circ I_X = f$, 이것이 바로 보여 주고자 하는 것이다.

(b): 이것에 대한 증명은 이 절 끝에 있는 연습문제 7에서 다루게 될 것이다.

f를 집합 X에서 집합 Y로의 함수라 하고, f가 역함수 f^{-1}을 갖는다고 가정하자. f^{-1}이

$$f^{-1}(y) = x \iff f(x) = y$$

의 성질을 갖는 Y에서 X로의 함수임을 상기하자. f가 f^{-1}에 합성되면 무엇이 되는가? 또는 f^{-1}이 f에 합성되면 무엇이 되는가?

예제 7.3.4 함수와 그 역함수와의 합성

$X = \{a, b, c\}$이고 $Y = \{x, y, z\}$일 때, 함수 $f: X \to Y$가 화살 도표로 다음과 같이 정의되어 있다.

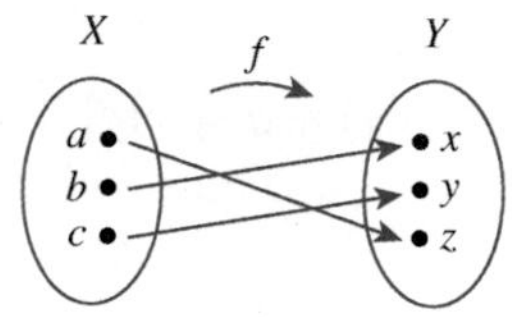

함수 f는 일대일 함수이며, 전사 함수이다. 그러므로 역함수 f^{-1}가 존재하며 다음 그림과 같이 화살 도표로 나타낼 수 있다.

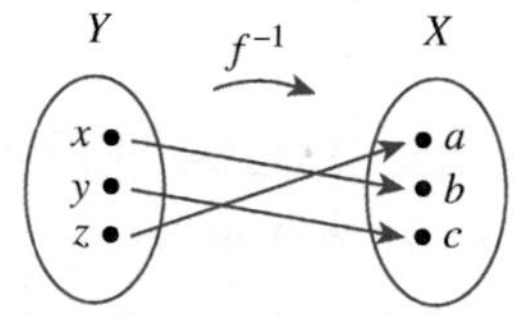

$f^{-1} \circ f$는 f에 의해 X에서 Y로의 화살표로 대응된 후, 다시 함수 f^{-1}에 의해 X로 되돌아감으로써 다음과 같이 구해진다.

$$(f^{-1} \circ f)(a) = f^{-1}(f(a)) = f^{-1}(z) = a$$
$$(f^{-1} \circ f)(b) = f^{-1}(f(b)) = f^{-1}(x) = b$$
$$(f^{-1} \circ f)(c) = f^{-1}(f(c)) = f^{-1}(y) = c$$

즉, f와 f^{-1}의 합성은 각 원소를 자기 자신과 대응시킨다. 함수의 동등의 정의에 의해 $f^{-1} \circ f = I_X$가 된다.

이와 유사하게 $f \circ f^{-1} = I_Y$를 유도할 수 있다. ■

정리 7.3.2 자체의 역함수와 함수의 합성

f: $X \rightarrow Y$가 일대일이고 전사 함수이고 그 역함수가 f^{-1}: $Y \rightarrow X$이면

$$\text{(a) } f^{-1} \circ f = I_X, \quad \text{(b) } f \circ f^{-1} = I_Y$$

증명:

(a): f: $X \rightarrow Y$가 일대일이고 전사 함수이며 그 역함수가 f^{-1}: $Y \rightarrow X$라고 하자. [$f^{-1} \circ f = I_X$를 보이려면 모든 $x \in X$에 대하여 $(f^{-1} \circ f)(x) = x$를 보여야 한다.] x를 X 내의 임의의 원소라고 하면, 함수 합성의 정의에 의하여

$$(f^{-1} \circ f)(x) = f^{-1}(f(x)) ,$$

역함수 f^{-1}은 다음의 조건을 만족시킨다.

$$\text{모든 } a \in X, b \in Y\text{에 대하여 } f^{-1}(b) = a \iff f(a) = b. \qquad 7.3.1$$

x'을 다음과 같이 두자.

$$x' = f^{-1}(f(x)) \quad 7.3.2$$

성질 (7.3.1)을 a의 역할을 하는 x'에 적용하고, b의 역할을 하는 $f(x)$를 적용하면

$$f(x') = f(x)$$

그러나 f가 일대일이므로, 이는 $x' = x$에 적용된다. 식 (7.3.2)에서 x를 x'으로 대입하면

$$x = f^{-1}(f(x))$$

함수 합성의 정의에 의하여

$$(f^{-1} \circ f)(x) = x,$$

이는 바로 보이고자 한 것이다.

(b): 이 절 끝의 연습문제 7에서 다루게 될 것이다.

일대일 함수의 합성

함수의 합성은 일대일이 되는 성질과 흥미 있는 상호작용을 한다. 예를 들어 두 개의 일대일 함수들이 합성되면, 무엇이 되는가? 이 합성이 일대일이 되어야 하는가? 예를 들어 $X = \{a, b, c\}$, $Y = \{w, x, y, z\}$, $Z = \{1, 2, 3, 4, 5\}$일 때, 두 개의 일대일 함수 $f: X \to Y$와 $g: Y \to Z$가 다음 그림 7.3.1과 같이 화살 도표로 정의되어 있다.

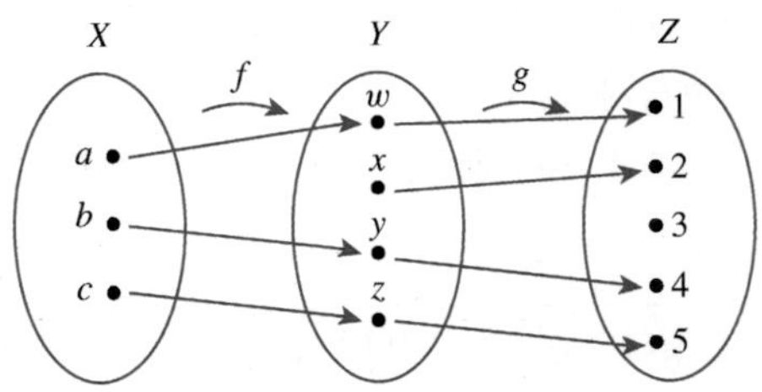

그림 7.3.1

그러면 $g \circ f$는 그림 7.3.2에 나타낸 화살 도표를 갖는 함수이다.

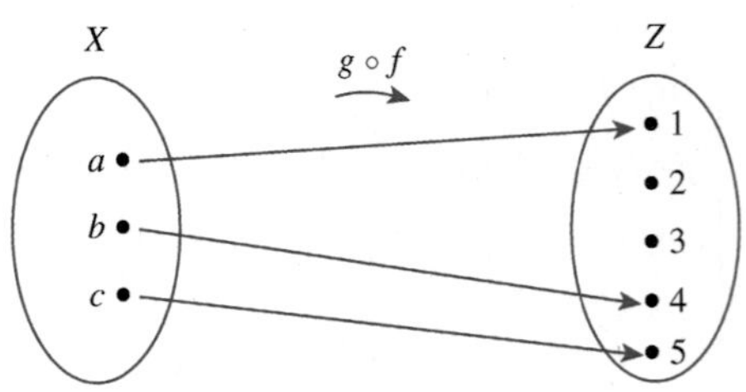

그림 7.3.2

이 도표로부터, 이러한 특수 함수들에 대하여 합성이 일대일이라는 것이 분명하다. 이 결과는 우연이 아니다. 두 개의 일대일 함수의 합성은 항상 일대일이다.

> **정리 7.3.3**
>
> 두 함수 $f: X \to Y$, $g: Y \to Z$ 모두가 일대일 함수이면, $g \circ f$도 일대일이다.

직접 증명의 방법을 사용한 정리 7.3.3의 증명에는 다음의 출발점과 보여야 하는 결론이 있다.

출발점: f가 X에서 Y로의 일대일 함수이고, g가 Y에서 Z로의 일대일 함수이다.

보여야 하는 것: $g \circ f$는 X에서 Z로의 일대일 함수이다.
이 보여야 하는 결론은 함수 $g \circ f$가 일대일이라는 것이다. 이를 어떻게 보일 것인가? 핵심적인 단계는 $g \circ f$를 일대일의 정의에 대입하는 것이다. 대입하면

$g \circ f$가 일대일이다. $\Leftrightarrow$ $\forall x_1, x_2 \in X$, $(g \circ f)(x_1) = (g \circ f)(x_2)$이면, $x_1 = x_2$이다.

직접 증명의 방법에 의하여 $g \circ f$가 일대일이라는 것을 보이기 위하여

x_1, x_2가 $(g \circ f)(x_1) = (g \circ f)(x_2)$인 X의 원소들이라고 가정하고, $x_1 = x_2$임을 보이자.

이제 증명의 핵심이 시작된다. $x_1 = x_2$를 보이는 것은 $(g \circ f)(x_1) = (g \circ f)(x_2)$의 가정으로부터 작업을 착수하는 것이고, f, g 모두가 일대일이라는 사실을 활용하는 것이다. 합성의 정의에 의하여

$$(g \circ f)(x_1) = g(f(x_1))\text{이고 } (g \circ f)(x_2) = g(f(x_2)).$$

식의 좌변들이 동일하므로, 우변도 동일하다. 따라서

$$g(f(x_1)) = g(f(x_2)).$$

위 식을 살펴보면 다음을 말할 수 있다.

$$g(\text{어떤 원소}) = g(\text{그 외의 원소 중 하나}).$$

g가 일대일 함수이므로, 이 두 개는 동등하다. 따라서

$$f(x_1) = f(x_2).$$

f 또한 일대일 함수이므로 마찬가지이다.

$$x_1 = x_2.$$

이것이 바로 보이고자 하는 것이다.

이 논의는 다음의 정식 증명에서 요약된다.

정리 7.3.3 의 증명:

$f: X \to Y$와 $g: Y \to Z$를 일대일 함수로 가정한다.[$g \circ f$가 일대일임을 보여야 한다.] x_1, x_2가

$$(g \circ f)(x_1) = (g \circ f)(x_2)$$

인 X의 원소들이라면[$x_1 = x_2$를 보여야 한다]. 함수 합성의 정의에 의하여

$$g(f(x_1)) = g(f(x_2))$$

g가 일대일이므로, $f(x_1) = f(x_2)$

f가 일대일이므로, $x_1 = x_2$.

[이것이 보여야 하는 것이다.] 따라서 $g \circ f$는 일대일이다.

전사 함수의 합성

이번에는 두 개의 전사 함수가 합성되면 합성된 함수도 전사 함수인지를 살펴보자. 예를 들어 $X = \{a, b, c, d, e\}$, $Y = \{w, x, y, z\}$, $Z = \{1, 2, 3\}$일 때, 두 개의 전사 함수 f와 g를 다음 그림과 같이 화살 도표로 정의한다.

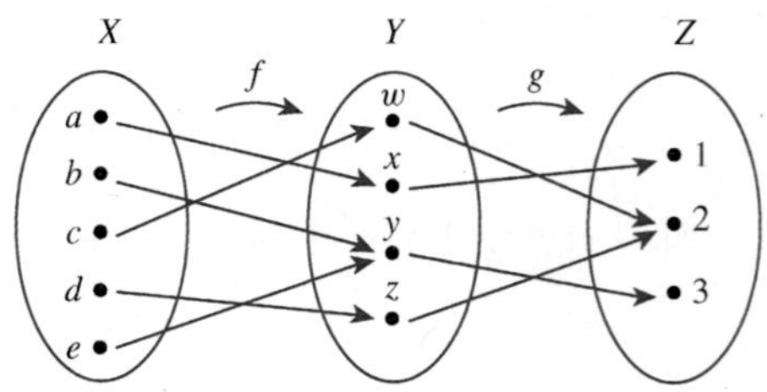

합성 함수 $g \circ f$는 다음 그림과 같이 나타내며, 전사 함수인 것을 알 수 있다.

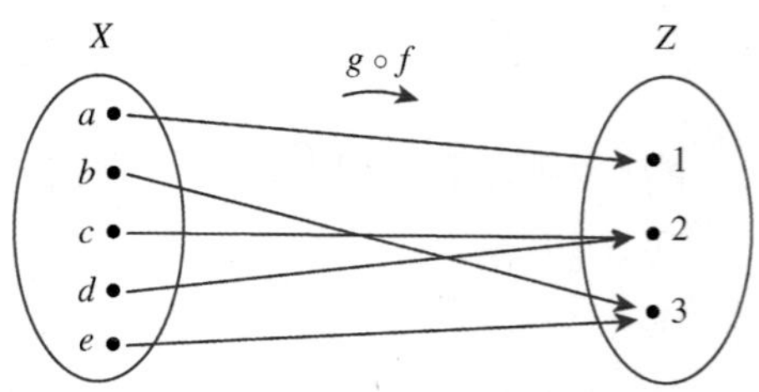

두 개의 (합성될 수 있는) 전사 함수의 합성은 전사라는 것이 밝혀진다.

> **정리 7.3.4**
> $f: X \to Y$, $g: Y \to Z$ 모두가 전사 함수이면, $g \circ f$가 전사이다.

직접 증명의 방법을 사용한 정리 7.3.4의 증명에는 다음의 출발점과 보여야 하는 결론이 있다.

출발점: f가 X에서 Y로의 전사 함수이고, g가 Y에서 Z로의 전사 함수이다.
보여야 하는 것: $g \circ f$는 X에서 Z로의 전사 함수이다.

이 보여야 하는 결론은 함수 $g \circ f$가 전사라는 것이다. 이를 어떻게 보일 것인가? 핵심적인 단계는 $g \circ f$를 전사의 정의에 대입하는 것이다. 대입하면

$g \circ f$가 전사이다. $\Leftrightarrow$ 주어진 Z의 임의의 원소 z가 주어졌을 때$(g \circ f)(x)=z$인 X의 원소 x를 구할 수 있어야 한다.

이 명제가 전칭이기 때문에, 이를 증명하기 위하여

z가 Z의 [임의로 선정된] 원소라고 가정하고,
$(g \circ f)(x)=z$인 X 내의 원소 x가 존재한다는 것을 보여라.

Z 내의 임의로 선정된 원소를 가정함으로써 증명을 시작해야 하므로, 이 원소를 z라 부른다. $(g \circ f)(x)=z$인 X 내의 원소 x를 구하는 것이 여러분의 임무이다.

x를 구하기 위하여 Z 내에 z가 존재한다고 가정하는 것은 합리적이고, g, f 모두가 전사라는 사실을 활용한다. f와 g 함수에 대한 화살 도표를 생각한다.

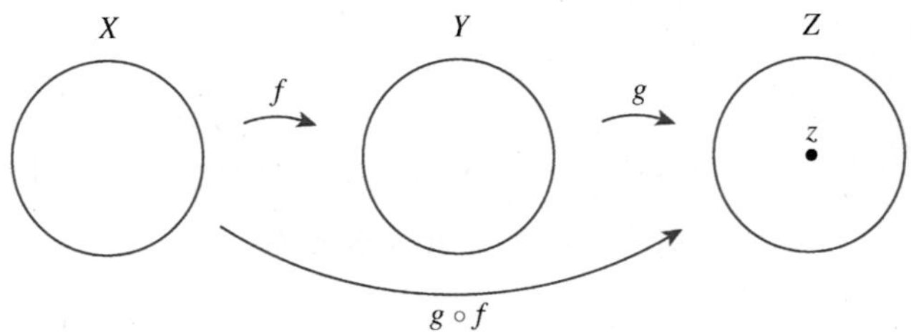

Z 내에 원소 z가 있으므로, x가 $g \circ f$에 의하여 Z로 대응되는 X 내의 원소 x를 구해야 한다. x의 상은 z가 될 것이다. g가 전사이므로

$$g(y)=z \tag{7.3.3}$$

인 Y 내에 원소 y가 존재한다.

이는 화살 도표가 다음과 같이 그려질 수 있다는 것을 의미한다.

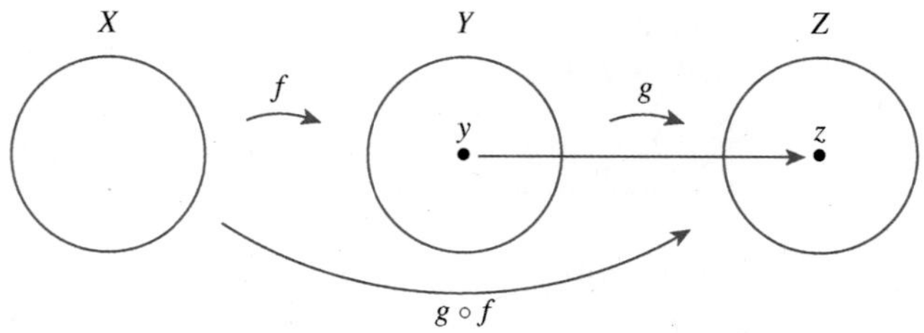

그러나 f도 전사이므로, Y 내의 모든 원소는 X로부터 나오는 화살표에 의해 대응된다. 특히 y는 어떤 화살표에 있다. 이는

$$f(x)=y \tag{7.3.4}$$

인 원소 x가 X 내에 존재한다는 의미이다. 따라서 도표는 다음과 같이 그려질 수 있다.

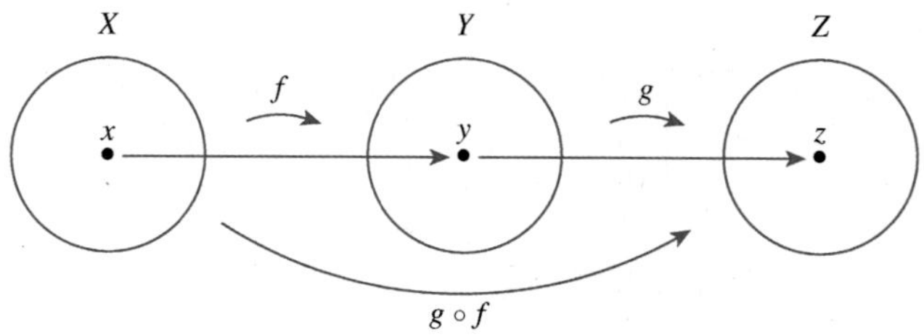

식 (7.3.4)를 식 (7.3.3)에 대입하면

$$g(f(x))=z$$

를 얻는다. $g \circ f$의 정의에 의하여

$$g(f(x))=(g \circ f)(x)$$

따라서

$$(g \circ f)(x)=z$$

따라서 x는 $g \circ f$에 의하여 z로 대응되는 X의 원소이고, x는 구하려고 하는 원소이다.

이 논의는 다음의 공식적 풀이에서 요약된다.

> **정리 7.3.4의 증명:**
> $f: X \to Y$와 $g: Y \to Z$를 둘 다 전사 함수라 하자.[$g \circ f$가 전사인 것을 보여야 한다.] z를 Z의 임의로 선정된 원소라 하자. ($(g \circ f)(x)=z$인 X 내에 원소 x의 존재를 보여야 한다.] g가 전사이므로, $g(y)=z$인 원소 y가 Y 내에 존재한다. 또한 f가 전사이므로, $f(x)=y$인 원소 x가 X 내에 존재한다. 따라서
>
> $$(g \circ f)(x)=g(f(x))=g(y)=z$$
>
> 인 원소 x가 X 내에 존재한다. (보이고자 한 바와 같이) $g \circ f$가 전사라는 사실에 도달한다.

예제 7.3.5 **함수가 전사라는 것에 대한 부정확한 증명**

전사 함수들의 합성이 전사라는 것을 증명하기 위하여 한 학생이 다음과 같이 기술하였다.

"$f: X \to Y$, $g: Y \to Z$가 모두 전사라고 가정하면

$$\forall y \in Y, \exists x \in X \text{ such that } f(x)=y(*)$$

이고

$$\forall z \in Z, \exists y \in Y \text{ such that } f(y)=z$$

따라서

$$(g \circ f)(x)=g(f(x))=g(y)=z$$

이고, 따라서 $g \circ f$는 전사이다."

이 증명에서의 오류를 설명하라.

풀이

$g \circ f$가 전사라는 것을 증명하기 위하여 다음의 도전에 부딪치게 될 것이다. 누군가가 여러분에게 Z 내 한 원소 z를 부여하면(여러분은 이에 대한 통제를 갖지 못한다), 여러분은 $(g \circ f)(x)=z$인 X 내의 한 원소 x를 구하는 방법을 설명하여야 한다. 따라서 $g \circ f$가 전사라는 증명은 Z의 임의로 선정된 원소가 주어졌다는 가정에서부터 시작하여야 한다. 그러나 이 증명은 그렇지 않다.

또한 명제(*)은 단순히 f가 전사라는 것만 주장한다. (*)의 비형식적 해석은 다음과 같다: f의 공변역에 임의의 원소가 주어졌을 때 그 주어진 원소로 f에 의해 보내지는 f의 정의역에 있는 원소가 존재한다. 이 원소들을 표시하기 위하여 기호 x나 y를 사용하는 것은 임의적이다. 어느 기호나 사용될 수 있다. (*) 내의 x, y를 u, v로 대체하면, 논리적으로 동일한 명제를 얻을 수 있고, 이 '증명'은 다음과 같이 된다.

"$f: X \to Y$, $g: Y \to Z$가 모두 전사라고 가정하면,

$$\forall v \in Y, \exists u \in X \text{ such that } f(u)=v$$

이고

$$\forall z \in Z, \exists y \in Y \text{ such that } g(y)=z$$

'따라서' (??!)

$$(g \circ f)(x)=g(f(x))=g(y)=z$$

이고, 따라서 $g \circ f$는 전사이다."

이 '증명'의 논리적으로 동등한 설명으로부터, 여러분은 '따라서'라는 단어로 시작하는 명제들이 그 다음에 따르는 명제들에 대한 이론적 설명을 제공하지 못한다는 것을 알 수 있다. '따라서'라고 기술하는 본래의 이유는 표기의 의미를 잘못 해석한 데에서 기인한다. ■

자 | 기 | 진 | 단

1. f가 X에서 Y' 으로의 함수이고 g가 Y에서 Z로의 함수이고 $Y' \subseteq Y$이면 $g \circ f$는 _______ 에서 _______ 로의 함수이고 X의 모든 원소 x에 대해 $(g \circ f)(x)$=_______ 이다.

2. f가 X에서 Y로의 함수이고, I_X와 I_Y가 각각 X에서 X로의 그리고 Y에서 Y로의 항등함수이면 $f \circ I_X$=_____ 이고 $I_Y \circ f$=_____ 이다.

3. f가 X에서 Y로의 단사 함수이면, $f^{-1} \circ f$=_____ 이고 $f \circ f^{-1}$=_____ 이다.

4. f가 X에서 Y로의 단사 함수이고 g가 Y에서 Z로의 단사 함수라면 _______ 라고 가정하고 _______ 를 보여 주어 $g \circ f$가 단사 함수임을 증명한다.

5. f가 X에서 Y로의 전사 함수이고 g가 Y에서 Z로의 전사 함수라면 _______ 라고 가정하고 _______ 를 보여 주어 $g \circ f$가 전사 함수임을 증명한다.

연 / 습 / 문 / 제 7.3

1. 함수 f와 g가 화살 도표로 정의되어 있다. $g \circ f$와 $f \circ g$를 구하고 $g \circ f$와 $f \circ g$가 같은지 결정하라.

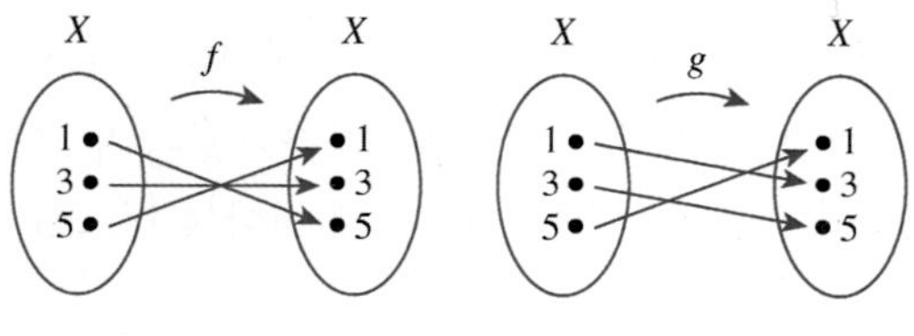

2. 함수 F와 G가 모든 실수 x에 대하여 $F(x)=x^3$이고 $G(x)=x-1$로 정의되어 있다. $G \circ F$와 $F \circ G$를 구하고 $G \circ F$와 $F \circ G$가 같은지 결정하라.

3. 모든 정수 a에 대하여 함수 F: $\mathbf{Z} \to \mathbf{Z}$와 G: $\mathbf{Z} \to \mathbf{Z}$가 규칙 $F(a)=7a$ 그리고 $G(a)=a \bmod 5$로 정의된다. $(G \circ F)(0)$, $(G \circ F)(1)$, $(G \circ F)(2)$, $(G \circ F)(3)$, 그리고 $(G \circ F)(4)$를 구하라.

4. 모든 정수 a에 대하여 함수 L: $\mathbf{Z} \to \mathbf{Z}$와 M: $\mathbf{Z} \to \mathbf{Z}$가 규칙 $L(a)=a^2$ 그리고 $M(a)=a \bmod 5$로 정의된다.
   a. $(L \circ M)(12)$, $(M \circ L)(12)$, $(L \circ M)(9)$, 그리고 $(M \circ L)(9)$를 구하라.
   b. $L \circ M = M \circ L$인가?

5. 두 함수는 서로 역함수 관계이다. 각 쌍에 대하여 두 합성함수가 항등함수가 됨을 검증하라. 모든 실수 x, y에 대해 F: $\mathbf{R} \to \mathbf{R}$ 그리고 F^{-1}: $\mathbf{R} \to \mathbf{R}$가 다음과 같이 정의된다.

$$F(x) = 3x + 2 \qquad F^{-1}(y) = \frac{y-2}{3}$$

6. 로그의 정의로부터 다음을 설명하라.
   a. 모든 실수 x에 대하여 $\log_b(b^x)=x$
   b. 모든 양의 실수 x에 대하여 $b^{\log_b x}=x$

7. **a.** 정리 7.3.1(b)를 증명하라: f가 집합 X에서 집합 Y로의 임의의 함수이고 I_Y가 Y에서의 항등함수이면 $I_Y \circ f = f$이다.
   b. 정리 7.3.2(b)를 증명하라.

8. Y와 Z가 집합이고 g: $Y \to Z$가 일대일 함수라고 가정하자. 이 말은 만약 g가 Y의 두 원소에 대해 같은 값을 갖는다면 그 두 원소들은 같다는 것을 의미한다. 따라서 예를 들어 만약 a와 b가 Y의 원소이고 $g(a)=g(b)$이면 $a=b$가 추론될 수 있다는 것이다. 다음의 상황에서는 어떤 것이 추론될 수 있는가?
   a. s_k와 s_m이 Y의 원소이고 $g(s_k)=g(s_m)$.
   b. $z/2$와 $t/2$가 Y의 원소이고 $g(z/2)=g(t/2)$.
   c. $f(x_1)$과 $f(x_2)$가 Y의 원소이고 $g(f(x_1))=g(f(x_2))$.

9. f: $X \to Y$와 g: $Y \to Z$가 함수이고 $g \circ f$가 일대일 함수이면 g는 일대일 함수여야 하는가? 증명하거나 반

례를 들라.

10. $f: X \to Y$와 $g: Y \to Z$가 함수이고 $g \circ f$가 일대일 함수이면 f는 일대일 함수여야 하는가? 증명하거나 반례를 들라.

11. $f: X \to Y$와 $g: Y \to Z$가 함수이고 $g \circ f$가 전사 함수이면 g는 전사 함수여야 하는가? 증명하거나 반례를 들라.

12. 참인가 거짓인가? 집합 X와 함수 $f: X \to X$, $g: X \to X$, 그리고 $h: X \to X$가 주어졌을 때 h가 일대일 함수이고 $h \circ f = h \circ g$이면 $f = g$이다. 자신의 답을 설명하라.

13. 다음에 정의된 함수 f, g에 대해 $g \circ f$, $(g \circ f)^{-1}$, g^{-1}, f^{-1}, 그리고 $f^{-1} \circ g^{-1}$를 구하고, $(g \circ f)^{-1}$와 $f^{-1} \circ g^{-1}$이 어떻게 연관되는지를 설명하라. $X = \{a, c, b\}$, $Y = \{x, y, z\}$, 그리고 $Z = \{u, v, w\}$라 하자. $f: X \to Y$ 그리고 $g: Y \to Z$가 아래의 화살 도표로 정의된다.

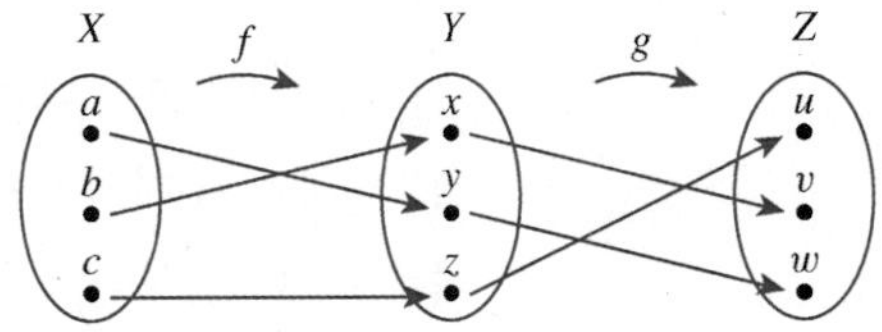

14. 함수 $f: X \to Y$와 $g: Y \to Z$가 전단사 함수라고 가정하자. $(g \circ f)^{-1}$가 존재하고 $(g \circ f)^{-1} = f^{-1} \circ g^{-1}$이 됨을 증명하라.

자 | 기 | 진 | 단 | 해 | 답

1. X; Z; $g(f(x))$ 2. f; f 3. I_X; I_Y 4. x_1과 x_2는 (특정하지만 임의적으로 선택된) $(g \circ f)(x_1) = (g \circ f)(x_2)$인 성질을 가진 X의 원소; $x_1 = x_2$. 5. z는 (특정하지만 임의적으로 선택된) Z의 원소; $(g \circ f)(x) = z$을 만족시키는 X의 원소 x가 적어도 하나 존재한다

7.4 기수와 계산가능성에 대한 적용

제곱의 수는 근의 수만큼이나 많기 때문에 제곱의 수는 숫자만큼 많은 수를 갖는다—Galileo Galilei, 1632.

iStockphoto.com/Steven Wynn

Galileo Galilei (1564–1642)

역사적으로 기수(cardinal number)라는 용어는 수열에 있어서 원소의 순서(이것은 8번째 원소이다)를 언급하는 서수(ordinal number)와는 구별하여, 집합의 크기(여기에서의 집합은 8개의 원소가 있다)를 말하기 위해 소개되었다. 기수의 정의는 개수 표시나 손가락에 의해 수를 나타내는 기본적인 기술에서 비롯된다. 어린이들에게 나이를 물으면 가끔 그 나이만큼 손가락을 펼쳐 답을 하기도 하는데 각 손가락은 1년을 의미한다. 7.2절에서 기술한 바와 같이, 두 집합의 원소들이 쌍을 이룰 때 일대일 대응이라고 한다. 다음 그림에서 보는 것과 같이 두 개의 유한 집합의 원소들이 일대일 대응에 의해 쌍을 이룰 때 두 개의 유한 집합은 같은 크기를 가진다고 말한다. 이를 다음 그림에 예시하였다.

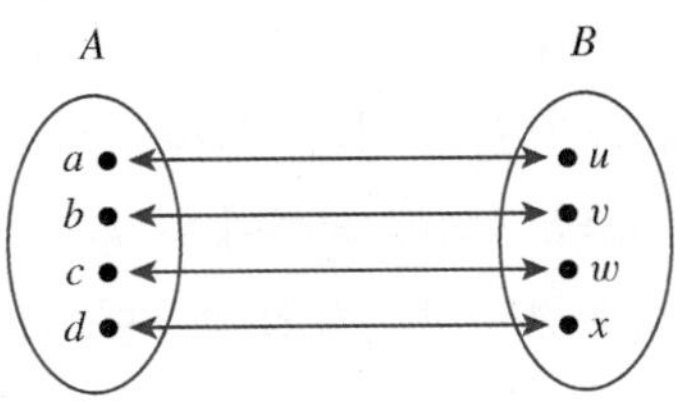

집합 A의 원소들은 B의 원소들과 함께 일대일 대응을 할 수 있다.

유한 집합(finite set)이란 원소를 하나도 갖고 있지 않거나 어떤 양의 정수 n에 대한 집합 $\{1, 2, ..., n\}$과 일대일 대응이 될 수 있는 집합이다. 반면에 **무한 집합**(infinite set)이란 어떤 양의 정수 n에 대한 집합 $\{1, 2, ..., n\}$과 일대일 대응이 될 수 없는 공집합이 아닌 집합이다. 만일 이 장 서두의 Galileo의 말을 인용함으로써 어떤 무한 집합이 다른 어떤 무한 집합과 같은 크기를 가진다면 두 집합이 일대일 대응이 될 수 있다고 말함으로써 집합의 크기 개념을 무한 집합에까지 확대 해석한다고 가정해 보자. 그러면 그러한 정의는 어떤 결과를 초래하게 될까? 모든 무한 집합은 같은 크기를 가지는가? 아니면, 어떤 무한 집합들은 다른 무한 집합보다 크기가 큰 것인가? 이 절에서는 이러한 질문들을 다룬다. 이러한 질문에 대한 답들은 어떤 것이 컴퓨터로 계산 가능한지 또는 정수의 집합에서 정의된 함수 중 어떤 것이 컴퓨터로 계산 불가능한지에 대한 흥미로운 결과를 보여 주기도 한다.

• 정의

A, B를 임의의 집합이라 하자. A에서 B로의 일대일 대응이 있을 경우에만 **A는 B와 동일한 기수**(cardinality)**를 갖는다**. 다시 기술하면, A에서 B로의 일대일이고 전사인 함수 f가 존재할 경우에만 A는 B와 동일한 기수를 갖는다.

다음 정리는 기수의 기본 성질에 관한 것으로, 대부분 일대일 함수와 전사 함수에 대해 이미 증명되었던 내용이다.

정리 7.4.1 기수의 성질

모든 집합 A, B, C에 대하여

a. **기수의 반사성**(reflexive property of cardinality): A는 A와 같은 기수를 가진다.

b. **기수의 대칭성**(symmetric property of cardinality): A가 B와 같은 기수를 가진다면, B도 A와 같은 기수를 가진다.

c. **기수의 추이성**(transitive property of cardinality): A가 B와 같은 기수를 가지고 B가 C와 같은 기수를 가진다면, A는 C와 같은 기수를 가진다.

증명:

(a) 반사성: A를 임의의 집합이라 하자.[어떤 집합 A는 A와 같은 기수를 가진다는 것을 증명하기 위해서는 A에서 A로의 일대일 대응 함수가 존재한다는 것을 보여야 한다.] A에서 A로의 항등 함수 I_A를 고려하자. $I_A(x_1)=I_A(x_2)$인 A 내의 임의의 원소들을 x_1, x_2라 하면, I_A의 정의에 의해 $x_1=x_2$이므로, 이 함수는 일대일 함수이다. y가 A의 원소라면, I_A의 정의에 의하여 $y=I_A(y)$이므로, 따라서 항등 함수 I_A는 전사이다. 따라서 I_A는 A에서 A로의 일대일 대응이다.[즉, A에서 A로의 일대일 대응 I_A이 존재한다. 이는 보이고자 한 것이다.]

(b) 대칭성: A, B를 임의의 집합으로 하고, 집합 A가 집합 B와 동일 기수를 가진다고 가정하자.[B가 A와 동일 기수를 갖는다는 것을 보여야 한다.] A가 B와 동일 기수를 가지므로, 일대일이고 전사인 A에서 B로의 함수 f가 존재한다. 정리 7.2.2와 7.2.3에 의해, 일대일이고 전사인 B에서 A로의 역함수 f^{-1}이 존재한다. 그러므로 B는 A와 동일 기수를 가진다.[이는 보이고자 한 것이다.]

(c) 추이성: A, B, C가 임의의 집합들이며, A가 B와 같은 기수를 가지고 B가 C와 같은 기수를 가진다고 가정하자. A가 B와 같은 기수를 가지므로, 일대일이고 전사인 A에서 B로의 함수 f가 존재한다. 또한 B가 C와 같은 기수를 가지므로, 일대일이고 전사인 B에서 C로의 함수 g가 존재한다. 정리 7.3.3과 7.3.4에 의해, $g \circ f$는 A에서 C로의 일대일이고 전사인 함수이다. 그러므로 A는 C와 같은 기수를 가진다.[이는 보이고자 한 것이다.]

정리 7.4.1(b)로부터 우리는 어떤 집합이 다른 집합과 같은 기수를 가진다고 항상 말하는 대신, 간단히 두 집합이 같은 기수를 가진다고 말할 수 있다.

• 정의

A가 B와 동일한 기수를 갖거나 B가 A와 동일한 기수를 가지면, A와 B는 **동일 기수**를 갖는다라고 한다.

다음 예제는 무한 집합은 자신의 진부분집합과 같은 기수를 가질 수 있다는 무한 집합의 중요한 성질을 보여 준다. 이 성질은 어떤 때는 무한 집합의 정의로도 사용된다. 예를 들어 정수 전체 집합은 짝수 집합의 두 배만큼의 원소가 존재한다고 말할 수는 있지만, 이 두 집합의 원소들은 정확하게 쌍으로 대응되어 정의에 의해 두 집합은 같은 기수를 가진다는 것을 보여 준다.

예제 7.4.1 동일한 기수를 가질 수 있는 무한 집합과 진부분집합

$2\mathbf{Z}$를 모든 짝수들의 집합이라 하자. $2\mathbf{Z}$와 $\mathbf{Z}$가 같은 기수를 가진다는 것을 증명하라.

풀이

모든 정수 $n \in Z$에 대하여 $H(n)=2n$으로 정의되는 $\mathbf{Z}$에서 $2\mathbf{Z}$로의 함수 H를 고려해 보자.

H에 대한 (부분) 화살 도표는 다음과 같다.

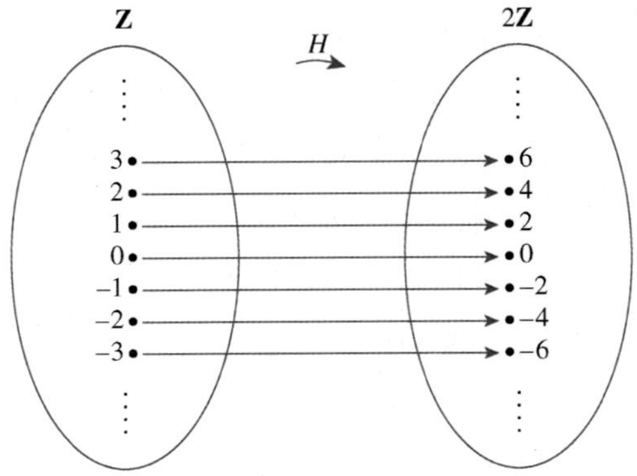

함수 H가 일대일 함수임을 보이기 위하여 어떤 정수 n_1, n_2에 대하여 $H(n_1)=H(n_2)$이라고 가정하자. 그러면 함수 H의 정의에 의해 $2n_1=2n_2$, 즉, $n_1=n_2$이 된다. 그러므로 함수 h는 단사이다.

함수 H가 전사 함수임을 보이기 위하여 m이 $2\mathbf{Z}$의 원소라 하면, m은 짝수가 되며, 어떤 정수 k에 대해 $m=2k$가 된다. 또한 $H(k)=2k=m$이 된다. m에 대해 $H(k)=m$가 성립하는 $k \in \mathbf{Z}$가 존재하므로, 함수 H는 전사 함수이다.

그러므로 기수의 정의에 의해 $2\mathbf{Z}$와 $\mathbf{Z}$는 같은 기수를 가진다. ■

9.4절에서, 크기가 같은 어떤 유한 집합에서 다른 유한 집합으로의 함수가 일대일이 되기 위한 필요충분조건은 그 함수가 전사이어야 한다는 것을 다룬다. 하지만 무한 집합의 경우에는 이 정리가 성립되지 않는다. 두 무한 집합에 대해 같은 기수를 가지기 위해서는 한 집합으로부터 다른 집합으로의 일대일이면서 전사인 함수가 존재해야 한다는 것은 참이지만 다음 사항도 항상 성립한다.

> A와 B가 동일 기수를 갖는 무한 집합이면,
> 일대일이지만 전사가 아닌 A에서 B로의 함수들이 존재하고,
> 전사이지만 일대일이 아닌 A에서 B로의 함수들이 존재한다.

예를 들면, 예제 7.4.1에 있는 함수 H가 일대일이고 전사이기 때문에 $\mathbf{Z}$와 $2\mathbf{Z}$는 같은 기수를 갖는다. 그러나 짝수 n에 대해, $I(n)=n$으로 정의된 '포함 함수(inclusion function)' I: $2\mathbf{Z} \to \mathbf{Z}$는 일대일 함수이지만 전사 함수는 아니다. 그리고 모든 정수 n에 대해, $J(n)=2\lfloor n/2 \rfloor$으로 정의된 함수 J: $\mathbf{Z} \to 2\mathbf{Z}$는 전사 함수이지만 일대일 함수는 아니다.(이 절 끝에 있는 연습문제 4를 참고하라.)

가산 집합

자연수의 집합 $\mathbf{Z}^+=\{1, 2, 3, \ldots\}$은 대표적인 무한 집합이다. 어떤 집합 A가 자연수 집합 $\mathbf{Z}^+$와 같은 기수를 가지면 가산 무한이라 부른다. 이렇게 부르는 이유는 두 집합 사이에 일

크기가 아무리 작든 상관없이, 실수의 임의의 간격이 열 개의 동일한 소구간으로 나누어질 수 있다고 가정하면, P에 대한 소수 확장에서의 추가 자리를 구하는 것은 이론상 무한 반복된다. P의 임의의 단계에서 분할점이 보이면, 이 확장에서의 모든 추가의 자리들은 0으로 취할 수 있다. 그렇지 않으면, 이 과정은 무한한 자릿수를 갖는 확장이 된다.

P에 대한 소수 확장의 결과는 9를 무한히 반복하거나 0을 무한히 반복하여 종결되는 숫자를 제외하고는 유일하다. 예를 들면(이 절 끝의 연습문제 15를 참고)

$$0.19999999\ldots = 0.2000000\ldots$$

모든 0으로 종결되는 양식에서 소수를 이렇게 표시하는 것으로 약속한다면, 모든 실수에 대하여 유일한 표현을 유도할 수 있다.

정리 7.4.2(Cantor)
0과 1사이의 모든 실수의 집합은 불가산이다.

증명(모순에 의하여):
0과 1 사이의 모든 실수의 집합은 가산이라고 가정하자. 그러면 이러한 수들의 소수 표현은 다음과 같은 목록으로 나타낼 수 있다.

$$\begin{gathered}0.a_{11}a_{12}a_{13}\cdots a_{1n}\cdots\\0.a_{21}a_{22}a_{23}\cdots a_{2n}\cdots\\0.a_{31}a_{32}a_{33}\cdots a_{3n}\cdots\\\vdots\\0.a_{n1}a_{n2}a_{n3}\cdots a_{nn}\cdots\\\vdots\end{gathered}$$

[0과 1 사이의 실수 중 이 목록에 나타나지 않는 수가 존재한다는 것을 보임으로써 모순을 이끌어 낸다.]

양의 정수 쌍 i와 j에 대하여, 목록에서 i번째 수의 j번째 10진 숫자는 a_{ij}이다. 즉 첫 번째 수의 첫 번째 10진 숫자는 a_{11}이고, 두 번째 수의 두 번째 10진 숫자는 a_{22} 등이다. 예를 들면 0과 1 사이의 실수의 목록이 다음과 같이 시작한다고 가정하자.

$$\begin{array}{l}0.\,\textcircled{2}\;0\;1\;4\;8\;8\;0\;2\ldots\\0.\,1\;\textcircled{1}\;6\;6\;6\;0\;2\;1\ldots\\0.\,0\;3\;\textcircled{3}\;5\;3\;3\;2\;0\ldots\\0.\,9\;6\;7\;\textcircled{7}\;6\;8\;0\;9\ldots\\0.\,0\;0\;0\;3\;\textcircled{1}\;0\;0\;2\ldots\\\qquad\qquad\vdots\end{array}$$

대각선에 있는 원소는 동그라미를 쳐서 표시하였는데, $a_{11}=2$, $a_{22}=1$, $a_{33}=3$, $a_{44}=7$, $a_{55}=1$ 등이다.

여기서 새로운 소수 $d=0.d_1d_2d_3 \cdots d_n \cdots$를 다음과 같이 만든다.

$$d_n = \begin{cases} 1 & \text{if } a_{nn} \neq 1 \\ 2 & \text{if } a_{nn} = 1 \end{cases}$$

앞의 예에서

$d_1=1$, $a_{11}=2 \neq 1$이기 때문

$d_2=2$, $a_{22}=1$이기 때문

$d_3=1$, $a_{33}=3 \neq 1$이기 때문

$d_4=1$, $a_{44}=7 \neq 1$이기 때문

$d_5=2$, $a_{55}=1$이기 때문

그러므로 d는 0.12112...가 된다.

여기서 새로운 수인 d를 잘 관찰해 보면, 각 정수 n에 대해 d는 목록에 있는 n번째 수와 n번째 10진 자릿수의 값이 서로 다르다는 것을 알 수 있다. 다시 말하면, d는 0과 1 사이의 실수이지만, 0과 1 사이의 모든 실수 목록에 나타나지 않는다. 이것으로부터 0과 1 사이의 실수 집합은 가산이라는 가정이 모순이라는 것을 알 수 있다. 그러므로 0과 1 사이의 모든 실수의 집합은 불가산이다.

불가산 집합의 존재를 실증함과 동시에 Cantor는 다양한 크기의 무한 집합의 전체적인 산술 이론을 개발하였다. 이 이론의 가장 기초적인 정리들 중의 하나는 가산 집합의 임의의 부분집합은 가산이라는 점이다.

정리 7.4.3

가산 집합의 임의의 부분집합은 가산이다.

증명:

집합 A를 임의의 가산 집합이라 두고, B는 A의 부분집합이라 두자.[그러면 B가 가산이라는 것을 보이면 된다.] 만약 B가 유한이라면, 가산성의 정의에 의해 B는 가산이다. 이는 정리에 대한 증명이 되었다. 만약 B가 무한이라면, A가 가산이라는 가정에 의해 A의 서로 다른 원소들은 다음과 같이 수열로 나타낼 수 있다.

$$a_1, a_2, a_3, \ldots$$

함수 $g: \mathbf{Z}^+ \to B$를 귀납적으로 다음과 같이 정의하자.

1. B의 원소가 발견될 때까지 $a_1, a_2, a_3, \ldots$의 원소를 순차적으로 탐색한다.[$B \subseteq A$이고 $B \neq \emptyset$이므로 B의 원소는 결국 발견된다.] 이 원소를 $g(1)$이라 부르자.
2. $k \geq 2$인 정수 k에 대하여, $g(k-1)$이 정의되었다고 가정하자. 그러면 어떤 $a_i \in \{a_1,$

$a_2, a_3, ...\}$에 대하여, $g(k-1)=a_i$이다. B의 원소를 찾기 위해, a_i에서 시작하여 $a_{i+1}, a_{i+2}, a_{i+3}, ...$를 순차적으로 탐색한다. B는 무한이고 $\{g(1), g(2), ..., g(k-1)\}$는 유한 집합이므로 B의 원소는 결국 발견된다. B의 원소가 발견될 때 그것을 $g(k)$라 정의한다.

위의 (1)과 (2)에 의해, 양의 정수에 대해 함수 g는 정의된다.

$a_1, a_2, a_3, ...$의 원소들은 모두 서로 구별이 되므로, g는 단사이다. 또한 B의 원소 탐색은 순차적이며 이전의 그만둔 곳에서 다시 탐색을 시작한다. 그래서 A의 모든 원소는 탐색 과정을 한 번씩 거치게 된다. B의 모든 원소는 $a_1, a_2, a_3, ...$의 어디엔가 위치하고 있으며, 결국 발견되어 어떤 정수의 상을 만든다. 즉, g는 전사 함수이다. 이로써 함수 g는 $\mathbf{Z}^+$에서 B로의 일대일 대응 함수임을 알 수 있다. 그러므로 B는 가산 무한이며, 이는 즉 가산이다.

정리 7.4.3의 결과로부터 다음의 따름정리를 얻을 수 있다.

따름정리 7.4.4
불가산 부분집합을 갖는 임의의 집합은 불가산이다.

증명:
정리 7.4.3의 동일한 표현인 "집합 S와 S의 부분집합 A에 대해, S가 가산이면 A는 가산이다"를 생각해 보자. S가 가산이면, A가 가산이다. 이것의 대우(contrapositive)는 논리적으로 동일하므로, 집합 S와 S의 부분집합 A에 대해, A가 불가산이면 S도 불가산이라고 말할 수 있다. 즉, 이것은 위 따름정리에 대한 동일한 표현이므로, 따름정리가 증명되었다.

따름정리 7.4.4는 0과 1 사이의 실수의 부분집합이 불가산이므로 실수 전체 집합은 불가산이라는 것을 말한다. 예제 7.4.5에서는 실수 전체 집합은 0과 1 사이의 실수 집합과 같은 기수를 가진다는 것을 보여 준다. 이는 이 절 끝의 연습문제 9에서 추가로 다루어질 것이다.

예제 7.4.5 **모든 실수 집합의 기수**
모든 실수 전체 집합은 0과 1 사이의 실수 집합과 같은 기수를 가진다는 것을 보여라.

풀이
S를 0과 1 사이 실수의 개구간(open interval)이라고 하자.

$$S = \{x \in \mathbf{R} | 0 < x < 1\}$$

S를 다음과 같이 구부려서 원으로 만든다. S는 끝점인 0과 1을 포함하지 않으므로, 원의 제일 꼭대기 점은 그림에서 제외된다.

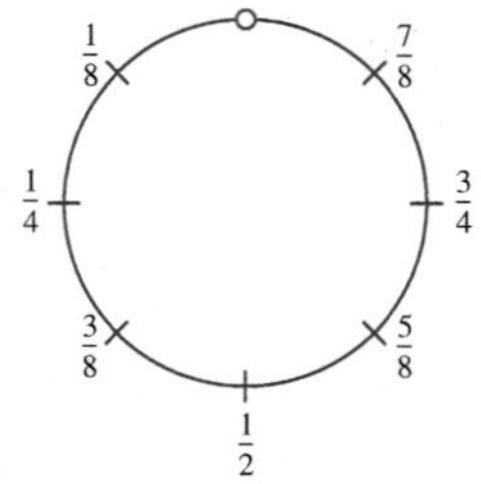

함수 $F: S \to \mathbf{R}$을 다음과 같이 정의한다.

수직선을 그려서 구간 S를 확대하여 구부려서 만든 원을 점 0 위의 직선에 접하도록 둔다. 이 그림은 다음과 같다.

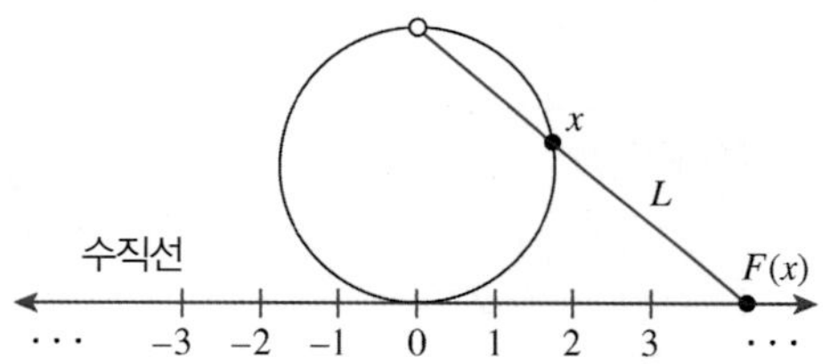

원으로 표현된 구간 S에 있는 각 점 x에 대해, 원의 꼭대기 점과 x를 지나는 직선 L을 그린다. L과 수직선의 교점을 $F(x)$라 둔다.[$F(x)$는 수직선에의 x의 사상(projection)이라 부른다.]

원 위의 서로 다른 점들은 수직선 위의 서로 다른 점들로 사상된다. 즉 함수 F는 일대일이다. 또한 수직선 위의 주어진 점 y에 대해, y와 원의 꼭대기 점을 지나는 직선을 그릴 수 있다. 이 직선은 어떤 점 x에서 원과 교차해야 하며, 정의에 의해 $y = F(x)$이다. 즉 함수 F는 전사이다. 그러므로 함수 $F: S \to \mathbf{R}$는 일대일 대응 함수이며, S와 $\mathbf{R}$은 같은 기수를 가진다. ■

모든 양의 정수는 실수라는 것을 알고 있으므로, 모든 실수 집합의 무한성은 모든 양의 정수 집합의 무한성보다 크다는 것을 보이기 위하여 Cantor의 정리(정리 7.4.2)와 함께 예제 7.4.5가 제시되었다. 연습문제 23에서는 임의의 집합과 그 멱집합이 다른 기수를 갖는다는 것을 보이라는 문제를 다룬다. 임의의 집합에서 그 멱집합으로의 일대일 함수가 존재하므로[단집합(singleton) $\{a\}$에 대하여 각 원소 a를 취하는 함수], 이는 임의의 집합의 기수는 자체의 멱집합의 기수보다 작음을 의미한다. 이 결과에 따라 보다 더 큰 무한의 무한 수열을 만들 수 있게 된다. 예로서 모든 정수의 집합 $\mathbf{Z}$에서 시작하여 $\mathbf{Z}$, $\mathscr{P}(\mathbf{Z})$,

$\mathscr{P}(\mathscr{P}(\mathbf{Z}))$, $\mathscr{P}(\mathscr{P}(\mathscr{P}(\mathbf{Z})))$ 등을 취할 수 있을 것이다.

응용: 기수와 계산가능성

함수에 대한 가산성과 불가산성의 지식은 계산가능성 질문의 해답으로 사용될 수 있다. 어떤 특정한 집합이 가산임을 보이는 것으로서 시작한다.

예제 7.4.6 **컴퓨터 언어에서 컴퓨터 프로그램 집합의 가산성**

주어진 컴퓨터 프로그램언어에서 모든 컴퓨터 프로그램의 집합이 가산임을 보여라.

풀이

이 결과는 임의의 언어에서 임의의 컴퓨터 프로그램은 그 언어의 알파벳에서 기호의 유한 문자열로서 간주될 수 있다는 사실의 결과이다.

주어진 임의의 컴퓨터 프로그램에서 P를 이 언어 상의 모든 컴퓨터 프로그램의 집합으로 한다. P는 유한일 수도 무한일 수도 있다. P가 유한이면, P는 가산이다. P가 무한이면, 언어의 알파벳 부호를 0과 1로 이루어진 문자열로 변환하는 2진수 부호를 설정한다.(예를 들어 ASCII로 알려진 7비트 정보 교환을 위한 미국 표준 부호나 EBCDIC로 알려진 8비트 확장 십진 상호교환 이진 부호가 사용될 수 있다.)

각 프로그램 P에 대하여 프로그램 내의 모든 기호를 0과 1로 변환하기 위하여 이 부호를 사용한다. 이러한 문자열을 길이에 따라 배열하고, 짧은 것을 긴 것보다 앞에 놓는 식으로, 각 문자열을 2진수로 간주하여 주어진 길이의 모든 문자열을 배열하고 이 수들을 증가하는 순서로 작성한다.

$$\text{각 양의 정수 } n \in \mathbf{Z}^+ \text{에 대하여 } F(n) = (\text{목록 내의 } n\text{번째 프로그램})$$

을 명시하여 함수 $F: \mathbf{Z}^+ \to P$를 정의한다.

구성에 의하여 F는 일대일이고 전사이며, P는 가산 무한이므로, 즉 가산이다. 간단한 예로서, 다음이 5 이하의 길이로 비트 문자열의 길이를 변환하는 P 내의 모든 프로그램이라고 가정한다.

$$10111, 11, 0010, 1011, 01, 00100, 1010, 00010$$

이를 길이로 배열하면

길이 2: 11, 01

길이 4: 0010, 1011, 1010

길이 5: 10111, 00100, 00010

주어진 각 길이의 것을 2진수의 크기로 배열하면

$$01 = F(1)$$
$$11 = F(2)$$
$$0010 = F(3)$$
$$1010 = F(4)$$
$$1011 = F(5)$$
$$00010 = F(6)$$
$$00100 = F(7)$$
$$10111 = F(8)$$

앞의 0을 제외하고 수로서만 단순하게 보았을 때에는, 0010=00010. 이는 증가하는 수의 순서에서 이를 배열하기 전에 길이에 의한 문자열을 초기에 정렬할 필요가 있음을 나타낸다. ■

이 절의 마지막 예제에서는 특정한 집합이 불가산이면, 불가산성 함수가 존재하여야 한다는 것을 보인다.

예제 7.4.7 **함수 집합의 기수 및 계산가능성**

a. T를 양의 정수 전체 집합으로부터 집합 {0, 1, 2, 3, 4, 5, 6, 7, 8, 9}로 가는 모든 함수들의 집합이라 하자. T가 불가산임을 보여라.

b. 계산할 수 없는 함수들이 존재한다는 결론을 유도하라. 특히 임의의 컴퓨터 언어에 대하여 어떤 컴퓨터 프로그램도 입출력으로서 임의의 값들에 대응하는 함수값들을 취하는 언어에서 써질 수 없다는 성질을 가지는 $\mathbf{Z}^+$에서 {0, 1, 2, 3, 4, 5, 6, 7, 8, 9}로의 함수 F가 반드시 존재한다는 것을 보여라.

풀이

a. S를 0과 1 사이의 모든 실수의 집합이라 하자. 앞에서 서술한 바와 같이, S 내의 임의 수는 다음의 형식으로 기술된다.

$$0.a_1a_2a_3...a_n...$$

여기서 각 a_i는 0부터 9까지의 정수이다. 이 표기는 9로 끝나는 소수가 생략된다면 유일한 것이다.

S로부터 T의 부분집합($\mathbf{Z}^+$에서 {0, 1, 2, 3, 4, 5, 6, 7, 8, 9}까지의 모든 함수의 집합)으로의 함수 F를 정의하면 다음과 같다.

$$F(0.a_1a_2a_3...a_n...) = (\text{각 양의 정수 } n\text{을 } a_n\text{으로 대응시키는 함수})$$

F의 공변역을 정확하게 선정하여 T의 부분집합이 F가 전사가 되도록 하자. 이는 F의 공

변역을 정의하여 F의 상과 같게 하는 것이다. $F(x_1)=F(x_2)$이면 F는 일대일이고, x_1의 각 소수 자리는 x_2의 해당하는 소수 자리와 일치하므로, $x_1=x_2$이다. 따라서 F는 S에서 T의 부분집합까지의 일대일 대응이다. 그러나 S가 정리 7.4.2에 의하여 불가산이므로, T는 불가산 부분집합을 갖고, 따름정리 7.4.4에 의하여 불가산이다.

b. (a) 부분에서 보인 것은 $\mathbf{Z}^+$에서 $\{0, 1, 2, 3, 4, 5, 6, 7, 8, 9\}$까지의 모든 함수의 집합 T는 불가산이라는 것이다. 그러나 예제 7.4.6이 보이는 것은 주어진 임의의 컴퓨터 언어에서 모든 프로그램의 집합은 가산이라는 것이다. 결과적으로 임의의 컴퓨터 언어에서 T에서의 각 함수의 값을 계산하는 충분한 프로그램이 없다. 계산할 수 없는 함수들이 존재해야 한다!

자 | 기 | 진 | 단

1. 집합이 유한하다는 것은 _______ 이다.

2. 집합 A가 집합 B와 기수(원소의 개수)가 같다는 것을 보이려면 _______를 보여 주어야만 한다.

3. 기수의 반사적 성질은 주어진 집합 A에 대하여 _______이다.

4. 기수의 대칭적 성질은 주어진 집합 A와 B에 대하여 _______이다.

5. 기수의 추이적 성질은 주어진 집합 A, B, 그리고 C에 대하여 _______이다.

6. 집합이 가산 무한이라는 것은 _______이다.

7. 집합이 가산이라는 것은 _______이다.

8. 다음에 대하여 가산 또는 불가산을 빈칸에 채워 넣으라.

a. 모든 정수의 집합은 _______이다.

b. 모든 유리수의 집합은 _______ 이다.

c. 0과 1 사이의 모든 실수의 집합은 _______ 이다.

d. 모든 실수의 집합은 _______이다.

9. Cantor 대각화기법은 _______을 증명하는 데 사용된다.

연 / 습 / 문 / 제 7.4

1. 집합 A와 B의 기수가 같다는 것이 어떤 의미인지를 물어봤더니 한 학생이 "A와 B가 일대일이고 전사 함수입니다."라고 대답했다. 학생은 어떻게 대답해야 했을까? 왜인가?

2. '숫자만큼 많은 수의 제곱수가 존재한다'는 것을 양의 정수의 집합 $\mathbf{Z}^+$에서 양의 정수의 제곱의 집합 S로의 전단사 함수를 이용하여 증명해 보자.

$$S=\{n \in \mathbf{Z}^+ \mid n=k^2, k\text{는 양의 정수}\}.$$

3. $3\mathbf{Z}=\{n \in \mathbf{Z} \mid n=3k, k\text{는 정수}\}$라고 하자. $\mathbf{Z}$와 $3\mathbf{Z}$는 같은 기수를 가짐을 증명하라.

4. 예제 7.4.1에서 정의된 함수 I, J를 사용하여 $2\mathbf{Z}$에서 $\mathbf{Z}$로의 전단사 함수 H가 존재하더라도 $2\mathbf{Z}$에서 $\mathbf{Z}$로의 일대일이지만 전사는 아닌 함수가 있고 $\mathbf{Z}$에서 $2\mathbf{Z}$로의 전사이지만 일대일이 아닌 함수가 존재한다는 것을 증명하라. 즉, I는 일대일이지만 전사가 아니고, J는 전사이지만 일대일이 아님을 보여라.

5. **a.** 예제 7.4.2의 마지막에 주어진 F를 위한 식이 $n=1, 2, 3$, 그리고 4에 대해 정확한 값을 산출하는 지 검증하라.

b. 모든 양의 정수 n에 대하여 F의 하나의 산술적 표현으로 floor 함수를 사용하여 F에 대한 식을 작성하라.

6. 연습문제 3의 결과를 이용하여 $3\mathbf{Z}$가 가산이라는 것을 증명하라.

7~9에서 S는 개구간 0과 1 사이의 실수의 집합이다. 즉 $S=\{x \in \mathbf{R} \mid 0 < x < 1\}$.

7. $U=\{x \in \mathbf{R} \mid 0 < x < 2\}$라 하자. S와 U의 기수가 같음을 증명하라.

8. $V=\{x \in \mathbf{R} \mid 2 < x < 5\}$라 하자. S와 V의 기수가 같음을 증명하라.

9. 다음의 식으로 정의되는 함수 f의 그래프를 그려라. $0 < x < 1$의 모든 실수 x에 대하여

$$f(x)=\tan(\pi x - \tfrac{\pi}{2})$$

그래프를 이용하여 S와 $\mathbf{R}$의 기수가 왜 같은지를 설명하라.

10. 유리수의 집합 $\mathbf{Q}$가 가산임을 증명하라.

11. 두 무리수의 평균은 무리수인가? 증명하거나 반례를 보여라.

12. 무리수의 집합이 수직선에서 조밀함을 다음을 보여줌으로써 증명하라. 두 실수가 있을 때 그 사이에 반드시 하나의 무리수가 존재한다.

13. 모든 순서쌍 $(m, n) \in \mathbf{Z}^+ \times \mathbf{Z}^+$에 대하여 함수 $g: \mathbf{Z}^+ \times \mathbf{Z}^+ \to \mathbf{Z}^+$가 식 $g(m, n)=2^m3^n$으로 정의된다. g가 단사 함수임을 증명하라. 이 결과를 이용하여 $\mathbf{Z}^+ \times \mathbf{Z}^+$가 가산적임을 증명하라.

14. a. 다음 다이어그램을 어떻게 이용하면 $\mathbf{Z}^{nonneg} \times \mathbf{Z}^{nonneg}$와 $\mathbf{Z}^{nonneg}$가 같은 기수를 가짐을 보여 줄 수 있는지 설명하라.

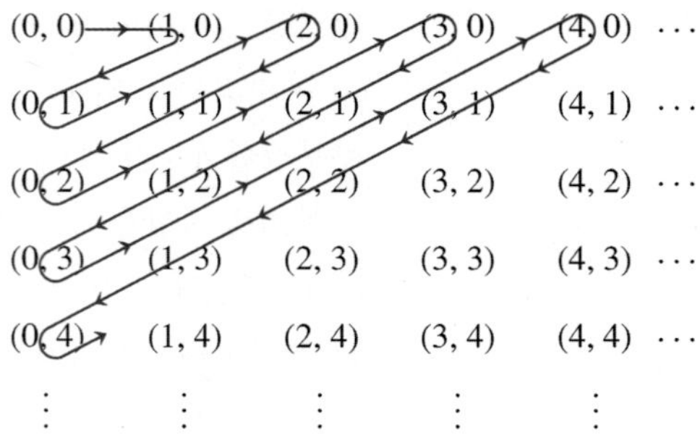

b. 함수 $H: \mathbf{Z}^{nonneg} \times \mathbf{Z}^{nonneg} \to \mathbf{Z}^{nonneg}$가 다음의 식으로 정의된다.

$$H(m, n) = n + \frac{(m+n)(m+n+1)}{2}, \quad m, n\text{은 음이 아닌 정수}$$

(**a**)의 다이어그램을 이용하여 H가 기하학적으로 어떻게 동작하는지를 설명하라.

15. 0.1999 ...=0.2임을 증명하라.

16. 무한 집합은 가산 무한 부분집합을 가짐을 증명하라.

17. A가 가산 무한 집합이고 B가 집합이고 $g: A \to B$이고 전사 함수이면 B가 가산임을 증명하라.

18. 두 가산 무한 집합의 합집합은 가산 무한임을 증명하라.

19. 연습문제 18의 결과를 이용하여 무리수 집합은 불가산임을 증명하라.

20. 연습문제 18의 결과를 이용하여 두 가산 집합의 합집합은 가산적임을 증명하라.

21. $\mathbf{Z} \times \mathbf{Z}$, 즉, 가산 무한집합과 그 자신의 데카르트 곱은 가산 무한임을 증명하라.

22. $\mathscr{P}(S)$가 집합 S의 모든 부분집합의 집합이라고 하고 T가 S에서 $\{0, 1\}$로의 모든 함수의 집합이라고 했을 때 $\mathscr{P}(S)$와 T의 기수가 같음을 보여라.

23. S가 집합이고 $\mathscr{P}(S)$가 집합 S의 모든 부분집합의 집합이라고 하자. S에서 $\mathscr{P}(S)$로의 일대일 함수가 존재하지만 $\mathscr{P}(S)$로부터 S로의 전사 함수는 존재하지 않는다는 의미에서 S가 $\mathscr{P}(S)$보다 '더 작음'을 증명하라.

24. A와 B가 가산 무한 집합일 때 $A \times B$는 가산 무한임을 증명하라.

자 | 기 | 진 | 단 | 해 | 답

1. 공집합이거나 n이 양의 정수일 때 $\{1, 2, \ldots, n\}$로부터 그 자신으로의 전단사 함수가 존재한다 2. A에서 B로의 단사이면서 전사인 함수가 존재한다는 것을 보인다(혹은 A에서 B로의 전단사 함수가 존재한다는 것을 보인다) 3. A는 A와 같은 기수를 가진다 4. A가 B와 같은 기수를 가진다면 B도 A와 같은 기수를 가진다 5. A가 B와 같은 기수를 가지고 B가 C와 같은 기수를 가지면 A는 C와 같은 기수를 가진다 6. 모든 양의 정수의 집합과 같은 기수를 가진다 7. 그것은 유한하거나 가산 무한이다 8. 가산; 가산; 불가산; 불가산 9. 0과 1 사이의 모든 실수의 집합은 불가산이다

08장
관계

이 장에서는 관계를 표현하고 관계가 가질 수 있는 여러 가지 성질을 탐색하는 방법에 중점을 두고 집합에서 정의된 관계의 수학을 논의한다. 8.3절에서 동치 관계의 개념이 소개되고 8.4절에서는 모듈러 연산과 암호 기법이 소개된다.

8.5절에서는 부분 순서 관계가 논의되고, 복잡하고 큰 규모의 작업을 완성하기 위하여 수행되어야 하는 개별 임무의 흐름도를 조직화하고 지도하는 데에 도움에 되는 이러한 관계들을 어떻게 활용하는지를 보여 주는 응용에 대해 논의한다.

8.1 집합에서의 관계

이상하게 들릴지 모르겠으나, 수학의 위력은 모든 불필요한 생각을 제거하여 정신적인 운용을 놀라울 정도로 절약시키는 데에 있다.—Ernst Mach, 1838~1916

1.3절에서 정의된 관계의 종류를 지칭하는 보다 형식적인 방식은 **이항 관계**(binary relation)라고 불리는데 이는 두 집합의 데카르트 곱의 부분집합이기 때문이다. 이 절의 끝부분에서 n이 2 이상의 정수일 때에 n개 집합들의 데카르트 곱의 부분집합이 되는 n항 관계를 정의한다. 이러한 관계는 관계형 데이터베이스에서 사용되는 기본 구조이다. 그러나 이 책에서는 이항 관계에 중점을 두고 있으므로, 관계라는 용어 자체를 사용할 때에는 이항 관계를 의미한다.

예제 8.1.1 **실수에 대하여 보다 작은 관계**

$\mathbf{R}$에서부터 $\mathbf{R}$로의 관계 L을 다음과 같이 정의하자. 모든 실수 x와 y에 대하여

$$x\,L\,y \Leftrightarrow x < y.$$

a. $57\ L\ 53$인가? b. $(-17)\ L\ (-14)$인가? c. $143\ L\ 143$인가? d. $(-35)\ L\ 1$인가?
e. 데카르트 평면 $\mathbf{R}\times\mathbf{R}$의 부분집합으로서 L의 그래프를 그려라.

풀이

a. 아니요. $57 > 53$ b. 예. $-17 < -14$ c. 아니요. $143=143$ d. 예. $-35 < 1$

e. x의 각각의 값에 대하여 $y > x$인 모든 점 (x, y)들이 다음의 그래프 상에 있다. 따라서 이 그래프는 $x=y$인 선 상단의 모든 점들로 구성된다.

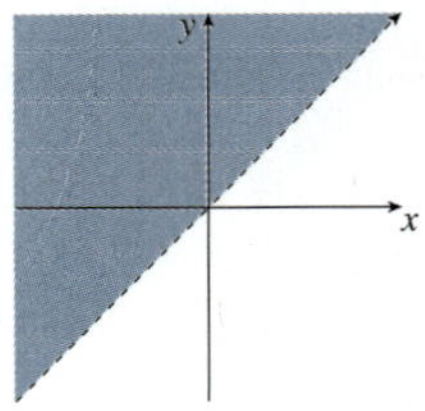

■

예제 8.1.2 **합동 모듈로 2 관계**

$\mathbf{Z}$에서부터 $\mathbf{Z}$로의 관계 E를 다음과 같이 정의하자. 모든 $(m, n) \in \mathbf{Z}\times\mathbf{Z}$에 대하여

$$m\,E\,n \quad \Leftrightarrow \quad m-n\text{이 짝수이다.}$$

a. $4\,E\,0$인가? $2\,E\,6$인가? $3\,E\,(-3)$인가? $5\,E\,2$인가?

b. E에서 1로 관계되는 다섯 개의 정수를 열거하라.

c. n이 임의의 홀수 정수이면, $n\,E\,1$임을 증명하라.

풀이

a. 예. $4\,E\,0$, 이는 $4-0=4$이고 4가 짝수이기 때문이다.
예. $2\,E\,6$, 이는 $2-6=-4$이고 -4가 짝수이기 때문이다.
예. $3\,E\,(-3)$, 이는 $3-(-3)=6$이고 6이 짝수이기 때문이다.
아니요. $5 \not{E}\, 2$, 이는 $5-2=3$이고 3이 짝수가 아니기 때문이다.

b. 이러한 목록은 많이 있다. 그중의 다섯 개를 골라보면 $1, 3, 5, -1, -3$이 있다.

1, 이는 $1-1=0$이 짝수이기 때문이다.
3, 이는 $3-1=2$가 짝수이기 때문이다.
5, 이는 $5-1=4$가 짝수이기 때문이다.
-1, 이는 $-1-1=-2$가 짝수이기 때문이다.
-3, 이는 $-3-1=-4$가 짝수이기 때문이다.

c. **증명:** n이 임의의 홀수 정수라고 가정하자. 그러면 어떤 정수 k에 대하여 $n=2k+1$이다. E의 정의에 의하여 $n\,E\,1$이 되는 것은 오직 $n-1$이 짝수일 경우에 한한다. 여기서 대입하면

$$n-1=(2k+1)-1=2k$$

로 되는데, 이는 k가 정수이므로, $2k$가 짝수이다. 그러므로 $n\,E\,1$이다.[이는 보이고자

한 것이다.]

정수 m과 n이 E에 의하여 관계되는 것은 오직 $m \ mod \ 2 = n \ mod \ 2$ (즉, 두 수가 모두 짝수이거나, 두 수가 모두 홀수이다)일 경우이다.(이 절 끝 부분의 연습문제 2를 참고하라.) 이러한 것이 발생할 때, m과 n은 **합동 모듈로 2**(congruent modulo 2)라고 부른다. ■

예제 8.1.3 **멱집합에서의 관계**

$X = \{a, b, c\}$라고 하자. 그러면 $\mathscr{P}(X) = \{\emptyset, \{a\}, \{b\}, \{c\}, \{a, b\}, \{a, c\}, \{b, c\}, \{a, b, c\}\}$이다. $\mathscr{P}(X)$에서 $\mathscr{P}(X)$로의 관계 $\mathbf{S}$를 다음과 같이 정의하자: $\mathscr{P}(X)$ 내의 모든 집합 A와 B에 대하여(즉, X의 임의의 부분집합 A와 B에 대하여)

$$A \ \mathbf{S} \ B \Leftrightarrow A\text{는 최소한 } B\text{만큼 많은 원소들을 갖는다.}$$

a. $\{a, b\} \ \mathbf{S} \ \{b, c\}$인가? b. $\{a\} \ \mathbf{S} \ \emptyset$인가? c. $\{b, c\} \ \mathbf{S} \ \{a, b, c\}$인가? d. $\{c\} \ \mathbf{S} \ \{a\}$인가?

풀이

a. 예. 두 집합의 원소의 개수가 같다.
b. 예. $\{a\}$ 하나의 원소를 가지나, $\emptyset$는 영(zero)개의 원소를 가지며, $1 \geq 0$이다.
c. 아니요. $\{b, c\}$는 두 개의 원소를 가지나, $\{a, b, c\}$는 세 개의 원소를 가지며, $2 < 3$이다.
d. 예. 두 집합은 하나의 원소를 갖는다. ■

관계의 역

R이 A에서 B로의 관계이면, B에서 A로의 관계 R^{-1}은 R의 모든 순서쌍의 원소들을 교환함으로써 정의될 수 있다.

• 정의

R을 A에서 B로의 관계라 하자. B에서 A로의 역관계 R^{-1}은 다음과 같이 정의된다.

$$R^{-1} = \{(y, x) \in B \times A \mid (x, y) \in R\}.$$

이 정의는 다음과 같이 쓸 수 있다.

$$\text{임의의 } x \in A\text{와 } y \in B\text{에 대하여 } (y, x) \in R^{-1} \Leftrightarrow (x, y) \in R.$$

예제 8.1.4 **유한 관계의 역**

$A = \{2, 3, 4\}$, $B = \{2, 6, 8\}$로 하고, R을 A에서 B로의 '나누는' 관계라 하자. 임의의 (x, y)

$\in A \times B$ 에 대하여

$$x\,R\,y \;\Leftrightarrow\; x \mid y \qquad x\text{가 } y\text{를 나눈다.}$$

a. 어느 순서쌍이 R과 R^{-1}에 있는가를 명시하고, R과 R^{-1}에 대하여 화살 도표를 작성하라.

b. R^{-1}을 일반 문장으로 묘사하라.

풀이

a. $R \;\;= \{(2, 2), (2, 6), (2, 8), (3, 6), (4, 8)\}$
$R^{-1} = \{(2, 2), (6, 2), (8, 2), (6, 3), (8, 4)\}$

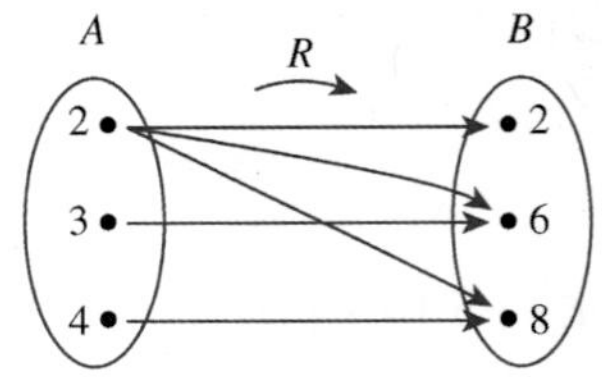

R^{-1}에 대한 화살 도표를 작성하기 위해서는 R에 대한 화살 도표를 복사하여 화살표의 방향을 반대로 하면 된다.

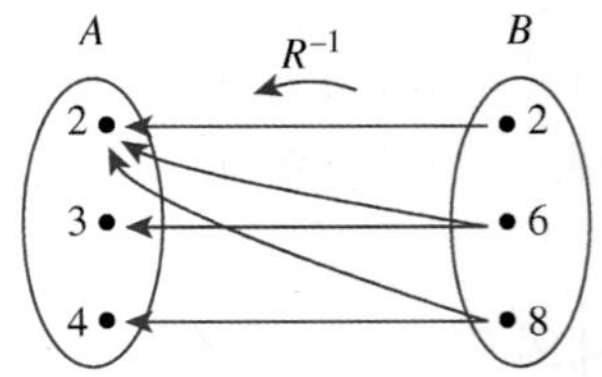

또는 이 도표를 다시 그려 B를 좌측에 놓으면 다음과 같다.

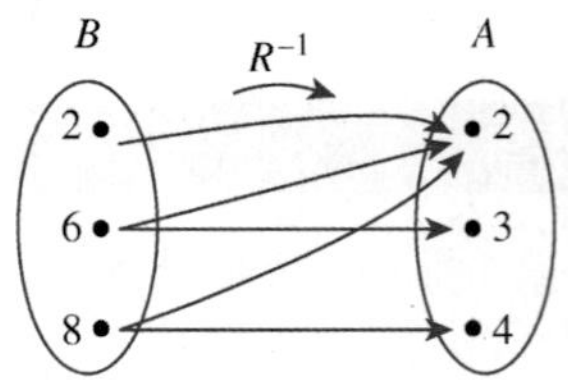

b. R^{-1}은 다음과 같이 문장으로 기술될 수 있다. 임의의 $(y, x) \in B \times A$ 에 대하여

$$y\,R^{-1}\,x \;\Leftrightarrow\; y\text{는 } x\text{의 배수이다.}$$ ■

예제 8.1.5 무한 관계의 역

$\mathbf{R}$에서 $\mathbf{R}$로의 관계 R을 다음과 같이 정의하자. 임의의 $(x, y) \in \mathbf{R} \times \mathbf{R}$에 대하여

$$x\,R\,y \;\Leftrightarrow\; y = 2|x|.$$

데카르트 평면 상에서 R과 R^{-1}의 그래프를 그려라. R^{-1}은 함수인가?

풀이

한 점 (v, u)가 R^{-1}의 그래프 상에 있는 경우는 (u, v)가 R의 그래프 상에 있을 경우에 한한다. 만일 $x \geq 0$이면, $y=2|x|=2x$의 그래프는 기울기 2를 갖는 직선이 된다. 그리고 만일 $x < 0$이면, $y=2|x|=2(-x)=-2x$의 그래프는 기울기 -2를 갖는 직선이 된다. 이러한 견본 값들을 다음에 표와 그래프로 나타내었다.

$R = \{(x, y) \mid y = 2|x|\}$

x	y
0	0
1	2
−1	2
2	4
−2	4

첫 번째 좌표 두 번째 좌표

$R^{-1} = \{(y, x) \mid y = 2|x|\}$

y	x
0	0
2	1
2	−1
4	2
4	−2

첫 번째 좌표 두 번째 좌표

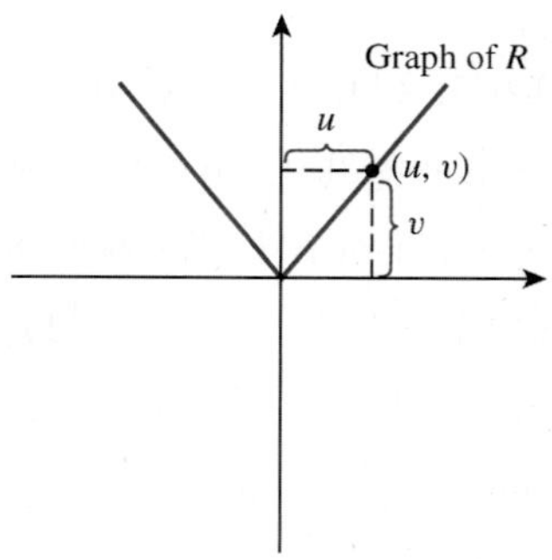

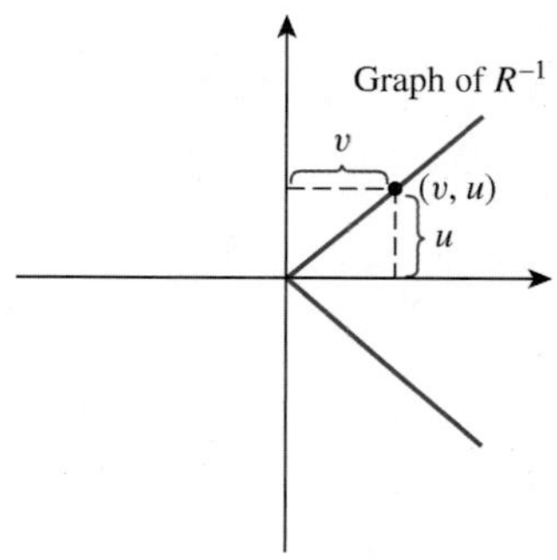

R^{-1}은 함수가 아니다. 왜냐하면 예를 들어 (2, 1)과 (2, −1) 모두가 R^{-1}에 있기 때문이다. ■

관계의 방향 그래프

이 장의 나머지 절에서는 한 집합에서 그 자체로 정의되는 관계의 중요한 성질들에 대하여 논의한다.

주의! 관계와 이에 의하여 정의되는 집합을 명확하게 구분하는 것은 중요하다.

• 정의

집합 A에서의 관계(relation on a set A)는 A에서 A로의 관계이다.

관계 R이 집합 A에서 정의되면, 이 관계에 대한 화살 도표는 수정되어 **방향 그래프**(directed graph)가 될 수 있다. A를 점들의 두 개의 분리된 집합으로 표현하는 대신에, A

를 한 번만 표현하고, A의 각 점으로부터 각각의 대응된 점으로의 화살표를 그린다.

> A 내의 임의의 점 x와 y에 대하여
> x에서 y로의 화살표가 존재한다 $\Leftrightarrow$ $x\,R\,y \Leftrightarrow (x, y) \in R$.

만일 한 점이 그 자체와 관계가 있으며, 그 점으로부터 확장하여 다시 되돌아오는 순환선(루프, loop)이 그려진다.

예제 8.1.6 **관계의 방향 그래프**

$A=\{3, 4, 5, 6, 7, 8\}$로 하고, A에서의 관계 R을 다음과 같이 정의하자. 임의의 $x, y \in A$에 대하여

$$x\,R\,y \quad \Leftrightarrow \quad 2 \mid (x-y).$$

R의 방향 그래프를 작도하라.

풀이

$3\,R\,3$인데, 이는 $3-3=0$이고, $2 \mid 0$인데, 이는 $0=2\cdot 0$이기 때문이다. 따라서 3에서 그 자체로의 순환선이 존재한다. 마찬가지로 4에서 그 자체로의, 5에서 그 자체로의 순환선(루프)이 존재하는데 이는 각각의 정수와 그 자체의 차는 0이고 $2 \mid 0$이기 때문이다.

그리고 또한 $3\,R\,5$인데, 이는 $3-5=-2=2\cdot(-1)$이기 때문이다. 그리고 $5\,R\,3$인데, 이는 $5-3=2=2\cdot 1$이기 때문이다. 그러므로 3에서 5로의 화살표가 존재하며, 5에서 3으로의 화살표가 존재한다. 방향 그래프 내의 다른 화살표들은 유사한 방법으로 구해지며 이를 다음에 나타내었다.

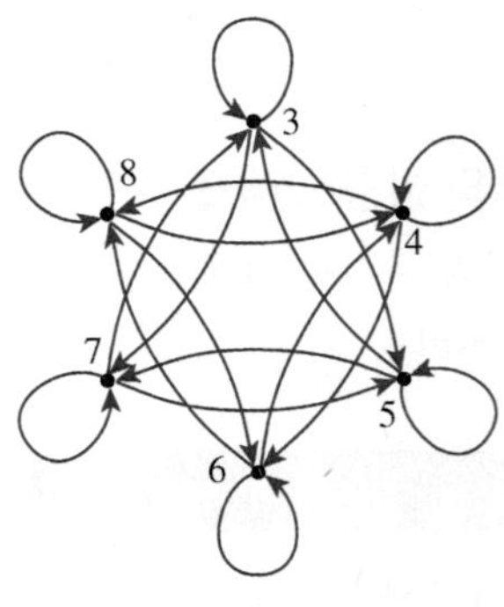

■

N항 관계 및 관계형 데이터베이스

N항 관계는 관계형 데이터베이스에 대한 수학적 기초를 형성한다. 이항 관계는 두 개 집합의 데카르트 곱의 부분집합이고, 이와 유사하게 n항 관계는 n개 집합들의 데카르트 곱

의 부분집합이다.

> • 정의
>
> 주어진 집합 $A_1, A_2, \ldots, A_n$에서, $A_1 \times A_2 \cdots \times A_n$ 상의 ***n* 항 관계**(*n*-ary relation)는 $A_1 \times A_2 \cdots \times A_n$의 부분집합이다. **이항 관계**(binary relation), **삼항 관계**(ternary relation), **사항 관계**(quaternary relation)는 n항 관계의 특별한 경우이다.

예제 8.1.7 **단순 데이터베이스**

다음은 병원에서 사용될 수 있는 매우 단순화된 데이터베이스이다. A_1을 양의 정수의 집합, A_2를 알파벳 문자열의 집합, A_3를 숫자열의 집합, A_4를 알파벳 문자열의 집합이라고 하자. $A_1 \times A_2 \times A_3 \times A_4$에서 사항 관계 R은 다음과 같이 정의된다.

$(a_1, a_2, a_3, a_4) \in R \;\Leftrightarrow\;$ 신분증 번호가 a_1이고, 성명이 a_2이고, 입원 일자가 a_3이고, 주요 진단명이 a_4인 환자.

특별한 병원에서는 이러한 관계가 다음과 같은 사항 관계로 표시될 수 있다.

(011985, John Schmidt, 020710, asthma)
(574329, Tak Kurosawa, 0114910, pneumonia)
(466581, Mary Lazars, 0103910, appendicitis)
(008352, Joan Kaplan, 112409, gastritis)
(011985, John Schmidt, 021710, pneumonia)
(244388, Sarah Wu, 010310, broken leg)
(778400, Jamal Baskers, 122709, appendicitis)

관계성 데이터베이스의 논의에서는 항은 표로 작성되는 것이 일반적이다. 표의 각 행은 하나의 항에 해당하고, 각 열의 표제는 그 열에서의 원소들에 대한 묘사적 속성을 부여한다.

데이터베이스의 운영은 그 데이터가 여러 가지 방식으로 조작되는 것을 가능하게 한다. 예를 들면 데이터베이스 언어 SQL에서 상기의 데이터베이스를 S로 표기한다면, 질의의 결과

SELECT Patient_ID#, Name FROM *S* WHERE
Admission_Date=010310

는 01-03-10의 날짜에 입원한 모든 환자들의 신분증 번호와 성명의 목록이 될 것이다.

466581 Mary Lazars,
244388 Sarah Wu.

이는 해당 데이터베이스를 갖는 $A_1 \times A_2 \times \{010310\} \times A_4$ 집합의 교차점을 취하고 처음 두 개의 좌표 상을 투사하여 구해진 것이다(7.1절의 연습문제 20 참조). 마찬가지로 SELECT는 주어진 환자의 입원 일자들의 목록을 구하는 데에 사용될 수 있다. John Schmidt에 대한 이 목록은 다음과 같다.

02-07-10 그리고
02-17-10

데이터베이스에서 개개의 입력 항목은 추가되거나, 삭제되거나, 갱신될 수 있으며, 대부분의 데이터베이스들은 다양한 방식으로 항목들을 정렬할 수 있다. 또한 항목 데이터베이스들은 합쳐질 수 있으며, 두 개의 데이터베이스에 대하여 공통인 입력 항목들은 새로운 데이터베이스로 이동될 수 있다. ■

자 | 기 | 진 | 단

1. R이 A에서 B로의 관계이고, $x \in A$와 $y \in B$일 때, $x\,R\,y$ 표기는 _______를 의미한다.
2. R이 A에서 B로의 관계이고, $x \in A$와 $y \in B$일 때, $x \not R\, y$ 표기는 _______를 의미한다.
3. R이 A에서 B로의 관계이고, $x \in A$와 $y \in B$일 때, $(y, x) \in R^{-1}$ 표기는 _______과 동치이다.
4. 집합 A에서의 관계는 ____에서 ____로의 관계이다.
5. R이 집합 A에서의 관계라면 R의 방향 그래프가 x에서 y까지의 화살표를 갖는다는 것은 _______와 동치이다.

연 / 습 / 문 / 제 8.1

1. 예제 8.1.2에서와 같이 **합동 모듈로 2** 관계 E는 $\mathbf{Z}$에서 $\mathbf{Z}$로 다음과 같이 정의된다. 정수 m과 n에 대하여

$$m\,E\,n \;\Leftrightarrow\; m-n\text{은 짝수이다.}$$

a. $0\,E\,0$인가? $5\,E\,2$인가? $(6, 6) \in E$인가? $(-1, 7) \in E$인가?

b. 짝수 n에 대하여, $n\,E\,0$임을 증명하라.

2. 임의의 정수 m과 n에 대하여 $m-n$이 짝수라는 것은 m과 n이 동시에 짝수이거나 동시에 홀수라는 것과 동치임을 증명하라.

3. **합동 모듈로 3** 관계 T는 $\mathbf{Z}$에서 $\mathbf{Z}$로 다음과 같이 정의된다. 정수 m과 n에 대하여

$$m\,T\,n \;\Leftrightarrow\; 3 \mid (m-n)$$

a. $10\,T\,1$인가? $1\,T\,10$인가? $(2, 2) \in T$인가? $(8, 1) \in T$인가?

b. $n\,T\,0$인 정수 n을 다섯 개 적어라.

c. $n\,T\,1$인 정수 n을 다섯 개 적어라.

d. $n\,T\,2$인 정수 n을 다섯 개 적어라.

e. 어떤 정수가 T에서 0과 관계가 있는지, 어떤 정수가 T에서 1과 관계가 있는지, 어떤 정수가 T에서 3과 관계가 있는지를 추측하고 증명하라.

4. $\mathbf{Z}$에서의 관계 P를 다음과 같이 정의한다. 모든 $m, n \in \mathbf{Z}$에 대하여

$$m\,P\,n \;\Leftrightarrow\; m \text{과 } n\text{은 공통인수를 가진다.}$$

a. $15\,P\,25$인가? **b.** $22\,P\,27$인가?
c. $0\,P\,5$인가? **d.** $8\,P\,8$인가?

5. $X=\{a, b, c\}$이라고 하자. $\mathscr{P}(X)$는 X의 멱집합이다. $\mathscr{P}(X)$에서의 관계 $\mathbf{R}$를 다음과 같이 정의한다. 모든 $A, B \in \mathscr{P}(X)$에 대해

$$A\,\mathbf{R}\,B \;\Leftrightarrow\; A\text{는 } B\text{와 같은 개수의 원소를 가진다.}$$

a. $\{a, b\}\,\mathbf{R}\,\{b, c\}$인가? **b.** $\{a\}\,\mathbf{R}\,\{a, b\}$인가?
c. $\{c\}\,\mathbf{R}\,\{b\}$인가?

6. $X=\{a, b, c\}$이라고 하자. $\mathscr{P}(X)$에서의 관계 $\mathbf{J}$를 다음과 같이 정의한다. 모든 $A, B \in \mathscr{P}(X)$ 에 대해

$$A\,\mathbf{J}\,B \;\Leftrightarrow\; A \cap B \neq \emptyset.$$

a. $\{a\}\,\mathbf{J}\,\{c\}$인가? **b.** $\{a, b\}\,\mathbf{J}\,\{b, c\}$인가?
c. $\{a, b\}\,\mathbf{J}\,\{a, b, c\}$인가?

7. $\mathbf{Z}$에서의 관계 R를 다음과 같이 정의한다. 모든 정수 m, n에 대해

$$m\,R\,n \;\Leftrightarrow\; 5 \mid (m^2-n^2).$$

a. $1\,R\,(-9)$인가? **b.** $2\,R\,13$인가?
c. $2\,R\,(-8)$인가? **d.** $(-8)\,R\,2$인가?

8. A가 길이가 4인 a와 b로 이루어진 모든 문자열의 집합이라고 한다. A에서의 관계 R를 다음과 같이 정의한다. 모든 $s, t \in A$에 대해

$$s\,R\,t \;\Leftrightarrow\; s\text{는 } t\text{와 첫 두 문자가 같다.}$$

a. $abaa\,R\,abba$인가? **b.** $aabb\,R\,bbaa$인가?
c. $aaaa\,R\,aaab$인가? **d.** $baaa\,R\,abaa$인가?

9. A가 길이가 4인 0, 1, 2로 이루어진 모든 숫자열의 집합이라고 한다. A 상에서의 관계 R을 다음과 같이 정의한다. 모든 $s, t \in A$에 대해

$$s\,R\,t \;\Leftrightarrow\; s\text{에 있는 숫자들의 합이 } t\text{에 있는 숫자들의 합과 같다.}$$

a. $0121\,R\,2200$인가? **b.** $1011\,R\,2101$인가?
c. $2212\,R\,2121$인가? **d.** $1220\,R\,2111$인가?

10. $A=\{3, 4, 5\}$이고 $B=\{4, 5, 6\}$이고 R를 '작은' 관계라고 하자. 즉 모든 $(x, y) \in A \times B$에 대하여

$$x\,R\,y \;\Leftrightarrow\; x < y.$$

어떤 순서쌍이 R와 R^{-1}에 속하는지 구체적으로 명시하라.

11. a. 함수 $F: X \to Y$는 단사이지만 전사가 아니라 가정하자. F^{-1}(F의 역관계)은 함수인가? 답을 설명하라.
b. 함수 $F: X \to Y$는 전사이지만 단사가 아니라 가정하자. F^{-1}(F의 역관계)은 함수인가? 답을 설명하라.

문제 12~14에서 정의된 관계에 대한 방향 그래프를 그려라.

12. $A=\{0, 1, 2, 3\}$에서 관계 R는 $R=\{(0, 0), (1, 2), (2, 2)\}$로 정의된다.

13. $A=\{2, 3, 4, 5, 6, 7, 8\}$ A에서 관계 R는 다음과 같이 정의된다. 모든 $x, y \in A$에 대하여

$$x\,R\,y \;\Leftrightarrow\; x \mid y$$

14. $A=\{5, 6, 7, 8, 9, 10\}$ A에서 관계 S는 다음과 같이

정의된다. 모든 $x, y \in A$에 대하여

$$x\,S\,y \;\Leftrightarrow\; 2 \mid (x-y)$$

15. 관계에서의 합관계와 교관계를 참조하라. 관계가 데카르트 곱의 부분집합이므로 그들의 합관계와 교관계는 어떤 부분집합에 대해서도 계산될 수 있다. A와 B에서 R와 S에 주어진 2개의 관계는 다음과 같다.

$$R \cup S = \{(x, y) \in A \times B \mid (x, y) \in R \text{ 또는 } (x, y) \in S\}$$
$$R \cap S = \{(x, y) \in A \times B \mid (x, y) \in R \text{ 그리고 } (x, y) \in S\}$$

$A=\{2, 4\}$ 그리고 $B=\{6, 8, 10\}$이라 하고 A에서 B로의 관계 R와 S를 다음과 같이 정의한다. 모든 $(x, y) \in A \times B$에 대하여

$$x\,R\,y \;\Leftrightarrow\; x \mid y \text{ 그리고}$$
$$x\,S\,y \;\Leftrightarrow\; y-4=x$$

어떤 순서쌍이 $A \times B$, R, S, $R \cup S$, 그리고 $R \cap S$에 속하는지 구체적으로 명시하라.

16. $\mathbf{R}$에서 관계 R와 S는 다음과 같이 정의된다.

$$R = \{(x, y) \in \mathbf{R} \times \mathbf{R} \mid x < y\} \text{ 그리고}$$
$$S = \{(x, y) \in \mathbf{R} \times \mathbf{R} \mid x = y\}$$

즉, R는 '작은' 관계이고 S는 '같은' 관계이다. R, S, $R \cup S$, 그리고 $R \cap S$를 데카르트 평면에 그래프로 나타내라.

17. 예제 8.1.7에서 질의 SELECT Patient_ID#, Name FROM S WHERE Primary_Diagnosis$=X$ 집합의 결과는 데이터베이스 내의 $A_1 \times A_2 \times A_3 \times \{X\}$의 교차점의 처음의 두 좌표 위로 투사된다.

a. 질의 SELECT Patient_ID#, Name FROM S WHERE Primary_Diagnosis=pneumonia의 결과를 구하라

b. 질의 SELECT Patient_ID#, Name FROM S WHERE Primary_Diagnosis=appendicitis의 결과를 구하라.

자 | 기 | 진 | 단 | 해 | 답

1. x는 R에 의해 y와 관계된다 2. x는 R에 의해 y와 관계되지 않는다 3. $(x, y) \in R$ 4. A; A 5. x는 R에 의해 y와 관계된다

8.2 반사성, 대칭성 및 추이성

수학은 임의의 종류의 추상 개념을 취급하는 데에 특히 적합한 도구이며, 이 분야에서의 수학의 힘은 그 한계가 없다.—P. A. M. Dirac, 1902~1984

$A=\{2, 3, 4, 6, 7, 9\}$으로 하고, A에서 관계 R을 다음과 같이 정의하자. 모든 $x, y \in A$에 대하여

$$x\,R\,y \Leftrightarrow 3 \mid (x-y).$$

그러면 $2\,R\,2$인데, 이는 $2-2=0$이고, $3 \mid 0$이기 때문이다. 마찬가지로 $3\,R\,3$, $4\,R\,4$, $6\,R\,6$, $7\,R\,7$ 및 $9\,R\,9$이다. 또한 $6\,R\,3$인데, 이는 $6-3=3$이고 $3 \mid 3$이기 때문이다. $3\,R\,6$인데,

이는 $3-6=-(6-3)=-3$이고 $3 \mid (-3)$이기 때문이다. 마찬가지로 $3\,R\,9$, $9\,R\,3$, $6\,R\,9$, $9\,R\,6$, $4\,R\,7$ 및 $7\,R\,4$이다. 따라서 R에 대한 방향 그래프는 다음에 나타낸 형태를 갖는다.

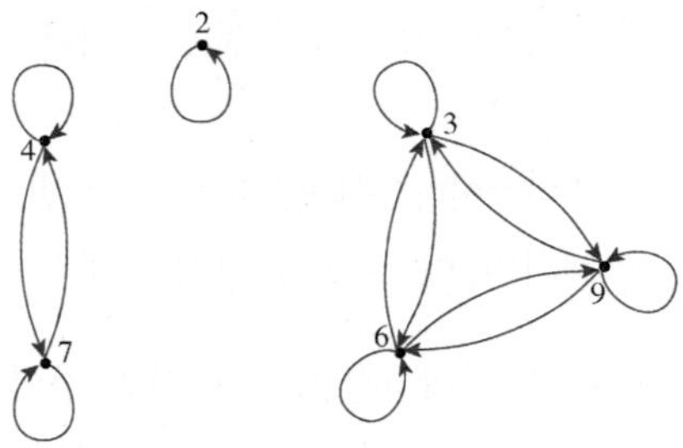

이 그래프는 3개의 중요한 성질을 갖는다.

1. 그래프의 각 점은 그 주위를 돌고 되돌아오는 하나의 화살표 순환선을 갖는다.
2. 한 점에서 두 번째 점으로 가는 화살표가 있는 각 경우에서는, 그 두 번째 점에서 첫 번째 점으로 되돌아오는 화살표가 있다.
3. 한 점에서 두 번째 점으로, 두 번째 점에서 세 번째로 가는 화살표가 있는 각 경우에서는, 그 첫 번째 점에서 세 번째 점으로 가는 화살표가 있다. 즉, 그래프 상에서 '불완전한 방향 삼각형'은 없다.

(1), (2) 및 (3)의 성질들은 반사성, 대칭성 및 추이성이라 부르는 일반적인 관계의 성질에 해당한다.

주의! 이 대칭성의 정의는 R에 의하여 x가 y에 대응된다는 것을 의미하지는 아니하고, x가 y에 대응되게 되면, y도 x에 대응되어야 한다는 것이다.

• 정의

R을 집합 A에서의 관계라 하자.

1. R이 **반사적**(reflexive)이라고 하는 것은 모든 $x \in A$에 대하여 $x\,R\,x$인 경우와 동치이다.
2. R이 **대칭적**(symmetric)이라고 하는 것은 모든 $x, y \in A$에 대하여 $x\,R\,y$이면, $y\,R\,x$인 경우와 동치이다.
3. R이 **추이적**(transitive)이라고 하는 것은 모든 $x, y, z \in A$에 대하여 $x\,R\,y$이고 $y\,R\,z$이면, $x\,R\,z$인 경우와 동치이다.

반사성, 대칭성 및 추이성은 다음과 같이 기술할 수 있다.

1. R이 반사적이다 $\Leftrightarrow$ A 내의 모든 x에 대하여 $(x, x) \in R$이다.
2. R이 대칭적이다 $\Leftrightarrow$ A 내의 모든 x와 y에 대하여 $(x, y) \in R$이면, $(y, x) \in R$이다.
3. R이 추이적이다 $\Leftrightarrow$ A 내의 모든 x, y 및 z에 대하여 $(x, y) \in R$이고 $(y, z) \in R$이면, $(x, z) \in R$이다.

⚠

주의! 비공식적인 용어에서 첫 번째, 두 번째, 세 번째는 모두가 별개일 필요는 없다. 이는 비공식적인 용어의 단점이 되고, 정규 정의가 더 명확하다는 의미를 가질 수 있다.

비공식적인 용어들에서, 성질 (1)~(3)은 다음을 의미한다.

1. **반사적이다:** 각 원소가 그 자신에 관계된다.
2. **대칭적이다:** 하나의 원소가 다른 원소에 관계되면, 두 번째 원소는 첫 번째 원소에 관계된다.
3. **추이적이다:** 하나의 원소가 두 번째 원소에 관계되고, 두 번째 원소가 세 번째 원소에 관계되면, 이 첫 번째 원소는 세 번째 원소에 관계된다.

반사성, 대칭성 및 추이성의 정의는 일반적인 것이라는 점에 유의하라. 이는 관계가 이 성질들 중의 하나를 갖는다는 것을 증명할 때에 난해한 방법을 사용할 수도 있고, 특별한 상황에서 일반화하는 방법을 사용할 수도 있다는 의미를 갖는다.

앞에서 정의한 성질들 중의 하나를 갖지 않는 관계에 대한 의미가 무엇인가를 살펴보기로 한다. 일반적인 문장의 부정은 존재에 관한 것이라는 점을 상기하자. 그러므로 R을 집합 A에서의 관계라고 하면

1. R이 **반사적이 아니다** ⇔ A 내에 $x \not R x$인 원소 x가 존재한다. [즉, 조건은 $(x, x) \notin R$이다].
2. R이 **대칭적이 아니다** ⇔ A 내에 원소들 x와 y가 존재하는데, 조건은 $x R y$이나 $y \not R x$이다[즉, 조건은 $(x, y) \in R$이나, $(y, x) \notin R$이다].
3. R이 **추이적이 아니다** ⇔ A 내에 원소들 x, y 및 z가 존재하는데, 조건은 $x R y$이고 $y R z$이나, $x \not R z$이다[즉, 조건은 $(x, y) \in R$ 및 $(y, z) \in R$이나, $(x, z) \notin R$이다].

관계가 이 성질들 중의 하나를 갖지 않는다는 것을 반례를 제시함으로써 보일 수 있다.

예제 8.2.1 **유한 집합에서 관계의 성질**

$A = \{0, 1, 2, 3\}$로 하고, A에서 관계 R, S 및 T를 다음과 같이 정의하자.

$$R = \{(0, 0), (0, 1), (0, 3), (1, 0), (1, 1), (2, 2), (3, 0), (3, 3)\},$$
$$S = \{(0, 0), (0, 2), (0, 3), (2, 3)\},$$
$$T = \{(0, 1), (2, 3)\}.$$

a. R이 반사적인가? 대칭적인가? 추이적인가?
b. S가 반사적인가? 대칭적인가? 추이적인가?
c. T가 반사적인가? 대칭적인가? 추이적인가?

풀이

a. R의 방향 그래프는 아래와 같은 모습을 갖는다.

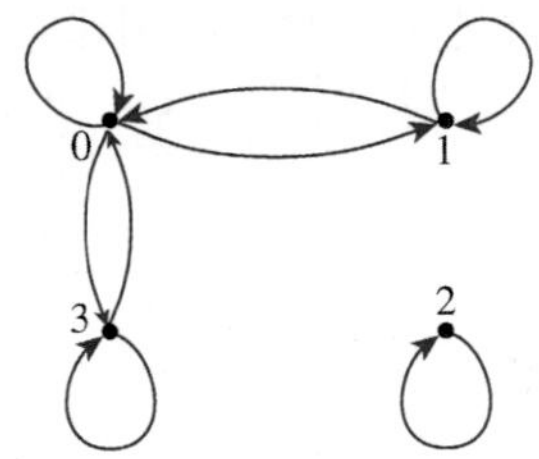

R이 반사적이다: 방향 그래프의 각 정점에 순환선(루프)이 존재한다. 이는 A의 각 원소가 자체로 대응된다는 의미로, R은 반사적이다.

R이 대칭적이다: 그래프 상의 한 정점에서 두 번째 정점으로 가는 화살표가 존재하는 각 경우에 두 번째 정점에서 첫 번째 정점으로 되돌아가는 화살표가 존재한다. 이는 A의 한 원소가 R에 의하여 두 번째 정점으로 관계될 때마다 두 번째 정점은 첫 번째 정점과 관계된다는 의미를 갖는다. 그러므로 R이 대칭적이다.

R이 추이적이 아니다: 1에서 0으로 가는 화살표와 0에서 3으로 가는 화살표가 존재하나, 1에서 3으로 가는 화살표가 존재하지 않는다. 이는 $1\,R\,0$ 및 $0\,R\,3$이나 $1\,\not R\,3$인 A의 원소 0, 1, 3가 존재함을 의미한다. 그러므로 R은 추이적이 아니다.

b. S의 방향 그래프는 아래와 같은 모습을 갖는다.

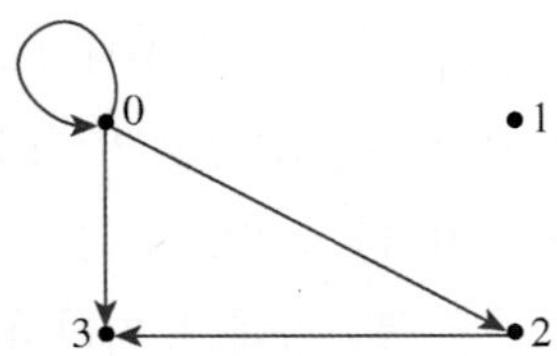

S는 반사적이 아니다: 1에서 순환선(루프)이 존재하지 않는다. 예를 들면 $(1, 1) \notin S$이므로, S는 반사적이 아니다.

S는 대칭적이 아니다: 0에서 2로의 화살표가 존재하나, 2에서 0으로는 없다. 즉, $(0, 2) \in S$이나 $(2, 0) \notin S$이므로, S는 대칭적이 아니다.

S는 추이적이다: 그래프의 한 정점에서 두 번째로, 그리고 두 번재 정점에서 세 번째로 가는 화살표가 존재하는 경우는 세 가지가 있다: 0에서 2로 그리고 2에서 3으로 가는 화살표들이 존재한다, 0에서 0으로 그리고 0에서 2로 가는 화살표들이 존재한다, 0에서 0으로 그리고 0에서 3으로 가는 화살표들이 존재한다. 각 경우에 첫 번째 정점에서 세 번째 정점으로 가는 화살표가 존재한다.(첫 번째, 두 번째, 세 번째 정점들은 서로 다른 것일 필요는 없다.) 이는 $(x, y) \in S$이고 $(y, z) \in S$인 모든 $x, y, z \in \{0, 1, 2, 3\}$에 대하여 $(x, z) \in S$이므로, S는 추이적이다.

c. T의 방향 그래프는 아래와 같은 모습을 갖는다.

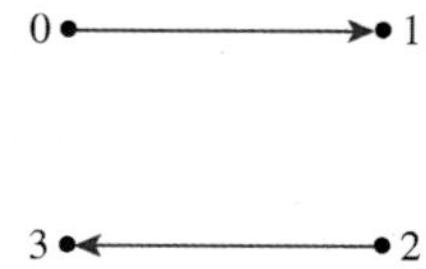

T는 반사적이 아니다: 0에서 순환선(루프)이 존재하지 않는다. 즉, $(0, 0) \notin T$이므로, T는 반사적이 아니다.

주의! T는 자동으로 추이적인데, 이는 추이적의 부정의 부정이기 때문이다.

T는 대칭적이 아니다: 0에서 1로의 화살표가 존재하나, 1에서 0으로의 화살표가 없다. 따라서 $(1, 0) \notin T$이고, T는 대칭적이 아니다.

T는 추이적이다: 추이성 조건은 T에 대하여 무의미하게 참이다. 이를 알기 위하여 다음의 추이성 조건을 관찰하기로 한다.

$$\text{임의의 } x, y, z \in A \text{에 대하여 } (x, y) \in T\text{이고 } (y, z) \in T\text{이면, } (x, z) \in T\text{이다.}$$

이것이 거짓이 되는 유일한 방법은 가정이 참이나 결론은 거짓으로 하는 A의 원소들이 존재한다는 것이 될 것이다. 즉, 다음을 만족시키는 A 내에 원소들 x, y 및 z가 존재한다.

$$(x, y) \in T\text{이고, } (y, z) \in T\text{이고, } (x, z) \notin T\text{이다.}$$

다시 말하면, 어느 한 순서쌍의 두 번째 원소가 다른 순서쌍의 첫 번째 원소가 됨으로써 연결이 될 가능성을 갖는 T 내의 두 개의 순서쌍이 존재해야 한다. 그러나 T 내의 유일한 원소들은 $(0, 1)$ 및 $(2, 3)$이고, 이들은 연결될 가능성이 없다. 그러므로 T가 추이적이 되지 않는 것은 불가능하고, 따라서 T는 추이적이다. ■

관계 R이 유한 집합 A에서 정의될 때, R이 반사적, 대칭적, 추이적인가를 확인하는 컴퓨터 알고리즘을 작성하는 것이 가능하다. 이를 할 수 있는 유일한 방법은 R을 1차원의 배열로서 표현하고, $(a[1], a[2], \ldots, a[n])$, $A \times A$ 내의 순서쌍이 R 내에 있는가를 확인하기 위한 알고리즘의 수정을 활용하는 것이다. R이 반사적인가를 확인하는 것은 A의 각 원소 $a[i]$를 검사하는 반복문을 사용하여 수행될 수 있다. 임의의 i에 대하여 $(a[i], a[i]) \notin R$이면, R이 반사적이 아니다. 그렇지 않으면 R은 반사적이다. R이 추이적인가를 확인하기 위해 $A \times A \times A$의 각각의 $(a[i], a[j], a[k])$을 검사하는 3중 반복문을 사용하는 것이 가능하다. 3중에 대하여 $(a[i], a[j]) \in R$, $(a[j], a[k]) \in R$이고, $(a[i], a[k]) \notin R$이면, R이 추이적이 아니다. 그렇지 않으면 R은 추이적이다. 이 절의 연습문제에서 이러한 알고리즘을 공식화하라는 문제들을 풀게 될 것이다.

무한집합에서 관계의 성질

관계 R이 무한 집합 A에서 정의된다고 가정하자. 이 관계가 반사적, 대칭적, 또는 추이적인가를 증명하기 위해 먼저 증명이 되어야 할 사항을 기술하자. 예를 들면 대칭성에 관해서는 다음을 증명하는 것이 필요하다.

$$\forall x, y \in A, x\,R\,y \text{이면}, y\,R\,x \text{이다.}$$

이후에 질문의 대상이 되는 특정한 경우에 대한 기술을 다시 작성하기 위한 A와 R의 정의를 활용한다. 예를 들어 실수의 집합에서 "등식" 관계에 대하여 이를 다시 작성하면

$$\forall x, y \in \mathbf{R}, x=y \text{이면}, y=x \text{이다.}$$

종종 재작성한 명제의 참은 그 즉시 명백하다(이 경우에서와 같이). 그렇지 않을 경우에는 특정한 예로부터 일반화하는 방법을 활용하여 이를 증명하여야 한다. 이 절에서는 이 두 경우에 대한 예를 제시한다. 먼저 가장 간단하나 가장 중요한 등식 관계를 제시한다.

예제 8.2.2 **등식의 성질**

$\mathbf{R}$(모든 실수의 집합)에서 관계 R을 다음과 같이 정의한다. 모든 실수 x와 y에 대하여

$$x\,R\,y \quad \Leftrightarrow \quad x=y.$$

a. R이 반사적인가? b. R이 대칭적인가? c. R이 추이적인가?

풀이

a. **R이 반사적이다:** R이 반사적이다라고 하는 것은 오직 다음의 명제가 참일 경우이다.

$$\text{모든 } x \in \mathbf{R} \text{에 대하여 } x\,R\,x.$$

$x\,R\,x$는 바로 $x=x$를 의미하고, 이는 말한 것과 같다.

$$\text{모든 } x \in \mathbf{R} \text{에 대하여 } x=x.$$

그러므로 이 명제는 분명히 참이다. 즉, 각 실수는 그 자신과 동일하다.

b. **R이 대칭적이다:** R이 대칭적이다라고 하는 것은 오직 다음의 명제가 참일 경우이다.

$$\text{모든 } x, y \in \mathbf{R} \text{에 대하여 } x\,R\,y \text{이면}, y\,R\,x \text{이다.}$$

R의 정의에 의하여 $x\,R\,y$는 $x=y$를 의미하고, $y\,R\,x$는 $y=x$를 의미하므로, R이 대칭적이라는 것은 다음의 조건에 한한다.

모든 $x, y \in \mathbf{R}$에 대하여 $x=y$이면 $y=x$이다.

그리고 이 명제는 분명히 참이다. 첫 번째 수가 두 번째 수와 같으면, 두 번째 수는 첫 번째 수와 같다.

c. **R이 추이적이다:** R이 추이적이다라고 하는 것은 오직 다음의 명제가 참일 경우이다.

모든 $x, y, z \in \mathbf{R}$에 대하여 $x\,R\,y$이고, $y\,R\,z$이라면, $x\,R\,z$이다.

R의 정의에 의하여, $x\,R\,y$는 $x=y$를 의미하고, $y\,R\,z$는 $y=z$을 의미하고, $x\,R\,z$는 $x=z$을 의미한다. 그러므로 R이 추이적이다라고 하는 것은 오직, 다음의 명제가 참일 경우이다.

모든 $x, y, z \in \mathbf{R}$에 대하여 $x=y$이고 $y=z$일 경우에는 $x=z$이다.

그리고 이 명제는 분명히 참이다. 첫 번재 수가 두 번째와 같고, 두 번째 수가 세 번째 수와 같을 경우에는, 첫 번재 수는 세 번째 수와 같다. ■

예제 8.2.3 **'보다 작은'의 성질**

$\mathbf{R}$(모든 실수의 집합)에서 관계 R을 다음과 같이 정의하자. 모든 $x, y \in R$에 대하여

$$x\,R\,y \quad \Leftrightarrow \quad x < y.$$

a. R이 반사적인가? b. R이 대칭적인가? c. R이 추이적인가?

풀이

a. **R이 반사적이 아니다:** R이 반사적이다라고 하는 것은 오직 $\forall x \in \mathbf{R}$, $x\,R\,x$일 경우이다. R의 정의에 의하여 이는 $\forall x \in \mathbf{R}$, $x < x$을 의미한다. 그러나 이는 거짓이다: $\exists x \in \mathbf{R}$ 조건은 $x \not< x$이다. 반례로서 $x=0$로 하면 $0 \not< 0$이라는 점이다. 그러므로 R은 반사적이 아니다.

b. **R이 대칭적이 아니다:** R이 대칭적이다라고 하는 것은 오직 $\forall x, y \in \mathbf{R}$, $x\,R\,y$이면, $y\,R\,x$이다. R의 정의에 의하여 이는 $\forall x, y \in R$을 의미하고, $x < y$일 경우에는 $y < x$이다. 그러나 이것은 거짓이다: $\exists x, y \in \mathbf{R}$ 조건은 $x < y$이고 $y \not< x$일 경우이다. 반례로서 $x=0$이고 $y=1$이면, $0 < 1$이고 $1 \not< 0$이라는 점에 유의하라. 그러므로 R이 대칭적이 아니다.

c. **R이 추이적이다:** R이 추이적이다라고 하는 것은 오직 모든 $x, y, z \in \mathbf{R}$에 대하여, $x\,R\,y$이고 $y\,R\,z$이면, $x\,R\,z$이다. R의 정의에 의하여 모든 $x, y, z \in \mathbf{R}$에 대하여, $x < y$이고 $y < z$이면, $x < z$이다. 그러나 이 명제는 실수에 대한 순서의 추이성 법칙에 의하여 참이다(윗 페이지 참조). 그러므로 R은 추이적이다. ■

종종 어떤 성질은 해당 정의역의 모든 원소에 대하여 거짓이라는 의미에서의 '일반적인 거짓' 이다. 따라서 그 성질이 정의역의 각각의 특정한 원소에 대하여 거짓이므로 반례가 많이 있다. 그러한 경우에서는 그 성질의 일반적인 거짓을 증명하는 것이 단 하나의 반례를 제시하는 것보다 더 자연스럽다. 예를 들면 위의 예제처럼 풀이 (a)와 (b)를 다음과 같이 하는 것이 자연스럽다는 것을 알 수 있을 것이다.

풀이 (a)에 대한 대체 해: R이 반사적이 아니다. 이는 모든 실수 x에 대하여 $x \not< x$이기 때문이다(3분 법칙에 의하여).

풀이 (b)에 대한 대체 해: R이 대칭적이 아니다. 이는 R 내에서 모든 x와 y에 대하여 $x < y$일 경우에는 $y \not< x$이기 때문이다(3분 법칙에 의하여).

예제 8.2.4 **합동 모듈로 3 의 성질**

Z(모든 정수들의 집합)에서 관계 T를 다음과 같이 정의하자. 모든 정수 m 및 n에 대하여

$$m\,T\,n \quad \Leftrightarrow \quad 3 \mid (m-n).$$

이 관계를 **합동 모듈로 3**이라 부른다.

a. T는 반사적인가? b. T는 대칭적인가? c. T는 추이적인가?

풀이

a. ***T*가 반사적이다:** T가 반사적인 것을 보이기 위해서는 다음을 보여야 한다.

$$\text{모든 } m \in \mathbf{Z} \text{에 대하여 } m\,T\,m.$$

T의 정의에 의하여 이는 다음을 의미한다.

$$\text{모든 } m \in \mathbf{Z} \text{에 대하여 } 3 \mid (m-m).$$

또는 $m-m=0$이므로, 모든 $m \in \mathbf{Z}$에 대하여 $3 \mid 0$이다.

이 명제는 참이다: $0=3 \cdot 0$이므로 $3 \mid 0$이다. 그러므로 T가 반사적이다. 이 이유는 다음의 증명에서 정식화된다.

반사성의 증명: m을 임의로 선정한 특정한 정수라고 가정하자.[$m\,T\,m$인 것을 보여야 한다.] 이제 $m-m=0$이다. 그러나 $0=3 \cdot 0$이므로 $3 \mid 0$이다. 따라서 $3 \mid (m-m)$이다. 따라서 T의 정의에 의하여 $m\,T\,m$이다.[이는 보이고자 한 것이다.]

b. **T가 대칭적이다:** T가 대칭적인 것을 보이기 위해서는 다음을 보여야 한다.

$$\text{모든 } m, n \in \mathbf{Z}\text{에 대하여 } m\,T\,n\text{일 경우에는 } n\,T\,m\text{이다.}$$

T의 정의에 의하여 이는 다음을 의미한다.

$$\text{모든 } m, n \in \mathbf{Z}\text{에 대하여 } 3 \mid (m-n)\text{일 경우에는 } 3 \mid (n-m)\text{이다.}$$

이는 참인가? m과 n을 $3 \mid (m-n)$ 조건을 갖는 임의로 선정한 특정한 정수들로 가정한다. 이는 반드시 $3 \mid (n-m)$을 따라야 하는가? [다시 말하면 $n-m=3\cdot$(정수)인 그 정수를 찾을 수 있는가?] '나누다'의 정의에 의하여

$$3 \mid (m-n)$$

이므로, 어떤 정수 k에 대하여 $m-n=3k$이다.

핵심적인 관찰은 $n-m=-(m-n)$이다. 그러므로 이 식의 양변에 -1을 곱하여

$$-(m-n)=-3k$$

을 얻는다. 이는 $n-m=3(-k)$과 동등하다.
[따라서 $-k$라 부르는 정수를 구하였고, $n-m=3\cdot$(그 정수)이다.]
$-k$가 정수이므로, 이 식은 다음을 나타낸다.

$$3 \mid (n-m).$$

이는 T가 대칭적인 것을 나타낸다.

위의 이유는 다음의 증명에서 정규화된다.

> **대칭성의 증명:** m과 n이 조건 $m\,T\,n$을 만족시키는 임의로 선정된 특정한 정수들이라고 가정한다.[$n\,T\,m$을 증명하여야 한다.] T의 정의에 의하여 $m\,T\,n$이면, $3 \mid (m-n)$이다. '나누다'의 정의에 의하면, 이는 다음을 의미한다: 어떤 정수 k에 대하여 $m-n=3k$이다. 양변에 -1을 곱하면, $n-m=3(-k)$가 된다. $-k$도 정수이므로, 이 수식은 $3 \mid (n-m)$을 보인다. 그러므로 T의 정의에 의하여 $n\,T\,m$이다.[이는 보이고자 한 것이다.]

c. **T가 추이적이다:** T가 추이적인 것을 보이기 위해서는 다음을 보여야 한다.

$$\text{모든 } m, n, p \in \mathbf{Z}\text{에 대하여 } m\,T\,n\text{이고 } n\,T\,p\text{이면, } m\,T\,p\text{이다.}$$

T의 정의에 의하여 이는 다음을 의미한다.

$$\text{모든 } m, n \in \mathbf{Z}\text{에 대하여 } 3 \mid (m-n)\text{이고 } 3 \mid (n-p)\text{이면, } 3 \mid (m-p)\text{이다.}$$

이는 참인가? m, n 및 p가 $3 \mid (m-n)$ 및 $3 \mid (n-p)$의 조건을 갖는 임의로 선정한 특정한 정수라고 가정한다. 이는 $3 \mid (m-p)$을 따라야만 하는가?[다시 말하면 $m-p=3 \cdot$ (그 정수)인 정수를 찾을 수 있는가?] '나누다'의 정의에 의하여

$$3 \mid (m-n) \text{ 및 } 3 \mid (n-p)$$

이면 어떤 정수 r에 대하여 $\quad m-n=3r$

이고 어떤 정수 s에 대하여 $\quad n-p=3s.$

핵심적인 관찰은 $(m-n)+(n-p)=m-p$이다. 이 두 식을 합하여 다음의 식을 얻는다.

$$(m-n)+(n-p)=3r+3s,$$

이는 $m-p=3(r+s)$와 동등하다.

[따라서 $m-p=3 \cdot$ (그 정수)인 정수를 구하였다.]

r 및 s가 정수이므로, $r+s$가 정수이다. 그러므로 이 식은 다음과 같고

$$3 \mid (m-p).$$

이는 T가 추이적이라는 것을 의미한다.

위의 이유는 다음의 증명에서 공식화된다.

추이성의 증명: m, n 및 p가 조건 $m\,T\,n$ 및 $n\,T\,p$을 만족시키는 임의로 선정된 특정한 정수들이라고 가정한다.[$m\,T\,p$을 증명하여야 한다.] T의 정의에 의하여 $m\,T\,n$ 및 $n\,T\,p$이면, $3 \mid (m-n)$이고 $3 \mid (n-p)$이다. '나누다'의 정의에 의하면, 이는 다음을 의미한다: 어떤 정수 r과 s에 대하여 $m-n=3r$이고 $n-p=3s$이다. 이 두 식을 합하면, $(m-n)+(n-p)=3r+3s$이 되고, 이를 단순화하면, $m-p=3(r+s)$이 된다. $r+s$가 정수이므로, 이 식은 $3 \mid (m-p)$을 보인다. 그러므로 T의 정의에 의하여 $m\,T\,p$이다.[이는 보이고자 한 것이다.]

■

관계의 추이적 폐포

일반적으로 관계가 추이적이 되지 못하는 것은 일정한 순서쌍을 포함하고 있지 않기 때문이다. 예를 들어 R의 관계 내에 (1, 3)과 (3, 4)가 존재하면, R이 추이적이라는 조건에서는 순서쌍 (1, 4)가 R에 존재하여야 한다. 추이적이 아닌 것으로부터 추이적 관계를 얻기 위하여는 순서쌍을 합하는 것이 필요하다. 개략적으로 말하면, 추이성을 보장하기 위하여 순서쌍의 최소 개수를 합하여 구한 관계를 관계의 추이적 폐포라고 한다. 공식적인 정의에 의하여 이루어진 정확한 의미로서는, 관계의 추이적 폐포는 해당 관계를 포함하는 최소의 추이적 관계이다.

> • **정의**
>
> A를 집합으로 하고, R을 A에서의 관계로 한다. R의 **추이적 폐포**(transitive closure)는 다음의 3개 성질을 만족시키는 A에서의 관계 R^t이다.
>
> 1. R^t가 추이적이다.
> 2. $R \subseteq R^t$.
> 3. S가 R을 포함하는 임의의 다른 추이적 관계이면, $R^t \subseteq S$이다.

예제 8.2.5 **관계의 추이적 폐포**

$A=\{0, 1, 2, 3\}$로 하고, 다음과 같이 A에서 정의되는 관계 R이 있을 때

$$R=\{(0, 1), (1, 2), (2, 3)\}.$$

R의 추이적 폐포를 구하라.

풀이

R 내의 모든 순서쌍은 R^t에 속하므로

$$\{(0, 1), (1, 2), (2, 3)\} \subseteq R^t.$$

그러므로 R^t의 방향 그래프는 다음에 나타낸 화살표들을 포함한다.

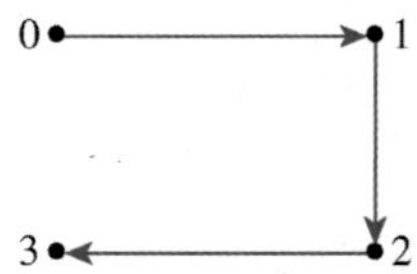

0에서 1로 가고, 1에서 2로 가는 화살표들이 있으므로, R^t는 반드시 0에서 2로 가는 화살표를 가져야 한다. 그러므로 $(0, 2) \in R^t$이다. $(0, 2) \in R^t$이고 $(2, 3) \in R^t$이므로 $(0, 3) \in R^t$이다. 그리고 $(1, 2) \in R^t$이고 $(2, 3) \in R^t$이므로, $(1, 3) \in R^t$이다. 따라서 R^t는 최소한 다음의 순서쌍을 포함한다.

$$\{(0, 1), (0, 2), (0, 3), (1, 2), (1, 3), (2, 3)\}.$$

그런데 이 관계는 추이적이다. 그러므로 이 관계는 R^t와 같다. R^t의 방향 그래프는 다음과 같이 됨에 유의하라.

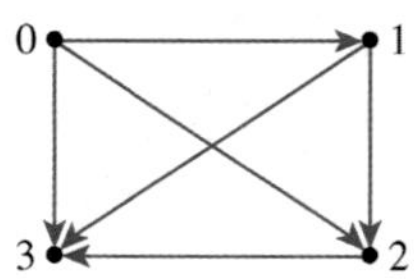

■

자 | 기 | 진 | 단

1. A에서의 관계 R이 반사적이라는 의미는 _______ 이다.
2. A에서의 관계 R이 대칭적이라는 의미는 _______ 이다.
3. A에서의 관계 R이 추이적이라는 의미는 _______ 이다.
4. 무한 집합 A에서의 관계 R이 반사적이라는 것을 증명하려면 _____ 라고 가정하고 _____ 임을 보여 준다.
5. 무한 집합 A에서의 관계 R이 대칭적이라는 것을 증명하려면 _____ 이라 가정하고 _____ 임을 보여 준다.
6. 무한 집합 A에서의 관계 R이 추이적이라는 것을 증명하려면 _____ 이라 가정하고 _____ 임을 보여 준다.
7. 집합 A에서의 관계 R이 반사적이지 않다는 것을 증명하려면 _____ 임을 보여 준다.
8. 집합 A에서의 관계 R이 대칭적이지 않다는 것을 증명하려면 _____ 임을 보여 준다.
9. 집합 A에서의 관계 R이 추이적이지 않다는 것을 증명하려면 _____ 임을 보여 준다.
10. 집합 A에서의 관계 R이 주어졌을 때 R의 추이적 폐포는 A에서의 관계 R^t이고 다음의 세 가지 성질을 만족시킨다. _______, _______, 그리고 _______.

연 / 습 / 문 / 제 8.2

문제 1~3 에서는 여러 가지 관계를 집합 $A=\{0, 1, 2, 3\}$에서 정의한다. 각각의 관계에 대해

a. 방향 그래프를 그려라.
b. 반사적 관계인지를 밝혀라.
c. 대칭적 관계인지를 밝혀라.
d. 추이적 관계인지를 밝혀라.

각각의 경우에 대해 그 관계가 해당 속성을 만족시키지 못하는 경우 반례를 제시하라.

1. $R_1=\{(0, 0), (0, 1), (0, 3), (1, 1), (1, 0), (2, 3), (3, 3)\}$
2. $R_3=\{(2, 3), (3, 2)\}$
3. $R_6=\{(0, 1), (0, 2)\}$

문제 4~14 까지는, 주어진 관계가 반사적 관계인지, 대칭적 관계인지, 추이적 관계인지 아니면 이들 중 어느 것에도 해당되지 않는지에 대해 밝혀라. 답에 대해 설명하라.

4. R는 실수의 집합에서 '더 크거나 또는 같은' 관계이다: 모든 $x, y \in \mathbf{R}$에 대하여, $x\,R\,y \Leftrightarrow x \geq y$이다.
5. $\mathbf{R}$에서의 관계 D는 다음과 같이 정의된다: 모든 $x, y \in \mathbf{R}$에 대하여, $x\,\mathrm{D}\,y \Leftrightarrow xy \geq 0$이다.
6. E는 $\mathbf{Z}$에서의 합동 모듈로 2 관계이다: 모든 $m, n \in \mathbf{Z}$에 대하여, $m\,E\,n \Leftrightarrow 2 \mid (m-n)$이다.
7. D는 $\mathbf{Z}^+$에서의 '나누기' 관계이다. 모든 양의 정수 m과 n에 대하여 $m\,D\,n \Leftrightarrow m \mid n$이다.
8. 관계 Q는 $\mathbf{R}$에서 다음과 같이 정의된다: 모든 실수 x와 y에 대하여, $x\,Q\,y \Leftrightarrow x-y$는 유리수이다.
9. $X=\{a, b, c\}$이고 $\mathscr{P}(X)$는 X의 멱집합 (X의 모든 부분집합의 집합)이라고 하자. $\mathscr{P}(X)$에서 관계 $\mathbf{E}$는 다음과 같이 정의된다: 모든 $A, B \in \mathscr{P}(X)$에 대하여 $A\,\mathbf{E}\,B \Leftrightarrow A$의 원소의 개수가 B의 원소의 개수와 같다.
10. X는 공집합이 아닌 집합이고 $\mathscr{P}(X)$는 X의 멱집합이라고 하자. '부분집합' 관계 $\mathbf{S}$는 $\mathscr{P}(X)$에서 다음과 같이 정의된다: 모든 $A, B \in \mathscr{P}(X)$에 대하여, $A\,\mathbf{S}\,B \Leftrightarrow A \subseteq B$이다.
11. A는 a와 b로 이루어진 길이가 4인 모든 문자열의 집합이라고 하자. 관계 R는 A에서 다음과 같이 정의된다: 모든 $s, t \in A$에 대하여, $s\,R\,t \Leftrightarrow$ s는 t와 첫 두 문자가 같다.

12. A는 모든 영어 문장의 집합이라고 하자. 관계 **I**는 A에서 다음과 같이 정의된다: 모든 $p, q \in A$에 대하여 $p \mathbf{I} q \Leftrightarrow p \to q$는 참이다.

13. $A = \mathbf{R} \times \mathbf{R}$이라고 하자. 관계 **F**는 A에서 다음과 같이 정의된다: 모든 (x_1, y_1)과 (x_2, y_2)는 A에서 $(x_1, y_1)\ \mathbf{F}\ (x_2, y_2) \Leftrightarrow x_1 = x_2$이다.

14. A는 현재를 살고 있는 세상 사람들의 집합이라고 하자. 관계 R는 A에서 다음과 같이 정의된다: 모든 $p, q \in A$에 대하여 $p\,R\,q \Leftrightarrow p$는 q의 100마일 이내에 살고 있다.

15. R이 집합 A에서의 관계라고 가정할 때 다음 문항에 대해 증명하거나 반증하라.

만약에 R이 반사적이라면, R^{-1}은 반사적이다.

문제 16~18에서는 R과 S가 집합 A에서의 관계라고 가정할 때 각각의 문항에 대해 증명하거나 반증하라.

16. 만약에 R과 S가 반사적이라면, $R \cap S$은 반사적인가? 이유는?

17. 만약에 R과 S가 대칭적이라면, $R \cap S$은 대칭적인가? 이유는?

18. 만약에 R과 S가 대칭적이라면, $R \cup S$은 대칭적인가? 이유는?

문제 19~21에서는 다음과 같은 정의가 사용된다: 집합 A에서의 관계 R에 대해 다음을 정의한다.

비반사적이라는 것은 모든 $x \in A$에 대하여 $x \not R x$이고
비대칭적이라는 것은 모든 $x, y \in A$에 대하여 만약에 $x\,R\,y$라면 $y \not R x$이며
비추이적이라는 것은 모든 $x, y, z \in A$에 대하여 만약에 $x\,R\,y$와 $y\,R\,z$이라면 $x \not R z$이다.

참조된 연습문제에서 각각의 관계에 대해 비반사적인지, 비대칭적인지, 비추이적인지 아니면 아무것도 아닌지에 대해 밝히라.

19. 연습문제 1 **20.** 연습문제 2

21. 연습문제 3

22. R는 $A = \{0, 1, 2, 3\}$에서 정의된 관계이다. $R = \{(0, 1), (0, 2), (1, 1), (1, 3), (2, 2), (3, 0)\}$라고 하자. R의 추이적 폐포인 R^t를 찾아라.

23. $A = \{a[1], a[2], \ldots, a[n]\}$일 때 유한 집합 A에서 정의된 관계 R이 반사적인지를 테스트하는 컴퓨터 알고리즘을 작성하라.

자 | 기 | 진 | 단 | 해 | 답

1. 모든 $x \in A$에 대해 $x\,R\,x$ 2. 모든 $x, y \in A$에 대해 만약 $x\,R\,y$이면 $y\,R\,x$ 3. 모든 원소 $x, y, z \in A$에 대해 만약 $x\,R\,y$이고 $y\,R\,z$이면 $x\,R\,z$ 4. x는 A의 임의의 원소이다; $x\,R\,x$ 5. x와 y는 $x\,R\,y$를 만족시키는 A의 임의의 원소들이다; $y\,R\,x$ 6. x, y, z는 $x\,R\,y$와 $y\,R\,z$를 만족시키는 A의 임의의 원소들이다; $x\,R\,z$ 7. $x \not R x$를 만족시키는 원소 $x \in A$가 존재한다. 8. $x\,R\,y$이나 $y \not R x$를 만족시키는 $x, y \in A$가 존재한다. 9. $x\,R\,y$이고 $y\,R\,z$이나 $x \not R z$인 $x, y, z \in A$가 존재한다. 10. R^t는 추이적이다; $R \subseteq R^t$; 만약 S가 R을 포함하는 다른 추이적 관계라면 $R^t \subseteq S$이다.

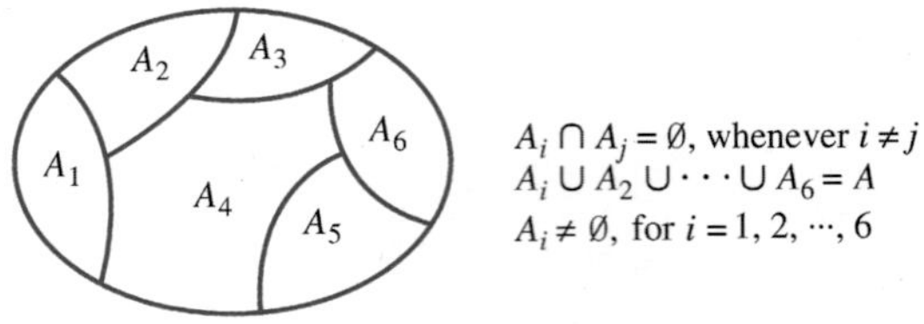

8.3 동치 관계

기사는 근심스러운 어조로 말하였다. "너는 슬픔에 잠겨 있으니 너를 위로하기 위하여 노래를 한 곡 불러 주겠다."
앨리스는 그날 많은 시가를 들었으므로 "노래가 긴가요?"라고 물었다.
기사는 말하기를, "이 노래는 길지만 매우 아름답다. 내 노래를 듣는 모든 사람들은 내 노래로 인하여 눈물을 흘리거나, 또는 … ."
기사가 잠시 머뭇거리자 앨리스는 "또는 …은 무슨 의미인가요?"라고 물었다.
"네가 아는 바와 같이, 또는 …은 별것 아니다. 이 노래의 곡명은 '해독스의 눈'이다."
앨리스를 관심을 갖고 말하였다: "곡명이 그것인가요?"
약간은 성가신 듯 기사는 말하였다: "아니다, 잘못 이해했다. 이는 단지 호칭되는 곡명일 뿐 실제 곡명은 '아주 늙은 남자'이다."
앨리스는 스스로 수정하기를, "그렇다면 '이 곡이 어떻게 호칭되나요'라고 말했어야 했었네요."
"그것은 아니다. 이는 전혀 다른 것이다. 이 노래는 '방법과 수단'이라고 호칭되나, 이는 단지 이 노래의 호칭일 뿐이다, 이해하겠니?"
그때에 완전히 당혹해진 앨리스는 말하기를, "좋아요, 그 노래는 무엇인가요?"
기사는 말하기를, "이 노래는 실제로 '문 옆의 의자'이고, 곡조는 내가 만든 것이다."
이렇게 말하고 기사는 말을 세워서 고삐를 목에 흘러내리게 하였다. 그러고 나서 자기 노래를 즐기는 기분으로, 점잖은 얼굴에 연한 미소를 머금으면서 천천히 손장단을 쳐 가면서 노래를 시작하였다.—Lewis carroll, 거울나라의 앨리스, 1872

우리가 분수를 처음 배울 때부터 각각의 분수는 많은 동치 형태를 갖는다는 것을 알게 된다. 예를 들면

$$\frac{1}{2}, \frac{2}{4}, \frac{3}{6}, \frac{-1}{-2}, \frac{-3}{-6}, \frac{15}{30}, \ldots, \quad \text{등등}$$

은 동일한 수를 표현하는 다른 형태들이다. 이들이 다르게 보여서 다르게 호칭될 수 있으나, 이들은 모두 동일하다. 다르게 보이나 실제적으로는 같은 것들을 집단으로 만드는 생각은 동치 관계에서 핵심적이다.

분할에 의하여 유도되는 관계

집합 A의 **분할**(partition)은 합집합이 A인 상호 공통 원소를 갖지 아니하는 공집합이 아닌 집합들의 유한 또는 무한 모음이다. 그림 8.3.1의 도표는 부분집합 $A_1, A_2, \ldots, A_6$에 의한 집합 A의 분할을 나타낸다.

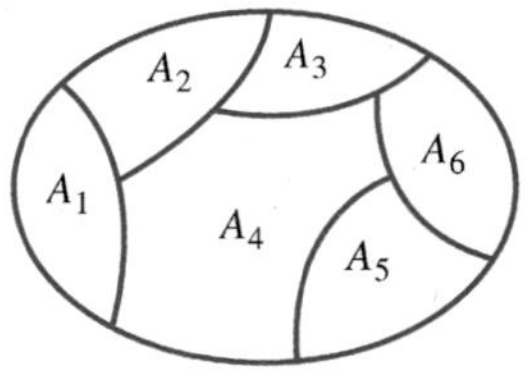

그림 8.3.1 집합의 분할

> • 정의
>
> 집합 A의 분할이 주어졌을 때, 이 **분할에 의하여 유도되는 관계** R은 다음과 같이 정의된다: 모든 $x, y \in A$에 대하여
>
> $x\,R\,y \iff x$와 y가 동시에 속하는 분할의 부분집합 A_i가 존재한다.

예제 8.3.1 **분할에 의하여 유도되는 관계**

$A = \{0, 1, 2, 3, 4\}$로 하고 다음의 A의 분할을 고려하자.

$$\{0, 3, 4\}, \{1\}, \{2\}.$$

이 분할에 의하여 유도되는 관계 R을 구하라.

풀이

$\{0, 3, 4\}$는 이 분할의 부분집합이므로

$0\,R\,3$, 이는 0과 3이 모두 $\{0, 3, 4\}$ 내에 존재하기 때문이다.
$3\,R\,0$, 이는 3과 0이 모두 $\{0, 3, 4\}$ 내에 존재하기 때문이다.
$0\,R\,4$, 이는 0과 4가 모두 $\{0, 3, 4\}$ 내에 존재하기 때문이다.
$4\,R\,0$, 이는 4와 0이 모두 $\{0, 3, 4\}$ 내에 존재하기 때문이다.
$3\,R\,4$, 이는 3과 4가 모두 $\{0, 3, 4\}$ 내에 존재하기 때문이다.
$4\,R\,3$, 이는 4와 3이 모두 $\{0, 3, 4\}$ 내에 존재하기 때문이다.

또한 $0\,R\,0$, 이는 0과 0이 모두 $\{0, 3, 4\}$ 내에 존재하기 때문이다.
$3\,R\,3$, 이는 3과 3이 모두 $\{0, 3, 4\}$ 내에 존재하기 때문이다.
$4\,R\,4$, 이는 4와 4가 모두 $\{0, 3, 4\}$ 내에 존재하기 때문이다.

⚠ **주의** 이러한 명제들은 이상하게 보일 수 있으나, 결국 이들은 거짓이 아니다.

$\{1\}$은 이 분할의 부분집합이므로

$1\,R\,1$, 이는 1과 1이 모두 $\{1\}$ 내에 존재하기 때문이다.

{2}는 이 분할의 부분집합이므로

$2\ R\ 2$, 이는 2와 2가 모두 {2} 내에 존재하기 때문이다.

그러므로

$$R=\{(0, 0), (0, 3), (0, 4), (1, 1), (2, 2), (3, 0), (3, 3), (3, 4), (4, 0), (4, 3), (4, 4)\}.$$ ■

집합의 분할에 의하여 유도되는 관계는 8.2절에서 연구한 반사성, 대칭성, 추이성을 모두 만족시킨다는 것이 사실이다.

정리 8.3.1

A를 분할을 갖는 집합이라 하고, R을 이 분할에 의하여 유도되는 관계라고 하자. 그러면 R은 반사성, 대칭성 및 추이성을 갖는다.

증명:

A를 분할을 갖는 집합으로 가정하자. 표기 방법을 단순화하기 위하여 이 분할은 집합들의 유한한 개수로만 구성된다고 가정하자. 무한한 분할에 대한 증명은 표기 방법을 제외하고는 동일하다. 분할 부분집합들은 다음과 같이 표기한다.

$$A_1, A_2, ..., A_n.$$

그러면 $i \neq j$일 경우마다 $A_i \cap A_j = \emptyset$이고, $A_1 \cup A_2 \cup \cdots \cup A_n = A$이며 $A_i \neq \emptyset (i=1, 2, \cdots n)$이다. 이 분할에 의하여 유도되는 관계 R은 다음과 같이 정의된다. 모든 $x, y \in A$에 대하여

$x\ R\ y \Leftrightarrow$ $x \in A_i$이고 $y \in A_i$인 조건을 만족시키는 분할의 집합 A_i가 존재한다.

[**반사성의 증명에 대한 방법:** R이 반사적이 되어야 한다는 것은 A의 각 원소가 그 자체와 관계되어야 한다는 의미이다. 그러나 관계 R의 정의에 의하여 원소 x가 그 자체와 관계되어야 한다는 것은 x가 해당 분할의 동일 부분집합 내에 속한다는 의미이다. x가 분할의 부분집합 내에 속하면, 이는 분명히 그 자체로서 동일 부분집합 내에 속한다. 그러나 x는 분할의 부분집합 내에 존재하는데, 이는 분할의 부분집합들의 합집합은 A의 모든 것이기 때문이다. 이러한 이유는 다음에서 공식화된다.]

R의 반사성 증명: $x \in A$로 가정하자. $A_1, A_2, ..., A_n$은 A의 분할이므로, 이는 어떤 i에 대하여

$x \in A_i$가 된다. 그러면 다음의 명제

주의! $x \in A_i$ 및 $x \in A_i$이라는 사실은 명제형태들 p와 $p \wedge p$의 논리적 동치로부터 기인한다.

$$x \in A_i \text{ 이고 } x \in A_i \text{를 만족시키는 분할의 집합 } A_i \text{가 존재한다.}$$

는 것은 참이다. 따라서 R의 정의에 의하여 $x\,R\,x$이다.

[**대칭성의 증명에 대한 방법:** R이 대칭적이 되어야 한다는 것은 첫 번째 원소가 두 번째 원소에 관계되면, 두 번째 원소는 첫 번째 원소에 관계된다는 의미이다. 첫 번째 원소 x가 두 번째 원소 y에 관계된다는 것은 x와 y가 분할의 동일 부분집합에 속한다는 의미이다. y가 x와 마찬가지로 분할의 동일 부분집합에 속하면, y는 R의 정의에 의하여 x에 관계된다. 이러한 이유는 다음에서 공식화된다.]

주의! $y \in A_i$ 및 $x \in A_i$이라는 사실은 명제 형태들 $p \wedge q$와 $q \wedge p$의 논리적 동치로부터 기인한다.

R의 대칭성 증명: x와 y가 A의 원소들이고 $x\,R\,y$라 가정하자. 그러면

$$x \in A_i \text{ 및 } y \in A_i \text{을 조건으로 하는 분할의 부분집합 } A_i \text{가 존재한다.}$$

R의 정의에 의하여 다음의 명제 또한 참이다.

$$y \in A_i \text{ 및 } x \in A_i \text{을 만족시키는 분할의 부분집합 } A_i \text{가 존재한다.}$$

그러므로 R의 정의에 의하여 $y\,R\,x$이다.

[**추이성의 증명에 대한 방법:** R이 추이적이 되어야 한다는 것은 A의 한 원소가 R에 의하여 두 번째 원소에 관계되고, 두 번째가 세 번째에 관계되면, 첫 번째는 세 번째에 관계된다는 의미이다. 그러나 하나의 원소가 다른 원소에 관계된다는 것은 이 둘을 포함하는 분할의 부분집합이 존재한다는 의미이다. x, y 및 z가 원소들이라고 가정하고 그 조건은 y와 마찬가지로 x가 동일 부분집합에 속하고, z와 마찬가지로 y가 동일 부분집합에 속한다는 것으로 한다. x는 z와 마찬가지로 이 동일 부분집합에 속하여야만 하는가? 그렇다. 이는 이 분할의 부분집합들은 상호 공통 원소를 갖지 않기 때문이다. x와 y를 포함하는 부분집합은 y와 z(말하자면 y)를 포함하는 부분집합과 공통으로 하나의 원소를 갖고 있으므로, 이 두 부분집합들은 동일하다. 그러나 x, y 및 z가 모두 이 부분집합에 속하고, 특히 x와 z는 이 동일 부분집합에 속한다. 그러므로 x는 R에 의하여 z에 대응된다. 이러한 이유는 다음에서 공식화된다.]

R의 추이성 증명: x, y 및 z가 A에 존재하고 $x\,R\,y$ 및 $y\,R\,z$라 가정하자. R의 정의에 의하여 다음을 만족시키는 분할의 부분집합들 A_i 및 A_j가 존재한다.

$$x \text{와 } y \text{가 } A_i \text{ 내에 속하고, } y \text{ 및 } z \text{가 } A_j \text{ 내에 속한다.}$$

$A_i \neq A_j$로 가정하자.[모순을 유도할 것이다.] 그러면 $A_i \cap A_j = \emptyset$인데 그 이유는 $\{A_1, A_2, A_3, \ldots, A_n\}$가 A의 분할이기 때문이다. 그러나 y가 A_i에 속하고, 또한 y는 A_j에 속한다. 그러므로 $A_i \cap A_j \neq \emptyset$이다.[이는 $A_i \cap A_j = \emptyset$이라는 사실에 모순된다.] 따라서 $A_i = A_j$이다. 이는 x, y 및 z가 모두 A_i에 속한다는 것으로 되고, 특히

$$x \text{ 및 } z \text{가 } A_i \text{에 속한다.}$$

그러므로 R의 정의에 의하여 $x\,R\,z$이다.

동치 관계의 정의

세 개의 성질 반사성, 대칭성 및 추이성을 만족시키는 집합에서의 관계를 동치 관계라 부른다.

> • 정의
>
> A가 집합이고 R을 A 상에서의 관계라고 하자. R이 **동치 관계**(equivalence relation)인 것은 오직 R이 반사성, 대칭성 및 추이성을 모두 동시에 만족하는 것이다.

그러므로 정리 8.3.1에 의하여 분할에 의하여 유도되는 관계는 동치 관계이다. 동치 관계의 여러 예를 다음의 예제와 연습문제에서 제시하였다.

예제 8.3.2 **부분집합들의 집합에서 동치 관계**

X를 $\{1, 2, 3\}$의 모든 공집합이 아닌 부분집합들의 집합으로 한다. 그러면

$$X = \{\{1\}, \{2\}, \{3\}, \{1, 2\}, \{1, 3\}, \{2, 3\}, \{1, 2, 3\}\}$$

X에서의 관계 $\mathbf{R}$을 다음과 같이 정의한다. X 내의 모든 A와 B에 대하여

$$A\ \mathbf{R}\ B \Leftrightarrow A\text{의 최소 원소는 }B\text{의 최소 원소와 동일하다.}$$

$\mathbf{R}$이 X에서 동치 관계인 것을 증명하라.

풀이

R이 반사적이다: A를 $\{1, 2, 3\}$의 공집합이 아닌 부분집합으로 가정하자.[$A\ \mathbf{R}\ A$를 보여야 한다.] A의 최소 원소가 A의 최소 원소와 같다고 말하는 것은 참이다. 그러므로 R의 정의에 의하여 $A\ \mathbf{R}\ A$이다.

R이 대칭적이다: A와 B를 $\{1, 2, 3\}$ 공집합이 아닌 부분집합들로 가정하고 $A\ \mathbf{R}\ B$라 가정하자.[$B\ \mathbf{R}\ A$를 보여야 한다.] $A\ \mathbf{R}\ B$이므로, A의 최소 원소는 B의 최소 원소와 같다. 그러나 이는 B의 최소 원소는 A의 최소 원소와 같다는 것으로 적용되어 $\mathbf{R}$의 정의에 의하여 $B\ \mathbf{R}\ A$이다.

R이 추이적이다: A, B 및 C를 $\{1, 2, 3\}$의 공집합이 아닌 부분집합들로 가정하고 $A\ \mathbf{R}\ B$와 $B\ \mathbf{R}\ C$라 가정하자.[$A\ \mathbf{R}\ C$를 보여야 한다.] $A\ \mathbf{R}\ B$이므로, A의 최소 원소는 B의 최소 원소와 같고, $B\ \mathbf{R}\ C$이므로, B의 최소 원소는 C의 최소 원소와 같다. 따라서 A의 최소 원소는 C의 최소 원소와 같고, $\mathbf{R}$의 정의에 의하여 $A\ \mathbf{R}\ C$이다. ■

예제 8.3.3 **디지털 논리 회로의 동치는 동치 관계이다**

S를 고정된 수 n개의 입력을 갖는 모든 디지털 논리 회로들의 집합이라 하자. S상의 관계

E를 다음과 같이 정의한다. S 내의 모든 회로 C_1 및 C_2에 대하여

$$C_1 \mathbf{E} C_2 \Leftrightarrow C_1\text{이 } C_2\text{와 동일한 입출력표를 갖는다.}$$

$C_1 \mathbf{E} C_2$이면, 회로 C_1은 회로 C_2와 동치라고 한다. **E**는 S에서 동치 관계임을 증명하라.

풀이

E가 반사적이다: C가 S상의 디지털 논리회로라고 가정하자.[$C \mathbf{E} C$인 것을 보여야 한다.] 분명히 C는 C 자체와 동일한 입출력표를 갖는다. 그러므로 **E**의 정의에 의하여 $C \mathbf{E} C$이다.[이는 보이고자 한 것이다.]

E가 대칭적이다: C_1 및 C_2가 $C_1 \mathbf{E} C_2$를 만족시키는 S상의 디지털 논리 회로라고 가정하자.[$C_2 \mathbf{E} C_1$임을 보여야 한다.] **E**의 정의에 의하여 $C_1 \mathbf{E} C_2$이므로, C_1은 C_2와 동일한 입출력표를 갖는다. 이는 C_2가 C_1과 동일한 입출력표를 갖는다는 것을 의미한다. 그러므로 **E**의 정의에 의하여 $C_2 \mathbf{E} C_1$이다.[이는 보이고자 한 것이다.]

E가 추이적이다: C_1, C_2 및 C_3를 $C_1 \mathbf{E} C_2$ 및 $C_2 \mathbf{E} C_3$를 만족시키는 S상의 디지털 논리회로로 가정하자.[$C_1 \mathbf{E} C_3$인 것을 보여야 한다.] **E**의 정의에 의하여 $C_1 \mathbf{E} C_2$ 및 $C_2 \mathbf{E} C_3$이므로

C_1이 C_2와 동일한 입출력표를 갖는다.

그리고

C_2가 C_3와 동일한 입출력표를 갖는다.

이는 다음을 의미한다.

C_1이 C_3와 동일한 입출력표를 갖는다.

그러므로 **E**의 정의에 의하여 $C_1 \mathbf{E} C_3$이다.[이는 보이고자 한 것이다.]

E가 반사성, 대칭성 및 추이성을 동시에 가지므로, **E**는 S 상에서 동치 관계이다. ■

임의의 컴퓨터 언어의 특정한 구현은 식별자의 허용 가능한 길이 상에서 한계를 두지 않는다. 이는 프로그래머가 길이 한계를 초과할 염려가 없이 명명 변수에서 필요한 정확도를 설정하는 것을 가능하게 한다. 그러나 컴퓨터 언어의 컴파일러(명령어 번역 프로그램)는 종종 특정한 수의 초기 글자를 제외한 모든 것을무시한다. 컴파일러와 관련해서는, 이 프로그램을 사람이 보았을 때와는 다르지만, 동일한 초기 문자들을 가질 경우에는 두 개의 식별자가 동일하다. 예를 들어 컴파일러는 식별자의 처음 8개의 글자를 제외한 모든 것을 무시한다. 다음 두 개의 식별자들은 동일하다.

NumberOfScrews NumberOfBolts.

분명히 이러한 언어의 사용에서 프로그래머는 첫 동일한 8개의 글자들에 두 개의 서로 다른 식별자들을 부여하는 것을 피하였는가를 확인하여야 한다. 컴파일러가 식별자들을 이러한 방식으로 묶게 되면, 이는 이 언어에서 가능한 모든 식별자들의 집합상의 동치 관계를 설정한다. 이러한 관계를 다음의 예제에서 설명한다.

예제 8.3.4 **식별자 집합에서의 관계**

L을 특정 컴퓨터 언어에서 가능한 모든 식별자들의 집합으로 하고, L에서의 관계 R을 다음과 같이 정의한다. L에서의 모든 문자열 s와 t에 대하여

$s\,R\,t \;\Leftrightarrow\;$ s의 처음 8개의 문자는 t의 처음 8개의 문자와 동일하다.

R은 L상의 동치 관계이다.

풀이

***R*이 반사적이다:** $s \in L$이라 하자.[$s\,R\,s$인 것을 보여야 한다.] 분명하게 s는 그 자체와 동일한 처음 8개의 문자를 갖는다. 따라서 R의 정의에 의하여 $s\,R\,s$이다.[이는 보이고자 한 것이다.]

***R*이 대칭적이다:** s와 t가 L 내에 있고 $s\,R\,t$임을 가정하자.[$t\,R\,s$임을 보여야 한다.] R의 정의에 의하여 $s\,R\,t$이므로, s의 처음 8개의 문자는 t의 처음 8개의 문자와 동일하다. 반면에 t의 처음 8개의 문자는 s의 처음 8개의 문자와 동일하다. 그러므로 R의 정의에 의하여 $t\,R\,s$이다.[이는 보이고자 한 것이다.]

***R*이 추이적이다:** s, t 및 u가 L 내에 있고 $s\,R\,t$ 및 $t\,R\,u$임을 가정하자.[$s\,R\,u$인 것을 보여야 한다.] R의 정의에 의하여 $s\,R\,t$ 및 $t\,R\,u$이므로, s의 처음 8개의 문자는 t의 처음 8개의 문자와 동일하고, t의 처음 8개의 문자는 u의 처음 8개의 문자와 동일하다. 그러므로 s의 처음 8개의 문자는 u의 처음 8개의 문자와 동일하다. 그러므로 R의 정의에 의하여 $s\,R\,u$이다.[이는 보이고자 한 것이다.]

R이 반사성, 대칭성과 추이성을 동시에 가지므로, R은 L 상에서 동치 관계이다. ■

동치 관계의 동치류

임의의 집합에서 동치 관계가 존재한다고 가정하자. a가 이 집합에서 특정한 원소이면, "a에 관계하는 모든 원소들의 부분집합은 무엇인가?"라는 질문이 있을 수 있다. 이때의 부분집합을 a의 동치류라 한다.

> **• 정의**
>
> A가 집합이고 R이 A상의 동치 관계라고 가정하자. A 내의 각각의 원소 a에 대하여 $[a]$로 표기하고 줄여서 'class of a' 라고 하는, ***a* 의 동치류**(equivalence class of a)는 x가 R에 의하여 a에 관계하는 A 내의 모든 원소 x의 집합이다.
>
> 기호로는
>
> $$[a]=\{x \in A \mid x\, R\, a\}$$

집합에서 다수의 동치 관계들을 논의할 때에는 표기 방법 $[a]_R$은 R 하에서 a의 동치류를 표기하기 위하여 자주 사용된다. 이 정의의 절차적 설명은 다음과 같다.

> 모든 $x \in A$에 대하여, $x \in [a] \;\Leftrightarrow\; x\, R\, a.$

예제 8.3.5 **순서쌍의 집합으로서 주어진 관계의 동치류**

$A=\{0, 1, 2, 3, 4\}$로 하고, A에서 관계 R을 다음과 같이 정의한다.

$$R=\{(0, 0), (0, 4), (1, 1), (1, 3), (2, 2), (3, 1), (3, 3), (4, 0), (4, 4)\}.$$

R에 대한 방향 그래프를 다음에 나타내었다. 알 수 있는 바와 같이, R은 A상의 동치 관계이다. R의 서로 다른 동치류를 구하라.

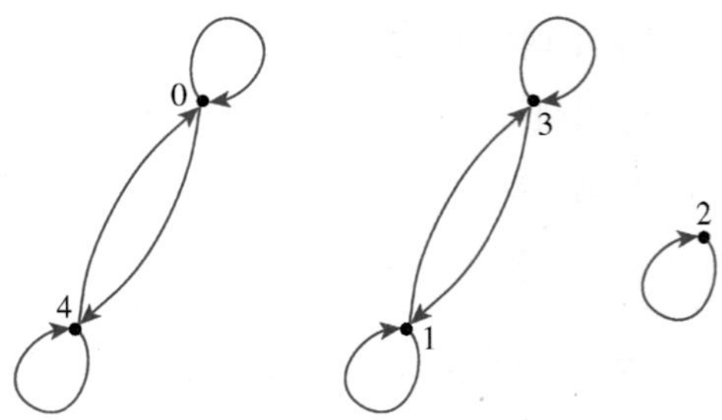

풀이

먼저 A의 모든 원소의 동치류를 구한다.

$$[0]=\{x \in A \mid x\, R\, 0\}=\{0, 4\}$$
$$[1]=\{x \in A \mid x\, R\, 1\}=\{1, 3\}$$
$$[2]=\{x \in A \mid x\, R\, 2\}=\{2\}$$
$$[3]=\{x \in A \mid x\, R\, 3\}=\{1, 3\}$$
$$[4]=\{x \in A \mid x\, R\, 4\}=\{0, 4\}$$

$[0]=[4]$이고 $[1]=[3]$이다. 따라서 이 관계의 서로 다른 동치류는 다음이 된다.

$$\{0, 4\}, \{1, 3\} \text{ 및 } \{2\}.$$ ■

문제에서 동치 관계의 서로 다른 동치류를 구하라고 할 때에는 일반적으로 다음의 두 단계에 의하여 해를 구하게 된다: 첫 단계에서는 관계의 정의역의 모든 원소에 대한 동치류를 명시적으로 구성하거나(예제 8.3.5와 같이) 구성을 상상한다(무한의 경우에서). 일반적으로 여러 종류에는 정확하게 동일 원소들이 포함되어서 두 번째 단계에서는 어느 것이 동일한가를 결정하기 위해 종류들을 주의 깊게 관찰하여야 한다. 그러면 중복 없이 묘사하여 서로 다른 동치류들을 나타낼 수 있게 된다.

예제 8.3.6 **부분집합들의 집합상의 관계의 동치류**

예제 8.3.2에서는 관계 $\mathbf{R}$이 동치 관계라는 것을 보였고, 그 조건은 $\mathbf{R}$에 의하여 대응되는 $\{1, 2, 3\}$의 공집합이 아닌 부분집합 A와 B에 대하여 이들이 동일한 최소 원소들을 갖는다는 것이었다. $\mathbf{R}$의 서로 다른 동치류를 묘사하라.

풀이

$\{1\}$의 동치류는 최소 원소가 1인 $\{1, 2, 3\}$의 모든 공집합이 아닌 부분집합들의 집합이다. 따라서

$$[\{1\}] = \{\{1\}, \{1, 2\}, \{1, 3\}, \{1, 2, 3\}\}.$$

$\{2\}$의 동치류는 최소 원소가 2인 $\{1, 2, 3\}$의 모든 공집합이 아닌 부분집합들의 집합이다. 따라서

$$[\{2\}] = \{\{2\}, \{2, 3\}\}.$$

$\{3\}$의 동치류는 최소 원소가 3인 $\{1, 2, 3\}$의 모든 공집합이 아닌 부분집합들의 집합이다. 따라서

$$[\{3\}] = \{\{3\}\}.$$

$\{1, 2, 3\}$의 모든 공집합이 아닌 부분집합들은 동치류들 중 하나에 있으므로, 목록을 완성한 것이다. 또한 이러한 종류들은 모두 서로 다르다. ■

예제 8.3.7 **식별자의 동치류**

예제 8.3.4에서는 동일한 처음 8개의 문자를 갖는 관계 R은 컴퓨터 언어에서 허용되는 식별자들의 집합 L상의 동치 관계라는 것을 보였다. R의 서로 다른 동치류들을 묘사하라.

풀이

R의 정의에 의하여 L 내에서 두 개의 문자열이 R에 의하여 대응되는 조건은 오직 동일한 처음 8개의 문자열을 가질 경우이다.

$$\begin{aligned}[s] &= \{t \in L \mid t\,R\,s\} \\ &= \{t \in L \mid t\text{의 처음 8개의 문자는 } s\text{의 처음 8개의 문자와 동일하다}\}.\end{aligned}$$

따라서 R의 서로 다른 동치류는 다음 조건의 문자열 집합들이다: (1) 각각의 클래스는 동일한 처음 8개의 문자를 갖는 문자열로 완전히 구성한다, (2) 임의의 두 개의 서로 다른 클래스들은 처음 8개의 문자들이 다른 문자열을 일부 포함한다. ■

예제 8.3.8 동질 관계의 동치류

A를 임의의 집합이라 하고, A 상의 관계 R을 다음과 같이 정의하자. A 내에서 모든 x와 y에 대하여

$$x\,R\,y \Leftrightarrow x=y.$$

그러면 R은 동치 관계이다.[이를 증명하기 위하여 바로 예제 8.2.2에서 사용한 논의를 일반화한다.] R의 서로 다른 동치류들을 묘사하라.

풀이

A 내에 주어진 임의의 a에 대하여, a의 동치류는

$$[a] = \{x \in A \mid x\,R\,a\}.$$

그러나 R의 정의에 의하여 $x\,R\,a$인 것은 오직 $x=a$일 경우이다. 따라서

$$\begin{aligned}[a] &= \{x \in A \mid x=a\} \\ &= \{a\} \qquad \text{a와 같은 A의 유일한 원소는 a이기 때문이다.}\end{aligned}$$

그러므로 A 내에 주어진 임의의 a에 대하여

$$[a] = \{a\},$$

그리고 $x \neq a$이면, $\{x\} \neq \{a\}$이다. 결과적으로 A의 모든 원소의 모든 동치류는 별개이고, R의 서로 다른 동치류들은 A의 모든 단일 원소 부분집합들이다. ■

예제 8.3.5, 8.3.6, 8.3.7 및 8.3.8의 각각에서는 관계의 서로 다른 동치류들은 그 합집합이 해당 관계의 전체 정의역 A가 되고 상호 공통 원소를 갖지 아니하는 부분집합들을 구성한다. 이는 관계의 동치류들의 집합은 영역 A의 분할을 구성한다는 것을 의미한다. 실제적으로 이는 동치 관계의 동치류들은 상호 공통 원소를 갖지 아니하는 부분집합들의 합집합으로 관계에 대한 정의역을 분할하는 경우이다. 이에 대한 명제가 참이 되는 것을 여

러 단계로 규명하는데 먼저 두 개의 보조정리를 증명하고, 본 정리를 증명한다.

첫 번째 보조정리는 A의 두 개의 원소들이 동치 관계 R에 의하여 관계되면 이들의 동치류들은 동일하다는 것이다.

보조정리 8.3.2
A는 집합, R은 A상의 동치 관계, a와 b는 A의 원소라고 가정하자. 만약 $a\,R\,b$이면, $[a]=[b]$이다.

이 보조정리는 임의의 조건이 충족될 경우에는 $[a]=[b]$라는 것을 의미한다. $[a]$와 $[b]$가 집합이고, 이 두 집합이 동일하기 위한 조건은 각각이 다른 것의 부분집합일 경우이다. 따라서 이 보조정리의 증명은 두 부분으로 이루어진다: 첫째, $[a] \subseteq [b]$를 증명하고, 둘째, $[b] \subseteq [a]$을 증명한다. 각각의 부분집합 관계를 보이기 위해서는 좌측 집합에서의 모든 원소가 우측 집합의 한 원소라는 것을 보이는 것이 필요하다.

보조정리 8.3.2의 증명:
A를 집합, R을 A상의 동치 관계로 하고 다음을 가정하자.

a와 b는 $a\,R\,b$를 만족시키는 A의 원소들이다.

[$[a]=[b]$인 것을 보여야 한다.]

$[a] \subseteq [b]$임을 증명: $x \in [a]$라고 하자.[$x \in [b]$인 것을 보여야 한다.]

$$x \in [a]$$

이므로 동치류의 가정에 의하여 $x\,R\,a$
가정에 의하여 $a\,R\,b$

또한 R의 추이성에 의하여

$$x\,R\,b.$$

그러므로 동치류의 정의에 의하여 $x \in [b]$

[이는 우리가 보이고자 했던 것이다.]

$[b] \subseteq [a]$임을 증명: $x \in [b]$라고 하자.[$x \in [a]$인 것을 보여야 한다.]

$$x \in [b]$$

이므로 동치류의 가정에 의하여 $x\,R\,b$
가정에 의하여 $a\,R\,b$

R이 대칭적이므로

$$b\,R\,a$$

그러면 R이 추이적이고 $x\,R\,b$ 및 $b\,R\,a$이므로

$$x\,R\,a.$$

그러므로 동치류의 정의에 의하여 $x \in [a]$

[이는 우리가 보이고자 했던 것이다.]

$[a] \subseteq [b]$ 및 $[b] \subseteq [a]$이므로, 이는 집합의 상등 정의에 의하여 $[a]=[b]$가 된다.

두 번째 보조정리는 동치 관계의 임의의 두 개의 동치류는 상호 공통 원소를 갖지 않거나 또는 동일하다는 의미를 갖는다.

보조정리 8.3.3

A가 집합이고, R이 A 상에서 동치 관계이고, a와 b가 A의 원소들이면

$$[a] \cap [b] = \emptyset \text{ 또는 } [a]=[b]\text{이다.}$$

보조정리 8.3.3의 명제는 다음의 형식을 갖는다.

p이면, (q 또는 r).

주의! 논리적으로 동치인 명제들: "if(p and not q) then r"이나 "if(p and not r) then q" 중의 하나를 증명함으로써 "if p then(q or r)" 형태의 명제를 항상 증명할 수 있다."*

여기서 p는 "A가 집합이고, R은 A상의 동치 관계이고, a와 b가 A의 원소들"이라는 명제이다. q는 명제 "$[a] \cap [b]=\emptyset$"이고, r은 명제 "$[a]=[b]$"이다. 이 보조정리를 증명하기 위해서는 다음의 논리적으로 동등한 명제를 증명하여야 한다.

(p이고 q가 아니다)이면, r이다.

즉, 다음을 증명할 것이다.

A가 집합이고, R이 A상의 동치 관계이고, a와 b가
A의 원소들이고 $[a] \cap [b] \neq \emptyset$이면, $[a]=[b]$이다.

보조정리 8.3.3의 증명:

A가 집합이고, R이 A상의 동치 관계이고, a와 b가 A의 원소들이고

$$[a] \cap [b] \neq \emptyset$$

* 2.2절의 연습문제 8을 참고하라.

인 것으로 가정하자. [$[a]=[b]$인 것을 보여야 한다.] $[a] \cap [b] \neq \emptyset$이므로, A 내에 다음을 만족시키는 원소 x가 존재한다.

$$x \in [a] \cap [b]$$

교집합의 정의에 의하여

$$x \in [a] \text{ 및 } x \in [b].$$

그리고 동치류의 정의에 의하여

$$x\,R\,a \text{ 및 } x\,R\,b.$$

R이 대칭적이므로[동치 관계이므로] , $a\,R\,x$이다. 또한 R은 추이적이고[동치 관계이므로], $a\,R\,x$ 및 $x\,R\,b$이므로,

$$a\,R\,b.$$

이제 a와 b가 보조정리 8.3.2의 가정을 충족한다. 그러므로 이 보조정리에 의하여

$$[a]=[b]$$

[이는 우리가 보이고자 했던 것이다.]

정리 8.3.4 동치 관계에 의하여 유도되는 분할

A가 집합이고, R이 A상의 동치 관계이면, R의 서로 다른 동치류들은 A의 분할을 구성한다. 즉, 동치류들의 합집합은 A의 모든 것들이고, 두 개의 서로 다른 동치류들의 교집합은 공집합이다.

정리 8.3.4의 증명은 두 부분으로 나누어 진다: 첫째는 A가 R의 동치류들의 합집합이라는 증명이고, 둘째는 임의의 두 개의 서로 다른 동치류들의 교집합은 공집합이다라는 것의 증명이다. 첫째 증명은 관계가 반사적이라는 사실을 따르는 것이다. 둘째 증명은 보조정리 8.3.3을 따르는 것이다.

정리 8.3.4의 증명:

A를 집합으로, R을 A상의 동치 관계로 가정하자. 표기 방법의 단순화를 위하여 R은 오직 유한한 수의 서로 다른 동치류들을 갖는다고 가정한다. 이는 다음으로 표기된다.

$$A_1, A_2, \ldots, A_n,$$

여기에서 n은 양의 정수이다.(동치류의 수가 무한인 경우에는, 표기만 다르고 증명은 동일하다.)

$A = A_1 \cup A_2 \cup \cdots \cup A_n$의 증명: [$A \subseteq A_1 \cup A_2 \cup \cdots \cup A_n$ 및 $A_1 \cup A_2 \cup \cdots \cup A_n \subseteq A$를 보여야 한다.]

$A \subseteq A_1 \cup A_2 \cup \cdots \cup A_n$을 보이기 위하여 x가 A의 임의의 원소라고 가정하자.[$x \in A_1 \cup A_2 \cup \cdots \cup A_n$인 것을 보여야 한다.] R의 반사성에 의하여 $x\,R\,x$이다. 이는 동치류의 정의에 의하여 $x \in [x]$에 적용된다. $[x]$가 동치류이므로, 서로 다른 동치류 $A_1, A_2, \ldots, A_n$ 중 하나이어야 한다. 따라서 색인 i에 대하여 $x \in A_i$이고, 합집합의 정의에 의하여 $x \in A_1 \cup A_2 \cup \cdots \cup A_n$이다.[이는 보이고자 한 것이다.]

$A_1 \cup A_2 \cup \cdots \cup A_n \subseteq A$인 것을 보이기 위하여 $x \in A_1 \cup A_2 \cup \cdots \cup A_n$를 가정하자.[$x \in A$인 것을 보여야 한다.] 합집합의 정의에 의하여 어떤 $i = 1, 2. . . , n$에 대하여 $x \in A_i$이다. 그러나 각 A_i는 R의 동치류이다. 동치류들은 A의 부분집합들이다. 그러므로 $A_i \subseteq A$ 및 $x \in A$이다.[이는 보이고자 한 것이다.]

$A \subseteq A_1 \cup A_2 \cup \cdots \cup A_n$ 및 $A_1 \cup A_2 \cup \cdots \cup A_n \subseteq A$이므로, 집합의 상등 정의에 의하여 $A = A_1 \cup A_2 \cup \cdots \cup A_n$이다.

R의 서로 다른 동치류들이 상호 공통 원소를 갖지 않는 것의 증명: A_i 및 A_j가 R의 두 개의 서로 다른 동치류인 것으로 가정하자.[A_i 및 A_j가 공통 원소를 갖지 않은 것을 보여야 한다.] A_i 및 A_j가 서로 다르므로, $A_i \neq A_j$이다. 그리고 A_i 및 A_j가 R의 동치류들이므로, $A_i = [a]$ 및 $A_j = [b]$를 만족시키는 A 내에 원소 a와 b가 존재하여야 한다. 보조정리 8.3.3에 의하여

$$[a] \cap [b] = \emptyset \text{ 또는 } [a] = [b]\text{이다.}$$

$A_i \neq A_j$이므로, $[a] \neq [b]$이다. 그러므로 $[a] \cap [b] = \emptyset$이어야 한다. 따라서 $A_i \cap A_j = \emptyset$이고, A_i 및 A_j는 공통 원소를 갖지 않는다.[이는 보이고자 한 것이다.]

예제 8.3.9 디지털 논리 회로의 동치류

예제 8.3.3에서 회로들 간의 동치의 관계는 동치 관계라는 것을 보였다. S를 정확하게 두 개의 입력과 한 개의 출력을 갖는 모든 디지털 논리 회로들의 집합이라 하자. 이항 관계 $\mathbf{E}$는 S에서 다음과 같이 정의된다. S 내의 모든 C_1 및 C_2에 대하여

$$C_1 \mathbf{E}\, C_2 \Leftrightarrow C_1\text{이 } C_2\text{와 동일한 입출력표를 갖는다.}$$

이러한 관계의 동치류를 묘사하라. 몇 개의 서로 다른 동치류들이 있는가? 이 종류들 중의 하나에 속하는 두 개의 다른 회로들을 구하라.

풀이

주어진 회로 C에서, C의 동치류는 C와 동일한 입출력표를 보유한 두 개의 입력 신호와

한 개의 출력 신호를 갖는 모든 회로들의 집합이다. 각각의 입출력표는 정확하게 4개 행을 갖고, 이 행들은 4개의 가능한 입력의 조합에 해당한다: 11, 10, 01 및 00. 전형적인 입출력표의 예는 다음과 같다.

Input		Output
P	***Q***	***R***
1	1	0
1	0	0
0	1	0
0	0	1

정확하게 길이가 4인 이항 문자열의 수만큼의 입출력표가 존재한다. 이는 서로 다른 입출력표가 출력의 열에서 4개의 0들과 1들의 형태로 변화시켜서 형성될 수 있기 때문이고, 4개의 0들과 1들의 문자열의 수만큼 그 방법의 수도 존재한다. 그러나 길이 4의 이항 문자열의 수는 $2^4=16$이다. 그러므로 16개의 서로 다른 입출력표가 있다.

이는 정확하게 16개 회로의 동치류가 존재하고, 각각의 서로 다른 입출력표에 대하여 하나씩이라는 의미이다. 그러나 각 표가 생기게 하는 무한히 많은 회로들이 존재한다. 예를 들어 앞의 입출력표에 대한 두 회로들을 다음에 나타내었다.

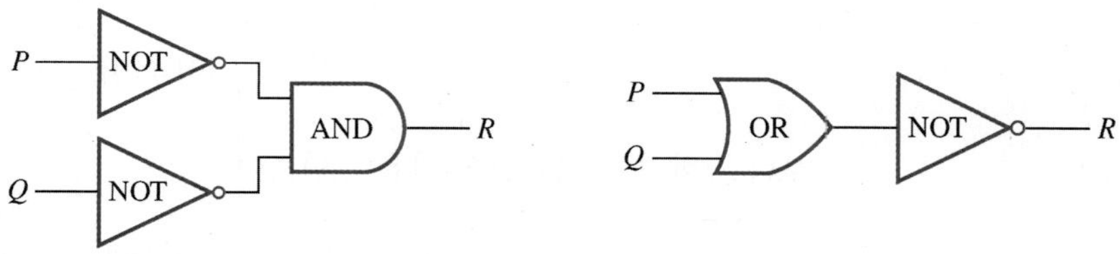

■

합동 모듈로 n

예제 8.2.4에서 합동 모듈로 3의 관계는 반사적, 대칭적 및 추이적이라는 것을 보였다. 그러므로 이는 동치 관계이다.

예제 8.3.10 **합동 모듈로 3 의 동치류**

R을 모든 정수의 집합 $\mathbf{Z}$에서 합동 모듈로 3의 관계로 하자. 이는 즉, 모든 정수 m 및 n에 대하여

$$m\,R\,n \;\Leftrightarrow\; 3 \mid (m-n) \Leftrightarrow m \equiv n \pmod 3.$$

R의 서로 다른 동치류를 묘사하라.

풀이

각 정수 a에 대하여

$$\begin{aligned}[a] &= \{x \in \mathbf{Z} \mid x\,R\,a\} \\ &= \{x \in \mathbf{Z} \mid 3 \mid (x-a)\} \\ &= \{x \in \mathbf{Z} \mid x-a=3k, \text{ 어떤 정수 } k\text{에 대하여}\}.\end{aligned}$$

그러므로

$$[a] = \{x \in Z \mid x=3k+a, \text{ 어떤 정수 } k\text{에 대하여}\}.$$

특히

$$\begin{aligned}[0] &= \{x \in Z \mid x=3k+0, \text{ 어떤 정수 } k\text{에 대하여}\} \\ &= \{x \in \mathbf{Z} \mid x=3k, \text{ 어떤 정수 } k\text{에 대하여}\} \\ &= \{\ldots -9, -6, -3, 0, 3, 6, 9, \ldots\}, \\ [1] &= \{x \in \mathbf{Z} \mid x=3k+1, \text{ 어떤 정수 } k\text{에 대하여}\} \\ &= \{\ldots -8, -5, -2, 1, 4, 7, 10, \ldots\}, \\ [2] &= \{x \in \mathbf{Z} \mid x=3k+2, \text{ 어떤 정수 } k\text{에 대하여}\} \\ &= \{\ldots -7, -4, -1, 2, 5, 8, 11, \ldots\}.\end{aligned}$$

이제 $3\,R\,0$이므로, 보조정리 8.3.2에 의하여

$$[3] = [0].$$

보다 일반적으로는, 같은 이유로 인하여

$$[0] = [3] = [-3] = [6] = [-6] = \ldots, \text{ 등등}$$

마찬가지로

$$[1] = [4] = [-2] = [7] = [-5] = \ldots, \text{ 등등}$$

그리고

$$[2] = [5] = [-1] = [8] = [-4] = \ldots, \text{ 등등}$$

모든 정수는 동치류 [0], [1], 또는 [2] 내에 있다. 그러므로 서로 다른 동치류들은 다음과 같다.

$$\{x \in \mathbf{Z} \mid x=3k, \text{ 어떤 정수 } k\text{에 대하여}\}$$
$$\{x \in \mathbf{Z} \mid x=3k+1, \text{ 어떤 정수 } k\text{에 대하여}\}$$
$$\{x \in \mathbf{Z} \mid x=3k+2, \text{ 어떤 정수 } k\text{에 대하여}\}$$

문장으로 표현하면, 합동 모듈로 3의 3개의 동치류들은 (1) 3으로 나누어질 수 있는 모든

정수들의 집합, (2) 3으로 나누었을 때 나머지가 1이 되는 모든 정수들의 집합 및 (3) 3으로 나누었을 때 나머지가 2가 되는 모든 정수들의 집합이다. ■

예제 8.3.10에서는 동치류의 가장 중요한 성질을 예시하였는데, 즉, 동치류는 여러 다른 이름들을 가질 수 있다는 것이다. 예를 들어 예제 8.3.10에서는 [0]은 0의 동치류, [3]은 3의 동치류, [−6]은 −6의 동치류로 호칭될 수 있다. 그러나 모두 다음의 같은 집합이다.

$$\{x \in \mathbf{Z} \mid x = 3k, \text{ 어떤 정수 } k\text{에 대하여}\}.$$

(이 절의 도입부에 있는 인용문은 사물이 어떻게 호칭되는가와 사물이 무엇인가의 사이에서 철학적으로 흥미 있는 식별에 관한 익살스러운 방법을 참고하기 위함이다.)

Bettmann/CORBIS

Carl Friedrich Gauss (1915–1998)

• 정의

R이 집합 A상의 동치 관계이고 S는 R의 동치류라 가정하자. 동치류 S의 **대표**(representative)는 $[a]=S$인 임의의 원소 a이다.

이 절 끝 부분의 연습문제 21~24에서는 a가 동치류 S의 임의의 원소일 때, $S=[a]$를 실제적으로 보이게 된다. 즉, 동치류의 임의의 원소는 그 동치류의 대표이다..

다음의 표기 방법은 합동 관계에 관련될 때 자주 사용된다. Carl Friedrich Gauss가 그의 저서 *Disquisitiones Arithmeticae*의 제1장에서 소개한 것이다. 이 책은 Gauss가 24세에 발간한 것으로 현대 정수론의 기초가 되었다.

• 정의

m과 n을 정수로 하고, d를 양의 정수로 하자. **모듈로 d로 n과 합동**(congruent to n modulo d)이라고 하는 것은 다음과 같이 표기한다.

$$m \equiv n \pmod{d}$$

필요충분조건은 $d \mid (m-n)$

기호로 나타내면 $m \equiv n \pmod{d} \iff d \mid (m-n)$

이 절 끝 부분의 연습문제 11(b)에서 m, n은 정수이고 d가 양의 정수라고 할 때, $m \equiv n \pmod{d}$일 필요충분 조건은 $m \bmod d = n \bmod d$이라는 것을 보이게 된다.

예제 8.3.11 **합동들의 평가**

다음의 합동들 중에서 어느 것이 참이고, 거짓인가를 결정하라.

a. $12 \equiv 7 \pmod{5}$ b. $6 \equiv -8 \pmod{4}$ c. $3 \equiv 3 \pmod{7}$

풀이

a. 참이다. $12-7=5=5 \cdot 1$. 그러므로 $5 \mid (12-7)$, 따라서 $12 \equiv 7 \pmod 5$이다.

b. 거짓이다. $6-(-8)=14$이고 $4 \nmid 14$, 이는 임의의 정수 k에 대하여 $14 \neq 4 \cdot k$이기 때문이다. 결과적으로 $6 \not\equiv -8 \pmod 4$이다

c. 참이다. $3-3=0=7 \cdot 0$. 그러므로 $7 \mid (3-3)$이고 따라서 $3 \equiv 3 \pmod 7$이다. ■

유리수의 정의

잠시 기초 수학에 대한 지식을 망각하기로 하고 기호로서의 다음의 수를 보자.

$$\frac{1}{3} \text{ 및 } \frac{2}{6}$$

기호의 표현으로 보면, 이들은 매우 다르게 보인다. 실제적으로 다음의 순서쌍과 같이 기재되었다면

$$(1, 3) \text{ 및 } (2, 6)$$

이들도 서로 다르다. 우리가 동일한 것으로 간주하는 것은 임의의 두 수에 관하여 통상적인(사회적인) 동의의 특정한 예이다.

$$\frac{a}{b} \text{ 및 } \frac{c}{d}$$

이 두 수가 같다는 것은 **교차 곱**이 동일하다는 것이다: $ad=bc$. 이에 관해서는 동치 관계의 언어를 사용하여 다음에서 정규화될 수 있다.

예제 8.3.12 **유리수는 실제 동치류**

A를 순서쌍의 두 번째 원소가 0이 아닌 정수의 모든 순서쌍의 집합으로 하자. 기호로 나타내면

$$A=\mathbf{Z} \times (\mathbf{Z}-\{0\}).$$

A상의 관계 R을 다음과 같이 정의하자. 모든 $(a, b), (c, d) \in A$에 대하여

$$\boxed{(a, b)\ R\ (c, d) \quad \Leftrightarrow \quad ad=bc.}$$

R은 동치 관계라는 것이 사실이다.

a. R이 추이적이라는 것을 증명하라.(R이 반사적이고 대칭적이라는 것의 증명은 이 절 끝부분의 연습문제 25에 있다.)

b. R의 서로 다른 동치류를 묘사하라.

풀이

a. [모든 $(a, b), (c, d), (e, f) \in A$에 대하여 $(a, b)\ R\ (c, d)$ 및 $(c, d) R\ (e, f)$이면, $(a, b)\ R\ (e, f)$라는 것을 보여야 한다.] $(a, b), (c, d)$ 및 (e, f)는 A의 특정하나 임의로 선정된 원소들이고 $(a, b)\ R\ (c, d)$ 및 $(c, d)\ R\ (e, f)$을 만족한다고 가정하자. [$(a, b)\ R\ (e, f)$인 것을 보여야 한다.] R의 정의에 의하여

$$(1)\ ad=bc \text{ 및 } (2)\ cf=de.$$

A 내의 모든 순서쌍의 두 번째 원소들이 0이 아니므로, $b \neq 0$, $d \neq 0$ 및 $f \neq 0$이다. 식 (1)의 양변에 f를 곱하고 식 (2)의 양변에 b를 곱하면, 다음을 얻는다.

$$(1')\ adf=bcf \text{ 및 } (2')\ bcf=bde.$$

따라서

$$adf=bde$$

그리고 $d \neq 0$이므로, 이는 곱의 소거 법칙에 따라서

$$af=be.$$

이는 R의 정의에 의해 $(a, b)\ R\ (e, f)$이 된다.[이는 보이고자 한 것이다.]

b. 각각의 유리수에 대하여 하나의 동치류가 존재한다. 각 동치류는 모든 순서쌍 (a, b)로 구성되고, 분수로 $\frac{a}{b}$로 표기할 경우, 서로 같을 수 있다. 이러한 이유는 두 개의 유리수가 동일할 조건은 대응되는 두 개의 순서쌍에 대한 조건과 동일하기 때문이다. 예를 들면 (1, 2)의 동치류는

$$[(1, 2)]=\{(1, 2), (-1,-2), (2, 4), (-2,-4), (3, 6), (-3,-6)\ldots\},$$

이는 $\frac{1}{2}=\frac{-1}{-2}=\frac{2}{4}=\frac{-2}{-4}=\frac{3}{6}=\frac{-3}{-6}$ 등등이기 때문이다. ■

실수의 합과 곱에서와 같이 모든 동일 성질들을 만족시키는 R의 동치류에서 합과 곱의 연산을 정의하기 위하여 예제 8.3.12의 결과를 확장하는 것이 가능하다(연습문제 26 참조). 이는 유리수들은 정수 순서쌍의 동치류들로서 정의될 수 있다는 의미이다. 마찬가지로(연습문제 27 참조) 음과 0을 포함하는 모든 정수들은 양의 정수의 순서쌍의 동치류들로서 정의될 수 있다. 19세기 말에 F. L. G. Frege와 Giuseppe Peano는 양의 정수들은 전적으로 집합의 용어로서 정의될 수 있는 것을 보였다. 이 결과는 실수들은 논리와 집합 이론만으로 정의될 수 있다는 것을 보인다.

자 | 기 | 진 | 단

1. 집합에서의 동치 관계는 _______ 이어야 한다.
2. 기호 $m \equiv n \pmod d$는 _______ 로 읽으며 _______ 라는 뜻이다.
3. 집합 A에서 주어진 동치 관계 R과 A에서 주어진 원소 a의 동치류는 _______ 로 표기하며 _______ 로 정의될 수 있다.
4. 만약 A가 집합, R는 A에서 동치 관계이고 a와 b는 A의 원소이면, $[a]=[b]$ 또는 ______ 이다.
5. A가 집합이고 R이 A에서의 동치 관계이면 R의 서로 다른 동치류들은 ________ 를 형성한다.
6. $A=\mathbf{Z}\times(\mathbf{Z}-\{0\})$이고 A상의 관계 R이 다음과 같이 정의된다고 하자. A의 모든 (a, b)와 (c, d)에 대하여 $(a, b)\ R\ (c, d)$가 $ad=bc$라면 각 ________ 에 대해 정확히 단 하나의 R의 동치류가 존재한다.

연 / 습 / 문 / 제 8.3

1. $S=\{a, b, c, d, e\}$이고 R는 $a\,R\,b$, $b\,R\,c$, 그리고 $d\,R\,e$를 만족시키는 S상의 관계라고 가정하자. 만약 (a) R가 반사적일 때(대칭적이거나 추이적이지 않을 경우), (b) R가 대칭적일 때(반사적이거나 추이적이지 않을 경우), (c) R가 추이적일 때(반사적이거나 대칭적이지 않을 경우), (d) R가 동치 관계일 때 다음 중 참이 되는 경우를 모두 선택하라.

   $c\,R\,b \quad c\,R\,c \quad a\,R\,c \quad b\,R\,a \quad a\,R\,d \quad e\,R\,a \quad e\,R\,d \quad c\,R\,a$

2. 집합 $\{0, 1, 2, 3, 4\}$의 다음 각 분할은 $\{0, 1, 2, 3, 4\}$상의 관계 R를 유도한다. 각 경우에서 관계 R의 순서쌍을 찾아라.

   a. $\{0, 2\}, \{1\}, \{3, 4\}$ **b.** $\{0\}, \{1, 3, 4\}, \{2\}$
   c. $\{0\}, \{1, 2, 3, 4\}$

문제 3~8에서 관계 R는 집합 A상의 동치 관계이다. R의 서로 다른 동치류를 찾아라.

3. $A=\{0, 1, 2, 3, 4\}$
   $R=\{(0, 0), (0, 4), (1, 1), (1, 3), (2, 2), (3, 1), (3, 3), (4, 0), (4, 4)\}$

4. $A=\{1, 2, 3, 4, \ldots, 20\}$. R는 A상에서 다음과 같이 정의된다.

   모든 $x, y \in A,\ x\,R\,y \iff 4 \mid (x-y)$.

5. $A=\{(1, 3), (2, 4), (-4, -8), (3, 9), (1, 5), (3, 6)\}$. R는 A상에서 다음과 같이 정의된다.

   모든 $(a, b), (c, d) \in A,\ (a, b)\,R\,(c, d) \iff ad=bc$.

6. $X=\{a, b, c\}$이고 $A=\mathscr{P}(X)$라고 하자. R는 A상에서 다음과 같이 정의된다. $\mathscr{P}(X)$의 모든 원소 U와 V에 대해

   $$U\,R\,V \iff N(U)=N(V).$$

   (즉, U의 원소의 개수는 V의 원소의 개수와 같다.)

7. $A=\{-4, -3, -2, -1, 0, 1, 2, 3, 4\}$. R는 A상에서 다음과 같이 정의된다. 모든 $m, n \in A$에 대해

   $$m\,R\,n \iff 4 \mid (m^2-n^2).$$

8. A는 길이가 4인 a와 b로 이루어진 모든 문자열의 집합이다. R는 A상에서 다음과 같이 정의된다. A의 모든 문자열 s와 t에 대해서, $s\,R\,t \iff s$는 t와 처음

두 문자가 같다.

9. 다음 합동 관계 중 어느 것이 참이고 거짓인지 밝혀라.
a. $17 \equiv 2 \pmod 5$ **b.** $4 \equiv -5 \pmod 7$
c. $-2 \equiv -8 \pmod 3$ **d.** $-6 \equiv 22 \pmod 2$

10. **a.** R이 합동 모듈로 3 관계라 가정하자. 다음의 동치류 중 어느 것이 같은 것인가?

$$[7], [-4], [-6], [17], [4], [27], [19]$$

b. R이 합동 모듈로 7의 관계라 가정하자. 다음의 동치류 중 어느 것이 같은 것인가?

$$[35], [3], [-7], [12], [0], [-2], [17]$$

11. **a.** 모든 정수 m과 n에 대하여 $m \equiv n \pmod 3$는 m mod $3=n$ mod 3와 동치임을 증명하라.
b. 모든 정수 m과 n 그리고 어떤 양의 정수 d에 대하여 $m \equiv n \pmod d$는 m mod $d=n$ mod d와 동치임을 증명하라.

12. **a.** 서로 다른 서로소(disjoint)인 집합의 예를 두 개 들라.
b. x와 y가 A_1의 원소이고 y와 z가 A_2의 원소이나 x와 z 둘 다는 A_1과 A_2 어디에도 속하지 않는 집합 A_1과 A_2 그리고 원소 x, y, z의 예를 찾아라.

문제 13~18에서는 (1) 주어진 관계가 동치 관계인지 증명하라. (2) 각 관계의 서로 다른 동치류를 설명하라.

13. A는 우리 대학 모든 학생들의 집합이다.
a. R는 A에서 다음과 같이 정의된 관계이다: A에서 모든 x와 y는

$x\,R\,y \Leftrightarrow x$는 y와 같은 전공(또는 복수 전공)이다.
('미등록' 도 전공이라 가정하자.)

b. S는 A에서 다음과 같이 정의된 관계이다. 모든 $x, y \in A$에 대하여

$x\,S\,y \Leftrightarrow x$는 y와 같은 나이이다.

14. E는 $\mathbf{Z}$에서 다음과 같이 정의된 관계이다.

모든 $m, n \in \mathbf{Z}$, $m\,E\,n \Leftrightarrow 2 \mid (m-n)$.

15. A는 R에서 다음과 같이 정의한 '절대값' 관계이다.

모든 $x, y \in \mathbf{R}$에 대하여 $x\,A\,y \Leftrightarrow |x|=|y|$이다.

16. D는 $\mathbf{Z}$에서 다음과 같이 정의된 관계이다.

모든 $m, n \in \mathbf{Z}$에 대하여 $m\,D\,n \Leftrightarrow 3 \mid (m^2-n^2)$이다.

17. I는 $\mathbf{R}$에서 다음과 같이 정의된 관계이다.

모든 $x, y \in \mathbf{R}$에 대하여, $x\,I\,y \Leftrightarrow x-y$는 정수이다.

18. 실수의 순서쌍 집합 $\mathbf{R}\times\mathbf{R}$에서 P가 다음과 같이 정의된다. 모든 $(w, x), (y, z) \in \mathbf{R}\times\mathbf{R}$에 대하여,

$(w, x)\,P\,(y, z) \Leftrightarrow w=y$이다.

19. A를 데카르트 평면에서 모든 직선들의 집합이라 하자. A에서 관계 $\parallel$는 다음과 같이 정의된다.

A에서 모든 l_1과 l_2에 대하여 $l_1 \parallel l_2 \Leftrightarrow l_1$은 l_2에 평행이다. 따라서 $\parallel$는 A에서 동치 관계이다.

이 관계의 동치류를 설명하라.

20. 컴퓨터 언어인 자바의 문서에서는 '동일 방법' 이 어떤 객체에 대해 정의되었을 때 그것은 동치 관계이어야 한다고 추천한다. 즉, R이 다음과 같이 정의되면: 동치류 내의 모든 객체에 대해서,

$x\,R\,y \Leftrightarrow x.equals(y)$

그러면 R는 동치관계이어야만 한다. 그래픽 응용에 관련된 수학의 어떤 부분을 최적화하려고 한다고 가정했을 때 프로그래머는 평면에서 두 좌표로 이루어진 점이라는 객체를 생성한다. 프로그래머는 동일 방

법을 다음과 같이 정의한다. p와 q가 임의의 점이라면

$p.equals(q) \Leftrightarrow p$에서 q까지의 거리가
c보다 작거나 같다.

여기서 c는 컴퓨터 모니터의 해상도에 의존적인 작은 양수이다. 프로그래머의 동일 방법은 동치 관계인가? 답을 설명하라.

R을 집합 A상의 동치 관계라고 하자. 문제 21~24에서는 각각의 명제를 보조정리 8.3.2, 보조정리 8.3.3, 또는 정리 8.3.4의 결과를 사용하지 않고 동치 관계와 동치류의 정의로 직접 증명하라.

21. A에서 모든 a에 대하여 $a \in [a]$이다.

22. A에서 모든 a와 b 그리고 c에 대하여, 만일 $b\ R\ c\ c$이고 $\in [a]$이면 $b \in [a]$이다.

23. A에서 모든 a와 b 그리고 x에 대하여, 만일 $a\ R\ b$이고 $x \in [a]$이면 $x \in [b]$이다.

24. A에서 모든 a와 b에 대하여, 만일 $a \in [b]$이면 $[a]=[b]$이다.

25. R를 예제 8.3.12에서 정의한 관계라 하자.

a. R가 반사적이라는 것을 증명하라.
b. R가 대칭적이라는 것을 증명하라.
c. $[(1, 3)]$에서 4개의 서로 다른 원소를 나열하라.
d. $[(2, 5)]$에서 4개의 서로 다른 원소를 나열하라.

26. 예제 8.3.12에서 덧셈(+)과 곱셈(·)의 연산을 아래와 같이 정의한다. 모든 $(a, b), (c, d) \in A$에 대하여

$$[(a, b)]+[(c, d)]=[(ad+bc, bd)]$$
$$[(a, b)]\cdot[(c, d)]=[(ac, bd)]\text{이다.}$$

a. 이 덧셈이 잘 정의되었는지 증명하라. 즉, 만일 $[(a, b)]=[(a', b')]$ 그리고 $[(c, d)]=[(c', d')]$ 라면 $[(ad+bc, bd)]=[(a'd'+b'c', b'd')]$이라는 것을 설명하라.

b. 이 곱셈이 잘 정의되었는지 증명하라. 즉, 만일 $[(a, b)]=[(a', b')]$ 그리고 $[(c, d)]=[(c', d')]$라면 $[(ac, bd)]=[(a'c', b'd')]$라는 것을 설명하라.

c. $[(0, 1)]$은 덧셈에 대한 항등원이라는 것을 설명하라. 즉, $(a, b) \in A$에 대하여 $[(a, b)]+[(0, 1)]=[(0, 1)]+[(a, b)]=[(a, b)]$라는 것을 설명하라.

d. 곱셈에 대한 항등원을 찾아라. 즉, 모든 $[(a, b)]$에 대해서 $[(a, b)]\cdot[(i, j)]=[(i, j)]\cdot[(a, b)]=[(a, b)]$를 만족시키는 A에서의 (i, j)를 찾아라.

e. $(a, b) \in A$에 대하여 덧셈에 대한 $[(a, b)]$의 역은 $[(-a, b)]$임을 보여라. 즉, $[(-a, b)]+[(a, b)]=[(a, b)]+[(-a, b)]=[(0, 1)]$이 됨을 보여라.

f. $a\neq 0$이고 $a, b \in A$에 대하여 곱셈에 대한 $[(a, b)]$의 역을 구하라. 즉, $[(i, j)]$가 (d)에서 찾은 항등원일 때 $[(a, b)]\cdot[(c, d)]=[(c, d)]\cdot[(a, b)]=[(i, j)]$가 되는 A에서의 (c, d)를 구하라.

27. $A=\mathbf{Z}^+\times\mathbf{Z}^+$라고 하자. $\mathbf{A}$상의 관계 R는 다음과 같이 정의된다: A에서 모든 (a, b)와 (c, d)에 대하여

$$(a, b)\ R\ (c, d) \Leftrightarrow a+d=c+b\text{이다.}$$

a. R가 반사적 관계임을 증명하라.
b. R가 대칭적 관계임을 증명하라.
c. R가 추이적 관계임을 증명하라.
d. $[(1, 1)]$에서 5개의 원소를 나열하라.
e. $[(3, 1)]$에서 5개의 원소를 나열하라.
f. $[(1, 2)]$에서 5개의 원소를 나열하라.
g. R의 서로 다른 동치류를 설명하라.

28. 이 장의 도입부에서 인용된 것과 관련하여 다음의

문제들에 답하라.

a. 기사의 노래 이름은 무엇이라 불리나?

b. 기사의 노래 이름은 무엇인가?

c. 기사의 노래는 무엇이라 불리나?

d. 기사의 노래는 무엇인가?

e. 당신의 이름(전체, 호적)은 무엇인가?

f. 당신은 무엇으로 불리나?

g. 당신은 무엇인가?(이 답안지에 작성하지 말고 그냥 생각만 하라.)

자 | 기 | 진 | 단 | 해 | 답

1. 반사적, 대칭적, 그리고 추이적 2. m은 n 모듈로 d와 합동이다; d가 $m-n$을 나눈다 3. $[a]$; $x\,R\,a$를 만족시키는 A에서의 모든 x의 집합 4. $[a] \cap [b] = \emptyset$ 5. A의 분할 6. 유리수

8.4 암호 기법에 적용되는 모듈러 연산

'실제' 수학자들의 '실제' 수학, 즉, Fermat, 오일러, 가우스, 아벨 및 리만의 수학은 전체적으로 거의 '무용지물'이다. 진짜 전문 수학자의 인생을 그의 연구의 '실용성'의 배경에서 판정하는 것은 불가능하다.—G. H. Hardy, "한 수학자의 사과의 말", 1941

암호 기법은 기밀 내용을 전송하는 방법을 연구하는 것이다. 암호 기법에는 **평문**(plaintext)이라 하는 메시지를 외부 당사자에 의하여 개방이 가능한 통로를 통하여 전송될 수 있도록 **암호문**(ciphertext)이라 하는 형식으로 변환하는 **암호화**(encryption)가 포함된다. 이 암호문의 수신자는 **복호화**(decryption)를 사용하여 암호문을 다시 평문으로 변환한다.

과거에 암호 기법의 일차적인 사용은 정부와 군사 첩보에 관한 것이었고, 그 이후 암호의 사용은 계속 중요해졌다. 실제적으로 미국 국가안보국은 주요 업무가 암호 기법 연구이고, 미국 내에서 가장 많은 수학자들을 고용하고 있다. 전자 통신 체계의 발전으로, 특히 인터넷의 발전으로, 현재의 가장 중요한 암호 기법의 활용은 신용 카드 정보, 은행 거래 자료, 의료 기록 등과 같은 개인 정보를 전자 통로를 통하여 전송하는 것을 가능하게 한다.

기밀 정보를 전송하기 위한 대부분의 시스템들은 송신자와 수신자 모두가 암호화와 해독의 절차를 이해하여야 할 것을 요구한다. 예를 들어 Julius Caesar가 한때 사용하였던 암호화 시스템을 현재는 **Caesar 암호**(Caesar cipher)라고 부르는데, B에 대해서는 A, Y에 대해서는 C, Z에 대해서는 C로 돌아서 가도록 하면서 각 알파벳을 세 자리로 변환하여 메시지를 암호화하는 것이다. 즉, 각 알파벳 철자를 다른 철자와 상대적으로 위치를 부호화, 즉, A=01, B=02, ..., Z=26으로 하는 것이다. 철자에 대한 평문의 수치 형태를 M으로 표기하고, 암호문의 수치 형태를 C로 표기하면

$$C = (M+3)\ mod\ 26.$$

이러한 메시지의 수신자는 다음의 공식을 사용하여 용이하게 복호화할 수 있다.

$$M = (C-3)\ mod\ 26.$$

참고로, 알파벳 철자와 해당하는 수치를 다음에 나타내었다.

A	B	C	D	E	F	G	H	I	J	K	L	M
01	02	03	04	05	06	07	08	09	10	11	12	13
N	O	P	Q	R	S	T	U	V	W	X	Y	Z
14	15	16	17	18	19	20	21	22	23	24	25	26

예제 8.4.1 **Caesar 암호를 사용한 암호화와 복호화**

a. Caesar 암호를 사용하여 다음 메시지를 암호화하라: HOW ARE YOU.

b. Caesar 암호를 사용하여 다음 메시지를 복호화하라: L DP ILQH.

풀이

a. 먼저 HOW ARE YOU의 철자들을 해당하는 수치들로 변환한다.

08 15 23 01 18 05 25 15 21.

다음은 각 수에 3을 더하여 이 메시지를 암호화한다. 그 결과는

11 18 26 04 21 08 02 18 24.

마지막으로 이 수들에 해당하는 문자들로 대체한다. 암호화된 메시지는 다음으로 된다.

KRZ DUH BRX.

b. 먼저 L DP ILQH의 철자들을 해당하는 수치들로 변환한다.

12 04 16 09 12 17 08.

다음은 각 수에서 3을 빼서 이 메시지를 복호화한다. 그 결과는

09 01 13 06 09 14 05.

문자들을 다시 변환하여 원래의 메시지를 구한다: I AM FINE. ∎

이 암호에서의 하나의 문제는 암호문에 충분한 수량이 주어질 경우에 이 언어에서의 철자에 대한 지식을 가진 사람은 용이하게 이 암호를 생각해 낼 수 있다는 점이다. 이러한 이유로 Caesar 자신도 이를 광범위하게 사용하지는 않았다. Caesar 암호와 같은 시스템이 갖는 또 다른 문제는 메시지를 자동으로 암호화하는 방법에 관한 지식은 이 메시지를 복호화하는 방법에 관한 지식을 제공한다는 점이다. 메시지의 잠재적인 수신자가 메시지의 잠재적인 송신자에게 암호화 정보를 전달하게 되면, 정보가 전달되는 통로 자체의 보안성이 사라진다. 따라서 이러한 정보는 누출될 수 있어서 외부의 당사자가 기밀이 유지되도록 의도된 메시지를 복호화하는 것을 가능하게 한다.

공개 키 암호 기법을 사용하여 암호화된 메시지의 잠재적 수신자는 암호 정보가 들어 있는 공개 키를 개방적으로 배포한다. 그러나 공개 키에 대한 지식은 메시지가 어떻게 암호화 되는가에 대한 어떠한 단서도 실제적으로 제공하지 않는다. 오직 수신자만 암호화 지식을 갖고 있다. 암호화 정보를 얼마나 많은 사람들이 학습하는가와는 무관하게, 오직 수신자만이 전송된 메시지를 복호화할 수 있다.

최초의 공개 키 암호화 계통은 1976～1977년에 MIT의 세 명의 젊은 수학자/컴퓨터 과학자들에 의하여 개발되었다: Ronald Rivest, Adi Shamir 및 Leonard Adleman. 이들의 업적을 기리기 위해 이 암호 시스템을 RSA 암호라고 부른다. 이 시스템이 어떻게 작동하는가를 학습하기 위해서는 합동 모듈로 n에 대한 추가 성질들을 알아야 한다.

Courtesy of Leonard Adleman

Ronald Rivest (1948년 생), Adi Shamir(1952년 생), and Leonard Adleman(1945년 생)

합동 모듈로 n의 성질

이 절의 처음 정리는 기본 연산 사실을 표현하는 동등한 방법에서 다양성을 초래한다. 가끔은 한 방법이 가장 편리하고, 어떤 경우에는 다른 방법이 최선이다. 해를 구하고자 하는 문제의 본질에 따라서 한 방법에서 다른 방법으로 용이하게 대처하는 것이 필요하다.

정리 8.4.1 모듈로 동치

a, b 및 n을 임의의 정수라 하고, $n > 1$으로 가정하자. 다음의 명제들은 모두 동치이다.

1. $n \mid (a-b)$
2. $a \equiv b \pmod{n}$
3. 어떤 정수 k에 대하여, $a=b+kn$
4. n으로 나누면, a와 b는 동일한(음이 아닌) 나머지를 갖는다.
5. $a \; mod \; n = b \; mod \; n$

증명:

(1) ⇒ (2) ⇒ (3) ⇒ (4) ⇒ (5) ⇒ (1)인 것을 보일 것이다. if-then의 추이성에 의해 다섯 개의 모든 명제가 동치라는 것을 이끈다.

a, b 및 n ($n > 1$)을 임의의 정수로 하자.

(1) ⇒ (2)의 증명: $n \mid (a-b)$로 가정하자. 합동 모듈로 n의 정의에 의하여 곧바로 결론을 내릴 수 있다: $a \equiv b \pmod{n}$.

(2) ⇒ (3)의 증명: $a \equiv b \pmod{n}$으로 가정하자. 합동 모듈로 n의 정의에 의하여 $n \mid (a-b)$. 그러므로 나뉨성의 정의에 의하여 어떤 정수 k에 대하여 $a-b=kn$이다. 양변에 b를 더하면, $a=b+kn$.

(3) ⇒ (4)의 증명: 어떤 정수 k에 대하여 $a=b+kn$이라 가정하자. 몫-나머지의 정리를 사용하여 a를 n으로 나누면, 다음을 얻는다.

$$a=qn+r, \text{ 여기서 } q \text{ 및 } r\text{은 정수이고, } 0 \le r < n\text{이다.}$$

이 식에서 a를 $b+kn$로 대체하면

$$b+kn=qn+r.$$

양변에서 kn을 빼고, n으로 인수분해하면 다음 식이 된다.

$$b=(q-k)n+r.$$

$0 \le r < n$이므로, 몫-나머지 정리의 유일성 성질은 b를 n으로 나누어서 구해지는 나머지가 r이라는 것을 보장한다. 따라서 n으로 나눌 때의 a와 b의 나머지는 동일하다.

(4) ⇒ (5)의 증명: n으로 나눌 때, a와 b의 나머지는 동일하다고 가정하자. 이는 즉, $a \; mod \; n = b \; mod \; n$의 mod 함수의 정의로부터 따라온다.

(5) ⇒ (1)의 증명: $a \; mod \; n = b \; mod \; n$을 가정하자. mod 함수의 정의에 의하여 n으로 나눌 때, a와 b의 나머지는 동일하다. 따라서 몫과 나머지의 정리에 의하여 다음과 같이 쓸 수 있다.

$$a=q_1n+r \text{ 및 } b=q_2n+r, \text{ 여기서 } q_1, q_2 \text{ 및 } r\text{은 정수이고, } 0 \le r < n\text{이다.}$$

이로부터 다음 식을 얻는다.

$$a-b=(q_1n+r)-(q_2n+r)=(q_1-q_2)n.$$

또한 q_1-q_2가 정수이므로, $n \mid (a-b)$이다.

몫-나머지 정리의 다른 결과는 다음과 같다: 임의의 정수 a를 양의 정수 n으로 나누면, $a=nq+r$ 및 $0 \le r < n$의 성질에 의하여 고유의 몫 q 및 나머지 r을 구한다. 부등식 $0 \le r < n$(0부터 $n-1$까지의 수)을 만족시키는 정수는 정확히 n개이므로, 발생할 수 있는 나머지들의 수도 정확히 n개이다. 이들을 최소 양의 나머지 모듈로 n 또는 간략히 나머지 모듈로 n이라 한다.

• 정의

주어진 정수 a 및 $n > 1$인 정수 n에 대해 **모듈로 n에 대한 a의 잉여**(the residue of a modulo n)는 a *mod* n이고, a를 n으로 나눌 때 구해지는 양의 나머지이다. 수 0, 1, 2, ..., $n-1$은 나머지 **모듈로 n에 대한 잉여들의 완전 집합**이라 한다. **모듈로 n으로 어떤 수를 축약한다**(reduce a number modulo n)는 것은 그 수를 모듈로 n에 대한 그 수의 잉여와 같도록 한다는 의미이다. 논의의 대상에서 모듈로 $n > 1$이 고정되어 있고, 정수 n이 주어졌으면, 용어 '모듈로 n'은 자주 생략되고, 단순하게 **a의 나머지**라 부른다.

다음의 정리는 8.3절의 몇 개의 예제를 일반화한다.

정리 8.4.2 합동 모듈로 n은 동치 관계이다

n이 임의의 정수이고, $n > 1$이면, 합동 모듈로 n은 모든 정수의 집합에서 동치 관계이다. 이 관계의 서로 다른 동치류들은 [0], [1], [2], ..., [$n-1$] 집합들이 된다. 여기서 각 $a=0, 1, 2. . . , n-1$에 대하여

$$[a]=\{m \in Z \mid m \equiv a \pmod{n}\},$$

또는 동등하게,

$$[a]=\{m \in Z \mid m=a+kn, \text{ 어떤 정수 } k\text{에 대하여}\}.$$

증명:

n이 임의의 정수이고, $n > 1$이라고 가정한다. 합동 모듈로 n이 반사성, 대칭성 및 추이성을 가짐을 보여야 한다.

반사성의 증명: a는 임의의 정수라고 가정하자. $a \equiv a \pmod{n}$인 것을 보이기 위해서는 $n \mid (a-a)$인 것을 보여야 한다. $a-a=0$ 및 $n \mid 0$인데, 이는 $0=n \cdot 0$이기 때문이다. 따라서 $a \equiv a \pmod{n}$이다.

대칭성의 증명: a와 b가 임의의 정수이고 $a \equiv b(\text{mod } n)$라고 가정하자. $b \equiv a(\text{mod } n)$인 것을 보여야 한다. $a \equiv b(\text{mod } n)$이므로, $n \mid (a-b)$이다. 나뉨성 정의에 의하여 어떤 정수 k에 대하여 $a-b=nk$이다. 이 식의 양변에 -1을 곱하면, 다음 식을 얻는다.

$$-(a-b)=-nk,$$

또는 동등하게

$$b-a=n(-k).$$

그러므로 나뉨성의 정의에 의하여 $n \mid (b-a)$이고, 합동 모듈로 n의 정의에 의하여 $b \equiv a\ (\text{mod } n)$으로 된다.

추이성의 증명: 이는 스스로 해 보기 바란다.

서로 다른 동치류가 [0], [1], [2], ..., [$n-1$] 이라는 것의 증명: 이는 이 절 끝 부분의 연습문제 3에서 다룬다.

합동 모듈로 n에 대한 서로 다른 동치류들과 모듈로 n에 대한 잉여류들의 완전 집합의 원소들 사이에 일대일 대응이 존재한다는 것을 관찰할 수 있다.

모듈러 연산

합동 모듈로 n의 기본적인 사실은 정수에 대하여 더하기, 빼기, 또는 곱하기를 하고, 결과를 모듈로 n으로 축약하고, 각각의 수를 모듈로 n으로 먼저 축약시켜서 연산을 수행하고, 결과를 모듈로 n으로 축약시켜서 얻은 것과 동일한 해답을 구하게 될 것이다. 예를 들면 다음 식을 계산하는 대신에

$$(5 \cdot 8)=40 \equiv 1(\text{mod } 3)$$

다음의 식을 계산한다면, 동일한 해답을 구하게 될 것이다.

$$(5\ mod\ 3)(8\ mod\ 3)=2 \cdot 2=4 \equiv 1(\text{mod } 3).$$

이러한 과정 작업은 다음 정리의 한 결과라는 것이 사실이다.

정리 8.4.3 모듈러 연산

a, b, c, d 및 n은 정수이고, $n > 1$인 것으로 하고, 다음을 가정하자.

$$a \equiv c(\text{mod } n) \text{ 및 } b \equiv d(\text{mod } n).$$

그러면

1. $(a+b) \equiv (c+d)(\text{mod } n)$

2. $(a-b) \equiv (c-d)(\text{mod } n)$
3. $ab \equiv cd(\text{mod } n)$
4. 모든 양의 정수 m에 대하여, $a^m \equiv c^m(\text{mod } n)$

증명:
이 정리의 3번을 가장 많이 사용하게 될 것이므로, 이를 여기에서 증명하고, 이 정리의 나머지 부분들에 대한 증명은 이 절의 연습문제 5에서 다루기로 한다.

3 번의 증명: a, b, c, d 및 n은 정수이고, $n > 1$, $a \equiv c(\text{mod } n)$ 및 $b \equiv c(\text{mod } n)$인 것으로 가정하자. 정리 8.4.1에 의하여 다음 조건을 만족하는 정수 s와 t가 존재한다.

$$a=c+sn \text{ 및 } b=d+tn.$$

그러면

$$\begin{aligned} ab &= (c+sn)(d+tn) && \text{대입에 의하여} \\ &= cd+ctn+snd+sntn \\ &= cd+n(ct+sd+stn) && \text{대수에 의하여} \end{aligned}$$

$k=ct+sd+stn$으로 놓으면, k는 정수이고 $ab=cd+nk$이다. 따라서 정리 8.4.1에 의하여 $ab \equiv cd$ (mod n)으로 된다.

예제 8.4.2 **모듈러 연산 시작하기**

모듈러 연산의 가장 실제적인 활용은 큰 수가 포함되는 계산을 보다 작은 수가 포함되는 계산으로 간단하게 만드는 것에 있다. 예를 들어 $55 \equiv 3(\text{mod } 4)$, 이는 $55-3=52$이고, 이는 4로 나누어지기 때문이다. $26 \equiv 2(\text{mod } 4)$, 이는 $26-2=24$이고, 이는 또한 4로 나누어지기 때문이다. 다음의 명제들을 검증하라.

a. $55+26 \equiv (3+2)(\text{mod } 4)$ b. $55-26 \equiv (3-2)(\text{mod } 4)$

c. $55 \cdot 26 \equiv (3 \cdot 2)(\text{mod } 4)$ d. $55^2 \equiv 3^2(\text{mod } 4)$

풀이

a. $55+26=81$ 및 $3+2=5$을 계산한다. 합동 모듈로 n의 정의에 의하여 $81 \equiv 5(\text{mod } 4)$인 것을 보이기 위해서는 $4 \mid (81-5)$인 것을 보여야 한다. 그러나 이것은 참인데, 이는 $81-5=76$이기 때문이며, $4 \mid 76$ 인데, 이는$76=4 \cdot 19$이기 때문이다.

b. $55-26=29$ 및 $3-2=1$을 계산한다. 합동 모듈로 n의 정의에 의하여 $29 \equiv 1(\text{mod } 4)$인 것을 보이기 위해서는 $4 \mid (29-1)$인 것을 보여야 한다. 그러나 이것은 참인데, 이는 $29-1=28$이기 때문이며, $4 \mid 28$인데, 이는 $28=4 \cdot 7$이기 때문이다.

c. $55 \cdot 26=1430$ 및 $3 \cdot 2=6$을 계산한다. 합동 모듈로 n의 정의에 의하여 $1430 \equiv 6(\text{mod } 4)$인 것을 보이기 위해서는 $4 \mid (1430-6)$인 것을 보여야 한다. 그러나 이것은 참인데,

이는 $1430-6=1424$이기 때문이며, $4 \mid 1424$인데, 이는 $1424=4 \cdot 356$이기 때문이다.

d. $55^2=3025$ 및 $3^2=9$을 계산한다. 합동 모듈로 n의 정의에 의하여 $3025 \equiv 9 \pmod 4$인 것을 보이기 위해서는 $4 \mid (3025-9)$인 것을 보여야 한다. 그러나 이것은 참인데, 이는 $3025-9=3016$이기 때문이며, $4 \mid 3016$인데, 이는 $3016=4 \cdot 754$이기 때문이다. ■

이 절에서 수행한 계산들을 용이하게 하기 위하여 정리 8.4.3의 3번을 약간 다른 형태로 표현하는 것이 편리하다.

따름정리 8.4.4

a, b 및 n은 정수이고 $n > 1$인 것으로 하자. 그러면

$$ab \equiv (a \bmod n)(b \bmod n) \pmod n,$$

또는 동등하게

$$ab \bmod n = (a \bmod n)(b \bmod n) \bmod n.$$

특히 m이 양의 정수이면

$$a^m \equiv (a \bmod n)^m \pmod n$$

예제 8.4.3 **곱 모듈로 n의 계산**

예제 8.4.2에서, $55 \equiv 3 \pmod 4$ 및 $26 \equiv 2 \pmod 4$을 설명하였다. 3 및 2가 4보다 작으므로, 이들 수의 각각은 최소 양의 모듈로 4에 대한 잉여들이다. 그러므로 $55 \bmod 4=3$ 및 $26 \bmod 4=2$이다. 따름정리 8.4.4의 표기 방법을 사용하여 모듈로 4에 대한 $55 \cdot 26$의 잉여를 구하라.

풀이

나머지를 계산하기 위한 연산자를 사용하기 위해서는 공식 $n \bmod d = n - d \cdot \lfloor n/d \rfloor$를 사용할 수 있다. '정수 부분' 특성을 갖는 계산기를 사용한다면, n 및 d는 모두 양이므로, $\lfloor n/d \rfloor$는 n을 d로 나눈 것의 정수 부분에 해당한다. 보다 기본적인 계산기를 사용하여 양의 정수 n을 양의 정수 d로 나누면, 뒤에 따르는 소수 자리들을 무시하는 계산기의 표시 $\lfloor n/d \rfloor$가 나타날 것이다.

따름정리 8.4.4에 의하여

$$\begin{aligned}(55 \cdot 26) \bmod 4 &= \{(55 \bmod 4)(26 \bmod 4)\} \bmod 4 \\ &\equiv (3 \cdot 2) \bmod 4, && \text{55 mod 4=3 및 26 mod 4=2이므로} \\ &\equiv 6 \bmod 4 \\ &\equiv 2 && \text{4|(6−2) 및 2 < 4이므로}\end{aligned}$$

■

RSA 암호화의 경우와 같이 모듈러 연산이 매우 많은 수를 가지고 수행될 때에는 지수의 두 개의 성질을 사용하여 계산을 용이하게 한다. 그 첫째는 다음과 같다.

모든 실수 x 및 a에 대하여, $x^{2a}=(x^a)^2$(단, $x \geq 0$)

8.4.1

그러므로 예를 들어 x가 임의의 양의 실수이면

$$x^4 \; mod \; n=(x^2)^2 \; mod \; n \qquad (x^2)^2=x^4 \text{이기 때문}$$
$$=(x^2 \; mod \; n)^2 \; mod \; n \qquad \text{따름정리 8.4.4에 의해}$$

그러므로 여러분은 모듈 n으로 x^2을 축약시키고 모듈 n으로 그 결과의 제곱을 축약시킴으로써 모듈 n으로 x^4을 축약시킬 수 있다. 모든 잉여들이 n보다 작으므로, 이 과정은 계산의 크기를 n^2 이하로 제한하여서, 사람과(수가 상대적으로 작을 경우에) 계산기(수가 매우 클 경우에)에 대하여 계산을 용이하게 한다.

지수의 두 번째 유용한 성질은 다음과 같다.

모든 실수 x, a 및 b에 대하여, $x^{a+b}=x^a x^b$ (단, $x \geq 0$)

8.4.2

예를 들어 7=4+2+1이므로

$$x^7=x^4x^2x^1$$

그러므로 따름정리 8.4.4에 의하여

$$x^7 \; mod \; n=\{(x^4 \; mod \; n)(x^2 \; mod \; n)(x^1 \; mod \; n)\} \; mod \; n.$$

먼저 공식 (8.4.1)의 응용을 예시하고 (8.4.1) 및 (8.4.2)를 모두 활용하는 예를 제시하기로 한다.

예제 8.4.4 **k가 2의 멱일 때 a^k mod n의 계산**

144^4 *mod* 713을 구하라.

풀이

성질 (8.4.1)을 사용하여 $144^4=(144^2)^2$을 기술하면

$$144^4 \; mod \; 713=(144^2)^2 \; mod \; 713$$
$$=(144^2 \; mod \; 713)^2 \; mod \; 713$$
$$=(20736 \; mod \; 713)^2 \; mod \; 713 \qquad 144^2=20736\text{이기 때문}$$
$$=59^2 \; mod \; 713 \qquad 20736 \; mod \; 713=59\text{이기 때문}$$

$=3481 \; mod \; 713$ 　　　　$59^2=3481$이기 때문

$=629$ 　　　　$3481 \; mod \; 713=629$이기 때문 ■

예제 8.4.5 **k가 2의 멱이 아닐 때 $a^k \bmod n$의 계산**

$12^{43} \; mod \; 713$을 구하라.

풀이

먼저 지수를 2의 멱의 합으로 기술한다.

$$43=32+8+2+1=2^5+2^3+2+1.$$

다음으로 $k=1, 2, 3, 4, 5$에 대하여 12^{2^k}를 구한다.

$12 \; mod \; 713=12$

$12^2 \; mod \; 713=144$

$12^4 \; mod \; 713=144^2 \; mod \; 713=59$ 　　　　예제 8.4.4에 의해

$12^8 \; mod \; 713=59^2 \; mod \; 713=629$ 　　　　예제 8.4.4에 의해

$12^{16} \; mod \; 713=629^2 \; mod \; 713=639$ 　　　　예제 8.4.4의 방법에 의해

$12^{32} \; mod \; 713=639^2 \; mod \; 713=485$ 　　　　예제 8.4.4의 방법에 의해

성질 (8.4.2)에 의하여

$$12^{43}=12^{32+8+2+1}=12^{32} \cdot 12^8 \cdot 12^2 \cdot 12^1.$$

그러므로 따름정리 8.4.4에 의하여

$$12^{43} \; mod \; 713$$
$$=\{(12^{32} \; mod \; 713) \cdot (12^8 \; mod \; 713) \cdot (12^2 \; mod \; 713) \cdot (12 \; mod \; 713)\} \; mod \; 713.$$

대입하면

$$\begin{aligned} 12^{43} \; mod \; 713 &= (485 \cdot 629 \cdot 144 \cdot 12) \; mod \; 713 \\ &= 527152320 \; mod \; 713 \\ &= 48. \end{aligned}$$

■

간단한 전자 계산기를 사용하여 손으로 예제 8.4.5의 계산을 하는 방법을 이해하는 것이 중요하나, 특히 큰 수가 포함되는 많은 양의 잉여들을 계산할 경우에는, 이러한 계산을 수행하기 위하여 소형 컴퓨터나 계산 프로그램을 작성하여야 할 것이다.

Euclid 알고리즘의 확장

Euclid 알고리즘의 확장판은 정수 a와 b의 최대공약수에 대한 견고한 표현을 구하는 데 사용될 수 있다.

• 정의

정수 d가 정수 a와 b의 **선형 결합**(linear combination)이라고 하는 것은 $as+bt=d$를 만족시키는 정수 s와 t가 존재할 경우이다.

정리 8.4.5 선형 결합으로서 최대공약수 쓰기

모두가 0은 아닌 임의의 정수 a와 b에 대하여, $d=\gcd(a, b)$이면, $as+bt=d$를 만족시키는 정수 s와 t가 존재한다.

증명:

주어진 모두가 0은 아닌 정수 a와 b 및 $d=\gcd(a, b)$에 대하여 다음과 같은 집합 S를 생각하자.

$$S=\{x \mid x\text{는 양의 정수이고, 어떤 정수 } s \text{ 및 } t\text{에 대하여 } x=as+bt\}.$$

S는 공집합이 아닌 집합인데, 그 이유는 다음과 같다: (1) $a>0$이면, $1\cdot a+0\cdot b \in S$이다, (2) $a<0$이면, $(-1)\cdot a+0\cdot b\in S$이다, (3) $a=0$이면, $b\neq 0$의 가정에 의하여 $0\cdot a+1\cdot b\in S$ 또는 $0\cdot a+(-1)\cdot b\in S$이다. 따라서 S는 공집합이 아닌 양의 정수 집합의 부분집합이므로, 정수에 대한 정렬성에 의하여 S 내에 최소 원소 c가 존재한다. S의 정의에 의하여

$$\text{어떤 정수 } s \text{ 및 } t\text{에 대하여, } c=as+bt \qquad 8.4.3$$

(1) $c\geq d$ 및 (2) $c\leq d$을 보여서, $c=d=\gcd(a, b)$인 것으로 결론을 내리게 된다.

(1) $c\geq d$의 증명:

[이 부분의 증명은 d가 c의 약수이어서 $d\leq c$인 것을 보이는 것이다.] $d=\gcd(a, b)$이므로, 최대공약수의 정의에 의하여 $d \mid a$ 및 $d \mid b$이다. 그러므로 정수 x와 y에 대하여 $a=dx$ 및 $b=dy$이다. 그러면

$$\begin{aligned} c&=as+bt && \text{(8.4.3)에 의하여}\\ &=(dx)s+(dy)t && \text{대입하여}\\ &=d(xs+yt) && d\text{를 인수분해하여}\end{aligned}$$

그러나 $xs+yt$는 정수인데, 이는 정수의 곱의 합이기 때문이다. 그러므로 나뉨성의 정의에 의하여 $d \mid c$이 된다. c와 d 모두는 양수이고, 그러므로 정리 4.3.1 에 의하여 $c\geq d$이다.

(2) $c\leq d$의 증명:

[이 부분의 증명은 c가 a와 b 모두의 약수이고 따라서 c는 a와 b의 최대공약수 d보다

작거나 같다는 것을 보인다.] 몫-나머지 정리를 a를 c로 나누기에 적용하면, 다음 식을 얻는다.

$$a=cq+r, \text{ 정수 } q \text{ 및 } r\text{에 대하여 조건은 } 0 \le r < c. \qquad 8.4.4$$

따라서 정수 q 및 r에 대하여 조건은 $0 \le r < c$

$$r=a-cq$$

이제 $c=as+bt$. 그러므로

$$\begin{aligned} r &= a-(as+bt)q \qquad \text{대입하여} \\ &= a(1-sq)-btq \end{aligned}$$

따라서 r은 a와 b의 선형 결합이다. $r > 0$이면, r은 S에 속하고, r은 c보다 작은 S의 원소이므로, 이는 c가 S의 최소 원소라는 사실에 모순이 된다. 그러므로 $r=0$. 식 (8.4.4)에 대입하면

$$a=cq$$

따라서 $c \mid a$이다.

거의 동일한 논쟁은 $c \mid b$를 증명한다.

$c \mid a$ 및 $c \mid b$이므로, c는 a와 b의 공약수이다. 따라서 이는 a와 b의 최대공약수보다 작거나 같다. 달리 표현하면, $c \le d$.

(1) 및 (2)로부터, $c=d$라고 결론 내린다. 따라서 어떤 정수 s와 t가 존재하여 a와 b의 최대공약수 d는 $as+bt$로 쓸 수 있다.

다음 예제에서는 두 정수의 최대공약수를 선형 결합으로 표현하는 실제적인 방법을 보인다.

예제 8.4.6 **최대공약수를 선형 결합으로 표현**

예제 4.8.6에서는 330과 156의 최대공약수가 6이라는 것을 찾아내는 Euclid 알고리즘을 사용하는 방법을 나타내었다. 이 계산의 결과를 사용하여 gcd(330, 156)을 330과 156의 선형 결합으로서 표현하자.

풀이

이 풀이의 처음 네 단계에서는 몫-나머지 정리의 연속 응용을 통하여 구한 예제 4.8.6의 결과를 다시 기술하고 확장한다. 다섯 번째 단계에서는 이전 단계의 결과를 역으로 대입하여 선형 결합의 계수를 찾는 방법을 보인다.

단계 1: $330=156 \cdot 2+18$, $18=330-156 \cdot 2$를 적용하여

단계 2: $156=18 \cdot 8+12$, $12=156-18 \cdot 8$를 적용하여

단계 3: $18=12\cdot1+6$, $6=18-12\cdot1$ 를 적용하여

단계 4: $12=6\cdot2+0$, $\gcd(330, 156)=6$ 를 적용하여

단계 5: 단계 3 에서 1 까지 역으로 대입하여

$6=18-12\cdot1$	단계 3으로부터
$=18-(156-8\cdot18)\cdot1$	단계 2로부터 대입하여
$=9\cdot18+(-1)\cdot156$	대수에 의하여
$=9\cdot(330-156\cdot2)+(-1)\cdot156$	단계 1로부터 대입하여
$=9\cdot330+(-19)\cdot156$	대수에 의하여

따라서 $\gcd(330, 156)=9\cdot330+(-19)\cdot156$.(실수를 하지 않았는지 확인하기 위하여 이와 같이 계산의 결과를 확인하는 것이 좋다. 이 경우 $9\cdot330+(-19)\cdot156$이 6과 일치한다는 것을 알 수 있다.) ■

4.8 절에 주어진 Euclid 알고리즘은 gcd 의 선형 결합의 계수를 계산하고 동시에 gcd 자체를 계산하는 데에 적용될 수 있다. 이 확장된 Euclid 알고리즘이 이 절 끝 부분의 연습문제에 기재되어 있다.

역모듈로 *n*을 구하기

x에 대한 다음의 합동식을 풀기를 원한다고 가정하자:

$$2x \equiv 3 \pmod 5$$

참고로 $3\cdot2=6 \equiv 1 \pmod 5$이다. 이 3 을 모듈로 5 에 대한 2 의 역원의 일종으로 생각할 수 있다. 해를 구하기 위하여 합동식의 양변에 3 을 곱하여 다음을 얻는다.

$$6x=3\cdot2x \equiv 3\cdot3 \pmod 5 \equiv 9 \pmod 5 \equiv 4 \pmod 5.$$

그러나 $6 \equiv 1 \pmod 5$이고, 정리 8.4.3(3)에 의하여 $6x \equiv 1x \pmod 5 \equiv x \pmod 5$. 따라서 모듈러 합동의 대칭성 및 추이성에 의하여

$$x \equiv 4 \pmod 5$$

그러므로 해는 $x=4$.[$2\cdot4=8 \equiv 3 \pmod 5$을 확인할 수 있다.]

불행하게도 항상 모듈로 정수 n '역' 을 구할 수 있는 것은 아니다. 예를 들어 다음을 관찰하자.

$$2\cdot1 \equiv 2 \pmod 4$$
$$2\cdot2 \equiv 0 \pmod 4$$
$$2\cdot3 \equiv 2 \pmod 4.$$

정리 8.4.3에 의하여 이 계산들은 수 2는 모듈로 4로 역을 갖지 않는다고 결론을 내리기에 충분하다.

모듈러 연산에 역이 존재하는 상황은 서로소의 개념을 필요로 한다는 것을 설명한다.

• 정의

정수 a와 b가 **서로소**(relatively prime)인 것은 $\gcd(a, b)=1$인 경우이다. 정수 a_1, a_2, a_3, ..., a_n이 **쌍으로 서로소**(pairwise relatively prime)인 것은 모든 정수 i 및 j에 대하여 $\gcd(a_i, a_j)=1(1 \leq i, j \leq n$ 및 $i \neq j)$인 경우이다.

서로소인 정수의 정의를 이용하면, 다음의 따름정리는 정리 8.4.5의 직접적인 결과이다.

따름정리 8.4.6

a와 b가 서로소이면, $as+bt=1$을 만족시키는 정수 s와 t가 존재한다.

예제 8.4.7 **서로소인 정수들의 선형 결합으로서의 표현 1**

660 및 43이 서로소인 것을 보이고, 1을 660과 43의 선형 결합으로 나타내라.

풀이

단계 1: 660을 43으로 나누면, $660=43 \cdot 15+15$를 얻는다, $15=660-43 \cdot 15$을 적용하여

단계 2: 43을 15로 나누면, $43=15 \cdot 2+13$을 얻는다, $13=43-15 \cdot 2$을 적용하여

단계 3: 15를 13으로 나누면, $15=13 \cdot 1+2$를 얻는다, $2=15-13$을 적용하여

단계 4: 13을 2로 나누면, $13=2 \cdot 6+1$을 얻는다, $1=13-2 \cdot 6$을 적용하여

단계 5: 2를 1로 나누면, $2=1 \cdot 2+0$을 얻는다, $\gcd(660, 43)=1$을 적용하면 660과 43은 서로소이다.

단계 6: 1을 660과 43의 선형 결합으로 표현하기 위하여 단계 4에서부터 1까지를 역으로 대입한다.

$$
\begin{aligned}
1 &= 13-2 \cdot 6 && \text{단계 4로부터} \\
&= 13-(15-13) \cdot 6 && \text{단계 3으로부터 대입하여} \\
&= 7 \cdot 13-6 \cdot 15 && \text{대수에 의하여} \\
&= 7 \cdot (43-15 \cdot 2)-6 \cdot 15 && \text{단계 2로부터 대입하여} \\
&= 7 \cdot 43-20 \cdot 15 && \text{대수에 의하여} \\
&= 7 \cdot 43-20 \cdot (660-43 \cdot 15) && \text{단계 1로부터 대입하여} \\
&= 307 \cdot 43-20 \cdot 660 && \text{대수에 의하여}
\end{aligned}
$$

따라서 $\gcd(660, 43)=1=307 \cdot 43-20 \cdot 660$. (직접 계산하여 $307 \cdot 43-20 \cdot 660$이 1과

같다는 것을 확인하라.) ■

따름정리 8.4.6의 결과는 특정한 상황하에서 모듈로 n으로 어떤 정수에 대한 역을 구하는 것이 가능하다는 것이다.

따름정리 8.4.7 역모듈로 n이 존재한다

임의의 정수 a 및 n에 대하여 $\gcd(a, n)=1$이면, $as \equiv 1 \pmod n$을 만족시키는 정수 s가 존재한다. 이 정수 s를 **모듈로 n에 대한 a의 역원**(inverse of a modulo n)이라고 한다.

증명:

a 및 n이 정수이고 $\gcd(a, n)=1$인 것으로 가정하자. 따름정리 8.4.6에 의하여 다음을 만족시키는 정수 s 및 t가 존재한다:

$$as+nt=1.$$

양변에서 nt를 빼면, 다음이 된다.

$$as=1-nt=1+(-t)n.$$

그러므로 합동 모듈로 n의 정의에 의하여

$$as \equiv 1 \pmod n.$$

예제 8.4.8 모듈로 n에 대한 역원

a. 모듈로 660에 대한 43의 역원을 구하라. 즉, $43s \equiv 1 \pmod{660}$을 만족시키는 정수 s를 구하라.

b. 모듈로 40에 대한 3의 양의 역원을 구하라. 즉, $3s \equiv 1 \pmod{40}$을 만족시키는 양의 정수 s를 구하라.

풀이

a. 예제 8.4.7에 의하여

$$307 \cdot 43-20 \cdot 660=1.$$

$20 \cdot 660$을 양변에 더하면

$$307 \cdot 43=1+20 \cdot 660.$$

그러므로 합동 모듈로 660의 정의에 의하여

$$307 \cdot 43 \equiv 1 \pmod{660}$$

따라서 307은 모듈로 660에 대한 43의 역원이다.

b. 예제 8.4.7의 기법을 사용하여 3과 40의 선형 결합이 1이 되는 것을 보여라.

단계 1: 40을 3으로 나누면, $40=3 \cdot 13+1$을 얻는다. $1=40-3 \cdot 13$을 적용한다.

단계 2: 3을 1로 나누면, $3=3 \cdot 1+0$을 얻는다. $\gcd(3, 40)=1$을 적용한다.

단계 3: 단계 1의 결과를 사용하여 기술하면

$$3 \cdot (-13)=1+(-1)40.$$

이 결과는 -13은 모듈로 40에 대한 3의 역원이라는 것을 의미한다. 기호로는 $3 \cdot (-13) \equiv 1 \pmod{40}$. 양의 역을 구하기 위하여 $40-13$을 계산한다. 결과는 27이고, 다음을 얻는다.

$$27 \equiv -13 \pmod{40}$$

이는 $27-(-13)=40$이기 때문이다. 그러므로 정리 8.4.3(3)에 의하여

$$3 \cdot 27 \equiv 3 \cdot (-13) \equiv 1 \pmod{40}$$

따라서 합동 모듈로 n의 추이성에 의하여 27은 모듈로 40에 대한 3의 역원인 양의 정수이다. ■

RSA 암호 기법

이제까지 RSA 암호를 사용하여 메시지를 암호화하고 복호화하는 방법을 설명할 수 있는 충분한 정도의 정수론을 개발하여 왔다. 이 시스템의 효율성은 현대의 컴퓨터 알고리즘이 실제적으로 서로소가 되는 두 개의 서로 다른 큰 정수 p 및 q(즉, 수백 자릿수의 정수)를 구하는 것을 아주 용이하게 하지만, 가장 빠른 컴퓨터들도 현재로서는 많은 자릿수의 약 두 배를 갖는 정수들의 곱을 인수분해할 능력이 없다. RSA 암호를 사용하여 메시지를 암호화하기 위해서는 대중이 활용 가능하도록 만들어진 pq와 다른 정수 e의 값을 알아야만 한다. 그러나 오직 p와 q의 개별 값들을 아는 사람만이 암호화된 메시지를 복호화할 수 있다.

처음에 암호가 어떻게 작동하는가에 대한 예를 제시하고, 왜 암호가 작동하여야 하는가를 설명하는 이론에 대하여 논의하였다. p와 q가 작아서 이 곱을 알아내어 내용을 용이하게 추론할 수 있다는 개념에서는 이 예제는 현실적이 아니다. 작은 수로 작동하는 것은 시스템의 아이디어를 전달하고, 휴대용 계산기로 수행할 수 있는 범위에서 계산이 가능하도록 한다.

앨리스가 RSA 암호를 설정하기로 하였다고 가정하자. 앨리스가 두 개의 소수, 예를 들어 $p=5$ 및 $q=11$을 선정하고, $pq=55$를 계산한다. 그리고 나서 $(p-1)(q-1)$에 서로소인 양의 정수 e를 선정한다. 이 경우 $(p-1)(q-1)=4 \cdot 10=40$이므로, $e=3$을 취하게 되는데, 이는 3이 40과 서로소이기 때문이다.(실제적으로 e를 작게 취하는 것은 암호의 기밀성을 약하게 할 수 있기 때문에, 앨리스는 3보다 큰 수를 취할 것이다. 그러나 암호의 수학에서는 보다 큰 수와 마찬가지로 3에 대해서도 잘 작동하고 작은 수는 계산을 더 용이하게 한다.)

두 개의 수 $pq=55$ 및 $e=3$은 **공개 키**(public key)이고 앨리스가 공개적으로 배포할 수 있다. RSA 암호는 수에서만 작동하기 때문에, 앨리스는 다른 사람들이 자기에게 보내는 메시지들에서 그 수들을 자기가 해석하는 방법을 그 사람들에게 알려 줄 것이다. 앨리스가 Caesar 암호에서 수행된 것과 동일한 방식으로 알파벳의 문자를 부호화한다고 가정한다.

$$A=1, B=2, C=3, ..., Z=26.$$

또한 앨리스가 받는 메시지들은 블록들로 구성되고, 간략하게 하기 위하여 각각은 단일 알파벳의 수치 부호화 문자로 취하는 것으로 가정한다.

하나의 블록 내의 평문 M은 다음의 수식에 의거하여 암호문 C로 변환된다.

$$\boxed{C=M^e \bmod pq.} \qquad 8.4.5$$

pq와 e가 모두 공개 키이므로, 이 공개 키를 받고 모듈러 연산을 아는 누군가는 앨리스에게 발송할 메시지를 암호화할 수 있다.

예제 8.4.9 **RSA 암호 기법을 사용하여 메시지를 암호화**

봅은 앨리스에게 메시지 HI를 보내려고 한다. 이 메시지의 암호문은 무엇인가?

풀이

봅은 이 메시지를 두 개의 블록으로 보내게 될 것이다. 하나는 H에 대한 것이고, 다른 하나는 I에 관한 것이다. H는 알파벳에서 여덟 번째 문자이므로 08 또는 8로 부호화된다. 해당하는 암호문은 공식 (8.4.5)를 사용하여 다음과 같이 계산된다.

$$\begin{aligned} C &= 8^3 \bmod 55 \\ &= 512 \bmod 55 \\ &= 17. \end{aligned}$$

I는 알파벳에서 아홉 번째 문자이므로 09 또는 9로 부호화된다. 해당하는 암호문은 다음과 같다.

$$\begin{aligned} C &= 9^3 \bmod 55 \\ &= 729 \bmod 55 \\ &= 14. \end{aligned}$$

따라서 봅이 앨리스에서 메시지 17 14를 보낸다. ■

이 메시지를 복호화하기 위하여 앨리스는 복호화 키를 계산하여야 한다: 모듈로

$(p-1)(q-1)$에 대한 e의 양의 역원인 수 d. 앨리스는 다음의 식을 사용하여 암호문 C로부터 평문 M을 구한다.

$$\boxed{M = C^d \; mod \; pq} \qquad 8.4.6$$

$M+kpq \equiv M \pmod{pq}$이므로, 원래의 메시지의 산출을 보장받기 위한 복호화를 위하여 상기의 예에서와 같이 M은 pq보다 작아야 한다. p 및 q는 통상적으로 크게 취하므로, 이 요구 사항은 문제를 야기하지 아니한다. 긴 메시지는 제한 사항을 충족하기 위하여 부호의 블록들로 분할되고, 서신 빈도의 지식에 근거한 복호화를 방지하기 위하여 각각의 블록에 포함된다.

예제 8.4.10 **RSA 암호 기법을 사용한 메시지의 복호화**

앨리스가 자신의 메시지 복호화를 위하여 여러분을 고용하였고 앨리스가 여러분과 p 및 q의 값을 공유한다고 상상해 보자. 암호문 17 14를 앨리스를 위하여 복호화하라.

풀이

$p=5$ 및 $q=11$, $(p-1)(q-1)=40$이므로, 모듈로 40에 대한 3의 양의 역인 복호화 키를 먼저 구하여야 한다. 이 수를 아는 것이 필요할 줄 알고, 예제 8.4.8(b)에서 이를 계산하였고, 구한 값은 27이다. 따라서 여러분은 $M=17^{27} \; mod \; 55$을 계산하여야 한다. 이를 계산하기 위하여 $27=16+8+2+1=2^4+2^3+2+1$인 것을 언급한다. 17을 계속 2의 높은 멱으로 $2^4=16$까지 증가시켜서 구한 나머지들을 구하게 된다.

$$17 \; mod \; 55 = 17 \; mod \; 55 = 17$$
$$17^2 \; mod \; 55 = 17^2 \; mod \; 55 = 14$$
$$17^4 \; mod \; 55 = (17^2)^2 \; mod \; 55 = 14^2 \; mod \; 55 = 31$$
$$17^8 \; mod \; 55 = (17^4)^2 \; mod \; 55 = 31^2 \; mod \; 55 = 26$$
$$17^{16} \; mod \; 55 = (17^8)^2 \; mod \; 55 = 26^2 \; mod \; 55 = 16$$

그러고 나서 다음의 사실을 활용한다.

$$17^{27} = 17^{16+8+2+1} = 17^{16} \cdot 17^8 \cdot 17^2 \cdot 17^1$$

이를 표기하면

$$17^{27} \; mod \; 55 = (17^{16} \cdot 17^8 \cdot 17^2 \cdot 17) \; mod \; 55$$
$$\equiv \{(17^{16} \; mod \; 55)(17^8 \; mod \; 55)(17^2 \; mod \; 55)(17 \; mod \; 55)\} \pmod{55},$$

따름정리 8.4.4에 의하여

$$\equiv (16 \cdot 26 \cdot 14 \cdot 17)(\text{mod } 55)$$
$$\equiv 199008(\text{mod } 55)$$
$$\equiv 8(\text{mod } 55).$$

그러므로 17^{27} *mod* 55=8, 따라서 봅의 메시지의 첫 부분의 평문은 8이거나 08이다. 마지막 단계에서는 08에 해당하는 문자를 구하여야 한다. 이는 *H*이다. 이 절 끝 부분의 연습문제 7, 8에서 7을 복호화하는 과정을 보이게 되는데, 그 결과는 9이고, 이는 문자 I에 해당하고, 따라서 여러분은 앨리스에게 봅의 메시지는 HI라고 알려 줄 수 있다. ■

Euclid 보조정리

정리 8.4.5의 또 다른 결과는 Euclid 보조정리로 알려져 있다. 이는 정수에 대한 소인수분해 정리의 이면에서 핵심적인 사실이고 정수론의 많은 부분에서 매우 중요하다.

정리 8.4.8 Euclid 보조정리

임의의 정수 a, b 및 c에 대하여 $\gcd(a, c)=1$이고 $a \mid bc$이면, $a \mid b$이다.

증명:

a, b 및 c가 정수, $\gcd(a, c)=1$, 그리고 $a \mid bc$인 것으로 가정하자.[$a \mid b$인 것을 보여야 한다.] 정리 8.4.5에 의하여 다음을 만족시키는 정수 s 및 t가 존재한다.

$$as+ct=1.$$

이 식의 양변에 b를 곱하면, 다음 식을 얻는다.

$$bas+bct=b \qquad 8.4.7$$

$a \mid bc$이므로, 나뉨성의 정의에 의하여 다음을 만족시키는 정수 k가 존재한다 :

$$bc=ak \qquad 8.4.8$$

(8.4.8)을 (8.4.7)에 대입하여 a로 인수분해를 하면

$$b=bas+(ak)t=a(bs+kt).$$

$r=bs+kt$로 하면, r은 정수이다(b, s, k 및 t가 모두 정수이므로). 따라서 $b=ar$. 그러므로 나뉨성의 정의에 의하여 $a \mid b$이다.

정수에 대한 소인수분해 정리는 1보다 큰 임의의 정수는 수가 써지는 순서를 제외하고는 소수의 곱으로서 유일하게 표기된다는 것을 설명한다. 5.4절의 연습문제 7에 대한 힌트는 이 증명의 존재 부분에 대한 증명을 요약한 것이고 표현의 유일성은 Euclid 보조정리를 그대로 따른 것이다. 이 절 끝 부분의 연습문제 20에서는 완성하여야 할 증명을 요약

하기로 한다.

Euclid 보조정리에 대한 또 다른 증명은 합동 모듈로 n에 대한 소거 정리이다. 이 정리는 합동 관계에서 공통 인수를 나누는(일정한 환경 하에서) 것을 가능하게 한다.

정리 8.4.9 합동 모듈로 n에 대한 소거 정리
임의의 정수 a, b, c 및 $n(n > 1)$에 대하여 $\gcd(c, n)=1$이고 $ac \equiv bc \pmod n$이면, $a \equiv b \pmod n$이다.

증명:
a, b, c 및 n을 임의의 정수, $\gcd(c, n)=1$ 및 $ac \equiv bc \pmod n$을 가정하자.[$a \equiv b \pmod n$인 것을 보여야 한다.] 합동 모듈로 n의 정의에 의하여

$$n \mid (ac-bc).$$

그리고

$$ac-bc=(a-b)c \text{ 이므로}$$
$$n \mid (a-b)c$$

$\gcd(c, n)=1$이므로, Euclid 보조정리를 적용할 수가 있어 다음을 얻는다.

$$n \mid (a-b)$$

따라서 합동 모듈로 n의 정의에 의하여

$$a \equiv b \pmod n.$$

정리 8.4.9에 대한 선택적인 증명에서는 따름정리 8.4.7을 사용한다. $\gcd(c, n)=1$이므로, 이 따름정리는 모듈로 n에 대한 c의 역원을 보장한다. 정리 8.4.9의 증명에서는 d를 c에 대한 역원으로 표기하자. 정리 8.4.3(3)을 반복적으로 적용하여 $ac \equiv bc \pmod n$의 양변에 d를 곱하여 $(ac)d \equiv (bd)d \pmod n$를 구하고, 합동을 간략히 하기 위하여 $cd \equiv 1 \pmod n$인 것을 활용하여 $a \equiv b \pmod n$임을 결론 내린다.

Fermat의 소정리

Fermat의 소정리는 Fermat의 마지막 정리와 구별하기 위하여 이렇게 이름을 부르는 것이고, 이를 4.1절에서 논의하였다. Fermat의 소정리는 RSA 암호 기법의 이론적 근거를 제공한다.

정리 8.4.10 Fermat의 소정리
p가 임의의 소수이고 a가 조건 $p \nmid a$을 갖는 임의의 정수이면, $a^{p-1} \equiv 1 (\mathrm{mod}\ p)$이다.

증명:
p가 임의의 소수이고 a가 조건 $p \nmid a$을 갖는 임의의 정수라고 가정하자. 여기서 $a \neq 0$인데, 이는 p가 어떤 방법으로도 a를 나누지 않기 때문이다. 다음의 정수 집합을 고려한다.

$$S = \{a, 2a, 3a, ..., (p-1)a\}.$$

S의 임의의 두 개의 원소가 합동 모듈로 p가 아니라고 주장하기로 한다. $1 \le r < s \le p-1$의 조건을 갖는 정수 s와 r에 대하여 $sa \equiv ra (\mathrm{mod}\ p)$인 것을 가정하면, 합동 모듈로 p의 정의에 의하여

$$p \mid (sa - ra), \text{ 또는 동등하게 } p \mid (s-r)a.$$

이제 가설에 의하여 $p \nmid a$이고, p가 소수이므로, $\gcd(a, p) = 1$이다. 그러므로 Euclid 보조정리에 의하여 $p \mid (s-r)$로 된다. 그러나 $0 < s-r < p$이므로, 이는 불가능하다.

S에서, S의 각 원소를 모듈로 p에 대한 잉여들의 집합 $T = \{1, 2, 3, ..., (p-1)\}$로 보내는 함수 F를 고려하자. 그러면 F는 일대일 대응인데, 이는 S의 두 개의 원소가 합동 모듈로 p가 아니기 때문이고, 따라서 이는 전사이다. 그러므로 F는 전사이고, S의 $p-1$개의 원소들 $p-1$개의 잉여들은 정확하게 다음의 수들이다: $1, 2, 3, ..., (p-1)$.

정리 8.4.3(3)에 의하여 다음을 따르게 된다.

$$a \cdot 2a \cdot 3a \cdots (p-1)a \equiv 1 \cdot 2 \cdot 3 \cdots (p-1) (\mathrm{mod}\ p),$$

또는 동등하게

$$a^{p-1}(p-1)! \equiv (p-1)! (\mathrm{mod}\ p).$$

p가 소수이므로, p 및 $(p-1)!$은 서로소다. 그러므로 모듈러 합동에 대한 소거 정리(정리 8.4.9)에 의하여

왜 RSA 암호가 작동하는가?

RSA 암호 기법에 대하여 공식

$$M = C^d \ mod\ pq$$

을 가정하여 암호화된 메시지가 C일 때의 원래의 평문 메시지 M을 산출한다. 항상 이렇게 한다는 것을 어떻게 확인할 수 있는가? $M < pq$인 것이 요구되고, $C = M^e \ mod\ pq$인 것은 알고 있다는 점을 상기하자. 따라서 대입하면

$$C^d \; mod \; pq = (M^e \; mod \; pq)^d \; mod \; pq.$$

정리 8.4.3(4)에 의하여

$$(M^e \; mod \; pq)^d \equiv M^{ed} (\text{mod } pq).$$

따라서 $C^d \; mod \; pq \equiv M^{ed}(\text{mod } pq)$이고, 이는 다음을 보이기에 충분하다.

$$M \equiv M^{ed}(\text{mod } pq).$$

모듈로 $(p-1)(q-1)$에 대한 e의 역원으로서 d를 선정하였고, 이 d는 존재하는데, 이는 $\gcd(e, (p-1)(q-1)) = 1$이기 때문이다. 다시 말하면

$$ed \equiv 1(\text{mod } (p-1)(q-1)),$$

또는 동등하게

$$\text{어떤 양의 정수 } k\text{에 대하여, } ed = 1 + k(p-1)(q-1)$$

그러므로

$$M^{ed} = M^{1+k(p-1)(q-1)} = M(M^{p-1})^{k(q-1)} = M(M^{q-1})^{k(p-1)}$$

$p \nmid M$이면, Fermat의 소정리에 의하여 $M^{p-1} \equiv 1(\text{mod } p)$, 따라서

$$M^{ed} = M(M^{p-1})^{k(q-1)} \equiv M(1)^{k(q-1)}(\text{mod } p) = M \; (\text{mod } p).$$

마찬가지로 $q \nmid M$이면, Fermat의 소정리에 의하여 $M^{q-1} \equiv 1(\text{mod } q)$, 따라서

$$M^{ed} = M(M^{q-1})^{k(p-1)} \equiv M(1)^{k(p-1)} = M \; (\text{mod } q).$$

그러므로 M이 pq에 대하여 서로소이고

$$M^{ed} \equiv M(\text{mod } p) \text{ 및 } M^{ed} \equiv M(\text{mod } q).$$

M이 pq에 대하여 서로소가 아니면, $p \mid M$이거나 $q \mid M$이다. 일반성을 유지하면서 $p \mid M$인 것을 가정하자. 그러면 $M^{ed} \equiv 0 \equiv M(mod \; p)$을 얻게 된다. 또한 이는 $M < pq$, $q \nmid M$이므로, 상기와 같이 $M^{ed} \equiv M(\text{mod } q)$. 그러므로 이 경우에서도 마찬가지로

$$M^{ed} \equiv M \; (mod \; p) \text{ 및 } M^{ed} \equiv M \; (mod \; q).$$

정리 8.4.1에 의하여

$$p \mid (M^{ed} - M) \text{ 및 } q \mid (M^{ed} - M)$$

그리고 나뉨성의 정의에 의하여

$$\text{어떤 양의 정수 } t\text{에 대하여, } M^{ed}-M=pt$$

대입하면 $q \mid pt$이다.
그리고 q 및 p가 서로 다른 소수들이므로, Euclid 보조정리를 적용하면

$$q \mid t.$$

따라서 나뉨성의 정의에 의하여

$$\text{어떤 정수 } u\text{에 대하여, } t=qu$$

대입하면

$$M-M^{ed}=pt=p(qu)=(pq)u$$

따라서 나뉨성의 정의에 의하여

$$pq \mid (M-M^{ed})$$

그러므로 합동의 정의에 따라

$$M-M^{ed} \equiv 0 (\text{mod } pq)$$

또는 동등하게

$$M \equiv M^{ed} (\text{mod } pq).$$

$M < pq$이기 때문에, 이 최종 합동을 적용하면

$$M=M^{ed} \; mod \; pq$$

따라서 RSA 암호는 정확한 결과를 산출한다.

정수론 및 암호 기법에 대한 부가 사항

영국의 유명한 수학자 G. H. Hardy(1877~1947)는 순수 수학의 미학 특히 정수론과 그 기법의 미학을 비교하는 것을 좋아하였다. 실제적으로 이 절의 정리들은 우리가 묘사하는 공간을 초월하는 많은 아름답고 경이적인 결과들을 갖고 있으며 정수론의 주제는 이 정리들을 훨씬 더 초월한다. Hardy는 또한 순수 수학을 무용도로서 기술하기를 좋아하였다. 컴퓨터 과학에 관하여 정수론이 응용된 책들이 현재 통용된다는 것은 역설적이다. RSA 암호 기법은 바로 이 정수론의 응용이다. 또한 공개 키 암호 기법에 대한 요구가 발전하여 추상 대수학, 대수 기하학 등과 같은 수학의 다른 분야의 기법들이 추가적인 암호 시스템을 개발하는 데에 사용되고 있다.

자 | 기 | 진 | 단

1. 영문자가 Caesar 암호를 이용하여 암호화되었다면 이 문자의 암호 버전은 _______ 이다.
2. a, b, n이 정수이고 $n > 1$일 때, 다음 모두는 $n \mid (a-b)$을 표현하는 여러 가지 방법이다: ______, _______, _______, _______.
3. a, b, c, d, m, n이 정수이고 $n > 1$이고, $a \equiv c(\text{mod } n)$ 그리고 $b \equiv d(\text{mod } n)$이면 $a+b \equiv$ _______, $a-b \equiv$ _______, $ab \equiv$ _______, $a^m \equiv$ _______.
4. a, n, k가 양의 정수이고 $n > 1$일 때, $a^k(\text{mod } n)$를 효율적으로 계산하는 방법은 k를 _______ 로 쓰고 n으로 나누어떨어지는 곱과 지수 계산을 이용하는 것이다.
5. 정수의 선형 조합으로써 두 정수의 최대공약수를 표현하기 위해서는 확장된 _______ 알고리즘을 이용한다.
6. a를 $n > 1$으로 나눈 양의 정수에 대한 역을 찾기 위해서 숫자 1을 _______ 로 표현한다.
7. 공용 키 pq와 e를 사용하여 RSA 암호로 메시지 M을 암호화하기 위해서 수식 _______ 를 사용하여 메시지 C를 복호화하고 ______ 인 ______ 을 사용한다.
8. Euclid 정리에서 임의의 정수 a, b, c에 대하여 $\gcd(a, c)=1$ 그리고 $a \mid bc$이면 _______ 이다.
9. Format의 소정리에 의하면 p가 소수이고 a가 $p \nmid a$인 정수이면 _______ 이다.
10. RSA 암호화에 대한 증명의 핵심은
    (1) p와 q가 서로 다른 큰 소수라면
    (2) $M < pq$라면
    (3) M이 pq와 서로 소라면
    (4) e가 $(p-1)(q-1)$와 서로 소라면
    (5) d가 $(p-1)(q-1)$에 대한 e의 양의 역원이라면
    그렇다면 $M=$_______ 이다.

연 / 습 / 문 / 제 8.4

1. **a.** Caesar 암호기로 메시지 WHERE SHALL WE MEET를 암호화하라.
   b. Caesar 암호기로 암호화된 메시지 LQ WKHFDIHWHULD를 복호화하라.

2. $a=25$, $b=19$, 그리고 $n=3$이라고 할 때
   a. $3 \mid (25-19)$임을 보여라.
   b. 왜 $25 \equiv 19 \ (\text{mod } 3)$인지 설명하라.
   c. 어떤 k의 값이 $25=19+3k$인 성질을 가지는가?
   d. 25를 3으로 나누었을 때 (음이 아닌) 나머지는 무엇인가? 19를 3으로 나누었을 때는?
   e. 왜 $25 \text{ mod } 3 = 19 \text{ mod } 3$인지 설명하라.

3. 합동 모듈로 n 관계의 서로 다른 동치류가 집합 [0], [1], [2], ..., [$n-1$]일 때 다음을 증명하라. 각 $a=0, 1, 2, \ldots, n-1$에 대하여 $[a]=\{m \in \mathbf{Z} \mid m \equiv a \ (\text{mod } n)\}$이다.

4. 다음 명제를 증명하라.
   a. $128 \equiv 2(\text{mod } 7)$ 그리고 $61 \equiv 5(\text{mod } 7)$
   b. $(128+61) \equiv (2+5)(\text{mod } 7)$
   c. $(128-61) \equiv (2-5)(\text{mod } 7)$
   d. $(128 \cdot 61) \equiv (2 \cdot 5)(\text{mod } 7)$
   e. $128^2 \equiv 2^2(\text{mod } 7)$

5. 주어진 명제를 증명하라. a, b, c, d, 그리고 $n > 1$은 정수이고 $a \equiv c(\text{mod } n)$ 그리고 $b \equiv d(\text{mod } n)$이라고 가정하자.
   a. $(a+b) \equiv (c+d)(\text{mod } n)$
   b. $(a-b) \equiv (c-d)(\text{mod } n)$

6. **a.** 모든 정수 $n \geq 0$에 대하여 $10^n \equiv 1(\text{mod } 9)$임을

증명하라.

b. (a)를 이용하여 양의 정수가 9로 나누어진다는 것은 각 자릿수의 합이 9로 나누어진다는 것과 동치임을 증명하라.

7. 예제 8.4.4의 기법을 이용하여 14^2 *mod* 55, 14^4 *mod* 55, 14^8 *mod* 55, 14^{16} *mod* 55를 구하라.

8. 연습문제 7의 결과와 예제 8.4.5의 기법을 이용하여 14^{27} *mod* 55를 구하라.

9. 예제 8.4.4와 8.4.5의 기법을 이용하여 다음 수를 구하라: 675^{307} *mod* 713.

연습문제 10, 11에서는 예제 8.4.9와 8.4.10에서의 RSA 암호기를 이용하라. 10에서는 메시지를 수치로 해석하라. 11은 암호를 풀고 메시지를 알기 위해 그 결과를 영문자로 복호화하라.

10. HELLO　　　**11.** 13 20 20 09

12. 정리 5.2.3을 이용하여 a와 n이 양의 정수이고 a^n-1이 소수이면 $a=2$이고 n은 소수임을 증명하라.

13. 확장된 Euclid 알고리즘을 이용하여 주어진 수들의 최대공약수를 구하고 두 수의 선형 조합으로 표현하라: 6664와765.

연습문제 14에서는 다음의 확장된 Euclid 알고리즘의 공식적 구현을 참조한다.

알고리즘 8.4.1 확장된 Euclid 알고리즘

[주어진 정수 A와 B, $A > B > 0$에서, 이 알고리즘은 gcd(A, B)를 계산하고 $sA+tB=\gcd(A, B)$가 되는 정수 s와 t를 구한다.]

Input: A, B *[integers with* $A > B > 0$*]*

Algorithm Body:

```
    a := A, b := B, s := 1, t := 0, u := 0, v := 1,
    [pre-condition: a = sA + tB and b = uA + vB]
    while (b ≠ 0)
        [loop invariant: a = sA + tB and b = uA + vB,
        gcd(a, b) = gcd(A, B)]
        r := a mod b, q := a div b
        a := b, b := r
        newu := s − uq, newv := t − vq
        s := u, t := v
        u := newu, v := newv
    end while
    gcd := a
    [post-condition: gcd(A, B) = a = sA + tB]
Output: gcd[a positive integer], s, t [integers]
```

14. 주어진 A와 B의 값에 대해 **while** 반복문 시작 전과 각 반복문의 반복이 끝난 후의 s, t, 그리고 $sA+tB$를 보여 주는 표를 작성하라: $A=330$, $B=156$.

15. **a.** modulo 13에 대한 210의 역원을 구하라.

b. modulo 13에 대한 210의 양의 역원을 구하라

c. 합동식 $210x \equiv 8 \pmod{13}$에서 양의 해를 구하라.

16. 정리 8.4.5를 이용하여 모든 정수 a, b, c에 대하여 gcd(a, b)=1이고 $a \mid c$이고 $b \mid c$이면, $ab \mid c$임을 증명하라.

17. 따름정리 8.4.7은 a와 n이 서로소일 때 정수 a에 대한 모듈러 n의 역원이 존재함을 보장한다. Euclid의 보조정리를 이용하여 그 역원은 유일한 모듈러 n임을 증명하라. 다시 말해, a와의 곱이 1의 모듈러 n과 합동이 되는 두 정수는 각각의 합동 모듈로 n임을 보여라.

18, 19에서 $n=713=23 \cdot 31$ 그리고 $e=43$의 공통키를 갖는 RSA 암호기를 이용하라. 18에서는 메시지를 수치적 등가로 암호화하라. 19에서는 주어진 암호문을 복호화하고 원 메시지를 복호화하라.

18. HELP　　　**19.** 675 089 089 048

20. **a.** 수학적 귀납법과 Euclid의 보조정리를 이용하여 모든 양의 정수 s에 대해 p와 $q_1, q_2, ..., q_s$가 소수이고 $p \mid q_1q_2, \cdots q_s$이면 $1 \le i \le s$인 어떤 i에 대해 $p = q_i$임을 증명하라.

b. 정수에 대해 유일 인수분해 정리의 유일부분은 정수 n이 주어졌을 때 $p_1 \le p_2 \le \cdots \le p_r$이고 $q_1 \le q_2 \le \cdots \le q_s$인 r과 s에 대하여

$$n = p_1p_2 \cdots p_r = q_1q_2 \cdots q_s$$

이면 모든 정수 $(1 \le i \le r)$에 대하여 $r=s$ 그리고 $p_i = q_i$이다.

(a)의 결과를 이용하여 다음 증명을 구체화하라. n이 두 개의 서로 다른 소수의 곱들로 이루어진 정수라고 가정하자: $n=p_1p_2 \cdots p_t = q_1q_2 \cdots q_u$. 모든 소인수는 양변에 나타나게 되고 소거되어 (양변에 나타나는 횟수만큼) 정수 i와 j에 대해 $p_1p_2 \cdots p_r = q_1q_2 \cdots q_s, p_1 \le p_2 \le \cdots \le p_r, q_1 \le q_2 \le \cdots \le q_s, p_i \ne q_j$인 상황이 된다. 그러면 (a)를 이용하여 모순을 유도하는 데 n의 소인수분해는 소인수가 써지는 순서를 제외하고는 유일하다.

21. Fermat의 소정리에 따르면 만약 p가 소수이고 a와 p가 서로소이면 $a^{p-1} \equiv 1 \pmod p$라는 것이다. 이 정리가 바른 결과값을 갖는지 다음에 대해 검증하라.

a. $a=15, p=7$ **b.** $a=8, p=11$

자 | 기 | 진 | 단 | 해 | 답

1. 문자의 우측으로 알파벳에서 세 번째 자리, X에 대한 A, Y에 대한 B, 그리고 Z에 대한 C 2. $a \equiv b \pmod n$; 어떤 정수 k에 대해 $a=b+kn$; a와 b는 n으로 나누었을 때 같은 음이 아닌 나머지를 갖는다; $a \bmod n = b \bmod n$ 3. $(c+d) \pmod n$; $(c-d) \pmod n$; $(cd) \pmod n$; $c^m \pmod n$ 4. 2의 지수의 합 5. Euclid 설명 6. a와 n의 선형 조합 7. $C=M^c \bmod pq$; $M=C^d \bmod pq$; d는 modulo $(p-1)(q-1)$에 대한 e의 양의 역원 8. $a \mid b$ 9. $a^{p-1} \equiv 1 \pmod p$ 10. $M^{ed} \bmod pq$

8.5 부분 순서의 관계

수학의 어떤 분야도, 아무리 추상적이라 할지라도, 언젠가는 현실 세계의 현상에 응용될 수 없는 것은 없다.—Nicolai Ivanovitch Lobachevsky, 1792~1856

한 대학교에서 컴퓨터 과학의 학위를 취득하려면, 필수 교과 과정에 정해진 집합론을 수강하여야 하고, 일부 교과목들은 다른 교과목을 수강하기 전에 이수하여야 한다. 이러한 학사 프로그램의 선수 교과목 구조가 주어지면, 학생들은 학위 요구 사항을 충족하기 위하여 필요한 최소 학기의 수는 무엇이고, 또는 동일 학기에 수강할 수 있는 최대 교과목 수는 무엇인가, 또는 시간제 학생이 한 학기당 수강할 수 있는 교과목들의 연속이 있는가의 여부를 질문할 수 있다. 이 절의 후반에서, 부분 순서의 관계가 이러한 질문에 대답하는 것을 상대적으로 용이하게 함으로써 학사 프로그램의 선수 교과목 구조를 어떻게 표현하는가

를 보인다.

반대칭성

8.2절에서 관계의 세 가지 성질들을 정의하였다: 반사성, 대칭성 및 추이성. 관계의 네 번째 성질을 반대칭성이라 한다. 관계의 화살 도표에 따르면, 한 관계가 반대칭적이면 한 화살표가 한 원소에서 서로 다른 원소로 갈 때마다 두 번째에서 첫 번째로 되돌아오는 화살표가 존재하지 않는다.

> **• 정의**
>
> R을 집합 A상의 관계라 하자. R이 **반대칭적**(antisymmetric)인 것은 오직 다음의 조건인 경우이다.
>
> A 내의 임의의 a와 b에 대하여 $a\,R\,b$이고 $b\,R\,a$이면, $a=b$이다.

정의의 부정을 취하여 R이 **반대칭적이지 않은** 것은 오직 다음의 조건인 것을 보일 수 있다.

$a\,R\,b$이고 $b\,R\,a$이나 $a \neq b$인 원소들 a와 b가 존재한다.

예제 8.5.1 **유한 관계의 반대칭성에 대한 실험**

R_1과 R_2를 다음과 같이 정의되는 $\{0, 1, 2\}$에서의 관계로 한다. R_1 및 R_2에 대한 방향 그래프를 작도하고 관계들이 반대칭적인 것을 나타내라.

a. $R_1 = \{(0, 2), (1, 2), (2, 0)\}$

b. $R_2 = \{(0, 0), (0, 1), (0, 2), (1, 1), (1, 2)\}$

풀이

a. R_1이 반대칭적이 아니다.

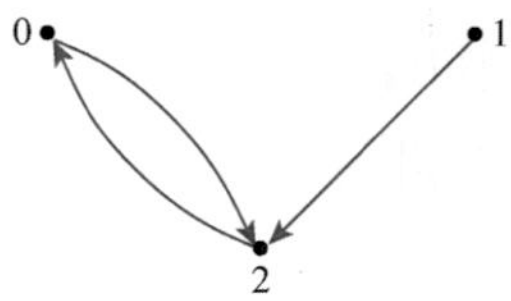

$0\,R_1\,2$이고, $2\,R_1\,0$이나, $0 \neq 2$이므로, R_1이 반대칭적이 아니다.

b. R_2가 반대칭적이다.

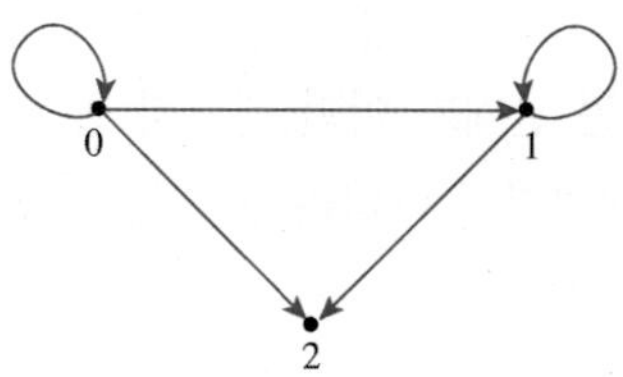

R_2가 반대칭적이 아니기 위해서는, R_2에 의하여 각 원소가 다른 원소에 대응되는 조건의 A의 서로 다른 원소들의 쌍이 존재하여야 할 것이다. 그러나 검사해 보면 이러한 쌍은 존재하지 않는다. ■

예제 8.5.2 **'나누기' 관계의 반대칭성에 대한 실험**

R_1을 모든 양의 정수들의 집합에서 '나누기' 관계로 하고, R_2를 모든 정수들의 집합에서 '나누기' 관계로 한다.

임의의 $a, b \in \mathbf{Z}^+$에 대하여 $a\, R_1\, b \;\Leftrightarrow\; a \mid b$.
임의의 $a, b \in \mathbf{Z}$에 대하여 $a\, R_2\, b \;\Leftrightarrow\; a \mid b$.

a. R_1은 반대칭적인가? 증명을 하거나 반례를 제시하라.
b. R_2는 반대칭적인가? 증명을 하거나 반례를 제시하라.

풀이

a. R_1은 반대칭적이다.

증명:

a와 b는 양의 정수이고 $a\, R_1\, b$ 및 $b\, R_1\, a$를 만족한다고 가정하자.[$a=b$인 것을 보여야 한다.] R_1의 정의에 의하여 $a \mid b$이고 $b \mid a$이다. 그러므로 나누기의 정의에 의하여 $b=k_1a$ 및 $a=k_2b$인 정수 k_1 및 k_2가 존재한다. 이는 다음으로 된다.

$$b=k_1a=k_1(k_2b)=(k_1k_2)b.$$

양변을 b로 나누면

$$k_1k_2=1.$$

여기서 k_1과 k_2는 모두 양의 정수이다. 양의 정수의 곱이 1과 동일한 것은 $1 \cdot 1$이다. 따라서

$$k_1=k_2=1$$

그러므로 $$a=k_2b=1 \cdot b=b.$$

[이는 보이고자 한 것이다.]

b. R_2는 반대칭적이 아니다.

반례:

$a=2$ 및 $b=-2$로 두자. 그러면 $a \mid b$이고[$-2=(-1) \cdot 2$이기 때문에], $b \mid a$이다[$2=(-1)(-2)$이기 때문에]. 그러므로 $a\, R_2\, b$ 및 $b\, R_2\, a$이나 $a \neq b$이다. ■

예제 8.5.2는 관계가 어떤 집합의 한 부분집합에서는 반대칭적일 수 있으나 그 집합 자체에서는 반대칭적이 아니라는 것을 예시하고 있다.

부분 순서의 관계들

관계가 반사적, 반대칭적 및 추이적인 것을 부분 순서라 한다.

> **• 정의**
>
> R을 집합 A상에 정의된 관계로 하자. R이 **부분 순서 관계**(partial order relation)인 것은 오직 R이 반사적, 반대칭적 및 추이적인 경우이다.

두 개의 기본적인 부분 순서 관계들은 실수의 집합에서 '작거나 같은' 관계와 집합들의 '부분집합' 의 관계이다. 이들은 부분 순서 관계에 대한 모델 또는 패러다임으로 생각될 수 있다.

예제 8.5.3 **'부분집합'의 관계**

$\mathscr{A}$를 집합들의 임의의 모임이라 하자. $\mathscr{A}$상의 '부분집합' 의 관계 $\subseteq$를 다음과 같이 정의한다. 모든 $U, V \in \mathscr{A}$에 대하여

$$U \subseteq V \Leftrightarrow \text{임의의 } x\text{에 대하여 } x \in U\text{이면, } x \in V\text{이다.}$$

8.2절 연습문제 10의 해에 대하여 거의 동일한 논의에 의하여 $\subseteq$는 반사적이고 추이적이다. $\subseteq$이 부분 순서 관계인 것의 증명을 완료하기 위하여 $\subseteq$이 반대칭적인 것을 증명하자.

풀이

$\subseteq$이 반대칭적이라는 것은 $\mathscr{A}$ 내의 임의의 부분집합들 U 및 V에 대하여 $U \subseteq V$이고 $V \subseteq U$이면, $U = V$임을 의미한다. 그러나 이는 집합의 상등의 정의에 의하여 참이다. ■

예제 8.5.4 **양의 정수의 집합에서 '나누기'의 관계**

$\mid$을 양의 정수의 집합 A에서 '나누기' 의 관계로 하자. 즉, 모든 $a, b \in A$에 대하여

$$a \mid b \quad \Leftrightarrow \quad \text{어떤 정수 } k\text{에 대하여, } b = ka$$

$\mid$는 A에서 부분 순서 관계임을 증명하라.

풀이

$\mid$ 는 반사적이다: [모든 $a \in A$에 대하여 $a \mid a$인 것을 보여야 한다.] $a \in A$인 것으로 가정하면, $a = 1 \cdot a$이다. 그러므로 나뉨성의 정의에 의하여 $a \mid a$.

$\mid$ 는 반대칭적이다: [모든 $a, b \in A$에 대하여 $a \mid b$이고 $b \mid a$이면, $a = b$인 것을 보여야 한다.]

이 증명은 실제적으로 예제 8.5.2(a)와 동일하다.

| 는 추이적이다: 추이적임을 보이려면 임의의 $a, b, c \in A$에 대하여 $a \mid b$이고 $b \mid c$이면, $a \mid c$임을 보여야 한다. 그러나 이는 정리 4.3.3과 같이 증명이 되었다.

|이 반사성, 반대칭성 및 추이성을 가지므로 |는 A에서 부분 순서 관계이다. ■

예제 8.5.5 '작거나 같은'의 관계

S를 실수의 집합으로 하고, S에서 '작거나 같은'의 관계 $\le$를 다음과 같이 정의하자. S 내의 임의의 실수 x와 y에 대하여

$$x \le y \quad \Leftrightarrow \quad x < y \text{ 또는 } x = y.$$

$\le$이 부분 순서 관계임을 보여라.

풀이

$\le$ 이 반사적이다: $\le$이 반사적이라는 것은 S 내의 모든 실수에 대하여 $x \le x$라는 의미이다. 그러나 $x \le x$는 $x < x$ 또는 $x=x$인 것을 의미하고, $x=x$는 항상 참이다.

$\le$ 이 반대칭적이다: $\le$이 반대칭적이라는 것은 S 내의 임의의 실수 x와 y에 대하여 $x \le y$이고 $y \le x$이면, $x=y$라는 뜻이다. 이는 곧 $\le$의 정의와 삼분법 성질을 따르게 되고, 이는 주어진 임의의 실수 x와 y는 다음 중의 하나를 정확히 보유한다는 의미이다: $x < y$ 또는 $x=y$ 또는 $x > y$.

$\le$ 이 추이적이다: $\le$이 추이적이라는 것은 S 내의 임의의 실수 x, y 및 z에 대하여 $x \le y$이고 $y \le z$이면, $x \le z$라는 뜻이다. 이는 곧 $\le$의 정의와 순서의 추이성을 따르게 되고, 이는 주어진 임의의 실수 x, y, z는 $x \le y$이고 $y \le z$ 이면, $x \le z$라는 의미이다.

$\le$이 반사성, 반대칭성 및 추이성을 가지므로 이는 부분 순서 관계이다. ■

• 표기법

부분 순서 관계의 연구에서 $\le$의 관계에 의하여 작용하는 특별한 전형적인 역할로 인하여 부호 $\preceq$은 일반적인 부분 순서 관계를 가리키는 데 자주 사용되고, 표기 방식 $x \preceq y$는 "x는 y보다 작거나 같다" 또는 "y는 x보다 크거나 같다"라고 읽는다.

사전식 순서

영어 사전에서 두 개의 단어 중 어느 것이 먼저 나오는가를 알기 위해 좌에서 우로 하나씩 문자들을 비교한다. 만일 모든 문자들이 일정한 지점에 대하여 동일할 경우에는 하나의 단

어가 선행한다. 예를 들어 *play*는 *playhouse*를 선행한다. 만일 모든 문자들이 동일 지점 위에 있을 경우에는 그 다음 문자들은 달라지고, 다음 문자가 알파벳 상에서 앞에 위치하는 단어는 사전에서 먼저 나온다. 예를 들어 *playhouse*는 *playmate* 앞에 놓인다.

보다 일반적으로 A가 부분 순서의 관계를 갖는 임의의 집합이면, 사전 순서 또는 사전식 순서는 다음의 정리에서 기술된 A에 관한 문자열의 관계로서 정의될 수 있다.

정리 8.5.1

집합 A상의 부분 순서 관계 R이 정의되어 있고, S를 A상의 모든 문자열의 집합으로 하자. S에서 관계 $\preceq$를 다음과 같이 정의한다.

S 내 임의의 두 개의 문자열에 대하여($a_1a_2 \cdots a_m$ 및 $b_1b_2 \cdots b_n$, 여기서 m과 n은 양의 정수이다)

1. 모든 $i=1, 2, ..., m$에 대하여 $m \leq n$ 및 $a_i=b_i$이면

$$a_1a_2 \cdots a_m \preceq b_1b_2 \cdots b_n \text{이다.}$$

2. $k \leq m$, $k \leq n$ 및 $k \geq 1$을 만족하는 어떤 정수 k에 대하여, $a_i=b_i$(단, 모든 $i=1, 2, ..., k-1$에 대하여), $a_k \neq b_k$이나, $a_k \, R \, b_k$이면

$$a_1a_2 \cdots a_m \preceq b_1b_2 \cdots b_n.$$

3. S 내에서 ϵ이 공문자열이고 s가 임의의 문자열이면, $\epsilon \preceq s$이다.

만약 어떤 문자열도 이 세 개의 조건들 외에 다른 것과 관계되지 않으면, $\preceq$는 부분 순서 관계이다.

정리 8.5.1의 증명은 기술적이지만 직설적이다. 이는 연습문제에서 다루기로 한다.

• 정의

정리 8.5.1의 부분 순서 관계를 A에서 부분 순서 R에 대응하는 **S에 대한 사전식 순서** (lexicographic order for S)(알파벳 순서)라 한다.

예제 8.5.6 **사전식 순서(알파벳 순서)**

$A=\{x, y\}$로 하고, R을 A에서 다음의 부분 순서 관계라고 하자.

$$R=\{(x, x), (x, y), (y, y)\}.$$

S를 A상의 모든 문자열의 집합으로 하고, R에 대응하는 S에 대한 사전적 순서를 $\preceq$으로 표기하자.

a. $x \preceq xx$ 인가? $x \preceq xy$? $xx \preceq xxx$? $yxy \preceq yxyxxx$?

b. $x \preceq y$ 인가? $xx \preceq xyx$? $xxxy \preceq xy$? $yxyxxyy \preceq yxyxy$?

c. $\epsilon \preceq x$ 인가? $\epsilon \preceq xy$? $\epsilon \preceq yyxy$?

풀이

a. $\preceq$의 정의의 성질 (1)에 의하여, 모든 경우에서 맞다.

b. $\preceq$의 정의의 성질 (2)에 의하여, 모든 경우에서 맞다.

c. $\preceq$의 정의의 성질 (3)에 의하여, 모든 경우에서 맞다. ■

Hasse 도표

$A=\{1, 2, 3, 9, 18\}$로 하고, A에서 '나누기'의 관계를 고려하자. 임의의 $a, b \in A$에 대하여

$$a \mid b \quad \Leftrightarrow \quad \text{어떤 정수 } k\text{에 대하여, } b=ka$$

이 관계의 방향 그래프는 다음과 같은 형태를 갖는다.

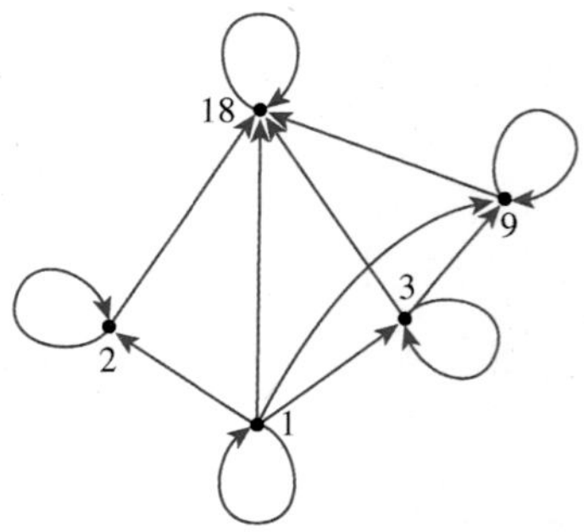

이 그림에서 모든 꼭지점에는 하나의 순환선이 있고, 모든 화살표는 동일 방향을 지시하고 (상부로), 한 지점에서 두 번째 지점으로 향하는 화살표, 두 번째 지점에서 세 번째로 향하는 화살표가 있는 경우는 첫 번째 지점에서 세 번째로 향하는 화살표가 있다. 유한 집합에서 정의된 임의의 부분 순서 관계가 주어지면, 이러한 모든 성질을 만족시키는 방식으로 방향 그래프를 그리는 것이 가능하다. 이럴 경우에는 유한 집합에서 정의된 부분 순서 관계를 사용하여 좀 더 단순한 그래프, **Hasse 도표**(Hasse diagram)(20세기의 독일 정수론 수학자 Helmut Hasse의 이름으로부터)에 연관시키는 것이 가능하다. Hasse 도표를 구하는 것은 다음의 절차를 따른다.

관계의 방향 그래프부터 시작하고, 페이지 상에 꼭지점을 찍어서 모든 화살표가 위를 향하게 한다. 그리고 다음을 제거한다.

1. 모든 꼭지점에서의 순환선.

2. 존재가 추이성에 의하여 적용된 모든 화살표.
3. 화살표 상의 방향 지시자.

앞에서 주어진 관계에 대한 Hasse 도표는 다음과 같다.

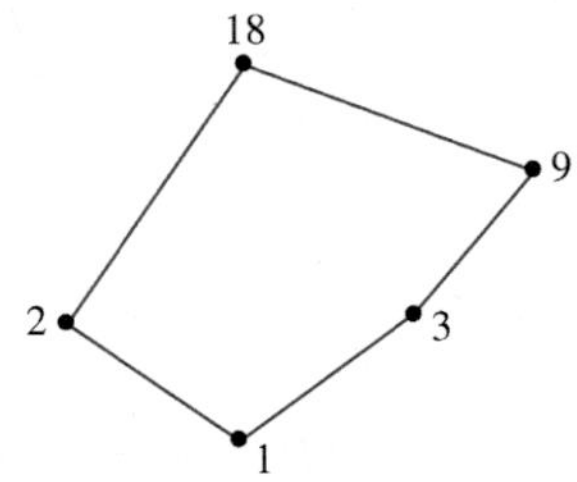

예제 8.5.7 **Hasse 도표를 구성하기**

집합 $\mathscr{P}(\{a, b, c\})$에서 '부분집합'의 관계 $\subseteq$를 고려하자. 즉, 집합 $\mathscr{P}(\{a, b, c\})$에서 임의의 집합 U 및 V에 대하여

$$U \subseteq V \ \Leftrightarrow\ \forall x,\ x \in U\text{이면, } x \in V\text{이다.}$$

이 관계에 대한 Hasse 도표를 구성하라.

풀이

먼저 모든 화살표를 위로 향하는 방식으로 관계의 방향 그래프를 그린다.

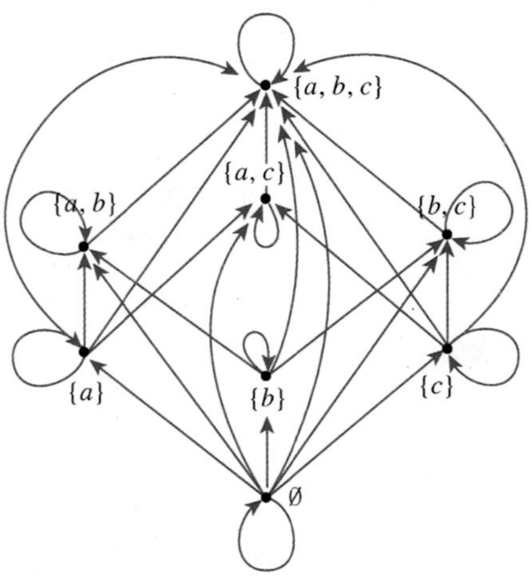

Hasse 도표를 구하기 위하여 모든 순환선, 불필요한 화살표 및 방향 지시자를 제거한다.

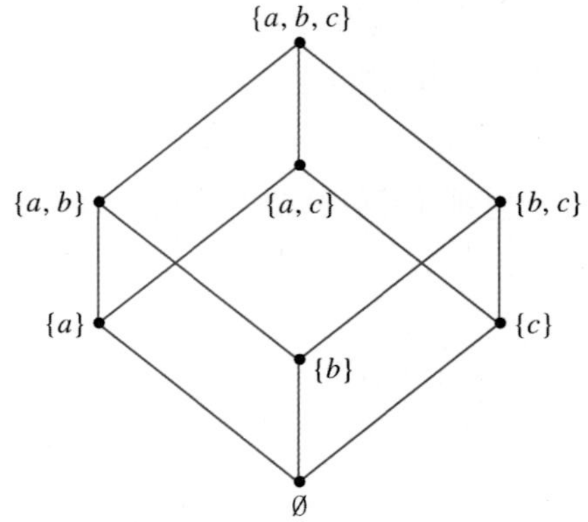

■

Hasse 도표로부터 관계의 방향 그래프를 복구하기 위해서는, 앞에서 기술한 지시 사항을 역으로 진행하며, 원래의 방향성 그래프가 작성된 지식을 활용하여 모든 화살표가 위로 향하게 한다.

1. 모든 화살표가 위로 향하도록 하여 화살표 상의 방향 표시자를 다시 삽입한다.
2. 각 꼭지점에 순환선을 추가한다.
3. 한 지점에서 두 번째 지점, 두 번째 지점에서 세 번째 지점의 각 연속적인 선에 대하여 첫 번째 지점에서 세 번째 지점으로의 화살표를 추가한다.

예제 8.5.8 **관계의 Hasse 도표로부터 부분 순서 관계의 방향 그래프를 구하기**

부분 순서 관계 R은 다음의 Hasse 도표를 갖는다. R의 방향 그래프를 구하라.

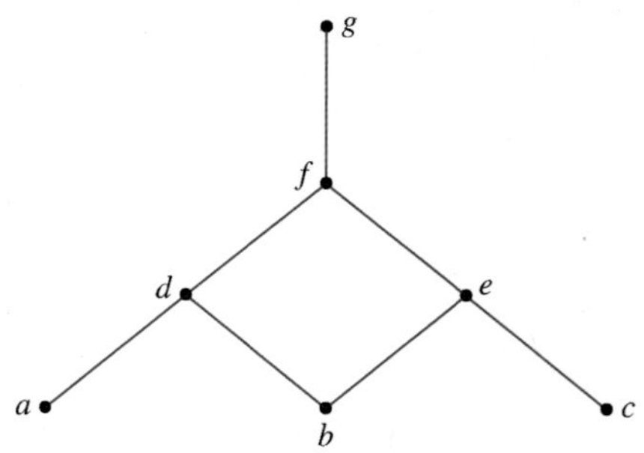

풀이

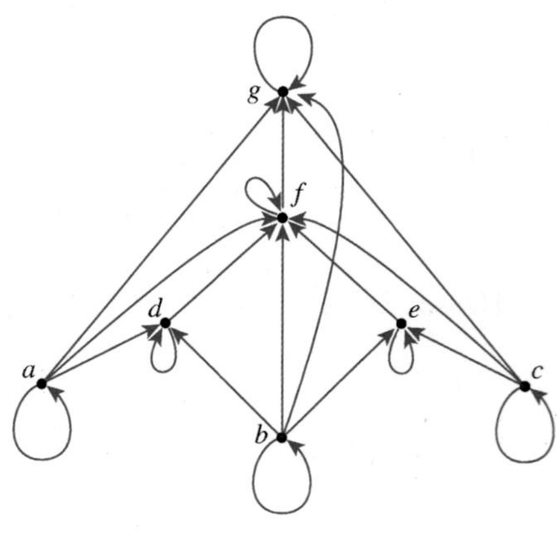

■

부분 순서와 완전 순서 집합

$x \le y$ 또는 $y \le x$인 두 개의 실수 x와 y가 주어졌다. 이와 같은 상황에서는, 원소들 x와 y는 비교 가능하다고 한다. 반면에 $\{a, b, c\}$의 두 개의 부분집합 A와 B가 주어졌을 때, 반드시 $A \subseteq B$이거나 $B \subseteq A$인 것은 아니다. 예를 들어 $A=\{a, b\}$ 및 $B=\{b, c\}$으로 하자. 그러면 $A \not\subseteq B$ 및 $B \not\subseteq A$이다. 이러한 경우 A와 B는 비교 불가능이라 한다.

• 정의

$\preceq$을 집합 A상에서의 부분 순서의 관계로 가정하자. A의 원소 a와 b가 **비교 가능**(comparable)이라 하는 것은 오직 $a \preceq b$이거나 $b \preceq a$인 경우이다. 그렇지 않으면 a와 b는 **비교 불가능**(noncomparable)이다.

부분 순서 관계의 모든 원소들이 비교 가능하면, 그 관계는 완전 순서라고 한다.

• 정의

R이 집합 A상에서의 부분 순서 관계이고 A 내의 임의의 두 원소 a와 b에 대하여 $a\,R\,b$ 또는 $b\,R\,a$이면, R은 A에서 **완전 순서 관계**(total order relation)이다.

실수의 집합에서 '작거나 같은'의 관계와 사전 내에서 단어 집합의 사전적 순서는 완전 순서 관계들이다. 완전 순서 관계에 대한 Hasse 도표는 단일 수직 체인으로 그려질 수 있다.

많은 중요한 부분 순서 관계들은 비교 불가능인 원소들을 갖고 완전 순서 관계가 아니다. 예를 들면 $\mathscr{P}(\{a, b, c\})$에서 부분집합의 관계는 완전 순서의 관계가 아닌데, 이는 앞에서 보인 바와 같이 $\{a, b, c\}$의 부분집합 $\{a, b\}$ 및 $\{a, c\}$는 비교 가능이 아니기 때문이다. 또한 '나누기'의 관계는 그 원소들이 모두 단일 정수의 멱이 아닌 조건에서는 완전 순서의 관계가 아니다.(이 절 끝 부분의 연습문제 13을 참고하라.)

관계 $\preceq$와 연관하여 집합 A를 부분 순서 집합이라고 하는 것은, 그 조건이 $\preceq$가 A에서 부분 순서 관계일 경우이다. 예를 들어 실수의 집합은 '작거나 같은'의 관계 $\le$에 연관하여 부분 순서 집합이고, 집합들의 집합은 '부분집합'의 관계 $\subseteq$에 연관하여 부분 순서 집합이다. 부분 순서 집합의 임의의 부분집합은 부분 순서인 것을 보이는 것은 전적으로 직설적이다.(이 절 끝 부분의 연습문제 20을 참고하라.) 물론 집합의 전체에 대해서와 같이 부분집합의 관계에 대하여 '동일한 정의'를 가정한다. 관계 $\preceq$에 연관하여 집합 A가 **완전 순서 집합**이라고 하는 것은 그 조건이 A가 $\preceq$에 연관하여 부분 순서이고 $\preceq$이 완전 순서인 경우에 한한다.

부분 순서이나 완전 순서가 아닌 집합은 완전 순서의 부분집합을 가질 수 있다. 이러한 부분집합들을 체인이라고 한다.

> **• 정의**
>
> A를 관계 $\preceq$에 연관하여 부분 순서 집합이라 하자. A의 부분집합 B가 **사슬**(chain)인 것은 그 조건이 B 내 원소들의 각 쌍에서의 원소들이 비교 가능할 경우에 한한다. 다시 말하면 B 내의 임의의 a와 b에 대하여 $a \preceq b$ 또는 $b \preceq a$이다. 사슬의 길이는 해당 사슬 내에서의 원소들의 수보다 하나가 작다.

A 내에서 B가 사슬이면, B에 대한 $\preceq$의 '제한'과 연관하여 B는 완전 순서 집합이다.

예제 8.5.9 **부분집합들의 체인**

집합 $\mathscr{P}(\{a, b, c\})$이 부분집합 관계와 연관하여 부분 순서이다. $\mathscr{P}(\{a, b, c\})$ 내에서 길이가 3인 사슬을 구하라.

풀이

$\emptyset \subseteq \{a\} \subseteq \{a, b\} \subseteq \{a, b, c\}$이므로, 집합

$$S = \{\emptyset, \{a\}, \{a, b\}, \{a, b, c\}\}$$

은 $\mathscr{P}(\{a, b, c\})$ 내에서 길이가 3인 사슬이다. ■

이 절 끝 부분의 연습문제 22에서, 관계 $\preceq$에 연관하여 부분 순서인 집합이 $\preceq$에 연관하여 완전 순서인 것은 그 조건이 사슬일 경우에 한한다는 것을 보이게 된다.

부분 순서의 집합에서 극대 원소는 비교 가능한 모든 원소보다 크거나 같은 원소이다.(비교 가능하지 않은 원소들이 많이 있을 수 있다.) 부분 순서의 집합에서 최대 원소는 그 집합 내의 모든 원소보다 크거나 같은 원소이다.(따라서 그 집합 내의 모든 원소에 대하여 비교 가능이다.) 극소와 최소 원소도 유사하게 정의된다.

> **• 정의**
>
> 집합 A를 관계 $\preceq$에 연관하여 부분 순서 집합이라 하자.
>
> 1. A 내의 원소 a가 **A의 극대**(maximal) **원소**인 것은 A 내의 모든 원소 b에 대하여 $b \preceq a$ 또는 b 및 a가 비교 가능하지 않은 경우에 한한다.
> 2. A 내의 원소 a가 **A의 최대**(greatest) **원소**인 것은 A 내의 모든 원소 b에 대하여 $b \preceq a$인 경우에 한한다.
> 3. A 내의 원소 a가 **A의 극소**(minimal) **원소**인 것은 A 내의 모든 원소 b에 대하여 $a \preceq b$ 또는 b 및 a가 비교 가능하지 않은 경우에 한한다.
> 4. A 내의 원소 a가 **A의 최소**(least) **원소**인 것은 A 내의 모든 원소 b에 대하여 $a \preceq b$인 경우에 한한다.

최대 원소는 극대이나, 극대 원소는 반드시 최대 원소일 필요는 없다. 그러나 완전 순서 집합의 모든 유한 부분집합은 최소 원소와 최대 원소를 모두 갖는다.(이 절 끝 부분의 연습문제 23 을 참고하라.) 마찬가지로 최소 원소는 극소이나 극소 원소는 반드시 최소 원소일 필요는 없다. 또한 관계와 연관하여 부분 순서인 집합은 많아야 하나의 최대 원소와 하나의 최소 원소를 가질 수 있으나(이 절 끝 부분의 연습문제 24 를 참고하라) 하나 이상의 극대 또는 극소 원소를 가질 수 있다. 다음의 예제에서 이러한 사실들을 예를 들어 설명한다.

예제 8.5.10 **극대, 극소, 최대 및 최소 원소**

$A=\{a, b, c, d, e, f, g, h, i\}$가 다음의 Hasse 도표에 의하여 정의되는 부분 순서 $\preceq$를 갖는 것으로 하자. A의 극대, 극소, 최대 및 최소 원소를 구하라.

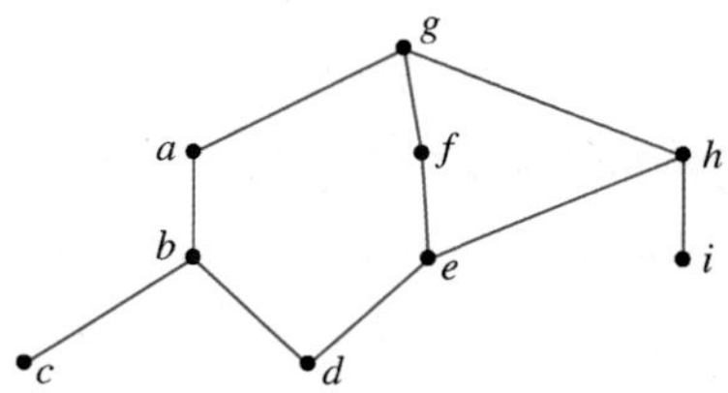

풀이

오직 하나의 극대 원소 g가 존재하고, 이는 또한 최대 원소이다. 극소 원소들은 c, d 및 i이고, 최소 원소는 없다. ■

위상적 정렬

집합 U가 집합 V의 부분집합이면, U는 V 앞에 입력된다는 의미로서 부분집합의 관계 $\subseteq$와 양립하는 방식으로 컴퓨터에 $\mathscr{P}(\{a, b, c\})$의 집합들을 입력하는 것이 가능한가? 이에 대한 대답은, 보이는 바와 같이, 그렇다. 예를 들어 다음의 입력 순서는 주어진 조건을 만족시킨다.

$$\emptyset, \{a\}, \{b\}, \{c\}, \{a, b\}, \{a, c\}, \{b, c\}, \{a, b, c\}.$$

이 조건을 만족시키는 다른 입력 순서는

$$\emptyset, \{a\}, \{b\}, \{a, b\}, \{c\}, \{b, c\}, \{a, c\}, \{a, b, c\}.$$

• 정의

집합 A에 주어진 부분 순서 관계들 $\preceq$, $\preceq'$ 에서, $\preceq'$ 이 $\preceq$과 **양립하는**(compatible) 것은, A 내의 임의의 a와 b에 대하여 $a \preceq b$이면, $a \preceq' b$인 경우에 한한다.

집합 A에 주어진 임의의 부분 순서 관계들 $\preceq$에서, $\preceq$와 양립하는 A에서의 완전 순서 $\preceq'$가 존재하는가? 부분 순서가 정의된 집합이 유한이면, 이 해답은 그렇다. 주어진 순서와 양립하는 완전 순서를 위상적 정렬이라 한다.

• 정의

집합 A에 주어진 반순서의 관계들 $\preceq$, $\preceq'$에서, $\preceq'$이 $\preceq$에 대하여 **위상적 정렬**(topological sorting)인 것은 그 조건이 $\preceq'$이 $\preceq$와 양립하는 완전 순서일 경우에 한한다.

일반적인 유한 부분 순서 집합에 대한 위상적 정렬의 구성은 유한이고 공집합이 아닌 임의의 부분 순서 집합이 극소 원소를 갖는다는 사실에 근거한다. 부분 순서 집합에 대하여 완전 순서를 생산하기 위해서는 간단하게 임의의 극소 원소를 택하여 1로 하는 것이다. 그리고 이 원소가 제거되었을 때에 구한 집합을 고려한다. 만일 공집합이면, 과정을 중단한다. 공집합이 아닐 경우에는, 여기에서 극소 원소를 택하고 이 원소의 수를 2로 한다. 그리고 이 원소도 또한 제거되었을 때에 구한 집합을 고려한다. 이 집합이 공집합일 경우에는, 과정을 중단한다. 공집합이 아닐 경우에는, 여기에서 극소 원소를 택하고 이 원소의 수를 3으로 한다. 집합의 모든 원소들이 사용될 때까지 이러한 방식을 계속한다.

다음은 이 알고리즘을 보다 공식적으로 설명한다.

위상적 정렬 구성하기

$\preceq$를 공집합이 아닌 유한 집합 A에서의 부분 순서 관계라 하자. 위상적 정렬을 구성하기 위해서는

1. A에서 임의의 극소 원소 x를 택한다.[A가 공집합이 아니므로 이러한 원소가 존재한다.]
2. $A' := A - \{x\}$를 설정한다.
3. $A' \neq \emptyset$로 하고, 단계 $a \sim c$를 반복한다.
   a. A'에서 임의의 극소 원소 y를 택한다.
   b. $x \preceq' y$를 정의한다.
   c. $A' := A' - \{y\}$ 및 $x := y$를 설정한다.

[이 알고리즘의 단계 1~3을 완료하면 완전 순서 $\preceq'$에 대한 Hasse 도표를 구성하기 위한 충분한 정보를 얻게 된다. 관계에 대한 완전 방향성 그래프를 구하기 위하여 Hasse 도표를 사용하는 방법은 이미 보였다.]

예제 8.5.11 위상적 정렬

'나누기'의 관계 $|$에 의하여 정렬된 집합 $A = \{2, 3, 4, 6, 18, 24\}$를 고려하자. 이 관계의 Hasse 도표는 다음과 같다.

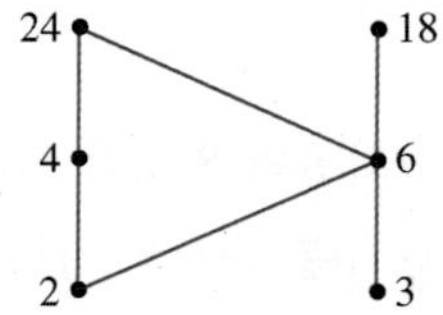

이 집합에서 일반적인 '작거나 같은' 의 관계 ≤는 위상적 정렬인데, 그 이유는 양의 정수 a와 b에 대하여 $a \mid b$이면, $a \leq b$이기 때문이다. 이 집합의 다른 하나의 위상적 정렬을 구하라.

풀이

이 집합은 두 개의 극소 원소들을 갖는다: 2와 3. 예를 들어 3을 택한다. 이 완전 순서의 시작은

완전 순서: 3.

$A'=A-\{3\}$를 설정한다. 다음에 보인 바와 같이 Hasse 도표로부터 3을 제거하여 이를 수행할 수 있다.

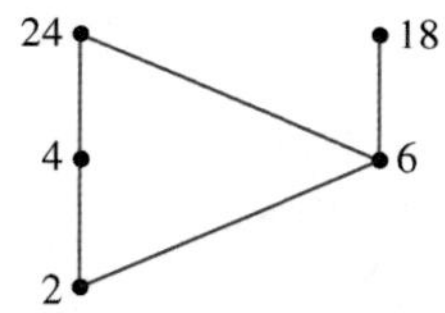

다음에 $A'-\{3\}$에서 극소 원소를 택한다. 2만이 극소이므로, 이를 택하여야 한다. 지금까지의 완전순서는

완전 순서: $3 \preceq 2$.

$A'=(A-\{3\})-\{2\}=A-\{3, 2\}$를 설정한다. 다음에 보인 바와 같이 Hasse 도표로부터 2를 제거하여 이를 수행할 수 있다.

$A'-\{3, 2\}$에서 극소 원소를 택한다. 다시 두 개의 선택이 있다: 4와 6. 6을 택하는 것으로 한다. 지금까지 택한 원소들에 대한 완전 순서는

완전 순서: $3 \preceq 2 \preceq 6$.

A의 모든 원소가 택해질 때까지 이 방식을 계속한다. 하나의 가능한 선택의 연속은 다음과 같다.

$$\text{완전 순서: } 3 \preceq 2 \preceq 6 \preceq 18 \preceq 4 \preceq 24.$$

A 내의 a와 b의 원소의 각 쌍에 대하여 $a \mid b$이면, $a \preceq b$인 것으로 확인을 하여 이 순서가 '나누기' 부분 순서와 양립하는가를 검증할 수 있다. $a \preceq b$이면 $a \mid b$인 경우는 아닌 것을 유의하자. ■

응용

이 절에서 소개한 예로 돌아가서, 다음은 대학 학위에 요구되는 교과 과정들의 집합에서 부분 순서 관계를 정의하자. 요구되는 모든 교과 과정 x와 y에 대하여

$$x \preceq y \quad \Leftrightarrow \quad x = y \text{ 또는 } x\text{는 } y\text{에 대한 선수 과목}$$

이 관계에 대한 Hasse 도표를 그리면, 이 절의 도입부에서 제기한 질문들에 쉽게 대답을 할 수 있다. 예를 들어 어느 한 특정한 대학교에서의 요구 사항들에 대한 Hasse 도표를 고려하고, 이를 그림 8.5.1 에 나타내었다.

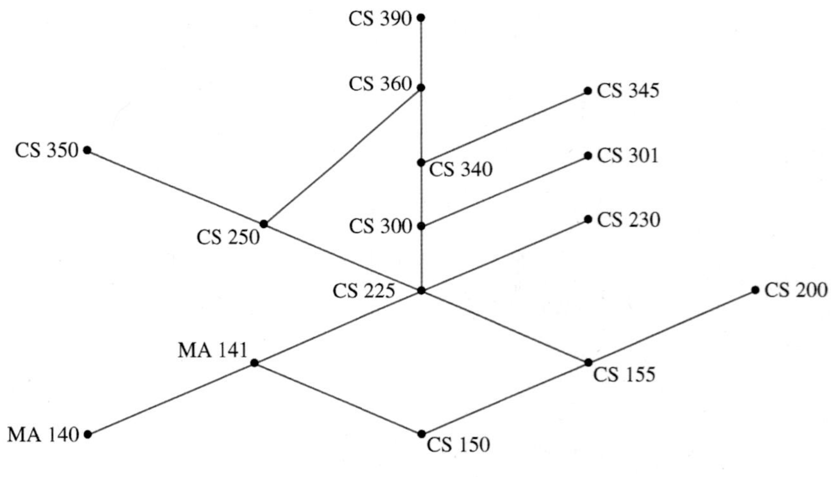

그림 8.5.1

이 요구 사항들을 이수하기 위하여 필요한 학기의 극소 수는 가장 긴 사슬의 크기이고, 이는 7(예를 들어 CS 150, 155, 225, 300, 340, 360, 390)이다. 동일 학기에 수강할 수 있는 교과목의 극대 수는(해당 대학교에서 이를 허용한다고 가정한다) 비교 불가능한 교과목들의 극대 수이고, 이는 6(예를 들어 CS 350, 360, 345, 301, 230, 200)이다. 시간제 학생은 집합에 대한 위상적 정렬을 구성하여 정해지는 열에서의 교과목들을 수강할 수 있을 것이다.(이러한 정렬 중 하나는 MA 140, CS 150, MA 141, CS 155, 200, 225, 230, 300, 250, 301, 340, 345, 350, 360, 390. 다른 많은 예가 있을 수 있다.)

PERT 및 CPM

두 개의 중요하고 널리 사용되는 부분 순서 관계의 응용은 **PERT**(프로그램 평가 및 검토 기술)와 **CPM**(핵심 경로 기법)이다. 이 기법들은 1950년대에 출현하였는데 입안자들이 매우 큰 작업을 완성하는 데에 필요한, 매우 유사해 보이지만 업무 자체는 독립적인 개인의 업무를 기획하는 복잡성을 파악하면서 시작된 것이다. PERT는 미국 해군에서 폴라리스 잠수함의 건조를 기획하기 위하여 개발된 것이고, CPM은 E. I. Du Pont de Nemours 회사가 화학 공장의 정비 일정을 수립하기 위하여 개발한 것이다. 이 기법들이 작동하는 방식에 대한 간단한 예를 들기로 한다.

예제 8.5.12 **작업 순서 계획의 문제**

자동차 조립 공장에서 한 대의 자동차를 조립하는 작업은 다음과 같은 임무들로 나눌 수 있다.

1. 구조를 만든다.
2. 엔진, 전력 구성품 및 휘발유 또는 기름 탱크를 설치한다.
3. 제동기, 휠, 타이어를 설치한다.
4. 계기판, 밑판, 의자를 설치한다.
5. 전선을 설치한다.
6. 휘발유 또는 기름 공급선을 설치한다.
7. 제동기 선을 설치한다.
8. 몸체 패널을 구조에 부착한다.
9. 몸체를 도장한다.

일부의 이러한 임무들은 동시에 수행될 수 있을 것이나, 어떤 임무들은 다른 업무들이 완료되기 이전에는 착수할 수 없다. 임무가 수행되고 각 임무를 수행하는 데에 필요한 시간의 순서를 표 8.5.1에 요약하였다.

표 8.5.1

업무	즉각적 선행 업무	업무를 수행하는 데 소요되는 시간
1		7 시간
2	1	6 시간
3	1	3 시간
4	2	6 시간
5	2, 3	3 시간
6	4	1 시간
7	2, 3	1 시간
8	4, 5	2 시간
9	6, 7, 8	5 시간

T를 모든 업무의 집합으로 하고 다음과 같이 정의되는 T에서의 부분 순서 관계 $\preceq$를 고려한다.

$$x \preceq y \iff x = y \text{ 또는 } x \text{는 } y \text{를 선행한다.}$$

이 관계의 Hasse 도표는 좌측에서 우측방향으로 그린다.(이는 PERT, CPM 해석에서는 관례적이다.)

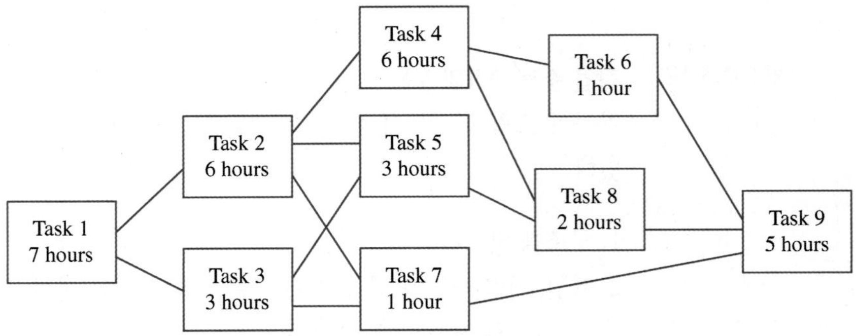

자동차 한 대를 조립하는 데에 소요되는 최소 시간은 얼마인가? 이 도표에서 조립 공정의 시작으로부터 각 임무(즉, 해당 임무를 표시하는 상기의 상자)를 완료하는 데에 소요되는 최소 시간을 참고하여 좌측에서 우측으로 검토하면서 결정할 수가 있다. 예를 들어 업무 1은 7시간이 소요되므로 7을 업무 1에 대한 상자에 표기한다. 업무 2는 업무 1의 완료(7시간)와 자체의 6시간이 소요되므로 조립 공정의 시작으로부터 업무 2를 완료하는 데에 요구되는 최소 시간은 $7+6=13$시간이다. 업무 2에 대한 상자 위에 13을 표기할 수 있다. 같은 방법으로, $7+3=10$이므로 업무 3에 대한 상자 위에 10을 표기할 수 있다. 조립 공정의 시작으로부터 업무 2와 3을 완료하는 데에 소요되는 최소 시간은 각각 13시간과 10시간이다. 따라서 업무 5에 대한 상자 위에 수 16을 표기하여야 한다. 같은 이유로 업무 7에 대한 상자 위에는 14를 표기한다. 마찬가지로 업무 4에 대한 상자 위에는 19를, 업무 6에 대한 상자 위에는 20, 업무 8에 대한 상자 위에는 21, 그리고 업무 9에 대한 상자 위에는 26을 각각 표기한다. 이를 다음에 나타내었다.

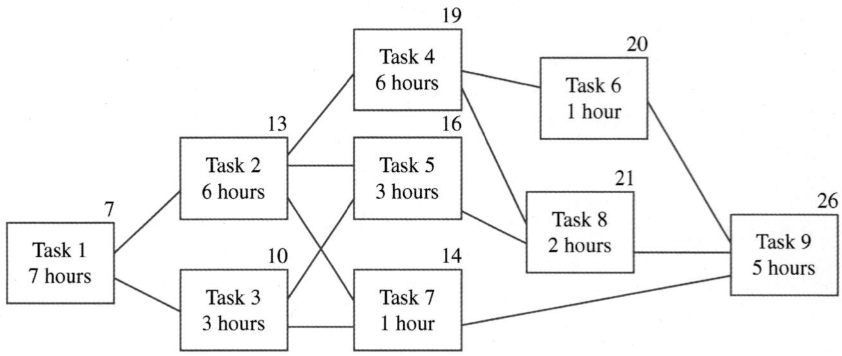

이 분석에서는 조립 공정의 시작으로부터 업무 9를 완료하는 데에는 최소 26시간이 요구된다는 것을 보여 준다. 업무 9가 완료되면, 조립 공정은 완료되고, 전체 공정을 완성하는 데에 소요되는 최소 시간은 26시간이다.

연속 공정에서 업무 1, 2, 4, 8 및 9를 완료하는 데에 요구되는 최소 시간은 정확하게 26시간이다. 이는 이 업무들 중 하나가 지연되면 자동차 1대의 조립에 요구되는 전체 시간의 지연을 초래한다는 의미이다. 이러한 이유로 업무 1, 2, 4, 8 및 9에 걸친 경로를 **핵심 경로**(critical path)라고 부른다. ■

자 | 기 | 진 | 단

1. 집합 A에서 관계 R이 반대칭이라는 의미는 _______ 이다.
2. 무한 집합 A에서 관계 R이 반대칭이라는 것을 보여 주려면 _______ 가정을 하고 _______ 을 보여 주면 된다.
3. 집합 A에서 관계 R이 반대칭이 아니라는 것을 보여 주려면 _______ 한다.
4. 부분 순서 관계에 대한 Hasse 도표를 만들려면 모든 화살표를 위쪽으로 하는 방향 관계 그래프를 그리고 ______, ______, 그리고 _______ 을 제거한다.
5. 집합 A가 관계 $\preceq$에 대해 부분 순서이고 a와 b가 A의 원소이면 _______ 또는 _______ 일 때 a와 b는 비교가능이라고 말한다.
6. _______ 이면 집합 A에서 관계 $\preceq$가 완전 순서이다.
7. 집합 A가 관계 $\preceq$에 대해 부분 순서이고 B가 A의 부분집합일 때, B의 모든 a와 b에 대해 _______ 이라면 B는 사슬이라고 말한다.
8. 집합 A가 관계 $\preceq$에 대해 부분 순서이고 a가 A의 원소이면
   a. _______ 일 때 a는 극대 원소이다.
   b. _______ 일 때 a는 A에서 최대 원소이다.
   c. _______ 일 때 a는 극소이다.
   d. _______ 일 때 a는 A에서 최소 원소이다.
9. 집합 A가 관계 $\preceq$에 대해 부분 순서이고, 관계 $\preceq'$이 $\preceq$에 대해 위상적으로 정렬되어 있다는 것은 $\preceq'$이 _______ 이고 A의 모든 a와 b에 대해 $a \preceq b$이면 _______ 이라는 의미이다.
10. PERT와 CPM은 효율적인 _______ 을 생성하는 데 사용된다.

연 / 습 / 문 / 제 8.5

1. 다음은 각각 $\{0, 1, 2, 3\}$에서의 관계이다. 각 관계에 대해 방향 그래프를 그리고 그 관계가 반대칭인지 말하라.
   a. $R_1 = \{(0, 0), (0, 2), (1, 0), (1, 3), (2, 2), (3, 0), (3, 1)\}$
   b. $R_2 = \{(0, 1), (0, 2), (1, 1), (1, 2), (1, 3), (2, 2), (3, 2)\}$
   c. $R_3 = \{(0, 0), (0, 3), (1, 0), (1, 3), (2, 2), (3, 3), (3, 2)\}$
   d. $R_4 = \{(0, 0), (1, 0), (1, 2), (1, 3), (2, 0), (2, 1), (3, 2), (3, 0)\}$
2. P를 세상의 모든 사람들의 집합이라고 하고 P에서의 관계 R를 다음과 같이 정의하자. 임의의 $x, y \in P$에 대하여

$$x\,R\,y \iff x\text{는 } y\text{보다 늙지 않았다.}$$

R는 반대칭인가? 증명하거나 반례를 제시하라.

3. $\mathbf{R}$를 모든 실수의 집합이라고 하고 $\mathbf{R}\times\mathbf{R}$에서의 관계 R를 다음과 같이 정의하자. $\mathbf{R}\times\mathbf{R}$에서 임의의 (a, b) 그리고 (c, d)에 대해

$$(a, b)\, R\, (c, d) \;\Leftrightarrow\; a < c \text{거나 혹은 } a = c \text{이고 } b \le d.$$

R는 부분 순서 관계인가? 증명하거나 반례를 제시하라.

4. 모든 정수의 집합 $\mathbf{Z}$에서의 관계 R를 다음과 같이 정의하자. 임의의 $m, n \in \mathbf{Z}$에 대해

$$m\, R\, n \;\Leftrightarrow\; m+n \text{은 짝수이다.}$$

R는 부분 순서 관계인가? 증명하거나 반례를 제시하라.

5. 집합 A에서의 관계 R와 S가 반대칭 관계라고 가정하자. $R \cup S$도 또한 반대칭인가? 설명하라.

6. $A=\{a, b\}$이고 $R=\{(a, a), (a, b), (b, b)\}$일 때 A가 부분 순서 관계 R를 가진다고 가정하자. S는 a와 b로 이루어진 모든 문자열의 집합이라고 하고 $\preceq$는 S에 해당하는 사전적 순서라고 하자. 다음 어느 문장이 참인지 말하고 각각의 참인 문장에 정리 8.5.1에서 주어진 사전적 순서의 정의 중 해당하는 (1), (2), (3)을 표기하라.

a. $aab \preceq aaba$ **b.** $bbab \preceq bba$
c. $\epsilon \preceq aba$ **d.** $aba \preceq abb$
e. $bbab \preceq bbaa$ **f.** $ababa \preceq ababaa$
g. $bbaba \preceq bbabb$

7. $A=\{a, b\}$일 때 A상의 모든 부분 순서 관계를 묘사하라.

8. $A=\{a, b, c\}$일 때
a. a가 극대 원소가 되는 A상의 모든 부분 순서 관계를 묘사하라.
b. a가 극소 원소가 되는 A상의 모든 부분 순서 관계를 묘사하라.

9. 집합 A상의 관계 R이 반사적, 대칭적, 추이적이고 비대칭적이다. R에 대해 어떤 결론을 내릴 수 있는가? 당신의 답을 증명하라.

10. 다음 각 집합 A에 대해 '나누기' 관계를 고려해 보자. 각 관계에 대해 Hasse 도표를 그려라.
a. $A=\{1, 2, 4, 5, 10, 15, 20\}$
b. $A=\{2, 3, 4, 6, 8, 9, 12, 18\}$

11. 다음 각 집합 S에 대해 '부분집합' 관계인 $\mathscr{P}(S)$를 고려해 보자. 각 관계에 대해 Hasse 도표를 그려라.
a. $S=\{0, 1\}$ b. $S=\{0, 1, 2\}$

12. $S=\{0, 1\}$이고 다음과 같은 $S\times S$상의 부분 순서 관계 R를 고려하자. $S\times S$에서의 임의의 순서쌍 (a, b), (c, d)에 대해

$$(a, b)\, R\, (c, d) \;\Leftrightarrow\; a < c \text{ 혹은 } a = c \text{이고 } b \le d,$$

실수에 대하여 $<$는 보통의 경우처럼 '작은'을 뜻하고 $\le$는 보통의 경우처럼 '작거나 같은'을 의미하는 관계이다. R에 대한 Hasse 도표를 그려라.

13. n이 음이 아닌 정수일 때 집합 $A=\{1, 2, 2^2, 2^3, \ldots, 2^n\}$에서의 '나누기' 관계를 고려하자.
a. 이 관계가 A에서의 완전 순서 관계임을 증명하라.
b. $n=4$일 때 Hasse 도표를 그려라.

14~16에서는 해당 연습문제에서의 관계에 대해 모든 최대, 최소, 극대, 극소 원소를 구하라.

14. 연습문제 10(a)

15. 연습문제 11(a)

16. 연습문제 12

17. 아래의 각 집합은 실수에서 '작거나 같은' 관계 $\le$에 대하여 부분 순서이다. 각 경우에 집합의 최대 원소

최소 원소가 있는지 결정하라.

a. $\mathbf{R}$ **b.** $\{x \in \mathbf{R} | 0 \le x \le 1\}$

c. $\{x \in \mathbf{R} | 0 < x < 1\}$ **d.** $\{x \in \mathbf{Z} | 0 < x < 10\}$

18. $A = \{a, b, c, d\}$이고 R가 다음 관계일 때

$$R = \{(a, a), (b, b), (c, c), (d, d), (c, a), (a, d), (c, d), (b, c), (b, d), (b, a)\}.$$

R는 A에 대해 완전 순서인가? 답을 정당화하라.

19. 집합 A에 대해서 부분 순서 관계 R를 가정하고 B는 A의 부분집합이라고 하자. ***B*에 대한 *R*의 제한**(restriction of R to B)이 다음과 같이 정의된다.

$$(B\text{에 대한 } R\text{의 제한}) = \{(x, y) \in R \mid x \in B, y \in B\}.$$

즉, B의 두 원소가 B에 대한 R의 제한과 연관되어 있다는 것은 그 두 원소가 R에 의해 관계되어 있다는 것을 의미한다. B에서 R의 제한이 B에 대해 부분 순서 관계임을 증명하라.(쉬운 말로, 이는 부분 순서 집합의 부분집합은 부분 순서라는 의미이다.)

20. 집합 $\mathscr{P}(\{w, x, y, z\})$은 '부분집합' 관계인 $\subseteq$에 대해 부분 순서이다. $\mathscr{P}(\{w, x, y, z\})$에서 길이가 4인 사슬을 구하라.

21. 부분 순서 집합이 완전 순서라는 것과 그것이 사슬이라는 것이 동치임을 증명하라.

22. A가 완전 순서 집합이라고 가정하자. 수학적 귀납법을 이용하여 $n \ge 1$인 모든 정수에 대해 n개의 원소를 갖는 A의 모든 부분집합은 최소 원소와 최대 원소를 가짐을 증명하라.

23. 다음을 증명하라. 공집합이 아닌 유한 부분 순서 집합은

a. 적어도 하나의 극소 원소를 갖는다

b. 적어도 하나의 극대 원소를 갖는다.

24. 2개의 극대 원소와 2개의 극소 원소를 갖고 각 원소는 정확히 두 개의 다른 원소들과 비교 가능한 부분 순서 집합에 대한 Hasse 도표를 그려라.

25. 교재에서 주어진 알고리즘을 이용하여 연습문제 10(a)의 관계에 대한 위상적 정렬을 구하라. 이는 '작거나 같은' 관계 $\le$와 다르다.

26. 교재에서 주어진 알고리즘을 이용하여 다음 관계에 대한 위상적 정렬을 구하여라. $S = \{0, 1\}$ 이고 다음과 같이 $S \times S \times S$에서의 부분순서관계 R을 고려하자: $S \times S \times S$에서의 임의의 3순서짝 (a, b, c), (d, e, f)에 대해

$$(a, b, c)\, R\, (d, e, f) \Leftrightarrow a \le d, b \le e, c \le f$$

여기서 $\le$는 보통의 경우처럼 두 실수에 대하여 "작거나 같은"을 의미하는 관계이다.

27. 업무들의 집합 S는 $x \preceq y$라고 씀으로써 정렬화될 수 있다. 다시 말해서 S의 임의의 x, y에 대해서 $x = y$ 혹은 x는 y 전에 행해져야만 한다. 다음은 특정한 업무들의 집합에 대한 이 관계의 Hasse 도표이다.

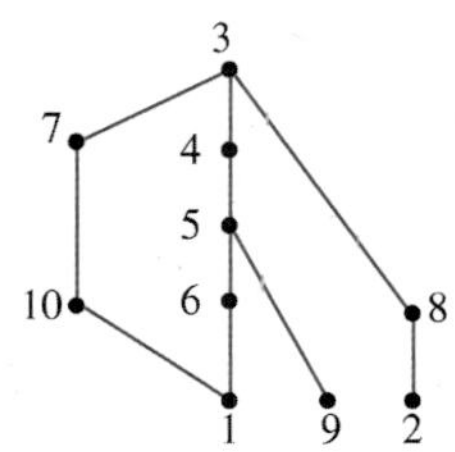

a. 한 사람이 모든 업무들을 해야 한다고 했을 때, 행해져야 할 업무들의 순서를 구하라.

b. 충분히 일할 사람이 많아 여러 가지 업무들을 동시에 행할 수 있다고 가정하자.

(i) 하나의 업무가 하루를 요한다고 할 때, 모든 10건의 일을 다 수행하는 데 필요한 최소 일수는 얼마인가?

(ii) 동시에 수행할 수 있는 극대 업무는 몇 건인가?

업무	업무에 소요되는 시간
1	9 hours
2	7 hours
3	4 hours
4	5 hours
5	7 hours
6	3 hours
7	2 hours
8	4 hours
9	6 hours

28. 예제 8.5.12에 묘사된 일들은 다음과 같은 능률 표를 필요로 한다.

a. 하나의 차를 조립하는 데 얼마의 극소 시간이 필요한가?

b. 조립 공정에 대한 핵심 경로를 구하라.

자 | 기 | 진 | 단 | 해 | 답

1. A의 임의의 원소 a와 b에 대해 $a\,R\,b$이고 $b\,R\,a$이면 $a=b$ 2. a와 b가 $a\,R\,b$와 $b\,R\,a$를 만족하는 A의 원소이다; $a=b$ 3. $a\,R\,b$, $b\,R\,a$, $a \neq b$를 만족시키는 A의 원소 a와 b가 존재한다는 것을 보인다 4. 모든 순환선(루프); 존재하는 모든 화살표는 추이적 성질에 의해 암시된 선 화살표에 의한 방향 지시자 5. $a \preceq b$; $b \preceq a$ 6. A의 임의의 원소 a와 b에 대해 $a \preceq b$이거나 $b \preceq a$ 7. a와 b는 비교 가능 8. (a) A의 모든 b에 대해 $b \preceq a$거나 b와 a는 비교 불가능 (b) A의 모든 b에 대해 $b \preceq a$ (c) A의 모든 b에 대해 $b \preceq a$거나 b와 a는 비교 불가능 (d) A의 모든 b에 대해 $a \preceq b$ 9. 완전 순서; $a \preceq' b$ 10. 업무들을 분배하는 것

09장
계수 및 확률

계수 문제는 대체로 쉽지만, 단순하지 않은 측면도 있다. 예를 들어 3일 뒤에 만나자는 약속을 했을 때 유럽에서는 당일을 포함하는 데 반해, 영어권 국가에서는 정확하게 24시간을 1일로 계산한다. 국제적으로 날짜 계산은 영어권 국가의 방법을 표준으로 채택하고 있는 데 반해, 음계에서는 유럽식 계산법을 표준으로 채택하고 있다(그림 9.1.1 참조).

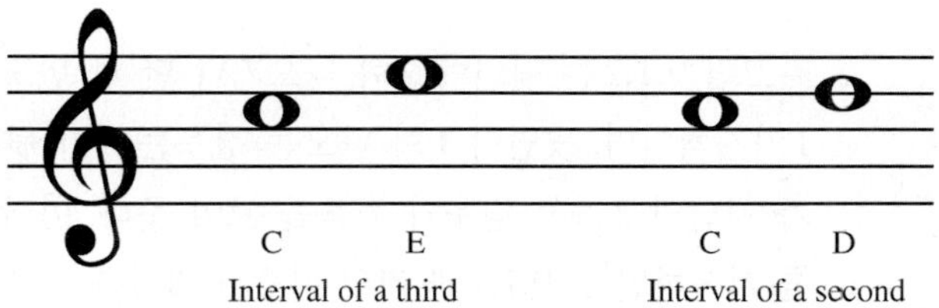

그림 9.1.1

위의 예에서 본 바와 같이 계수 문제에서 관심 사항은 어떻게 셀 것인가보다는 무엇을 셀 것인가이다. 이 장에서는 수학적으로 복잡한 계수 문제를 다룬다. 일반적으로 무엇을 셀 것인지가 어려운 문제이며, 계수 자체는 "하나-둘-셋" 하고 세는 것처럼 매우 단순하다.

9.1 개요

2개의 동전을 던져서 뒷면이 나오는 경우의 수(0, 1, 2)를 생각해 보자. 각각의 경우가 나타날 확률이 1/3일 것이라고 추측하는 것이 자연스러울 것이다. 그러나 사실은 그렇지 않다. 아래의 표 9.1.1은 동전 던지기를 50회 실행한 결과를 요약한 것이다.

표 9.1.1 2개의 동전 던지기를 50회 실행한 결과

사건	기록	발생 횟수	발생 비율
뒷면 2번	卌 卌 |	11	22%
뒷면 1번	卌 卌 卌 卌 卌 ||	27	54%
뒷면 0번	卌 卌 ||	12	24%

표에서 보는 바와 같이 뒷면이 1번 나타나는 횟수가 2번 또는 0번 나타나는 횟수의 대략 2배 정도이다. 이 예를 통하여 확률에 관한 수학 이론이 동전 던지기와 같은 실험의 결과를 거의 정확하게 예측하는 데 사용될 수 있음을 알 수 있다. 왜 그렇게 되는지를 알아보기 위하여 2개의 동전 A, B가 있다고 하자. 2개의 동전이 완전하게 균형을 이루고 있어, 동전을 던지는 경우 앞면과 뒷면이 나타날 가능성이 동일하다고 가정하면, 동전 던지기의 결과는 다음의 그림 9.1.2와 같이 4가지 종류가 가능하다.

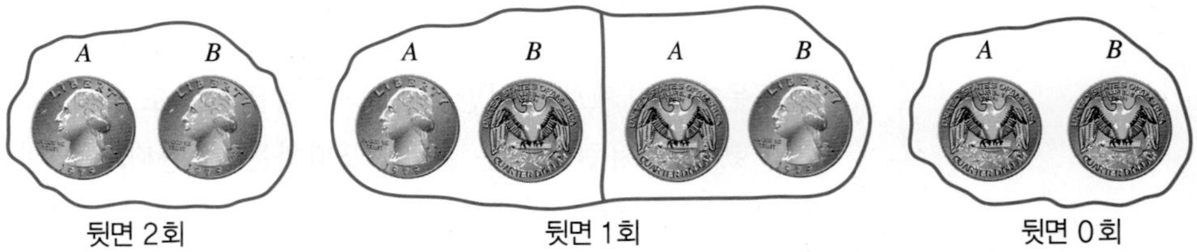

그림 9.1.2 균형을 이루고 있는 동전 2개를 던지는 실험의 결과

그림 9.1.2는 뒷면이 2회 나오거나 단 한 번도 나오지 않는 경우는 4종류의 결과 중에 1가지씩이며, 뒷면이 1회 나오는 경우는 A가 뒷면이고 B가 앞면이거나 A가 앞면이고 B가 뒷면인 2가지 경우가 있음을 보여 준다. 이러한 실험을 계속적으로 반복하여 그 결과를 기록하면 표 9.1.1과 거의 비슷한 결과를 얻을 수 있을 것이다.

지금까지의 분석 결과를 정형화하여 보다 복잡한 상황으로 확장하기 위하여 확률과정, 표본공간, 사건, 확률의 개념을 소개한다. **확률과정**(random process)이란 어떠한 실험을 하였을 때, 가능한 모든 결과 중에서 반드시 하나의 경우만 나타나며, 어떤 결과가 나오리라는 것은 사전에 전혀 예측할 수 없는 실험을 말한다. 동전 던지기는 확률과정의 전형적인 예이며, 이 실험에서 나타날 수 있는 결과는 앞면 또는 뒷면이다. 확률과정에서 나타날 수 있는 결과들의 집합을 표본공간이라 한다. 동전 던지기의 표본공간은 {앞면, 뒷면}이다.

• 정의

확률과정(또는 확률실험)에서 나타날 수 있는 가능한 모든 결과들의 집합을 **표본공간**(sample space)이라 하며, 표본공간의 부분집합을 **사건**(event)이라 한다.

실험에서 나타날 수 있는 결과가 유한하고 각각의 결과가 균등하게 발생하는 경우, 어떤 사건이 일어날 확률(probability)은 사건에 속하는 원소의 수를 표본공간에 속하는 원소의 수로 나눈 값이다. 이 공식은 러시아의 수학자 A. N. Kolmogorov가 제안한 확률에 관한 공리들로부터 유도할 수 있으며, 9.8절에서 상세한 과정을 기술하겠으나, 현재로서는 기본 원리로 취급한다.

수학적 확률 공식

유한 개의 결과가 균등하게 나타나는 실험의 표본공간을 S라 하고, S에서의 사건을 E라 할 때, **사건 E가 발생할 확률 $P(E)$**는 다음과 같다.

$$P(E) = \frac{\text{사건 } E\text{의 원소의 수}}{\text{표본공간 } S\text{의 원소의 수}}$$

• 표기법

유한 집합 A의 원소의 수를 $N(A)$로 표기한다.

이 표기법을 사용하면 수학적 확률공식은 다음과 같이 표현할 수 있다.

$$P(E) = \frac{N(E)}{N(S)}$$

예제 9.1.1 카드 뽑기

게임에서 사용하는 카드 세트는 4개 조(다이아몬드, 하트, 클로버, 스페이드)로 구성되며, 각 조에는 13장(2, 3, 4, 5, 6, 7, 8, 9, 10, J, Q, K, A)의 카드가 있다. J(jack), Q(queen), K(king) 카드에는 각각 기사, 여왕, 왕의 얼굴이 그려져 있어 '그림카드'라고 한다. 완벽하게 섞여진 카드 세트를 덮은 상태로 테이블 위에 펼쳐 놓고, 카드 1장을 뽑는다고 가정하자.

a. 표본공간 S를 기술하라.

b. 뽑은 카드가 검정색의 그림카드인 사건을 기술하라.

c. 뽑은 카드가 검정색의 그림카드인 사건이 발생할 확률은?

풀이

a. 표본공간 S=52장의 카드

b. 사건 $E=\{J\clubsuit, Q\clubsuit, K\clubsuit, J\spadesuit, Q\spadesuit, K\spadesuit\}$

c. 52장의 카드가 뽑힐 확률은 동일하므로, 수학적 확률 공식에 의해 사건 E가 발생할 확률은 다음과 같다.

$$P(E) = \frac{N(E)}{N(S)} = \frac{6}{52} \cong 11.5\%.$$

■

예제 9.1.2 주사위 던지기

서로 다른 2개의 주사위를 던지는 실험을 생각해 보자. 실험의 결과를 주사위에 나타난 눈금의 문자열로 표기한다고 가정하자. 예를 들어 첫 번째 주사위에 나타난 눈금이 2이고, 두 번째 주사위에 나타난 눈금이 4이면 그 결과를 24로 표기한다.

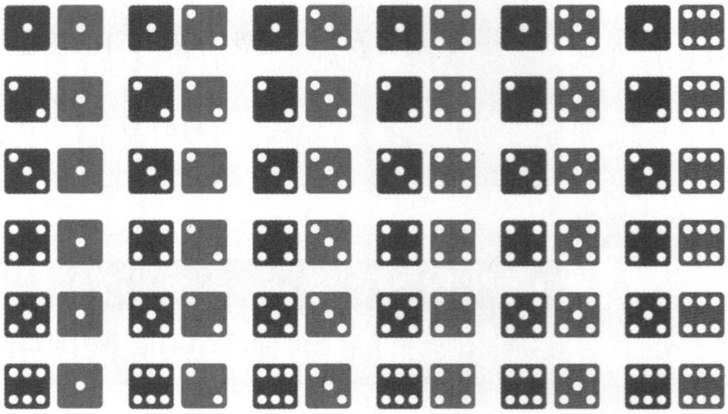

a. 표본공간 S를 기술하라.
b. 두 눈금의 합이 6이 되는 사건 E를 기술하고, 사건 E가 발생할 확률을 구하라.

풀이

a. $S = \{11, 12, 13, 14, 15, 16, 21, 22, 23, 24, 25, 26, 31, 32, 33, 34, 35, 36, 41, 42, 43, 44, 45, 46, 51, 52, 53, 54, 55, 56, 61, 62, 63, 64, 65, 66\}$.
b. $E = \{15, 24, 33, 42, 51\}$.

$$P(E) = \frac{N(E)}{N(S)} = \frac{5}{36}.$$ ■

확률에 관한 기본 원리의 대부분은 1600년대 중반에 기회 게임에 관심을 가졌던 한 프랑스 귀족이 Pierre de Fermat와 Blaise Pascal을 상대로 주고받은 질문과 답변을 통하여 정형화되었다. Pierre-Simon Laplace는 1812년에 확률에 관한 수학적 논문을 처음으로 발표하였으며, 확률 이론을 더욱 확장하여 다양한 과학적 문제 및 실용적 문제를 해결하는 데 적용하였다.

목록에 있는 원소의 개수 세기

매우 단순한 계수 문제의 예로는 목록에 포함된 요소의 수를 세는 문제를 들 수 있다. 예를 들어 5에서 12까지의 정수는 모두 몇 개인가? 이 문제의 답을 구하기 위해서는 단순히 5에서 시작하여 12에 이르는 정수를 하나씩 세면 될 것이고, 답은 8이다.

목록:	5	6	7	8	9	10	11	12
	↕	↕	↕	↕	↕	↕	↕	↕
계수:	1	2	3	4	5	6	7	8

일반적으로 m, n이 정수이고 $m \le n$일 때, m부터 n까지의 정수는 모두 몇 개일까? 답을 구하기 위하여 $n=m+(n-m)$임에 주목하라. $m \le n$이므로 $n-m \ge 0$이다. m부터 n까지의 정수들의 목록에서 첫 번째 요소는 $m+0$이며, 두 번째 요소는 $m+1$이다. 일반적으로 $m+i$는 목록의 $(i+1)$번째 요소이다. 따라서 답은 $n-m+1$이다

목록:	$m(= m + 0)$	$m + 1$	$m + 2$	$\ldots,$	$n\,(= m + (n - m))$
	$\updownarrow$	$\updownarrow$	$\updownarrow$		$\updownarrow$
계수:	1	2	3	$\ldots$	$(n - m) + 1$

지금까지 논의한 것은 다음의 정리로 요약할 수 있으며, 이 정리는 수학적 귀납법을 사용하여 증명할 수 있다.

정리 9.1.1 목록의 원소 수

m과 n이 정수이고 $m \le n$일 때, m부터 n까지의 정수는 $n-m+1$개다.

예제 9.1.3 **1차원 배열의 원소 수**

컴퓨터 알고리즘을 분석하기 위하여 1차원 배열의 원소 수를 파악해야 하는 경우가 많다. n이 양의 정수일 때, $A[1], A[2], ..., A[n]$을 1차원 배열이라 하자.

a. 주어진 배열을 중간 원소인 $A[m]$에서 잘라서 아래와 같이 2개의 부분 배열을 만들었을 때, 각각의 부분 배열의 원소 수는 얼마인가?

$$(1)\ A[1], A[2], ..., A[m] \qquad (2)\ A[m+1], A[m+2], ..., A[n]$$

b. 주어진 배열에서 임의의 원소를 선택하였을 때, 그 원소의 첨자가 짝수가 될 확률은 얼마인가? 다음의 2가지 경우에 대하여 계산하라.

(i) n이 짝수일 때 (ii) n이 홀수일 때

풀이

a. 배열 (1)은 1부터 m까지의 정수 목록과 같은 수의 원소를 가지므로 정리 9.1.1에 의하여 m개의 원소를 가진다. 배열 (2)는 $m+1$부터 n까지의 정수 목록과 같은 수의 원소를 가지며, 정리 9.1.1에 의해서 $n-m$개의 원소를 가진다.

b. (i) n이 짝수이면 짝수인 첨자를 갖는 배열의 원소는 $n/2$개이고, 전체의 원소 수는 n개이므로 임의로 선택한 원소가 짝수인 첨자를 가질 확률은

1	2	3	4	5	6	7	8	9	10	$\cdots$	n
	$\updownarrow$		$\updownarrow$		$\updownarrow$		$\updownarrow$		$\updownarrow$		$\updownarrow$
	$2\cdot 1$		$2\cdot 2$		$2\cdot 3$		$2\cdot 4$		$2\cdot 5$		$2\cdot n/2$

(ii) n이 홀수이면 배열에서 짝수 값인 최대 첨자는 $n-1$이다. 따라서 짝수인 첨자를 갖는 원소는 $(n-1)/2$개이고, 전체의 원소 수가 n이므로 임의로 선택한 원소가 짝수인 첨자를 가질 확률은

1	2	3	4	5	6	$\cdots$	$n-1$	n
	$\updownarrow$		$\updownarrow$		$\updownarrow$		$\updownarrow$	
	$2\cdot 1$		$2\cdot 2$		$2\cdot 3$	$\cdots$	$2\cdot(n-1)/2$	

만약 n의 값이 매우 커질 때, 확률은 1/2에 수렴함을 알 수 있다. 특히, 마루함수 표기법을 사용하면 (i)과 (ii)의 경우에 짝수 첨자를 갖는 원소의 수는 $\lfloor n/2 \rfloor$가 되고, 따라서 확률은 $\dfrac{\lfloor n/2 \rfloor}{n}$이 된다. ■

자 | 기 | 진 | 단

1. 확률과정(또는 확률실험)의 표본공간은 _______.

2. 표본공간의 사건은 _______.

3. 수학적 확률 공식을 사용하여 어떤 사건의 확률을 계산하려면, _______을(를) _______으로 나눈 비율을 구해야 한다.

4. $m \le n$일 때, m부터 n까지의 정수는 ______개이다.

연 / 습 / 문 / 제 9.1

1. 2개의 동전 A, B를 던지는 실험에 대하여 물음에 답하라.

a. 앞면이 적어도 1회 이상일 확률은?

b. 동전 A가 앞면일 확률은?

c. 동전 A, B가 모두 앞면이거나 모두 뒷면일 확률은?

2. 52장의 카드에서 임의로 한 장의 카드를 뽑을 때, 뽑힌 카드가 적색이고 그림 카드(Jack, Queen, King)가 아닌 사건을 집합으로 표현하라.

3. 52장의 카드에서 임의로 한 장의 카드를 뽑을 때, 10 이상의 값을 갖는 카드인 사건을 집합으로 표현하라. 단 Ace 카드는 King 카드보다 높은 값을 가진다고 가정한다.

4. 2개의 주사위를 던지는 실험에서 눈금의 합이 8이 되는 사건을 집합으로 표현하고, 그것의 확률을 구하라.

5. 2개의 주사위를 던지는 실험에서 눈금의 합이 6 이하인 사건을 집합으로 표현하고, 그것의 확률을 구하라.

6. 동전을 3번 던지는 실험에 대해서 다음의 물음에 답하라. 단 동전의 앞면(H)과 뒷면(T)이 나타날 확률은 동일하다고 가정한다.

a. 표본공간 S를 집합으로 표현하라.

b. 아래의 사건을 집합으로 표현하고, 발생할 확률을 구하라.

(i) 동전의 앞면이 1회 나타나는 사건

(ii) 동전의 앞면이 2회 나타나는 사건

(iii) 동전의 앞면이 전혀 나타나지 않는 사건

7. 3명의 자녀가 있는 가족에 대해서 다음의 물음에 답하라. 단 태어난 자녀가 남자(B) 또는 여자(G)일 확률은 동일하다고 가정한다.

a. 표본공간 S를 집합으로 표현하라.

b. 아래의 사건을 집합으로 표현하고, 발생할 확률을 구하라.

(i) 자녀 중 1명이 여자인 사건

(ii) 적어도 2명의 자녀가 여자인 사건

(iii) 자녀 중 여자가 1명도 없는 사건

8. OX 문항이 3개인 시험에서 답에 대해서 아는 것이 없어 임의로 답을 적기로 하였다. 정답(C)과 오답(W)을 찍을 확률은 동일하다고 가정하고, 다음의 물음에 답하라.

a. 표본공간 S를 집합으로 표현하라.

b. 아래의 사건을 집합으로 표현하고, 발생할 확률을 구하라.

(i) 정답이 1개인 사건

(ii) 정답이 적어도 2개인 사건

(iii) 모두 오답인 사건

9. 3명이 어떤 질병의 원인에 노출되었다. 노출된 사람이 실제로 질병에 걸릴 확률은 50%라고 가정하고, 다음의 물음에 답하라.

a. 3명 중 1명만 질병에 걸릴 확률은?

b. 적어도 2명 이상이 질병에 걸릴 확률은?

c. 3명 모두 질병에 걸리지 않을 확률은?

10. 주사위의 6면에 빨간색(R), 파간색(B), 노란색(Y)을 각각 2면씩 칠하고, 이 주사위를 연속해서 3번 던지는 실험을 하였다. 실험의 결과가 빨간색, 빨간색, 파란색이면 RRB로 기록하기로 하였을 때 아래의 물음에 답하라.

a. 표본공간 S를 집합으로 표현하라.

b. 3가지 색깔이 모두 나타나는 사건을 집합으로 표현하고, 그것의 확률을 구하라.

c. 동일한 색깔이 2번 나타나는 사건(예: RRB, YBY)을 집합으로 표현하고, 그것의 확률을 구하라.

11. 주머니에 2개의 푸른 구슬(B_1, B_2로 표기)과 1개의 흰 구슬(W로 표기)이 들어 있다. 주머니에서 1개의 구슬을 꺼내어 색깔을 확인하고 주머니에 도로 넣는다. 이 실험을 2회 반복하고, 2번 모두 흰색의 구슬이 뽑힌 경우의 결과를 WW로 기록하기로 한다. 다음의 물음에 답하라.

a. 표본공간 S를 집합으로 표현하라.

b. 2개 모두 파란 구슬인 사건을 집합으로 표현하고, 그것의 확률을 구하라.

c. 2개의 구슬이 서로 다른 색인 사건을 집합으로 표현하고, 그것의 확률을 구하라.

12. **a.** 2자리의 정수 중에서 3의 배수는 몇 개인가?

b. 2자리의 정수 중에서 임의로 하나의 정수를 선택하였을 때, 3의 배수가 될 확률은 얼마인가?

c. 2자리의 정수 중에서 임의로 하나의 정수를 선택하였을 때, 4의 배수가 될 확률은 얼마인가?

13. 1차원 배열 $A[1], A[2], ..., A[n] (n \le 50)$에 대하여 다음의 물음에 답하라.

a. 배열 A의 원소의 개수는?

b. 아래에 있는 부분 배열의 원소의 개수는?

$$A[4], A[5], ..., A[39]$$

c. $3 \le m \le n$일 때, 임의로 선택한 배열의 원소가 아래에 있는 부분 배열에 속할 확률은 얼마인가?

$$A[3], A[4], ..., A[n]$$

d. $n=39$일 때, 임의로 선택한 배열의 원소가 아래에 있는 부분 배열에 속할 확률은 얼마인가?

$$A[\lfloor n/2 \rfloor], A[\lfloor n/2 \rfloor+1], ..., A[n]$$

14. 1차원 배열 $A[1], A[2], ..., A[n]$ $(n \ge 2)$로부터 아래와 같은 부분 배열을 만들었다. 물음에 답하라.

$$A[1], A[2], ..., A[\lfloor n/2 \rfloor].$$

a. 부분 배열에 있는 원소의 수는 얼마인가? n의 값이 짝수일 때와 홀수일 때를 구분하여 답하라.

b. 원 배열에서 임의의 원소를 선택하였을 때, 그 원소가 부분 배열에 속할 확률은 얼마인가? n의 값이 짝수일 때와 홀수일 때를 구분하여 답하라.

15. 1차원 배열 $A[42], A[43], ..., A[100]$에서 27번째 원소는?

16. 56개의 연속된 정수 중에서 가장 큰 정수가 279이면, 가장 작은 정수는?

17. 1과 1001 사이의 정수 중에서 3의 배수는 몇 개인가?

18. 1월 1일이 월요일인 평년에 대해서 다음의 물음에 답하라.

a. 이 해에 일요일은 며칠인가?

b. 이 해에 월요일은 며칠인가?

자 | 기 | 진 | 단 | 해 | 답

1. 확률과정(또는 확률실험)에서 나타날 수 있는 가능한 모든 결과들의 집합 2. 표본공간의 부분집합 3. 사건의 원소 수, 표본공간의 원소 수 4. $n-m+1$

9.2 가능성 트리 및 곱의 법칙

사건이 순차적으로 발생하는 상황에서 가능한 모든 경우를 체계적으로 추적하는 도구로서 트리 구조는 매우 유용하다. 다음은 트리 구조를 토너먼트 경기 방식에서 발생 가능한 모든 경우의 수를 세는 데 사용한 예이다.

예제 9.2.1 **토너먼트 경기**

A, B 2팀이 경기를 하여 어느 한 팀이 연속해서 2회 이기거나 총 3회를 이기면 승리하는 방식으로 토너먼트 경기를 진행한다. 첫 번째는 A팀, 두 번째는 B팀, 세 번째와 네 번째에 A팀이 이겨서 경기가 끝난 경우를 $A-B-A-A$로 표기하기로 하고 다음의 물음에 답하라.

a. 토너먼트 경기의 가능한 모든 결과는 몇 가지 경우가 있는가?

b. 모든 경기 결과가 동등한 확률로 발생 가능하다고 가정할 때, 최종 승자를 결정하기 위하여 5회의 경기가 필요한 사건이 발생할 확률은 얼마인가?

풀이

a. 토너먼트 경기에서 발생 가능한 모든 결과는 그림 9.2.1에서 보는 바와 같이 루트 노드에서 단말 노드에 이르는 서로 다른 경로로 표현할 수 있다. 가지 노드의 라벨은 해당 경기에서 이긴 팀을 표시하며, 단말 노드의 괄호 안에는 최종 승리 팀을 표기하였다.

트리에서 서로 다른 경로는 모두 10개가 있으며, 위에서부터 차례대로 열거하면 다음과 같다: $A-A$, $A-B-A-A$, $A-B-A-B-A$, $A-B-A-B-B$, $A-B-B$, $B-A-A$, $B-A-B-A-A$, $B-A-B-A-B$, $B-A-B-B$, $B-B$. A팀이 승리한 경우가 5가지이며, 나머지 경우에는 B팀이 승리하였다. 최종 승자를 결정하는 데 최소 2회에서 최대 5

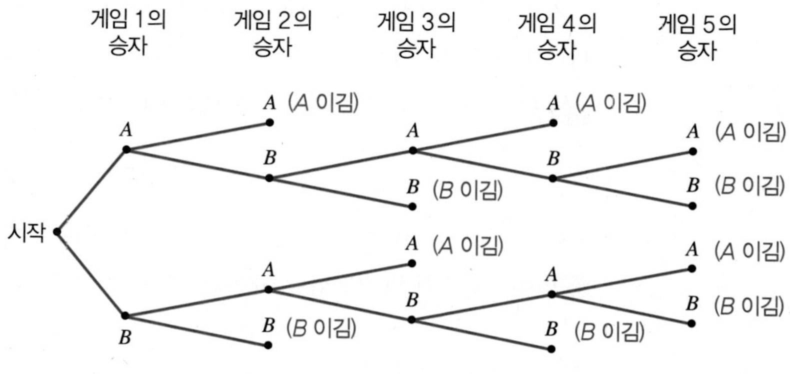

그림 9.2.1 토너먼트 경기에서 가능한 결과

회의 경기가 필요함을 알 수 있다.

b. 최종 승자를 결정하기 위하여 5회의 경기를 하는 경우가 4가지이므로 구하는 확률은 4/10=2/5=40%. ■

곱의 법칙

4개의 입출력장치(A, B, C, D)와 3개의 CPU(X, Y, Z)를 장착한 컴퓨터에서, 입출력장치는 모든 CPU에서 사용 가능하다고 가정한다. 입출력장치와 CPU를 짝짓는 방법은 모두 몇 가지나 가능할까?

답을 구하기 위하여 다음의 2단계 작업이 필요하며, 가능한 모든 경우는 그림 9.2.2의 가능성 트리로 표현할 수 있다.

단계 1: 입출력장치를 선택

단계 2: 대응하는 CPU를 선택

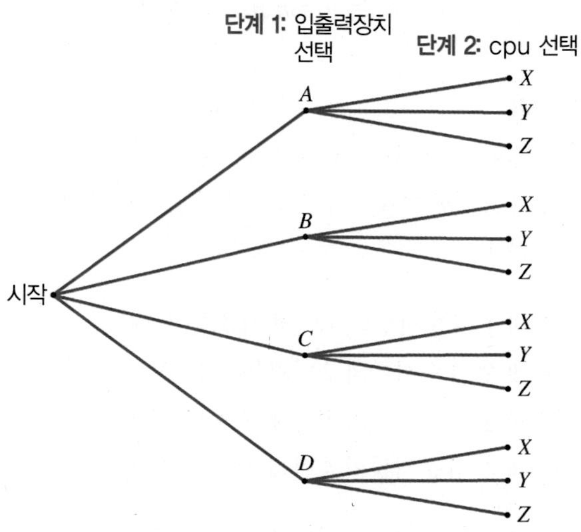

그림 9.2.2 가능성 트리를 사용한 객체의 대응 방법 표현

가능성 트리에서 가장 위쪽의 경로는 입출력장치 A가 CPU X에 의해 사용되는 경우를 나타내며, 그 다음의 경로는 입출력장치 A가 CPU Y에 의해 처리됨을 의미한다.

따라서 입출력장치와 CPU를 대응시키는 방법은 서로 다른 모든 경로의 수와 같다. 즉

$$3+3+3+3=4 \cdot 3=12$$

위에서 사용한 아이디어는 다음의 규칙을 증명하는 데 적용할 수 있다. 이 규칙의 엄격한 증명에서는 수학적 귀납법이 사용되며, 연습문제로 남긴다.

정리 9.2.1 곱의 법칙

k단계로 이루어진 작업에서

첫 번째 단계를 수행하는 방법이 n_1개

두 번째 단계를 수행하는 방법이 n_2개[첫 번째 단계와는 관계없이 수행 가능]

⋮

k번째 단계를 수행하는 방법이 n_k개[이전 단계와는 관계없이 수행 가능]

이면 전체 작업을 수행하는 방법의 수는 $n_1 n_2 \cdots n_k$이다.

곱의 법칙을 적용하기 위해서는 개수 계산의 대상을 여러 단계의 작업으로 생각하고, 각각의 단계를 수행하는 방법의 수가 몇 가지 있는가를 고려해야 한다. 각 단계를 수행하는 방법은 이전 단계의 수행 방법과는 무관하여야 한다.

예제 9.2.2 **곱집합의 원소 수**

4개의 집합 A_1, A_2, A_3, A_4의 원소의 개수가 각각 n_1, n_2, n_3, n_4일 때, 곱집합 $A_1 \times A_2 \times A_3 \times A_4$는 $n_1 n_2 n_3 n_4$개의 원소를 가짐을 보여라.

풀이

곱집합 $A_1 \times A_2 \times A_3 \times A_4$의 원소는 (a_1, a_2, a_3, a_4) 형태의 4순서쌍이며, 여기서 $a_1 \in A_1$, $a_2 \in A_2$, $a_3 \in A_3$, $a_4 \in A_4$. 이러한 형태의 4순서쌍을 만드는 작업은 4단계로 수행할 수 있다.

단계 1: 4순서쌍의 1번째 요소를 선택

단계 2: 4순서쌍의 2번째 요소를 선택

단계 3: 4순서쌍의 3번째 요소를 선택

단계 4: 4순서쌍의 4번째 요소를 선택

단계 1을 수행하는 방법은 n_1, 단계 2를 수행하는 방법은 n_2, 단계 3을 수행하는 방법은

n_3, 단계4를 수행하는 방법은 n_4이다. 따라서 전체 작업을 수행하는 방법은 $n_1n_2n_3n_4$이며, 곱집합 $A_1 \times A_2 \times A_3 \times A_4$에는 $n_1n_2n_3n_4$개의 4순서쌍이 있다. ■

예제 9.2.3 **2개의 입력 단자를 갖는 회로에 대한 입출력 테이블**

2개의 입력 단자 P, Q를 갖는 회로가 있다. 각각의 회로는 하나의 입출력 테이블로 표현할 수 있다. 2.4절에서 기술한 바와 같이 2개의 입출력 테이블이 동일한 값을 가질 수 있다. 서로 다른 값을 갖는 회로는 몇 개 만들 수 있는가?

풀이

입력 단자 P, Q에 대한 입력 신호의 순서를 고정시켰을 때, 다음의 입출력 표와 같이 적어도 1개 이상의 행에서 다른 출력 신호가 나타나면 서로 다른 회로가 된다. 따라서 서로 다른 종류의 회로의 개수는 다음과 같이 4단계로 결정할 수 있다.

P	Q	출력
1	1	1
1	0	0
0	1	1
0	0	0

P	Q	출력
1	1	0
1	0	0
0	1	1
0	0	0

단계 1: 1번째 행에 대한 출력 신호를 채운다.
단계 2: 2번째 행에 대한 출력 신호를 채운다.
단계 3: 3번째 행에 대한 출력 신호를 채운다.
단계 4: 4번째 행에 대한 출력 신호를 채운다.

각 단계에서 채울 수 있는 출력 신호는 두 종류(0, 1)이므로, 곱의 법칙에 의해 서로 다른 회로의 개수는 다음과 같다.

$$2 \cdot 2 \cdot 2 \cdot 2 = 16$$

n이 양의 정수이고, S는 1개 이상의 문자를 원소로 갖는 집합이라 하자. ***S* 위에서의 길이가 *n*인 문자열**(string of length n over S)은 S의 원소로 이루어진 n순서쌍에서 괄호와 콤마를 없앤 것으로 정의하고, 문자열을 구성하는 S의 원소를 **문자**(character)라 정의한다. S 위에서의 **공백 문자열**(null string)은 문자를 하나도 갖지 않는 문자열을 의미하고, 문자열의 길이는 0이며 기호 ε으로 표기한다. 만약 $S=\{0, 1\}$이면, S 위에서의 문자열을 비트열이라 한다. 비트열의 개념을 바탕으로 예제 9.2.3에 대한 다른 풀이를 생각해 보자. 서로 다른 입출력 테이블은 길이가 4인 비트열의 개수와 동일하다. 따라서 구하는 답은 $2^4=16$이다.

예제 9.2.4 **중첩된 루프의 반복 횟수**

다음의 알고리즘을 구현하여 실행시켰을 때, 가장 안쪽의 루프가 실행되는 횟수는 얼마인가?

```
for i := 1 to 4
    for j := 1 to 3

        [가장 안쪽의 루프에 있는 문장으로
         루프를 벗어나는 분기문은 없음.]

    next j
next i
```

풀이

바깥쪽의 루프는 4회 반복하며, 바깥쪽 루프가 1회 실행할 동안 안쪽의 루프는 3회씩 반복한다. 그러므로 곱의 법칙에 의하여 안쪽 루프의 반복 횟수는 $4 \cdot 3 = 12$이다. 실행 과정은 아래의 추적 테이블에 설명되어 있다.

i	1 →	→	→	2 →	→	→	3 →	→	→	4 →	→	→
j	1	2	3	1	2	3	1	2	3	1	2	3

$3 + 3 + 3 + 3 = 12$ ■

곱의 법칙을 적용하기가 어렵거나 불가능한 경우

상황에 따라서는 곱의 법칙을 적용하기가 어려운 경우가 있다. 예로서 아래의 문제를 살펴보자.

> 회사에서 사장, 출납담당, 비서의 직책을 Ann, Bob, Cyd, Dan 4명이 하나씩 담당해야 한다. 그런데 여러 가지 이유로 Ann은 사장 직책을 맡을 수 없으며, Cyd와 Dan 중에서 비서 직책을 담당해야 한다고 가정하자. 이 상황에서 직책을 담당할 3명을 선발하는 방법은 몇 가지가 있을까?

이 문제는 곱의 법칙을 적용하여 해결하는 것이 자연스럽다. 그러나 아래와 같이 단순하게 해결하고자 한다면 틀린 답을 찾게 될 것이다. 예를 들어 Bob이 사장을 맡고, Cyd가 출납담당을 맡게 되면, 비서를 담당할 사람은 Dan 한 사람만 남게 된다.

> 사장 직책을 맡을 사람을 선택하는 방법은 Ann을 제외시키면 3가지가 있다. 각각의 경우에 대하여 출납담당은 3가지의 선택이 가능하다. 마지막으로 비서는 Cyd와 Dan 중에서 선발하면 되므로 2가지 방법이 있다. 따라서 곱의 법칙을 적용하면 $3 \cdot 3 \cdot 2 = 18$가지의 방법이 가능하다.

이 문제와 같이 이전 단계의 수행 결과가 다음 단계의 수행에 영향을 미치게 되는 상황에서는 곱의 법칙을 적용할 수 없으며, 가능성 트리를 사용하는 것이 가장 명확한 접근 방법이다. 그림 9.2.3은 이 문제에 대한 가능성 트리이다.

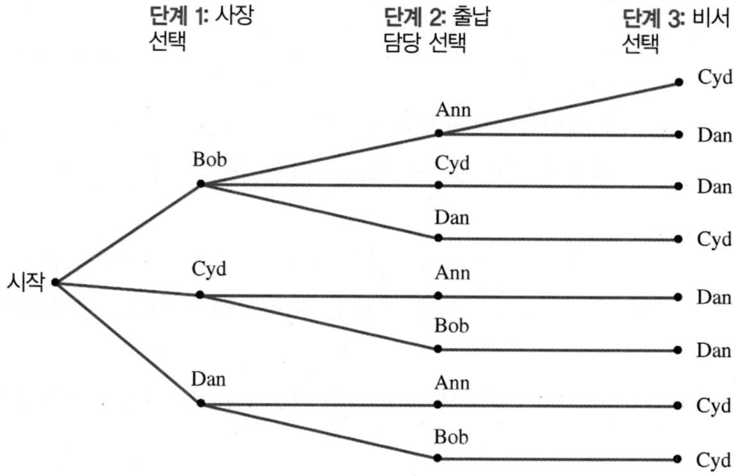

그림 9.2.3

그림에서 보는 바와 같이 주어진 조건을 만족시키면서 사장, 출납담당, 비서를 선출하는 방법은 8가지밖에 없다. 그러나 선발 단계를 재조정하면 곱의 법칙을 적용하여 이 문제를 해결할 수 있다. 먼저 제약이 많은 비서를 선발한 후, 사장, 출납담당 순서로 선출하면 된다. 비서는 Cyd와 Dan 중에서 선발해야 하므로 2가지 방법이 가능하며, 누가 비서를 맡게 되든지 사장은 Ann과 비서를 맡은 사람을 제외하고 2가지의 선택이 가능하다. 각각의 경우에 대하여 출납담당은 남은 2사람 중에서 아무나 맡으면 되므로, 곱의 법칙을 적용하여 $2 \cdot 2 \cdot 2 = 8$이 된다. 그림 9.2.4는 이 과정을 보여 주고 있다.

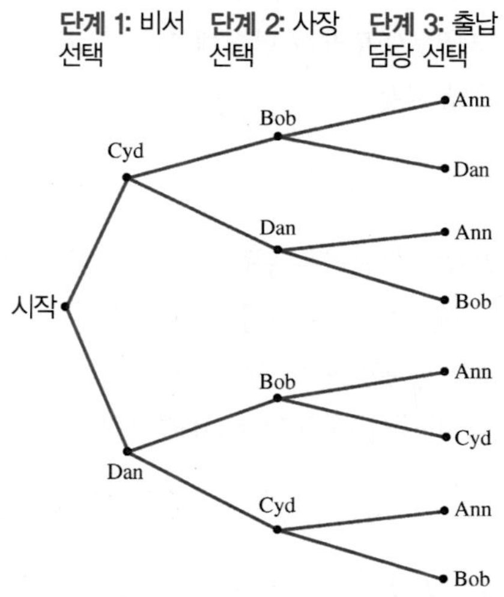

그림 9.2.4

순열

객체의 집합에 대한 **순열**(permutation)은 객체를 한 줄로 세우는 것을 말한다. 예를 들어 a, b, c 3개의 원소를 갖는 집합에 대해서는 아래와 같이 6가지의 순열이 가능하다.

$$abc \quad acb \quad bac \quad bca \quad cab \quad cba$$

일반적으로 n개의 원소를 갖는 집합이 주어졌을 때, 이 집합에 대한 순열은 몇 가지나 있을까? 순열을 생성하는 작업은 다음과 같이 n 단계로 수행할 수 있다.

단계 1: 원소 하나를 선택하여 1번째로 기록한다.
단계 2: 남은 원소 중에서 하나를 선택하여 2번째로 기록한다.
⋮ ⋮
단계 n: 남은 원소 하나를 n번째로 기록한다.

단계 1에서는 n 가지의 선택이 가능하며, 단계 2에서는 $n-1$가지의 선택이 가능하다. 마지막 단계 n에서는 하나의 원소만 남아 있으므로 1가지 방법밖에 없다. 따라서 곱의 법칙을 적용하면 $n(n-1)(n-2) \cdots 2 \cdot 1 = n!$ 종류의 순열이 존재한다.

정리 9.2.2
$n \geq 1$인 정수 n에 대하여, n개의 원소를 갖는 집합에 대한 순열의 개수는 $n!$이다.

예제 9.2.5 **한 단어를 구성하는 문자들의 순열**

a. *COMPUTER*라는 단어에 있는 문자를 한 줄로 나열하는 방법은?
b. 만약 문자 C와 O가 차례로 함께 나타나야 한다면 나열하는 방법은?
c. *COMPUTER*라는 단어에 있는 문자를 한 줄로 나열할 때, 문자 C와 O가 차례로 함께 나타날 확률은?

풀이

a. *COMPUTER*라는 단어에 있는 8개의 문자는 모두 다르므로 이들을 나열하는 방법은 8개의 원소를 갖는 집합에 대한 순열의 수와 같다. 따라서 답은 8!=40,320이다.
b. *CO*를 한 문자인 것처럼 생각하면 되므로 7개의 원소를 갖는 집합에 대한 순열의 수와 같다. 따라서 답은 7!=5,040이다.

CO	M	P	U	T	E	R

c. 8개의 문자를 나열하는 방법은 40,320가지이고, C, O가 함께 나타나는 경우는 5,040가지이므로, 구하는 확률은

$$\frac{5,040}{40,320} = \frac{1}{8} = 12.5\%$$ ■

예제 9.2.6 **원탁에 좌석을 배치하는 경우의 수**

6명의 위원이 원탁에 둘러앉아 회의를 한다. 누가 어느 의자에 앉는가는 상관할 필요가 없으나, 위원들의 상대적인 위치는 의미가 있다. 즉 위원들을 시계 방향으로 한 바퀴 돌렸을 때 나타나는 좌석 배치는 돌리기 전의 배치와 동일한 것으로 본다. 위원들의 좌석 배치 방법은 모두 몇 가지나 될까?

풀이

6명의 위원을 A, B, C, D, E, F라 하자. 위원들의 상대적인 위치만 의미가 있으므로, 먼저 아무 위원(A 위원이라 하자)이나 한 사람의 위치를 결정한다. 그런 다음 나머지 5명의 위원은 A 위원 둘레의 의자에 앉도록 한다. 그러면 구하는 답은 B부터 F까지의 위원 집합에 대한 순열의 수와 같으므로 $5! = 120$이다.

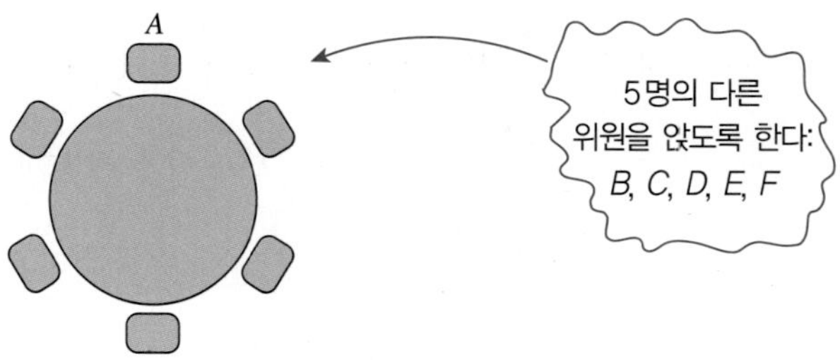

그림 9.2.5 ■

r-순열

집합 $\{a, b, c\}$가 주어졌을 때, 이들 원소 중에서 2개를 뽑아 나열하는 방법은 다음과 같이 모두 6가지가 있으며, 이러한 나열을 집합 $\{a, b, c\}$에 대한 2-순열이라 한다.

$$ab \quad ac \quad ba \quad bc \quad ca \quad cb$$

• 정의

n개의 원소를 갖는 집합에 대한 ***r*-순열**(r-permutation)이란 n개 중에서 r개를 뽑아 차례대로 나열하는 것을 말하며, r-순열의 개수를 $\boldsymbol{P(n, r)}$로 표기한다.

정리 9.2.3
$1 \le r \le n$인 정수 n, r에 대하여, n개의 원소를 갖는 집합에 대한 r-순열의 개수는 다음과 같다.

$$P(n, r) = n(n-1)(n-2) \cdots (n-r+1)$$

또는

$$P(n, r) = \frac{n!}{(n-r)!}$$

위의 정리는 곱의 법칙과 수학적 귀납법을 사용하여 증명할 수 있으며, 기본적인 발상은 다음과 같다. n개의 원소를 갖는 집합에 대한 r-순열을 생성하는 작업은 r-단계로 수행할 수 있다. 단계 1에서 1번째 원소를 선택한다. 처음에는 n개의 원소가 모두 있으므로 n가지의 선택이 가능하다. 단계 2에서는 2번째 원소를 선택한다. 단계 1에서 선택한 원소는 더 이상 사용할 수 없으므로 $n-1$가지의 방법이 가능하다. 이 과정을 r번 반복하면 답을 구할 수 있다. 마지막 단계 r에서는 이전 단계에서 $r-1$개의 원소가 이미 선택되어 $n-(r-1)$ 개의 원소만 남아 있으므로, $n-r+1$가지의 선택이 가능하다. 따라서

$$P(n, r) = n(n-1)(n-2) \cdots (n-r+1)$$

이 된다.

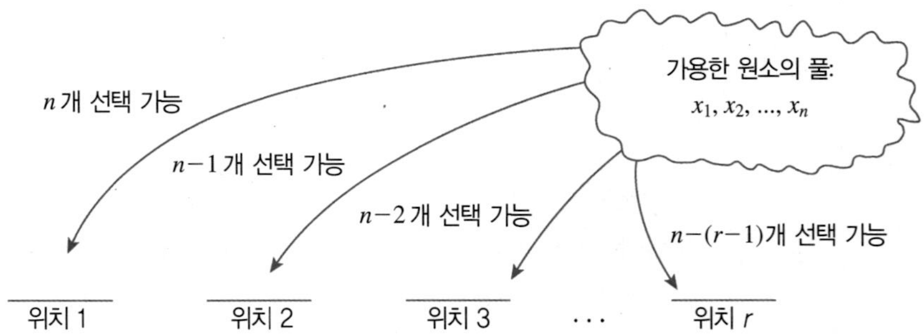

예제 9.2.7 r-순열의 계산

a. $P(5,2)$를 계산하라.

b. 서로 다른 7개 중에서 4개를 뽑아 나열하는 경우의 수는?

c. 서로 다른 5개 중에서 5개를 뽑아 나열하는 경우의 수는?

풀이

a. $P(5, 2) = \frac{5!}{(5-2)!} = \frac{5 \cdot 4 \cdot \not{3} \cdot \not{2} \cdot \not{1}}{\not{3} \cdot \not{2} \cdot \not{1}} = 20$

b. 원소가 7개인 집합에 대한 4-순열이므로

$$P(7,4) = \frac{7!}{(7-4)!} = \frac{7\cdot6\cdot5\cdot4\cdot\cancel{3}\cdot\cancel{2}\cdot\cancel{1}}{\cancel{3}\cdot\cancel{2}\cdot\cancel{1}} = 7\cdot6\cdot5\cdot4 = 840$$

c. 원소가 5개인 집합에 대한 5-순열이므로

$$P(5,5) = \frac{5!}{(5-5)!} = \frac{5!}{0!} = \frac{5!}{1} = 5! = 120$$ ■

예제 9.2.8 단어를 구성하는 문자 중에서 일부를 뽑아 나열하는 경우의 수

a. *BYTES*라는 단어를 구성하는 문자에서 3개를 뽑아 나열하는 경우의 수는?

b. 첫 번째 문자는 반드시 *B*이어야 한다면 가능한 경우의 수는?

풀이

a. 원소가 5개인 집합에 대한 3-순열의 개수와 같다.

$$P(5,3) = \frac{5!}{(5-3)!} = \frac{5\cdot4\cdot3\cdot\cancel{2}\cdot\cancel{1}}{\cancel{2}\cdot\cancel{1}} = 5\cdot4\cdot3 = 60$$

b. 먼저 *B*를 나열하고, 남은 4개의 문자에서 2개를 선택하여 차례로 나열하면 되므로, 원소가 4개인 집합에 대한 2-순열의 개수와 같다.

$$P(4,2) = \frac{4!}{(4-2)!} = \frac{4\cdot3\cdot\cancel{2}\cdot\cancel{1}}{\cancel{2}\cdot\cancel{1}} = 4\cdot3 = 12.$$

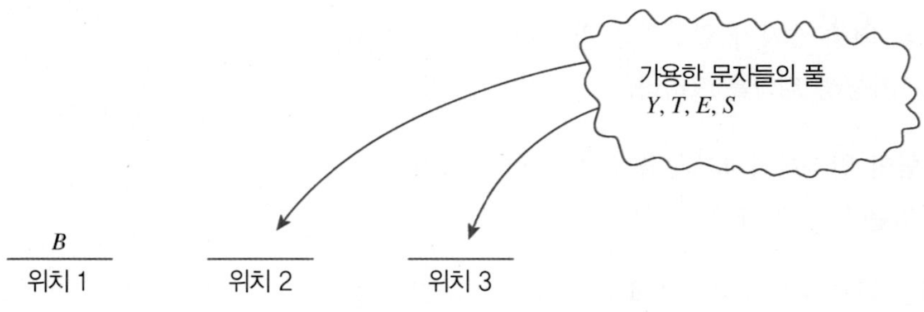

■

예제 9.2.9 $P(n, r)$에 관한 공식의 증명

$n \geq 2$인 모든 정수에 대해서 다음의 등식이 성립함을 증명하라.

$$P(n,2) + P(n,1) = n^2$$

풀이

$$P(n,2) = \frac{n!}{(n-2)!} = \frac{n(n-1)\cancel{(n-2)!}}{\cancel{(n-2)!}} = n(n-1)$$

$$P(n,1) = \frac{n!}{(n-1)!} = \frac{n\cdot\cancel{(n-1)!}}{\cancel{(n-1)!}} = n$$

$$P(n,2) + P(n,1) = n\cdot(n-1) + n = n^2 - n + n = n^2$$ ■

자 | 기 | 진 | 단

1. 곱의 법칙이란 k단계로 이루어진 작업에서 $1 \le i \le k$인 모든 i에 대해서, i번째 단계를 수행하는 방법이 n_i개(이전 단계와는 관계없이 수행 가능)이면, 전체 작업을 수행하는 방법의 수는 _____ 이라는 것이다.
2. 주어진 집합의 원소에 대한 순열이란 _______.
3. n개의 원소를 갖는 집합에 대한 순열은 _______ 개 존재한다.
4. n개의 원소를 갖는 집합에 대한 r-순열이란 ______ 이다.
5. n개의 원소를 갖는 집합에 대한 r-순열의 수는 _______(으)로 표기한다.
6. n개의 원소를 갖는 집합에 대한 r-순열의 수를 계산하는 공식은 _______ 와 _______ 이다.

연 / 습 / 문 / 제 9.2

먼저 4게임을 이기는 팀이 최종 승자가 되는 야구의 월드 시리즈에 대하여 1번에서 3번까지의 물음에 답하라.

1. A팀이 처음 3게임을 이겼다고 가정하자. 월드 시리즈의 최종 승자가 결정되는 방법은 몇 가지가 있는가? 가능성 트리를 그려라.

2. A팀이 연속하여 4게임을 이겨서 최종 승자가 되는 방법은 몇 가지가 있는가?

3. 어느 팀도 연속하여 2게임을 이기지 않고 최종 승자가 결정되는 방법은 몇 가지가 있는가?

4. 1번째 주머니에는 2개의 검은 구슬(B_1, B_2로 표기)과 1개의 흰 구슬이 들어 있고, 2번째 주머니에는 1개의 검은 구슬과 2개의 흰 구슬(W_1, W_2)이 들어 있다. 먼저 임의로 주머니를 선택한 후, 그 주머니에서 2개의 구슬을 꺼내는 실험에 대하여 물음에 답하라.

a. 이 실험에서 나타날 수 있는 가능한 모든 결과를 보여 주는 가능성 트리를 그려라.

b. 이 실험에서 나타날 수 있는 가능한 결과는 모두 몇 가지인가?

c. 꺼낸 공 2개가 모두 검은 공일 확률은 얼마인가?

d. 꺼낸 공 2개의 색깔이 서로 다를 확률은 얼마인가?

5. 어떤 사람이 본체, 키보드, 프린터로 구성되는 컴퓨터 시스템을 구입하려고 한다. 본체는 3종류의 모델이 있고, 키보드와 프린터는 각각 2종류의 모델이 있다. 시스템을 구입하는 방법은 모두 몇 가지인가?

6. A에서 B로 가는 길이 3가지가 있고, B에서 C로 가는 길은 5가지가 있다. 다음의 물음에 답하라.

a. A에서 B를 거쳐 C로 가는 방법은 모두 몇 가지인가?

b. A에서 B를 거쳐 C로 갔다가, B를 거쳐 A로 돌

아오는 방법은 모두 몇 가지인가?

c. 문제 (b)에서 한 번 갔던 길은 다시 갈 수 없다면 몇 가지의 방법이 가능한가?

7. 다음의 물음에 답하라.

a. 길이가 8인 비트열은 모두 몇 개인가?

b. 길이가 8인 비트열 중에서 '000'으로 시작하는 것은 몇 개인가?

c. 길이가 8인 비트열 중에서 시작과 끝이 '1'인 것은 몇 개인가?

8. 16진수는 16개의 숫자(0, 1, 2, 3, 4, 5, 6, 7, 8, 9, A, B, C, D, E, F)로 구성되며, $9A2D_{16}$과 같이 아래첨자 16을 붙인다. 다음의 물음에 답하라.

a. 5자리의 16진수 중에서 3에서 B까지의 숫자로 시작하여 5에서 F까지의 숫자로 끝나는 것은 모두 몇 개인가?

b. 6자리의 16진수 중에서 4에서 D까지의 숫자로 시작하여 2에서 E까지의 숫자로 끝나는 것은 모두 몇 개인가?

9. 동전을 4번 던지는 실험에 대해서 다음의 물음에 답하라. 단 동전의 앞면(H)과 뒷면(T)이 나타날 확률은 동일하다고 가정한다.

a. 가능한 실험 결과는 모두 몇 개인가?

b. 동전의 앞면이 2회 나타날 확률은?

c. 동전의 앞면이 1회 나타날 확률은?

10. 자동차 번호판의 차량번호는 4자리의 문자와 3자리의 숫자로 구성된다. 다음의 물음에 답하라.

a. 서로 다른 번호판은 모두 몇 개나 가능한가?

b. *A*로 시작해서 0으로 끝나는 번호판은 몇 개인가?

c. *TGIF*로 시작하는 번호판은 몇 개인가?

d. 모든 문자와 숫자가 모두 다른 번호판은 몇 개인가?

e. *AB*로 시작하고 나머지 문자와 숫자가 모두 다른 번호판은 몇 개인가?

11. 다음의 물음에 답하라.

a. 10부터 99까지의 정수는 모두 몇 개인가?

b. 10부터 99까지의 홀수는 모두 몇 개인가?

c. 10부터 99까지의 정수 중에서 서로 다른 숫자로 구성된 것은 모두 몇 개인가?

d. 10부터 99까지의 홀수 중에서 서로 다른 숫자로 구성된 것은 모두 몇 개인가?

e. 10부터 99까지의 정수 중에서 임의로 하나를 선택하였을 때, 서로 다른 숫자로 구성된 홀수일 확률은?

12. 아래의 그림은 현금자동출납기에서 사용하는 키패드의 모형이다. 이 키패드는 특정 순서로 키를 눌렀을 때 서로 다른 PIN을 나타낼 수 있다. 예를 들어 2133, AZDE, BQ3F는 키를 동일한 방법으로 눌렀을 때 나타날 수 있는 PIN들이다.

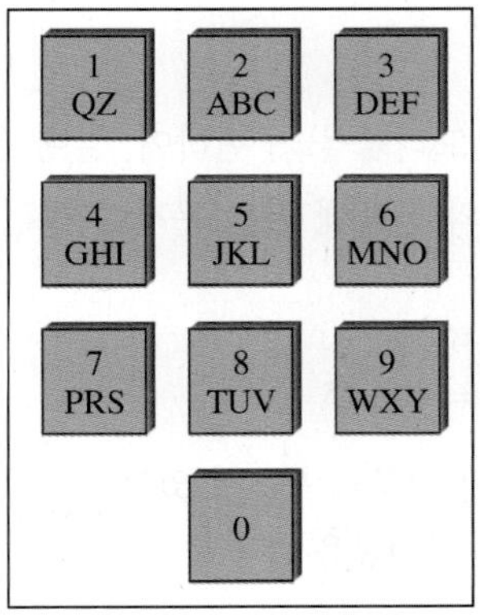

a. 키 2133을 눌렀을 때 나타날 수 있는 서로 다른 PIN의 개수는?

b. 키 5031을 눌렀을 때 나타날 수 있는 서로 다른 PIN의 개수는?

c. 서로 다른 4개의 키를 눌러서 만들 수 있는 PIN의 총 개수는?

13. Ann, Bob, Cyd, Dan의 4사람 중에서 사장, 출납담당, 비서의 직책을 담당할 사람을 선발하고자 한다. Bob은 출납담당을 맡을 수 없으며, Cyd는 비서가 될 수 없다고 가정할 때, 가능한 방법은 모두 몇 가지

인가? 이 문제를 곱의 법칙을 사용하여 풀 수 있는가?

14. m개의 원소를 갖는 집합 A와 n개의 원소를 갖는 집합 B에 대해서 물음에 답하라.

a. A에서 B로 가는 관계(relation)의 개수는?

b. A에서 B로 가는 함수(function)의 개수는?

c. A에서 B로 가는 관계 중에서 함수가 되는 것의 비율은?

15. 다음의 물음에 답하라.

a. 3개의 원소를 갖는 집합 A에서 4개의 원소를 갖는 집합 B로 가는 함수의 개수는?

b. 5개의 원소를 갖는 집합 A에서 2개의 원소를 갖는 집합 B로 가는 함수의 개수는?

c. m, n이 양의 정수일 때, n개의 원소를 갖는 집합 A에서 n개의 원소를 갖는 집합 B로 가는 함수의 개수는?

16. 다음의 알고리즘을 구현하여 실행시켰을 때, 가장 안쪽 루프의 몸체에 있는 문장이 실행되는 횟수는?

```
for i := 1 to 30
    for j := 1 to 15
        [가장 안쪽의 루프에 있는 문장으로 루프를 벗어나는 분기문은 없음.]
    next j
next i
```

17. 다음의 알고리즘을 구현하여 실행시켰을 때, 가장 안쪽 루프의 몸체에 있는 문장이 실행되는 횟수는?

```
for i :=5 to 50
    for j :=10 to 20
        [가장 안쪽의 루프에 있는 문장으로 루프를 벗어나는 분기문은 없음]
    next j
next i
```

18. 1부터 99,999까지의 정수 중에서 2, 3, 4, 5를 1개씩 포함하는 정수는 모두 몇 개인가?

19. 다음의 물음에 답하라.

a. p가 소수이고 a가 양의 정수일 때, p^a의 약수는 모두 몇 개인가?

b. p, q가 서로 다른 소수이고 a, b가 양의 정수일 때, $p^a q^b$의 약수는 모두 몇 개인가?

c. p, q, r이 서로 다른 소수이고 a, b, c가 양의 정수일 때, $p^a q^b r^c$의 약수는 모두 몇 개인가?

d. $p_1, p_2, \ldots, p_m$이 서로 다른 소수이고 $a_1, a_2, \ldots, a_m$이 양의 정수일 때, $p_1^{a_1} p_2^{a_2} \cdots p_m^{a_m}$의 약수는 모두 몇 개인가?

e. 12개의 약수를 갖는 양의 정수 중에서 가장 작은 것은?

20. 단어 *ALGORITHM*을 구성하는 문자를 다음과 같은 방법으로 나열할 때 가능한 경우의 수를 구하라.

a. 모든 경우의 수는?

b. *AL*이 한 묶음으로 나타나는 경우의 수는?

c. *GOR*이 한 묶음으로 나타나는 경우의 수는?

21. 5명의 사람이 원탁에 앉는 서로 다른 방법은 몇 가지인가? 단 시계 방향으로 한 바퀴 돌렸을 때 나타나는 좌석 배치는 돌리기 전의 배치와 동일한 것으로 본다.

22. 집합 $\{W, X, Y, Z\}$에 대한 2-순열을 모두 쓰라.

23. 다음 식의 값을 계산하라.

a. $P(6, 4)$ **b.** $P(6, 6)$ **c.** $P(6, 3)$ **d.** $P(6, 1)$

24. **a.** 5개의 원소를 갖는 집합에 대한 3-순열의 개수는?

b. 8개의 원소를 갖는 집합에 대한 2-순열의 개수는?

25. **a.** 단어 *ALGORITHM*을 구성하는 문자 중에서 3개를 뽑아 일렬로 나열하는 경우의 수는?

b. 단어 *ALGORITHM*을 구성하는 문자 중에서 6개를 뽑아 일렬로 나열하는 경우의 수는?

c. 단어 *ALGORITHM*을 구성하는 문자 중에서 6개를 뽑아 일렬로 나열하고자 한다. 처음 문자가 *A*로 시작해야 한다면 그 경우의 수는?

d. 단어 *ALGORITHM*을 구성하는 문자 중에서 6개를 뽑아 일렬로 나열하고자 하다. 처음 2개의 문자가 *OR*로 시작해야 한다면 그 경우의 수는?

26. $n \geq 2$인 모든 정수에 대하여 다음의 공식이 성립함을 증명하라.

$$P(n+1, 2)-P(n, 2)=2P(n, 1)$$

27. 수학적 귀납법을 사용하여 정리 9.2.2를 증명하라.

28. 주어진 집합 A에 대한 순열은 A 위에서의 함수로 볼 수 있다. 집합 $\{1, 2, 3, 4\}$에 대한 순열 2341은 다음과 같은 함수로 볼 수 있다. 물음에 답하라.

$$\begin{matrix} 1 & 2 & 3 & 4 \\ \downarrow & \downarrow & \downarrow & \downarrow \\ 2 & 3 & 4 & 1 \end{matrix}$$

a. 집합 $\{1, 2, 3\}$에 대한 6개의 순열을 위의 표기법을 사용하여 기술하라.

b. 집합 $\{1, 2, 3, 4\}$에 대한 순열 중에서 2, 4의 위치를 그대로 유지하는 것을 위의 표기법을 사용하여 기술하라.

c. 집합 $\{1, 2, 3\}$에 대한 순열 중에서 위치를 그대로 유지하는 원소가 하나도 없는 것을 기술하라.

d. 집합 $\{1, 2, 3, 4\}$에 대한 순열 중에서 위치를 그대로 유지하는 원소가 하나도 없는 것을 위의 표기법을 사용하여 기술하라.

자 | 기 | 진 | 단 | 해 | 답

1. $n_1 n_2 \cdots n_k$ 2. n개의 원소를 나열하는 것 3. $n!$ 4. n개의 원소 중에서 r개를 뽑아서 나열하는 것 5. $P(n, r)$ 6. $n(n-1)(n-2)\cdots(n-r+1)$; $\dfrac{n!}{(n-r)!}$

9.3 서로소인 집합의 원소 수 계산: 합의 법칙

앞 절에서는 가능성 트리를 사용하여 해결하는 계수 문제를 다루었으며, 이 절에서는 합집합, 교집합, 차집합의 개념을 사용하여 해결하는 계수 문제를 다루고자 한다. 합집합, 교집합, 차집합에 들어 있는 원소의 개수를 계산하기 위해서는 다음과 같은 합의 법칙을 사용한다.

정리 9.3.1 합의 법칙

유한집합 A가 k개의 서로소인 부분집합 $A_1, A_2, \ldots, A_k$의 합집합으로 이루어지면

$$N(A) = N(A_1) + N(A_2) + \cdots + N(A_k)$$

예제 9.3.1 **최대 3문자로 구성되는 비밀번호의 개수**

컴퓨터에서 사용하는 비밀번호는 1문자 이상 3문자 이하의 영문자(대소문자 구분하지 않음)로 만든다. 가능한 모든 비밀번호의 개수는 몇 개인가?

풀이

가능한 모든 비밀번호는 그림 9.3.1에서와 같이 길이가 1인 것, 2인 것, 3인 것으로 분류할 수 있다.

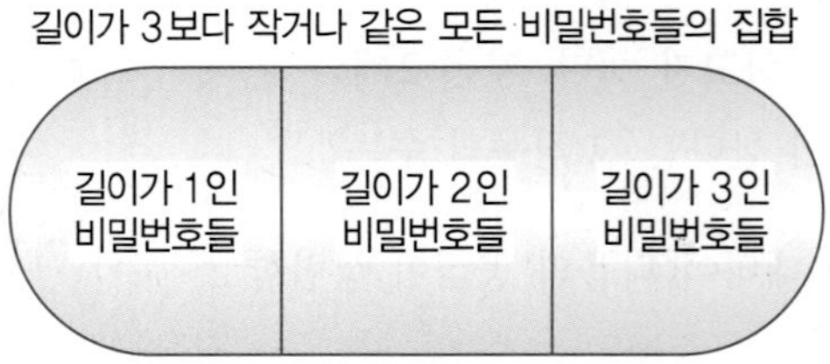

그림 9.3.1

합의 법칙에 따라, 전체 비밀번호의 개수는 길이 1인 것의 개수, 길이 2인 것의 개수, 길이 3인 것의 개수를 모두 합친 것이다.

길이 1인 비밀번호의 개수 $=26$
길이 2인 비밀번호의 개수 $=26 \cdot 26$
길이 3인 비밀번호의 개수 $=26 \cdot 26 \cdot 26$

그러므로 비밀번호의 개수$=26+262+263=18,278$ ■

차집합 계수원리

합의 법칙으로부터 유도할 수 있는 중요한 결과는 다음의 차집합 계수원리이다.

> **정리 9.3.2 차집합 계수원리**
> 집합 A는 유한 집합이고, 집합 B가 A의 부분집합이면
>
> $$N(A-B) = N(A) - N(B)$$

다음의 그림 9.3.2는 차집합 계수원리의 기본 개념을 보여 주고 있다. B가 A의 부분집합이므로 $A-B$와 B는 서로소이고, $B \cup (A-B) = A$이다. 따라서 합의 법칙에 의하여

$$N(B) + N(A-B) = N(A) \qquad N(A-B) = N(A) - N(B)$$

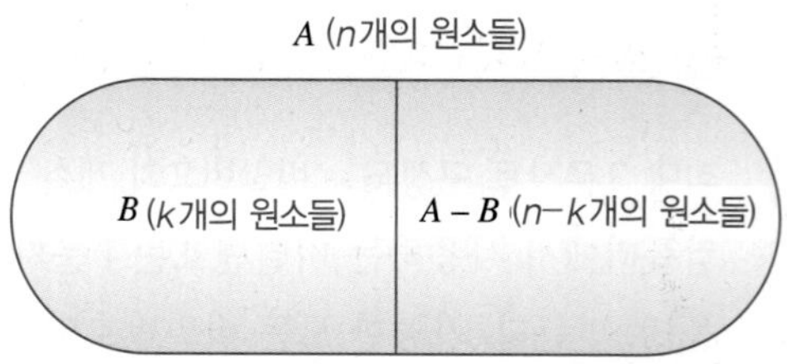

그림 9.3.2 차집합 계수원리

차집합 계수원리로부터 여사건의 확률 공식을 유도할 수 있다. 위의 정리 9.3.2 에서 A에 표본공간 S를, B에 사건 E를 대입하면 $A-B = S-E = E^c$가 되므로

$$N(E^c) = N(S) - N(E)$$

등식의 양변을 $N(S)$로 나누면 여사건에 대한 확률 공식을 구할 수 있다.

여사건에 대한 확률 공식

S가 유한한 표본공간이고 E가 S 위에서의 사건이면, E에 대한 여사건의 확률은 다음과 같다.

$$P(E^c) = 1 - P(E)$$

예제 9.3.2 **인터넷 주소**

네트워크로 연결되어 있는 컴퓨터들 간의 효과적인 통신을 위해서 각각의 컴퓨터는 고유한 주소를 가져야 한다. 인터넷에서는 현재 32비트 크기의 IP(Internet Protocol) 주소를 사용하고 있으며, 장차 128비트로 확장할 예정이다. 기술적인 이유로 어떤 컴퓨터에는 여러 개의 주소를 할당하고, 인터넷을 가끔 사용하는 컴퓨터 집단에는 극소수의 주소를 할당하여 공유하게 한다. IP 주소는 전화번호처럼 두 부분으로 구성되어 있다. 앞부분은 컴퓨터가 위치한 로컬 네트워크를 식별하기 위한 네트워크 ID이고, 뒷부분은 로컬 네트워크 안에서 해당하는 컴퓨터를 식별하기 위한 호스트 ID이다.

IP 주소의 예를 들어 보면 10001100 11000000 00100000 10001000과 같다. 좀 더 편하게 읽을 수 있도록 하기 위하여 8비트씩 잘라서 10진수로 환산하고, 각각의 10진수를 점으로 구분하는 표기법을 사용하기도 한다. 위의 IP 주소는 140.192.32.136이 된다.

인터넷에 연결되는 다양한 크기의 로컬 네트워크를 수용하기 위해서 네트워크 ID는 여러 등급으로 구분하고 있으며, 그중에서 중요한 것은 A, B, C 등급이다. 각 등급에서 호스트 ID의 모든 비트가 0이거나 1이어서는 안 된다. A 등급은 초대형 로컬 네트워크에 부여하며, 8비트의 네트워크 ID와 24비트의 호스트 ID로 구성되는 주소를 사용한다. 네트워크 ID의 가장 왼쪽 비트는 '0'으로 고정되어 있으며, 00000000 또는 11111111은 네트워크 ID로 사용할 수 없다.

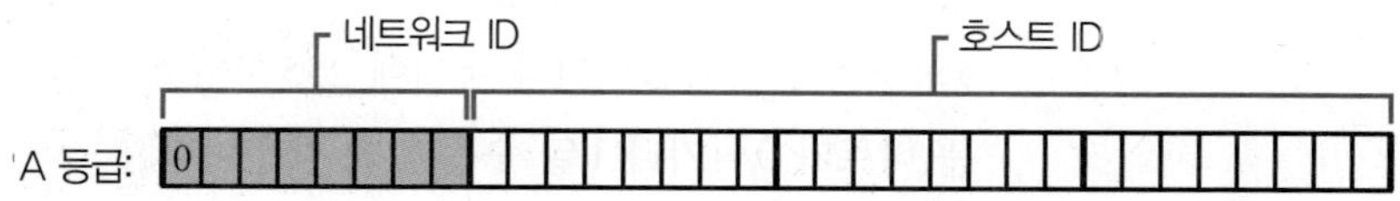

B 등급은 중형 또는 대형의 로컬 네트워크에 부여되며, 16비트의 네트워크 ID와 16비트의 호스트 ID로 구성되는 IP 주소를 사용한다. 네트워크 ID의 왼쪽 2비트는 '10'으로

고정되어 있다.

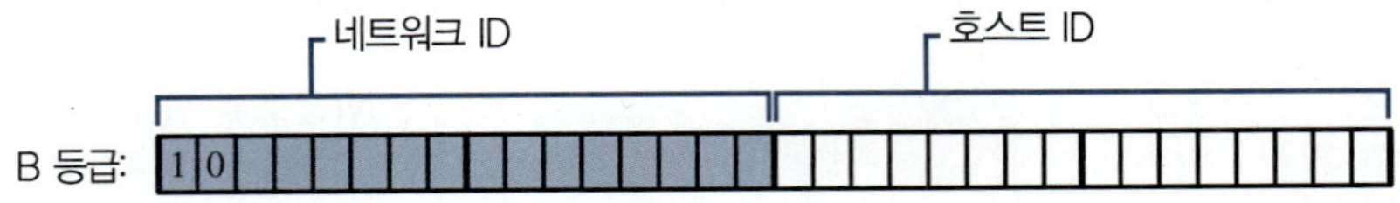

C 등급은 소형의 로컬 네트워크에 부여되며, 24비트의 네트워크 ID와 8비트의 호스트 ID로 구성되는 IP 주소를 사용한다. 네트워크 ID의 왼쪽 3비트는 '110'으로 고정되어 있다.

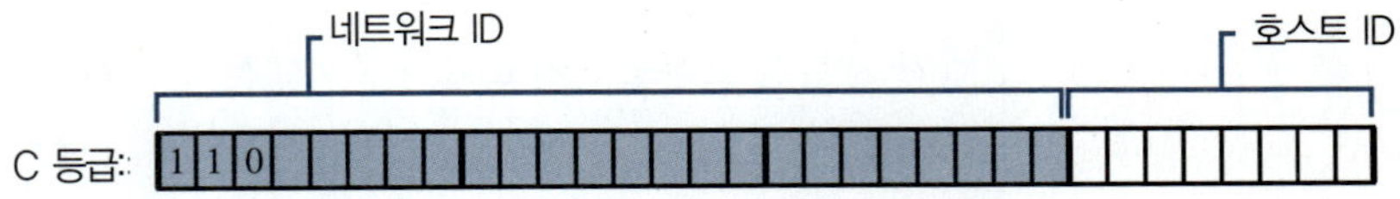

a. IP 주소 10001100 11000000 00100000 10001000에 대한 10진 표기가 140.192.32.136이 맞는지 확인하라.
b. B 등급의 로컬 네트워크는 몇 개가 존재할 수 있는가?
c. B 등급의 로컬 네트워크에 포함되어 있는 컴퓨터의 IP 주소는 10진 표기로 어떤 형태일까?
d. B 등급의 로컬 네트워크 1개에 포함될 수 있는 컴퓨터의 최대 수는?

풀이

a. $10001100=128+8+4=140$
   $11000000=128+64=192$
   $00100000=32$
   $10001000=128+8=136$
b. B 등급의 네트워크 ID는 16비트로 구성되고, 왼쪽의 2비트는 '10'으로 고정되어 있다. 따라서 14비트가 0 또는 1이 될 수 있으므로 B 등급을 부여할 수 있는 로컬 네트워크의 전체 개수는 $2^{14}=16{,}384$이다.
c. B 등급의 네트워크 ID는 16비트로 구성되고 왼쪽의 2비트는 '10'이므로, 네트워크 ID의 범위는 10000000 00000000~10111111 11111111이고, 10진 표기로는 128.0~191.255이다. B 등급의 로컬 네트워크에 포함된 컴퓨터의 IP 주소를 10진 표기로 $w.x.y.z$라고 하면, $128 \le w \le 191$, $0 \le x \le 255$, $0 \le y \le 255$, $0 \le z \le 255$이다. 단, y와 z는 동시에 0이거나 동시에 255이어서는 안 된다. 왜냐하면 모든 호스트 ID는 모든 비트가 0이거나 1일 수는 없기 때문이다.
d. B 등급의 로컬 네트워크는 호스트 ID로 16비트를 사용하므로 포함할 수 있는 컴퓨터의 최대 수는 $2^{16}=65{,}536$이다. 그러나 00000000 00000000 또는 11111111 11111111은 호스트 ID로 사용할 수 없으므로 구하는 답은 65,534이다. ■

포함/제외 규칙

서로소인 집합들의 합집합에 속하는 원소의 개수를 계산할 때에는 합의 법칙을 사용할 수 있으나, 서로소가 아닌 경우에는 어떻게 해야 할까? 문제를 단순화하기 위해서 그림 9.3.3과 같이 2개의 집합에 대해서 생각해 보자. $A \cup B$의 원소 수는 집합 A, B에 공통으로 포함되어 있는 원소 수에 따라 달라짐을 알 수 있다. 즉 $A \cup B$의 원소 수를 계산하기 위해서 $N(A)$와 $N(B)$를 합하면 집합 A, B에 공통으로 포함된 원소를 2번 포함시키게 된다. 따라서 $A \cup B$의 원소 수를 정확하게 계산하기 위해서는 $A \cap B$의 원소 수만큼을 감소시켜야 한다. 그러므로

$$N(A \cup B) = N(A) + N(B) - N(A \cap B)$$

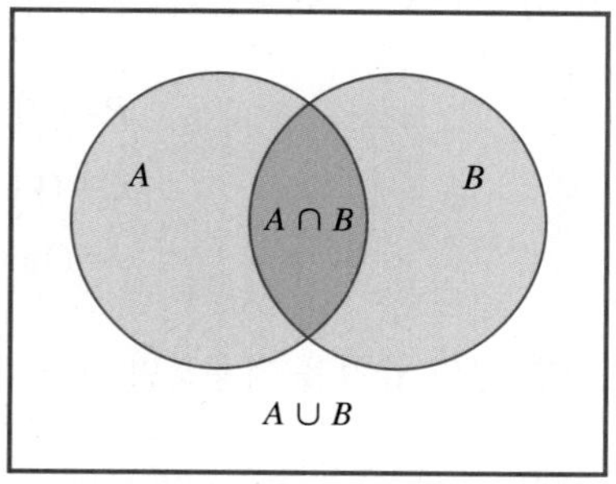

그림 9.3.3

위의 분석 결과는 정리 9.3.3에서 보는 바와 같이 3개의 집합에 대해서 확장할 수 있으며, 수학적 귀납법을 사용하여 증명할 수 있다.

정리 9.3.3 2개 집합 또는 3개 집합에 대한 포함/제외 규칙

A, B, C가 유한 집합일 때, 다음의 규칙이 성립한다.

$$N(A \cup B) = N(A) + N(B) - N(A \cap B)$$

$$N(A \cup B \cup C) = N(A) + N(B) + N(C) - N(A \cap B) - N(A \cap C) - N(B \cap C) + N(A \cap B \cap C)$$

예제 9.3.3 교집합의 원소 수 계산

이산수학 강좌를 담당하고 있는 교수가 50명의 수강생을 대상으로, 최근에 수강한 수학 및 컴퓨터 교과목에 대한 조사를 실시하여 다음과 같은 결과를 얻었다.

기초미적분학 이수자: 30명
미적분학 이수자: 18명
Java 이수자: 26명
기초미적분학 및 미적분학 이수자: 9명
기초미적분학 및 Java 이수자: 16명
미적분학 및 Java 이수자: 8명
3과목 중에서 1과목 이상 이수자: 47명

a. 3과목 모두를 이수하지 않은 학생 수는?

b. 3과목 모두를 이수한 학생 수는?

c. 기초미적분학과 미적분학은 이수하였으나, Java는 이수하지 않은 학생 수는? 기초미적분학은 이수하였으나, Java 및 미적분학은 이수하지 않은 학생 수는?

풀이

a. 차집합 계수원리로부터 3과목 모두를 이수하지 않은 학생 수는 전체 학생에서 적어도 1과목 이상을 이수한 학생 수를 빼면 된다. 따라서 구하는 답은

$$50 - 47 = 3.$$

b. 집합 P, C, J를 다음과 같이 정의하자.

P=(기초미적분학을 이수한 학생)
C=(미적분학을 이수한 학생)
J=(Java를 이수한 학생)

포함/제외 규칙을 적용하면

$$N(P \cup C \cup J) = N(P) + N(C) + N(J) - N(P \cap C) - N(P \cap J) - N(C \cap J) + N(P \cap C \cap J)$$

문제에서 주어진 값을 대입하면

$$47 = 30 + 26 + 18 - 9 - 16 - 8 + N(P \cap C \cap J)$$
$$N(P \cap C \cap J) = 6.$$

c. 답을 찾기 위해서 그림 9.3.4를 살펴 보자.

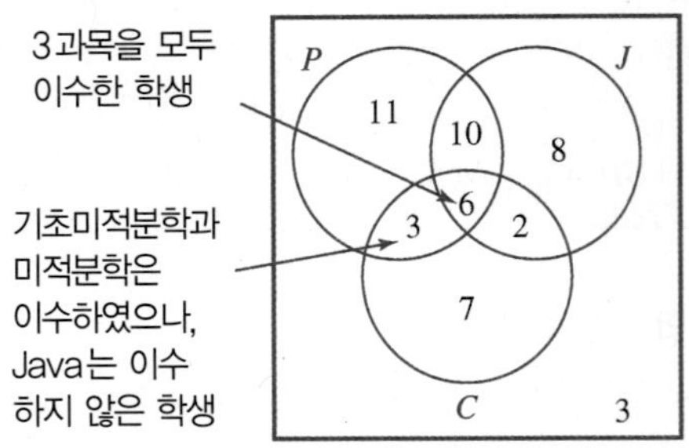

그림 9.3.4

기초미적분학과 미적분학을 이수한 학생의 집합은 $P \cap C$이고, 기초미적분학과 미적분학은 이수하였으나 Java를 이수하지 않은 학생의 집합은 $P \cap C \cap J^C$이다. $P \cap C = (P \cap C \cap J) \cup (P \cap C \cap J^C)$이고, $P \cap C \cap J$와 $P \cap C \cap J^C$는 서로소이므로, 차집합 계수원

리에 의해

$$N(P \cap C \cap J^C) = N(P \cap C) - N(P \cap C \cap J) = 9 - 6 = 3.$$

또한 기초미적분학은 이수하였으나 Java 및 미적분학은 이수하지 않은 학생의 집합은 $P \cap J^C \cap C^C$이므로

$$\begin{aligned} N(P \cap J^C \cap C^C) &= N(P) - N(P \cap J) - N(P \cap C) + N(P \cap C \cap J) \\ &= 30 - 16 - 9 + 6 \\ &= 11 \end{aligned}$$

■

자 | 기 | 진 | 단

1. 합의 법칙이란 유한 집합 A가 k개의 서로소인 부분집합 $A_1, A_2, \cdots, A_k$의 합집합으로 이루어지면, ______ 라는 것이다.
2. 차집합 계수원리란 집합 A는 유한 집합이고 집합 B가 A의 부분집합이면, ______ 라는 것이다.
3. S가 유한한 표본공간이고 E가 S 위에서의 사건이면, E에 대한 여사건의 확률은 ______ 라는 것이다.
4. 2개의 집합에 대한 포함/제외 규칙이란 A, B가 유한 집합일 때, ______ 라는 것이다.
5. 3개의 집합에 대한 포함/제외 규칙이란 A, B, C가 유한 집합일 때, ______ 라는 것이다.

연 / 습 / 문 / 제 9.3

1. **a.** 1~4비트로 만들 수 있는 비트열의 개수는? 단 '10'과 '0010'처럼 같은 비트열이라도 길이가 다르면 서로 다른 것으로 본다.

b. 5~8비트로 만들 수 있는 비트열의 개수는?

2. **a.** 1부터 999까지의 정수 중에서 서로 다른 숫자로 구성된 것은 몇 개인가?

b. 1부터 999까지의 정수 중에서 숫자가 중복되는 정수(예: 112, 77)의 개수는?

c. 1부터 999까지의 정수 중에서 임의로 하나를 뽑을 때, 숫자가 중복되는 정수(예: 112, 77)일 확률은?

3. *NETWORK*에 포함되어 있는 문자를 최대 3개까지 사용하여 만들 수 있는 문자열은 몇 개인가? 단 문자의 중복은 허락하지 않는다.

4. 차량의 번호판은 0~3개의 영문자(대문자만 사용)에 0~4 자리의 숫자를 붙여서 구성하며, 문자와 숫자가 하나도 없는 빈 번호판은 허용되지 않는다. 다음의 물음에 답하라.

a. 서로 다른 번호판은 몇 개나 만들 수 있는가?

b. 숫자 부분에서 '85'라는 조합(예: 0852, 8500)은 허용하지 않는다면 서로 다른 번호판은 몇 개나 만들 수 있는가?

5. 차량의 번호판은 4~6자리의 영문자(대문자만 사용) 및 숫자로 구성된다. 다음의 물음에 답하라.

a. 문자의 중복을 허용한다면 서로 다른 번호판은 몇 개나 만들 수 있는가?

b. 문자의 중복을 허용하지 않는다면 서로 다른 번호판은 몇 개나 만들 수 있는가?

c. 적어도 한 문자는 중복되어야 한다면 서로 다른 번호판은 몇 개나 만들 수 있는가?

d. 번호판을 임의로 선택했을 때 중복된 문자가 포함되어 있을 확률은?

6. 어떤 회사에서는 비밀번호를 3~5개의 문자로 만든다. 사용 가능한 문자는 26개의 영문자, 10개의 숫자, 14개의 특수 문자(!, @, #, $, %, ^, &, *, (,), −, +, {, })이다. 다음의 물음에 답하라.

a. 문자의 중복을 허용한다면 서로 다른 비밀번호는 몇 개나 만들 수 있는가?

b. 문자의 중복을 허용하지 않는다면 서로 다른 비밀번호는 몇 개나 만들 수 있는가?

c. 적어도 한 문자는 중복되어야 한다면 서로 다른 비밀번호는 몇 개나 만들 수 있는가?

d. 비밀번호를 임의로 선택했을 때 적어도 1개 이상의 문자가 중복될 확률은?

7. **a.** 다음의 알고리즘을 구현하여 실행시켰을 때, 가장 안쪽 루프의 몸체에 있는 문장이 실행되는 횟수는?

```
for i := 1 to 4
    for j := 1 to i
    [가장 안쪽의 루프에 있는 문장으로 루프
    를 벗어나는 분기문은 없음]
    next j
next i
```

b. 다음의 알고리즘을 구현하여 실행시켰을 때 가장 안쪽 루프의 몸체에 있는 문장이 실행되는 횟수는? 단 n이 양의 정수이다.

```
for i := 1 to n
    for j := 1 to i
    [가장 안쪽의 루프에 있는 문장으로 루프
    를 벗어나는 분기문은 없음]
    next j
next i
```

8. **a.** *QUICK*에 포함된 5문자를 일렬로 배열하는 경우의 수는?

b. U는 반드시 Q 다음에 나타나야 한다면 가능한 경우의 수는?

c. Q와 U가 반드시 인접해서 나타나야 한다면 가능한 경우의 수는?

9. 8명이 영화관에 가서 일렬로 앉는다고 가정하자.

a. 2명이 반드시 인접해서 앉기를 고집한다면, 앉는 경우의 수는?

b. 2명이 서로 떨어져서 앉기를 원한다면, 앉는 경우의 수는?

10. 초기의 컴파일러에서는 변수명에 대하여 다음과 같은 규칙을 적용하였다.

- 정수형 및 실수형의 변수명은 하나의 영문자(예: A, B) 또는 그 문자 다음에 다른 영문자 또는 숫자 하나를 덧붙여(예: $A2$, AZ) 만든다.
- 문자형의 변수명은 $로 시작해서 하나의 영문자(예: $\$A$, $\$B$) 또는 그 문자 다음에 다른 영문자 또는 숫자 하나를 덧붙여(예: $\$A2$, $\$AZ$) 만든다.

영문자는 대문자만 사용한다고 가정할 때, 서로 다른 변수명은 몇 개나 만들 수 있는가?

11. DB 언어에서 사용하는 식별자의 작성 규칙은 다음과 같다고 한다. 1~30개의 문자로 만들 수 있는 식별자의 개수는?

- 첫 번째는 반드시 영문자(대, 소문자 구분 없음)로 시작해야 함
- 두 번째 이후에는 영문자, 숫자, _ 사용 가능
- 82개의 키워드는 식별자로 사용할 수 없음

12. **a.** 전화번호를 7자리의 숫자로 구성한다고 가정하자. 숫자가 중복되지 않는 전화번호는 몇 개인가?

b. 적어도 1개 이상의 숫자가 중복되는 전화번호는 몇 개인가?

c. 임의의 전화번호 하나를 선택할 때, 적어도 1개

에 속한 13명을 비둘기, 12달을 비둘기집으로 생각하면, 아래의 다이어그램과 같이 함수 B를 정의할 수 있다. 비둘기집 원리에 의해 적어도 2개 이상의 화살이 같은 달을 가리켜야 하며, 이것은 적어도 2명 이상의 사람이 생월이 같아야 함을 의미한다.

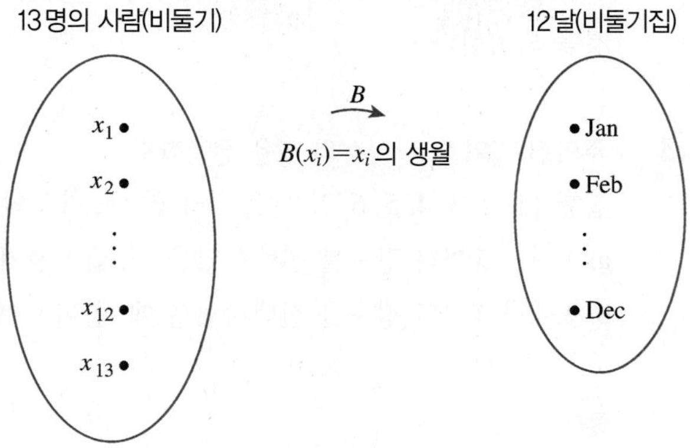

b. 답은 '예'. 뉴욕 시의 주민을 비둘기, 사람의 머리카락의 개수를 비둘기집이라 생각하자. 뉴욕 시의 주민은 약 5,000,000명이고, 사람의 머리카락은 300,000개를 넘지 않는다고 알려져 있다. 비둘기집 원리에 의해 적어도 2명 이상의 주민은 같은 수의 머리카락을 가져야 한다. ■

예제 9.4.2 어떤 결과를 보장할 수 있도록 수를 선택하기

서랍장에 검정색 양말 10개(짝)와 흰색 양말 10개가 있다. 서랍장에서 양말을 보지 않고 꺼낸다고 할 때, 색깔이 맞는 양말이 포함되도록 하려면 양말을 몇 개 이상 꺼내야 할까? 비둘기집 원리를 사용하여 설명하라.

풀이

만일 2개의 양말을 꺼내면 서로 다른 색깔일 수 있다. 그러나 3번째 양말을 꺼낼 때는 그것이 이미 꺼낸 양말 중 하나와 같은 색깔일 수밖에 없다. 그러므로 답은 3이다.

보다 정형적인 방법으로 답을 구해 보자. 아래의 그림과 같이 꺼낸 양말을 $s_1, s_2, \ldots, s_n$이라 하고, C를 양말의 집합에서 색깔의 집합으로 가는 함수라 하자.

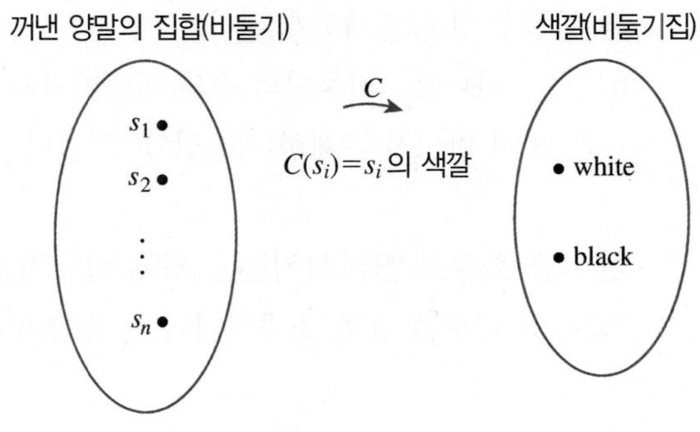

꺼낸 양말의 개수 $n=2$이고 2개의 색깔이 서로 다르면 C는 일대일 대응 함수이다. 그러나 $n > 2$이면 C의 정의역에 있는 원소의 개수가 공변역에 있는 원소의 개수보다 많으므로, 비둘기집 원리에 의해 C는 단사함수가 될 수 없다. 즉, 어떤 $s_i \neq s_j$에 대해서 $C(s_i)=C(s_j)$이다. 이것은 3개의 양말을 꺼내면 같은 색깔의 양말이 적어도 2개는 된다는 것을 의미한다. ■

예제 9.4.3 주어진 합이 되는 정수의 쌍을 선택하기

집합 $\{1, 2, 3, 4, 5, 6, 7, 8\}$을 A라 할 때, 다음의 물음에 답하라.

a. A에서 5개의 정수를 선택하였을 때, 합이 9가 되는 정수의 쌍이 1개 이상 존재하는가?

b. A에서 4개의 정수를 선택하였을 때, 합이 9가 되는 정수의 쌍이 1개 이상 존재하는가?

풀이

a. 답은 '예'. A를 원소의 합이 9가 되고 서로소인 4개의 부분집합으로 분할하면 아래와 같다.

$$[1, 8], \quad [2, 7], \quad [3, 6], \quad [4, 5]$$

선택한 5개의 정수(a_1, a_2, a_3, a_4, a_5)를 비둘기, 분할에 속하는 부분집합을 비둘기집이라 생각하고, P를 정수 a_i를 포함하는 부분집합에 대응시키는 함수라 하자.

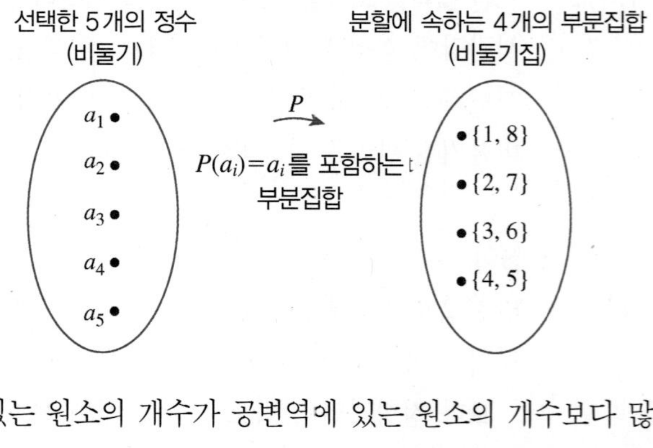

P의 정의역에 있는 원소의 개수가 공변역에 있는 원소의 개수보다 많으므로, 비둘기집 원리에 의해 P는 단사함수가 될 수 없다. 따라서, 어떤 $a_i \neq a_j$에 대해서 $P(a_i)=P(a_j)$이다. P의 정의에 의해 a_i와 a_j는 같은 부분집합에 속하게 되고, 따라서 $a_i+a_j=9$. 즉 합이 9가 되는 정수 쌍은 존재하게 된다.

b. 답은 '아니요'. 비둘기의 수와 비둘기집의 수가 같으므로, 같은 부분집합에 속하는 정수의 쌍이 반드시 존재한다고 말할 수 없다. ■

분수를 소수로 변환시키는 문제에 비둘기집 원리를 적용

"모든 유리수는 유한 소수이거나 순환 소수이다"는 명제는 비둘기집 원리로부터 유도할 수 있는 중요한 결과이다. 유한 소수와 순환 소수의 예는 각각 3.625, $2.38\overline{246}$ 이다(윗줄은 순환 마디를 표현).

모든 유리수는 분수로 표현될 수 있으며, 분수를 소수로 변환시키려면 분자를 분모로 나누면 된다. 예로서 4/33를 소수로 변환시키는 과정은 아래의 그림과 같다.

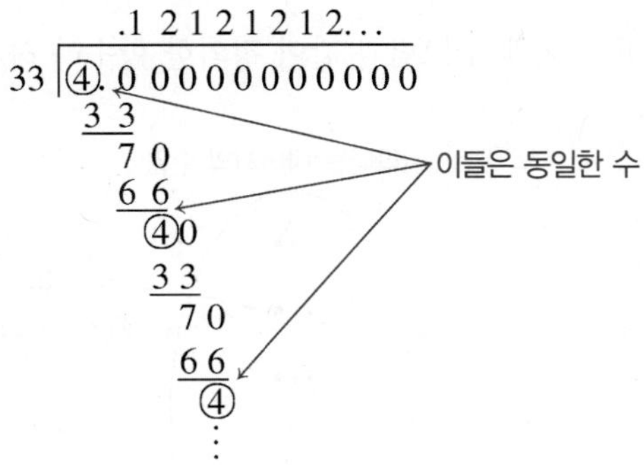

처음과 동일한 수 4가 다시 나타나기 때문에 나누는 단계는 영원히 반복되고, 따라서 변환 결과는 순환 소수가 된다. 일반적으로 나누는 단계가 제수(divisor)보다 더 길어지면, 비둘기집 원리에 의해 동일한 나머지가 다시 나타날 수밖에 없다.

예제 9.4.4　분수를 소수로 변환하기

분수 a/b(a, b는 양의 정수)를 소수로 변환시키는 과정을 살펴보자. 예로서 $a=3, b=14$라 하자.

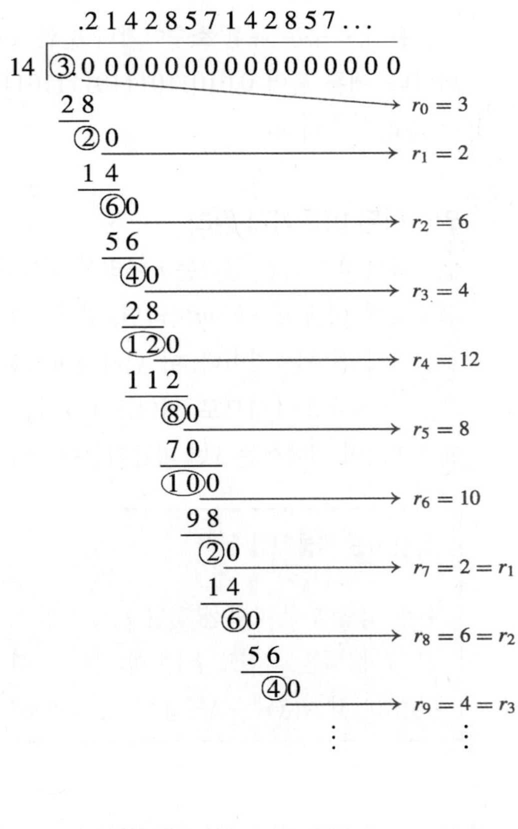

$r_0=a$이고, $r_1, r_2, r_3, \ldots$는 a를 b로 나누는 과정에서 나타나는 나머지라 하자. 나머지는 제수보다 작아야 하므로, 모든 양의 정수 i에 대해서 $0 \le r_i < b$이다. 만약 $r_i=0$이면, 나누는 과정은 유한한 단계로 끝나고, 분수는 유한 소수로 귀착된다. 그렇지 않다면 나누는 과정은 무한히 반복된다. 후자의 경우에 대해서 비둘기집 원리를 적용해 보자. 나누는 과정에서 나타나는 나머지의 수열을 비둘기, 나타날 수 있는 나머지를 비둘기집으로 생각하고, F를 아래의 그림과 같이 정의한 함수라 하자.

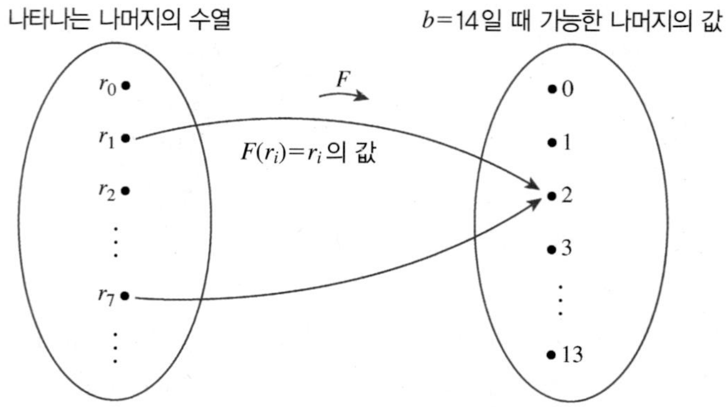

비둘기집 원리에 의해 $r_j=r_k$인 $j, k(j < k)$가 반드시 존재한다. 따라서 r_j와 r_{k-1} 사이의 나누기 과정은 영원히 반복된다. 3/14의 경우에는 $r_7=2=r_1$이고, r_1과 r_6 사이의 나누기 과정은 영원히 반복되므로, $3/14=0.2\overline{142857}$이다. ■

모든 유리수는 유한 소수이거나 순환 소수이므로, 순환하지 않는 무한 소수는 유리수가 아니다. 예를 들어 0.010110111011110111111...(1의 개수가 1씩 증가하고 있음에 유의)는 유리수가 아니다.

일반화된 비둘기집 원리

일반화된 비둘기집 원리는 n마리의 비둘기가 m개의 비둘기집으로 날아 들어갈 때, 양의 정수 k에 대해 $n > k \cdot m$이라면, 적어도 1개의 비둘기집에는 $k+1$마리 이상의 비둘기가 들어가게 된다는 것이다. 이 원리는 $m=4$, $n=9$, $k=2$인 경우, 그림 9.4.2와 같이 나타낼 수 있다. $9 > 2 \cdot 4$이므로, 적어도 1개의 비둘기집에는 3마리(2+1) 이상 비둘기가 들어가게 된다.(이 예에서는 3번 비둘기집에 3마리의 비둘기가 들어 있다.)

> **일반화된 비둘기집 원리**
>
> 유한 집합 X에서 유한 집합 Y로의 함수 f와 양의 정수 k에 대해, $N(X) > k \cdot N(Y)$이라면, X에 있는 적어도 $k+1$개의 서로 다른 원소의 상(image)이 되는 $y \in Y$가 존재한다.[여기서 $N(X)$는 집합 X에 있는 원소의 개수를 의미한다.]

(a) (b)

그림 9.4.2

예제 9.4.5 **일반화된 비둘기집 원리의 적용**

85명으로 구성된 그룹에는 성명의 이니셜(initial)이 같은 사람이 적어도 4명은 있게 된다는 것을 일반화된 비둘기집 원리로써 설명하라.

풀이

이 예에서는 비둘기가 85명의 사람에 해당되고, 비둘기집은 26개의 성명 이니셜에 해당된다. 다음 그림과 같이 함수 I를 사람의 집합에서 이니셜 집합으로의 함수라 둔다.

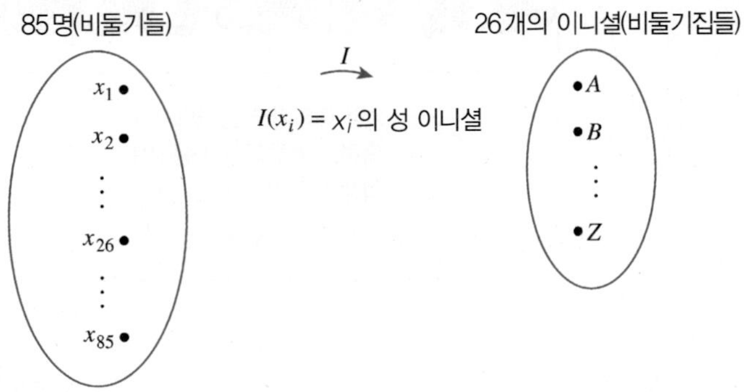

$85 > 3 \cdot 26 = 78$이므로, 일반화된 비둘기집 원리에 의해, 어떤 이니셜은 적어도 4명(3+1) 이상의 상이 되어야만 한다. 즉 적어도 4명은 같은 이니셜을 가진다. ■

대우 형태(contrapositive form)로 나타낸 일반화된 비둘기집 원리를 살펴보자.

일반화된 비둘기집 원리: 대우 형태

유한 집합 X에서 유한 집합 Y로의 함수를 f라 두고 k를 양의 정수라 두자. 원소 $y \in Y$에 대해, $f^{-1}(y)$는 많아야 k개의 원소를 가진다면, X는 많아야 $k \cdot N(Y)$개의 원소를 가진다.

예제 9.4.5를 대우 형태의 일반화된 비둘기집 원리로써 설명하면 다음과 같다. 85명 중 어떠한 4명도 같은 이니셜을 가지지 않는다고 가정하자. 그러면 많아야 3명이 같은 이니셜을 가진다. 일반화된 비둘기집 원리(대위 형태)에 의해, 전체 사람 수는 많아야 $3 \cdot 26 = 78$이 된다. 그러나 전체 수는 85명이므로 모순이다. 그러므로 적어도 4명이 같은 이니셜을 가진다.

예제 9.4.6 **일반화된 비둘기집 원리의 대우 형태 사용**

42명의 학생이 12대의 컴퓨터를 공동으로 사용하고 있다. 학생에게는 1대의 컴퓨터가 배정되며, 컴퓨터에 배정되는 학생은 6명 이하로 제한한다. 그러면 3명 이상의 학생이 사용하는 컴퓨터가 최소한 5대 이상 존재함을 보여라.

풀이

a. **모순법에 의한 간접 증명**: 3명 이상의 학생이 사용하는 컴퓨터가 4대 이하라고 가정하자. 그러면 2명 이하의 학생이 사용하는 컴퓨터가 8대 이상 존재하게 된다. 컴퓨터를 2개의 집합 C_1, C_2로 분할하고, C_1에는 2명 이하가 사용하는 컴퓨터를 두고, C_2에는 3명 이상이 사용하는 컴퓨터를 둔다(그림 9.4.3 참조).

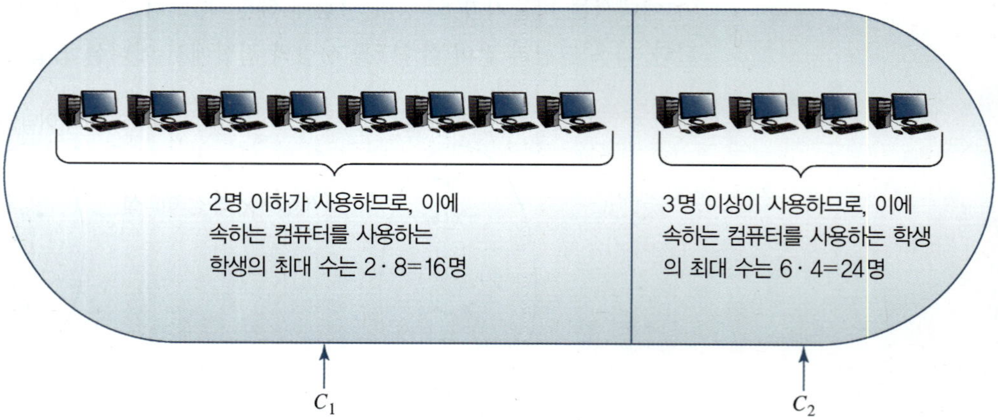

그림 9.4.3

1대의 컴퓨터는 최대 6명의 학생이 사용할 수 있으므로, 일반화된 비둘기집 원리의 대위 형태에 의하면 C_2에 속하는 컴퓨터를 사용하는 학생은 24명을 넘지 못한다. 마찬가지로 C_1에 속하는 컴퓨터를 사용하는 학생은 16명을 넘지 못한다. 따라서 컴퓨터를 사용하는 학생의 최대 수는 $24 + 16 = 40$이다. 이것은 컴퓨터를 사용하는 학생이 42명이라는 사실과 모순된다. 따라서 3명 이상의 학생이 사용하는 컴퓨터가 최소한 5대 이상 존재한다.

b. **직접 증명**: 3명 이상의 학생이 사용하는 컴퓨터의 수를 k라 하자. 1대의 컴퓨터는 최대 6명의 학생이 사용할 수 있으므로, 일반화된 비둘기집 원리의 대위 형태에 의하면, 컴퓨

터를 사용하는 학생의 수는 $6k$를 넘지 못한다. 나머지 $(12-k)$대의 컴퓨터는 2명 이하의 학생이 사용하므로, $2(12-k)$명의 학생이 이 컴퓨터를 사용한다. 따라서 컴퓨터를 사용하는 학생의 최대 수는 $6k+(24-2k)=4k+24$이다. 그런데 42명의 학생이 모두 컴퓨터를 사용하기 때문에 $4k+24 \geq 42$이다. k에 관한 부등식을 풀면 $k \geq 4.5$, k는 정수이므로 $k \geq 5$이다.

비둘기집 원리의 증명

• 정의

어떤 집합 A가 **유한**(finite)이라는 것은 A가 공집합이거나 $\{1,2, ..., n\}$에서 A로 일대일 대응이 되는 경우를 말한다. 여기서 첫 번째 경우는 원소의 개수가 0이고, 두 번째 경우는 양의 정수 n이 된다. 유한이 아닌 집합은 **무한**(infinite)이라고 부른다.

정리 9.4.1 비둘기집 원리

유한 집합 X에서 유한 집합 Y로의 함수 f에 대해, $N(X)>N(Y)$이면 f는 단사가 아니다.

증명:

$N(X)>N(Y)$인 유한 집합 X에서 유한 집합 Y로의 함수를 f라고 두자. $N(Y)=m$이라 하고, Y의 원소를 $y_1, y_2, \ldots, y_m$으로 표시하자. 각 $y_i \in Y$에 대해, 역상 집합 $f^{-1}(y_i)=\{x \in X \mid f(x)=y_i\}$이다. Y의 모든 원소에 대한 역상 집합들은 $f^{-1}(y_1), f^{-1}(y_2), \ldots, f^{-1}(y_m)$이다. 함수의 정의에 의해, 함수 f는 X에 있는 각 원소를 Y에 있는 어떤 원소로 대응시킨다. 그러므로 X에 있는 각 원소는 역상 집합들 중 하나에 속하고, 이러한 모든 집합의 합집합은 X가 된다. 그러나 함수 f의 정의에 의해, X에 있는 어느 원소도 Y에 있는 하나 이상의 원소로 대응하지 않는다. 그러므로 X의 각 원소는 역상 집합들 중 어느 단 하나에만 속하고, 역상 집합들은 상호간에 서로소이다. 합의 법칙(addition rule)에 의해

$$N(X) = N(f^{-1}(y_1)) + N(f^{-1}(y_2)) + \cdots + N(f^{-1}(y_m)) \qquad 9.4.1$$

이제 함수 f가 단사라고 가정하자[모순에 의한 증명]. 그러면 각 집합 $f^{-1}(y_i)$는 많아야 한 개의 원소를 가진다.

$$N(f^{-1}(y_1)) + N(f^{-1}(y_2)) + \cdots + N(f^{-1}(y_m)) \leq 1+1+\cdots+1 = m \qquad 9.4.2$$

식 (9.4.1)과 (9.4.2)에서 $N(X) \leq m = N(Y)$이 된다. 이것은 $N(X)>N(Y)$이라는 사실에 모순이 된다. 즉 f가 단사 함수라는 가설은 틀린 것이 된다. 그러므로 f는 단사가 아니다.

비둘기집 원리로부터 다음의 중요한 정리가 성립된다. 어떤 유한 집합에서 같은 크기인

다른 유한 집합으로의 함수가 일대일이라면, 그 함수는 전사가 된다. 또한 그 역도 성립한다. 이 정리는 무한 집합일 경우에는 성립되지 않는다는 것을 7.4절에서 보여 주었다.

정리 9.4.2 유한 집합에 대한 단사와 전사

X와 Y를 같은 크기의 유한 집합이라 하고, 함수 f를 X에서 Y로의 함수라고 하자. 함수 f가 일대일(전사)라면, 그 함수는 전사(일대일)가 된다.

증명:

m개의 원소를 가진 유한 집합 X와 Y를 $X=\{x_1, x_2, \ldots, x_m\}$, $Y=\{y_1, y_2, \ldots, y_m\}$이라 두고, 함수 f를 X에서 Y로의 함수라고 가정하자.

함수 f가 단사이면 f는 전사이다: 함수 f가 일대일이라고 가정하자. 그러면 $f(x_1), f(x_2), \ldots, f(x_m)$는 모두 서로 다르다. X의 원소의 상이 아닌 Y에 있는 모든 원소들의 집합을 S라고 하자. 그러면 $\{f(x_1)\}, \{f(x_2)\}, \ldots, \{f(x_m)\}$와 S는 상호간에 서로소이다. 합의 법칙에 의해

$$\begin{aligned} N(Y) &= N(\{f(x_1)\}) + N(\{f(x_2)\}) + \cdots + N(\{f(x_m)\}) + N(S) \\ &= 1 + 1 + \cdots + 1 + N(S) \\ &= m + N(S) \end{aligned}$$

여기서 $N(Y)=m$이므로 $m=m+N(S)$이고, 결국 $N(S)=0$이 된다. 그러므로 S는 공집합이고, X의 어떤 원소의 상이 아닌 Y의 원소는 하나도 없다. 즉 f는 전사 함수이다.

함수 f가 전사이면 f는 일대일이다: 함수 f가 전사라고 가정하자. 그러면 $f^{-1}(y_i) \neq \emptyset$이며, $i=1, 2, \ldots, m$에 대해 $N(f^{-1}(y_i)) \geq 1$이다. 정리 7.3.1의 비둘기집 원리의 증명에서와 같이, X는 상호간에 서로소인 집합 $f^{-1}(y_1), f^{-1}(y_2), .., f^{-1}(y_m)$들의 합집합이 된다. 합의 법칙에 의해

$$N(X) = N(f^{-1}(y_1)) + N(f^{-1}(y_2)) + \cdots + N(f^{-1}(y_m)) \geq m \qquad 9.4.3$$

집합 $f^{-1}(y_i)$ 중 어느 것이 한 개 이상 원소를 가진다면, 식 (7.3.3)의 합이 m보다 클 것이다. 그러나 $N(X)=m$이므로 그런 경우는 아니다. 즉 각 집합 $f^{-1}(y_i)$는 정확하게 한 개의 원소를 가진다. 그러므로 함수 f는 일대일이다.

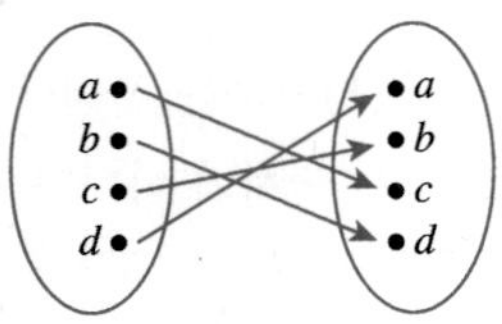

정리 9.4.2는 특히 $X=Y$인 경우에 적용이 가능하다. 유한 집합에서 그 자신으로의 일대일 함수는 전사 함수가 되고, 유한 집합에서 그 자신으로의 전사 함수는 일대일 함수가 된다. 그러한 함수는 그들이 정의된 집합의 순열과 동일시된다. 예를 들면 옆의 그림과 같이 정의된 함수는 a, b, c, d의 상을 순서대로 나열하여 얻어진 순열 $cdba$와 같다.

자 | 기 | 진 | 단

1. 비둘기집 원리란 _______.
2. 일반화된 비둘기집 원리란 _______.
3. X, Y가 유한 집합일 때, X에서 Y로 가는 함수 f가 1 대 1 대응이란 _______.

연 / 습 / 문 / 제 9.4

1. 종류(스페이드, 하트, 클로버, 다이아몬드)별로 13장(2, 3, ..., 10, J, Q, K, A)의 카드가 있는 표준 세트에 대해서 다음의 물음에 답하라.

a. 52장의 카드에서 4장의 카드를 선택하면, 적어도 2장은 같은 종류가 되어야 하는가? 그 이유는?

b. 52장의 카드에서 5장의 카드를 선택하면, 적어도 2장은 같은 종류가 되어야 하는가? 그 이유는?

2. 500명의 주민이 살고 있는 작은 마을에서, 생일이 같은 주민이 적어도 2명은 있어야 하는가? 그 이유는?

3. 다음의 물음에 답하라.

a. 4개의 정수가 주어졌을 때, 3으로 나눈 나머지가 같은 정수가 적어도 2개는 있어야 하는가? 그 이유는?

b. 3개의 정수가 주어졌을 때, 3으로 나눈 나머지가 같은 정수가 적어도 2개는 있어야 하는가? 그 이유는?

4. 집합 {3, 4, 5, 6, 7, 8, 9, 10, 11, 12}를 S라 할 때, S로부터 6개의 정수를 뽑으면, 합이 15가 되는 정수 쌍이 반드시 존재하는가? 그 이유는?

5. 다음의 물음에 답하라.

a. 1에서 12까지의 정수 중에서 7개를 뽑으면, 홀수가 반드시 포함되는가? 그 이유는?

b. 1에서 20까지의 정수 중에서 10개를 뽑으면, 짝수가 반드시 포함되는가? 그 이유는?

6. 집합 $\{1, 2, 3, ..., 2n\}$에서 $(n+1)$개의 정수를 뽑으면, 홀수가 반드시 포함되는가? 그 이유는?

7. 52장의 표준 카드 세트에서 임의로 원하는 만큼의 카드를 뽑는다고 가정하자. 적색 카드를 1장 이상 얻으려면 최소한 몇 장의 카드를 뽑아야 하는가? 그 이유는?

8. 0부터 60까지의 정수 중에서 임의로 원하는 만큼의 정수를 뽑는다고 가정하자. 1개 이상의 홀수를 얻으려면 최소한 몇 개의 정수를 뽑아야 하는가? 또한 1개 이상의 짝수를 얻으려면 최소한 몇 개의 정수를 뽑아야 하는가?

9. 7로 나누었을 때 나머지가 같은 것이 2개 이상 존재하려면 최소한 몇 개의 정수를 뽑아야 하는가?

10. 다음의 물음에 답하라.

a. 어떤 수를 20,483으로 나누었을 때 나타날 수 있는 서로 다른 나머지의 종류는 몇 가지인가?

b. 분수 5/20,483을 소수로 변환시켰을 때, 반복되는 부분의 길이는 최대 얼마까지 가능한가?

11. 0.101001000100001000001...('0'의 개수가 1개씩 증가하는 소수)는 유리수인가? 아니면 무리수인가?

12. 2에서 40까지의 정수 중에서 13개를 뽑으면, 2개 이상의 정수가 1보다 큰 공약수를 갖는다. 비둘기집 원리를 사용하여 증명하라.

13. 30명의 그룹에는 적어도 같은 달에 태어난 사람이 3명 이상 있어야 하는가? 그 이유는?

14. 30명의 그룹에는 적어도 같은 달에 태어난 사람이 4명 이상 있어야 하는가? 그 이유는?

15. 17세에서 34세까지의 학생 40명으로 구성된 클래스가 있다. 이 클래스에 나이가 같은 학생이 x명 이상 있다는 명제를 참으로 만드는 x 값 중에서 최대값은 얼마인가?

16. 15명으로 구성된 집행위원회를 5명의 비서진이 지원하고 있다. 집행위원에게는 1명의 비서가 배정되며, 비서가 지원하는 집행위원은 4명 이하로 제한한다. 그러면 3명 이상의 집행위원을 지원해야 하는 비서가 최소한 3명 이상 존재함을 보여라.

17. A는 13보다 작은 6개의 양의 정수로 구성된 집합이다. A의 부분집합 중에는 원소의 합이 같은 것이 2개 이상 존재함을 보여라. (예를 들어 $A=\{5, 12, 10, 1, 3, 4\}$일 때, A의 부분집합 $S_1=\{1, 4, 10\}$과 $S_2=\{5, 10\}$은 원소의 합이 15로서 서로 같다.)

18. A는 15보다 작은 6개의 양의 정수로 구성된 집합이다. A의 부분집합 중에는 원소의 합이 같은 것이 2개 이상 존재함을 보여라.

19. 서로 다른 52개의 정수가 주어졌을 때, 합이나 차가 100으로 나누어지는 정수의 쌍이 반드시 존재함을 보여라.

20. 1에서 200까지의 정수 중에서 101개를 뽑을 때, 약수 관계에 있는 정수의 쌍이 반드시 존재함을 보여라.

21. **a.** 수열 $a_1, a_2, a_3, ..., a_n$은 n의 배수가 아닌 정수 n개로 구성된다. 이 수열에는 서로 다른 i, j에 대해서 $(a_i - a_j)$가 n으로 나누어지는 정수의 쌍이 반드시 존재함을 보여라.

b. n개의 정수로 구성된 유한 수열 $\{x_1, x_2, ..., x_n\}$은 원소의 합이 n으로 나누어지는 연속된 부분 수열 $\{x_{i+1}, x_{i+2}, ..., x_j\}$를 가짐을 증명하라.(예를 들어 수열 $\{3, 4, 17, 7, 16\}$의 부분 수열 $\{17, 7, 16\}$의 원소의 합은 5로 나누어진다.) (참고문헌: James E. Schultz and William F. Burger, "An Approach to Problem-Solving Using Equivalence Classes Modulo n," *College Mathematical Journal* (15), No. 5, 1984, 401-405.)

22. 수열 $\{12, 15, 8, 13, 7, 18, 19, 11, 14, 10\}$에는 오름차순이며 길이가 4인 부분 수열이 3개($\{12, 15, 18, 19\}$, $\{12, 13, 18, 19\}$, $\{8, 13, 18, 19\}$) 있다. 또한 내림차순이며 길이가 4인 부분 수열도 1개($\{15, 13, 11, 10\}$) 있다. 서로 다른 (n^2+1)개의 실수로 구성된 수열에는 오름차순이거나 내림차순이면서 길이가 $(n+1)$인 부분 수열이 존재함을 보여라.

자 | 기 | 진 | 단 | 해 | 답

1. $n(A) > n(B)$이면, 유한 집합 A로부터 유한 집합 B로 가는 함수는 일대일함수가 될 수 없다 2. n마리의 비둘기가 m개의 비둘기집으로 날아들면, 정수 $k(k < n/m)$에 대해서, $(k+1)$마리 이상의 비둘기가 들어가는 비둘기집이 1개 이상 존재한다 3. f는 전사함수

9.5 부분집합의 개수 계산: 조합

다음 문제를 생각해 보자.

12명의 그룹에서 특별 프로젝트를 수행할 팀을 구성하기 위하여 5명을 선발한다고 가

정하자. 5명의 팀을 만드는 서로 다른 방법은 몇 가지나 있을까?

이 문제는 아래와 같은 일반적인 문제의 특수한 경우이다.

n개의 원소를 갖는 집합 S에 대하여, S로부터 r개의 원소를 선택하는 방법은 몇 가지일까?

S로부터 r개의 원소를 선택하는 방법의 가짓수는 S의 부분집합 중에서 크기가 r인 부분집합의 개수와 같다. 여기서 크기가 r인 부분집합을 S의 r-조합이라 한다.

• 정의

n과 r이 음이 아닌 정수이고 $r \le n$일 때, n개의 원소 중에서 r개를 뽑아서 만든 부분집합을 n개의 원소를 갖는 집합의 ***r*-조합**(*r*-combination)이라 한다. 기호 $\boldsymbol{C(n, r)}$은 'n choose r' 이라 읽으며, n개의 원소를 갖는 집합으로부터 만들 수 있는 r-조합의 개수를 나타낸다.

기호 $C(n, r)$는 $\binom{n}{r}$, ${}_nC_r$, $C_{n,r}$, ${}^nC_r$ 등으로도 표기한다.

예제 9.5.1 **3-조합**

집합 $S=\{\text{Ann, Bob, Cyd, Dan}\}$에 대하여, S의 원소 중에서 3명을 뽑아 구성하는 위원회는 S의 3-조합이다.

a. S의 모든 3-조합을 열거하라.

b. $C(4, 3)$ 의 값은?

풀이

a. S의 3-조합은 크기가 3인 S의 부분집합이므로 S에서 1명을 제외시키면 구하는 답이 된다. 따라서 3-조합은 다음과 같다.

{Bob, Cyd, Dan}	Ann 제외
{Ann, Cyd, Dan}	Bob 제외
{Ann, Bob, Dan}	Cyd 제외
{Ann, Bob, Cyd}	Dan 제외

b. $C(4, 3)$은 3-조합의 가짓수이므로 (a)에서 열거한 바와 같이 4이다. ■

n개의 원소 중에서 r개를 뽑는 방법은 2종류가 있다. **순서를 고려한 선택**(ordered selection)에서는 어떤 원소를 뽑을 것인가는 물론이고, 원소를 뽑는 순서도 의미를 갖는다. 이러한 선택을 r-순열이라 한다. 한편 **순서를 고려하지 않는 선택**(unordered selection)

에서는 어떤 원소가 뽑히는가만 의미를 갖는다. 뽑힌 원소들이 같으면 이들이 뽑힌 순서는 아무런 의미가 없다. 이러한 선택을 r-조합이라 한다.

예제 9.5.2 **순서를 고려하지 않는 선택**

집합 $\{0, 1, 2, 3\}$에서 순서를 고려하지 않고 2개의 원소를 선택하는 경우의 수는?

풀이

집합 $\{0, 1, 2, 3\}$에서 순서를 고려하지 않고 2개의 원소를 선택하면 2-조합이 된다. 가능한 2-조합을 체계적으로 열거하면 다음과 같다.

$\{0, 1\}, \{0, 2\}, \{0, 3\}$	0을 포함하는 크기 2인 부분집합
$\{1, 2\}, \{1, 3\}$	1을 포함하는 크기 2인 부분집합, 앞에서 열거된 것 제외
$\{2, 3\}$	2를 포함하는 크기 2인 부분집합, 앞에서 열거된 것 제외

가능한 모든 2-조합은 6가지이다. ■

n과 r의 값이 작은 때에는 예제 9.5.1과 예제 9.5.2에서와 같이 가능한 모든 경우를 **체계적으로 열거**함으로써 $C(n, r)$의 값을 계산할 수 있다. 그러나 n과 r의 값이 커지면 이러한 방법은 실현할 수 없다. 일반적으로 $C(n, r)$의 값을 계산하는 식은 간접적이지만 단순한 방법으로 찾을 수 있다.

순열과 조합의 관계

n개 중에서 r개를 뽑아 나열하는 순열의 수는 다음과 같이 2단계로 구할 수 있다.

단계 1: n개의 원소를 갖는 집합의 r-조합의 수를 구한다.
단계 2: 각각의 r-조합에 대하여 r개를 나열하는 경우의 수를 계산한다($r!$가지의 방법).

따라서 곱의 법칙을 적용하면

$$P(n, r) = C(n, r) \cdot r!$$

위의 식을 풀면

$$C(n, r) = \frac{P(n, r)}{r!}$$

$P(n, r) = \dfrac{n!}{(n-r)!}$ 이므로 이를 대입하면

$$C(n, r) = \frac{\dfrac{n!}{(n-r)!}}{r!} = \frac{n!}{r!(n-r)!}$$

지금까지 논의한 바는 정리 9.5.1과 같이 요약할 수 있다.

정리 9.5.1

n과 r이 음이 아닌 정수이고 $r \leq n$일 때, n개의 원소를 갖는 집합의 r-조합의 수는 아래의 공식에 의해 구할 수 있다.

$$C(n, r) = \frac{P(n, r)}{r!}$$

또는

$$C(n, r) = \frac{n!}{r!(n-r)!}$$

정리 9.5.1이 성립하는 이유를 알아보자. 먼저 n과 r이 모두 양의 정수인 경우에는 앞에서 논의한 바와 따라 정리 9.5.1이 성립함을 알 수 있다. 만약 $r=0$이고 n이 음이 아닌 정수이면, $C(n, 0)$는 원소의 개수가 0인 부분집합의 개수를 의미한다. 6.2절로부터 원소를 하나도 갖지 않는 집합, 즉 공집합은 유일하므로 $C(n, 0)=1$이다. 한편 정의에 의하여 $0!=1$이므로

$$\frac{n!}{0!(n-0)!} = \frac{\cancel{n!}}{1 \cdot \cancel{n!}} = 1$$

따라서 $r=0$이고 $n \geq 0$인 정수일 때, 정리 9.5.1의 공식

$$C(n, 0) = \frac{n!}{0!(n-0)!}$$

은 성립한다.

예제 9.5.3 **팀을 구성하는 방법의 수 계산**

12명의 그룹에서 특별 프로젝트를 수행할 팀을 구성하기 위하여 5명을 선발한다고 가정하자. 5명의 팀을 만드는 서로 다른 방법은 몇 가지나 있을까?

풀이

5명의 팀을 만드는 서로 다른 방법은 12개의 원소를 갖는 집합으로부터 원소의 개수가 5개인 부분집합의 개수와 같다. 정리 9.5.1에 의해 구하는 답은 $C(12, 5)$이다.

$$C(12, 5) = \frac{12!}{5!(12-5)!} = \frac{1\cancel{2} \cdot 11 \cdot 1\cancel{0} \cdot 9 \cdot 8 \cdot \cancel{7!}}{(\cancel{5} \cdot \cancel{4} \cdot \cancel{3} \cdot \cancel{2} \cdot 1) \cdot \cancel{7!}} = 11 \cdot 9 \cdot 8 = 792 \qquad \blacksquare$$

예제 9.5.4 팀을 구성하는 방법의 수 계산

12명의 그룹에서 별난 2명은 항상 같이 일하기를 희망하여 이들은 함께 뽑거나 아니면 모두 뽑지 않아야 한다고 가정하자. 특별 프로젝트를 수행할 팀을 구성하기 위하여 5명을 선발하는 방법은 몇 가지나 있을까?

풀이

별난 2명을 A, B라 하면, 선발된 팀은 그림 9.5.1과 같이 2종류로 분할된다.

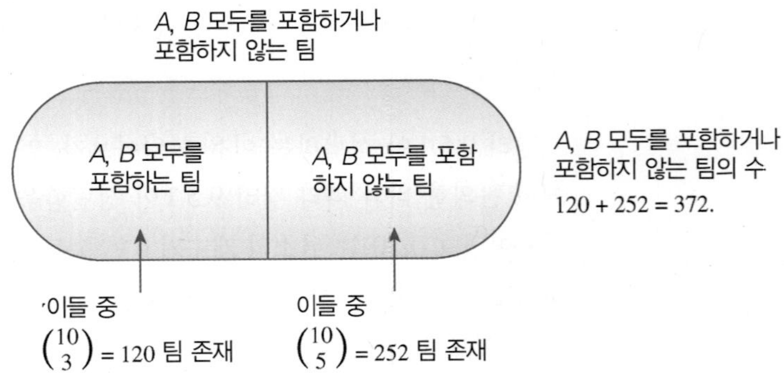

그림 9.5.1

먼저 A, B 모두를 포함하여 팀을 구성하기 위해서는 A, B를 제외한 10명 중에서 나머지 3명만 뽑으면 되므로, 정리 9.5.1에 의해서 방법의 개수는 아래와 같다.

$$\binom{10}{3} = \frac{10!}{3! \cdot 7!} = \frac{10 \cdot \overset{3}{\cancel{9}} \cdot \overset{4}{\cancel{8}} \cdot \cancel{7!}}{\cancel{3} \cdot \cancel{2} \cdot 1 \cdot \cancel{7!}} = 120$$

다음으로 A, B 모두를 포함하지 않도록 팀을 구성하기 위해서는 A, B를 제외한 10명 중에서 5명을 뽑아야 하므로, 정리 9.5.1에 의해서 방법의 개수는 아래와 같다.

$$\binom{10}{5} = \frac{10!}{5! \cdot 5!} = \frac{\overset{2}{\cancel{10}} \cdot 9 \cdot \overset{2}{\cancel{8}} \cdot 7 \cdot \cancel{6} \cdot \cancel{5!}}{\cancel{5} \cdot \cancel{4} \cdot \cancel{3} \cdot \cancel{2} \cdot 1 \cdot \cancel{5!}} = 252$$

따라서 모든 방법의 개수는 합의 법칙에 의해 아래와 같다.

[A, B를 모두 포함하거나 모두 포함하지 않는 방법의 수] = [A, B를 모두 포함하는 방법의 수] + [A, B를 모두 포함하지 않는 방법의 수] = 120+252=372

주어진 집합에 대한 r-조합의 수를 구하는 공식은 다양한 문제를 해결하는 데 응용된다. 다음의 예제들은 전형적인 예이다. 먼저 예제에 자주 등장하는 용어인 적어도와 많아야의 정확한 의미를 알아보자.

> **적어도**(at least) $\boldsymbol{n}$은 'n 또는 그 이상'을 의미한다.
> **많아야**(at most) $\boldsymbol{n}$은 'n 또는 그 이하'를 의미한다.

예를 들어 3개의 원소를 갖는 집합이 주어졌을 때, 적어도 2개를 뽑는다는 것은 2개 또는 3개를 뽑는다는 의미이다. 또 많아야 2개를 뽑는다는 것은 0, 1, 2개를 뽑는다는 것을 뜻한다.

예제 9.5.5 **구성원이 2종류인 그룹에서 팀 구성**

남자 5명과 여자 7명의 그룹이 있다.

a. 남자 3명과 여자 2명으로 된 팀을 구성하는 방법은 몇 가지인가?

b. 적어도 1명의 남자를 포함하는 팀을 구성하는 방법은 몇 가지인가?

c. 많아야 1명의 남자를 포함하는 팀을 구성하는 방법은 몇 가지인가?

풀이

a. 질문에 답하기 위하여 팀 구성을 2단계로 생각해 보자.

단계 1: 남자 팀원을 선발한다.
단계 2: 여자 팀원을 선발한다.

5명의 남자 중에서 3명을 선발하는 방법은 $C(5, 3)$가지가 있으며, 7명의 여자 중에서 2명을 선발하는 방법은 $C(7, 2)$가지가 있다. 따라서 곱의 법칙에 의하여 구하는 답은

$$\begin{bmatrix}\text{세 명의 남자와 두 명의 여자를 포함하는} \\ \text{5명으로 구성된 팀의 수}\end{bmatrix} = \binom{5}{3}\binom{7}{2} = \frac{5!}{3!2!}\cdot\frac{7!}{2!5!}$$
$$= \frac{7\cdot 6\cdot 5\cdot \cancel{4}\cdot \cancel{3}\cdot \cancel{2}\cdot 1}{\cancel{3}\cdot \cancel{2}\cdot 1\cdot \cancel{2}\cdot 1\cdot \cancel{2}\cdot 1}$$
$$= 210.$$

b. 질문에 대한 답을 찾는 방법은 합의 법칙을 적용하거나 차집합 계수원리를 사용하는 2가지가 있다. 차집합 계수원리에 의한 해법이 간단하므로 먼저 보여 준다. 5명의 팀은 남자가 전혀 없거나, 적어도 1명의 남자가 포함되는 경우로 구분할 수 있다. 남자가 없

는 팀은 7명의 여자 중에서 5명을 선발하면 되므로 $C(7, 5)$가지의 방법이 있다. 남녀 구분 없이 5명의 팀을 구성하는 것은 전체 12명 중에서 5명을 선발하면 되므로 $C(12, 5)$가지의 방법이 가능하다. 따라서 차집합 계수원리에 의하여

$$\begin{aligned}\left[\begin{array}{c}\text{적어도 1명의 남자}\\ \text{를 포함하는 팀을}\\ \text{구성하는 경우의 수}\end{array}\right] &= \left[\begin{array}{c}\text{5명의 팀을 구}\\ \text{성하는 전체}\\ \text{경우의 수}\end{array}\right] - \left[\begin{array}{c}\text{남자가 전혀 없는}\\ \text{팀을 구성하는 경우}\\ \text{의 수}\end{array}\right]\\ &= \binom{12}{5} - \binom{7}{5} = 792 - \frac{7!}{5!\cdot 2!}\\ &= 792 - \frac{7\cdot \overset{3}{\cancel{6}}\cdot \cancel{5!}}{\cancel{5!}\cdot \cancel{2}\cdot 1} = 792 - 21 = 771.\end{aligned}$$

지금까지 논의한 것을 요약하면 그림 9.5.2와 같다.

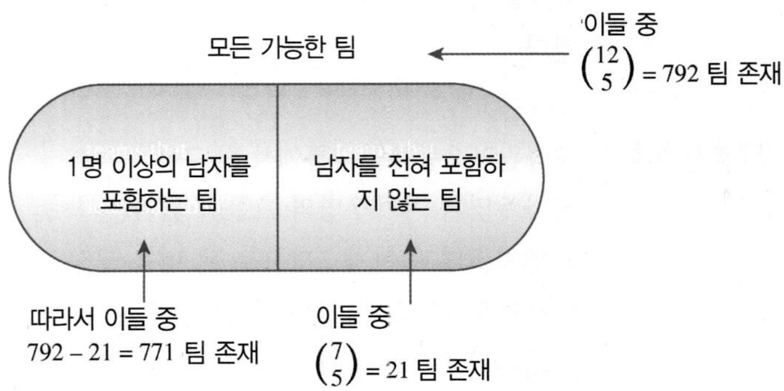

그림 9.5.2

다른 방법으로 합의 법칙을 적용하여 풀어 보자. 적어도 1명의 남자를 포함하는 팀은 아래와 같이 5개의 서로소인 부분집합을 형성한다.

1명의 남자와 4명의 여자로 구성된 팀: $C(5, 1) \cdot C(7, 4)$가지
2명의 남자와 3명의 여자로 구성된 팀: $C(5, 2) \cdot C(7, 3)$가지
3명의 남자와 2명의 여자로 구성된 팀: $C(5, 3) \cdot C(7, 2)$가지
4명의 남자와 1명의 여자로 구성된 팀: $C(5, 4) \cdot C(7, 1)$가지
5명의 남자와 0명의 여자로 구성된 팀: $C(5, 5) \cdot C(7, 0)$가지

따라서 합의 법칙에 의하여

$$\begin{aligned}&\left[\begin{array}{c}\text{적어도 1명의 남자를 포함하}\\ \text{는 팀을 구성하는 경우의 수}\end{array}\right]\\ &= \binom{5}{1}\binom{7}{4} + \binom{5}{2}\binom{7}{3} + \binom{5}{3}\binom{7}{2} + \binom{5}{4}\binom{7}{1} + \binom{5}{5}\binom{7}{0}\\ &= \frac{5!}{1!4!}\cdot\frac{7!}{4!3!} + \frac{5!}{2!3!}\cdot\frac{7!}{3!4!} + \frac{5!}{3!2!}\cdot\frac{7!}{2!5!} + \frac{5!}{4!1!}\cdot\frac{7!}{1!6!} + \frac{5!}{5!0!}\cdot\frac{7!}{0!7!}\end{aligned}$$

$$= \frac{5\cdot\cancel{4!}\cdot 7\cdot\cancel{6}\cdot 5\cdot\cancel{4!}}{\cancel{4!}\cdot\cancel{3\cdot 2}\cdot\cancel{4!}} + \frac{5\cdot\overset{2}{\cancel{4}}\cdot\cancel{3!}\cdot 7\cdot\cancel{6}\cdot 5\cdot\cancel{4!}}{\cancel{3!}\cdot\cancel{2}\cdot\cancel{4!}\cdot\cancel{3\cdot 2}} + \frac{5\cdot\overset{2}{\cancel{4}}\cdot\cancel{3!}\cdot 7\cdot\overset{3}{\cancel{6}}\cdot\cancel{5!}}{\cancel{2}\cdot\cancel{3!}\cdot\cancel{5!}\cdot\cancel{2}}$$

$$+ \frac{5\cdot\cancel{4!}\cdot 7\cdot\cancel{6!}}{\cancel{4!}\cdot\cancel{6!}} + \frac{\cancel{5!}\cdot\cancel{7!}}{\cancel{5!}\cdot\cancel{7!}}$$

$$= 175 + 350 + 210 + 35 + 1 = 771.$$

지금까지 설명한 것을 요약하면 그림 9.5.3과 같다.

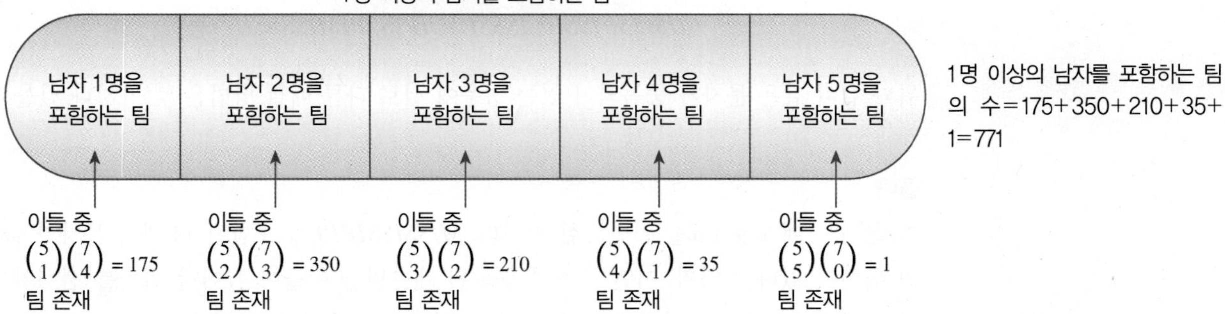

그림 9.5.3

c. 많아야 1명의 남자를 포함하는 팀은 남자가 1명도 없거나 아니면 남자가 1명만 포함되는 2가지 경우이며, 이들은 서로소인 관계에 있으므로 합의 법칙을 적용할 수 있다.

$$\left[\begin{array}{l}\text{많아야 1명의 남자}\\ \text{를 포함하는 팀을 구}\\ \text{성하는 경우의 수}\end{array}\right] = \left[\begin{array}{l}\text{남자가 1명도 없}\\ \text{는 팀을 구성하}\\ \text{는 경우의 수}\end{array}\right] + \left[\begin{array}{l}\text{남자 1명만 있}\\ \text{는 팀을 구성하}\\ \text{는 경우의 수}\end{array}\right]$$

$$= \binom{5}{0}\binom{7}{5} + \binom{5}{1}\binom{7}{4} = 21 + 175 = 196 \qquad \blacksquare$$

예제 9.5.6 **주어진 개수의 '1'을 갖는 비트열의 개수**

3개의 '1'을 포함하는 8비트 크기의 비트열은 몇 개나 만들 수 있는가?

풀이

문제를 해결하기 위하여 0 또는 1이 들어갈 8개의 빈 위치를 생각해 보자.

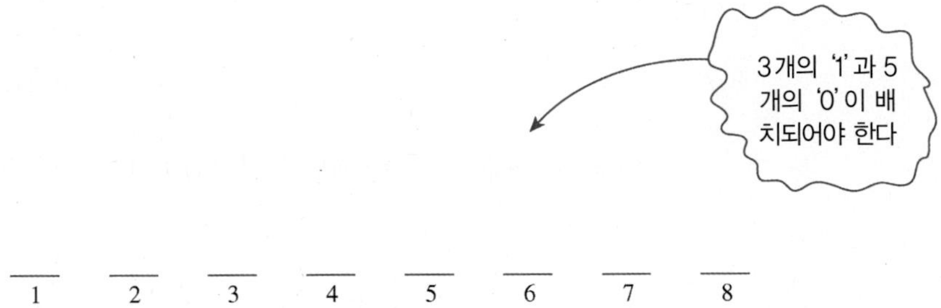

8개의 위치 중에서 1이 들어갈 3개의 위치를 선택하고 나면, 나머지 위치에는 모두 0을 넣어서 비트열을 만들 수 있다. 따라서 3개의 1을 포함하는 서로 다른 8비트열의 가짓수는 8개의 원소를 갖는 집합에 대한 3-조합의 수와 같으며, 정리 9.5.1에 의하여

$$\binom{8}{3} = \frac{8!}{3!\cdot 5!} = \frac{8\cdot 7\cdot \cancel{6}\cdot \cancel{5!}}{\cancel{3\cdot 2}\cdot \cancel{5!}} = 56$$ ■

예제 9.5.7 **중복된 원소를 갖는 집합에 대한 순열**

*MISSISSIPPI*에 포함된 문자들을 나열하는 것을 생각해 보자.

IIMSSPISSIP, ISSSPMIIPIS, PIMISSSSIIP 등

위와 같이 같은 문자가 중복되어 있는 경우에 서로 다른 배열 방법은 몇 가지나 있을까?

풀이

이 문제는 예제 9.5.6을 일반화한 것이다. *MISSISSIPPI*에 포함된 11개의 문자가 들어갈 빈 위치가 있다고 하자. 어떤 문자가 중복된 개수만큼 이들이 들어갈 위치를 선택하는 작업을 단계적으로 수행하면 모든 문자에 대한 배치를 완료할 수 있다. 예를 들어 S, I, P, M의 순서로 문자를 배치한다고 하면, 아래와 같은 단계로 작업을 수행할 수 있다.

단계 1: S가 들어갈 위치 4곳을 선택
단계 2: I가 들어갈 위치 4곳을 선택
단계 3: P가 들어갈 위치 2곳을 선택
단계 4: M이 들어갈 위치 1곳을 선택

먼저 S가 들어갈 수 있는 위치는 11곳이 있으므로 단계 1의 경우의 수는 $C(11, 4)$이다. 일단 S가 들어갈 위치가 정해지면, 남는 위치는 7곳이 되며, 따라서 I가 들어갈 위치를 선택하는 방법은 $C(7, 4)$가지가 된다. 마찬가지 방법으로 P가 들어갈 위치를 선택하는 방법은 $C(3, 2)$가지이고, 마지막으로 M이 들어갈 위치를 선택하는 방법은 $C(1, 1)$이 된다. 따라서 곱의 법칙에 의하여

$$\left[\begin{array}{c}\text{모든 문자를 배치하는}\\ \text{경우의 수}\end{array}\right] = \binom{11}{4}\binom{7}{4}\binom{3}{2}\binom{1}{1}$$
$$= \frac{11!}{4!\cancel{7!}}\cdot\frac{\cancel{7!}}{4!\cancel{3!}}\cdot\frac{\cancel{3!}}{2!\cancel{1!}}\cdot\frac{\cancel{1!}}{1!\cancel{0!}}$$
$$= \frac{11!}{4!\cdot 4!\cdot 2!\cdot 1!} = 34,650$$ ■

위의 예제에서 사용한 기법을 일반화하면 다음의 정리 9.5.2와 같다.

정리 9.5.2

n개의 개체를 아래와 같이 갖고 있는 집합을 가정하자.

서로 구별할 수 없는 종류 1의 개체가 n_1개
서로 구별할 수 없는 종류 2의 개체가 n_2개
⋮
서로 구별할 수 없는 종류 k의 개체가 n_k개

만약 $n_1+n_2+\cdots+n_k=n$이면, n개의 개체를 나열하는 서로 다른 순열의 수는

$$\binom{n}{n_1}\binom{n-n_1}{n_2}\binom{n-n_1-n_2}{n_3}\cdots\binom{n-n_1-n_2-\cdots-n_{k-1}}{n_k}$$
$$=\frac{n!}{n_1!\,n_2!\,n_3!\cdots n_k!}.$$

개수 계산에 관한 고려 사항

계수 기법을 학습하는 학생들은 이런 질문을 자주 한다. "무엇을 곱하고 무엇을 더하는가? 언제 곱의 법칙을 사용하고, 언제 합의 법칙을 사용하는가?" 불행하게도 이 질문에 대한 답은 쉽지 않다. 학생들은 자신이 계수할 대상에 대하여 가능한 한 생생하게 상상해 볼 필요가 있다. 체계적인 계수 기법을 찾기 위해서 가능한 경우에 대한 실제 목록을 작성해 보는 것도 좋은 방법이다. 그런 다음에는 대상을 하나씩 셀 수 있는 모델을 만들어야 한다.

만약 계수 작업이 단계적으로 이루어지고 각각의 단계가 직전 단계와는 독립적이면, 곱의 법칙을 적용하면 된다. 이때 전체 경우의 수는 각 단계를 수행하는 경우의 수를 모두 곱하면 된다. 한편 계수 대상이 서로소인 부분집합으로 분할되면, 합의 법칙을 적용하면 된다. 이때 전체 경우의 수는 각각의 부분집합에 대한 경우의 수를 합하여 구할 수 있다.

많은 학생들이 저지르는 공통적인 실수는 동일한 경우를 중복해서 세는 것이다. 스스로에게 다음과 같은 질문을 던져 봄으로써 이런 실수를 피할 수 있다.

(1) 모든 경우를 빠짐없이 계산하였는가?
(2) 어떤 경우를 중복하여 계산하지는 않았는가?

주어진 집합을 r개의 부분집합으로 분할하는 방법의 수

일반적인 수열은 정수 n에 a_n이 대응되는 단일 첨자 구조를 갖지만, 이중 첨자를 갖는 수열은 순서쌍 (m, n)에 $a_{m,n}$이 대응된다. 조합의 수를 나타내는 $C(n, r)$과 제2계 Stirling 수는 이중 첨자 구조를 갖는 수열의 중요한 예이다. Stirling 수는 매우 급속하게 증가하는 특성

을 가지며, 집합의 분할 문제와 밀접한 관계에 있다.

집합 $\{x_1, x_2, x_3\}$를 2개의 부분집합으로 분할하는 경우의 수를 살펴보자. 2개의 부분집합 중에서 하나는 1개의 원소를 가지며, 다른 하나는 2개의 원소를 가져야 하므로, 다음과 같은 3가지 경우가 가능하다.

$$\{x_1, x_2\}\ \{x_3\}$$
$$\{x_1, x_3\}\ \{x_2\}$$
$$\{x_2, x_3\}\ \{x_1\}$$

일반적으로 **제2계 Stirling 수**(Stirling number of the second kind) $S_{n,r}$은 다음과 같이 정의하며, 위에서 살펴 본 바와 같이 $S_{3,2}=3$이다.

$S_{n,r}$=(n개의 원소를 갖는 집합을 r개의 부분집합으로 분할하는 경우의 수)

예제 9.5.8 Stirling 수의 값

Stirling 수 $S_{4,1}$, $S_{4,2}$, $S_{4,3}$, $S_{4,4}$를 구하라.

풀이

4개의 원소를 갖는 집합 $\{x_1, x_2, x_3, x_4\}$를 A라 하자. A를 1개의 부분집합으로 분할하는 방법은 아래와 같이 1가지이므로, $S_{4,1}=1$이다.

$$\{x_1, x_2, x_3, x_4\}$$

비슷한 방법으로 A를 4개의 부분집합으로 분할하는 방법은 아래와 같이 1가지이므로, $S_{4,4}=1$이다.

$$\{x_1\}\ \{x_2\}\ \{x_3\}\ \{x_4\}$$

다음으로 $S_{4,2}$의 값을 구해 보자. A를 2개의 부분집합으로 분할하는 방법은 2가지가 가능하다. 하나는 원소의 개수가 각각 2개가 되도록 분할하는 것이고, 다른 하나는 1개, 3개가 되도록 하는 것이다. 먼저 A를 2개의 원소를 갖는 부분집합으로 분할하는 것은 아래에 열거한 바와 같이 3가지 경우가 가능하다.

$$\{x_1, x_2\}\ \{x_3, x_4\}$$
$$\{x_1, x_3\}\ \{x_2, x_4\}$$
$$\{x_1, x_4\}\ \{x_2, x_3\}$$

다음으로 원소를 1개 및 3개를 갖는 부분집합으로 분할하는 것은 아래에 열거한 바와 같이 4가지 경우가 가능하다. 따라서 $S_{4,2}=3+4=7$이다.

$$\{x_1\}\ \{x_2, x_3, x_4\}$$
$$\{x_2\}\ \{x_1, x_3, x_4\}$$
$$\{x_3\}\ \{x_1, x_2, x_4\}$$
$$\{x_4\}\ \{x_1, x_2, x_3\}$$

마지막으로 $S_{4,3}$의 값을 구해 보자. A를 3개의 부분집합으로 분할하는 방법은 원소의 개수가 1개, 1개, 2개가 되도록 분할하는 1가지 방법밖에 없으며, 이렇게 분할하는 것은 아래에 열거한 바와 같이 6가지 경우가 가능하므로, $S_{4,3}=6$이다.

$$\{x_1, x_2\}\ \{x_3\}\ \{x_4\} \qquad \{x_2, x_3\}\ \{x_1\}\ \{x_4\}$$
$$\{x_1, x_3\}\ \{x_2\}\ \{x_4\} \qquad \{x_2, x_4\}\ \{x_1\}\ \{x_3\}$$
$$\{x_1, x_4\}\ \{x_2\}\ \{x_3\} \qquad \{x_3, x_4\}\ \{x_1\}\ \{x_2\}$$

■

예제 9.5.9 **$S_{n,r}$을 위한 점화식 구하기**

$S_{n,r}$을 위한 점화식을 구하고, 재귀의 종결을 위한 조건을 찾아라.

풀이

문제를 해결하기 위해서 $(n-1)$개의 원소를 갖는 집합을 $(r-1)$개의 부분집합으로 분할하는 방법과 $(n-1)$개의 원소를 갖는 집합을 r개의 부분집합으로 분할하는 방법은 알고 있다고 가정하자. 그러면 n개의 원소를 갖는 집합을 r개의 부분집합으로 분할하는 방법은 그림 9.5.4와 같이, 분할에 $\{x_n\}$이 포함되는 경우와 그렇지 않는 경우의 2가지가 가능하다.

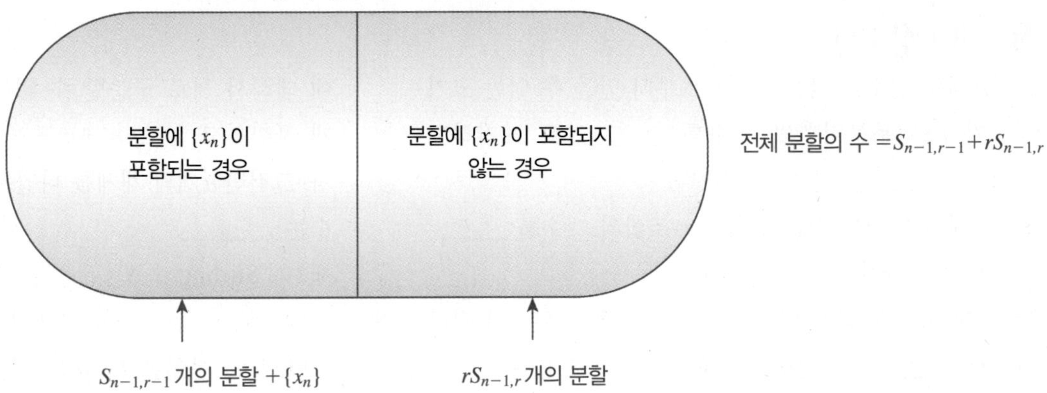

그림 9.5.4

먼저 분할에 $\{x_n\}$이 포함되는 경우를 생각해 보자. 부분집합 1개가 이미 결정되었으므로, x_n을 제외한 $(n-1)$개의 원소를 갖는 집합을 $(r-1)$개의 부분집합으로 분할하기만 하면 된다. 이것은 stirling 수의 정의에 의해 $S_{n-1,r-1}$가지 방법이 있다.

다음으로 분할에 $\{x_n\}$이 포함되지 않는 경우를 생각해 보자. x_n은 단독으로 부분집합을 구성하지 않기 때문에 분할의 다른 부분집합의 일부로 포함시켜야 할 것이다. 따라서 분할 작업을 다음과 같이 2단계로 진행하고자 한다.

단계 1: x_n을 제외한 $(n-1)$개의 원소를 r개의 부분집합으로 분할한다.
단계 2: r개의 부분집합 중에서 1개를 선택하여 x_n을 포함시킨다.

단계 1은 stirling 수의 정의에 의해 $S_{n-1,r}$이고, 단계 2는 r가지 경우가 가능하다. 단계 1과 단계 2는 독립적으로 수행되는 작업이므로, 곱의 법칙에 의해 분할에 $\{x_n\}$이 포함되지 않는 경우의 수는 $rS_{n-1,r}$이 된다.

따라서 n개의 원소를 갖는 집합을 r개의 부분집합으로 분할하는 경우의 수는 다음과 같다.

[n개의 원소를 갖는 집합을 r개의 부분집합으로 분할하는 경우의 수]
=[분할에 $\{x_n\}$이 포함되는 경우의 수]
+[분할에 $\{x_n\}$이 포함되지 않는 경우의 수]

즉,

$$S_{n,r}=S_{n-1,r-1}+rS_{n-1,r}$$

모든 정수 n, $r(1<r<n)$에 대해서

$$S_{n,1}=1,\ S_{n,n}=1.$$

■

자 | 기 | 진 | 단

1. n개의 원소를 갖는 집합으로부터 만들 수 있는 크기가 r인 부분집합의 개수를 _______로 표기하고 _____________ 이라 읽는다.
2. n개의 원소를 갖는 집합의 r-조합의 개수를 ______로 표기한다.
3. 순서를 고려하지 않는 선택에서는 뽑힌 원소가 같다면 _______에 관계없이 동일한 것으로 본다.
4. $C(n, r)$과 $P(n, r)$ 사이의 관계식은 _______.
5. '적어도 n' 이라는 것은 _____________ 을 의미하며, '많아도 n' 이라는 것은 _______ 을 의미한다.
6. n개의 개체를 갖고 있는 집합이 정수 $i(1 \le i \le k)$에 대해서 서로 구분할 수 없는 종류 i의 개체를 n_i개 포함하고 있고, $n_1+n_2+\cdots+n_k=n$이라 가정하자. 그러면 n개의 개체를 나열하는 서로 다른 순열의 수는 _______.
7. 제2계 Stirling 수 $S_{n,r}$은 _______로 정의할 수 있다.
8. 집합 $X=\{x_1, x_2, \ldots, x_n\}$을 r개의 부분집합으로 분할하면, 모든 분할은 $\{x_n\}$을 포함하는 것과 그렇지 않는 것으로 구분할 수 있다. 따라서 X를 r개의 부분집합으로 분할하는 경우의 수는 _______와 _______를 합한 값이 된다.

연/습/문/제 9.5

1. **a.** 집합 $\{x_1, x_2, x_3\}$에 대한 모든 2-조합을 열거하고, $C(3, 2)$의 값을 구하라.

b. 집합 $\{a, b, c, d, e\}$로부터 순서는 고려하지 않고 4개의 원소를 선택하는 경우를 모두 열거하고, $C(5, 4)$의 값을 구하라.

2. $P(7, 2)$와 $C(7, 2)$ 사이의 관계식을 쓰라.

3. 정리 9.5.1을 사용하여 아래 식의 값을 계산하라.

a. $C(6, 0)$ **b.** $C(6, 1)$ **c.** $C(6, 2)$ **d.** $C(6, 3)$
e. $C(6, 4)$ **f.** $C(6, 5)$ **g.** $C(6, 6)$

4. 15명의 학생으로 구성된 평의회가 있다고 가정하고 다음의 물음에 답하라.

a. 평의회로부터 6명을 선출하여 위원회를 구성하는 경우의 수는?

b. 학생 A, B는 전공분야가 같아서 동시에 위원회에 들어갈 수는 없다고 한다. 6명의 위원회를 구성하는 경우의 수는?

c. 학생 C, D는 항상 같이 활동하기를 원한다고 하자. 즉 동시에 위원회에 참여하거나 아니면 2명 모두 위원회에 참여하지 않는다고 가정하자. 6명의 위원회를 구성하는 경우의 수는?

d. 평의회에 8명의 남학생과 7명의 여학생이 있다고 하자.

(i) 3명의 남학생과 3명의 여학생으로 위원회를 구성하는 경우의 수는?

(ii) 적어도 1명의 여학생을 포함하여 6명의 위원회를 구성하는 경우의 수는?

e. 평의회에 1학년이 3명, 2학년이 4명, 3학년이 3명, 4학년이 5명 있다고 하자. 각 학년의 대표가 2명씩 참여하는 위원회를 구성하는 경우의 수는?

5. 어떤 교과목에서 14문제로 구성된 시험을 실시하였다. 학생은 자신 있는 문제 10개를 선택하여 풀면 된다고 한다. 다음의 물음에 답하라.

a. 학생이 10문제를 선택할 수 있는 방법은 몇 가지인가?

b. 6문제는 증명을 요구하고, 나머지는 그렇지 않다고 가정하자.

(i) 증명을 요구하는 문제 4개를 포함하여 10문제를 선택하는 경우의 수는?

(ii) 증명을 요구하는 문제를 1개 이상 포함하여 10문제를 선택하는 경우의 수는?

(iii) 증명을 요구하는 문제를 3개 이하 포함하여 10문제를 선택하는 경우의 수는?

c. 문제 1번과 문제 2번을 모두 포함해서는 안 된다면, 10문제를 선택하는 경우의 수는?

d. 문제 1번과 문제 2번은 모두 포함하거나 모두 포함하지 않아야 한다면, 10문제를 선택하는 경우의 수는?

6. 40명의 회원을 가진 클럽에서 규약을 변경하기 위해 비공식 투표를 실시한 결과 24명은 변경에 찬성하고 나머지는 반대하였다. 변경안에 대해서 자세히 검토하기 위해서 6명의 위원회를 구성하기로 하였다. 물음에 답하라.

a. 위원회를 구성하는 방법은 몇 가지인가?

b. 비공식 투표에서 찬성한 회원을 3명 이상 포함하여 위원회를 구성하는 방법은 몇 가지인가?

7. 포커 게임에서 아래의 패가 나오는 경우의 수와 확률을 구하라.

a. 로열플래시 **b.** 스트레이트플래시
c. 포카드 **d.** 풀하우스
e. 플래시 **f.** 스트레이트
g. 스리카드 **h.** 원페어

8. 동전을 10번 던지는 실험을 하였다. 다음 물음에 답하라. 단 동전의 앞면(H)과 뒷면(T)이 나올 확률은 동일하다고 가정한다.

a. 가능한 모든 경우의 수는?

b. 앞면이 5회 나타나는 경우의 수는?

c. 앞면이 8회 이상 나타나는 경우의 수는?

d. 앞면이 1회 이상 나타나는 경우의 수는?

e. 앞면이 1회 이하 나타나는 경우의 수는?

9. **a.** 집합 $\{1, 2, 3, ..., 100\}$에 짝수는 몇 개 있는가?

b. 집합 $\{1, 2, 3, ..., 100\}$에 홀수는 몇 개 있는가?

c. 집합 $\{1, 2, 3, ..., 100\}$으로부터 2개의 정수를 뽑아, 그들의 합이 짝수가 되는 경우의 수는?

d. 집합 $\{1, 2, 3, ..., 100\}$으로부터 2개의 정수를 뽑아, 그들의 합이 홀수가 되는 경우의 수는?

10. 평면 위에 10개의 점 $A, B, C, D, E, F, G, H, I, J$가 있다. 어떤 3개의 점도 동일 직선 위에 있지 않다고 가정하고, 다음의 물음에 답하라.

a. 10개의 점에 의해 결정되는 직선의 수는?

b. 점 A를 지나지 않는 직선의 수는?

c. 10개의 점 중에서 3개를 꼭지점으로 하는 삼각형의 개수는?

d. 점 A는 꼭지점으로 사용할 수 없다면 그릴 수 있는 삼각형의 개수는?

11. **a.** *HULLABALOO*에 포함된 문자를 나열하는 서로 다른 경우의 수는?

b. U로 시작하여 L로 끝나도록 나열하는 경우의 수는?

c. H와 U가 인접(*HU* 또는 *UH*)하도록 나열하는 경우의 수는?

12. 8×8 체스 보드에서 루크(rook)는 수직 또는 수평 방향으로 원하는 만큼 이동할 수 있다. 좌하단 칸에 있는 루크가 우상단 칸으로 이동할 수 있는 방법은 몇 가지인가? 단 루크는 오른쪽과 위쪽으로만 움직일 수 있다고 가정한다.

13. 정수 42는 $2 \cdot 3 \cdot 7$로 소인수분해된다. 42를 정수 2개의 곱으로 표현하면 $1 \cdot 42$, $2 \cdot 21$, $3 \cdot 14$ 등으로 나타낼 수 있다. 정수 2개를 나열하는 순서는 고려하지 않는다고 가정하고 다음의 물음에 답하라.

a. 210을 정수 2개의 곱으로 표현할 수 있는 방법은 몇 가지인가?

b. 정수 n이 $p_1 \cdot p_2 \cdot p_3 \cdot p_4$($p_i$는 서로 다른 소수)로 소인수분해된다면, n을 정수 2개의 곱으로 표현할 수 있는 방법은 몇 가지인가?

c. 정수 n이 $p_1 \cdot p_2 \cdot p_3 \cdot p_4 \cdot p_5$($p_i$는 서로 다른 소수)로 소인수분해된다면, n을 정수 2개의 곱으로 표현할 수 있는 방법은 몇 가지인가?

d. 정수 n이 $p_1 \cdot p_2 \cdots p_k$(p_i는 서로 다른 소수)로 소인수분해된다면, n을 정수 2개의 곱으로 표현할 수 있는 방법은 몇 가지인가?

14. 다음의 물음에 답하라.

a. 3개의 원소를 갖는 집합 A로부터 4개의 원소를 갖는 집합 B로 가는 일대일 함수의 개수는?

b. 3개의 원소를 갖는 집합 A로부터 2개의 원소를 갖는 집합 B로 가는 일대일 함수의 개수는?

c. 3개의 원소를 갖는 집합 A로부터 3개의 원소를 갖는 집합 B로 가는 일대일 함수의 개수는?

d. 3개의 원소를 갖는 집합 A로부터 5개의 원소를 갖는 집합 B로 가는 일대일 함수의 개수는?

e. m개의 원소를 갖는 집합 A로부터 n개의 원소를 갖는 집합 B로 가는 일대일 함수의 개수는? 단, $m \leq n$.

15. 다음의 물음에 답하라.

a. 3개의 원소를 갖는 집합 A로부터 2개의 원소를 갖는 집합 B로 가는 전사 함수의 개수는?

b. 3개의 원소를 갖는 집합 A로부터 5개의 원소를 갖는 집합 B로 가는 전사 함수의 개수는?

c. 3개의 원소를 갖는 집합 A로부터 3개의 원소를 갖는 집합 B로 가는 전사 함수의 개수는?

d. 4개의 원소를 갖는 집합 A로부터 2개의 원소를 갖는 집합 B로 가는 전사 함수의 개수는?

e. 4개의 원소를 갖는 집합 A로부터 3개의 원소를 갖는 집합 B로 가는 전사 함수의 개수는?

갖는 집합 B로 가는 전사 함수의 개수는?

f. m개의 원소를 갖는 집합 A로부터 n개의 원소를 갖는 집합 B로 가는 전사 함수의 개수를 $c_{m,n}(m \geq n \geq 1)$이라 할 때, $c_{m,n}$을 $c_{m-1,n}$과 $c_{m-1,n-1}$로 표현하라.

16. 집합 A의 원소의 개수가 8일 때, 다음의 물음에 답하라.

a. A 위에서의 관계는 모두 몇 개인가?

b. A 위에서의 관계 중에서 반사적(reflexive) 관계는 몇 개인가?

c. A 위에서의 관계 중에서 대칭적(symmetric) 관계는 몇 개인가?

d. A 위에서의 관계 중에서 반사적이고 대칭적인 관계는 몇 개인가?

17. 학생 평의회에 1학년이 3명, 2학년이 4명, 3학년이 4명, 4학년이 5명 있다. 이들 중에서 8명을 선발하여 위원회를 구성하고자 한다. 각 학년의 대표가 적어도 1명씩은 포함되어야 한다면 위원회를 구성하는 방법은 몇 가지인가?

18. $n(n \geq 1$인 정수$)$개의 원소를 갖는 집합의 분할하는 방법의 수를 P_n이라 할 때, 다음 공식을 증명하라.

$$P_n = \binom{n-1}{0} P_{n-1} + \binom{n-1}{1} P_{n-2} + \cdots + \binom{n-1}{n-1} P_0$$

19. Stirling 수 $S_{5,2}$의 값을 계산하라.

20. 정수 n $(n \geq 2)$에 대해서 다음의 공식을 수학적 귀납법으로 증명하라.

$$S_{n,2} = 2^{n-1} - 1.$$

21. n개의 원소를 갖는 집합 X로부터 m개의 원소를 갖는 집합 Y로 가는 전사 함수의 개수를 Stirling 수를 사용하여 나타내고, 답이 옳음을 보여라.

자 | 기 | 진 | 단 | 해 | 답

1. $C(n, r)$; 'n choose r' 2. $C(n, r)$ 3. 뽑는 순서 4. $\binom{n}{r} = \frac{P(n,r)}{r!}$ 5. n 이상; n 이하

6. $\binom{n}{n_1}\binom{n-n_1}{n_2}\binom{n-n_1-n_2}{n_3}\cdots\binom{n-n_1-n_2-\cdots-n_{k-1}}{n_k}$ (또는: $\frac{n!}{n_1!n_2!n_3!\cdots n_k!}$) 7. n개의 원소를 갖는 집합을 r개의 부분집합으로 분할하는 경우의 수 8. 분할에 $\{x_n\}$이 포함되는 경우의 수; 분할에 $\{x_n\}$이 포함되지 않는 경우의 수

9.6 중복을 허락하는 r-조합

9.5절에서는 n개의 원소를 갖는 집합으로부터 순서에 관계없이 r개를 뽑는 방법은 $C(n, r)$ 가지가 있음을 살펴보았다. 이 절에서는 중복을 허락하여 뽑는 문제에 대하여 알아보고자 한다.

문제에 대한 접근은 원소를 중복해서 뽑을 수 있도록 하는 기법에서 출발한다. n개의 원소 하나하나를 개체들의 부류로 간주함으로써 특정 부류에 속하는 개체를 몇 개든지 중복해서 뽑을 수 있도록 하는 것이 기본적인 아이디어이다. 예를 들어 1, 2, 3, 4의 표지가 붙은 부류가 있고 이들로부터 3개의 개체를 뽑는다고 가정하자. 만약 부류 3에 속하는 개

체를 2개 뽑고, 부류 1에 속하는 개체를 1개 뽑는다면, [3, 3, 1]([3, 1, 3] 또는 [1, 3, 3])로 표기할 수 있으며, 이는 원소 1을 1번 뽑고, 원소 3을 2번 뽑았다는 사실을 의미한다.

> **• 정의**
>
> n개의 원소를 갖는 집합 X가 주어졌을 때, X로부터 순서에 관계없이 중복을 허락하여 r개를 뽑아서 만든 집합을 **중복이 허락되는 r-조합**[(r-combination with repetition allowed, 또는 크기 r인 **다중집합**(multiset of size r)]이라 한다. 만약 $X=\{x_1, x_2, \cdots, x_n\}$이면, 중복이 허락되는 r-조합(또는 크기 r인 다중집합)은 $[\boldsymbol{x_{i_1}, x_{i_2}, \ldots, x_{i_r}}]$로 표기한다. 여기서 x_{i_j}는 X의 원소이며, 다른 개체와 서로 같을 수 있다.

예제 9.6.1 **중복이 허락되는 r-조합**

집합 $\{1, 2, 3, 4\}$에 대하여 중복이 허락되는 3-조합을 모두 찾아서 열거하라. 원소를 뽑는 순서는 관계없으므로 선발된 원소를 증가 순으로 기록해도 무방하며, 이렇게 함으로써 같은 3-조합을 중복해서 열거하는 것을 방지할 수 있음에 유의하라.

풀이

[1,1,1]; [1,1,2]; [1,1,3]; [1,1,4]	1, 1을 포함하는 모든 조합
[1,2,2]; [1,2,3]; [1,2,4]	1, 2를 포함하는 모든 조합
[1,3,3]; [1,3,4]; [1,4,4]	1, 3과 1, 4를 포함하는 모든 조합
[2,2,2]; [2,2,3]; [2,2,4]	2, 2를 포함하는 모든 조합
[2,3,3]; [2,3,4]; [2,4,4]	2, 3과 2, 4를 포함하는 모든 조합
[3,3,3]; [3,3,4]; [3,4,4]	3, 3과 3, 4를 포함하는 모든 조합
[4,4,4]	4, 4를 포함하는 모든 조합

따라서 중복이 허락되는 3-조합은 모두 20개가 있다. ■

위의 예제에서와 같이 가능한 모든 조합을 일일이 열거하지 않고 조합의 수를 알 수는 없을까? 원소 1, 2, 3, 4를 부류로 간주하여 각 부류로부터 원하는 만큼 개체를 선발하도록 하자. 그러면 3번의 선택을 한 결과가 다음의 표와 같다.

<table>
<tr><th>부류 1</th><th>부류 2</th><th>부류 3</th><th>부류 4</th><th>선택 결과</th></tr>
<tr><td></td><td>| ×</td><td>|</td><td>| ××</td><td>부류 2로부터 1개
부류 4로부터 2개</td></tr>
<tr><td>×</td><td>|</td><td>| ×</td><td>| ×</td><td>부류 1, 3, 4로부터 1개씩</td></tr>
<tr><td>×××</td><td>|</td><td>|</td><td>|</td><td>부류1로부터 3개</td></tr>
</table>

4개의 부류로부터 3개를 뽑는 방법은 'I'과 '×'로 만들어진 문자열로 표현할 수 있다. 3개의 'I'는 4개의 분류를 구분하기 위하여 사용하며, '×'는 해당하는 부류로부터 몇 개의 개체를 선택하였는가를 가리킨다. 서로 다른 문자열은 서로 다른 선택 방법을 의미한다. 예를 들어 문자열 '××II×I'은 '부류 1로부터 2개의 개체를, 부류 3으로부터 1개의 개체를 뽑고, 부류 2, 4로부터는 개체를 뽑지 않았다'는 사실을 나타낸다. 따라서 집합 {1, 2, 3, 4}에 대한 중복이 허락되는 3-조합의 수는 3개의 'I'와 3개의 '×'로 만들 수 있는 서로 다른 문자열의 개수와 같아지므로, 구하는 답은 6개의 빈 위치 중에서 '×'가 들어갈 3개의 위치를 선택하는 조합의 수와 같다.

$$\binom{6}{3} = \frac{6!}{3!(6-3)!} = \frac{\cancel{6}\cdot 5\cdot 4\cdot \cancel{3!}}{\cancel{3}\cdot \cancel{2}\cdot 1\cdot \cancel{3!}} = 20$$

위 식의 값은 예제 9.6.1에서 모든 조합을 일일이 열거하여 구한 답과 같음을 알 수 있다.

지금까지의 논의를 바탕으로 중복이 허락되는 r-조합의 수를 계산하기 위한 보다 일반적인 공식을 유도할 수 있다. n개의 원소를 갖는 집합에 대한 중복이 허락되는 r-조합은 $n-1$개의 'I'(n개의 부류를 구분하기 위하여 $n-1$개가 필요)와 r개의 '×'(r개의 원소를 뽑는 것을 의미)로 만들 수 있는 문자열로 표현할 수 있다. $n-1$개의 'I'와 r개의 '×'로부터 만들 수 있는 문자열의 개수는 전체 $r+(n-1)$개의 빈 위치 중에서 '×'가 들어갈 r개의 위치를 선택하는 조합의 수와 같아지므로, 정리 9.5.1에 의하여 $C(r+n-1, r)$이 된다.

정리 9.6.1

n개의 원소를 갖는 집합에 대한 중복이 허락되는 r-조합(크기 r인 다중집합)의 수는 $C(r+n-1, r)$이고, 이것은 n개의 부류로부터 중복을 허락하여 r개를 뽑는 경우의 수와 같다.

예제 9.6.2 **3순서쌍 (i, j, k)의 개수 구하기**

양의 정수 n에 대하여, 다음의 조건을 만족시키는 3순서쌍 (i, j, k)는 몇 개인가?

$$1 \le i \le j \le k \le n$$

풀이

3순서쌍 $(i\, j, k)$는 1부터 n까지의 숫자 중에서 순서에 관계없이 중복을 허락하여 3개의 숫자를 뽑아서 만들 수 있다. 예를 들어 3, 3, 5가 선택되었다면 이에 대응하는 3순서쌍 (3, 3, 5)를 만들 수 있다. 따라서 정리 9.6.1에 의해 구하는 답은 $C(3+n-1, 3)$이다.

$$\binom{3+(n-1)}{3} = \binom{n+2}{3} = \frac{(n+2)!}{3!(n+2-3)!}$$
$$= \frac{(n+2)(n+1)n\cancel{(n-1)!}}{3!\cancel{(n-1)!}} = \frac{n(n+1)(n+2)}{6}$$ ■

예제 9.6.3 **방정식의 정수 해 개수 구하기**

$x_i(1 \le i \le 4)$가 음이 아닌 정수일 때, 다음 방정식의 해는 몇 가지나 있는가?

$$x_1+x_2+x_3+x_4=10$$

풀이

10을 10개의 개체로 생각하고, x_1, x_2, x_3, x_4를 4개의 부류로 간주하면, 부류 $x_i(1 \le i \le 4)$에 속하는 개체의 개수는 주어진 방정식에서 x_i의 해가 된다. 따라서 방정식의 해는 4개의 분류로부터 10개의 개체를 중복을 허락하여 뽑는 경우의 수와 같고, 구하는 답은

$$\binom{10+3}{10} = \binom{13}{10} = \frac{13!}{10!(13-10)!} = \frac{13\cdot 12\cdot 11\cdot \cancel{10!}}{\cancel{10!}\cdot 3\cdot 2\cdot 1} = 286$$ ■

적용할 공식의 선택 방법

9.2, 9.3, 9.5, 9.6절에 걸쳐 n개의 원소로부터 k개를 뽑는 경우의 수를 계산하는 공식을 학습하였다. 뽑는 순서를 고려하는가와 중복을 허락하는가에 따라 4종류의 공식이 있으며, 이를 요약하면 다음의 표와 같다.

	순서를 고려	순서는 관계없음
중복 허락	n^k	$\binom{k+n-1}{k}$
중복 불허	$P(n,k)$	$\binom{n}{k}$

자 | 기 | 진 | 단

1. n개의 원소를 갖는 집합 X가 주어졌을 때, 중복이 허락되는 r-조합(또는 크기 r인 다중집합)은 ________을 말하고, ________로 표기한다.
2. n개의 원소를 갖는 집합 X가 주어졌을 때, 중복이 허락되는 r-조합(또는 크기 r인 다중집합)의 개수는 ________이다.
3. n개의 원소로부터 k개를 뽑는 경우의 수를 계산하는 공식은 뽑는 순서를 고려하는가와 중복을 허락하는가에 따라 4종류가 있다.
   - 순서를 고려하고 중복을 허락하는 경우: ________.
   - 순서를 고려하고 중복을 허락하지 않는 경우: ________.
   - 순서를 고려하지 않고 중복을 허락하지 않는 경우: ________.
   - 순서를 고려하지 않고 중복을 허락하는 경우: ________.

연/습/문/제 9.6

1. **a.** 정리 9.6.1을 사용하여 3개의 원소로부터 중복을 허락하여 5개를 뽑는 조합의 수를 구하라.

b. 집합 $\{1, 2, 3\}$에 대하여 중복이 허락되는 5-조합을 모두 열거하라.

2. **a.** 정리 9.6.1을 사용하여 3개의 원소를 갖는 집합으로부터 만들 수 있는 크기 4인 다중집합의 개수는?

b. 집합 $\{x, y, z\}$로부터 만들 수 있는 크기 4인 다중집합을 모두 열거하라.

3. 제과점에서는 에클레어를 포함하여 서로 다른 6종류의 페이스트리를 생산한다. 다음의 물음에 답하라. 단 페이스트리는 종류별로 최소한 20개 이상 있다고 가정한다.

a. 페이스트리 20개를 선택하는 서로 다른 방법은 몇 가지인가?

b. 3개 이상의 에클레어를 포함해야 한다면 페이스트리 20개를 선택하는 방법은 몇 가지인가?

c. 2개 이하의 에클레어를 포함해야 한다면 페이스트리 20개를 선택하는 방법은 몇 가지인가?

4. 양의 정수 n에 대하여, 다음의 조건을 만족시키는 4순서쌍(i, j, k, m)은 몇 개인가?

$$1 \le i \le j \le k \le m \le n$$

5. 다음의 알고리즘을 구현하여 실행시켰을 때, 가장 안쪽의 루프에 포함된 문장은 몇 회나 수행되는가? 단, n, m, k, j는 양의 정수이다.

```
for m := 1 to n
    for k := 1 to m
        for j := 1 to k
            for i := to j
                [루프를 탈출하는 분기문이 아닌 문장]
            next i
        next j
    next k
next m
```

6. $x_i(1 \le i \le 3)$가 음이 아닌 정수일 때, 다음 방정식의 해는 몇 가지나 있는가?

$$x_1 + x_2 + x_3 = 20$$

7. $x_i(1 \le i \le 3)$가 양의 정수일 때, 다음 방정식의 해는 몇 가지나 있는가?

$$x_1 + x_2 + x_3 = 20$$

8. 파티 준비를 위해 편의점에서 음료수를 구입하려고 한다. 편의점에서 판매하는 음료수는 5종류가 있다. 다음의 물음에 답하라.

a. 편의점에는 레모네이드가 6개 있고, 다른 음료수는 15개 이상 있다고 한다. 음료수 5개를 구입하는 방법은 몇 가지인가?

b. 편의점에는 루트 비어(root beer)가 5개, 레모네이드가 6개 있으며, 다른 음료수는 15개 이상 있다고 한다. 음료수 5개를 구입하는 방법은 몇 가지인가?

9. **a.** 장난감 가게에서 8종류의 풍선을 판매하고 있고 종류별로 30개 이상의 재고가 있다. 풍선 30개를 구입하는 방법은 몇 가지인가?

b. 빨간 풍선이 12개 있고, 나머지는 30개 이상 있다고 할 때, 풍선 30개를 구입하는 방법은 몇 가지인가?

c. 파란 풍선이 8개 있고, 나머지는 30개 이상 있다고 할 때, 풍선 30개를 구입하는 방법은 몇 가지인가?

d. 빨간 풍선이 12개, 파란 풍선이 8개 있고, 나머지는 30개 이상 있다고 할 때, 풍선 30개를 구입하는 방법은 몇 가지인가?

10. 제과점에서는 에클레어를 포함하여 서로 다른 6종류의 페이스트리를 생산한다. 다음의 물음에 답하라.

a. 에클레어가 10개 있고, 다른 종류는 20개 이상 있다고 할 때, 페이스트리 20개를 구입하는 방법은 몇 가지인가?

b. 에클레어가 10개, 나폴레옹 슬라이스가 8개 있고 다른 종류는 20개 이상 있다고 할 때, 페이스트리 20개를 구입하는 방법은 몇 가지인가?

자 | 기 | 진 | 단 | 해 | 답

1. X로부터 순서에 관계없이 중복을 허락하여 r개를 뽑아서 만든 집합; $[x_{i_1}, x_{i_2}, \ldots, x_{i_r}]$ 2. $C(r+n-1, r)$ 3. n^k; $P(n, k)$; $C(n, k)$; $C(n+k-1, k)$

9.7 Pascal의 공식과 이항정리

이 절에서는 $C(n, r)$의 값을 계산하는 데 유용한 몇 개의 공식을 도출하고, 서로 다른 $C(n, r)$ 값들 사이의 관계에 관한 공식을 살펴본다. 공식 중에서 가장 중요한 것은 Pascal의 삼각형을 기반으로 한 Pascal의 정리이며, 이것은 이항정리를 증명함에 있어 핵심적인 역할을 담당한다. 각각의 공식을 증명하는 방법으로는 '대수적' 기법과 '조합적' 기법을 모두 소개할 것이다.

예제 9.7.1 $C(n, n)$, $C(n, n-1)$, $C(n, n-2)$의 값

$n \geq 0$인 정수 n에 대하여 다음의 식이 성립함을 보여라.

$$\binom{n}{n} = 1 \tag{9.7.1}$$

$$\binom{n}{n-1} = n, \quad \text{if } n \geq 1 \tag{9.7.2}$$

$$\binom{n}{n-2} = \frac{n(n-1)}{2}, \quad \text{if } n \geq 2. \tag{9.7.3}$$

풀이

$$\binom{n}{n} = \frac{\cancel{n}!}{\cancel{n}!(n-n)!} = \frac{1}{0!} = 1 \quad \text{정의에 의해 0!=1이기 때문}$$

$$\binom{n}{n-1} = \frac{n!}{(n-1)!(n-(n-1))!}$$

$$= \frac{n \cdot \cancel{(n-1)}!}{\cancel{(n-1)}!(n-n+1)!} = \frac{n}{1} = n$$

$$\binom{n}{n-2} = \frac{n!}{(n-2)!(n-(n-2))!}$$
$$= \frac{n \cdot (n-1) \cdot \cancel{(n-2)}!}{\cancel{(n-2)}!2!} = \frac{n(n-1)}{2}$$ ■

위에서 $C(n, n)=1$ 이라는 것을 대수적으로 유도하였으나, 이는 n개의 원소를 갖는 부분집합은 유일하다는 사실과도 일치한다. 마찬가지로 공집합은 유일하므로 $C(n, 0)=1$ 이란 대수적 결과와 일치한다.

예제 9.7.2 $C(n, r) = C(n, n-r)$

공식 "음이 아닌 정수 n, $r(r \le n)$에 대하여 $C(n, r)=C(n, n-r)$"을 "원소의 수가 r인 부분집합의 개수와 원소의 수가 $(n-r)$인 부분집합의 개수가 같다"는 성질을 바탕으로 추론하라.

풀이

n개의 원소를 갖는 집합 A에 대하여 r개의 원소를 갖는 부분집합을 만드는 것은 $(n-r)$개의 원소를 바깥으로 내보내는 것과 같으므로, r개의 원소를 갖는 부분집합 B는 $(n-r)$개의 원소를 갖는 부분집합 $(A-B)$와 1:1로 대응된다.

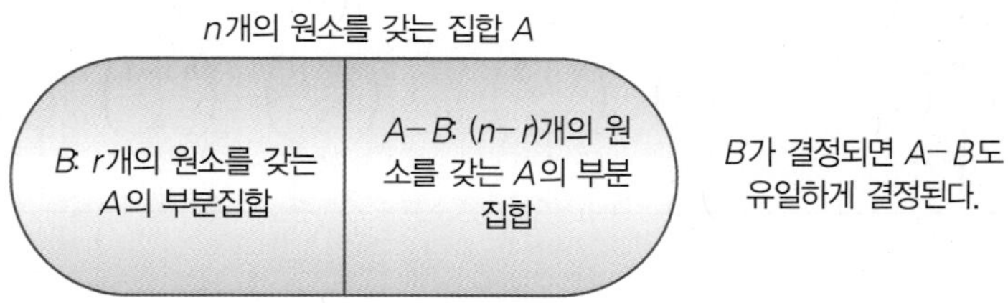

따라서 크기가 r인 부분집합의 개수는 크기가 $(n-r)$인 부분집합의 개수와 같다. 즉 $C(n, r)=C(n, n-r)$이 성립한다. ■

Blaise Pascal (1623–1662)

위의 예제에서와 같은 추론 형태를 조합적(combinatorial)이라 한다. 조합적이란 동일한 대상을 서로 다른 방법으로 계수할 수 있음을 보여 줌으로써 주어진 공식이 성립함을 증명하는 방법이다. 많은 정리들은 대수적인 증명은 물론 조합적 증명도 가능하다.

Pascal의 삼각형

다음 식은 프랑스의 유명한 수학자이자 철학자인 Blaise Pascal을 기념하여 명명된 Pascal의 공식으로서 조합이론 분야에서 매우 유명하고도 쓸모가 많다.

$$C(n+1, r) = C(n, r-1) + C(n, r), \text{ 여기서 } n, r\text{은 } r \le n\text{인 양의 정수}$$

이 공식은 낮은 단계의 조합의 수로부터 높은 단계의 조합의 수를 계산할 수 있도록 한다. 즉 모든 $C(n, r)$ 값을 알고 있다면, 모든 $r(0 < r \leq n)$에 대하여 $C(n+1, r)$의 값을 계산할 수 있다.

표 9.7.1은 Pascal의 공식에 대한 기하학적 해석인 Pascal의 삼각형을 보여 준다. Pascal의 삼각형은 Pascal보다 수 세기 전에 중국과 페르시아의 수학자들이 발견하여 사용한 바 있다. 그러나 Pascal은 이들과는 독립적으로 발견하였으며, Pascal의 공식과 함께 관련된 여러 정리들을 논문으로 발표한 1654년 이후에는 Pascal의 삼각형으로 알려져 왔다.

표 9.7.1 Pascal의 삼각형[$C(n, r)$의 값]

n \ r	**0**	**1**	**2**	**3**	**4**	**5**	$\cdots$	$r-1$	r	$\cdots$
0	1							·	·	$\cdots$
1	1	1						·	·	$\cdots$
2	1	2	1					·	·	$\cdots$
3	1	3	3	1				·	·	$\cdots$
4	1	4	6 +	4	1			·	·	$\cdots$
5	1	5	10	= 10	5	1		·	·	$\cdots$
$\vdots$	$\vdots$	$\vdots$	$\vdots$	$\vdots$	$\vdots$	$\vdots$		$\vdots$	$\vdots$	$\vdots$
n	$\binom{n}{0}$	$\binom{n}{1}$	$\binom{n}{2}$	$\binom{n}{3}$	$\binom{n}{4}$	$\binom{n}{5}$	$\cdots$	$\binom{n}{r-1}$ +	$\binom{n}{r}$	$\cdots$
$n+1$	$\binom{n+1}{0}$	$\binom{n+1}{1}$	$\binom{n+1}{2}$	$\binom{n+1}{3}$	$\binom{n+1}{4}$	$\binom{n+1}{5}$	$\cdots$		= $\binom{n+1}{r}$	$\cdots$
$\vdots$		$\vdots$	$\vdots$	$\vdots$	$\vdots$	$\vdots$		$\vdots$	$\vdots$	$\vdots$

삼각형의 n행과 r열이 만나는 칸에는 $C(n, r)$의 값이 들어간다. $(n+1)$행의 값들은 n행의 값들로부터 Pascal의 공식을 사용하여 계산한다. 모든 행의 가장 왼쪽 열과 가장 오른쪽 열의 값은 항상 1이다. 왜냐하면 $C(n, 0)=C(n, n)=1$이기 때문이다.

Pascal의 공식은 완전히 다른 2가지 방법으로 증명할 수 있다. 첫 번째 방법은 대수적인 것으로 정리 9.5.1에 있는 공식을 사용한다. 두 번째 방법은 조합적인 것으로서 r-조합의 정의를 사용한다. 다음에서 Pascal의 공식을 2가지 방법으로 증명한다.

정리 9.7.1 Pascal의 공식

n, r이 양의 정수이고, $r \leq n$이라 가정하자. 그러면

$$C(n+1, r) = C(n, r-1) + C(n, r)$$

증명 (대수적 방법) :

n, r이 양의 정수이고, $r \leq n$이라 하자. 정리 9.5.1에 의해서

$$\binom{n}{r-1}+\binom{n}{r}=\frac{n!}{(r-1)!(n-(r-1))!}+\frac{n!}{r!(n-r)!}$$
$$=\frac{n!}{(r-1)!(n-r+1)!}+\frac{n!}{r!(n-r)!}$$
$$=\frac{n!}{(r-1)!(n-r+1)!}\cdot\frac{r}{r}+\frac{n!}{r!(n-r)!}\cdot\frac{(n-r+1)}{(n-r+1)}$$
$$=\frac{n!\cdot r}{(n-r+1)!r(r-1)!}+\frac{n\cdot n!-n!\cdot r+n!}{(n-r+1)(n-r)!r!}$$
$$=\frac{n!\cdot r+n!\cdot n-n!\cdot r+n!}{(n-r+1)!r!}=\frac{n!(n+1)}{(n+1-r)!r!}$$
$$=\frac{(n+1)!}{((n+1)-r)!r!}=\binom{n+1}{r}$$

증명 (조합적 방법) :

n, r이 양의 정수이고 $r\leq n$이라 하고, 집합 $S=\{x_1, x_2, \cdots, x_n, x_{n+1}\}$이라 하자. 크기가 r인 S의 부분집합은 S의 원소 x_{n+1}을 포함하고 있는 것과 포함하지 않는 것으로 구분되며, 이들은 서로소인 관계에 있다. x_{n+1}을 포함하고 있는 부분집합은 x_{n+1}과 집합 $\{x_1, x_2, \cdots, x_n\}$으로부터 뽑은 $r-1$개의 원소로 구성될 것이다. x_{n+1}을 포함하고 있지 않은 부분집합은 집합 $\{x_1, x_2, \cdots, x_n\}$으로부터 뽑은 r개의 원소로 구성될 것이다. 2종류의 부분집합들은 서로소이므로 합의 법칙에 의하여

[집합 $\{x_1, x_2, \cdots, x_n, x_{n+1}\}$의 크기 r인 부분집합의 개수]
=[집합 $\{x_1, x_2, \cdots, x_n\}$의 크기 $r-1$인 부분집합의 개수]
+[집합 $\{x_1, x_2, \cdots, x_n\}$의 크기 r인 부분집합의 개수]

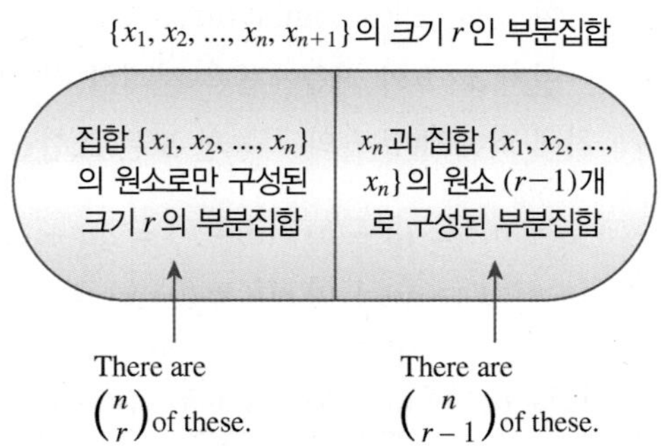

정리 9.5.1에 의해서

[집합 $\{x_1, x_2, \cdots, x_n, x_{n+1}\}$의 크기 r인 부분집합의 개수]$=C(n+1, r)$,
[집합 $\{x_1, x_2, \cdots, x_n\}$의 크기 $r-1$ 인 부분집합의 개수]$=C(n, r-1)$,
[집합 $\{x_1, x_2, \cdots, x_n\}$의 크기 r인 부분집합의 개수]$=C(n, r)$.

이를 위의 식에 대입하면,

$$\binom{n+1}{r} = \binom{n}{r-1} + \binom{n}{r}$$

예제 9.7.3 **Pascal의 공식으로부터 새로운 공식을 유도**

n, r이 양의 정수이고, $2 \le r \le n$이라 가정하자. Pascal의 공식을 적용하여 $C(n+2, r)$을 $C(n, r)$, $C(n, r-1)$, $C(n, r-2)$로 표현하는 식을 만들라.

풀이

Pascal의 공식에 의하여

$$\binom{n+2}{r} = \binom{n+1}{r-1} + \binom{n+1}{r}$$

$$\binom{n+2}{r} = \left[\binom{n}{r-2} + \binom{n}{r-1}\right] + \left[\binom{n}{r-1} + \binom{n}{r}\right]$$

$$\binom{n+2}{r} = \binom{n}{r-2} + 2\binom{n}{r-1} + \binom{n}{r}$$

■

이항정리

대수학에서는 $a+b$와 같이 2개의 항을 합한 것을 **이항**(binomial)이라 한다. n이 양의 정수이고 a, b가 임의의 실수일 때, 이항의 n거듭제곱인 $(a+b)^n$에 대한 전개식을 찾기 위하여 이항정리(binomial theorem)를 사용한다.

먼저 $a+b$의 거듭제곱을 전개할 때 어떤 상황이 발생하는지 살펴보자. 대수학의 분배법칙에 의해서, a, b의 가능한 모든 조합을 항으로 갖는 형태의 전개식을 볼 수 있을 것이다.

$$\begin{aligned}
(a+b)^2 &= (a+b)\cdot(a+b) = aa + ab + ba + bb \\
(a+b)^3 &= (a+b)\cdot(a+b)\cdot(a+b) \\
&= aaa + aab + aba + abb + baa + bab + bba + bbb \\
(a+b)^4 &= \underbrace{(a+b)}_{\text{1번째 인수}}\cdot\underbrace{(a+b)}_{\text{2번째 인수}}\cdot\underbrace{(a+b)}_{\text{3번째 인수}}\cdot\underbrace{(a+b)}_{\text{4번째 인수}} \\
&= aaaa + aaab + aaba + aabb + abaa + abab + abba + abbb \\
&\quad + baaa + baab + baba + babb + bbaa + bbab + bbba + bbbb
\end{aligned}$$

$(a+b)^4$의 전개식을 자세히 살펴보면, 구체적이지만 일반적인 경우의 특성을 모두 보여 주고 있음을 알 수 있다. 전개식의 각 항은 다음과 같은 과정으로 만든다.

전개식의 항 $=$ 1번째 인수의 이항 중에서 선택한 하나의 항(a 또는 b)
$\times$ 2번째 인수의 이항 중에서 선택한 하나의 항(a 또는 b)
$\times$ 3번째 인수의 이항 중에서 선택한 하나의 항(a 또는 b)
$\times$ 4번째 인수의 이항 중에서 선택한 하나의 항(a 또는 b).

예를 들어 항 $abab$는 아래에서 보는 바와 같이 각각의 인수에서 화살표로 표시된 항들을 곱하여 만들어진다.

$$\begin{array}{c} \downarrow \qquad\qquad \downarrow \quad \downarrow \qquad\qquad \downarrow \\ (a+b)\cdot(a+b)\cdot(a+b)\cdot(a+b) \end{array}$$

각 인수에서 2가지의 선택이 가능하므로 4개의 인수에서 하나씩 선택하여 만들 수 있는 항의 전체 개수는 $2^4=16$이다. $(a+b)^4$의 전개식에는 동류항(like terms)이 존재하며 이들은 하나의 항으로 묶을 수 있다. 예로서 3개의 a와 1개의 b로 구성되는 항을 보자. 9.5절의 기법을 적용하면 아래와 같은 $C(4, 1)=4$개의 항이 $(a+b)^4$의 전개식에 나타난다.

$$aaab \quad aaba \quad abaa \quad baaa$$

대수학의 교환법칙과 결합법칙을 적용하면 위 4개 항은 모두 a^3b와 같은 항이며, 이들은 모두 동류항이다. 동류항끼리 묶으면, a^3b의 계수는 $C(4, 1)$이다.

유사한 방법으로 $(a+b)^4$의 전개식에서 2개의 a와 2개의 b로 구성되는 항은 아래와 같이 $C(4, 2)$개가 나타난다.

$$aabb \quad abab \quad abba \quad baab \quad baba \quad bbaa$$

이들은 모두 동류항이며, 따라서 a^2b^2의 계수는 $C(4, 2)$가 된다. 다른 항의 계수도 동일한 방법으로 구할 수 있으므로,

$$\begin{aligned}(a+b)^4 &= C(4, 0)\cdot a^4 + C(4, 1)\cdot a^3b + C(4, 2)\cdot a^2b^2 + C(4, 3)\cdot ab^3 + C(4, 4)\cdot b^4 \\ &= a^4 + 4a^3b + 6a^2b^2 + 4ab^3 + b^4\end{aligned}$$

이항정리는 이 공식을 음이 아닌 임의의 정수 n으로 일반화한 것이다.

정리 9.7.2 이항정리

임의의 실수 a, b와 음이 아닌 정수 n이 주어졌을 때

$$\begin{aligned}(a+b)^n &= \sum_{k=0}^{n} C(n, k)a^{n-k}b^k \\ &= a^n + C(n, 1)a^{n-1}b^1 + C(n, 2)a^{n-2}b^2 + \cdots + C(n, n-1)a^1b^{n-1} + b^n\end{aligned}$$

모든 음이 아닌 정수 n에 대하여 $C(n, 0)=C(n, n)=1$이므로, 두 번째 식은 첫 번째 식과 동일하다.

이항정리에 대한 대수적 증명과 조합적 증명은 조합 이론에 관한 학습에서 매우 중요하다. 2종류의 증명은 모두 거듭제곱에 대한 엄밀한 정의를 필요로 하므로, 이에 대해서 먼저 알아본다.

• 정의

임의의 실수 a와 음이 아닌 정수 n에 대하여, **a의 음이 아닌 거듭제곱**(nonnegative integer powers of a)은 다음과 같이 정의한다.

$$a^n = \begin{cases} 1 & n = 0 \\ a \cdot a^{n-1} & n > 0 \end{cases}$$

수학의 어떤 분야에서는 0^0은 정의하지 않지만, 여기에서와 같이 1로 정의함으로써 아래와 같은 식을 쉽게 표현할 수 있다.

$$\sum_{i=0}^{n} x^i = \frac{1}{1-x}$$

이항정리에 대한 대수적 증명

이항정리에 대한 대수적 증명은 수학적 귀납법과 Pascal의 정리를 사용하며, 엄밀한 증명은 매우 복잡하다. 본 절에서는 간략한 형태의 대수적 증명을 제시한다.

임의의 실수 a, b와 음이 아닌 정수 n이 주어졌을 때, 다음의 이항정리가 성립함을 수학적 귀납법으로 보인다.

$$(a+b)^n = \sum_{k=0}^{n} C(n, k)a^{n-k}b^k$$

기본단계: $n=0$일 때 위의 식이 성립함을 보인다.

식의 좌변 $= (a+b)^0$

$= 1$ 거듭제곱의 정의

식의 우변 $= \sum_{k=0}^{0} C(0, k)a^{0-k}b^k$

$= C(0, 0)a^0b^0 = 1$ 정리 6.4.1 및 거듭제곱의 정의

좌변과 우변의 값이 같으므로, $n=0$일 때 이항정리는 성립한다.

귀납단계: $m \geq 0$인 모든 정수 m에 대하여, $n=m$일 때 성립한다면 $n=m+1$일 때도 성

립함을 보인다.

$m \geq 0$인 정수 m에 대하여 위의 식이 성립한다고 가정하자. 즉

$$(a+b)^m = \sum_{k=0}^{m} C(m, k)a^{m-k}b^k$$

$n=m+1$일 때 성립함을 보이기 위해서는 다음 식을 증명하여야 한다.

$$(a+b)^{m+1} = \sum_{k=0}^{m+1} C(m+1, k)a^{(m+1)-k}b^k$$

거듭제곱의 정의에 의하여

$$\begin{aligned}
(a+b)^{m+1} &= (a+b) \cdot (a+b)^m \\
&= (a+b)[C(m, 0)a^m + C(m, 1)a^{m-1}b + \cdots + C(m, k-1)a^{m-(k-1)}b^{k-1} \\
&\quad + C(m, k)a^{m-k}b^k + \cdots + C(m, m-1)ab^{m-1} + C(m, m)b^m] \\
&= a \cdot [C(m, 0)a^m + C(m, 1)a^{m-1}b + \cdots + C(m, k-1)a^{m-(k-1)}b^{k-1} \\
&\quad + C(m, k)a^{m-k}b^k + \cdots + C(m, m-1)ab^{m-1} + C(m, m)b^m] \\
&\quad + \\
&\quad b \cdot [C(m, 0)a^m + C(m, 1)a^{m-1}b + \cdots + C(m, k-1)a^{m-(k-1)}b^{k-1} \\
&\quad + C(m, k)a^{m-k}b^k + \cdots + C(m, m-1)ab^{m-1} + C(m, m)b^m] \\
&= [C(m, 0)a^{m+1} + C(m, 1)a^m b + \cdots + C(m, k-1)a^{m-k+2}b^{k-1} \\
&\quad + C(m, \mathrm{k})a^{m-k+1}b^k + \cdots + C(m, m-1)a^2b^{m-1} + C(m, m)ab^m] \\
&\quad + \\
&\quad [C(m, 0)a^m b + C(m, 1)a^{m-1}b^2 + \cdots + C(m, k-1)a^{m-(k-1)}b^k \\
&\quad + C(m, k)a^{m-k}b^{k+1} + \cdots + C(m, m-1)ab^m + C(m, m)b^{m+1}] \\
&= C(m, 0)a^{m+1} + [C(m, 1) + C(m, 0)]a^m b + \cdots + [C(m, k) + C(m, k-1)]a^{m-(k-1)}b^k \\
&\quad + \cdots + C(m, m)b^{m+1} \\
&= a^{m+1} + C(m+1, 1)a^{(m+1)-1}b + \cdots + C(m+1, k)a^{(m+1)-k}b^k + \cdots + b^{m+1} \\
&= \sum_{k=0}^{m+1} C(m+1, k)a^{(m+1)-k}b^k
\end{aligned}$$

임의의 실수 a, b와 음이 아닌 정수 n에 대하여, $(a+b)^n$의 전개식에 나타나는 각 항의 계수 $C(n, r)$을 **이항계수**(binomial coefficient)라 한다.

이항정리에 대한 조합적 증명

$n=0$일 때는 대수적 증명의 기본단계에서 이미 보여 주었으므로 여기에서는 $n > 0$인 경우에 대해서만 증명하기로 한다.

a, b가 임의의 실수이고, n은 $n \geq 1$인 정수라 하자. $(a+b)^n$의 전개식에 나타나는 각 항은 모두 n개의 문자들을 곱하여 만들어 지며, 곱하는 문자는 a 또는 b로 한정된다. 따라서 $k = 0, 1, 2, ..., n$에 대하여, 아래의 항은 $(n-k)$개의 a와 k개의 b를 나열하는 경우의 수만큼 나타난다.

$$a^{n-k}b^k = \underbrace{a \cdot a \cdot a \cdots a}_{n-k\text{개 인수}} \cdot \underbrace{b \cdot b \cdot b \cdots b}_{k\text{개 인수}}$$

$(n-k)$개의 a와 k개의 b를 나열하는 경우의 수는 n개의 빈 위치 중에서 b가 들어갈 k개의 위치를 선택하는 조합의 수와 같으므로 그 값은 $C(n, k)$이다. 동류항끼리 묶으면 $a^{n-k}b^k$ 항의 계수는 $C(n, k)$가 된다. 따라서 아래의 식이 성립한다.

$$(a+b)^n = \sum_{k=0}^{n} C(n,\ k)a^{n-k}b^k$$

예제 9.7.4 이항정리의 사용

이항정리를 사용하여 다음의 식을 전개하라.

a. $(a+b)^5$ b. $(x-4y)^4$

풀이

a. $$(a+b)^5 = \sum_{k=0}^{5} C(5, k)a^{5-k}b^k$$
$$= a^5+C(5, 1)a^{5-1}b^1+C(5, 2)a^{5-2}b^2+C(5, 3)a^{5-3}b^3+C(5, 4)a^{5-4}b^4+b^5$$
$$= a^5+5a^4b^{1+}10a^3b^2+10a^2b^3+5a^1b^4+b^5$$

b. $x-4y = x+(-4y)$이므로 이항정리에 $a = x$, $b = -4y$를 대입하여 전개한다.

$$(x-4y)^4 = \sum_{k=0}^{4} C(4, k)x^{4-k}(-4y)^k$$
$$= x^4+C(4, 1)x^{4-1}(-4y)^1+C(4, 2)x^{4-2}(-4y)^2+C(4, 3)x^{4-3}(-4y)^3+(-4y)^4$$
$$= x^4+4x^3(-4y)+6x^2(16y^2)+4x^1(-64y^3)+(256y^4)$$
$$= x^4 -16x^3y+96x^2y^2-256xy^3+256y^4$$

■

예제 9.7.5 이항정리를 사용한 다른 공식의 유도

$n \geq 0$인 모든 정수 n에 대하여, 다음 식이 성립함을 증명하라.

$$2^n = \sum_{k=0}^{n} C(n, k) = C(n, 0)+C(n, 1)+C(n, 2) + \cdots +C(n, n)$$

풀이

$2 = 1 + 1$이고 $2^n = (1+1)^n$이므로, 이항정리에 $a=1$, $b=1$을 대입한다.

$$\begin{aligned} 2^n &= \sum_{k=0}^{n} C(n, k)\, 1^{n-k} \cdot 1^k \\ &= \sum_{k=0}^{n} C(n, k) \cdot 1 \cdot 1 \qquad (1^{n-k} = 1,\ 1^k = 1) \\ &= C(n, 0) + C(n, 1) + C(n, 2) + \cdots + C(n, n) \end{aligned}$$

■

예제 9.7.6 **이항정리를 사용하여 복잡한 식을 간략하게 표현**

다음의 식을 Σ 기호와 생략 부호(⋯)를 사용하지 않는 **폐쇄형**(closed form)으로 표현하라.

$$\sum_{k=0}^{n} C(n, k) 9^k$$

풀이

1 의 거듭제곱은 항상 1이다. 따라서

$$\begin{aligned} \sum_{k=0}^{n} C(n, k) 9^k &= \sum_{k=0}^{n} C(n, k) 1^{n-k} 9^k \\ &= (1+9)^n \qquad \text{이항정리에 } a=1,\ b=9 \text{ 대입} \\ &= 10^n \end{aligned}$$

■

자 | 기 | 진 | 단

1. 음이 아닌 정수 n, $r(r \geq n)$에 대하여 $C(n, r)$과 $C(n, n-r)$의 관계는 _______.
2. Pascal의 공식은 n, r이 양의 정수이고 $r \leq n$이면, _______ 라는 것이다.
3. Pascal의 공식의 대수적 증명에서 가장 핵심적인 것은 2개의 분수식을 더하기 위해서 _______ 를 갖도록 표현하는 것이다.
4. Pascal의 공식의 조합적 증명에서 가장 핵심적인 것은 집합 $\{x_1, x_2, \ldots, x_n, x_{n+1}\}$의 크기 r인 부분집합을 원소 _______ 을 포함하는 것과 _______ 으로 분할하는 것이다.
5. 이항정리란 임의의 실수 a, b와 음이 아닌 정수 n이 주어졌을 때, _______ 라는 것이다.
6. 이항정리의 대수적 증명에서 가장 핵심적인 것은 시그마 기호의 하한 및 상한 값을 같게 만든 후에, 공식 $C(m, k)+C(m, k-1)=$_______ 을 적용하는 것이다.
7. 이항정리의 조합적 증명에서 가장 핵심적인 것은 k개의 b와 $(n-k)$개의 a를 순서대로 열거하는 방법이 _______ 개라는 것이다.

연/습/문/제 9.7

1. 정리 9.5.1을 사용하여 $C(n, 0)$의 값을 계산하라. 단 $n \geq 0$.

2. 정리 9.5.1을 사용하여 $C(n, 2)$의 값을 계산하라. 단 $n \geq 2$.

3. 음이 아닌 정수 n, r $(r \leq n)$에 대하여 $C(n, r) = C(n, n-r)$인 것을 대수적으로 증명하라.

4. 아래의 공식을 대수적 방법으로 증명하라.

$C(m+k, m+k-1) = m+k$. 단 $m+k \geq 1$

5. **a.** Pascal의 삼각형을 사용하여 아래 식의 값을 구하라.

$$C(6, 2),\ C(6, 3),\ C(6, 4),\ C(6, 5)$$

b. (a)의 결과와 Pascal의 공식을 사용하여 아래 식의 값을 구하라.

$$C(7, 3),\ C(7, 4),\ C(7, 5)$$

c. Pascal의 삼각형에서 n의 값이 7인 행을 완성하라.

6. $n \geq 1$인 정수 n에 대하여, 다음의 식이 성립함을 수학적 귀납법으로 증명하라.

$$\sum_{i=2}^{n+1} \binom{i}{2} = \binom{2}{2} + \binom{3}{2} + \cdots + \binom{n+1}{2} = \binom{n+2}{3}$$

7. $n \geq 1$인 정수 n에 대하여, 다음의 식이 성립함을 증명하라.

$$1 \cdot 2 + 2 \cdot 3 + \cdots + n(n+1) = 2C(n+2, 3)$$

8. $n \geq 0$인 정수 n에 대하여, 다음의 식이 성립함을 증명하라.

$$C(n, 0)^2 + C(n, 1)^2 + \cdots + C(n, 0)^2 = C(2n, n)$$

9. 이항정리를 사용하여 다음의 식을 전개하라.

a. $(1+x)^7$ **b.** $(1-x)^6$

c. $(p-2q)^4$ **d.** $(x+\frac{1}{x})^5$

10. 다음의 식을 전개하였을 때, 주어진 항의 계수를 찾아라.

a. 식 $(x+y)^9$에서 x^6y^3 항

b. 식 $(a-2b)^{12}$에서 a^5b^7 항

c. 식 $(3p^2-2q)^{15}$에서 $p^{16}q^7$ 항

11. 이항정리를 이용하여 다음의 식이 성립함을 증명하라.

a. n이 $n \geq 1$인 정수일 때

$$C(n, 0) - C(n, 1) + C(n, 2) - \cdots + (-1)^n C(n, n) = 0.$$

[힌트: $1+(-1)=0$]

b. n이 $n \geq 0$인 정수일 때

$$3^n = C(n, 0) + 2C(n, 1) + 2^2C(n, 2) + \cdots + 2^nC(n, n).$$

c. n이 $n \geq 0$인 정수일 때

$$\sum_{i=0}^{m} (-1)^i \binom{m}{i} 2^{m-i} = 1$$

d. n이 $n \geq 1$인 정수일 때

$$\binom{n}{0} - \frac{1}{2}\binom{n}{1} + \frac{1}{2^2}\binom{n}{2} - \frac{1}{2^3}\binom{n}{3} + \cdots + (-1)^{n-1}\frac{1}{2^{n-1}}\binom{n}{n-1} = \begin{cases} 0 & \text{if } n \text{ is even} \\ \frac{1}{2^{n-1}} & \text{if } n \text{ is odd} \end{cases}$$

12. 다음의 식을 폐쇄형으로 표현하라.

a. $\sum_{k=0}^{n} \binom{n}{k} 5^k$ **b.** $\sum_{i=0}^{n} \binom{n}{i} x^i$

c. $\sum_{j=0}^{2n} (-1)^j \binom{2n}{j} x^j$ **d.** $\sum_{i=0}^{m} (-1)^i \binom{m}{i} \frac{1}{2^i}$

e. $\sum_{i=0}^{n} (-1)^i \binom{n}{i} 5^{n-i} 2^i$

자 | 기 | 진 | 단 | 해 | 답

1. $C(n, r)=C(n, n-r)$ 2. $C(n+1, r)=C(n, r-1)+C(n, r)$ 3. 공통 분모 4. x_{n+1}; x_{n+1}을 포함하지 않는 것
5. $(a+b)^n = \sum_{k=0}^{n} \binom{n}{k} a^{n-k}b^k$ 6. $C(m+1, k)$ 7. $C(n, k)$

9.8 확률공리 및 기대값

Yevgney Khaldei/CORBIS

A. N. Kolmogorov
(1903-1987)

확률공리

지금까지는 '동전 던지기'나 '주사위 굴리기' 등과 같이 표본공간의 실험 결과가 모두 균등하게 발생하는 상황에서의 확률 계산 문제를 다루었다. 그러나 현실적으로는 모든 동전이 평평하지도 않으며, 모든 주사위가 균형 잡혀 있지도 않다. 이와 같이 보다 일반적인 상황에서의 확률 계산은 어떻게 해야 할까?

다음의 확률공리(probability axiom)는 1933년 A. N. Kolmogorov가 정형화한 것으로 광범위한 확률 이론에 대한 이론적 기초를 제공하였다. 이 절에서는 확률공리가 무엇인지에 대하여 언급하고, 그로부터 유도할 수 있는 중요한 결과를 기술하며, 기대값의 개념을 소개한다.

먼저 표본공간과 사건의 정의를 상기하라. 표본공간은 확률과정 또는 확률실험의 결과로 발생할 수 있는 모든 결과의 집합을 말하며, 사건이란 표본공간의 부분집합을 의미한다.

확률공리

S를 표본공간이라 하고, A, B를 S 위에서 정의된 사건이라 하자.

1. $0 \le P(A) \le 1$
2. $P(\emptyset) = 0$, $P(S) = 1$
3. 만약 A, B가 서로소($A \cap B = \emptyset$)이면, $P(A \cup B) = P(A) + P(B)$

예제 9.8.1 확률공리의 적용

A, B를 표본공간 S 위에서 정의된 사건이라 하자. 만약 A와 B가 서로소이면, $P(A)=0.6$이고 $P(B)=0.8$일 수 있는가?

풀이

그렇게 될 수 없다. 확률공리 3항으로부터, $P(A \cup B) = P(A)+P(B) = 0.6+0.8 = 1.4$이고, $1.4 > 1$이므로 확률공리 1항에 위배된다. ■

예제 9.8.2 **여사건의 확률**

A가 표본공간 S 위에서 정의된 사건일 때, $P(A^c) = 1-P(A)$임을 보여라.

풀이

정리 6.2.2(5)에서 S가 전체집합 U의 역할을 대신하면

$$A \cap A^c = \emptyset, A \cup A^c = S$$

S는 서로소인 A와 A^c의 합집합이므로,

$$P(A \cup A^c) = P(A) + P(A^c) = P(S) = 1$$

양변에서 $P(A)$를 빼면, $P(A^c) = 1-P(A)$이다 ■

> **여사건의 확률**
>
> A가 표본공간 S에서 정의된 사건이면
>
> $$P(A^C) = 1 - P(A) \qquad 9.8.1$$

Kolmogorov의 확률공리가 수학적 확률에 관한 공식들과 모순되지 않는다는 것을 확인하는 것은 매우 중요하므로, 이에 대해서 살펴보자. 유한 집합 $\{a_1, a_2, a_3, ..., a_n\}$을 표본공간 S라 하자. n개의 단원소 집합(singleton) $\{a_1\}, \{a_2\}, \{a_3\}, ..., \{a_n\}$이 상호간에 서로소이고 이들을 합하면 S가 되는 것은 자명하다. $P(S)=1$이고, 표본공간의 모든 원소는 발생할 확률이 동일하므로, 양의 실수 c에 대해서 다음 식이 성립한다.

$$P(\{a_1\} \cup \{a_2\} \cup \{a_3\} \cup \cdots \cup \{a_n\}) = \sum_{k=1}^{n} P(\{a_k\}) = 1$$

$$P(\{a_1\}) = P(\{a_2\}) = P(\{a_3\}) = \cdots = P(\{a_n\}) = c$$

따라서,

$$1 = \sum_{k=1}^{n} c = \underbrace{c + c + \cdots + c}_{n \text{ terms}} = nc,$$

$$c = \frac{1}{n}$$

A를 m개의 원소 $a_{i_1}, a_{i_2}, a_{i_2}, ..., a_{i_m}$으로 구성된 사건이라 하면

$$P(A) = \sum_{k=1}^{m} P(\{a_{i_k}\}) = \sum_{k=1}^{m} \frac{1}{n} = \frac{m}{n} = \frac{N(A)}{N(S)}$$

예제 9.8.3 **2개의 사건에 대한 일반적인 합집합의 확률**

다음의 공식을 (a), (b)에서 제시한 단계에 따라 증명하라.

> **2개의 사건에 대한 일반적인 합집합의 확률**
>
> A, B가 표본공간 S에서 정의된 사건이면
>
> $$P(A \cup B) = P(A) + P(B) - P(A \cap B) \qquad 9.8.2$$

a. $A \cup B$는 서로소인 3개의 부분집합 $A - (A \cap B)$, $B - (A \cap B)$, $A \cap B$의 합집합으로 표현할 수 있음을 보여라.

b. 이 절의 연습문제 7에 의하면, U, V가 표본공간 S 위에서 정의된 사건이고 $U \subset V$이면, $P(V - U) = P(V) - P(U)$이다. 이것과 (a)의 결과를 사용하여 증명을 마무리하라.

풀이

a. 그림 9.8.1에 청색으로 표시한 영역은 $A - (A \cap B)$, 회색으로 표시한 영역은 $B - (A \cap B)$, 흰색으로 표시한 영역은 $A \cap B$를 나타낸다.

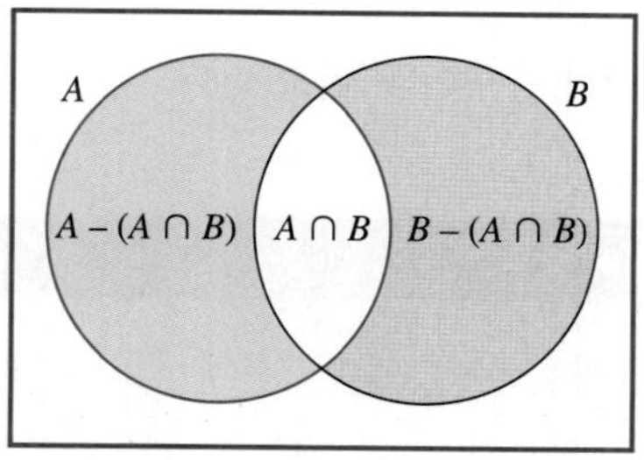

그림 9.8.1

$A \cup B = (A-(A \cap B)) \cup (B-(A \cap B)) \cup (A \cap B)$이 성립하는 것은 그림 9.8.1에서 보는 바와 같이 직관적으로 명확하므로, 정형화된 증명은 생략한다.

b.
$$\begin{aligned}
P(A \cup B) &= P((A-(A \cap B)) \cup P(B-(A \cap B)) \cup P(A \cap B)) && \text{(a)의 결과} \\
&= P(A-(A \cap B)) + P(B-(A \cap B)) + P(A \cap B) && \text{확률공리 3항의 확장} \\
&= P(A) - P(A \cap B) + P(B) - P(A \cap B) + P(A \cap B) && \text{연습문제 7의 결과} \\
&= P(A) + P(B) - P(A \cap B)
\end{aligned}$$
■

예제 9.8.4 **2개의 사건에 대한 일반적인 합집합의 확률 계산**

52장의 카드가 들어 있는 카드 통에서 임의로 1장의 카드를 뽑는다고 하자. 뽑은 카드가 그림카드(Jack, Queen, King)이거나 빨간색(Heart, Diamond)일 확률은 얼마인가?

풀이

뽑은 카드가 그림카드인 사건을 A, 빨간색 카드인 사건을 B라 하면, 그림카드이거나 빨간색 카드인 사건은 $A \cup B$이다. 그림카드는 카드 종류별로 3장씩 있으므로 $N(A)=4\cdot3=12$이고, 따라서 $P(A)=12/52$이다. 다이아몬드 또는 하트 무늬가 빨간색이므로 $N(B)=2\cdot13=26$이고, 따라서 $P(B)=26/52$이다. 마지막으로 빨간색의 그림카드는 모두 6장이므로 $N(A \cap B)=6$이고, 따라서 $P(A \cap B)=6/52$이다. 일반적인 합집합에 관한 정리에 의해서,

$$P(A \cup B) = P(A) + P(B) - P(A \cap B) = \frac{12}{52} + \frac{26}{52} - \frac{6}{52} = \frac{32}{52} \cong 61.5\% \qquad ■$$

기대값

정기적으로 복권을 구입하는 사람은 경험에 의해서 평균적으로는 돈을 잃게 된다는 사실을 알고 있기 때문에, 한 번만 당첨되면 다시는 복권을 구입하지 않겠다고 말한다. 그러나 복권을 구입함으로써 돈을 잃은 사람이 어쩌다 복권에 당첨되더라도, 자신의 운을 믿어 복권 구입을 그만두지 않는다.

'복권을 구입하면 평균적으로 돈을 잃게 된다'는 것을 이론적으로는 '복권 게임의 기대값이 음수이다'라고 한다.

• 정의

확률과정(또는 확률실험)의 결과로 발생 가능한 모든 결과가 실수인 $a_1, a_2, a_3, \ldots, a_n$이라 하고, 각각의 결과가 발생할 확률이 $p_1, p_2, p_3, \ldots, p_n$이라 하자. 확률과정의 **기대값**(expected value)은 다음과 같이 정의한다.

$$\sum_{k=1}^{n} a_k p_k = a_1 p_1 + a_2 p_2 + a_3 p_3 + \cdots + a_n p_n$$

예제 9.8.5 복권의 기대값

500,000명의 사람이 아래와 같은 당첨금을 지급하는 복권을 1장당 \$5에 구입한다고 하자. 이 복권 게임의 기대값은 얼마인가?

1등(1장): \$1,000,000/장 2등(10장): \$1,000/장
3등(1,000장): \$500/장 4등(10,000장): \$10/장

풀이

500,000명의 사람이 복권에 당첨될 확률은 모두 동일하므로, 모든 $k=1, 2, 3, \ldots, 500000$에 대하여, $p_k = \dfrac{1}{500000}$이다. 복권 게임에 참여하는 사람들의 순이익 금액을 $a_1, a_2, a_3,$

…, a_{500000}이라 하면, 당첨금액에 따라 다음과 같다.

$$a_1 = \$1000000 - \$5 = 999995$$
$$a_2 = a_3 = \cdots = a_{11} = \$1000 - \$5 = 995$$
$$a_{12} = a_{13} = \cdots = a_{1011} = \$500 - \$5 = 495$$
$$a_{1012} = a_{1013} = \cdots = a_{11011} = \$10 - \$5 = 5$$
$$a_{11012} = a_{11013} = \cdots = a_{500000} = \$0 - \$5 = -5$$

따라서 복권 게임의 기대값은

$$\begin{aligned}\sum_{k=1}^{500000} a_k p_k &= \sum_{k=1}^{500000}\left(a_k \cdot \frac{1}{500000}\right) && p_k = \frac{1}{500000}\\ &= \frac{1}{500000}\sum_{k=1}^{500000} a_k && \text{정리 } 5.1.1(2)\\ &= \frac{1}{500000}(999995 + 10 \cdot 995 + 1000 \cdot 495 + 10000 \cdot 5 + (-5) \cdot 488989)\\ &= \frac{1}{500000}(999995 + 9950 + 495000 + 50000 - 2444945)\\ &= -1.78\end{aligned}$$

이 결과로 판단할 때, 복권 게임을 정기적으로 장기간 지속하는 사람은 가끔씩 당첨금을 받는다 하더라도 결국은 1 게임당 \$1.78 을 잃는다고 볼 수 있다. ■

예제 9.8.6 도박꾼의 파멸

어느 도박꾼이 동전을 던져 앞면이 나오면 \$1 을 따고 뒷면이 나오면 \$1 을 잃는 도박에서 가진 돈을 모두 잃거나 아니면 $\$M(M$: 목표 금액)을 따면 도박을 그만두려고 한다. 도박꾼이 가진 $\$n$을 모두 잃을 확률을 P_n이라 하면, 모든 정수 $k(2 \le k \le n)$에 대해서 다음 식이 성립한다.

$$P_{k-1} = \frac{1}{2}P_k + \frac{1}{2}P_{k-2}.$$

$P_0 = 1.$ \$0: 돈을 이미 잃었음을 의미하므로 확률은 100%

$P_M = 0.$ $\$M$: 목표 금액을 달성하였으므로, 다 잃을 확률은 0%

a. P_n을 계산하는 식을 구하라.

b. 도박꾼이 파멸할 확률을 최소화하려면 얼마의 돈을 가지고 도박을 시작해야 할까?

풀이

a. 식 $P_{k-1}=\frac{1}{2}P_k+\frac{1}{2}P_{k-2}$의 양변에 2를 곱하고 정리하면

$$P_k=2P_{k-1}-P_{k-2}.$$

위의 식은 상수 계수를 갖는 2계 선형 동차 재귀식이므로, 특성방정식은 $t^2-2t+1=0$이고, 단일해는 $r=1$이다. 5.8절의 단일해 정리에 의해서 아래 식이 성립한다.

$$P_n=Cr^n+Dnr^n=C+D_n. \quad (\because r=1)$$

$P_0=1, P_M=0$이므로

$$1=P_0=C+D\cdot 0=C,$$
$$0=P_M=C+D\cdot M=1+DM.$$

따라서 $C=1, D=-\frac{1}{M}$이고

$$P_n=1-\frac{1}{M}n=\frac{M-n}{M}.$$

b. 위의 식에 의하면 목표 금액 M이 가진 돈 n에 비해서 클수록 도박꾼이 파멸할 확률은 높아짐을 알 수 있다. ■

자 | 기 | 진 | 단

1. A가 표본공간 S 위에서의 사건이면, $P(A)$는 ______ 와 ______ 사이의 값을 가지며, $P(S)=$______, $P(\emptyset)=$______.
2. A, B가 표본공간 S 위에서의 배반사건이면, $P(A\cup B)=$______.
3. A가 표본공간 S 위에서의 사건이면, $P(A^C)=$ ______.
4. A, B가 표본공간 S 위에서의 임의의 사건이면, $P(A\cup B)=$______.
5. 확률과정(또는 확률실험)의 결과로 발생 가능한 모든 결과가 실수인 $a_1, a_2, a_3, \ldots, a_n$이라 하고, 각각의 결과가 발생할 확률이 $p_1, p_2, p_3, \ldots, p_n$이라 하면, 확률과정의 기대값은 ______.

연 / 습 / 문 / 제 9.8

1. 모든 표본공간에 대해서, $P(\emptyset)=0$인가?

2. A, B, C는 표본공간 S 위에서 정의된 둘씩 서로소(mutually exclusive)인 사건이고 $A\cup B\cup C=S$라 하자. $P(A)=0.3, P(B)=0.5$일 때, 다음의 확률은?

a. $P(A\cup B)$ **b.** $P(C)$

3. A, B는 표본공간 S 위에서 정의된 사건이고, $P(A)=$

0.8, $P(B)=0.7$, $P(A \cap B)=0.6$이면, $P(A \cup B)$의 값은?

4. 표본공간 $S=\{0, 1, 2\}$이고, 사건 $A=\{0\}$, 사건 $B=\{1\}$, 사건 $C=\{2\}$ 라 하자. $P(A)=0.4$, $P(B)=0.3$일 때, 다음의 확률을 계산하라.

a. $P(A \cup B)$ **b.** $P(C)$
c. $P(A \cup C)$ **d.** $P(A^c)$
e. $P(A^c \cap B^c)$ **f.** $P(A^c \cup B^c)$

5. A, B는 표본공간 S 위에서 정의된 사건이고, $C=S-(A \cup B)$라 하자. $P(A)=0.4$, $P(B)=0.5$, $P(A \cap B)=0.2$일 때, 다음 사건이 발생할 확률은?

a. $P(A \cup B)$ **b.** $P(C)$
c. $P(A^c)$ **d.** $P(A^c \cap B^c)$
e. $P(A^c \cup B^c)$ **f.** $P(B^c \cap C)$

6. U, V가 표본공간 S 위에서 정의된 사건이고 $U \subseteq V$일 때, 다음 식이 성립함을 보여라.

$$P(U) \leq P(V)$$

7. U, V가 표본공간 S 위에서 정의된 사건일 때, 다음의 식이 성립함을 보여라.

$$P(V-U)=P(V)-P(U \cap V).$$

8. 정수 $n(n \geq 2)$에 대해서 $A_1, A_2, ..., A_n$이 S 위에서의 사건이고, 상호간에 서로소일 때, 다음의 식이 성립함을 확률공리와 수학적 귀납법을 사용하여 증명하라.

$$P(A_1 \cup A_2 \cup A_3 \cup \cdots \cup A_n)=\sum_{k=1}^{n} P(A_k)$$

9. 아래와 같이 당첨금을 지불하는 복권 게임이 있다.
1등(1장): \$2,000,000/장
2등(10,000장): \$20/장
3등(50,000장): \$4/장

총 1,500,000장의 복권을 \$2씩에 판매한다고 할 때, 이 복권 게임의 기대값은?

10. 주머니에 2, 2, 5, 6의 번호가 붙여진 4개의 공이 있다. 공 2개를 임의로 집어내는 실험을 할 때, 공에 붙여진 수의 합에 대한 기대값은?

11. 균형 잡힌 주사위 2개를 던져서 윗면에 나타난 수의 합을 계산한다. 가능한 결과 값은 2에서 12까지다. 합의 기대값은?

12. 52장의 카드가 들어 있는 카드 통에서 임의로 1장의 카드를 뽑는 게임에서, 뽑은 카드가 그림카드(Jack, Queen, King)이면 \$3을 받고, 아니면 \$1을 주기로 하였다. 이 게임에 대한 기대값은 얼마인가?

13. 앞면과 뒷면이 나타날 확률이 동일한 동전을 던져서 앞면이 1번 나오거나 뒷면이 4번 나오면 실험을 종료한다. 이 실험의 기대값은 얼마인가?

14. 어느 도박꾼이 주사위를 던져서 6이 나오면 \$1를 따고 아니면 \$1를 잃는 게임을 한다고 가정하자. 도박에서 가진 돈을 모두 잃거나 아니면 \$300를 따면 게임을 그만두려고 한다. 도박꾼이 \$$n$를 가지고 게임을 시작해서 모두 잃을 확률을 P_n이라 하면, 모든 정수 $k(2 \leq k \leq 300)$에 대해서 다음 식이 성립한다.

$$P_{k-1}=\tfrac{1}{6}P_k+\tfrac{5}{6}P_{k-2}. \quad P_0=1. \quad P_{300}=0.$$

P_n을 계산하는 식을 구하고, 이것을 사용하여 P_{20}을 계산하라.

자 | 기 | 진 | 단 | 해 | 답

1. 0; 1; 1; 0 2. $P(A)+P(B)$ 3. $1-P(A)$ 4. $P(A)+P(B)-P(A \cap B)$ 5. $a_1p_1+a_2p_2+a_3p_3+\cdots+a_np_n$

9.9 조건부 확률, Bayes의 공식, 독립사건

이 절에서는 조건부 확률의 개념을 소개하고, Bayes 정리를 포함하여 조건부 확률과 관련된 성질에 대하여 알아보며, 독립사건의 개념과 이의 응용에 대하여 논의한다.

조건부 확률

2명의 어린이가 있고, 각각의 어린이가 소년 또는 소녀일 확률은 동일하다고 한다. 2명 중에서 1명이 소년이라는 사실을 이미 알고 있다고 할 때, 나머지 1명도 소년일 확률은 얼마일까?

그림 9.9.1은 2명의 어린이의 성별에 관하여 가능한 모든 조합을 보여 준다. 1번째 문자는 나이가 많은 어린이의 성별을 나타내고, 2번째 문자는 나이가 적은 어린이의 성별을 나타낸다. 즉 BG는 나이 많은 어린이는 소년이고, 나이 적은 어린이는 소녀임을 표현한다.

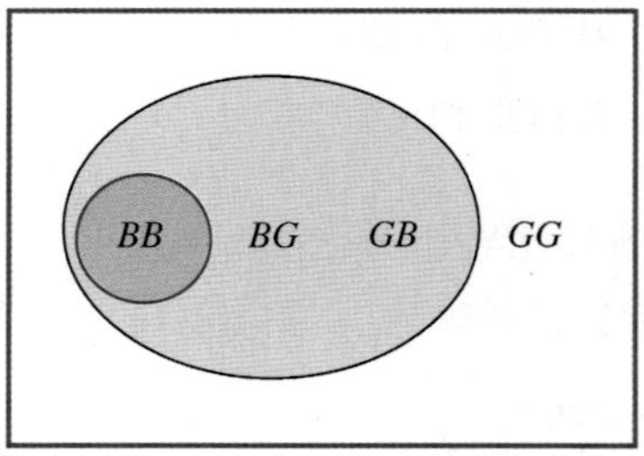

그림 9.9.1

회색 부분은 4개의 가능한 조합에서 1명의 어린이가 소년인 경우를 가리키며, 나머지 1명의 어린이도 소년인 경우는 청색으로 표시하였다. 1명의 어린이가 소년임을 알았다면, 회색 부분의 3가지 경우를 새로운 표본공간으로 간주하여야 한다. 새로운 표본공간에서 나머지 1명의 어린이가 소년인 경우는 1가지이며, 청색으로 표시되어 있다. 따라서 1명의 어린이가 소년인 상황에서 나머지 1명의 어린이가 소년일 확률은 1/3 ≅ 33.3%이다. 원래의 표본공간에는 4개의 원소가 있었기 때문에,

$$\frac{P(\text{1명이 소년이고, 나머지 1명도 소년인 사건})}{P(\text{적어도 1명이 소년인 사건})} = \frac{\frac{1}{4}}{\frac{3}{4}} = \frac{1}{3}$$

지금까지 논의한 것을 일반화하면 조건부 확률의 개념은 다음과 같이 정의할 수 있다.

• 정의

A, B를 표본공간 S에서 정의된 사건이라 하자. $P(A) \neq 0$일 때, **사건 A가 일어났을 때 사건 B의 조건부 확률**(conditional probability of B given A)은 다음과 같이 정의하며, $P(B|A)$로 표기한다.

$$P(B \mid A) = \frac{P(A \cap B)}{P(A)} \qquad 9.9.1$$

예제 9.9.1 조건부 확률의 계산

청색과 회색으로 칠해진 2개의 정상적인 주사위를 던져서 윗면의 눈금의 합을 계산하는 실험을 한다. 주사위 2개의 눈금이 모두 짝수라는 조건하에 눈금의 합이 8이 될 확률은?

풀이

2개의 주사위를 던지는 실험의 표본공간은 36개의 결과를 갖는다. 청색 주사위의 눈금을 a, 회색 주사위의 눈금을 b라 하면, 결과 값은 ab로 표현할 수 있다. 2개의 눈금이 모두 짝수인 사건을 A, 눈금의 합이 8이 되는 사건을 B라 하자. 그러면 $A = \{22, 24, 26, 42, 44, 46, 62, 64, 66\}$, $B = \{26, 35, 44, 53, 62\}$, $A \cap B = \{26, 44, 62\}$이다. 주사위는 정상적이므로, $P(A) = 9/36$, $P(B) = 5/36$, $P(A \cap B) = 3/36$이다. 조건부 확률의 정의에 의해서

$$P(B \mid A) = \frac{P(A \cap B)}{P(A)} = \frac{\frac{3}{36}}{\frac{9}{36}} = \frac{3}{9} = \frac{1}{3} \qquad ■$$

조건부 확률의 정의에서 양변에 $P(A)$를 곱하면, $P(A \cap B)$를 구하는 공식을 얻을 수 있다.

$$P(A \cap B) = P(B \mid A) \cdot P(A) \qquad 9.9.2$$

식 (9.9.2)의 양변을 $P(B|A)$로 나누어, $P(A)$를 구하는 공식을 얻을 수 있다.

$$P(A) = \frac{P(A \cap B)}{P(B \mid A)} \qquad 9.9.3$$

Bayes의 정리

1번 주머니에는 3개의 청색 구슬과 4개의 회색 구슬이 들어 있고, 2번 주머니에는 5개의 청색 구슬과 3개의 회색 구슬이 들어 있다. 먼저 임의로 주머니를 선택한 후, 선택한 주머니에서 임의로 구슬 1개를 꺼내는 실험을 한다고 가정하자. 꺼낸 구슬이 청색일 때, 그 구슬이 1번 주머니에서 나왔을 확률은 얼마일까?

꺼낸 구슬이 청색인 사건을 A, 구슬이 1번 주머니에서 나온 사건을 B_1, 구슬이 2번 주머니에서 나온 사건을 B_2라 하자. 1번 주머니에는 7개의 구슬 중에서 청색이 3개이고 2번 주머니에는 8개의 구슬 중에서 청색이 5개이므로

$$P(A \mid B_1) = \frac{3}{7},\ P(A \mid B_2) = \frac{5}{8}$$

주머니가 선택될 확률은 균등하므로

$$P(B_1) = \frac{1}{2},\ P(B_2) = \frac{1}{2}$$

식 9.9.2로부터

$$P(A \cap B_1) = P(A \mid B_1) \cdot P(B_1) = \frac{3}{7} \cdot \frac{1}{2} = \frac{3}{14}$$
$$P(A \cap B_2) = P(A \mid B_2) \cdot P(B_2) = \frac{5}{8} \cdot \frac{1}{2} = \frac{5}{16}$$

한편 $A = (A \cap B_1) \cup (A \cap B_2)$ 이고 $(A \cap B_1) \cap (A \cap B_2) = \emptyset$ 이므로, 확률공리 3항에 의해서

$$P(A) = P((A \cap B_1) \cup (A \cap B_2)) = P(A \cap B_1) + P(A \cap B_2) = \frac{3}{14} + \frac{5}{16} = \frac{59}{112}$$

조건부 확률의 정의에 의해서

$$P(B_1 \mid A) = \frac{P(B_1 \cap A)}{P(A)} = \frac{\frac{3}{14}}{\frac{59}{112}} = \frac{336}{826} \cong 40.7\%.$$

따라서 꺼낸 구슬이 청색일 때, 그 구슬이 1번 주머니에서 나왔을 확률은 약 40.7%이다.

위의 예제를 해결하는 과정에서 사용된 기법을 일반화하여 Bayes 정리를 증명할 수 있다. 영국의 장로 교회에서 목사로 생활한 Thomas Bayes는 수학에 대한 연구에 많은 노력을 기울였다. 다음의 Bayes 정리는 그의 사후인 1763년에 발표되었다.

Thomas Bayes (1702–1761)

정리 9.9.1 Bayes의 정리

표본공간 S는 서로소인 부분집합 $B_1, B_2, B_3, \ldots, B_n$의 합집합이고, A는 S 위에서 정의된 사건이며, $P(A) \neq 0$라 하자. 만약 k가 $1 \le k \le n$인 정수이면

$$P(B_k \mid A) = \frac{P(A \mid B_k) \cdot P(B_k)}{P(A \mid B_1) \cdot P(B_1) + P(A \mid B_2) \cdot P(B_2) + \cdots + P(A \mid B_n) \cdot P(B_n)}$$

예제 9.9.2 Bayes 정리의 적용

대부분의 의료 검사는 **허위 존재**(false positive) 또는 **허위 부재**(false negative)라고 하는 부정확한 결과를 보여 준다. 허위 존재란 환자에게 질병이 없는데 검사 결과는 질병이 있다고 나타난 것이며, 허위 부재란 환자에게 질병이 있는데 검사 결과는 질병이 없다고 나타난 것이다. 1,000명 중 5명에게서 발생하는 질병을 발견하기 위한 스크린 검사를 실시한다고 하자. 의료 검사에서 허위 존재를 일으킬 확률은 3%이고 허위 부재를 일으킬 확률은 1%라 가정한다.

a. 검사 결과 질병이 있다고 나타난 사람이 실제로 질병을 가지고 있을 확률은?

b. 검사 결과 질병이 없다고 나타난 사람이 실제로도 질병을 가지고 있지 않을 확률은?

풀이

검사를 받은 사람 중에서 임의로 1명을 선택하였다고 하자. 검사 결과 질병이 있다고 나타난 사건을 A, 그 사람이 실제로 질병을 가지고 있는 사건을 B_1, 실제로는 질병을 가지고 있지 않는 사건을 B_2 라 하자. 그러면 문제에서 주어진 조건에 의하여

$$P(A \mid B_1) = 0.99,\ P(A^c \mid B_1) = 0.01,\ P(A^c \mid B_2) = 0.97,\ P(A \mid B_2) = 0.03$$

검사 대상 질병은 1,000명 중 5명이 가지고 있으므로

$$P(B_1) = 0.005,\ P(B_2) = 0.995$$

a. Bayes의 정리에 의해서

$$\begin{aligned} P(B_1 \mid A) &= \frac{P(A \mid B_1) \cdot P(B_1)}{P(A \mid B_1) \cdot P(B_1) + P(A \mid B_2) \cdot P(B_2)} \\ &= \frac{(0.99) \cdot (0.005)}{(0.99) \cdot (0.005) + (0.03) \cdot (0.995)} \\ &\cong 0.1422 \cong 14.2\% \end{aligned}$$

따라서 검사 결과 질병이 있다고 나타난 사람이 실제로 질병을 가지고 있을 확률은 약 14.2%이다.

b. Bayes의 정리에 의해서

$$\begin{aligned} P(B_2 \mid A^c) &= \frac{P(A^c \mid B_2) \cdot P(B_2)}{P(A^c \mid B_1) \cdot P(B_1) + P(A^c \mid B_2) \cdot P(B_2)} \\ &= \frac{(0.97) \cdot (0.995)}{(0.01) \cdot (0.005) + (0.97) \cdot (0.995)} \\ &\cong 0.999948 \cong 99.995\% \end{aligned}$$

검사 결과 질병이 없다고 나타난 사람이 실제로도 질병을 가지고 있지 않을 확률은 약 99.995%이다.

확률을 계산한 결과가 약간 의외일 것이다. 실제로 스크린 검사는 매우 가격이 싼 검사이기 때문에 이러한 수치가 나타난 것이며, 특정 질병에 대한 고가의 정밀 검사를 실시하면 정확도는 훨씬 높아질 것이다. ■

독립사건

동전을 2번 던지는 실험을 했을 때, 1번째와 2번째의 결과가 서로에게 아무런 영향을 미치지 않을 것은 직관적으로 확실하다. 예를 들어 1번째 던진 동전이 앞면이 나오는 사건을 A, 2번째 던진 동전이 앞면이 나오는 사건을 B라 하자. 동전을 2번 던지는 실험에서 $P(A|B) = P(A)$이고 $P(B|A) = P(B)$이면, 사건 A, B가 독립적이라고 한다. 이와 같이 직관적인 판단을 보다 정형적으로 논의해 보자. 동전이 정상적이면, 실험의 결과인 HH, HT, TH, TT는 동일한 확률로 발생할 것이며

$$A = \{HH, HT\}, \quad B = \{TH, HH\}, \quad A \cap B = \{HH\}$$

$$P(A) = P(B) = \frac{2}{4} = \frac{1}{2}$$

$$P(A \mid B) = \frac{P(A \cap B)}{P(B)} = \frac{\frac{1}{4}}{\frac{1}{2}} = \frac{1}{2}$$

$$P(B \mid A) = \frac{P(A \cap B)}{P(A)} = \frac{\frac{1}{4}}{\frac{1}{2}} = \frac{1}{2}$$

따라서 $P(A|B) = P(A)$, $P(B|A) = P(B)$이다.

독립사건의 정의를 도출하기 위해서 다음의 분석을 살펴보자.

만약 $P(B) \neq 0$이고 $P(A|B) = P(A)$이면, $P(A \cap B) = P(A|B) \cdot P(B) = P(A) \cdot P(B)$

마찬가지 논법으로,

만약 $P(A) \neq 0$이고 $P(B|A) = P(B)$이면, $P(A \cap B) = P(B|A) \cdot P(A) = P(A) \cdot P(B)$

역으로,

만약 $P(A \cap B) = P(A) \cdot P(B)$이고 $P(A) \neq 0$이면, $P(B|A) = P(B)$

만약 $P(A \cap B) = P(A) \cdot P(B)$이고 $P(B) \neq 0$이면, $P(A|B) = P(A)$

• 정의

A, B가 표본공간 S에서 정의된 사건이면, 아래의 조건을 만족시킬 때, A와 B는 **독립적**(independent)이라 한다.

$$P(A \cap B) = P(A) \cdot P(B)$$

서로소인 2개의 사건은 독립적일까? 거의 그렇지만 반드시 그렇지는 않다. 확률이 0이 아닌 2개의 사건이 서로소이면 반드시 독립적이다.

예제 9.9.3 **서로소인 사건의 독립성**

A, B는 표본공간 S 위에서 정의된 사건이고, $A \cap B = \emptyset$, $P(A) \neq 0$, $P(B) \neq 0$일 때, $P(A \cap B) \neq P(A) \cdot P(B)$임을 보여라.

풀이

$A \cap B = \emptyset$이므로, 확률공리 2항에 의해 $P(A \cap B) = 0$이다. 그러나 $P(A)$와 $P(B)$ 모두 0이 아니므로, $P(A) \cdot P(B) \neq 0$이다. 따라서 $P(A \cap B) \neq P(A) \cdot P(B)$이다. ■

예제 9.9.4 **A, B가 독립사건일 때, $P(A \cap B^c)$ 구하기**

A, B가 표본공간 S 위에서 정의된 독립사건이면, A와 B^c도 독립사건임을 보여라.

풀이

임의의 집합 A, B에 대해서 다음 식은 항상 성립한다.

$$(1)\ (A \cap B) \cup (A \cap B^c) = A$$
$$(2)\ (A \cap B) \cap (A \cap B^c) = \emptyset$$

확률공리 3항을 식 (1)에 적용하면, 아래의 식을 얻을 수 있다.

$$P((A \cap B) \cup (A \cap B^c)) = P(A \cap B) + P(A \cap B^c) = P(A).$$
$$P(A \cap B^c) = P(A) - P(A \cap B)$$
$$= P(A) - P(A) \cdot P(B) \quad \text{A, B는 독립사건}$$
$$= P(A)(1 - P(B))$$
$$= P(A) \cdot P(B^c) \quad \text{여사건의 확률}$$

따라서 A와 B^c는 독립사건이다. ■

예제 9.9.5 **세 가지 사건의 독립**

정상적인 동전을 2번 던지는 실험을 한다. 1번째 던진 동전이 앞면이 나오는 사건을 A, 2번째 던진 동전이 앞면이 나오는 사건을 B, 2번 모두 앞면이거나 뒷면인 사건을 C라 하자. 그러면 A, B, C는 짝으로는 독립적이지만, $P(A \cap B \cap C) \neq P(A) \cdot P(B) \cdot P(C)$임을 보여라.

풀이

동전이 정상적이므로, 실험의 결과인 HH, HT, TH, TT는 동일한 확률로 발생할 것이며,

$$A = \{HH, HT\}, \quad B = \{HH, TH\}, \quad C = \{HH, TT\},$$
$$A \cap B = \{HH\}, \quad A \cap C = \{HH\}, \quad B \cap C = \{HH\}, \quad A \cap B \cap C = \{HH\}$$

확률의 정의에 의하여

$$P(A) = P(B) = P(C) = \frac{1}{2}, \ \ P(A \cap B) = P(A \cap C) = P(B \cap C) = \frac{1}{4},$$
$$P(A \cap B \cap C) = \frac{1}{4}$$

따라서

$$P(A \cap B) = P(A) \cdot P(B), \quad P(A \cap C) = P(A) \cdot P(C), \quad P(B \cap C) = P(B) \cdot P(C)$$

즉 A, B, C는 서로 독립적임을 알 수 있다. 그러나

$$P(A) \cdot P(B) \cdot P(C) = \frac{1}{8} \neq \frac{1}{4} = P(A \cap B \cap C)$$ ■

위의 예제를 통하여 3개 사건 사이의 독립을 정의하기 위해서는 추가 조건이 필요함을 알 수 있다.

• 정의

A, B, C가 표본공간 S 위에서 정의된 사건일 때, A, B, C가 아래의 조건 1~3을 만족시키면 **짝으로 독립인 사건**(pairwise independent)이라 하며, 아래의 조건을 모두 만족시키면 **독립사건**(mutually independent)이라 한다.

1. $P(A \cap B) = P(A) \cdot P(B)$
2. $P(A \cap C) = P(A) \cdot P(C)$
3. $P(B \cap C) = P(B) \cdot P(C)$
4. $P(A \cap B \cap C) = P(A) \cdot P(B) \cdot P(C)$

독립사건의 정의는 $n(n \geq 2$인 정수)개의 사건으로 일반화할 수 있다.

• 정의

$A_1, A_2, A_3, \ldots, A_n$이 표본공간 S 위에서 정의된 사건일 때, 모든 사건의 교집합에 대한 확률이 모든 사건의 확률의 곱과 같으면, **독립사건**이라 한다.

예제 9.9.6 동전을 10번 던지기

던졌을 때 앞면이 나타날 확률이 0.6(뒷면이 나타날 확률은 0.4)인 동전을 10번 반복하여

던지는 실험을 한다. 단 i번째 동전 던지기와 j번째 동전 던지기는 독립사건이다.

a. 10번 중에서 앞면이 8번 나타날 확률은?

b. 앞면이 적어도 8번 나타날 확률은?

풀이

a. 각각의 $i = 1, 2, ..., 10$에 대하여, i번째 동전 던지기에서 앞면이 나타나는 사건을 H_i라 하고, 뒷면이 나타나는 사건을 T_i라 하자. 예를 들어 8번 연속하여 앞면이 나타나고, 나머지 2번은 뒷면이 나타난 사건은 $H_1 \cap H_2 \cap H_3 \cap H_4 \cap H_5 \cap H_6 \cap H_7 \cap H_8 \cap T_9 \cap T_{10}$이며, 간단하게 줄여서 $HHHHHHHHTT$로 표기하기로 한다. 독립사건의 정의에 의하여

$$P(HHHHHHHHTT) = (0.6)^8(0.4)^2$$

곱셈에 관한 교환법칙에 의해서 10번 중에서 8번의 앞면이 어느 회에서 나타나더라도 같은 확률 값을 갖게 된다. 예를 들어

$$P(HHTHHHHHTH) = (0.6)^2(0.4)(0.6)^5(0.4)(0.6) = (0.6)^8(0.4)^2$$

8번의 앞면이 나타나는 경우의 수는 10개의 원소를 갖는 집합으로부터 만들 수 있는 크기 8인 부분집합의 개수와 같으며, 그 값은 $C(10, 8)$이다. 8번의 앞면이 나타나는 모든 경우에 해당하는 사건은 상호 독립적으로

$$P(\text{앞면이 8번}) = C(10, 8)(0.6)^8(0.4)^2$$

b. (a)에서와 같은 추론을 통하여,

$$P(\text{앞면이 9번}) = C(10, 9)(0.6)^9(0.4)$$
$$P(\text{앞면이 10번}) = C(10, 10)(0.6)^{10}$$

앞면이 8번, 9번, 10번 나타나는 사건은 서로소인 관계에 있으므로

$$\begin{aligned} P(\text{앞면이 적어도 8번}) &= P(\text{앞면이 8번}) + P(\text{앞면이 9번}) + P(\text{앞면이 10번}) \\ &= C(10, 8)(0.6)^8(0.4)^2 + C(10, 9)(0.6)^9(0.4) + C(10, 10)(0.6)^{10} \\ &\cong 0.167 = 16.7\% \end{aligned}$$
■

예제 9.9.6과 같은 문제의 풀이에서 이항계수 C(n, k)가 나타났음에 유의하라. 이러한 까닭으로 아래와 같은 형태의 확률을 **이항확률**(binomial probability)이라 한다.

$$C(n, k)p^{n-k}(1-p)^k \quad (0 \le p \le 1)$$

이항확률은 실험결과가 2가지인 확률과정을 독립적으로 반복 시행하는 상황에서 나타난다.

자 | 기 | 진 | 단

1. A, B는 표본공간 S 위에서의 사건이고, $P(A) \neq 0$이다. 사건 A가 일어났을 때 사건 B의 조건부 확률 $P(B|A)=$_______.
2. Bayes의 정리: 표본공간 S는 서로소인 부분집합 $B_1, B_2, B_3, \cdots B_n$의 합집합이고, A는 S 위에서 정의된 사건이며, $P(A) \neq 0$라 하자. 만약 k가 $1 \leq k \leq n$인 정수이면, _______.
3. A, B가 표본공간 S 위에서 정의된 사건일 때, _______이면 A와 B는 독립적이라 한다.
4. A, B, C가 표본공간 S 위에서 정의된 사건일 때, A, B, C가 **독립사건**이 되려면 조건 _______, _______, _______, _______을 모두 만족시켜야 한다.

연 / 습 / 문 / 제 9.9

1. $P(A|B) = 1/2$, $P(A \cap B) = 1/6$일 때, $P(B)$의 값은?

2. 이산수학 강사가 2회의 시험을 실시하였다. 첫 번째 시험에서 25%의 학생이 A를 받았고, 15%의 학생이 두 번 모두 A를 받았다. 첫 번째 시험에서 A를 받은 학생이 두 번째 시험에서도 A를 받았을 확률은 얼마인가?

3. **a.** A, B는 표본공간 S 위에서의 사건이고, $P(B) \neq 0$. 아래의 식이 성립함을 증명하라.

$$P(A^c \mid B) = 1 - P(A \mid B).$$

b. (a)의 식을 사용하여 다음의 문장이 옳음을 설명하라.

(i) 어떤 의료 검사에서 허위 존재가 발생할 확률이 4%이면, 질병에 걸리지 않은 사람이 검사 결과 질병에 걸리지 않았다는 판정을 받을 확률이 96%이다.

(ii) 어떤 의료 검사에서 허위 부재가 발생할 확률이 1%이면, 질병에 걸린 사람이 검사 결과 질병에 걸렸다는 판정을 받을 확률이 99%이다.

4. A, B가 표본공간 S 위에서 정의된 사건이고 $P(A)$, $P(B)$, $P(A|B)$의 값을 알고 있을 때, $P(A|B^c)$의 값을 계산하는 공식을 유도하라.

5. 빨간색 구슬이 25개, 파란색 구슬이 15개 들어 있는 주머니에서 구슬을 1개씩 2번 꺼내는 실험을 한다. 한 번 꺼낸 구슬은 반환하지 않는다고 가정하고 다음의 물음에 답하라.

a. 아래의 확률을 계산하는 데 필요한 가능성 트리를 그려라.

(i) 2개의 구슬이 모두 빨간색일 확률

(ii) 1번째 구슬은 빨간색이고, 2번째 구슬은 파란색일 확률

(iii) 1번째 구슬은 파란색이고, 2번째 구슬은 빨간색일 확률

b. 2번째 구슬이 빨간색일 확률은?

c. 1개 이상의 구슬이 빨간색일 확률은?

6. 직장을 구하기 위한 경쟁에서 7명의 남자와 3명의 여자가 준결승에 진출하였다. 모두가 동일한 자격을 갖추고 있다고 판단하여, 결승 진출자 2명을 추첨으로 뽑기로 하였다. 물음에 답하라.

a. 2명 모두 여자일 확률은?

b. 2명 모두 남자일 확률은?

c. 남자, 여자가 각각 1명씩 뽑힐 확률은?

7. $n=2$일 때, Bayes 정리를 증명하라.

8. 1번 주머니에는 12개의 청색 구슬과 7개의 백색 구슬이 들어 있고, 2번 주머니에는 8개의 청색 구슬과 19개의 백색 구슬이 들어 있다. 먼저 주머니를 선택

한 후, 선택된 주머니에서 구슬을 꺼내는 실험을 한다.

a. 꺼낸 구슬이 청색일 확률은?

b. 꺼낸 구슬이 청색이면, 그 구슬이 1번 주머니에서 나왔을 확률은?

9. 1번 주머니에는 10개의 적색 구슬과 25개의 녹색 구슬이 들어 있고, 2번 주머니에는 22개의 적색 구슬과 15개의 녹색 구슬이 들어 있다. 먼저 동전을 던져 주머니를 선택한 후, 선택된 주머니에서 구슬을 꺼내는 실험을 한다. 동전의 앞면이 나올 확률은 0.4, 뒷면이 나올 확률은 0.6이고, 앞면이 나오면 1번 주머니를 선택하고, 뒷면이 나오면 2번 주머니를 선택한다고 가정하고 물음에 답하라.

a. 녹색 구슬이 뽑힐 확률은?

b. 뽑힌 구슬이 녹색이었을 때, 이 구슬이 1번 주머니에서 나왔을 확률은?

10. 약물에 대한 스크린 검사는 광범위한 모집단에 대하여 실시하며, 전체의 4%만이 검사 대상인 약물을 복용하고 있다고 한다. 허위 존재가 발생할 확률은 3%, 허위부재가 발생할 확률은 2%이다.

a. 검사 결과 복용하고 있다고 나타난 사람이 실제로 약물을 복용하고 있을 확률은?

b. 검사 결과 복용하지 않는다고 나타난 사람이 실제로도 복용하지 않고 있을 확률은?

11. 채소 가게에서 3명의 공급자 X, Y, Z로부터 농산물을 구입하고 있다. X, Y, Z가 공급한 농산물 중에서 특급품의 비율은 각각 12%, 8%, 15%이며, 채소 가게에서 X, Y, Z로부터 구입하는 분량의 비율은 20%, 45%, 35%라고 한다.

a. 구입한 농산물이 특급품일 확률은?

b. 채소 가게에 있는 어떤 농산물이 특급품이었다면, 그 농산물이 X로부터 구입한 것일 확률은?

12. A, B가 표본공간 S 위에서 정의된 사건이고 $P(A|B)=P(A)$, $P(A) \neq 0$, $P(B) \neq 0$이면, $P(B|A)=P(B)$임을 증명하라.

13. 2개의 주사위(청색과 회색)를 던지는 실험을 한다. 청색 주사위의 눈금이 2인 사건을 A, 회색 주사위의 눈금이 4 또는 5인 사건을 B라 할 때, 아래의 식이 성립함을 보여라.

(i) $P(A \mid B)=P(A)$ (ii) $P(B \mid A)=P(B)$

14. 5지 선다형 시험을 치고 있는 학생이 2문제에 대해서 답을 알 수가 없었다. 1번 문제에서는 5개의 항목 중에서 2개는 확실히 답이 아닌 것을 알고 있으나, 3개 중에서 어느 것이 정답인지를 모른다. 2번 문제에서는 정답을 전혀 알 수 없다. 2문제를 푸는 것은 서로 간에 아무런 영향을 주지 않는다고 가정하고 다음의 물음에 답하라.

a. 학생이 2문제를 모두 맞힐 확률은?

b. 2문제 중에서 1문제만 맞힐 확률은?

c. 2문제 모두 맞히지 못할 확률은?

15. 앞면이 나올 확률은 0.7, 뒷면이 나올 확률은 0.3인 동전을 2번 던지는 실험을 한다. 동전 던지기는 서로 독립적이라고 가정하고 물음에 답하라.

a. 앞면이 2회 나타날 확률은?

b. 앞면이 1회 나타날 확률은?

c. 앞면이 전혀 나타나지 않을 확률은?

d. 앞면이 1회 이상 나타날 확률은?

16. 2명의 어린이가 있고, 각각의 어린이가 소년 또는 소녀일 확률은 동일하다고 한다. 길을 걷다가 1명의 어린이를 만났는데 소년이었다. 나머지 1명이 소년일 확률은?

17. 앞면이 나올 확률은 0.7, 뒷면이 나올 확률은 0.3인 동전을 10번 던지는 실험을 한다. 동전 던지기는 서로 독립적이라고 가정하고 물음에 답하라.

a. 앞면이 7회 나타날 확률은?

b. 앞면이 10회 나타날 확률은?

c. 앞면이 전혀 나타나지 않을 확률은?

d. 앞면이 1회 이상 나타날 확률은?

18. A사는 입고된 제품 중에서 임의로 10개를 뽑아 품질 검사를 실시한다. 제품에 포함된 불량품의 비율은 3%로 추정되며, 검사 대상별 검사 결과는 서로 독립적이라고 가정하고 물음에 답하라.

a. 검사대상 10개 중에서 불량품이 전혀 없을 확률은?

b. 검사대상 10개 중에서 불량품이 1개 이상일 확률은?

c. 검사대상 10개 중에서 불량품이 4개일 확률은?

d. 검사대상 10개 중에서 불량품이 2개 이하일 확률은?

19. 유방 X선 검사에서 허위 존재가 발생할 확률이 4%이고, 서로 다른 X선 사진에 대한 판정은 독립적이라고 가정한다. 지난 10년 동안 매년 1회씩 유방 X선 검사를 받은 여성에 대해서 물음에 답하라.

a. 10년 동안 허위 존재가 전혀 없었을 확률은?

b. 10년 동안 허위 존재가 1회 이상 있었을 확률은?

c. 10년 동안 허위 존재가 2회 있었을 확률은?

d. 허위 부재가 발생할 확률이 2%이고, 일반 여성이 유방암에 걸릴 확률이 0.0002라고 가정하고 아래의 물음에 답하라.

(i) 어떤 여성이 유방암에 걸렸다는 진단을 받았다. 이 여성이 실제로 유방암에 걸렸을 확률은?

(ii) 어떤 여성이 유방암에 걸리지 않았다는 진단을 받았다. 이 여성이 실제로 유방암에 걸렸을 확률은?

20. 통계 자료에 의하면 200명의 신생아 중에서 103명이 남자 아이라고 한다. 따라서 새로 태어난 아이가 남자일 확률은 51.5%라 볼 수 있다. 6명의 아이가 있는 가정에 대해서 물음에 답하라.

a. 남자 아이가 전혀 없을 확률은?

b. 남자 아이가 1명 이상일 확률은?

c. 남자 아이가 5명일 확률은?

자 | 기 | 진 | 단 | 해 | 답

1. $\dfrac{P(A \cap B)}{P(A)}$ 2. $P(B_k \mid A) = \dfrac{P(A \mid B_k)P(B_k)}{P(A \mid B_1)P(B_1) + P(A \mid B_2)P(B_2) + \cdots + P(A \mid B_n)P(B_n)}$ 3. $P(A \cap B) = P(A) \cdot P(B)$

4. $P(A \cap B) = P(A) \cdot P(B)$; $P(A \cap C) = P(A) \cdot P(C)$; $P(B \cap C) = P(B) \cdot P(C)$; $P(A \cap B \cap C) = P(A) \cdot P(B) \cdot P(C)$

10장
그래프와 트리

그래프와 트리를 이 책의 여러 곳에서 편리한 시각화 도구로 사용하였다. 예를 들어 가능성 트리에서는 각 단계에서 다단계 동작의 가능한 모든 결과들을 유한한 수의 결과로 보여 주고, 집합의 관계를 나타내는 방향 그래프에서는 집합의 한 원소와 다른 원소와의 관계를 보여 주며, Hasse 다이어그램에서는 부분순서 집합에서 원소들 간의 관계를 보여 주고, PERT 다이어그램에서는 프로젝트를 진행할 때 작업들 간의 순서 관계를 보여 준다.

이 장에서는 정점의 차수, 결합 관계, Euler와 Hamilton 순환, 그래프의 행렬 표현, 그래프의 동형, 트리에서 정점의 개수와 변의 개수와의 관계, 트리를 생성하는 루트 트리의 성질, 그래프의 최단 경로 등의 개념을 논의하기 위해 그래프와 트리에 관한 수학을 설명한다. 응용 부분에서는 인공지능, 화학, 스케줄링 문제, 교통 시스템 등의 연구에서 그래프와 트리를 어떻게 사용하는지를 다룬다.

10.1 그래프: 정의와 기본 성질

모든 수학은 추론 과정에서 상상하는 데 필요한 일련의 도움들의 구조로 구성되어 있다.—Alfred North Whitehead, 1861~1947

프로젝트를 진행하기 위해 3명이 한 팀을 구성하려고 한다. 책임자는 과거에 같이 일했던 직원들을 최대한 많이 같은 팀에 포함시키기 위하여 각 직원들에게 과거에 같이 일했던 동료들의 명단을 제출하라고 지시하였다. 이 정보를 다음과 같이 표와 그림으로 표현한다.

이름	과거 동료
Ana	Dan, Flo
Bev	Cai, Flo, Hal
Cai	Bev, Flo
Dan	Ana, Ed
Ed	Dan, Hal
Flo	Cai, Bev, Ana
Gia	Hal
Hal	Gia, Ed, Bev, Ira
Ira	Hal

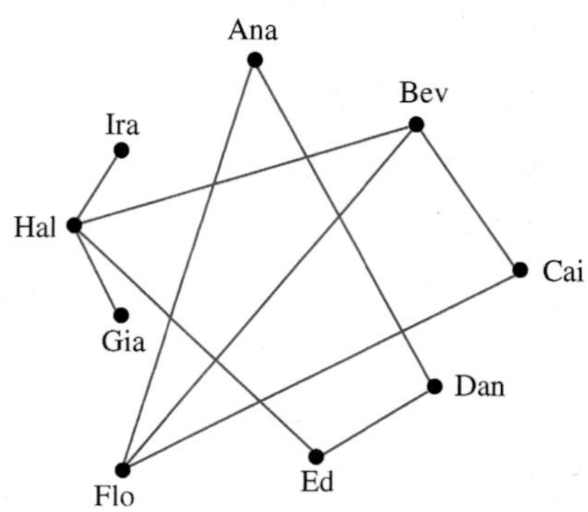

그림으로부터 Bev, Cai, Flo가 과거에 같이 일한 동료들이라는 것을 쉽게 알 수 있고 그래서 이 3명이 한 팀을 구성한다. 다음 그림은 이 3명을 제외한 결과를 보여 주고 있다.

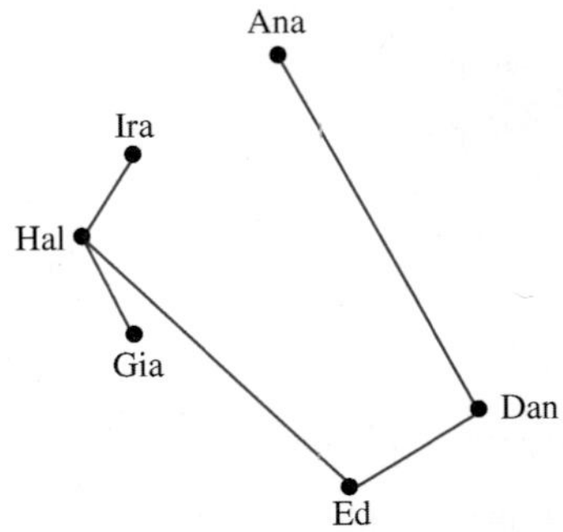

이 그림에서 Hal과 Ed를 같은 팀으로 만들면 Gia와 Ira가 속한 팀은 과거에 같이 일한 동료가 없게 된다. 그러나 Hal과 Gia와 Ira를 같은 팀으로 구성하면 나머지 팀은 Ana, Dan, Ed로 구성할 수 있고 각 팀에는 같이 일했던 동료가 최소한 1쌍은 있게 된다.

이와 같은 그림은 **그래프**(graph)로 알려진 구조를 표현한 것이다. 점은 **정점**(vertex)을 나타내고 정점을 연결하는 선분은 **변**(edge)을 나타낸다. 그림에서 보듯이 2개의 변은 정점이 아닌 곳에서 교차할 수 있다. 여기에 표현된 그래프는 '방정식의 그래프' 또는 '함수의 그래프'와는 매우 다르다.

일반적으로 그래프는 정점의 집합과 여러 정점을 연결하는 변의 집합으로 구성된다. 변은 다음과 같이 직선이거나 곡선일 수 있고 한 정점에서 다른 정점과 연결되거나 자기 자신과 연결될 수 있다.

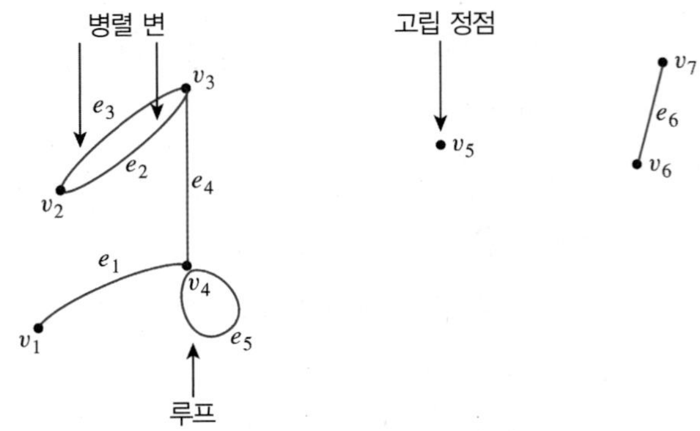

그림에서 정점은 v로 표시하고 변은 e로 표시한다. 한 정점에서 자기 자신과 변이 연결될 때(e_5와 같이) **루프**(loop)라고 부른다. 2개의 변이 같은 정점 쌍을 연결할 때(e_2, e_3와 같이) **병렬**(parallel)이라고 부른다. 어떤 정점이 그래프의 다른 정점과 변으로 연결되지 않는 것도 가능하며(v_5와 같이), 이때 이 정점은 **고립**(isolate)되었다고 한다. 그래프의 정의는 다음과 같다.

• 정의

그래프(graph) G는 **정점**(vertex)의 집합 $V(G)$와 **변**(edge)의 집합 $E(G)$의 2가지 유한 집합으로 구성되는데, 각 변은 **끝점**(endpoint)이라고 하는 1개 또는 2개의 정점으로 구성된 집합과 연관되어 있다. 변에서 끝점으로 향하는 대응을 **변-끝점 함수**(edge-endpoint function)라고 한다.

단 1개의 끝점만을 가지는 변을 **루프**(loop)라고 하고, 같은 끝점 집합을 가지는 2개의 다른 변을 **병렬**(parallel)이라고 한다. 변은 끝점을 **연결**(connect)하는데, 변으로 연결된 2개의 정점을 **인접**(adjacent)한다고 하고, 루프의 끝점인 정점은 **자신에게 인접**(adjacent to itself)한다고 한다.

변은 끝점의 각각에 **부속**(incident on)되었다고 하고, 같은 끝점에 부속된 2개의 변은 **인접**(adjacent)되었다고 한다. 부속된 변이 없는 정점은 **고립**(isolated)되었다고 한다.

그래프는 정점을 점으로, 변은 선분으로 나타내는 그림으로 표현된다. 주어진 그림 표현은 1가지 그래프를 나타낸다.

예제 10.1.1 용어

다음 그래프를 생각해 보자.

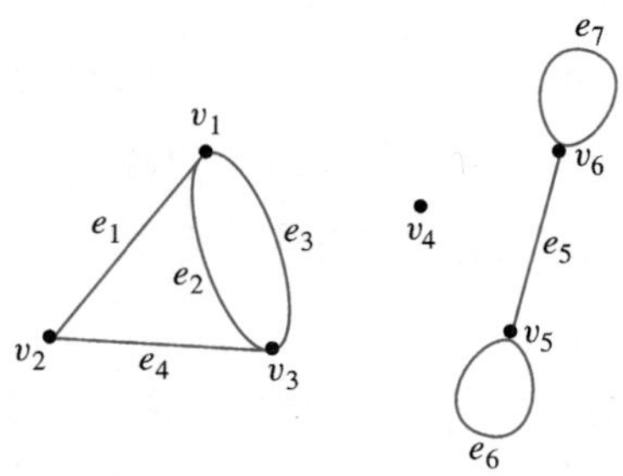

a. 정점 집합과 변 집합을 적고, 변-끝점 함수를 보여 주는 표를 작성하라.

b. v_1에 부속된 모든 변, v_1에 인접한 모든 정점, e_1에 인접한 모든 변, 모든 루프, 모든 병렬 변, 자기 자신에게 인접한 모든 정점, 모든 고립 정점을 찾아라.

풀이

a. 정점 집합 $=\{v_1, v_2, v_3, v_4, v_5, v_6\}$

변 집합 $=\{e_1, e_2, e_3, e_4, e_5, e_6, e_7\}$

변-끝점 함수:

변	끝점
e_1	$\{v_1, v_2\}$
e_2	$\{v_1, v_3\}$
e_3	$\{v_1, v_3\}$
e_4	$\{v_2, v_3\}$
e_5	$\{v_5, v_6\}$
e_6	$\{v_5\}$
e_7	$\{v_6\}$

고립 정점 v_4가 이 표에 나타나지 않는 것을 주목하라. 각 변은 1개 또는 2개의 끝점을 가져야 하지만, 정점이 변의 끝점일 필요는 없다.

b. e_1, e_2, e_3는 v_1에 부속한다.
v_2와 v_3는 v_1에 인접한다.
e_2, e_3, e_4는 e_1에 인접한다.
e_6와 e_7은 루프이다.
e_2와 e_3는 병렬이다.
v_5와 v_6는 자기 자신에게 인접한다.
v_4는 고립 정점이다. ■

앞에서 언급하였듯이 하나의 주어진 그림 표현은 하나의 그래프를 유일하게 결정한다. 그러나 하나의 주어진 그래프는 한 개 이상의 그림 표현으로 나타낼 수 있다. 변의 길이 또는 곡률과 정점의 상대적 위치 등이 그림마다 다를 수 있다.

예제 10.1.2 한 가지 그래프에 대해서 한 개 이상의 그림 그리기

다음과 같이 명시된 그래프를 생각해 보자.

정점 집합 $= \{v_1, v_2, v_3, v_4\}$
변 집합 $= \{e_1, e_2, e_3, e_4\}$
변-끝점 함수:

변	끝점
e_1	$\{v_1, v_3\}$
e_2	$\{v_2, v_4\}$
e_3	$\{v_2, v_4\}$
e_4	$\{v_3\}$

다음에 있는 그림 (a)와 그림 (b)는 모두 한 가지 그래프의 그림 표현이다.

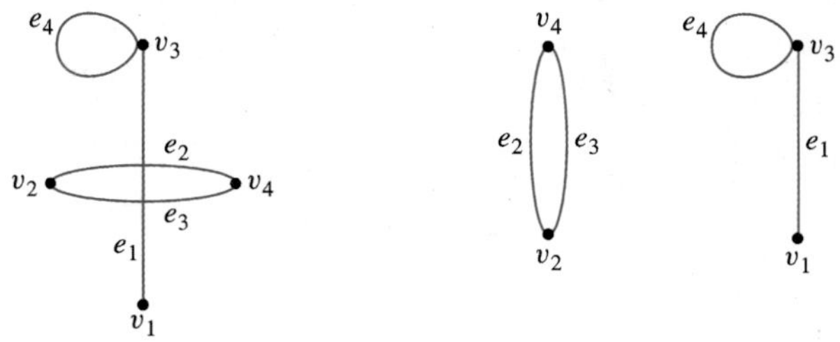

(a) (b)

■

예제 10.1.3 **그림들이 같은 그래프를 나타낸다는 것을 보여 주기 위하여 그림에 라벨 붙이기**

그림 10.1.1 에 있는 두 개의 그림을 보자. 두 개의 그림이 같은 그래프를 나타내는지 알아보기 위해 정점과 변에 라벨을 붙여라.

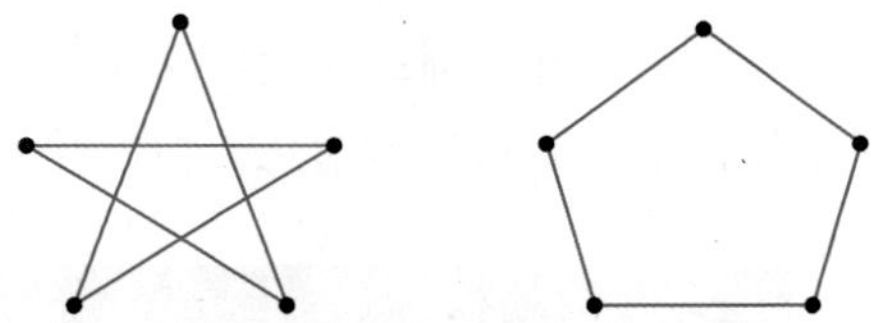

(a) (b)

그림 10.1.1

풀이

그림 10.1.1(a)의 꼭대기 정점(이 정점을 v_1이라고 하자)을 줄의 한쪽 끝이라고 하자. 그 다음에는 오른쪽 아래로 인접한 정점(이 정점을 v_2라고 하자)에 줄을 연결하여 보자. 그 다음에는 왼쪽 위에 인접한 정점(v_3)에 이 줄을 연결하여 보자. 이렇게 계속 연결하다 보면 마침내 꼭대기 정점 v_1으로 돌아온다. 첫 번째 변을 e_1이라 하고, 두 번째는 e_2라고 하고, 이와 같이 계속하면 아래와 같이 된다.

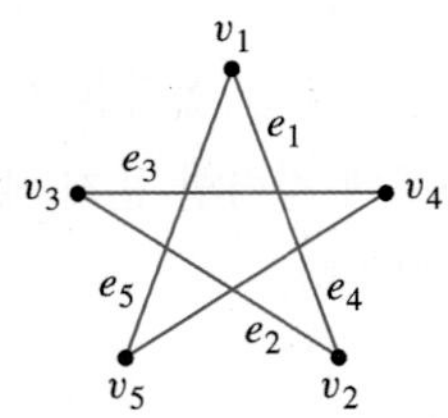

이제 줄을 그 줄에 부여된 라벨과 같이 집어 올려서 다음과 같이 재배치하라.

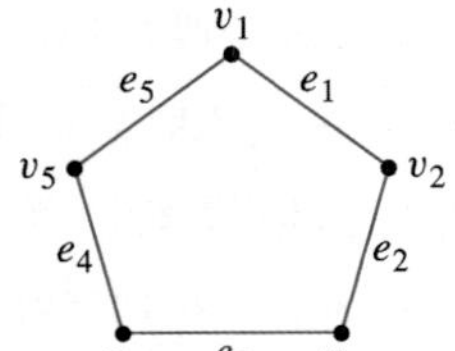

이것은 그림 10.1.1(b)와 같다. 따라서 두 개의 그림은 똑같은 정점 집합 $\{v_1, v_2, v_3, v_4, v_5\}$와 변 집합 $\{e_1, e_2, e_3, e_4, e_5\}$를 가지며 아래와 같은 변-끝점 함수로 그래프를 표현할 수 있다.

변	끝점
e_1	$\{v_1, v_2\}$
e_2	$\{v_2, v_3\}$
e_3	$\{v_3, v_4\}$
e_4	$\{v_4, v_5\}$
e_5	$\{v_5, v_1\}$

■

8장에서 집합에 대한 이항관계의 방향 그래프에 대해서 살펴보았다. 방향 그래프의 일반적인 정의는 각 변에 정점의 **집합**(set) 대신에 정점의 **순서쌍**(ordered pair)이 관련된 것을 제외하면 그래프의 정의와 유사하다. 따라서 방향 그래프의 각 변은 순서쌍의 첫 번째 정점에서 두 번째 정점으로 그려진 화살표와 같다.

• 정의

방향 그래프(directed graph) 또는 **방향성 그래프**(digraph)는 두 개의 유한 집합인 공집합이 아닌 정점의 집합 $V(G)$와 방향 변의 집합 $D(G)$로 구성되며, 각각은 **끝점**(endpoint)이라고 하는 정점의 순서쌍과 연관된다. 만약 변 e가 정점의 쌍(v, w)과 관계된다면 e는 v에서 w로 가는 **방향 변**(directed edge)이라고 한다.

각각의 방향 그래프는 변의 방향을 고려하지 않고 얻을 수 있는 보통의 (무방향) 그래프와 연관되어 있음을 주목하라.

그래프의 예

그래프는 복잡한 상황을 시각적으로 또는 컴퓨터로 분석할 수 있는 그림으로 표현할 수 있기 때문에 강력한 문제 해결 도구이다. 몇 가지 예제를 제시하고 다른 예제들은 연습문제에서 다룬다.

예제 10.1.4 **네트워크를 표현하기 위한 그래프의 사용**

전화, 전기, 가스관, 항공 운송 시스템을 그래프로 나타낼 수 있고, 또한 근거리 통신망부터 전 세계적으로 수백만 대의 컴퓨터가 연결된 인터넷 시스템까지도 그래프로 표현할 수 있다. 이와 같은 시스템을 설계할 때 해결해야 하는 문제는 최소 비용으로 변을 연결하고, 특정 서비스를 최적화하는 것 등이다. 대도시 거점 노선 운항 방식(a hub and spoke model)이라고 하는 전형적인 네트워크는 다음과 같다.

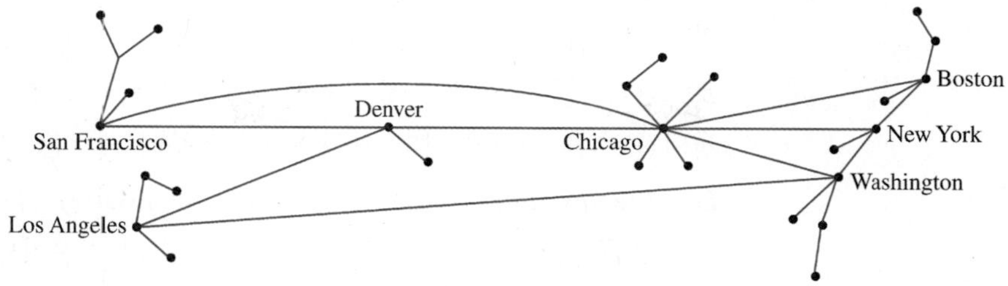

■

예제 10.1.5 **월드 와이드 웹을 표현하기 위한 그래프의 사용**

월드 와이드 웹(World Wide Web) 또는 웹은 인터넷에서 연결된 문서와 웹페이지들의 시스템이다. Internet Explorer, Google Chrome, Apple Safari, Opera와 같은 웹 브라우저를 사용하는 사용자들은 하이퍼텍스트 전송 프로토콜(HTTP: hypertext transfer protocol)을 통해서 하이퍼링크를 클릭하면 한 웹페이지에서 다른 웹페이지로 빠르게 이동할 수 있다. 개인이나 회사는 웹페이지를 통해서 사람들에게 정보를 제공할 수 있다. 현재 웹에 있는 정보의 양이 너무 많기 때문에 Google, Yahoo, Bing과 같은 검색 엔진을 이용하여 효과적으로 정보를 찾는다.

아래 그림은 인터넷에서 Wikipedia의 메인 페이지로 들어오고 나가는 하이퍼링크 연결의 극히 일부분을 보여 준다.

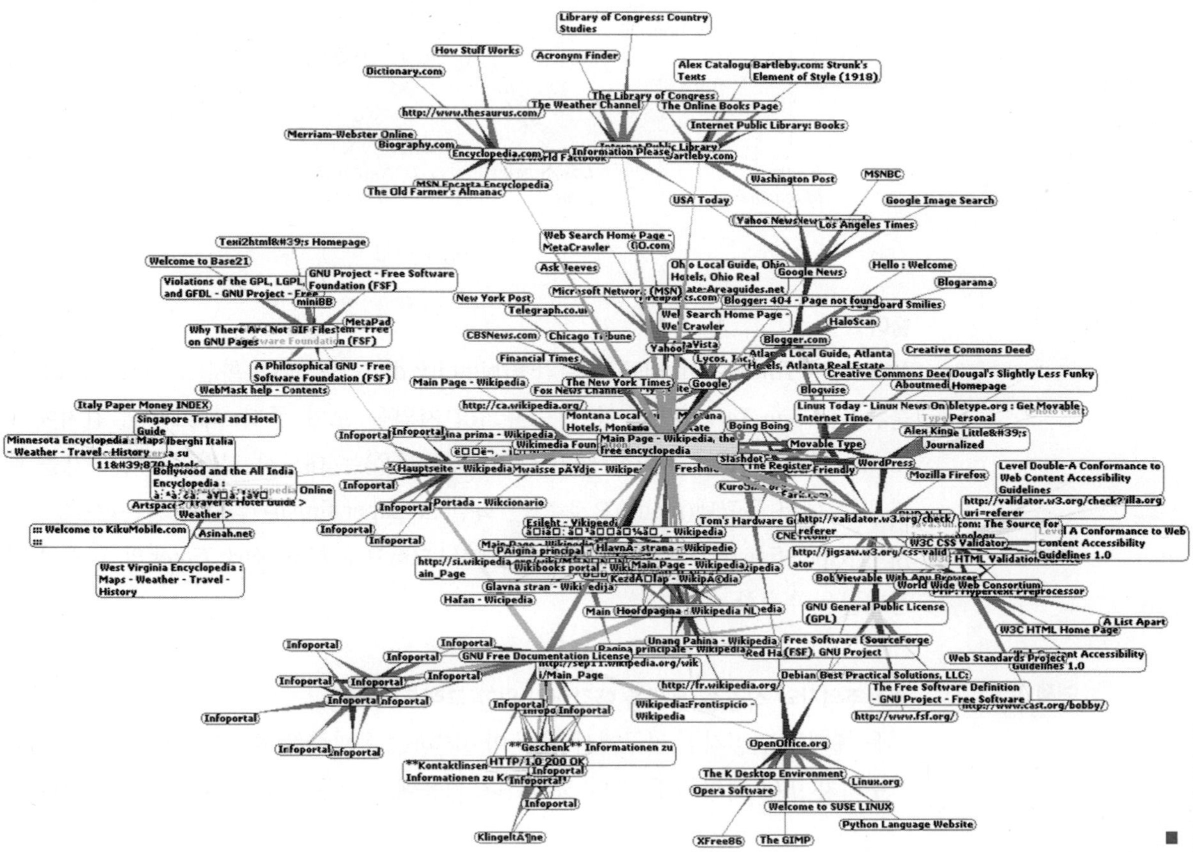

Wikipedia/Chris 73

■

예제 10.1.6 **지식을 표현하기 위한 그래프의 사용**

많은 인공지능 응용에서는 지식 베이스를 컴퓨터 내부에 수집하고 표현한다. 인공지능 프로그램과 지식 표현의 특성 때문에 컴퓨터는 입력된 형식대로만 자료를 찾지 않으며, 미리 정의한 추론 규칙에 따라 지식 베이스로부터 새로운 사실을 유도할 수 있다. 예를 들어 *Los Angeles Times*는 대도시 일간지(big-city daily)라는 지식과 대도시 일간지는 국내 뉴스(national news)를 포함한다는 지식으로부터 인공지능 프로그램은 *Los Angeles Times*가 국내 뉴스를 포함한다는 것을 추론할 수 있다. 그림 10.1.2의 방향 그래프는 정기 간행물에 관한 지식 베이스를 간략하게 나타낸 그림 표현이다.

이 지식 베이스에 따르면 *New York Times*는 어떤 표면 처리(paper finish)를 사용하는가?

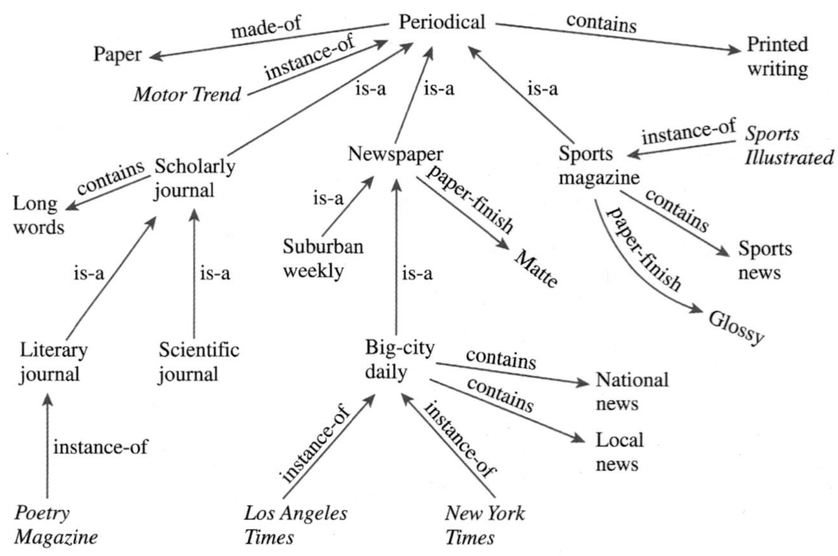

그림 10.1.2

풀이

*New York Times*에서 대도시 일간지(big-city daily)로 가는 화살표('instead of' 라벨이 붙은)는 *New York Times*가 대도시 일간지임을 보여 준다. 대도시 일간지에서 신문(newspaper)으로 가는 화살표('is-a' 라벨이 붙은)는 대도시 일간지가 신문임을 보여 준다. 신문에서 무광택(matte)으로 가는 화살표('paper-finish' 라벨이 붙은)는 신문의 표면 처리(paper finish)가 무광택임을 나타낸다. 그러므로 *New York Times*의 표면 처리는 무광택임을 추론할 수 있다. ■

예제 10.1.7 **채식주의자와 식인종 문제를 해결하기 위한 그래프의 사용**

다음 예제는 인공지능 연구에서 자주 이야기하는 유명한 퍼즐이다. 섬에 사는 사람들은 채식주의자 또는 식인종 둘 중의 하나이다. 처음에 채식주의자 2명과 식인종 2명이 강의 왼편 둑에 있다. 최대 2명이 탈 수 있는 보트가 있다. 퍼즐의 목표는 강의 오른편 둑으로 채식주의자와 식인종을 모두 옮기는 방법을 찾는 것이다. 식인종의 명수가 채식주의자의 명수보다 많으면 안 된다는 것이 이 문제의 어려움이다. 그렇게 되면 채식주의자는 식인종에게 모두 잡혀 먹힌다.

풀이

이 문제에 접근하기 위한 체계적인 방법은 채식주의자와 식인종과 보트의 가능한 모든 배치를 나타낼 수 있는 표기법을 도입하는 것이다. 예를 들어 강의 왼편 둑에 2명의 채식주의자와 1명의 식인종이 있고 강의 오른편 둑에 1명의 식인종과 보트가 있다는 것을 (*vvc*/*Bc*)와 같이 쓸 수 있다. 그러면 (*vvccB*/)는 강의 왼편 둑에 2명의 채식주의자와 2명의 식인종과 보트가 있다는 초기의 상태를 나타낼 것이다. 퍼즐의 목표는 강의 오른편 둑에 2명의 채식주의자와 2명의 식인종과 보트가 있는 상태 (/*Bvvcc*)에 도달하기 위한 순서를 나타내는 것이다.

초기 상태에서 시작해서 일련의 적법한 이동으로 도달할 수 있는 다양한 배치를 정점으로 나타내는 그래프를 그려라. 만약 정점 x에서 적법한 이동으로 정점 y에 도달할 수 있다면 정점 x를 정점 y와 연결하라. 예를 들어 초기 상태로부터 다음과 같이 적법한 이동 방법이 4가지 있다. 1명의 채식주의자와 1명의 식인종이 강의 오른편 둑으로 보트를 타고 갈 수 있다. 또는 2명의 식인종이 강의 오른편 둑으로 보트를 타고 갈 수 있다. 또는 1명의 식인종이 강의 오른편 둑으로 보트를 타고 갈 수 있다. 또는 2명의 채식주의자가 강의 오른편 둑으로 보트를 타고 갈 수 있다. 정점 (vvccB/)를 정점 (*vc*/*Bvc*), (*vv*/*Bcc*), (*vvc*/*Bc*), (*cc*/*Bvv*)에 연결하는 변을 그려서 보여 줄 수 있다.(한 정점에서 다른 한 정점으로 연결하는 것은 무방향 변보다 방향성 변을 그리는 것이 더 자연스럽다. 무방향 변을 그리는 근거는 각각의 적법한 이동이 양방향이라는 것이다.) (*vc*/*Bvc*) 상태에서 적법한 이동은 (*vvccB*/) 또는 (*vvcB*/*c*)로 다시 뒤로 돌아가는 것이다. 이것 또한 변을 그려서 나타낼 수 있다. 최종적으로 (/*Bvvcc*)에 도달할 때까지 이 과정을 계속하라. 그림 10.1.3에서 성공적인 이동 순서는 (*vvccB*/) → (*vc*/*Bvc*) → (*vvcB*/*c*) → (*c*/*Bvvc*) → (*ccB*/*vv*) → (/*Bvvcc*)임을 볼 수 있다.

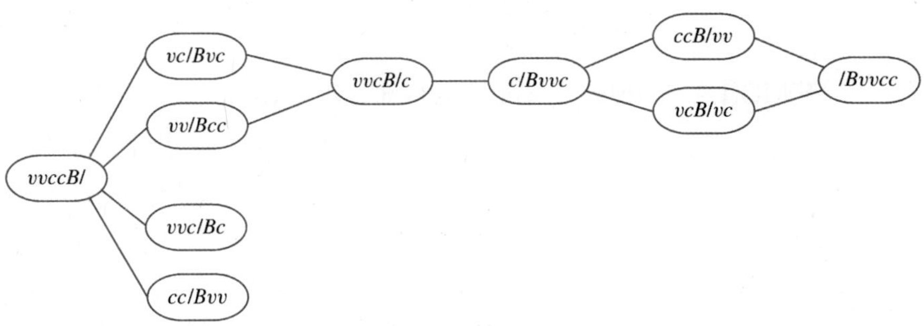

그림 10.1.3 ■

특수 그래프

루프나 병렬 변이 없는 중요한 종류의 그래프가 있다. 이러한 그래프를 **단순 그래프**라고 한다. 단순 그래프에서는 두 개의 변이 같은 끝점의 집합을 공유하지 않는다. 따라서 두 개의 끝점을 명시하는 것으로 한 개의 변을 충분히 결정할 수 있다.

• 정의와 표기법

단순 그래프(simple graph)는 어떤 루프나 병렬 변을 갖지 않는 그래프이다. 단순 그래프에서 끝점이 v와 w인 변은 $\{v, w\}$로 표시된다.

예제 10.1.8 **단순 그래프**

네 개의 정점 $\{u, v, w, x\}$와 두 개의 변으로 구성된 단순 그래프를 모두 그려라. 2개의 변 중 한 개는 $\{u, v\}$이다.

풀이

단순 그래프의 가능한 변은 두 개의 정점의 부분집합에 대응한다. 네 개의 정점이 주어질 때, $\binom{4}{2} = 6$개의 부분집합 $\{u, v\}$, $\{u, w\}$, $\{u, x\}$, $\{v, w\}$, $\{v, x\}$, $\{w, x\}$가 있다. 그래프의 한 가지 변이 $\{u, v\}$이다. 따라서 이 목록에서 다른 다섯 개 중의 한 개를 두 번째 변으로 선택할 수 있다. 따라서 가능한 두 개의 변으로 구성된 단순 그래프는 다음과 같다.

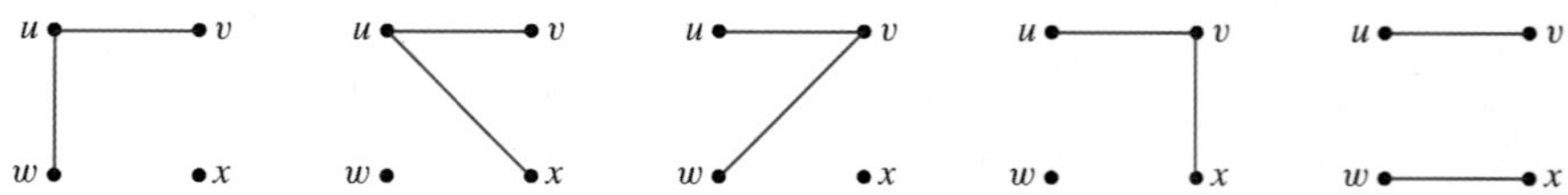

■

또 다른 중요한 종류의 그래프는 정점의 모든 쌍이 변으로 연결된 '완전' 그래프이다.

주의 K는 'complete'를 의미하는 독일어 *'komplett'*를 나타낸다.

• 정의

n을 양수라고 하자. **n개의 정점이 있는 완전 그래프**(complete graph on n vertex) K_n은 n개의 정점 $v_1, v_2, ..., v_n$의 변의 집합이 서로 다른 정점의 모든 쌍을 한 개의 변으로 연결한 단순 그래프이다.

예제 10.1.9 n개의 정점이 있는 완전 그래프: K_1, K_2, K_3, K_3, K_5

완전 그래프 K_1, K_2, K_3, K_3, K_5를 다음과 같이 그릴 수 있다.

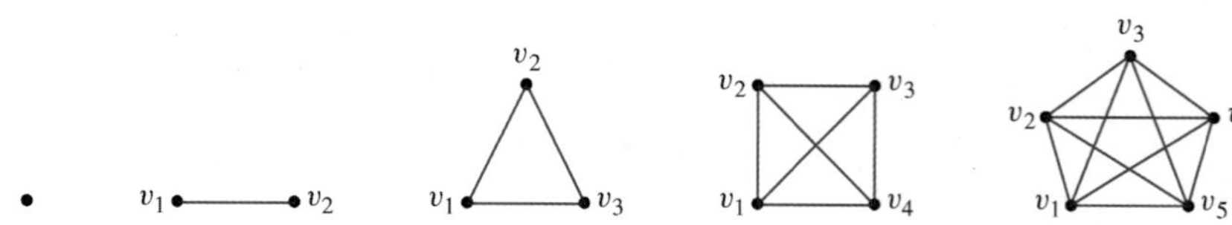

K_1 K_2 K_3 K_4 K_5

■

또 다른 종류의 그래프는 정점의 집합을 두 개의 부분집합으로 분리하는 것이다. 한 부분집합의 각 정점은 다른 부분집합의 각 정점과 단 한 개의 변으로 연결될 수 있다. 그러나 자신의 집합의 정점과는 연결될 수 없다. 이와 같은 그래프를 완전 이분(complete bipartite)이라고 한다.

• 정의

m과 n을 양수라고 하자. **(m, n) 정점에 대한 완전 이분 그래프**[complete bipartite graph on (m, n) vertex] $\boldsymbol{K_{m,n}}$은 다음의 특성을 만족시키는 정점 $v_1, v_2, \ldots, v_m$과 $w_1, w_2, \ldots, w_n$에 의한 단순 그래프이다. 모든 i에 대해, $k=1, 2, \ldots, m$과 모든 j에 대해, $1=1, 2, \ldots, n$일 때

1. 각 정점 v_i에서 각 정점 w_j로 연결되는 변이 있다.
2. 각 정점 v_i에서 각 정점 v_k로 연결되는 변이 없다.
3. 각 정점 w_j에서 각 정점 w_l로 연결되는 변이 없다.

예제 10.1.10 **완전 이분 그래프: $K_{3,2}$와 $K_{3,3}$**

이분 그래프 $K_{3,2}$와 $K_{3,3}$는 아래와 같이 표현된다.

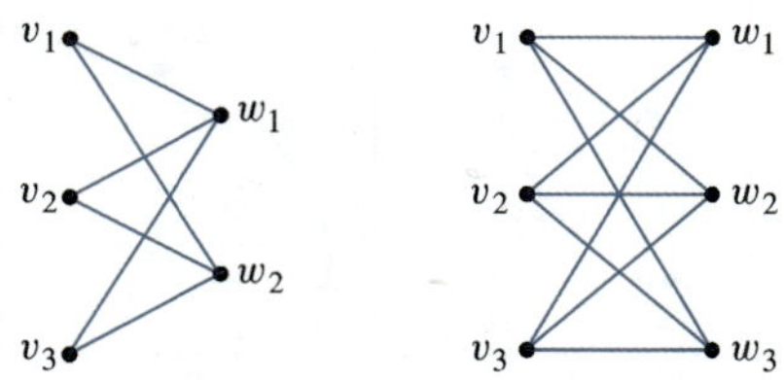

$K_{3,2}$ $K_{3,3}$ ■

• 정의

그래프 H가 그래프 G의 **부분 그래프**(subgraph)라고 하면 H의 모든 정점은 G에 있는 정점이고, H의 모든 변은 G에 있는 변이며, H의 모든 변은 G에서 같은 끝점을 가진다.

예제 10.1.11 **부분 그래프**

정점 집합 $\{v_1, v_2\}$와 변 집합 $\{e_1, e_2, e_3\}$로 이루어지고, e_1의 끝점은 v_1과 v_2이고, e_2의 끝점은 v_1과 v_2이고, e_3는 v_1에서 루프인 그래프 G가 있다. 이 그래프의 모든 비공백 부분 그래프를 나열하라.

풀이

G는 아래와 같이 그릴 수 있다.

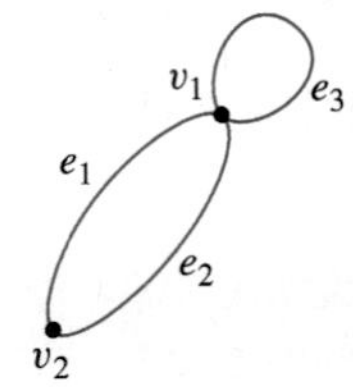

변이 없는 것, 변이 한 개 있는 것, 변이 두 개 있는 것, 변이 세 개 있는 것으로 분류할 수 있는 G의 11개 부분 그래프가 있다. 그림 10.1.4는 11개의 부분 그래프를 나타낸다.

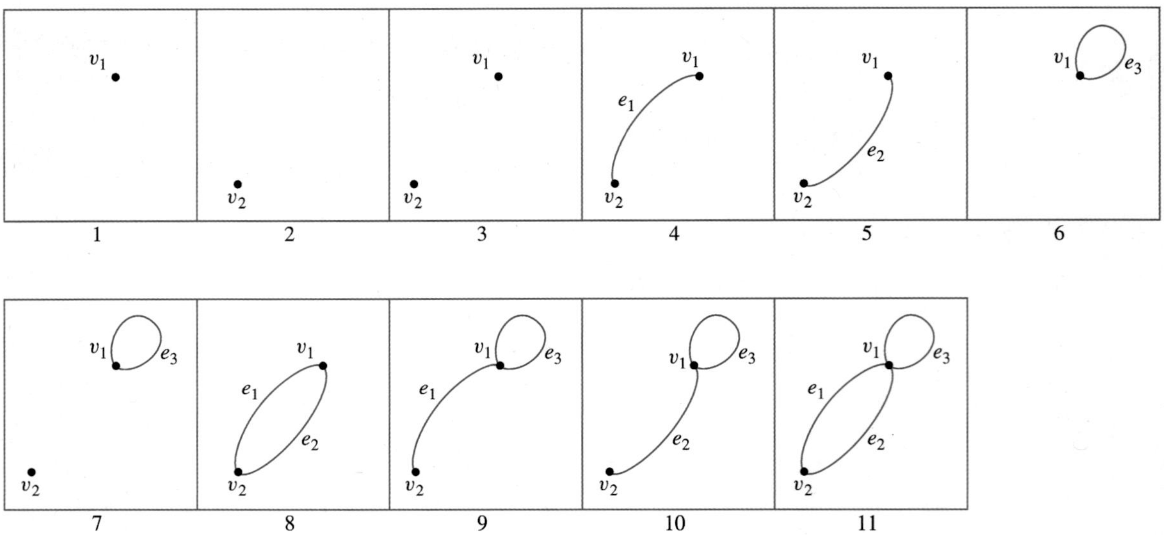

그림 10.1.4 ■

차수의 개념

정점의 차수(degree of a vertex)는 정점에 연결된 변의 끝 부분의 개수이다. 그래프에서 모든 정점의 차수의 합은 그래프에 있는 변의 개수의 2배이다.

• 정의

G는 그래프이고 v는 G의 정점이라고 하자. **v의 차수**(degree of v) **deg(v)**는 v에 인접한 변의 수와 같은데, 루프인 변은 두 배로 센다. **G의 총 차수**(total degree of G)는 G의 모든 정점의 차수의 합이다.

루프인 변은 차수를 2배로 세기 때문에 정점의 차수는 그래프의 그림에서 정점에 인접한 변의 끝 부분의 개수를 세면 구할 수 있다. 다음 그림에서 이것을 볼 수 있다.

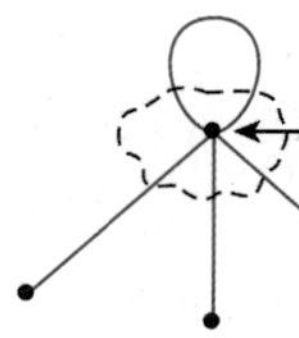

예제 10.1.12 **정점의 차수와 그래프의 총 차수**

아래의 그림에서 그래프 G에 있는 각 정점의 차수를 찾아라. 그리고 G의 총 차수를 구하라.

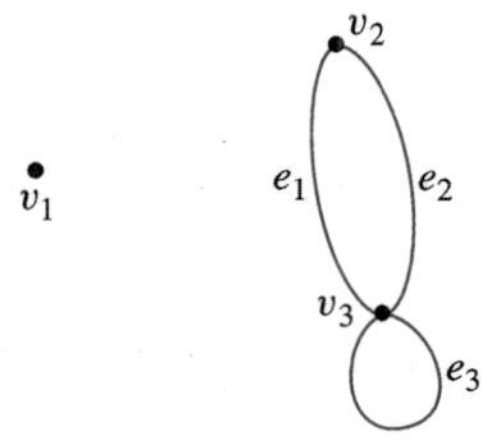

풀이

$\deg(v_1)=0$: v_1에 인접한 변이 없기 때문에(v_1은 고립되어 있다)

$\deg(v_2)=2$: v_2에 인접한 변이 e_1과 e_2이기 때문에

$\deg(v_3)=4$: v_3에 인접한 변이 e_1과 e_2이고 루프 e_3 또한 v_3에 인접하기 때문에(그리고 v_3의 차수에 2를 더한다)

G의 총 차수 $=\deg(v_1)+\deg(v_2)+\deg(v_3)=0+2+4=6$ ■

예제 10.1.12의 그래프 G의 총 차수 6은 G에 있는 변의 개수의 2배와 같음에 주목하라. 개략적으로 각 변은 두 개의 끝 부분을 가지고 각 끝 부분은 해당 정점의 차수를 위해서 한 번 세기 때문에 이것은 사실이다. 이 결과는 모든 그래프로 일반화할 수 있다.

사실 루프가 없는 그래프에 대한 일반적인 결과는 다음과 같이 설명할 수 있다. 파티에 참석한 사람들을 상상해 보라. 그들이 얼마나 사회적인가에 따라 각 사람은 다른 사람들과 악수하는 횟수가 다를 것이다. 각각의 악수는 사람 두 명이 하는 것이기 때문에 만약 각 사람이 악수를 한 횟수를 모두 더하면 그 합은 악수를 한 총수의 두 배와 같다. 이것은 **악수 보조정리**(handshake lemma) 또는 **악수 정리**(handshake theorem)라고 하는 상황을 설명하는 방법이다. 이것을 증명할 때, 그래프가 루프를 포함한다 하더라도 결론은 참이다.

정리 10.1.1 악수 정리

만약 G가 그래프이면 G의 모든 정점의 차수의 합은 G에 있는 변의 개수의 두 배와 같다. 특히 음이 아닌 정수 n에 대해 G의 정점이 $v_1, v_2, \ldots, v_n$이면

$$\begin{aligned} G\text{의 총 차수} &= \deg(v_1)+\deg(v_2)+\cdots+\deg(v_n) \\ &= 2\cdot(G\text{에 있는 변의 개수}) \end{aligned}$$

증명:

G는 특정하지만 임의적으로 선택된 그래프이고 G에는 n개의 정점 $v_1, v_2, \ldots, v_n$과 m개의 변이 있다고 하자. 여기에서 n은 양수이고 m은 음수가 아니다. G의 각 변은 G의 총 차수에 2를 기여하게 된다고 주장해야 한다. e를 끝점 v_i와 v_j를 가진 임의로 선택한 변이라고 가정하자. 이 변은 v_i의 차수에 1을, 그리고 v_j에 1을 더하게 된다. 아래에서 보는 것처럼 루프인 변은 인접한 정점의 차수를 계산할 때 두 번 세기 때문에 심지어 $i=j$일 때도 이 주장은 참이다

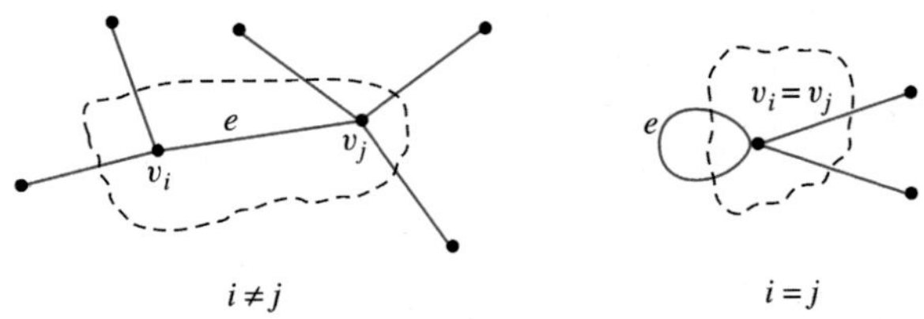

그러므로 e는 G의 총 차수에 2를 기여한다. e를 임의로 선택하였기 때문에 이것은 G에 있는 각 변이 G의 총 차수에 2를 기여한다는 것을 보인다. 따라서

$$G\text{의 총 차수} = 2 \cdot (G\text{에 있는 변의 개수})$$

다음의 따름정리는 정리 10.1.1의 직접적인 결과이다.

따름정리 10.1.2

그래프의 총 차수는 짝수이다.

증명:

정리 10.1.1에 의해 G의 총 차수는 정수인 변의 개수의 2배이기 때문에 G의 총 차수는 짝수이다.

예제 10.1.13 **그래프의 존재 여부 결정**

다음 특성을 가진 그래프를 그리거나, 그래프가 존재하지 않음을 보여라.

a. 차수가 각각 1, 1, 2, 3인 4개의 정점이 있는 그래프

b. 차수가 각각 1, 1, 3, 3인 4개의 정점이 있는 그래프

c. 차수가 각각 1, 1, 3, 3인 4개의 정점이 있는 단순 그래프

풀이

a. 이와 같은 그래프는 존재하지 않는다. 따름정리 10.1.2에 의하면 그래프의 총 차수는 짝수이다. 하지만 차수가 각각 1, 1, 2, 3인 네 개의 정점이 있는 그래프는 총 차수가 $1+1+2+3=7$로 홀수이다.

b. G는 아래의 그림과 같다.

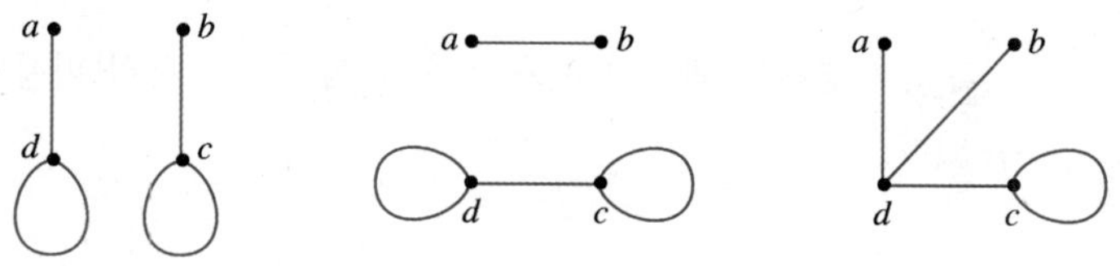

각 그래프의 변에 어떻게 라벨을 붙이더라도 $\deg(a)=1$, $\deg(b)=1$, $\deg(c)=3$, $\deg(d)=3$이다.

c. 차수가 각각 1, 1, 3, 3인 4개의 정점이 있는 단순 그래프는 없다.

증명(모순 명제에 의한):

차수가 각각 1, 1, 3, 3인 네 개의 정점이 있는 단순 그래프 G가 있다고 가정하자. a와 b는 차수 1의 정점이고 c와 d는 차수 3의 정점이라고 하자. $\deg(c)=3$이고 G에는 루프나 병렬 변이 없기 때문에(단순이기 때문에) a, b, d와 c를 연결하는 변이 존재해야만 한다.

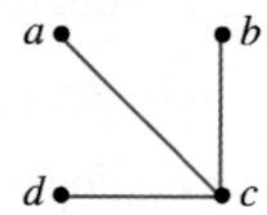

똑같은 이유로 a, b, c와 d를 연결하는 변이 존재해야만 한다.

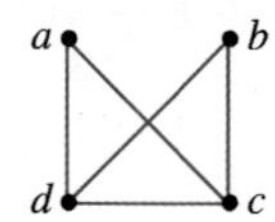

그러나 $\deg(a) \geq 2$와 $\deg(b) \geq 2$이어야 하는데 이 정점의 차수가 1이라는 가정과 모순이다. 따라서 가정은 거짓이고 결과적으로 차수가 각각 1, 1, 3, 3인 4개의 정점이 있는 단순 그래프는 없다. ■

예제 10.1.14 **친구 관계 그래프의 응용**

오직 5명만이 서로 친구가 되도록 9명을 그룹으로 묶을 수 있는가?

풀이

묶을 수 없다. 9명의 사람을 정점으로 표현하고 두 개의 정점을 변으로 연결한다면, 연결된 사람들을 친구로 나타내는 '친구 관계 그래프'를 상상해 볼 수 있다. 오직 5명만이 친구가 된다고 가정하자. 그러면 그래프에 있는 9개 정점의 각 차수는 5가 될 것이고 따라서 그래프의 총 차수는 45이다. 그러나 이것은 그래프의 총 차수는 짝수임을 나타내는 따름정리 10.1.2에 모순이다. 이 모순은 가정이 거짓임을 나타낸다. 따라서 오직 5명만이 서

로 친구가 되도록 9명을 그룹으로 묶는 것은 불가능하다. ■

다음의 명제는 짝수와 홀수 정수의 특성을 이용한 따름정리 10.1.2로부터 쉽게 추론할 수 있다.

명제 10.1.3
그래프에서 차수가 홀수인 정점의 개수는 짝수이다.

증명:
G를 임의의 그래프라 가정하고, 정수 n과 음이 아닌 정수 m에 대해 G에는 차수가 홀수인 n개의 정점이 있고 차수가 짝수인 m개의 정점이 있다고 하자.[n이 짝수임을 보여야 한다.] E는 차수가 짝수인 모든 정점의 차수의 합이고 O는 차수가 홀수인 모든 정점의 차수의 합이라 하자. 그리고 T를 G의 총 차수라 하자. 만약 $u_1, u_2, ..., u_m$은 차수가 짝수인 정점이고 $v_1, v_2, ..., v_n$은 차수가 홀수인 정점이라고 하면

$$E=\deg(u_1)+\deg(u_2)+\cdots+\deg(u_m)$$
$$O=\deg(v_1)+\deg(v_2)+\cdots+\deg(v_n)$$
$$T=\deg(u_1)+\cdots+\deg(u_m)+\deg(v_1)+\cdots+\deg(v_n)=E+O$$

이제 T, 즉 G의 총 차수는 따름정리 10.1.2에 의해서 짝수이다. 또한 E는 짝수인 0이거나 또는 E는 각각이 짝수인 $\deg(u_i)$의 합이기 때문에 E는 짝수이다. 그런데

$$T=E+O$$

따라서

$$O=T-E$$

이다. 그러므로 O는 2개의 짝수 정수의 차이다. 따라서 O 역시 짝수이다.

가정에 의해서 $\deg(v_i)$는 모든 $i=1, 2, ..., n$에 대해서 홀수이다. 따라서 짝수인 O는 n개의 홀수 정수 $\deg(v_1), \deg(v_2), ..., \deg(v_n)$의 합이다. 그러나 만약 n개 홀수의 합이 짝수이면 n은 짝수이다.(연습문제 16을 보라.) 그러므로 n은 짝수이다.

예제 10.1.15 **차수가 홀수인 정점의 개수가 짝수인 사실의 응용**

차수가 각각 1, 1, 2, 2, 2, 3, 4, 4, 4, 6인 10개의 정점이 있는 그래프가 있는가?

풀이

없다. 그래프에는 차수가 홀수인 정점이 3개 있다. 이는 명제 10.1.3에 의해서 불가능하다.

총 차수 $(1+1+2+2+2+3+4+4+4+6=29)$를 계산하고 이것이 홀수임을 보임으로

써 이와 똑같은 결과를 따름정리 10.1.2로부터 직접 추론할 수 있음을 주목하라. 그러나 명제 10.1.3을 사용하면 이러한 계산 없이 결과를 얻을 수 있다. ■

자 | 기 | 진 | 단

1. 그래프는 두 개의 유한 집합: _______와 _______로 구성되어 있다. 각 변은 _______로 구성된 집합과 연관되어 있다.
2. 그래프에서 루프는 _______이다.
3. 그래프에서 _______이면 두 개의 서로 다른 변은 병렬이다.
4. 두 개의 정점이 _______이면 인접한다고 한다.
5. 변은 _______에 부속된다.
6. 같은 끝점에 부속되는 2개의 변은 _______한다.
7. 변이 부속되지 않는 정점은 _______되었다고 한다.
8. 방향 그래프에서 각 변은 _______와 연관되어 있다.
9. 단순 그래프는 _______이다.
10. n개의 정점에 대한 완전 그래프는 _______이다.
11. (m, n) 정점에 대한 완전 이분 그래프는 정점들이 서로 공통 원소가 없는 두 개의 집합 V_1과 V_2로 나누어지는 단순 그래프이다. 여기에서 V_1에 있는 m개의 정점이 V_2에 있는 n개의 정점에 _______되고, V_1에 있는 어떤 정점도 _______에 연결되지 않으며 또한 V_2에 있는 어떤 정점도 _______에 연결되지 않는다.
12. 그래프 H는 (1) _______ (2) _______ (3) _______일 때 그래프 G의 부분 그래프이다.
13. 그래프에서 정점의 차수는 _______이다.
14. 그래프의 총 차수는 _______이다.
15. 악수 이론은 그래프의 총 차수가 _______라고 한다.
16. 어떤 그래프에서도 차수가 홀수인 정점의 개수는 _______이다.

연 / 습 / 문 / 제 10.1

1. 그래프를 그림으로 나타내었다. 그래프를 정점의 집합, 변의 집합, 변-끝점 함수의 표로 표현하여 형식적으로 정의하라.

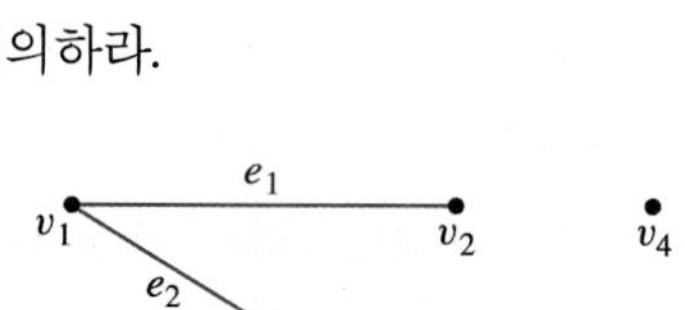

2. 명시된 그래프의 그림을 그려라. 그래프 G에는 아래의 변-끝점 함수를 나타내는 정점 집합 $\{v_1, v_2, v_3, v_4, v_5\}$와 변 집합 $\{e_1, e_2, e_3, e_4\}$가 있다.

변	끝점
e_1	$\{v_1, v_2\}$
e_2	$\{v_1, v_2\}$
e_3	$\{v_2, v_3\}$
e_4	$\{v_2\}$

3. 왼쪽 그림에 상응하게 오른쪽 그래프에 정점과 변의 라벨을 표시함으로써 두 개의 그림이 같은 그래프라는 것을 보여라.

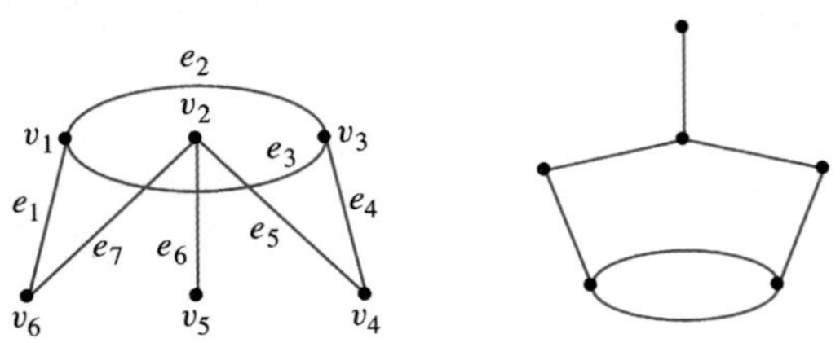

4. 다음 질문에 답하라.

(i) v_1에 인접한 모든 변을 찾아라.

(ii) v_3에 인접한 모든 정점을 찾아라.

(iii) e_1에 인접한 모든 변을 찾아라.

(iv) 모든 루프를 찾아라.

(v) 모든 병렬 변을 찾아라.

(vi) 모든 고립 정점을 찾아라.

(vii) v_3의 차수를 구하라.

(viii) 그래프의 총 차수를 구하라.

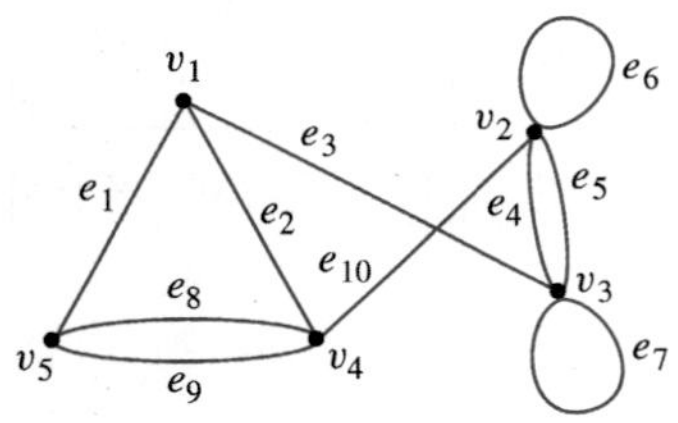

5. 예제 10.1.6의 그래프를 사용하여 답하라.

a. *Sports Illustrated*는 인쇄된 글(printed writing)을 포함하는가?

b. *Poetry Magazine*은 긴 단어(long words)를 포함하는가?

6. 인공지능 연구에서 예제로 쓰이는 또 다른 유명한 문제는 서기 775년에 편집된 *Problems for the Quickening of the Mind*라는 문제 모음에 처음 나타난 것이다. 이 문제에는 늑대, 염소, 양배추, 사공이 등장한다. 강의 왼편 둑에서 사공은 늑대와 염소와 양배추를 오른편 둑으로 옮겨야 한다. 사공은 혼자 가거나, 한 번에 한 개의 물건만을 옮길 수 있다. 그런데 늑대와 염소는 단 둘만 남아 있을 수 없고, 염소와 양배추도 함께 남아 있을 수 없다. 사공은 어떻게 이 문제를 해결해야 하는가?

7. 용량이 각각 3쿼트와 5쿼트인 주전자 A와 B가 있다. 이 두 개의 주전자를 이용해서 다음의 규칙을 지키며 정확하게 1쿼트의 물을 측정할 수 있는가? 주전자에 물을 가득 담거나, 주전자의 물을 비울 수 있으며, 한 주전자의 물을 다른 주전자에 따를 수 있다.

8. 차수가 0, 2, 2, 3, 9인 정점이 있는 그래프가 있다. 이 그래프에 있는 변은 몇 개인가?

연습문제 9~12에서는 지정된 특성을 가지는 그래프를 그리거나, 또는 그러한 그래프가 왜 존재하지 않는가를 설명하라.

9. 차수가 1, 2, 3, 3, 5인 5개의 정점이 있는 그래프

10. 차수가 1, 2, 3, 3인 4개의 정점이 있는 그래프

11. 차수가 1, 2, 3, 4인 4개의 정점이 있는 단순 그래프

12. 모든 정점의 차수가 3이고 6개의 변이 있는 단순 그래프

13. 다음 각 그래프에서 모든 부분 그래프를 찾아라.

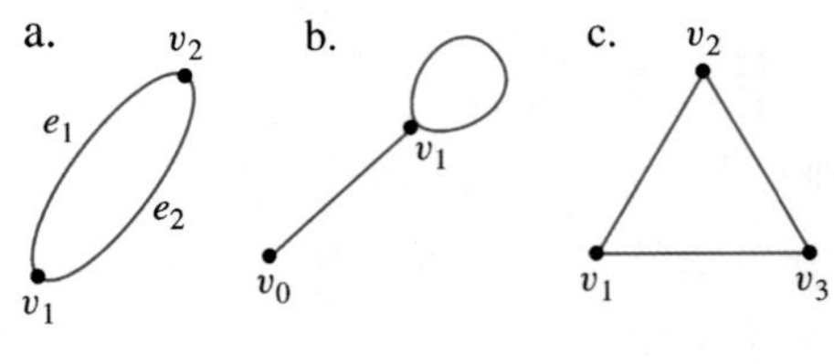

14. **a.** 15명의 그룹에서 각 사람이 오직 3명의 친구만을 가질 수 있는가? 설명하라.(우정은 대칭적인 관계라고 추측하라. 만약 x가 y의 친구이면 y는 x의 친구이다.)

b. 4명의 그룹에서 각 사람이 오직 3명의 친구만을 가질 수 있는가? 왜 그런가?

15. 어떤 홀수 정수의 홀수 개의 합은 홀수임을 증명하라.

16. 어떤 양수 n에 대해 n개의 홀수 정수의 합이 짝수이

면 n이 짝수임을 연습문제 15로부터 유도하라.

17. K_n은 n개의 정점이 있는 완전 그래프라는 것을 상기하라.

a. K_6을 그려라.

b. $n \geq 1$인 모든 정수에서 K_n에 있는 변의 개수가 $\dfrac{n(n-1)}{2}$임을 보여라.

18. 변의 개수가 정점의 개수의 2배인 단순 그래프가 있는가? 설명하라.

19. $K_{m,n}$은 (m, n) 정점들이 있는 완전 이분 그래프인 것을 상기하라.

a. $K_{4,2}$를 그려라.

b. $K_{1,3}$를 그려라.

c. $K_{3,4}$를 그려라.

d. $K_{m,n}$에서 차수가 m인 정점은 몇 개인가? 또한 차수가 n인 정점은 몇 개인가?

e. $K_{m,n}$의 총 차수는 얼마인가?

f. $K_{m,n}$에 있는 변의 개수를 나타내는 수식을 m과 n으로 표현하고 설명하라.

20. **이분 그래프**(bipartite graph) G는 V_1의 정점이 V_2에 연결될 경우, V_1의 정점이 V_1의 다른 정점으로 연결되지 않고 V_2의 정점 역시 V_2의 다른 정점에 연결되지 않는 2개의 서로소인 공집합이 아닌 부분집합 V_1과 V_2로 나눠지는 정점 집합을 가지는 단순 그래프이다. 예를 들어 (i)에 그려진 그래프 G는 (ii)와 같이 다시 그릴 수 있다. (ii)의 그림에서 G는 서로소인 정점 집합 $V_1=\{v_1, v_3, v_5\}$와 $V_2=\{v_2, v_4, v_6\}$로 나누어지는 이분이다.

(i)

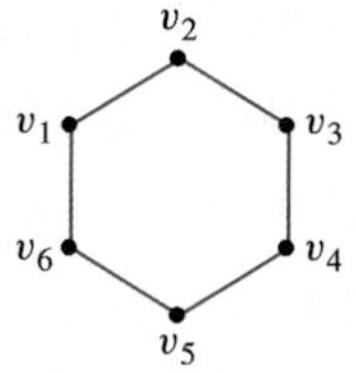

(ii)

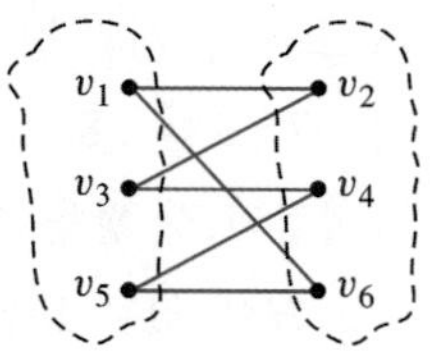

다음의 그래프 중 이분인 것을 찾아라. 이분 특성을 증명하기 위해 이분 그래프를 다시 그려라.

a.

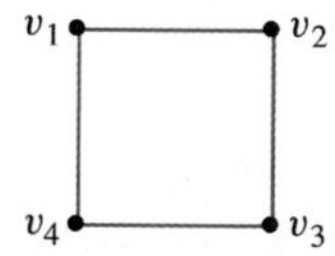

b.

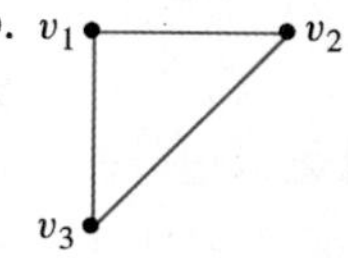

c.

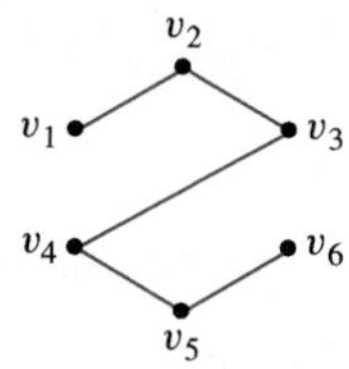

d.

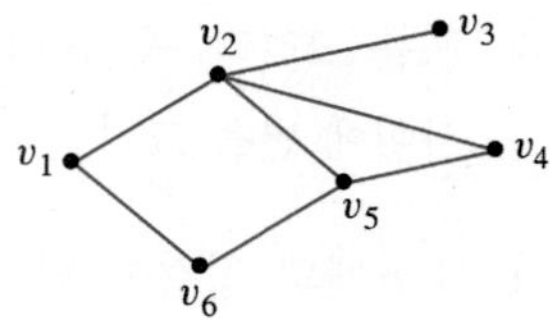

e.

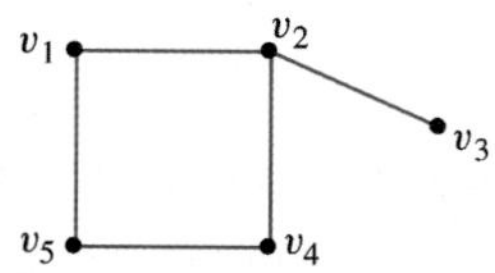

f.

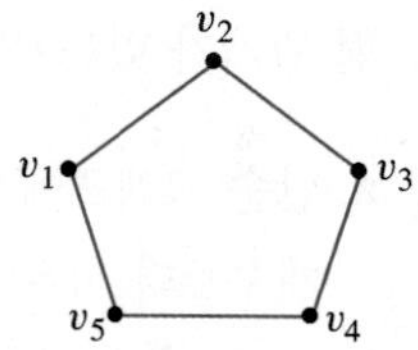

> **정의:** G가 단순 그래프라면, **G의 보수**(complement)는 G'으로 나타내며 다음과 같이 얻을 수 있다. G'의 정점 집합은 G의 정점 집합과 같다. 그러나 정점 v와 w가 G에서 연결되어 있지 않을 경우에만 G'에서 연결된다. 예를 들어 G가 다음과 같다면
>
> 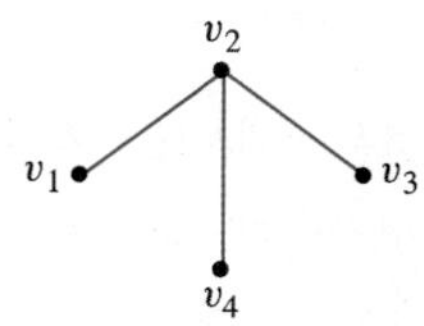
>
> G'은 다음과 같다.
>
> 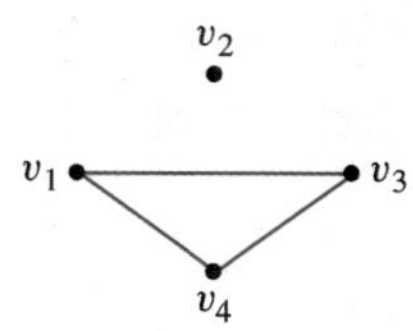

21. 다음 각 그래프의 보수를 찾아라.

a.

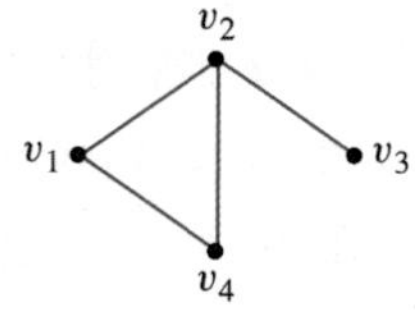

b.

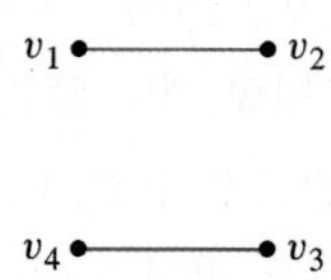

22. A, B, C, D, E의 5명으로 된 그룹이 있다. 다음 2명의 사람은 서로 친하다: A와 C, A와 D, B와 C, C와 D, C와 E.

a. 이 상황을 표현하는 그래프를 그려라.

b. 5명 중에서 친하지 않은 사람들을 나타내는 그래프를 그려라. 즉 두 사람이 친하지 않으면 두 사람 사이에 변을 그리면 된다.

23. G를 n개의 정점이 있는 단순 그래프라 하자. G에 있는 변의 개수와 G'에 있는 변의 개수 사이에는 어떤 관계가 있는가?

24. **a.** 단순 그래프에서 각 정점은 그래프에 있는 정점의 개수보다 적은 차수를 가지는가? 왜 그런가?

b. 서로 다른 차수를 가지는 4개의 정점이 있는 그래프가 존재할 수 있는가?

c. 모든 정점이 서로 다른 차수를 가지는 단순 그래프가 존재할 수 있는가?

25. 2명 이상의 그룹에서 최소한 2명은 같은 명수의 친구를 가지는가? 왜 그런가?

26. 아래에 있는 그림은 a에서 g까지 이름이 붙여진 나라들의 지도라고 생각하자. 인접한 두 개의 나라를 같은 색으로 칠하지 않고 오직 세 가지 색으로만 지도를 칠할 수 있는가? 이 질문에 답하기 위하여 각 나라를 정점으로 나타내고 경계를 마주한 인접한 두 개의 나라는 변으로 연결하는 그래프를 그리고 분석하라.

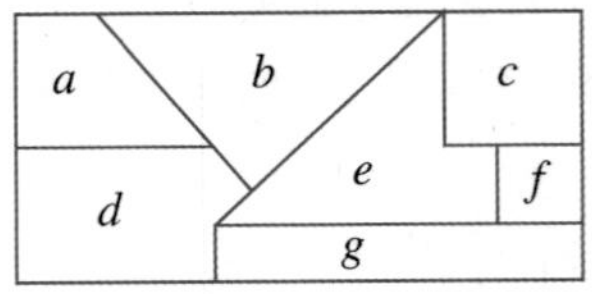

27. 이 연습문제에서 그래프는 스케줄링 문제를 풀 수 있도록 도와준다. 수학과에 있는 11명의 교수들은 다음 위원회에 소속되어 있다.

학부 교육: Bergen, Jones, Kashina, Cohen
대학원 교육: Gatto, Moussa, Cohen, Catoiu
세미나: Sahin, Goldman, Ash
도서관: Cortzen, Bergen, Sahin
고용: Gatto, Goldman, Jones
인사: Moussa, Wang, Cortzen

위원회는 학기 첫 번째 주에 모두 회의를 가져야 한다. 하지만 오직 세 개의 시간대에만 회의를 가질 수 있다. 그들이 종사하는 모든 위원회 회의에 소속 교수들이 모두 참석할 수 있도록 일정을 만들라. 이것을 풀기 위해 각 위원회를 그래프의 정점으로 표현하고, 두 개의 위원회가 같은 위원을 포함한다면 두 개의 정점 사이에 변을 그려라. 같은 위원을 포함하는 두 개의 위원회를 같은 색으로 칠하지 않도록 세 가지 색으로 정점들을 칠하는 방법을 찾아라. 회의 일정을 결정하기 위하여 이 결과를 어떻게 이용하는지 설명하라.

자 | 기 | 진 | 단 | 해 | 답

1. 공집합이 아닌 정점의 유한 집합, 변의 유한 집합, 끝점이라는 한 개 또는 두 개의 정점 2. 한 개의 끝점을 가지는 변 3. 같은 끝점 집합을 가지면 4. 변으로 연결되면 5. 끝점 6. 인접 7. 고립 8. 끝점이라고 불리는 정점의 순서쌍 9. 루프나 병렬 변이 없는 그래프 10. n개의 정점이 있고 서로 다른 정점의 각 쌍을 한 개의 변이 연결하는 단순 그래프 11. 변으로 연결; V_1에 있는 다른 정점; V_2에 있는 다른 정점 12. H에 있는 모든 정점이 G에 있는 정점이다; H에 있는 모든 변이 G에 있는 변이다; H에 있는 모든 변이 G와 같은 끝점에 연결되어 있다 13. 정점에 인접한 변의 개수이며 루프는 2배로 센다 14. 그래프에 있는 모든 정점의 차수 합 15. 그래프에 있는 변의 개수의 2배와 같다 16. 짝수

10.2 트레일, 경로 및 회로

Bettmann/CORBIS

Leonhard Euler
(1707-1783)

사람들은 상상할 때 명확한 그림이 그려질 때만 추론을 시작할 수 있다.—W. W. Sawyer, *Mathematician's Delight*, 1943

1736년 위대한 수학자 Leonhard Euler가 다음에 주어진 퍼즐에 대한 해결 방법을 제시한 논문을 발표했을 때부터 그래프 이론의 주제를 논의하기 시작하였다.

> 프러시아에 있는 쾨니히스베르크(현재 러시아의 칼리닌그라드)는 프레겔 강의 두 개의 지류가 만나는 곳에 위치한다. 이곳은 강둑을 따라 한 개의 섬과 여러 지역으로 구성되어 있다. 이곳은 그림 10.2.1과 같이 일곱 개의 다리로 연결되어 있다.
>
> 질문은 다음과 같다. 모든 다리를 한 번씩만 건너서 모든 지역을 둘러본 후에 원래의 위치로 되돌아올 수 있을까?

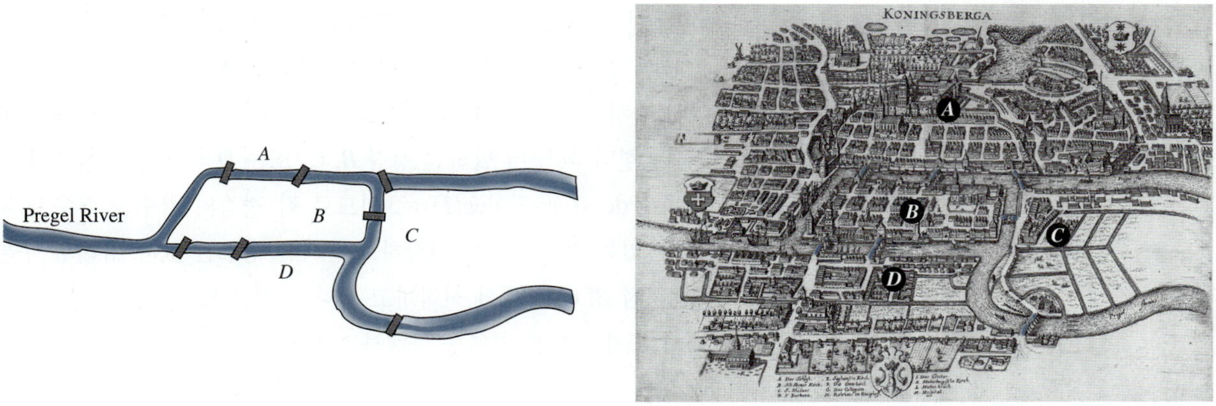

그림 10.2.1 쾨니히스베르크의 7개의 다리

이 퍼즐을 풀기 위해 Euler는 그래프 이론 문제로 설명하였다. 같은 땅덩어리 안의 한 점에서 다른 점으로 가는 것은 다리를 건너는 것이 아니기 때문에 주어진 땅덩어리 안의 모든 점이 서로 같다는 점에 주목하였다. 그래서 이 문제를 풀기 위해 그림 10.2.2에서 보여 준 것처럼 쾨니히스베르크의 지도의 각 땅덩어리는 정점 A, B, C, D로, 7개의 다리는 7개의 변으로 표현하였다.

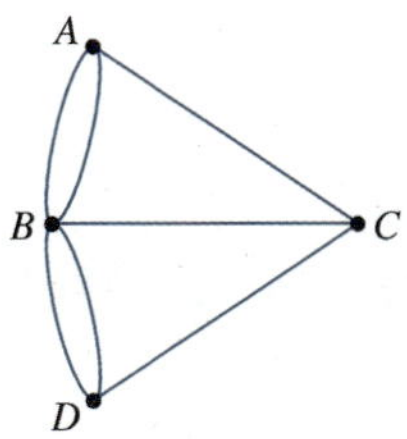

그림 10.2.2 쾨니히스베르크 지도의 그래프 표현

이 문제를 그래프로 설명하면 다음과 같이 된다.

정점 A, B, C, D 중 한 개의 정점에서 시작해서 끝나며, 각 변을 단 한 번씩만 지나가는 그래프 경로를 찾을 수 있을까?

동등하게

종이에서 연필을 떼지 않고 한 점에서 시작해서
끝나는 그래프를 그리는 것이 가능할까?

이 문제에 대해서 잠깐 동안 생각해 보자. 조건을 만족시키는 경로를 찾을 수 있을까? 시도해 보라.

이 그래프에서 정점에서 떠나야 하는데 사용할 수 있는 변이 없거나 또는 사용하지 않는 변이 남아 있기 때문에 경로를 찾는 것은 좌절감을 줄 것이다. 예를 들어 만약 정점 A에서 시작한다면 정점 B, C, 또는 D를 각각 통과해야 하고 각 정점에서 두 개의 변을 사용해야 할 것이다. 왜냐하면 한 개의 변을 사용하여 출발하였으면 다른 변을 사용해서 도착해야 하기 때문이다. 그래서 만약 그래프의 모든 변을 사용하고 정점 A에서 시작하고 끝나는 경로를 찾는 것이 가능하다면 각 정점 B, C, 또는 D로부터 시작하고 끝나는 전체의 개수는 2의 배수가 되어야 한다. 바꾸어 말하면 정점 B, C, 또는 D의 차수가 짝수가 되어야 한다. 그러나 $\deg(B)=5$, $\deg(C)=3$, $\deg(D)=3$이므로 각 정점의 차수는 짝수가 아니다. 그러므로 퍼즐을 풀 수 있는 정점 A에서 시작하고 끝나는 경로는 없다. 유사한 추론에 의해 퍼즐을 풀 수 있는 정점 B, C, D에서 시작하고 끝나는 경로 또한 없다. 그러므로 다리를 단 한 번씩만 건너서 도시의 모든 지역을 산책하는 것은 불가능하다.

정의

그래프를 여행하는 것은 한 정점에서 일정한 변들의 열에 따라 다른 정점으로 이동함으로써 이루어진다. 예를 들어 아래의 그래프에서 u_1에서 f_1을 통하여 u_2로, 다시 f_7를 통하여 u_4로 가면 u_1에서 u_4로 갈 수 있다. 이것은 다음과 같이 표현된다.

$$u_1f_1u_2f_2u_4$$

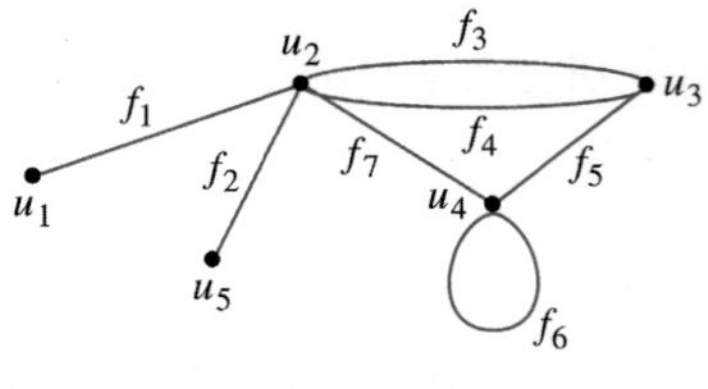

또는 그래프를 에워싸는 경로를 표현할 수 있다.

$$u_1f_1u_2f_3u_3f_4u_2f_3u_3f_5u_4f_6u_4f_7u_3f_3u_3f_5u_4$$

인접한 정점과 변들의 열의 특정한 형태, 즉 반복되는 변이 없는 형태, 반복되는 정점이 없는 형태, 같은 정점에서 시작하고 끝나는 형태는 그래프 이론에서 특히 중요하다.

• 정의

G는 그래프이고, v와 w는 그래프의 정점이라고 하자.

v에서 w까지의 길(walk from v to w)은 G의 인접한 정점들과 변들의 유한 교대 열(sequence)이다. 그래서 길은 다음의 형태를 가진다.

$$v_0 e_1 v_1 e_2 \cdots v_{n-1} e_n v_n$$

여기에서 v는 정점을 표현하고, e는 변을 표현한다. $v_0 = v$, $v_n = w$, $i = 1, 2, \ldots, n$에 대해서 v_{i-1}과 v_i는 e_i의 끝점이다. **v에서 v까지의 단순 길**(trivial walk from v to v)은 단일 정점 v로 구성된다.

v에서 w까지의 트레일(trail from v to w)은 반복되는 변을 포함하지 않는 길이다.
v에서 w까지의 경로(path from v to w)는 반복되는 정점을 포함하지 않는 트레일이다.
닫힌 길(closed walk)은 같은 정점에서 시작하고 끝나는 길이다.

회로(circuit)는 최소한 한 개의 변이 있으며 반복되는 변을 포함하지 않는 닫힌 길이다.

단순 회로(simple circuit)는 시작과 끝 정점을 제외하고 다른 반복되는 정점이 없는 회로이다.

참고로 이 정의를 다음 표와 같이 요약한다.

	반복되는 변?	반복되는 정점?	같은 정점에서 시작하고 끝나는가?	최소한 한 개의 변을 포함하는가?
길	허용	허용	허용	아니요
트레일	아니요	허용	허용	아니요
경로	아니요	아니요	아니요	아니요
닫힌 길	허용	허용	예	아니요
회로	아니요	허용	예	예
단순 회로	아니요	처음과 마지막만	예	예

종종 길을 변들의 열이나 정점들의 열로 명백하게 명시할 수 있다. 다음 두 개의 예는 길을 어떻게 표현하는지 보여 준다.

예제 10.2.1 길의 표기

a. 아래의 그래프에서, 표기법 $e_1 e_2 e_4 e_3$는 다음의 길 $v_1 e_1 v_2 e_2 v_3 e_4 v_3 e_3 v_2$를 명백하게 설명

한다. 반면에 표기법 e_1으로 길을 나타내면 $v_1e_1v_2$ 또는 $v_2e_1v_1$을 의미할 수 있으므로 모호하다.

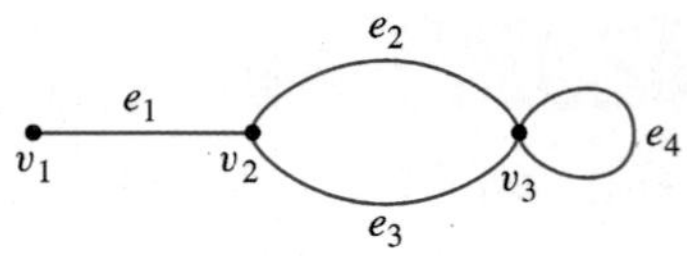

b. (a)의 그래프에서 표기법 v_2v_3로 길을 나타내면 모호하다. 이것은 $v_2e_2v_3$ 또는 $v_2e_3v_3$를 의미할 수 있다. 반면에 아래 그래프에서 $v_1v_2v_2v_3$는 길 $v_1e_1v_2e_2v_2e_3v_3$를 명백하게 설명한다.

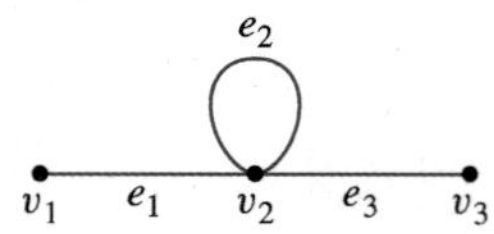

■

그래프 G에 병렬 변이 없다면 G의 길은 정점들의 열에 의해서 유일하게 결정되는 것에 주목하라.

예제 10.2.2 **길, 트레일, 경로 및 순환**

아래 그래프에서 각각의 길이 트레일, 경로, 회로, 단순 회로 중에서 어떤 것인지 결정해 보라.

a. $v_1e_1v_2e_3v_3e_4v_3e_5v_4$ b. $e_1e_3e_5e_5e_6$ c. $v_2v_3v_4v_5v_3v_6v_2$

d. $v_2v_3v_4v_5v_6v_2$ e. $v_2v_3v_4v_5v_6v_3v_2$ f. v_1

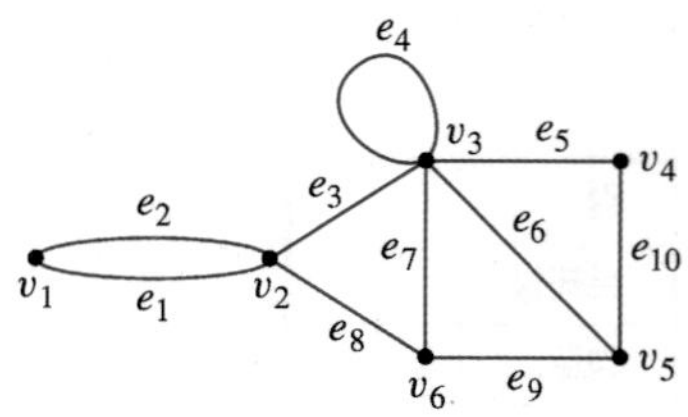

풀이

a. 이 길은 반복되는 정점을 포함하고 있다. 그러나 반복되는 변은 포함하지 않는다. 그래서 v_1에서 v_4까지의 경로이지만 단순 경로는 아니다.

b. 이것은 v_1에서 v_5까지의 길이다. 반복되는 변을 포함하고 있기 때문에 이것은 경로가 아니다.

c. 이 길은 정점 v_2에서 시작하고 끝나며, 반복되는 변이 없다. 그래서 이것은 회로이다. 정점 v_3가 중간에서 반복되기 때문에 이것은 단순 회로는 아니다.

d. 이 길은 정점 v_2에서 시작하고 끝을 맺으며, 반복되는 변이 없고 반복되는 정점도 없다.

그러므로 이것은 단순 회로이다.

e. 이것은 정점 v_2에서 시작하고 끝나는 닫힌 길이다. 변 e_3와 정점 v_3가 반복되기 때문에 회로도, 단순 회로도 아니다.

f. 이 길의 처음 정점은 마지막 정점으로 서로 같지만 변이 없어서 회로도 아니다. 이것은 v_1에서 v_1으로 가는 닫힌 길이다.(이것은 또한 v_1에서 v_1으로 가는 트레일이다.) ■

대부분의 주요 그래프 이론이 비교적 최근에 또한 매우 다양한 상황에서 발전하였기 때문에 용어들이 표준화되지 않았다. 예를 들어 이 책에서 **그래프**라고 하는 것을 가끔 **다중 그래프**라고 하고 **단순 그래프**를 **그래프**라고 한다. 또한 이 책의 **정점**을 **노드**로, **변**을 **아크**라고 한다. **트레일** 대신에 **경로**를, **경로** 대신에 **단순 경로**를, **단순 회로** 대신에 **사이클**을 사용하기도 한다. 이 책의 용어는 가장 일반적으로 사용되는 것이며 다른 정보를 참고할 때는 반드시 정의를 살펴보기 바란다.

연결

직관적으로 연결의 개념을 이해하는 것은 쉽다. 개략적으로 말하면, 그래프의 인접한 변들의 열을 따라 임의의 정점에서 임의의 다른 정점으로 여행이 가능하다면 그래프는 연결된 것이다. 연결의 형식적인 개념은 길의 용어로 나타낸다.

• 정의

G를 그래프라고 하자. v에서 w까지의 길이 있으면 **G의 두 개의 정점 v와 w는 연결**(vertex v and w of G are connected)되어 있는 것이다. G에서 임의로 주어진 두 개의 정점 v와 w에 대해서 v에서 w까지의 길이 있다면 **그래프 G가 연결**(graph G is connected)되어 있는 것이다. 기호로 나타내면

$$G \text{ is connected} \Leftrightarrow \forall \text{ vertices } v, w \in V(G), \exists \text{ a walk from } v \text{ to } w$$

이 정의의 부정은 G에 있는 두 개의 정점을 연결하는 길이 없다면 그래프 G는 연결되지 않은 것이다.

예제 10.2.3 **연결 그래프와 비연결 그래프**

다음의 그래프는 연결되어 있는가?

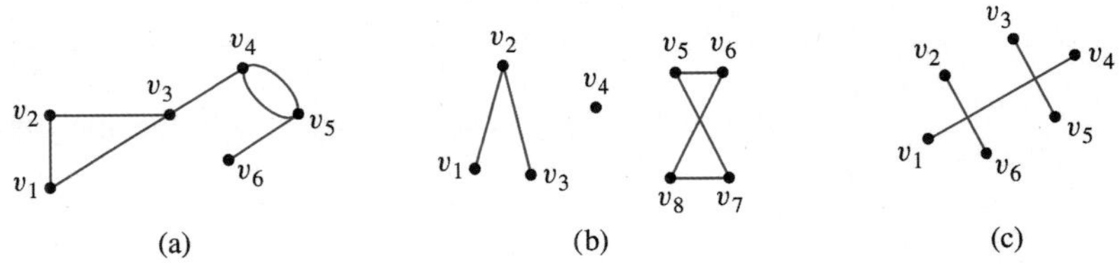

풀이

그래프 (a)는 연결되어 있다. 반면에 (b)와 (c)는 연결되어 있지 않다. 왜 (c)가 연결되어 있지 않은지 이해하기 위해서는, 두 개의 변이 정점이 아닌 다른 점에서 교차하는 그래프를 그린다고 생각한다. 따라서 그래프 (c)는 다음과 같이 다시 그릴 수 있다.

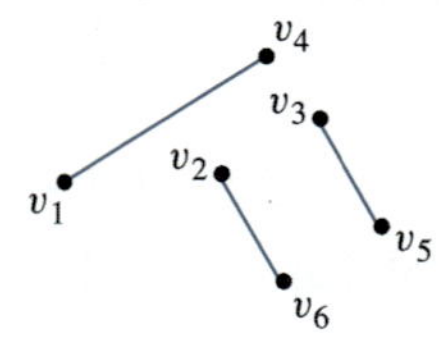

■

회로와 연결에 관련된 몇 가지 유용한 사실은 다음 보조정리에 나와 있다. (c)의 증명은 10.5절에 있다.

보조 정리 10.2.1

G를 그래프라고 하자.

a. 만약 G가 연결되어 있다면 G에 있는 서로 다른 두 개의 정점은 단순 경로로 연결된다.
b. 만약 정점 v와 w가 G에 있는 회로의 부분이고 한 개의 변이 회로에서 지워진다면 G에는 여전히 v에서 w까지의 경로가 있다.
c. 만약 G가 연결되어 있고 G가 회로를 포함하고 있다면 G의 연결성을 잃지 않고 회로의 변을 지울 수 있다.

예제 10.2.3을 다시 보라. 그래프 (b)와 (c) 모두 3개의 조각으로 이루어져 있다. 그리고 각각 모두 연결 그래프이다. 그래프의 연결 요소는 가능한 최대 크기의 연결 부분 그래프이다.

• 정의

다음 조건을 만족시키면 그래프 H는 그래프 G의 **연결 성분**(connected component)이다.

1. H는 G의 부분 그래프이다.
2. H는 연결되어 있다.
3. G에서 연결되지 않은 부분 그래프는 부분 그래프에 H를 포함하고 H에 없는 정점과 변을 포함한다.

이 사실은 그래프는 연결 성분들의 합집합이라는 것을 보여 준다.

예제 10.2.4 **연결 성분**

다음 그래프 G의 모든 연결 성분을 찾아라.

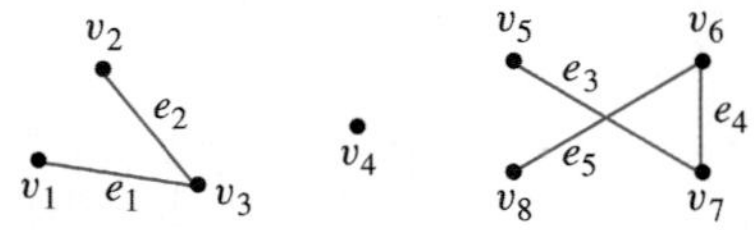

풀이

G에는 3개의 연결 성분이 있다: 정점 집합 V_1, V_2, V_3와 변 집합 E_1, E_2, E_3를 각각 가지는 H_1, H_2, H_3.

$$
\begin{aligned}
V_1 &= \{v_1, v_2, v_3\}, & E_1 &= \{e_1, e_2\} \\
V_2 &= \{v_4\}, & E_2 &= \emptyset \\
V_3 &= \{v_5, v_6, v_7, v_8\}, & E_3 &= \{e_3, e_4, e_5\}
\end{aligned}
$$

■

Euler 회로

이제 쾨니히스베르크 다리 퍼즐과 유사한 일반적인 문제를 생각해 보자. 다음 정의는 Euler의 위대한 업적이다.

> • 정의
>
> G를 그래프라고 하자. G의 **Euler 회로**(Euler circuit)는 G의 모든 정점과 모든 변을 포함하는 회로이다. 즉 G의 Euler 회로는 같은 정점에서 시작하고 끝나며, G의 모든 정점을 적어도 한 번씩 모두 사용하고, G의 모든 변을 단 한 번씩만 사용하는, G에서 인접한 정점들과 변들의 열이다.

쾨니히스베르크 다리 퍼즐을 풀기 위해 초기에 사용한 이 분석은 다음 이론을 증명하기 위해서 일반화되었다.

> **정리 10.2.2**
>
> 만약 그래프에 Euler 회로가 있다면 그래프의 모든 정점의 차수는 짝수이다.
>
> **증명:**
>
> 그래프 G에 Euler 회로가 있다고 가정하자.[G의 주어진 정점 v에 대해서, v의 차수가 짝수라는 것을 보여 주어야 한다.] v를 어느 특정한, 그렇지만 임의로 선택한 G의 정점이라고 하자. Euler 회로가 G의 모든 변을 포함하기 때문에, 정점 v에 인접한 변을 모두 포함한다. 이제 Euler 회로의 출발에 인접한 변들 중 하나의 중간에서 시작하고 출발 변의 중간에서 끝내기 위해 Euler 회로를 계속해서 도는 여행을 상상해 보라.(그

림 10.2.3 을 보라.) 한 개의 변을 통해서 v에 들어갈 때마다, 바로 다른 변으로 빠져나온다(여행이 변의 중간에서 끝나기 때문에).

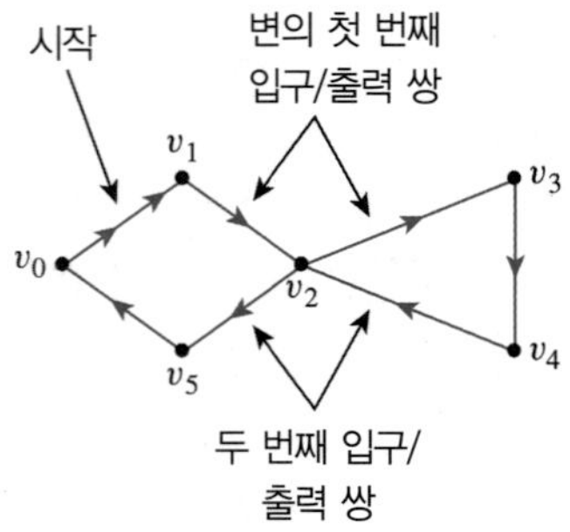

이 예에서 Euler 순환은 $v_0v_1v_2v_3v_4v_5v_0$ 이고 v는 v_2 이다. 1개의 변을 통해서 v_2 에 들어갈 때마다, 다른 변으로 빠져나온다.

그림 10.2.3 정리 10.2.2의 증명을 위한 예

Euler 순환이 G의 모든 변을 단 한 번씩만 사용하였기 때문에 이 과정에서 v에 인접한 모든 변을 단 한 번씩만 통과하였다. 그러므로 v에 인접한 변은 입구/출구 한 쌍에서 발생한다. 그리고 결론적으로 v의 차수는 2의 배수가 되어야 한다. 이것은 v의 차수가 짝수임을 의미한다.

어떤 명제의 대우는 논리적으로 원 명제와 같다. 다음은 정리 10.2.2 의 대우이다.

정리 10.2.2 의 대우

만약 그래프에 있는 정점의 차수가 홀수이면 그래프에는 Euler 회로가 없다.

이 대우는 Euler 회로가 없는 그래프가 주어졌을 때 유용하다.

예제 10.2.5 **어떤 그래프가 Euler 회로를 가지지 않음을 보이기**

아래의 그래프는 Euler 회로를 가지지 않음을 보여라.

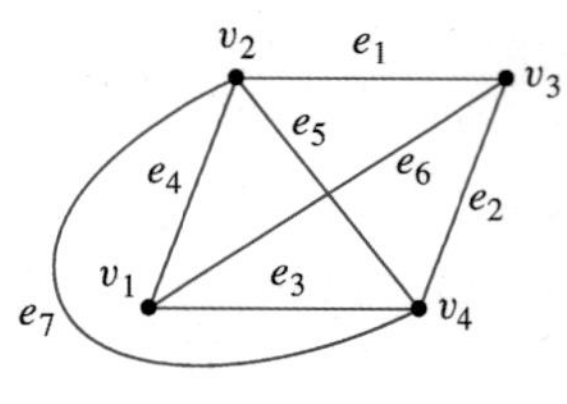

풀이

정점 v_1과 v_3 모두 차수가 홀수인 3이다. 그러므로 정리 10.2.2(의 대우)에 의하여 이 그래프는 Euler 회로를 가지지 않는다. ■

이제 정리 10.2.2의 역을 생각해 보자. 만약 그래프의 모든 정점의 차수가 짝수이면 그래프는 Euler 회로를 가진다. 이것이 사실일까? 그 대답은 '아니요' 이다. 여기에 모든 정점의 차수가 짝수인 그래프 G가 있다. 그러나 G는 Euler 회로를 가지지 않는다. 사실 이와 같은 그래프가 많이 있다. 한 가지 예를 통해 설명해 보자.

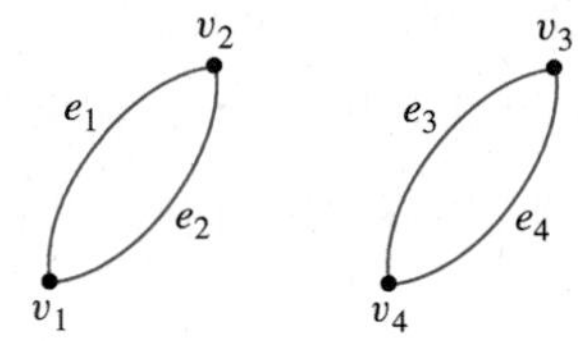

앞의 그림에서 그래프가 연결되어 있지 않은 점에 주목하라. 비록 정리 10.2.2의 역은 거짓일지라도 수정된 역은 사실이다. 만약 그래프의 모든 정점의 차수가 짝수이고 그래프가 연결되어 있으면 그래프는 Euler 회로를 가진다. 이 사실의 증명은 구성적이다. 이것은 모든 정점의 차수가 짝수인 연결 그래프에서 Euler 회로를 찾기 위한 알고리즘을 포함하고 있다.

정리 10.2.3

만약 공집합이 아닌 그래프의 모든 정점의 차수가 짝수인 그래프가 연결되어 있으면 그래프는 Euler 회로를 가진다.

증명:

G는 공집합이 아닌 연결 그래프이고 G의 모든 정점의 차수는 짝수라고 가정하자.[G에서 Euler 회로를 찾아야만 한다.] 다음의 알고리즘을 이용하여 회로 C를 구성해 보자.

단계 1: G에서 하나의 정점 v를 선택하라.

[이 단계는 가정에 의해 G의 정점 집합이 공집합이 아니기 때문에 수행된다.]

단계 2: v에서 시작하고 끝나며, 반복되는 변이 없는 인접한 정점과 변의 순서를 구하라. 결과로 얻어지는 회로를 C라고 하자.

[이 단계는 다음의 이유 때문에 수행된다. G의 각 정점의 차수가 양의 짝수이므로 G의 각 정점이 하나의 변을 통하여 들어갈 때, 정점이 v 자신이고 v에 인접한 다른 사용하지 않은 변이 없거나, 또는 이전에 사용하지 않았던 변을 통하여 들어왔다가 나올 수 있다. 그래프에 있는 변의 개수는 (그래프의 정의에 의해서) 유한이기 때문에, 구별되는 변들의 열은 영원할 수 없다. v의 차수가 양의 짝수이므로 결국 열은 v로 돌아오게 되며 변이 v와 다른 정점을 연결한다면 v로 돌아오는 다른 변이 꼭 있다.]

단계 3: C가 G의 모든 변과 정점을 포함하는지 검사하라. 만약 그렇다면 C는 Euler

회로이고 증명은 끝난다. 만약 그렇지 않다면 다음의 단계를 수행해야 한다.

단계 3a: G에서 C의 모든 변과 C의 변을 제거하였을 때 고립되는 모든 정점을 제거하라. 결과로 얻어지는 부분 그래프를 G'이라고 하자.

[G'이 연결되어 있지 않은 것(그림 10.2.4에 그려진 것처럼)에 주목하라. 그러나 G'의 모든 정점의 차수는 짝수이다.(C의 변을 제거하는 것은 각 정점으로부터 변의 짝수를 제거하는 것이기 때문에 두 개의 짝수 정수의 차이는 짝수이다. 차수가 0인 고립된 정점이 제거된다.)]

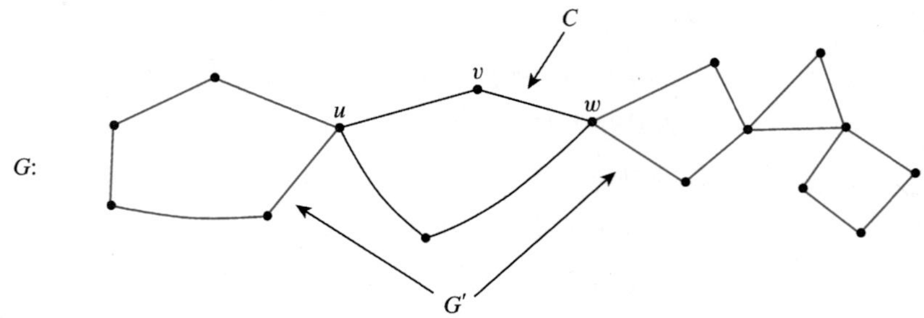

그림 10.2.4

단계 3b: C와 G'의 두 개의 그래프에서 공통의 정점 w를 선택하라.

[G가 연결되어 있기 때문에 적어도 한 개의 정점은 존재한다.(그림 10.2.4에 두 개의 정점 u와 w가 있다.)]

단계 3c: w에서 시작하고 끝나며, 절대 반복되는 변이 없도록 G'의 인접한 정점들과 변들의 열을 구하라. 결과로 얻어지는 회로를 C'이라고 하자.

[G'의 각 정점의 차수가 짝수이고 G'이 유한하기 때문에 마칠 수 있다. 단계 2의 정당성을 보라.]

단계 3d: 다음과 같이 회로 C''을 생성하기 위해 C와 C'을 붙여라. v에서 시작해서 C의 길을 따라 w에 도착한다. 그리고 C'의 모든 길을 따라 w로 되돌아온다. 그 후에 C의 여행하지 않은 부분을 따라서 계속하면 v로 돌아온다.

[그림 10.2.4의 그래프에서 단계 3c와 3d를 실행한 효과를 그림 10.2.5에서 볼 수 있다.]

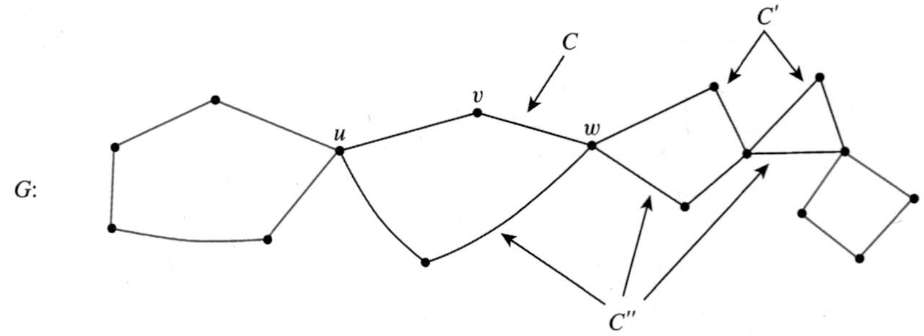

그림 10.2.5

> 단계 3e: $C=C''$이라 하고 단계 3으로 돌아간다.
>
> 그래프 G가 유한하기 때문에 이 알고리즘에서 설명한 단계들의 실행은 끝나게 된다. 그리고 G의 Euler 회로가 그려질 것이다.(단계 1, 2, 3b, 3c의 선택 요소 때문에 다양한 Euler 회로가 이 알고리즘을 사용하여 생성될 수 있다는 것을 주목하라.)

예제 10.2.6 Euler 회로 찾기

정리 10.2.3을 사용하여 아래의 그래프에 Euler 회로가 있는지 확인해 보라. 그리고 그래프에서 Euler 회로를 찾기 위해 정리의 증명에서 쓰인 알고리즘을 사용하라.

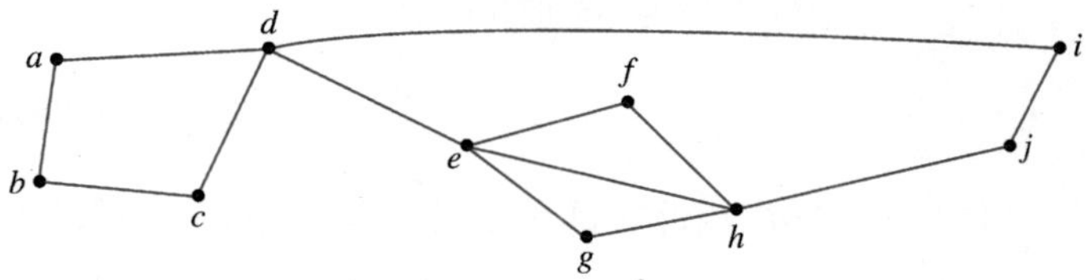

풀이

$\deg(a)=\deg(b)=\deg(c)=\deg(f)=\deg(g)=\deg(i)=\deg(j)=2$ 와 $\deg(d)=\deg(e)=\deg(h)=4$ 임을 주목하라. 따라서 모든 정점의 차수는 짝수이다. 또한 그래프는 연결되어 있다. 그리하여 정리 10.2.3에 의하여 그래프에는 Euler 회로가 있다.

정리 10.2.3의 알고리즘을 사용하여 Euler 회로를 구성하기 위하여 $v=a$로 놓고 C는

$$C\colon abcda$$

이라 하자. C는 아래와 같이 번호가 매겨진 변으로 표현된다.

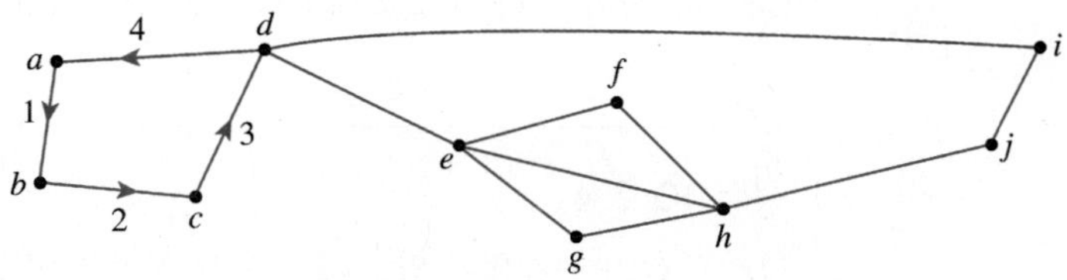

C는 그 그래프에 대한 Euler 회로는 아니지만 d에서 그래프의 나머지 부분과 교차하는 점에 주목하라. 그리고 C'은

$$C'\colon deghjid$$

이다. C에 C'을 붙이면

$$C''\colon abcdeghjida$$

$C=C''$이라고 하자. 그러면 C는 다음과 같이 번호가 매겨진 변으로 표현된다.

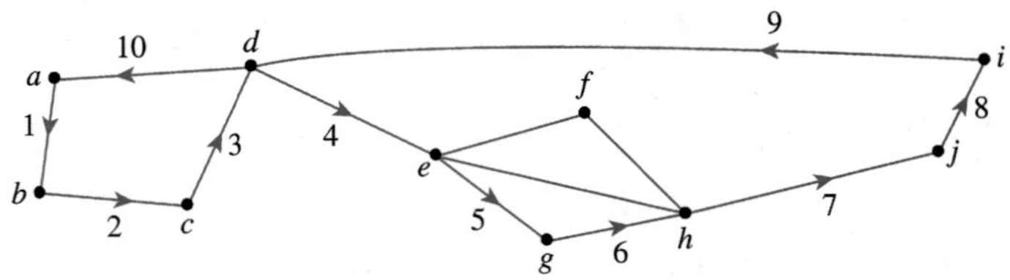

C는 그 그래프에 Euler 회로는 아니지만 e에서 그래프의 나머지 부분과 교차하는 점에 주목하라. 그리고 C'은

$$C': efhe$$

이다. C에 C'을 붙이면

$$C'': abcdefheghjida$$

$C=C''$이라고 하자. 그러면 C는 다음과 같이 번호가 매겨진 변에 의해 표현된다.

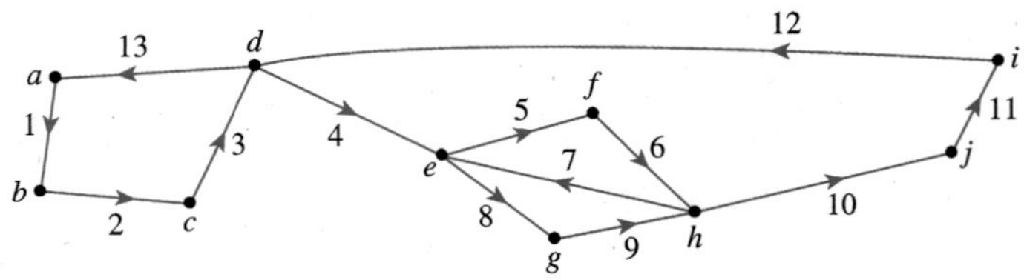

C가 그래프의 모든 변을 단 한 번씩만 포함하기 때문에 C는 그 그래프의 Euler 회로이다. ■

연습문제 23에서 Euler 회로를 가지는 임의의 그래프는 연결된다는 것을 보여야 한다. 이 결과는 정리 10.2.4에 기술한 것처럼 Euler 회로를 가지는 그래프의 완전한 특성을 부여하기 위하여 정리 10.2.2와 10.2.3을 결합하여야 한다.

> **정리 10.2.4**
> 그래프 G가 연결되어 있고 G의 모든 정점의 차수가 짝수라면, G는 Euler 회로를 가진다.

정리 10.2.4의 따름정리는 그래프의 모든 정점을 적어도 한 번씩 들르고 그래프의 변을 단 한 번씩만 거치도록 그래프의 한 정점으로부터 다른 정점으로 가는 길을 찾는 것이 가능한지를 결정하기 위한 기준을 제공한다.

• 정의

G를 그래프라고 하고, G에서 서로 다른 두 개의 정점을 v와 w라고 하자. **v에서 w까지의 Euler 트레일**(Euler trail from v to w)은 v에서 시작하고 w에서 끝나며, G의 모든 정점을 적어도 한 번씩 들르고 G의 모든 변을 단 한 번씩만 들르는 인접한 변들과 꼭지점들의 열이다.

따름정리 10.2.5

G를 그래프라고 하고, G에서 서로 다른 두 개의 정점을 v와 w라고 하자. v에서 w까지의 Euler 트레일이 존재할 필요충분조건은 G가 연결되어 있고, v와 w의 차수가 홀수이고, G의 다른 모든 정점의 차수가 짝수인 것이다.

예제 10.2.7 Euler 트레일 찾기

아래의 그림은 집의 마루 도면이다. 방 A에서 시작해서, 집 내부의 모든 출입구를 단 한 번씩만 통과하여, 방 B에서 끝나는 트레일을 찾을 수 있을까? 만약 그렇다면 그 트레일을 찾아보라.

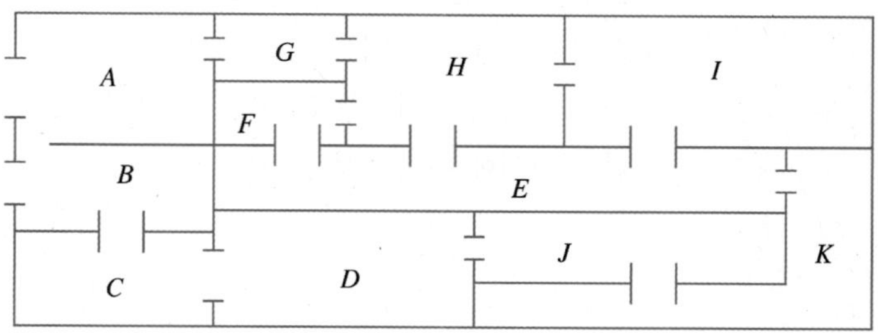

풀이

집의 마루 도면을 아래의 그래프로 표현해 보자.

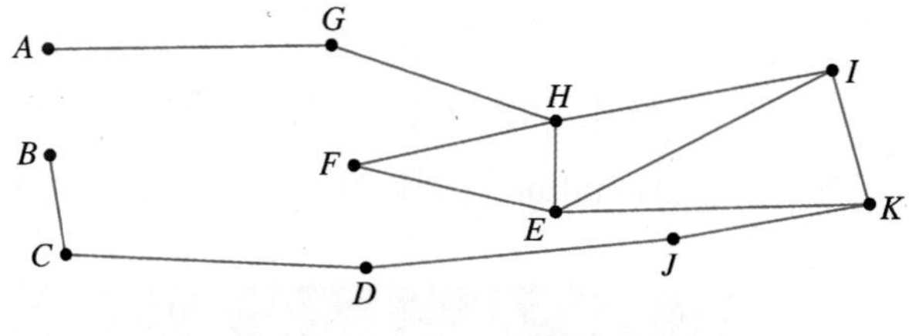

그래프의 각 정점은 A와 B를 제외하면 차수가 짝수이고 A와 B의 차수는 1이다. 따라서 따름정리 10.2.5에 의하여 A에서 B까지의 Euler 트레일이 존재한다. 한 가지 트레일은

$$A\,G\,H\,F\,E\,I\,H\,E\,K\,J\,D\,C\,B$$

이다. ■

Hamilton 회로

Sir Wm. Hamilton
(1805–1865)

Bettmann/CORBIS

정리 10.2.4는 다음의 질문에 대한 완전한 답이다. 주어진 그래프 G에서 G의 모든 변을 단 한 번씩만 거치는 G에 대한 회로를 찾을 수 있을까? 이와 관련된 질문은 다음과 같다. 그래프 G에서 G의 모든 정점을 단 한 번씩만 들르는 G에 대한 회로를 찾을 수 있을까?

1859년에 아일랜드의 수학자 Sir William Rowan Hamilton은 12면체(dodecahedron: DOH-dek-a-HEE-dron)를 소개하였다.(그림 10.2.6은 12개의 동일한 오각형 면으로 이루어진 12면체이다.)

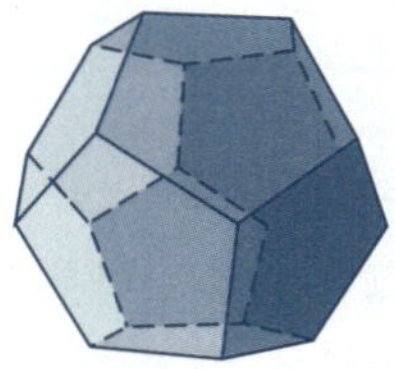

그림 10.2.6 12면체

각각의 정점에는 런던, 파리, 홍콩, 뉴욕 등과 같은 도시 이름이 붙어 있다. Hamilton이 제시한 어려운 문제는 어느 한 도시에서 시작하여 세계의 도시를 단 한 번씩만 들러서 처음의 도시로 다시 돌아오는 것이다. 퍼즐을 풀기 위한 한 가지 방법은 12면체의 표면을 아래와 같이 평면에 평평하게 펼치는 것이다.

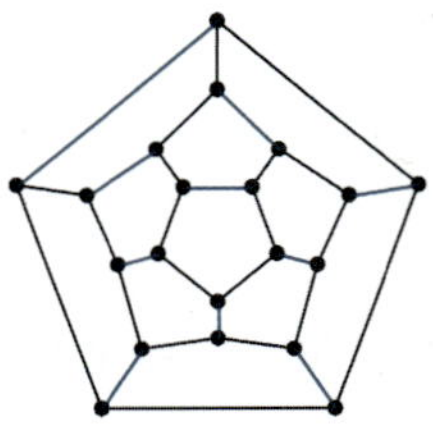

검정색 선으로 표시된 회로가 한 가지 해이다. 비록 모든 도시를 방문하더라도 많은 변이 회로에서 빠졌다.(좀 더 어려운 퍼즐은 특정한 도시를 특정한 순서에 방문하는 것이다.)

Hamilton을 기리기 위하여 다음 정의를 만들었다.

• 정의

그래프 G에서 G의 **Hamilton 회로**(Hamiltonian circuit)은 G의 모든 정점을 포함하는 단순 회로이다. 즉 G에 대한 Hamilton 회로는 서로 같은 시작과 끝 정점을 제외하고 G의 모든 정점이 단 한 번씩만 나타나는 인접한 정점들과 서로 다른 변들의 열이다.

비록 어떤 그래프 G에 대한 Euler 회로가 G의 모든 정점을 포함할지라도 몇몇의 정점은 한 번 이상 방문하게 되므로 Hamilton 회로가 아닐 수 있다. 반면에 G에 대한 Hamilton 회로는 G의 모든 변을 포함할 필요가 없으므로 Euler 회로가 아닐 수 있다.

Euler와 Hamilton 회로가 유사한 정의라고 할지라도 두 개의 회로는 매우 다르다. 정리 10.2.4는 어떤 그래프가 Euler 회로를 가지는지 판단하기 위한 기준을 제공한다. 유감스럽게도 어떤 그래프가 Hamilton 회로를 가지는지를 판단하기 위한 유사한 기준이 없을 뿐만 아니라 그런 회로를 찾기 위한 효과적인 알고리즘조차 없다. 하지만 어떤 그래프가 Hamilton 회로를 가지지 않음을 보여 주기 위하여 많은 경우에 사용될 수 있는 간단한 방법은 있다. 다음 고려 사항을 참고하라.

적어도 두 개의 정점이 있는 그래프 G는 다음과 같은 Hamilton 회로 C를 가진다.

$$C: v_0 e_1 v_1 e_2 \cdots v_{n-1} e_n v_n$$

C가 단순 회로이므로 모든 e_i는 다르고 모든 v_j는 $v_0 = v_n$을 제외하고 모두 다르다. H는 C의 정점과 변을 사용하여 형성된 G의 부분 그래프이다. H는 아래의 예와 같다.

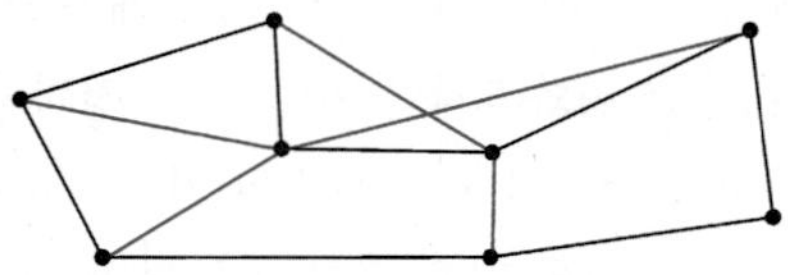

H는 검은 선으로 표시하였다.

H에서 n개의 모든 변이 서로 다르고, $v_1, v_2, \ldots, v_n$인 n개의 정점이 있기 때문에 변의 개수와 정점의 개수가 같은 것에 주목하라. 또한 Hamilton 회로의 정의에 따라 G의 모든 정점이 H의 정점이고, H의 임의의 두 개의 정점도 회로에 놓여 있기 때문에 H는 연결되어 있다. 더구나 H의 모든 정점의 차수가 2이다. 이런 이유로 어떠한 정점에도 두 개의 변만이 인접한다. 이 변은 $v_0 = v_n$을 제외한 어떤 정점 v_n의 e_i와 e_{i+1}이다. 그리고 $v_0 (= v_n)$에는 e_1과 e_n이 있다. 적어도 두 개의 정점을 가지는 G의 모든 경우에 이 관찰은 다음의 명제에서 참을 입증하였다.

명제 10.2.6

만약 그래프 G가 Hamilton 회로를 가진다면 G는 다음 성질을 가지는 부분 그래프 H를 가진다.

1. H는 G의 모든 정점을 포함한다.
2. H는 연결되어 있다.
3. H는 정점과 같은 수의 변을 가진다.
4. H의 모든 정점은 차수 2를 가진다.

만약 G가 단 한 개의 정점만을 가지고 G가 Hamilton 회로를 가진다면 그 회로는 $v\ e\ v$

형태를 가진다. 여기서 v는 G의 정점이고 오는 v에 부속하는 변이다. 이 경우에 v와 e로 이루어진 부분 그래프 H는 명제 10.2.6의 조건 (1)~(4)를 만족시킨다.

어떤 명제의 대우는 원 명제와 논리적으로 같다는 것을 상기하자. 명제 10.2.6의 대우는 다음과 같다. 만약 그래프 G가 (1)~(4)의 성질을 가진 부분 그래프 H를 가지지 않는다면, G는 Hamilton 회로를 가지지 않는다.

예제 10.2.8 **어떤 그래프가 Hamilton 회로를 가지지 않음을 보이기**

다음의 그래프 G는 Hamilton 회로를 가지지 않음을 증명하라.

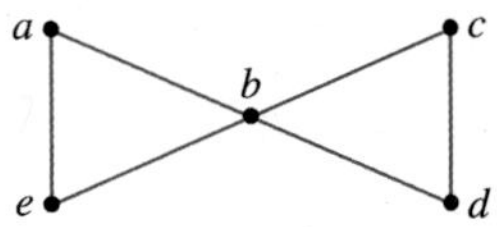

풀이

만약 G가 Hamilton 회로를 가진다면 명제 10.2.6에 의해서 G는 (1) G의 모든 정점을 포함하고 (2) 연결되어 있고 (3) 정점과 같은 개수의 변이 있고 (4) 모든 정점의 차수가 2인 부분 그래프 H를 포함한다. 이러한 부분 그래프 H가 존재한다고 가정하라. 다시 말하면 5개의 정점 (a, b, c, d, e)와 5개의 변이 있고, 정점의 차수가 모두 2이고 G의 연결 부분 그래프 H가 있다고 가정하라. G에서 b의 차수가 4이고 H의 모든 정점의 차수가 2이기 때문에 b에 부속한 두 개의 변은 H를 만들어 내기 위해 G로부터 제거되어야 한다. 변 $\{a, b\}$는 제거될 수 없다. 왜냐하면 그렇게 된다면 정점 a가 H에서 그보다 작은 차수를 가지게 될 것이기 때문이다. 유사한 이유로 변 $\{e, b\}$, $\{b, a\}$, $\{b, d\}$도 제거될 수 없다. 그러면 H에서 b의 차수는 4가 된다. 하지만 이것은 H의 모든 정점의 차수는 2가 되어야 한다는 것에 모순이다. 따라서 그러한 부분 그래프 H는 존재하지 않고 G는 Hamilton 회로를 가지지 않는다. ■

다음 예제는 **외판원 문제**(traveling salesman problem)로 알려진 문제이다. 이 문제는 그래프에서 Hamilton 회로를 찾는 문제의 다른 형태이다.

예제 10.2.9 **외판원 문제**

아래 그림은 4개의 도시와 도시 사이의 거리를 km로 나타낸 지도라 상상해 보자. 외판원은 도시 A에서 시작해서 각 도시를 단 1번씩만 방문하고 도시 A로 돌아와야 한다. 총 거리가 최소가 되도록 어떤 경로로 도시들을 이동해야 하는가?

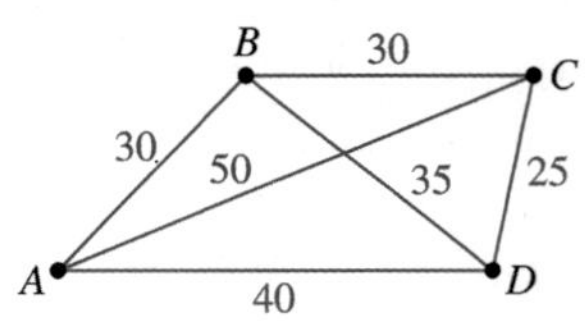

풀이

이 문제는 A에서 시작하고 끝나는 가능한 모든 Hamilton 회로를 찾고 거쳐 간 각 도시들 사이의 총 거리를 계산함으로써 풀 수 있다.

경로	총 거리(km)
$ABCDA$	$30+30+25+40=125$
$ABDCA$	$30+35+25+50=140$
$ACBDA$	$50+30+35+40=155$
$ACDBA$	140 [*ABDCA* 거꾸로]
$ADBCA$	155 [*ACBDA* 거꾸로]
$ADCBA$	125 [*ABCDA* 거꾸로]

따라서 경로 *ABCDA* 또는 *ADCBA*는 125 km의 최소 거리를 보여 준다. ■

일반적인 외판원 문제는 n개의 정점과 거리가 표시된 각 변이 있는 임의의 그래프에서 방문한 총 거리가 최소가 되는 Hamilton 회로를 찾는 것이다. 일반적인 외판원 문제를 풀기 위한 한 가지 방법은 예제 10.2.9와 같이 특정한 정점에서 시작하고 끝나는 모든 Hamilton 회로를 찾아서, 각각의 총 거리를 계산하고 총 거리가 최소인 회로를 선택하는 것이다. 그러나 n의 값이 크지 않다고 하더라도 이 방법은 실제 실행이 불가능하다. 정점 30개를 가지는 완전 그래프에서 검사해야 할 Hamilton 회로가 $29! \cong 8.84\times10^{30}$개나 된다. 비록 각 순환을 찾을 수 있고 그 총 거리를 1나노초에 계산한다고 하더라도 계산이 끝나기까지 대략 2.8×10^{14}년이 걸린다. 현재까지 일반적인 외판원 문제를 정확하게 풀기 위한 좀 더 효과적인 알고리즘은 알려지지 않았다. 그러나 '상당히 좋은' 해답을 찾는 효과적인 알고리즘이 있다. 이 알고리즘은 반드시 최소의 총 거리를 구하지 못하지만 여기서 구해진 회로는 대부분의 다른 Hamilton 회로보다 짧은 총 거리를 가진다.

자 | 기 | 진 | 단

1. G는 그래프이고 v와 w는 G의 정점이라고 하자.
   (a) v에서 w로 가는 길은 ______ 이다.
   (b) v에서 w로 가는 트레일은 ______ 이다.
   (c) v에서 w로 가는 경로는 ______ 이다.
   (d) 닫힌 길은 ______ 이다.
   (e) 회로는 ______ 이다.
   (f) 단순 회로는 ______ 이다.
   (g) 단순 길은 ______ 이다.
   (h) ______ 일 때 정점 v와 w는 연결되었다고 한다.
2. ______ 일 때 그래프는 연결되었다고 한다.
3. 어떤 그래프에 있는 회로에서 한 개의 변을 제거하면 ______ 않는다.
4. 어떤 그래프에서 Euler 회로는 ______ 이다.
5. 어떤 그래프가 Euler 회로를 가질 필요충분조건은 ______ 이다.
6. 어떤 그래프에서 정점 v와 w가 주어졌을 때, v에서 w로의 Euler 경로가 존재할 필요충분조건은 ______ 이다.

7. 그래프에서 Hamilton 회로는 ________ 이다.

8. 어떤 그래프 G가 Hamilton 회로를 가지면 G는 다음 성질을 가지는 부분 그래프 H를 가진다: ______, ________, ________, ________.

9. 외판원 문제는 각 변을 길이로 표시한 그래프에 대해 이동하는 총 거리를 최소화하는 ________ 을 찾는 것이다.

연/습/문/제 10.2

1. 아래 그래프에서 다음 길이 경로인지, 닫힌 길인지, 회로인지, 단순 회로인지, 또는 오직 길인지만 결정하라.

   a. $v_0e_1v_1e_{10}v_5e_9v_2e_2v_1$ **b.** $v_4e_7v_2e_9v_5e_{10}v_1e_3v_2e_9v_5$

   c. v_2 **d.** $v_5v_2v_3v_4v_4v_5$

   e. $v_2v_3v_4v_5v_2v_4v_3v_2$ **f.** $e_5e_8e_{10}e_3$

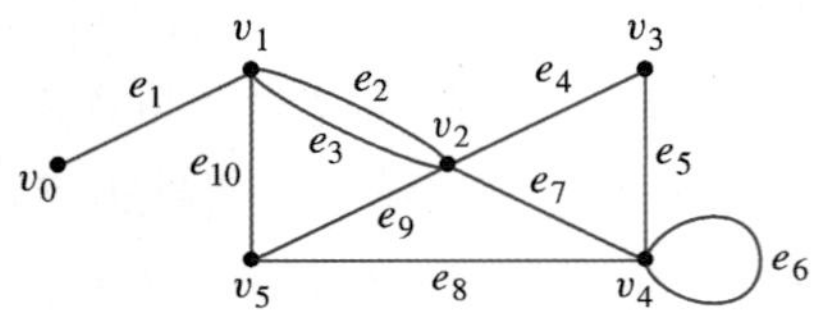

2. G를 그래프라고 하자.

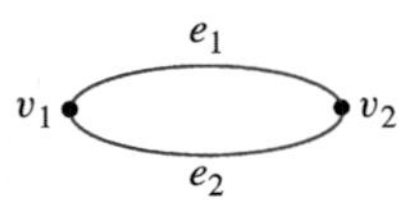

   그리고 길 $v_1e_1v_2e_2v_1$을 고려해 보자.

   a. 이 길은 명확하게 $v_1v_2v_1$으로 쓸 수 있는가? 그 이유는?

   b. 이 길은 명확하게 e_1e_2로 쓸 수 있는가? 그 이유는?

3. 다음의 그래프를 고려해 보라.

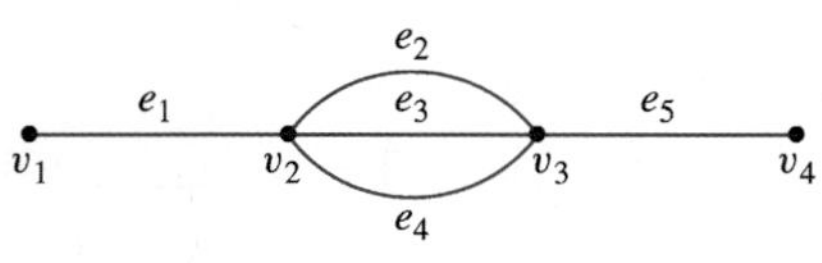

   a. v_1에서 v_4까지의 경로는 몇 개인가?

   b. v_1에서 v_4까지의 트레일은 몇 개인가?

   c. v_1에서 v_4까지의 길은 몇 개인가?

4. 그래프에서 지워지면 그래프가 연결되지 않는 변을 **다리**(bridge)라고 한다. 다음의 각 그래프에서 다리를 모두 찾아라.

a.

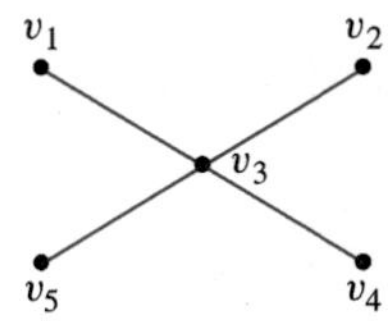

b.

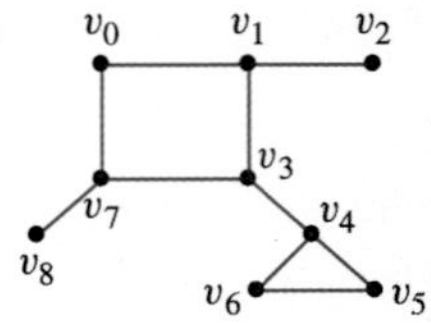

c.

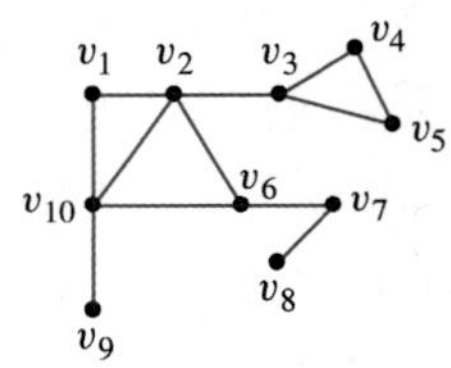

5. 다음의 그래프에서 각 연결 성분의 개수를 구하라.

a.

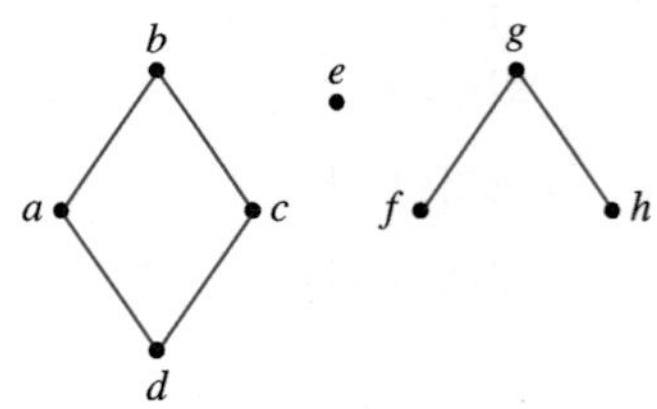

b.

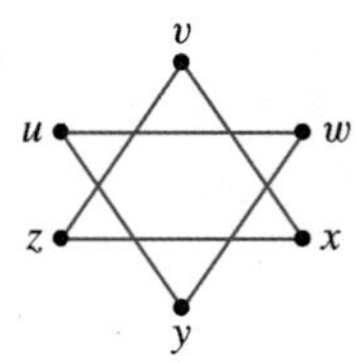

c.

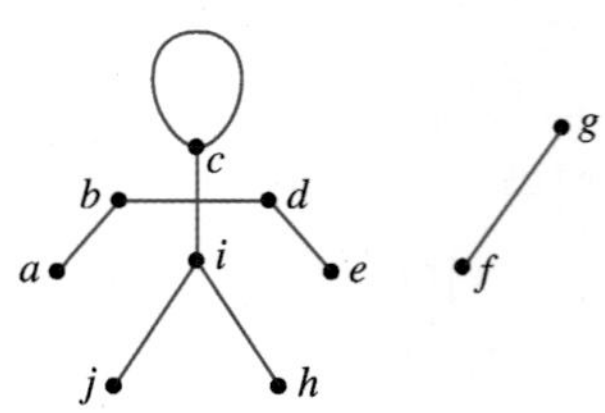

d.

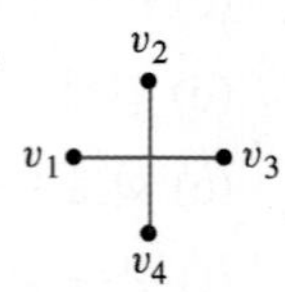

6. (a)~(c) 각각에서 그래프를 설명한다. 이들 그래프는 Euler 회로를 가지는가? 이 질문에 '예' 또는 '아니요' 또는 '반드시는 아니요' 중의 한 가지로 답하라. 또한 이를 증명하라.

a. G는 차수가 각각 2, 2, 3, 3, 4인 5개의 정점이 있는 연결 그래프이다.

b. G는 차수가 각각 2, 2, 4, 4, 6인 5개의 정점이 있는 연결 그래프이다.

c. G는 차수가 각각 2, 2, 4, 4, 6인 5개의 정점이 있는 그래프이다.

연습문제 7, 8의 각 그래프는 Euler 회로를 가지는지를 결정하라. 만약 그래프가 Euler 회로를 가지지 않는다면 그 이유를 설명하라. 만약에 그래프가 Euler 회로를 가진다면 그것을 그려 보라.

7.

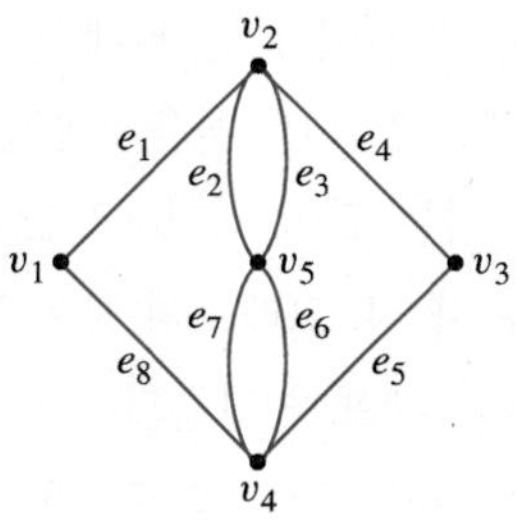

8.

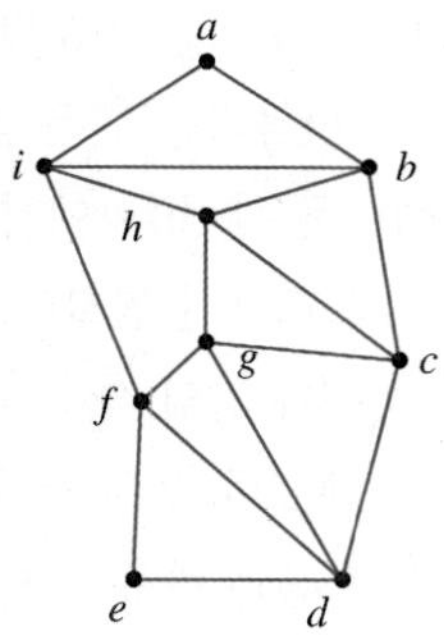

9. 다음 그래프에서 u에서 w까지의 Euler 경로가 있는지 결정하라. 만약 있다면 그 경로를 찾아보라.

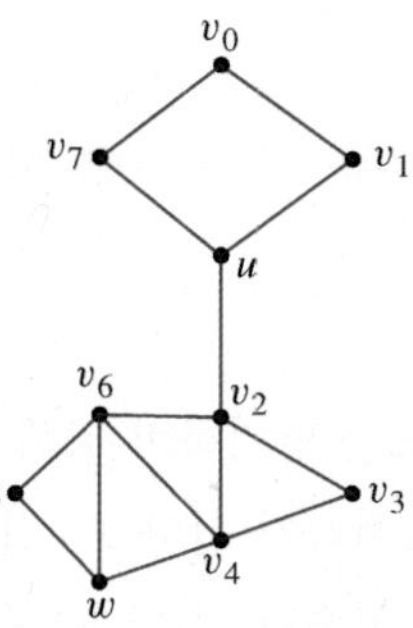

10. 다음 그래프에 대해 Hamilton 회로를 찾아보라.

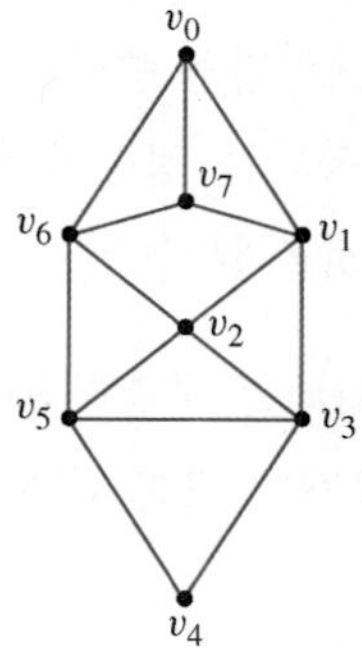

연습문제 11, 12의 각 그래프는 Hamilton 회로를 가지지 않음을 보여라.

11.

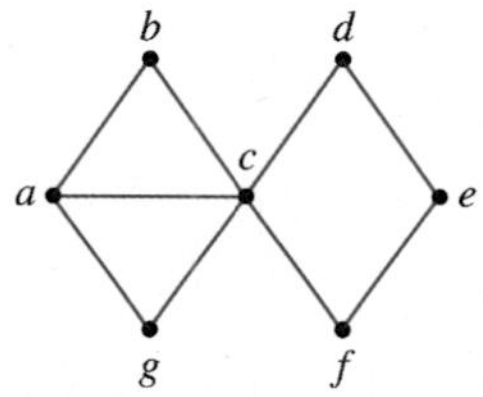

12.

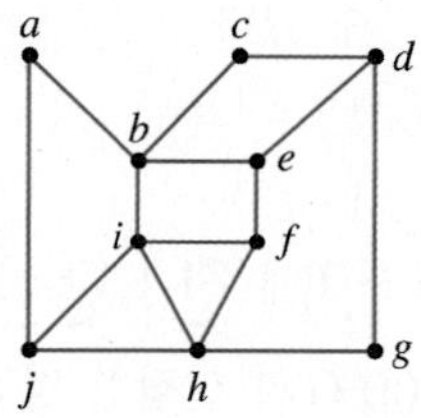

13. 다음 그래프가 Hamilton 회로를 가지고 있다면 찾아보라. 그것을 가지고 있지 않다면 왜 그런지 설명하라.

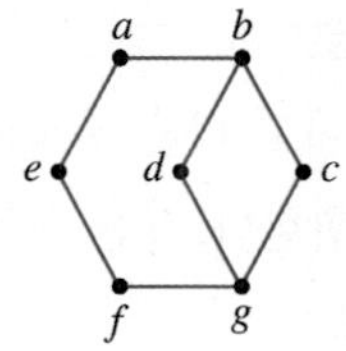

14. Euler 회로를 가지고 있지만 Hamilton 회로를 가지고 있지 않는 그래프의 예를 두 가지 들라.

15. Hamilton 회로를 가지고 있지만 Euler 회로를 가지고 있지 않는 그래프의 예를 두 가지 들라.

16. Euler 회로와 Hamilton 회로를 모두 가지고 있는 그래프의 예를 두 가지 들라.

17. 서로 다른 Euler 회로와 Hamilton 회로를 가지고 있는 그래프의 예를 두 가지 들라.

18. **a.** 그래프의 길이 반복 변을 포함하면 그 길은 반복되는 정점을 포함함을 증명하라.

b. (a)로부터 반복되는 정점이 없는 길은 반복되는 변이 없다는 것을 알 수 있는지 설명하라.

19. 보조정리 10.2.1(a)를 증명하라. 만약 G가 연결 그래프이면 G의 2개의 다른 정점은 경로로 연결될 수 있다.

20. 보조정리 10.2.1(c)를 설명하기 위해 그림을 그려라. 만약 그래프 G가 연결되어 있고 G가 회로를 포함하면 회로의 변은 G의 연결성을 잃지 않고 제거될 수 있다.

21. 만약 그래프가 정점 v에서 시작하고 끝나는 회로를 포함하면 v에서 시작하고 끝나는 단순 회로를 포함하는가? 그 이유는?

22. G를 연결 그래프라고 하자. 그리고 C는 G에 있는 임의의 회로라고 하자. G'은 G에서 C의 모든 변을 제거함으로써 얻어지는 부분 그래프이다. 그리고 몇몇 정점은 C의 변을 제거하였을 때 고립된다. 만약 G'이 공집합이 아니면 C와 G' 모두에 정점 v가 존재하는지 증명하라.

23. Euler 회로를 가지는 임의의 그래프는 연결되었다는 것을 증명하라.

자 | 기 | 진 | 단 | 해 | 답

1. (a) G의 인접한 정점과 변의 유한한 교대 열 (b) 반복되는 변이 없는 길 (c) 반복되는 정점이 없는 트레일 (d) 같은 정점에서 시작하고 끝나는 길 (e) 최소한 1개의 변이 있지만 반복되는 변은 없는 닫힌 길 (f) 처음과 끝을 제외하고 반복되는 정점이 없는 회로 (g) 변이 없이 1개의 정점으로 된 길 (h) v에서 w로 가는 길이 있다 2. 그래프에서 2개의 정점이 주어지면 2개의 정점을 연결하는 길이 있다 3. 그래프가 연결되지 않는다 4. 그래프의 모든 정점과 변을 포함하는 회로 5. 그래프가 연결되어 있고 모든 정점의 차수가 양의 짝수이다 6. 그래프가 연결되어 있고 v와 w의 차수가 홀수이고 다른 정점의 차수는 양의 짝수이다 7. 그래프의 모든 정점을 포함하는 단순 회로 8. H는 G의 모든 정점을 포함한다; H는 연결되어 있다; H는 같은 개수의 정점과 변을 가진다; H의 모든 정점의 차수는 2이다 9. Hamilton 회로

10.3 그래프의 행렬 표현

순서와 단순화는 주제를 숙달하는 첫 번째 단계이다.—Thomas Mann, *The Magic Mountain*, 1924

그래프가 컴퓨터 내부에서 어떻게 표현될까? 그래프를 명기하기 위해 필요한 모든 정보는 **행렬**(matrix)로 기술할 수 있고, 행렬은 컴퓨터로 표현하기 쉽다. 이 절에서는 행렬에 대한 기본 정의와 행렬 연산, 그래프와 행렬 사이의 관계 기술과 몇몇 응용을 다룬다.

행렬

행렬은 수열의 2차원 유사체이다. 행렬은 또한 2차원 배열이라고 불린다.

> **• 정의**
>
> **집합 S에 대한 $m\times n$(' m by n' 이라 읽는다) 행렬 A**($m\times n$ matrix A over a set S)는 m개의 행과 n개의 열로 배열된 S에 있는 요소들의 직사각형 배열이다.
>
> $$\mathbf{A} = \begin{bmatrix} a_{11} & a_{12} & \cdots & a_{1j} & \cdots & a_{1n} \\ a_{21} & a_{22} & \cdots & a_{2j} & \cdots & a_{2n} \\ \vdots & \vdots & & \vdots & & \vdots \\ a_{i1} & a_{i2} & \cdots & a_{ij} & \cdots & a_{in} \\ \vdots & \vdots & & \vdots & & \vdots \\ a_{m1} & a_{m2} & \cdots & a_{mj} & \cdots & a_{mn} \end{bmatrix} \leftarrow A\text{의 } i\text{번째 행}$$
>
> ↑ A의 j번째 열
>
> $\mathbf{A}=(a_{ij})$라고 쓴다.

A 의 *i* 번째 행(*i*th row of A)은

$$[a_{i1}\ a_{i2} \cdots a_{in}]$$

이고, **A 의 *j* 번째 열**(*j*th column of **A**)은

$$\begin{bmatrix} a_{1j} \\ a_{2j} \\ \vdots \\ a_{mj} \end{bmatrix}$$

이다.

A 의 i번째 행과 j번째 열의 a_{ij} 요소는 **A 의 *ij* 번째 요소**(*ij*th entry of **A**)라고 한다. $m\times n$ 행렬은 **$m\times n$ 의 크기**(size $m\times n$)를 가진다고 한다. 만약 **A** 와 **B** 가 행렬이고 **A**=**B** 이라면 **A** 와 **B** 는 같은 크기를 가지고 **A** 와 **B** 의 서로 대응하는 요소는 모두 같다. 즉

$$\text{모든 } i=1, 2, \ldots, m\text{과 } j=1, 2, \ldots, n\text{에 대해서, } a_{ij}=b_{ij}$$

행과 열의 개수가 같은 행렬을 **정방행렬**(square matrix)이라고 한다. 만약 **A** 가 $n\times n$ 크기의 정방행렬이면 **A 의 주대각선**(main diagonal of **A**)은 $a_{11}, a_{22}, \ldots, a_{nn}$ 요소로 구성된다.

$$\begin{bmatrix} a_{11} & a_{12} & \cdots & a_{1i} & \cdots & a_{1n} \\ a_{21} & a_{22} & \cdots & a_{2i} & \cdots & a_{2n} \\ \vdots & \vdots & & \vdots & & \vdots \\ a_{i1} & a_{i2} & \cdots & a_{ii} & \cdots & a_{in} \\ \vdots & \vdots & & \vdots & & \vdots \\ a_{n1} & a_{n2} & \cdots & a_{ni} & \cdots & a_{nn} \end{bmatrix}$$

← A의 주대각선

예제 10.3.1 **행렬 용어**

다음은 정수 집합에 대한 3×3 행렬이다.

$$\begin{bmatrix} 1 & 0 & -3 \\ 4 & -1 & 5 \\ -2 & 2 & 0 \end{bmatrix}$$

a. 2행, 3열의 요소는 무엇인가?

b. **A**의 2번째 열은 무엇인가?

c. **A**의 주대각선 요소는 무엇인가?

풀이

a. 5 b. $\begin{bmatrix} 0 \\ -1 \\ 2 \end{bmatrix}$ c. 1, −1, 0 ■

행렬과 방향 그래프

그림 10.3.1의 방향 그래프를 생각해 보자. 이 그래프는 $i=1, 2, 3$과 $j=1, 2, 3$에 대해서 a_{ij}가 v_i에서 v_j로 가는 화살의 개수를 나타내는 행렬 $\mathbf{A}=(a_{ij})$로 표현할 수 있다. 따라서 $a_{11}=1$은 v_1에서 v_1으로 가는 화살이 1개이고, $a_{12}=0$은 v_1에서 v_2로 가는 화살이 1개도 없고, $a_{23}=2$는 v_2에서 v_3로 가는 화살이 2개인 것이다. **A**를 방향 그래프의 **인접행렬**(adjacency matrix)이라고 한다. **A**의 행과 열은 그래프 G의 정점을 나타낸다.

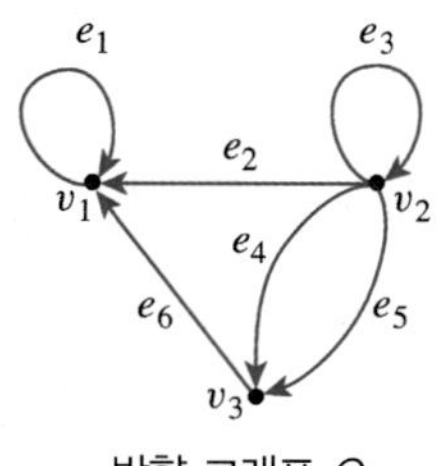

방향 그래프 G

(a)

$$\mathbf{A} = \begin{matrix} & v_1 & v_2 & v_3 \\ v_1 & 1 & 0 & 0 \\ v_2 & 1 & 1 & 2 \\ v_3 & 1 & 0 & 0 \end{matrix}$$

인접행렬

(b)

그림 10.3.1 방향 그래프와 인접행렬

• 정의

G를 정렬된 정점 $v_1, v_2, ..., v_n$으로 구성된 방향 그래프라고 하자. **G의 인접행렬**(adjacency matrix of G)은 다음과 같이 음수가 아닌 정수로 이루어진 행렬 $\mathbf{A}=(a_{ij})$이다.

모든 $i, j=1, 2, ..., n$에 대해서, $a_{ij}=$(v_i에서 v_j로 가는 화살의 개수)

인접행렬의 주대각선에 있는 0이 아닌 요소는 루프가 있다는 것을 나타내고, 1보다 큰 요소는 병렬 변에 대응함을 주목하라. 더욱이 방향 그래프의 정점을 재정렬하면, 대응하는 인접행렬의 행과 열의 요소들도 같이 이동하여야 한다.

예제 10.3.2 **그래프의 인접행렬**

아래 두 개의 방향 그래프는 정점의 순서만 다르다. 이들의 인접행렬을 찾아라.

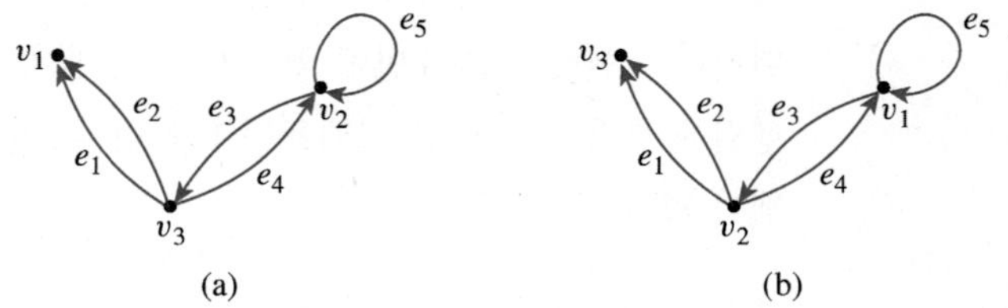

풀이

두 개 그래프에는 각각 3개의 정점이 있기 때문에 두 개 그래프의 인접행렬은 모두 3×3 행렬이다. (a)에서는 v_1에서 다른 정점으로 가는 화살이 없기 때문에 1번째 행의 요소는 모두 0이다. (b)에서는 v_1에서 v_1과 v_2로 가는 단일 화살이 있고, v_3로 가는 화살은 없기 때문에 1번째 행의 처음 2개 요소는 1이고 3번째 요소는 0이다. 이러한 방식으로 계속 분석하면 다음의 2개의 인접행렬을 얻을 수 있다.

$$\begin{array}{c} \\ v_1 \\ v_2 \\ v_3 \end{array}\begin{array}{c} \begin{array}{ccc} v_1 & v_2 & v_3 \end{array} \\ \begin{bmatrix} 0 & 0 & 0 \\ 0 & 1 & 1 \\ 2 & 1 & 0 \end{bmatrix} \end{array} \qquad \begin{array}{c} \\ v_1 \\ v_2 \\ v_3 \end{array}\begin{array}{c} \begin{array}{ccc} v_1 & v_2 & v_3 \end{array} \\ \begin{bmatrix} 1 & 1 & 0 \\ 1 & 0 & 2 \\ 0 & 0 & 0 \end{bmatrix} \end{array}$$

(a) (b) ■

만약 음수가 아닌 정수 요소로 된 정방행렬이 주어진다면 인접행렬에서 방향 그래프를 구할 수 있다. 그러나 행렬은 변의 라벨을 표시하지 않아서 유일한 방향 그래프를 결정할 수 없다.

예제 10.3.3 **행렬로부터 방향 그래프 얻기**

$$\mathbf{A} = \begin{bmatrix} 0 & 1 & 1 & 0 \\ 1 & 1 & 0 & 2 \\ 0 & 0 & 1 & 1 \\ 2 & 1 & 0 & 0 \end{bmatrix}$$

인접행렬 $\mathbf{A}$로부터 방향 그래프를 그려라.

풀이

$\mathbf{A}$에 대응하는 그래프를 G라 하고, G의 정점을 v_1, v_2, v_3, v_4라 하자. 아래와 같이 $\mathbf{A}$에

정점의 이름을 표시하라.

$$\mathbf{A} = \begin{matrix} & v_1 & v_2 & v_3 & v_4 \\ v_1 & 0 & 1 & 1 & 0 \\ v_2 & 1 & 1 & 0 & 2 \\ v_3 & 0 & 0 & 1 & 1 \\ v_4 & 2 & 1 & 0 & 0 \end{matrix}$$

예를 들면 4번째 행과 1번째 열의 2는 v_4에서 v_1으로 가는 2개의 화살이 있다는 것을 의미한다. 1번째 행과 4번째 열의 0은 v_1에서 v_4로 가는 화살이 없다는 것을 의미한다. 이 행렬에 대응하는 방향 그래프는 다음과 같다(그 행렬은 변을 결정하지 못하므로 변에 라벨이 없다).

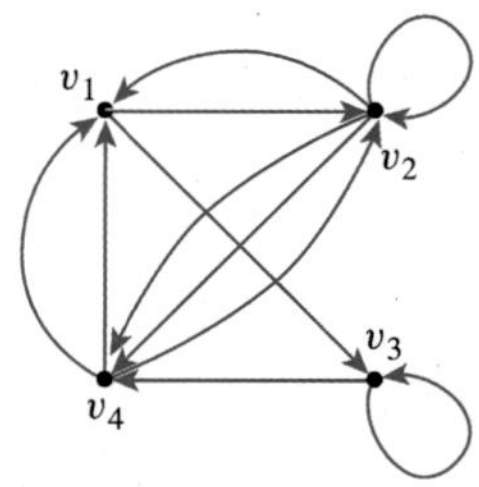

■

행렬과 무방향 그래프

행렬이 방향 그래프와 어떤 관계가 있는지 안다면, 무방향 그래프에 대응하는 행렬의 정의를 쉽게 알 수 있다. 이전처럼 그래프의 정점을 정렬해야 하지만, 여기에서는 인접행렬의 ij번째 요소가 그래프의 i번째와 j번째 정점을 연결하는 변의 개수와 같도록 하면 된다.

• 정의

G를 정렬된 정점 $v_1, v_2, ..., v_n$으로 이루어진 무방향 그래프라고 하자. **G의 인접행렬**(adjacency matrix of G)은 다음과 같이 음수가 아닌 정수로 이루어진 행렬 $\mathbf{A}=(a_{ij})$이다.

모든 $i, j=1, 2, ..., n$에 대해서, a_{ij}=(v_i에서 v_j로 가는 변의 개수)

예제 10.3.4 그래프의 인접행렬 찾기

아래에 나타낸 그래프 G의 인접행렬을 찾아라.

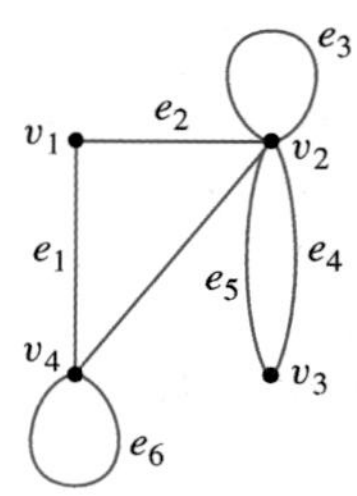

풀이

$$\mathbf{A} = \begin{matrix} & v_1 & v_2 & v_3 & v_4 \\ v_1 & 0 & 1 & 0 & 1 \\ v_2 & 1 & 1 & 2 & 1 \\ v_3 & 0 & 2 & 0 & 0 \\ v_4 & 1 & 1 & 0 & 1 \end{matrix}$$

■

만약 예제 10.3.4의 행렬 $\mathbf{A}=(a_{ij})$를 주대각선에 따라 접으면, 모든 $i, j=1, 2, ..., n$에 대해서 $a_{ij}=a_{ji}$인 것을 주목하라. 이런 행렬을 대칭이라고 한다.

• 정의

$n\times n$ 정방행렬 $\mathbf{A}=(a_{ij})$가 **대칭**(symmetric)이라면, 모든 $i, j=1, 2, ..., n$에 대해서 다음과 같다.

$$a_{ij}=a_{ji}$$

예제 10.3.5 **대칭행렬**

다음 행렬들 중에서 어느 것이 대칭인가?

a. $\begin{bmatrix} 1 & 0 \\ 1 & 2 \end{bmatrix}$ b. $\begin{bmatrix} 0 & 1 & 2 \\ 1 & 1 & 0 \\ 2 & 0 & 3 \end{bmatrix}$ c. $\begin{bmatrix} 2 & 0 & 0 \\ 0 & 1 & 0 \end{bmatrix}$

풀이

(b)만 대칭이다. (a)의 1번째 행과 2번째 열의 요소가 2번째 행과 1번째 열의 요소와 다르므로 대칭이 아니다. 행렬 (c)는 정방행렬이 아니므로 대칭이 아니다. ■

무방향 그래프에서 모든 $i, j=1, 2, ..., n$에 대해서 v_i에서 v_j로 연결하는 변의 개수와 v_j에서 v_i로 연결하는 변의 개수가 항상 같기 때문에 무방향 그래프의 행렬이 대칭임을 알 수 있다.

행렬과 연결 성분

아래와 같이 몇몇의 연결 성분으로 구성된 그래프 G를 고려해 보자.

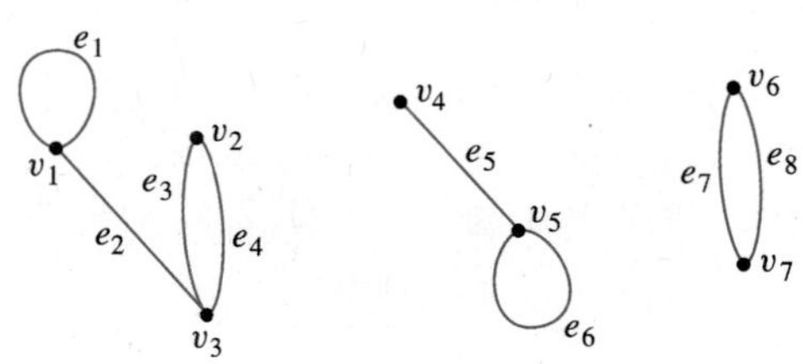

다음은 G의 인접행렬이다.

$$\mathbf{A} = \left[\begin{array}{ccc:cc:cc} 1 & 0 & 1 & 0 & 0 & 0 & 0 \\ 0 & 0 & 2 & 0 & 0 & 0 & 0 \\ 1 & 2 & 0 & 0 & 0 & 0 & 0 \\ \hdashline 0 & 0 & 0 & 0 & 1 & 0 & 0 \\ 0 & 0 & 0 & 1 & 1 & 0 & 0 \\ \hdashline 0 & 0 & 0 & 0 & 0 & 0 & 2 \\ 0 & 0 & 0 & 0 & 0 & 2 & 0 \end{array}\right]$$

이와 같이 $\mathbf{A}$는 주대각선에 있는 (다른 크기의) 정방행렬 블록들과 모두 0으로 이루어진 나머지 블록으로 구성된다. 그 이유는 각 연결 성분의 정점은 다른 연결 성분의 정점과 변을 공유하지 않기 때문이다. 예를 들어 v_1, v_2, v_3는 v_4, v_5, v_6, v_7과 변을 공유하지 않기 때문에 3번째 열 오른편에서 3번째 행 위의 모든 요소는 0이고 3번째 행 아래의 3개 열의 왼편에 있는 모든 요소도 0이다. 때때로 요소가 모두 0인 행렬을 0으로 표시한다. 만약 이 관례를 따르면 $\mathbf{A}$는 다음과 같이 쓸 수 있다.

$$\mathbf{A} = \left[\begin{array}{ccc|cc|cc} 1 & 0 & 1 & & & & \\ 0 & 0 & 2 & \multicolumn{2}{c|}{O} & \multicolumn{2}{c}{O} \\ 1 & 2 & 0 & & & & \\ \hline \multicolumn{3}{c|}{O} & 0 & 1 & \multicolumn{2}{c}{O} \\ & & & 1 & 1 & & \\ \hline \multicolumn{3}{c|}{O} & \multicolumn{2}{c|}{O} & 0 & 2 \\ & & & & & 2 & 0 \end{array}\right]$$

위 추론은 다음 정리를 증명하기 위해 일반화될 수 있다.

정리 10.3.1

G를 연결 성분 $G_1, G_2, \ldots, G_k$로 구성된 그래프라고 하자. 만약 각 연결 성분 G_i에 n_i개의 정점이 있고, 이 정점에 연속적인 번호를 매기면, G의 인접행렬은 다음과 같은 형태를 가진다.

$$\begin{bmatrix} A_1 & O & O & \cdots & O & O \\ O & A_2 & O & \cdots & O & O \\ O & O & A_3 & \cdots & O & O \\ \vdots & \vdots & \vdots & & \vdots & \vdots \\ O & O & O & \cdots & O & A_k \end{bmatrix}$$

여기서 A_i는 모든 $i=1, 2, \ldots, k$에 대해서 G_i의 $n_i \times n_i$ 인접행렬이고, O는 요소가 모두 0인 행렬을 나타낸다.

행렬 곱셈

행렬 곱셈은 그래프에서 길을 조사하는 것을 포함하여 많은 상황에서 사용하는 매우 유용한 연산이다. 비록 행렬 곱셈이 꽤 추상적인 설정에서 정의되지만, 행렬의 요소가 실수인 행렬에 대한 정의는 이 책의 응용에서 이용된다. 2개 행렬의 곱은 각각의 행과 열의 **스칼라** 또는 **도트 곱**으로 이루어진다.

• 정의

행렬 **A** 와 **B** 에서 모든 요소가 실수라고 가정하자. 만약 **A** 의 i번째 행에 있는 원소의 개수 n이 **B** 의 j번째 열에 있는 원소의 개수와 같으면 **A** 의 i번째 행과 **B** 의 j번째 열의 **스칼라 곱**(scalar product) 또는 **도트 곱**(dot product)은 다음과 같이 얻어지는 실수이다.

$$[a_{i1} \quad a_{i2} \quad \cdots \quad a_{in}] \begin{bmatrix} b_{1j} \\ b_{2j} \\ \vdots \\ b_{nj} \end{bmatrix} = a_{i1}b_{1j} + a_{i2}b_{2j} + \cdots + a_{in}b_{nj}.$$

예제 10.3.6 **행과 열의 곱셈**

$$[3 \quad 0 \quad -1 \quad 2] \begin{bmatrix} -1 \\ 2 \\ 3 \\ 0 \end{bmatrix} = 3 \cdot (-1) + 0 \cdot 2 + (-1) \cdot 3 + 2 \cdot 0$$

$$= -3 + 0 - 3 + 0 = -6$$

■

좀 더 일반적으로 말하면, 만약 **A** 와 **B** 가 실수 요소를 가지는 행렬이고, **A** 의 열의 개수와 **B** 의 행의 개수가 같다는 의미로 **A** 와 **B** 가 **호환이 되는 크기**(compatible size)를 가진다면, 곱 **AB** 가 정의된다. 모든 가능한 i와 j 값에 대해서, ij번째 요소가 **A** 의 i번째 행과 **B** 의 j번째 열의 스칼라 곱인 행렬이다.

• 정의

A$=(a_{ij})$는 실수 요소로 이루어진 $m \times k$ 행렬이고 **B**$=(b_{ij})$는 실수 요소로 이루어진 $k \times n$ 행렬이라고 하자. **AB** 라고 표기되는 **A** 와 **B** 의 (행렬) 곱은 다음과 같은 행렬(c_{ij})이다.

$$\begin{bmatrix} a_{11} & a_{12} & \cdots & a_{1k} \\ a_{21} & a_{22} & \cdots & a_{2k} \\ \vdots & \vdots & & \vdots \\ a_{i1} & a_{i2} & \cdots & a_{ik} \\ \vdots & \vdots & & \vdots \\ a_{m1} & a_{m2} & \cdots & a_{mk} \end{bmatrix} \begin{bmatrix} b_{11} & b_{12} & \cdots & b_{1j} & \cdots & b_{1n} \\ b_{21} & b_{22} & \cdots & b_{2j} & \cdots & b_{2n} \\ & \cdot & & \cdot & & \cdot \\ & \cdot & & \cdot & & \cdot \\ & \cdot & & \cdot & & \cdot \\ b_{k1} & b_{k2} & \cdots & b_{kj} & \cdots & b_{kn} \end{bmatrix}$$

$$= \begin{bmatrix} c_{11} & c_{12} & \cdots & c_{1j} & \cdots & c_{1n} \\ c_{21} & c_{22} & \cdots & c_{2j} & \cdots & c_{2n} \\ \vdots & \vdots & & \vdots & & \vdots \\ c_{i1} & c_{i2} & \cdots & \boxed{c_{ij}} & \cdots & c_{in} \\ \vdots & \vdots & & \vdots & & \vdots \\ c_{m1} & c_{m2} & \cdots & c_{mj} & \cdots & c_{mn} \end{bmatrix}$$

여기서 모든 $i=1, 2, ..., m$과 $j=1, 2, ..., n$에 대해서

$$c_{ij} = a_{i1}b_{1j} + a_{i2}b_{2j} + \cdots + a_{ik}b_{kj} = \sum_{r=1}^{k} a_{ir}b_{rj}$$

이다.

예제 10.3.7 행렬 곱의 계산

$\mathbf{A} = \begin{bmatrix} 2 & 0 & 3 \\ -1 & 1 & 0 \end{bmatrix}$와 $\mathbf{B} = \begin{bmatrix} 4 & 3 \\ 2 & 2 \\ -2 & -1 \end{bmatrix}$에 대해서 **AB**를 계산하라.

풀이

A의 크기는 2×3이고 **B**의 크기는 3×2이다. **A**의 열의 개수와 **B**의 행의 개수가 같기 때문에 **A**와 **B**의 행렬 곱을 계산할 수 있다.

$$\begin{bmatrix} 2 & 0 & 3 \\ -1 & 1 & 0 \end{bmatrix} \begin{bmatrix} 4 & 3 \\ 2 & 2 \\ -2 & -1 \end{bmatrix} = \begin{bmatrix} c_{11} & c_{12} \\ c_{21} & c_{22} \end{bmatrix}$$

여기서

$$c_{11} = 2 \cdot 4 + 0 \cdot 2 + 3 \cdot (-2) = 2 \qquad \begin{bmatrix} \boxed{2 \ \ 0 \ \ 3} \\ -1 \ \ 1 \ \ 0 \end{bmatrix} \begin{bmatrix} \boxed{\begin{matrix} 4 \\ 2 \\ -2 \end{matrix}} & \begin{matrix} 3 \\ 2 \\ -1 \end{matrix} \end{bmatrix}$$

$$c_{12} = 2 \cdot 3 + 0 \cdot 2 + 3 \cdot (-1) = 3 \qquad \begin{bmatrix} \boxed{2 \ \ 0 \ \ 3} \\ -1 \ \ 1 \ \ 0 \end{bmatrix} \begin{bmatrix} \begin{matrix} 4 \\ 2 \\ -2 \end{matrix} & \boxed{\begin{matrix} 3 \\ 2 \\ -1 \end{matrix}} \end{bmatrix}$$

$$c_{21} = (-1) \cdot 4 + 1 \cdot 2 + 0 \cdot (-2) = 2 \qquad \begin{bmatrix} 2 \ \ 0 \ \ 3 \\ \boxed{-1 \ \ 1 \ \ 0} \end{bmatrix} \begin{bmatrix} \boxed{\begin{matrix} 4 \\ 2 \\ -2 \end{matrix}} & \begin{matrix} 3 \\ 2 \\ -1 \end{matrix} \end{bmatrix}$$

$$c_{22} = (-1) \cdot 3 + 0 \cdot 2 + 3 \cdot (-1) = -1 \qquad \begin{bmatrix} 2 \ \ 0 \ \ 3 \\ \boxed{-1 \ \ 1 \ \ 0} \end{bmatrix} \begin{bmatrix} \begin{matrix} 4 \\ 2 \\ -2 \end{matrix} & \boxed{\begin{matrix} 3 \\ 2 \\ -1 \end{matrix}} \end{bmatrix}$$

그러므로

$$\mathbf{AB} = \begin{bmatrix} 2 & 3 \\ -2 & -1 \end{bmatrix}$$

■

행렬 곱셈은 실수 곱셈과 유사하기도 하고 다르기도 하다. 한 가지 차이점은 어떤 크기의 수라도 두 개의 수를 곱할 수 있지만, 적합한 크기의 행렬만 곱할 수 있다. 또한 실수 곱셈은 교환이 가능하다.(모든 실수 a와 b에 대해서, $a \cdot b = b \cdot a$이다.) 반면에 행렬 곱셈은 교환이 불가능하다. 예를 들어

$$\begin{bmatrix} 1 & 1 \\ 0 & 1 \end{bmatrix}\begin{bmatrix} 0 & 1 \\ 0 & 1 \end{bmatrix} = \begin{bmatrix} 0 & 2 \\ 0 & 1 \end{bmatrix}, \text{ 그러나 } \begin{bmatrix} 0 & 1 \\ 0 & 1 \end{bmatrix}\begin{bmatrix} 1 & 1 \\ 0 & 1 \end{bmatrix} = \begin{bmatrix} 0 & 1 \\ 0 & 1 \end{bmatrix}$$

반면에 실수 곱셈과 행렬 곱셈은 모두 결합이 가능하다.[곱셈을 정의하기 위한 요소 a, b, c에 대해서, $(ab)c = a(bc)$이다.] 이것을 예제 10.3.8에서 2×2 행렬 곱셈에 대해서 증명한다. 행렬 곱셈에 관해 더 자세한 내용은 연습문제에서 살펴본다.

예제 10.3.8 **2×2 행렬에 대한 행렬 곱셈의 결합**

만약 **A**, **B**, **C**가 실수로 이루어진 2×2 행렬이면 $(\mathbf{AB})\mathbf{C} = \mathbf{A}(\mathbf{BC})$임을 증명하라.

풀이

$\mathbf{A} = (a_{ij})$, $\mathbf{B} = (b_{ij})$, $\mathbf{C} = (c_{ij})$가 특정하지만 임의로 선택될 실수 요소로 이루어진 2×2 행렬이라고 가정하라. 행과 열의 개수가 모두 같기 때문에 **AB**, **BC**, (**AB**)**C**, **A**(**BC**)가 정의된다. $\mathbf{AB} = (d_{ij})$, $\mathbf{BC} = (e_{ij})$라고 하자. 그러면 모든 정수 $i = 1, 2$와 $j = 1, 2$에 대해서

$$\begin{aligned}
(\mathbf{AB})\mathbf{C}\text{의 } ij\text{번째 요소} &= \sum_{r=1}^{2} d_{ir}c_{rj} && \text{AB와 C의 곱의 정의에 의해} \\
&= d_{i1}c_{1j} + d_{i2}c_{2j} && \Sigma\text{의 정의에 의해} \\
&= \left(\sum_{r=1}^{2} a_{ir}b_{r1}\right)c_{1j} + \left(\sum_{r=1}^{2} a_{ir}b_{r2}\right)c_{2j} && \text{A와 B의 곱의 정의에 의해} \\
&= (a_{i1}b_{11} + a_{i2}b_{21})c_{1_j} && \Sigma\text{의 정의에 의해} \\
&\quad + (a_{i1}b_{12} + a_{i2}b_{22})c_{2j} \\
&= a_{i1}b_{11}c_{1j} + a_{i2}b_{21}c_{1j} + a_{i1}b_{12}c_{2j} + a_{i2}b_{22}c_{2j}
\end{aligned}$$

마찬가지로 **A**(**BC**)의 ij번째 요소는

$$(\mathbf{A}(\mathbf{BC}))_{ij} = \sum_{r=1}^{2} a_{ir}e_{rj}$$

$$
\begin{aligned}
&= a_{i1}e_{1j} + a_{i2}e_{2j} \\
&= a_{i1}\left(\sum_{r=1}^{2} b_{1r}c_{rj}\right) + a_{i2}\left(\sum_{r=1}^{2} b_{2r}c_{rj}\right) \\
&= a_{i1}(b_{11}c_{1j} + b_{12}c_{2j}) + a_{i2}(b_{21}c_{1j} + b_{22}c_{2j}) \\
&= a_{i1}b_{11}c_{1j} + a_{i1}b_{12}c_{2j} + a_{i2}b_{21}c_{1j} + a_{i2}b_{22}c_{2j} \\
&= a_{i1}b_{11}c_{1j} + a_{i2}b_{21}c_{1j} + a_{i1}b_{12}c_{2j} + a_{i2}b_{22}c_{2j}
\end{aligned}
$$

모든 i와 j에 대해서 2개의 계산 결과를 비교하면

$$(\mathbf{AB})\mathbf{C}\text{의 } ij\text{번째 요소} = \mathbf{A}(\mathbf{BC})\text{의 } ij\text{번째 요소}$$

대응하는 요소가 모두 같으므로 $(\mathbf{AB})\mathbf{C}=\mathbf{A}(\mathbf{BC})$이다. ■

곱셈에 관한 항등원에 대해서 실수와 행렬은 유사하기도 하고 다르기도 하다. 수 1은 실수 곱셈에 관한 항등원이다. 행렬 곱셈에서는 곱셈에 관한 항등원으로 동작하는 **단위행렬**(identity matrix)이 있다. 예를 들어 임의의 실수 $a, b, c, d, e, f, g, h, i$에 대해서 다음 행렬 곱셈을 검사해 보자.

$$\begin{bmatrix} 1 & 0 \\ 0 & 1 \end{bmatrix}\begin{bmatrix} a & b & c \\ d & e & f \end{bmatrix} = \begin{bmatrix} a & b & c \\ d & e & f \end{bmatrix}$$

과

$$\begin{bmatrix} a & b & c \\ d & e & f \\ g & h & i \end{bmatrix}\begin{bmatrix} 1 & 0 & 0 \\ 0 & 1 & 0 \\ 0 & 0 & 1 \end{bmatrix} = \begin{bmatrix} a & b & c \\ d & e & f \\ g & h & i \end{bmatrix}$$

이 계산은 $\begin{bmatrix} 1 & 0 \\ 0 & 1 \end{bmatrix}$이 2×3 행렬 곱셈의 왼쪽에서 항등원으로서 작용하고 $\begin{bmatrix} 1 & 0 & 0 \\ 0 & 1 & 0 \\ 0 & 0 & 1 \end{bmatrix}$은 3×3 행렬 곱셈의 오른쪽에서 항등원으로 작용하는 것을 보여 주고 있다. $\begin{bmatrix} 1 & 0 \\ 0 & 1 \end{bmatrix}$은 2×3 행렬의 오른쪽에서는 적절한 크기가 아니기 때문에 항등원으로 동작할 수 없음을 주목하라.

Leopold Kronecker (1823–1891)

• 정의

양의 정수 n에 대해서 $\mathbf{I}_n=(\delta_{ij})$ 또는 $\mathbf{I}$라고 표기되는 $\boldsymbol{n\times n}$ **단위행렬**($n\times n$ identity matrix)은 주대각선의 모든 요소가 1이고 나머지 다른 요소는 모두 0인 $n\times n$ 행렬이다. 다시 말하면

$$\delta_{ij} = \begin{cases} 1 & i = j \\ 0 & i \neq j \end{cases}, \quad \text{모든} \quad i, j = 1, 2, \ldots, n$$

독일 수학자 Leopold Kronecker는 행렬 계산의 편의성을 위해서 기호 δ_{ij}를 소개하였다. 그를 기리기 위하여 이 기호를 Kronecker 델타(Kronecker delta)라고 한다.

예제 10.3.9 항등원으로 작용하는 행렬 항등원

만약 **A**가 $m \times n$ 행렬이고 **I**는 $n \times n$ 단위행렬이라면 **AI**=**A** 임을 증명하라.

증명:

A는 $m \times n$ 행렬이고 A_{ij}는 모든 정수 $i=1, 2, ..., m$과 $j=1, 2, ..., n$에 대해서 **A** 행렬의 ij 번째 요소라고 하자. **I**가 $n \times n$ 단위행렬일 때 **AI** 곱을 고려해 보자.

$$\begin{bmatrix} a_{11} & a_{12} & \cdots & a_{1n} \\ a_{21} & a_{22} & \cdots & 2_{2n} \\ \vdots & \vdots & & \vdots \\ a_{m1} & a_{m2} & \cdots & a_{mn} \end{bmatrix} \begin{bmatrix} 1 & 0 & \cdots & 0 \\ 0 & 1 & \cdots & 0 \\ \vdots & \vdots & & \vdots \\ 0 & 0 & \cdots & 1 \end{bmatrix} = \begin{bmatrix} a_{11} & a_{12} & \cdots & a_{1n} \\ a_{21} & a_{22} & \cdots & a_{2n} \\ \vdots & \vdots & & \vdots \\ a_{m1} & a_{m2} & \cdots & a_{mn} \end{bmatrix}$$

$$\mathbf{AI}\text{의 } ij\text{번째 요소} = \sum_{r=1}^{n} a_{ir}\delta_{rj} \qquad \text{1의 정의에 의해}$$

$$= a_{i1}\delta_{1j} + a_{i2}\delta_{2j} + \cdots \qquad \Sigma\text{의 정의에 의해}$$
$$+ a_{ij}\delta_{jj} + \cdots + a_{in}\delta_{nj}$$
$$= a_{ij}\delta_{jj} \qquad k \neq j\text{에 대해서 } \delta_{kj}=0\text{이고 } \delta_{jj}\text{는 1이다.}$$
$$= a_{ij}$$

A의 ij번째 요소

따라서 **AI**=**A** 이다. ■

거듭제곱 계산에 대해서 실수와 행렬은 유사하기도 하고 다르기도 하다. 실수는 음이 아닌 정수의 거듭제곱이 가능하나, 행렬은 행과 열의 개수가 같아야 거듭제곱이 가능하다. 그리고 실수와 같이 행렬 거듭제곱의 정의는 재귀적이다. 실수의 0 거듭제곱은 1로 정의하고, $n \times n$ 행렬의 0 거듭제곱은 $n \times n$ 단위행렬로 정의한다. $n \times n$ 행렬 **A**의 n 거듭제곱은 $(n-1)$ 거듭제곱에 **A**를 곱한 것으로 정의한다.

• 정의

$n \times n$ 행렬 A에 대해서 **A의 거듭제곱**(power of **A**)을 다음과 같이 정의한다.

$\mathbf{A}^0=\mathbf{I}$, **I**는 $n \times n$ 단위행렬

$n \geq 1$인 모든 정수에 대해, $\mathbf{A}^n=\mathbf{A}\mathbf{A}^{n-1}$

예제 10.3.10 행렬의 거듭제곱

$\mathbf{A}=\begin{bmatrix}1 & 2\\ 2 & 0\end{bmatrix}$라고 하자. $\mathbf{A}^0$, $\mathbf{A}^1$, $\mathbf{A}^2$, $\mathbf{A}^3$을 계산하라.

풀이

$$\mathbf{A}^0=(2\times 2 \text{ 단위행렬})=\begin{bmatrix}1 & 0\\ 0 & 1\end{bmatrix}$$

$$\mathbf{A}^1=\mathbf{AA}^0=\mathbf{AI}=\mathbf{A}$$

$$\mathbf{A}^2=\mathbf{AA}^1=\mathbf{AA}=\begin{bmatrix}1 & 2\\ 2 & 0\end{bmatrix}\begin{bmatrix}1 & 2\\ 2 & 0\end{bmatrix}=\begin{bmatrix}5 & 2\\ 2 & 4\end{bmatrix}$$

$$\mathbf{A}^3=\mathbf{AA}^2=\begin{bmatrix}1 & 2\\ 2 & 0\end{bmatrix}\begin{bmatrix}5 & 2\\ 2 & 4\end{bmatrix}=\begin{bmatrix}9 & 10\\ 10 & 4\end{bmatrix}$$

■

길이가 n인 길의 계산

그래프에서 길은 교대로 나타나는 정점들과 변들의 열로 표시된다. 만약 반복 변을 지날 때마다 센다면 열에 있는 변의 개수를 길의 **길이**(length)라고 부른다. 예를 들어 길 $v_2e_3v_3e_4v_2e_2v_2e_3v_3$의 길이는 4이다($e_3$를 2번 셈). 다음 그래프 G를 고려해 보자.

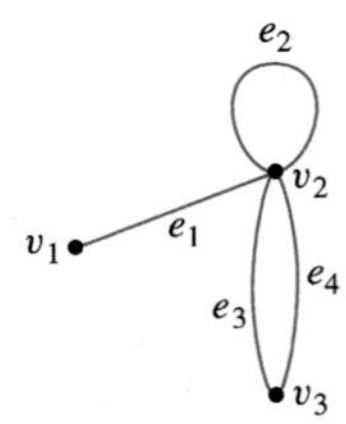

v_2와 v_2를 연결하는 길이가 2인 길은 몇 개인가? 다음과 같이 규칙적으로 가능한 것들을 나열할 수 있다. v_1으로부터 길의 첫 번째 변은 G의 정점 v_1, v_2, v_3 중의 1개를 지나야 한다. v_2에서 v_1으로 가는 변부터 시작하면 v_2에서 v_2로 가는 길이가 2인 길이 1개 있다.

$$v_2e_1v_1e_1v_2$$

v_2에서 v_2로 가는 변부터 시작하면 v_2에서 v_2로 가는 길이가 2인 길이 1개 있다.

$$v_2e_2v_2e_2v_2$$

그리고 v_2에서 v_3로 가는 변부터 시작하면 v_2에서 v_2로 가는 길이가 2인 길이 4개 있다.

$$v_2e_3v_3e_4v_2$$
$$v_2e_4v_3e_3v_2$$
$$v_2e_3v_3e_3v_2$$
$$v_2e_4v_3e_4v_2$$

따라서 답은 6개이다.

그래프에서 특정한 2개의 정점을 연결하고 주어진 길이를 가지는 길의 개수를 찾는 일반적인 문제는 행렬 곱셈을 사용하면 쉽게 구할 수 있다. 이전 페이지에 있는 그래프 G의 인접행렬 $\mathbf{A}$를 고려해 보자.

$$\mathbf{A} = \begin{array}{c} \\ v_1 \\ v_2 \\ v_3 \end{array} \begin{array}{c} \begin{array}{ccc} v_1 & v_2 & v_3 \end{array} \\ \begin{bmatrix} 0 & 1 & 0 \\ 1 & 1 & 2 \\ 0 & 2 & 0 \end{bmatrix} \end{array}$$

다음과 같이 $\mathbf{A}^2$를 계산하라.

$$\begin{bmatrix} 0 & 1 & 0 \\ 1 & 1 & 2 \\ 0 & 2 & 0 \end{bmatrix} \begin{bmatrix} 0 & 1 & 0 \\ 1 & 1 & 2 \\ 0 & 2 & 0 \end{bmatrix} = \begin{bmatrix} 1 & 1 & 2 \\ 1 & 6 & 2 \\ 2 & 2 & 4 \end{bmatrix}$$

2번째 행과 2번째 열의 요소가 6인 것에 주목하라. 이것은 v_2에서 v_2로 가는 길이가 2인 길의 개수와 같다. 이것은 우연의 일치가 아니다. a_{22}를 계산하기 위하여 3개 항의 합을 얻도록 $\mathbf{A}$의 2번째 행과 $\mathbf{A}$의 2번째 열을 곱하라.

$$\begin{bmatrix} 1 & 1 & 2 \end{bmatrix} \begin{bmatrix} 1 \\ 1 \\ 2 \end{bmatrix} = 1 \cdot 1 + 1 \cdot 1 + 2 \cdot 2$$

다음을 주목하라.

[이 합의 첫 번째 항]=[v_2에서 v_1으로 가는 변의 수] · [v_1에서 v_2로 가는 변의 수]
=[v_2에서 v_1으로 가서 v_1에서 v_2로 가는 변 쌍의 수]

각각의 i=1, 2, 3에 대해서 이 합의 i번째 항을 고려해 보자. 이것은 v_2에서 v_i로 가는 변의 개수에 v_i에서 v_2로 가는 변의 개수를 곱한 것과 같다. 이것은 곱의 법칙에 따라 v_2에서 v_i로 가서 v_i에서 다시 v_2로 가는 변 쌍의 개수와 같다. 또한 이것은 v_2에서 시작해서 v_i를 지나서 다시 v_2에서 끝나는 길이가 2인 길의 개수와 같다. 이 분석은 합의 각 항 i=1, 2, 3에 대한 것이기 때문에 전체의 합은 v_2에서 시작하고 끝나는 길이가 2인 길의 전체 개수와 같다.

$$1 \cdot 1+1 \cdot 1+2 \cdot 2=1+1+4=6$$

일반적으로, 만약 $\mathbf{A}$가 그래프 G의 인접행렬이면 $\mathbf{A}^2$의 ij번째 요소는 G의 i번째 정점에서 j번째 정점을 연결하는 길이가 2인 길의 개수와 같다. 좀 더 일반적으로 이야기하면, 만약 n이 양의 정수이면 $\mathbf{A}^n$의 ij번째 요소는 G의 i번째 정점과 j번째 정점을 연결하는 길이가 n인 길의 개수와 같다.

정리 10.3.2

만약 그래프 G가 정점 $v_1, v_2, \ldots, v_m$으로 이루어져 있고 $\mathbf{A}$가 G의 인접행렬이면 양의 정수 n과 모든 정수 $i, j=1, 2, \ldots, m$에 대해서

$$\mathbf{A}^n\text{의 } ij\text{번째 요소}=v_i\text{에서 } v_j\text{로 가는 길이가 } n\text{인 길의 개수}$$

증명:

G는 정점 $v_1, v_2, \ldots, v_m$으로 이루어진 그래프이고 $\mathbf{A}$는 G의 인접행렬이라고 가정하자. 다음 문장을 $P(n)$이라고 하자.

모든 정수 $i, j=1, 2, \ldots, m$에 대해서, $\leftarrow P(n)$
$\mathbf{A}^n$의 ij번째 요소$=$(v_i에서 v_j로 가는 길이가 n인 길의 개수)

$n \geq 1$인 모든 정수 n에 대해서 $P(n)$이 참이라는 것을 보여 주기 위해서 수학적 귀납법을 사용한다.

$P(1)$이 참인 것을 보여라:

$\mathbf{A}^1$의 ij번째 요소$=$($\mathbf{A}$의 ij번째 요소) — $\mathbf{A}^1=\mathbf{A}$이기 때문에
$=$(v_i에서 v_j를 연결하는 변의 수) — 인접행렬의 정의에 따라서
$=$(v_i에서 v_j로 가는 길이가 1인 길의 수) — 길이가 1인 길은 단일 변을 포함하기 때문에

$k \geq 1$인 모든 정수 k에 대해서 $P(k)$가 참이면, $P(k+1)$이 참이라는 것을 보여라:
$k \geq 1$인 정수에 대해서 다음을 가정한다.

모든 정수 $i, j=1, 2, \ldots, m$에 대해서, $\leftarrow P(k)$
$\mathbf{A}^k$의 ij번째 요소$=$(v_i에서 v_j로 가는 길이가 k인 길의 개수) — 귀납단계 가정

다음을 보여 주어야 한다.

모든 정수 $i, j=1, 2, \ldots, m$에 대해서, $\leftarrow P(k+1)$
$\mathbf{A}^{k+1}$의 ij번째 요소$=$(v_i에서 v_j로 가는 길이가 $k+1$인 길의 개수)

$\mathbf{A}=(a_{ij})$, $\mathbf{A}^k=(b_{ij})$라고 하자. $\mathbf{A}^{k+1}=\mathbf{A}\mathbf{A}^k$이기 때문에 $\mathbf{A}^{k+1}$의 ij번째 요소는 $\mathbf{A}$의 i번째 행과 $\mathbf{A}^k$의 j번째 열을 곱해서 얻어진다. 모든 $i, j=1, 2, \ldots, m$에 대해서

$$(\mathbf{A}^{k+1}\text{의 } ij\text{번째 요소})=a_{i1}b_{1j}+a_{i2}b_{2j}+\cdots+a_{im}b_{mj} \qquad 10.3.1$$

이제 합의 각 항을 고려해 보자. a_{i1}은 v_i에서 v_1으로 가는 변의 개수이고 귀납단계 가정에 의해서 b_{1j}는 v_1에서 v_j로 가는 길이가 k인 길의 개수이다. 그러나 두 번째 정점

이 v_1이고 v_i에서 v_j로 가는 길이가 $k+1$인 길을 만들기 위해 v_i에서 v_1으로 가는 변을 v_1에서 v_j로 가는 길이가 k인 길과 결합해야 한다. 따라서 곱의 법칙에 따르면

$$a_{i1}b_{1j}=(2\text{번째 정점이 } v_1\text{이고 } v_i\text{에서 } v_j\text{로 가는 길이가 } k+1\text{인 길의 개수})$$

더 일반적으로 각 정수 $r=1, 2, ..., m$에 대해서

$$a_{ir}b_{rj}=(2\text{번째 정점이 } v_r\text{이고 } v_i\text{에서 } v_j\text{로 가는 길이가 } k+1\text{인 길의 개수})$$

v_i에서 v_j로 가는 길이가 $k+1$인 길은 정점 $v_1, v_2, ..., v_m$ 중 1개가 2번째 정점이어야 하기 때문에 v_i에서 v_j로 가는 길이가 $k+1$인 길의 총수는 $\mathbf{A}^{k+1}$의 ij번째 요소와 같은 식 (10.3.1)의 합과 같다. 그러므로

$$(\mathbf{A}^{k+1}\text{의 } ij\text{번째 요소})=(v_i\text{에서 } v_j\text{로 가는 길이가 } k+1\text{인 길의 개수})$$

[기본단계와 귀납단계를 증명하였기 때문에 주어진 등식은 모든 정수 $n \geq 1$에 대해서 참이다.]

자 | 기 | 진 | 단

1. 방향 그래프의 인접행렬에서 i번째 행과 j번째 열에 있는 요소는 _______ 이다.
2. 무방향 그래프의 인접행렬에서 i번째 행과 j번째 열에 있는 요소는 _______ 이다.
3. 1에서 n까지의 모든 정수 i, j에 대해 행 _______ 과 열 _______ 에 있는 요소와 행 _______ 과 열 _______ 에 있는 요소가 같으면 $n\times n$ 정방행렬은 대칭이라고 한다.
4. 2개의 행렬 **A**와 **B**의 곱셈에서 ij번째 요소는 **A**의 행 _______ 과 **B**의 열 _______ 을 곱해서 얻어진다.
5. $n\times n$ 단위행렬에서 주대각선에 있는 요소들은 모두 _______ 이고 그 외의 요소들은 모두 _______ 이다.
6. G가 정점 $v_1, v_2, ..., v_m$이 있는 그래프이고 **A**가 G의 인접행렬이면 각 양의 정수 n과 $i, j=1, 2, ..., m$인 모든 i, j에 대해서 $\mathbf{A}^n$의 ij번째 요소는 _______ 이다.

연 / 습 / 문 / 제 10.3

1. 다음이 참인 실수 a, b, c를 찾아라.

a. $\begin{bmatrix} a+b & a-c \\ c & b-a \end{bmatrix} = \begin{bmatrix} 1 & 0 \\ -1 & 3 \end{bmatrix}$

b. $\begin{bmatrix} 2a & b+c \\ c-a & 2b-a \end{bmatrix} = \begin{bmatrix} 4 & 3 \\ 1 & -2 \end{bmatrix}$

2. 다음 방향 그래프의 인접행렬을 찾아라.

a.

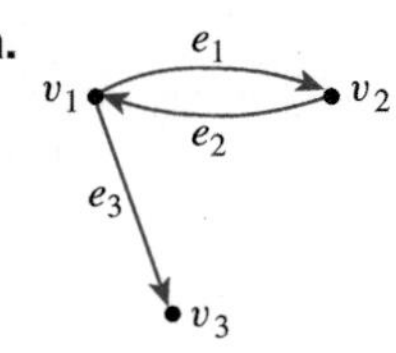

b.

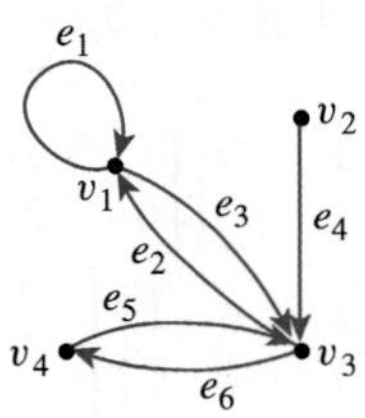

3. 다음 인접행렬의 방향 그래프를 찾아라.

a. $\begin{bmatrix} 1 & 0 & 1 & 2 \\ 0 & 0 & 1 & 0 \\ 0 & 2 & 1 & 1 \\ 0 & 1 & 1 & 0 \end{bmatrix}$ b. $\begin{bmatrix} 0 & 1 & 0 & 0 \\ 2 & 0 & 1 & 0 \\ 1 & 2 & 1 & 0 \\ 0 & 0 & 1 & 0 \end{bmatrix}$

4. 다음 (무방향) 그래프의 인접행렬을 찾아라.

a.

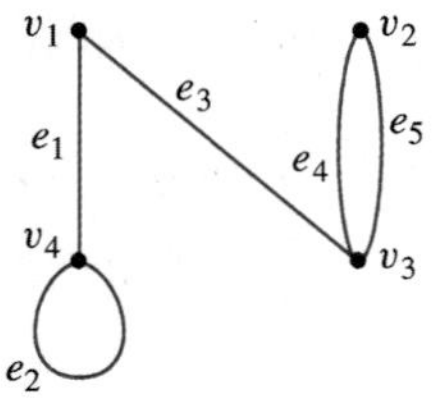

b.

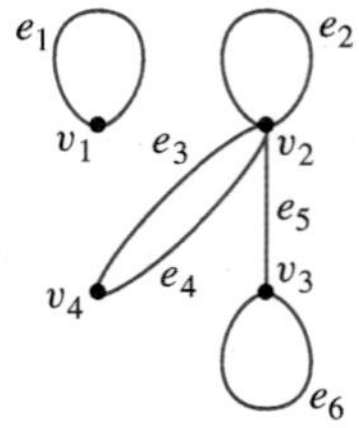

c. 4개의 정점이 있는 완전 그래프 K_4

d. (2, 3)개의 정점이 있는 완전 이분 그래프 $K_{2,3}$

5. 다음 인접행렬의 그래프를 찾아라.

a. $\begin{bmatrix} 1 & 0 & 1 \\ 0 & 1 & 2 \\ 1 & 2 & 0 \end{bmatrix}$ b. $\begin{bmatrix} 0 & 2 & 0 \\ 2 & 1 & 0 \\ 0 & 0 & 1 \end{bmatrix}$

6. 다음은 그래프의 인접행렬이다. 그래프를 그리지 않고 행렬을 분석하여 그래프가 연결되었는지 아닌지를 판단하라.

a. $\begin{bmatrix} 0 & 1 & 1 \\ 1 & 1 & 0 \\ 1 & 0 & 0 \end{bmatrix}$ b. $\begin{bmatrix} 0 & 2 & 0 & 0 \\ 2 & 0 & 0 & 0 \\ 0 & 0 & 1 & 1 \\ 0 & 0 & 1 & 1 \end{bmatrix}$

7. 각각의 곱을 구하라.

a. $\begin{bmatrix} 2 & -1 \end{bmatrix}\begin{bmatrix} 1 \\ 3 \end{bmatrix}$ b. $\begin{bmatrix} 4 & -1 & 7 \end{bmatrix}\begin{bmatrix} 1 \\ 2 \\ 0 \end{bmatrix}$

8. 각각의 곱을 구하라.

a. $\begin{bmatrix} 3 & 0 \\ 1 & -2 \end{bmatrix}\begin{bmatrix} 1 & -1 & 4 \\ 0 & 2 & 1 \end{bmatrix}$

b. $\begin{bmatrix} 2 & 0 & 1 \\ 0 & -1 & 0 \end{bmatrix}\begin{bmatrix} 1 & 3 \\ 5 & -4 \\ -2 & 2 \end{bmatrix}$

c. $\begin{bmatrix} -1 \\ 2 \end{bmatrix}\begin{bmatrix} 2 & 3 \end{bmatrix}$

9. $\mathbf{A} = \begin{bmatrix} 1 & 1 & -1 \\ 0 & -2 & 1 \end{bmatrix}$, $\mathbf{B} = \begin{bmatrix} -2 & 0 \\ 1 & 3 \end{bmatrix}$, $\mathbf{C} = \begin{bmatrix} 0 & -2 \\ 3 & 1 \\ 1 & 0 \end{bmatrix}$라고 하자.

다음 문제에서 곱셈이 가능한지 아닌지를 판단하고, 가능하다면 계산하라.

a. **AB** b. **BA** c. $\mathbf{A}^2$ d. **BC** e. **CB**
f. $\mathbf{B}^2$ g. $\mathbf{B}^3$ h. $\mathbf{C}^2$ i. **AC** j. **CA**

10. **O**를 $\begin{bmatrix} 0 & 0 \\ 0 & 0 \end{bmatrix}$으로 표시하자. $\mathbf{A} \neq O$, $\mathbf{B} \neq O$이지만 **AB**=**O**인 2×2 행렬 **A**와 **B**를 찾아라.

11~13에서는 모든 행렬의 요소가 실수라 가정하라.

11. 만약 **I**가 $m \times m$ 단위행렬이고, **A**가 $m \times m$ 행렬이면 **IA**=**A**임을 증명하라.

12. **A**가 $m \times m$ 대칭행렬이면 $\mathbf{A}^2$가 대칭임을 증명하라.

13. **A**가 $m \times m$ 행렬이면 $n \geq 1$인 모든 정수에 대해서 $\mathbf{A}^n\mathbf{A} = \mathbf{A}\mathbf{A}^n$임을 수학적 귀납법을 사용하여 증명하라.

14. a. $\mathbf{A} = \begin{bmatrix} 1 & 1 & 2 \\ 1 & 0 & 1 \\ 2 & 1 & 0 \end{bmatrix}$라고 하자. $\mathbf{A}^2$와 $\mathbf{A}^3$을 찾아라.

b. 정점 v_1, v_2, v_3가 있고 인접행렬이 **A**인 그래프를 G라고 하자. (a)의 답을 이용하여 v_1에서 v_3로 가는 길이가 2인 길의 개수와 v_1에서 v_3로 가는 길이가 3인 길의 개수를 찾아라. 이 문제를 풀기 위해서 G를 그리지는 말라.

c. v_3에서 v_3로 가는 길이가 2인 5개의 길을 찾기 위하여 (a)를 풀기 위해 행하였던 계산을 검토하라. G를 그리고 시각적 검사로 길을 찾아라.

15. 다음은 그래프의 인접행렬이다.

$$\begin{array}{c} \\ v_1 \\ v_2 \\ v_3 \\ v_4 \end{array} \begin{array}{c} \begin{array}{cccc} v_1 & v_2 & v_3 & v_4 \end{array} \\ \begin{bmatrix} 0 & 1 & 1 & 0 \\ 1 & 0 & 2 & 1 \\ 1 & 2 & 0 & 1 \\ 0 & 1 & 1 & 1 \end{bmatrix} \end{array}$$

그래프를 그리지 말고 행렬과 행렬의 거듭제곱을 가

지고 다음 문제에 답하라.

a. v_2에서 v_3로 가는 길이가 2인 길의 개수는 얼마인가?

b. v_3에서 v_4로 가는 길이가 2인 길의 개수는 얼마인가?

c. v_1에서 v_4로 가는 길이가 3인 길의 개수는 얼마인가?

d. v_2에서 v_3로 가는 길이가 3인 길의 개수는 얼마인가?

16. **a.** 다음 인접행렬이 있는 그래프를 그려라.

$$\begin{bmatrix} 0 & 0 & 0 & 1 & 2 \\ 0 & 0 & 0 & 1 & 1 \\ 0 & 0 & 0 & 2 & 1 \\ 1 & 1 & 2 & 0 & 0 \\ 2 & 1 & 1 & 0 & 0 \end{bmatrix}$$

이 그래프는 이분 그래프인가?(이분 그래프의 정의는 10.1절의 연습문제 20을 참고하라.)

> **정의:** ij번째 요소를 a_{ij}로 표시하는 $m \times n$ 행렬 $\mathbf{A}$가 주어지면, **A의 전치**(transpose of **A**)는 모든 $i=1, 2, ..., m$과 $j=1, 2, ..., n$에 대해서 ij번째 요소가 a_{ji}인 행렬 $\mathbf{A}^t$이다.

$\mathbf{A}$의 1번째 행은 $\mathbf{A}^t$의 1번째 열이 되고 $\mathbf{A}$의 2번째 행은 $\mathbf{A}^t$의 2번째 열이 됨에 주목하라. 예를 들어

$$\mathbf{A} = \begin{bmatrix} 0 & 2 & 1 \\ 1 & 2 & 3 \end{bmatrix} \text{이면, } \mathbf{A}^t = \begin{bmatrix} 0 & 1 \\ 2 & 2 \\ 1 & 3 \end{bmatrix} \text{이다.}$$

b. n개의 정점이 있는 그래프가 이분이면, 이 정점을 나타낸 인접행렬은 다음과 같은 형태를 가짐을 보여라.

$$\begin{bmatrix} \mathbf{O} & \mathbf{A} \\ \mathbf{A}^t & \mathbf{O} \end{bmatrix}$$

여기서 $\mathbf{A}$는 $0 < k < n$인 정수 k에 대해서 $k \times (n-k)$ 행렬이고, 왼쪽 위의 $\mathbf{O}$는 모든 요소가 0인 $k \times k$인 행렬을 나타내고, $\mathbf{A}^t$는 $\mathbf{A}$의 전치이며, 오른쪽 아래의 $\mathbf{O}$는 모든 요소가 0인 $(n-k) \times (n-k)$인 행렬을 나타낸다.

17. **a.** G가 n개의 정점이 있는 그래프이고 v와 w를 G의 서로 다른 정점이라고 하자. v에서 w로 가는 길이 있다면 v에서 w로 가는 $n-1$보다 적거나 같은 길이의 길이 있다는 것을 증명하라.

b. $\mathbf{A}=(a_{ij})$와 $\mathbf{B}=(b_{ij})$가 $m \times n$ 행렬이면 $\mathbf{A}+\mathbf{B}$는 ij번째 요소가 모든 $i=1, 2, ..., m$과 $j=1, 2, ..., n$에 대해서 $a_{ij}+b_{ij}$인 $m \times n$ 행렬이다. G가 $n > 1$인 n개의 정점이 있는 그래프이고 $\mathbf{A}$를 G의 인접행렬이라고 하자. $\mathbf{A}+\mathbf{A}^2+\cdots+\mathbf{A}^{n-1}$의 모든 요소가 양수이면 G는 연결되었다는 것을 증명하라.

자 | 기 | 진 | 단 | 해 | 답

1. v_i(i번째 정점)에서 v_j(j번째 정점)로 가는 화살의 개수 2. v_i(i번째 정점)에서 v_j(j번째 정점)로 가는 변의 개수 3. i; j; j; i 4. i; j 5. 1; 0 6. v_i에서 v_j로 가는 길이가 n인 길의 개수

10.4 그래프의 동형

생각하는 것은 무관한 것을 순간적으로 없애는 것이다.—R. Buckminster Fuller, 1969

그림 10.4.1의 두 개의 그림이 같은 그래프를 나타낸다는 것을 예제 10.1.3에서 보았다. 정점과 변의 집합이 같고, 그들의 변-끝점 함수도 같다. 이 그래프를 G라고 하자.

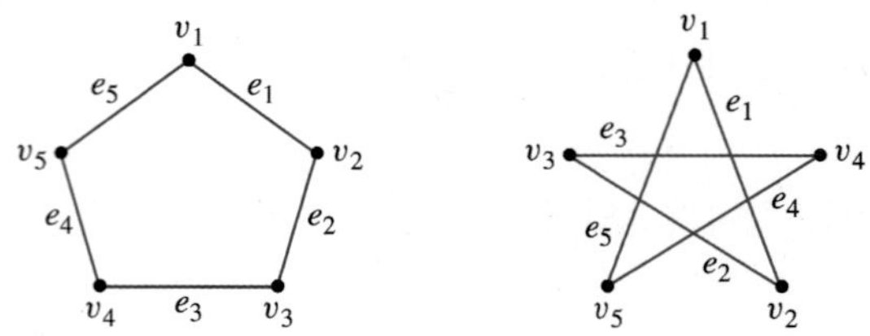

그림 10.4.1

그림 10.4.2에 표현된 그래프 G'을 고려해 보자.

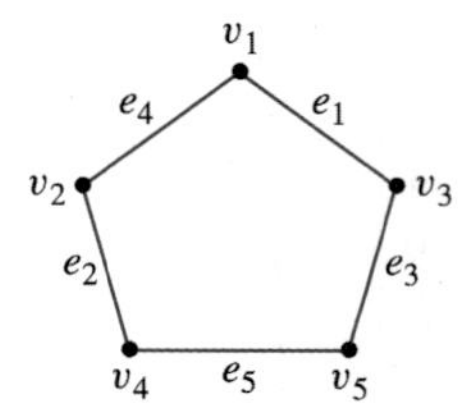

그림 10.4.2

G'은 G와 다른 그래프인 것을 주목하라.(예를 들어 G에서 e_1의 끝점은 v_1과 v_2이다. 반면에 G'에서 e_1의 끝점은 v_1과 v_3이다.) 그러나 분명히 G'은 G와 매우 유사하다. 사실상 만약 그림 10.4.3처럼 함수에 의해 정점들과 변들에 새로운 이름이 붙여지면 G'의 정점과 변에 함수가 새로운 이름을 붙이면 G'은 G와 같은 것이 된다.

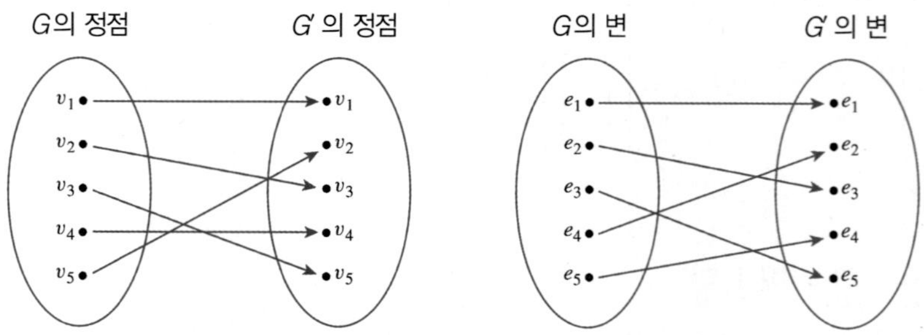

그림 10.4.3

이 재명명 함수는 일대일이고 전사임을 주목하라.

정점과 변의 이름을 재명명하는 것을 제외하고 동일한 2개의 그래프를 **동형**이라고 한다. isomorphism (동형)은 '똑같은 형태'를 의미하는 그리스어이다. 동형 그래프는 본질적으로 똑같은 형태를 가진다.

• 정의

G와 G'은 정점 집합이 각각 $V(G)$와 $V(G')$이고, 변의 집합이 각각 $E(G)$와 $E(G')$인 그래프라고 하자. **G가 G'과 동형**(G is isomorphic to G')이면 모든 $v \in V(G)$와 $e \in E(G)$에 대해 G와 G'의 변-끝점 함수를 지지하는 일대일 대응 $g: V(G) \to V(G')$와 $h: E(G) \to E(G')$이 존재한다.

$$v\text{는 } e\text{의 끝점이다.} \Leftrightarrow g(v)\text{는 } h(e)\text{의 끝점이다.} \qquad 10.4.1$$

다시 말해, G가 G'과 동형일 필요충분조건은 G와 G'의 정점들과 변들은 대응하는 정점들 사이의 변들이 서로 각각에 대응하는 일대일 전사 함수들에 의해 일치된다는 것이다.

동형인 객체를 동일시하는 것은 수학에서 흔한 일이다. 예를 들면 각 정점 쌍을 변으로 연결한 5개의 정점이 있는 그래프 G가 주어지면, G가 K_5와 동형이라고 말하기보다는 G가 K_5라고 말함으로써 G를 K_5와 동일시한다.

예제 10.4.1 **2개의 그래프가 동형임을 보이기**

다음 2개의 그래프가 동형임을 보여라.

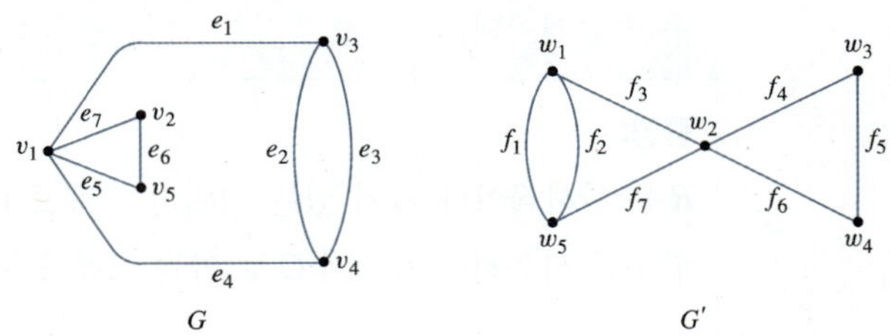

풀이

이 문제를 풀기 위해서 모든 $v \in V(G)$와 $e \in E(G)$에 대해 v가 e의 끝점일 필요충분조건이 $g(v)$는 $h(e)$의 끝점이 되도록 하는 $g: V(G) \to V(G')$와 $h: E(G) \to E(G')$ 함수를 찾아야 한다. 이러한 함수를 시행착오를 거쳐 또는 연역으로 찾는다. 예를 들면 같은 끝점을 가지는 e_2와 e_3가 병렬이기 때문에 (같은 끝점을 가진) $h(e_2)$와 $h(e_3)$는 병렬이어야 한다. 그래서 $h(e_2)=f_1$과 $h(e_3)=f_2$이거나 또는 $h(e_2)=f_2$와 $h(e_3)=f_1$이다. 또한 e_2와 e_3의 끝점은 f_1과 f_2의 끝점에 대응해야 하므로 $g(v_3)=w_1$과 $g(v_4)=w_5$이거나 또는 $g(v_3)=w_5$와 $g(v_4)=w_1$이다.

마찬가지로 v_1은 4개 변(e_1, e_7, e_5, e_4)의 끝점이기 때문에 $g(v_1)$ 또한 4개 변의 끝점이어야 한다.[$g(v_1)$에 부속한 모든 변은 v_1에 부속한 변의 h의 상이고, h는 일대일 대응이고 전사이기 때문이다.] 그러나 4개의 변이 있는 G'의 특정한 정점은 w_2이므로 $g(v_1)=w_2$이다. 이제 만약 $g(v_3)=w_1$이면 v_1과 v_3가 G에서 e_1의 끝점이기 때문에 $g(v_1)=w_2$와 $g(v_3)=w_1$은 G'에서 $h(e_1)$의 끝점이어야 한다. 이것은 $h(e_1)=f_3$을 암시한다.

이 방법으로 계속해서 임의적인 선택을 해 나가면, 최종적으로 G와 G' 사이에 동형을 정의하는 함수 g와 h를 찾을 수 있다. 함수 한 쌍(여러 개가 있다)은 다음과 같다.

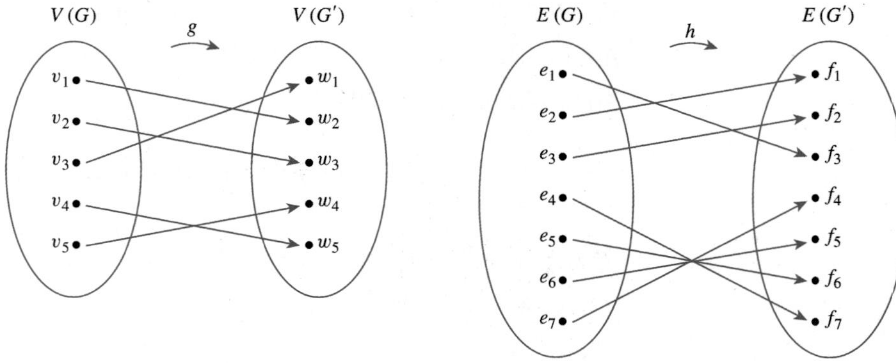

■

그래프 동형이 그래프 집합 상의 동치 관계임을 보여 주는 것은 어렵지 않다. 다시 말하면 그것은 반사적, 대칭적, 추이적이다.

정리 10.4.1 그래프 동형은 동치 관계이다

S는 그래프 집합이고 R은 S 상의 그래프 동형의 관계라고 하자. 그러면 R은 S 상의 동치 관계이다.

증명:

***R*은 반사적이다:** S에 있는 임의의 그래프 G가 주어지면 G의 정점과 변 집합의 항등 함수를 사용하여 G에서 G로 가는 그래프 동형을 정의한다.

***R*은 대칭적이다:** S에 있는 G와 G'이 동형인 임의의 그래프 G와 G'이 주어지면 G'이 G의 동형임을 보여야 한다.

만약 g와 h가 변-끝점 함수를 보존하는 G에서 G'으로 향하는 정점과 변의 대응이라면 g^{-1}과 h^{-1}이 변-끝점 함수를 보존하는 G'에서 G로 향하는 정점과 변의 대응이기 때문에 이것은 참이다.

***R*은 추이적이다:** S에 있는 G와 G'이 동형이고 G'과 G''이 동형인 그래프 G, G', G''이 주어지면 G는 G''과 동형임을 보여야 한다.

이것은 만약 g_1과 h_1이 G와 G'의 변-끝점 함수를 보존하는 G에서 G'으로 향하는 정점과 변의 대응이고 g_2와 h_2가 G'과 G''의 변-끝점 함수를 보존하는 G'에서 G''으로 향하는 정점과 변의 대응이라면, $g_2 \circ g_1$과 $h_2 \circ h_1$은 G와 G''의 변-끝점 함수를 보존하는 G에서 G''으로 향하는 정점과 변의 대응인 사실로부터 알 수 있다.

주의 대칭적 성질의 결과로 "G는 G'과 동형이다" 또는 "G'은 G와 동형이다"라고 하는 대신 "G와 G'은 동형이다"라고 간단히 말할 수 있다.

예제 10.4.2 **동형류의 대표 찾기**

2개의 정점과 2개의 변이 있는 비동형 그래프를 모두 찾아라. 다시 말해서, 각 그래프가 집합에 있는 다른 그래프와 동형인, 2개의 정점과 2개의 변이 있는 대표적인 그래프의 집합을 찾아라.

풀이

여기에 2개의 정점과 2개의 변이 있는 비동형 그래프가 4개 있다. 그래프의 정점과 변에 라벨을 달지 않았다.

(a) (b) (c) (d)

이 4개의 그림이 2개의 정점과 2개의 변이 있는 모든 비동형 그래프를 보여 준다는 것을 알기 위해서는 제일 먼저 변 중 1개가 2개의 정점을 연결하는지 아닌지를 살펴보아야 한다. 만약 연결되어 있다면 2가지 가능성이 있다. 다른 변이 2개의 정점을 연결하거나 [(a)처럼] 또는 1개의 정점에서 루프를 형성하는 것이다.[(b)처럼—2개 정점의 라벨을 교환하면 동형이 되기 때문에 어느 정점에서 루프가 있어도 상관이 없다.] 만약 변이 2개의 정점을 연결하지 않으면 2개의 변은 루프이다. 이런 경우에 2개의 가능성만이 있다. 똑같은 정점에서 2개의 루프가 있든지[(c)처럼] 2개의 루프가 서로 다른 정점에 있는 것이다 [(d)처럼]. 이제 더 이상의 가능성은 없으므로 위에 나열한 것은 완전하다. ■

이제 다음의 질문을 생각해 보자. "G와 G'이 동형인지 아닌지 풀 수 있는 일반적인 방법이 있는가?" 다시 말해, G와 G'을 입력으로 받아서 동형인지 아닌지 답을 낼 수 있는 알고리즘이 있는가? 사실, 그와 같은 알고리즘이 있다. 그것은 G의 정점 집합에서 G'의 정점 집합으로 그리고 G의 변 집합에서 G'의 변 집합으로 모든 일대일이고 전사인 함수를 생성하는 것과, G와 G'의 변-끝점 함수를 보존하는지 아닌지를 판단하기 위해 각 쌍을 검사하는 것으로 구성된다. 이 알고리즘의 문제점은 고속 컴퓨터에서조차도 수행하는 데 너무나 많은 시간이 걸린다는 것이다. 만약 G와 G'에 각각 n개의 정점과 m개의 변이 있다면 정점에서 정점으로 향하는 일대일 대응의 개수는 $n!$이고 변에서 변으로 향하는 일대일 대응의 개수는 $m!$이므로, 따라서 함수 쌍의 총수는 $n! \cdot m!$이다. 예를 들어 $m=n=20$이면 함수의 쌍은 $20! \cdot 20! \cong 5.9\times10^{36}$이다. 1번 검사하는 데 1나노초가 걸린다고 추정하여도 총 소요 시간은 대략 1.9×10^{20}년이 될 것이다.

불행하게도 그래프가 동형인지 아닌지 검사하기 위해 알려진 좀 더 효과적이고 일반적인 방법은 없다. 그러나 어떤 2개의 그래프가 동형이 아닌 것을 보여 주기 위해 사용할 수 있는 몇몇의 간단한 테스트가 있다. 예를 들어 2개의 그래프가 동형이라면, 그들은 똑같은 개수의 정점을 가진다.(한 그래프에 있는 정점의 집합에서 다른 것에 있는 정점의 집합으로 일대일 대응이기 때문이다.) 이것은 만약 2개의 그래프가 있는데, 한 그래프에는 16개의 정점이 있고 다른 그래프에는 17개가 있다면, 이 2개의 그래프가 동형이 아님을 즉시 결정할 수 있다. 좀 더 일반적으로 말하면 그래프의 동형이 지지하는 특성을 **동형 불변성**이라고 한다. 예를 들어 한 그래프에 16개의 정점이 있다면 동형인 다른 그래프도 16개의 정점을 가진다고 할 때, '16개의 정점이 있다'는 것은 동형 불변성이다.

• 정의

어떤 성질 P가 **동형 불변성**(isomorphic invariant)일 필요충분조건은, 그래프 G와 G'이 주어졌을 때 G가 성질 P를 가지고, G'은 G와 동형이고, 그러면 G'이 성질 P를 가지는 것이다.

정리 10.4.2

n, m, k가 모두 음이 아닌 정수일 때, 다음의 각 성질은 그래프 동형에 대해 불변성이다.

1. n개의 정점이 있다.
2. m개의 변이 있다.
3. 차수가 k인 정점이 있다.
4. 차수가 k인 m개의 정점이 있다.
5. 길이가 k인 회로를 가진다.
6. 길이가 k인 단순 회로를 가진다.
7. 길이가 k인 m개의 단순 회로를 가진다.
8. 연결되었다.
9. Euler 회로를 가진다.
10. Hamilton 회로를 가진다.

예제 10.4.3 **2개의 그래프가 동형이 아닌 것을 보이기**

2개의 그래프가 공유하지 않는 동형 불변성을 찾음으로써 다음 그래프 쌍들이 동형이 아님을 보여라.

a.

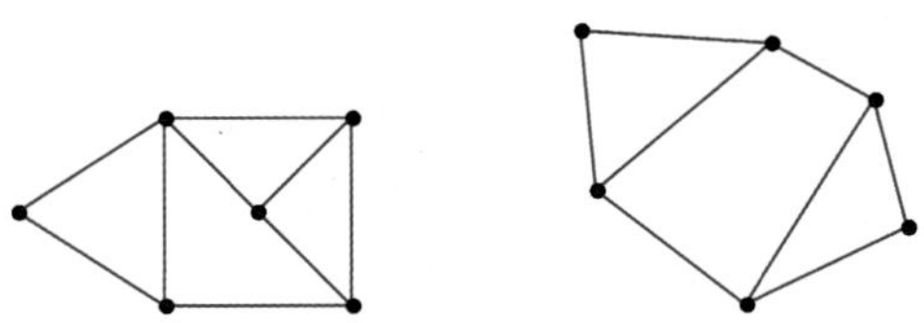

G G'

b.

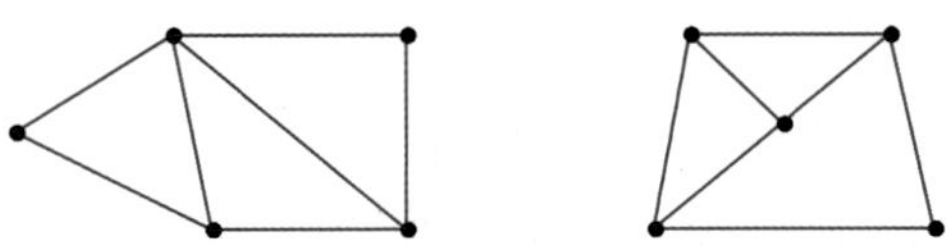

H H'

풀이

a. G는 9개의 변을 가진다. G'은 오직 8개의 변만을 가진다.

b. H는 차수가 4인 정점을 가진다. H'은 그렇지 않다. ■

정리 10.4.2의 (3)을 아래에서 증명하고 다른 부분의 증명은 연습문제에 남겨 둔다.

예제 10.4.4 **정리 10.4.2(3)의 증명**

G에 차수가 k인 정점이 있고 G'이 G와 동형인 그래프이면, G'에는 차수가 k인 정점이 있다는 것을 증명하라.

증명:

G와 G'이 동형 그래프이고 G는 음이 아닌 정수 k에 대해 차수가 k인 정점 v를 가진다고 가정하자.[G'에 차수가 k인 정점이 있다는 것을 보여 주어야 한다.] G와 G'이 동형이기 때문에 G에 있는 정점의 집합에서 G'에 있는 정점의 집합으로, G에 있는 변의 집합에서 G'에 있는 변의 집합으로 가는 일대일이고 전사인 함수 g와 h가 있다. 또한 이 함수는 G에 있는 모든 변 e와 정점 u에 대해 $g(u)$가 $h(e)$의 끝점일 필요충분조건이 u가 e의 끝점이라는 의미에서 변-끝점 보존 함수이다. 특정한 정점 v에 대한 예가 아래에 있다.

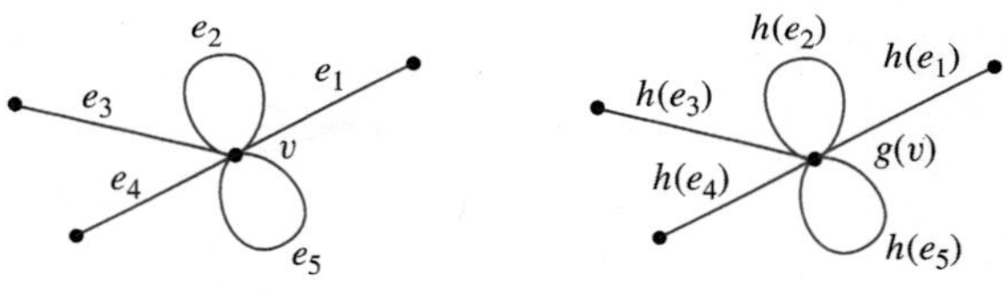

차수 $v = 3 + 2 \cdot 2 = 7$ 　　 차수 $g(v) = 3 + 2 \cdot 2 = 7$

$e_1, e_2, ..., e_m$을 음이 아닌 정수 m에 대해 G의 정점 v에 부속한 서로 다른 m개의 변이라 하자. 그러면 $h(e_1), h(e_2), ..., h(e_m)$은 G'에서 $g(v)$에 부속한 m개의 변이다.[$h(e_1), h(e_2), ..., h(e_m)$이 서로 다른 이유는 h는 일대일이고 $e_1, e_2, ..., e_m$은 서로 다르기 때문이다. 그리고 $h(e_1), h(e_2), ..., h(e_m)$이 $g(v)$에 부속하는 것은 g와 h가 G와 G'의 변-끝점 함수를 보존하고 $e_1, e_2, ..., e_m$이 v에 부속하기 때문이다.]

또한 v에 부속한 변의 g에 의한 상 이외에 $g(v)$에 부속한 변은 없다.[g가 전사이고 g와 h가 G와 G'의 변-끝점 함수를 보존하고 있기 때문이다.] 따라서 v에 부속한 변의 개수가 $g(v)$에 부속한 변의 개수와 같다.

마지막으로 변 e가 v에서 루프일 필요충분조건은 $h(e)$는 $g(v)$에서 루프인 것이므로, v에 부속한 루프의 개수는 $g(v)$에 부속한 루프의 개수와 같다.[g와 h가 G와 G'의 변-끝점 함수를 보존하기 때문에, 정점 w가 G에서 e의 끝점일 필요충분조건은 $g(w)$는 G'에서 $h(e)$의 끝점인 것이다. 따라서 v가 G에서 e의 단 1개의 끝점일 필요충분조건은 $g(v)$가 G'에서 $h(e)$의 단 1개의 끝점인 것이다.]

이제 v의 차수 k는 v에 부속한 변의 개수에 v에 부속한 루프 변의 개수를 더한 것과 같다(각 루프는 v의 차수에 2를 기여하므로). 그러나 이미 v에 부속한 변의 개수가 $g(v)$에 부속한 변의 개수와 같다는 것과 v에 부속한 루프의 개수가 $g(v)$에 부속한 루프의 개수와 같다는 것을 보여 주었다. 따라서 $g(v)$ 또한 차수 k를 가진다. ■

단순 그래프의 그래프 동형

그래프 G와 G'이 모두 단순할 때 G와 G'이 동형이 되는 정의에서는 G의 변과 G'의 변 사이의 대응을 언급하지 않을 수 있다.

> • 정의
>
> G와 G'이 단순 그래프일 때, **G가 G'과 동형**(G is isomorphic to G')일 필요충분조건은 G와 G'의 변-끝점 함수를 보존하는 G의 정점 집합 $V(G)$에서 G'의 정점 집합 $V(G')$으로 향하는 일대일 대응 g가 존재한다는 것이다. 모든 G의 정점 u와 v에 대해서
>
> $\{u, v\}$는 G의 변이다. $\Leftrightarrow$ $\{g(u), g(v)\}$는 G'의 변이다. 10.4.2

예제 10.4.5 **단순 그래프의 동형**

아래 2개의 그래프는 동형인가? 만약 그렇다면 동형을 정의하라.

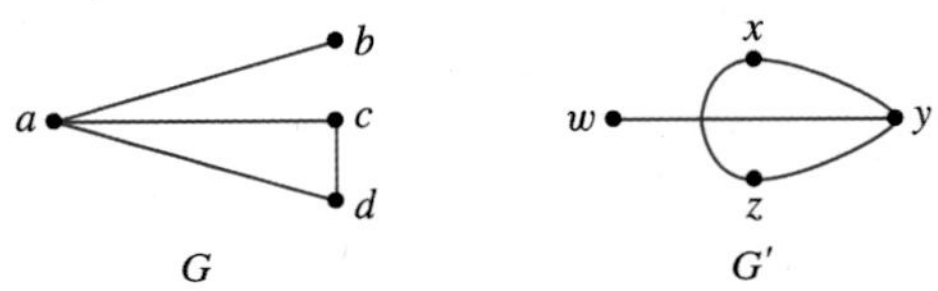

풀이

동형이다. 아래의 화살 도표에 의해 f: $V(G) \to V(G')$를 정의하자.

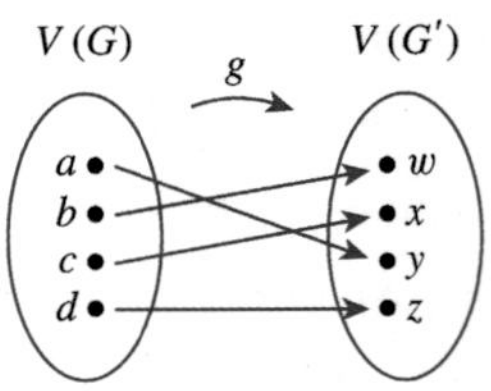

화살 도표를 살펴보면 g는 일대일이고 전사이다. g가 G와 G'의 변-끝점 함수를 지지한다는 사실은 다음의 표에서 알 수 있다.

G	G′의 변
$\{a, b\}$	$\{y, w\} = \{g(a), g(b)\}$
$\{a, c\}$	$\{y, x\} = \{g(a), g(c)\}$
$\{a, d\}$	$\{y, z\} = \{g(a), g(d)\}$
$\{c, d\}$	$\{x, z\} = \{g(c), g(d)\}$

■

자 | 기 | 진 | 단

1. 만약 G와 G'이 그래프이면 G와 G'이 동형일 필요충분조건은 G의 정점 집합에서 G'의 정점 집합으로 일대일 대응 g가 있고 G의 변 집합에서 G'의 변 집합으로 일대일 대응 h가 있는 것이다. G의 모든 정점 v와 변 e에 대해서 v가 e의 끝점일 필요충분조건은 ________ 이다.

2. 어떤 성질 P가 동형 불변성일 필요충분조건은 그래프 G와 G'이 주어졌을 때 만약 G가 성질 P를 가지고, G'은 G와 동형이면, ________.

3. 그래프 동형에 대한 불변성은 ________, ________, ________, ________, ________, ________, ________, ________, ________, ________.

연 / 습 / 문 / 제 10.4

연습문제 1, 2에서 그래프 G와 G'이 동형인지 아닌지 결정하라. 만약 그렇다면 동형을 정의하는 함수 $g: V(G) \to V(G')$와 $h: E(G) \to E(G')$를 제시하라. 만약 그렇지 않다면 그들이 공유하지 않는 동형 불변성을 제시하라.

1.
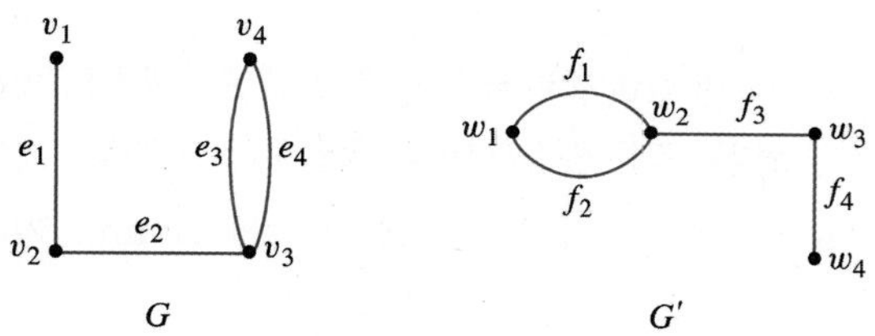

2.
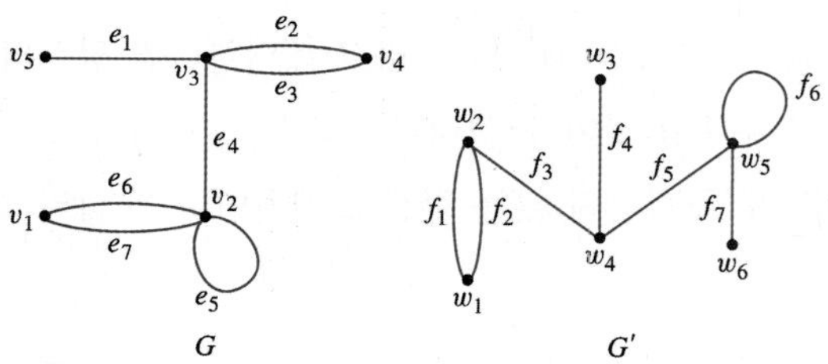

연습문제 3~6에서 단순 그래프 G와 G'이 동형인지 아닌지 결정하라. 만약 그렇다면 동형을 정의하는 함수 $g: V(G) \to V(G')$을 제시하라. 만약 그렇지 않다면 그들이 공유하지 않는 동형 불변성을 제시하라.

3.
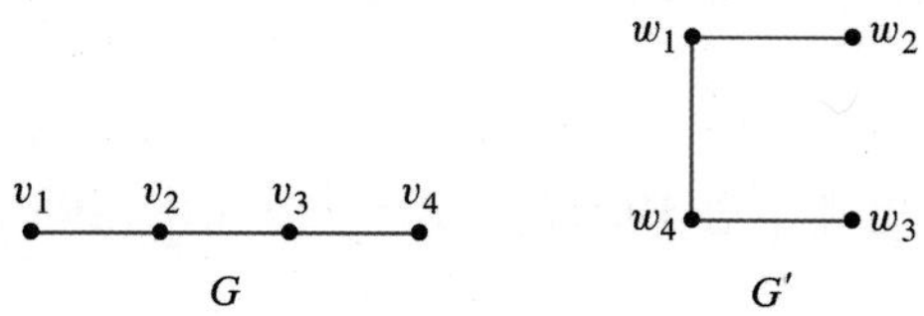

4.
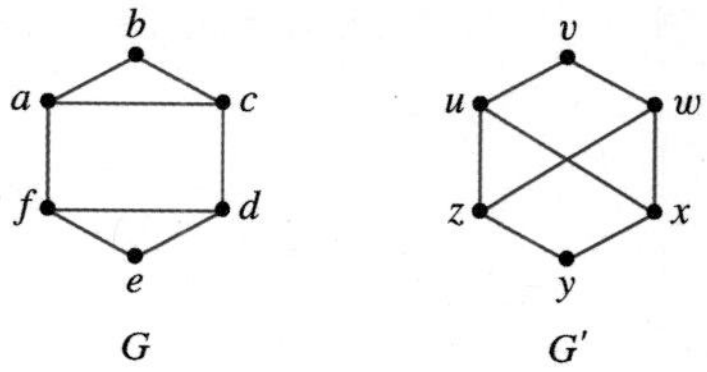

5.
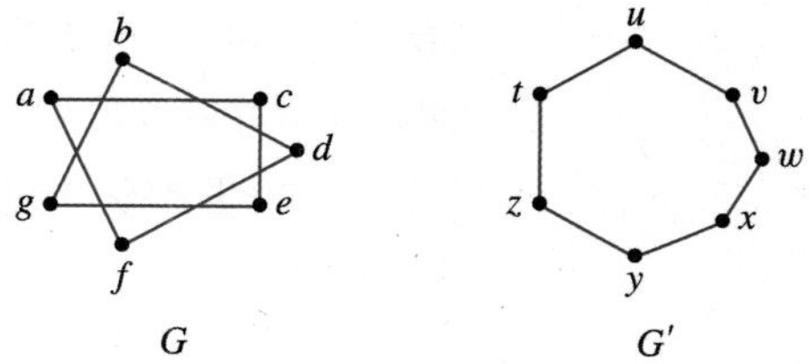

6.
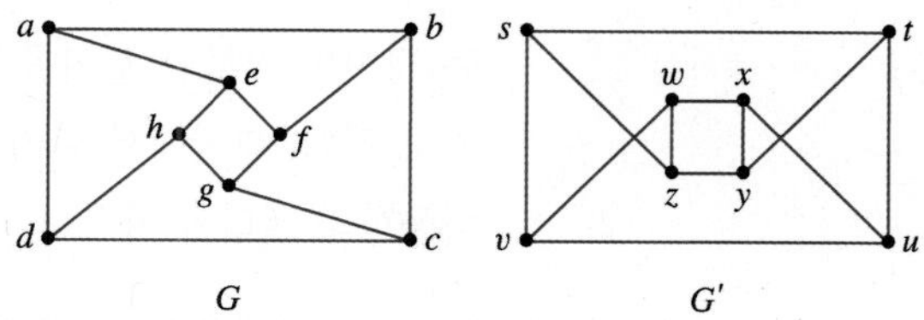

7. 3개의 정점이 있는 비동형 단순 그래프를 모두 그려라.

8. 3개의 정점과 2개 이상의 변이 없는 비동형 그래프를 모두 그려라.

9. 4개의 정점과 3개의 변이 있는 비동형 그래프를 모두 그려라.

10. 모두 차수가 2인 정점이 6개 있는 비동형 그래프를 모두 그려라.

연습문제 11~14의 각 성질이 그래프 동형에 대해 불변성임을 증명하라. n, m, k는 모두 음이 아닌 정수라고 가정하라.

11. n개의 정점이 있다.

12. 길이가 k인 회로를 가진다.

13. 차수가 k인 m개의 정점이 있다.

14. 연결되었다.

자 | 기 | 진 | 단 | 해 | 답

1. $g(v)$는 $h(v)$의 끝점이다 2. G'은 성질 P를 가진다 3. n개의 정점이 있고; m개의 변이 있고; 차수가 k인 정점이 있고; 차수가 k인 m개의 정점이 있고; 길이가 k인 회로를 가지고; 길이가 k인 단순 회로를 가지고; 길이가 k인 m개의 단순 회로를 가지고; 연결되어 있고; Euler 회로를 가지고; Hamilton 회로를 가진다

10.5 트리

어둠 속에서 헤매면서 연결을 따라가며 더듬거리며 길을 찾을 때, 형식적인 결론과 계산의 복잡한 연쇄를 통해 수학적 진리를 받아들이도록 강요받는 것은 즐겁지 않다. 우선 목적과 과정의 개요를 알기 원하며 증명의 아이디어와 좀 더 깊은 전후 사정을 알기 원한다.—Hermann Weyl, 1885~1955

만약 친구가 당신에게 무엇을 공부하는지 물었을 때 '트리'라고 대답한다면 당신의 친구는 당신이 식물학 강의를 듣고 있다고 추측할 것이다. 그러나 트리는 수학의 연구 주제이기도 하다. 수학에서 트리는 어떤 회로도 포함하지 않는 연결 그래프이다. 수학의 트리는 식물학의 트리와 여러 면에서 유사하다.

• 정의

그래프가 **회로가 없다**(circuit-free)는 것은 그래프가 회로를 가지지 않는다는 것이다. 그래프를 **트리**(tree)라고 하는 것은 그래프는 회로가 없고 연결되어 있다는 것이다. **자명한 트리**(trivial tree)는 단일 정점만 있는 그래프이다. 그래프에 회로가 없고 연결되지 않았으면 그 그래프를 **숲**(forest)이라고 한다.

예제 10.5.1 **트리와 트리가 아닌 것**

그림 10.5.1의 모든 그래프는 트리이다. 반면에 그림 10.5.2의 모든 그래프는 트리가 아니다.

를 가진다는 가정에 모순이다. 따라서 이 가정은 거짓이므로, G는 트리이다. ■

트리의 특성

트리에서 정점의 개수와 변의 개수 사이에는 다소 놀라운 관계가 있다. 만약 n이 양수이면 n개의 정점이 있는 트리는 $n-1$개의 변을 가진다는 것이다. 이 사실의 부분적인 역도 사실이라는 것은 더욱 놀랍다. 즉 어떤 n개의 정점과 $n-1$개의 변이 있는 연결 그래프는 트리라는 것이다. 만약 새로운 변(새로운 정점 없이)을 트리에 추가하면 결과로 얻어지는 그래프는 회로를 포함해야 한다는 것이 이 사실에서 기인한다. 또한 회로로부터 변을 제거하는 것이 그래프를 단절하지 않는다는 사실로부터 모든 연결 그래프는 트리인 부분 그래프를 가진다는 사실을 알 수 있다. 따라서 만약 n이 양수이면 n개의 정점과 $n-1$개보다 적은 변이 있는 그래프는 연결되지 않는다는 것이다.

트리에 관한 첫 번째 주요 정리를 유도하기 위해 매우 중요한 사실은 어떤 명백하지 않은 트리에도 차수가 1인 정점이 최소한 1개 있어야 한다는 것이다.

보조정리 10.5.1

1개 이상의 정점이 있는 트리에는 차수가 1인 정점이 최소한 1개 있어야 한다.

이 보조정리를 이해하기 위한 구성적인 방법은 1개 이상의 정점이 있는 트리 T를 상상해 보는 것이다. 임의로 정점 v를 선택하고 v로부터 경로를 따라 바깥쪽으로 차수가 1인 정점을 찾아라. 새로운 정점에 도달하였을 때, 그것의 차수가 1인지 검사하라. 만약 그렇다면 과정을 마친다. 만약 그렇지 않다면 들어갔던 정점으로부터 다른 변을 따라 나가라. T는 회로가 없기 때문에 경로에 있는 정점은 결코 반복되지 않는다. 그리고 T에 있는 정점의 개수가 유한이기 때문에 경로를 확립하는 과정은 결국 끝난다. 끝날 때, 경로의 마지막 정점 v'의 차수가 1이어야 한다. 이 과정을 아래에서 그림으로 설명한다.

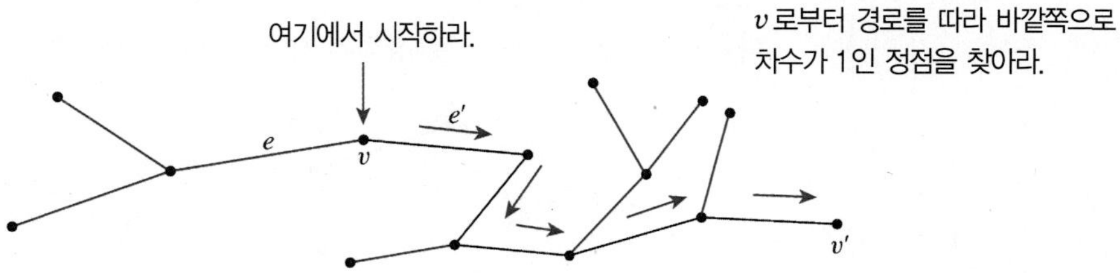

이 논의는 다음의 증명에서 명백하게 된다.

증명:

T는 특정하지만 임의로 선택된 1개 이상의 정점이 있는 트리라고 하자. 그리고 다음의 알고리즘을 고려하자.

단계 1: T의 정점 v를 선택하고 v에 부속한 변을 e라 하자.
[만약 v에 부속한 변이 없다면 v는 고립 정점이 된다. 그러나 이것은 T가 연결되었고(트리이기 때문에), 최소한 2개의 정점이 있다는 가정에 모순이다.]

단계 2: $\deg(v) > 1$인 동안에, 단계 2a, 2b, 2c를 반복하라.

단계 2a: $e' \neq e$가 되도록 v에 부속한 변 e'을 선택하라.[$\deg(v) > 1$이고 따라서 v에 부속한 변이 최소한 2개 있기 때문에 이와 같은 변은 존재한다.]

단계 2b: v로부터 e'의 다른 끝의 정점을 v'이라 하자.[T가 트리이기 때문에 e'은 루프가 될 수 없고, 그러므로 e'에는 서로 다른 2개의 끝점이 있다.]

단계 2c: e'=e이고 $v=v'$라 하자.[이것은 단계 2의 반복을 위한 준비에서 남은 과정일 뿐이다.]

트리 T에 있는 정점의 집합은 유한이고 T는 회로가 없기 때문에 결국에 알고리즘이 끝난다. 끝났을 때 차수가 1인 정점 v를 찾게 된다.

보조정리 10.5.1을 사용하여 1개 이상의 정점을 가진 트리가 사실상 차수가 1인 정점을 최소한 2개 가진다는 것을 보이는 것은 어렵지 않다. 보조정리 10.5.1의 확장은 연습문제로 남겨 둔다.

• 정의

T를 트리라고 하자. 만약 T에 1개 또는 2개의 정점만이 있으면 각 정점은 **단말 정점**(terminal vertex)이라고 한다. 만약 T에 최소 3개의 정점이 있으면 T에서 차수가 1인 정점은 **단말 정점**[또는 **잎**(leaf)]이라 하고, T에서 1보다 큰 차수의 정점은 **내부 정점**(internal vertex, 또는 **가지 정점**(branch vertex))이라고 한다.

예제 10.5.5 **단말 정점과 내부 정점**

다음 트리에서 모든 단말 정점과 내부 정점을 찾아라.

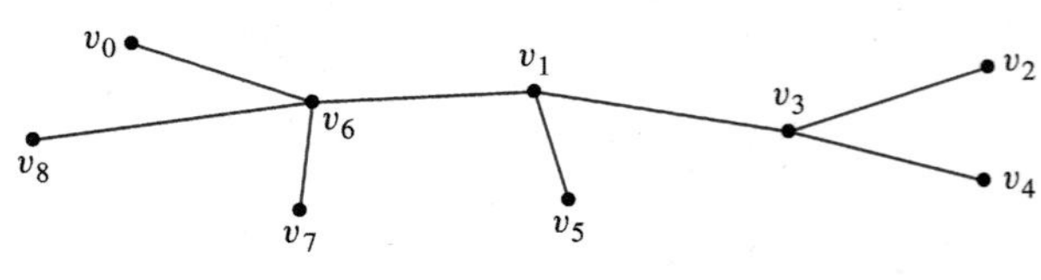

풀이

단말 정점은 $v_0, v_2, v_4, v_5, v_7, v_8$이다. 내부 정점은 v_6, v_1, v_3이다. ■

다음은 트리의 2가지 주요 정리 중 첫 번째이다.

> **정리 10.5.2**
> 양수 n에 대해 n개의 정점이 있는 트리에는 $n-1$개의 변이 있다.

증명은 수학적 귀납법으로 이루어진다. 귀납단계를 실행하기 위해서 양수 k에 대해 정리가 참이라고 가정하고 $k+1$에서도 참임을 보여야 한다. 따라서 $k+1$개의 정점을 가진 트리 T가 있고 T가 $(k+1)-1=k$개의 변을 가짐을 보여야 한다. 이와 같이 할 때, k개의 정점이 있는 트리가 $k-1$개의 변을 가진 귀납단계 가정을 자유롭게 사용할 수 있다. 귀납단계 가정을 사용하기 위해서 $k+1$개의 정점이 있는 T를 k개의 정점이 있는 트리로 감소시켜야 한다. 그러나 보조정리 10.5.1에 의해서 T에는 차수가 1인 정점 $\boldsymbol{v}$가 있고, T가 연결되었기 때문에 다음에 그려진 것처럼 $\boldsymbol{v}$는 단일 변 e에 의해서 T의 나머지 부분에 붙여진다.

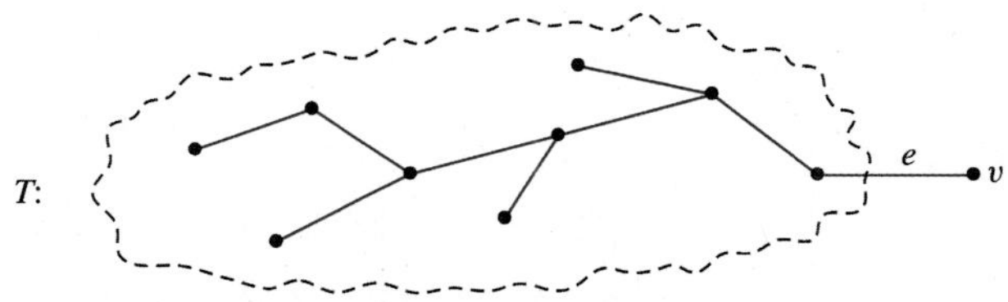

T의 나머지

이제 만약 e와 $\boldsymbol{v}$가 T에서 지워진다면 $(k+1)-1=k$개의 정점이 있는 트리 T'이 남는다. 귀납단계 가정에 의해서 T'은 $k-1$개의 변을 가진다. 그러나 본래 트리 T는 T'보다 정점과 변을 1개씩 더 가진다. 따라서 T에는 $(k-1)+1=k$개의 변이 있어야 한다. 형식적인 설명은 아래와 같다.

증명(수학적 귀납법에 의해서):
특성 $P(n)$을 다음 문장과 같다고 하자.

n개의 정점이 있는 트리에는 $n-1$개의 변이 있다. $\leftarrow P(n)$

이 특성이 $n \geq 1$인 모든 정수에 대해 참임을 보이기 위해 수학적인 귀납법을 사용한다.

$P(1)$이 참인 것을 보여라: T는 1개의 정점이 있는 트리이다. 따라서 T에 있는 변의 개수는 0이다(루프를 포함하지 않기 때문에). 또한 $0=1-1$이므로 $P(1)$은 참이다.

$k \geq 1$인 모든 정수 k에 대해서 $P(k)$가 참이면, $P(k+1)$이 참이라는 것을 보여라:
k는 $P(k)$가 참인 양수라고 가정하자. 다시 말해 다음과 같이 가정한다.

k개의 정점이 있는 트리에는 $k-1$개의 변이 있다. $\leftarrow P(k)$ 귀납단계 가정

$P(k+1)$이 참임을 보여야 한다. 다시 말해 다음을 보여야 한다.

$k+1$개의 정점이 있는 트리에는 $(k+1)-1=k$개의 변이 있다. $\leftarrow P(k+1)$

T를 특정하지만 임의로 선택된 $k+1$개의 정점이 있는 트리라고 하자.[T에는 k개의 변이 있음을 보여야 한다.] k가 양수이고 $(k+1) \geq 2$이기 때문에 T에는 1개 이상의 정점이 있다. 따라서 보조정리 10.5.1에 의해서 T에는 차수가 1인 정점 v가 있다. 또한 T에는 1개 이상의 정점이 있기 때문에 T에는 v 외에 최소 다른 1개의 정점이 있다. 따라서 T의 나머지 부분에 v를 연결하는 변 e가 있다. T의 부분 그래프 T'을 다음과 같이 정의하라.

$$V(T')=V(T)-\{v\}$$

그러면

$$E(T')=E(T)-\{e\}$$

1. T'에 있는 정점의 개수는 $(k+1)-1=k$이다.
2. T'은 회로가 없다.(T가 회로가 없기 때문에 변과 정점을 제거하면 회로를 형성하지 않는다.)
3. T'은 연결되었다.

따라서 트리의 정의에 의하여 T'은 트리이다. T'에 k개의 정점이 있기 때문에 귀납단계 가정에 의하여

$$(T'\text{에 있는 변의 개수})=(T'\text{에 있는 정점의 개수})-1=k-1$$

이고

$$\begin{aligned}(T\text{에 있는 변의 개수})&=(T\text{에 있는 정점의 개수})+1\\&=(k-1)+1\\&=k\end{aligned}$$

예제 10.5.6 **그래프가 트리인지 아닌지 판단하기**

10개의 정점과 12개의 변이 있는 그래프 G가 트리인가?

풀이

아니다. 정리 10.5.2에 의해서 10개의 정점이 있는 트리에는 12개가 아니라 9개의 변이 있다. ■

예제 10.5.7 비동형 트리 찾기

4개의 정점이 있는 비동형 트리를 모두 찾아라.

풀이

정리 10.5.2에 의해서 4개의 정점이 있는 트리에는 3개의 변이 있다. 따라서 4개의 정점이 있는 트리의 총 차수는 6이 되어야 한다. 또한 1개 이상의 정점이 있는 트리에는 적어도 차수가 1인 2개의 정점이 있다.(보조정리 10.5.1의 설명을 보라.) 따라서 4개의 정점이 가질 수 있는 차수의 조합은 다음과 같다.

$$1, 1, 1, 3 \text{ and } 1, 1, 2, 2$$

이 조합 가능성에 대응하는 비동형 트리는 다음과 같다.

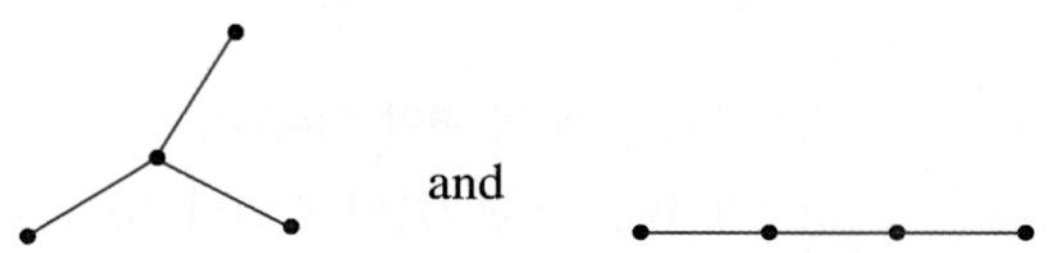

■

트리에 대한 두 번째 주요 정리를 증명하기 위해 또 다른 보조정리가 필요하다.

> **보조정리 10.5.3**
> 만약 G가 연결 그래프이고 C는 G에 있는 회로이고 C의 변 중 1개가 G에서 제거되면, 남은 그래프는 연결된다.

본질적으로 보조정리 10.5.3이 참인 이유는 하나의 회로에서 2개의 정점은 2개의 서로 다른 경로로 연결되기 때문이다. 둘 중 하나는 회로 주위를 '시계 방향'으로, 다른 것은 '반시계 방향'으로 가도록 그래프를 그리는 것이 가능하다. 예를 들어 아래의 회로에서 v_2에서 v_3로 가는 시계 방향의 경로는

$$v_2e_3v_3$$

이고, v_2에서 v_3로 가는 반시계 방향의 경로는 아래와 같다.

$$v_2e_2v_1e_1v_0e_6v_5e_5v_4e_4v_3$$

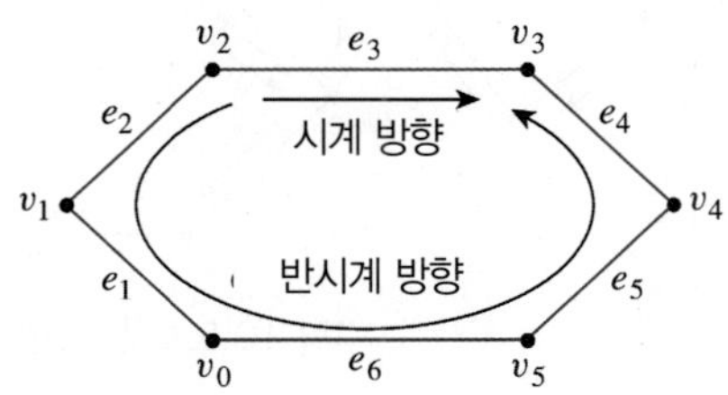

증명:

G가 연결된 그래프이고 C는 G의 회로이고 e는 C의 변이라 가정하자. G에서 e를 삭제하여 G의 부분 그래프 G'을 형성한다. 따라서

$$V(G') = V(G)$$
$$E(G') = E(G) - \{e\}$$

G'이 연결되었음을 보여야 한다.[그래프가 연결되었음을 보여 주기 위해서, 만약 u와 w가 그래프의 정점이라면 G'에는 u에서 w로 가는 길이 있다는 것을 보여야 한다.] u와 w가 G'에 있는 2개의 정점이라고 가정하자.[u에서 w로 가는 길을 찾아야 한다.] G와 G'에 있는 정점의 집합이 동일하기 때문에 u와 w는 모두 G의 정점이고 G가 연결되었기 때문에 G에는 u에서 w로 가는 길 W가 있다.

경우 1(e는 W의 변이 아니다): G'에는 없고 오직 G에만 있는 변이 e이다. 그래서 이 경우에 W는 또한 G'의 길이다. 따라서 u는 G'에 있는 길을 통해 w에 연결된다.

경우 2(e는 W의 변이다): 이 경우에 u에서 w로 가는 길 W는 e를 포함하는 회로 C의 부분을 포함한다. C를 다음과 같이 나타내자.

$$C: v_0 e_1 v_1 e_2 v_2 \cdots e_n v_n \ (= v_0)$$

이제 e는 C의 변 중 1개와 같다. 따라서 $e = e_k$라고 하자. 그러면 길 W는 다음 중 한 가지를 포함한다.

$$v_{k-1} e_k v_k \quad \text{또는} \quad v_k e_k v_{k-1}$$

만약 W가 $v_{k-1} e_k v_k$를 포함하면 아래에 정의한 '반시계 방향' 길 W'이 v_{k-1}을 v_k에 연결한다.

$$W': v_{k-1} e_{k-1} v_{k-2} \cdots v_0 e_n v_{n-1} \cdots e_{k+1} v_k$$

그림 10.5.4는 W로부터 W'이 어떻게 얻어지는가를 보여 준다.

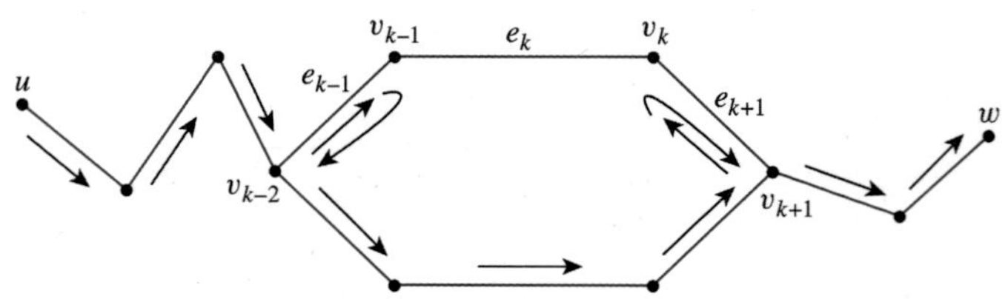

e_k를 피해서 v_{k-1}에서 v_k로 가기 위해서는 사이클 주위를 반시계 방향으로 돌아야 한다.

그림 10.5.4 변 e_k를 포함하지 않고 v_{k-1}에서 v_k로 가는 길의 예

만약 W가 $v_k e_k v_{k-1}$을 포함하면 아래에 정의한 '시계 방향' 길 W''이 v_k를 v_{k-1}에 연결한다.

$$W'': v_k e_{k+1} v_{k+1} \cdots v_n e_1 v_1 e_2 \cdots e_{k-1} v_{k-1}$$

이제 u에서 w로 가는 새로운 길을 형성하기 위해서 W' 또는 W''을 W에 붙여라. 예를 들어 W'을 W에 붙이기 위해서 u에서 v_{k-1}로 가는 W의 일부분에서 시작해서 v_{k-1}에서 v_k로 가는 W'을 이용하고, 마지막으로 v_k에서 w로 가는 W의 일부분을 이용한다. 만약 이 새로운 길이 여전히 e를 포함한다면 모든 e를 제거할 때까지 이 과정을 반복한다.[G에서 e의 개수가 유한이기 때문에 결국 이것이 가능하다.] 이 결과는 e를 포함하지 않는 u에서 w로 가는 길이고, 따라서 G'에 있는 길이다.

위의 논의는 경우 1과 경우 2에서 G'에는 u에서 w로 가는 길이 있다는 것을 보여준다. u와 w의 선택은 임의적이기 때문에 G'은 연결되어 있다.

트리에 관한 두 번째 주요정리는 정리 10.5.2의 수정된 역이다.

정리 10.5.4

양수 n에 대해 만약 G가 n개의 정점과 $n-1$개의 변이 있는 연결된 그래프이면 G는 트리이다.

증명:

n을 양수라 하고 G는 특정하지만 임의로 선택된 n개의 정점과 $n-1$개의 변이 있는 연결 그래프라고 하자.[G가 트리임을 보여야 한다. 이제 트리는 연결되어 있고 회로가 없는 그래프이다. 이미 G가 연결된 것을 알기 때문에 G가 연결이 없는 그래프임을 보이는 것으로 충분하다.] G에는 회로 C가 있다고 가정하자.[모순을 유도해야 한다.] 보조정리 10.5.3에 의해서 C의 변은 연결 그래프 G'을 얻기 위해 G로부터 제거할 수 있다. 만약 G'이 회로를 가지면 이 과정을 반복하라. 새로운 연결 그래프를 형성하기 위해 G'에서 회로의 변을 제거하라. 최종적으로 연결되고 회로가 없는 그래프 G''이 얻어질 때까지 회로에서 변을 제거하는 과정을 계속해서 반복하라. 정의에 의해서 G''은 트리이다. G''을 형성하기 위해서 G로부터 제거할 정점이 없기 때문에 G''에는 G와 같이 n개의 정점이 있다. 따라서 정리 10.5.2에 의해서 G''에는 $n-1$개의 변이 있다. 그러나 G가 회로를 가진다는 가정은 G''을 형성하기 위해서 G에서 최소한 1개의 변을 제거하는 것을 의미한다. 따라서 G''에는 $(n-1)-1=n-2$개보다 많지 않은 개수의 변이 있으며, 이것은 $n-1$개의 변이 있다는 것에 모순이다. 그러므로 가정은 거짓이다. 따라서 G에는 회로가 없다. 따라서 G는 트리이다.

정리 10.5.4는 정리 10.5.2의 완전한 역이 아니다. 비록 n개의 정점과 $n-1$개의 변(n은 양수임)을 가진 모든 **연결** 그래프가 트리인 것이 참일지라도 n개의 정점과 $n-1$개의 변을 가진 **모든** 그래프가 트리인 것이 참은 아니다.

예제 10.5.8 **트리가 아닌 n개의 정점과 $n-1$개의 변이 있는 그래프**

트리가 아닌 5개의 정점과 4개의 변을 가진 그래프를 제시하라.

풀이

정리 10.5.4에 의해서 이러한 그래프는 연결되어 있지 않다. 다음은 연결되지 않은 그래프의 한 가지 예이다.

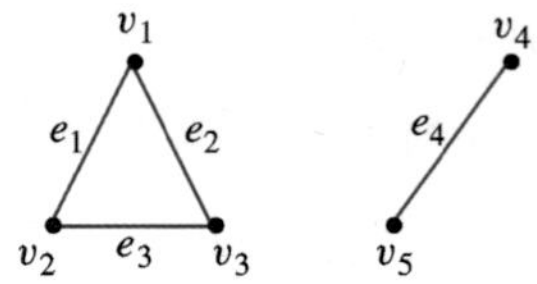

■

자 | 기 | 진 | 단

1. 숲은 _______ 그래프이고 트리는 _______ 그래프이다.
2. 자명한 트리는 _______로 구성된 그래프이다.
3. 최소 2개의 정점이 있는 트리는 최소한 차수가 _______인 변이 있다.
4. 트리 T에 최소 2개의 정점이 있다면 T에 있는 단말 정점(잎)은 차수가 _______인 정점이고 T에 있는 내부 정점(가지 정점)은 차수가 _______인 정점이다.
5. 양의 정수 n에 대하여 n개의 정점을 가진 트리에는 _______이 있다.
6. 양의 정수 n에 대하여 G가 n개의 정점과 $n-1$개의 변이 있는 연결 그래프라면 G는 _______이다.

연 / 습 / 문 / 제 10.5

1. 다음 질문에 답하기 위해서 예제 10.5.2의 트리를 왼쪽에서 오른쪽으로 읽어라.
   a. I에서 12점을 얻고 II에서 4점을 얻은 학생은 어느 반의 수업을 들어야 하는가?
   b. I에서 8점을 얻고 II에서 9점을 얻은 학생은 어느 반의 수업을 들어야 하는가?

2. 예제 10.5.3에 주어진 규칙을 사용하여 다음 문장의 유도를 보여 주기 위한 트리를 그려라.
   a. The young ball caught the man.
   b. The man caught the young ball.

3. n개의 정점이 있는 트리의 총 차수는 무엇인가? 왜 그런가?

4. G를 탄소 원자의 개수에 수소 원자의 개수를 최대로 연결한 탄화수소 분자 그래프라고 하자.
   a. G에는 3개의 탄소 원자와 8개의 수소 원자가 있다. 이때 G의 그래프를 그려라.
   b. C_5H_{12}의 3가지 이성핵들을 그려라.
   c. 예제 10.5.4와 연습문제 3을 이용하여 만약 G의

정점이 k개의 탄소 원자와 m개의 수소 원자로 구성된다면 G의 총 차수가 $2k+2m-2$개라는 것을 증명하라.

d. 만약 G의 정점이 k개의 탄소 원자와 m개의 수소 원자로 구성된다면 G는 $4k+m$개의 총 차수를 가지는 것을 증명하라.

e. (c)와 (d)의 결과를 같게 하여 k개의 탄소 원자와 최대 개수의 수소 원자를 가진 포화된 탄화수소 분자가 $2k+2$개의 수소 원자를 가진다는 Cayley의 결과를 증명하라.

5. 보조정리 10.5.1의 증명에 주어진 논의를 확장하여 1개 이상의 정점이 있는 트리에는 차수가 1인 정점이 최소한 2개 있다는 것을 보여라.

6. 다음 트리에서 모든 단말 정점과 모든 내부 정점을 찾아라.

a.

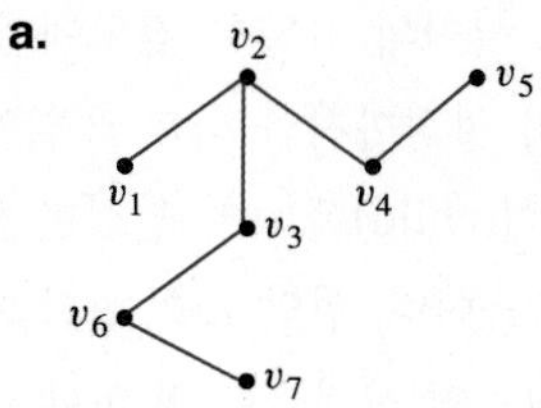

b.

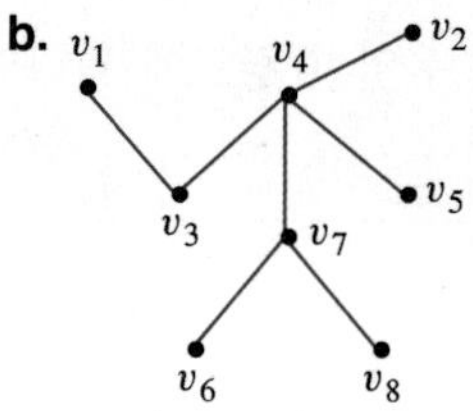

연습문제 7~13에서는 주어진 설명으로 그래프를 그리거나, 그러한 그래프가 왜 존재하지 않는지 설명하라.

7. 트리, 9개의 정점, 9개의 변

8. 그래프, 연결됨, 9개의 정점, 9개의 변

9. 그래프, 회로가 없음, 9개의 정점, 6개의 변

10. 트리, 6개의 정점, 총 차수 14

11. 트리, 5개의 정점, 총 차수 8

12. 그래프, 연결됨, 6개의 정점, 5개의 변, 회로를 가짐

13. 그래프, 2개의 정점, 1개의 변, 트리가 아님

14. 연결된 그래프에는 12개의 정점과 11개의 변이 있다. 이 그래프에는 차수가 1인 정점이 있는가? 왜 그런가?

15. 그래프에는 8개의 정점과 6개의 변이 있다. 연결되었는가? 왜 그런가?

16. 만약 그래프에 n개의 정점과 그보다 적게 $n-2$개의 변이 있다면 연결될 수 있는가? 왜 그런가?

17. 회로가 없는 그래프에는 10개의 정점과 9개의 변이 있다. 이것은 연결되었는가? 왜 그런가?

18. n개의 정점과 최소 $n-1$개의 변이 있는, 회로가 없는 그래프는 연결되었는가? 왜 그런가?

19. a. 다음 내용이 그래프 동형에 대해서 불변성임을 증명하라: 차수가 i인 정점은 차수가 j인 정점에 인접한다.

b. 6개의 정점을 가지는 모든 비동형 트리를 찾아라.

자 | 기 | 진 | 단 | 해 | 답

1. 회로가 없고 연결되지 않은; 연결되고 회로가 없는 2. (변이 없는) 단일 정점 3. 1 4. 1; 1보다 큰 5. $n-1$개 변 6. 트리

10.6 루트 트리

수학을 추구하는 것은 인간 정신의 신성한 광기이며 불시의 사건으로 못살게 구는 위기로부터의 피난처라는 것을 인정하자.—Alfred North Whitehead, 1861~1947

나무는 뿌리가 있는데, 어떤 사람의 혈통을 보여 주는 가계도도 나무와 유사하다. 루트 트리의 용어와 표기법은 식물학에서 말하는 나무의 용어와 가계도의 용어가 혼합되어 있다. 수학에서 루트 트리는 다른 정점들과 구별되는 **루트**라고 하는 정점을 가진 트리이다. 트리에 또 다른 정점 v가 주어질 때 루트에서 v로 가는 유일한 경로가 있다.(만약 2개의 서로 다른 경로가 있다면 회로가 생길 것이다.) 이러한 경로에서 변의 개수는 v의 **레벨**이라고 한다. 그리고 트리의 높이는 가장 긴 경로의 길이이다. 전통적으로 루트 트리는 트리의 맨 위에 놓고(가계도처럼), 아래로 가지를 표시한다.

• 정의

루트 트리(rooted tree)는 다른 것과 구별되는 1개의 정점으로 **루트**(root)라고 불리는 정점이 있는 트리이다. 정점의 **레벨**(level)은 정점과 루트 사이의 유일한 경로에 있는 변의 개수이다. 루트 트리의 **높이**(height)는 트리의 임의의 정점까지의 최대 레벨이다. 루트 또는 루트 트리의 내부 정점 v가 주어질 때, v의 **자식**(child)은 v에 인접한 모든 정점과 루트에서 v보다 하나의 레벨 더 멀리 떨어진 정점들이다. 만약 w가 v의 자식이면 v는 w의 **부모**(parent)라고 하고, 똑같은 부모의 자식들인 정점들은 **형제**(sibling)라고 한다. 정점 v와 w가 주어질 때 만약 w와 루트 사이에 유일한 경로에 있다면, v는 w의 **조상**(ancestor)이고 w는 v의 **후손**(descendant)이다.

이 용어들은 그림 10.6.1에서 설명한다.

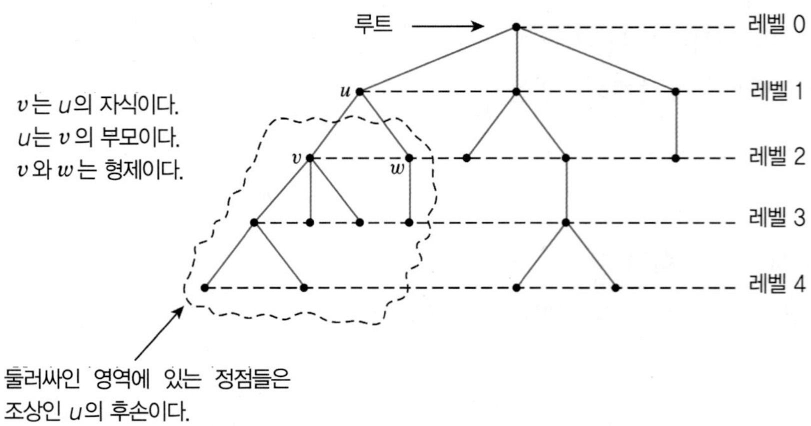

그림 10.6.1 루트 트리

예제 10.6.1 **루트 트리**

아래 그림처럼 루트 v_0를 가진 트리를 고려하자.

a. v_5의 레벨은?
b. v_0의 레벨은?
c. 이 루트 트리의 높이는?
d. v_3의 자식은?
e. v_2의 부모는?
f. v_8의 형제는?
g. v_3의 후손은?

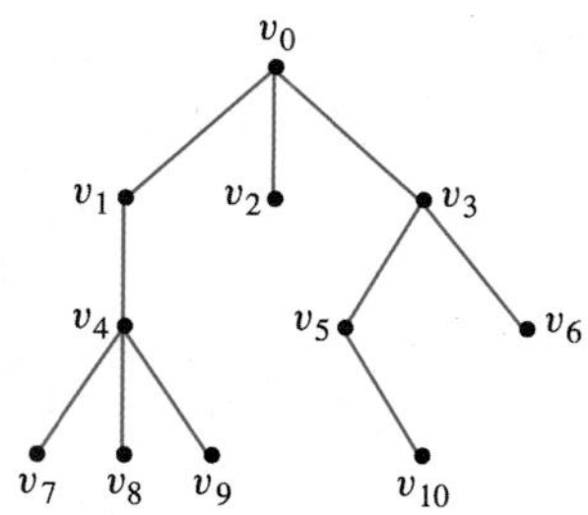

풀이

a. 2 b. 0 c. 3 d. v_5와 v_6 e. v_0 f. v_7, v_9 g. v_5, v_6, v_{10} ■

아래의 루트 v_0를 가지는 트리에서 v_1은 레벨 1이고, v_0의 자식이고, v_0와 v_1은 모두 단말 정점이다.

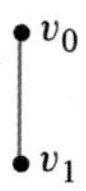

이진트리

루트 트리에서 모든 정점이 최대 2명의 자식을 가지고 각 자식이 (유일한) 왼쪽 자식이거나 (유일한) 오른쪽 자식이면 그 결과는 **이진트리**이다.

• 정의

이진트리(binary tree)는 모든 부모가 최대 2명의 자식이 있는 루트 트리이다. 이진트리의 각 자식은 **왼쪽 자식**(left child) 또는 **오른쪽 자식**(right child)이다. 그리고 모든 부모는 최대 1명의 왼쪽 자식과 1명의 오른쪽 자식을 가진다. **완전 이진트리**(full binary tree)는 각 부모가 정확하게 2명의 자식이 있는 이진트리이다.

이진트리 T에서 부모 v가 주어질 때 v가 왼쪽 자식이 있다면 v의 **왼쪽 부분 트리**(left subtree)는 v의 왼쪽 자식이 루트이고 v의 왼쪽 자식과 왼쪽 자식의 모든 후손으로 구성되는 정점과 왼쪽 부분 트리의 정점들을 연결하는 T의 변으로 구성되는 이진트리이다. **오른쪽 부분 트리**(right subtree)는 이와 유사하게 정의한다.

이 용어들은 그림 10.6.2에서 그림으로 설명한다.

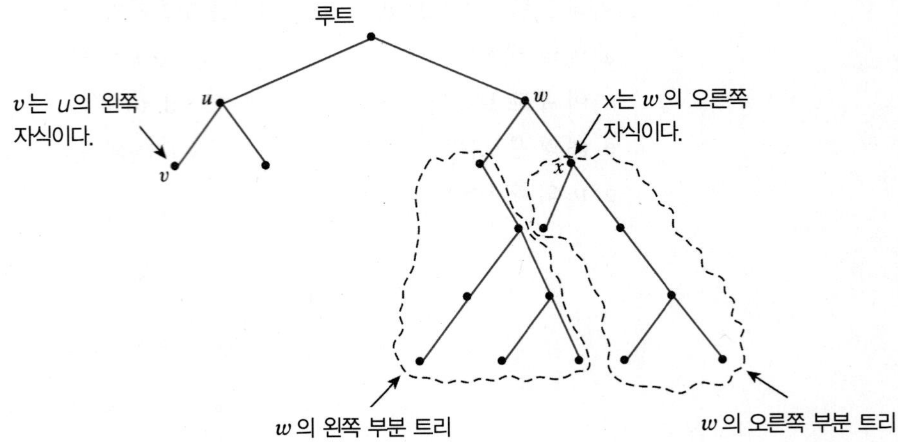

그림 10.6.2 이진트리

예제 10.6.2 **대수식의 표현**

이진트리는 균형 잡힌 괄호가 임의로 중첩된 대수식을 표현하기 위해 컴퓨터 과학에서 사용한다. 예를 들어 다음의 (라벨이 표시된) 이진트리는 식 a/b를 표현한다. 연산자는 루트에 있고 왼쪽-오른쪽 순서로 루트의 왼쪽과 오른쪽 자식에 동작한다.

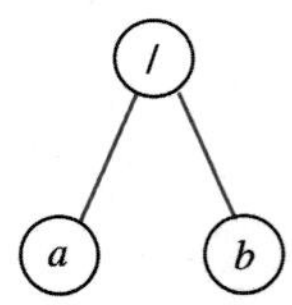

더 일반적으로 아래의 이진트리는 식 $a/(c+d)$를 표현한다. 이 표현에서 내부 정점은 수학 연산자이고 단말 정점은 변수이며, 각 정점에서 연산자는 왼쪽-오른쪽 순서로 루트의 왼쪽과 오른쪽 부분 트리에 동작한다.

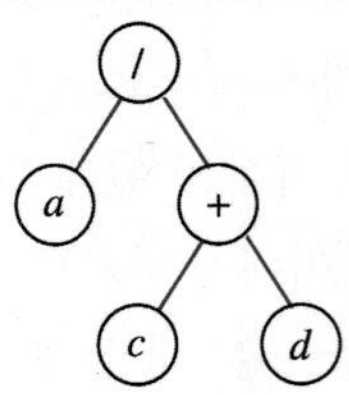

식 $((a-b)\cdot c)+(d/e)$를 표현하는 이진트리를 그려라.

풀이

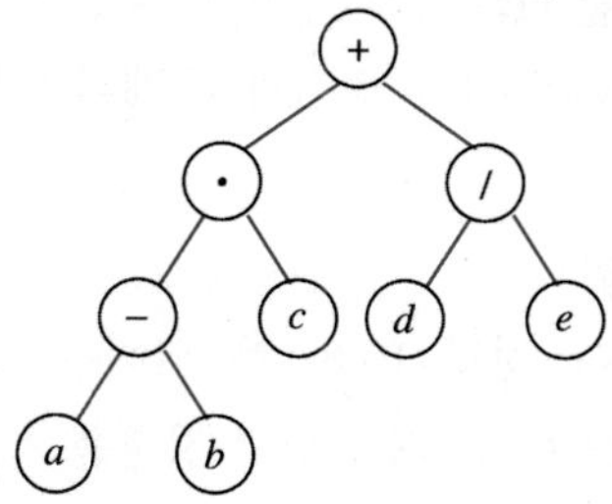

■

이진트리에 관한 한 가지 흥미로운 정리는, 만약 완전 이진트리의 내부 정점의 개수를 안다면 정점의 총수와 단말 정점의 개수를 계산할 수 있고 역으로도 가능하다는 것이다. 구체적으로 이야기하면, k개의 내부 정점이 있는 완전 이진트리에는 $k+1$개의 단말 정점이 있고 총 $2k+1$개의 정점이 있다.

정리 10.6.1

만약 k가 양수이고 T가 k개의 내부 정점이 있는 완전 이진트리이면 T에는 총 $2k+1$개의 정점이 있고 $k+1$개의 단말 정점이 있다.

증명:

k는 양수이고 T가 k개의 내부 정점이 있는 완전 이진트리라고 가정하자. T의 모든 정점의 집합을 2개의 독립된 부분집합으로 나눌 수 있음에 주목하라: 부모를 가지는 모든 정점의 집합과 부모를 갖지 않는 모든 정점의 집합. 부모를 갖지 않는 1개의 정점이 있고 이 정점을 루트라고 한다. 또한 완전 이진트리의 모든 내부 정점은 정확히 2명의 자식을 가지기 때문에 부모를 가지는 정점의 개수는 부모 명수의 2배 또는 $2k$이다. 따라서

$$\begin{aligned}(T\text{에 있는 정점의 총수}) &= (\text{부모를 가지는 정점의 개수}) + (\text{부모를 가지지 않는 정점의 개수}) \\ &= 2k+1\end{aligned}$$

그러나 T에 있는 정점의 총수는 내부 정점의 개수와 단말 정점의 개수를 더한 개수와 같다는 것 또한 참이다. 따라서

$$\begin{aligned}(T\text{에 있는 정점의 총수}) &= (\text{내부 정점의 개수}) + (\text{단말 정점의 개수}) \\ &= k + (\text{단말 정점의 개수})\end{aligned}$$

이제 T에 있는 정점의 총수에 대해서 2개의 수식을 같게 하라.

$$2k+1 = k + (\text{단말 정점의 개수})$$

이 방정식을 풀면

$$(\text{단말 정점의 개수}) = (2k+1) - k = k+1$$

따라서 정점의 총수는 $2k+1$이고 단말 정점의 개수는 $k+1$이다.

예제 10.6.3 **완전 이진트리의 존재 여부 판단**
10개의 내부 정점과 13개의 단말 정점이 있는 완전 이진트리가 있는가?

풀이
없다. 정리 10.6.1에 의해서 10개의 내부 정점이 있는 완전 이진트리는 13이 아니라 $10+1=11$개의 단말 정점을 가진다. ■

완전 이진트리에 관한 또 다른 흥미로운 정리는 높이가 주어지면 이진트리의 단말 정점의 최대 개수를 알 수 있다는 것이다. 구체적으로 이야기하면, 높이가 h인 이진트리의 단말 정점의 최대 개수는 2^h이다. 또 다른 방법으로 말하면, t개의 단말 정점이 있는 이진트리는 적어도 $\log_2 t$의 높이를 가진다.

정리 10.6.2
$h \geq 0$인 모든 정수에 대해서 만약 T가 t개의 단말 정점이 있고 높이가 h인 이진트리라면

$$t \leq 2^h$$

동등하게

$$\log_2 t \leq h$$

이다.

증명(강한 수학적 귀납법에 의해서):
다음을 $P(h)$라고 하자.

만약 T가 높이가 h인 이진트리라면 ← $P(h)$
T의 단말 정점의 개수는 많아야 2^h이다.

$P(0)$가 참임을 보여라: 만약 T가 높이가 0인 이진트리이면 T의 단말 정점의 개수는 많아야 2^0임을 보여야 한다. T는 높이가 0인 트리라고 가정하자. 그러면 T는 단일 정점(루트)으로 구성된다. 정의에 의해 이것은 단말 정점이며 단말 정점의 개수는 $t=1=2^0=2^h$이다. 이런 이유로 $t \leq 2^h$이다.

$k \geq 0$인 모든 정수 k에 대하여, $P(i)$가 0에서 k까지의 모든 i에 대해서 참이라면 $k+1$에 대해서도 참임을 보여라:
k가 $k \geq 0$인 정수이고 다음과 같이 가정한다.

0에서 k까지의 모든 정수 i에 대해서 T가 높이가 i인 트리이면 ← 귀납단계 가정
T의 단말 정점의 개수는 최대 2^i이다.

이제 다음을 보이면 된다.

T가 높이가 $k+1$인 트리이면 T의 단말 정점의 개수는 2^{k+1}이다. $\leftarrow P(k+1)$

T가 높이가 $k+1$이고 루트가 v이고 t개의 단말 정점을 가지는 이진트리라고 하자. $k \geq 0$이므로 $k+1 \geq 1$이고 v는 최소한 1개의 자식을 가진다.

경우 1(v 가 1개의 자식만을 가진다): 이 경우에 v가 v_L로 표시되는 왼쪽 자식을 가진다고 가정한다. T_L을 v의 왼쪽 부분 트리라고 하자. 그러면 v_L은 T_L의 루트이다.(이 상황을 그림 10.6.3에서 그림으로 설명한다.) v는 1명의 자식만을 가지고 v 자체가 단말 정점이므로 T에서 단말 정점의 총수는 T_L의 단말 정점의 개수에 1을 더한 것과 같다. 따라서 만약 t_L이 T_L의 단말 정점의 개수이면 $t=t_L+1$이다.

이제 귀납단계 가정에 의해서 T_L의 높이가 T의 높이에서 1을 뺀 k이기 때문에 $t_L \leq 2^k$이다. 또한 v는 자식을 가지기 때문에 $k+1 \geq 1$이고 $2^k \geq 2^0=1$이다. 그러므로

$$t=t_L+1 \leq 2^k+1 \leq 2^k+2^k=2 \cdot 2^k=2^{(k+1)}$$

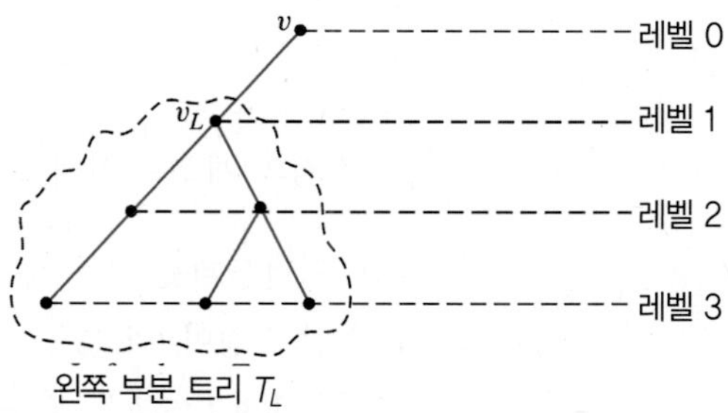

그림 10.6.3 루트가 1명의 자식을 가지는 이진트리

이다.

경우 2(v 가 2명의 자식을 가진다): 이 경우에 v는 왼쪽 자식 v_L과 오른쪽 자식 v_R을 가지고 v_L과 v_R은 각각 왼쪽 부분 트리 T_L과 오른쪽 부분 트리 T_R의 루트이다. T가 이진트리이기 때문에 T_L과 T_R이 이진트리임에 주목하라.(이 상황은 그림 10.6.4에서 그림으로 설명한다.)

이제 v_L과 v_R이 각각 T_L과 T_R로 표시되는 v의 왼쪽과 오른쪽 부분 트리의 루트이다. T가 이진트리이기 때문에 T_L과 T_R은 이진트리임에 주목하라. h_L과 h_R을 각각 T_L과 T_R의 높이라고 하자. 그러면 T는 T_L과 T_R을 결합하고 레벨을 추가하여 얻어지기 때문에 $h_L \leq h-1$이고 $h_R \leq h-1$이다. t_L과 t_R을 각각 T_L과 T_R의 단일 정점의 개수라고 하자. 그러면 T_L과 T_R은 모두 h보다 적은 높이를 가지기 때문에 귀납단계 가정에 의해서

$$t_L \leq 2^{h_L} \text{과 } t_R \leq 2^{h_R}$$

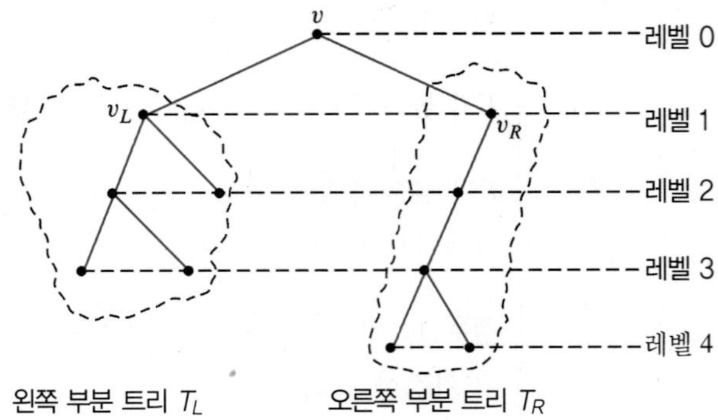

그림 10.6.4 루트가 2명의 자식을 가지는 이진트리

이다. 그러나 T의 단말 정점은 정확하게 T_R의 단말 정점과 T_L의 단말 정점으로 구성된다. 그러므로

$$t = t_L + t_R \le 2^{h_L} + 2^{h_R}$$ $h_L \le k$와 $h_R \le k$이기 때문에 귀납단계 가정에 의해서

이다. 그러므로

$$t \le 2^k + 2^k = 2 \cdot 2^k = 2^{(k+1)}$$ 기본 대수에 의해서

따라서 단말 정점의 개수는 최대 $2^{(k+1)}$이다.

기본단계와 귀납단계를 모두 증명하였기 때문에 $h \ge 0$인 모든 정수에 대해서 T가 높이 h이고 단말 정점이 t개 있는 이진트리라면 $t \le 2^h$이다.

동등한 부등식 $\log_2 t \le h$는 밑수 2를 가진 로그 함수가 증가한다는 사실을 따른다. 다시 말하면 모든 양의 실수 x, y에 대해서

$$x < y \text{이면} \quad \log_2 x < \log_2 y$$

이다. 다음 식의 양쪽에 밑수 2인 로그 함수를 적용하면

$$t \le 2^k$$

다음 식

$$\log_2 t \le \log_2(2^h)$$

을 얻게 된다. 로그의 정의로부터 $\log_2(2^h) = h$이다. 따라서

$$\log_2 t \le h$$

이다.

예제 10.6.4 **이진트리의 존재 여부 판단**

높이가 5이고 38개의 단말 정점이 있는 이진트리가 있는가?

풀이

없다. 정리 10.6.2에 의해서 높이가 5인 이진트리는 최대 $2^5=32$개의 단말 정점을 가진다. 따라서 이 트리는 38개의 단말 정점을 가질 수 없다. ■

자 | 기 | 진 | 단

1. 루트 트리는 _______인 트리이다. 루트 트리의 정점의 레벨은 _______이다. 루트 트리의 높이는 _______이다.
2. 이진트리는 _______인 루트 트리이다.
3. 완전 이진트리는 _______인 루트 트리이다.
4. k가 양의 정수이고 T가 k개의 내부 정점을 가진 완전 이진트리이면 T에는 총 _______개의 정점과 _______개의 단말 정점이 있다.
5. T가 t개의 단말 정점이 있고 높이가 h인 이진트리라면 t와 h는 부등식 _______ 관계가 있다.

연 / 습 / 문 / 제 10.6

1. 루트가 a인 아래의 트리를 고려하라.
   a. n의 레벨은?
   b. a의 레벨은?
   c. 이 루트 트리의 높이는?
   d. n의 자식은?
   e. g의 부모는?
   f. j의 형제는?
   g. f의 후손은?

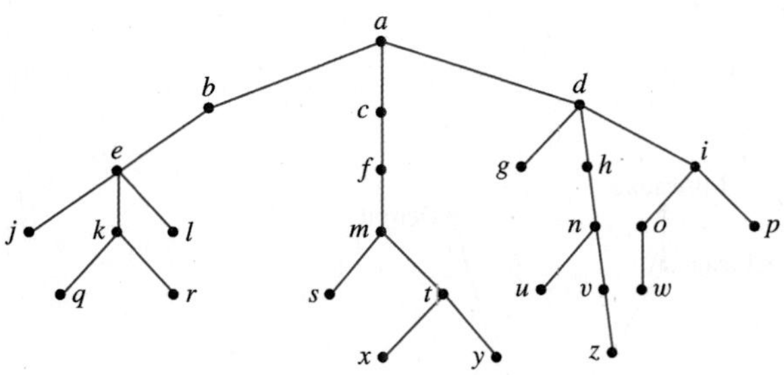

2. 다음의 식을 표현하기 위한 이진트리를 그려라.
   a. $a \cdot b-(c/(d+e))$
   b. $a/(b-c \cdot d)$

연습문제 3~10에서는 주어진 설명의 그래프를 그리거나, 왜 그런 그래프가 존재하지 않는지 설명하라.

3. 완전 이진트리, 5개의 내부 정점
4. 완전 이진트리, 5개의 내부 정점, 7개의 단말 정점
5. 완전 이진트리, 7개의 정점, 4개의 내부 정점
6. 완전 이진트리, 12개의 정점
7. 완전 이진트리, 9개의 정점
8. 이진트리, 높이 3, 7개의 단말 정점
9. 완전 이진트리, 높이 3, 6개의 단말 정점
10. 이진트리, 높이 3, 9개의 단말 정점
11. 다음의 특성을 가지는 이진트리의 높이는 얼마인가?
    a. 25개의 단말 정점
    b. 40개의 단말 정점
    c. 60개의 단말 정점

자 | 기 | 진 | 단 | 해 | 답

1. 한 정점을 다른 정점들과 구별하여 루트라고 한다; 루트와 정점 사이의 유일한 경로를 이루는 변의 개수; 트리에 있는 정점의 최대 레벨 2. 각 부모가 최대 2명의 자식을 가지는 3. 각 부모가 정확히 2명의 자식을 가지는 4. $2k+1$; $k+1$ 5. $t \le 2^h$ 또는 $\log_2 t \le h$

10.7 생성 트리와 최단 경로

나는 각 과학이 수학일 때 진짜 과학이라고 주장한다.—Immanuel Kant, 1724~1804

동부 항공사는 중서부로 서비스를 확장하기로 하고 연방 항공 당국으로부터 그림 10.7.1과 같은 항로로 비행하는 것을 허가받았다.

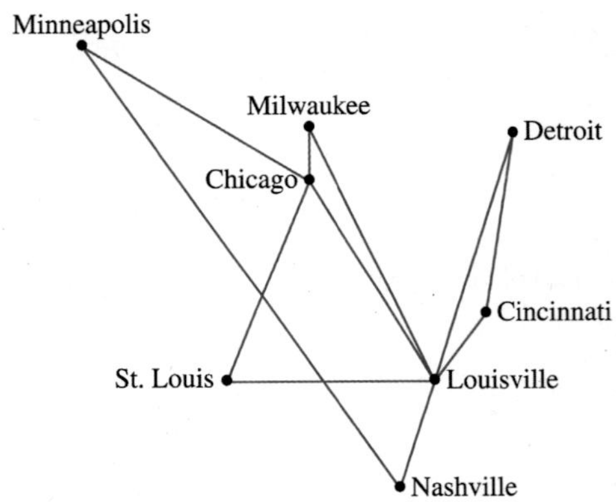

그림 10.7.1

항공사는 도시들 간의 모든 항로를 사용하고 싶지만, 경제적인 이유로 모든 도시를 연결하는 최소 개수의 항로만을 사용하려고 한다. 가능한 한 가지 항로 시스템은 그림 10.7.2와 같다.

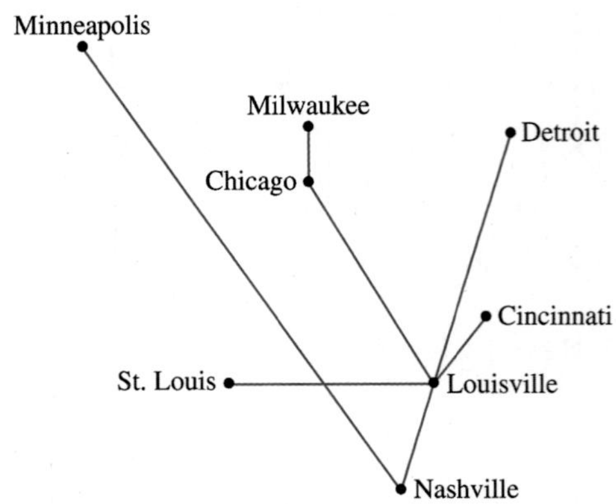

그림 10.7.2

분명히 이 시스템은 모든 도시를 연결한다. 항로의 개수가 최소인가? 이 답은 '예' 이고 그 이유는 매우 놀랍다.

회사의 요구를 만족시키는 항로 시스템의 그래프는 트리라는 사실이다. 왜냐하면 그래프가 회로를 포함한다면, 회로의 항로 중 1개는 그래프의 연결을 끊지 않고 제거될 수 있고(보조정리 10.5.3에 의해서), 항로의 총수는 줄어들게 된다. 8개의 정점을 가진 임의의 트리는 7개의 변을 가진다. 그러므로 모두 8개의 정점을 연결하고 항로의 총수를 최소화하는 항로 시스템은 7개의 항로로 구성된다.

• 정의

그래프 G에 대한 **생성 트리**(spanning tree)는 G의 모든 정점을 포함하는 G의 부분 그래프이고 트리이다.

이전의 논의는 다음 명제 증명의 핵심을 포함한다.

명제 10.7.1

1. 모든 연결 그래프는 생성 트리를 가진다.
2. 어떤 그래프에 대한 임의의 2개의 생성 트리는 같은 개수의 변을 가진다.

(1)의 증명:

G를 연결 그래프라고 가정하자. 만약 G에 회로가 없다면 G 자신이 생성 트리이다. 만약 그렇지 않다면 G는 적어도 1개의 회로 C_1을 가진다. 보조정리 10.5.3에 의해서, C_1에서 변을 없앰으로써 얻어진 G의 부분 그래프는 연결된다. 만약 이 부분 그래프가 회로가 없다면 이것은 생성 트리이다. 만약 그렇지 않다면 적어도 1개의 회로 C_2를 가지고, 위와 같이 연결 부분 그래프를 얻기 위해서 C_2에서 변을 제거할 수 있다. 이러한 방법으로 계속하여 회로들로부터 연속적인 변을 제거할 수 있고, 결국 G로부터 연결되고 회로가 없는 부분 그래프 T를 얻는다.[G에 있는 변의 개수가 한정되어 있기 때문에 결국 더 이상 변을 제거하지 못하는 단계에 이르게 된다.] 또한 G의 어떠한 정점도 생성 트리를 만드는 중에 제거되지 않았기 때문에 T는 G의 모든 정점을 포함하고 있다. 따라서 T는 G의 생성 트리이다.

(2)의 증명은 연습문제로 남겨 두었다.

예제 10.7.1 생성 트리

아래에 그려진 그래프 G의 모든 생성 트리를 찾아라.

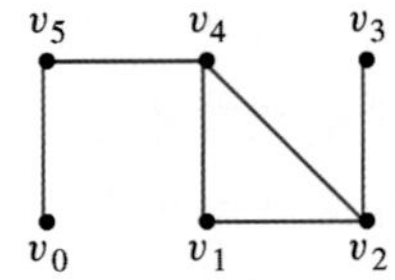

풀이

그래프 G는 한 가지 회로 $v_2v_1v_4v_2$를 가지고, 회로에서 변을 제거하면 트리가 된다. 따라서 아래에서 보이는 것처럼, G에 대해 3개의 생성 트리가 있다.

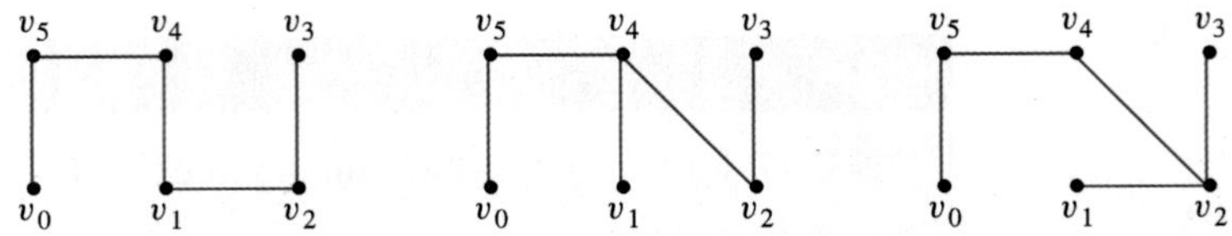

■

최소 생성 트리

그림 10.7.1에서 연방 항공 당국으로부터 허가받은 항로의 그래프에 각 도시 쌍 사이의 거리(마일)를 표시한 라벨을 달 수 있다. 이것은 그림 10.7.3과 같다.

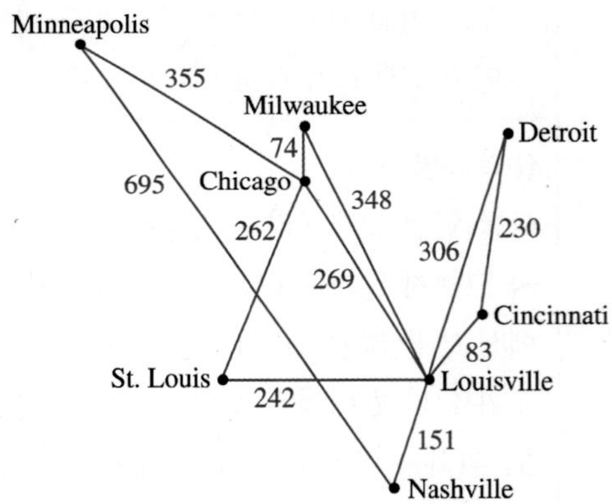

그림 10.7.3

이제 항공사는 총 거리를 최소화하는 항로 시스템을 가지고 모든 도시들을 연결하고자 한다. 만약 시스템에 회로가 포함된다면 회로에서 변을 제거해도 시스템의 모든 도시에 도달할 수 있기 때문에(보조정리 10.5.3에 의해) 이 시스템은 트리가 되고, 또한 시스템의 총 거리를 줄일 수 있다.

좀 더 일반적으로 말하면, 변에 수(가중치로 알려진)로 라벨을 표시한 그래프를 **가중치 그래프**라고 한다. **최소 가중치 생성 트리** 또는 **최소 생성 트리**는 모든 변의 가중치 합이 가장 작은 생성 트리이다.

> • 정의
>
> **가중치 그래프**(weighted graph)는 각 변에 연관된 실수 **가중치**(weight)를 부여한 그래프이다. 모든 변의 가중치 합은 그래프의 **총 가중치**(total weight)이다. 가중치 그래프에서 **최소 생성 트리**(minimum spanning tree)는 그래프의 다른 모든 생성 트리와 비교해서 가장 작은 총 가중치를 가지는 생성 트리이다.
>
> 만약 G가 가중치 그래프이고 e가 G의 변이면 $\boldsymbol{w(e)}$가 e의 가중치를 나타내고 $\boldsymbol{w(G)}$가 G의 총 가중치를 표시한다.

그래프에서 최소 생성 트리를 찾는 문제는 확실하게 해결할 수 있다. 한 가지 해결 방법은 그래프에서 모든 생성 트리를 나열하고, 각각의 총 가중치를 계산하고, 이 중에서 총 가중치가 최소인 것을 1개 선택하는 것이다.(정수에 대한 정렬순서의 원리는 이러한 최소 총합의 존재를 보증함을 주목하라.) 그러나 이 방법은 서로 다른 생성 트리의 개수가 꽤 많기 때문에 계산 시간이 비효율적이다. 예를 들어 n개의 정점이 있는 완전 그래프에는 n^{n-2}개의 생성 트리가 있다. 오늘날 가장 빠른 컴퓨터를 사용한다고 해도 100개의 정점을 가진 그래프에 있는 모든 트리를 검사하는 것은 우주의 역사에서 남아 있을 것이라고 추산되는 시간보다도 더 오래 걸릴 것이다.

1956년과 1957년에 Joseph B. Kruskal과 Robert C. Prim은 최소 생성 트리를 구하는 좀 더 효율적인 알고리즘을 개발하였다. 커다란 그래프에 대해서도 2개의 알고리즘은 비교적 적은 시간 안에 문제를 해결할 수 있다.

Kruskal 알고리즘

Courtesy of Joseph Kruskal

Joseph Kruskal (born 1928)

Kruskal 알고리즘에서 가중치 그래프의 변을 가중치가 증가하는 순서대로 1개씩 검사한다. 각 단계에서 검사한 변을 최소 생성 트리가 되도록 추가하는데, 단 이 추가로 회로가 만들어지면 안 된다. $n-1$개의 변을 추가한 후에(여기서 그래프에 있는 정점의 개수는 n개이다) 이 변은 그래프의 정점과 함께 그래프의 최소 생성 트리를 형성한다.

알고리즘 10.7.1 Kruskal

입력: G [n개의 정점이 있는 가중치 그래프, n은 양의 정수]

알고리즘 본체:

[가중치를 증가시키는 순서대로 변을 추가하여 G의 모든 정점으로 이루어진 G의 부분 그래프 T를 만들라. 각 단계에서 m은 T에 있는 변의 개수이다.]

1. G의 모든 정점을 포함하고 변이 없는 부분 그래프 T를 초기화하라.

> **2.** E를 G의 모든 변의 집합이라고 하고 $m := 0$으로 하자.
> **3.** while($m < n-1$)
> **3a.** E에서 최소 가중치의 변 e를 찾아라.
> **3b.** E에서 e를 삭제하라.
> **3c.** 만약 T의 변 집합에 e를 추가할 때 회로가 형성되지 않는다면 T의 변 집합에 e를 추가하고 $m := m+1$로 하라.
> **end while**
> **출력:** T[T는 G의 최소 생성 트리이다.]

다음의 예는 항공 항로 시스템의 그래프에서 Kruskal 알고리즘이 어떻게 동작하는지 보여 준다.

예제 10.7.2 Kruskal 알고리즘의 동작

그림 10.7.4의 그래프에서 Kruskal 알고리즘이 어떻게 동작하는지 설명하라. $n=8$이다.

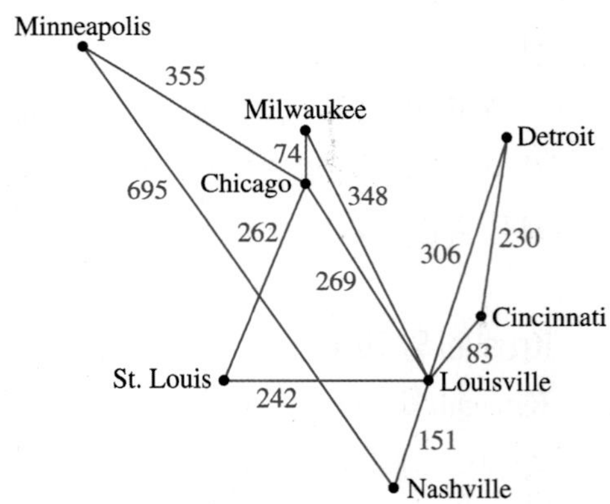

그림 10.7.4

풀이

반복 횟수	고려되는 변	가중치	취해지는 동작
1	Chicago–Milwaukee	74	추가
2	Louisville–Cincinnati	83	추가
3	Louisville–Nashville	151	추가
4	Cincinnati–Detroit	230	추가
5	St. Louis–Louisville	242	추가
6	St. Louis–Chicago	262	추가
7	Chicago–Louisville	269	추가하지 않음
8	Louisville–Detroit	306	추가하지 않음
9	Louisville–Milwaukee	348	추가하지 않음
10	Minneapolis–Chicago	355	추가

Kruskal 알고리즘에 따라 생성된 트리를 그림 10.7.5에서 보여 준다.

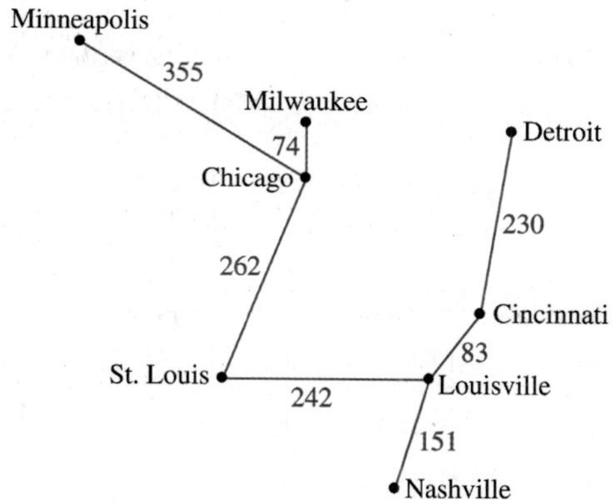

그림 10.7.5

■

Kruskal 알고리즘에서 어떤 변이 다른 변과 같은 가중치를 가지면 1개 이상의 최소 생성 트리가 생길 수 있다. 유일한 결과를 얻기 위해서는 그래프의 변을 배열에 저장하고 가중치가 같은 변을 배열에 있는 순서대로 추가하도록 한다.

Kruskal 알고리즘의 설명으로는 어떻게 이렇게 동작하는지 명백하지 않다. 명확하게 이야기하면, 각 단계에서 변이 추가되면 회로를 생성하지 않는 최소 가중치 변을 찾는 것이 가능하다는 것을 어떻게 보증하는가? 그리고 만약 그런 변을 찾았다면 그것이 모두 결국 연결된다는 것을 어떻게 보증하는가? 그리고 만약 연결되었다면 결과로 얻어진 트리가 최소 가중치를 가진다는 것을 어떻게 보증하는가? 물론 Kruskal 알고리즘이 이 책에 있다는 단순한 사실 때문에 여러분은 모든 것이 동작한다고 믿을 것이다. 위의 질문은 진짜이고 진지하게 대답할 가치가 있다.

정리 10.7.2 Kruskal 알고리즘의 정확성

연결된 가중치 그래프가 Kruskal 알고리즘의 입력일 때 출력은 최소 생성 트리이다.

증명:

G는 n개의 정점이 있는 연결된 가중치 그래프이고, T는 G가 Kruskal 알고리즘의 입력일 때 생성되는 G의 부분 그래프라고 가정하자. 분명히 T에는 회로가 없다[T에 회로를 만드는 변이 추가되지 않기 때문에]. 또한 T는 연결되었다. T에 1개 이상의 연결 성분이 있는 한, 회로를 생성하지 않고 T에 추가되는 G의 변 집합은 공집합이 아니다.[G가 연결되었기 때문에 T의 연결 성분 C_1에 있는 어떤 정점 v_1과 T의 연결 성분 C_2에 있는 어떤 정점 v_2가 주어지면 G에는 v_1에서 v_2로 가는 경로가 있다. C_1과 C_2가 서로 다르기 때문에 T에는 없는 이 경로의 변 e가 있다. 회로에서 변의 삭제는 그래프의 연결을 끊지 않고 e를 삭제하기 때문에, T에 추가하는 e는 T에서 회로를 생성하

지 않는다.] 이전의 논의는 T에는 회로가 없고 연결됨을 보여 준다. T는 G의 모든 정점을 포함하기 때문에 T는 G의 생성 트리이다.

다음으로 T가 최소 가중치임을 보여야 한다. T_1을 G의 최소 생성 트리라고 하자. 여기서 T_1과 T가 공통으로 가지는 변의 개수는 최대이다. $T \neq T_1$이라고 가정하자. 이때 T_1에는 없지만 T에는 있는 변 e가 있다.[T와 T_1은 모두 같은 정점 집합을 가지기 때문에 만약 그들이 다르면 그들은 다른 변 집합을 가져야만 한다.] 이제 T_1에 e를 추가하는 것은 유일한 회로가 있는 그래프를 생성하는 것이다. e'을 T에는 없는 회로의 변이라고 하자.[T는 트리이고 따라서 회로가 없기 때문에 이러한 변은 존재해야 한다.] T_2를 T_1으로부터 e'을 제거하고 e를 추가해서 얻어진 그래프라고 하자. 이 상황은 아래에서 설명한다.

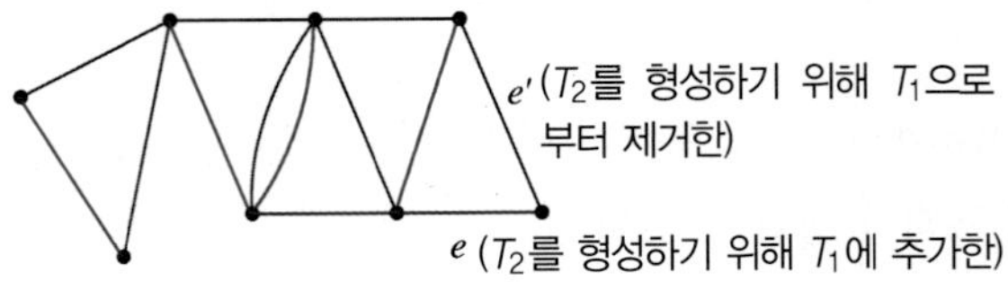

전체 그래프는 G이다. T_1은 검은 변이다. e는 T에 있고 T_1에는 없다. e'은 T_1에 있고 T에는 없다.

T_2에는 $n-1$개의 변과 n개의 정점이 있고 연결되어 있음을 주목하라[보조정리 10.5.3에 의해서 연결 그래프의 회로로부터 변을 제거해서 얻어진 부분 그래프는 연결되기 때문에]. 결과적으로 T_2는 G의 생성 트리이다. 더구나

$$w(T_2) = w(T_1) - w(e') + w(e)$$

이다. Kruskal 알고리즘의 각 단계에서 e를 T에 추가할 때 e'도 추가에 이용할 수 있기 때문에 $w(e) \leq w(e')$임에 주목하라.[e가 T에 없었기 때문에 이 단계에서 e를 추가할 때 회로를 형성하지 않는다.] 그리고 e'의 가중치가 e의 가중치보다 작다면 e'을 추가할 것이다. 따라서

$$\begin{aligned} w(T_2) &= w(T_1) - \underbrace{(w(e') - w(e))}_{\geq 0} \\ &\leq w(T_1) \end{aligned}$$

그런데 T_1은 최소 생성 트리이다. T_2가 T_1의 가중치보다 작거나 같은 가중치의 생성 트리이기 때문에 T_2 또한 G의 최소 생성 트리이다.

마지막으로 T_2에는 T_1보다 공통으로 있는 변 이외에 1개 더 있는 것을 주목하라. 이것은 T와 공통인 최대의 변을 가진 G의 최소 생성 트리로 T_1을 선택하는 것은 모순이라는 것을 보여 준다. 따라서 $T \neq T_1$이라는 가정은 거짓이며 T는 자신이 G의 최소 생성 트리이다. T는 유한 개의 변을 가지기 때문에 이 열은 유한이고 따라서 T와 같은 최소 생성 트리 T_k가 있다. 따라서 T는 G의 최소 생성 트리이다.

Robert Prim
(born 1921)

Prim 알고리즘

Prim 알고리즘은 Kruskal 알고리즘과 다르게 작동한다. 몇몇의 정점으로부터 연결된 링크들을 외부로 확장하여 최소 생성 트리 T를 만든다. 1개의 변과 1개의 정점이 각 단계에서 추가된다. 추가된 변은 T에 없는 최소 가중치 변 중 하나인데 T에 이미 있는 정점과 연결한다. 추가된 정점은 T에 없는 이 변의 끝점이다.

알고리즘 10.7.2 Prim

입력: G[n개의 정점이 있는 가중치 그래프, n은 양의 정수]

알고리즘 몸체:

[G의 어떤 정점 v에서 시작하고 매순간 최소 가중치의 인접한 변을 선택하여 T에 아직 연결되지 않은 정점에 1개씩 변(변의 끝점으로)을 붙여서 G의 부분 그래프 T를 만들라.]

1. G의 정점 v를 고르고, T는 1개의 정점 v를 가지고 변은 없는 그래프라고 하자.
2. V는 v를 제외한 G의 모든 정점의 집합이라고 하자.
3. for $i := 1$ **to** $n-1$
  3a. (1) V에 있는 정점 중 1개에 T를 연결하고, (2) V에 있는 정점에 T를 연결하는 모든 변 중에서 최소 가중치를 가지는 G의 변 e를 찾아라. w를 V에 있는 e의 끝점이라 하자.
  3b. T의 변과 정점의 집합에 e와 w를 추가하고, V에서 w를 삭제하라.
  next i

출력: T[T는 G의 최소 생성 트리이다.]

다음의 예는 항공 항로 시스템의 그래프에서 Prim 알고리즘이 어떻게 동작하는지 보여준다.

예제 10.7.3 Prim 알고리즘의 동작

Minneapolis 정점을 시작점으로 사용하여 그림 10.7.6의 그래프에서 Prim 알고리즘이 어떻게 동작하는지 설명하라.

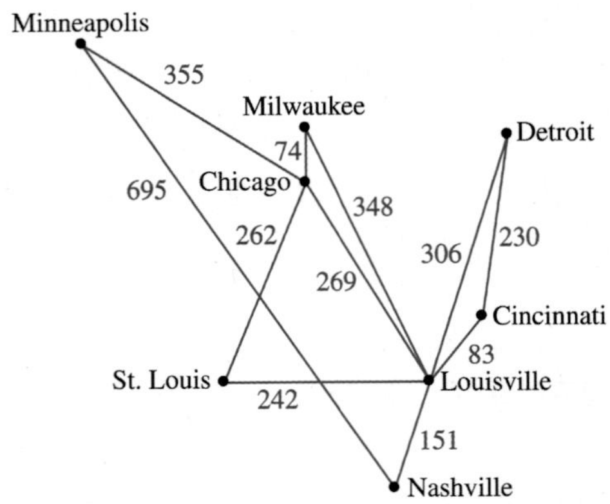

그림 10.7.6

풀이

반복 횟수	추가한 정점	고려되는 변	가중치
0	Minneapolis		
1	Chicago	Minneapolis–Chicago	355
2	Milwaukee	Chicago–Milwaukee	74
3	St. Louis	Chicago–St. Louis	262
4	Louisville	St. Louis–Louisville	242
5	Cincinnati	Louisville–Cincinnati	83
6	Nashville	Louisville–Nashville	151
7	Detroit	Cincinnati–Detroit	230

■

Prim 알고리즘에서 얻어진 트리는 Kruskal 알고리즘에서 얻어진 것과 같지만, 변은 다른 순서로 추가된다는 것에 주목하라.

Kruskal 알고리즘과 같이 유일한 결과를 얻기 위해서는 그래프의 변을 배열에 저장하고 같은 가중치를 가지는 변들을 배열에 나타난 순서대로 추가하여야 한다. 연결 그래프가 Prim 알고리즘의 입력일 때 결과가 생성 트리임을 아는 것은 어렵지 않다. 이 생성 트리가 최소라는 점은 분명하지 않다. 이것을 다음 정리에서 증명한다.

정리 10.7.3 Prim 알고리즘의 정확성

연결된 가중치 그래프가 Prim 알고리즘의 입력일 때, 출력은 G의 최소 생성 트리이다.

증명:

G를 연결된 가중치 그래프라 하고, G를 Prim 알고리즘의 입력이라고 가정하자. 알고리즘 실행의 각 단계에서 부분 그래프의 외부 정점과 부분 그래프의 정점을 연결하는 변을 찾아야 한다. 부분 그래프의 외부에 정점이 있으면 G의 연결은 이와 같은 변이 항상 찾아질 수 있음을 보장한다.[만약 부분 그래프의 안에 있는 정점과 외부에 있는

정점을 선택하면 G의 연결성 때문에 G에 둘을 연결하는 길이 있다. 이 길을 따라서 걸으면 어떤 점에서 부분 그래프의 내부 정점에서 부분 그래프의 외부 정점으로 변을 따라 이동하게 된다.]

각 단계에서 T에 추가한 변과 정점은 T의 다른 변과 정점에 연결되고, 추가한 변이 연결되지 않은 2개의 집합에 있는 정점을 연결할 때 회로를 만들지 않기 때문에 Prim 알고리즘의 출력 T는 트리임이 분명하다.[결과적으로 새롭게 추가한 변을 제거하면 그래프가 연결되지 않는다. 반면에 보조정리 10.5.3에 의해서 순환에서 변을 제거해도 그래프는 연결되어 있다.] 또한 $n-1$개의 변이 있는 트리 T에는 n개의 정점[G가 가진 모든 것]이 있기 때문에 T는 G의 모든 정점을 포함한다. 따라서 T는 G의 생성 트리이다.

다음에는 T가 최소 가중치를 가짐을 증명해야 한다. T_1을 G의 최소 생성 트리라고 하자. 여기서 T_1과 T가 공통으로 가지는 변의 개수는 최대이다. $T \neq T_1$이라고 가정하자. 이때 T_1에는 없지만 T에는 변 e가 있다.[T와 T_1은 모두 같은 정점 집합을 가지기 때문에 만약 그들이 전혀 다르면 그들은 다른 변 집합을 가져야만 한다.] 그와 같은 모든 변들 중에서 e를 T가 Prim 알고리즘으로 구성될 때 추가한 마지막 변이라고 하자. S를 e가 추가되기 바로 전의 T에 있는 정점 집합이라고 하자. S에 있는 e의 한쪽 끝점을 v라고 하고 T에 있지 않은 끝점을 w라고 하자. $v \in \mathrm{S}, w \notin S$이기 때문에 이 경로를 따라서 걸으면 e가 T에 추가한 마지막 변이기 때문에 S에 있는 정점과 S에 있지 않은, 즉 T에 있지 않은 정점을 연결하는 변 e'을 만난다. e를 T에 추가하는 단계에서 e'이 e보다 가중치가 적다면 e 대신에 추가될 것이다. e'이 이 단계에서 추가되지 않는다면 다음과 같은 결론을 내린다.

$$w(e') \geq w(e)$$

T_2는 e'을 제거하고 e를 추가함에 따라서 T_1으로부터 얻어지는 그래프라 하자.[따라서 T_2는 T와 공통으로 있는 변을 포함하여 T_1보다 1개 더 있게 된다.] T_2가 트리임에 주목하라. e'이 T_1에서 v로부터 w까지 경로의 부분이고, e는 v와 w를 연결하기 때문에 T_1에 추가한 e는 회로를 만든다. e'을 이 회로에서 제거할 때 제거 후의 부분 그래프는 여전히 연결되어 있다. 사실 T_1에서 T_2를 형성할 때 제거되는 정점이 없기 때문에 T_2는 G의 생성 트리이다. $w(T_2) \leq w(T_1)$에 관한 논의는 연습문제로 남겨 둔다.[이것은 정리 10.7.2 증명의 부분과 사실상 같다.] T_2는 G의 최소 생성 트리라는 결론이 나온다.

T_2는 T와 공통으로 있는 변이 T_1보다 1개 더 많다. 이것은 T와 공통인 변의 개수가 최대인 G의 최소 생성 트리로 T_1을 선택한 것과 모순이다. $T=T_1$이 되기 때문에 T 자체가 G의 최소 생성 트리이다.

예제 10.7.4 **최소 생성 트리 찾기**

다음 그래프에서 최소 생성 트리를 모두 찾아라. Kruskal 알고리즘과 정점 a에서 시작하는 Prim 알고리즘을 사용하라. 각 트리를 형성하기 위해 변을 추가하는 순서를 나타내라.

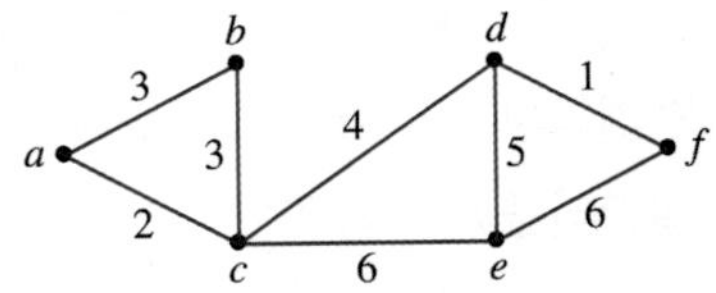

풀이

Kruskal 알고리즘을 적용하였을 때, 다음 둘 중의 하나와 같은 순서로 변이 추가된다.

1. $\{d, f\}$, $\{a, c\}$, $\{a, b\}$, $\{c, d\}$, $\{d, e\}$
2. $\{d, f\}$, $\{a, c\}$, $\{b, c\}$, $\{c, d\}$, $\{d, e\}$

정점 a에서 시작하여 Prim 알고리즘을 적용하였을 때, 다음 둘 중의 하나와 같은 순서로 변이 추가된다.

1. $\{a, c\}$, $\{a, b\}$, $\{c, d\}$, $\{d, f\}$, $\{d, e\}$
2. $\{a, c\}$, $\{b, c\}$, $\{c, d\}$, $\{d, f\}$, $\{d, e\}$

따라서 아래처럼 이 그래프에는 2개의 서로 다른 최소 생성 트리가 있다.

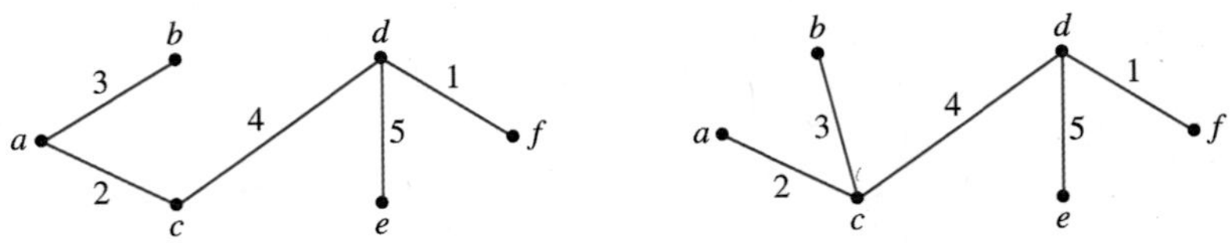

(a) (b) ■

Dijkstra의 최단 경로 알고리즘

Kruskal과 Prim 알고리즘으로 만들어진 트리가 주어진 그래프의 다른 모든 생성 트리에 비해서 최소 총 가중치를 가지지만 그래프에서 2개 지점 사이의 최단 거리를 항상 보여 주지는 못한다. 예를 들어 그림 10.7.3에서 Nashville에서 Minneapolis까지 695마일이면 날아갈 수 있지만 그림 10.7.5에서 보인 최단 생성 트리에서는 Nashville에서 Minneapolis로 가기 위해서는 Louisville, St. Louis, Chicago를 거쳐서 가야 하기 때문에 $151+242+262+355=1{,}010$마일이나 걸리고 비행기를 3번이나 갈아타야 하는 불편함이 있다.

1959년도에 컴퓨터 과학의 선구자인 Edsgar Dijkstra(5.5절 참조)가 모든 가중치가 양수인 가중치 그래프에서 출발 정점과 끝 정점 사이의 최단 경로를 찾는 알고리즘을 만들었다. 이 알고리즘은 출발 정점 a에서 출발하여 정점과 변을 1개씩 추가해 나가면서 트리 T를 만드는 Prim 알고리즘과 다소 비슷하다. 그러나 다음 정점 v를 추가할 때 a에서 v로 가는 최단 경로가 확실할 때 비로소 다음 정점 v를 선택한다는 점이 Prim 알고리즘과 다른 점이다.

알고리즘이 수행을 시작할 때 G에 있는 각 정점 u에 a에서 u까지의 최단 경로의 길이를 나타내는 라벨 $L(u)$를 부착한다. a에서 a까지의 최단 경로의 길이는 0이므로 $L(a)$를 0으로 초기화한다. a에서 G의 다른 정점까지의 최단 경로의 길이에 대한 정보가 아직 없기 때문에 a를 제외한 다른 정점 u의 라벨 $L(u)$는 G의 모든 변의 가중치의 합보다 큰 ∞ 값을 가진다. 알고리즘을 수행하면서 $L(u)$의 값은 변하게 되며 결국 a에서 u로 가는 실제 최단 경로의 길이가 된다.

T가 a로부터 확장되기 때문에 알고리즘을 수행하는 각 단계에서 T에 추가되는 후보자들은 T에 있는 최소 1개의 정점과 인접해야 한다. Dijkstra 알고리즘의 각 단계에서 그래프 G는 3개의 부분으로 나누어진다: 만들어지고 있는 트리 T, 트리의 최소 1개의 정점에 인접하는 '주변부' 정점 집합, G의 나머지 정점. 주변부 정점은 T에 추가되는 후보자이다. 선택되는 정점은 주변부에 있는 모든 정점 중에서 a로부터 최단 경로의 길이를 가진다.

Dijkstra 알고리즘에서 주목할 것은 정점 v가 T에 추가된 후에 a로부터 더 짧은 경로가 있는 주변부 정점은 v에 인접한 것들이라는 점이다.[a에서 v까지의 경로의 길이가 a에서 주변부에 있는 정점까지의 모든 경로 중에서 최소이기 때문이다.] 따라서 정점 v가 T에 추가된 후에 v에 인접한 각 주변부 정점 u를 조사하여 $L(u)$의 현재 값과 $L(v)+w(v, u)$의 값을 비교한다. $L(v)$는 T에서 v까지의 최단 경로의 길이이고, $w(v, u)$는 v와 u를 이어 주는 변의 가중치이다. $L(v)+w(u, v) < L(u)$이면 $L(u)$의 값을 $L(v)+w(u, v)$로 변경한다.

알고리즘을 시작할 때 트리에는 정점 a만이 있고 $L(a)=0$이다. 실행이 끝나면 $L(z)$는 a에서 z까지의 최단 경로의 길이이다.

최소 생성 트리를 찾기 위한 Kruskal과 Prim 알고리즘처럼 a로부터 z까지의 최단 경로를 찾는 간단하지만 지극히 비효율적인 방법이 있다: 모든 경로의 길이를 찾은 후에 가장 최단인 것을 선택하는 것이다. 여기서 문제는 비교적 작은 그래프라도 최단 경로를 찾기 위하여 이 방법을 사용하면 수십억 년이 걸린다는 것이다. 반면에 Dijkstra 알고리즘은 수 초 안에 이 문제를 해결한다.

알고리즘 10.7.3 Dijkstra

입력: G[각 변에 양의 가중치를 부여한 연결된 단순 그래프], ∞[그래프에서 모든 변의 가중치 합보다 큰 수], $w(u, v)$[변 (u, v)의 가중치], a[출발 정점], z[끝 정점]

알고리즘 본체:

1. T를 변은 없고 정점 a만이 있는 그래프로 초기화한다. $V(T)$를 T의 정점 집합이라 하고 $E(T)$를 T의 변 집합이라고 하자.

2. $L(a)=0$ 이고 a를 제외한 모든 정점에 대해서 $L(u)=\infty$ 이라고 하자.
[$L(x)$를 x의 라벨이라고 한다.]

3. v는 a로, F는 $\{a\}$로 초기화한다.
[v는 T에 가장 최근에 추가한 정점을 나타낸다.]

4. **while** $(z \notin V(T))$

4a. $F := (F - \{v\}) \cup \{v$에 인접하지만 $V(T)$에 없는 정점들$\}$
[집합 F를 주변부라고 한다. 정점을 T에 추가할 때마다 그 정점을 주변부에서 제거하고 그 정점에 인접한 정점이 이미 주변부나 트리 T에 없다면 주변부에 추가한다.]

4b. v에 인접하고 $V(T)$에 없는 각 정점 u에 대해서
if $L(v)+w(v, u) < L(u)$ **then**

$$L(u) := L(v)+w(v, w)$$

$$D(u) := v$$

[T에 v를 추가할 때 v에 인접한 정점을 제외하고 주변부 F에 있는 정점의 라벨은 변하지 않는다. 또한 $L(u)$가 더 작은 값으로 변할 때 $D(u)$는 T에 있는 어떤 정점이 더 작은 값을 가지는지 추적하기 위한 것이다.]

4c. F에서 가장 작은 라벨을 가지는 정점 x를 찾아라.
x를 $V(T)$에 추가하고 변 $\{D(x), x\}$를 $E(T)$에 추가하라.
$v := x$[이 문장은 루프의 다음 반복을 위해서 설정한 것이다.]

end while

출력: $L(z)$[양의 정수인 $L(z)$는 a에서 z까지의 최단 경로의 길이이다.]

주의 트리 T에서 a에서 z로 가는 유일한 경로는 그래프 G에서 a에서 z로 가는 최단 경로이다.

Dijkstra 알고리즘의 동작은 예제 10.7.5에서 단계별 그림으로 설명하였다.

예제 10.7.5 Dijkstra 알고리즘의 동작

아래에 주어진 그래프에서 출발 정점 a로부터 끝 정점 z까지의 최단 경로를 찾는 Dijkstra 알고리즘의 동작을 단계별로 보여라.

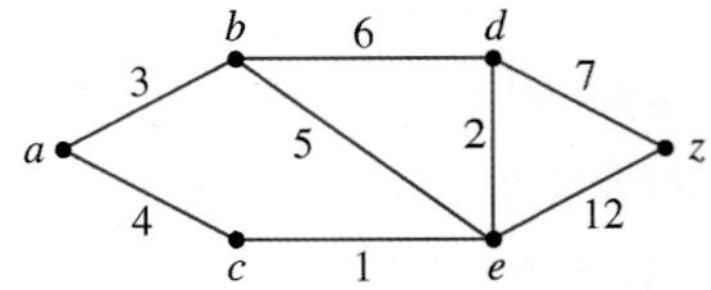

풀이

단계 1: **while** 루프: $V(T)=\{a\}$, $E(T)=\emptyset$, $F=\{a\}$

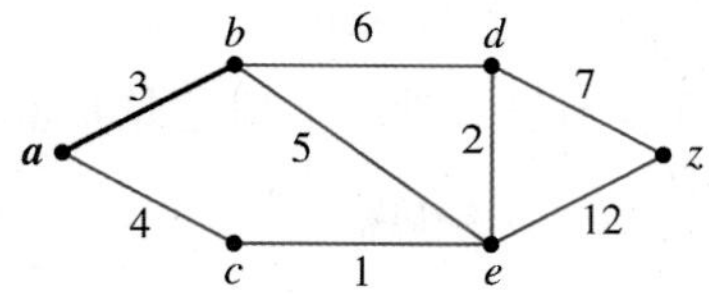

반복하는 동안
$F=\{b, c\}$, $L(b)=3$, $L(c)=4$
$L(b) < L(c)$이므로 b를 $V(T)$에 추가하고
$D(b)=a$이고 $\{a, b\}$를 $E(T)$에 추가한다.

단계 2: **while** 루프: $V(T)=\{a, b\}$, $E(T)=\{\{a, b\}\}$

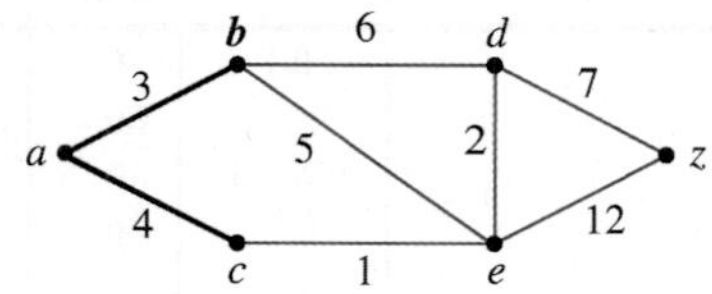

반복하는 동안
$F=\{c, d, e\}$, $L(c)=4$, $L(d)=9$, $L(e)=8$
$L(c) < L(d)$이고 $L(c) < L(e)$이므로 c를 $V(T)$에 추가하고 $D(c)=a$이고 $\{a, c\}$를 $E(T)$에 추가한다.

단계 3: **while** 루프: $V(T)=\{a, b, c\}$, $E(T)=\{\{a, b\}, \{a, c\}\}$

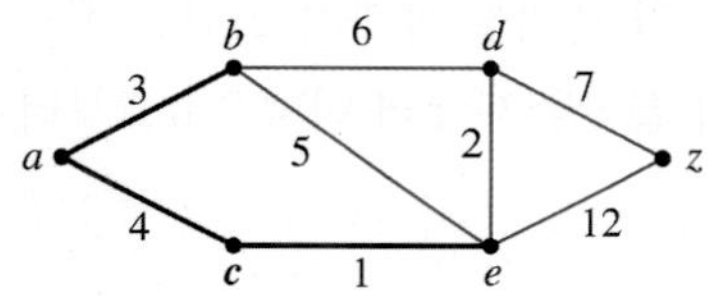

반복하는 동안
$F=\{d, e\}$, $L(d)=9$, $L(e)=5$
길이가 5인 ace가 길이가 8인 abe보다
e로 가는 최단 경로이므로 $L(e)$가 5가 된다.
$L(e) < L(d)$이므로 e를 $V(T)$에 추가하고
$D(e)=c$이고 $\{c, e\}$를 $E(T)$에 추가한다.

단계 4: **while** 루프: $V(T)=\{a, b, c, e\}$, $E(T)=\{\{a, b\}, \{a, c\}, \{c, e\}\}$

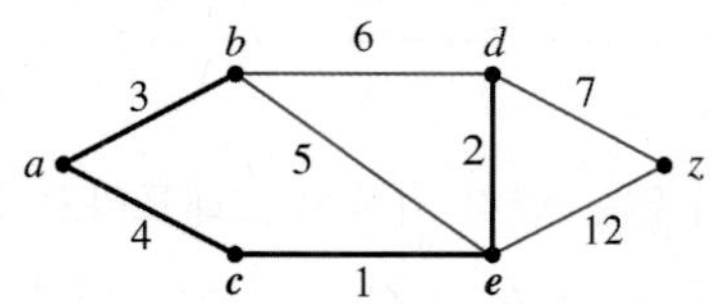

반복하는 동안
$F=\{d, z\}$, $L(d)=7$, $L(z)=17$
길이가 7인 $aced$가 길이가 9인 abd보다
d로 가는 최단 경로이므로 $L(d)$가 7이 된다.
$L(d) < L(z)$이므로 d를 $V(T)$에 추가하고
$D(d)=e$이고 $\{e, d\}$를 $E(T)$에 추가한다.

단계 5: **while** 루프: $V(T)=\{a, b, c, e, d\}$, $E(T)=\{\{a, b\}, \{a, c\}, \{c, e\}, \{e, d\}\}$

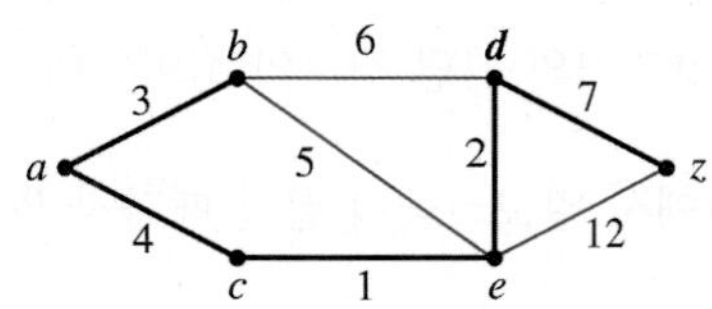

반복하는 동안
$F=\{z\}$, $L(z)=14$
길이가 14인 $acedz$가 길이가 17인 $acez$보다
z로 가는 최단 경로이므로 $L(z)$가 14가 된다.
z가 F에 있는 유일한 정점이므로 그 라벨은 최소가 된다. 또한 z를 $V(T)$에 추가하고 $D(z)=d$이고 $\{d, z\}$를 $E(T)$에 추가한다.

$z \in V(T)$이므로 알고리즘 수행이 끝난다. a에서 z까지의 최단 경로는 $L(z)=14$가 된다. ■

표에서 단계별로 추적하는 것은 Dijkstra 알고리즘의 동작을 이해하는 편리한 방법이다. 표 10.7.1은 예제 10.7.5에 있는 그래프에 대한 Dijkstra 알고리즘의 수행 단계를 보여 주고 있다.

표 10.7.1

Step	$V(T)$	$E(T)$	F	$L(a)$	$L(b)$	$L(c)$	$L(d)$	$L(e)$	$\mathbf{L(z)}$
0	$\{a\}$	$\emptyset$	$\{a\}$	**0**	∞	∞	∞	∞	$\boldsymbol{\infty}$
1	$\{a\}$	$\emptyset$	$\{b, c\}$	0	**3**	4	∞	∞	$\boldsymbol{\infty}$
2	$\{a, b\}$	$\{\{a, b\}\}$	$\{c, d, e\}$	0	3	**4**	9	8	$\boldsymbol{\infty}$
3	$\{a, b, c\}$	$\{\{a, b\}, \{a, c\}\}$	$\{d, e\}$	0	3	4	9	**5**	$\boldsymbol{\infty}$
4	$\{a, b, c, e\}$	$\{\{a, b\}, \{a, c\}, \{c, e\}\}$	$\{d, z\}$	0	3	4	**7**	5	**17**
5	$\{a, b, c, e, d\}$	$\{\{a, b\}, \{a, c\}, \{c, e\}, \{e, d\}\}$	$\{z\}$	0	3	4	7	5	**14**
6	$\{a, b, c, e, d, z\}$	$\{\{a, b\}, \{a, c\}, \{c, e\}, \{e, d\}, \{e, z\}\}$							

Dijkstra 알고리즘은 z가 추가될 때까지 정점을 계속 추가하는 것은 확실하다. 다음 정리의 증명은 알고리즘이 끝났을 때 z의 라벨은 a로부터 z까지의 최단 경로의 길이가 되는 것을 보여 준다.

정리 10.7.4 Dijkstra 알고리즘의 정확성

정점 a에서 출발해서 정점 z에서 끝나는 Dijkstra 알고리즘의 입력이 각 변에 양의 가중치를 부여한 연결 단순 그래프일 때 출력은 a에서 z까지의 최단 경로의 길이이다.

증명:

G를 루프나 병렬 변이 없는 연결 가중치 그래프라고 하자. T를 Dijkstra 알고리즘에서 만들어지는 그래프라고 하자. G의 각 정점 u에 있는 $L(u)$는 정점 u에 알고리즘이 부여한 라벨이다. 각 정수 $n \geq 0$에 대해서 특성 $P(n)$은 다음과 같다.

Dijkstra 알고리즘의 while 루프를 n번 반복한 후에
(1) T는 트리이고, (2) T에 있는 각 정점 $\boldsymbol{v}$에 대해 ← $P(n)$
$L(\boldsymbol{v})$는 G의 a에서 $\boldsymbol{v}$까지의 최단 경로의 길이이다.

모든 정수 n에 대해 0에서 알고리즘이 끝날 때까지 $P(n)$이 참이라는 것을 수학적 귀납법으로 보일 것이다.

$P(0)$이 참이라는 것을 보여라: $n=0$일 때 그래프 T는 변이 없이 정점 a로만 구성되어 있기 때문에 트리이다. $L(a)$의 초기값이 0이므로 $L(a)$는 a에서 a까지의 최단 경로의 길이이다.

$k \geq 0$인 모든 정수에 대해서 $P(k)$가 참이면 $P(k+1)$도 참이라는 것을 보여라: k가 $k \geq 0$인 정수일 때 다음과 같이 가정한다.

Dijkstra 알고리즘의 while 루프에서 k번 반복 후에 ← $P(k)$
(1) T는 트리이고 (2) T에 있는 각 정점 v에 대해서 귀납적 가정
$L(v)$는 a에서 v까지의 최단 경로의 길이이다.

다음을 보여 주어야 한다.

Dijkstra 알고리즘의 while 루프에서 $(k+1)$번 반복 후에
(1) T는 트리이고 (2) T에 있는 각 정점 v에 대해서 ← $P(k+1)$
$L(v)$는 a에서 v까지의 최단 경로의 길이이다.

Dijkstra 알고리즘의 **while** 루프에서 $(k+1)$번 반복 후에 정점 v와 변 $\{x, v\}$를 T에 추가한다. 여기에서 x는 $V(T)$에 있다. 트리에 새로운 정점과 변을 추가하는 것은 회로를 만들거나 트리의 연결을 끊지 않기 때문에 새로운 T는 트리이다. v에 추가하기 전에 트리의 각 정점 y에 대한 귀납적 가정에 의해서 $L(y)$는 a에서 y까지의 최단 경로의 길이이다. 그러므로 $L(v)$가 a에서 v까지의 최단 경로의 길이라는 것을 보여 주기만 하면 된다.

알고리즘에 따르면 $L(v)$의 최종값은 $L(x)+w(x, v)$이다. a에서 v까지의 최단 경로들을 생각해 보자. $\{s, t\}$를 이 경로에서 T를 떠나는 첫 번째 변이라고 하자. 여기에서 $s \in v(T)$이고 $t \notin V(T)$이다. 이 상황을 다음과 같이 그림으로 나타낼 수 있다.

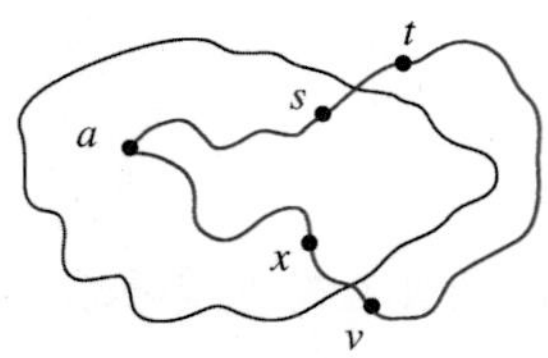

$LSP(a, v)$를 a에서 v까지의 최단 경로의 길이라고 하고, $LSP(a, s)$를 a에서 s까지의 최단 경로의 길이라고 하자. 다음을 알 수 있다.

$LSP(a, v) \geq LSP(a, s)+w(s, t)$ t에서 v까지의 경로의 길이는 0보다 크기 때문에

$\geq L(s)+w(s, t)$ s는 T에 있는 정점이기 때문에 귀납적 가정에 의해서

$\geq L(x)+w(x, v)$ t는 트리의 주변부에 있고 $L(x)+w(s, t)$가 $L(x)+w(x, v)$보다 적다면 t는 v 대신에 T에 추가할 것이다.

다른 한편으로는

$L(x)+w(x, v) \geq LSP(a, v)$ $L(x)+w(x, v)$가 a에서 v까지의 경로의 길이이고 a에서 v까지의 최단 경로의 길이보다 크거나 같기 때문에

따라서 $LSP(a, v)=L(x)+w(x, v)$이다.
$L(v)=L(x)+w(x, v)$이므로

$L(v)$는 a에서 v까지의 최단 경로의 길이이다. 이로써 수학적 귀납법에 의한 증명을 마친다.

z가 T에 속하면 바로 알고리즘의 수행을 마친다. 트리에 있는 각 정점의 라벨이 a로부터 그 정점까지의 최단 경로의 길이라는 것을 증명하였기 때문에 특히 $L(z)$는 a에서 z까지의 최단 경로의 길이이다.

자 | 기 | 진 | 단

1. 그래프 G의 생성 트리는 ________ 이다.

2. 가중치 그래프는 ________ 고, 그래프의 총 가중치는 ________ 이다.

3. 연결 가중치 그래프의 최소 생성 트리는 ________ 이다.

4. Kruskal 알고리즘에서 연결 가중치 그래프의 변은 ________ 부터 시작하여 ________ 의 순서로 1개씩 조사한다.

5. Prim 알고리즘에서 최소 생성 트리는 ________ 로부터 ________ 의 순서로 확장하면서 만들어진다.

6. Dijkstra 알고리즘에서 어떤 정점이 구성될 트리의 ________ 정점이라면 그 정점은 주변부에 있다.

7. Dijkstra 알고리즘의 각 단계에서 트리에 추가되는 정점은 라벨이 ________ 인 주변부에 있는 정점이다.

연 / 습 / 문 / 제 10.7

1. 다음 그래프에서 가능한 모든 생성 트리를 찾아라.

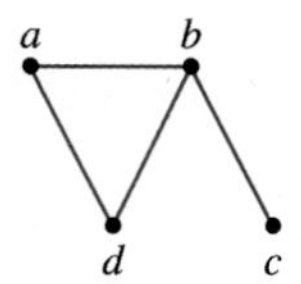

2. 다음 그래프에서 생성 트리를 찾아라.

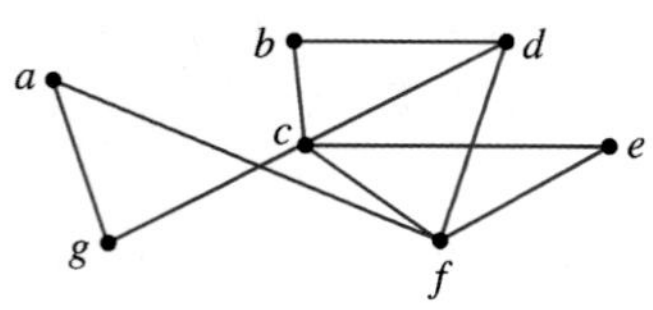

3. Kruskal 알고리즘을 사용하여 다음 그래프에서 최소 생성 트리를 찾아라. 트리를 형성하기 위해서 추가되는 변의 순서를 나타내라.

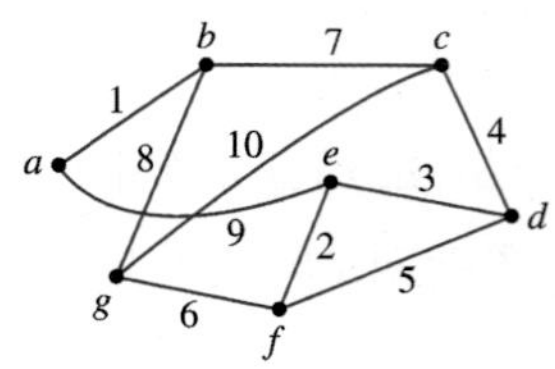

4. 정점 a 또는 v_0에서 시작하는 Prim 알고리즘을 사용하여 연습문제 3의 그래프에서 최소 생성 트리를 찾아라. 트리를 형성하기 위해서 추가되는 변의 순서를 나타내라.

5. 다음 그래프에서 (a) Kruskal 알고리즘과 (b) 정점 a 또는 t에서 시작하는 Prim 알고리즘을 사용하여 얻어지는 모든 최소 생성 트리를 찾아라. 트리를 형성하기 위해서 추가되는 변의 순서를 나타내라.

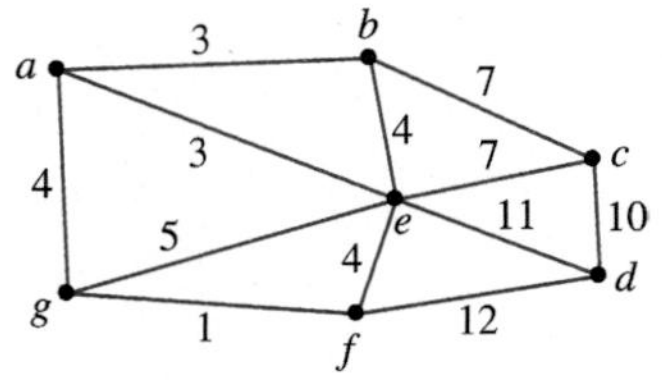

6. Dijkstra 알고리즘을 이용하여 그림 10.7.3의 비행 경로 시스템에서 Nashville에서 Minneapolis까지 가는 최단 거리를 찾아라. 알고리즘의 동작을 알 수 있게 표 10.7.1과 비슷한 표를 만들라.

7. Dijkstra 알고리즘을 이용하여 다음 그래프에서 a에서 z로 가는 가장 짧은 경로를 찾아라. 알고리즘의 동작을 알 수 있게 표 10.7.1과 비슷한 표를 만들라.

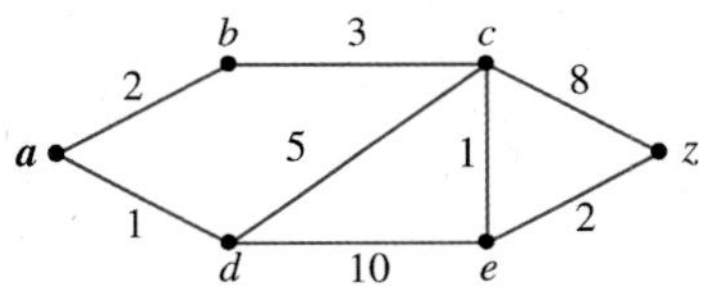

8. 트리의 서로 다른 2개의 정점이 주어졌을 때, 1개의 정점에서 다른 정점으로 유일한 경로가 존재한다.

a. 위 문장에 대한 비형식적인 정당성을 서술하라.

b. 위 문장에 대한 형식적인 증명을 서술하라.

9. G는 연결 그래프이고 T는 회로가 없는 G의 부분 그래프라고 가정하자. 만약 T에 없는 G의 변 e를 T에 추가하면, 결과로 얻어진 그래프는 회로를 포함한다고 가정하자. T가 G의 생성 트리임을 증명하라.

10. **a.** T_1과 T_2를 그래프 G의 서로 다른 생성 트리라고 가정하자. T_1과 T_2에는 변이 공통으로 있어야만 하는가? 증명하거나 반증을 제시하라.

b. (a)에 있는 그래프 G가 단순하다고 가정하자. T_1과 T_2에는 변이 공통으로 있어야만 하는가? 증명하거나 반증을 제시하라.

11. 변 e가 연결 그래프 G의 모든 생성 트리에 포함된다면 e가 제거될 경우 G가 연결되지 않는다는 것을 증명하라.

12. T가 연결 가중치 그래프 G의 최소 생성 트리이고 G는 T에는 없는 변 e(루프가 아닌)를 포함한다고 가정하자. v와 w를 e의 끝점이라고 하자. T에는 v에서 w로 가는 유일한 경로가 있다. 이 경로의 변을 e'이라 하자. $w(e') \leq w(e)$를 증명하라.

13. 만약 G가 연결 가중치 그래프이고 G의 다른 변보다 작은 가중치를 가지는 e(루프가 아닌)가 G의 변이면 e는 G의 모든 최소 생성 트리에 있음을 증명하라.

14. 만약 G가 연결 가중치 그래프이고 G에는 같은 가중치를 가지는 2개의 변이 없다면 G의 유일한 최소 생성 트리가 존재하는가?

15. 연결되지 않은 그래프를 Kruskal 알고리즘의 입력이라고 가정하자. 출력은 무엇이 되는가?

자 | 기 | 진 | 단 | 해 | 답

1. G의 모든 정점을 포함하고 트리인 G의 부분 그래프 2. 각 변이 관련된 양의 실수 가중치를 가지고; 그래프의 모든 전선의 가중치 합 3. 그래프의 다른 모든 생성 트리에 비해서 최소의 가중치를 가진 생성 트리 4. 최소 가중치 전선, 가중치 5. 초기 정점; 인접 정점과 변 6. 인접 7. 주변부에 있는 모든 정점 중에서 최소

11장

알고리즘 효율성 분석

CORBIS

René Descartes
(1596–1650)

1637년에 출판된 프랑스의 수학자이자 철학자 데카르트의 대표적 저서, 『방법서설(Discourse on Method)』의 부록에 수록된 "기하"는 근대 해석기하학 분야의 기초가 되었으며 그 책에서 사용한 대수학적 방법론은 함수, 방정식, 부등식과 같은 대수학 연구는 물론 직선, 원, 반평면 등 기하학적 대상을 연구하는 데에도 널리 적용되고 있다.

데카르트의 해석기하학은 이 장의 주제인 O, Ω, Θ 표기법과 이를 이용한 알고리즘 분석에 대한 이론적 기초를 제공한다. 11.1절에서는 이러한 표기법을 이해하는 데 필요한 실변수 실수값 함수 그래프의 특성들에 대하여 알아보고, 11.2절에서는 이 표기법들에 대한 정의와 다항함수 및 멱함수에 대한 적용을 살펴보며, 11.3절에서는 이러한 표기법이 알고리즘의 효율성을 분석하는 데 어떻게 사용되는지 알아본다. 11.4절에서는 알고리즘 분석에 주로 사용되는 로그함수와 멱함수의 특성들을 살펴보고, 끝으로 11.5절에서 다양한 알고리즘 분석에 적용해 본다.

11.1 실변수 실수값 함수와 그래프

데카르트 평면(Cartesian plane) 또는 **2차원 데카르트 좌표계**(two-dimensional Cartesian coordinate system)는 $\mathbf{R}\times\mathbf{R}$의 가시적 표현으로서 실수의 순서쌍들과 유클리드 평면 위의 점들 사이에 존재하는 일대일 대응 관계를 바탕으로 생성된다. 평면 좌표계를 생성하기 위해서는 평면 위에 직교하는 2개의 직선, 즉 **수직축**(vertical axis)과 **수평축**(horizontal axis)을 그리고, 각각의 축에는 단위를 표시한다. 이때 수직축과 수평축이 만나는 점을 **원점**(origin)이라 한다. 순서쌍 (x, y)에 해당하는 점은 원점으로부터 수평축으로 단위거리의 $|x|$배, 수직축으로 단위거리의 $|y|$배만큼 이동한 곳에 위치한다. 각 축의 양의 방향은 화살표로 표시한다.

실변수 실수값 함수(real-valued function of a real variable)는 실수 집합에서 실수 집합으로의 함수를 말한다. f가 실변수 실수값 함수이면 f의 정의역에 속하는 각각의 실수 x에 대하여 유일하게 대응되는 실수 $f(x)$가 존재한다. 이 사실에 근거하여 f의 그래프를 정의하면 다음과 같다.

> • 정의
>
> f가 실변수 실수값 함수이면 ***f*의 그래프**(graph of f)는 x가 f의 정의역에 있고 $y=f(x)$인 좌표평면 상의 모든 점 (x, y)들의 집합이다.

그래프의 정의는 그림 11.1.1 에서 보는 바와 같이 f의 정의역에 속한 모든 x에 대하여 다음의 조건을 만족시킴을 의미한다.

$$y = f(x) \Leftrightarrow \text{점 } (x, y)\text{가 그래프 } f \text{ 위에 존재한다.}$$

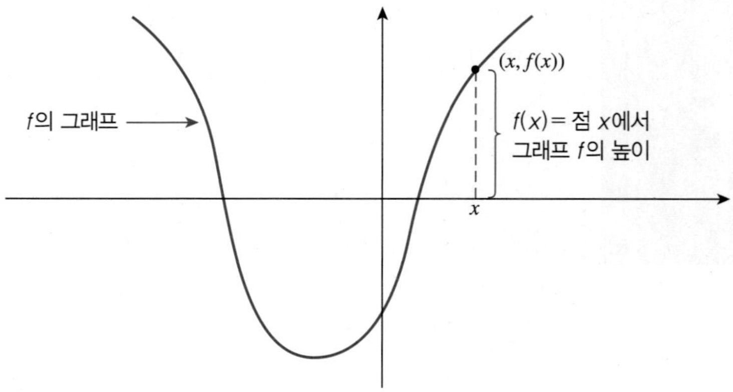

그림 11.1.1 함수 f의 그래프

만약 $f(x)$가 x에 관한 식으로 표현될 수 있으면 함수 f의 그래프는 방정식 $y=f(x)$의 그래프와 동일하다.

멱함수

실수 x를 x의 거듭제곱 형태인 x^a로 대응시키는 함수를 멱함수라 한다. 컴퓨터과학에서는 대부분의 경우 x와 a가 음수가 아닌 경우를 다루므로 이를 고려하여 멱함수를 정의하면 다음과 같다.

> • 정의
>
> 지수 a가 음이 아닌 임의의 실수인 **멱함수**(power function) p_a의 정의는 다음과 같다.
>
> $$p_a(x)=x^a,\ x\text{는 음이 아닌 모든 실수}$$

예제 11.1.1 **멱함수의 그래프**

멱함수 $p_0, p_{1/2}, p_1, p_2$를 같은 좌표평면 상에 그려라.

풀이

지수가 0인 멱함수는 음이 아닌 모든 실수 x에 대하여 $p_0(x)=x^0=1$을 만족시키므로 $(x, 1)$ 형태의 모든 점은 그래프 p_0 위에 있다.* 따라서 그래프는 수평축에 평행하고 높이가 1인 반직선이다. 마찬가지로 음이 아닌 모든 실수 x에 대하여 $p_1(x)=x^1=x$이므로 p_1의 그래프는 임의의 (x, x) 형태의 점들로 구성되고 원점 $(0, 0)$에서 출발하여 기울기가 1인 반직선이다.

음이 아닌 모든 실수 x에 대하여 $p_{1/2}(x)=x^{1/2}=\sqrt{x}$이므로 임의의 $(x, \sqrt{x})$ 형태의 점들은 그래프 $p_{1/2}$ 위에 있게 된다. 예를 들어 그래프 $p_{1/2}$은 점 $(0, 0)$, $(1, 1)$, $(4, 2)$, $(9, 3)$을 포함한다. 마찬가지로 $p_2(x)=x^2$이므로 임의의 (x, x^2) 형태의 점들은 그래프 p_2 위에 있다. 예를 들어 그래프 p_2는 점 $(0, 0)$, $(1, 1)$, $(2, 4)$, $(3, 9)$를 포함한다.

위 네 함수들의 그래프는 그림 11.1.2와 같다.

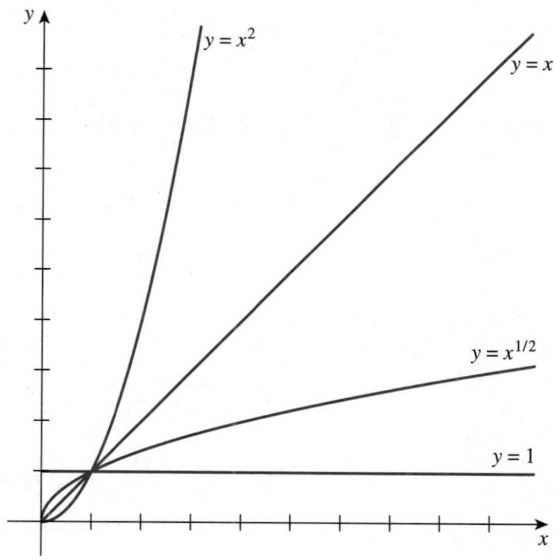

그림 11.1.2 멱함수의 그래프 ■

마루함수

마루함수(floor function)와 천장함수(ceiling function)는 컴퓨터과학의 여러 분야에서 사용된다. 다음 예제 11.1.2를 통해 마루함수 그래프에 대해 알아보자. 천장함수는 연습문제 4에서 다룬다.

---

* 9.7절에서와 같이 $0^0=1$로 정의한다.

예제 11.1.2 **마루함수 그래프**

모든 실수는 자신이 바로 정수이거나 아니면 연속하는 두 정수 사이에 위치하므로 실수 x에 대하여 $n \le x < n+1$이 되는 정수 n이 유일하게 존재한다. 어떤 수의 마루는 수직선 상에 자신의 바로 왼쪽에 위치하는 첫 번째 정수이다. 따라서 마루함수 F의 정의는 다음과 같다.

임의의 실수 x에 대하여,

$$F(x) = \lfloor x \rfloor$$
$$= (x\text{보다 작거나 같은 가장 큰 정수})$$
$$= (n \le x < n+1\text{인 유일한 정수 } n)$$

마루함수의 그래프를 그려라.

풀이

임의의 정수 n에 대하여 구간 $n \le x < n+1$에 속하는 모든 실수 x의 마루 $\lfloor x \rfloor$는 n과 같다. 따라서 각 구간에서 마루함수의 그래프는 수평이고 이 구간에 속한 모든 x에 대하여 그래프의 높이는 n이다.

그림 11.1.3에서 보는 바와 같이 마루함수의 그래프는 계단 모양의 수평 선분들로 구성된다. 각 선분 오른쪽 끝의 빈 원은 이 점이 그 선분에 포함되지 않음을 나타낸다.

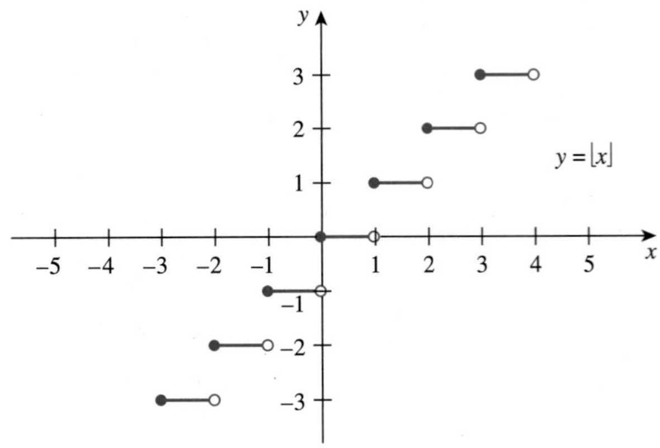

그림 11.1.3 마루함수 그래프 ■

정수 집합 함수의 그래프 그리기

컴퓨터과학에서 사용되는 실수값 함수는 실수 구간보다는 정수 집합을 대상으로 하는 경우가 많다. 한 함수의 그래프가 실수 구간에서 어떤 식으로 나타나는지 알고 있다면 같은 식의 정수에 대한 그래프는 x 값이 정수인 위치에 있는 점들만 선택한 그래프가 된다. 예를 들어 함수 f가 멱함수 p_1이라 할 때, 정의역이 음이 아닌 정수이면 모든 음이 아닌 정수 n에 대하여 $f(n)=n$이다. 예제 11.1.2에서 그린 그래프 p_1과 함수 f의 그래프를 비교해 보면 다음과 같다.

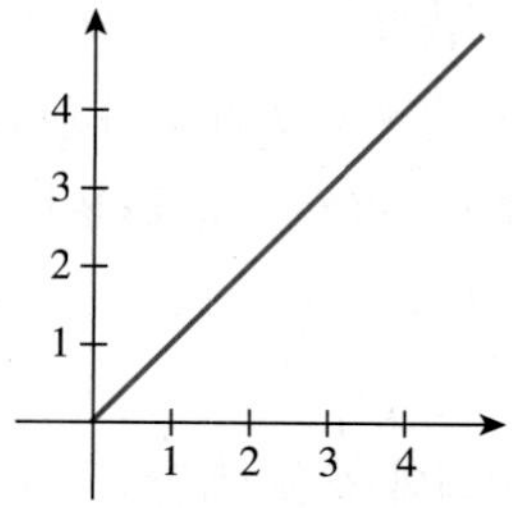

음이 아닌 모든 실수 x에
대한 $p_1(x)=x$의 그래프

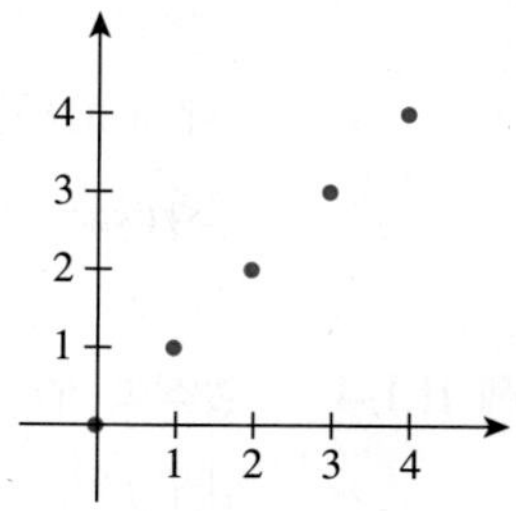

음이 아닌 모든 정수 n에
대한 $f(n)=n$의 그래프

예제 11.1.3 **정수 집합 함수의 그래프**

멱함수 $p_{1/2}$의 정수 형태를 생각해 보자. 즉 음이 아닌 모든 정수에 대해 $g(n)=n^{1/2}$인 함수 g를 정의하고 g의 그래프를 그려라.

풀이

그림 11.1.2의 $p_{1/2}$의 그래프로부터 수평축의 좌표가 정수인 점들만 표시하면 음이 아닌 모든 정수 n에 대하여 점 $(n, n^{1/2})$은 그래프 g 위에 있게 된다.

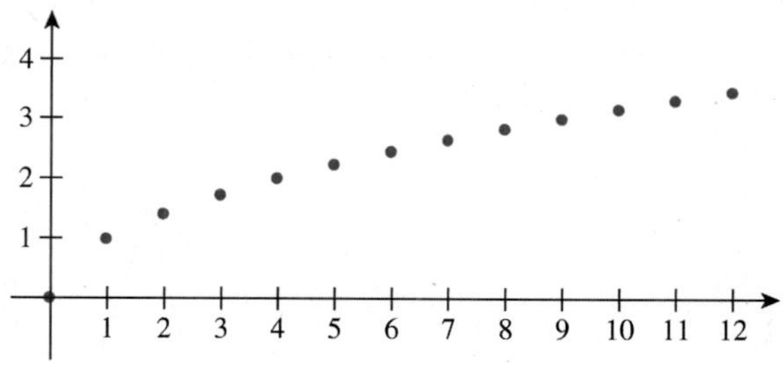

음이 아닌 모든 정수 n에 대한 $g(n)=n^{1/2}$의 그래프 ■

함수의 배에 대한 그래프

함수의 배(multiple)는 모든 함수값에 특정 상수를 일률적으로 곱한 것이다. O 표기법의 개념을 이해하기 위해서는 함수의 그래프와 그 함수의 배의 그래프 사이의 관계를 이해할 필요가 있다.

> • 정의
>
> f가 실변수 실수값 함수일 때 임의의 실수 M에 대하여 **f의 M배**(multiple of f by M)인 함수 Mf 역시 실수값 함수이다. 그 정의는 다음과 같다.
>
> $$(Mf)(x) = M \cdot (f(x)) \qquad x \in f\text{의 정의역인 모든 } x\text{에 대하여}$$

어떤 함수의 그래프를 알고 있다면 M배 함수의 그래프도 쉽게 추측할 수 있다. 임의의 x에서 Mf의 그래프의 높이는 $f(x)$ 값에 M을 곱한 값과 같다. 따라서 함수 f에 대한 Mf의 그래프는 각 x에 대하여 $M(f(x))$를 구하여 그리면 된다.

예제 11.1.4 **함수의 배의 그래프**

함수 f의 그래프가 아래와 같을 때 $2f$의 그래프를 그려라.

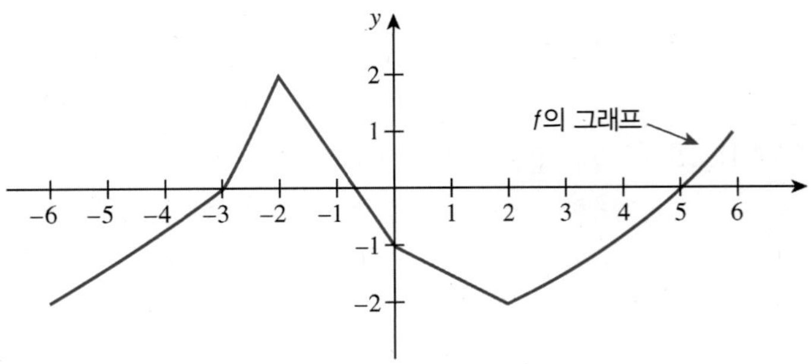

풀이

각각의 실수 x에 대하여 x에서의 그래프 f의 높이에 2를 곱한 값이 그래프 $2f$의 높이이다. 그림으로 나타내면 아래와 같다. $2f$의 그래프를 보면 모양은 f의 그래프와 유사하나 각각의 높이가 위와 아래로 두 배씩 늘어난 것을 볼 수 있다.

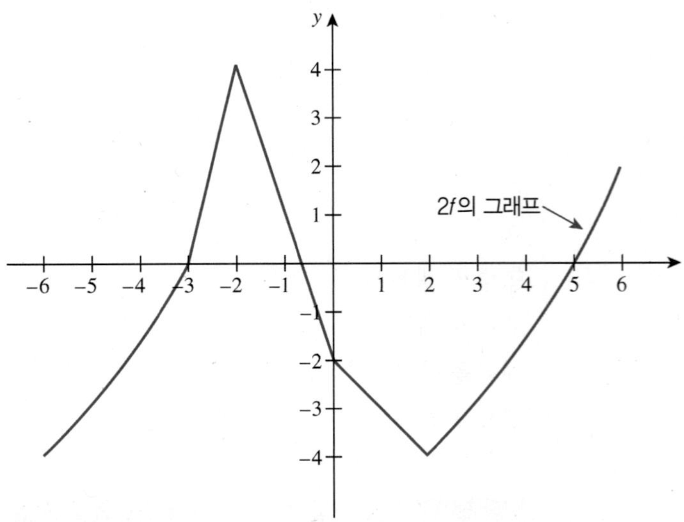

증가함수와 감소함수

아래와 같이 정의된 절대값 함수를 생각해 보자.

$$\text{모든 실수 } x\text{에 대하여 } A(x) = |x| = \begin{cases} x & (x \geq 0\text{인 실수}) \\ -x & (x < 0\text{인 실수}) \end{cases}$$

$x \geq 0$일 때, A의 그래프는 $y=x$의 그래프와 같고 원점 (0, 0)에서 출발하여 기울기가 1인 직선이다. $x < 0$일 때, A의 그래프는 $y=-x$의 그래프와 같고 원점에서 출발하여 기울기 -1인 직선이다(그림 11.1.4 참조).

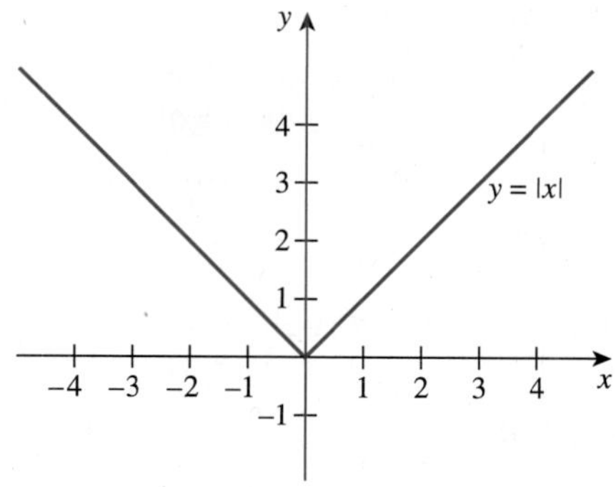

그림 11.1.4 절대값 함수의 그래프

A의 그래프를 왼쪽에서 오른쪽으로 따라가면 원점에 도달할 때까지는 그래프의 높이가 계속해서 감소하므로 절대값 함수는 음의 실수 영역에서 감소한다고 하고, 반면에 원점을 지난 뒤에는 그래프의 높이가 계속해서 증가하므로 절대값 함수는 양의 실수 영역에서 증가한다고 한다.

점 x에서 그래프의 높이는 $f(x)$이므로 기하학적 개념을 바탕으로 다음과 같이 해석학적 정의를 내릴 수 있다.

• 정의

f가 실수 집합에서 정의된 실수값 함수이고 집합 S가 f의 정의역에 있을 때, 다음 조건을 만족시키면 f는 **집합 S에 대하여 증가한다**고 한다.

$$S\text{에 속한 모든 실수 } x_1, x_2\text{에 대하여 } x_1 < x_2\text{이면 } f(x_1) < f(x_2)$$

다음 조건을 만족시키면 f는 **집합 S에 대하여 감소한다**고 한다.

$$S\text{에 속한 모든 실수 } x_1, x_2\text{에 대하여 } x_1 < x_2\text{이면 } f(x_1) > f(x_2)$$

f가 모든 정의역에서 항상 증가하면 **증가함수**(increasing function)라 하고, 반대로 항상 감소하면 **감소함수**(decreasing function)라 한다.

그림 11.1.5는 증가와 감소에 대한 해석학적 정의를 보여 준다.

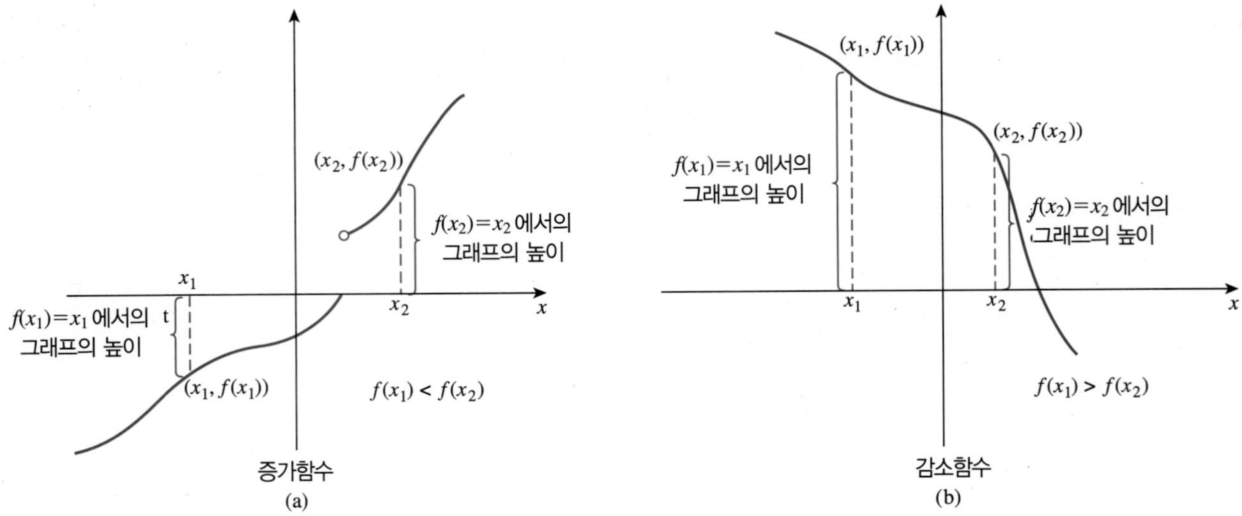

그림 11.1.5

예제 11.1.5 증가함수의 양의 실수 배는 증가한다

f가 실변수 실수값 함수이고 집합 S에서 증가한다고 할 때, 임의의 양의 실수 M에 대하여 Mf도 증가함을 보여라.

풀이

두 실수 x_1, x_2가 아래의 조건을 만족시키는 집합 S의 원소라 하자.

$$x_1 < x_2$$

[그러면 $(Mf)f(x_1) < (Mf)(x_2)$임을 보이면 된다.] f가 증가함수이고 $x_1 < x_2$이므로

$$f(x_1) < f(x_2)$$

부등식의 양변에 임의의 양수를 곱해도 부등식의 방향은 바뀌지 않으므로

$$Mf(x_1) < Mf(x_2)$$

Mf의 정의에 의해

$$(Mf)f(x_1) < (Mf)(x_2)$$

따라서 Mf는 집합 S에 대하여 증가한다. ■

마찬가지로 감소함수의 양의 실수 배도 감소하며, 증가함수의 음의 실수 배는 감소하고 감소함수의 음의 실수 배는 증가한다. 이에 대한 증명은 연습문제를 참고하라.

자 | 기 | 진 | 단

1. f가 실변수 실수값 함수이면 f의 정의역과 공변역은 모두 ______이다.
2. 실변수 실수값 함수 f의 그래프에서 ______이면 점 (x, y)는 그래프 위에 있다.
3. a가 음이 아닌 임의의 실수일 때 지수가 a인 멱함수 p_a의 정의는 ______이다.
4. 함수 $f: \mathbf{R} \to \mathbf{R}$과 실수 M에 대하여 함수 Mf의 정의는 ______이다.
5. 함수 $f: \mathbf{R} \to \mathbf{R}$에 대해 f가 증가함을 보이려면 ______임을 가정하고 ______임을 보이면 된다.
6. 함수 $f: \mathbf{R} \to \mathbf{R}$에 대해 f가 감소함을 보이려면 ______임을 가정하고 ______임을 보이면 된다.

연 / 습 / 문 / 제 11.1

1. 아래와 같은 함수 f의 그래프를 보고 다음 물음에 답하라.

   a. $f(0)$는 양수인가, 음수인가?

   b. $f(x)=0$인 x의 값은 무엇인가?

   c. $f(x_1)=f(x_2)=1$인 서로 다른 두 수 x_1, x_2의 근사값을 구하라.

   d. $f(x)=1.5$인 x의 근사값을 구하라.

   e. x가 -3에서 -1까지 증가할 때 f의 값은 증가하는가, 감소하는가?

   f. x가 0에서 4까지 증가할 때 f의 값은 증가하는가, 감소하는가?

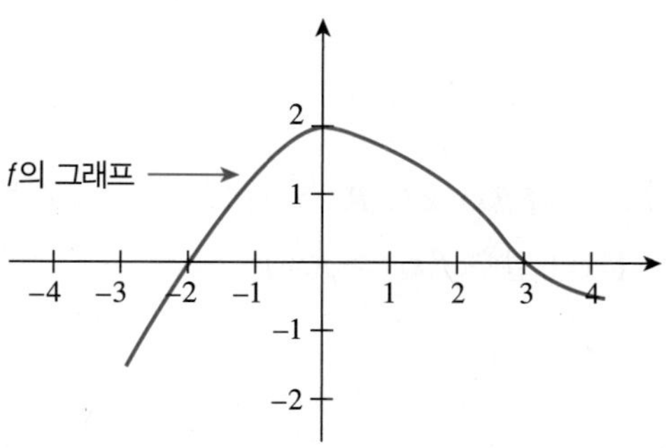

2. 두 멱함수 $p_{1/3}$과 $p_{1/4}$의 그래프를 같은 좌표평면에 그려라. $0 < x < 1$일 때 어느 쪽이 더 큰가? $x > 1$일 때 어느 쪽이 더 큰가?

3. 모든 실수 x에 대하여 $y=2\lfloor x\rfloor$와 $y=\lfloor 2x\rfloor$의 그래프를 그려라. 이들 그래프로부터 어떤 결론을 도출할 수 있는가?

4, 5번에 정의된 각 그래프를 그려라.

4. 모든 실수 x에 대하여 $g(x)=\lceil x\rceil$(x의 천장, $\lceil x\rceil$는 x와 같거나 큰 최소의 정수를 의미함. 즉 $\lceil x\rceil=n-1 < x \le n$을 만족시키는 정수 n)

5. 모든 실수 x에 대하여 $F(x)=\lfloor x^{1/2}\rfloor$

6, 7번은 정수 집합에서 정의된 함수이다. 각 함수의 그래프를 그려라.

6. 각각의 정수 n에 대하여 $f(n)=|n|$

7. $n \ge 0$인 각각의 정수 n에 대하여 $h(n)=\lfloor n/2\rfloor$

8. 함수 f의 그래프가 아래와 같을 때 함수 f가 증가하는 구간과 감소하는 구간을 찾아라.

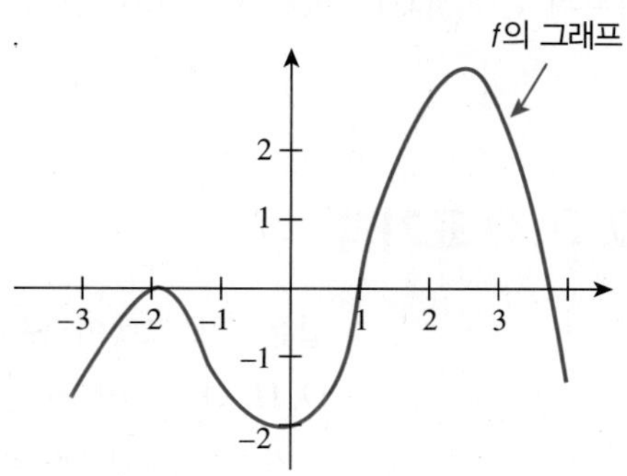

9. $f(x)=2x-3$인 함수 $f: \mathbf{R} \to \mathbf{R}$은 모든 실수 집합에서 증가함을 보여라.

10. h를 모든 실수 x에 대하여 $h(x)=x^2$인 $\mathbf{R} \to \mathbf{R}$로 정의되는 함수라 하자.

a. h가 0보다 작은 모든 실수 집합에 대해 감소함을 보여라.

b. h가 0보다 큰 모든 실수 집합에 대해 증가함을 보여라.

11. k: $\mathbf{R} \to \mathbf{R}$을 $x \neq 0$인 모든 실수 x에 대하여 $k(x)=(x-1)/x$인 함수라 하자.

a. $x > 0$인 모든 실수에 대해 k가 증가함을 보여라.

b. $x < 0$일 때 k는 증가하는가, 감소하는가? 그 답을 증명하라.

12. 함수 f: $\mathbf{R} \to \mathbf{R}$이 증가함수이면 f는 일대일함수임을 증명하라.

13. **a.** m이 임의의 정수라 할 때, 모든 음이 아닌 실수 x에 대하여 $f(x)=x^m$이라 하자. 이항정리를 이용하여 f가 증가함수임을 보여라.

b. m과 n이 임의의 양의 정수라 할 때, 모든 음이 아닌 실수 x에 대하여 $g(x)=x^{m/n}$이라 하자. g가 증가함수임을 보여라.

이 문제의 답은 11.2절과 11.4절의 연습문제에서도 적용된다.

14. 함수 f의 그래프가 아래와 같을 때, $3f$의 그래프를 그려라.

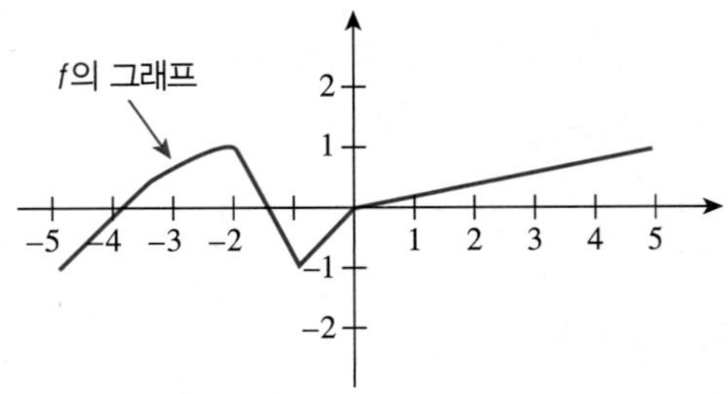

15. f를 실변수 실수값 함수라 할 때, f가 집합 S에 대해 감소함수이면 임의의 양의 실수 M에 대하여 Mf도 집합 S에서 감소함을 보여라.

16. $x \geq 0$인 모든 실수 x에 대하여 $f(x)=x^2+10x+11$이고 $g(x)=x^2$이다. f와 $2g$의 그래프를 그리고, $x > x_0$인 모든 x에 대하여 $f(x) \leq 2g(x)$가 되는 x_0를 찾아라. 2차방정식을 풀어 x_0의 정확한 값을 구하거나 그래프 자체로부터 x_0의 근사값을 구할 수 있다.

자 | 기 | 진 | 단 | 해 | 답

1. 실수 집합 2. $y=f(x)$ 3. 모든 실수 x에 대하여 $p_a(x)=x^a$ 4. $(Mf)(x)=M f(x), x \in \mathbf{R}$ 5. x_1, x_2는 $x_1 < x_2$를 만족시키는 임의의 실수, $f(x_1) < f(x_2)$ 6. x_1, x_2는 $x_1 < x_2$를 만족시키는 임의의 실수, $f(x_1) > f(x_2)$

11.2 O, Ω, Θ 표기법

같은 프로그램이라도 알고리즘에 따라 실행 시간이나 필요한 메모리 크기는 서로 다르다. O, Ω, Θ 표기법은 알고리즘의 효율성을 대략적으로 평가하는 방법이다.

가장 오래된 O('빅 오' 라 읽음) 표기법은 독일의 수학자 Paul Bachmann이 1894년에 쓴 해석학적 수론에 관한 저서에 처음 소개되었고, Ω('빅 오메가' 라고 읽음) 표기법과 Θ('빅 세타' 라고 읽음) 표기법은 컴퓨터 프로그래밍의 선구자라 할 수 있는 Donald

Knuth에 의해 개발되었다.

이들 표기법의 기본적인 아이디어는 다음과 같다. 먼저 f와 g를 실변수 x에 대한 실수값 함수라 할 때

1. 충분히 큰 x 값들에 대하여, $|f|$의 값이 $|g|$의 임의의 배의 값보다 작으면 'f는 많아야 g' 또는 '$f(x)$는 $O(g(x))$이다' 라고 한다.
2. 충분히 큰 x 값들에 대하여, $|f|$의 값이 $|g|$의 임의의 배의 값보다 크면 'f는 적어도 g' 또는 '$f(x)$는 $\Omega(g(x))$이다' 라고 한다.
3. 충분히 큰 x 값들에 대하여, $|f|$의 값이 $|g|$의 임의의 배의 값보다는 크고 또 다른 임의의 배의 값보다는 작으면 'f의 복잡도는 g' 또는 '$f(x)$는 $\Theta(g(x))$이다' 라고 한다.

그림 11.2.1은 이들 표기법의 관계를 나타낸다.

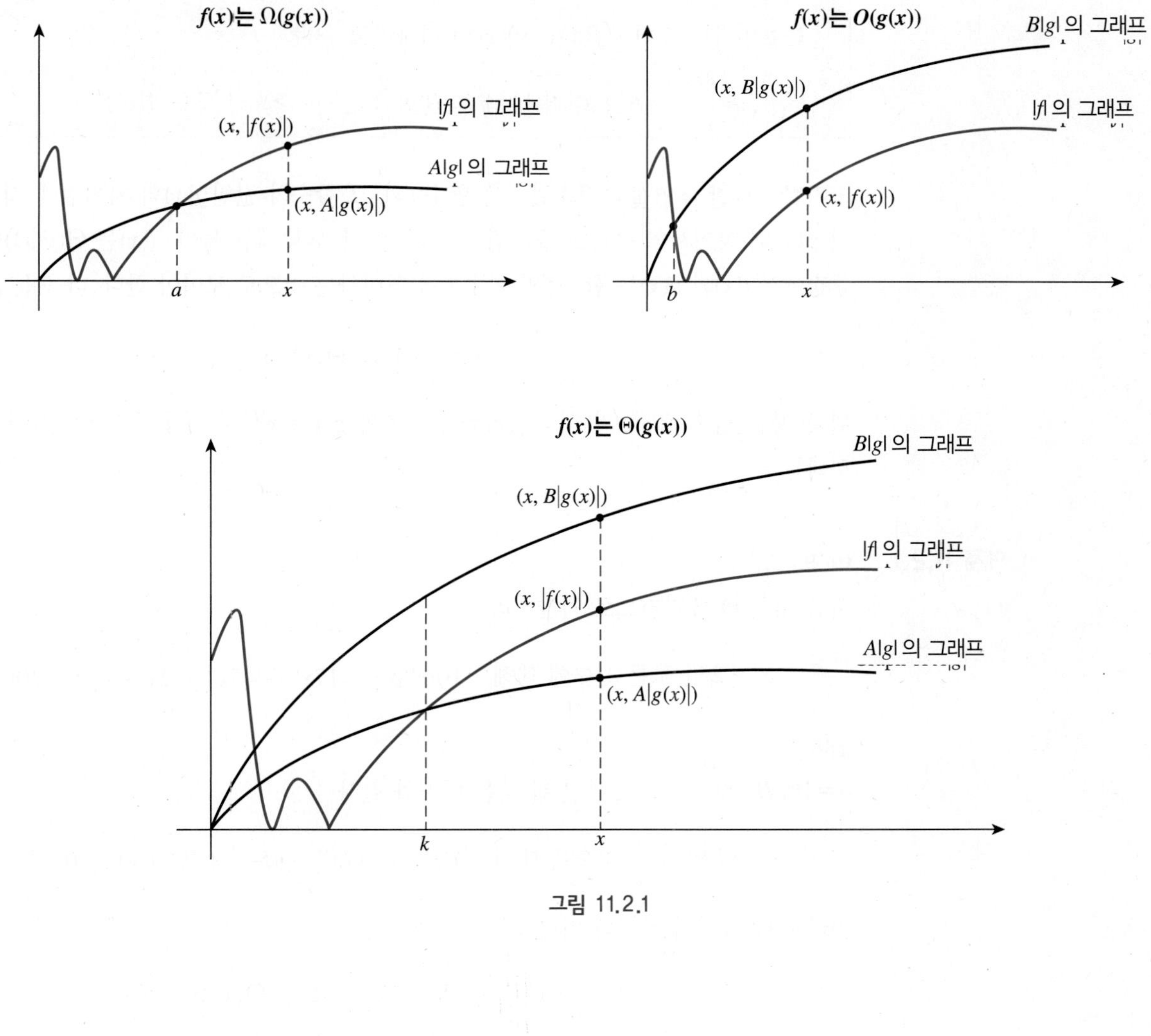

그림 11.2.1

• 정의

f와 g를 음이 아닌 실수 집합에서 정의된 실수값 함수라 하면

1. 아래 조건을 만족시키는 음이 아닌 실수 a와 양의 실수 A가 존재하면 **f의 복잡도는 적어도 g 이다**라고 하고 **$f(x)$는 $\Omega(g(x))$이다**라고 쓴다.

$$A|g(x)| \le |f(x)| \qquad (x > a\text{인 모든 실수})$$

2. 아래 조건을 만족시키는 음이 아닌 실수 a와 양의 실수 A가 존재하면 **f의 복잡도는 많아야 g 이다**라고 하고 **$f(x)$는 $O(g(x))$이다**라고 쓴다.

$$|f(x)| \le B|g(x)| \qquad (x > b\text{인 모든 실수})$$

3. 아래 조건을 만족시키는 음이 아닌 실수 k와 양의 실수 A, B가 존재하면 **f의 복잡도는 g 이다**라고 하고 **$f(x)$는 $\Theta(g(x))$이다**라고 쓴다.

$$A|g(x)| \le |f(x)| \le B|g(x)| \qquad (x > k\text{인 모든 실수})$$

표기법에 대한 부연설명: 7.1절에서 함수 f와 그 함수의 값인 $f(x)$의 차이점에 대해 언급한 바 있는데 여기서의 복잡도 표기법은 이와 좀 다르다. 예를 들어 '$f(x)$는 $\Theta(g(x))$이다' 라는 문장에서 $f(x)$와 $g(x)$는 함수 f와 함수 g를 의미하는 것으로 보아야 한다. 다음 문장을 보자.

$$3\sqrt{x} + 4 \text{ is } \Theta(x^{1/2})$$

위 문장은 함수 f와 g가 각각 $f(x)=3\sqrt{x}+4$와 $g(x)=x^{1/2}$일 때 f의 복잡도가 g임을 의미한다.

예제 11.2.1 Θ 표기법

다음 식을 Θ 표기법으로 기술하라.

$$x > 2\text{인 모든 실수에 대해} \quad 10|x^6| \le |17x^6 - 45x^3 + 2x + 8| \le 30|x^6|$$

풀이

$A=10$, $B=30$, $k=2$라 하면 위 식은 아래와 같다.

$$x > k\text{인 모든 실수에 대해} \quad A|x^6| \le |17x^6 - 45x^3 + 2x + 8| \le B|x^6|$$

따라서 Θ 표기법 정의의 따라

$$17x^6 - 45x^3 + 2x + 8\text{은 } \Theta(x^6)$$

■

예제 11.2.2 O와 Ω 표기법 표현

a. 다음 식을 O와 Ω 표기법으로 기술하라.

(i) $x > 0$인 모든 실수에 대해 $15|\sqrt{x}| \le \left|\dfrac{15\sqrt{x}(2x+9)}{x+1}\right|$

(ii) $x > 7$인 모든 실수에 대해 $\left|\dfrac{15\sqrt{x}(2x+9)}{x+1}\right| \le 45|\sqrt{x}|$

b. $\dfrac{15\sqrt{x}(2x+9)}{x+1}$ 는 $\Theta(\sqrt{x})$ 임을 보여라.

풀이

a. (i) $A=15$, $a=0$이라 하면 위 식은 아래와 같다.

$$x > a\text{인 모든 실수에 대해}\quad A|\sqrt{x}| \le \left|\frac{15\sqrt{x}(2x+9)}{x+1}\right|$$

따라서 Ω 표기법 정의의 따라

$$\left|\frac{15\sqrt{x}(2x+9)}{x+1}\right|\text{는 } \Omega(\sqrt{x})$$

(ii) $B=45$, $b=7$이라 하면 위 식은 아래와 같다.

$$x > b\text{인 모든 실수에 대해}\quad \left|\frac{15\sqrt{x}(2x+9)}{x+1}\right| \le B|\sqrt{x}|$$

따라서 O 표기법 정의에 따라

$$\frac{15\sqrt{x}(2x+9)}{x+1}\text{는 } O(\sqrt{x})$$

b. $A=15$, $B=45$, k는 0과 7보다 큰 수라고 하면 $x > k$일 때, 위 a(i)과 a(ii) 둘 다 만족하므로 아래와 같이 표현할 수 있다.

$$x > k\text{인 모든 실수에 대해}\quad A|\sqrt{x}| \le \left|\frac{15\sqrt{x}(2x+9)}{x+1}\right| \le B|\sqrt{x}|$$

따라서 Θ 표기법 정의에 따라

$$\frac{15\sqrt{x}(2x+9)}{x+1}\text{는 } \Theta(\sqrt{x})$$

■

예제 11.2.2의 (b)와 같이 f의 복잡도가 적어도 g이고 동시에, 많아야 g이면 O와 Ω 표기법의 정의에 따라 a와 b보다 충분히 큰 k를 찾을 수 있으므로 f의 복잡도는 g라고 할 수 있다. 반대로, f의 복잡도가 g이면 Θ 표기법의 정의에 따라 f의 복잡도가 적어도 g이고 동시에, 많아야 g가 되는 k에 대해 a와 b를 찾을 수 있다. 이러한 복잡도의 이행성을 정리로 표현하면 다음과 같다. 복잡도 표기법에 대한 나머지 성질들은 연습문제에서 다룬다.

정리 11.2.1 O, Ω, Θ 표기법의 성질

f와 g를 음이 아닌 실수 집합에서 정의된 실수값 함수라 하자.

1. $f(x)$가 $\Omega(g(x))$이고 $f(x)$가 $O(g(x))$임의 필요충분조건은 $f(x)$는 $\Theta(g(x))$인 것이다.
2. $f(x)$가 $\Omega(g(x))$임의 필요충분조건은 $f(x)$는 $O(g(x))$인 것이다.
3. $f(x)$는 $O(g(x))$이고 $g(x)$가 $O(h(x))$이면 $f(x)$는 $O(h(x))$이다.

증명:

1. 이 성질의 증명은 이 정리 앞의 설명과 같다.
2. 먼저 $f(x)$가 $\Omega(g(x))$이면 $g(x)$는 $O(f(x))$임을 보이자. 우선 $f(x)$가 $\Omega(g(x))$라 가정하면 Ω 표기법 정의에 따라 아래의 식을 만족시키는 음이 아닌 실수 a와 양의 실수 A가 존재한다.

   $$x > a\text{인 모든 실수에 대해 } A|g(x)| \le |f(x)|$$

   양변을 A로 나누면

   $$x > a\text{인 모든 실수에 대해 } |g(x)| \le \frac{1}{A}|f(x)|$$

   $B=1/A$, $b=a$라 하면 B는 양의 실수, b는 음이 아닌 실수가 된다. 그리고

   $$x > b\text{인 모든 실수에 대해 } |g(x)| \le B|f(x)|$$

   따라서 O 표기법 정의에 따라 $g(x)$는 $O(f(x))$이다.
   $g(x)$가 $O(f(x))$이면 $f(x)$는 $\Omega(g(x))$임을 보이는 것은 연습문제 5에서 다룬다.
3. $f(x)$는 $O(g(x))$이고 $g(x)$는 $O(h(x))$라 가정하면 O 표기법 정의에 따라 아래 식을 만족시키는 음이 아닌 실수 b_1, b_2와 양의 실수 B_1, B_2가 존재한다.

   $$x > b_1\text{인 모든 실수에 대해 } |f(x)| \le B_1|g(x)|$$

그리고

$$x > b_2 \text{인 모든 실수에 대해 } |g(x)| \le B_2|h(x)|$$

$B = B_1B_2$, b는 b_1과 b_2 중 큰 값이라 할 때, $x > b$이면

$$|f(x)| \le B_1|g(x)| \le B_1(B_2|h(x)|) \le B|h(x)|$$

따라서 O 표기법 정의의 따라 $f(x)$는 $O(h(x))$이다.

멱함수의 복잡도

다음을 보자.

$$1 < x$$

이면

$$x < x^2 \qquad \text{양변에 } x\text{를 곱함, } x\text{는 양수}$$

이고

$$x^2 < x^3 \qquad \text{양변에 } x\text{를 한 번 더 곱함}$$

따라서 $1 < x$이면

$$1 < x < x^2 < x^3$$

이를 일반화하면 아래와 같다. 이에 대한 증명은 연습문제 8과 25에서 다룬다.

임의의 유리수 r과 s에 대하여

$$x > 1 \text{이고 } r < s \text{이면 } x^r < x^s \qquad 11.2.1$$

식 (11.2.1)로부터 다음과 같은 복잡도에 관한 식을 유도할 수 있다.

임의의 유리수 r과 s에 대하여

$$r < s \text{이면 } x^r \text{은 } O(x^s) \qquad 11.2.2$$

그림 11.2.2는 $x \ge 1$인 x에 관한 여러 양의 멱함수 그래프들을 비교한 것이다.

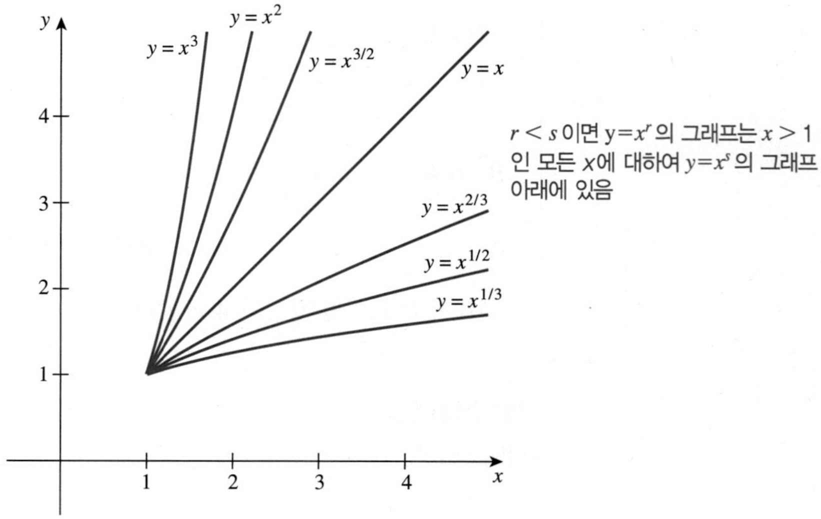

그림 11.2.2 $x \geq 1$인 x의 멱함수 그래프

다항함수의 복잡도

다음 예제는 식 (11.2.1)을 이용하여 다항함수의 대소 관계를 어떻게 유도하는지 보여 준다.

예제 11.2.3 **다항함수 부등식**

임의의 실수 x에 대하여 아래 식이 성립함을 보여라.

$$x > 1 \text{ 이면 } 3x^3+2x+7 \leq 12x^3$$

풀이

x가 실수이고 $x > 1$이면 식 (11.2.1)에 의해

$$x < x^3, \qquad 1 < x^3$$

위 왼쪽 부등식 양변에 2를, 오른쪽 부등식 양변에 7을 곱하면

$$2x < 2x^3, \qquad 7 < 7x^3$$

각각의 항을 $3x^3 \leq 3x^3$, $2x < 2x^3$, $7 < 7x^3$으로 대체하면

$$3x^3+2x+7 \leq 3x^3+2x^3+7x^3=12x^3$$ ■

위 예제 11.2.3에서 사용된 기법을 이용하면 다음 예제와 같이 일반적인 다항함수의 복잡도를 구할 수 있다.

예제 11.2.4 **양의 계수를 갖는 다항함수의 복잡도 계산**

Ω, O, Θ 표기법 정의를 이용하여 $2x^4+3x^3+5$의 복잡도는 $\Theta(x^4)$임을 보여라.

풀이

음이 아닌 양의 실수 x에 대하여 함수 f와 g를 아래와 같이 정의하자.

$$f(x)=2x^4+3x^3+5, \quad g(x)=x^4$$

그러면 모든 실수 $x>0$에 대하여

$$2x^4 \le 2x^4+3x^3+5 \qquad x>0\text{에 대하여 } 3x^3+5>0\text{이므로}$$

또한

$$2|x^4| \le |2x^4+3x^3+5| \qquad \text{양변의 모든 항이 양수이므로}$$

$A=2$, $a=0$이라 하면

$$x>a\text{인 모든 } x\text{에 대하여 } A|x^4| \le |2x^4+3x^3+5|$$

그리고 Ω 표기법 정의에 따라 $2x^4+3x^3+5$는 $\Omega(x^4)$.

마찬가지로 $x>1$에 대해

$$2x^4+3x^3+5 \le 2x^4+3x^4+5x^4 \qquad \text{식 (11.2.1)에 의해 } x^3<x^4,\ 1<x^4\text{이고, 따라서 } 3x^3<3x^4,\ 5<5x^4\text{이므로}$$

$$\Rightarrow \quad 2x^4+3x^3+5 \le 10x^4 \qquad 2+3+5=10\text{이므로}$$

$$\Rightarrow \quad |2x^4+3x^3+5| \le 10|x^4| \qquad \text{양변의 모든 항이 양수이므로}$$

주의 각 줄의 유도 화살표 ⇒는 바로 위 부등식을 만족시키는 모든 x가 다음 부등식도 만족시킴을 뜻한다.

$B=10$, $b=1$이라 하면

$$x>b\text{인 모든 } x\text{에 대하여 } |2x^4+3x^3+5| \le B|x^4|$$

따라서 O 표기법 정의에 따라 $2x^4+3x^3+5$는 $O(x^4)$.

결론적으로 $2x^4+3x^3+5$는 $\Omega(x^4)$이고 $O(x^4)$이므로 정리 11.2.1에 의해 이 함수의 복잡도는 $\Theta(x^4)$이다. ■

예제 11.2.4에서 사용된 기법을 응용하면 음이 아닌 계수를 갖는 임의의 다항함수의 복잡도는 최고차항의 Θ 표기임을 보일 수 있다. 다음 두 예제를 통해 위 결과가 양의 계수뿐만 아니라 음의 계수를 갖는 다항함수에도 동일하게 적용될 수 있음을 알아보자.

예제 11.2.5 **음의 계수가 포함된 다항함수의 O 표기법**

a. O 표기법의 정의를 사용하여 $3x^3-1000x-200$은 $O(x^3)$임을 보여라.

b. $s>3$인 모든 정수 s에 대하여 $3x^3-1000x-200$은 $O(x^s)$임을 보여라.

풀이

a. 먼저 절대값에 대한 삼각형 부등공식(정리 4.4.6)에 따라

모든 실수 a, b에 대하여 $\lvert a+b\rvert \le \lvert a\rvert + \lvert b\rvert$	삼각형 부등공식

b 대신에 $-b$를 대입하면,

$$|a-b| = |a+(-b)| \le |a| + |-b| = |a| + |b|, \text{ 또는}$$
$$|a-b| \le |a| + |b|$$

따라서 $x>1$인 모든 실수 x에 대하여 다음이 성립한다.

$$|3x^3-1000x-200| \le |3x^3|+|1000x|+|200|$$
$$\Rightarrow |3x^3-1000x-200| \le 3x^3+1000x+200$$

$x>1$일 때 부등식 우변의 모든 항은 양수이므로

$$\Rightarrow |3x^3-1000x-200| \le 3x^3+1000x^3+200x^3$$

식 (11.2.1)에 의해 $x<x^3$이고 $1<x^3$이므로 $1000x<1000x^3$이고 $200<200x^3$

$$\Rightarrow |3x^3-1000x-200| \le 1203x^3$$

$3+1000+200=1203$이므로

$$\Rightarrow |3x^3-1000x-200| \le 1203|x^3|$$

x^3은 양수이므로

$b=1$, $B=1203$이라 하면

$$x>b\text{인 모든 실수 } x\text{에 대해 } |3x^3-1000x-200| \le B|x^3|$$

따라서 O 표기법 정의에 따라 $3x^3-1000x-200$은 $O(x^3)$.

b. s는 $s>3$인 정수라 하면, 식 (11.2.1)에 의해 $x>1$인 모든 실수에 대해 $x^3<x^s$이다. $b=1$이므로 따라서 $x>b$인 모든 실수 x에 대해 $B|x^3|<B|x^s|$이고 위 풀이에 의해

$$x>b\text{인 모든 실수 } x\text{에 대해 } |3x^3-1000x-200| \le B|x^3|$$

따라서 O 표기법 정의에 따라 $s>3$인 모든 정수 s에 대하여 $3x^3-1000x-200$은 $O(x^s)$.

■

예제 11.2.6 **음의 계수가 포함된 다항함수의 Ω 표기법**

a. Ω 표기법 정의를 사용하여 $3x^3-1000x-200$은 $\Omega(x^3)$임을 보여라.

b. $r < 3$인 모든 정수 r에 대하여 $3x^3 - 1000x - 200$은 $\Omega(x^r)$임을 보여라.

풀이

a. $3x^3 - 1000x - 200$은 $\Omega(x^3)$임을 보이려면 $x > a$인 모든 실수 x에 대해 $A|x^3| \le |3x^3 - 1000x - 200|$이 되는 두 수 a와 A를 찾아야 한다.

a를 찾는 방법은 다음과 같다. 먼저 $3x^3 - 1000x - 200$에서 최고차항을 제외한 항들의 계수의 절대값을 모두 더하고 이를 최고차항 계수의 절대값으로 나눈다. 그리고 그 값에 2를 곱한다. 결과는 $a = 2(1000 + 200)/3$, 즉 800이 된다. 다음으로 A는 최고차항 지수의 절대값을 2로 나눈 값으로 선택하면 된다. 풀이 과정을 식으로 표현하면 아래와 같다. 먼저 $x > a$라 가정하자.

	식	근거
	$x > 800$	
$\Rightarrow$	$x > 2\left(\dfrac{1000+200}{3}\right)$	$2(1000+200)/3 = 800$이므로
$\Rightarrow$	$x > \dfrac{2 \cdot 1000}{3} + \dfrac{2 \cdot 200}{3}$	배분법칙
$\Rightarrow$	$x > \dfrac{2 \cdot 1000}{3} \cdot \dfrac{1}{x} + \dfrac{2 \cdot 200}{3} \cdot \dfrac{1}{x^2}$	$x > 800$이고, 식 (11.2.1)에 따라 $1 > \dfrac{1}{x}$이고 $1 > \dfrac{1}{x^2}$이므로
$\Rightarrow$	$\dfrac{3}{2}x^3 > 1000x + 200$	양변에 $\dfrac{3}{2}x^2$을 곱함
$\Rightarrow$	$3x^3 - \dfrac{3}{2}x^3 > 1000x + 200$	$\dfrac{3}{2} = 3 - \dfrac{3}{2}$이므로
$\Rightarrow$	$3x^3 - 1000x - 200 > \dfrac{3}{2}x^3$	양변에 $\dfrac{3}{2}x^3 - 1000x - 200$을 더함
$\Rightarrow$	$\lvert 3x^3 - 1000x - 200 \rvert > \dfrac{3}{2}\lvert x^3 \rvert$	$x > 800$일 때 부등식의 양변 모두 양수이므로

$A = \dfrac{3}{2}$, $a = 800$이라 하면

$$x > a\text{인 모든 실수 } x\text{에 대해 } A|3x^3| \le |3x^3 - 1000x - 200|$$

따라서 Ω 표기법 정의에 따라 $3x^3 - 1000x - 200$은 $\Omega(x^3)$.

b. r을 $r < 3$인 정수라 하자. 식 (11.2.1)에 따라 $x > 1$인 모든 실수 x에 대해 $x^r < x^3$이다. 따라서 $a = 800 > 1$이므로 $x > a$인 모든 실수 x에 대해 $A|x^r| < A|x^3|$가 성립하므로 위 풀이에 따라

$$x > a\text{인 모든 실수 } x\text{에 대해 } A|x^r| \le |3x^3 - 1000x - 200|$$

그러므로 Ω 표기법 정의에 따라 $r < 3$인 모든 정수에 대하여 $3x^3 - 1000x - 200$은 $\Omega(x^r)$.

■

위 두 예제 11.2.5(a)와 11.2.6(a)의 결과로부터 정리 11.2.1에 따라 $3x^3-1000x-200$의 복잡도를 Θ 표기법으로 표현하면 바로 x^3이 되고, 이를 일반화하면 모든 다항함수의 Θ 복잡도는 그 함수의 최고차항과 같은 차수의 지수함수가 됨을 알 수 있다. 또한 위 두 예제의 (b)번에서 3보다 큰 모든 정수 s에 대해 $3x^3-1000x-200$의 O 복잡도는 x^s이고, 3보다 작은 모든 정수 r에 대해 Ω 복잡도는 x^r이라는 점도 일반화할 수 있는데 정리하면 다음과 같다.

정리 11.2.2 다항함수의 복잡도

$a_0, a_1, a_2, ..., a_n$이 실수이고 $a_n \neq 0$일 때

1. $a_nx^n+a_{n-1}x^{n-1}+ \cdots +a_1x^1+a_0$은 $O(x^s)$ (s는 $s \geq n$인 정수)
2. $a_nx^n+a_{n-1}x^{n-1}+ \cdots +a_1x^1+a_0$은 $\Omega(x^r)$ (r은 $r \leq n$인 정수)
3. $a_nx^n+a_{n-1}x^{n-1}+ \cdots +a_1x^1+a_0$은 $\Theta(x^n)$

예제 11.2.7 다항함수의 복잡도 정리를 이용한 다항함수의 복잡도 계산

다항함수의 복잡도 정리를 이용하여 다음 함수의 복잡도를 구하라.

a. $f(x)=7x^5+5x^3-x+4$, 모든 실수 x에 대하여

b. $g(x)=\dfrac{(x-1)(x+1)}{4}$, 모든 실수 x에 대하여

풀이

a. 다항함수의 복잡도 정리를 바로 적용하면 $7x^5+5x^3-x+4$는 $\Theta(x^5)$이다.

b.
$$\begin{aligned} g(x) &= \frac{(x-1)(x+1)}{4} \\ &= \frac{1}{4}(x^2-1) \\ &= \frac{1}{4}x^2-\frac{1}{4} \end{aligned}$$

따라서 다항함수의 복잡도 정리에 따라 $g(x)$는 $\Theta(x^2)$이다. ■

예제 11.2.8 다항함수의 차수가 다른 경우

x^2은 $O(x)$가 아님을 보이고, 이로부터 x^2은 $\Theta(x)$가 아님을 보여라.

풀이

[모순에 의해 증명하라.] x^2은 $O(x)$라고 가정하자.[모순을 유도하라.] 그러면 O 표기법 정의에 따라 다음 식을 만족시키는 양의 실수 B와 음이 아닌 실수 b가 존재해야 한다.

$$x > b\text{인 모든 실수 } x\text{에 대해 } |x^2| \leq B|x| \quad (*)$$

x를 B와 b보다 큰 양의 실수라 하면

$$x \cdot x > B \cdot x \qquad x > B\text{의 양변에 양수 } x\text{를 곱함}$$
$$\Rightarrow \quad |x^2| > B|x| \qquad b\text{가 양수이므로.}$$

따라서 아래 식을 만족시키는 $x > b$인 b가 존재한다.

$$|x^2| > B|x|$$

그러나 이 식은 위의 식(*)과 서로 모순이므로 가정이 잘못된 것이고 따라서 x^2은 $O(x)$가 아니다.

정리 11.2.1에 의해서 x^2이 $\Theta(x)$이면 x^2은 $O(x)$인데, x^2이 $O(x)$가 아니므로 x^2은 $\Theta(x)$가 아니다. ■

위 예제 11.2.8의 결과를 일반화하면, 차수가 n인 x의 임의의 다항함수의 O (또는 Θ) 복잡도는 $m < n$인 m을 차수로 갖는 함수 x^m이 될 수 없다는 것을 알 수 있다(연습문제 27 참조).

> **정리 11.2.3 다항함수의 복잡도에 관한 제한**
>
> n은 양의 정수이고, $a_0, a_1, a_2, ..., a_n$은 $a_n \neq 0$인 실수라 하자. $m<n$인 임의의 정수 m에 대하여
>
> 1. $a_nx^n+a_{n-1}x^{n-1}+ \cdots +a_1x^1+a_0$은 $O(x^m)$이 아니다.
> 2. $a_nx^n+a_{n-1}x^{n-1}+ \cdots +a_1x^1+a_0$은 $\Theta(x^m)$이 아니다.

정리 11.2.2와 정리 11.2.3으로부터 지수가 정수인 거듭제곱함수는 다항함수의 비교 기준으로 삼을 수 있음을 알 수 있다. 왜냐하면 모든 다항함수는 특정 거듭제곱함수와 같은 복잡도를 가지며 서로 다른 거듭제곱함수는 같은 복잡도를 가질 수 없기 때문이다.

정수 변수를 갖는 함수의 복잡도

일반적으로 수학에서는 실수 변수는 x로, 정수 변수는 n으로 표기하는 것이 관행이다. 다음 문장을 보자.

$$f(n)\text{은 } \Theta(g(n))\text{이다.}$$

위에서 f와 g는 정수 집합에서 정의된 함수로 간주된다. f, g가 실수 집합에서 정의된 함수일 때, 만약 $f(x)$는 $\Theta(g(x))$이면 $f(n)$은 $\Theta(g(n))$임도 명백하다. 왜냐하면 정수 집합은 실수 집합의 부분집합이므로 Θ 표기법 정의에 따라 $x > k$인 모든 실수 x에 대해

$$A|g(x)| \leq |f(x)| \leq B|g(x)|$$

마찬가지로 $n > k$인 모든 정수 n에 대해서도

$$A|g(n)| \le |f(n)| \le B|g(n)|$$

예제 11.2.9 **정수 n까지의 합에 관한 복잡도**

$1+2+3+\cdots+n$ 형태의 식은 정렬 프로그램 같은 컴퓨터 알고리즘의 분석 과정에서 자주 나타난다. 양의 정수 n에 대하여 다음 문장이 참임을 보여라.

$$1+2+3+\cdots+n\text{은 }\Theta(n^2)\text{이다.}$$

풀이

정리 5.2.2에 의해 모든 양의 정수 n에 대하여

$$1+2+3+\cdots+n = \frac{n(n+1)}{2}$$

그리고

$$\frac{n(n+1)}{2} = \frac{1}{2}n^2 + \frac{1}{2}n$$

따라서 다항함수의 복잡도 정리에 의해서

$$\frac{1}{2}n^2 + \frac{1}{2}n\text{은 }\Theta(n^2)$$

그러므로

$$1+2+3+\cdots+n\text{은 }\Theta(n^2)$$ ■

유리수 지수 거듭제곱함수로의 확장

다음 함수를 보자.

$$\frac{(x^{3/2}+3)(x-2)^2}{x^{1/2}(2x^{1/2}+1)} = \frac{x^{7/2}-4x^{5/2}+4x^{3/2}+3x^2-12x+12}{2x+x^{1/2}}$$

분자와 분모를 전개하면 둘 다 ax^r(a는 실수, r은 양의 유리수) 형식의 항들의 합으로 이루어짐을 알 수 있다. 분자와 분모 각각의 차수를 지수가 가장 큰, 즉 최고차항의 지수로 정의하고, 함수 전체의 차수 d를 분자의 차수에서 분모의 차수를 뺀 값으로 정의하면, $f(x)$는 $\Theta(x^d)$이며, $c > d$인 모든 실수 c에 대해 $f(x)$는 $O(x^c)$이고, $c < d$인 모든 실수 c에 대해 $f(x)$는 $O(x^c)$가 아님을 보일 수 있다. 위 예에서 $d=7/2-1=5/2$이므로

$$\frac{(x^{3/2}+3)(x-2)^2}{x^{1/2}(2x^{1/2}+1)} \text{은 } \Theta(x^{5/2}),$$

$$c > 5/2 \text{인 모든 실수 } c \text{에 대해 } \frac{(x^{3/2}+3)(x-2)^2}{x^{1/2}(2x^{1/2}+1)} \text{은 } O(x^c) \text{이다.}$$

그리고

$$c < 5/2 \text{인 모든 실수 } c \text{에 대해 } \frac{(x^{3/2}+3)(x-2)^2}{x^{1/2}(2x^{1/2}+1)} \text{은 } O(x^c) \text{가 아니다.}$$

이를 요약하면 정리 11.2.4와 같다.

정리 11.2.4 유리수 지수 거듭제곱함수의 복잡도

m, n은 양의 정수, $r_0, r_1, r_2, \ldots, r_n$과 $s_0, s_1, s_2, \ldots, s_m$은 음이 아닌 유리수이고, $r_0 < r_1 < r_2 < \cdots < r_n$, $s_0 < s_1 < s_2 < \cdots < s_m$라 하자. 그리고 $a_0, a_1, a_2, \ldots, a_n$과 $b_0, b_1, b_2, \ldots, b_m$은 실수이고, $a_n \neq 0$, $b_m \neq 0$라 하자. 그러면

$$\frac{a_n^{r_n} + a_{n-1}^{r_{n-1}} + \cdots + a_1^{r_1} + a_0^{r_0}}{b_m^{s_m} + b_{m-1}^{s_{m-1}} + \cdots + b_1^{s_1} + b_0^{s_0}} \text{는 } \Theta(x^{r_n - s_m}) \text{이다.}$$

$c > r_n - s_m$인 모든 실수 c에 대하여

$$\frac{a_n^{r_n} + a_{n-1}^{r_{n-1}} + \cdots + a_1^{r_1} + a_0^{r_0}}{b_m^{s_m} + b_{m-1}^{s_{m-1}} + \cdots + b_1^{s_1} + b_0^{s_0}} \text{는 } O(x^c) \text{이다.}$$

$c < r_n - s_m$인 모든 실수 c에 대하여

$$\frac{a_n^{r_n} + a_{n-1}^{r_{n-1}} + \cdots + a_1^{r_1} + a_0^{r_0}}{b_m^{s_m} + b_{m-1}^{s_{m-1}} + \cdots + b_1^{s_1} + b_0^{s_0}} \text{는 } O(x^c) \text{가 아니다.}$$

자 | 기 | 진 | 단

1. "$x > a$인 모든 x에 대해 $A|g(x)| \le |f(x)|$"를 Ω 표기법으로 표기하면 ____이다.

2. "$x > b$인 모든 x에 대해 $|f(x)| \le B|g(x)|$"를 O 표기법으로 표기하면 ____이다.

3. "$x > k$인 모든 x에 대해 $A|g(x)| \le |f(x)| \le B|g(x)|$"를 Θ 표기법으로 표기하면 ___이다.

4. $x > 1$일 때, x^2 _____ x이고, x^5 ____ x^2이다.

5. 다항함수의 복잡도 정리에 따라 $p(x)$가 x에 관한 다항식이면 $p(x)$는 $\Theta(x^n)$이다. 이때 n은 ______이다.

6. n이 양의 정수일 때, $1+2+3+\cdots+n$의 복잡도는 ______이다.

연/습/문/제 11.2

1. 다음은 변수와 한정자를 사용하여 표현한 Ω 표기법의 정의이다: $f(x)$는 $\Omega(g(x))$일 필요충분조건은, $\forall\, x > a$에 대하여 $\exists$ 양의 실수 a와 A such that $A|g(x)| \le |f(x)|$.
   a. 위 정의의 부정을 ∀과 ∃ 기호를 사용하여 기술하라.
   b. 그 부정 명제를 ∀과 ∃ 기호 사용 없이 말로 기술하라.

2~4번에서 각각의 식을 Ω, O, 또는 Θ 표기법으로 표현하라.

2. $x > 3$인 모든 실수 x에 대하여 $|5x^8-9x^7+2x^5+3x-1| \le 6|x^8|$ (O 표기법으로)

3. $x > 2$인 모든 실수 x에 대하여
$$|x| \le \left|\frac{(x^2-1)(12x+25)}{3x^2+4}\right| \le 6|x|$$

4. $x > 4$인 모든 실수 x에 대하여
$$|x^{7/2}| \le \left|\frac{(x^2-7)^2(10x^{1/2}+3)}{x+1}\right| \quad (\Omega \text{ 표기법으로})$$

5~7번의 f와 g는 같은 음이 아닌 실수 집합에서 정의된 실수값 함수라 하자.

5. $g(x)$가 $O(f(x))$이면 $f(x)$는 $\Omega(g(x))$임을 증명하라.

6. $f(x)$가 $O(h(x))$이고 $g(x)$가 $O(k(x))$이면 각각의 x에 대해 $G(x)=\max(|h(x)|, |k(x)|)$라 할 때 $f(x)+g(x)$는 $O(G(x))$임을 증명하라.

7. $f(x)$가 $O(h(x))$이고 $g(x)$가 $O(k(x))$이면 $f(x)g(x)$는 $O(h(x)k(x))$임을 증명하라.

8. a. x가 $x > 1$인 임의의 실수라면 $n \ge 1$인 모든 정수 n에 대해 $x^n > 1$임을 수학적 귀납법으로 증명하라.
   b. x가 $x > 1$인 임의의 실수라면 $m < n$인 임의의 정수 m과 n에 대해 $x^m < x^n$임을 증명하라.

9. a. 임의의 실수 x에 대하여 다음을 증명하라.
$$x > 1 \text{ 이면 } |x^2| \le |2x^2+15x+4|$$
   b. 임의의 실수 x에 대하여 다음을 증명하라.
$$x > 1 \text{ 이면 } |2x^2+15x+4| \le 21|2x^2|$$
   c. (a)와 (b)의 결과를 Ω와 O 표기법으로 표현하라.
   d. $2x^2+15x+4$의 복잡도는 무엇이라고 결론지을 수 있는가?

10. 다음 명제를 Θ 표기법의 정의를 이용하여 증명하라
$$5x^3+65x+30 \text{ 은 } \Theta(x^3).$$

11. a. 임의의 실수 x에 대하여 $x > 1$이면 $|x^2| \le |\lfloor x^2 \rfloor|$임을 증명하라.
   b. 임의의 실수 x에 대하여 $x > 1$이면 $\frac{1}{2}|\lfloor x^2 \rfloor| \le |x^2|$임을 증명하라.
   c. (a)와 (b)의 결과를 Ω와 O 표기법으로 표현하라.
   d. $\lfloor x^2 \rfloor$의 복잡도는 무엇이라고 결론지을 수 있는가?

12. a. 임의의 실수 x에 대하여 $x > 1$이면 $|7x^4-95x^3+4| \le 106|x^4|$임을 증명하라.
   b. (a)의 결과를 O 표기법으로 표현하라.

13. x^5은 $O(x^2)$이 아님을 보여라.

14. $a_0, a_1, a_2, \ldots, a_n$은 실수이고 $a_n \ne 0$이라고 하자. n개의 정수로 확장한 삼각형의 부등공식(5.5절)을 이용하여 다음을 증명하라.
$$a_nx^n + a_{n-1}x^{n-1} + \cdots + a_1x + a_0 \text{ 은 } O(x^n)$$

15. $7x^4-95x^3+3$은 $\Omega(x^4)$임을 다음 순서에 따라 증명하라.
   a. 최고차항을 제외한 나머지 항들의 계수에 절대값을 취해 모두 더한 값을 최고차항 계수의 절대값

으로 나눈 뒤 2를 곱한 값을 d라고 하자. 그리고 a는 d와 1 중에 큰 수, A는 최고차항 계수의 절대값이라 하자. $x > a$일 때 다항식의 절대값은 x^n의 절대값과 A의 곱보다 크다는 것을 보여라(n은 다항식의 차수).

b. 위 명제가 참임을 보여라.

16. 연습문제 12번과 15번의 답을 참고하여 $7x^4-95x^3+3$의 복잡도를 멱함수로 나타내라.

다항함수의 복잡도 정리를 이용하여 17, 18번의 각 명제를 증명하라.

17. $\dfrac{(x+1)(x-2)}{4}$는 $\Theta(x^2)$.

18. $\dfrac{n(n+1)(2n+1)}{6}$은 $\Theta(x^3)$.

n이 임의의 양의 정수를 나타내는 변수라 할 때 19~22번의 각 명제를 증명하라(다항함수의 복잡도 정리와 5.2절의 연습문제를 참고하라).

19. $1^2+2^2+3^2+\cdots+n^2$은 $\Theta(n^3)$.

20. $2+4+6+\cdots+2n$은 $\Theta(n^2)$.

21. $\displaystyle\sum_{i=1}^{n}(4i-9)$는 $\Theta(n^2)$.

22. $\displaystyle\sum_{i=1}^{n}i(i+1)$은 $\Theta(n^3)$.

23. (미적분의 극한 개념 필요)

a. $a_0, a_1, a_2, ..., a_n$은 실수이고 $a_n \neq 0$이라 할 때 다음을 증명하라.

$$\lim_{x\to\infty}\left|\frac{a_nx^n+a_{n-1}x^{n-1}+\cdots+a_1x+a_0}{a_nx^n}\right|=1$$

b. 극한의 정의와 (a)의 결과를 이용하여 다음을 증명하라.

$$a_nx^n+a_{n-1}x^{n-1}+\cdots+a_1x+a_0 \text{ 은 } \Theta(x^n).$$

24. 다항함수의 복잡도 정리를 증명하는 다른 방법은 O 표기법의 특성을 이용하는 것이다.

a. f, g, h가 $\mathbf{R}$에서 $\mathbf{R}$로의 함수일 때 $f(x)$와 $g(x)$가 모두 $O(h(x))$이면 $f(x)+g(x)$는 $O(h(x))$임을 증명하라.

b. 위 (a)의 결과와 정리 11.21(3)으로부터 x^4+x^2은 $O(x^4)$임을 어떻게 유도할 수 있는가?

c. f가 $\mathbf{R}$에서 $\mathbf{R}$로의 함수이고 $f(x)$가 $O(g(x))$일 때 임의의 0이 아닌 실수 c에 대해 $cf(x)$는 $O(g(x))$이다. 이 결과와 위 (a)로부터 $12x^5-34x^2+7$이 $O(x^5)$임을 어떻게 유도할 수 있는가?

d. n이 임의의 양의 정수, $a_0, a_1, a_2, ..., a_n$은 실수이고 $a_n \neq 0$이라 할 때, 위 (a)의 결과를 이용하여 다음을 증명하라.

$$a_nx^n+a_{n-1}x^{n-1}+\cdots+a_1x+a_0 \text{ 은 } O(x^n).$$

25. **a.** x가 임의의 양의 실수라 할 때, $n \geq 1$인 모든 정수 n에 대하여 $x \leq 1$이면 $x^n \leq 1$임을 수학적 귀납법으로 증명하라.

b. x가 임의의 양의 실수라 할 때, $n \geq 1$인 모든 정수 n에 대하여 $x^n > 1$이면 $x > 1$임을 증명하기 위해 위 (a)가 어떻게 적용될 수 있는지 설명하라.

c. x가 임의의 양의 실수라 할 때, $n \geq 1$인 모든 정수 n에 대하여 $x > 1$이면 $x^{1/n} > 1$임을 증명하기 위해 위 (b)가 어떻게 적용될 수 있는지 설명하라.

d. p, q, s를 양의 정수, r을 음이 아닌 정수, $p/q > r/s$라 할 때, 연습문제 8번과 위 (c)의 결과를 이용하여 식 (11.2.1)을 증명하라. 즉 $x > 1$인 임의의 실수에 대해 $x^{p/q} > x^{r/s}$임을 증명하라.

26. 다음 명제를 증명하기 위해 연습문제 25번, 24번의 (a)와 (c)가 어떻게 적용될 수 있는지 설명하라.

$$4x^{4/3}-15x+7 \text{ 은 } O(x^{4/3})$$

27. r과 s가 $r > s$인 유리수라고 할 때 x^r은 $O(x^s)$가 아님을 증명하라.

28. 정리 11.2.4를 이용하여 아래 함수의 복잡도를 유리수 지수 거듭제곱함수로 나타내라.

$$f(x) = \frac{\sqrt{x}\,(3x+5)}{2x+1}$$

29. a. $n \geq 1$인 모든 정수에 대하여 아래가 성립함을 수학적 귀납법으로 증명하라.

$$\sqrt{1} + \sqrt{2} + \sqrt{3} + \cdots + \sqrt{n} \leq n^{3/2}$$

b. 다음을 수학적 귀납법으로 증명하라.

$$\frac{1}{2}n^{3/2} \leq \sqrt{1} + \sqrt{2} + \sqrt{3} + \cdots + \sqrt{n}$$

c. 위 (a)와 (b)의 결과로부터 $\sqrt{1} + \sqrt{2} + \sqrt{3} + \cdots + \sqrt{n}$의 복잡도는 무엇이라 할 수 있는가?

30. $f(x)$는 $o(g(x))$이면 $f(x)$는 $O(g(x))$임을 아래와 같은 미분 극한 개념에 관한 정의를 이용하여 증명하라.

> **정의:** f와 g가 실변수 실수값 함수이고 $\lim_{x\to\infty} g(x) \neq 0$이면
>
> $$f(x)\text{는 } o(g(x)) \Leftrightarrow \lim_{x\to\infty} \frac{f(x)}{g(x)} = 0$$
>
> $f(x)$는 $o(g(x))$라는 표기는 '$f(x)$는 리틀 오 $g(x)$'라 읽는다.

자 | 기 | 진 | 단 | 해 | 답

1. $f(x)$는 $\Omega(g(x))$ 2. $f(x)$는 $O(g(x))$ 3. $f(x)$는 $\Theta(g(x))$ 4. $>; >$ 5. $p(x)$의 범위 6. n^2

11.3 응용: 알고리즘 효율성 분석 I

Charles Babbage (1792–1871)

Charles Babbage의 해석 기관은 개념상 현대의 컴퓨터와 유사하다. Babbage는 이미 백 년 전 컴퓨터 알고리즘 효율성 분석의 중요성을 예견한 바 있다. 1940년대 후반부터 여러 수학자와 컴퓨터 과학자들에 의해 알고리즘 분석에 관한 연구가 시작되었는데 그중 대표적인 학자를 꼽으라면 Alan Turing일 것이다. 그의 1948년 논문을 보면 다음과 같은 언급이 나온다. "쉽진 않겠지만, 컴퓨터가 처리하는 작업의 양을 정확히 측정할 수 있다면 매우 유용할 것이다. 예를 들어 데이터 저장 횟수나 덧셈, 뺄셈, 곱셈, 나눗셈 횟수 같은..."* 그 후 1960년대 초 Donald Knuth는 여러 권으로 구성된 그의 저서 *The Art of Computer Programming*에서 알고리즘 분석에 관한 이론적 토대를 수립했다.†

순차탐색 알고리즘

주의 Alan Turing에 대한 자세한 사항은 6.4절과 12.2절을 참고하라.

탐색 알고리즘의 목적은 데이터 배열에서 특정 항목 x를 찾는 것이다. 배열의 첫 번째 항목부터 차례대로 x와 비교하여 동일한 항목이 발견되면 순차탐색은 종료된다. 마지막까지 일치하는 항목이 없으면 결과적으로 배열 내 모든 항목을 비교하게 된다. 순차탐색의 예를

* *Quarterly Journal of Mechanics and Applied Mathematics*, vol. 1 (1948), pp. 287-308.

† Donald E. Knuth, *The Art of Computer Programming*, vol. 1: *Fundamental Algorithms*, 3rd ed. (1997); vol. 2: *Seminumerical Algorithms*, 3rd ed., (1997); vol. 3: *Searching and Sorting*, 2nd ed. (1998) (Reading, MA: Addison-Wesley).

그림으로 그려 보면 아래와 같다.

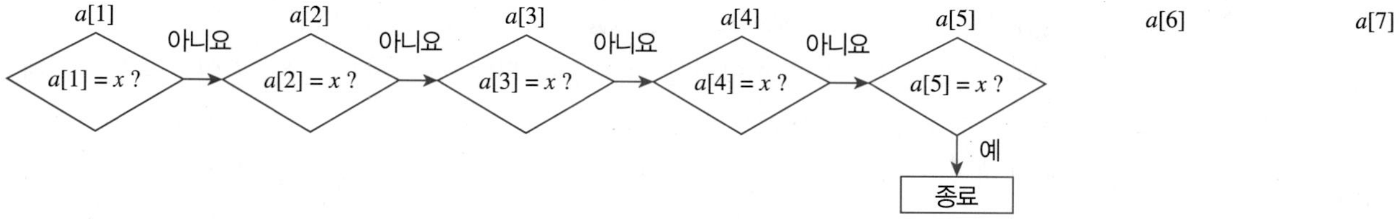

그림 11.3.1 순차탐색 예: $x=a[5]$일 때, 배열 $a[1]$, $a[2]$, ..., $a[7]$ 탐색 과정

예제 11.3.1 **순차탐색 알고리즘 복잡도의 최악조건과 최선조건**

순차탐색 알고리즘의 최선 및 최악조건 복잡도를 거듭제곱함수로 나타내라.

풀이

배열 $a[1], a[2], ..., a[n]$에서 항목 x를 순차탐색으로 탐색하는 알고리즘을 가정하자. 최선의 경우는 배열의 첫 번째 항목이 바로 x와 일치하는 경우로서 이때 필요한 비교는 단 한 번이다. 따라서 이 경우 순차탐색 알고리즘은 $\Theta(1)$, 즉 $\Theta(n^0)$이다. 최악의 경우는 일치하는 항목이 배열의 마지막 원소인 $x=a[n]$인 경우, 또는 x가 배열에 없는 경우이다. 이때 필요한 비교 횟수는 n번이므로 이 경우 순차탐색 알고리즘은 $\Theta(n)$이다. ■

삽입정렬 알고리즘

삽입정렬은 배열의 항목들을 오름차순으로 정렬하는 알고리즘이다. 정렬 방법은 먼저 첫 번째 항목과 두 번째 항목을 비교하여 두 번째 항목이 첫 번째보다 작으면 서로 교환함으로써 오름차순으로 만들게 된다. 알고리즘의 기본 아이디어는 뒤에 남아 있는 항목들을 이미 정렬되어 있는 앞쪽의 항목들과 비교하여 적합한 위치에 삽입함으로써 정렬된 부분배열을 점차적으로 확대해 나가는 것이다. 이러한 삽입 작업을 배열의 마지막 항목까지 수행하면 전체배열이 오름차순으로 정렬된다.

그림 11.3.2는 배열 $a[1], a[2], ..., a[n]$에 대한 삽입정렬을 수행할 때 k번째 단계의 동작을 보여 준다.

Donald Knuth (born–1938)

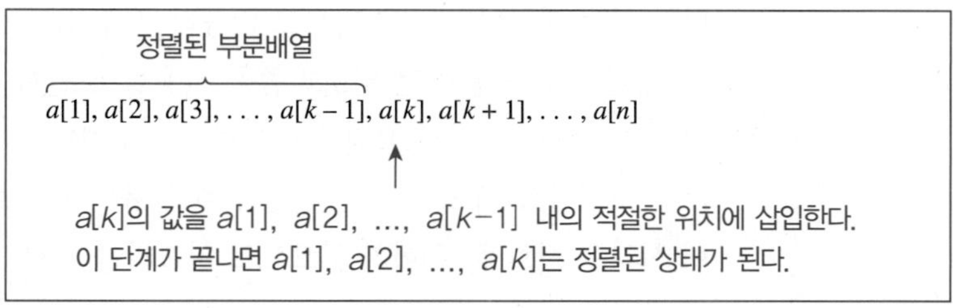

그림 11.3.2 삽입정렬의 k번째 단계

같은 문제에 대한 서로 다른 알고리즘들의 효율성을 이해하는 것은 단순히 학문적 관심 이상의 가치가 있다. 과학계는 물론 산업계에서도 보다 효율적인 알고리즘의 선택은 비용 절감뿐만 아니라 그 프로젝트 자체의 성공 여부에도 영향을 미칠 수 있다.

알고리즘의 효율성을 이야기할 때 핵심이 되는 두 가지 측면은 그 알고리즘 수행에 소요되는 시간과, 필요한 메모리 공간의 크기이다. 이 장에서는 시간 효율성을 계산하는 기본 기법들 위주로 소개한다. 공간 효율성도 유사한 방법으로 구할 수 있다. 알고리즘들을 보면, 시간 효율성은 좋으나 상대적으로 공간 효율성은 낮은 경우가 종종 있다. 어떤 알고리즘을 선택하는 것이 좋은가는 가용한 자원의 상황에 따라 달라질 수 있다.

알고리즘의 시간 효율성

알고리즘의 시간 효율성은 어떻게 계산할 수 있을까? 그 답은 여러 요인에 따라 달라지는데 첫 번째 요인은 알고리즘에 입력되는 데이터의 크기이다. 예를 들어 정렬 알고리즘의 경우 항목이 100개일 때보다 1,000,000개일 때의 처리시간이 훨씬 더 길어질 것이라는 것은 자명한 일이다. 따라서 알고리즘의 수행 시간은 입력 데이터 크기의 함수로 나타내는 것이 일반적이다.

알고리즘 수행 시간에 영향을 미치는 두 번째 요인은 입력 자료의 상태이다. 한 예로 n개의 항목으로 구성된 리스트에서 순차탐색을 하는 알고리즘을 생각해 보자. 찾고자 하는 항목이 첫 번째 위치에 있으면 단 한 번 만에 수행은 끝나지만 마지막 위치에 있으면 n번의 수행이 필요하다. 그래서 알고리즘을 분석할 때, '최선조건', '최악조건' 및 '평균조건'으로 구분하여 분석하는 경우가 많다.

요약하자면 알고리즘의 시간 효율성 분석은 수행에 필요한 기본 연산의 횟수를 입력의 크기인 n에 대하여 최선, 최악, 평균의 경우로 구분하여 세어 보는 일에서 시작된다. 기본 연산을 무엇으로 할 것인가는 문제의 성격에 따라 다를 수 있다. 예를 들어 다항식의 값을 계산하는 알고리즘의 경우에는 사칙 연산이 가장 중요한 기본 연산이지만 리스트에서 특정 항목을 탐색하는 알고리즘의 경우에는 비교가 가장 중요한 기본 연산이 된다. 정리하면, **기본 연산**(elementary operation)이란 더하기, 빼기, 곱하기, 나누기의 사칙 연산과 if-문장 안에서 $<, \le, >, \ge, =, \ne$와 같이 하나의 기호로 표시될 수 있는 비교 연산을 의미한다.

알고리즘을 프로그램으로 구현하여 컴퓨터에서 실행시켜 보면 기본 연산이라도 종류에 따라 실행 시간이 약간씩 다르고 컴퓨터 종류에 따라서도 달라진다. 그러므로 주어진 문제를 해결하기 위해 어떤 알고리즘을 사용할 것인지 또는 어떤 컴퓨터를 사용할 것인지를 결정할 때에는 이러한 요인들을 고려하여야 한다. 그러나 같은 문제를 해결하는 서로 다른 두 알고리즘을 비교할 때는 당연히 한 컴퓨터에서 실험해야 한다. 또한 기본 연산들의 수행 시간은 서로 큰 차이가 없으므로 알고리즘의 시간 효율성은 대체로 알고리즘을 수행하는 데 필요한 기본 연산의 개수에 비례한다.

같은 일을 처리하는 두 알고리즘 A, B가 있다고 하자. 입력 자료의 크기가 n일 때, 알고리즘을 수행하는 데 필요한 기본 연산의 수가 A는 $10n$과 $20n$ 사이이고 알고리즘 B는 $2n^2$과 $4n^2$ 사이라고 가정하자. $n > 10$이면 $20n < 2n^2$이므로 A를 수행하는 데 필요한 기본 연산 개수의 최대값이 B의 최소값보다 작게 된다. 실제로 n이 커질수록 $20n$과 $2n^2$의 차이는 훨씬 더 커진다. 예를 들어 $n=1000$이면 $2n^2=2{,}000{,}000$이지만 $20n=20{,}000$밖에 안 된다. 따라서 최악조건에서 알고리즘 A의 복잡도는 $\Theta(n)$이다라고 하며 알고리즘 B의 복잡도는 $\Theta(n^2)$이라 한다.

• 정의

A를 어떤 작업을 위한 알고리즘이라 하자.

1. 크기가 n인 입력 자료에 대하여 A를 수행하는 데 필요한 기본 연산의 개수가 입력 자료의 상태와는 관계없이 $f(n)$이라 하자. 만약 $f(n)$이 $\Theta(g(n))$이면, **A는 $\Theta(g(n))$**[A is $\Theta(g(n))$] 또는 **A의 복잡도는 $g(n)$이다**[A is of order $g(n)$]라고 한다.
2. 크기가 n인 입력 자료에 대하여 A를 수행하는 데 필요한 기본 연산의 개수가 n은 물론 입력 자료의 상태와도 관계가 있을 때
   a. 크기 n의 가능한 모든 입력 자료에 대하여 A를 수행하는 데 필요한 기본 연산의 최소 개수를 $b(n)$이라 하자. 만약 $b(n)$이 $\Theta(g(n))$이면, **최선조건에서 A는 $\Theta(g(n))$**[A is $\Theta(g(n))$ in the best case] 또는 **A의 최선조건 복잡도는 $g(n)$이다**[A has a best case order of $g(n)$]라고 한다.
   b. 크기 n의 가능한 모든 입력 자료에 대하여 A를 수행하는 데 필요한 기본 연산의 최대 개수를 $w(n)$이라 하자. 만약 $w(n)$이 $\Theta(g(n))$이면, **최악조건에서 A는 $\Theta(g(n))$**[A is $\Theta(g(n))$ in the worst case] 또는 **A의 최악조건 복잡도는 $g(n)$이다**[A has a worst case order of $g(n)$]라고 한다.

알고리즘의 효율성을 기술할 때 일반적으로 사용되는 복잡도 함수들을 보면 표 11.3.1과 같고 복잡도에 따라 그 차이는 거의 천문학적이다. 예를 들어 2^n의 복잡도를 갖는 알고리즘을 100,000개의 데이터에 대해 수행할 때 걸리는 시간은 우주의 나이인 150억 년의 $10^{30{,}076}$배나 된다. 반면에 같은 수의 데이터를 복잡도가 $\log_2 n$인 알고리즘으로 수행하면 불과 수십 초면 충분하다.

표 11.3.1 알고리즘의 복잡도 비교

기본 연산 수행 시간이 1나노초일 때, $f(n)$개의 기본 연산을 수행하는 데 걸리는 개략적인 시간				
$f(n)$	$n = 10$	$n = 1,000$	$n = 100,000$	$n = 10,000,000$
$\log_2 n$	3.3×10^{-9} 초	10^{-8} 초	1.7×10^{-8} 초	2.3×10^{-8} 초
n	10^{-8} 초	10^{-6} 초	0.0001 초	0.01 초
$n \log_2 n$	3.3×10^{-8} 초	10^{-5} 초	0.0017 초	0.23 초
n^2	10^{-7} 초	0.001 초	10 초	27.8 분
n^3	10^{-6} 초	1 초	11.6 일	31,688 년
2^n	10^{-6} 초	3.4×10^{284} 년	3.2×10^{30095} 년	3.1×10^{3001022} 년

예제 11.3.2 알고리즘의 복잡도 계산

n이 양의 정수일 때, 다음 알고리즘에 대해 물음에 답하라.

$p := 0, x := 2$
for $i := 2$ **to** n
  $p := (p + i) \cdot x$
next i

a. 위 알고리즘을 수행하는 데 필요한 덧셈과 곱셈 연산의 실제 개수를 계산하라.
b. 다항함수의 복잡도 정리를 이용하여 위 알고리즘의 복잡도를 구하라.

풀이

a. 루프를 한 번 실행할 때마다 덧셈 한 번과 곱셈 한 번이 필요하므로 각 루프마다 두 번의 기본 연산이 수행된다. **for-next** 루프의 반복 횟수는 반복 첨자 i의 마지막 숫자에서 시작 숫자를 빼고 1을 더한 값, 즉 $n-2+1$이다. 따라서 덧셈과 곱셈 연산의 수행 횟수는 $2(n-1)=2n-2$이다.

b. 다항함수의 복잡도 정리에 따라

$$2n-2 \text{는 } \Theta(n)$$

따라서 이 알고리즘의 복잡도는 $\Theta(n)$이다. ■

다음 예제는 이중 루프가 포함된 알고리즘의 경우이다.

예제 11.3.3 이중 루프를 사용한 알고리즘의 복잡도

n이 양의 정수일 때, 다음 알고리즘에 대하여 물음에 답하라.

$s := 0$
for $i := 1$ **to** n
  for $j := 1$ **to** i
    $s := s + j \cdot (i - j + 1)$
  next j
next i

a. 위 알고리즘을 수행하는 데 필요한 덧셈, 뺄셈, 곱셈 연산의 실제 개수를 계산하라.

b. 다항함수의 복잡도 정리를 이용하여 위 알고리즘의 복잡도를 구하라.

풀이

a. 먼저 내부 루프에는 덧셈 두 번, 곱셈 한 번, 뺄셈 한 번이 있으므로 내부 루프를 한 번 수행할 때마다 수행되는 기본 연산의 수는 모두 4개이다. 이제 내부 루프 자체가 몇 번 수행되는지 살펴보면

$$
\begin{gathered}
i=1 \text{일 때 한 번} \\
i=2 \text{일 때 두 번} \\
i=3 \text{일 때 세 번} \\
\vdots \\
i=n \text{일 때 } n \text{번}
\end{gathered}
$$

이를 표로 그려 보면 보다 알기 쉽다. 표의 각 칸은 i 값과 j 값을 나타내고, 표의 각 열은 곧 한 번의 내부 루프 수행에 해당된다.

i	1	2 →	→	3 →	→	→	4 →	→	→	→	···	n →	→	→	→	→
j	1	1	2	1	2	3	1	2	3	4	···	1	2	3	···	n
	1	2		3			4					n				

그러므로 내부 루프의 총 반복 횟수는

$$1+2+3+\cdots+n=\frac{n(n+1)}{2} \qquad \text{정리 5.2.2에 의해}$$

따라서 덧셈, 뺄셈, 곱셈 연산의 총 개수는

$$4\cdot\frac{n(n+1)}{2}=2n(n+1)$$

위 표의 모든 열의 개수를 계산하는 또 다른 방법은 예제 9.6.3의 접근법을 사용하는 것이다. 표의 모든 열의 개수는 1, 2, ..., n의 n개의 칸에 $j \le i$일 때 2개의 × 를 표시하는 경우의 수와 같으므로 정리 9.6.1에 의해 그 수를 계산하면 아래와 같다.

$$\binom{n-1+2}{2}=\binom{n+1}{2}=\frac{(n+1)!}{2!((n+1)-2)!}=\frac{(n+1)n(n-1)!}{2(n-1)!}=\frac{n(n+1)}{2}$$

이번 예에서는 후자의 방법이 좀 더 복잡해 보이지만 내부 루프가 2개를 초과할 때는 오히려 간단해진다(연습문제 10번 참조).

b. 다항함수의 복잡도 정리에 따라 $2n(n+1)=2n^2+2n$은 $\Theta(n^2)$이고, 따라서 이 알고리즘의 복잡도는 $\Theta(n^2)$이다. ■

예제 11.3.4 **반복 횟수가 마루함수인 경우**

n이 양의 정수일 때, 다음 알고리즘에 대하여 물음에 답하라.

$$\begin{aligned}&\textbf{for } i := \lfloor n/2 \rfloor \textbf{ to } n\\&\quad a := n - i\\&\textbf{next } i\end{aligned}$$

a. 위 알고리즘을 수행하는 데 필요한 뺄셈 연산의 실제 개수를 계산하라.

b. 다항함수의 복잡도 정리를 이용하여 위 알고리즘의 복잡도를 구하라.

풀이

a. 루프가 반복될 때마다 한 번의 뺄셈이 수행되고, 루프는 $n - \left\lfloor \frac{n}{2} \right\rfloor + 1$번 반복된다.

n이 짝수이면 $\left\lfloor \frac{n}{2} \right\rfloor = \frac{n}{2}$이므로 뺄셈의 총 개수는

$$n - \left\lfloor \frac{n}{2} \right\rfloor + 1 = n - \frac{n}{2} + 1 = \frac{n+2}{2}$$

n이 홀수이면 $\left\lfloor \frac{n}{2} \right\rfloor = \frac{n-1}{2}$이므로 뺄셈의 총 개수는

$$n - \left\lfloor \frac{n}{2} \right\rfloor + 1 = n - \frac{n-1}{2} + 1 = \frac{2n-(n-1)+2}{2} = \frac{n+3}{2}$$

b. 다항함수의 복잡도 정리에 따라

$$\frac{n+2}{2}\text{는 } \Theta(n)\text{이고, } \frac{n+3}{2}\text{은 } \Theta(n)\text{이다}$$

따라서 이 알고리즘의 복잡도는 n이 짝수이든 홀수이든 관계없이 $\Theta(n)$이다. ■

다음은 삽입정렬 알고리즘이다.

알고리즘 11.3.1 삽입정렬

[알고리즘의 목적은 $n \geq 1$일 때 배열 $a[1], a[2], ..., a[n]$에 있는 항목을 오름차순으로 정렬하는 것이다. 단계 k에서 $a[1], a[2], ..., a[k-1]$은 정렬된 상태에 있으며, $a[k]$를 부분배열 내의 적절한 위치에 삽입한다.]

입력: n[양의 정수], $a[1], a[2], ..., a[n]$[비교 가능한 값들의 배열]

알고리즘:

```
for k := 2 to n
    x := a[k]
    j := k − 1
    while (j ≠ 0)
        if x < a[j] then
            a[j + 1] := a[j]
            a[j] := x
            j := j − 1
            else j := 0
        end if
    end while
```

출력: $a[1], a[2], ..., a[n]$ [오름차순]

아래 배열을 삽입정렬로 정렬할 때 수행 단계별 과정은 그림 11.3.3과 같다.

$$a[1] = 6, a[2] = 3, a[3] = 5, a[4] = 7, a[5] = 2$$

	$a[1]$	$a[2]$	$a[3]$	$a[4]$	$a[5]$
초기 상태	6	3	5	7	2
단계 1의 결과	3	6	5	7	2
단계 2의 결과	3	5	6	7	2
단계 3의 결과	3	5	6	7	2
단계 4의 결과	2	3	5	6	7

첫 번째 행은 입력 배열의 초기상태이고,
마지막 행은 정렬된 결과를 나타냄.
각 단계별 결과는 각각의 행이며, 각 단계에서
정렬이 완료된 부분은 회색으로 표시함.

그림 11.3.3 삽입정렬 수행 과정

다음 예제 11.3.5는 삽입정렬을 수행할 때 단계별 실행 과정을 표로 나타내는 방법을 다룬다.

예제 11.3.5 **삽입정렬 실행 과정 표**

아래 배열에 대해 삽입정렬을 수행할 때 각 단계별 실행 과정을 표로 그려라.

$$a[1] = 6, a[2] = 3, a[3] = 5, a[4] = 7, a[5] = 2$$

풀이

아래 표에서 첫 번째 열은 **for-next** 루프를 시작하기 전의 초기 변수 상태를 나타낸다. **for-next** 루프로 들어가면 k는 2가 되고 x는 $a[2]$의 값인 3, j는 $k-1$인 1이 된다. j가 0이 아니기 때문에 **while** 루프에 들어가게 되고 **if-then-else** 비교문이 수행된다. $x < a[1]$이 참이므로 $a[2]$는 $a[1]$의 값인 6이 되고, j는 $j-1$인 0이 되고, $a[1]$은 x의 값인 3이 된다. 다시 **while** 루프의 처음으로 돌아와서 반복 조건을 비교하는데 이번에는 j=0이므로 반복 조건을 만족시키지 않아 **while** 루프는 종료된다. **for-next** 루프의 종료문인 **next** k에 의해 k는 1 증가되어 3이 되고 **for-next** 루프의 두 번째 반복이 시작된다. 이 반복은 k가 6이 되면 멈추게 되는데 **for-next** 루프의 종료 조건인 n이 5이기 때문이다.

n	5														
***a*[1]**	6	3											2		
***a*[2]**	3	6			5							2	3		
***a*[3]**	5			6							2	5			
***a*[4]**	7									2	6				
***a*[5]**	2									7					
k	2			3			4		5					6	
x	3			5			7		2						
j	1	0		2	1	0	3	0	4	3	2	1	0		

■

예제 11.3.6 **삽입정렬의 최악조건 복잡도 찾기**

a. **if-then-else** 문장의 비교 연산 횟수는 **for-next** 루프와 **while** 루프의 횟수에 비례한다. 배열 $a[1], a[2], ..., a[n]$에 대하여 삽입정렬을 수행할 때, 비교 연산의 최대 수행 횟수는 얼마인가?

b. 다항함수의 복잡도 정리를 이용하여 삽입정렬 알고리즘의 최악조건 복잡도를 구하라.

풀이

a. 먼저 임의의 k번째에서 수행되는 비교 연산 횟수를 계산해 보자. **while** 루프가 한 번 실행될 때마다 루프 진입 조건인 $j \neq 0$인가와 루프 안에서의 $a[j] > x$인가의 두 번의 비교가 필요하고, **while** 루프의 최대 반복 횟수는 $a[k]$가 $a[1]$부터 $a[k-1]$까지의 모든 값보다 작을 때인 $k-1$번이다. 마지막 $k-1$번째 **while** 루프가 수행된 후 j=0이 되는데, 이

경우 **while** 루프 내부는 더 이상 수행되지 않지만 이에 필요한 진입 조건 비교 자체는 필요하다. 끝으로 **for-next** 루프는 한 번 반복할 때마다 k를 1씩 증가시키는데 증가된 k가 n을 넘어섰는지 검사하는 비교가 필요하다. 따라서 임의의 k번째에서 최대 비교 횟수는 $2(k-1)+1+1=2k$이다. 따라서 최대 비교 횟수는, 입력 배열이 완전히 역순으로 정렬되어 있는 경우이고, **for-next** 루프에서 k는 2부터 n까지 변하므로, 계산하면 다음과 같다.

$$
\begin{aligned}
2\cdot 2+2\cdot 3+\cdots+2\cdot n &= 2(2+3+\cdots+n) && \text{2로 묶으면}\\
&= 2[(1+2+3+\cdots+n)-1] && \text{1을 더하고 빼면}\\
&= 2\left(\frac{n(n+1)}{2}-1\right) && \text{정리 5.2.2에 따라}\\
&= n(n+1)-2\\
&= n^2+n-2
\end{aligned}
$$

b. 다항함수의 복잡도 정리에 따라 n^2+n-2는 $\Theta(n^2)$이고 따라서 삽입정렬 알고리즘의 최악조건 복잡도는 $\Theta(n^2)$이다. ■

예제 11.3.7 삽입정렬의 평균조건 복잡도 찾기

a. 배열 $a[1], a[2], ..., a[n]$을 삽입정렬로 정렬할 때 비교 연산의 평균 수행 횟수는 얼마인가?

b. 다항함수의 복잡도 정리를 이용하여 삽입정렬 알고리즘의 평균조건 복잡도를 구하라.

풀이

a. 배열 $a[1], a[2], ..., a[n]$을 삽입정렬로 정렬할 때 필요한 비교 연산 횟수의 평균값(또는 기대값)을 E_n이라 하자. $k=2, 3, ..., n$이므로

[$a[1], a[2], \ldots, a[k]$를 정렬하는 데 필요한 비교 연산의 기대 횟수]
= [$a[1], a[2], \ldots, a[k-1]$를 정렬하는 데 필요한 비교 연산의 기대 횟수]
+[$a[1], a[2], \ldots, a[k-1]$ 내의 적절한 위치에 $a[k]$를 삽입하는 데 필요한 비교 연산의 기대 횟수]

따라서

$E_k = E_{k-1}$ +[$a[1], a[2], \ldots, a[k-1]$ 내의 적절한 위치에 $a[k]$를 삽입하는 데 필요한 비교 연산의 기대 횟수]

$n=1$일 때, 즉 배열의 원소가 1개이면 외부 루프는 한 번도 수행되지 않으므로 $E_0=0$이다.

임의의 k번째에서 $a[1], a[2], ..., a[k-1]$에 대해 $a[k]$가 놓일 수 있는 위치는 k개이고 각각의 확률은 동일하므로 $a[k]$가 특정 위치에 놓일 확률은 $1/k$이다. $a[k]$가 삽입되는 위치를 j번째라고 한다면 $a[k]$를 움직이는 데 필요한 비교 횟수는 $2(k-j+1)$이다. 왜냐하면

while 루프의 반복 횟수는 $k-j+1$이고 한 번 반복할 때마다 2번의 비교가 수행되기 때문이다.

따라서 9.8절의 기대값의 정의에 따라 임의의 k번째에서 $a[1], a[2], ..., a[k-1]$ 내의 적절한 위치에 $a[k]$를 삽입하는 데 필요한 비교 연산의 기대 횟수는

$$\begin{aligned}\sum_{j=1}^{k}\frac{1}{k}2(k-j+1) &= \frac{2}{k}[k+(k-1)+\cdots+3+2+1]\\ &= \frac{2}{k}\left(\frac{k(k+1)}{2}\right) \qquad \text{정리 5.2.2에 의해}\\ &= k+1\end{aligned}$$

그러므로 $k \geq 2$인 모든 정수에 대해

$$E_k = E_{k-1}+k+1 \text{ 이고}$$
$$E_1 = 0$$

위 재귀식을 풀면 $n \geq 1$인 모든 정수 n에 대해

$$E_n = \frac{n^2+3n-4}{2}$$

재귀식의 풀이 과정은 연습문제 14로 남긴다.

b. 다항함수의 복잡도 정리에 따라 $\dfrac{n^2+3n-4}{2} = \frac{1}{2}n^2+\frac{3}{2}n-2$는 $\Theta(n^2)$이고 따라서 삽입정렬 알고리즘의 평균조건 복잡도는 $\Theta(n^2)$이다. ■

자 | 기 | 진 | 단

1. 어떤 알고리즘이 이중 **for-next** 루프를 포함하고 있을 때 루프의 반복 횟수는 표를 그려 구할 수 있다. 이때 각각의 열은____을 나타낸다.
2. 길이가 n인 배열을 순차탐색 알고리즘으로 탐색할 때 최악조건의 비교 횟수는 ____이다.
3. 삽입정렬 알고리즘의 최악조건 복잡도는 ____이고, 평균조건 복잡도는 ____이다.

연 / 습 / 문 / 제 11.3

1. 컴퓨터가 한 연산을 수행하는 데 1나노초(10^{-9}초)가 걸린다고 하자. 연산의 개수가 각각 아래와 같을 때 수행 시간을 구하라. 가능하면 초, 분, 시간, 일, 개월, 연으로 환산하여 표시하라. 예를 들어 2^{50}나노초 대신에 13일로 표시하라.

a. $\log_2 200$ **b.** 200 **c.** $200\log_2 200$

d. 200^2 **e.** 200^8 **f.** 2^{200}

2. 입력의 크기가 n일 때 cn^2의 연산을 필요로 하는 알고리즘이 있다고 하자(c는 상수).

a. 입력의 크기가 m에서 $2m$으로 늘어날 때 필요한 연산의 수는 얼마인가(m은 양의 정수)?

b. 입력의 크기가 2배로 늘어날 때 필요한 연산의 수는 몇 배가 되는가?

c. 입력의 크기가 10배로 늘어날 때 필요한 연산의 수는 몇 배가 되는가?

3. 상대적으로 작은 n에 대해서는 복잡도가 높은 알고리즘이 오히려 효율이 좋을 수 있음을 살펴보자. 알고리즘 A와 B를 크기가 n인 입력에 대해 실행할 때 필요한 연산의 개수가 각각 $2n^2$과 $80n^{3/2}$이라고 하자.

a. 알고리즘 A와 B의 복잡도는 각각 얼마인가?

b. 알고리즘 A의 효율이 B보다 좋은 n 값의 범위는?

c. 알고리즘 B의 효율이 A보다 100배 이상 좋아지는 n은 얼마인가?

4~10번의 각 알고리즘에 대하여 다음 물음에 답하라. n이 양수일 때, (a) 알고리즘 수행에 필요한 덧셈, 뺄셈, 곱셈, 나눗셈 및 비교 연산의 횟수를 구하라. 단 비교 연산은 **if-then** 문장만 고려하고 **for-next** 루프 자체의 비교 연산은 무시하라. (b) 다항함수의 복잡도 정리를 이용하여 각 알고리즘의 복잡도를 구하라.

4.
```
for i := 3 to n − 1
    a := 3·n + 2·i − 1
next i
```

5.
```
for i := 1 to ⌊n/2⌋
    a := n − i
next i
```

6.
```
for i := 1 to n
    for j := 1 to 2n
        a := 2·n + i·j
    next j
next i
```

7.
```
for k := 1 to n − 1
    for j := 1 to k + 1
        x := a[k] + b[j]
    next j
next k
```

8.
```
t := 0
for i := 1 to n
    s := 0
    for j := 1 to i
        s := s + a[j]
    next j
    t := t + s^2
next i
```

9.
```
for i := 1 to n
    for j := 1 to ⌊(i + 1)/2⌋
        a := (n − i)·(n − j)
    next j
next i
```

10.
```
for i := 1 to n
    for j := 1 to i
        for k := 1 to j
            x := i·j·k
        next k
    next j
next i
```

11. 배열 $a[1]=6$, $a[2]=2$, $a[3]=1$, $a[4]=8$, $a[5]=4$에 삽입정렬을 수행할 때 각 단계별 결과를 표로 그려라.

12. 문제 11번 배열을 삽입정렬로 정렬할 때의 실행 과정표를 그려라.

13. 문제 11번 배열에 삽입정렬을 수행할 때 x와 $a[j]$ 간의 비교는 모두 몇 번인가?

14. 예제 11.3.7에서 다룬 재귀관계, 즉 $E_1=0$이고 $k \geq 2$인 모든 정수에 대하여 $E_k=E_{k-1}+k+1$에 대해 다음 물음에 답하라.

a. 반복법을 사용하여 위 수열의 일반항을 찾아라.

b. 위 답이 참임을 수학적 귀납법으로 증명하라.

15~18번은 새로운 정렬 알고리즘인 선택정렬에 관한 문제이다.

알고리즘 11.3.2 선택정렬

[알고리즘의 목적은 배열 $a[1], a[2], ..., a[n](n \geq 1)$을 오름차순으로 정렬하는 것이다. 단계 k에서 $a[1], a[2], ..., a[k-1]$은 정렬된 상태에 있으며, $a[k]$를 각각의 $a[i](k+1 \leq i \leq n)$와 비교하여 $a[k]$의 값이 $a[i]$의 값보다 크면 두 값을 바꾼다. 이 과정을 $(n-1)$번 반복하면 배열의 모든 항목은 오름차순으로 정렬된다.]

입력: n[양의 정수], $a[1], a[2], ..., a[n]$[비교 가능한 값들의 배열]

알고리즘:

```
for k := 1 to n − 1
    IndexOfMin := k
    for i := k + 1 to n
        if (a[i] < a[IndexOfMin])
        then IndexOfMin := i
    next i
    if IndexOfMin ≠ k then
        Temp := a[k]
        a[k] := a[IndexOfMin]
        a[IndexOfMin] := Temp
next k
```

출력: 오름차순으로 정렬된 배열 $a[1], a[2], ..., a[n]$

선택정렬의 수행 과정을 그림으로 나타내면 아래와 같다.

$a[1]\,a[2] \cdots \boxed{a[k]}\; a[k+1] \cdots a[n]$

↑

배열의 값이 $a[k]$보다 작으면 두 값을 서로 교환.

15. 배열 $a[1]=5$, $a[2]=3$, $a[3]=4$, $a[4]=6$, $a[5]=2$에 선택정렬을 수행할 때 단계별 교환 과정을 표로 그려라.

16. 문제 15번 배열에 선택정렬을 수행할 때의 실행 과정 표를 그려라.

17. 문제 15번 배열에 선택정렬을 수행할 때 **if-then** 문장의 비교 횟수는 몇 번인가?

18. 배열 $a[1], a[2], a[3], ..., a[n]$을 선택정렬로 정렬하려고 한다.

a. $a[1]$이 각각의 $a[2], a[3], ..., a[n]$과 비교될 때 수행되는 **if-then** 문장의 비교 횟수는 몇 번인가?

b. $a[2]$가 각각의 $a[3], a[4], ..., a[n]$과 비교될 때 수행되는 **if-then** 문장의 비교 횟수는 몇 번인가?

c. $a[k]$가 각각의 $a[k+1], a[k+2], ..., a[n]$과 비교될 때 수행되는 **if-then** 문장의 비교 횟수는 몇 번인가?

d. 선택정렬의 시간 효율성을 **if-then** 문장의 비교 연산 횟수로 나타내려 한다. 다항함수의 복잡도 정리를 이용하여 선택정렬의 최악조건 복잡도를 구하라.

19, 20번은 아래 다항식 계산 알고리즘에 대한 문제이다.

알고리즘 11.3.3 다항식 계산

[알고리즘은 다항식 $a[n]x^n + a[n-1]x^{n-1} + \cdots + a[2]x^2 + a[1]x^1 + a[0]$의 값을 계산한다. $a[0]$부터 시작하여 각각의 항을 별도로 계산하여 누적시킨다.]

입력: n[음이 아닌 정수], $a[0], a[1], a[2], ..., a[n]$[실수 배열], x[실수]

알고리즘:

```
polyval := a[0]
for i := 1 to n
    term := a[i]
    for j := 1 to i
        term := term·x
    next j
    polyval := polyval + term
next i
```

출력: 다항식의 값

19. $n=3$, $a[0]=2$, $a[1]=1$, $a[2]=-1$, $a[3]=3$이고 $x=2$일 때 알고리즘 11.3.3의 단계별 실행 과정을

설명하라.

20. n차 다항식 계산에 알고리즘 11.3.3을 적용할 때 수행되는 덧셈과 곱셈 연산의 수 s_n을 n에 관한 함수로 나타내라.

21, 22번은 다항식의 값을 계산하는 또 다른 알고리즘인 Horner 알고리즘에 대한 문제이다.

알고리즘 11.3.4 Horner 알고리즘

[알고리즘은 Horner의 법칙에 따라 다항식 $a[n]x^n + a[n-1]x^{n-1} + \cdots + a[2]x^2 + a[1]x^1 + a[0]$의 값을 계산한다.

Horner의 법칙: $((\cdots(a[n]x + a[n-1])x + a[n-2])x + \cdots + a[2])x + a[1])x + a[0]$

$a[n]$부터 시작하여 각 단계에서 polyval의 현재 값에 x를 곱하고 다음 항의 계수를 더한다.]

입력: n[음이 아닌 정수], $a[0], a[1], a[2], \ldots, a[n]$[실수 배열], x[실수]

알고리즘:

```
polyval := a[n]
for i := 1 to n
    polyval := polyval·x + a[n − i]
next i
```

출력: 다항식의 값

21. $n=3$, $a[0]=2$, $a[1]=1$, $a[2]=-1$, $a[3]=3$이고 $x=2$일 때 알고리즘 11.3.4의 단계별 실행 과정을 설명하라.

22. n차 다항식 계산에 알고리즘 11.3.4를 적용할 때 수행되는 덧셈과 곱셈 연산의 수 t_n을 n에 관한 함수로 나타내라.

자 | 기 | 진 | 단 | 해 | 답

1. 가장 안쪽의 루프 하나를 반복 2. n 3. n^2; n^2

11.4 지수함수와 로그함수: 그래프 및 복잡도

지수함수와 로그함수는 수학은 물론 컴퓨터 과학에서도 매우 중요하다. 주요 컴퓨터 알고리즘들의 수행 시간은 입력 데이터수의 로그함수로 나타나는데 이는 데이터양이 커질수록 상대적으로 효율적임을 의미하고, 지수함수로 나타나는 경우는 반대로 매우 비효율적임을 의미한다. 자연 현상의 증감 추이도 지수함수와 로그함수 형태를 따르는 경우가 많은데 컴퓨터 분야에서도 큐잉 이론이나 정보 이론 및 운영체제 분석 등 다양한 영역에 사용되고 있다.

지수함수의 그래프

7.2절에서 정의한 바와 같이 $b > 0$이고 밑이 b인 지수함수는 실수 x를 b^x로 대응시킨다. 밑이 2인 지수함수의 그래프는 그림 11.4.1과 같다. 그림에서 보다시피 지수함수는 매우

가파르게 증가한다. 그림 11.4.1의 비율로 그래프를 계속 그린다면 점 $(10, 2^{10})$은 수평축으로부터 6.4 m 위에 나타나고, 점 $(30, 2^{30})$은 무려 976,128 km 위로서 이는 지구에서 달까지의 거리보다도 더 높다.

x	2^x
0	$2^0 = 1$
1	$2^1 = 2$
2	$2^2 = 4$
3	$2^3 = 8$
−1	$2^{-1} = 0.5$
−2	$2^{-2} = 0.25$
−3	$2^{-3} = 0.125$
0.5	$2^{0.5} \cong 1.414$
−0.5	$2^{-0.5} \cong 0.707$

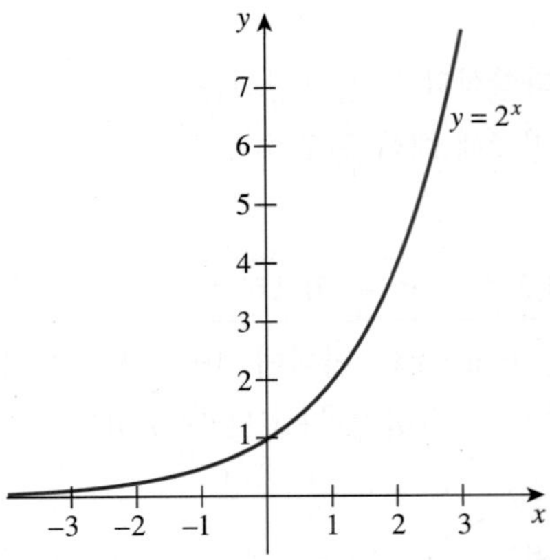

그림 11.4.1 밑이 2인 지수함수의 그래프

$b > 1$일 때, 밑이 b인 지수함수의 그래프는 밑이 2인 지수함수의 그래프와 유사하다. 밑 b가 $0 < b < 1$이면, $1/b > 0$이 되므로 이 경우의 그래프는 밑이 $1/b$인 지수함수와 수직축에 대하여 대칭인 그래프가 된다. 그래프로 그려 보면 그림 11.4.2와 같다.

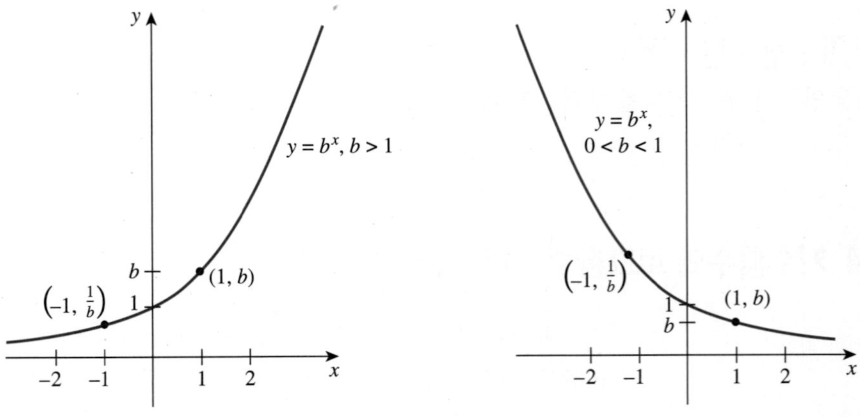

(a) 밑 b가 $b > 1$인 지수함수의 그래프

(b) 밑 b가 $0 < b < 1$인 지수함수의 그래프

그림 11.4.2 지수함수의 그래프

로그함수의 그래프

로그의 개념은 스코틀랜드 출신의 John Napier에 의해 처음으로 소개되었다. 천문학자나 항해자들 사이에 로그가 곱셈과 나눗셈을 보다 빨리 계산하는 데 유용하다는 것이 알려지면서 17세기에 들어 이에 대한 연구가 활발히 진척되었다. 하지만 현대에는 대부분의 계

John Napier
(1550–1617)

산을 전자계산기나 컴퓨터로 쉽게 할 수 있기 때문에 로그와 로그함수는 이제 주로 개념적인 도구로 사용되고 있다.

7.1절에서 다룬 밑이 b인 로그함수의 정의를 다시 살펴보자.

• 정의

밑이 b인 로그함수, $\log_b$: $\mathbf{R}^+ \to \mathbf{R}$는 양의 실수 x에 실수 $\log_b x$를 대응시킨다. 여기서 $y=\log_b x$이면, $x=b^y$이다.

사실, 밑이 b인 로그함수는 밑이 b인 지수함수의 역함수이다(연습문제 6 참조). 따라서 로그함수와 지수함수의 그래프는 직선 $y=x$에 대해 서로 대칭이다. $b>1$인 밑이 b인 로그함수의 그래프는 그림 11.4.3과 같다.

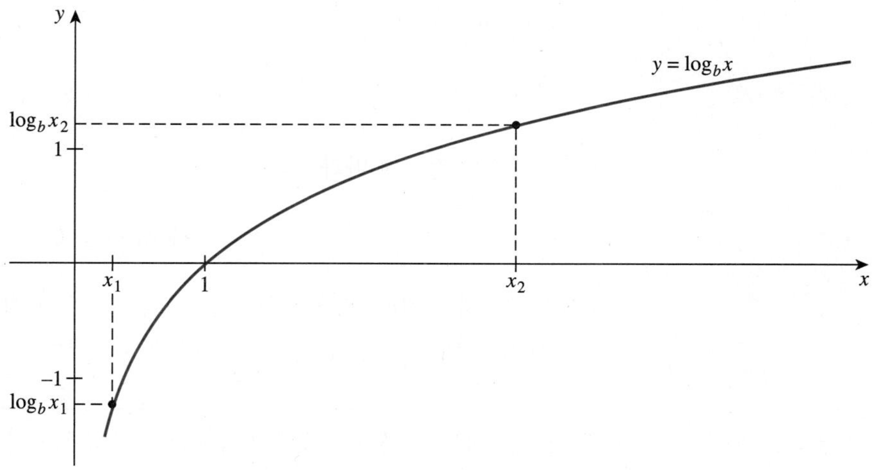

그림 11.4.3 $b>1$인 밑이 b인 로그함수의 그래프

밑이 1보다 크면 로그함수는 증가함수이며 해석학적으로 다음과 같은 의미를 갖는다.

$b>1$일 때, 모든 양의 실수 x_1, x_2에 대하여

$$x_1 < x_2 \text{이면, } \log_b(x_1) < \log_b(x_2) \qquad 11.4.1$$

지수함수가 매우 빠르게 증가하는 데 반해 로그함수는 매우 느리게 증가한다. 그래서 좀 더 큰 로그값을 발견하려면 수평축으로 꽤 멀리 가야 할 것이다.

예제 11.4.1 **연속하는 두 정수의 2의 거듭제곱 사이에 있는 수들의 밑이 2인 로그값**

다음을 증명하라.

a. k는 정수, x는 실수일 때

$$2^k \le x < 2^{k+1} \text{ 이면 } \lfloor \log_2 x \rfloor = k \qquad 11.4.2$$

b. 식 (11.4.2)를 말로 설명하고, $x > 1$일 때의 그래프를 그려라.

풀이

a. k가 정수이고 x는 실수일 때 다음 식이 성립한다고 가정하자.

$$2^k \le x < 2^{k+1}$$

밑이 2인 로그함수는 증가함수이므로

$$\log_2(2^k) \le \log_2 x < \log_2(2^{k+1})$$

그런데 $\log_2 2^k = k$이고(밑이 2일 때, 2^k가 되는 2의 지수는 k임), $\log_2 2^{k+1} = k+1$이므로(마찬가지 이유로)

$$k \le \log_2 x < k+1$$

마루함수의 정의에 따라

$$\lfloor \log_2 x \rfloor = k$$

b. 마루함수에서 원래 수가 양수이면 결과는 그 수의 정부 부분이다. 예를 들어 $\lfloor 2.82 \rfloor = 2$이다. 따라서 식 (11.4.2)를 풀어 쓰면 다음과 같다.

> x가 연속하는 두 정수의 2의 거듭제곱 사이에 있으면 2를 밑으로 하는 x의 로그값의 마루는 그 두 정수 중에 작은 수이다.

그래프로 설명하면 다음과 같다.

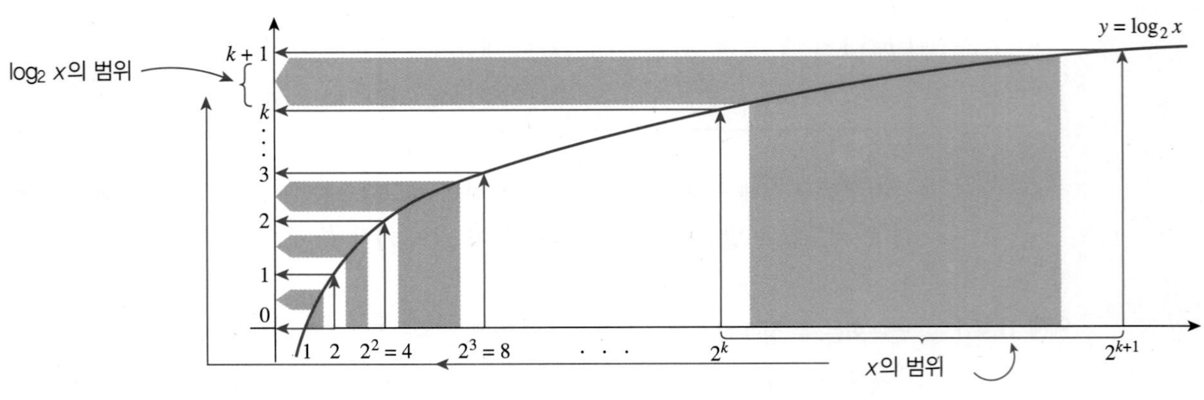

■

수학적으로는 식 (11.4.2)에 별다른 의미가 없지만 알고리즘 효율성 분석에서는 자주 언급되는 특성이다.

예제 11.4.2 $\lfloor \log_2 (n-1) \rfloor = \lfloor \log_2 n \rfloor$ 일 때
다음 식을 증명하라.

$n > 1$인 홀수 n에 대하여, $\lfloor \log_2(n-1) \rfloor = \lfloor \log_2 n \rfloor$	11.4.3

풀이

n이 1보다 큰 홀수이면 n은 연속하는 두 정수의 2의 거듭제곱 사이에 있고, 식으로 표현하면

$$k > 0\text{인 어떤 정수 } k\text{에 대하여 } \; 2^k < n < 2^{k+1} \qquad 11.4.4$$

2^k와 n이 둘 다 정수이고 $2^k < n$이므로 $2^k \le n-1$이다. 따라서

$$2^k \le n-1 < 2^{k+1} \qquad 11.4.5$$

식 (11.4.2)를 위 두 식에 적용하면

$$\lfloor \log_2 n \rfloor = k, \;\; \lfloor \log_2(n-1) \rfloor = k$$

그러므로 $\lfloor \log_2 n \rfloor = \lfloor \log_2 (n-1) \rfloor$이다. ■

응용: 정수를 2진수로 표현하는 데 필요한 비트 수

양의 정수 n을 2진수로 표현하려면 몇 자리가 필요할까? 5.4절에서 다룬 바와 같이 양의 정수 n은 아래와 같이 유일하게 표현됨을 알고 있다.

$$n \;=\; 2^k + c_{k-1} \cdot 2^{k-1} + \cdots + c_2 \cdot 2^2 + c_1 \cdot 2 + c_0$$

이때 k는 음이 아닌 정수이고, 각 $c_0, c_1, c_2, \ldots, c_{k-1}$은 0 아니면 1이다. 그러면 n의 2진수 표현은

$$1c_{k-1}c_{k-2} \cdots c_2c_1c_0$$

따라서 필요한 2진 숫자의 개수는 $k+1$이다.

그렇다면 $k+1$을 n에 대한 함수로 표현할 수는 없을까? 우선 각각의 c_i는 $c_i \le 1$이므로

$$n \;=\; 2^k + c_{k-1} \cdot 2^{k-1} + \cdots + c_2 \cdot 2^2 + c_1 \cdot 2 + c_0 \;\le\; 2^k + 2^{k-1} + \cdots + 2^2 + 2 + 1$$

정리 5.2.3 등비수열의 합의 공식에 따라

$$2^k + 2^{k-1} + \cdots + 2^2 + 2 + 1 = \frac{2^{k+1} - 1}{2 - 1} = 2^{k+1} - 1$$

그러므로 복잡도의 추이성에 따라

$$n \leq 2^{k+1} - 1 < 2^{k+1} \qquad 11.4.6$$

또한 각각의 c_i는 $c_i \geq 0$이므로

$$2^k \leq 2^k + c_{k-1} \cdot 2^{k-1} + \cdots + c_2 \cdot 2^2 + c_1 \cdot 2 + c_0 = n \qquad 11.4.7$$

위 부등식 (11.4.6)과 (11.4.7)을 하나로 묶으면

$$2^k \leq n < 2^{k+1}$$

따라서 식 (11.4.2)에 의해

$$k = \lfloor \log_2 n \rfloor$$

그러므로 정수 n을 2진수로 표현하는 데 필요한 자릿수는 $\lfloor \log_2 n \rfloor + 1$이다.

예제 11.4.3 **2진수의 비트 수**

52,837을 2진수로 표현하는 데 필요한 2진 숫자의 개수는?

풀이

정리 7.2.1의 식 (a)를 이용하여 밑이 2인 로그를 밑이 10인 로그로 바꾸어 계산하면 다음과 같다.

$$\log_2(52{,}837) \cong \frac{\log_{10}(52{,}837)}{\log_{10}(2)} \cong \frac{4.722938151}{0.3010299957} \cong 15.7$$

그러므로 52,837을 2진수로 표현하는 데 $\lfloor 15.7 \rfloor + 1 = 15 + 1 = 16$개의 2진 숫자가 필요하다. ■

응용: 로그를 이용한 점화식 풀이

재귀식을 푸는 일반적인 방법에 대해서는 5장에서 다루었다. 로그 형태의 해를 갖는 재귀식은 컴퓨터 과학에서 특히 중요하다. 다음 예제는 이런 종류의 재귀식에 관한 문제이다.

예제 11.4.4 **로그 해를 갖는 재귀식**

수열 $a_1, a_2, a_3, \ldots$을 다음과 같이 재귀적으로 정의하자.

$$a_1 = 1,$$
$$k \geq 2\text{인 모든 정수 } k\text{에 대하여} \quad a_k = 2a_{\lfloor k/2 \rfloor}$$

a. 반복 기법을 이용하여 수열의 일반항을 추정하라.
b. (a)번에서 얻은 해답을 강력 수학적 귀납법으로 검증하라.

풀이

a. 먼저 수열의 처음 몇 개 항을 반복하여 구해 보자.

$$\begin{aligned}
a_1 &= 1 & 1 &= 2^0\\
a_2 &= 2a_{\lfloor 2/2 \rfloor} = 2a_1 = 2\cdot 1 = 2 & 2 &= 2^1\\
a_3 &= 2a_{\lfloor 3/2 \rfloor} = 2a_1 = 2\cdot 1 = 2 & &\\
a_4 &= 2a_{\lfloor 4/2 \rfloor} = 2a_2 = 2\cdot 2 = 4 & 4 &= 2^2\\
a_5 &= 2a_{\lfloor 5/2 \rfloor} = 2a_2 = 2\cdot 2 = 4 & &\\
a_6 &= 2a_{\lfloor 6/2 \rfloor} = 2a_3 = 2\cdot 2 = 4 & &\\
a_7 &= 2a_{\lfloor 7/2 \rfloor} = 2a_3 = 2\cdot 2 = 4 & &\\
a_8 &= 2a_{\lfloor 8/2 \rfloor} = 2a_4 = 2\cdot 4 = 8 & 8 &= 2^3\\
a_9 &= 2a_{\lfloor 9/2 \rfloor} = 2a_4 = 2\cdot 4 = 8 & &\\
&\vdots & &\\
a_{15} &= 2a_{\lfloor 15/2 \rfloor} = 2a_7 = 2\cdot 4 = 8 & &\\
a_{16} &= 2a_{\lfloor 16/2 \rfloor} = 2a_8 = 2\cdot 8 = 16 & 16 &= 2^4\\
&\vdots & &
\end{aligned}$$

위 과정을 보면, 첨자 n이 연속하는 두 2의 거듭제곱 사이에 있을 때 a_n은 모두 두 거듭제곱수 중 작은 것과 같음을 알 수 있다. 좀 더 정확히 표현하면

$$2^i \leq n < 2^{i+1}\text{이면 } a=2^i \qquad 11.4.8$$

이때 n은 아래 부등식을 만족시키므로

$$2^i \leq n < 2^{i+1}$$

식 (11.4.2)에 따라

$$i = \lfloor \log_2 n \rfloor$$

이 결과를 위의 식 (11.4.8)에 대입하면

$$a_n = 2^{\lfloor \log_2 n \rfloor}$$

b. 증명하고자 하는 것은 수열 $a_1, a_2, a_3, \ldots$이 다음 조건을 만족시키면

$$k \geq 2\text{인 모든 정수 } k\text{에 대하여} \quad a_1 = 1, \quad a_k = 2a_{\lfloor k/2 \rfloor},$$

이 수열의 일반항은 다음과 같음을 보이는 것이다.

$$n \geq 1\text{인 모든 정수 } n\text{에 대하여} \quad a_n = 2^{\lfloor \log_2 n \rfloor}$$

증명:

$a_1, a_2, a_3, \ldots$을 $a_1=1$이고 $k \geq 2$인 모든 정수에 대해 $a_k = 2a_{\lfloor a_{k/2} \rfloor}$인 수열이라고 하자. 그리고 $P(n)$을 아래 식이라고 하자.

$$a_n = 2^{\lfloor \log_2 n \rfloor} \qquad \leftarrow P(n)$$

이제 $n \geq 1$인 모든 정수에 대해 $P(n)$이 참임을 강력 수학적 귀납법을 이용하여 증명하자.

$P(1)$이 참임을 보여라: $a_1, a_2, a_3, \ldots$의 정의에 따라 $a_1=1$이라는 것을 알고 있고, $P(n)$인 $a_n = 2^{\lfloor \log_2 n \rfloor}$에 $n=1$을 대입하면 $a_1 = 2^{\lfloor \log_2 1 \rfloor} = 2^0 = 1$로 같으므로 $P(1)$은 참이다.

$k \geq 1$인 모든 정수 k에서, 1부터 k까지의 모든 정수 i에 대해 $P(i)$가 참이면 $P(k+1)$도 참이 됨을 보여라: k를 $k \geq 1$인 임의의 정수라 하고 아래가 참이라 가정하자.

$$1 \leq i \leq k\text{인 모든 정수 } i\text{에 대하여} \quad a_i = 2^{\lfloor \log_2 i \rfloor} \qquad \leftarrow \text{귀납단계 가정}$$

이제 다음이 참임을 보여야 한다.

$$a_{k+1} = 2^{\lfloor \log_2 (k+1) \rfloor} \qquad \leftarrow P(k+1)$$

k가 짝수일 때와 홀수일 때, 두 경우로 나누어 살펴보자.

첫 번째 경우(k가 짝수일 때): 이 경우 $k+1$은 홀수이다. 따라서

a_{k+1}	$= 2a_{\lfloor (k+1)/2 \rfloor}$	$a_1, a_2, a_3, \ldots$의 정의에 따라
	$= 2a_{k/2}$	$k+1$이 홀수이므로 $\lfloor (k+1)/2 \rfloor = k/2$이기 때문
	$= 2 \cdot 2^{\lfloor \log_2 (k/2) \rfloor}$	k가 짝수라고 했으므로 $k \geq 2$이고, 따라서 $k/2 \geq 1$임
	$= 2^{\lfloor \log_2 (k/2) \rfloor + 1}$	식 (7.2.1)의 지수법칙에 의해
	$= 2^{\lfloor \log_2 k - \log_2 2 \rfloor + 1}$	정리 7.2.1의 등식 $\log_b (x/y) = \log_b x - \log_b y$에 따라
	$= 2^{\lfloor \log_2 k - 1 \rfloor + 1}$	$\log_2 2 = 1$이므로
	$= 2^{\lfloor \log_2 k \rfloor - 1 + 1}$	4.5절의 연습문제에서 유도한 $\lfloor x-1 \rfloor = \lfloor x \rfloor - 1$에 $x = \log_2 k$를 대입
	$= 2^{\lfloor \log_2 k \rfloor}$	
	$= 2^{\lfloor \log_2 (k+1) \rfloor}$	식 (11.4.3)에 의해

두 번째 경우(k가 홀수일 때): 풀이는 k가 짝수인 경우와 대동소이하다.

따라서 두 경우 모두, 보이기로 했던 $a_n = 2^{\lfloor \log_2 (k+1) \rfloor}$을 만족시킨다. ■

지수 및 로그 복잡도

이제 로그함수와 지수함수의 그래프를 거듭제곱함수의 그래프와 비교해 보자. 지금까지의 연구 결과에 의하면, 충분히 큰 값의 x에 대해서, 밑 b가 $b > 1$이면 어떤 로그함수의 그래프도 임의의 양의 거듭제곱함수보다 아래에 있으며, 밑 b가 $b > 1$이면 어떤 지수함수의 그래프도 임의의 양의 거듭제곱함수보다 위에 있다고 알려져 있다. 이를 정리하면 다음과 같다.

> $b > 1$이고 $r > 0$인 모든 실수 b와 r에 대해
>
> 모든 충분히 큰 실수 x에 대하여, $\log_b x \le x^r$ 11.4.9
>
> 모든 충분히 큰 실수 x에 대하여, $x^r \le b^x$ 11.4.10

이를 O 표기법으로 나타내면 다음과 같다.

> $b > 1$이고 $r > 0$인 모든 실수 b와 r에 대해
>
> $\log_b x$는 $O(x^r)$ 11.4.11
>
> x^r는 $O(b^x)$ 11.4.12

알고리즘 분석에서 중요한 또 다른 함수는 아래와 같은 함수 f이다.

$$x > 0\text{인 모든 실수 } x\text{에 대해 } f(x) = x \log_b x$$

x가 충분히 크면 함수 f의 그래프는 항등함수의 그래프와 제곱함수의 그래프 사이에 위치하게 되는데 이를 정리하면 다음과 같다.

> $b > 1$이고 $r > 0$인 모든 실수 b와 r에 대해 x가 충분히 큰 값을 가지면
>
> $x \le x \log_b x \le x^2$ 11.4.13

이를 O 표기법으로 나타내면 다음과 같다.

> $b > 1$인 모든 실수 b에 대해
>
> x는 $O(x \log_b x)$이고 $x \log_b x$는 $O(x^2)$ 11.4.14

위 식을 엄밀하게 증명하려면 미적분이 필요하지만 부등식에 관한 대수학만으로도 증명이 가능하다(연습문제 참조). 그림 11.4.4는 제곱함수, 밑이 2인 로그함수, 밑이 2인 지

수함수, $x \to x\log_2 x$로 정의되는 함수에 대한 그래프들 사이의 관계를 보여 준다.

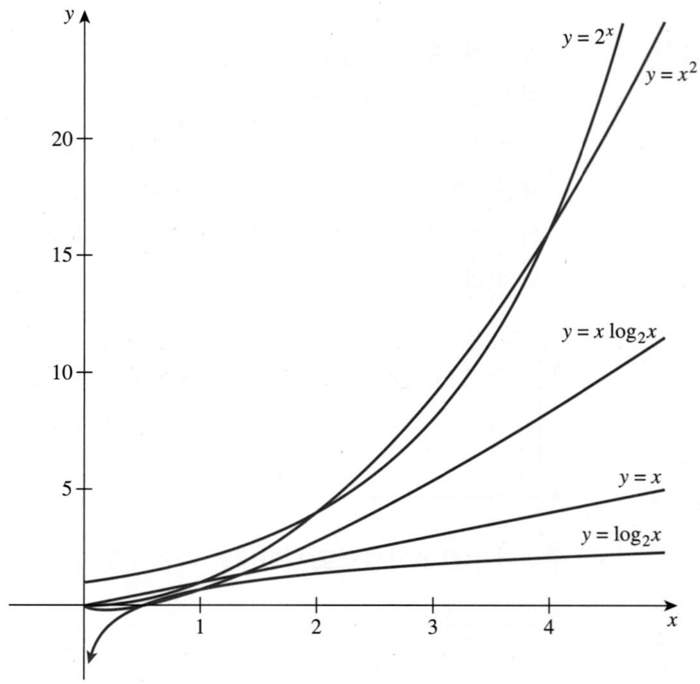

그림 11.4.4 로그, 지수, 제곱 함수의 그래프

다음 예제 11.4.5는 로그함수가 포함된 복잡도를 구할 때 앞에서 보인 부등식 (11.4.9), (11.4.10), (11.4.13)이 어떻게 이용되는지를 살펴본다.

예제 11.4.5 **로그 부등식으로부터 복잡도 구하기**

$x+x\log_2 x$가 $\Theta(x\log_2 x)$임을 보여라.

풀이

먼저 $x+x\log_2 x$가 $\Omega(x\log_2 x)$임은 쉽게 알 수 있다. 왜냐하면 $x>1$인 모든 실수 x에 대해

$$x\log_2 x \le x + x\log_2 x$$

또한 모든 항의 값이 양수이므로

$$|x\log_2 x| \le |x + x\log_2 x|$$

이제 $A=1$이고 $a=1$이라 하면

$$\text{모든 } x > a \text{에 대해} \quad A|x\log_2 x| \le |x + x\log_2 x|$$

따라서 Ω 표기법의 정의에 따라

$$x+x\log_2 x \text{는 } \Omega(x\log_2 x)$$

다음으로 $x+x\log_2 x$가 $O(x\log_2 x)$임을 보이자. 식 (11.4.13)에 $b=2$를 대입하면 모든 $x>b$인 x에 대해 아래 식이 성립된다.

$$x < x\log_2 x$$

$$\Rightarrow\ x+x\log_2 x < 2x\log_2 x \qquad \text{양변에 } x\log_2 x\text{를 더함}$$

그러므로 2보다 큰 x에 대해

$$|x+x\log_2 x| < 2|x\log_2 x|$$

$x>2$일 때, $x\log_2 x>0$이므로 $|x+x\log_2 x|=x+x\log_2 x$이고 $x\log_2 x=|x\log_2 x|$임

$B=2$라 하면

$$\text{모든 } x>b\text{에 대해}\quad |x+x\log_2 x| \le B|x\log_2 x|$$

O 표기법의 정의에 의해서

$$x+x\log_2 x \text{는 } O(x\log_2 x)$$

따라서 $x+x\log_2 x$는 $\Omega(x\log_2 x)$이고 $x+x\log_2 x$는 $O(x\log_2 x)$이므로 정리 11.2.1에 따라

$$x+x\log_2 x \text{는 } \Theta(x\log_2 x)$$ ■

위 예제로부터 O 표기법에 대한 새로운 사실을 알 수 있다. 즉 한 함수가 다른 함수보다 우세하면(함수의 증가율 관점에서) 그 둘을 더한 함수의 복잡도는 우세한 함수의 복잡도와 같다는 점이다(11.2절 연습문제 24a 참조).

다음 예제 11.4.6을 통해 밑이 1보다 큰 임의의 두 로그함수의 복잡도는 서로 같음을 알아보자.

예제 11.4.6 밑이 b인 로그의 Θ 복잡도는 밑이 c인 로그이다

$b>1$이고 $c>1$인 실수 b와 c에 대해 $\log_b x$는 $\Theta(\log_c x)$임을 보여라.

풀이

b와 c를 $b>1$이고 $c>1$인 실수라 하자. $\log_b x$가 $\Theta(\log_c x)$임을 보인다는 것은 다음 식을 만족시키는 양의 실수 A, B, k를 찾는 것이다.

$$x>k\text{인 모든 실수 } x\text{에 대해}\quad A|\log_c x| \le |\log_b x| \le B|\log_c x|$$

정리 7.2.1의 (d)에 의해

$$\log_b x = \frac{\log_c x}{\log_c b} = \left(\frac{1}{\log_c b}\right)\log_c x \qquad (*)$$

$b > 1$이고 밑이 c인 로그함수는 분명히 증가함수이므로 $\log_c b > \log_c 1=0$이고 따라서 $\frac{1}{\log_c b} > 0$이다. 또한 $x > 1$이므로 $\log_b x > 0$이고 $\log_c x > 0$이다. 그러므로 위 식(*)으로부터 $x > 1$인 모든 실수에 대해

$$\left(\frac{1}{\log_c b}\right)\log_c x \le \log_b x \le \left(\frac{1}{\log_c b}\right)\log_c x \qquad (**)$$

이제 $A = \frac{1}{\log_c b}$, $B = \frac{1}{\log_c b}$, $k=1$이라 하자. 그러면 위 식(**)의 모든 항이 양수이므로

$$x > k\text{인 모든 실수 } x\text{에 대해 } A|\log_c x| \le |\log_b x| \le B|\log_c x|$$

따라서 Θ 표기법의 정의에 따라

$$\log_b x\text{는 } \Theta(\log_c x)$$ ■

위 예제 11.4.7은 로그의 복잡도가 일종의 합의 계산으로부터 얻어질 수 있음을 의미하는데, 즉 아래와 같은 미적분 계산이 필요하다.

$x=1$과 $x=n$ 사이에 있는 그래프 $y=1/x$ 밑의 면적은 $\ln n=\log_e n$인 $\ln n$과 같다. 이를 그림으로 나타내면 그림 11.4.5와 같다.

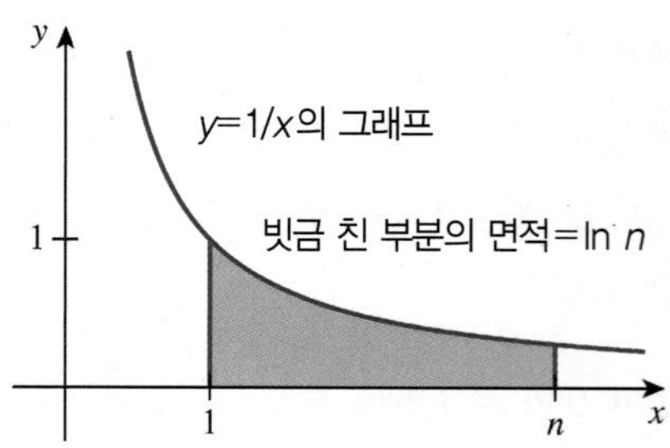

그림 11.4.5 $x=1$과 $x=n$ 사이에 있는 그래프 $y=1/x$ 밑의 면적

예제 11.4.7 **조화수열의 복잡도**

$1+1/2+\cdots+1/n$ 형태의 합을 조화수열의 합(harmonic sum)이라 한다. 이러한 형태는 퀵 정렬과 같은 다양한 컴퓨터 알고리즘 분석에 등장한다. 다음의 과정을 통해 $1+1/2+\cdots+1/n$은 $\Theta(\ln n)$임을 보여라.

a. 다음 두 조건이 성립한다는 것을 그림 11.4.6을 통해 설명하라.

$$\frac{1}{2}+\frac{1}{3}+\cdots+\frac{1}{n} \le \ln n$$

$$\ln n \le 1+\frac{1}{2}+\frac{1}{3}+\cdots+\frac{1}{n}$$

b. n이 최소 3인 정수라면 $1 \le \ln n$임을 보여라.

c. (a)와 (b)로부터 정수 n이 3보다 크거나 같으면 아래 식이 성립함을 보여라.

$$\ln n \le 1+\frac{1}{2}+\frac{1}{3}+\cdots+\frac{1}{n} \le 2\ln n$$

d. (c)로부터 다음을 유도하라.

$$1+\frac{1}{2}+\frac{1}{3}+\cdots+\frac{1}{n} \text{은 } \Theta(\ln n)$$

풀이

a. 그림 11.4.6(a)는 가로가 1부터 n까지 연속되는 두 정수의 간격이고, 세로는 각 간격의 오른쪽 정수에 대한 그래프 $y=1/x$의 높이인 사각형들을 보여 준다. 그림 11.4.6(b)는 가로는 그래프 (a)와 같지만 세로는 각 간격의 왼쪽 정수에 대한 그래프의 높이인 사각형들을 보여 준다.

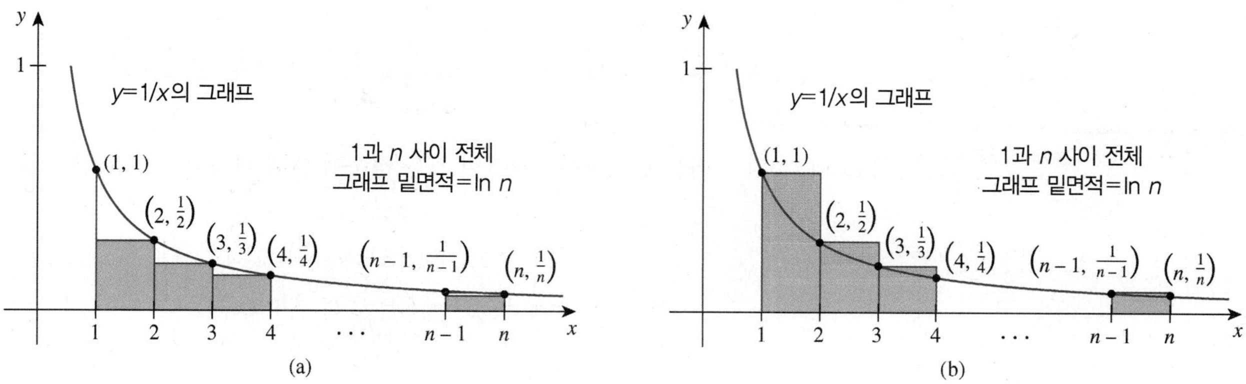

그림 11.4.6

사각형의 면적은 가로, 세로의 곱인데 각 사각형의 가로가 1이므로 각 사각형의 면적은 곧 세로,즉 높이이다. 그러므로 그림 11.4.6(a)에서

1과 2 사이 사각형의 면적은 1/2

2과 3 사이 사각형의 면적은 1/3

⋮

$n-1$과 n 사이 사각형의 면적은 $1/n$

따라서 모든 사각형 면적의 합은 $1/2+1/3+\cdots+1/n$이다. 그런데 이 합은 그림과 같이 $x=1$과 $x=n$ 사이의 그래프의 밑면적으로 알려져 있는 $\ln n$보다 작다는 것은 분명하다. 그러므로

$$\frac{1}{2}+\frac{1}{3}+\cdots+\frac{1}{n} \le \ln n$$

마찬가지 방법으로 그림 11.4.6(b)의 면적을 분석해 보면 아래와 같다.

$$\ln n \le 1+\frac{1}{2}+\frac{1}{3}+\cdots+\frac{1}{n}$$

b. n을 $n \ge 3$인 정수라 하자. $e \cong 2.718$이므로 $n \ge e$. 그리고 밑이 e인 로그함수는 분명히 증가함수인데 $e \le n$이므로 $1=\ln e \le \ln n$이다.

c. 문제 (a)로부터

$$\frac{1}{2}+\frac{1}{3}+\cdots+\frac{1}{n} \le \ln n$$

문제 (b)로부터

$$1 \le \ln n$$

위 두 부등식을 서로 더하면,

$$n \ge 3\text{인 모든 정수 } n\text{에 대하여 } 1+\frac{1}{2}+\frac{1}{3}+\cdots+\frac{1}{n} \le 2\ln n$$

d. 문제 (a)와 (c)의 결과를 종합하면 $n \ge 3$인 모든 정수에 대해 다음과 같이 결론 내릴 수 있다.

$$\ln n \le 1+\frac{1}{2}+\frac{1}{3}+\cdots+\frac{1}{n} \le 2\ln n$$

그리고 $n \ge 3$일 때 모든 항들은 양수이므로

$$|\ln n| \le \left|1+\frac{1}{2}+\frac{1}{3}+\cdots+\frac{1}{n}\right| \le 2|\ln n|$$

이제 $A=1$, $B=2$, $k=3$이라 하면

$$n > k\text{인 모든 } n\text{에 대해 } A|\ln n| \le \left|1+\frac{1}{2}+\frac{1}{3}+\cdots+\frac{1}{n}\right| \le B|\ln n|$$

따라서 Θ 표기법의 정의에 따라

$$1+\frac{1}{2}+\frac{1}{3}+\cdots+\frac{1}{n} \text{ 은 } \Theta(\ln n).$$

자 | 기 | 진 | 단

1. 임의의 지수함수의 정의역은 ___이고, 그 범위는 ___이다.
2. 임의의 로그함수의 정의역은 ___이고, 그 범위는 ___이다.
3. k가 정수이고 $2^k \le x < 2^{k+1}$이면 $\lfloor \log_2 x \rfloor$는 ___이다.
4. b가 $b>1$인 실수이고 x가 충분히 큰 실수일 때, x, x^2, $\log_b x$, $x \log_b x$를 증가율이 증가하는 순서대로 나열하면 ___이다.
5. n이 양의 정수이면 $1+1/2+\cdots+1/n$의 복잡도는 ___이다.

연 / 습 / 문 / 제 11.4

1~4의 각 함수의 그래프를 그려라.

1. 모든 실수 x에 대하여 $f(x)=3^x$
2. 모든 양의 실수 x에 대하여 $h(x)=\log_{10} x$
3. 모든 양의 실수 x에 대하여 $F(x)=\lfloor \log_2 x \rfloor$
4. 모든 양의 실수 x에 대하여 $H(x)=x \log_2 x$
5. 그림 11.4.1의 한 칸은 약 1 cm라고 하자. 점 $(2, 2^{64})$를 $y=2^x$의 그래프에 표시한다면 수평축으로부터 몇 km 떨어진 곳에 있게 되는가? 그 위치는 지구와 태양 사이 거리의 대략 몇 배인가(지구와 태양 사이의 거리는 약 150,000,000 km)?
6. **a.** 로그의 정의를 이용하여 모든 실수 x에 대하여 $\log_b b^x = x$임을 보여라.
   b. 로그의 정의를 이용하여 모든 실수 x에 대하여 $b^{\log_b x}=x$임을 보여라.
   c. f: $X \to Y$와 g: $Y \to X$가 함수이고 $g \circ f = I_X$, $f \circ g = I_Y$이면 f와 g는 서로 역함수 관계이다. 이 결과를 이용하여 $\log_b$와 $\exp_b$(밑이 b인 지수함수)가 서로 역함수 관계임을 보여라.
7. $b>1$이라 하자.
   a. $u=\log_b v \Leftrightarrow v=b^u$임을 이용하여 점 (u, v)가 밑이 b인 로그함수 그래프 위에 있다면 점 (v, u)는 밑이 b인 지수함수 그래프 위에 있고, 그 역도 성립함을 보여라.
   b. 좌표평면에 (u, v)와 (v, u) 형태의 두 점을 몇 쌍 그려라. 각 쌍의 두 점 사이의 기하학적 관계를 설명하라.
   c. $y=\log_2 x$와 $y=2^x$의 그래프를 그리고, 두 그래프 사이의 기하학적 관계를 설명하라.
8. 정수 m에 대하여 양의 실수 x가 $10^m \le x < 10^{m+1}$을 만족시킨다고 할 때 $\lfloor \log_{10} x \rfloor$는 무엇이라 추론할 수 있는가? 그 답이 옳음을 입증하라.
9. n이 $n>1$인 홀수이면 $\lceil \log_2 (n-1) \rceil = \lceil \log_2 (n) \rceil$인가? 그 답이 옳음을 입증하라.
10. n이 $n>1$인 홀수이면 $\lceil \log_2 (n+1) \rceil = \lceil \log_2 (n) \rceil$인가? 그 답이 옳음을 입증하라.

11. 148,206을 2진수로 나타낼 때 필요한 2진 숫자는 몇 개인가? 예제 11.4.3의 방법을 이용하라.

12. 아래의 재귀관계와 초기조건에 대해 물음에 답하라.

$k \geq 2$인 모든 정수에 대해 $a_k = a_{\lfloor k/2 \rfloor} + 2$,
$a_1 = 1$

a. 반복법을 사용하여 그 수열의 일반항을 구하라.
b. 이를 강력 수학적 귀납법으로 증명하라.

13. 수열 $c_1, c_2, c_3, \ldots$의 재귀적 정의는 아래와 같다.

$c_1 = 0$이고
$k \geq 2$인 모든 정수에 대해 $c_k = 2c_{\lfloor k/2 \rfloor} + k$.

$n \geq 1$인 모든 정수에 대해 $c_n \leq n^2$임을 강력 수학적 귀납법으로 증명하라.

14. 위 13번의 수열이 $n \geq 4$인 모든 정수에 대해 $c_n \leq n \log_2 n$임을 강력 수학적 귀납법으로 증명하라.

15, 16번은 식 (11.4.9)와 (11.4.10)을 참고하고, 문제를 풀 때 크게 생각하라.

15. $\log_2 x < x^{1/10}$을 만족시키는 $x > 3$인 실수를 찾아라.

16. $x < 1.0001^x$을 만족시키는 $x > 2$인 실수를 찾아라.

17. 다음을 Θ 표기법으로 기술하라.

$|x^2| \leq |7x^2 + 3x \log_2 x| \leq 10|x^2|$ $x > 2$인 모든 실수에 대해

18~20번의 각 명제를 유도하라.

18. $2x + \log_2 x$는 $\Theta(x)$.

19. $n^2 + 2^n$은 $\Theta(2^n)$.

20. 2^{n+1}은 $\Theta(2^n)$.

21. 4^n은 $O(2^n)$이 아님을 보여라.

n이 양의 정수일 때, 22~24의 각 명제를 증명하라(5.2절 참조).

22. $1 + 2 + 2^2 + 2^3 + \cdots + 2^n$은 $\Theta(2^n)$.

23. $4 + 4^2 + 4^3 + \cdots + 4^n$은 $\Theta(4^n)$.

24. $n + \dfrac{n}{2} + \dfrac{n}{4} + \cdots + \dfrac{n}{2^n}$은 $\Theta(n)$.

25. 예제 11.4.7의 (d)를 이용하여 다음을 증명하라.

$n + \dfrac{n}{2} + \dfrac{n}{3} + \cdots + \dfrac{n}{n}$은 $\Theta(n \ln n)$

26. $n \geq 1$인 모든 정수에 대해 $n \leq 10^n$임을 수학적 귀납법으로 증명하라.

27. $n \geq 1$인 모든 정수에 대해 $\log_2 n \leq n$임을 수학적 귀납법으로 증명하라.

28. n이 양의 정수이면 2^n은 $O(n!)$임을 증명하라.

29. n이 양의 정수라 하자.
a. $n!$은 $O(n^n)$임을 증명하라.
b. (a)를 이용하여 $\log_2 (n!)$은 $O(n \log_2 n)$임을 증명하라.
c. $n \geq 1$인 모든 정수에 대해 $n^n \leq (n!)^2$임을 증명하라.
d. (c)를 이용하여 $\log_2 (n!)$은 $\Omega(n \log_2 n)$임을 증명하라.
e. (b)와 (d)를 이용하여 $\log_2 (n!)$의 복잡도를 구하라.

30. **a.** 모든 양의 실수 u에 대해 $\log_2 u < u$이다. 이 성질을 이용하여 x가 $x > 0$인 실수일 때, 임의의 양의 정수 n에 대하여 $\log_2 x < nx^{1/n}$임을 증명하라.
b. 명제 (a)를 O 표기법을 이용하여 설명하라.

31. 모든 양의 실수 u에 대해 $\log_2 u < u$이다. 이 성질과 11.1절 연습문제 13번의 결과를 이용하여 x가 $x > (2n)^{2n}$인 실수일 때, $n \geq 1$인 모든 정수 n에 대하여 $\log_2 x < x^{1/n}$임을 증명하라.

32. 미적분의 로피탈의 법칙을 이용하여 풀라.

a. b를 1보다 큰 임의의 실수라 하자. 로피탈의 법칙과 수학적 귀납법을 사용하여 $n \geq 1$인 모든 정수 n에 대해 아래가 성립함을 증명하라.

$$\lim_{x \to \infty} \frac{x^n}{b^x} = 0$$

b. (a)의 결과와 극한의 정의 및 O 표기법의 정의를 이용하여 $n \geq 1$인 모든 정수 n에 대해 x^n은 $O(b^x)$임을 증명하라.

자 | 기 | 진 | 단 | 해 | 답

1. 모든 실수의 집합; 모든 양의 실수 집합 2. 모든 양의 실수 집합; 모든 실수의 집합 3. k 4. $\log_b x < x < x \log_b x < x^2$ 5. $\ln x$(혹은 동등하게 $\log_2 x$)

11.5 응용: 알고리즘 효율성 분석 II

숫자 맞히기 게임을 해 본 적이 있는가? 한 사람이 1과 10 또는 1과 100 사이와 같이 두 수 사이에 있는 한 수를 마음속으로 정하면 상대방이 그 수를 맞히는 게임으로 그 사람은 상대방이 수를 추측할 때마다 보다 작은지, 보다 큰지, 아니면 맞혔는지를 알려 준다.

게임을 해 보았다면 빨리 맞히기 위해 어떤 전략을 구사해야 할지 이미 알고 있을 것이다. 먼저 주어진 두 수 사이에서 최대한 중앙값을 선택하고, 그 결과가 높으면 답은 낮은 쪽에 있는 것이고, 낮으면 답은 높은 쪽에 있는 것이 된다. 따라서 다음 추측은, 높았다면 앞의 두 수 중 작은 수와 방금 전 추측했던 수 사이에서 최대한 중앙값을, 낮았다면 방금 전 추측했던 수와 앞의 두 수 중 큰 수 사이에서 최대한 중앙값을 선택한다. 이 과정을 반복하면 결국에는 수를 맞힐 수 있다.

위 기법은 바로 **분할정복**(divide and conquer)이라고 하는 문제 해결 전략의 한 예이다. 이 전략은 주어진 문제를 보다 작은 몇 개의 문제들로 나누고, 나누어진 각 문제를 다시 또 더 작은 몇 개의 문제들로 나누는데 이 과정은 나누어진 문제가 더 이상 나눌 필요 없이 바로 풀릴 때까지 계속된다. 위 예에서는 매번 시도마다 찾는 범위가 반씩 줄어든다.

분할정복 전략을 사용하는 알고리즘들은 일반적으로 매우 효율적이고 대부분 로그 복잡도를 갖는 것으로 알려져 있다. 이 절에서는 숫자 맞히기 게임 기법을 일반화한 **이진탐색**(binary search) 알고리즘을 소개하고 그 효율성을 11.3절의 순차탐색과 비교해 본다. 또한 분할정복 전략을 정렬에 적용한 **병합정렬**(merge sort)을 소개하고 알고리즘의 효율성을 11.3절에서 설명한 삽입 정렬 및 선택정렬과 비교해 본다.

이진탐색

순차탐색이 정렬되어 있지 않은 무작위 배열을 대상으로 하는 반면에 이진탐색은 오름차순이든 내림차순이든 정렬되어 있는 배열을 대상으로 한다. 서로 다른 원소들이 오름차순으로 정렬되어 있는 배열 $a[1], a[2], ..., a[n]$에서 특정 원소 x를 찾는 문제를 생각해 보자.

먼저 x를 배열의 중앙에 있는 원소와 비교하고, 서로 일치하면 탐색은 종료된다. 서로 다르면, x와 그 중앙 원소의 비교 결과에 따라 (모두 중앙 원소보다 큰 원소들로 구성된) 위쪽 부분배열이나 아니면 (모두 중앙 원소보다 작은 원소들로 구성된) 아래쪽 부분배열에서 탐색을 계속한다.

이 과정은 x와 일치하는 원소를 찾았거나 아니면 계속 반씩 줄어들다가 더 이상 나눌 수 없는 부분배열까지 갔는데도 일치하는 원소가 없을 때 종료된다. 알고리즘의 높은 효율성은 각 단계를 거칠 때마다 탐색 범위가 반으로 줄어드는 데 기인한다. 그림으로 나타내면 그림 11.5.1과 같다.

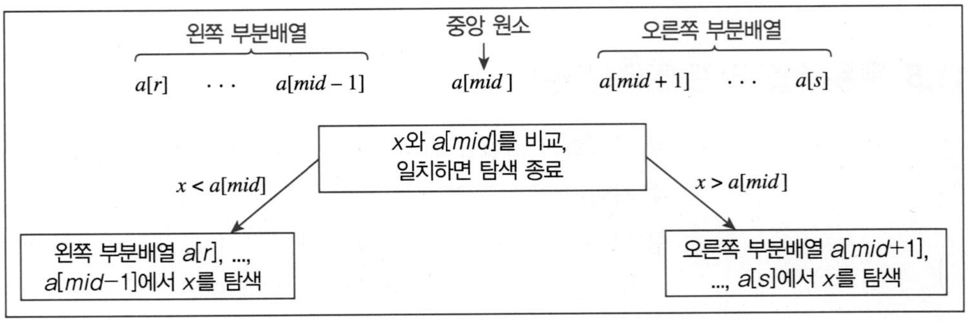

그림 11.5.1 이진탐색의 세부과정

이진탐색 알고리즘을 기술하기 위해 먼저 탐색 결과인 x의 위치를 가리키는 변수 *index*를 도입하자. 즉 x와 일치하는 원소가 발견되는 순간 *index* 변수는 그 원소의 위치를 가리키게 된다. 배열의 원소는 $a[1]$부터 $a[n]$까지 있으므로 *index*의 값을 0으로 초기화한다. 그러면 알고리즘이 종료된 후에도 *index*의 값이 그대로 0이라면 x는 배열에 존재하지 않는 것임을 알 수 있다. 그림 11.5.2는 이진탐색의 예이다.

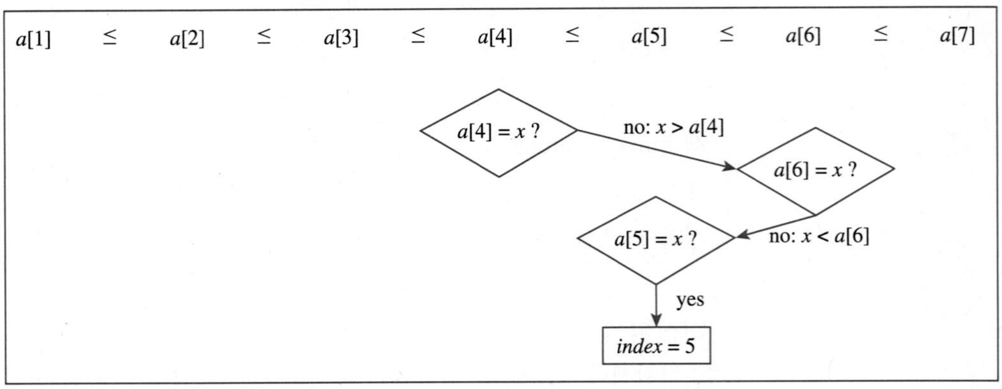

그림 11.5.2 배열 $a[1], a[2], ..., a[7]$에서 $x=a[5]$인 x의 이진탐색

이진탐색 알고리즘 기술을 위해 다음으로는 중앙 원소의 개념을 명확하게 정의할 필요가 있다. 배열의 원소의 개수가 홀수일 때는 중앙 원소가 유일하게 결정되지만 짝수일 때는 중앙 원소가 두 개가 된다. 예를 들어 아래와 같은 경우 $a[6]$과 $a[7]$ 둘 다 중앙 원소이다.

$$\underbrace{a[3]\quad a[4]\quad a[5]}_{\text{원소 3개}}\ \ \underbrace{a[6]\quad a[7]}_{\text{두 중앙 원소}}\ \ \underbrace{a[8]\quad a[9]\quad a[10]}_{\text{원소 3개}}$$

이 경우 알고리즘에서는 둘 중 어느 하나를 선택해야 하는데, 물론 둘 중 어느 것을 선택하더라도 상관없지만 여기서는 작은 쪽을 중앙 원소로 정하자. 작은 쪽의 위치는 제일 낮은 쪽 위치와 제일 높은 쪽 위치의 평균의 마루이다. 즉 변수 *bot*, *top*, *mid*를 아래와 같이 정의하면

bot= 배열의 하한 위치
top= 배열의 상한 위치
mid= 배열의 중앙 원소 중 작은 쪽의 위치

중앙 원소 위치 *mid*는

$$mid = \left\lfloor \frac{bot + top}{2} \right\rfloor$$

예를 들어 $bot=3$이고 $top=10$이면 중앙 원소 위치는

$$mid = \left\lfloor \frac{3+10}{2} \right\rfloor = \left\lfloor \frac{13}{2} \right\rfloor = \lfloor 6.5 \rfloor = 6$$

이제 이진탐색 알고리즘을 기술하면 다음과 같다.

알고리즘 11.5.1 이진 탐색

[알고리즘의 목적은 오름차순으로 정렬되어 있는 배열 $a[1], a[2], \ldots, a[n]$에서 x를 찾는 것이다. x를 찾으면 *index*는 배열 내 x의 위치를 가리킨다. x를 찾지 못하면, *index*는 그대로 초기값인 0이다. 변수 *bot*와 *top*은 현재 탐색 대상인 배열의 가장 아래쪽 원소와 가장 위쪽 원소를 가리킨다.]

입력: *n[양의 정수]*, $a[1], a[2], \ldots, a[n]$*[오름차순으로 정렬된 배열]*, *x[배열 원소와 같은 자료형의 항목]*

알고리즘:

```
while (top ≥ bot and index = 0)
    mid := ⌊(bot + top)/2⌋
    if a[mid] = x then index := mid
    if a[mid] > x
        then top := mid − 1
        else bot := mid + 1
end while

출력: index
```

예제 11.5.1 **이진탐색 알고리즘 실행 과정**

다음과 같은 입력 배열에서 찾고자 하는 x가 문제 (a), (b)일 때, 알고리즘 11.5.1의 변수 *index*, *bot*, *top*, *mid*의 변화 과정을 보여라. 단 원소는 알파벳순으로 정렬되어 있다.

$a[1]$ = Ann, $a[2]$ = Dawn, $a[3]$ = Erik, $a[4]$ = Gail, $a[5]$ = Juan
$a[6]$ = Matt, $a[7]$ = Max, $a[8]$ = Rita, $a[9]$ = Tsuji, $a[10]$ = Yuen

a. x=Max b. x=Sara

풀이

a.

index	0				7
bot	1	6		7	
top	10		7		
mid		5	8	6	7

b.

index	0			
bot	1	6	9	
top	10			8
mid		5	8	9

■

이진탐색 알고리즘의 효율성

이진탐색 알고리즘의 효율성을 계산하는 방법은 별로 어렵지 않다. 알고리즘의 각 단계에서 새로 생성되는 부분배열의 길이는 전 단계의 것에 비하여 대략 1/2이다. 따라서 최악의 경우라도 결국 길이가 1인 부분배열로 귀착되므로 **while** 루프의 최대 반복 횟수는 입력 배열이 1/2씩 줄어드는 횟수에 1을 더한 값이 된다. 입력 배열의 길이 n이 2의 거듭제곱, 즉 $n=2^k$이면, 길이가 1인 배열에 도달하기까지 n의 분할 횟수는 정확히 $k=\log_2 n=\lfloor\log_2 n\rfloor$번이다. n이 2의 거듭제곱 형태가 아닌 경우이면 임의의 $m<2^k$인 정수 m을 이용해 $n=2^k+m$으로 나타낼 수 있고, 이 경우 역시 $k=\lfloor\log_2 n\rfloor$인 최대 k번을 나눌 수 있다. 그러므로 이진탐색 알고리즘의 **while** 루프의 반복 횟수는 최악의 경우 $\lfloor\log_2 n\rfloor+1$이고, 따라

서 $\lfloor \log_2 n \rfloor + 1$은 $O(\log_2 n)$이다.

상세 유도 과정은 예제 11.5.2~11.5.6에서 다룬다. 먼저 공통적으로 사용되는 변수 w_n을 $n \geq 1$인 임의의 정수 n에 대하여 아래와 같이 정의하자.

> w_n=(길이가 n인 입력 배열에서 이진탐색 알고리즘의 최악조건 **while** 루프 반복 횟수)

첫 번째로 고려해야 할 사항은, 각각의 반복에서 바로 다음 단계로 넘어갈 때 사용되는 입력 배열의 최대 길이는 얼마인가 하는 것이다.

예제 11.5.2 **루프의 다음 반복에 사용되는 입력 배열의 길이**

이진탐색 알고리즘에서 **while** 루프에 입력되는 배열의 길이를 k라고 할 때, 바로 다음 반복에 사용되는 입력 배열의 길이는 최대 $\lfloor k/2 \rfloor$임을 증명하라.

풀이

먼저 $x \neq a[mid]$인 경우를 살펴보자.

$$\underbrace{a[\text{bot}], a[\text{bot}+1], \ldots, a[\text{mid}-1]}_{\substack{x < a[mid]\text{일 때 다음} \\ \text{while 루프의 입력}}},\ \underset{\substack{\uparrow \\ \text{중앙 원소}}}{a[\text{mid}]},\ \underbrace{a[\text{mid}+1], \ldots, a[\text{top}-1], a[\text{top}]}_{\substack{x > a[mid]\text{일 때 다음} \\ \text{while 루프의 입력}}}$$

입력 배열의 길이가 k이므로 mid의 값은 k가 짝수이냐 홀수이냐에 따라 달라진다. k가 홀수이면 왼쪽 부분배열과 오른쪽 부분배열의 길이는 둘 다 $\lfloor k/2 \rfloor$이다. k가 짝수이면 왼쪽의 길이는 $\lfloor k/2 \rfloor - 1$이고 오른쪽의 길이는 $\lfloor k/2 \rfloor$이다. 상세 추론 과정은 아래 그림 11.5.3과 같다.

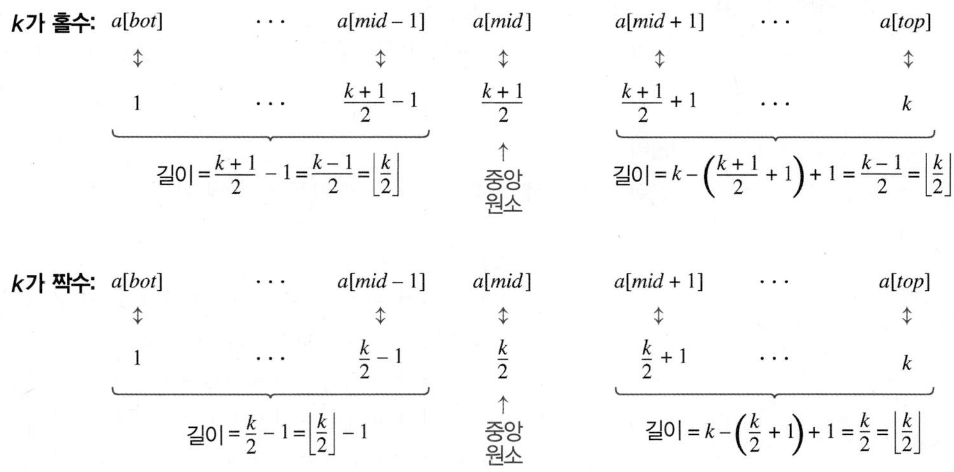

그림 11.5.3 좌우 부분배열의 길이

두 수 $\lfloor k/2 \rfloor - 1$과 $\lfloor k/2 \rfloor$ 중 큰 수는 $\lfloor k/2 \rfloor$이므로 루프의 다음 반복에 사용되는 입력 배열의 길이는 최대 $\lfloor k/2 \rfloor$이다. ■

알고리즘의 복잡도를 구하기 위해서는 $w_1, w_2, w_3, \ldots$을 알아야 한다. 다음 예제를 통해 이 수열의 점화관계(recurrence relation)를 유도해 보자.

예제 11.5.3 $w_1, w_2, w_3, \ldots$**의 점화관계**

수열 $w_1, w_2, w_3, \ldots, w_n, \ldots$이 아래와 같은 점화관계 및 초기조건을 만족시킴을 증명하라.

$$w_1 = 1,$$
$$k > 1 \text{인 모든 정수에 대해} \quad w_k = 1 + w_{\lfloor k/2 \rfloor}$$

풀이

예제 11.5.2에서 **while** 루프에 길이가 k인 입력 배열이 주어졌을 때 바로 다음 단계에서 탐색해야 할 배열의 길이는 최대 $\lfloor k/2 \rfloor$임을 보였다. 따라서 루프의 최대 반복 횟수는 다음 단계에서 탐색할 길이가 $\lfloor k/2 \rfloor$인 배열을 처리하는 데 필요한 반복 횟수에 현 단계 수행에 필요한 한 번의 반복을 더한 값이 된다. 식으로 표현하면

$$w_k = 1 + w_{\lfloor k/2 \rfloor}$$

그리고

$$w_1 = 1$$

왜냐하면 길이가 1인 입력 배열, 즉 *bot*=*top*이면 **while** 루프는 한 번 반복되기 때문이다. ■

예제 11.5.4 $w_1, w_2, w_3, \ldots$**의 일반항**

예제 11.5.3에서 구한 점화관계를 이용하여 $w_1, w_2, w_3, \ldots$의 일반항을 구하라.

풀이

반복식을 통해 처음 몇 개 항의 값들을 구해 보자.

$$\begin{array}{llr} w_{\textcircled{1}} = \textcircled{1} & & 1 = 2^0;\ 1 = 0 + 1 \\ \left.\begin{array}{l} w_{\textcircled{2}} = 1 + w_{\lfloor 2/2 \rfloor} = 1 + w_1 = 1 + 1 = \textcircled{2} \\ w_3 = 1 + w_{\lfloor 3/2 \rfloor} = 1 + w_1 = 1 + 1 = 2 \end{array}\right\} & & 2 = 2^1;\ 2 = 1 + 1 \\ \left.\begin{array}{l} w_{\textcircled{4}} = 1 + w_{\lfloor 4/2 \rfloor} = 1 + w_2 = 1 + 2 = \textcircled{3} \\ w_5 = 1 + w_{\lfloor 5/2 \rfloor} = 1 + w_2 = 1 + 2 = 3 \\ w_6 = 1 + w_{\lfloor 6/2 \rfloor} = 1 + w_3 = 1 + 2 = 3 \\ w_7 = 1 + w_{\lfloor 7/2 \rfloor} = 1 + w_3 = 1 + 2 = 3 \end{array}\right\} & & 4 = 2^2;\ 3 = 2 + 1 \end{array}$$

$$\left.\begin{array}{lcl} w_{⑧} &=& 1 + w_{\lfloor 8/2 \rfloor} = 1 + w_4 = 1 + 3 = ④ \\ w_9 &=& 1 + w_{\lfloor 9/2 \rfloor} = 1 + w_4 = 1 + 3 = 4 \\ \vdots & & \vdots \\ w_{15} &=& 1 + w_{\lfloor 15/2 \rfloor} = 1 + w_7 = 1 + 3 = 4 \end{array}\right\} \quad 8 = 2^3;\ 4 = 3 + 1$$

$$\left.\begin{array}{lcl} w_{⑯} &=& 1 + w_{\lfloor 16/2 \rfloor} = 1 + w_8 = 1 + 4 = ⑤ \\ \vdots & & \vdots \end{array}\right| \quad 16 = 2^4;\ 5 = 4 + 1$$

위 과정을 보면 첨자 n이 연속하는 두 2의 거듭제곱 사이에 있을 때 w_n은 모두 두 거듭제곱수 중 작은 것의 지수와 같음을 알 수 있다. 좀 더 정확히 표현하면

$$2^i \le n < 2^{i+1}, \text{ 이면 } w_n = i + 1 \qquad 11.5.1$$

또한 $2^i \le n < 2^{i+1}$ 이면[예제 11.4.1의 식 (11.4.2)에 의해]

$$i = \lfloor \log_2 n \rfloor$$

이를 위 식 (11.5.1)에 대입하면 아래의 일반항을 얻을 수 있다.

$$w_n = \lfloor \log_2 n \rfloor + 1$$

■

끝으로 수학적 귀납법을 사용하여 예제 11.5.4에서 구한 일반항이 정확한지 검증해 보자.

예제 11.5.5 정확성 검증

수열 $w_1, w_2, w_3, \ldots$이 아래와 같은 점화관계 및 초기조건을 만족시킬 때

$$k > 1 \text{인 모든 정수에 대해 } w_1 = 1, \quad w_k = 1 + w_{\lfloor k/2 \rfloor}$$

수열 $w_1, w_2, w_3, \ldots$이 다음 식을 만족한다는 것을 강력 수학적 귀납법을 이용하여 증명하라.

$$n > 1 \text{인 모든 정수에 대해 } w_n = \lfloor \log_2 n \rfloor + 1$$

풀이

$w_1, w_2, w_3, \ldots$을 $w_1=1$이고 $k \ge 2$인 모든 정수에 대해 $w_k=1+w_{\lfloor k/2 \rfloor}$인 수열이라고 하자. 그리고 $P(n)$을 아래 식이라고 하자.

$$w_n = \lfloor \log_2 n \rfloor + 1 \qquad \leftarrow P(n)$$

이제 $n \ge 1$인 모든 정수에 대해 $P(n)$이 참이라는 것을 수학적 귀납법으로 증명한다.

$P(1)$이 참임을 보여라: $w_1, w_2, w_3, \ldots$의 정의에 따라 $w_1 = 1$임을 알고 있고, $\lfloor \log_2 1 \rfloor + 1 = 0 + 1 = 1$이므로 따라서 $w_1 = \lfloor \log_2 1 \rfloor + 1$이고 $P(1)$은 참이다.

$k \geq 1$인 모든 정수 k에서, 1부터 k까지의 모든 정수 i에 대해 $P(i)$가 참이면 $P(k+1)$도 참이 됨을 보여라: k를 $k \geq 1$인 임의의 정수라 하고, 아래가 참이라 가정하자.

$$1 \leq i \leq k \text{인 모든 정수 } i\text{에 대하여 } w_i = \lfloor \log_2 i \rfloor + 1 \qquad \leftarrow \text{귀납단계 가정}$$

이제 다음이 참임을 보여야 한다.

$$w_{k+1} = \lfloor \log_2 (k+1) \rfloor + 1 \qquad \leftarrow P(k+1)$$

k가 짝수일 때와 홀수일 때, 두 경우로 나누어 살펴보자.

첫 번째 경우(k가 짝수일 때): 이 경우 $k+1$은 홀수이다. 따라서

$w_{k+1} = 1 + w_{\lfloor (k+1)/2 \rfloor}$	$w_1, w_2, w_3, \ldots$의 정의에 따라
$= 1 + w_{\lfloor k/2 \rfloor}$	$k+1$이 홀수이므로 $\lfloor (k+1)/2 \rfloor = k/2$이기 때문
$= 1 + (\lfloor \log_2 (k/2) \rfloor + 1)$	k가 짝수라고 했으므로 $k \geq 2$이고, 따라서 $1 \leq \lfloor k/2 \rfloor \leq k/2 \leq k$임
$= \lfloor \log_2 (k) - \log_2 2 \rfloor + 2$	정리 7.2.1에 따라 $\log_b (x/y) = \log_b x - \log_b y$로 대체
$= \lfloor \log_2 (k) - 1 \rfloor + 2$	$\log_2 2 = 1$이므로
$= (\lfloor \log_2 (k) \rfloor - 1) + 2$	4.5절의 연습문제에서 유도한 $\lfloor x-1 \rfloor = \lfloor x \rfloor - 1$에 $x = \log_2 k$를 대입
$= \lfloor \log_2 (k+1) \rfloor + 1$	예제 11.4.2의 식 (11.4.3)에 의해

두 번째 경우(k가 홀수일 때): 풀이 방법은 첫 번째 경우와 유사하다.

따라서 두 경우 모두 k가 짝수이든 홀수이든 관계없이

$$w_{k+1} = \lfloor \log_2 (k+1) \rfloor + 1$$

이것이 바로 보이고자 했던 것이다. ■

마지막으로 $w_1, w_2, w_3, \ldots$의 일반항을 이용해 알고리즘의 최악조건 복잡도를 다음 예제를 통해 알아보자.

예제 11.5.6 이진탐색 알고리즘은 로그 복잡도를 가짐

예제 11.5.5에서 보인 바와 같이 임의의 양의 정수 n에 대하여 아래 식이 성립한다.

$$w_n = \lfloor \log_2 n \rfloor + 1$$

이진탐색 알고리즘의 최악조건 복잡도는 $\Theta(\log_2 n)$임을 보여라.

풀이

$n > 2$인 임의의 정수에 대하여

$w_n = \lfloor \log_2 n \rfloor + 1$	예제 11.5.5에 의해
$\log_2 n \le w_n \le \log_2 n + 1$	모든 실수 x에 대하여 $x < \lfloor x \rfloor + 1$이고 $\lfloor x \rfloor \le x$이므로
$\log_2 n \le w_n \le \log_2 n + \log_2 n$	밑이 2인 로그는 증가함수이므로 $2 < n$이면 $1 = \log_2 2 < \log_2 n$
$\log_2 n \le w_n \le 2\log_2 n$	

w_n과 $\log_2 n$ 모두 $n > 2$일 때 양수이므로

$$n>2\text{인 모든 정수에 대해 } |\log_2 n| \le |w_n| \le 2|\log_2 n|$$

이제 $A=1, B=2, k=2$라 하면

$$n > k\text{인 모든 정수에 대해 } A|\log_2 n| \le |w_n| \le B|\log_2 n|$$

따라서 Θ 표기법의 정의에 따라

$$w_n\text{은 } \Theta(\log_2 n)$$

또한 **while** 루프의 반복 횟수 w_n은 곧 이진탐색 알고리즘을 실행할 때 수행되는 비교 연산의 개수에 비례하므로 이진탐색 알고리즘의 복잡도는 $\Theta(\log_2 n)$이다. ■

예제 11.5.2～11.5.6을 통해 이진탐색 알고리즘의 복잡도는 최악의 경우 $\log_2 n$임을 보였다. 반면에 11.3절에서 설명한 순차탐색 알고리즘의 최악조건 복잡도는 n이다. 두 복잡도의 차이는 n이 커지면 커질수록 그 차이가 커지는데, 예를 들어 매 반복마다 1나노초가 걸린다고 가정하면 n=100,000,000일 때 n번 반복하는 데 0.1초가 걸리지만 $\log_2 n$번 반복은 0.000000027초면 충분하다. 나아가 n=100,000,000,000이라면 각각의 경우 소요시간은 27.78시간과 0.000000047초로 그 차이가 더 커진다.

병합정렬

앞에서 본 바와 같이 순차탐색은 이진탐색에 비하여 알고리즘을 구현하기는 쉽지만 효율성은 훨씬 낮다. 컴퓨터 분야에서 이런 트레이드오프는 흔히 마주치는 일인데 일반적으로 어떤 문제에 대해 직관적이고 단순한 해결책은 구현은 쉽지만 효율성이 떨어지고, 많은 고민을 통해 얻은 효율성이 좋은 알고리즘은 상대적으로 구현이 까다로운 경우가 많다.

11.3절의 본문과 연습문제를 통하여 삽입정렬과 선택정렬 알고리즘을 살펴보았는데 둘

다 사람들이 쉽게 생각해 낼 수 있는 방법들을 정형화한 것이다. 정렬에서도 분할정복 전략을 적용하여 보다 효율적인 알고리즘을 만들 수는 없을까? 답은 '예'이다. 꽤 오랜 시간 동안 컴퓨터 과학자들은 분할정복 기법을 적용한 알고리즘들을 개발해 왔다. 이들을 구현하기는 상당히 복잡하지만 효율은 선택정렬이나 삽입정렬보다 훨씬 더 뛰어나다.

대표적인 것이 바로 재귀적 사고를 바탕으로 한 **병합정렬**(merge sort)이다. 먼저 길이가 k보다 작은 배열을 효율적으로 정렬하는 알고리즘이 이미 존재한다고 가정하자. 다음으로 어떻게 하면 그 알고리즘을 길이가 k인 배열을 정렬하는 데 활용할 수 있을지 생각해 보자. 한 가지 방법은 길이 k인 배열을 대략 반씩 둘로 나누어 각각에 대해 이미 알고 있는 효율적인 알고리즘을 적용하는 것이다. 이 방법을 사용하려면 정렬된 부분배열들을 다시 하나의 배열로 합치는 방법 또한 있어야 하는데 그 방법은 바로 그냥 '병합'하는 것이다.

그림 11.5.4는 병합이 어떻게 이루어지는지를 나타낸다. 정렬된 2개의 부분배열 2, 5, 6, 8과 3, 6, 7, 9가 있다고 가정하자. 2개의 부분배열을 제일 작은 원소가 바닥에 오도록 좌우로 쌓아 놓은 다음, 양쪽 바닥에 있는 두 원소를 서로 비교하여 작은 원소를 가져온다. 이러한 과정을 반복하는데 만약에 두 원소가 같다면 편의상 왼쪽부터 가져오기로 하고, 어느 한쪽이 비면 나머지 다른 쪽은 그냥 한꺼번에 가져오면 병합은 성공적으로 끝난다.

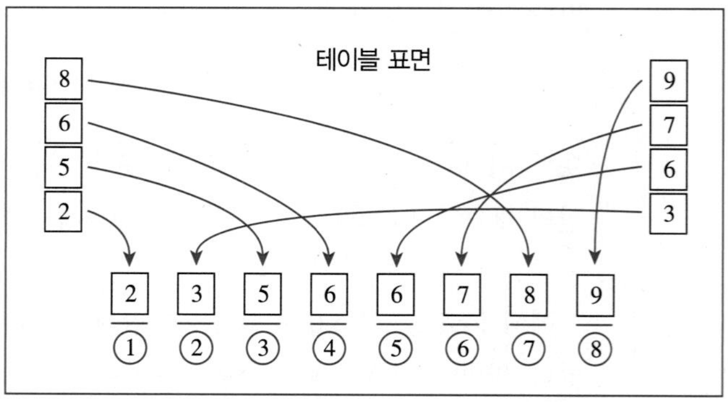

그림 11.5.4 정렬된 두 부분배열을 하나의 배열로 병합하기

병합 알고리즘에서 주목해야 할 것은 배열 원소들을 옮기기 위해 메모리 공간이 추가로 필요하다는 점이다. 즉 합쳐진 원소들을 저장하기 위한 새로운 배열이 필요하고 그 길이는 병합 전 두 배열 길이의 합과 같다. 그림 11.5.4에서 합쳐진 배열은 그림 아래쪽에 표시되어 있다.

소요 시간에 관한 한 병합 알고리즘은 매우 효율적이다. 왜냐하면 2개의 부분배열을 길이 k인 배열로 병합하는 데 필요한 비교 연산은 $k-1$번이면 충분하기 때문이다. 왜 그러한지는 그림 11.5.4를 보면 바로 알 수 있다. 매 단계에서 각 부분배열의 바닥에 있는 두 원소를 한 번씩 비교하게 되고, 어느 한쪽이 비면 나머지 다른 쪽은 비교조차 필요 없다. 따라서 최악의 경우 비교 횟수는, 각 원소를 하나씩 합친 배열로 옮길 때마다 한 번의 비교가 필요하므로 통합 배열의 크기인 k에서 1을 뺀(마지막 원소는 비교할 필요가 없으므로) $k-1$이다.

병합정렬 알고리즘은 재귀적이다. 알고리즘 내에서 자기 자신을 호출하기 때문이다. 알고리즘의 동작 또한 확실하다. 왜냐하면 단계가 거듭될수록 정렬해야 할 배열은 이전 단계의 반으로 줄어들기 때문이다. 따라서 궁극적으로는 길이가 1인 배열에 도달하게 되고, 길이가 1인 배열은 스스로 정렬된 상태이기 때문에 더 이상의 분할 없이 병합 작업이 이루어져 결국 전체 배열이 정렬된다. 병합정렬을 요약하면 다음과 같다.

> 정렬하고자 하는 배열의 원소가 한 개이면 이미 정렬된 것이므로 그대로 멈추고, 그렇지 않으면
>
> 1. 그 배열을 길이가 비슷한 두 부분배열로 분할
> 2. 각각의 부분배열을 정렬하기 위해 병합정렬 적용
> 3. 두 부분배열을 병합

병합정렬 수행 과정을 예로 들면 그림 11.5.5와 같다.

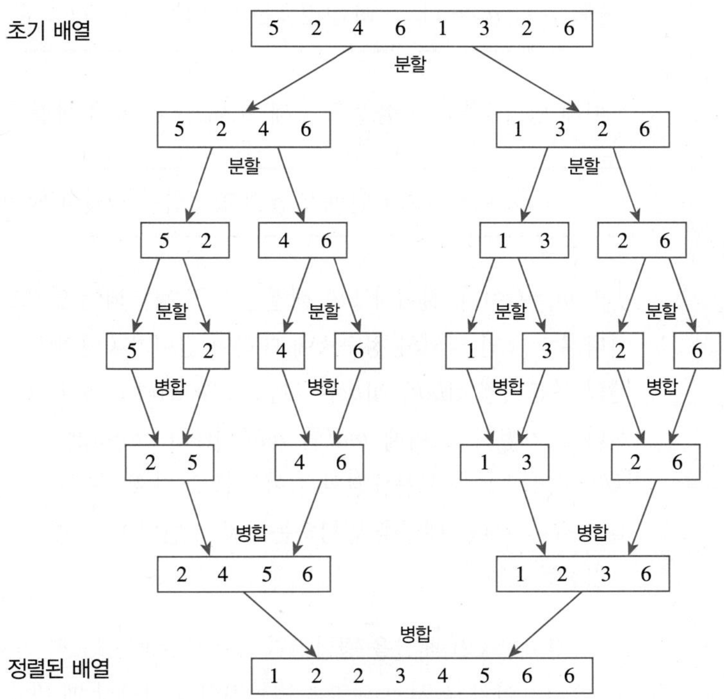

그림 11.5.5 배열 5, 2, 4, 6, 1, 3, 2, 6에 대한 병합정렬

병합정렬 알고리즘을 구현하려면 이진탐색의 경우와 같이 배열을 어느 위치에서 분할할지를 결정해야 한다. 배열 $a[bot]$, $a[bot+1]$, ..., $a[top]$이 주어졌을 때, $mid=\lfloor (bot+top)/2 \rfloor$

라 하면 왼쪽 부분배열은 $a[bot], a[bot+1], ..., a[mid]$가 되고, 오른쪽 부분배열은 $a[mid+1], ..., a[top]$가 된다. 구현된 알고리즘은 아래와 같다.

알고리즘 11.5.2 병합정렬

[알고리즘의 목적은 배열 $a[r], a[r+1], ..., a[s]$ $(r \leq s)$를 정렬하는 것이다. 출력 배열도 $a[r], a[r+1], ..., a[s]$으로 표기하지만, 원소들은 정렬되어 있다.]

입력: r, s *[$r \leq s$인 양의 정수]*, $a[r], a[r+1], ..., a[s]$ *[정렬할 수 있는 항목의 배열]*

알고리즘:

  $bot := r, top := s$
  while $(bot < top)$
    $mid = \lfloor (bot + top)/2 \rfloor$
    call **merge sort** with input $bot, mid, a[bot], a[bot+1], ..., a[mid]$
    call **merge sort** with input $mid+1, top, a[mid+1], a[mid+2], ..., a[top]$
    merge $a[bot], a[bot+1], ..., a[mid]$ and $a[mid+1], a[mid+2], ..., a[top]$
  end while

출력: $a[r], a[r+1], ..., a[s]$[정렬된 배열]

이제 병합정렬의 효율성을 구해 보자. 먼저 m_n을 아래와 같이 정의하자.

m_n=(길이가 n인 배열을 병합정렬로 정렬할 때 비교 연산의 최대 횟수)

먼저 $m_1=0$이다. 길이가 1인 배열은 이미 정렬되어 있으므로 비교 연산이 필요 없기 때문이다. $k > 1$인 임의의 정수 k에 대하여 길이가 k인 배열 $a[bot], a[bot+1], ..., a[top]$을 2개의 부분배열 $a[bot], a[bot+1], ..., a[mid]$과 $a[mid+1], a[mid+2], ..., a[top]$으로 분할한다고 가정하자. 이때 mid를 $mid=\lfloor (bot+top)/2 \rfloor$으로 하면, 왼쪽 부분배열의 길이는 $\lceil k/2 \rceil$이고 오른쪽 부분배열의 길이는 $\lfloor k/2 \rfloor$가 된다(연습문제 13 참조). 앞에서 설명한 바와 같이 길이가 k인 배열을 병합하는데 $k-1$번의 비교 연산이 필요하다.

결론적으로

(길이가 k인 배열을 병합정렬로 정렬할 때 필요한 비교 연산의 횟수)
= (길이가 $\lceil k/2 \rceil$인 배열을 병합정렬로 정렬할 때 필요한 비교 연산의 횟수)
+ (길이가 $\lfloor k/2 \rfloor$인 배열을 병합정렬로 정렬할 때 필요한 비교 연산의 횟수)
+ (2개의 부분배열을 길이가 k인 배열로 병합할 때 필요한 비교 연산의 횟수)

이를 달리 표현하면

$$k > 1\text{인 모든 정수 } k\text{에 대하여} \quad m_k = m_{\lfloor k/2 \rfloor} + m_{\lceil k/2 \rceil} + (k-1)$$

따라서 이 재귀식을 풀면 아래와 같다(풀이과정은 연습문제 14 참조).

$$n > 1\text{인 모든 정수 } k\text{에 대하여} \quad \frac{1}{2}n \log_2 n \le m_n \le 2n \log_2 n$$

이로부터 곧 병합정렬의 복잡도는 $\Theta(n \log_2 n)$임을 알 수 있다.

한편 선택정렬과 삽입정렬의 복잡도는 11.3절에서 설명한 바와 같이 $\Theta(n^2)$이다. 이들과 비교하여 병합정렬은 $\Theta(n \log_2 n)$이라는 것이 얼마나 큰 차이일까? 예를 들어 입력 배열의 길이가 100,000,000이고 컴퓨터의 비교 연산 수행 시간이 1나노초라 하면, $n \log_2 n$번의 연산을 수행하는 데 걸리는 시간은 2.7초인 반면에 n^2번의 연산은 115일이 걸린다.

다루기 쉬운 문제와 다루기 어려운 문제

이진탐색과 같이 로그 시간 복잡도를 갖는 알고리즘이 있는 반면에 다른 극단으로는 지수 시간 복잡도를 갖는 알고리즘도 있다. 예를 들어 64개의 원반을 옮기는 하노이 탑 문제를 생각해 보자. 5.7절에서 기술한 바와 같이 원반 옮기기 횟수는 $2^{64}-1$번이다. 컴퓨터가 원반을 한 번 옮기는 데 걸리는 시간이 1나노초라고 하면 소요 시간은 아래와 같이 약 584년이 된다.

$$(2^{64} - 1) \cdot \left(\frac{1}{10^9}\right) \cdot \left(\frac{1}{60}\right) \cdot \left(\frac{1}{60}\right) \cdot \left(\frac{1}{24}\right) \cdot \left(\frac{1}{365.25}\right) \cong 584\text{ 년}$$

옮기기 횟수 / 초당 옮기기 횟수 / 분당 횟수 / 시간당 분수 / 일당 시간수 / 연간 일수

최악조건 시간 복잡도가 다항함수인 문제들은 **P 클래스**(class P)에 속한다고 하고, **다항시간 알고리즘**(polynomial-time algorithm) 또는 **다루기 쉬운**(tractable) 문제라고 부른다. 반대로 다항시간에 풀 수 없는 문제를 **다루기 어려운**(intractable) 문제라고 부른다. 어떤 문제는 제안된 해답이 맞는지의 여부는 다항시간 알고리즘으로 판단할 수 있지만, 해답은 다항시간에 찾지 못할 수도 있다. 이러한 유형의 문제는 **NP 클래스**(class NP)에 속한다고 한다.* 컴퓨터 과학의 이론 분야에서 가장 큰 미해결 문제 중의 하나는 "NP 클래스에 속하는 모든 문제가 P 클래스에 속하는가?" 하는 것으로 **P 대 NP** 문제라 부른다. 매사추세츠 케임브리지에 있는 클레이 연구소에서는 P=NP임을 증명하거나 또는 아님을 증명하는 사람에게 1,000,000달러의 상금을 걸기도 했다.

최근에 이르러 컴퓨터 과학자들은 **NP-완전**(NP-complete)이라 불리는 상당히 큰 문제

---

* NP는 nondeterministic polynomial-time algorithm의 약자로서 비결정적 컴퓨터 모델에서 다항시간 알고리즘으로 풀 수 있는 문제들을 뜻한다.

군을 발견하였다. 이 부류의 문제는 NP 클래스에는 속하지만 P 클래스에는 속하지 않을 것이라고 추측되고 있다. 확실하게 밝혀진 것은 NP-완전에 속하는 문제 중 어느 하나라도 다항시간에 풀 수 있으면 나머지 모든 문제도 다항시간에 풀 수 있다는 점이다. 10.2절에서 소개한 외판원 문제(traveling salesman problem)가 바로 NP-완전에 속하는 대표적인 문제이다.

알고리즘의 효율성에 관한 유의 사항

이 절에서는 컴퓨터 알고리즘의 효율성을 분석하는 데 무엇이 필요한가라는 주제의 일부만을 살펴보았다. 한 예로 탐색과 정렬이 메모리에서 수행되는 것을 전제로 하였지만 디스크에 저장된 자료를 정렬해야 한다면 또 다른 알고리즘이 필요하다. 그러나 알고리즘 분석 방법 자체는 크게 다르지 않다. 또 하나 유의할 사항은 시간 효율성이 알고리즘을 분석하는 유일한 요인은 아니라는 점이다. 알고리즘 수행에 필요한 메모리 용량도 중요한 요인인데 그 분석 기법은 시간 효율성을 분석하는 기법과 유사하다. 마지막으로 언급할 사항은 병렬 알고리즘에 관한 것이다. 최근에 이르러 병렬처리 컴퓨터가 활성화됨에 따라 병렬 알고리즘에 관한 연구도 활성화되고 있는데 병렬 알고리즘의 효율성 분석 기법은 아직까지 충분히 연구되지는 않았다.

자 | 기 | 진 | 단

1. 분할정복 알고리즘으로 문제를 풀기 위해서는 그 문제를 ___문제들로 나누고 이 과정을 ___ 때까지 반복한다.
2. 이진탐색으로 배열을 탐색할 때, 각각의 단계에서 배열의 중앙값을 ___와 비교하고, 중앙값이 ___ 보다 작으면 ___ , 중앙값이 ___ 보다 크면 ___.
3. 이진탐색 알고리즘의 최악조건 복잡도는 ___ 이다.
4. 병합정렬로 배열을 정렬할 때, 원소가 한 개인 배열이 될 때까지 각 단계마다 배열을 2개로 분할하고 각각의 배열은 ___ 로 정렬한다. 그런 후에 두 정렬된 배열을 ______ 한다.
5. 병합정렬 알고리즘의 최악조건 복잡도는 ___ 이다.

연 / 습 / 문 / 제 11.5

1. $\log_2 10 \cong 3.32$라는 것과 모든 실수 a에 대하여 $\log_2(10^a) = a \log_2 10$이라는 사실을 이용하여 $\log_2(1{,}000)$, $\log_2(1{,}000{,}000)$, $\log_2(1{,}000{,}000{,}000{,}000)$을 구하라.

2. 입력의 크기가 n일 때 $c\lfloor \log_2 n \rfloor$번의 연산을 필요로 하는 알고리즘이 있다고 하자(c는 상수).

   a. 입력의 크기가 m에서 m^2으로 늘어날 때 연산의 수는 몇 배로 늘어나는가(m은 2의 양의 거듭제곱수)?

   b. 입력의 크기가 m에서 m^{10}으로 늘어날 때 연산의 수는 몇 배로 늘어나는가(m은 2의 양의 거듭제곱수)?

   c. n이 $128 = 2^7$에서 $268{,}435{,}456 = 2^{28}$으로 늘어날

때 $c\lfloor \log_2 n \rfloor$은 몇 배로 늘어나는가?

3. 상대적으로 작은 n에 대해서는 복잡도가 높은 알고리즘이 오히려 효율이 좋을 수도 있다. n번의 연산을 필요로 하는 알고리즘이 $\lfloor 50 \log_2 n \rfloor$번의 연산을 필요로 하는 알고리즘보다 효율이 더 좋은 n의 값들은 무엇인가? 그래프 계산이나 컴퓨터를 이용하여 문제에 답하라.

4. 입력 배열 $a[1]$=Chia, $a[2]$=Doug, $a[3]$=Jan, $a[4]$=Jim, $a[5]$=José, $a[6]$=Mary, $a[7]$=Rob, $a[8]$=Roy, $a[9]$=Sue, $a[10]$=Usha에서 이진탐색 알고리즘(알고리즘 11.5.1)으로 아래의 x 값을 검색한다고 할 때, 변수 *index*, *bot*, *top*, *mid* 및 x 값의 각 단계별 변화 과정을 설명하라(항목 비교는 알파벳순).

a. x=Chia **b.** x=Max

5. *bot*와 *top*이 양의 정수이고 *bot* ≤ *top*일 때, 아래 배열에 대해 물음에 답하라.

$$a[bot], a[bot+1], \ldots, a[top]$$

a. 이 배열의 원소는 몇 개인가?

b. 배열의 원소의 개수가 홀수이면 *bot*+*top*은 짝수임을 보여라.

c. 배열의 원소의 개수가 짝수이면 *bot*+*top*은 홀수임을 보여라.

6~9번에서는 다음 알고리즘을 보고 물음에 답하라. 양의 정수 n에 대하여 a_n은 **while** 루프의 반복횟수이다.

```
while (n > 0)
    n := n div 2
end while
```

6. n의 초기값이 27일 때 이 알고리즘의 상세 동작 과정을 설명하라.

7. a_n에 대한 재귀관계를 구하라.

8. a_n의 일반항을 구하라.

9. 이 알고리즘의 복잡도를 구하라.

10. 다음 알고리즘을 보고 물음에 답하라. 양의 정수 n에 대하여 b_n은 **while** 루프의 반복 횟수이다.

```
while (n > 0)
    n := n div 3
end while
```

a. 반복법을 이용하여 b_n의 일반항을 구하라.

b. k가 정수이고 x가 $3^k \le x \le 3^k$인 실수이면 $\lfloor \log_3 x \rfloor = k$임을 증명하라.

c. $m \ge 1$인 모든 정수에 대하여 다음을 증명하라.

$$\lfloor \log_3(3m) \rfloor = \lfloor \log_3(3m+1) \rfloor = \lfloor \log_3(3m+2) \rfloor$$

d. (a)의 답을 증명하라.

11. 두 부분배열 3, 5, 6, 9, 12와 2, 4, 7, 9, 11을 한 배열로, 오름차순으로 병합하는 과정을 그림 11.5.4와 같은 다이어그램으로 그려라.

12. 주어진 입력 배열 R, G, B, U, C, F, H, G(알파벳순)에 대해 병합정렬이 어떻게 동작하는지 그림 11.5.5와 같은 다이어그램으로 그려라.

13. 길이가 k인 배열 $a[bot], a[bot+1], \ldots, a[top]$에서 $mid = \lfloor (bot+top)/2 \rfloor$라 할 때

a. 부분배열 $a[mid+1], \ldots, a[top]$의 길이는 $\lfloor k/2 \rfloor$임을 보여라.

b. 부분배열 $a[bot], a[bot+1], \ldots, a[mid]$의 길이는 $\lceil k/2 \rceil$임을 보여라.

14. 다음은 병합정렬의 효율성을 계산할 때 등장하는 재귀관계이다.

$$m_1 = 0$$
$$m_k = m_{\lfloor k/2 \rfloor} + m_{\lceil k/2 \rceil} + k - 1$$

$n \ge 1$인 모든 정수에 대하여 다음을 보여라.

a. $1/2n \log_2 n \le m_n$ **b.** $m_n \le 2n \log_2 n$

자 | 기 | 진 | 단 | 해 | 답

1. 같은 종류의 보다 작은; 바로 풀리는 문제로 도달할 2. 찾고자 하는 값; 찾고자 하는 값; 큰 쪽 부분배열에서 찾고; 찾고자 하는 값; 작은 쪽 부분배열에서 찾는다 3. $\log_2 n$ 4. 병합정렬; 병합 5. $n \log_2 n$

12장

정규식과 유한 오토마타

컴퓨터 과학의 이론적인 토대는 여러 학문 분야, 즉 논리학(수학의 기초), 전기공학(스위칭 회로의 설계), 뇌 연구(뉴런(neuron)의 모델), 언어학(언어들의 형식적인 명세화)으로부터 유도된다.

6.4절과 7.4절에서 간단히 토의되었던 것과 같이, 1930년대에 "수학에서 무엇이 증명될 수 있을까?"와 "유한 번의 기계화된 연산을 써서 무엇이 계산될 수 있을까?"와 관련된 기본적인 질문에 대한 수학적 취급이 매우 발전하였다. 최초의 디지털 컴퓨터들이 1940년대 초기까지 발명되지 않았지만, 이보다 10년 먼저 Alan Turing은 지금은 Turing 기계라 불리는 기계의 간단한 추상적 모델을 개발하였다. 그것을 써서 그는 함수가 계산될 수 있다는 것이 무엇을 의미하는지를 정의하였다.

비슷한 시기에, 다소 비슷한 계산 모델들이 미국 논리학자 Alonzo Church, Stephen *C.* Kleene와 Emil Post(폴란드에서 태어났지만 어릴 때 미국으로 이주)에 의해 개발되었다. 하지만 Church와 다른 사람들이 이것들이 모두 동등하다는 것을 보였다. 결과로서, Church는 지금은 **Church-Turing 명제**(Church-Turing thesis)—기계로 계산될 수 있는 어떤 것도 Turing 기계로 계산될 수 있다는 의미에서 Turing 기계가 전칭(全稱)적이라고 주장하는 것—라고 알려진 추측을 공식화하였다. 이 명제가 옳다면(이것은 널리 받아들여진다) 지금까지 구성되었거나 앞으로 구성될 모든 컴퓨터들은 속도나 저장 능력에서 크게 다르더라도, 그들이 할 수 있는 일들은 이론적으로 동등하다. 예를 들면 양자 컴퓨터(quantum computer)는 고전적인 컴퓨터들보다 대단히 빠르게 어떤 양을 계산하는 능력을 가진다. 그러나 Church의 명제는, 가능케 하는 기술이 상수 변화가 따를지라도, 계산 이론이 기본적으로 같을 것이라는 것을 의미한다.

1940년대 초기에 MIT(Massachusetts Institute of Technology)에서 일하던 Warren *S.* McCulloch와 Walter Pitts는 뇌에 있는 뉴런들이 어떻게 작동하는지와 뉴런들의 모델들이 어떻게 '회로들'이나 '오토마타'를 더욱 복잡한 계산을 수행하도록 만드는 데 결합될 수 있는지에 관한 하나의 모델을 개발하였다. 그들은 또한 MIT에서 일했고 1930년대에 스위칭 회로로서 부울 함수를 구현하는 이론의 기초를 마련한 Claude Shannon의 결과들에 의해 어느 정도까지 영향을 받았다. 1950년대에 Kleene는 McCulloch와 Pitts의 연구를 분석했고 Turing과 다른 사람들에 의해 도입된 기계 모델들의 변형들을 그것과 연결시켰다.

1950년대의 또 다른 발전은 고급 컴퓨터 언어의 도입이었다. 같은 기간 동안, 언어학자 Noam Chomsky는 인간이 언어를 생성하는 방법을 사용하여 근원적인 원리를 이해하려는 시도를 통해 형식 언어의 이론을 개발하도록 이끌었다. 그는 다양한 수준의 복잡도를 가진 문법(grammar)이라 불리는 추상적인 규칙들을 사용해서 그것을 정의했다. 곧 Chomsky의 이론이 컴퓨터 언어의 구성과 분석에서 아주 훌륭한 도구였다는 것이 명백하게 되었다. 컴퓨터 과학을 위해서, Chomsky 언어 분류의 가장 유용한 것들은 또한 두 개의 가장 간단한 정규 언어(regular language)와 문맥 자유 언어(context-free language)이다.

정규식(regular expression)에 의해 정의되는 정규 언어들은 문서 안에서 패턴을 비교(문서 처리 또는 인터넷 검색에서처럼)하기 위해, 그리고 컴퓨터 언어 컴파일러에서 어휘 분석을 위해 광범위하게 사용된다. 그들은 정교한 문서 편집기, 수많은 UNIX* 유틸리티의 일부이고 그들은 또한 XML† 문서들을 변환하는 데 사용된다.

(10.5절에서 도입된) Backus-Naur 표기법을 통해, 문맥 자유 언어들은 현대 고급 컴퓨터 언어의 더욱 복잡한 관점들의 많은 것을 묘사할 수 있고 그들은 고급 언어로 써진 프로그램들을 실행에 적합한 기계어 코드로 변환하는 컴파일러들의 주요 부분에 대한 기본 원리를 형성한다.

놀라운 사실은 위에서 언급된 주제들이 모두 관계 있다는 것이다. 각각의 문맥 자유 문법은 푸시다운 오토마타(push-down automaton)라고 불리는 한 형태의 오토마타와 동등하다는 것이 판명되었고, 각 정규식은 유한 상태 오토마타(finite-state automaton)라 불리는 한 형태의 오토마타와 동등하다는 것이 판명되었다. 이 장에서 우리는 정규식과 유한 상태 오토마타의 공부에 초점을 맞추고 문맥 자유 문법들이나 그들의 동등한 오토마타에 대해서는 컴파일러 구성이나 오토마타 이론을 다루는 나중 과정으로 남겨 둘 것이다.

주의 automata는 automaton의 복수이다.

12.1 형식 언어와 정규식

Christopher Felver/CORBIS

Noam Chomsky (born 1928)

하나의 영어 문장은 단어들의 나열로 간주될 수 있고 하나의 영어 단어는 문자열로 간주될 수 있다. 모든 문자열이 옳은 단어는 아니며 모든 단어들의 나열이 문법적으로 옳은 문장은 아니다. 우리는 하나의 단어가 영어 대사전에서 찾아질 때 그 단어는 정당하다 말하고 한 문장이 표준 영어 문법책에 있는 규칙들을 만족시킬 때 문법적으로 맞다고 말한다.

컴퓨터 언어는 특정한 문자열들이 정당한 단어들이고 특정한 단어들의 나열이 구문론적으로 옳은 프로그램을 형성하기 위한 어떤 규칙에 따라 모아질 수 있는 점에서 영어와

* UNIX는 Bell 연구소의 Kenneth Thompson에 의해 1969년에 개발된 운영체제이다. 그것은 나중에 Bell 연구소에서 또한 개발된 Dennis Ritchie의 C 언어로 써졌다.

† XML은 인터넷 응용에 사용되는 마크업 언어(markup language)들을 정의하는 표준이다.

비슷하다. 컴퓨터 언어에 대한 컴파일러는 하나의 프로그램에 있는 문자들의 스트림을 분석하는데, 먼저 개별적인 단어와 문장 단위들을 인식(이 부분을 어휘 분석기라 부른다)하고, 그 다음에 문장들의 구문이나 문법을 분석(이 부분을 구문 분석기라 부른다)하고, 마지막으로 문장들을 기계어로 번역(이 부분을 코드 생성기라 부른다)한다.

컴퓨터 과학에서는 언어들을 매우 추상적인 관점에서 어떤 기본적인 단위들의 열로 보고 알파벳으로 사용될 유한 집합의 기호들을 허용하는 것이 유용하다는 것이 증명되었다. 알파벳을 표기하는 데 보통 그리스 대문자 시그마(Σ)가 사용된다.

알파벳 Σ 상의 문자열의 정의는 조금 전에 소개된 문자열의 일반화이다. 한 알파벳 상의 형식 언어는 그 알파벳의 문자열들의 집합이다. 이 정의들은 아래에 정리되어 있다.

가정들

알파벳Σ:	문자들의 유한 집합
Σ 상의 문자열:	괄호나 콤마 없이 쓸 때 Σ의 원소들의 n-순서짝이거나 아무런 문자도 가지지 않는 공백 문자열 ϵ
Σ 상의 형식 언어:	Σ 상의 문자열들의 집합

공집합은 형식 언어가 되는 기준을 만족시키고 있다는 데 주목하자. 공집합을 형식 언어로 허용하는 것은 어떤 기술적인 상황에서 편리하다고 판명되었다.

예제 12.1.1 **형식 언어의 예**

알파벳 $\Sigma=\{a, b\}$라 두자.

a. Σ 상의 언어 L_1을 문자 a로 시작하며 기껏해야 문자열의 길이가 3인 모든 문자열의 집합으로 정의하자. L_1을 찾아라.

b. **회문**(palindrome)은 역순으로 읽어도 같은 문자열이 되는 문자열이다. 예를 들면 aba와 $baab$가 회문이다. Σ 상의 언어 L_2를 Σ의 문자들을 사용하여 얻어지는 모든 회문들의 집합으로 정의하자. L_2의 열 개의 원소를 쓰라.

풀이

a. $L_1=\{a, aa, ab, aaa, aab, aba, abb\}$

b. L_2는 (무한히 많은 다른 것 중에서) 다음 열 개의 문자열을 포함한다.

$$e, a, b, aa, bb, aaa, bab, abba, babaabab, abaabbbbaaba$$ ■

Stephen C. Kleene
(1909–1994)

• 표기

Σ를 알파벳이라 하자. 각각의 음이 아닌 정수 n에 대하여

Σ^n= 길이가 n인 Σ 상의 모든 문자열의 집합

Σ^+= 길이가 적어도 1인 Σ 상의 모든 문자열의 집합

Σ^*=Σ 상의 모든 문자열의 집합

Σ^n은 실제적으로 n개 Σ의 데카르트 곱임을 주의하자. 언어 Σ^*는 Stephen *C*. Kleene의 업적을 기려 **Σ의 Kleene 폐포**(Kleene closure of Σ)라 부른다. Σ^+은 ϵ을 제외한 Σ 상의 모든 문자열의 집합으로 **Σ의 양 폐포**(positive closure of Σ)라 부른다.

예제 12.1.2 언어들 Σ^n, Σ^*, Σ^+

$\Sigma=\{a, b\}$라 두자.

a. Σ^0, Σ^1, Σ^2, Σ^3을 찾아라.

b. $A=\Sigma^0 \cup \Sigma^1$, $B=\Sigma^2 \cup \Sigma^3$라 두자. 집합 A, B, $A \cup B$를 말로 묘사하라.

c. Σ^+의 원소들을 쓰는 데 있어 체계적인 방법에 대해서 논하라. Σ^*의 원소들을 얻기 위해서는 무슨 변화가 필요한가?

풀이

a. $\Sigma^0=\{\epsilon\}$, $\Sigma^1=\{a, b\}$, $\Sigma^2=\{aa, ab, ba, bb\}$, 그리고 $\Sigma^3=\{aaa, aab, aba, abb, baa, bab, bba, bbb\}$.

b. A는 기껏해야 길이가 1인 Σ 상의 모든 문자열들의 집합이다.
B는 길이가 2 또는 3인 Σ 상의 모든 문자열들의 집합이다.
$A \cup B$는 기껏해야 길이가 3인 Σ 상의 모든 문자열들의 집합이다.

c. Σ^+의 원소들은 길이가 1인 문자열들을 쓰고 그 다음에 길이가 2인 문자열들을 쓰는 방식으로 체계적으로 쓸 수 있다.

$$\Sigma^+: a, b, aa, ab, bb, aaa, aab, aba, abb, baa, bab, bba, bbb, aaaa, \ldots$$

Σ^+이 무한집합이기 때문에, 물론 Σ^+에 있는 문자열들을 쓰는 과정은 영원히 계속될 수 있다. Σ^*를 얻기 위해 필요한 유일한 변화는 목록의 제일 처음에 공백 문자열(null string)을 두는 것이다. ■

예제 12.1.3 **폴란드식 표기: 후치 표현들로 구성되는 언어**

$a+b$와 같은 표현에서 $+$와 같은 이항 연산자는 그것이 작용하는 두 양 사이에 놓이게 되는데 이것을 **사이 표기법**(infix notation)으로 쓴다고 말한다. 다른 표기들로는 **전치 표기**

법(prefix notation, 이항 연산자가 그것이 작용하는 양들의 앞에 위치)과 **후치 표기법**(postfix notation, 이항 연산자가 그것이 작용하는 양들의 뒤에 위치)이 있다. 전치 표기법에서 $a+b$는 $+ab$로 쓰고 후치 표기법에서 $a+b$는 $ab+$로 쓴다.

전치 표기법과 후치 표기법은 1920년에 폴란드 수학자 Jan Łukasiewicz에 의해 소개되었다. 그의 업적을 기리려 하나 그의 이름을 발음하기가 너무 어려워 일부 사람들은 종종 **폴란드식 표기법**(Polish notation)과 **역폴란드식 표기법**(reverse Polish notation)이라고 말한다. 이들 표기법의 가장 큰 장점은 산술 표현을 쓰는 데 있어서 괄호가 필요 없다는 것이다. 예를 들면 후치(또는 역폴란드식) 표기법에서, 식 8 4+6/은 다음과 같이 왼쪽에서 오른쪽으로 계산된다. 8과 4를 더해서 12를 얻고 그 다음에 12를 6으로 나누어 2를 얻는다. 또 다른 예로 만약 사이 표기법에서 식 $(a+b)\cdot c$가 후치 표기법으로 변환된다면 결과는 $ab+c\cdot$이다.

a. 만약 후치 표기법에서 식 $ab\cdot cd\cdot+$가 사이 표기법으로 변환된다면 그 결과는 무엇인가?

b. $\Sigma=\{4, 1, +, -\}$라 두고, L을 처음에 4 또는 1을 쓰고 그 다음에 4 또는 1을 쓰고 마지막에 + 또는 −를 씀으로써 얻어지는 Σ 상의 모든 문자열들의 집합이라 하자. L의 모든 원소를 집합 기호 안에 써 넣고 결과 값을 계산하라.

풀이

a. $a\cdot b + c\cdot d$

b. $L=\{4\,1+,\ 4\,1-,\ 1\,4+,\ 1\,4-,\ 4\,4+,\ 4\,4-,\ 1\,1+,\ 1\,1-\}$

$$4\,1+ = 4+1 = 5,\quad 4\,1- = 4-1 = 3,\quad 1\,4+ = 1+4 = 5,$$

$$1\,4- = 1-4 = -3,\quad 4\,4+ = 4+4 = 8,\quad 4\,4- = 4-4 = 0,$$

$$1\,1+ = 1+1 = 2,\quad 1\,1- = 1-1 = 0$$ ■

다음 정의는 기존의 언어들을 조합하여 새로운 언어를 형성하는 방법들을 묘사한다.

• 정의

Σ를 유한 알파벳이라 하자. Σ 상의 임의의 주어진 문자열 x와 y에 대하여, ***x*와 *y*의 연접**(concatenation of x and y)은 x의 문자들과 y의 문자들을 붙여 씀으로써 얻어지는 문자열이다. Σ 상의 임의의 언어 L과 L'에 대해, 세 가지 새로운 언어들이 다음과 같이 정의될 수 있다.

L과 L'의 연접(기호로는 LL')은

$$LL' = \{xy \mid x \in L \text{ and } y \in L'\}$$

L과 L'의 합집합(기호로는 $L \cup L'$)은

$$L \cup L' = \{x \mid x \in L \text{ or } x \in L'\}$$

L의 Kleene 폐포(기호로는 L^*)는

$$L^* = \{x \mid x\text{는 } L\text{에 있는 유한 개의 문자열들의 연접이다}\}$$

ϵ은 L^*의 원소임을 주의하자. 왜냐하면 그것은 L에 있는 공백 문자열들의 연접으로 간주될 수 있기 때문이다.

예제 12.1.4 **기존의 언어로부터 새 언어 형성**

L_1을 짝수 개의 a들로 구성되는 모든 문자열의 집합(즉 e, aa, $aaaa$, $aaaaaa$, ...)이라 하고 $L_2 = \{b, bb, bbb\}$라 하자. $L_1 L_2$, $L_1 \cup L_2$, $(L_1 \cup L_2)^*$를 찾아라. 공백 문자열 ϵ은 L_1의 원소이다. 왜냐하면 0은 짝수이기 때문이다.

풀이

L_1L_2는 짝수 개의 a들이 온 후 b 또는 bb 또는 bbb로 구성되는 모든 문자열들의 집합이다.

$L_1 \cup L_2$ 는 문자열들 b, bb, bbb와 짝수 개의 a들로 구성되는 임의의 문자열을 포함하는 집합이다.

$(L_1 \cup L_2)^*$는 a와 b들로 구성되는 문자열로서 a의 개수가 짝수인 모든 문자열의 집합이다. ■

정규식에 의해 정의되는 언어

언어를 정의하는 가장 유용한 방법 중의 하나는 Kleene에 의해 처음 소개된 개념인 정규식(regular expression)을 사용하는 것이다. 우리는 알파벳 상의 정규식들의 집합을 생성하는 귀납적(순환적) 정의를 제시할 것이다.

• 정의

주어진 유한 알파벳 Σ에 대해, 다음은 Σ 상의 정규식들이다.

I. 기본: $\emptyset$, ϵ과 Σ에 있는 각각의 기호들은 Σ 상의 정규식들이다.

II. 재귀: 만약에 r과 s가 Σ 상의 정규식이면, 다음 또한 Σ 상의 정규식이다.

$$(i)\ (rs) \quad (ii)\ (r|s) \quad (iii)\ (r^*)$$

문자열에 대한 용어와 일치시키기 위하여 rs는 r과 s의 연접이라 부르고 r^*는 r의 **Kleene 폐포**라 부르고 $r|s$는 'r 또는 s' 라고 읽는다.

III. 제한: 위의 (I)과 (II)에서 정의한 대상들을 제외한 어떤 것도 Σ 상의 정규식이 아니다.

예로서 $a|(b|c)^* \mid (ab)^*$는 $\Sigma = \{a, b, c\}$ 상의 하나의 정규식이다.

알파벳 Σ가 $(\mid)^*$와 같은 기호를 포함하게 된다면 모호성을 피하기 위하여 특별한 대처가 필요하다. 보통 백슬래시(backslash)인 확장 문자(escape character)가 잠재적으로 모호한 기호 앞에 더해진다. 예로서 왼쪽 괄호는 \\(로 써질 수 있고 백슬래시 자체는 \\\\로 써질 수 있다.

괄호를 제거하기 위해서 정규식들을 정의하기 위해 사용되는 연산자들의 우선순위가 도입된다. 가장 높은 것은 *이고 연접이 그 다음이고 $\mid$은 가장 낮다. 정규식에서 괄호들의 바깥 집합은 제거하는 것이 관례이다. 왜냐하면 그렇게 하더라도 모호성을 야기하지 않기 때문이다. 그래서 다음과 같이 쓸 수 있다.

$$(a((bc)^*)) = a(bc)^* \text{ 그리고 } (a \mid (bc)) = a \mid bc.$$

예제 12.1.5 **정규식에서 연산자들의 우선순위**

a. 다음 표현에서 우선순위가 분명하도록 괄호들을 추가하라: $ab^* \mid b^*a$.

b. 다음 식에서 괄호들을 제거하기 위하여 우선순위에 관한 규칙을 사용하라: $((a|((b^*)c))(a^*))$.

풀이

a. $((a(b^*))|((b^*)a))$ b. $(a|b^*c)a^*$ ■

주어진 유한 알파벳에 대하여 그 알파벳 상의 모든 정규식 r은 형식 언어 $L(r)$을 정의한다. 함수 L은 순환적으로 정의된다.

• 정의

주어진 유한 알파벳 Σ에 대해, Σ 상의 각각의 정규식에 하나의 언어를 대응시키는 함수 L은 아래의 (I)과 (II)에 의해 정의된다. 그러한 각각의 정규식 r에 대하여, $L(r)$은 **r에 의해 정의된 언어**(language defined by r)라 부른다.

> I. 기본: $L(\phi)=\phi$, $L(\epsilon)=\{\epsilon\}$이고 모든 $a \in \Sigma$에 대하여 $L(a)=\{a\}$이다.
>
> II. 재귀: 만약에 $L(r)$과 $L(r')$이 Σ 상의 정규식 r과 r'에 의해 정의된 언어이면
>
> $$\text{(i) } L(rr')=L(r)L(r') \quad \text{(ii) } L(r|r')=L(r) \cup L(r') \quad \text{(iii) } L(r^*)=(L(r))^*$$

임의의 유한 언어는 하나의 정규식에 의해 정의될 수 있다. 예를 들면 언어 {cat, dog, bird}는 정규식 (cat|dog|bird)에 의해 정의된다. 다음은 중요한 예이다.

예제 12.1.6 하나의 정규식에 의해 정의되는 언어를 묘사하기 위해 집합 기호 사용

$\Sigma=\{a, b\}$라 하고 정규식 $(a \mid b)^*$에 의해 정의되는 언어를 고려해 보자. 이 언어를 찾기 위해 집합 기호를 사용하고 그것을 말로 묘사하라.

풀이

$(a|b)^*$에 의해 정의되는 언어는

$$\begin{aligned}(L(a|b)^*) &= (L(a|b))^* \\ &= (L(a) \cup L(b))^* \\ &= (\{a\} \cup \{b\})^* \\ &= \{a, b\}^* && \text{언어들 상의 연산들의 정의에 의해} \\ &= a\text{와 } b\text{들의 모든 문자열들의 집합} \\ &= \Sigma^* \end{aligned}$$

■

문자열들을 연접하는 것과 집합들의 합집합을 구하는 것은 모두 결합법칙을 만족시키는 연산이다. 따라서 임의의 정규식 r, s, 그리고 t에 대하여

$$L((rs)t)=L(r(st))$$

이다. 더욱이

$$\begin{aligned} L((r \mid s) \mid t) &= (L(r \mid s)) \cup L(t) && \text{1의 정의에 의해} \\ &= (L(r) \cup L(s)) \cup L(t) && \text{1의 정의에 의해} \\ &= L(r) \cup (L(s) \cup L(t)) && \text{집합들의 합집합에 대한 결합법칙에 의해} \\ &= L(r) \cup (L(s \mid t)) && \text{1의 정의에 의해} \\ &= L(r \mid (s \mid t)) && \text{1의 정의에 의해} \end{aligned}$$

이다. 이들 관계 때문에 결합법칙이 성립하는 상황에서는 괄호를 생략하는 것이 관례이며

$$rst=(rs)t=r(st)$$

와

$$r \mid s \mid t = (r \mid s) \mid t = r \mid (s \mid t)$$

로 쓴다.

여러분은 이제 정규식에 익숙하기 때문에 그 표현에 의해 정의되는 언어를 결정하기 위해 형식적 도출을 자세히 할 필요는 없다는 것을 알 것이다.

예제 12.1.7 하나의 정규식에 의해 정의되는 언어

$\Sigma = \{0, 1\}$라 하자. Σ 상의 다음 정규식에 의해 정의되는 언어를 말로 묘사하라.

a. $0^* \ 1^* \mid 1^* \ 0^*$ b. $0(0 \mid 1)^*$

풀이

a. 이 언어에 있는 문자열들은 0들의 문자열이 오고 1들의 문자열이 오는 문자열들 또는 1들의 문자열이 오고 0들의 문자열이 오는 문자열들로 구성된다. 그러나 어떤 경우에도 문자열들이 공집합이 될 수 있다. 이것은 ϵ 또한 그 언어에 있다는 것을 의미한다.

b. 이 언어에 있는 문자열들은 0으로 시작해야 한다. 그 다음에 유한 개의 0과 1이 순서에 관계없이 온다. 따라서 그 언어는 0으로 시작하는 0과 1들의 모든 문자열의 집합이다. ■

예제 12.1.8 하나의 정규식에 의해 정의되는 언어에서의 각 문자열들

(a)와 (b) 각각에서 $\Sigma = \{a, b\}$라 하고 주어진 정규식에 의해 정의된 Σ 상의 언어 L을 고려하자.

a. 정규식이 $a^*b(a \mid b)^*$이다. L에 속하는 다섯 개의 문자열을 쓰라.

b. 정규식이 $a^* \mid (ab)^*$이다. 다음 문자열들 중 어느 것이 L에 속하는지를 지적하라.

$$a, b, aaaa, abba, ababab$$

풀이

a. 문자열 b, ab, $abbb$, $abaaa$, $ababba$가 L에 속한 무한히 많은 문자열 중 다섯 개이다.

b. 다음 문자열이 L에 속하면서 목록에 있는 유일한 문자열들이다. a, $aaaa$, $ababab$. 문자열 b는 L에 속하지 않는다. 왜냐하면 그것은 a들의 문자열도 아니고 반복되는 ab들의 문자열도 아니기 때문이다. 문자열 $abba$는 L에 속하지 않는다. 왜냐하면 L의 문자열에 일어날 수 있는 임의의 두 개의 b는 하나 또는 그 이상의 a에 의해 분리될 수 있기 때문이다. ■

예제 12.1.9 **하나의 언어를 정의하는 정규식**

$\Sigma=\{0, 1\}$라 하자. 다음 언어들을 정의하는 Σ 상의 정규식들을 찾아라.

a. 0과 1이 번갈아 나타나고 짝수 길이를 가지는 0과 1들의 모든 문자열로 구성되는 언어.

b. 짝수 개의 1이 나타나는 0과 1들의 모든 문자열로 구성되는 언어. 그러한 문자열을 짝수 패리티(even parity)를 갖는 문자열이라 말한다.

c. 두 개의 연속적인 1을 포함하지 않는 0과 1들의 모든 문자열로 구성되는 언어.

풀이

a. 이 언어에서 한 문자열이 1로 시작한다면 그 문자열의 길이 동안 10 패턴이 계속되어야 한다. 만약 그것이 0으로 시작한다면 그 문자열의 길이 동안 01 패턴이 계속되어야 한다. 또한 공백 문자열은 자동으로 그 조건을 만족시킨다. 따라서 답은 $(10)^* \mid (01)^*$이다.

b. 짝수 패리티를 갖는 기본적인 문자열은 ϵ, 0, 10^*1이다. 짝수 패리티를 갖는 문자열들의 연접은 또한 짝수 패리티를 갖는다. 그러한 문자열은 0들의 문자열로 시작하거나 끝날 수 있기 때문에 답은 $(0 \mid 10^*1)^*$이다.

c. 어떤 문자열이 1로 끝날 수 있으나 임의의 다른 1이 0 다음에 바로 따라와야 함을 주목하자. 따라서 1이 그 문자열의 끝에 있지 않다면 그 1 다음에 바로 0이 와야 한다는 규칙을 강요하는 것으로 충분하다. 이들 조건을 만족시키는 정규식은 $(0 \mid 10)^*(\epsilon \mid 1)$이다. ■

임의의 주어진 언어는 하나 이상의 정규식에 의해 정의될 수 있음을 유의하라. 예를 들면

$$(a^* \mid b^*)^* \quad \text{와} \quad (a \mid b)^*$$

는 a와 b들의 모든 문자열들의 집합으로 구성되는 언어를 정의한다.

예제 12.1.10 **정규식들이 같은 언어를 정의하는지를 결정**

(a)와 (b) 각각에서, 주어진 정규식들이 같은 언어를 정의하는지를 결정하라. 만약 그렇다면 그 언어를 묘사하라. 만약에 그렇지 않다면 한 언어에는 속하고 다른 언어에는 속하지 않는 문자열의 예를 들라.

a. $(a|\epsilon)^*$ 와 a^* b. $0^* \mid 1^*$ 와 $(01)^*$

풀이

a. 공백 문자열 ϵ은 아무런 문자도 가지지 않고 있기 때문에 그것이 다른 문자열 x와 연접되었을 때 그 결과는 바로 x이다. 즉 모든 문자열 x에 대하여 $x\epsilon=\epsilon x=x$이다. 이제 $L((a \mid \epsilon)^*)$는 순서에 관계없이 a와 ϵ을 사용하여 형성된 모든 문자열들의 집합이다. 그리고 $a\epsilon=\epsilon a=a$이기 때문에 이것은 영 또는 그 이상의 a로 구성되는 모든 문자열들의

집합과 같다. 따라서 $L((a \mid \epsilon)^*) = L(a^*)$이다.

b. 주어진 정규식들에 의해 정의되는 두 언어는 같지 않다. 0101 은 두 번째 언어에는 속하나 첫 번째 언어에는 속하지 않는다. ■

정규식의 실제 사용

컴퓨터의 많은 응용 가운데 여러 가지 문서 상에 연산을 수행하는 것도 포함된다. 예를 들면 문서 처리 프로그램은 문서에서 어떤 특정한 단어나 구를 찾거나 그것들을 다른 것들과 바꿀 수 있도록 해 준다. 컴퓨터 언어의 컴파일러는 예약어, 상수, 식별자, 연산자와 같은 컴퓨터 언어의 관점을 표현하는 그룹들을 찾기 위하여 들어오는 문자들의 스트림을 분석한다. 그리고 생물정보학에서 패턴 매칭과 융통성 있는 탐색 기술은 DNA 에서 나타나는 문자들 A, C, G, T 의 긴 나열을 분석하는 데 광범위하게 사용된다.

다음 절에서 배울 유한 상태 오토마타와 그들의 연관성을 통해, 정규식은 한 문서 안에서 하나의 문자열이나 문자열들의 한 덩어리를 식별하기 위한 패턴을 묘사하는 극히 유용한 방법을 제공한다. 정규식은 if-then-else 문장들의 길고 복잡한 집합을 생성하기 쉽고 이해하기 쉬운 코드로 대치시키는 것을 가능하게 한다. 그들의 편리성 때문에 정규식은 grep 와 egrep 같은 수많은 UNIX 유틸리티, QED, vi, sed, Emacs 와 같은 문서 편집기, 컴파일러의 어휘 분석기 구성요소에 도입되었다. 컴퓨터 언어인 펄(Perl)은 정규식에 대한 아주 강력한 구현 능력을 가지며 이것은 사실상 표준이 되었다. Java 나 .NET 에 사용된 구현과 비슷하다.

문서 처리에서 정규식과 작업하는 것을 손쉽게 하기 위해서 수많은 단축 표기법들이 개발되었다. 알파벳이나 알파벳의 일부에 있는 문자들이 표준 순서로 일어난다고 이해될 때, 표기법 [시작 문자-끝 문자]는 시작 문자와 끝 문자의 범위에 있는 하나의 문자를 구성하는 정규식을 기술하는 데 주로 사용된다. 그것은 **문자 클래스**(character class)라 불린다. 따라서

$$[A-C]\text{는 } (A \mid B \mid C)$$

를 뜻하고

$$[0-9]\text{는 } (0 \mid 1 \mid 2 \mid 3 \mid 4 \mid 5 \mid 6 \mid 7 \mid 8 \mid 9)$$

를 나타낸다. 문자 클래스들은 또한 하나 이상의 문자 범위를 포함하는 것을 허용한다. 예를 들면

$$[A-C\,x-z]\text{는 } (A \mid B \mid C \mid x \mid y \mid z)$$

를 뜻한다.

예로서 다음 정규식

$$[A-Z\ a-z]([A-Z\ a-z] \mid [0-9])^*$$

에 의해 정의된 언어를 고려해 보자. 다음은 그 언어에 있는 몇 개의 문자열이다.

Account Number, *z*23, *jsmith* 109, *Draft2rev*

일반적으로 그 언어는 하나의 문자로 시작하며 그 다음에 문자들이나 숫자들이 오는 모든 문자열들의 집합이다. 이 집합은 수많은 컴퓨터 언어에서 허용되는 식별자들의 집합과 같다.

자주 사용되는 또 다른 단축 표기법으로서

$[ABC]$는 $(A \mid B \mid C)$

를 뜻하고 하나의

점(.)은 임의의 문자

를 뜻한다. 따라서 $\Sigma = \{A, B, C\}$라 하면

$A.C$는 $(AAC \mid ABC \mid ACC)$

를 뜻한다. 기호 ^이 한 문자 클래스의 처음에 놓인다면, 그것은 그 클래스의 범위에 있는 것들과 같은 형태의 한 문자를 뜻하며 기호 ^ 다음에 오는 모든 문자는 그 문자열의 어떤 지점에도 나타날 수 없음을 뜻한다. 예를 들면

$$[\,\hat{}\,D-Z][0-9][0-9]^*$$

는 D부터 Z까지의 문자와 다른 문자로 시작하며 0부터 9까지의 숫자들 중 양수 개의 숫자들이 따르는 문자열을 뜻한다. 예로서 B3097, C0046 등이 있다. 정규식 r 다음에 따르는 기호 +는 적어도 하나의 r이 일어나는 문자열을 뜻한다. 기호로는

$$r+ = rr^*$$

이다. 예를 들면

$$[A-Z]+$$

는 임의의 대문자들의 비공백(nonempty) 문자열을 나타낸다. 만약에 r이 하나의 정규식이면

$$r? = (\epsilon \mid r)$$

이다. 즉 r?은 r이 한 번도 일어나지 않거나 정확히 한 번 일어남을 뜻한다. 마지막으로

$r\{n\}$은 r이 n번 연접되었음

을 의미하고

$r\{m, n\}$은 r이 m과 n 사이의 수만큼(m과 n을 포함) 연접되었음

을 의미한다. 따라서 주어진 문자열이 미국에서 지역 전화번호인지를 결정하는 데 도움을 주는 검사는 그것이

$$[0-9][0-9][0-9]-[0-9][0-9][0-9][0-9]$$

의 형태를 가졌는지를 보는 것이다. 또는 동등하게

$$[0-9]\{3\}-[0-9]\{4\}$$

의 형태를 가졌는지를 보는 것이다.

예제 12.1.11 날짜를 위한 정규식

사람들은 종종 다양한 형식으로 날짜를 쓴다. 예를 들면 미국에서는 2050년 2월 5일을 다음과 같이 나타낸다.

주의 전 세계의 나머지 대부분에서 이들 표현은 2050년 5월 2일을 대표한다.

2/5/2050　2−5−2050　02/05/2050　02−05−2050

주어진 문자열이 이들 형태의 하나로 써진 타당한 날짜인지를 검사하는 데 도움이 되는 정규식을 쓰라.

풀이

다음의 정규식에 의해 정의되는 언어는 하나 또는 두 개의 숫자로 시작하며, 그 다음에 하나의 하이픈이나 하나의 사선이 오며, 그 다음에 하나 또는 두 개의 숫자가 오며, 그 다음에 하나의 하이픈이나 하나의 사선이 오며, 마지막으로 네 개의 숫자가 오는 모든 문자열들로 구성된다.

$$[0-9]\{1, 2\}[-/][0-9]\{1, 2\}[0-9]\{4\}$$

주어진 형식의 모든 타당한 날짜들은 이 표현에 의해 정의된 언어의 원소들이다. 하지만 그 언어는 타당하지 않은 날짜의 문자열 또한 포함한다. 예를 들면 09/54/1978은 이 언어에 속하나 타당한 날짜가 아니다. 왜냐하면 9월은 54일을 가지고 있지 않기 때문이다. 38번째 달이 없기 때문에 38/12/2184도 타당하지 않다. 날짜의 타당성을 모든 관점에서 검사하는 데 사용될 수 있는 더 복잡한 정규식을 쓰는 것은 가능(이 절의 끝에 있는 연습문제 16번을 보라)하나 바로 위에 주어진 이런 종류의 더 간단한 표현은 여전히 유용하다. 예를 들면 그것은 어떤 종류의 실수가 일어났는지, 정보가 재입력되어야 하는지를 대화식 프로그램의 사용자에게 알려 주는 좋은 방법을 제공한다. ■

자 | 기 | 진 | 단

1. 만약 x와 y가 문자열이면 x와 y의 연접은 ______ 이다.
2. 만약 L과 L'이 언어이면 L과 L'의 연접은 ______ 이다.
3. 만약 L과 L'이 언어이면 L과 L'의 합집합은 _____ 이다.
4. 만약 L이 언어이면 L의 Kleene 폐포는 ____ 이다.
5. 알파벳 Σ 상의 정규식들의 집합은 순환적으로 정의된다. 그 정의에 대한 기본 부분은 ______ 라는 문장이다. 그 정의에 대한 순환 부분은 "만약 r과 s가 Σ 상의 임의의 정규식이면 다음은 또한 그 집합에 있는 정규식들이다: _____, _____, _____"를 명시한다.
6. 알파벳 Σ 상의 언어와 정규식들을 관계시키는 함수는 순환적으로 정의된다. 그 함수에 대한 기본 부분은 $L(\emptyset)$=_____, $L(\epsilon)$=_____이고 Σ에 있는 모든 a에 대하여 $L(a)$=_____라는 문장이다. 그 함수에 대한 순환 부분은 "만약 $L(r)$과 $L(r')$이 Σ 상의 정규식 r과 r'에 의해 정의된 언어라면 $L(rr')$=______, $L(r|r')$=_____이고 $L(r^*)$=_____"를 명시한다.
7. 표기 [A-C]는 ______의 예이고 정규식 ______ 을 표기한다.
8. _____을 나타내는 정규식에 하나의 점을 사용하라.
9. 문자 클래스의 시작에 놓이는 기호 ^는 _____을 가리킨다.
10. 만약 r이 정규식이면 기호 $r+$는 ____를 표기한다.
11. 만약 r이 정규식이면 기호 $r?$는 _____을 표기한다.
12. 만약 r이 정규식이면 기호 $r\{n\}$은 ______을 표기하고 기호 $r\{m, n\}$은 ______을 표기한다.

연 / 습 / 문 / 제 12.1

1. $\Sigma=\{x, y\}$를 하나의 알파벳이라 하자.
   a. L_1을 길이가 4보다 작거나 같고 회문인 Σ 상의 모든 문자열로 구성된 언어라 하자. 집합 기호를 사용하여 L_1의 모든 원소를 나열하라.
   b. L_2를 x로 시작하며 길이가 3보다 작거나 같은 Σ 상의 모든 문자열로 구성된 언어라 하자. 집합 기호를 사용하여 L_2의 모든 원소를 나열하라.

2. **a.** 만약 후치 표현에서의 표현식 $ab+cd+\cdot$이 전치 표현으로 전환된다면 그 결과는 무엇인가?
   b. $\Sigma=\{1, 2, *, /\}$라 하고 L을 처음에 숫자(1 또는 2)가 오고 그 다음에 두 번째 숫자(첫 번째 숫자와 같아도 됨)가 오고 마지막에 연산자 (* 또는 /로 *는 곱셈을 가리키고 /는 나눗셈을 가리킴)를 씀으로써 얻어지는 Σ 상의 모든 문자열의 집합이라 하자. 그러면 L은 후치 또는 역폴란드식 표현식들의 집합이다. 중괄호 사이에 있는 L의 모든 원소를 열거하고 결과 값을 계산하라.

3. 다음과 같이 주어진 언어 L_1과 L_2에 대하여 L_1L_2, $L_1 \cup L_2$, $(L_1 \cup L_2)^*$를 묘사하라.

   L_1은 a로 시작하며 단지 그 하나의 a만 포함하는 a와 b들의 모든 문자열들의 집합이다. L_2는 짝수 개의 a를 포함하는 a와 b들의 모든 문자열들의 집합이다.

4. 괄호들을 추가하여 다음 표현식에서 우선순위를 분명히 하라.

$$(a \mid b^*b)(a^* \mid ab)$$

5. 연산자 우선순위에 대해 관례를 사용하여 다음 정규식에서 괄호들을 제거하라.

$$((a(b^*)) \mid (c(b^*)))((ac) \mid (bc))$$

6. 집합 기호를 사용하여 다음 정규식에 의해 정의된 언어를 유도하라.

$$\epsilon \mid ab$$

7. 다음 정규식에 의해 정의된 언어에 속한 다섯 개의 문자열을 쓰라.

$$0^* 1(0^* 1^*)^*$$

8. 낱말을 사용하여 다음 정규식에 의해 정의된 언어를 묘사하라.

$$b^* ab^* ab^* a$$

9. 주어진 문자열이 주어진 정규식에 의해 정의된 언어에 속하는지 결정하고 여러분의 답을 정당화하라.

정규식: $(b \mid \epsilon)a(a \mid b)^* a(b \mid \epsilon)$, 문자열: *aaaba*, *baabb*

10. 다음과 같이 주어진 언어를 묘사하는 정규식을 찾아라.

홀수 개의 1을 가지는 0과 1들의 모든 문자열들로 구성되는 언어(그러한 문자열은 홀수 패리티를 갖는다고 말한다)

11. r, s, t를 $\Sigma = \{a, b\}$ 상의 정규식이라 하자. 주어진 두 개의 정규식이 같은 언어를 정의하는지를 결정하라. 만약 그렇다면 언어를 묘사하라. 만약 그렇지 않으면 반례를 들라.

$$(r \mid s)t \text{ and } rt \mid st$$

문제 12~15에서는 주어진 문자열들의 집합을 정의하기 위한 정규식을 쓰라. 필요하다면 이 절에 주어진 단축 표기법을 사용하라. 대부분의 경우에, 여러분의 표현은 주어진 문자열에 추가하여 다른 문자열을 묘사할 것이다. 그러나 적당한 한계 안에서 여러분의 답을 가능한 한 주어진 문자열에 가깝게 맞추도록 노력하라.

12. *pre*로 시작하되 *pre*로만 이루어지지 않은 소문자로 쓰여진 모든 단어들

13. 모음 a, e, i, o, u 중 적어도 한 개를 포함하는 소문자로 쓰여진 모든 단어들

14. 마지막 네 개의 숫자가 3으로 시작하고 6으로 끝나는 모든 미국 사회보장번호들(우리나라의 주민등록번호와 같은 역할을 하는 것으로 세 자리의 숫자, 하이픈, 두 자리의 숫자, 또 다른 하이픈, 마지막으로 네 자리의 숫자로 구성되어 있는 것)

15. 소수점이 있거나 없는 부호가 있거나 없는 모든 수들. 부호 있는 수는 접두사 + 나 − 를 가지며 부호가 없는 수는 그러한 접두사를 갖지 않는다. 임의의 문자를 위한 단일 점(.) 기호와 구별하기 위하여 소수점을 \.으로 표현한다.

16. 주어진 문자열이 예제 12.1.11의 형식들 중 하나로 쓰여졌을 때 1980년부터 2079년까지의 타당한 날짜를 나타내는지를 결정하는 완전한 검사를 수행하는 정규식을 쓰라.(이 기간 동안, 윤년이 1980년부터 시작하여 4년마다 돌아온다.)

자 | 기 | 진 | 단 | 해 | 답

1. x의 모든 문자들을 쓰고 난 다음 y의 모든 문자들을 씀으로써 얻어지는 문자열 2. $\{ xy \mid x \in L$이고 $y \in L' \}$ 3. $\{s \mid s \in L$ 또는 $s \in L'\}$ 4. $\{t \mid t$는 L에 있는 임의의 유한 문자열들의 연접이다.$\}$ 5. $\emptyset, \epsilon, \Sigma$에 있는 각각의 개별 기호들은 Σ 상의 정규식들이다; (rs), $(r|s)$, (r^*) 6. $\emptyset$; $\{\epsilon\}$, $\{a\}$; $L(r)L(r')$; $L(r) \cup L(r')$; $(L(r))^*$ 7. 문자 클래스; $(A \mid B \mid C)$ 8. 임의의 문자 9. 그 클래스의 범위에 있는 것들과 같은 형태의 문자를 뜻하며 기호 ^ 다음에 오는 모든 문자는 그 문자열의 어떤 지점에도 나타날 수 없음 10. r과 적어도 하나의 r과의 연접 11. $(\epsilon|r)$ 12. r과 정확히 n번의 자신과의 연접; r이 m과 n 사이의 수만큼(m과 n을 포함)의 연접

12.2 유한 오토마타

2.4절에서 토의된 종류의 회로는 조합회로(combinational circuit)라 부른다. 그러한 회로는 그것의 출력이 그것의 입출력 테이블, 달리 말하면 부울(Boolean) 함수에 의해 완전히 결정된다는 사실에 의해 특성화된다. 그것의 출력은 그 회로의 사전 입력들의 어떤 변화에도 의존하지 않는다. 이러한 이유로 조합회로는 메모리를 가지지 않는다고 말한다.

조합회로는 컴퓨터 디자인에서 매우 중요하다. 그러나 그것들만이 회로들의 유일한 형태는 아니다. 순서회로(sequential circuit) 또한 매우 중요하다. 순서회로에 대해서는 회로의 이전 전력에 관한 무엇인가를 알지 못한다면, 또는 좀 더 기술적으로 입력을 받기 전 회로가 가졌던 상태를 알지 못한다면, 특별한 입력에 대응하는 출력을 예측할 수 없다. 순서회로의 행동은 회로에 대한 입력의 함수일 뿐만 아니라 입력이 받아들여졌을 때 회로가 처한 상태의 함수이다. 메모리 회로는 순서회로의 한 형태이다.

유한 오토마타(finite-state automaton)는 순서회로의 본질적인 아이디어를 구현하여 이상화한 기계이다. 유한 오토마타에 대한 입력은 각각 오토마타의 상태에서 변화를 이끌고 그 다음에 차후의 입력이 어떻게 처리되는지에 영향을 미친다. 예를 들어 전화를 거는 행동을 상상해 보자. 328을 누르는 것은 전화 회로를 지역 번호의 네 자리 숫자를 기대하는 상태로 이끄는 반면, 1-800을 누르는 것은 전화 회로를 (미국의) 무료 장거리 전화번호의 마지막 일곱 자리 숫자를 받을 준비 상태로 놓는다. 자판기도 비슷하게 작동한다. 여러분이 자판기에 25센트(quarter)를 넣는다는 것만을 안다는 것은 자판기의 행동이 무엇일지를 예측하는 데 충분하지 않다. 여러분은 또한 25센트가 주입되었을 때, 자판기가 처한 상태를 알아야 한다. 만약에 75센트가 이미 들어 있었다면, 여러분은 음료수나 과자를 얻을 수 있다. 그러나 그 25센트 동전이 처음 들어갔다면 여러분은 아무것도 얻을 수 없을 것이다.

예제 12.2.1 간단한 자판기

간단한 자판기는 병에 든 1달러짜리 주스를 판매한다. 그 자판기는 25센트짜리와 50센트(half-dollar)짜리만을 받아들이고 잔돈은 돌려주지 않는다. 주입한 돈이 1달러이거나 그 이상일 때마다 자판기는 주스 한 병을 내준다. 주입된 다음 동전은 다시 그 과정을 시작하게 한다. 자판기의 작동은 그림 12.2.1에 나타나 있다.

각각의 원은 자판기의 상태, 즉 0센트, 25센트, 50센트, 75센트, 1달러 또는 그 이상의 돈이 들어온 상태를 나타낸다. '0센트 주입됨'을 가리키는 라벨이 없는 화살표는 이것이 그 기계의 초기 상태임을 나타낸다. '1달러 또는 그 이상 주입됨' 주위의 두 개의 원은 그 기계가 이 상태에 도달했을 때 주스 한 병을 내주는 것을 의미한다.[이것을 종결 상태(accepting state)라 부른다. 왜냐하면 기계가 이 상태에 있을 때 주스의 비용으로 동전들의 연속 입력을 받아들였기 때문이다.] 상태들과 관련된 화살표들은 다양한 상태의 각각에서 특정한 입력이 이루어졌을 때 무엇이 일어나는지를 가리킨다. 예를 들면 '0센트 주

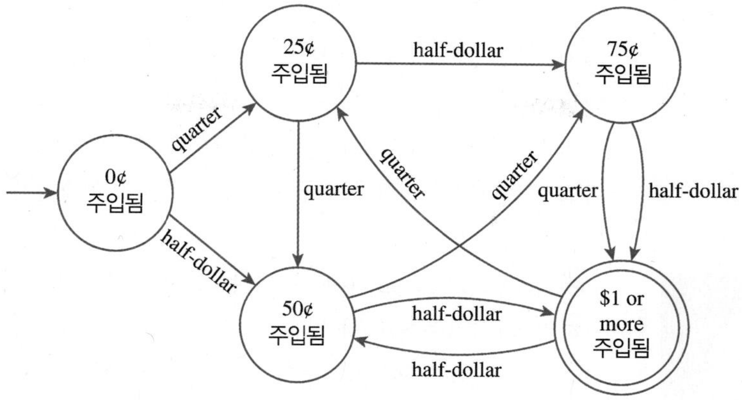

그림 12.2.1 간단한 자판기

입됨' 으로부터 '25 센트 주입됨' 으로 가는 '25 센트' 라고 라벨이 붙은 화살표는 언제 기계가 '0 센트 주입됨' 상태에 있고 25 센트가 주입되고 기계가 '25 센트 주입됨' 상태로 가는지를 가리킨다. '75 센트 주입됨' 으로부터 '1 달러 또는 그 이상 주입됨' 으로 가는 '50 센트' 라고 라벨이 붙은 화살표는 언제 기계가 '75 센트 주입됨' 상태에 있고 50 센트가 주입되고 기계가 '1 달러 또는 그 이상 주입됨' 상태로 가고 주스가 방출되는지를 가리킨다.(이 경우에는 기계가 잔돈을 주지 않기 때문에 구매자는 주스 한 병을 얻기 위해 1 달러 25 센트를 지불한다.) '1 달러 또는 그 이상 주입됨' 으로부터 '25 센트 주입됨' 으로 가는 '25 센트' 라고 라벨이 붙은 화살표는 언제 기계가 '1 달러 또는 그 이상 주입됨' 상태에 있고 25 센트가 주입되고 기계가 '25 센트 주입됨' 상태로 되돌아가는지를 가리킨다.(이것은 기계가 한 병의 주스를 방출한 후 모든 작동을 다시 한다는 사실에 대응한다.)

같은 의미로, 자판기의 작동은 표 12.2.1 에서 보여 주듯이, 상태 전이 테이블(next-state table)로 표현할 수 있다.

테이블에서 '0 센트 주입됨' 을 가리키는 화살표는 기계가 이 상태에서 작동을 시작함을 나타낸다. '1 달러 또는 그 이상 주입됨' 의 옆에 있는 두 개의 원은 기계가 이 상태에 도달했을 때 한 병의 주스가 방출됨을 가리킨다. 테이블 안에 기입된 것들은 분명하게 해석된

표 12.2.1 상태 전이 테이블

			입력	
			Quarter	**Half-Dollar**
State	→	0¢ 주입됨	25¢ 주입됨	50¢ 주입됨
		25¢ 주입됨	50¢ 주입됨	75¢ 주입됨
		50¢ 주입됨	75¢ 주입됨	$1 이상 주입됨
		75¢ 주입됨	$1 이상 주입됨	$1 이상 주입됨
	◎	$1 이상 주입됨	25¢ 주입됨	50¢ 주입됨

다. 예를 들면 50센트라고 라벨이 붙은 열의 세 번째 줄에 있는 것은 언제 기계가 '50센트 주입됨' 상태에 있고, 50센트가 주입되고, '1달러 또는 그 이상 주입됨' 상태로 가는지를 보여 준다.

표 12.2.1은 그림 12.2.1의 도표와 정확히 같은 정보를 전달한다는 것을 주목하자. 도표가 주어진다면 테이블을 만들 수 있고, 테이블이 주어진다면 도표를 유도할 수 있다. ■

David Eugene Smith Collection, Columbia University

David Hilbert
(1862–1943)

Godfrey Argent

Alan M. Turing
(1912–1954)

예제 12.2.1에서 묘사된 자판기는 원시적인 기억을 가지는 것으로 간주될 수 있음을 주목하자. 자판기는 얼마나 많은 돈이 들어 있는지를 기계의 상태를 참조함으로써 '기억한다'. 유한 오토마타에게 그들의 무서운 힘을 주는 것은 정보를 저장하고 그것을 행하는 이러한 능력이다.

가장 중요한 유한 오토마타는 디지털 계산기이다. 각각의 계산기는 입력 장치들, 프로세서, 출력 장치들과 같은 몇 개의 서브시스템으로 구성되어 있다. 전형적으로 프로세서는 중앙 처리 장치와 유한 개의 메모리로 구성되어 있다. 임의의 주어진 시간에 프로세서의 상태는 그 메모리 안에 저장된 모든 비트들의 위치와 값에 의해 결정된다. 따라서 한 개의 비트를 저장하기 위한 n개의 다른 위치를 가지는 계산기에는 2^n개의 다른 상태가 존재할 수 있다. 현대 컴퓨터에서 n은 수십억이거나 심지어 수조에까지 이른다. 따라서 상태의 총수는 셀 수 없을 정도로 크다. 그러나 그것은 유한하다. 따라서 컴퓨터의 복잡성에도 불구하고 자판기에서처럼, 현재 상태와 입력에 관한 지식이 주어진다면 다음 상태를 예측하는 것이 가능하다. 사실 이것이 본질적으로 프로그래머들이 프로그램을 작성할 때마다 애써 하려는 것이다. 다행히도 현대 고급 컴퓨터 언어는 많은 도움을 제공한다.

오토마타의 기본 이론은 1900년에 위대한 독일 수학자 David Hillbert에 의해 제기된 수학의 기초에 관한 매우 이론적인 질문에 답하기 위해 발전되었다. 오토마타에 대한 놀랄 만한 작업은 1930년대 중반에 영국의 수학자이자 논리학자인 Alan M. Turing에 의해 행해졌다. 1940년대와 1950년대에 이루어진 Turing의 연구는 실세계의 자동 계산기의 발전에 중요한 역할을 하였다.

유한 오토마타의 정의

일반적인 유한 오토마타는 어느 것이 초기 상태이고 어느 것이 종결 상태인지를 가리키는 것과 함께 상태들의 집합, 모든 입력 원소들의 목록, 어느 상태가 각 상태에서 각 입력에 의해 생성되는지를 정의하는 상태 전이 함수에 대한 명세를 줌으로써 완전히 묘사된다. 이것은 다음 정의에서 형식화된다.

> • 정의
>
> **유한 오토마타**(finite-state automaton) A는 다섯 개의 대상들로 구성되어 있다.
>
> 1. **입력 알파벳**(input alphabet)이라 불리는 입력 기호들의 집합 $\boldsymbol{I}$
> 2. 오토마타가 처할 수 있는 **상태**(state)들의 집합 $\boldsymbol{S}$
> 3. **초기 상태**(initial state)라 불리는 지정된 상태 $\boldsymbol{s_0}$
> 4. **종결 상태**(accepting state)들의 집합으로 불리는 상태들의 지정된 집합
> 5. '다음 상태'를 '현재 상태'와 '현재 입력'으로 구성된 각각의 순서쌍으로 보내는 **상태 전이 함수**(next-state function) $\boldsymbol{N: S \times I \to S}$. S에 있는 각 s와 I에 있는 입력 기호 m에 대하여, $N(s, m)$은 A가 상태 s에 있을 때, m이 A의 입력이라면 A가 가는 상태라 불린다.

유한 오토마타의 작동은 그림 12.2.1과 비슷한 **(상태) 전이 다이어그램**((state-)transition diagram)으로 불리는 다이어그램에 의해 주로 묘사된다. 이것은 그 기계가 다양한 입력들에 대응하여 하나의 상태에서 다른 상태로 만드는 전이를 보여 주기 때문에 전이 다이어그램이라 부른다. 하나의 전이 다이어그램에서 상태들은 원에 의해서 표현되고 종결 상태들은 두 개의 원에 의해 표현된다. 초기 상태를 가리키는 하나의 화살표가 있고, 상태 전이 함수의 행동을 지적하기 위하여 각 상태에서 다른 상태를 가리키며 입력 기호들의 라벨이 붙은 다른 화살표도 있다. 특히 상태 s로부터 m 라벨이 붙은 상태 t로 가는 화살표는 $N(s, m)=t$를 뜻한다.

오토마타에 대한 상태 전이 테이블은 가능한 모든 상태들 s와 입력 기호들 i에 대한 상태 전이 함수 N의 값들을 보여 준다. 주석표기 상태 전이 테이블(annotated next-state table)에서, 초기 상태는 화살표에 의해 지적되고 종결 상태들은 두 개의 원으로 나타난다.

예제 12.2.2 **전이 다이어그램에 의해 주어진 유한 오토마타**

그림 12.2.2에 나타낸 전이 다이어그램에 의해 정의되는 유한 오토마타 A를 고려해 보자.

a. A의 상태들은 무엇인가?

b. A의 입력 기호들은 무엇인가?

c. A의 초기 상태는 무엇인가?

d. A의 종결 상태들은 무엇인가?

e. $N(s_1, 1)$을 구하라.

f. A에 대한 주석표기 상태 전이 테이블을 구하라.

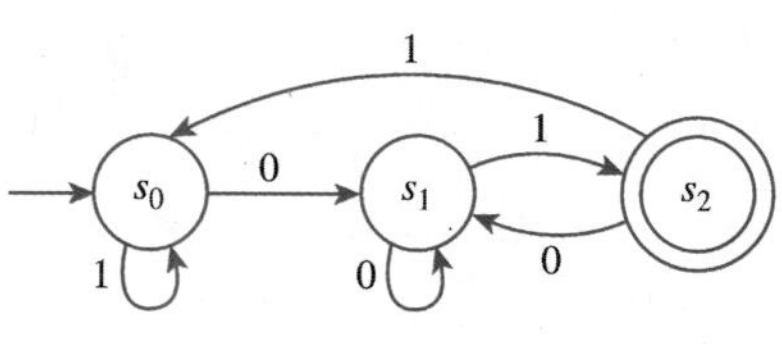

그림 12.2.2

풀이

a. A의 상태는 s_0, s_1, s_2이다.[이들이 원의 라벨들이기 때문이다.]

b. A의 입력 기호는 0과 1이다.[이들이 화살표의 라벨들이기 때문이다.]

c. A의 초기 상태는 s_0이다.[라벨이 붙지 않은 화살표가 s_0를 가리키기 때문이다.]

d. A의 유일한 종결 상태는 s_2이다.[이것이 두 개의 원에 의해 표시된 유일한 상태이기 때문이다.]

e. $N(s_1, 1)=s_2$.[s_1에서 s_2로 가는 라벨 1이 붙은 화살표가 있기 때문이다.]

f.

		입력	
		0	1
상태	→ s_0	s_1	s_0
	s_1	s_1	s_2
	◎ s_2	s_1	s_0

■

예제 12.2.3 주석표기 상태 전이 테이블에 의해 주어진 유한 오토마타

다음 주석표기 상태 전이 테이블에 의해 정의된 유한 오토마타 A를 고려해 보자.

a. A의 상태들은 무엇인가?

b. A의 입력 기호들은 무엇인가?

c. A의 초기 상태는 무엇인가?

d. A의 종결 상태들은 무엇인가?

e. $N(U, c)$를 구하라.

f. A에 대한 전이 다이어그램을 그려라.

		입력		
		a	b	c
상태	→ U	Z	Y	Y
	◎ V	V	V	V
	Y	Z	V	Y
	◎ Z	Z	Z	Z

풀이

a. A의 상태는 U, V, Y, Z이다.

b. A의 입력 기호는 a, b, c이다.

c. A의 초기 상태는 U이다.[그 화살표가 U를 가리키기 때문이다.]

d. A의 종결 상태는 V, Z이다.[이들이 두 개의 원에 의해 표시되어 있기 때문이다.]

e. $N(U, c)=Y$.[상태 전이 테이블의 U라고 라벨이 붙은 행과 c라고 라벨이 붙은 열에 있는 것은 Y이기 때문이다.]

f. A에 대한 전이 다이어그램은 그림 12.2.3에 주어져 있다. 다중 입력 기호들을 가지는 화살표로 이름을 붙임으로써 좀 더 조밀하게 그릴 수 있는데 이것은 그림 12.2.4에 그려져 있다.

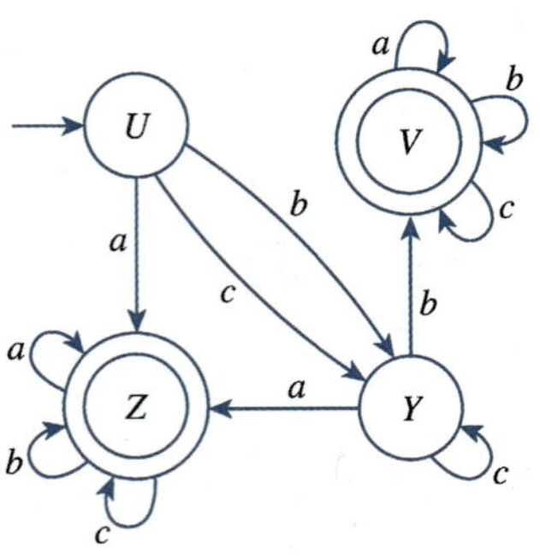

그림 12.2.3

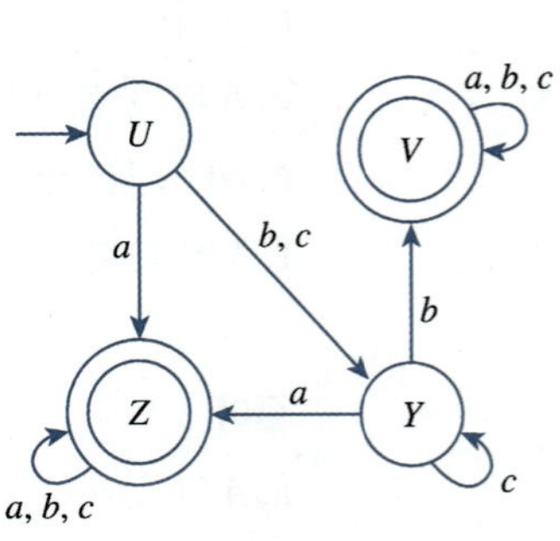

그림 12.2.4

■

오토마타에 의해 받아들여지는 언어

이제 입력 기호들의 문자열이 유한 오토마타에 차례차례로 들어간다고 가정하자. 각각의 연속적인 입력 기호가 오토마타의 상태를 바꾼 후에, 오토마타는 그 과정의 끝에서 (종결 상태든 비종결 상태든) 어떤 상태로 끝난다. 이러한 방법으로 유한 오토마타의 행동은 입력 기호들의 모든 문자열들의 집합을 오토마타를 종결 상태로 보내는 것들과 그렇지 못한 것들의 두 개의 부분집합으로 분리한다. 오토마타를 종결 상태로 보내는 문자열들을 오토마타에 의해 받아들여진다라고 말한다.

• 정의

A를 입력 기호들의 집합 I를 가지는 유한 오토마타라 하자. I^*를 I의 모든 문자열들의 집합이라 하고 w를 I^*에 있는 하나의 문자열이라 하자. 그러면 "**w가 A에 의해 받아들여진다**"와 동치는 "A가 초기 상태에 있을 때 시작하여, w의 기호들이 왼쪽에서 오른쪽으로 차례차례 A에 대한 입력일 때 A가 종결 상태로 간다"는 것이다. **A에 의해 받아들여지는 언어**(language accepted by A)는 A에 의해 받아들여지는 모든 문자열들의 집합으로 $L(A)$와 같이 쓴다.

예제 12.2.4 **오토마타에 의해 받아들여지는 언어 찾기**

예제 12.2.2에서 정의된 아래와 같은 유한 오토마타 A를 고려해 보자.

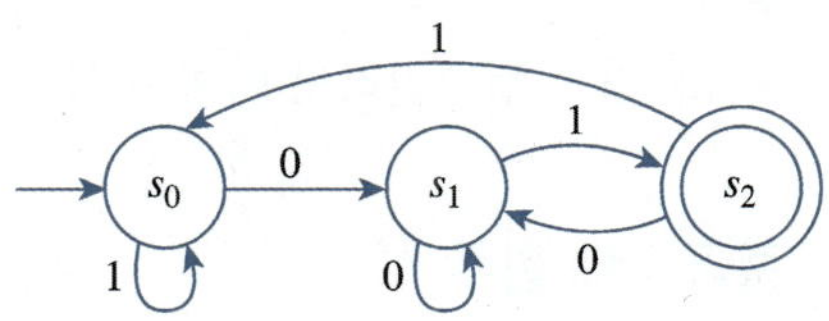

a. 만약에 다음 문자열들의 기호들이 초기 상태부터 시작하여 차례로 A에 대한 입력이 될 때 A는 무슨 상태로 가는가?

(i) 01 (ii) 0011 (iii) 0101100 (iv) 10101

b. (a)에 있는 어떤 문자열이 A를 종결 상태로 보내는가?

c. A에 의해 받아들여지는 언어는 무엇인가?

d. 같은 언어를 정의하는 정규식이 있는가?

풀이

a. (i) s_2 (ii) s_0 (iii) s_1 (iv) s_2

b. 문자열 01과 10101이 A를 종결 상태로 보낸다.

c. 만약에 w가 01로 끝나는 임의의 문자열이면, w는 A에 의해 받아들여진다는 것을 관찰하자. 만약에 w가 길이가 2보다 큰 문자열이라면 w의 처음 $n-2$개 기호들이 입력된 후에 A는 다음 세 개의 상태 s_0, s_1, s_2 중 하나에 있을 것이다. 그러나 이들 세 상태의 어느 것으로부터 차례차례로 기호들 01의 입력은 A를 s_1으로 보내고 그 다음에 종결 상태 s_2로 보낸다. 따라서 01로 끝나는 임의의 문자열은 A에 의해 받아들여진다.

또한 A에 의해 받아들여지는 유일한 문자열은 01로 끝나는 것들임을 주목하자.(즉 01로 끝나는 이들 외에 어떤 다른 문자열도 A에 의해 받아들여지지 않는다.) 이에 대한 이유는 A의 유일한 종결 상태는 s_2이고 s_2를 가리키는 유일한 화살표는 s_1으로부터 오는 것이며 1의 라벨이 있기 때문이다. 따라서 길이가 n인 입력 문자열이 A를 종결 상태로 보내기 위해서는, w의 마지막 기호가 1이 되어야 하고 w의 처음 $n-1$개의 기호들은 A를 상태 s_1으로 보내야만 한다. 이제 세 개의 화살표는 A의 세 상태 중의 하나인 s_1 가리키고 모두 0의 라벨이 붙어 있다. 따라서 w의 처음 $n-1$개의 기호들의 마지막은 0이어야 한다. 그러므로 w의 마지막 두 개의 기호는 01이어야 한다. 따라서

$L(A)$는 01로 끝나는 0과 1의 모든 문자열들의 집합이다.

d. 있다. $L(A)$ 를 정의하는 하나의 정규식은 $(0 \mid 1)^* \, 01$이다. ■

다중 종결 상태들을 가지는 유한 오토마타는 오토마타가 입력 문자열들을 다양한 다른 범주들로 분류할 수 있도록 종결 상태 각각에 첨부된 출력 장치들을 가질 수 있다. 이것은 입력 문자들의 스트림으로부터 식별자들, 예약어들과 같은 기호들을 모으기 위하여, 유한 오토마타가 컴파일러의 어휘 분석기 구성 성분으로 어떻게 사용되는지를 보여 준다.

종국 상태 함수

이제 유한 오토마타가 어느 한 상태(초기 상태일 필요는 없음)에 있다고 가정하고 입력 기호들의 문자열이 차례차례로 오토마타에 받아들여진다고 가정하자. 오토마타는 결국 무슨 상태까지 갈까? 입력 문자열의 가능한 모든 조합과 오토마타의 모든 상태들에 대해 이 질문에 답해 주는 함수를 종국 상태 함수라 부른다.

• 정의

A를 상태들의 집합 S, 입력 기호들의 집합 I, 상태 전이 함수 $N: S\times I \to S$를 가지는 유한 오토마타라 하자. I^*를 I의 모든 문자열들의 집합이라 하고 종국 상태 함수 (eventual-state function) $N^* : S\times I^* \to S$를 다음과 같이 정의하자.

임의의 상태 S와 임의의 입력 문자열 w에 대하여

$N^*(s, w)$=[A가 상태 s에서 시작하여 만약 w의 기호들이 차례로 A의 입력이 된다면 A가 도달하는 상태]

예제 12.2.5 **종국 상태 함수의 값 계산**

아래에 보여 준 예제 12.2.2의 유한 오토마타를 다시 고려해 보자. $N^*(s_1, 10110)$를 찾아라.

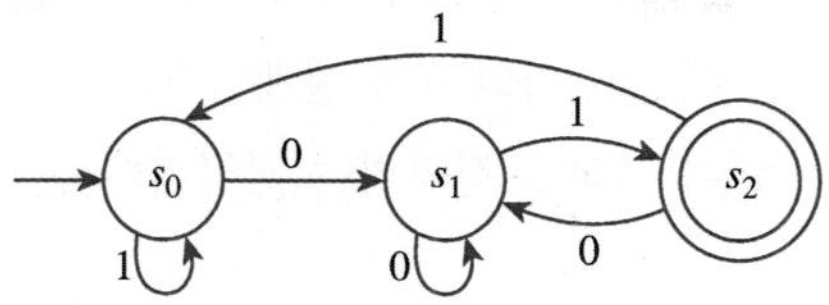

풀이

종국 상태 함수의 정의에 의해

$$N^*(s_1, 10110) = \left[\begin{array}{l}A\text{가 상태 } s_1\text{에서 시작하여 만약 10110의 기호}\\ \text{들이 차례로 } A\text{의 입력이 된다면 } A\text{가 도달하는}\\ \text{상태}\end{array}\right]$$

이다. A에 대한 전이 다이어그램을 참조하면서, s_1에서 시작하여, 1이 입력일 때 A는 s_2로 가고, 그 다음에 0이 입력일 때 A는 s_1으로 되돌아가고, 그 이후에 1이 입력일 때 A는 s_2로 가고, 거기로부터 1이 입력일 때 A는 s_0로 가고, 마지막으로 0이 입력일 때 A는 s_1으로 되돌아간다. 이 상태 전이 나열은 다음과 같이 쓸 수 있다.

$$s_1 \xrightarrow{1} s_2 \xrightarrow{0} s_1 \xrightarrow{1} s_2 \xrightarrow{1} s_0 \xrightarrow{0} s_1$$

따라서 10110의 모든 기호들이 차례로 입력된 후, A의 종국 상태는 s_1이다. 따라서

$$N^*(s_1, 10110) = s_1$$

이다. ■

오토마타에 의해 받아들여지는 문자열과 언어의 정의들은 종국 상태 함수를 이용함으로써 기호로 고쳐 말할 수 있다. A를 입력 기호들의 집합 I, 상태 전이 함수 $N: S \times I \to S$를 가지는 유한 오토마타라 가정하자. I^*를 I의 모든 문자열들의 집합이라 하고 w를 I^*에 있는 하나의 문자열이라 가정하자.

w는 A에 의해 받아들여진다 $\Leftrightarrow N^*(s_0, w)$는 A의 종결 상태이다

$L(A) = \{w \in I^* \mid N^*(s_0, w)$는 A의 종결 상태이다$\}$

유한 오토마타의 설계

이제 언어의 묘사를 시작하는 문제와 그 언어를 정확히 받아들이는 오토마타를 설계하는 문제를 고려해 보자.

예제 12.2.6 **1의 개수가 3에 의해 나누어지는 0과 1들의 문자열들의 집합에 의해 받아들여지는 유한 오토마타**

a. 1의 개수가 3에 의해 나누어지는 0과 1들의 문자열들의 집합에 의해 받아들여지는 유한 오토마타 A를 설계하라.

b. 이 집합을 정의하는 정규식이 존재하는가?

풀이

a. s_0를 A의 초기 상태라 하고, s_1을 하나의 1이 입력된 후 그것의 상태라 하고, s_2를 두 개의 1이 입력된 후 그것의 상태라 하자. s_0는 영 개의 1이 입력된 후의 A의 상태이고, 0은 3에 의해 나누어지기 때문에$(0=0 \cdot 3)$, s_0는 종결 상태여야 함을 주목하자. 상태 s_0, s_1, s_2는 서로서로 달라야 한다. 왜냐하면 상태 s_0로부터 3에 의해 나누어지는 새로운 수에 이르기 위해서는 세 개의 1이 필요하고, 상태 s_1으로부터는 두 개의 추가적인 1이 필요하고, 상태 s_2로부터는 단지 하나 더 1이 필요하기 때문이다.

세 개의 1이 입력된 후 A의 상태가 s_0로 되게 취할 수 있다. 왜냐하면 세 개의 1이 입력된 후 3에 의해 나누어지는 새로운 수에 이르기 위해서는 세 개 더 필요하기 때문이다. 더욱 일반적으로, 만약에 $3k$(여기서 k는 음이 아닌 정수)개의 1이 입력되었다면, 3에 의해 다시 나누어지는 수에 이르기 위해서는 세 개 더 필요하다[왜냐하면 $3k+3=3(k+1)$이기 때문이다]. 따라서 $3k$(여기서 k는 음이 아닌 정수)개의 1이 입력된 후의 상태는 초기 상태 s_0로 선택될 수 있다.

비슷한 이유로, $(3k+1)$개의 1과 $(3k+2)$개의 1이 입력되었을 때의 상태들은 각각 s_1과 s_2가 되게 선택될 수 있다.

이제 임의의 음이 아닌 정수는 $3k$, $3k+1$, $3k+2$ 형태로 쓰여질 수 있고(4.4절을 보라) 그래서 세 개의 상태 s_0, s_1, s_2가 A를 만드는 데 필요한 모든 것이 된다. 따라서 A의 상태는 아래와 같이 그려질 수 있고 라벨을 붙일 수 있다.

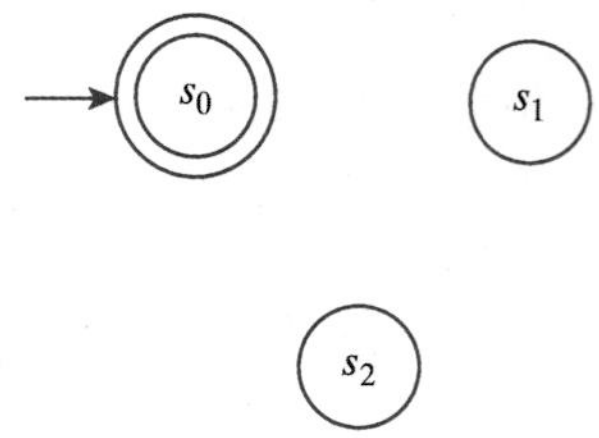

이제 상태의 각각에서 A에 가능한 입력들을 생각해 보자. A가 어떤 상태에 놓여 있든 간에, 하나의 0이 입력된다면 입력 문자열에 있는 1의 총수는 변하지 않는다. 따라서 각각의 상태에 0의 라벨이 붙은 루프(loop)가 하나 존재한다.

이제 A가 상태 s_0에 있을 때, 1이 그것의 입력이 된다고 가정하자. 그러면 A는 상태 s_1으로 가고(입력 문자열에 있는 1의 총수가 $3k$에서 $3k+1$로 변했기 때문이다), 비슷하게 A가 상태 s_1에 있을 때, 하나의 1이 입력된다면 A는 상태 s_2로 간다(입력 문자열에 있는 1의 총수가 $3k+1$에서 $3k+2$로 변했기 때문이다). 마지막으로 A가 상태 s_2에 있을 때, 하나의 1이 입력된다면 A는 상태 s_0로 간다[입력 문자열에 있는 1의 총수가 $(3k+2)+1=3k+3=3(k+1)$로서, 3의 배수가 되기 때문이다].

따라서 A에 대한 전이 다이어그램은 아래와 같은 모양을 가진다.

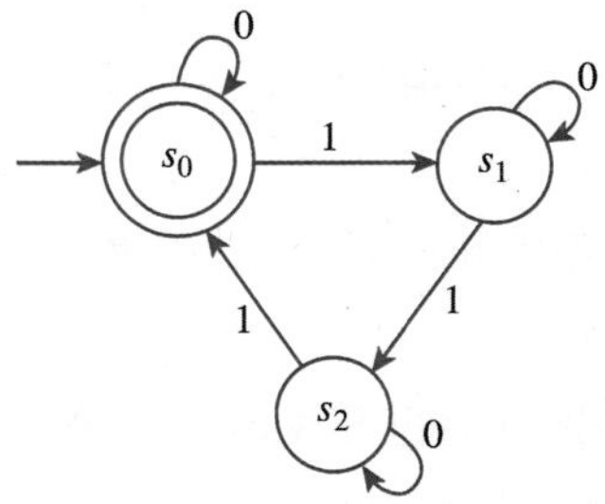

이 오토마타는 1의 총수가 3에 의해 나누어지는 0과 1들의 모든 문자열의 집합을 받아들인다.

b. 이 집합을 정의하는 정규식은 $0^* \mid (0^*\ 10^*\ 10^*\ 10^*)^*$이다. ■

예제 12.2.7 정확히 하나의 1을 포함하는 0과 1들의 모든 문자열들의 집합을 받아들이는 유한 오토마타

a. 정확히 하나의 1을 포함하는 0과 1들의 모든 문자열들의 집합을 받아들이는 유한 오토마타 A를 설계하라.

b. 이 집합을 정의하는 정규식은 존재하는가?

풀이

a. 오토마타 A는 적어도 두 개의 다른 상태를 가져야 한다.

s_0: 초기 상태

s_1: 입력 문자열이 정확히 하나의 1을 포함할 때 A가 가는 상태

만약에 A가 상태 s_0에 있고 하나의 0이 입력된다면, A는 상태 s_0에 머무를 것이다(상태 s_1으로 움직이기 위해서는 하나의 1을 기다려야 할 필요가 있기 때문이다). 그러나 1이 입력되자마자 A는 상태 s_1으로 움직인다. 따라서 부분적인 전이 다이어그램은 아래와 같이 그릴 수 있다.

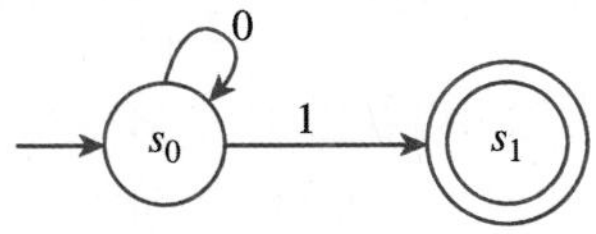

이제 A가 상태 s_1에 있을 때 무슨 일이 일어나는지를 생각해 보자. 만약에 하나의 0이 입력된다면 입력 문자열은 여전히 하나의 1을 가지고 있어서 A는 여전히 s_1에 머문다. 그러나 만약 1이 입력된다면 입력 문자열은 하나 이상의 1을 포함한다. 그래서 A는 s_1을 떠나야 한다(한 개 이상의 1을 가지는 어떤 문자열도 A에 의해 받아들여지지 않기 때문이

다). s_0로부터 s_1으로 이르는 방법이 있기 때문에 상태 s_0로 되돌아갈 수 없고 두 번째의 1이 입력된 후에 A는 상태 s_1으로 결코 되돌아올 수 없다. 따라서 s_2로부터의 모든 입력은 A를 상태 s_2에 두게 된다. 따라서 A에 대한 완전한 전이 다이어그램은 아래와 같은 모양을 가진다.

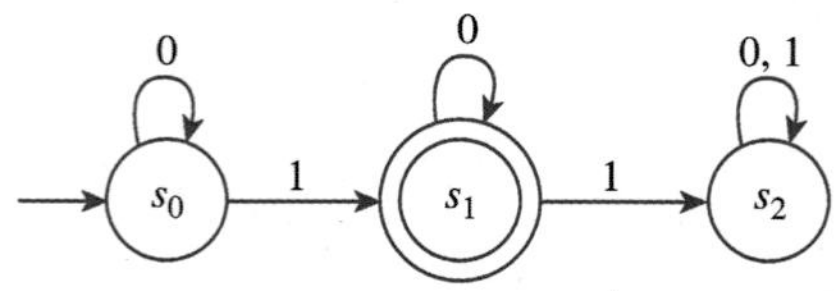

이 오토마타는 정확히 하나의 1을 포함하는 0과 1들의 모든 문자열들의 집합을 받아들인다.

b. 주어진 집합을 정의하는 정규식은 $0^* 10^*$이다. ■

소프트웨어를 사용한 유한 오토마타의 모의실험

항목들이 0과 1들의 문자열로 코딩되었다고 가정하자. 한 프로그램이 011로 끝나는 문자열들로 코딩된 항목들의 처리를 제어하기 위해 쓰이게 되었고 다른 방법으로 코딩된 항목들은 무시된다. 이 상황은 그림 12.2.5에서 보여 주는 유한 오토마타에 의해 모델링될 수 있다.

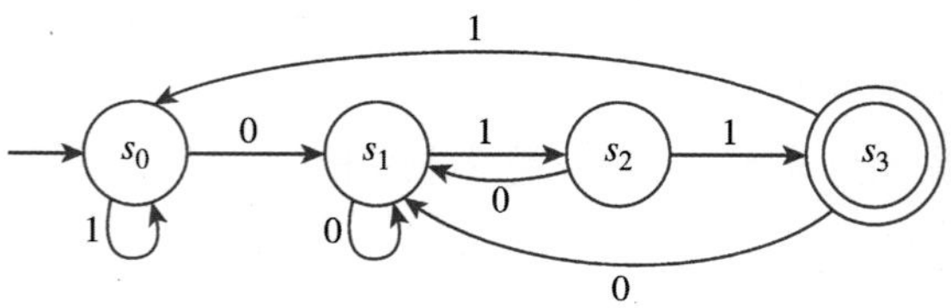

이 오토마타는 011로 끝나는 문자열들을 인식한다.

그림 12.2.5

항목에 대한 코드의 기호들은 이 오토마타에 차례로 공급되며 주어진 코드에 있는 기호들의 각 문자열은 오토마타를 네 개의 상태 s_0, s_1, s_2, s_3 중 하나로 보낸다. 만약 상태 s_3에 이르게 되면 그 항목은 처리되고, 그렇지 않다면 그 항목은 무시된다.

이 유한 오토마타의 행동은 알고리즘 12.2.1에 주어진 컴퓨터 알고리즘으로 모의실험을 할 수 있다.

알고리즘 12.2.1 유한 오토마타

[이 알고리즘은 전이 다이어그램의 기능을 흉내 냄으로써 그림 12.2.5의 유한 오토마타의 행동을 모의실험한다. 상태는 0, 1, 2, 3으로 나타낸다.]

입력: 문자열(*string*)[0과 1들의 문자열과 하나의 끝 표시 *e*]

알고리즘 몸체:

state:=0

symbol:= 입력 문자열에 있는 첫 기호(symbol)

```
if    state = 0   then if symbol = 0
                       then state := 1
                       else state := 0
else if state = 1 then if symbol = 0
                       then state := 1
                       else state := 2
else if state = 2 then if symbol = 0
                       then state := 1
                       else state := 3
else if state = 3 then if symbol = 0
                       then state := 1
                       else state := 0

  symbol:= 입력 문자열에 있는 다음 기호
end while
```

[**while** 루프의 실행 후, 상태의 값이 3일 동치 조건은 입력 문자열이 011*e*로 끝나는 것이다.]

출력: 상태(*state*)

유한 오토마타를 사용함으로써 알고리즘 생성기가 어떻게 다른 단계들에 독립적으로 입력 문자열의 분석의 각 단계에 초점을 맞추는지를 주목하라.

이 오토마타를 프로그래밍하는 다른 방법은 2차원 배열로서 상태 전이 함수의 값을 직접 입력하는 것이다. 이것은 알고리즘 12.2.2에 주어져 있다.

알고리즘 12.2.2 유한 오토마타

[이 알고리즘은 상태 전이 함수의 반복적인 응용으로서 그림 12.2.5의 유한 오토마타의 행동을 모의실험한다. 상태는 0, 1, 2, 3으로 나타낸다.]

입력: 문자열(*string*)[0과 1들의 문자열과 하나의 끝 표시 *e*]

알고리즘 몸체:

```
  N(0, 0):=1, N(0, 1):=0, N(1, 0):=1, N(1, 1):=2,
  N(2, 0):=1, N(2, 1):=3, N(3, 0):=1, N(3, 1):=0
  state :=0
  symbol:= 입력 문자열에 있는 첫 기호
  while(symbol ≠ e)
    state :=N(state, symbol)
```

symbol := 입력 문자열에 있는 다음 기호
end while
[**while** 루프의 실행 후, 상태의 값이 3일 동치 조건은 입력 문자열이 011*e*로 끝나는 것이다.]

출력: 상태(*state*)

유한 오토마타와 정규식

앞의 절에서, 유한 오토마타에 의해 받아들여지는 언어를 고려할 때마다 우리는 같은 언어를 정의하는 정규식을 찾았다. Stephen Kleene는 이것을 할 수 있는 우리의 능력이 우연의 일치가 아니라는 것을 보여 주었다. 그는 유한 오토마타에 의해 받아들여지는 어떤 언어도 하나의 정규식에 의해 정의될 수 있고, 그 역으로 하나의 정규식에 의해 정의되는 어떤 언어도 유한 오토마타에 의해 받아들여진다는 것을 증명하였다. 따라서 12.1절에서 토의한 정규식의 많은 응용에 대해, 대응하는 유한 오토마타를 찾는 것이 이론적으로 가능하고, 이것은 앞의 절에서 묘사된 여러 종류의 컴퓨터 알고리즘을 사용하여 모의실험할 수 있다.

실제로, 찾고자 하는 패턴들만을 유지하는 데 종종 흥미가 있다. 예를 들면 HTML 문서에서 참조를 얻기 위하여 정식 HTML 태그, <a href= "바라던 URL">를 정의하는 정규식을 자세히 쓸 수 있으나, 따옴표 사이의 문자열만을 검색하는 데 관심이 있을 수 있다. 이러한 종류의 고려 때문에, 유한 오토마타의 실제 구현은 추가적인 특징들을 포함한다.*

우리는 Kleene 정리의 문장을 두 부분으로 나눈다.

Kleene 정리, 1

유한 오토마타에 의해 받아들여지는 임의의 주어진 언어에 대하여, 꼭 같은 언어를 정의하는 정규식이 존재한다.

증명:

A를 입력 기호들의 집합 I, 상태들의 집합 S, 상태 전이 함수 $N: S\times I \to S$를 가지는 유한 오토마타라 가정하자. I^*를 I의 모든 문자열들의 집합이라 하자. 상태 $s_1, s_2, s_3, \ldots, s_n$에 번호를 매기고 초기 상태를 s_1으로 표기하고 각 정수 $k=1, 2, 3, \ldots, n$에 대하여

$L_{i,j}^k = \{x \in I^* \mid x$의 기호들이 차례로 A에 입력될 때, A는 중간 상태 $s_h(h > k)$로 가는 것 없이 상태 s_i에서 상태 s_j로 간다$\}$

* 더 많은 정보를 위해 *Mastering Regular Expressions*, 3rd ed., by Jeffrey E. F. Friedl, (Sebastopol, CA: O'Reilly & Associates, 2006)을 보라.

라 두자.

$L_{i,j}^{k}$에 있는 색인 i나 색인 j 중에 하나는 k보다 클 수 있다는 것에 주목하자. 유일한 제한은 $L_{i,j}^{k}$에 있는 문자열의 기호들이 A를 k보다 큰 색인을 가지는 중간 상태로 들어가게 하거나 그 중간 상태에서 빠지게 할 수 없다는 것이다.

만약 s_j가 종결 상태이고 $k=n$이고 $i=1$이면, $L_{1,j}^{n}$은 s_1에서 시작하면서 문자열의 기호들이 차례로 A에 입력되었을 때 A를 s_j로 보내는 모든 문자열들의 집합이다. 따라서

$$L_{1,j}^{n} \subseteq L(A)$$

이다. 더욱이 $L(A)$에 있는 모든 문자열의 기호들의 나열은 A를 어떤 종결 상태 s_j로 보내기 때문에

$L(A)$는 모든 집합들 $L_{1,j}^{n}$의 합집합, 여기서 s_j는 하나의 종결 상태

이다.

우리는 수학적 귀납법의 한 변형을 사용하여 I의 정규식들의 집합을 만들 것이다.

기본: $1 \le i, j \le n$을 만족시키는 각각의 정수 쌍 i와 j에 대하여, $L_{i,j}^{0}$은 A를 어떤 중간 상태 $s_h(h > 0)$로 보내지 않고 s_i 에서 s_j로 보내는 모든 문자열들의 집합이다. A에 있는 모든 상태의 첨자가 0보다 크기 때문에, $L_{i,j}^{0}$에 있는 모든 문자열들은 A를 어떤 중간 상태로 전혀 보내지 않는다. 그래서 각각은 I에서 나오는 단 한 개의 입력 기호이다. 달리 말하면, $1 \le i, j \le n$을 만족시키는 모든 정수 i와 j에 대하여

$$L_{i,j}^{0} = \{a \in I \mid N(s_i, a) = s_j\}$$

이다. 따라서 $L_{i,j}^{0}$은 I의 부분집합이다. 그래서 (I가 유한하기 때문에) 우리는 $L_{i,j}^{0}$의 원소들을 다음과 같이 표기한다.

$$L_{i,j}^{0} = \{a_1, a_2, a_3, \ldots, a_M\} \subseteq I$$

이제 정규식의 정의에 의해, I의 단 하나의 입력 기호 각각은 I의 정규식이다. 따라서 $L_{i,j}^{0}$의 모든 원소는 I의 정규식이다. 결과적으로 $1 \le i, j \le n$을 만족시키는 모든 정수 i와 j에 대하여, 다음 정규식이 $L_{i,j}^{0}$을 정의한다.

$$a_1 \mid a_2 \mid a_3 \mid \cdots \mid a_M$$

재귀: i와 j를 $1 \le i, j \le n$을 만족시키는 모든 정수 쌍이라 두고, $1 \le p, q \le k$을 만족시키는 각각의 정수 쌍 p와 q에 대하여, $L_{p,q}^{k}$를 정의하는 정규식이 존재한다고 가정하자. 그것을 $r_{p,q}^{k}$라 부르자. 우리는 $L_{i,j}^{k+1}$를 정의하는 정규식 $r_{i,j}^{k+1}$을 만들어 낼 것이다. $L_{i,j}^{k+1}$에 있는 임의의 문자열은 A가 s_{k+1}을 통하는 방법이든, A가 s_{k+1}을 통하지 않게

하는 방법이든, A를 s_i에서 s_j로 보낸다는 것을 관찰하자. 이제 A를 s_i에서 s_j로 보내고 A가 s_{k+1}을 한 번 또는 그 이상 통하게 만드는 각 문자열은 부분들로 쪼개질 수 있다. 첫 번째 부분에 있는 기호들은 A가 s_{k+1}을 통하지 않게 A를 s_i에서 s_{k+1}로 보낸다. 중간 부분의 각각에 있는 기호들은 A가 s_{k+1}을 통하지 않게 A를 s_{k+1}에서 자신으로 보낸다. 마지막 부분에 있는 것들은 A가 s_{k+1}을 통하지 않게 A를 s_{k+1}에서 s_j로 보낸다.(중간 부분들은 공백 문자열이 될 수 있다.) 두 개의 중간 부분을 보여 주는 전형적인 길은 아래에 묘사되어 있다.

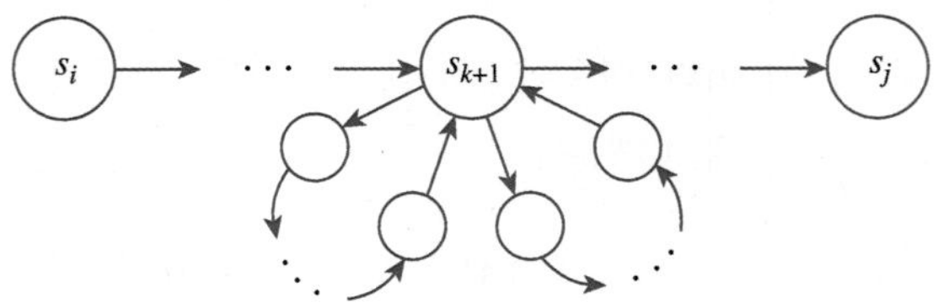

그 문자열의 각 중간 부분은 $L^k_{k+1,k+1}$에 있고 가정에 의해 정규식 $r^k_{k+1,k+1}$은 이 집합을 정의한다는 것을 주목하자. 같은 이유로 $r^k_{i,k+1}$은 그 문자열의 가능한 모든 첫 번째 부분들의 집합을 정의하고, $r^k_{k+1,j}$는 그 문자열의 가능한 모든 마지막 부분들의 집합을 정의한다. 게다가 $r^k_{i,j}$는 A가 $s_m(m > k)$을 통하지 않게 만들며 A를 s_i에서 s_j로 보내는 모든 문자열들의 집합을 정의한다. 따라서 우리는 다음과 같이 정규식을 정의할 수 있다.

$$r^{k+1}_{i,j} = r^k_{i,j} \mid r^k_{i,k+1} \left(r^k_{k+1,k+1}\right)^* r^k_{k+1,j}$$

그러면 $r^{k+1}_{i,j}$는 A가 $s_m(m > k+1)$을 통하지 않게 만들며 A를 s_i 에서 s_j로 보내는 모든 문자열들의 집합을 정의한다. i와 j가 $1 \le i, j \le n$을 만족시키는 임의의 정수 쌍이기 때문에 $r^{k+1}_{i,j}$는 그러한 모든 쌍에 대해 정의되고, 이것은 재귀의 다음 상태로 가도록 허락한다.

증명을 완성하기 위하여, s_j를 A의 임의의 종결 상태라 두고 r_j를 정규식

$$r_j = r^0_{1,j} \mid r^1_{1,j} \mid r^2_{1,j} \mid \cdots \mid r^n_{1,j}$$

라 두자. 그러면 r_j는 s_1을 시작으로 그 문자열에 있는 기호들이 차례로 A에 입력되었을 때 A를 s_j로 보내는 모든 문자열들의 집합을 정의한다. 따라서 만약에 A의 종결 상태들의 전체 집합이 $\{s_{j_1}, s_{j_2}, s_{j_3}, \ldots, s_{j_h}\}$이면, 정규식

$$r = r_{j_1} \mid r_{j_2} \mid r_{j_3} \mid \cdots \mid r_{j_h}$$

은 A를 종결 상태로 보내는 모든 문자열들의 집합을 정의한다. 달리 말하면, r은 $L(A)$를 정의한다.

> **Kleene 정리, 2**
>
> 정규식에 의해 정의된 임의의 주어진 언어에 대하여, 꼭 같은 언어를 받아들이는 유한 오토마타가 존재한다.

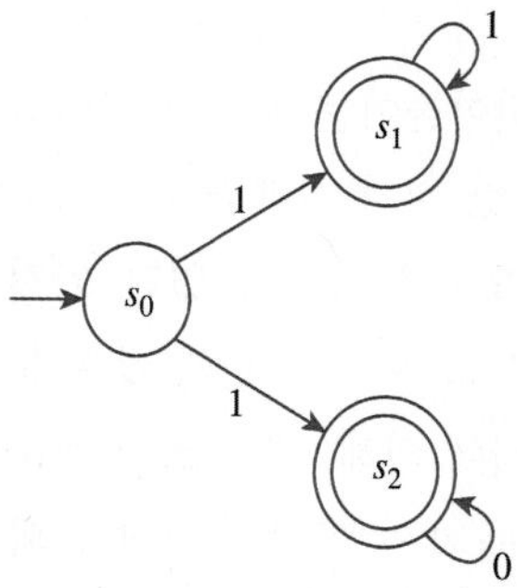

Kleene 정리의 부분 2를 증명하는 가장 보편적인 방법은 **비결정적 유한 오토마타**(nondeterministic finite-state automaton)라고 불리는 새로운 범주를 소개하는 것이다. 이것들은 임의의 주어진 상태와 입력 기호에 대해 다음 상태가 그 오토마타 상태들의 집합의 부분집합(공집합일 가능성도 있음)인 것을 제외하고는 지금까지 토의해 왔던 (결정적) 유한 오토마타와 비슷하다. 따라서 오토마타의 다음 상태는 현재 상태와 입력 기호의 조합에 의해 유일하게 결정되지는 않는다. 하나의 문자열이 비결정적 유한 오토마타에 의해 받아들여질 필요충분조건은 초기 상태에서 출발해서, 그 문자열에 있는 기호들이 차례로 그 오토마타에 입력되었을 때, 다음 상태들의 어떤 나열이 존재하여 오토마타가 그것을 통하여 여행할 때 그 오토마타를 종결 상태로 보낸다는 것이다. 예를 들면 아래에 있는 전이 다이어그램은 하나의 1로 시작하는 모든 문자열들의 집합을 받아들이는 매우 간단한 비결정적 유한 오토마타의 예이다. $N(s_0, 1)=\{s_1, s_2\}$이고 $N(s_0, 0)=\emptyset$ 임을 관찰하자.

임의의 정규식에 의해 정의되는 주어진 언어에 대해 꼭 같은 언어를 정의하는 비결정적 유한 오토마타를 찾아내는 간단한 재귀적 알고리즘이 존재한다. Kleene 정리의 증명은 임의의 비결정적 유한 오토마타에 대해 꼭 같은 언어를 정의하는 (결정적) 유한 오토마타가 존재함을 보임으로써 완성된다. 자세한 증명은 오토마타 이론 과정에서 다룬다.

정규 언어

Kleene 정리에 따르면, 정규식에 의해 정의되는 언어들의 집합은 유한 오토마타에 의해 받아들여지는 언어들의 집합과 같다. 그러한 임의의 언어를 **정규 언어**(regular language)라 부른다. 문맥에 자유로운 언어들에 대한 간단한 언급과 Chomsky의 언어 분류는 모든 언어가 정규는 아니라는 것을 제시한다. 우리는 비정규 언어의 예를 들어 이것을 증명할 것이다.

예를 만들기 위해, 유한 오토마타는 유한 개의 상태들만을 가정할 수 있고 무한히 많은 입력 나열들이 존재하기 때문에, 비둘기집의 원리에 의해 그 오토마타가 몇 번이고 되풀이하여 되돌아가는 적어도 하나의 상태가 존재한다. 이것이 비정규 언어를 찾을 수 있도록 만드는 오토마타의 가장 중요한 특징이다.

예제 12.2.8 **한 언어가 정규가 아님을 보이기**

언어 L을 $a^k b^k$(여기서 k는 양의 정수) 형태의 모든 문자열들로 구성되었다고 하자. 기호로 나타내면, L은

$$L = \{\, s \in \Sigma^* \mid s = a^k b^k,\ k\text{는 양의 정수}\}$$

에 의해 정의되는 알파벳 $\Sigma = \{\, a, b\}$의 언어이다. L이 정규가 아니라는 것을 보이기 위해 비둘기집의 원리를 사용하라. 달리 말하면, L을 받아들이는 유한 오토마타가 존재하지 않음을 보여라.

풀이

[모순에 의한 증명을 사용하자.] 그렇지 않다고 가정하자. 즉 L을 받아들이는 유한 오토마타 A가 존재한다고 가정하자.[모순이 유도될 것이다.] A는 단지 유한 개의 상태들을 가지고 있기 때문에, 이 상태들을 $s_1, s_2, s_3, \ldots, s_n$(여기서 n은 양의 정수)으로 표기할 수 있다. 완전히 a들로만 구성된 모든 입력 문자열들을 고려하자: $a, a^2, a^3, a^4, \ldots$. 이제 무한히 많은 문자열들과 단지 유한 개의 상태들이 있다. 따라서 비둘기집의 원리에 의해, a^p나 $a^q(p \neq q)$ 중의 하나가 A에 입력될 때, A가 상태 s_m으로 가는 상태 s_m과 두 개의 입력 문자열 a^p와 a^q가 존재한다(그림 12.2.6을 보라).[비둘기들은 a들의 문자열들이고, 비둘기집들은 상태들이고, 그 대응은 각각의 문자열을 그 문자열이 입력되었을 때 A가 가는 상태로 보낸다.]

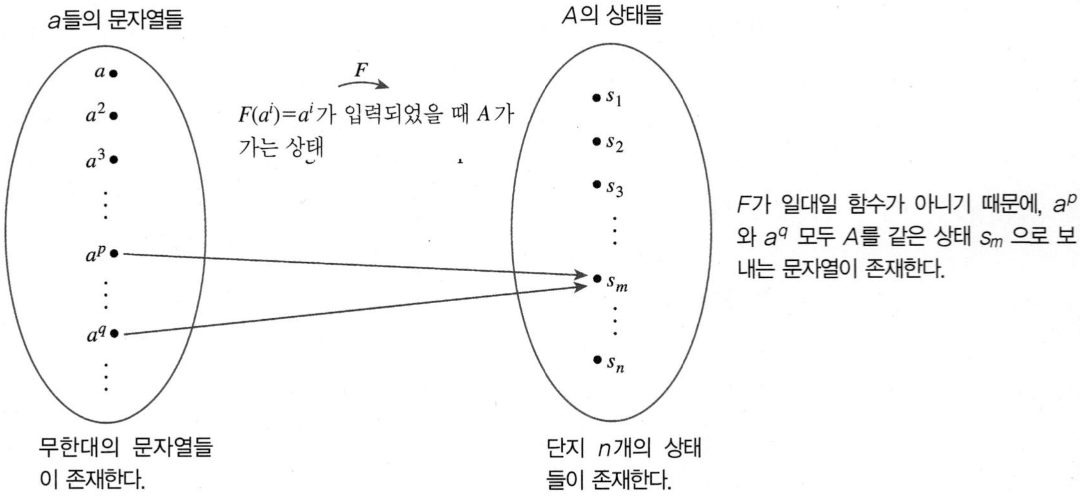

그림 12.2.6

이제 가정에 의해 A는 L을 받아들인다. 그래서 A는 문자열

$$a^p b^p$$

를 받아들인다. 이것은 p개의 a들이 입력된 후, 그 시점에 A는 상태 s_m에 있고, 추가적인 p개의 b들을 입력하는 것은 A를 종결 상태(s_a라 두자)로 보낸다는 것을 뜻한다. 그러나 그것은

$$a^q b^p$$

또한 A를 종결 상태 s_a로 보내고 $a^q b^p$는 A에 의해 받아들여지는 것을 의미한다. 그 이유는 q개의 a들이 입력된 후, A는 또한 상태 s_m에 있고, 추가적인 p개의 b들을 입력하는 것은 A를 종결 상태 s_a로 보내기 때문이다. 만약 $p < q$이면

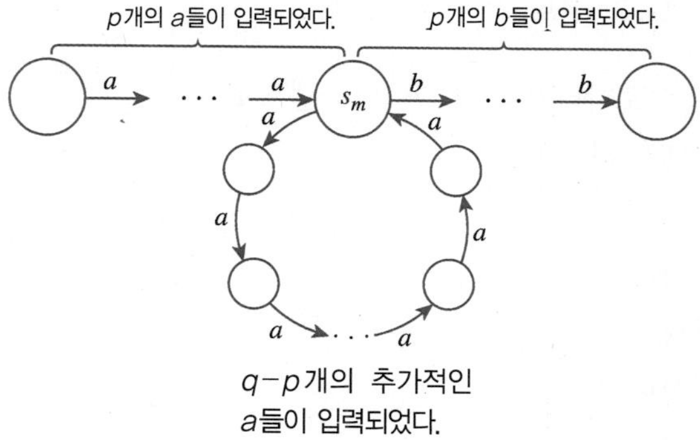

가 된다.

이제 가정에 의해, L은 A에 의해 받아들여지는 언어이다. 따라서 s가 A에 의해 받아들여지기 때문에 $s \in L$이다. 그러나 L의 정의에 의해, L은 같은 a들의 수와 b들의 수를 가지는 문자열들만으로 구성된다. 따라서 $p \neq q$이기 때문에, $s \notin L$이다. 그래서 $s \in L$이고 $s \notin L$이다. 이것은 모순이다.

따라서 가정이 거짓이라는 것을 알 수 있다. 그래서 L을 받아들이는 유한 오토마타는 존재하지 않는다. ■

자 | 기 | 진 | 단

1. 유한상태 오토마타를 구성하는 다섯 개의 객체는 ______, ______, ______, ______와 ______이다.

2. 오토마타에 대한 상태 전이 테이블은 ______의 값들을 보여 준다.

3. 주석 표기 추적 테이블에서 초기 상태는 ______을 가지는 것을 가리키며 종결 상태는 ______에 의해 표시된다.

4. 입력 기호들로 구성된 문자열 w가 유한 상태 오토마타 A에 의해 받아들여지기 위한 필요충분조건은 ______이다.

5. 유한 상태 오토마타 A에 의해 받아들여지는 언어는 ______이다.

6. 만약 N이 유한 상태 오토마타 A에 대한 추적 함수이면 종결 상태 함수 N^*는 다음과 같이 정의된다: A의 각 상태 s와 A의 입력 기호들로 구성된 각 문자열 w에 대해, $N^*(s, w)$= ______이다.

7. Kleene 정리의 부분 1은 유한 상태 오토마타에 의해 받아들여지는 임의의 언어가 주어졌다면 ______이 존재한다는 것을 말한다.

8. Kleene 정리의 부분 2는 정규식들에 의해 정의되는 임의의 언어가 주어졌다면 ______이 존재한다는 것을 말한다.

9. 정규식은 ______이다.

10. $a^k b^k$ 형태(여기서 k는 양의 정수)의 모든 문자열들로 구성된 언어가 주어졌다면 비둘기 집 원리는 그 언어가 ______라는 것을 보이기 위해 사용될 수 있다.

연 / 습 / 문 / 제 12.2

1. 다음 동전들이 각각 입력된 후, 예제 12.2.1에 있는 자판기의 상태를 찾아라.

a. 25 센트, 50 센트, 25 센트

b. 25 센트, 50 센트, 50 센트

c. 50 센트, 25 센트, 25 센트, 25 센트, 50 센트

문제 2~4에는 유한 오토마타가 전이 다이어그램으로 주어져 있다. 각각의 오토마타에 대해

a. 상태들을 찾아라.

b. 입력 기호들을 찾아라.

c. 초기 상태를 찾아라.

d. 종결 상태들을 찾아라.

e. 주석표기 상태 전이 테이블을 그려라.

2.

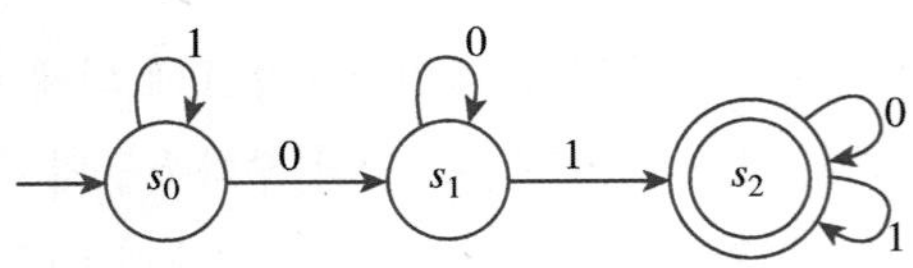

3.

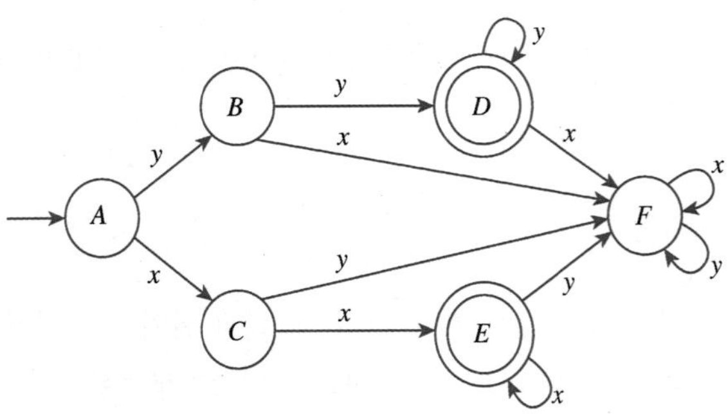

4.

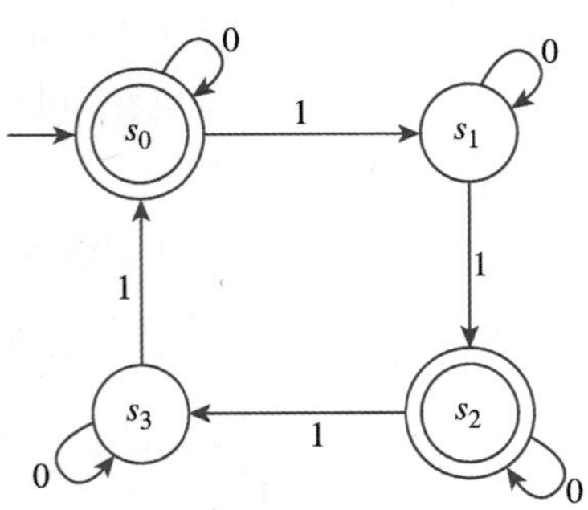

5. 유한 오토마타가 주석표기 상태 전이 테이블로 주어져 있다. 다음 오토마타에 대해

a. 상태들을 찾아라.

b. 입력 기호들을 찾아라.

c. 초기 상태를 찾아라.

d. 종결 상태들을 찾아라.

e. 전이 다이어그램을 그려라.

상태 전이 테이블

		입력	
		0	1
→	s_0	s_1	s_2
상태	s_1	s_1	s_2
◎	s_2	s_1	s_2

6. 아래의 전이 다이어그램에 의해 주어진 오토마타 A는 상태 전이 함수 N과 종국 상태 함수 N^*를 가진다.

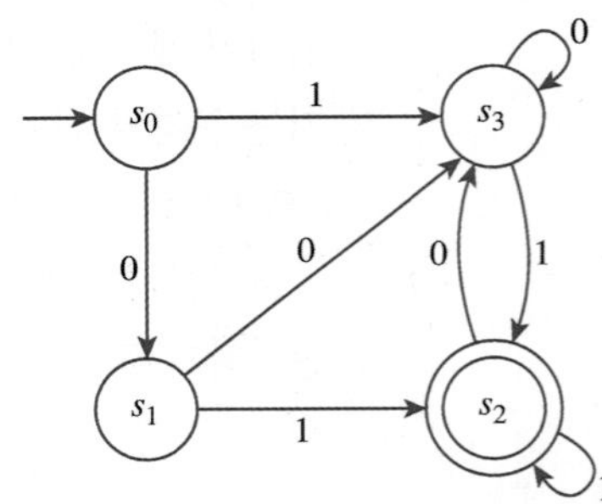

a. $N(s_1, 1)$과 $N(s_0, 1)$을 찾아라.

b. $N(s_2, 0)$과 $N(s_1, 0)$을 찾아라.

c. $N^*(s_0, 10011)$과 $N^*(s_1, 01001)$을 찾아라.

d. $N^*(s_2, 11010)$과 $N^*(s_0, 01000)$을 찾아라.

7. 아래의 전이 다이어그램에 의해 주어진 오토마타 A는 상태 전이 함수 N과 종국 상태 함수 N^*를 가진다.

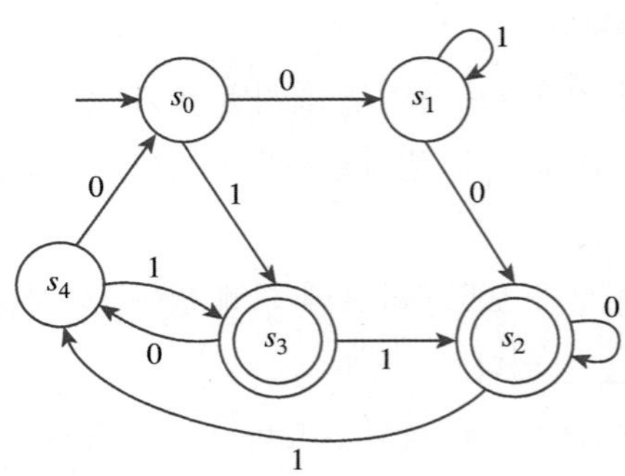

a. $N(s_3, 0)$과 $N(s_2, 1)$을 찾아라.

b. $N(s_0, 0)$과 $N(s_4, 1)$을 찾아라.

c. $N^*(s_0, 010011)$과 $N^*(s_3, 01101)$을 찾아라.

d. $N^*(s_0, 1111)$과 $N^*(s_2, 00111)$을 찾아라.

8. 연습문제 2의 유한 오토마타를 다시 고려해 보자.

a. 초기 상태에서 출발해서 다음 문자열들의 기호들이 차례로 입력되었을 때 오토마타가 어느 상태로 가는가?

(*i*) 1110001 (ii) 0001000 (iii) 11110000

b. (a)에 있는 어떤 문자열이 오토마타를 종결 상태로 보내는가?

c. 그 오토마타에 의해 받아들여지는 언어는 무엇인가?

d. 그 언어를 정의하는 정규식을 찾아라.

문제 9~11 각각에서, (a) 주어진 연습문제에서 오토마타에 의해 받아들여지는 언어를 찾아라. (b) 꼭 같은 언어를 정의하는 정규식을 찾아라.

9. 연습문제 3 **10.** 연습문제 4 **11.** 연습문제 5

문제 12~17 각각에서, (a) 주어진 문자열들의 집합을 받아들이는 주어진 입력 알파벳을 가지는 오토마타를 설계하라. (b) 오토마타에 의해 받아들여지는 언어를 정의하는 정규식을 찾아라.

12. 입력 알파벳={0, 1}, 마지막 세 개의 입력 기호들이 1인 모든 문자열들의 집합을 받아들인다.

13. 입력 알파벳={a, b}, 마지막 두 개의 입력 기호들이 같으면서 길이가 적어도 2인 모든 문자열들의 집합을 받아들인다.

14. 입력 알파벳={0, 1}, 01로 시작하는 모든 문자열들의 집합을 받아들인다.

15. 입력 알파벳={0, 1}, 10으로 끝나는 모든 문자열들의 집합을 받아들인다.

16. 입력 알파벳={a, b}, 정확히 두 개의 b를 포함하는 모든 문자열들의 집합을 받아들인다.

17. 입력 알파벳={0, 1}, 010의 형태를 포함하는 모든 문자열들의 집합을 받아들인다.

문제 18~22에서는 12.1절에 주어진 연습문제에 있는 정규식에 의해 정의되는 언어를 받아들이는 유한 오토마타를 설계하라.

18. 연습문제 7 **19.** 연습문제 10

20. 연습문제 12 **21.** 연습문제 13

22. 연습문제 14

23. L을 $a^m b^n$(여기서 m과 n은 양의 정수이고 $m \geq n$) 형태의 모든 문자열로 구성되는 언어라 하자. L을 받아들이는 유한 오토마타가 존재하지 않음을 보여라.

24. L을 a^n(여기서 어떤 양의 정수 m에 대하여 $n=m^2$) 형태의 모든 문자열로 구성되는 언어라 하자. L을 받아들이는 유한 오토마타가 존재하지 않음을 보여라.

자 | 기 | 진 | 단 | 해 | 답

1. 입력 기호들의 유한 집합; 상태들의 유한 집합; 지정된 초기 상태; 종결 상태들의 지정된 집합; 다음 상태와 오토마타의 각 상태와 입력 기호를 연관시키는 상태 전이 함수 2. 오토마타의 각 상태와 입력 기호에 대한 상태 전이 함수 3. 화살; 두 개의 원 4. 그 문자열에 있는 기호들이 왼쪽에서 오른쪽으로 순서적으로 오토마타에 입력될 때 초기 상태로 출발하여 오토마타는 종결 상태로 끝난다는 것 5. A에 의해 받아들여지는 문자열들의 집합 6. A가 상태 s에서 시작하여 만약 w의 기호들이 차례로 A의 입력이 된다면 A가 도달하는 상태 7. 같은 언어를 정의하는 정규식 8. 같은 언어를 받아들이는 유한 상태 오토마타 9. 하나의 정규식에 의해 정의되는 언어(또는 유한 상태 오토마타에 의해 받아들여지는 언어) 10. 정규가 아니다

12.3 유한 오토마타의 단순화

유한 오토마타에 입력되는 임의의 문자열은 그 오토마타를 종결 상태로 보내거나 보내지 않고, 오토마타에 의해 받아들여지는 모든 문자열들의 집합은 그 오토마타에 의해 받아들여지는 언어이다. 오토마타가 어떤 작업을 하기 위해 생성되었을 때(예를 들어 컴파일러 구문 분석처럼), 개발 과정으로부터 '자연스럽게' 나타나는 오토마타가 불필요하게 복잡한 경우가 종종 일어난다. 즉 꼭 같은 언어를 정확히 받아들이는 더 적은 상태들을 가지는 오토마타가 존재할 수도 있다. n개의 상태들을 가지는 오토마타를 저장하기 위해 필요한 메모리 공간은 거의 n^2에 비례하기 때문에 그러한 오토마타를 찾는 것이 요구된다. 따라서 단지 약 100개의 메모리 공간이 100개의 상태를 가지는 오토마타를 저장하는 데 필요한 반면, 약 10,000개의 메모리 공간이 10개의 상태를 가지는 오토마타를 저장하는 데 요구된다. 게다가 오토마타가 가지는 상태들이 더 적을수록 그것에 기반을 둔 알고리즘을 쓰는 것은 더 쉽다. 두 개의 오토마타가 꼭 같은 언어를 받아들이는지를 보기 위해서는 각각을 최소의 상태들을 가지도록 간단히 하고 간단히 만들어진 오토마타들을 비교하는 것이 가장 쉽다. 이 절에서 우리는 주어진 오토마타를 취급하는 방법과 꼭 같은 언어를 받아들이는 더 적은 상태들을 가지는 오토마타를 찾는다는 의미에서 그것을 간단히 하는 방법을 알아본다.

예제 12.3.1 **개요**

그림 12.3.1에 있는 유한 오토마타 A와 A'을 고려해 보자. 잠깐 생각해 보면, 여러분은 A'이 짝수 개의 1을 포함하는 모든 문자열들만을 받아들인다고 확신할 것이다. 그러나 A가 더욱 복잡할지라도, A 또한 그러한 문자열들을 정확히 받아들인다. 따라서 비록 A'이 A보다 더 적은 상태들을 가졌다 할지라도, 두 개의 오토마타가 꼭 같은 언어를 받아들인다는 의미에서, 그 두 개의 오토마타는 '동등하다'.

간단히 말하면, 이들 오토마타가 동등한 이유는 A의 몇몇 상태들은 임의의 입력 문자열의 받아들임과 그렇지 않음에 영향을 미치지 않고 결합될 수 있다는 것이다. s_2는 상태 s_0와

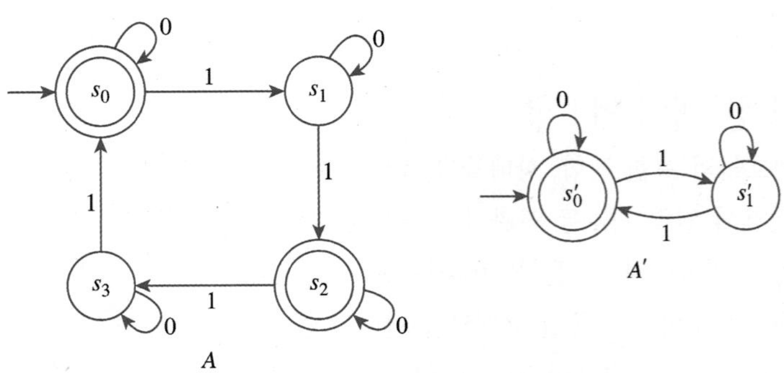

그림 12.3.1 두 개의 동등한 오토마타

결합될 수 있고 s_3는 상태 s_1과 결합될 수 있음을 알 수 있다.(어떤 상태들이 결합될 수 있는지 계산하는 방법은 이 절의 뒷부분에서 설명할 것이다.) 두 개의 결합된 상태 $\{s_0, s_2\}$와 $\{s_1, s_3\}$를 가지는 오토마타는 A의 상태통합 오토마타(quotient automaton)라 부르고, $\bar{A}$라 표기한다. 그것의 전이 다이어그램은 s_0와 s_2를 위한 원, s_1과 s_3를 위한 원을 결합하고, 상태 s에서 상태 t로 가는 임의의 화살표를 s를 포함하는 결합된 상태에서 t를 포함하는 결합된 상태로 가는 화살표로 교체함으로써 얻어진다. 예를 들면 A에는 s_1에서 s_2로 가는 1의 라벨이 붙은 화살표가 존재하기 때문에, $\bar{A}$에는 $\{s_1, s_3\}$에서 $\{s_0, s_2\}$로 가는 1의 라벨이 붙은 화살표가 존재한다. $\bar{A}$에 대한 완전한 전이 다이어그램은 그림 12.3.2에 나타나 있다. 상태들의 이름을 붙이는 것을 제외하고 A'에 대한 다이어그램과 동등하다. ■

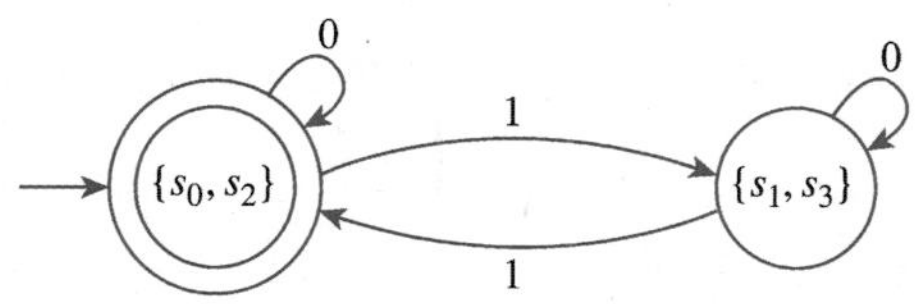

그림 12.3.2

일반적으로 유한 오토마타의 단순화는 입력 문자열들이 오토마타의 행동에 영향을 주지 않고 결합될 수 있는 '동등한 상태들'을 동일시하는 것을 포함한다. 수학적으로 얘기하면, 이것은 오토마타의 상태들의 집합에 동치관계(equivalence relation)를 정의하고 새로운 오토마타를 구성하는 것이며, 새로운 오토마타의 상태들은 그 관계의 동치류(equivalence class)이다. 이 절의 나머지에서는 실제적인 방법으로 이 과정을 수행하는 알고리즘에 대해 살펴본다.

*-동등 상태

유한 오토마타의 두 상태를 고려하자. 만약 오토마타가 하나의 상태에서 출발하였을 때 그 오토마타에 의해 받아들여지는 임의의 문자열이, 또 다른 상태에서 출발하였을 때 그 오토마타에 의해 받아들여진다면, 유한 오토마타의 두 상태는 *-동등하다라고 말한다. 상태 s와 입력 문자열 w에 대한 종국 상태 함수 N^*의 값은 오토마타가 상태 s에 있을 때, 만약에 w의 문자들이 차례로 입력된다면, 그 오토마타가 가는 상태임을 상기하자.

• 정의

A를 상태 전이 함수 N과 종국 상태 함수 N^*를 가지는 유한 오토마타라 하자. A의 상태들의 집합에서 다음과 같이 이항관계를 정의하자: 임의의 주어진 A의 상태 s와 t에 대하여, **s와 t가 *-동등하다**(s and t are *-equivalent, $s\ R_*\ t$라고 쓴다)라고 말하는 것과 동치인 것은 모든 입력 문자열 w에 대해

$N^*(s, w)$와 $N^*(t, w)$가 동시에 종결 상태이거나 비종결 상태인 것이다.

달리 말하면, 상태 s와 t가 *-동등하다와 동치 조건은 모든 입력 문자열 w에 대해

$$N^*(s, w)\text{가 종결 상태이다} \Leftrightarrow N^*(t, w)\text{가 종결 상태이다}$$

또는 더욱 간단하게, 모든 입력 문자열 w에 대해

$$\begin{bmatrix} A\text{가 상태 } s\text{에 있을 때 만약 } w\text{가} \\ \text{입력된다면 } A\text{는 종결 상태로 간다} \end{bmatrix} \Leftrightarrow \begin{bmatrix} A\text{가 상태 } t\text{에 있을 때 만약 } w\text{가} \\ \text{입력된다면 } A\text{는 종결 상태로 간다} \end{bmatrix}$$

정의에 대입하면 즉시 다음을 얻는다.

R_*는 A의 상태들의 집합 S에서의 동치관계이다.	12.3.1

여러분은 이 절의 연습문제에서 이것을 정식으로 풀어야 한다.

k-동등 상태

절차적인 관점에서, 직접적으로 정의를 이용하여 두 상태의 *-동등을 결정하는 것은 어렵다. 정의에 따르면, 여러분은 두 상태 s와 t가 동등한지를 말하기 위하여, 모든 입력 문자들에 대해, 상태 s와 t에서 출발하는 오토마타의 행동을 알아야 한다. 그러나 대부분의 언어들은 무한히 많은 입력 문자열들을 가지기 때문에, 여러분은 오토마타에 입력되는 모든 문자열의 영향을 일일이 검사할 수 없다. 실제적인 문제로서, k-동등이라 불리는 더 간단한 종류의 상태들의 동등에 근거한 반복 절차를 이용함으로써, 두 개의 상태 s와 t가 *-동등한지 아닌지를 말할 수 있다. 오토마타가 두 개의 상태 중 하나의 상태에서 출발했을 때 그 오토마타에 의해 받아들여지는 k보다 작거나 같은 길이를 가진 임의의 문자열이 오토마타가 또 다른 상태에서 출발했을 때 그 오토마타에 의해 받아들여진다면, 두 상태는 k-동등하다(k-equivalent)라고 말한다.

• 정의

A를 상태 전이 함수 N과 종국 상태 함수 N^*를 가지는 유한 오토마타라 하자. A의 상태들의 집합에서 다음과 같이 이항관계를 정의하자: 임의의 주어진 A의 상태 s와 t와 $k \geq 0$에 대하여, **s가 t와 k-동등하다**($s\ R_k\ t$라고 쓴다)라고 말하는 것과 동치인 것은 k보다 작거나 같은 길이를 가진 모든 입력 문자열 w에 대해 $n^*(s, w)$와 $N^*(t, w)$가 동시에 종결 상태이거나 비종결 상태인 것이다.

어떤 유용한 사실들은 k-동등의 정의로부터 바로 알 수 있다.

각각의 정수 $k \geq 0$에 대하여, k–동등은 동치관계이다.	12.3.2
각각의 정수 $k \geq 0$에 대하여, k–동치류는 오토마타의 모든 상태들의 집합을 둘이 서로소인 부분집합들의 합집합으로 분할한다.	12.3.3
각각의 정수 $k \geq 1$에 대하여, 만약 두 개의 상태가 k–동등하면, 그들은 또한 $(k-1)$–동등하다.	12.3.4
각각의 정수 $k \geq 1$에 대하여, 각각의 k–동치류는 $(k-1)$–동치류의 부분집합이다.	12.3.5
모든 정수 $k \geq 0$에 대해 k–동등한 임의의 두 상태는 $*$–동등하다.	12.3.6

이 사실들에 대한 증명은 연습문제로 남겨 둔다.

다음 정리는 상태들의 k-동등을 재귀적으로 묘사한다. 그것은 먼저 임의의 두 상태가 0-동등하다는 것과 동치가 둘 다 종결 상태이거나 둘 다 비종결 상태이다라는 것을 말해 주고, 두 번째로 임의의 두 상태가 k-동등하다($k \geq 1$)는 것과 동치는 그들이 $(k-1)$-동등하고, 임의의 입력 기호들에 대해 그들의 다음 상태가 또한 $(k-1)$-동등하다는 것을 말해 준다.

정리 12.3.1

A를 상태 전이 함수 N을 가지는 유한 오토마타라 하자. A에서 임의의 주어진 상태 s와 t에 대하여

1. s가 t와 0–동등하다 $\Leftrightarrow$ [s와 t 둘 다 종결 상태이거나 둘 다 비종결 상태이다]
2. 모든 정수 $k \geq 1$에 대하여, s가 t와 k–동등하다 $\Leftrightarrow$ [s와 t가 $(k-1)$–동등하고 임의의 입력 기호 m에 대해, $N(s, m)$과 $N(t, m)$이 또한 $(k-1)$–동등하다]

정리 12.3.1의 참은 길이가 k인 문자열 w를 입력하는 것은 w의 처음 기호를 입력하고 그 다음에 w의 나머지 $k-1$개의 기호들을 입력하는 것과 같은 효과를 가지는 사실에 따른다. 자세한 증명은 다소 기술적이다.

정리 12.3.1은 만약 여러분이 어떤 상태들이 $(k-1)$-동등(여기서 k는 양의 정수이다)한지를 알고 전이 상태 함수의 행동을 안다면, 여러분은 어떤 상태들이 k-동등한지를 계산할 수 있다는 것을 의미한다. 특히 s와 t가 $(k-1)$-동등하고 임의의 입력 기호 m에 대해 그것의 다음 상태들이 $(k-1)$-동등하다면, s와 t는 k-동등하다. 따라서 k-동치류는 $(k-1)$-동치류를 동치류의 요소들 상의 상태 전이 함수의 행동에 따라 다시 나눔으로써 얻어진다. 하나의 예가 이 절차를 분명하게 해 줄 것이다.

예제 12.3.2 ***k*-동치류 찾기**

아래에 주어진 오토마타의 상태들에 대해, 0-동치류, 1-동치류, 2-동치류를 찾아라.

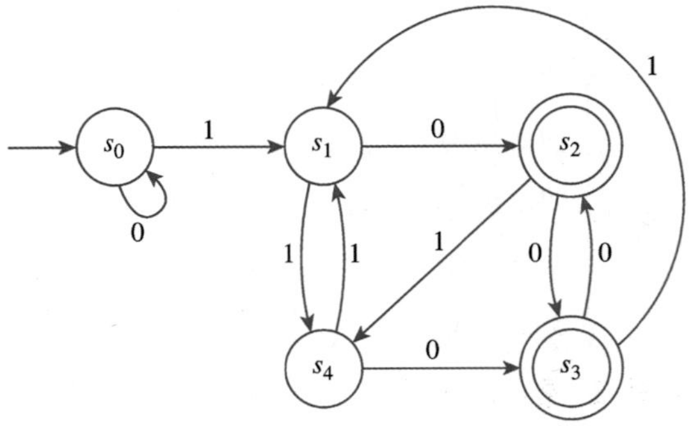

풀이

1. **0-동치류:** 정리 12.3.1에 의해, 두 개의 상태가 0-동등하다인 것과 동치는 둘 모두 종결 상태이거나 둘 모두 비종결 상태인 것이다. 따라서 0-동등한 상태들의 두 개의 집합이 존재한다.

$$\{s_0, s_1, s_4\}(\text{비종결 상태})\text{과 } \{s_2, s_3\}(\text{종결 상태})$$

따라서

$$\text{0-동치류는 } \{s_0, s_1, s_4\}\text{와 } \{s_2, s_3\}$$

이다.

2. **1-동치류:** 정리 12.3.1에 의해, 두 개의 상태가 1-동등하다인 것과 동치는 그들이 0-동등하고 임의의 입력 기호의 입력 후 그들의 다음 상태들이 0-동등하다는 것이다. 따라서 0이 상태 s_1에서 오토마타에 입력되었을 때, 오토마타가 상태 s_2로 가기 때문에, s_1은 s_0와 1-동등하지 않다. 0이 상태 s_0에서 오토마타에 입력되었을 때, 오토마타가 상태 s_0로 가기 때문에, s_2는 s_0와 0-동등하지 않다. 한편 0이 상태 s_1이나 s_4에서 오토마타에 입력되었을 때, 다음 상태들이 0-동등인 s_2와 s_3이기 때문에, s_1과 s_4는 1-동등하다. 그리고 1이 상태 s_1이나 s_4에서 오토마타에 입력되었을 때, 다음 상태들이 0-동등인 s_4와 s_1이다. 비슷한 논증으로, s_2는 s_3와 1-동등하다. 1-동등한 상태들은 0-동등하기 때문에[성질 (12.3.4)에 의해], 상태들의 어떠한 다른 쌍도 1-동등하다가 될 수 없다. 따라서

$$\text{1-동치류는 } \{s_0\}, \{s_1, s_4\}, \{s_2, s_3\}$$

이다.

3. **2-동치류:** 정리 12.3.1에 의해, 두 개의 상태가 2-동등하다인 것과 동치는 그들이 1-동등하고 임의의 입력 기호의 입력 후 그들의 다음 상태들이 1-동등하다는 것이다. 이제

s_1과 s_4는 2-동등하다. 왜냐하면 그들은 1-동등하고, 1이 상태 s_1이나 s_4에서 오토마타에 입력되었을 때, 다음 상태들이 1-동등인 s_4와 s_1이고, 0이 상태 s_1이나 s_4에서 오토마타에 입력되었을 때, 다음 상태들이 1-동등인 s_2와 s_3이기 때문이다. 마찬가지로 s_2는 s_3와 2-동등하다. 2-동등한 상태들은 1-동등하기 때문에[성질 (12.3.4)에 의해], 상태들의 어떠한 다른 쌍도 2-동등하다가 될 수 없다. 따라서

$$2\text{-동치류는 } \{s_0\}, \{s_1, s_4\}, \{s_2, s_3\}$$

이다. 2-동치류의 집합과 1-동치류의 집합이 같음을 주목하자. ■

*-동치류 찾기

예제 12.3.2는 상태들의 k-동치류의 집합들을 찾는 과정을 상대적으로 쉽게 묘사하였다. 그러나 유한 오토마타를 단순화하기 위하여, 여러분은 상태들의 *-동치류를 찾아야 한다. 다음 정리는 어떤 정수 K에 대해 *-동치류의 집합은 K-동치류의 집합과 같음을 말한다.

정리 12.3.2

만약에 A가 유한 오토마타이면, 어떤 정수 $K \geq 0$에 대해, A의 상태들의 K-동치류의 집합은 $(K+1)$-동치류의 집합과 같고, 그러한 모든 K에 대해서 이들은 모두 A의 상태들의 *-동치류의 집합과 같다.

정리 12.3.2의 자세한 증명은 다소 기술적이다. 그러나 증명의 아이디어는 이해하기 어렵지 않다. 정리 12.3.2는 각각의 양의 정수 k에 대해서, k-동치류는 각 k에 대한 꼭 같은 어떤 규칙에 따라 $(k-1)$-동치류를 다시 나눔으로써 얻어진다는 사실에 따른다. 오토마타의 상태들의 수는 유한하기 때문에, 이 세분화 과정은 영원히 계속될 수 없다. 그래서 어떤 정수 $K \geq 0$에 대해서, K-동치류의 집합은 $(k+1)$-동치류의 집합과 같다. 더욱이 모든 정수 $m \geq K$에 대하여 m-동치류의 집합은 K-동치류의 집합과 같다. 이것이 *-동치류의 집합은 K-동치류의 집합과 같음을 의미한다.

예제 12.3.3 *R의 *–동치류 찾기*

A를 예제 12.3.2에서 정의된 유한 오토마타라 하자. A의 상태들의 *-동치류를 찾아라.

풀이

예제 12.3.2에 의해 A에 대한 1-동치류의 집합은 2-동치류의 집합과 같다. 정리 12.3.2에 의해 *-동치류의 집합은 또한 1-동치류의 집합과 같다. 따라서

$$*\text{-동치류는 } \{s_0\}, \{s_1, s_4\}, \{s_2, s_3\}$$

이다. 8.3절에 있는 표기법을 사용하면 동치류들은 아래와 같다.

$$[s_0]=\{s_0\},\ [s_1]=\{s_1, s_4\}=[s_4],\ [s_2]=\{s_2, s_3\}=[s_3]$$ ■

상태통합 오토마타

우리는 다음에 오토마타 A의 상태통합 오토마타 $\overline{A}$를 정의한다. 그러나 정의의 모든 부분들이 의미를 갖게 하기 위해서, 두 가지 사실을 지적해야 한다.

A의 상태들의 어떤 $*$–동치류도 종결 상태와 비종결 상태를 동시에 포함할 수 없다.	12.3.7

이것이 참인 이유는 0-동치류들이 A의 상태들의 집합을 종결 상태와 비종결 상태로 나누고, *-동치류는 0-동치류의 부분집합이기 때문이다.

만약 두 개의 상태가 $*$–동등하면, 임의의 입력 기호 m에 대해, 그들의 다음 상태들도 또한 $*$–동등하다.	12.3.8

이것은 다음 이유 때문에 참이다. 상태 s와 t가 *-동등하다고 가정하자. 그러면 A가 상태 s에 있을 때, A를 종결 상태로 보내는 임의의 입력 문자열은 A가 상태 t에 있을 때, A를 종결 상태로 보낸다. 이제 m을 임의의 입력 기호라 가정하고 다음 상태 $N(s, m)$과 $N(t, m)$을 고려해 보자. A가 상태 $N(s, m)$ 또는 $N(t, m)$에 있을 때 A에 길이가 k인 문자열을 입력하는 것은 A가 상태 s 또는 t에 있을 때 A에 길이가 $k+1$인 특정한 문자열(즉 길이가 k인 그 문자열과 m의 연접)을 입력하는 것과 같은 효과를 나타낸다. 따라서 A가 상태 $N(s, m)$에 있을 때 A를 종결 상태로 보내는 임의의 문자열은 또한 A가 상태 $N(t, m)$에 있을 때 A를 종결 상태로 보낸다. 그래서 $N(s, m)$과 $N(t, m)$은 *-동등하다라는 것을 이끌어낼 수 있다. 성질 (12.3.7)과 (12.3.8)의 완전한 증명은 연습문제로 남겨 둔다.

이제 A의 상태통합 오토마타 $\overline{A}$를 정의할 수 있다. 그것은 유한 오토마타로서 그것의 상태들은 A의 상태들의 *-동치류이고 그것의 초기 상태는 A의 초기 상태를 포함하는 *-동치류이고 그것의 종결 상태들은 $[s]$와 같은 형태(여기서 s는 A의 종결 상태이다)를 가지고, 그것의 입력 기호들은 A의 입력 기호들과 꼭 같고 그것의 상태 전이 함수는 다음과 같은 방법으로 A에 대한 상태 전이 함수로부터 유도된다: 상태 s와 입력 기호 m에 대한 $\overline{A}$의 다음 상태를 구하기 위하여, $[s]$에 있는 임의의 상태 t를 선택하고 A가 상태 t에 있을 때 만약 m이 입력된다면 A가 무슨 상태로 가는지를 보라. 이 상태의 동치류가 $\overline{A}$의 다음 상태이다.

• 정의

A를 상태들의 집합 S, 입력 기호들의 집합 I, 상태 전이 함수 N을 가지는 유한 오토마타라 하자. **상태통합 오토마타**(quotient automaton) $\bar{A}$는 다음과 같이 정의된다.

1. $\bar{A}$의 상태들의 집합 $\bar{S}$는 A의 상태들의 *-동치류의 집합이다.
2. $\bar{A}$의 입력 기호들의 집합 $\bar{I}$는 I와 같다.
3. $\bar{A}$의 초기 상태는 $[s_0]$이다. 여기는 s_0는 A의 초기 상태이다.
4. $\bar{A}$의 종결 상태들은 $[s]$와 같은 형태의 상태이다. 여기서 s는 A의 종결 상태이다.
5. 상태 전이 함수 $\bar{N}: \bar{S} \times I \to \bar{S}$는 다음과 같이 정의된다.

   $\bar{S}$에 있는 모든 상태 $[s]$와 I에 있는 입력 기호들 m에 대하여,
   $\bar{N}([s], m) = [N(s, m)]$이다.

(즉 $\bar{A}$가 상태 $[s]$에 있을 때, 만약 m이 $\bar{A}$에 입력된다면 $\bar{A}$는 $N(s, m)$의 *-동치류인 상태로 간다.)

$\bar{A}$의 상태들이 A의 상태들의 집합이기 때문에, $\bar{A}$는 일반적으로 A보다 더 적은 상태들을 가짐을 주목하자.(A와 $\bar{A}$는 각각의 상태들의 *-동치류가 하나의 원소만을 포함하는 경우에만 꼭 같은 수의 상태들을 가진다.) 또한 성질 (12.3.7)에 의해, 각 $\bar{A}$의 종결 상태는 A의 종결 상태들만으로 구성된다. 더욱이 성질 (12.3.8)은 상태 전이 함수 $\bar{N}$가 잘 정의됨을 보장해 준다.

구성에 의해, 상태통합 오토마타 $\bar{A}$는 A가 받아들이는 꼭 같은 문자열들을 정확히 받아들인다. 이 내용을 정식으로 나타내면 정리 12.3.3과 같다. 더 상세한 내용은 오토마타 이론에 관한 고급 과정에서 다룬다.

정리 12.3.3

만약에 A가 유한 오토마타이면, 상태통합 오토마타 $\bar{A}$는 A가 받아들이는 꼭 같은 언어들을 정확히 받아들인다. 달리 말하면, 만약에 $L(A)$를 A에 의해 받아들여지는 언어라 표기하고, $L(\bar{A})$를 $\bar{A}$에 의해 받아들여지는 언어라 표기한다면

$$L(A) = L(\bar{A})$$

상태통합 오토마타의 구성

A를 상태들의 집합 S, 상태 전이 함수 N, 상태들의 *-동치류의 관계 R_*, 상태들의 k-동등의 관계 R_k를 가지는 유한 오토마타라 하자. 정리 12.3.2와 정리 12.3.3과 상태통합 오토마타의 정의로부터, A의 상태통합 오토마타 $\bar{A}$를 구하기 위해 다음과 같은 절차를 밟을

수 있다.

1. S의 0-동치류의 집합을 구하라.
2. 각각의 정수 $k \geq 1$에 대하여, S의 k-동치류를 구하기 위하여 S의 $(k-1)$-동치류를 세분화하라. 어떤 정수 K에 대해서, $(K+1)$-동치류의 집합이 K-동치류의 집합과 같은 것을 관찰할 때 세분화하는 것을 멈추라. 지금 K-동치류의 집합이 *-동치류의 집합과 같음을 결론 내리라.
3. 상태통합 오토마타 $\bar{A}$를 구성하는데, 그것의 상태들은 A의 상태들의 *-동치류이고 그것의 상태 전이 함수 $\bar{N}$는 다음과 같이 주어진다.

$$\bar{A}\text{의 임의의 상태와 임의의 입력 기호 } m\text{에 대하여, } \bar{N}([s], m) = [N(s, m)]$$

여기서 s는 $[s]$에 있는 임의의 상태이다.[즉 $\bar{A}$가 상태 s에 있을 때 만약에 m이 $\bar{\bar{A}}$에 입력된다면 $\bar{A}$가 어디로 갈지를 보기 위하여, A가 상태 s에 있을 때 만약에 m이 A에 입력된다면 A가 어디로 갈지를 지켜보라. 그 상태의 *-동치류가 해답이다.]

예제 12.3.4 **상태통합 오토마타의 구성**

예제 12.3.2와 12.3.3의 오토마타를 고려해 보자. 이 오토마타를 참조하기 위해 아래에 나타내었다. A의 상태통합 오토마타를 구하라.

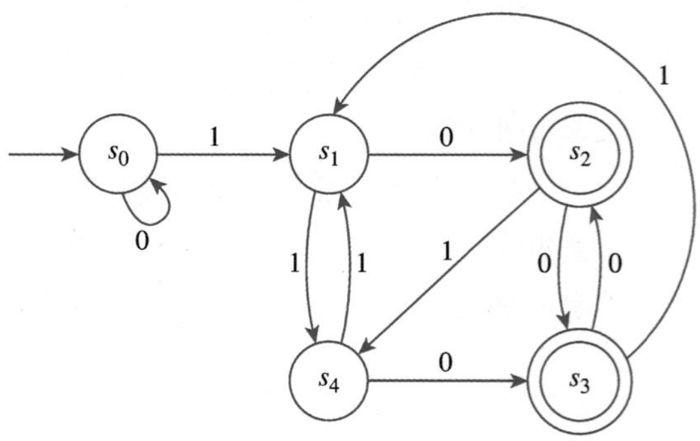

풀이

예제 12.3.3에 따르면, A의 상태들의 *-동치류는

$$\{s_0\}, \quad \{s_1, s_4\}, \quad \{s_2, s_3\}$$

이고 따라서 상태통합 오토마타 $\bar{A}$의 상태들은

$$[s_0] = \{s_0\}, [s_1] = \{s_1, s_4\} = [s_4], [s_2] = \{s_2, s_3\} = [s_3]$$

이다. $\bar{A}$의 종결 상태는 s_2와 s_3이고 따라서 $\bar{A}$의 종결 상태는 $[s_2] = [s_3]$이다. $\bar{A}$의 상태 전이 함수 $\bar{N}$는 다음과 같이 정의된다: $\bar{A}$의 모든 상태들 $[s]$와 입력 기호들 m에 대하여

$$\bar{N}([s], m) = [N(s, m)] = N(s, m)\text{의 *-동치류}$$

이다. 따라서

$$\bar{N}([s0], 0) = [N(s_0, 0)] = N(s_0, 0)\text{의 *-동치류}$$

이다. 그런데 $N(s_0, 0) = s_0$이므로

$$\bar{N}([s_0], 0) = s_0\text{의 *-동치류} = [s_0]$$

이고 마찬가지로

$$\bar{N}([s_0], 1) = [N(s_0, 1)] = [s_1]$$
$$\bar{N}([s_1], 0) = [N(s_1, 0)] = [s_2]$$
$$\bar{N}([s_1], 1) = [N(s_1, 1)] = [s_4] = [s_1]$$
$$\bar{N}([s_2], 0) = [N(s_2, 0)] = [s_3] = [s_2]$$
$$\bar{N}([s_2], 1) = [N(s_2, 1)] = [s_4] = [s_1]$$

된다. 그러므로 $\bar{A}$에 대한 전이 다이어그램은 아래와 같이 나타난다.

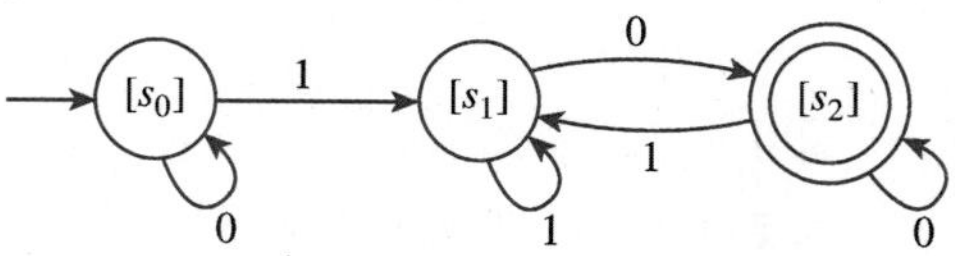

정리 12.3.3에 의해, 이 오토마타는 원래의 오토마타가 받아들이는 것과 꼭 같은 언어를 받아들인다. ■

동등한 오토마타

종결 상태인지 비종결 상태인지를 지적하기 위하여, 출력 장치를 유한 오토마타의 상태들에 부착할 수 있다. 예를 들면 종결 상태는 1의 출력을 만들어 내고 비종결 상태는 0의 출력을 만들어 낸다. 그러면 유한 오토마타는 입출력 장치로 간주되며 그것의 입력은 문자열들로 구성되고 그것의 출력은 0과 1들로 구성된다. 회로가 입력 신호들의 조합을 출력 신호로 변환하는 블랙박스로 간주될 수 있음을 상기하자. 입력 신호들의 각 조합에 대해 같은 출력 신호를 만들어 내는 두 개의 회로는 동등하다라고 말한다. 마찬가지로 유한 오토마타는 입력 문자열들을 처리하고 출력 신호(문자열들이 받아들여지는지 아닌지를 지적하는 것)를 생산해 내는 블랙박스로 간주될 수 있다. 만약에 두 개의 오토마타가 각 입력 문자열에 대해 같은 출력 신호들을 생산해 낸다면 두 오토마타는 동등하다라고 말한다. 그런데 이것은 두 오토마타가 동등하다와 동치인 것은 그들이 같은 언어를 받아들인다는 것임을 의미한다.

> **• 정의**
>
> A 와 A' 을 입력 기호들의 같은 집합 I를 가지는 유한 오토마타라 하자. $L(A)$를 A 에 의해 받아들여지는 언어라 표기하고 $L(A')$을 A' 에 의해 받아들여지는 언어라고 하자. 그러면 A 는 A' 과 **동등하다**(equivalent)고 말하는 것과 동치는 $L(A)=L(A')$이다.

예제 12.3.5 **두 개의 오토마타가 동등함을 보이기**

다음의 두 오토마타 A 와 A' 이 동등함을 보여라.

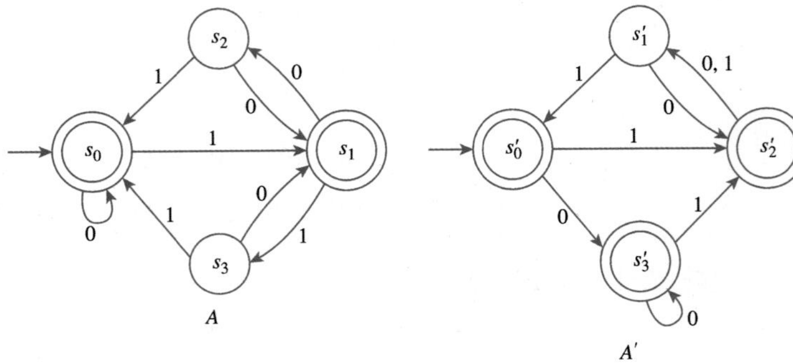

전이 다이어그램의 화살표 상의 라벨 0과 1은 입력 0 또는 1에 대해 오토마타의 다음 상태가 그 화살표가 가리키는 상태임을 의미한다.

풀이

오토마타 A에 대해: 0-동치류는

$$\{s_0, s_1\}\text{과 }\{s_2, s_3\}$$

s_0와 s_1이 종결 상태이고 s_2와 s_3가 비종결 상태이기 때문에

1-동치류는

$$\{s_0\}, \{s_1\}\text{과 }\{s_2, s_3\}$$

s_0와 s_1은 1-동등하지 않지만[$N(s_0, 1)=s_1$이고 $N(s_1, 1)=s_3$이고 $N(s_1, 1)=s_3$이고 s_1과 s_3는 0-동등하지 않다]

s_2와 s_3는 1-동등하기 때문에

2-동치류는

$$\{s_0\}, \{s_1\}\text{과 }\{s_2, s_3\}$$

s_2와 s_3는 1-동등하기 때문에

이 토의는 1-동치류의 집합과 2-동치류의 집합이 같다는 것을 보여 준다. 그래서 정리 12.3.2에 의해 이것은 *-동치류의 집합과 같다. 따라서 *-동치류는

$$\{s_0\}, \{s_1\}\text{과 }\{s_2, s_3\}.$$

오토마타 A' 에 대해: 위와 비슷한 이유로, 0-동치류는

$$\{s'_0, s'_2, s'_3\}\text{와 }\{s'_1\}$$

1-동치류는

$$\{s_0', s_3'\}, \quad \{s_2'\} \text{ 과 } \quad \{s_1'\}$$

2-동치류는 1-동치류와 꼭 같다. 그러므로 그것은 *-동치류와 같다. 따라서 *-동치류는

$$\{s_0', s_3'\}, \quad \{s_2'\}\text{과} \quad \{s_1'\}$$

$\bar{A}$와 $\bar{A}'$에 대한 상태 전이 함수를 계산하기 위하여, 상태통합 오토마타에서 $[s]$의 다음 상태와 m은 s의 다음 상태의 클래스와 m이란 사실을 반복적으로 사용한다. 예를 들면

$$\overline{N}([s_1], 1) = [N(s_1, 1)] = [s_3] = [s_2]$$

와

$$\overline{N'}([s_0'], 0) = [N'(s_0', 0)] = [s_3'] = [s_0']$$

여기서 N은 A에 대한 상태 전이 함수이고 N'은 A'에 대한 상태 전이 함수이다.

상태통합 오토마타 $\bar{A}$와 $\bar{A}'$에 대한 완전한 전이 다이어그램은 아래에 나타나 있다.

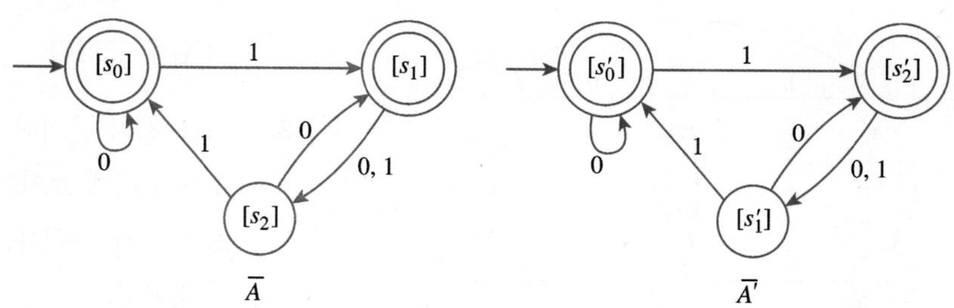

상태들의 이름에 라벨을 붙이는 것을 제외하고 $\bar{A}$와 $\bar{A}'$는 같다. 따라서 $\bar{A}$와 $\bar{A}'$는 같은 언어를 받아들인다. 그런데 정리 12.3.3에 의해, 각각의 원래 오토마타는 그것의 상태통합 오토마타가 받아들이는 같은 언어를 받아들인다. 따라서 A와 A'은 같은 언어를 받아들이고 그래서 그들은 동등하다. ■

수학에서는 유한 오토마타와 같은 객체를 구조(structure)라 부른다. 일반적으로 수학적인 두 구조가 그들의 원소들에 라벨을 붙이는 과정을 제외한 모든 관점에서 같을 때 그들은 **동형적**(isomorphic)이라고 말한다. 이것은 '같은(same)' 또는 '동등한(equal)'의 의미를 가지는 그리스 단어 isos와 '형태(form)'의 의미를 가지는 그리스 단어 morphe로부터 나왔다. '접근하기 어려운 상태들'이 먼저 제거된다면, 두 오토마타가 동등하다와 두 상태통합 오토마타가 동형이다가 동치라는 것은 증명될 수 있다.(접근하기 어려운 상태란 오토마타가 초기 상태에 있을 때 그 오토마타에 기호들의 임의의 문자열을 입력함으로써 도달될 수 없는 상태이다.)

자 | 기 | 진 | 단

1. 종국 상태 함수 N^*를 가지는 유한 상태 오토마타 A와 A에 있는 임의의 상태들 s와 t가 주어졌을 때, s와 t가 $*$-동등일 필요충분조건은 _______ 이다.
2. 종국 상태 함수 N^*를 가지는 유한 상태 오토마타 A와 A에 있는 임의의 상태들 s와 t가 주어졌을 때, s와 t가 k-동등일 필요충분조건은 _______ 이다.
3. 유한 상태 오토마타 A에 있는 임의의 상태들 s와 t가 주어졌을 때, s가 t와 0-동등일 필요충분조건은 s와 t 모두 _______ 이거나 둘 모두 _______ 이다. 더욱이 모든 정수 $k \geq 1$에 대해, s가 t와 k-동등일 필요충분조건은 (1) s와 t가 $(k-1)$-동등이고 (2) _______ 이다.
4. 만약 A가 유한 상태 오토마타이면 어떤 정수 $K \geq 0$에 대해 A의 상태들의 K-동치류들의 집합은 A의 _______-동치류들의 집합과 같고 그러한 모든 K에 대해서 이들 모두는 _______ 의 집합과 같다.
5. 유한 상태 오토마타 A가 주어졌을 때, 상태 통합 오토마타 $\overline{A}$의 상태들의 집합은 _______ 이다.

연 / 습 / 문 / 제 12.3

1. 다음 전이 다이어그램에 의해 주어진 유한 오토마타 A를 고려해 보자.

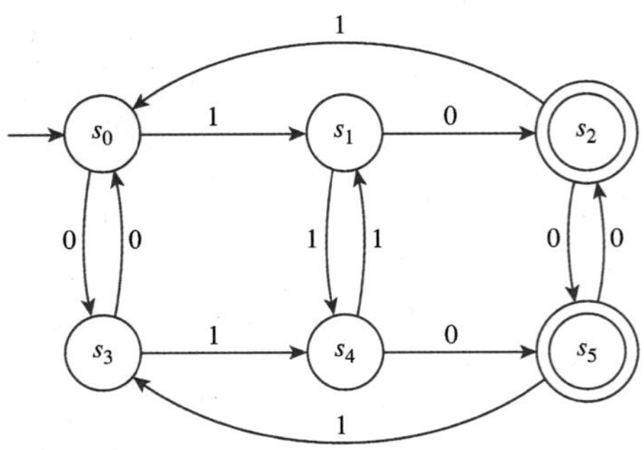

   a. A의 0-동치류, 1-동치류, 2-동치류를 찾아라.
   b. A의 상태통합 오토마타 $\overline{A}$에 대한 전이 다이어그램을 그려라.

2. 다음 전이 다이어그램에 의해 주어진 유한 오토마타 A를 고려해 보자.

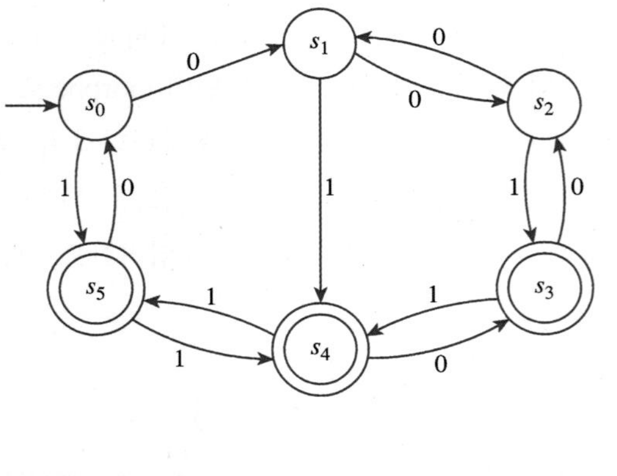

   a. A의 0-동치류, 1-동치류, 2-동치류, 3-동치류를 찾아라.
   b. A의 상태통합 오토마타 $\overline{A}$에 대한 전이 다이어그램을 그려라.

3. 다음 전이 다이어그램에 의해 주어진 유한 오토마타 A를 고려해 보자.
   a. A의 0–동치류, 1–동치류, 2–동치류, 3–동치류를 찾아라.
   b. A의 상태통합 오토마타 $\overline{A}$에 대한 전이 다이어그램을 그려라.

4. 아래에 주어진 오토마타 A와 A'은 동등한가?

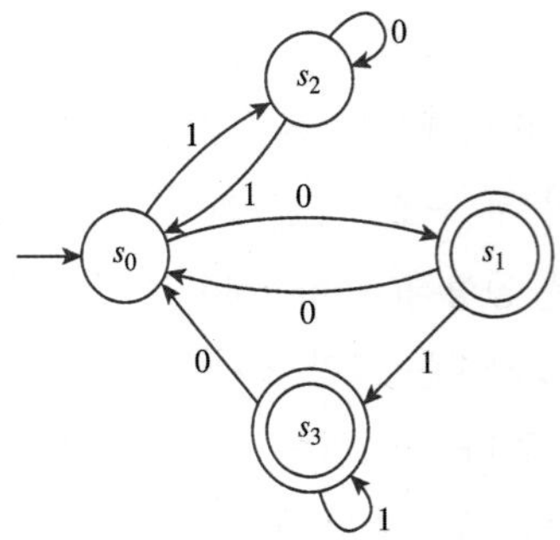

A

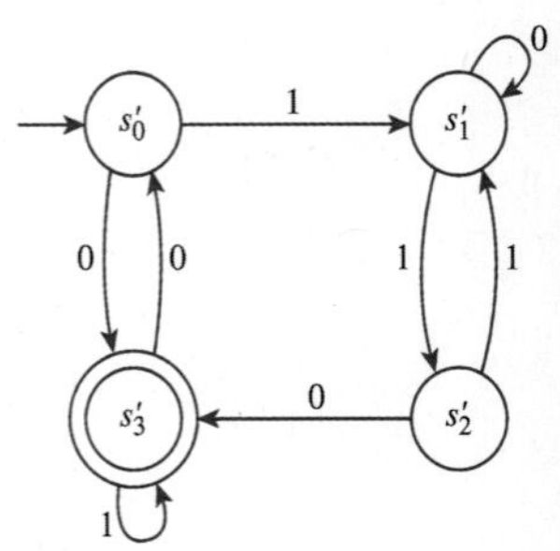

A'

5. 아래에 주어진 오토마타 A 와 A' 은 동등한가?

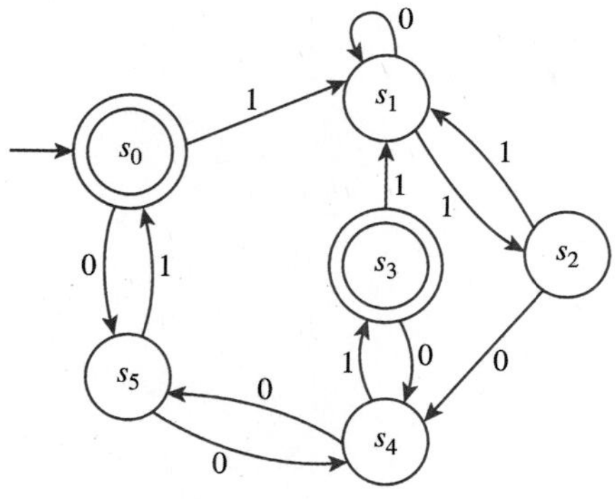

A

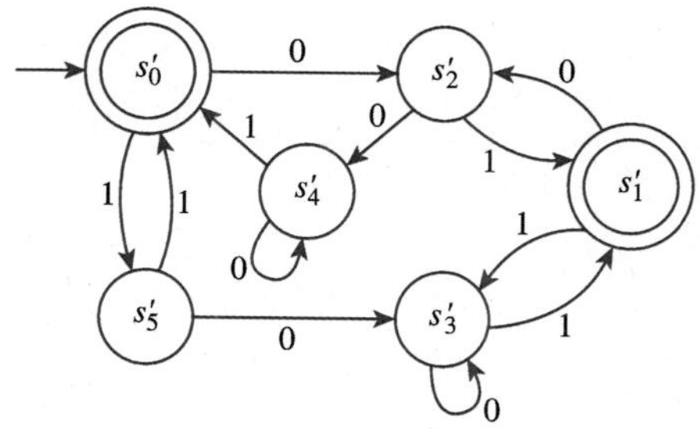

A'

6. 성질 (12.3.1)을 증명하라.

7. 성질 (12.3.2)를 증명하기 위하여, 성질 (12.3.1)의 증명을 어떻게 수정해야 하는가?

8. 성질 (12.3.3)을 증명하라.

9. 성질 (12.3.5)를 증명하라.

10. 만약에 유한 오토마타의 두 상태가 어떤 정수 k에 대해 k-동등하다면, 그 상태들은 모든 음이 아닌 정수 $m < k$에 대하여 m-동등함을 증명하라.

11. 성질 (12.3.8)의 완전한 증명을 쓰라.

자 | 기 | 진 | 단 | 해 | 답

1. 모든 입력 문자열 w에 대해, $N^*(s, w)$와 $N^*(t, w)$ 모두 종결 상태들이거나 모두 비종결 상태들이다. 2. 길이가 k보다 작거나 같은 모든 입력 문자열 w에 대해, $N^*(s, w)$와 $N^*(t, w)$ 모두 종결 상태들이거나 모두 비종결 상태들이다. 3. 종결 상태들; 비종결 상태들; 모든 입력 기호 m에 대해, $N(s, m)$과 $N(t, m)$은 모두 $(k-1)$-동등이다. 4. $(K+1)$; A의 상태들의 *-동치류들 5. A의 상태들의 *-동치류들의 집합

INDEX
찾아보기

기호

라

마

아

자

차

카

타

파

하

List of Symbols

Subject	Symbol	Meaning
Formal Languages and Finite-State Automata	Σ	an alphabet of a language
	ϵ	the null string
	Σ^n	the set of all strings over Σ of length n
	Σ^*	the set of all strings over Σ
	Σ^+	the set of all strings over Σ with length at least 1
	LL'	the concatenation of languages L and L'
	L^*	the Kleene closure of L
	(rs), $(r \mid s)$, (r^*)	regular expressions
	$[x_1 - x_n]$, $[\wedge x_m - x_n]$	character classes
	$x+$, $x?$, $x\{n\}$, $x\{m, n\}$	shorthand notations for regular expressions
	$N(s, m)$	the value of the next-state function for a state s and input symbol m
	$\rightarrow \textcircled{s_0}$	initial state
	$\circledcirc\, s_a$	accepting state
	$L(A)$	language accepted by A
	$N^*(s, w)$	the value of the eventual-state function for a state s and input string w
	$s\ R_*\ t$	s and t are $*$-equivalent
	$s\ R_k\ t$	s and t are k-equivalent
	$\overline{A}$	the quotient automaton of A
Matrices	$\mathbf{A}$	matrix
	$\mathbf{I}$	identity matrix
	$\mathbf{A} + \mathbf{B}$	sum of matrices **A** and **B**
	$\mathbf{AB}$	product of matrices **A** and **B**
	$\mathbf{A}^n$	matrix **A** to the power n
Graphs and Trees	$V(G)$	the set of vertices of a graph G
	$E(G)$	the set of edges of a graph G
	$\{v, w\}$	the edge joining v and w in a simple graph
	K_n	complete graph on n vertices
	$K_{m,n}$	complete bipartite graph on (m, n) vertices
	$deg(v)$	degree of vertex v
	$v_0 e_1 v_1 e_2 \cdots e_n v_n$	a walk from v_0 to v_n
	$w(e)$	the weight of edge e
	$w(G)$	the total weight of graph G

Reference Formulas

Topic	Name	Formula
Logic	De Morgan's law	$\sim(p \wedge q) \equiv \sim p \vee \sim q$
	De Morgan's law	$\sim(p \vee q) \equiv \sim p \wedge \sim q$
	Negation of $\rightarrow$	$\sim(p \rightarrow q) \equiv p \wedge \sim q$
	Equivalence of a conditional and its contrapositive	$p \rightarrow q \equiv \sim q \rightarrow \sim p$
	Nonequivalence of a conditional and its converse	$p \rightarrow q \not\equiv q \rightarrow p$
	Nonequivalence of a conditional and its inverse	$p \rightarrow q \not\equiv \sim p \rightarrow \sim q$
	Negation of a universal statement	$\sim(\forall x \text{ in } D, Q(x)) \equiv \exists x \text{ in } D \text{ such that } \sim Q(x)$
	Negation of an existential statement	$\sim(\exists x \text{ in } D \text{ such that } Q(x)) \equiv \forall x \text{ in } D, \sim Q(x)$
Sums	Sum of the first n integers	$1 + 2 + \cdots + n = \frac{n(n+1)}{2}$
	Sum of powers of r	$1 + r + r^2 + \cdots + r^n = \frac{r^{n+1} - 1}{r - 1}$
Counting and Probability	Probability in the equally likely case	$P(E) = \frac{N(E)}{N(S)}$
	Number of r-permutations of a set with n elements	$P(n, r) = \frac{n!}{(n-r)!}$
	Number of elements in a union	$N(A \cup B) = N(A) + N(B) - N(A \cap B)$
	Number of subsets of size r of a set with n elements	$\binom{n}{r} = \frac{n!}{r!(n-r)!}$
	Pascal's formula	$\binom{n+1}{r} = \binom{n}{r-1} + \binom{n}{r}$

Topic	Name	Formula
Counting and Probability	Binomial theorem	$(a+b)^n = \sum_{k=0}^{n} \binom{n}{k} a^{n-k} b^k$
	Probability of the complement of an event	$P(A^c) = 1 - P(A)$
	Probability of a union	$P(A \cup B) = P(A) + P(B) - P(A \cap B)$
	Conditional probability	$P(A \mid B) = \dfrac{P(A \cap B)}{P(B)}$
	Bayes' formula	$P(B_i \mid A) = \dfrac{P(A \mid B_i)P(B_i)}{P(A \mid B_1)P(B_1) + P(A \mid B_2)P(B_2) + \cdots + P(A \mid B_n)P(B_n)}$
Laws of Exponents		$b^0 = 1$
		$b^{-x} = \dfrac{1}{b^x}$
		$b^u \cdot b^v = b^{u+v}$
		$\dfrac{b^u}{b^v} = b^{u-v}$
		$(b^u)^v = b^{u \cdot v}$
		$(bc)^u = b^u \cdot c^u$
		$b^u = b^v \Rightarrow u = v$
Properties of Logarithms		$\log_b x = y \Leftrightarrow b^y = x$
		$\log_b(xy) = \log_b(x) + \log_b(y)$
		$\log_b(x^a) = a \log_b(x)$
		$\log_b \left(\dfrac{x}{y}\right) = \log_b(x) - \log_b(y)$
		$\log_c(x) = \dfrac{\log_b(x)}{\log_b(c)}$
		$\log_b(u) = \log_b(v) \Rightarrow u = v$